# Management-Reihe Corporate Social Responsibility

**Reihe herausgegeben von**

René Schmidpeter, M3TRIX, Köln, Deutschland

Das Thema der gesellschaftlichen Verantwortung gewinnt in der Wirtschaft und Wissenschaft gleichermaßen an Bedeutung. Die Management-Reihe Corporate Social Responsibility geht davon aus, dass die Wettbewerbsfähigkeit eines jeden Unternehmens davon abhängen wird, wie es den gegenwärtigen ökonomischen, sozialen und ökologischen Herausforderungen in allen Geschäftsfeldern begegnet. Unternehmer und Manager sind im eigenen Interesse dazu aufgerufen, ihre Produkte und Märkte weiter zu entwickeln, die Wertschöpfung ihres Unternehmens den neuen Herausforderungen anzupassen sowie ihr Unternehmen strategisch in den neuen Themenfeldern CSR und Nachhaltigkeit zu positionieren. Dazu ist es notwendig, generelles Managementwissen zum Thema CSR mit einzelnen betriebswirtschaftlichen Spezialdisziplinen (z. B. Finanzen, HR, PR, Marketing etc.) zu verknüpfen. Die CSR-Reihe möchte genau hier ansetzen und Unternehmenslenker, Manager der verschiedenen Bereiche sowie zukünftige Fach- und Führungskräfte dabei unterstützen, ihr Wissen und ihre Kompetenz im immer wichtiger werdenden Themenfeld CSR zu erweitern. Denn nur, wenn Unternehmen in ihrem gesamten Handeln und allen Bereichen gesellschaftlichen Mehrwert generieren, können sie auch in Zukunft erfolgreich Geschäfte machen. Die Verknüpfung dieser aktuellen Managementdiskussion mit dem breiten Managementwissen der Betriebswirtschaftslehre ist Ziel dieser Reihe. Die Reihe hat somit den Anspruch, die bestehenden Managementansätze durch neue Ideen und Konzepte zu ergänzen, um so durch das Paradigma eines nachhaltigen Managements einen neuen Standard in der Managementliteratur zu setzen.

Weitere Bände in der Reihe https://link.springer.com/bookseries/11764

Anke Trischler · Sabine Böhling
(Hrsg.)

# CSR in Hessen

## Transformation zur Nachhaltigkeit – Impulse aus Bildung, Gesellschaft, Wirtschaft

Springer Gabler

*Hrsg.*
Anke Trischler
Wiesbaden, Deutschland

Sabine Böhling
Idstein, Deutschland

ISSN 2197-4322 ISSN 2197-4330 (electronic)
Management-Reihe Corporate Social Responsibility
ISBN 978-3-662-63003-7 ISBN 978-3-662-63004-4 (eBook)
https://doi.org/10.1007/978-3-662-63004-4

Die Deutsche Nationalbibliothek verzeichnet diese Publikation in der Deutschen Nationalbibliografie; detaillierte bibliografische Daten sind im Internet über http://dnb.d-nb.de abrufbar.



Einbandabbildung: Michael Bursik

Planung/Lektorat: Christine Sheppard
Springer Gabler ist ein Imprint der eingetragenen Gesellschaft Springer-Verlag GmbH, DE und ist ein Teil von Springer Nature.
Die Anschrift der Gesellschaft ist: Heidelberger Platz 3, 14197 Berlin, Germany

# Vorwort von Prof. Dr. Günther Bachmann

Auf die harte Weise lernen wir im Coronajahr 2020, dass Vorsorge überlebenswichtig ist, erstens; und zweitens, dass das Verhalten als Einzelner nicht nur über die je eigene Gesundheit entscheidet, sondern auch über Leben und Gesundheit der anderen. Nicht, dass wir das nicht vorher gewusst haben. Natürlich kennen wir die Grundsätze der Umweltvorsorge und der Gesundheitsvorsorge. Aber ihr Erfolg ist ihr größter Gegner. Gelingt ihr, was ihre Aufgabe ist, gibt das der unverständigen Behauptung Auftrieb, dass Vorsorge eine ungerechtfertigte Übertreibung sei. So ist es auch mit der gesellschaftlichen Verantwortung von Unternehmen und Institutionen. Viele wehren Nachhaltigkeit und CSR ab: Man halte ja Gesetze und Tarifverträge ein; alles Weitere sei moralischer Illusionismus und soll gefälligst warten bis etwas wirklich schief gegangen ist. Dann sei immer noch Zeit zum Handeln. Das ließe sich betriebsökonomisch besser rechnen und schaffe am Ende sogar Gewinn bei denen, die mit Reparaturen Geld verdienen.

So ernst wir diese Argumente nehmen müssen, so klar müssen wir sie zurückweisen. Natürlich sind vorauseilende Verantwortung und Vorsorge zunächst einmal schwerer zu kalkulieren und oft entsteht ein Streit darüber, ob sie nötig ist, was sie kosten darf, wer einzubeziehen ist, welche Beweiskraft Daten haben, und überhaupt. Mit diesen Argumenten muss man sich ernsthaft beschäftigen und sie ebenso klar zurückweisen. Zoonotische Pandemien bedeuten, dass der Mensch fatale Grenzen überschreitet. Die Gewalt des Klimawandels ist größer als die bisherige Produktivität der Menschheit. Die Vernichtung von einer Million Pflanzen- und Tierarten sägt an dem Ast, auf dem wir sitzen.

Das Hinhalten von Maßnahmen verteuert die Lösung. Verzögern ist Verschlimmern. Dabei bleiben Unschärfen. Das ist nicht schlimm. Nach-Vorne-Denken hilft ebenso wie die Rückversicherung über das Erreichte, über Gelungenes und Fehler. Freiwilligkeit bei geeigneten Rahmenwerken ist ein wichtiges Prinzip der nachhaltigen Entwicklung. Denn, wo alle mitmachen müssen, ist die Karawane zu langsam und droht in Kreisen zu laufen, statt sich zielgerichtet an den Vorreitern zu orientieren. Zu reflektieren, was ich (mehr) tun kann und wozu ich zusammen mit anderen in der Lage bin, schafft starke Verbündete. Kooperation ist oft die Quelle für Kreativität und neue Haltungen.

Nachhaltigkeitsberichte zum Beispiel nach dem Deutschen Nachhaltigkeitskodex sind das Salz in der Suppe.

Nachhaltigkeit war Jahrzehnte ein Thema für eine Minderheit aus oft etwas verdrossen wirkenden Mahnern und Strateginnen und Strategen. Jetzt ist das anders. Heute werben sogar Finanzkapitalisten für die Nachhaltigkeitswende und erste Betriebe beziehen ihre externen Kosten (die sie bisher in die Umwelt und zulasten der Menschen „entsorgt" haben) in die Unternehmenssteuerung ein. Sorgfaltspflichten unterstützen die betriebliche Umsetzung von Nachhaltigkeit.

Dieses Buch zeigt die breite Amplitude von Kompetenzen der Aktiven in Hessen. Erfahrungen werden sichtbar und können in neue Ideen verwandelt werden. Eine neue Generation von Mitarbeitenden und Führungskräften wächst heran und ist zu einem Gutteil schon im Einsatz. Sie werden das, was heute gemacht wird, in den nächsten Jahren weit hinter sich lassen müssen, um den Zeitläufen gerecht zu werden. Dafür ist es gut zu wissen, worüber man heute spricht und was die heutige, fortgeschrittene Praxis ist.

Günther Bachmann
Generalsekretär des Rates für Nachhaltige
Entwicklung, 2001 bis 2020
Berlin/Frankfurt am Main, Deutschland
www.guentherbachmann.de

# Vorwort von Dr. Philipp Nimmermann

Nachhaltigkeit ist ein ökonomischer und gesellschaftlicher Megatrend geworden. Immer mehr Menschen und Organisationen stellen sich die Frage, welchen Beitrag sie dazu leisten können, unser Leben und unsere Wirtschaft zukunftsfähig auszurichten.

Auch Unternehmen stellen sich zunehmend dieser gesellschaftlichen Verantwortung, oft in Form systematischer „Corporate Social Responsibility" (CSR) Strategien, die soziale, ökologische und ökonomische Aspekte umfassen: Das reicht von mitarbeiterorientierter Personalpolitik über den sparsamen Einsatz natürlicher Ressourcen bis zum Schutz von Umwelt und Klima. Auch Engagement in der entwicklungspolitischen Zusammenarbeit und die Durchsetzung nachhaltiger Werte in der Lieferkette können Teil einer CSR-Strategie sein.

Nach meiner Überzeugung liegt eine solche Strategie im Eigeninteresse jedes Unternehmens, denn sie ist die Voraussetzung für langfristigen Erfolg. Konsumentinnen und Konsumenten achten heute beim Einkauf sehr genau auf das Verhalten der Unternehmen und auch Mitarbeitende honorieren eine nachhaltige Personalpolitik mit Engagement und Treue. Nachhaltige und transparente Lieferketten sind – wie wir in der COVID-19-Pandemie sehen – robuster und belastbarer. Nachhaltiges Wirtschaften stärkt grundsätzlich die Krisenfestigkeit.

Ich danke den Herausgeberinnen Anke Trischler und Sabine Böhling, dass sie das Thema CSR in Hessen aufgegriffen und viele kluge Beiträge für dieses Buch gesammelt haben. Einige der Autorinnen und Autoren kenne ich bereits vom 4. Hessischen Innovationskongress im November 2020, wo sie ihre kreativen Ideen und Initiativen zur Aktivierung der gesellschaftlichen Verantwortung der Wirtschaft unter dem Titel „WIE? – Wandel Intelligent Ermöglichen" vorstellen und diskutieren konnten. Die folgenden Seiten zeigen die große Vielfalt der strategischen Ansätze zur Wahrnehmung dieser gesellschaftlichen Verantwortung. Sie können und sollen insbesondere Unternehmen, die sich noch nicht so intensiv mit CSR auseinandersetzen, als Inspiration dienen. In diesem Sinne wünsche ich eine inspirierende Lektüre.

Philipp Nimmermann
Staatssekretär, Hessisches Ministerium
für Wirtschaft, Wiesbaden, Deutschland
wirtschaft.hessen.de/Ueber-uns/Staatssekretaer-Dr-Nimmermann

# Vorwort von Eberhard Flammer

**Hessens Wirtschaft ist Partner für mehr Nachhaltigkeit**

Unternehmerin oder Unternehmer zu sein, das bedeutet Verantwortung zu übernehmen. Nicht nur für sich, sondern vor allem auch für seine Mitarbeitenden, für die Umwelt und das gesellschaftliche Umfeld. Um die Nachhaltigkeitsziele der Vereinten Nationen zu erreichen, sind Politik, Wirtschaft und Gesellschaft gemeinsam gefordert.

In der öffentlichen Diskussion kommen gelegentlich zwei Dinge zu kurz: Zum einen, dass Nachhaltigkeit nicht nur eine ökologische, sondern auch eine soziale und eine ökonomische Dimension besitzt. Zum anderen, dass die Wirtschaft ein ganz zentraler Partner bei der Verwirklichung aller drei Nachhaltigkeitsdimensionen ist. Auf der Ergebnisseite ist Wirtschaft im Wesentlichen Beschäftigung und Steuern. Damit und mit ihrer Innovations- und Gestaltungskraft befähigt sie aber gerade die Privaten und den Staat, Nachhaltigkeit auch tatsächlich zu leben. Sei es im Konsum, der Bildung oder auch beim gesellschaftlichen Ausgleich.

Nur eine starke Wirtschaft kann einen Weg zu mehr Nachhaltigkeit gehen, der gleichzeitig unseren Wohlstand sichert. Gefragt sind zukunftsweisende Technologien und Lösungsansätze. Wollen wir über Zielvorstellungen hinauskommen, brauchen wir die Innovationskraft und Umsetzungsstärke der hessischen Wirtschaft.

**Gute Vorleistung – Ansporn für die Zukunft**

In der Debatte um Nachhaltigkeit sollten wir nicht übersehen, dass gesamtwirtschaftlich viel geleistet wurde: Hier in Deutschland haben wir das Wirtschaftswachstum, gemessen am Bruttoinlandsprodukt, von den Treibhausgasemissionen bereits weitgehend entkoppelt. Die deutsche Wirtschaft ist seit 1990 um rund 50 % gewachsen, die Treibhausgasemissionen sind im gleichen Zeitraum jedoch um rund 30 % gefallen.[1] Ein ähnliches Bild zeigt die Entwicklung der Energieproduktivität, des Verhältnisses von

[1] Vgl. Bundesministerium für Umwelt, Naturschutz und nukleare Sicherheit (2020, S. 50).

Bruttoinlandsprodukt und Energieverbrauch: Seit 1990 ist die Energieproduktivität um über 70 % angestiegen.[2] Das ist ein Ansporn für die nächsten Schritte in die Zukunft.

**Nachhaltigkeit als Mission und Markt – heute und morgen**

Der Menschheit steht nur noch ein fest umrissenes Budget an $CO_2$-Ausstoß zur Verfügung. Wir erleben den heftigen Interessenstreit in der Welt darüber, wo und wie drastische Änderungen in unser bisheriges Leben und Wirtschaften eingreifen. Die Frage des „Ob" wird durch die Klimaerwärmung beantwortet. Für den Wirtschaftsstandort Hessen ist das eine gewaltige Herausforderung. Die eintretende Transformation erzeugt Bruchstellen, die immer auch Quellen für unternehmerische Kreativität sind. Groß ist die Chance, die Transformation rechtzeitig, proaktiv und unternehmerisch zu gestalten und neu entstehende Märkte zu besetzen.

Neun von zehn hessischen Unternehmen befürworten grundsätzlich eine Stärkung des Klimaschutzes.[3] Etliche Unternehmen in Hessen wirtschaften schon heute nachhaltig, manchmal ohne großes Aufheben zu machen. Sie nehmen ihre unternehmerische Verantwortung auf vielfältige Weise wahr. Sie verorten wirtschaftlichen Erfolg in einem ausgewogenen Verhältnis mit ökologischer und gesellschaftlicher Verantwortung. Sichtbar wird dies beispielsweise im Engagement der hessischen Unternehmen um Aus- und Weiterbildung, in Investitionen in die berufsbegleitende Qualifikation von Mitarbeitenden sowie im Investieren in progressive Dekarbonisierung von Geschäftsmodellen und Prozessen.

**Verantwortungsbewusste Geschäftsleute und Bewusstsein für Nachhaltigkeit**

In der IHK-Organisation folgen wir seit über 150 Jahren dem Leitbild der ehrbaren Kaufleute. Dieses umfasst klassische, aber immer noch aktuelle Werte wie Verlässlichkeit, Ehrlichkeit, Glaubwürdigkeit, Loyalität und Toleranz. Dazu gehört auch die Förderung der Wirtschaftskraft und Lebensqualität der jeweiligen Region – im gegenwärtigen unternehmerischen Interesse und für nachfolgende Generationen.

Die hessischen Industrie- und Handelskammern selbst leisten ihren Beitrag[4] zur Transformation, indem sie unter anderem zusammen mit den Unternehmen, die in der ganzen Welt bewunderte „Duale Ausbildung" und das „Duale Studium" organisieren. Die vielfältigen Weiterbildungsangebote der IHKs bzw. der IHK-Bildungszentren enthalten unter anderem Qualifikationen zum Energiemanager oder Ressourcenmanager, befördern individuelle berufliche Entwicklungswege und lebenslanges Lernen. Die IHKs organisieren Austausche zur nachhaltigen Unternehmensführung. Nachhaltigkeitsausschüsse leisten einen wichtigen Beitrag, um das Bewusstsein für die Knappheit der in

---

[2] Vgl. Bundesministerium für Umwelt, Naturschutz und nukleare Sicherheit (2020, S. 50).

[3] Vgl. Hessischer Industrie- und Handelskammertag (2019, S. 5).

[4] Mehr dazu unter: www.hihk.de/nachhaltigkeit.

der Natur vorrätigen Stoffe regional und branchenübergreifend zu stärken. Die IHKs beraten zu Energieeffizienz und vermitteln entsprechende Förderprogramme. Abrundend sei die Innovations- und Technologieberatung durch „IHK Hessen innovativ“ erwähnt, bei der die Entwicklungsstärke von Unternehmen unterstützt wird. Als hessische IHKs führen wir zudem die Geschäftsstelle der von der hessischen Landesregierung initiierten „Umweltallianz Hessen“ – mit dem Ziel, nachhaltiges und verantwortliches Wirtschaften zu fördern.

**Fordern, aber nicht überfordern**

Zu Recht besteht die Furcht, dass mehr Nachhaltigkeit mit weniger Wohlstand bezahlt werden muss. Möglichen Verzicht will kaum jemand erklären. In manchen Debatten wird die Wirtschaft schnell in die Rolle der Verweigerer oder Verhinderer gedrängt. Diese Rolle lehnen wir ab. Sofern die Unternehmen von der Politik nicht überfordert werden, sind sie zu enormer Veränderungsgeschwindigkeit in der Lage. Erfolgreich wirtschaftende und innovative Unternehmen, insbesondere unsere vielen Mittelständler, bieten Arbeitsplätze und sichern zusammen mit ihren Beschäftigten die Steuerkraft und Handlungsfähigkeit des Staates. Das dürfen wir bei aller Einsicht in die Herausforderungen des Klimawandels nicht vergessen.

Die Transformation unserer Wirtschaft ist wie ein Geleitzug auf hoher See; manche Schiffe steuern schneller und präziser als andere, manche schwimmen im Strom mit. Sicher kann die Politik nicht jedem Einzelnen gerecht werden, doch sie sollte einen klaren Kurs vorgeben, dem möglichst viele folgen können. Etwas langsamere Schiffe dürfen nicht abgehängt oder abgeschrieben werden. Insbesondere energieintensive Produktionen brauchen eine angemessene Zeit zur Anpassung, damit sie nicht in Länder mit weniger strengen Grenzwerten abwandern. Ein Phänomen, das auch als „Carbon Leakage“ bezeichnet wird, und den Verlust von Aufträgen und ganzen Produktionsstandorten ins Ausland meint, ohne dass damit eine effektive Reduzierung der globalen Treibhausgasemissionen verbunden wäre.

**Befähigung, nicht Regulierung**

Nachhaltigkeit ist eine Frage der Einsicht und der Befähigung, nicht der Regulierung. Der Blick in die Praxis zeigt: Gezielte Investitionsanrcize, Forschungsförderung und Technologieoffenheit helfen Hessens Wirtschaft und ihren Beschäftigten. Mit Erfindergeist, mit Menschen, die ein Unternehmen gründen oder übernehmen wollen, und vor allem mit Bildung gelingt uns der Weg in eine noch bessere Zukunft. Hessen hat eine Bildungsinfrastruktur, die gute Voraussetzungen für mehr Nachhaltigkeit bietet. In Hessen gibt es Berufsschulen und Studienmöglichkeiten in der Stadt und in den Regionen. Die Gleichwertigkeit der Lebensverhältnisse von Stadt und Land spielt bei der Transformation ebenso eine wichtige Rolle. Dass junge Menschen Bildung, Arbeit und Zukunft in ihrer Heimat finden, sorgt dafür, dass unsere Ballungsräume nicht noch stärker verdichtet werden.

Das vorliegende Werk unterstreicht, dass es viele hervorragende, kreative Ansätze in der hessischen Unternehmenslandschaft gibt, die Nachhaltigkeit als Ziel verfolgen und sie voranbringen. Der hier kuratierte Tatendrang und die hier vorgestellten Ideen sind das Ferment für eine gute Zukunft in Hessen. Ich wünsche Ihnen viel Freude und spannende Erkenntnisse bei der Lektüre.

Eberhard Flammer
Gründungspräsident
Hessischer Industrie- und Handelskammertag
Wiesbaden, Deutschland
www.hihk.de

# Vorwort des Reihenherausgebers

**Prof. Dr. René Schmidpeter** steht als innovativer Vordenker für einen Paradigmenwechsel in der BWL und in der Managementwissenschaft. Er ist ein internationaler anerkannter Experte für Nachhaltiges Management, Nachhaltige Unternehmenstransformation und Globale Nachhaltigkeitsentwicklungen. Er ist Professor für Nachhaltiges Management an der IU – International University in München und hat in den letzten fünf Jahren mehr als 150 Publikationen zum Thema CSR, Sustainability, Governance und Ethik in seinen deutsch- und englischsprachigen Management-Reihen im Springer Gabler Verlag veröffentlicht. Er ist Berater und Mitgestalter in zahlreichen nationalen und internationalen Nachhaltigkeitsinitiativen und Think Tanks (China, Australien, Großbritannien, Japan, Slowenien, USA) und Gründer der M3TRIX GmbH – Institut für Sustainable Business Transformation in Köln.

Weblink und Kontakt: www.m3trix.de

## Krisen – als Treiber eines neuen Wirtschaftsparadigmas!

In der aktuellen wirtschaftspolitischen Lage sehen wir derzeit eindeutig, dass die rein auf Kostenreduktion fokussierten globalen Wertschöpfungsketten insbesondere in Krisenzeiten schnell an ihre Grenzen stoßen. Durch rein auf Gewinnmaximierung ausgelegte Lieferketten haben wir uns in negative Abhängigkeiten begeben, deren Preis nicht ausreichend reflektiert wurde – und der insbesondere in Krisensituationen offensichtlich wird.

Die Anfälligkeit unseres internationalen Wirtschaftssystems wurde zudem dadurch verstärkt, dass die – seit der Finanzkrise eingeforderten – notwendigen Strukturanpassungen unserer Wirtschaft noch nicht im ausreichenden Maße erfolgt sind. Durch eine expansive Geldpolitik sowie eine einseitige auf rein monetäre Zuwächse fokussierte Wachstumspolitik haben sich die Fragilität und ökologischen und sozialen Abhängigkeiten im wirtschaftlichen Gesamtsystem über die letzten Jahrzehnte weiter erhöht. Es gilt daher heute mehr denn je, das klassische Gegensatz-Denken zwischen wirtschaftlichem Erfolg und nachhaltiger Entwicklung (SDGs) endgültig zu überwinden.

Dieser Wandel der Wirtschaft und der Geschäftsmodelle der Unternehmen beginnen mit einem neuen Mindset der Menschen. Nachhaltiges Management und verantwortungsvolles Unternehmertum wird mit jeder Krise wichtiger und zeigt den Weg in die Zukunft. Wir erleben derzeit alle große globale Veränderungen – einen Wandel, den wir nur gemeinsam positiv gestalten können. In der Geschichte hat sich dabei gezeigt, dass man selbst in der Krise noch Spielraum hat, um positiv auf das Ergebnis zu wirken! Hieran können wir anknüpfen und unsere Stärken gemeinsam nutzen. Es ist nun an der Zeit, in nachhaltige Wirtschaftsstrukturen, verantwortungsvolle Entscheidungen, regionale Kreislaufwirtschaft und die gelebte Solidarität jedes Einzelnen zu investieren, dies wird am Ende auch wirtschaftlich und gesellschaftlich zum Erfolg führen. Denn neben der Coronakrise sind vor allem der Klimawandel sowie der Verlust der Artenvielfalt die größten Herausforderungen für die Menschheit – die wir mit einem neuen Wirtschaftsdenken lösen werden.

Aus der aktuellen Krise werden – wie nach jeder Krise – viele positive Innovationen hervorgehen, und die Basis für ein neues Managementparadigma des „Nachhaltigen Wirtschaftens" bilden. Wir können der Welt zeigen, dass am Ende das menschliche Maß und die gemeinsamen Werte zählen und dass wirtschaftlicher Erfolg und gesellschaftlicher Zusammenhalt keinen Gegensatz darstellen! Diese innovativen Gedanken einer neuen Corporate Social Responsibility treffen in vielen deutschen Regionen auf fruchtbaren Boden. Insbesondere Hessen – der zentrale Innovationsstandort in der Mitte Deutschlands – zeigt, wie eine zukunftsfähige Wirtschaft aussehen kann. Als Finanzzentrum Deutschlands kommt Hessen dabei eine besondere Rolle zu, aber auch als Logistik- und dynamischer Wirtschaftsstandort vieler mittelständischer Unternehmen gilt es, die aktuelle Wirtschaftstransformation jeden Tag aufs Neue positiv zu gestalten.

Am Beispiel Hessen zeigt sich daher im besonderen Maße, dass wirtschaftliche Organisationen und Interessensvertretungen nur dann erfolgreich sind, wenn sie den aktuellen wirtschaftlichen, sozialen und ökologischen Wandel in ihrem Umfeld proaktiv mitgestalten. Der Band unterstreicht eindrucksvoll, wie ein Bundesland gemeinsam seine Gegenwart von der Zukunft aus denkt, und konsequent gesellschaftliche Innovationen vorantreibt. Die Wirtschaft und jedes einzelne Unternehmen orientiert sich am gesellschaftlichen „Purpose". Für Unternehmen gilt es dabei, den positiven Impact ihres unternehmerischen Handelns für die Gesellschaft konsequent und strategisch zu erhöhen.

Die vielen Beiträge in dieser Publikation CSR in Hessen zeigen, dass drängende gesellschaftliche Herausforderung nur im Wechselspiel verschiedener Institutionen, Disziplinen und Sichtweisen gelöst werden können. Die zahlreichen hessischen Unternehmen, Verbände, Interessensvertretungen, Bildungseinrichtungen, Verwaltungen und NGOs beginnen mit dem konstruktiven Umbau des Wirtschaftsstandortes, mit dem gemeinsamen Ziel, das alte Trade-off-Denken zwischen Wirtschaft und Nachhaltigkeit zu überwinden. Insbesondere Unternehmen werden dabei im gegenwärtigen gesellschaftlichen Nachhaltigkeitsdiskurs immer öfter als Problemlöser und Verbündete für die Nachhaltige Transformation unserer Gesellschaft gesehen.

Das Buch stellt einen weiteren Baustein für die dringend benötigte Brücke zwischen den Forschungs- und Handlungsfeldern der gesellschaftlichen, politischen und wirtschaftlichen CSR-Diskussion in Deutschland da. Alle Leserinnen und Leser sind nunmehr herzlich eingeladen, die in der Publikation dargelegten Gedanken aufzugreifen und für die eigenen beruflichen Herausforderungen zu nutzen bzw. weiterzuentwickeln. Ich möchte mich sehr herzlich bei den Herausgeberinnen Anke Trischler und Sabine Böhling für ihr großes Engagement, bei Christine Sheppard, Madhipriya Kumaran und Nirmal Iyer vom Springer Gabler Verlag für die gute Zusammenarbeit bedanken. Nun wünsche ich Ihnen, werte Leserinnen und werter Leser, eine interessante Lektüre.

Prof. Dr. René Schmidpeter

# CSR in Hessen: Einführung in die Thematik und Beschreibung des Buchaufbaus

**Anke Trischler** studierte Wirtschaftswissenschaften mit Schwerpunkt European Business an Hochschulen in Deutschland, England und Frankreich. Sie war rund zwei Jahrzehnte in Fach- und Führungsverantwortung in Großunternehmen der Industrie, Bankwesen, internationaler Beratung und IT. Seit 2008 ist sie geschäftsführende Gesellschafterin der Transformation zur Nachhaltigkeit GmbH in Wiesbaden. Sie entwickelt Projekte mit mehrdimensionaler Wirkung, leistet strategische Beratung und Umsetzung zu den Themen Corporate/Civic/Cultural Sustainability and Responsibility. Sie begleitet Unternehmen und Organisationen, auch aus der Kulturbranche, beim Aufbau einer Nachhaltigkeitsstrategie und unterstützt ihren Einstieg in die Berichterstattung auf Basis Deutscher Nachhaltigkeitskodex. Sie arbeitet in Netzwerken und Kooperationen, bringt ihr Expertenwissen in Verbände und Gremien ein. Ihre Themen sind mitarbeiter- und werteorientierte Führung, Vernetzung und Aufbau von Wissens- und Aktionsallianzen, Fusions- und Veränderungsmanagement, Integration von Nachhaltigkeitsthemen in Bildung, Wirtschaft, Gesellschaft. Anke Trischler ist unter anderem Vorsitzende des Ausschusses Nachhaltige Wirtschaft der IHK Wiesbaden, Mitglied im Steuerungskreis „Wirtschaftsinitiative" der hessischen Nachhaltigkeitsstrategie. Sie hält Lehraufträge für Wirtschaftsethik, CSR und nachhaltige Unternehmensführung, unternehmerische Verantwortung, zukunftsfähiges Wirtschaften und ist Mitgründerin des Instituts für Zukunftskultur.

**Sabine Böhling** schloss 2019 den Bachelor of Arts (B. A.) in Tourismus-, Hotel- und Eventmanagement mit Auszeichnungen „Bester Abschluss, beste Abschlussarbeit" ab. Nach fast 30 Jahren in der Chemiebranche – in verschiedenen Unternehmen, Positionen und Aufgabengebieten – realisierte sie mit diesem Studium einen persönlichen Wunsch und fügte damit ihrer Leidenschaft des lebenslangen, lebensbreiten und lebenstiefen Lernens einen weiteren Baustein hinzu. Sie ist unter anderem Praktikerin in der Entwicklung und Erstellung von Schulungsprogrammen, Trainings und Kundenberatung, sowie der Messe- und Eventorganisation. Als Ausbilderin von Nachwuchskräften, Mitarbeitern und Kunden widmet sie sich mit ihrem Unternehmen sb$^2$ concepts schwerpunktmäßig Nachhaltigkeitsanalysen und -strategien, dem Change-Management sowie Nachhaltigkeit im Eventmanagement. Sie unterstützt Unternehmen als Beraterin und Trainerin für Nachhaltigkeit und CSR dabei, ihre Wirkungsebenen zukunftsfähig zu gestalten. Dabei vermittelt sie in Seminaren und Workshops Wissen und Handlungskompetenzen, um Mitarbeitenden auf allen Ebenen über die Notwendigkeit der Transformation zur Nachhaltigkeit zu informieren, sensibilisieren und motivieren. Zudem ist sie als freie Dozentin an Hochschulen tätig und erhält Lehraufträge rund um die Themen CSR und Nachhaltigkeit.

## 1 CSR: Zum Status quo einer Debatte

Hessen ist der Mittelpunkt Deutschlands. Und nur mit CSR gibt es eine zukunftsfähige Wirtschaft. Punkt. Damit wäre schon fast alles gesagt, um ausreichend neugierig auf diese Publikation zu sein. Wären da nicht diese 52 Beiträge. Gerade so viele, um ein ganzes Jahr mit spannender wöchentlicher Lektüre zu füllen. Worum geht es in diesem Sammelband? Die Autorinnen und Autoren der Beiträge zeichnen ein vielfältiges Bild und geben einen Einblick in ihre Strategie und Verantwortung für nachhaltiges Wirtschaften. Sie bringen Ergebnisse und zeigen zukunftsfähige Wege auf. Sie setzen Standards. Ihre praxiserprobten Beispiele geben Orientierung, motivieren, machen Mut. Der Sammelband *CSR in Hessen* komplettiert die Management-Reihe um das Bundesland Hessen.

Corporate Social Responsibility (CSR) ist ein zentrales Thema für die Zukunftsfähigkeit von Unternehmen und Organisationen, unabhängig von ihrer Größe und ihrer regionalen Verortung. CSR erhält viel Aufmerksamkeit an Runden Tischen, in Managementforen und Arbeitskreisen, bei Aktivitäten und Auszeichnungen. Es gibt Initiativen auf lokaler, regionaler, nationaler und globaler Ebene, in digitalen und Präsenzformaten. Nachhaltigkeitstage und -aktionswochen füllen die Kalender. CSR und Nachhaltigkeit bzw. nachhaltige Entwicklung werden gern synonym verwendet.

Verstärkt debattiert wird über Nachhaltigkeit mindestens, seitdem der *Club of Rome* 1972 den Bericht „Grenzen des Wachstums" veröffentlichte. Die allgemein und weltweit einheitliche Definition entstammt dem Brundtland-Bericht der Vereinten Nationen aus dem Jahr 1987:

> „Nachhaltige Entwicklung ist eine Entwicklung, welche die Bedürfnisse der gegenwärtigen Generation befriedigt, ohne die Fähigkeit zukünftiger Generationen zu gefährden, ihre eigenen Bedürfnisse zu befriedigen." (Hauff 1987)

Mit dem Brundtland-Bericht gewann die Diskussion an globaler Reichweite. Durch die Rio-Konferenz 1992 wurde erstmals ein ganzheitlicher und globaler Ansatz entwickelt. Im Anschluss daran haben praktisch alle entwicklungsrelevanten internationalen Beschlüsse, Verträge und Aktionsprogramme anerkannt, dass wirtschaftliche Entwicklung ohne Rücksichtnahme auf die drei Dimensionen der Nachhaltigkeit unkalkulierbare Umweltgefährdungen und politische Risiken mit sich bringen.

Zur Erinnerung: Diese drei Dimensionen sind soziale Gerechtigkeit, wirtschaftliche Leistungsfähigkeit, ökologische Tragfähigkeit. Auf die acht Millennium Development Goals (MDGs) folgte die Agenda 2030 mit den Sustainable Development Goals (SDGs). Diese wurden von 193 Mitgliedstaaten der Vereinten Nationen unterzeichnet und gelten seit dem 01.01.2016 erstmals für alle Länder gleichermaßen – im globalen Norden und globalen Süden. Die SDGs sind ein internationaler Referenzrahmen, mit 17 formulierten Zielen sowie 196 Unterzielen und setzen Maßstäbe, die es in einer globalisierten Welt zu erreichen gilt.

**Mit der Agenda 2030 verbunden sind Hoffnungen und Erwartungen. Ihre fünf Kernbotschaften sind (BMU 2020)**

- Planet
  Den Planeten schützen: Klimawandel begrenzen, natürliche Lebensgrundlagen bewahren.
- People
  Die Würde des Menschen im Mittelpunkt: Eine Welt ohne Armut und Hunger ist möglich.
- Prosperity
  Wohlstand für jeden Menschen fördern: Globalisierung gerecht gestalten.
- Partnership
  Globale Partnerschaften aufbauen: Erreichung der 17 Ziele bis 2030 mittels strategischer Partnerschaften.
- Peace
  Frieden fördern: Menschenrechte und gute Regierungsführung als Grundlagen allen Handelns.

Die Brundtland-Definition spricht von zukünftigen Generationen, damit rückt der Begriff *Zukunftsfähigkeit* in den Fokus. Wo stehen wir heute? Die Diskussion über CSR in Wirtschaft und Gesellschaft ist lebhafter geworden, seit Mitte 2019 hat die Auseinandersetzung mit dem Thema der unternehmerischen Verantwortung an Dynamik zugenommen, Tendenz weiterhin steigend. Klassisch bezeichnet CSR die soziale, ökologische und ökonomische Verantwortung von Unternehmen in allen Bereichen der Unternehmenstätigkeit im Rahmen der gesamten Wertschöpfungskette. In der Diskussion wird deutlich, dass diese klassische Auslegung zu kurz greift.

## 2 Herausforderungen und Chancen

Wir haben komplexe Systeme geschaffen und die damit verbundenen Herausforderungen unterschätzt. Wir erreichen die Grenzen des Wachstums, das Ende erschöpfbarer Ressourcen, die Überlastung der Ökosysteme. Wir erleben Finanzkrisen, Klimawandel und gesellschaftlichen Druck: „Licence to operate", „War for Talents", „Fridays for Future", „Moral am Regal". Auch Corona fordert Veränderung und vielfach das Ende der Freiwilligkeit.

Nachhaltigkeit erfordert, eine Langfristperspektive einzunehmen, die ökologische, soziale und wirtschaftliche Kriterien und die kulturelle Dimension gleichwertig berücksichtigt. Zukunftsfähigkeit in Wirtschaft und Gesellschaft bedeutet die Übernahme von Verantwortung. Verantwortung ist die Übertragung bzw. Übernahme einer willentlichen Pflichterfüllung in Form von Handlungen inklusive deren Konsequenzen. Synonyme sind auch Verantwortlichkeit, Verantwortungsbereitschaft, Verantwortungsbewusstsein, verantworten, verantwortbar, verantwortungsbewusst, Mitverantwortung, Hauptverantwortung, Gewissenhaftigkeit, Moral, Pflichtbewusstsein, Pflichtgefühl, Verpflichtung, Garantie, Gewährleistung, Haftbarkeit, Haltung, Schuld (engl.: responsibilities [Verantwortlichkeiten], responsibility [Zuständigkeit]). Der Verantwortungsbegriff bezieht auch nicht intendierte Handlungsfolgen und Unterlassungen ein (Schmidt 2016). Aus Sicht des Verantwortungsprinzips wird danach gefragt, wie Marktakteurinnen und -akteure ihre Handlungen so gestalten können, dass deren Folgen weder wettbewerbliche Nachteile mit sich bringen noch zu Schäden des Individual- oder Gemeinwohls führen. Der Verantwortungsbegriff, so wie er heute verwendet wird, entsteht erst ab Beginn des 19. Jahrhunderts (Heidbrink 2010), obwohl das Verständnis dazu nachweislich weit zurückreicht:

> „Verantwortlich ist man nicht nur für das, was man tut, sondern auch für das, was man nicht tut." Laotse (3. oder 4. Jh. v. Chr.); chinesischer Philosoph

Viele Akteurinnen und Akteure beschäftigen sich bereits mit Elementen gesellschaftlicher Verantwortung und richten ihren Geschäftsbetrieb nachhaltig aus. Das geschieht vielfach unkoordiniert, ohne Verankerung in der Unternehmensstrategie und ohne machbaren, innovativen und unternehmerischen Mehrwert. CSR bietet die unternehmerische Chance für eine positive, innovative Positionierung. Mehr denn je stehen nicht nur Unternehmen heute und bis auf Weiteres vor dieser Herausforderung. Wie geht CSR, welche Bereiche umfassen die strategischen Überlegungen und Entscheidungen? Wann lohnt sich CSR? Und wer muss mit wem reden, damit CSR eine lohnenswerte Investition in langfristigen Unternehmenserfolg wird? Wie setzen die Akteurinnen und Akteure das um? Diese und viele weitere Fragen sowie die Diskussion zu den Antworten lassen es erahnen: CSR ist kein Sprint. CSR beschreibt vielmehr eine Haltung, eine Zukunftsfitness, einen Marathon – lt. ISO 26000:

> „Verantwortung einer Organisation für die Auswirkungen ihrer Entscheidungen und Aktivitäten auf die Gesellschaft und Umwelt durch transparentes und ethisches Verhalten, das … zur nachhaltigen Entwicklung, Gesundheit und Gemeinwohl eingeschlossen, beiträgt, die Erwartungen der Anspruchsgruppen (die Stakeholder) berücksichtigt, anwendbares Recht einhält und im Einklang mit internationalen Verhaltensstandards steht, und in der gesamten Organisation integriert ist und in ihren Beziehungen gelebt wird." (BMAS 2011, S. 17)

Kurzum: CSR betrifft immer das Kerngeschäft, das durch Globalisierung ökonomische, soziale und Umweltzustände überall auf der Welt Auswirkungen hat; sowohl in vor- als auch in nachgelagerten Prozessschritten. Nachhaltigkeit ist komplex und multidimensional. Keine „Licence to operate" ohne den Dialog mit den Stakeholdern, den Anspruchsgruppen.

In der Leitbildstudie 2020, die Horvath & Partner veröffentlicht haben, wurden den beteiligten Unternehmen Fragen zu fünf Begriffen gestellt: Purpose, Mission, Vision, Leitsätze, Werte (Horvàth & Partner 2020). Beziehen wir Purpose auf das Kerngeschäft eines Unternehmens, dann leiten wir im Sinne des Deutschen Nachhaltigkeitskodex auf den Begriff der Wesentlichkeit über und binden diese in Annahme und Fragestellung ein. Zu relevanten Unternehmensaktivitäten im Zusammenhang mit Corporate Sustainability and Responsibility

> „ … sind sowohl diejenigen Unternehmensaktivitäten, die eine entscheidende negative oder positive Auswirkung auf Nachhaltigkeitsaspekte haben, als auch Nachhaltigkeitsaspekte, die sich in besonderem Maße auf die Unternehmensaktivitäten auswirken. Zusätzlich können Themen auch dann wesentlich sein, wenn sie für die Entscheidungsfindung von Stakeholdern eine besondere Bedeutung haben oder deren Verhältnis zu Ihrem Unternehmen prägen. Welche Aspekte im Einzelfall als wesentlich gelten, ist branchenspezifisch und hängt stark von den Prozessen in Ihrem Unternehmen ab." (DNK 2021)

Die *Wesentlichkeit* des Unternehmens muss zukunftsfähig ausgerichtet sein:

- Wie und womit verdient das Unternehmen sein Geld?
- Welche positive Auswirkung auf die Welt wird erzielt?
- Wodurch erreicht das Unternehmen die positive Auswirkung?
- Welchen Beitrag leistet ein Unternehmen zur Lösung der globalen Herausforderungen?

Die *Mission* beschreibt, was ein Unternehmen für seine Kundinnen und Kunden leistet und welcher Mehrwert daraus entsteht, und konkretisiert dadurch ihren Purpose:

- Welchen Auftrag erfüllt ein Unternehmen aus Sicht seiner Kunden?
- Welchen Mehrwert bietet es ihnen über die offensichtlichen Eigenschaften der Funktionserfüllung hinaus?

Eine *Vision* beschreibt das Zukunftsbild, das eine Organisation in den nächsten fünf bis sieben Jahren erreichen möchte. Die Vision richtet sich nach innen. Sie setzt den Maßstab, mit dem ein Unternehmen den Erfolg seiner Strategie definiert. Die Vision ist Motivation der aktuellen Mitarbeitenden und besitzt Anziehungskraft für zukünftige Mitarbeitenden, Investorinnen und Investoren, Zulieferer und Kundinnen und Kunden.

- Welche Erwartungen stellt das Unternehmen an sich selbst?
- Wohin möchte es sich in Zukunft entwickeln?

Gute *Leitsätze* entstehen aus intrinsischer Motivation und werden innerhalb des Unternehmens von den Beteiligten erarbeitet, definiert, formuliert und gelebt. Gute Leitsätze stellen strategische Grundsatzaussagen für Unternehmen dar. Führungskräften und Mitarbeitenden geben sie Orientierung bei Entscheidungen. Die Frage dazu ist:

- Welches sind die allgemeinen Grundsätze, die das Vorgehen und die Entscheidungsfindung eines Unternehmens bestimmen?

*Werte* sind niemals beliebig. Sie müssen fester Bestandteil der Unternehmensstrategie und messbar sein. Werte sind eine unmittelbare Verhaltensaufforderung an die Belegschaft, deren primärer Zweck es ist, wünschenswerte Verhaltensweisen zu fördern und ungewünschte einzudämmen. Werte beziehen sich auf jeden Einzelnen. Die Frage nach „Wie lauten die unternehmensspezifischen Erwartungen an das Verhalten von Mitarbeitenden?“ gilt es zu ergänzen um den Aspekt zum Verhalten der Führungskräfte, die Werte vorleben sollten.

Wir alle gehen mit Wissenslücken in die Zukunft. Die Leitbildstudie zeigt auf, dass die Auseinandersetzung mit dem *Purpose,* mit dem „Wozu“ eines Unternehmens oder einer Organisation, eine Chance auf zukunftsweisende Weiterentwicklung, auf Zukunftsfähigkeit bietet. Insbesondere mit Vision, Mission, Leitsätzen und Werten bietet sich in der Mehrdimensionalität eine Art Periodensystem zur (Ein-)Ordnung von Trends (FMG 2020) und Entwicklungen – und vor allem Gestaltungsmöglichkeiten. Langfristige und zukunftsfähige Ziele in ökonomischer, ökologischer, kultureller und gesellschaftlicher Nachhaltigkeit erreichen wir außerhalb unserer Komfortzone: In Kooperation, Vernetzung und intergenerativem Dialog gelingen interdisziplinäre Lösungen und echte Innovation, überwinden wir Gegensätze, entwickeln neue Geschäftsmodelle zum Werterhalt von Unternehmen, mit positiver Wirkung für Umwelt und Gesellschaft. Nachhaltigkeit – und damit Zukunftsfähigkeit – erreichen wir nur gemeinsam!

Mit Schwarmintelligenz können wir die Gegenwart in Lösung und Wirkung von der Zukunft aus denken und heute schon handeln. Hessen ist das erste Bundesland, das Nachhaltigkeit in die Landesverfassung aufnahm – was für eine Chance! *CSR in Hessen* enthält Berichte des Gelingens, auf die Entscheiderinnen und Entscheider gern und oft zugreifen. Zukunft braucht Mut. Jeder Beitrag zählt!

## 3 Hessen: Der Mittelpunkt Deutschlands

Hessen ist Wegbereiter unter den Bundesländern. Am 29. Oktober 1946 wurde in Wiesbaden die Hessische Landesverfassung von der *Verfassungsberatenden Landesversammlung* beschlossen. Durch Volksabstimmung trat sie am 1. Dezember 1946 in Kraft. Damit war sie die erste Nachkriegsverfassung Deutschlands. Der rot-weiße Löwe auf blauem Grund ist das Landeswappen Hessens.

### 3.1 Hessen – ein erster Blick

Hessen hat Landschaft. Sie reicht von den Kasseler Bergen bis zum Odenwald und zur Bergstraße, vom Westerwald, über Taunus und Rheingau bis zum Biosphärenreservat Rhön. Der Vogelsberg ist größter erloschener Vulkan Europas, der Edersee ist einer der größten Stauseen Europas. Also insgesamt viel Wald, viel Grün, zahlreiche Naturschutzgebiete. Viele Städte und Dörfer in Hessen haben historischen Charme und Fachwerk.

Hessen ist urban. Die Landeshauptstadt Wiesbaden zeigt gern und großflächig Ensemble aus der Gründerzeit rund um Kurhaus, Staatstheater und Landesmuseum, Hessischen Landtag und Staatskanzlei. Und erweitert sein künftiges Erbe um Modernes wie das RheinMain CongressCenter, welches sich aufgrund seiner Zukunftsfähigkeit vom Markt abhebt und daher mit dem DGNB-Zertifikat in Platin sowie dem DGNB-Diamant für herausragende gestalterische und baukulturelle Qualität ausgezeichnet wurde.[5] Das Museum Reinhard Ernst wird nach Plänen des japanischen Stararchitekten Fumihiko Maki an der Wilhelmstraße in Wiesbaden errichtet und soll im Sommer 2022 eröffnen. Es zeigt ausschließlich abstrakte Kunst. Das benachbarte, altehrwürdige Landesmuseum ist eines der fünf Hessischen Landesmuseen; dazu gehören die Häuser in Kassel und Darmstadt, das Archäologische Landesmuseum Hessen mit den Standorten Keltenwelt am Glauberg und Römerkastell Saalburg. Es ist ein Zweispartenhaus für Kunst und Natur. Mit seiner umfangreichen Ausstellung ausgewählter Exponate gelang der Sprung auf die Weltkarte des Jugendstils. Auch Bad Nauheim und Darmstadt sind exzellente Zeitzeugen dieser Epoche. Die Wissenschaftsstadt Darmstadt im Süden Hessens ist Europas Tor ins All. Hier steht das Europäische Raumflugkontrollzentrum. Nach Darmstadt wurde sogar ein Element benannt: Darmstadtium, abgekürzt *Ds*, das 1994 dort erstmals künstlich hergestellt wurde. Die kreisfreie Stadt Kassel ist Verwaltungssitz des gleichnamigen Regierungsbezirkes und des Landkreises Kassel. Sie ist Nordhessens einzige Großstadt, nach Frankfurt am Main und Wiesbaden die drittgrößte Stadt und eines von zehn Oberzentren in Hessen. Kassel wird mit der documenta alle fünf Jahre zur Hauptstadt der Kunstwelt. Stichwort Kultur: Wer kennt nicht die

[5] DGNB = Deutsche Gesellschaft für Nachhaltiges Bauen; www.dgnb-system.de.

Märchensammlung der Gebrüder Grimm, die bekanntesten Bücher weltweit, übersetzt in rund 170 Sprachen? Hanau ist ihre Geburtsstadt.

Hessen ist global. Hier kreuzen sich nationale, kontinentale und globale Verkehrswege. International bekannt ist auch Frankfurt am Main, Mainhattan genannt wegen seiner markanten Skyline – der einzigen in Deutschland. Frankfurt ist europäisches Finanzzentrum, globales Drehkreuz für Passagier- und Frachtlogistik, Sitz des Hessischen Rundfunks … und wäre beinahe Regierungssitz der neu gegründeten Bundesrepublik geworden, ganz in der Tradition der ersten deutschen Nationalversammlung 1848 in der Paulskirche. Der Plenarsaal für das Parlament war schon gebaut. Er wurde stattdessen Teil des HR-Funkhauses.

## 3.2 Hessen in Zahlen

Hessen grenzt mit einer Gesamtgrenzlänge von 1410 km an die Bundesländer Nordrhein-Westfalen (Grenzlänge: 269,3 km), Niedersachsen (167,0 km), Thüringen (269,6 km), Bayern (261,9 km), Baden-Württemberg (176,5 km) und Rheinland-Pfalz (266,3 km) (Statistik Hessen 2020b). Hessen ist das fünftgrößte Bundesland der Bundesrepublik Deutschland. Flächenmäßig ist Hessen mit rund 21.116 km² im Mittelfeld einzuordnen. Zum Jahresende 2019 lebten 6,29 Mio. Menschen in Hessen. Das waren 0,4 % mehr als im Jahr 2018. Im Schnitt leben 296 Einwohner auf einem Quadratkilometer. Auf rund 1000 Einwohnerinnen und Einwohner kommen rund 487 Wohnungen (Bundesdurchschnitt: 511 Wohnungen). Der Anteil der erwerbsfähigen Bevölkerung (15 bis 64 Jahre) beträgt 65,2 % (Statistik Hessen 2019).

2019 lag die Wirtschaftsleistung mit einem Bruttoinlandsprodukt von rund 294 Mrd. EUR im Vergleich der Bundesländer im oberen Feld (Statistik Hessen 2020d):

- BIP je Erwerbstätigen: rund 83.000 Euro[6]
- Arbeitslosenquote: 4,4 % (bundesweiter Durchschnitt: 5 %)
- Schuldenstand: rund 44,2 Mrd. EUR (zur Mitte des Jahres 2020 auf Rang 5)
- Länderfinanzausgleich: Hessen ist eines der vier Geberländer: rund 1,9 Mrd. EUR

Hessen ist ein angesehener Ort für Unternehmensniederlassungen. 2018 waren über 274.000 Unternehmen registriert. Zahlreiche Großunternehmen haben ihren Standort in Hessen, zum Beispiel Deutsche Lufthansa, Deutsche Bahn, Deutsche Post und Deutsche Telekom, die Europäische Zentralbank, REWE, Opel, Siemens, die Karstadt-Quelle,

[6]Im Vergleich: 85.000 EUR pro Erwerbstätigen in der Metropolregion FrankfurtRheinMain (die Metropolregion hat 5,7 Mio. Einwohner und umfasst Teile von Hessen, Rheinland-Pfalz und Bayern). Im weiteren Vergleich: 90.000 EUR pro Erwerbstätigen bundesweit (Regionalverband FrankfurtRheinMain 2018).

Procter & Gamble, Goodyear DunlopTires Germany, IBM Deutschland, die Heraeus Gruppe. Die im Süden Hessens gelegene Rhein-Main-Region besitzt nach dem Ruhrgebiet die höchste Wirtschaftsdichte. Schlüsselbranchen sind die Pharma- und Chemie-Industrie sowie Finanzdienstleistungen am Finanz-Zentrum Frankfurt am Main. Die Region Kassel im Norden Hessens, Fulda in Osthessen und Gießen in der Mitte Hessens sind weitere wichtige Wirtschaftszentren. Die IT-Branche bietet in rund 10.000 Unternehmen ca. 80.000 Arbeitsplätze. Ebenfalls sehr präsent in Hessen ist die Kultur- und Kreativbranche. Bezogen auf die IT-Branche ist die Entwicklung von Computerspielen umsatzstärkster Teilmarkt. Die ca. 1.300 Großunternehmen entsprechen 0,5 % des hessischen Unternehmensbestands. Rund 99,5 % der hessischen Unternehmen zählen zum Mittelstand. Der Anteil Kleinstunternehmen (sogenannte Solo-Selbständige) am gesamten hessischen Unternehmensbestand betrug 89,4 %. Die kleinen und mittleren Unternehmen (KMU) bilden das Rückgrat der hessischen Wirtschaft. Mit ihrer Bedeutung für Beschäftigung und Ausbildung, Versorgung, Innovationen und Wirtschaftsleistung sind sie Jobmotor Nummer eins (HMWEVW 2020).

In seinen administrativen, legislativen und geografischen Grenzen wurde Hessen, basierend auf der Proklamation Nr. 2 der damaligen amerikanischen Militärregierung, am 16. Oktober 1945 geformt und ist bis auf geringe Grenzkorrekturen im Zeitverlauf seit 1945 unverändert geblieben. Das Bundesland Hessen gliedert sich in die drei Regierungsbezirke Darmstadt, Gießen und Kassel mit insgesamt fünf kreisfreien Städten und 21 Landkreisen mit aktuell 423 hessischen Gemeinden mit fünf kreisfreien Städten (Statistik Hessen 2020c). In Hessen zeugen zahlreiche Burgen, Schlösser und historische Parks von einer spannenden Geschichte. Sie sind das kunsthistorische Erbe wechselvoller Geschichte und Entwicklung (Schörgenhummer o. J.).

Im Oktober 2018 fanden die letzten Landtagswahlen statt. Die Wahlbeteiligung lag bei 67,3 %. Die CDU erhielt 27 % der Wählerstimmen, die Grünen und die SPD erhielten jeweils 19,8 % der Wählerstimmen. Eine Koalition aus CDU und Grünen stellt die Landesregierung. Der Koalitionsvertrag umfasst knapp 200 Seiten und trägt den Titel „Aufbruch im Wandel durch Haltung, Orientierung und Zusammenhalt" (Hessen 2018c). Zeitgleich mit der Landtagswahl wurden 15 Gesetze zur Änderung und Ergänzung der Verfassung des Landes Hessen sowie Erläuterungen zu den einzelnen Gesetzen beschlossen, darunter „Artikel 26c Staatsziel zur stärkeren Berücksichtigung der Nachhaltigkeit" (Hessen 2018a).

## 3.3 Hessen nachhaltig

> „Artikel 26c: Der Staat, die Gemeinden und Gemeindeverbände berücksichtigen bei ihrem Handeln das Prinzip der Nachhaltigkeit, um die Interessen künftiger Generationen zu wahren." (Hessen 2018b)

Zur Erläuterung:

> „Mit dem neuen Artikel 26c soll das Prinzip der Nachhaltigkeit auf alle staatlichen und kommunalen Handlungsfelder erstreckt werden, indem es ausdrücklich als Staatsziel Verfassungsrang erhält. Nachhaltiges Handeln ist auf Dauerhaftigkeit angelegt. Die Berücksichtigung des Prinzips der Nachhaltigkeit hat insbesondere zur Folge, dass Gestaltungsspielräume der heutigen Generationen nicht zulasten der künftigen Generationen ausgenutzt werden dürfen, sondern verantwortungsvolles Handeln stets auch die Interessen künftiger Generationen berücksichtigen muss.“ (Hessen 2018b)

### 3.3.1 Nachhaltigkeitsstrategie Hessen

2008 startete die damalige hessische Landesregierung mit einer Agenda zur nachhaltigen Entwicklung im Bundesland Hessen. Die nachfolgenden Landesregierungen entwickelten die Agenda weiter. Das Grundmotiv des kooperativen Staates wirkte und wirkt weiterhin dabei förderlich (HMUKLV 2018, S. 5). Die Hessische Nachhaltigkeitsstrategie ist eine solide und stabile Grundlage, inspiriert zahlreiche Initiativen und motiviert damit viele Menschen zum Mitmachen. Am 6. Hessischen Tag der Nachhaltigkeit am 10. September 2020 engagierten sich Bürgerinnen und Bürger, Unternehmen, Schulen, Kindergärten, Kommunen, Vereine und wissenschaftliche Einrichtungen mit mehr als 850 Aktionen und Veranstaltungen (HMUKLV o. J.).

Die inhaltlichen Schwerpunkte der Nachhaltigkeitsstrategie (NHS) setzt das Hessische Bündnis für Nachhaltigkeit (HBN). Das Nachhaltigkeitsforum unterstützt als beratendes Gremium das HBN bei der Auswahl der Schwerpunktthemen. Steuerungskreise gestalten die beschlossenen Schwerpunktthemen mit konkreten Inhalten und unterstützen bei der Umsetzung der angestoßenen Maßnahmen und Aktivitäten. Seit 2008 wurden Projekte initiiert, die sich im Laufe der Zeit zu eigenen Initiativen verstetigt haben und entsprechend fortgeführt werden. Die laufenden Projekte sind (HMUKLV o. J.):

- Hessen aktiv: Die Klima-Kommunen
- Hessen aktiv: $CO_2$-neutrale Landesverwaltung
- Nachhaltige Beschaffung
- Vitale Orte 2030 – Demografie gestalten

Als weitere Schwerpunktthemen wurden „Leitbild“, „Wirtschaftsinitiative“ und „Nachhaltige Ernährung“ identifiziert. In den drei Nachhaltigkeitsdimensionen „Ökonomie“, „Ökologie“ und „Soziales“ und nach zehn Themenfeldern waren die Indikatoren und die für das Jahr 2020 festgelegten Ziele der Nachhaltigkeitsstrategie Hessen strukturiert. In intensivem Dialog wurden die Ziele und Indikatoren bis 2018 weiterentwickelt. Die Nachhaltigkeitskonferenz 2018 und das Hessische Bündnis für Nachhaltigkeit (erste Sitzung 2019) bestätigten die Fortschreibung. Zentrale Orientierung gaben die globalen Nachhaltigkeitsziele der Agenda 2030 und die Ziele und Indikatoren der Deutschen Nachhaltigkeitsstrategie (HMUKLV o. J.).

> „Hessen sticht im Länderkonzert positiv hervor. Es stellt signifikante finanzielle Ressourcen für die Umsetzung der Strategie bereit." (HMKULV 2018, S. 7)

Die Nachhaltigkeitsstrategie Hessen ist ein intensiver Dialog und die Beteiligten wissen um Bedeutung, Herausforderung und Reichweite: Transformation zur Nachhaltigkeit ist ein Such- und Lernprozess und eine gemeinsame Aufgabe für Politik, Wirtschaft, Wissenschaft, Verwaltung und Gesellschaft – in Hessen, bundesweit, global.

### 3.3.2 Peer Review: Sicherheit in Zukunftsfragen, Vertrauen in Nachhaltigkeit, Mut zu Neuanfängen

2018 wurde die Nachhaltigkeitsstrategie Hessen zehn Jahre alt. Das nahm die Landesregierung zum Anlass, den bisherigen Prozess und die bislang erarbeiteten Ergebnisse in den Blick zu nehmen, zu bewerten und Potenziale für eine Weiterentwicklung zu ermitteln. Wertvoll war dafür ein offener Blick von außen. Die eingeladenen Expertinnen und Experten nahmen unter Leitung von Prof. Dr. Günther Bachmann (vgl. Vorwort) die Hessische Nachhaltigkeitsstrategie unter die Lupe und formulierten entsprechend ihrer Expertise und Erkenntnisse ihre Einschätzungen und Handlungsempfehlungen für eine Weiterentwicklung (HMKULV 2018). Zu einigen im Peer Review ausgesprochenen Empfehlungen finden Leserinnen und Leser in diesem Sammelband konkrete Beispiele und Anregungen.

**EMPFEHLUNGEN ZU FORTENTWICKLUNG DER STRATEGIE UND INSTITUTIONEN (HMKULV 2018, S. 11–21)**

- # 1: Hessens Nachhaltigkeitsstrategie runderneuert fortschreiben: Freiräume schaffen, Kooperation beflügeln, Ambitionen orientieren.
- # 2: Der föderalen Dimension einen Impuls geben.
- # 3: Den gesellschaftlichen Akteuren in Hessen empfehlen wir, die Hessische Nachhaltigkeitsstrategie stärker zu nutzen.
- # 4: Regionalität als Trumpfkarte nutzen.
- # 5: Kommunizieren! Nachhaltigkeit lebt von Ambition und Kompetenz, aber auch von gelingender Kommunikation.
- # 6: Die „Governance" neu justieren.
- # 7: Akteursbezug mit Zielen und Indikatoren ausbauen und weiteres Engagement ermutigen.
- # 8: Das Außen positiv besetzen: Hessen als „Gateway to Sustainability".
- # 9: Freiräume für Eigenverantwortung in der Gesellschaft schaffen: Sozialinnovationen.
- # 10: In jedem Alter: Bildung für nachhaltiges Handeln.
- # 11: Die Heimat der Nachhaltigkeit: die Kommunen.
- # 12: Verantwortung fördern und fordern: nachhaltiges Wirtschaften.

Der Peer Review diente als Orientierung und Navigation bei der Auswahl von Themen und Strukturierung der Beiträge. Nachfolgend sind exemplarisch und wertungsfrei Beispiele hervorgehoben.

Kooperationen **(Empfehlung 1)** beflügeln und Innovationen sind vor allem dann zukunftsweisend, wenn sie nachhaltig sind. Da zeigt alljährlich der Hessische Innovationskongress, der seit 2017 von Hessen Trade and Invest (HTAI) konzipiert und organisiert wird. Der erste Hessische Innovationskongress beschäftigte sich mit dem Wesen von Innovationen. Die rund 650 Teilnehmenden informierten sich, tauschten sich aus. 2020 begrüßte Dr. Philipp Nimmermann (vgl. Vorwort) im Hybridformat mehr als 2000 Teilnehmenden, die die Vorträge von Thomas Reiter (vgl. Teil II), Maja Göpel, Matthias Horx und weiteren Rednerinnen und Redner sowie Diskussionsrunden, unter anderem mit Hannah Helmke von right. based on science (vgl. Teil II), verfolgten (HTAI 2020).

**Empfehlung 3** steht für eine stärkere Nutzung der NHS durch gesellschaftliche Akteurinnen und Akteuren wie beispielsweise Kommunen, Unternehmen, Vereine, Universitäten. Im Sammelband finden sich Beispiele aus der Praxis für die Praxis, anwendbar und umsetzbar in Unternehmen, Aus- und Weiterbildung, Gesellschaft. In Teil I (vgl. Teil I) beschreibt beispielsweise Prof. Dr. Finkeldey, Präsident der Uni Kassel, den Weg zum Zentrum für nachhaltige Transformation mit 17 Professuren für 17 Ziele. Teil III (vgl. Teil III) enthält Beiträge aus der Unternehmenspraxis in großen und kleinen Betrieben sowie gewerblichen als auch Sozialunternehmen. In Teil IV (vgl. Teil IV) berichten Akteurinnen und Akteure aus Kommunen und einem Netzwerk von Unternehmerinnen und Unternehmern, denen persönliches Engagement in Kooperationen außerordentlich wichtig ist, um weitreichende nachhaltige Impulse in ihrer Region und darüber hinaus zu geben. Aus gegenseitiger Wertschätzung machen sie einen Mehrwert für alle. Kooperationen kennen keine Grenzen, Zeit und Raum; sie wirken übergreifend – lokales Engagement, globale Wirkung.

**Empfehlung 4** setzt darauf, Regionalität als Trumpfkarte zu nutzen: „Wir empfehlen eine gegenüber dem jetzigen Stand weitaus stärkere Einbindung und Ermutigung der Regionen. Die regionale Diversität Hessens kann der Nachhaltigkeitspolitik einen Spannungsbogen geben, auf den politisch nicht verzichtet werden sollte." (HMUKLV 2018, S. 13) Hessen hat von allem: ländlichen Raum und Metropolregion. In Nordhessen gibt es viel Platz – und viel Engagement für hohe Lebensqualität und Miteinander (vgl. Teil IV, Beitrag „Die HOMEberger"). „Kommunizieren! Nachhaltigkeit lebt von Ambition und Kompetenz, aber auch von gelingender Kommunikation" besagt Empfehlung 5. Damit spricht der Peer Review vor allem die Landesregierung an. Gute Kommunikation ist auf und zwischen allen Ebenen wichtig und trägt entscheidend bei zu einer konstruktiven Zusammenarbeit. In Teil I erläutert Sabine Böhling am Beispiel von Events, wie Mitarbeitende durch eine geeignete Art der internen Kommunikation in das Nachhaltigkeitsmanagement eingebunden werden können (vgl. Teil I). In Teil II beschreibt das Autorenteam der LandesEnergieAgentur, warum das Prinzip der Nachhaltigkeit als Kommunikationsgrundlage krisengeeignet ist (vgl. Teil II). Die Industrie- und Handelskammer Wiesbaden gibt mit der Bierdeckelkampagne „SDG à la hessisch" ein Beispiel dafür, wie globale Ziele niedrigschwellig und verständlich kommuniziert und zu den Menschen gebracht werden können. Mit einer Entsprechenserklärung nach dem Deutschen Nachhaltigkeitskodex (DNK) (vgl. Teil V) zeigen auch zunehmend hessische Unternehmen ihre gesellschaftliche Verantwortung und ihr Engagement für zukunftsfähiges Wirtschaften (vgl. Teil III). Dazu gehören unter anderem facettenwerk, cosnova, Haas Magnettechnik, PERÚ PURO. Auch der vorliegende Sammelband trägt dazu bei, dass gelingende Beispiele als Impulse und Inspirationen bekannter werden, zum Nachmachen und Weiterdenken anregen und ermutigen.

Mit der Agenda 2030 gibt es erstmals einen universell gültigen Nachhaltigkeitsbegriff. Es sind quantifizierte und differenzierte Ziele manifestiert. Das ist ein mutiges und ermutigendes Signal. Hessen hat als Bundesland geografisch keine nationalen Außengrenzen, dafür aber ein ausgeprägt international wahrgenommenes Profil. So ist beispielsweise der Frankfurter Flughafen eine der am häufigsten genutzten Außengrenzen Deutschlands. Mit der in Eschborn ansässigen Gesellschaft für internationale Zusammenarbeit, der Europäischen Zentralbank in Frankfurt und der ESA in Darmstadt gibt es weitere deutliche Marken. Der Peer Review empfiehlt, die Nachhaltigkeitsstrategie so auszubauen, dass sich Hessen in seinen Außenbeziehungen als Premiumstandort für Nachhaltigkeit positionieren kann **(Empfehlung 8).** „Hessen betreibt eine erfolgreiche Wirtschaftsförderung (Hessen Trade and Invest), die sich an der von Bundesseite avisierten neuen Orientierung der Wirtschaftsförderung an Nachhaltigkeit und der Deutschen Nachhaltigkeitsstrategie kreativ und mit spezifischen, hessischen Beiträgen beteiligen kann." Die Empfehlungen und Vorschläge betreffen grundlegende gesellschaftliche, wirtschaftliche, bildungspolitische und kommunale Fragen (HMUKLV 2018, S. 16f). Hessen kann sich als „Gateway to Sustainability" positionieren. Akteurinnen und Akteure an diesem „Gateway" berichten unter anderem in Teil II (vgl. Teil II) über ihre internationalen Partnerschaften (Cargo Human Care), ihren Beitrag zum Klimaschutz (FRAPORT) und Erkenntnissen aus der Forschung, die in aller Erdverbundenheit nicht ohne Raumfahrt möglich wäre (ESA). Transformation kostet – der Finanzplatz Hessen lohnt mehr als einen Blick in das Teil II, denn nachhaltige Finanzinstitute liegen im Trend. Dass Nachhaltigkeit mehr ein Marathon als ein Sprint ist, zeigt der vielbeachtete Beitrag zum Frankfurt-Hohenheimer Leitfaden, der von Prof. Dr. Hoffmann bereits vor rund 30 Jahren begründet wurde. Die Autoren beschreiben die Entstehung des Frankfurt-Hohenheimer Leitfadens, das Umfeld, die Grenzen bis hin zum Übergang in das Corporate Responsibility Rating und darüber hinaus: Eine Weiterentwicklung, die am Anfang nicht vorstellbar war, erhält nach rund drei Jahrzehnten unermüdlicher Forschung außerordentliche Wirkung und Aktualität am Weltfinanzmarkt.

In **Empfehlung 9** findet sich unter anderem der Hinweis zu Sozialinnovationen:

> „Eine Verbreitung von sozialen Innovationen auf weitere Bevölkerungskreise eröffnet nach unserer Ansicht Chancen für eine Professionalisierung der Akteurinnen und Akteure. Hessen weist eine sehr aktive Gründerszene auf. Neben den zahlreichen zivilgesellschaftlich betriebenen Initiativen sollte daher die Landesregierung auch einen Diskurs zwischen Politik, Zivilgesellschaft und Unternehmen etablieren, in dem die Potenziale von Geschäftsmodellen für soziale Innovationen ausgelotet und erforderliche Unterstützungsmaßnahmen herausgearbeitet werden, die auf lokaler Ebene beispielsweise durch die IHK-Organisationen konkret umgesetzt werden.“ (HMUKLV 2018, S. 17 f.)

Es geht um Freiräume für Eigenverantwortung, die es zu entdecken, zu entwickeln und zu gestalten gilt – in der Gesellschaft wie in der Wirtschaft. Impulse und Anregung dazu geben unter anderem das facettenwerk (vgl. Teil II), Pier F und MANIOR (vgl. Teil III), die HOMEberger (vgl. Teil IV), die Lust auf besser Leben gGmbH und das Zentrum Gesellschaftliche Verantwortung der EKHN (vgl. Teil V).

**Empfehlung 10** spricht sich für lebensbegleitendes Lernen aus: Von der Kita über Schule, Beruf, Studium bis zu außerschulischen Lernorten: „Für alle Bildungsbereiche sollten strukturelle Verankerungen der Nachhaltigkeit auf den Weg gebracht werden.“ Nachholbedarf gibt es bei der beruflichen Aus- und Weiterbildung, der akademischen Bildung und der nicht-formalen Bildung (HMUKLV 2018, S. 19). Hier werden die Weichen gestellt für das gemeinsame Grundverständnis und werden die Kompetenzen zu selbstbefähigtem Handeln vermittelt. Ganz nach dem Motto: „Was Hänssche scho lernt waas de Hans immer noch.“ (Wiesbaden 2020a) Pragmatische Impulse geben die Autorinnen und Autoren der Beiträge in Teil I (vgl. Teil I) zum Beispiel zu den Hessischen Umweltschulen und Azubis als Nachhaltigkeitsscouts. Auch Vertreterinnen und Vertreter sowie Förderer von Kunst- und Kultureinrichtung kommen zu Wort. Verständnis, Verstehen und schließlich Wandel und Veränderung werden erst möglich durch gelebte Kultur: „Die Zukunft wird jetzt gestaltet – von uns.“

Die Heimat der Nachhaltigkeit liegt in den Kommunen **(Empfehlung 11);** dieser Empfehlung folgt Teil IV, indem die Akteurinnen und Akteure nicht auf Anweisungen gewartet hatten, sondern aus wahrgenommener Notwendigkeit und Eigeninitiative starteten. Als Autorinnen und Autoren, Interviewpartnerinnen und -partner berichten sie über ihr Engagement (vgl. Teil V). Dazu gehört unter anderem die Stadt Eltville, die den Deutschen Nachhaltigkeitspreis 2021 in der Kategorie Deutschlands nachhaltigste Kleinstädte und Gemeinden an den Rhein holte. Weiterhin die Landeshauptstadt, die bereits seit mehr als zwei Jahrzehnten in Kooperation mit Unternehmen „Ökologische Projekte Für Integrierte Umwelt-Technik“ (ÖKOPROFIT) realisiert und seit über 15 Jahre mit den Aktionstagen „Wiesbaden engagiert" viele Menschen für nachhaltiges Engagement zusammenbringt. Die Universitätsstadt Marburg ist Hessens einzige Blue Community, zu deren Kreis weltweit bislang erst 49 Gemeinschaften (Städte, Gemeinden, Kirchen, Orden und Universitäten) zählen.[7]

Schließlich geht **Empfehlung 12** auf nachhaltiges Wirtschaften ein: Verantwortlich Gewinne erwirtschaften, das Kerngeschäft mit Verantwortung entlang der Liefer- und Wertschöpfungskette aufbauen. Eine starke Wirtschaft kann den Weg zu mehr Nachhaltigkeit gehen und gleichzeitig Wohlstand sichern – mit zukunftsweisenden Technologien und innovativen und kreativen Lösungen. Die Wirtschaft ist zentrale Partnerin bei der Verwirklichung der drei klassischen Nachhaltigkeitsdimensionen, sagt der Präsident des Hessischen Industrie- und Handelskammertags, Eberhardt Flammer (vgl. Vorwort). Dabei sollte die Nachhaltigkeitsstrategie Hessen Unternehmen bestärken und ihre unternehmerische Nachhaltigkeitskonzepte fördern und fordern. Entsprechende Unterstützung und Vernetzung können die Hessischen Industrie- und Handelskammern leisten, die sich allesamt dem Leitbild der Ehrbaren Kaufleute verpflichten (vgl. Teil V, Beispiel der IHK Wiesbaden). Gleichermaßen können auch Handwerkskammern und weitere Wirtschaftsorganisationen verantwortungsvolles Unternehmerinnen- und Unternehmertum unterstützen bei einer leistungsfähigen, sozial ausgewogenen und ökologisch verträglichen Entwicklung (HMUKLV 2018, S. 21 f.). Einen niedrigschwelligen Zugang zur Dokumentation der eigenen unternehmerischen Nachhaltigkeitsaktivitäten bietet der Deutsche Nachhaltigkeitskodex (vgl. Teil V, Interview mit Florian Harrlandt), der geltende Standards nutzt und damit international anerkannt ist. Kritisch angemerkt wurde im Peer Review, dass Hessen 2018 im Hinblick auf die Anwendung des Deutschen Nachhaltigkeitskodex noch am Anfang stand, auch noch steht. Hier haben Unternehmen nicht auf Anweisung aus der Landesregierung gewartet. Sie haben einfach gemacht. Im vorliegenden Sammelband berichten Autorinnen und Autoren über ihre Umsetzung. Der Peer Review stellte fest, dass die Stellung der Unternehmen in der Nachhaltigkeitsstrategie Hessens hinter den Potenzialen zurückbleibt. Auch daran wurde auf verschiedenen Ebenen gearbeitet, unter anderem durch die Arbeit des Steuerungskreises Wirtschaftsinitiative, durch die Arbeit in den teilweise neu gegründeten Ausschüssen und Lenkungskreisen in den IHKs.

## 3.4 „Babbel net, schaff was."

Die Stärke des Bundeslandes liegt in seiner Vielfalt an Sprache, Landschaft, Kultur und Schaffenskraft. Eine Vielzahl regionaler Unterschiede, zum Teil von Dorf zu Dorf, machen den hessischen Sprachraum zum komplexesten in Deutschland. Teilweise als

[7] www.blue-community-deutschland.com

Lautsprache mit speziellen Lauteigenschaften und ohne eigene Schriftform, stößt man bei der Festlegung der Schreibweise an markante Grenzen. Hessen teilt sich mundartlich in Nord-, Ost-, Zentral- und Südhessen beziehungsweise Rhein-Franken. Nordhessisch wird von der Schwalm bis nach Kassel „geschnuddelt". Osthessisch hört man in der Gegend von Fulda. Zentralhessisch wird „geschwätzt" vom Marburger Hinterland über die Wetterau bis in den Taunus. Südlich von Frankfurt bis nach Rheinland-Pfalz wird Rheinfränkisch „gebabbelt", was aufgrund der Bekanntheit aus den Medien am ehesten als das typisch Hessische verstanden wird. „Bei Mundart kann man nur einen Fehler machen: Nämlich sie nicht zu sprechen", ist die ermunternde Botschaft der Expertinnen und Experten.

Die Pflege von Mundart ist gelebte Kultur und zugleich fördernd für Identität und Regionalität. Am 6. Hessischen Tag der Nachhaltigkeit startete die Kampagne mit 17 Zielen in hessischer Mundart, gedruckt auf Bierdeckel: So kommt Nachhaltigkeit auf den Tisch und zu den Menschen (Wiesbaden 2020a). Beispiel siehe Abb. 1.

Die Landesregierung bekennt sich im Koalitionsvertrag zum Aspekt der Nachhaltigkeit. Rund 90 Treffer ergibt dort die Suche mit dem Begriff „nachhaltig" und zieht sich durch die Mehrheit der Arbeitsthemen: „Wir laufen dem Zeitgeist nicht hinterher, sondern gestalten die neue Zeit. Die umwälzenden Veränderungen brauchen eine Perspektive, die nach vorn weist. Wir wollen mit den konkreten politischen Vorhaben dieses Vertrages in den kommenden fünf Jahren dafür sorgen, dass Hessen auch im Jahr 2024 gut aufgestellt ist. Das ist unser Weg für ein freiheitliches, starkes, gerechtes, sicheres und nachhaltiges Hessen." (Hessen 2018, S. 11)

**Abb. 1** Ziel 4 – SDGs à la hessisch. (Quelle: Engagement Global)

## 4 CSR in Hessen: Über den vorliegenden Sammelband

Hessen hat viele Botschafterinnen und Botschafter, bekannte und weniger bekannte. Jede Autorin und jeder Autor in dieser Publikation hat eine Botschaft. Die Beiträge zeigen die Vielfalt in der Unternehmenspraxis, in zivilgesellschaftlichem Engagement und in Organisationen auf. Sie liefern Inspiration und geben Impulse. Das vorliegende Buch liefert Einblicke, lädt ein zum Schmunzeln und zum Nachmachen. Hessen ist ein Bundesland mit Wegbereiterinnen und Wegbereitern, Pionierinnen und Pionieren, vor allem aber Mutmacherinnen und Mutmachern für gelebte CSR im Selbstverständnis von Corporate – Cultural – Civic – Creative – Common Sustainability and Responsibility. Nachfolgend erhalten die Lesenden einen kurzen Überblick über die Buchteile und **Take-aways** dazu.

**Teil I** enthält Impulse aus der schulischen, beruflichen und akademischen Bildung, aus Weiterbildung, Wissenschaft und Kultur. Die Transformation zur Nachhaltigkeit ist eine Bildungsaufgabe. Sie erfordert Leistungsbereitschaft und Leistungsfähigkeit und somit das Wissen, das Wollen, das Können zur Transformation. Je früher desto besser, denn „Was Hänssche scho lernt waas de Hans immer noch" (Wiesbaden 2020a). In zwölf Beiträgen werden Praxiserfahrungen und Projekte vorgestellt, zum Beispiel die Hessischen Umweltschulen, Praktikumsluft zum Kennenlernen eines Berufsalltags, Wege zur Gewinnung von Nachwuchskräften und Mitarbeitenden, Azubis als Nachhaltigkeitsscouts im Betrieb, Einbindung von Mitarbeitenden in eine gelingende CSR-Strategie. Wie ein transformatives Curriculum in Berufsausbildung, im lebensbegleitenden Lernen und in Hochschulen gelingen kann, weil Vertrauen in das eigene Können und die vorhandenen Kompetenzen die Entwicklung von Selbstwirksamkeit unterstützen. Was unser kulturelles Verständnis, unser Erbe, unsere Historie alles zusammenhält. Und warum Kunst und Kultur als zusätzliche und verbindende Dimensionen zu Ökologie, Ökonomie und Soziales verstanden werden sollte. Unser Kulturerbe im weitesten Sinn ist verbindendes Element einer Gemeinschaft, einer Region, einem Land, in Europa. Wichtig zu wissen, dass die vielen Hochschulen und Universitäten in Hessen im Bereich der Wissenschaft und Forschung dazu beitragen, die richtigen Schritte für den Weg in eine nachhaltige Zukunft zu finden. Sei es auf dem Weg zu einem Wandel im Weinbau bei der Anpassung an den Klimawandel. Sei es bei der Weiterentwicklung von Lehrinhalten in Berufsausbildungen, Weiterbildungen und Studiengängen und im institutsübergreifenden Austausch. Es kann ganz einfach sein und noch früher ansetzen. Seit 2018 arbeitet die Kita Amöneburg in ihrer Einrichtung mit dem Grüne-Küken-Programm. Damit sensibilisiert sie die Kita-Kinder für die Themen Umweltschutz und Nachhaltigkeit, den Wissens- und Kompetenzzuwachs der Kinder mehren und sie zu eigenen kreativen Impulsen ermutigen. Das Motto dabei lautet: Niemand ist zu klein, um einen positiven Beitrag für unsere gemeinsame Zukunft zu leisten. Auf diese Weise erleben sich die Kinder selbst als Teil einer Gesellschaft, zu der sie mit jeder eigenen Handlung einen wichtigen Beitrag leisten können (Wiesbaden 2020b).

**Take-aways**

- So früh wie möglich starten: Je früher möglichst viele Menschen den Zweck der Transformation zur Nachhaltigkeit verstehen, das eigene Können erlebt haben und damit was anfangen können, desto größer ist der gemeinsame Nenner, das gemeinsame Verständnis für die Handlungsnotwendigkeit.
- Nachhaltigkeit ist ein Gemeinschaftswerk und bedarf vieler einzelner Beiträge.
- Lernen, Erkennen und Verstehen in Breite, Tiefe und Länge sind Lebensaufgaben.

**Teil II** gibt Impulse vom „Gateway to Sustainability" aus Luft- und Raumfahrt, aus der Finanzwelt und Erkenntnisse zum Climate Factor. Wie humanitäre Hilfe konkret aus dem Kerngeschäft heraus organisiert wird, welche Erkenntnisse und Fortschritte durch einen Blick aus dem All erst möglich werden und welchen Beitrag die Finanzwirtschaft leisten kann, zeigen die Beiträge in diesem Teil. Ein besonderer Hinweis gilt dem Jubiläumsbeitrag von Prof. Dr. Hoffmann zu drei Dekaden „Frankfurt-Hohenheimer Leitfaden". Mit ihm gelingt ein besonderer Blick auf den Start und die weitere Entwicklung eines ethisch-ökologischen Ratings. Unter der Leitung von Prof. Dr. Hoffmann entwickelte die Forschungsgruppe Kriterien zur Bewertung von Unternehmen und Kapitalanlagen; geprägt von der Hoffnung, dass mit der Annahme und der Anwendung der ethisch-ökologischen Kriterien *on the long run* die Entwicklung einer sozial-ökologischen Marktwirtschaft erreicht werden könnte. Langer Atem, Beharrlichkeit, Geduld und Überzeugungskraft sind Komponenten von Erfolg:

> „Die Förderung der ethisch-ökologischen Forschungen seit nunmehr 1985 sind unseres Erachtens vorzeigbar. Der von uns entwickelte Frankfurt-Hohenheimer Leitfaden (FHL), den wir mit der oekom research AG 1999 in ein Ratingkonzept, das Corporate Responsibility Rating (= CRR), übertragen haben, wird nunmehr durch die Übernahme dieses Konzeptes durch die New Yorker Fa. ISS (Institutional Shareholder Services) weltweit angewandt und hat durch den Kauf der Fa. ISS durch die Frankfurter Börse im November 2020 eine für uns am Anfang nicht vorstellbare außerordentliche Wirkung und Aktualität am Weltfinanzmarkt bekommen." (vgl. Teil II, Prof. Dr. Hoffmann)

Der Finanzsektor ist ein hessenspezifisches Thema. Vielfach wird das Thema als eine eigene und abgegrenzte Branche angesprochen. Das greift zu kurz. Eine besondere Bedeutung kommt den Spartenbanken wie der GLS Bank, der Triodos Bank sowie den Sparkassen und Genossenschaftsbanken mit ihrer zentralen Rolle für den ländlichen Raum zu. Einige von ihnen melden sich zu Wort in diesem Teil.

> „Die (…) Corona-Krise bietet eine historische Chance, die kollektive Risikowahrnehmung zu schärfen, Erfahrungen im Risikomanagement zu sammeln und zu verstehen, dass wir die zukünftigen Risiken auf heute diskontieren müssen, um einer Marathon-Herausforderung wie dem Klimawandel und seinen Auswirkungen auf Gesellschaft, Politik, Gesundheitswesen, Wirtschaft und Finanzsystem effektiv zu begegnen. In Deutschland ist der Finanzplatz Hessen als Wirtschaftsstandort und Wiege einer wachsenden Anzahl innovationstreibender Start-ups dabei ein entscheidender Baustein." (vgl. Teil II, Nachhaltigkeit 2.0)

Damit steigen die Autorinnen des Beitrags zum XDC-Model ein, mit dem der eigene Beitrag zur globalen Erwärmung messbar gemacht wird, und schließen Teil II.

**Take-aways**

- „Follow the money … Frage dich: Wem nützt es?" Wenn nachhaltiges Handeln aus der Kernkompetenz entsteht, dann ist man weit entfernt vom Greenwashing.
- Ein Augenblick genügt, um zu erkennen, wie zerbrechlich unser blauer Planet ist. (Nach einem Zitat von Alexander Gerst)[8]
- *Nachhaltigkeit* ist nicht neu, siehe „Sylvicultura oeconomica" (1713) von Hans Carl von Carlowitz. Ebenso wenig ist die Idee der nachhaltigen Geldanalage neu: Drei Dekaden Frankfurt-Hohenheimer Leitfaden!
- Den mit Abstand größten Impact hat die nachhaltige Geldanlage jedes Einzelnen, die so viel bewirkt wie andere häufig empfohlene Maßnahmen zusammengerechnet.[9]
- Risiko ist kein Gefühl, sondern eine Zahl. Eine Datenbasis schafft Transparenz. Was messbar ist, kann auch gemanagt werden.
- Tue das Richtige. Darüber gelingt der Zugang zu Märkten, Menschen, Kapital.

In **Teil III** geben die Autorinnen und Autoren einen Einblick in Unternehmen unterschiedlicher Größe und Branchen und in ihre CSR-Praxis. Sie erstellen Produkte, die Teil des täglichen Lebens sind (vgl. Teil III: zum Beispiel BioBäcker Kaiser, cosnova, Tetra Pak, SHIFTPHONE), Produkte mit globalen Lieferketten und Konfliktstoffen (vgl. Teil III: Haas Magnettechnik) sowie von einprägsamer Haptik (vgl. Teil III: Druckerei Lokay). Sie liefern Dienstleistungen, zum Beispiel im Veranstaltungsbereich und leisten Beratungen für Unternehmen. Eindrucksvoll beschreibt unter anderem das facettenwerk als gemeinnützige Organisation der Behindertenhilfe seinen Weg in eine nachhaltigkeitsorientierte Unternehmenskultur (vgl. Teil III). Sie alle verstehen CSR als Markenkern, setzen Nachhaltigkeit ganzheitlich um – Schritt für Schritt. Teilweise waren es lange Wege von der Erkenntnis zur Notwendigkeit einer Transformation, über das Konzept und bis zu Akzeptanz. Oft gelang der Einstieg nicht auf Anhieb: Auch hier war eine der Herausforderungen, den langen Atem zu bewahren, mit Geduld und Beharrlichkeit, mit Überzeugung und Souveränität an die Selbstwirksamkeit und Gestaltungskraft aus der Gegenwart für die Zukunft zu glauben. Der Einstieg in eine Nachhaltigkeitsstrategie, den Umgang mit unternehmerischen Sorgfaltspflichten und ihren Nachweis war teils freiwillig, teils vorgeschrieben, teils von Kundinnen und Kunden verordnet. Kundinnen und Kunden informieren sich darüber, wie Unternehmen am Markt und in

[8] „Um zu erkennen, dass Menschen im All leben können, musste ich ein halbes Jahr hier oben verbringen. Um zu erkennen, wie schön die Erde ist, brauchte ich eine Minute. Um zu erkennen, wie zerbrechlich unser kleiner blauer Planet ist, brauchte ich nur einen Augenblick." (Quelle: Twitter, 8. November 2014)

[9] Vgl. Schmidpeter R (2019) CSR Regio.Net Wiesbaden.

Liefer- und Wertschöpfungsketten agieren. Zwei der beteiligten Unternehmen (vgl. Teil III: MANIOR, PERÚ PURO) wurden überhaupt auf der Grundlage gegründet, nur so genau eben die Anforderung nach Nachhaltigkeit, Transparenz und Fairness bestmöglich erfüllen zu können. Einig sind sie sich alle: „Nachhaltigkeit ist Grundlage für unsere ‚licence to operate'. Lasst uns anständig Geld verdienen."

▶ **Take-aways**

- CSR ist kein Produkt, sondern ein Prozess.
- Am Anfang steht oft eine Idee, ein Ziel, eine Vision. Mit dem ersten Schritt kommen auch die ersten Erfolge. Damit wird es motiviert weiter gehen.
- Der erste Schritt zum eigenen Nachhaltigkeitsmanagement liegt in jedem Unternehmen und jeder Organisation auf einem anderen Schwerpunkt. Es gibt horizontale Themen, die alle betreffen (Ressourcen, Müll, Emissionen, Menschenrechte).
- Nachhaltigkeit ist ein Querschnittsthema, das alle und alles betrifft. Das Mindestwissen darüber ist die entscheidende Grundlage zum Erfolg in Wirtschaft und Gesellschaft.
- Unternehmen sind Teil der Gesellschaft, nicht eines imaginären Marktes.
- Verantwortung ist nicht teilbar. Zukunftsfähiges Wirtschaften ist Chefinnen- und Chefsache.

**Teil IV** gibt einen Überblick und zentrale Informationen zu Aktivitäten und Engagement in Kommunen, aus der Zivilgesellschaft und Politik. Hessen hat ein Zeichen gesetzt: Das Prinzip der Nachhaltigkeit hat Verfassungsrang erhalten; nachzulesen in Artikel 26c der Hessischen Verfassung. Einen Einstieg ins Thema bietet der Beitrag von Lisa Seyffardt, die sich im Rahmen ihrer Bachelorarbeit damit auseinandersetzte (vgl. Teil IV). Die Aktivierung der Stadtgesellschaft auf Ebene der Bürgerinnen und Bürger und in Unternehmens-Netzwerk wird in der Landeshauptstadt Hessens seit vielen Jahren mit ÖKOPROFIT und Wiesbaden engagiert erreicht. Die Stadt Eltville holte den Deutschen Nachhaltigkeitspreis 2021 an den Rhein (vgl. Teil IV). „Verantwortung für globale Probleme beginnt vor der eigenen Haustür", sagt Tanja Methien, die CleanUps (deutsch: Reinigungsaktionen) organisiert. Einfach tun, was erforderlich ist – diesem Credo folgt Daniel Röder, der Gründer von *Pulse of Europe*. Was wäre nachhaltiger, als sich für den Schutz und die Weiterentwicklung von Demokratie einzusetzen? In den Beiträgen dieses Teils erfahren die Lesenden unter anderem, was Civic Social Responsibility bedeutet, welchen Ursprung und welche Reichweite der *Earth Day* hat, dass es Zusammenhalt nicht im Internet gibt und dass die Zukunft, in der wir alle leben werden, stets bei einem selbst anfängt.

**Take-aways**

- Nachhaltige Entwicklung ist eine grundsätzliche Entscheidung und beginnt unmittelbar bei jedem selbst: „It's not my garbage but it's my planet!"
- „Natürlich interessiert mich die Zukunft. Ich will schließlich den Rest meines Lebens darin verbringen." (Mark Twain)
- Vom Wissen zum Handeln kommen wir, wenn wir die Dinge zu unserem inneren Anliegen machen.
- Zur Abwechslung einfach mal „für etwas sein" statt einfachheitshalber dagegen.

Mit **Teil V** erhalten die Lesenden Impulse aus Kooperationen, Netzwerken und Verbänden (vgl. Teil V). Die *Industrie- und Handelskammer Wiesbaden* spannt einen Zeitbogen vom Leitbild der Ehrbaren Kaufleute, seinem Ursprung und die zeitgemäße Fortschreibung, bis zur zukunftsweisenden Kommunikation mittels praktischer Bierdeckel, die als Botschafter die 17 Ziele der Vereinten Nationen zu den Menschen bringen. Alexandra von Winning von der *Lust auf besser Leben gGmbH* skizziert den wissenschaftlichen Ansatz, der nachhaltiges Denken und Handeln aktiviert: „Sollen setzt Können voraus" und welchen Beitrag Lobbyarbeit zu einer nachhaltigen Entwicklung leistet. Multidimensional und gut vernetzt, gutes Design und mutige Haltung sind im Beitrag von Joe Kaiser wesentliche Erfolgsfaktoren für das Gelingen. Vielfältige Austauschmöglichkeiten über Innovationen verbindet Menschen, die Technologien unterstützend einsetzen. Sophie Rieke zeigt auf, wie Nachhaltigkeit, CSR und Innovation miteinander verknüpft sind und sich gegenseitig beeinflussen. Am Beispiel des HIK (Hessischer Innovationskongress) definiert sie damit *Congress Social Responsibility*. Unternehmen und Organisationen in Hessen haben sich bereits auf den Weg gemacht und berichten nach dem Deutschen Nachhaltigkeitskodex. Einige von ihnen legen ihr Engagement auch in dieser Publikation dar und teilen ihre Erfahrungen. Im Interview erfahren die Lesenden von Florian Harrlandt, Rat für Nachhaltige Entwicklung, wie der DNK Unternehmen dabei unterstützt, den Anschluss an zukunftsfähiges Wirtschaften zu schaffen. Mit dem Beitrag „Vielfalt gestalten – nicht Einfalt (…)" schließt Dr. Ralf Stroh vom Zentrum Gesellschaftliche Verantwortung der EKHN diesen Teil ab und gewährt damit gleichermaßen eine gelingende Abrundung des Sammelbandes.

**Take-aways**

- Purpose und Profit sind keine Gegensätze.
- Verbrauchende, Nichtregierungsorganisationen, Medien und Politik spielen eine zentrale Rolle, um die DNA von Unternehmen und Organisationen zu verändern.
- Sollen setzt Können voraus.
- Die Fokussierung auf die Menschen, nicht nur auf Technologien, wird uns voranbringen.

- Vielfalt, statt Monokultur und Einfalt, stärkt die Widerstandsfähigkeit und macht Gesellschaft und Wirtschaft zukunftsfähig.
- Komplexität wird handhabbar, sobald wir uns auf die Wesentlichkeit fokussieren.
- Transformation zur Nachhaltigkeit wird gelingen, sobald wir die Gegenwart von der Zukunft aus denken.

## 5 Rückblick und Ausblick

Im Jahr 2020 entstand die vorliegende Publikation. Das Jahr begann schwungvoll, in Neujahrsansprachen ging es um den positiven Aufbruch in die 20er-Jahre, um den schwungvollen Start in eine neue Dekade.[10] Vieles sollte bewegt werden, dann kam Corona: Aus dem Aufbruch wurde ein Umbruch. Als Herausgeberinnen machten wir uns ans Werk und arbeiteten an dieser Publikation in einem Jahr, das außergewöhnlich zu nennen einigermaßen untertrieben wäre. Die Resonanz ließ nicht lange auf sich warten. Die Beiträge spiegeln Handlungsbedarf, Diversität und Freude am aktiven Gestalten. Sie alle vermitteln eine klar positive Perspektive auf die kommenden Jahre. Sie setzen dort an, wo die Menschen sind und warten nicht auf Vorgaben.

Das Thema der gesellschaftlichen Verantwortung gewinnt in der Wirtschaft und Wissenschaft, Forschung und Entwicklung, Politik und Zivilgesellschaft an Bedeutung und sehr deutlich auch an Dynamik. Eine klare Positionierung, die interdisziplinäre Verknüpfung spezifischer Wissensgebiete und der intergenerativ-gesellschaftliche Diskurs auch zu aktuellen Management- und Forschungsthemen ist ein Teilziel dieser Publikation. Sie hat den Anspruch, die bestehenden Bildungs- und Managementansätze durch neue Ideen und Konzepte zu ergänzen, um so durch das Paradigma eines nachhaltigen Managements einen neuen Standard zu setzen. Die Autorinnen und Autoren gehen in ihren Beiträgen mutig voran, erweitern und interpretieren den Begriff CSR neu unter anderem als Civic Social Responsibility, Cultural Responsibility, Common Sustainable Responsibility. Ihnen gemeinsam ist die Haltung: Nachhaltigkeit ist ein Gemeinschaftswerk.

Nachhaltigkeit ist wesentlich für Zukunftsfähigkeit: Die vorliegende Publikation liefert Beiträge aus sehr unterschiedlichen Bereichen, zeigt unterschiedlichen Ansätze auf, individuelle Wege der Umsetzung. Was sie eint, ist der zentrale Gedanke an die Zukunftsfähigkeit, das Streben nach Gestaltung einer lebenswerten Zukunft und die Beharrlichkeit, ihre individuellen Beiträge dafür zu leisten. Sie machen ihre erfolgreiche Transformation und ihren Beitrag zur Erreichung der Nachhaltigkeitsziele zum inneren Anliegen. Sie sind sich einig: „Wir gestalten aktiv unser Land, unser Unternehmen, unsere Organisation, unsere Gemeinschaft, unsere Gesellschaft. Die Zukunft beginnt *Jetzt*."

> Once you see the truth, you will transform faith into wisdom and hope into obligation. (Matías De Stefano)

[10] Hinweis: Im alltäglichen Sprachgebrauch beginnt eine Dekade im Jahr Null (hier: 2020).

Nun ist eigentlich alles schon gesagt und alles schon irgendwo und von irgendjemand geschrieben. Jetzt geht es ums Handeln. Wie kommen wir vom Wissen zum Handeln? Wie geht CSR im täglichen Tun? Und was kann jede oder jeder Einzelne dazu beitragen, dass der Planet die Menschheit weiterhin (er-)trägt? Unser Planet, Mutter Erde, braucht uns Menschen nicht für die weitere Existenz. Das lässt sich umgekehrt nicht sagen, denn wir Menschen brauchen im Wesentlichen drei Dinge: Luft zum Atmen, Wasser zum Trinken und Nahrung. In einer atemlosen, weil rastlosen Zeit, in einem Jahr, in dem uns beinahe die Luft zum Atmen wegblieb, wird jeden Tag deutlich: Der Zeitpunkt zum Handeln ist da.

Langfristige und zukunftsfähige Ziele in ökonomischer, ökologischer, kultureller und gesellschaftlicher Nachhaltigkeit erreichen wir nur außerhalb unserer Komfortzone: In Kooperation, Vernetzung und intergenerativem Dialog gelingen interdisziplinäre Lösungen und echte Innovation. Wir überwinden Gegensätze, entwickeln neue Geschäftsmodelle zum Werterhalt von Unternehmen und Organisationen, mit positiver Wirkung für Umwelt und Gesellschaft. Nachhaltigkeit – und damit Zukunftsfähigkeit – erreichen wir nur gemeinsam. Die Zukunft ist unser Gemeinschaftswerk.

Zukunft braucht Mut und jeder Beitrag zählt: Dieses Buch gibt einen weitreichenden Überblick des Themenfeldes CSR im Bundesland Hessen. Hessen ist das erste Bundesland, das Nachhaltigkeit in die Landesverfassung aufnahm. Das Werk vermittelt aktuelle Impulse aus Bildung, Gesellschaft, Kultur, Luft- und Raumfahrt, Politik und Wirtschaft. Praxiserprobte Beispiele geben Orientierung, motivieren, machen Mut. Sie bringen Ergebnisse und zeigen zukunftsfähige Wege auf. Mit Schwarmintelligenz können wir die Gegenwart in Lösung und Wirkung von der Zukunft aus denken und heute schon handeln. 52 Beiträge – 52 Wochen. Lektüre für ein Jahr mit vielen Impulsen und Inspirationen, Worten von Pionieren, Mutmachern, Wegbereitern. Zur Nachahmung unbedingt empfohlen.

Anke Trischler
Sabine Böhling

Aus Gründen der besseren Lesbarkeit wird in dieser Publikation auf die gleichzeitige Verwendung der Sprachformen männlich, weiblich und divers (m/w/d) verzichtet. Sämtliche Personenbezeichnungen (z. B. Mitarbeiter, Teilnehmer, Speaker, Experten etc.) gelten gleichermaßen für alle Geschlechter.

## Literatur

BMAS (Hrsg) (2011) Die DIN ISO 26000 „Leitfaden zur gesellschaftlichen Verantwortung von Organisationen". Beuth Verlag GmbH, Berlin

BMU (Hrsg) (2020) Die 2030-Agenda für Nachhaltige Entwicklung. https://www.bmu.de/themen/nachhaltigkeit-digitalisierung/nachhaltigkeit/die-2030-agenda-fuer-nachhaltige-entwicklung. Zugegriffen: 07. Nov. 2021

BMZ (Hrsg) (o. J.) Der Weg zur Agenda. Die Nachhaltigkeitsagenda und die Rio-Konferenzen. https://www.bmz.de/de/themen/2030_agenda/historie/rio_plus20/index.html. Zugegriffen: 15. Dez. 2020

DNK (2021) Deutscher Nachhaltigkeitskodex. Kriterium Wesentlichkeit. https://www.deutscher-nachhaltigkeitskodex.de/de-DE/Home/DNK/Criteria/Wesentlichkeit. Zugegriffen: 29. Jan. 2021

FMG (2020) Das Trend-System für Ihr Business. Future management group. https://www.futuremanagementgroup.com/de/trend-system-fur-ihr-business/#. Zugegriffen: 29. Jan. 2021

Hauff V (Hrsg) (1987) Unsere gemeinsame Zukunft. Der Brundtland-Bericht der Weltkommission für Umwelt und Entwicklung. Eggenkamp, Greven

Heidbrink L (2010) Die Rolle des Verantwortungsbegriffs in der Wirtschaftsethik. Working Paper des CRR. http://www.responsibility-research.de/resources/WP_9_Verantwortungsbegriff_in_der_Wirtschaftsethik.pdf. Zugegriffen: 15. Dez. 2020

Hessen (2018a) Wahlen in Hessen. https://wahlen.hessen.de/land-hessen/volksabstimmungen/wortlaut-der-gesetze. Zugegriffen: 15. Dez. 2020

Hessen (2018b) Wahlen in Hessen. https://wahlen.hessen.de/land-hessen/volksabstimmung-2018/gesetz-zur-erg%C3%A4nzung-der-verfassung-des-landes-hessen-1. Zugegriffen: 29. Jan. 2021

Hessen (2018c) Koalitionsvertrag: Aufbruch im Wandel durch Haltung, Orientierung und Zusammenhalt. https://www.gruene-hessen.de/regierung/files/2019/02/Koa-Vertrag-final-WEB-2.pdf. Zugegriffen: 07. Nov. 2021

HMWEVW (2020) Hessischer Mittelstandsbericht 2020. https://wirtschaft.hessen.de/sites/wirtschaft.hessen.de/files/2021-07/hessischermittelstandsbericht2020_komplett.pdf. Zugegriffen: 07. Nov. 2021

HMUKLV (2018) Peer Review: Sicherheit in Zukunftsfragen – Vertrauen in Nachhaltigkeit – Mut zu Neuanfängen. https://www.hessen-nachhaltig.de/files/content/downloads/leitbild/Peer%20Review%20zu%20zehn%20Jahren%20Nachhaltigkeitsstrategie%20Hessen%20%28barrierefrei%29.pdf. Zugegriffen: 29. Jan. 2021

HMUKLV (o. J.) Nachhaltigkeitsstrategie Hessen. https://www.hessen-nachhaltig.de. Zugegriffen: 29. Jan. 2021

Horvàth & Partner (Hrsg) (2020) Leitbildstudie 2020. Eine Analyse von Purpose, Mission, Vision, Leitsätzen und Werten der deutschen Wirtschaft. https://www.horvath-partners.com/de/media-center/studien/leitbildstudie-2020-eine-analyse-von-purpose-mission-vision-leitsaetzen-und-werten-der-deutschen-wirtschaft/ Zugegriffen: 15. Dez. 2020

HTAI (2020) Rückblick zum HIK2020 digital. https://www.technologieland-hessen.de/news/Rueckblick-zum-HIK2020-digital-2020. Zugegriffen: 29. Jan. 2021

Regionalverband FrankfurtRheinMain (2018) Regionales Monitoring 2018. Daten und Fakten - Metropolregion FrankfurtRheinMain. https://www.region-frankfurt.de/media/ custom/3255_45_1.PDF?1565007127. Zugegriffen: 29. Jan. 2021

Schmidpeter R (2019) Beitrag im Forum „Nachhaltige Finanzen und die Realwirtschaft". CSR Regio.Net, Wiesbaden

Schmidt I. (2016) Das Konzept der Verantwortung. In: Consumer Social Responsibility. Springer VS, Wiesbaden. https://doi.org/10.1007/978-3-658-10866-3_3. Zugegriffen: 07. Nov. 2021

Schörgenhummer V (o. J.) Burgen & Schlösser in Deutschland. https://www.burgen.de/deutschland/burgen-schloesser-in-hessen/. Zugegriffen: 29. Jan. 2021

Statistik Hessen (2019) Hessen in Zahlen. https://statistik.hessen.de/sites/statistik.hessen.de/files/Flyer_Hessen_in_Zahlen_2019_Mai.pdf. Zugegriffen: 15. Dez. 2020

Statistik Hessen (2020a) Hessen kompakt. https://statistik.hessen.de/sites/statistik.hessen.de/files/Hessen_Kompakt_2019_online_.pdf. Zugegriffen: 07. Nov. 2021

Statistik Hessen (2020b) Geoinformationen. https://statistik.hessen.de/zahlen-fakten/statistik-raeumlich-sehen. Zugegriffen: 15. Dez. 2020

Statistik Hessen (2020c) Gebiet in der hessischen Statistik. https://statistik.hessen.de/zahlen-fakten/bevoelkerung-gebiet-haushalte-familien/gebiet/gebiet-einleitung. Zugegriffen: 15. Dez. 2020

Statistik Hessen (2020d) Hessen in Zahlen. https://statistik.hessen.de/sites/statistik.hessen.de/files/pm2310_BIP_Hessen_EU_2019_StatistikHessen.pdf. Zugegriffen: 07. Nov. 2021

Wiesbaden (2020a) Bierdeckel-Sprüche zu den 17 Ziele. Ziel 4: Hochwertige Bildung. https://www.wiesbaden.de/leben-in-wiesbaden/umwelt/umweltberatung/sprueche-der-bierdeckelaktion.php. Zugegriffen: 15. Dez. 2020

Wiesbaden (2020b) Wiesbadener Umweltpreis 2020. https://www.wiesbaden.de/leben-in-wiesbaden/umwelt/umweltpreis/umweltpreis-preisverleihung-2020.php. Zugegriffen: 15. Dez. 2020

# Inhaltsverzeichnis

**Impulse aus der Unternehmenspraxis**

**Impulse aus Kooperation, Netzwerken und Verbänden**

# Impulse aus Bildung, Weiterbildung, Wissenschaft und Kultur

# Die hessischen Umweltschulen – Ein Bildungsnetzwerk für nachhaltige Entwicklung

Silke Bell

**Zusammenfassung**

Bildung für nachhaltige Entwicklung (BNE) ist Schlüssel und Triebfeder für eine gesellschaftliche Transformation zugunsten einer nachhaltigen Entwicklung. Sie stellt die Fragen nach der Zukunftsfähigkeit unseres Handelns ins Zentrum ihrer Lernprozesse. Die Lernenden entwickeln Kompetenzen – also Wissen, Fähigkeiten und Haltungen –, die ihnen einen zukunftsfähigen Lebensstil ermöglichen. Die schulische Umsetzung von BNE bedeutet für Lehrkräfte und Schulleitungen eine besondere Herausforderung angesichts der Komplexität der Themenfelder, der erforderlichen Verbindung von Unterricht und Schulleben, und der bisher noch nicht flächendeckenden Verankerung von BNE in der Lehrkräfteaus- und -fortbildung. Schulen brauchen für die besondere Bildungs- und Erziehungsaufgabe BNE Unterstützungsangebote und Vernetzungs- und Austauschmöglichkeiten mit anderen Schulen. Das Netzwerk der Hessischen Umweltschulen bietet den teilnehmenden Schulen fachliche Expertise durch externe Bildungspartner, Vernetzung und Austausch durch regelmäßige Treffen sowie Anerkennung für ihre BNE-Arbeit durch eine Auszeichnung verliehen durch zwei Landesministerien. Durch den Zugang über die ökologische Dimension der Nachhaltigkeit öffnen sich die Schulen für einen mehrdimensionalen Bildungsansatz für eine nachhaltige Entwicklung und eine Zukunftsfähigkeit unserer Gesellschaft.

S. Bell (✉)
Landeskoordinatorin Hessische Umweltschulen, Fachberatung Bildung für nachhaltige Entwicklung am Hessischen Kultusministerium, Wiesbaden, Deutschland
E-Mail: silke.bell@kultus.hessen.de



A. Trischler und S. Böhling (Hrsg.), *CSR in Hessen*, Management-Reihe Corporate Social Responsibility, https://doi.org/10.1007/978-3-662-63004-4_1

# 1 Die Idee: Wieso ein schulisches BNE-Netzwerk?

Innerhalb der globalen Nachhaltigkeitsziele, der SDGs (Sustainable Development Goals), zu deren Umsetzung sich die Vereinten Nation mit der Agenda 2030 bekannt haben, nimmt das SDG 4 – *Hochwertige Bildung* – eine Sonder- und Doppelrolle ein: Zum einen ist das Ziel „inklusive, gleichberechtigte und hochwertige Bildung gewährleisten und Möglichkeiten lebenslangen Lernens für alle fördern" (BMZ 2017) eines von 17 Zielen, mit deren Vision der Weg in eine nachhaltige Zukunft weltweit gelingen soll. Die Umsetzung von SDG 4 – Hochwertige Bildung – ist aber auch Grundvoraussetzung und Bedingung zum Erreichen aller anderen der globalen Nachhaltigkeitsziele und Triebkraft für einen nachhaltigen Wandel unserer globalen Gesellschaft.

## 1.1 Das Konzept: Bildung für nachhaltige Entwicklung

Bildung für nachhaltige Entwicklung (BNE) befähigt Menschen, Entscheidungen für die Zukunft zu treffen und dabei abzuschätzen, wie sich das eigene Handeln auf künftige Generationen oder das Leben von Menschen in anderen Weltregionen auswirkt.

Sie lässt die Lernenden[1] erfahren, dass ihr und jedes Handeln Auswirkungen hat: Für Menschen in ihrer eigenen Heimat ebenso wie für Menschen in anderen Teilen der Welt; für zukünftige Generationen ebenso wie für die gegenwärtige.

BNE unterstützt die Lernenden, langfristig die notwendigen Kompetenzen zu entwickeln, die sie benötigen, um das Wissen um globale Zusammenhänge in ihr eigenes Handeln einzubringen und unsere Gesellschaft so mitzugestalten, dass sie sich zukunftsfähig entwickeln kann.

Durch Auseinandersetzung mit den globalen Herausforderungen und den ökologischen, sozialen und ökonomischen Entwicklungen in ihrer wechselseitigen Abhängigkeit werden die Lernenden angeregt, Schlussfolgerungen für sich selbst zu ziehen, Entscheidungen zu treffen und sowohl individuell als auch gemeinschaftlich und politisch umzusetzen.

In der BNE vereinigen sich Themen und Leitbilder früherer Bildungskonzepte:

- der Umweltbildung
- des Globalen Lernens
- der Gesundheitsbildung

[1] BNE geht von einem Lernprozess aus, der von der frühkindlichen Kindheit bis zur Erwachsenenbildung reicht und zeitlebens nicht vollständig abgeschlossen wird. Somit umfasst der Begriff „Lernende" natürlich im schulischen Kontext vor allem Schülerinnen und Schüler (SuS), aber durchaus auch Lehrkräfte, die durch den Bildungsprozess ihrer SuS und in der Auseinandersetzung mit ihnen ihre eigenen Kompetenzen weiterentwickeln.

- der Konsumentenbildung
- der politischen Bildung

Die Kompetenz, vernetzt zu denken und Zusammenhänge und Wechselbeziehungen zu erkennen, ist damit schon im Grundkonzept angelegt: Der Schutz bzw. die Zerstörung unserer Lebensgrundlagen, die politischen und wirtschaftlichen Rahmen hierzu, unser Konsumverhalten und auch unsere individuelle Gesundheit sind auf engste miteinander verwoben. Sie bedürfen einer vernetzten, nicht isoliert voneinander erfolgenden Betrachtung im schulischen Unterricht. Droht hierbei die Komplexität von Bildungsinhalten überhandzunehmen, si bedarf es der Kunst, didaktisch zu reduzieren, ohne dass Zusammenhänge negiert werden. Abschn. 3.2 wird hierfür Beispiele zeigen.

Schulische BNE richtet sich an folgenden Merkmalen aus:[2]

1. Zukunftsrelevante Fragestellungen

BNE-Lernprozesse sind dadurch charakterisiert, dass sie exemplarisch relevante Fragestellungen bzw. Themen aus dem gesellschaftspolitischen und fachwissenschaftlichen Diskurs in ihrer historischen, gegenwärtigen und potenziell zukünftigen Bedeutung für eine nachhaltige Entwicklung aufgreifen.

2. Mehrdimensionalität

BNE-Lernprozesse zeichnen sich dadurch aus, dass sie mehrere Dimensionen wie die ökologische, ökonomische, soziale, kulturelle sowie die politische Dimension und ihre Interdependenz berücksichtigen.

3. Multiperspektivität

BNE-Lernprozesse sind durch multiperspektivische Betrachtungsweisen hinsichtlich unterschiedlicher Denkweisen, fachlicher Zugänge und Narrative, Räume (von lokal bis global), zeitlicher Perspektiven und Interessenlagen gekennzeichnet.

4. Systemisches Denken und vernetztes Wissen

BNE-Lernprozesse beruhen auf systemischem Denken und zielen darauf ab, sowohl fachlich als auch überfachlich vernetztes Wissen zu erwerben. Dabei sollte die Begrenztheit (heutigen) Wissens und (heutiger) Erkenntnisse reflektiert und dem Prozesscharakter nachhaltiger Entwicklung Rechnung getragen werden.

[2] Die Aufstellung der Merkmale von BNE-Lernprozessen ist der Leitlinie des Landes NRW für seine Schulen entnommen (Ministerium für Schule und Bildung des Landes Nordrhein-Westfalen 2019, S. 14 f.).

5. Berücksichtigung von Widersprüchen, Unwägbarkeiten, Risiken sowie Zielkonflikten und persönlichen Dilemmata
Die Verwirklichung nachhaltiger Entwicklung geht einher mit Unsicherheiten, Widersprüchen und Risiken, welche zu Zielkonflikten und zu persönlichen Dilemmata führen können. Deshalb zielen BNE-Lernprozesse darauf ab, Erkenntnisse zu gewinnen und zu überprüfen, Diskurse zu führen sowie bei der Entwicklung intelligenter Lösungen kreative Wege zu gehen.

6. Eigenverantwortliche und partizipative Lernprozesse
BNE beruht wesentlich auf eigenverantwortlichen und partizipativen Lernprozessen. Dies erfolgt mittels Methoden und Arbeitsweisen, die zukunftsgerichtete Planungs- und Gestaltungsprozesse fördern.

Lernprozesse an diesen Merkmalen auszurichten, ist ein hoher Anspruch. Die Entscheidung, sich dieser Herausforderung zu stellen, ist jedoch nicht frei von den Schulen zu treffen: Seit seiner Novellierung im Jahr 2017 zählt das Hessische Schulgesetz die BNE zu den „besonderen Bildungs- und Erziehungsaufgaben" (HKM 2017, S. 14), die in Unterricht und Schulleben umzusetzen sind.

## 1.2 Von den Herausforderungen zu einer Hilfestellung für eine komplexe Bildungsaufgabe

Die Umsetzung des Bildungskonzeptes der BNE bedeutet aus verschiedenen Gründen für Schulen eine große Herausforderung:

1. Komplexität der Themenfelder
   Wie schon Abschn. 1.1 gezeigt hat, sind die Themenfelder, mit denen sich die BNE schwerpunktmäßig auseinandersetzt, typischerweise von einer hohen Komplexität geprägt und erfordern eine nicht nur fächer-, sondern auch fachbereichsübergreifende Behandlung. Hier bedarf es einer stärkeren Verknüpfung von vor allem naturwissenschaftlichem und gesellschaftswissenschaftlichem Unterricht, als dies der Routinepraxis der meisten Schulen entspricht.
2. Verbindung von Unterricht und Schulleben
   BNE-Lernprozesse enden nicht an der Klassenzimmertür. BNE-charakteristische Lerninhalte wie zum Beispiel die Frage nach der Energieerzeugung oder die Auseinandersetzung mit den Wechselbeziehungen unserer hiesigen Ernährung mit weltweitem Flächenverbrauch, Treibhausgasausstoß und der Ernährungssituation in anderen Teilen der Welt führen die Lernenden dann, wenn sie und die Lehrenden ihre Unterrichtsinhalte ernst nehmen, zum Stromversorger oder in den Heizungskeller der Schule oder in die schuleigene Cafeteria, um das dortige Angebot einer kritischen

Betrachtung zu unterziehen. Die BNE-Themen im Fachunterricht können und sollen Strahlkraft für die Gestaltung des Schullebens entwickeln und fördern so ungleich stärker die Handlungskompetenz der Lernenden, als die theoretische Behandlung im Unterricht es allein kann.

3. Partizipative Lernmethoden
   BNE zielt auf eine Förderung der Gestaltungskompetenz. Die soeben genannten Beispiele zeigen, dass es in BNE-Lernprozessen seltener um Vermittlungs- als um Verständigungsprozesse geht: Nicht die Lehrperson ist der „Wissende", Schülerinnen und Schüler die „noch Unwissenden", denen Wissen vermittelt wird. Sondern die Frage beispielsweise nach der Energieversorgung der Schule oder dem Nahrungsangebot der Cafeteria sind Teile eines gemeinsamen Suchprozesses nach einer nachhaltigen Umgestaltung des Lebensraums Schule stellvertretend für unsere gesamte Gesellschaft und Lebensweise. Dies bedeutet unter Umständen ungewohnte Lernarrangements und kann zu einer veränderten Perspektive im Lehrer-Schüler-Verhältnis führen, die von den Lehrkräften durchaus Mut erfordern kann.
4. Fehlende Lehrkräfteaus- und -fortbildung
   Anders als die spezifischen Fachdidaktiken eines jeden Unterrichtsfaches sind die BNE-Grundsätze, -Inhalte und -Methodiken nicht obligatorischer Bestandteil der Lehrkräfteausbildung. Auch wenn in den letzten Jahren viele Universitäten und Studienseminare ihre Lehrkräfteausbildung um BNE-Module erweitert haben, fehlt hier eine Verbindlichkeit, die BNE-Kompetenzen neu ausgebildeter Lehrkräfte garantieren würde. Momentaner Status quo ist, dass die meisten hessischen Lehrkräfte keine BNE-spezifische Aus- oder Fortbildung durchlaufen konnten.

Diese Herausforderungen in der Umsetzung einer schulischen BNE erfordern Unterstützungsangebote für Schulen. Ein Netzwerk von Schulen, die sich dem Grundgedanken und der Bildungsaufgabe der BNE in besonderer Weise widmen wollen, kann jede einzelne Schule auf ihrem eigenen Weg der Umsetzung unterstützen, indem es den Zugang zu fachlicher Expertise und außerschulischen Bildungspartnern öffnet, Anregungen von anderen Schulen bietet und mit dieser Öffnung die BNE-Umsetzung einer einzelnen Schule in einen größeren Rahmen stellt. Hier findet sich der Grundgedanke des Programms „Hessische Umweltschulen": Die gemeinsamen Träger des Programms, das Hessische Kultusministerium und das Hessische Ministerium für Umwelt, Klimaschutz, Landwirtschaft und Verbraucherschutz, wollen mit ihrem Programm der Bildung für nachhaltige Entwicklung einen verbesserten Stellenwert an den hessischen Schulen ermöglichen und Schulen durch die Auszeichnung, durch die Vernetzung untereinander und die fachliche Begleitung ihren eigenen Zugang zu BNE erleichtern. Die folgenden Kapitel werden zeigen, wie dies in der Praxis erfolgt.

# 2 Die Umsetzung: Wie wird eine Schule zur Umweltschule?

## 2.1 Der Ablauf: Die Teilnahme am Programm

Das Programm „Hessische Umweltschulen“ steht allen hessischen Schulen offen, die die BNE stärker in ihr Schulprofil implementieren möchten. Schulen aller Schulformen können teilnehmen, unabhängig davon, welchen Stand der Umsetzung die BNE an der Schule bereits erreicht hat. Die Auszeichnung versteht sich nicht als Wettbewerb, sondern als Programm, das Schulen ermutigt, in ihrer Schulentwicklung Schritt für Schritt die BNE stärker zu verankern.

Hierzu ermöglicht die Ausschreibung den teilnehmenden Schulen, mit konkreten Zielen für den Teilnahmezeitraum von zwei Jahren ausgewählte Handlungsbereiche zu bearbeiten und dabei gleichzeitig Strukturen im Schulalltag aufzubauen, die das BNE-Engagement langfristig steuern und stützen können. Dazu gehört die Integration der Vorhaben in Unterricht und Schulcurriculum, in Schulleben und Schulkultur. Durch eine kontinuierliche Teilnahme am Programm kann eine Schule so immer weiter Umfang und Qualität ihrer BNE-Umsetzung verbessern. Kern des Programms sind (siehe Abb. 1):

- *die fachliche Unterstützung und Beratung der Schulen durch elf regionale Umweltbildungszentrum:*
  An den Umweltbildungszentren arbeiten Umweltpädagoginnen und -pädagogen und abgeordnete Lehrkräfte mit den Umweltschulen zusammen und beraten diese bei der Durchführung ihrer ausgewählten Handlungsbereiche.

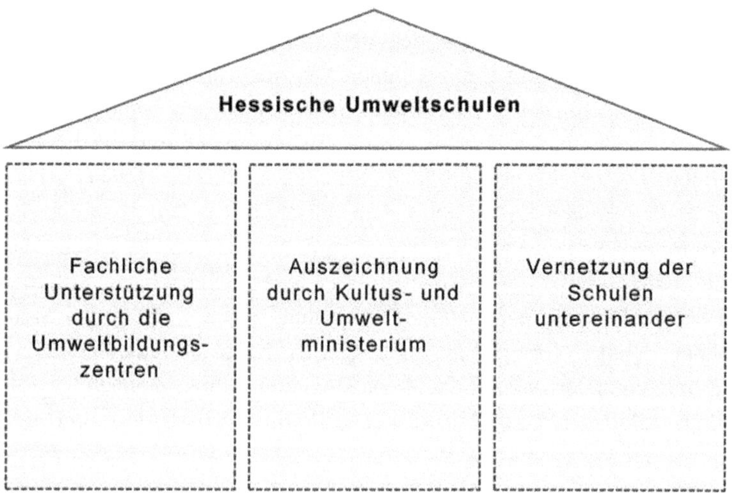


**Abb. 1** Die Säulen des Programms Hessische Umweltschulen

- *Die Auszeichnung:*
  Jährlich findet eine feierliche Auszeichnungsveranstaltung für die neu sowie erneut ausgezeichneten Umweltschulen statt, alternierend zwischen Nord- und Südhessen. Hier erhalten die Umweltschulen ihre Urkunde von hochrangigen Vertreterinnen und Vertretern des Hessischen Kultusministeriums (HKM) und des Hessischen Ministeriums für Umwelt, Klimaschutz, Landwirtschaft und Verbraucherschutz (HMUKLV) Im Rahmen einer Aufstellung stellen die Schulen ihre Projekte vor und erhalten Einblicke in die Arbeit der Umweltschulen auch aus anderen hessischen Regionen.
- *die Vernetzung der Schulen untereinander:*
  Alle Umweltschulen eines Umweltbildungszentrums treffen sich zweimal jährlich auf regionalen Vernetzungstreffen. Sie erhalten fachlichen Input, stellen sich gegenseitig ihre Umweltschulprojekte vor und erhalten Rückmeldung und Anregungen für die Umweltschularbeit an ihrer eigenen Schule.

Häufig geht der Impuls, die Auszeichnung „Hessische Umweltschule" anzustreben, von einzelnen engagierten Kolleginnen und Kollegen aus, seltener durch Initiative der Schulleitung, der SV[3] oder der Elternvertretung. Wichtig für eine erfolgreiche BNE-Implementierung ist es hierbei, von Beginn an möglichst viele Vertreterinnen und Vertreter der Schulgemeinde in diesen Prozess mit einzubeziehen.

„Alleinkämpfertum" kann kurzfristig bemerkenswerte Umweltschulprojekte auf die Beine stellen; aber nur die Verankerung in weiteren Teilen der Schulgemeinde sorgt dafür, dass langfristige Strukturen für die BNE-Arbeit an der Schule entstehen (Abb. 2). Aus diesem Grund ist direkt zu Beginn des Prozesses, für die Erstanmeldung zum Programm, die Zustimmung der Schulleitung und der Gesamtkonferenz erforderlich. Bei der Anmeldung legt sich die Schule auf zwei Handlungsbereiche fest, die sie in den kommenden eineinhalb bis zwei Jahren bearbeiten möchte.[4] Die Schule erhält je nach Bedarf Unterstützung und Beratung durch das betreuende Umweltbildungszentrum und die dorthin abgeordnete Lehrkraft und führt im Laufe der nächsten zwei bis drei Schulhalbjahre ihre eingereichten Projekte durch. Diese werden nach Durchführung in einer Abschlussdokumentation dargestellt, die beim Umweltbildungszentrum eingereicht wird. Eine Jury, bestehend aus Vertreterinnen und Vertretern aller regionalen Umweltbildungszentren sowie der beiden das Programm tragenden Landesministerien, entscheidet anhand der eingereichten Dokumentation und der Berichte der jeweiligen beratenden Lehrkraft über die Auszeichnung als Hessische Umweltschule. Zu Beginn des neuen Schuljahres findet dann für alle erfolgreich teilgenommenen Schulen eine feierliche Verleihung der Auszeichnung statt.

Die allermeisten Schulen bleiben über viele Auszeichnungszyklen aktiv im Programm dabei. Nach der erfolgten Auszeichnung erfolgt bis zur Folgeanmeldung im nächsten Frühjahr die Festlegung auf neue anzugehende Umweltschulprojekte oder die qualitative

[3] SV = Schülerinnen- und Schülervertretung.

[4] Die Themenfelder, aus denen diese Handlungsbereiche stammen, werden in Abschn. 3 vorgestellt.

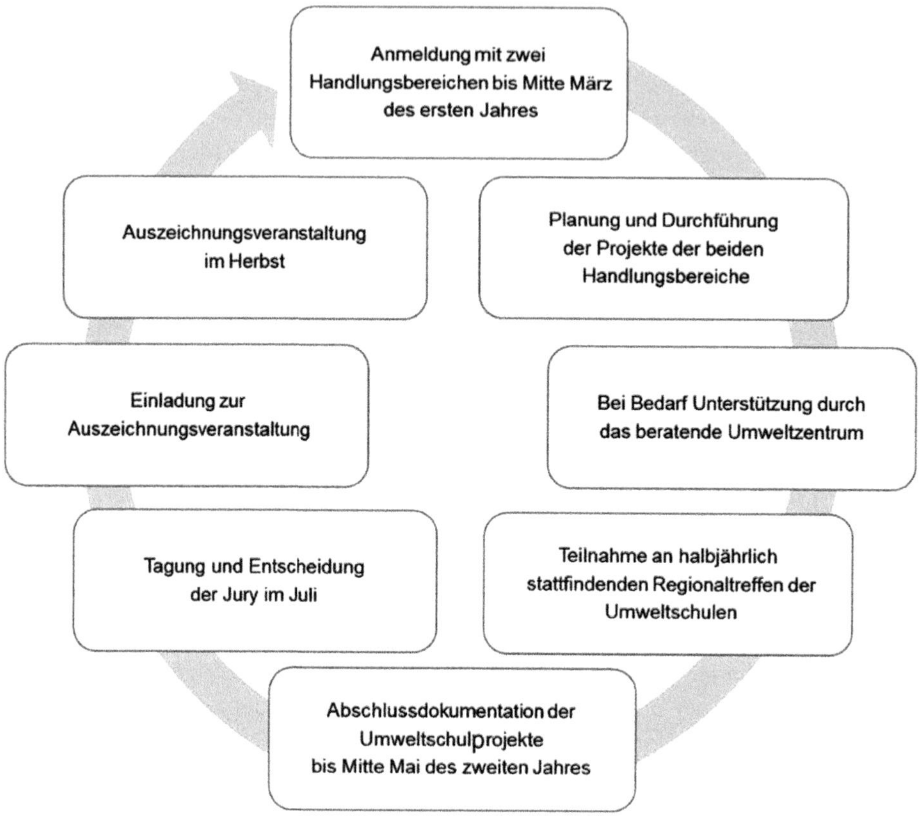


**Abb. 2** Ablauf der Teilnahme am Programm Hessische Umweltschule

Weiterentwicklung der ausgezeichneten Projekte. Letzteres bietet die Chance, einstmals kleinere Umweltschulprojekte über die Schuljahre hinweg immer weiter auszubauen und für größere Teile der Schulgemeinde erfahrbar werden zu lassen. In diesem Sinne kann die anhaltende Teilnahme am Programm Hessische Umweltschulen eine wichtige Größe für erfolgreiche und zukunftsgerichtete Schulentwicklung bedeuten.

## 2.2 Die Partner: Die Umweltbildungszentren

Die fachliche Unterstützung der teilnehmenden Schulen sowie die Verbindung zwischen den beiden verantwortlichen Landesministerien und den Schulen wird über elf regionale Umweltbildungszentren in ganz Hessen sichergestellt. Hier finden die halbjährlichen

Regionaltreffen der Umweltschulen statt, bei denen die Schulen fachlichen Input, Anregungen aus den Beispielen anderer Schulen und Unterstützung in Form von Beratung, gegebenenfalls auch Bereitstellung von Unterrichtsmaterial, erhalten. Weiterhin stehen die Umweltbildungszentren den Schulen als wichtiger außerschulischer Lernort zur Verfügung, an dem gegebenenfalls Exkursionen, Workshops oder Fortbildungen stattfinden können.

Die abgeordneten Lehrkräfte bilden eine wertvolle Schnittstelle zwischen der umweltpädagogischen Arbeit an den Zentren und der alltäglichen Umsetzung von BNE-Arbeit an den Schulen. Die im Programm vertretenen regionalen Umweltbildungszentren, geordnet von Nord nach Süd, sind:

**Regionale Umweltbildungszentren in Hessen**

- Wassererlebnishaus Fuldatal (Wasser 21 e. V.)
- Ökologisches Schullandheim und Tagungshaus (Umweltbildungszentrum Licherode e. V.)
- AZN-Naturerlebnishaus Heideberg (Ausbildungs-Zentrum für Natur- und Umweltbildung im Vogelsbergkreis)
- Umweltzentrum Fulda e. V. (Zentrum für Nachhaltigkeit, Gartenkultur und Tierpädagogik)
- Jugendwaldheim Roßberg e. V.
- Holz + Technik Museum Wettenberg (insbes. Holzerlebnishaus in Wißmar)
- Beratungsstelle ökologische Bildung Bad Homburg e. V.
- Umweltlernen Frankfurt e. V.
- Umweltzentrum Hanau
- Naturschutzhaus Weilbacher Kiesgruben
- Naturschutzzentrum Bergstraße

## 3 Die Projekte

### 3.1 Die Themenfelder

Die vorangegangenen Betrachtungen zur Bildungsaufgabe BNE haben deutlich gezeigt, dass die heutigen Umweltschulen nicht für reine Umweltbildungsprojekte ausgezeichnet werden. Die Auswahl der Themen, die für BNE-Lernprozesse und somit für die

Bewerbung um die Auszeichnung Umweltschule geeignet sind, ergibt sich im Wesentlichen aus folgenden Fragestellungen:

- Ist das Thema lokal wie global relevant für eine nachhaltige gesellschaftliche Entwicklung?
- Hat das Thema einen Alltagsbezug und Handlungsmöglichkeiten für die Lernenden?
- Lässt die Auseinandersetzung mit dem Thema eine mehrdimensionale Betrachtungsweise zu?[5]

Gerade die letzte Frage führt von der reinen Umweltbildung vorangegangener Bildungskonzepte zu einer BNE, die die Mehrdimensionalität und Multiperspektivität ihrer Lernprozesse betont. Aus der Tradition der Umweltbildung stammend, die sich noch im Namen „Umweltschule" spiegelt, wird in vielen Umweltschulprojekten die ökologische Dimension betont, beispielsweise in Projekten rund um die Biodiversität auf dem Schulgelände, die zu stärken und zu schützen Zielsetzung des Projektes ist. Diese Betonung ist unproblematisch für die Lernprozesse, solange auch die soziale, die ökonomische, die politische, gegebenenfalls auch die kulturelle Dimension nicht ausgeblendet werden, sondern – je nach Thema und Lerngruppe – insofern berücksichtigt werden, als ein eindimensionaler Blick vermieden und durch eine differenzierte Annäherung ersetzt wird.

Diese Betrachtungen führen zu folgendem Kanon geeigneter Themenfelder für Umweltschulprojekte:

- Naturschutz und Stärkung der Biodiversität
- Naturnahes Schulgelände und Schulgarten
- Ressourcenschutz und -einsparung
- Klimawandel und Klimaschutz
- Nachhaltiger Konsum und fairer Handel
- Klima- und ressourcenschonende Ernährung und Landwirtschaft
- Globales Lernen, Globale Nachhaltigkeitsziele (SDGs)
- Mobilität
- Zukunftsfähige Stadt- und Regionalentwicklung, Flächenverbrauch

Abb. 3 (siehe Abb. 3) zeigt die am häufigsten gewählten Themenfelder der in 2019 ausgezeichneten Umweltschulprojekte. Mit großem Abstand lassen sich die meisten Projekte den beiden Themenfeldern „Naturschutz und Stärkung der Biodiversität" und „Naturnahes Schulgelände und Schulgarten" zuordnen. Besonders die Kriterien 1 und 2 der zuvor genannten Fragestellungen nach der Eignung von Themen werden mühe-

---

[5] Für eine ausführliche Betrachtung der Auswahlkriterien geeigneter BNE-Themen vgl. Michelsen und Fischer (2015, S. 25 ff.) und KMK, BMZ ($^2$2016, S. 96 ff.) sowie Ministerium für Schule und Bildung des Landes Nordrhein-Westfalen (2019, S. 16–20).

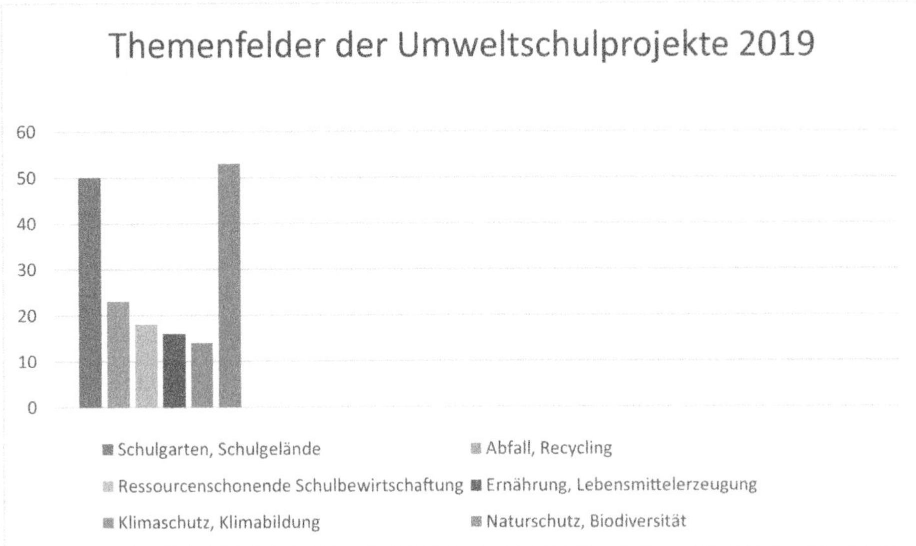


**Abb. 3** Themen der Umweltschulprojekte 2019. (Eigene Abbildung, Ergebnis aus 2019)

los erfüllt: Eine gestärkte Biodiversität, eine hierfür geschaffene naturnahe Umgebung der Schule mit erhaltenen oder neu erschaffenen Vegetationsbereichen trägt im Kleinen und Lokalen zur Lösung der globalen und bedrohlichen Krise des Artensterbens bei. Die Gestaltung des Außengeländes, evtl. auch der Umgebung der Schule, eröffnet den SuS[6] eine Vielzahl von Gestaltungsmöglichkeiten zur Stärkung der Biodiversität als überlebenswichtige Grundlage unserer eigenen Existenz. Sie erfahren Handlungsimpulse für ihren eigenen Alltag auch über ihre Schulzeit hinaus. Die naturnahe Gestaltung von Schulgarten oder sonstigem Außengelände wird für Unterrichtsinhalte genutzt und verbindet so die Bereiche Schulleben und Unterricht.

Der Anspruch der Mehrdimensionalität von Lernprozessen erfüllt sich in Projekten dieser Themenfelder nicht zwangsläufig, sondern indem die Pädagoginnen und Pädagogen, die die Projekte mit den SuS durchführen, eine mehrdimensionale Betrachtung fördern.[7] Hier kann die Beratung der regionalen Umweltschulbetreuenden die Lehrkräfte dabei unterstützen, die Mehrdimensionalität in ihren Umweltschulprojekten zu berücksichtigen.

[6] SuS = Schülerinnen und Schüler.

[7] Schlagworte für eine solche Mehrdimensionalität sind z. B. ökonomischer, gesundheitlicher und ideeller Wert der Biodiversität, soziale Bedeutung der Flächennutzung von öffentlichem Raum oder der Wert regional erzeugter Lebensmittel aus dem Schulgarten für die eigene Ernährung.

## 3.2 Die Lernmethoden

Bildung für nachhaltige Entwicklung zielt auf eine Kompetenzförderung der Lernenden. Neben Wissen und Kenntnissen werden Fähigkeiten, Einstellungen und Haltungen gefördert, die benötigt werden, um Anforderungen gewachsen zu sein.[8] Diese Kompetenzorientierung erfordert eine entsprechende Methodik, was in der Darstellung der Herausforderungen einer BNE und der Themenfelder schon angeklungen ist:

Die Gestaltungskompetenz von Lernenden fördern Lernmethoden, die handlungsorientiertes und kooperatives Lernen in den Mittelpunkt stellen. Hierbei ist der Lernende der aktive Part, der sich gemeinsam mit anderen mit Sachverhalten auseinandersetzt, erworbenes Wissen anwendet, unterschiedliche Sichtweisen gegeneinander abzuwägen einübt und hierbei Handlungsmöglichkeiten für sich selbst entwickelt.

Hierfür eignen sich Umweltschulprojekte im Besonderen, die Unterrichtsinhalte und Schulleben miteinander verbinden: Die Stärkung der Biodiversität auf dem eigenen Schulgelände, um bei dem Beispiel aus Abschn. 3.1 zu bleiben, fußt im Idealfalle auf dem im Unterricht erworbenen Verständnis über die Bedeutung der Biodiversität für das eigene sowie für aller Leben.

Auch Bildungsprozesse im Unterricht ohne direkte Verbindung zum Schulleben können natürlich kompetenzorientiert gestaltet werden. Unterrichtsmethoden wie Plan- oder Rollenspiele, Zukunftswerkstätten, selbstorganisierte Lernprojekte und Ausstellungen haben hier einen besonderen Stellenwert.

## 3.3 Beispielprojekte: Die Anne-Frank-Schule Gersfeld

Die Anne-Frank-Schule Gersfeld ist eine Förderschule mit dem Förderschwerpunkt Lernen. Auf dem Schulgelände wurde ein Schulgarten angelegt und immer weiter erneuert, der den Charakter eines Lehrbiotops hat. Hier finden sich eine Kräuterspirale, eine von den SuS selbst angelegte Benjeshecke[9], eine Obstwiese und ein Gartenteich, sodass sich hier viele Insektenarten und andere Kleinlebewesen selbst angesiedelt haben. Dieser Außenbereich wird regelmäßig für den Unterricht genutzt, im Schulprogramm und dem schuleigenen Curriculum sind Themen ökologischer Ausrichtung verankert.

Am Beispiel des Projektes „Neuerrichtung von Hochbeeten im Schulgarten" soll exemplarisch die konkrete Umsetzung und Bedeutung für die BNE aufgezeigt werden:

An dem Projekt „Neuerrichtung von Hochbeeten" waren vorrangig die Fächer Mathematik, Naturwissenschaft und Arbeitslehre beteiligt: Der Holzbedarf sowie die

[8] Für eine genauere Darstellung des Kompetenzbegriffs und der Kompetenzbereiche einer BNE s. KMK, BMZ (2016, Kap. 3).

[9] Bei Benjeshecken handelt es sich um einen Totholz-Streifen, benannt nach dem Landschaftsgärtner Hermann Benjes. In ihr wird Grünschnitt verwertet und sie kann sowohl als Sicht- und Windschutz dienen als auch Igeln, Vögeln und Insekten Schutz bieten.

Stabilität eines Hochbeetes wurden berechnet, der Aufbau eines Hochbeetes in der Theorie kennengelernt und dann in die Praxis umgesetzt. Der konkrete Bau erforderte aufeinander aufbauende, komplexe Arbeitsschritte, die von älteren SuS der Berufsorientierungsklassen bewältigt wurden, indem sie gründlich planten und miteinander kooperierten. Einfachere Zuarbeiten wurden von jüngeren SuS übernommen, die so an handlungsorientierten und kooperativen Lernprozessen partizipieren konnten, deren Ergebnisse der ganzen Schulgemeinde zugutekamen.

Die fertiggestellten Hochbeete konnten dann unter dem Schwerpunkt „Pflanzen, Begleiten und Ernten von Pflanzen; Weiterverarbeitung des Geernteten" für die Fächer Sachunterricht und Arbeitslehre genutzt werden: gesellschaftlich relevant für eine nachhaltige Entwicklung und alltagsbezogen auf das gegenwärtige und zukünftige Leben der SuS. Weitere Beispiele könnten sich hier anschließen, etwa die schuleigene Imkerei oder die Anlage von Obst- und Blumenwiesen.

Als Förderschule mit dem Förderschwerpunkt Lernen sieht die Anne-Frank-Schule eine prioritäre Zielsetzung ihrer Arbeit, SuS mit umfassenden und lang andauernden Lernbeeinträchtigungen auf die Lebens-, Berufs- und Arbeitswelt vorzubereiten und sie am Ende der Schulzeit in ein Ausbildungsverhältnis zu vermitteln. Die Arbeit im Schulgarten (das Zimmer, Errichten und Bepflanzen neuer Hochbeete, das Pflanzen der Benjeshecke, die gärtnerische Gesamtpflege der Anlage und die Weiterverarbeitung von geerntetem Obst und Gemüse in der schuleigenen Küche und Cafeteria) ermöglicht SuS der Berufsorientierungsklassen Einblicke in die Tätigkeit möglicher Ausbildungsberufe im gärtnerischen oder gastronomischen Bereich. So ist hier auf einer ganz praktischen Ebene die soziale und wirtschaftliche Dimension in die Umweltschulprojekte einbezogen.

Kooperation und partizipative Lernprozesse eröffnen den Blick aus dem Mikrokosmos der eigenen Schulgemeinde heraus: In den Projekten der Schulgartengestaltung, der Schulimkerei oder der Anlage von Obst- und Blumenwiese arbeitet die Anne-Frank-Schule eng mit den benachbarten (Umwelt-)Schulen Otto-Lilienthal-Schule, einer Grundschule, und der Rhönschule, einer Kooperativen Gesamtschule, eng zusammen. Die Kooperation erleichtert manchen praktischen Arbeitsschritt und hat zu Kooperationsklassen geführt, in denen SuS aus Hauptschulklassen und Förderschulklassen gemeinsam und voneinander lernen. Auch mögliche Praktikumsbetriebe für die SuS werden zum Beispiel bei der Materialbeschaffung in die Arbeit an Schulgarten und Außengelände mit einbezogen. Hier weitet sich der Blick erneut von der ökologischen auf die soziale und wirtschaftliche Dimension der hier vorgestellten Bildungsprozesse.

## 4 Die Einbettung: Die Umweltschulen als vernetzter Baustein der BNE in Hessen

Bildung für nachhaltige Entwicklung ist ein breit angelegtes Bildungskonzept und lebt von Kooperationen und Multiperspektivität. Das Einstiegskapitel hat deutlich gemacht, dass hierbei Unterstützungsangebote notwendig sind, solange die BNE als besondere

Bildungs- und Erziehungsaufgabe noch nicht flächendeckend in die Kerncurricula, die Schulprogramme der einzelnen Schulen und in die Lehrkräfteausbildung implementiert ist.

Weiter wurde das Programm der Hessischen Umweltschulen vorgestellt als ein Unterstützungsangebot des Landes Hessen, das flächendeckend und langfristig angelegt ist und von vielen hessischen Schulen angenommen wird, von denen die meisten über viele Jahre hinweg im Programm bleiben.[10]

Auch wenn die hessischen Umweltschulen schon ein eigenes Bildungsnetz darstellen, in dem der Austausch der Schulen untereinander einen hohen Stellenwert hat, vernetzen sich die Umweltschulen noch darüber hinaus mit anderen Bildungsprogrammen, profitieren von deren Bildungsschwerpunkten und tragen die eigenen Impulse in den Austausch.

An erster Stelle ist hier die – bundesweit einmalige – hessische Dachmarke „Nachhaltigkeit lernen in Hessen" zu nennen. Diese wurde 2017 von der Nachhaltigkeitsstrategie Hessen und dem Runden Tisch BNE mit Unterstützung des HKM gegründet. Hierbei werden mittlerweile sechs verschiedene Schulauszeichnungen und -zertifikate, die hessische Schulen für ihr BNE-Engagement erhalten können, zusammengeführt. In den verschiedenen Auszeichnungen zeigen sich unterschiedliche thematische Zugänge zur BNE: Wie die vorangegangenen Betrachtungen gezeigt haben, legen viele Umweltschulen zunächst einen ökologischen Schwerpunkt. Die UNESCO-Projektschulen nähern sich über soziale (Unterrichts-)Projekte der BNE, die Fair-Trade-Schools betrachten im Schwerpunkt globale Wirtschaftszusammenhänge. Neben den genannten sind ebenfalls die Eine-Welt-Schulen, die Grenzenlos-Schulen sowie die Auszeichnungen „Schuljahr der Nachhaltigkeit" sowie „Schule der Nachhaltigkeit" Zugangszertifikate zur Dachmarke. Während die Eine-Welt-Schulen[11] und die Grenzenlos-Schulen ihren Schwerpunkt auf Globales Lernen legen, richten sich die Auszeichnungen „Schuljahr der Nachhaltigkeit" und „Schule der Nachhaltigkeit" an Grundschulen, die die BNE über verschiedenen Unterrichtsmodule, Lehrkräftefortbildungen und Arbeit am Schulcurriculum bereits in breiterer Form in ihr Schulprogramm aufgenommen haben.[12]

---

[10] Im Jahr 2020 liegt die Zahl der hessischen Umweltschulen bei 206 Schulen aller Schulformen; von insgesamt 1852 allgemeinbildenden Schulen in Hessen.

[11] Die Auszeichnung „Eine-Welt-Schule" wird nur an Schulen im Schulamtsbezirk des Staatlichen Schulamtes für den Landkreis Hersfeld-Rotenburg und den Werra-Meißner-Kreis verliehen.

[12] Genauere Informationen über die Dachmarke „Nachhaltigkeit lernen in Hessen" und die Zugangszertifikate finden sich auf der Homepage der Hessischen Nachhaltigkeitsstrategie (www.hessen-nachhaltig.de).

## 5 Conclusio

Die Dachmarke „Nachhaltigkeit lernen in Hessen würdigt die Gleichwertigkeit verschiedener thematischer Schwerpunkte auf dem Weg hessischer Schulen, das Bildungskonzept BNE umzusetzen. Und sie wirkt gleichermaßen als Aushängeschild für Engagement.

Ein wesentlicher Kerngedanke verbindet sämtliche Zugangszertifikate: Eine schulische Bildung, die die Gestaltungskompetenz der Lernenden fördert, ermöglicht unserer Gesellschaft die Transformation, die sie für eine nachhaltige Entwicklung benötigt. **Bildung** ist der erste und unerlässliche Schritt dieser gesellschaftlichen Transformation: **Bildung** ist eines der 17 Ziele für eine nachhaltige Entwicklung der Weltgemeinschaft, aber Schlüssel und Triebfeder zum Erreichen aller weiterer Nachhaltigkeitsziele.

Ohne hochwertige Bildung für alle Menschen wird es uns nicht gelingen, die weltweite Armut zu überwinden, unsere Wirtschaft umwelt- und sozialverträglich zu transformieren und unsere terrestrischen und marinen Ökosysteme zu erhalten. Diesem hohen Anspruch kann Bildung gerecht werden, wenn sie die Fragen nach der Zukunftsfähigkeit ins Zentrum ihrer Bemühungen stellt und die Lernenden Kompetenzen – also Wissen, Fähigkeiten und Haltungen – entwickeln können, die ihnen einen zukunftsfähigen Lebensstil ermöglichen.

**Abb. 4** Das Logo der Umweltschulen Hessen

**Silke Bell** ist ausgebildete Gymnasiallehrerin für die Fächer Deutsch, Biologie und evangelische Religion und hat über zehn Jahre an einer Kooperativen Gesamtschule in Südhessen gearbeitet. Sie war Lehrbeauftragte im Bereich schulische Bildung für nachhaltige Entwicklung für Lehramtsstudierende an der TU Darmstadt. Seit 2016 koordiniert sie das Programm „Hessische Umweltschulen" landesweit und leistet Fachberatung für Bildung für nachhaltige Entwicklung am Hessischen Kultusministerium.

## Literatur

BMZ (2017) Der Zukunftsvertrag für die Welt. Die Agenda 2030 für eine nachhaltige Welt. https://www.bmz.de/resource/blob/23366/d52688f07df7a2c9aa78a3970295f5f5/materialie270-zukunftsvertrag-data.pdf. Zugegriffen: 15. Juli. 2020.

HKM (2017) Hessisches Schulgesetz in der Fassung vom 30. Juni 2017. https://www.rv.hessenrecht.hessen.de/bshe/document/jlr-SchulGHE2017V5IVZ. Zugegriffen: 07. Nov. 2021

KMK, BMZ (²2016) Orientierungsrahmen für den Lernbereich Globale Entwicklung. https://www.kmk.org/fileadmin/veroeffentlichungen_beschluesse/2015/2015_06_00-Orientierungsrahmen-Globale-Entwicklung.pdf. Zugegriffen: 14. Juli. 2020

Michelsen G, Fischer D (2015) Bildung für nachhaltige Entwicklung. https://hlz.hessen.de/wp-content/uploads/2020/01/HLZ-Broschuere_Nachhaltigkeit_Band_2_2019.pdf. Zugegriffen: 14. Juni. 2020

Ministerium für Schule und Bildung des Landes Nordrhein-Westfalen (2019) Leitlinie Bildung für nachhaltige Entwicklung. Schule in NRW Nr. 9052. https://www.schulministerium.nrw/sites/default/files/documents/Leitlinie_BNE.pdf. Zugegriffen: 15. Mai. 2020

# Neue Wege in der Mitarbeitergewinnung entdecken

## Jede Reise beginnt mit dem ersten Schritt

Johannes Feik

**Zusammenfassung**

Das Praktikumsjahr soll Unternehmen helfen, nachhaltig junge Talente zu finden und Schulabgänger bei der Berufsentscheidung zu unterstützen. In diesem Kapitel zeigt Johannes Feik auf, wie er auf die Idee gekommen ist und welche Beobachtungen er auf seinem Weg gemacht hat. Es soll Ihnen die Sicht auf die Gewinnung von Schulabgängern von einem Botschafter seiner Generation zeigen. Zu diesem Hintergrund ist es wichtig, unter welchen Verhältnissen er groß geworden ist. Johannes Feik ist in einer Familie der oberen Mittelschicht aufgewachsen und besuchte nach seiner Grundschulzeit eine Privatschule und machte neben seiner Ausbildung sein Fachabitur.

## 1 Schulbank ade: Auf zu neuen Horizonten

Mit der Schule fertig und endlich den Abschluss geschafft. Jetzt bin ich endlich frei! Leider nein. Jetzt geht der eigentliche Teil des Weges erst los. 327 Ausbildungsberufe (BIBB 2018) und zahlreiche Studiengänge stehen zur Auswahl. Die jungen Talente haben die Qual der Wahl. Diese Aufgabe gilt es zu lösen, eine Entscheidung zu treffen. Viele wissen nicht, was hinter diesen Berufen steckt und ob der Beruf überhaupt der richtige ist. Während der Schulzeit steht für einige Schulabgänger nur eins im Vordergrund: der Abschluss. Leider kommen dabei auch die berufsorientierenden Maßnahmen der Schule zu kurz wie zum Beispiel das Pflichtpraktikum, das Bewerbungstraining oder die Berufstage. Die Entscheidung, welcher Beruf und wie es weitergeht, ist damit noch

J. Feik (✉)
Petersberg, Deutschland



A. Trischler und S. Böhling (Hrsg.), *CSR in Hessen,* Management-Reihe Corporate Social Responsibility, https://doi.org/10.1007/978-3-662-63004-4_2

lange nicht gefunden (Vodafone Stiftung 2014). Wenn ich einen Schüler frage, wer bei seiner Berufsentscheidung federführend war, bekomme ich meistens die Antwort, dass die Eltern einen großen Anteil an der Berufsentscheidung hatten. Denn viele Eltern nehmen die Berufsorientierung auf Wiedervorlage, wenn es Richtung Abschluss geht. Als ich selbst kurz vor der Entscheidung stand, wusste ich, wie man dieser Antwort meistens entgeht. Trotz allem sollte man das Thema bei nervigen Eltern nicht links liegen lassen. Wenn es so weit ist und Kinder noch keine Ahnung haben, was sie machen möchten, dann schlagen oftmals die Eltern einen Weg vor, um Sicherheit zu vermitteln.

## 2 Das Land der vielen Möglichkeiten

Fluch und Segen zugleich: In Deutschland haben Schüler in Bezug auf die Berufswahl eine beinahe unerschöpfliche Auswahl. Es gibt unzählige Möglichkeiten und viele können den Weg selbst wählen, ohne dass ein großer finanzieller Aufwand geleistet werden muss: Ob es das FSJ[1], die klassische Ausbildung, das Vollzeit-Studium oder doch das duale Studium werden soll, zeigt auf, wie schwierig es ist, die Entscheidung bei der großen Auswahl zu treffen. Eine Vielzahl von Informationen im Internet und die Berufstest wollen helfen, dem Ziel zur richtigen Auswahl näher zu kommen.

### 2.1 Der Weg liegt im Nebel

Meinem Testergebnis nach sollte ich Lehrer werden. Nach einem Praktikum in diesem Bereich war mir jedoch klar, dass das nichts für mich ist. Klar ist, dass das Internet und die Berufstests ausführlich über die Möglichkeiten aufklären. Jedoch gehen diese Informationsportale nicht auf persönliche Bedürfnisse ein und die Praxis bekommen die Schüler dort auch nicht vermittelt. Also warum nicht in die Unternehmen und Organisationen reinschauen und live erleben? Rund jeder zweite Schüler sagt, dass ein Praktikum ihnen geholfen hat, da sie viele persönliche Eindrücke sammeln und sich ausprobieren konnten (BIBB 2018). Da stellt sich die Frage, warum die Schüler nicht die Ferien nutzen, um sich auszuprobieren. Aber für Schüler sind Ferien wie eine rettende Insel, welche zur Entspannung von der Schulzeit dienen soll. Obwohl die Schulen auf die Praktika in den Ferien aufmerksam machen, werden diese Aufforderungen von Schülern oft ignoriert.

> Ein Jahr noch bis zum Schulabschluss! Viiiiel Zeit … (Zitat eines x-beliebigen Schülers)

Häufig können Eltern nicht verstehen, warum sich ihr Kind noch nicht für eine Ausbildung entschieden hat. Aber ein Jahr ist doch viel Zeit – der Schuh drückt schließlich

[1] FSJ = Freiwilliges Soziales Jahr.

noch nicht. Oder doch? Schnell geht es auf das Halbjahresende zu und noch immer keine Entscheidung in Sicht. Jetzt realisiert der Schüler, dass er sich mit den Berufen auseinandersetzen *sollte.* Viele Schulabgänger werden sich wahrscheinlich in dieser Situation wiederfinden. Und jetzt steht er vor der Entscheidung, ähnlich wie in einem Restaurant, wo man vor der Speisekarte sitzt und nicht weiß, was man bestellen sollte. Wiener Schnitzel oder doch lieber eine Pizza? Das Leben besteht aus so vielfältigen Entscheidungen. Die vielen Möglichkeiten, die wir heutzutage haben, vernebeln den Schulabgängern beinahe die Sicht. 327 anerkannte Ausbildungsberufe standen den Schülern laut Bundesinstitut für Berufsbildung im Jahr 2018 (vgl. BIBB) zur Verfügung. Hinzu kommen noch 34 private und staatliche Hochschulen und Universitäten (HMWK 2020). Da wird klar, warum rund ein Fünftel der Schüler noch vollkommen ratlos ist. So kommt es, dass sich die Schüler eher auf bekannte Berufe bewerben, von denen sie eine grobe Vorstellung haben. Mädchen bewerben sich auf die typischen Frauenberufe und Jungen auf die Männerberufe. Die geschlechtsspezifische Rollenverteilung wird auch heute noch der nächsten Generation so weitergegeben. Was den Schülern fehlt, ist das Sammeln von Erfahrungen auf seiner schulischen Laufbahn.

## 2.2 Wo ist das Licht am Ende des Tunnels?

Das Licht zu finden bzw. die optimale Berufswahl zu treffen ist schwierig, aber nicht unmöglich. Aljoscha Neubauer, Psychologe und Professor an der Uni Graz, sagt, dass die jungen Talente nicht auf den Rat anderer hören, weniger ihren Interessen folgen sollten. Denn die Interessen können sich schnell wandeln und sind oft von Stereotypen, den Freunden oder den Eltern geprägt (Kramer 2019). Hierbei sollte bei der Wahl des Jobs eher auf Begabungen und Talente geachtet werden. Die Lösung sei nicht so komplex, wie es scheint. Denn durch das Ausprobieren verschiedener Berufe entdeckt man seine Fähigkeiten von allein. Eltern, Freunde und Verwandte spielen dabei als Berater eine wichtige Rolle, jedoch sollte jeder durch das Ausprobieren seine Talente und Interessen eigenständig entdecken.

▶ **Wichtig** Der Weg ist nach der Schule noch nicht zu Ende. Jeder Schüler kann sich nach der Schule Zeit nehmen und in verschiedene Bereiche reinschnuppern – in Form von **Praktika.**

## 2.3 Ist der Fachkräftemangel ein Mythos?

Sicher ist, dass der ein oder andere Unternehmer sich wünschen würde, der Fachkräftemangel sei ein Mythos. Laut der KOFA-Studie sind 90 % der befragten Unternehmen der Meinung, dass der Fachkräftemangel bei ihnen präsent ist. 5 % der befragten Unternehmen hat den Kampf um die Talente aufgegeben (KOFA 2019). Bevor der

Fachkräftemangel präsent war, konnten sich die Unternehmen die Bewerber aussuchen. Heute suchen Fachkräfte Unternehmen mit freundlicher Unternehmensstruktur. Diese Unternehmen sind bei der heutigen Generation gefragt. Nicht nur bei den Unternehmen ist der Fachkräftemangel Thema, sondern er ist auch eines der beherrschenden Themen in der Politik (vgl. Tagesschau 2019). Aber ist es aus Sicht der Unternehmen aussichtslos, um die Talente zu kämpfen?

Als wäre die Nachwuchsgewinnung nicht anstrengend genug, gilt es noch für die scheidenden Mitarbeiter qualifizierten Ersatz zu finden. Die Babyboomer Generation (1946 bis 1964) verabschiedet sich langsam in den Ruhestand. Ab Anfang 2020 können ca. 1 Mio. Menschen in den Ruhestand wechseln (Manager-Magazin 2020; Breuer 2020). Für die Unternehmen heißt das, dass sie anfangen müssen, den Personalbedarf strategisch zu planen, um wettbewerbsfähig und somit zukunftsfähig zu bleiben. Ein attraktives Arbeitsumfeld ist da fast schon ein Muss. Hinzu kommt, dass Unternehmen die Schulabgänger von ihren Perspektiven überzeugen müssen. 49 % der befragten Firmen geben an, dass sie den Personalbedarf strategisch planen (KOFA 2019). Viel zu wenige Unternehmen kommunizieren ihre Angebote und Perspektiven in der Öffentlichkeit. Die Lösung: Am besten erreichen die Firmen die neuen Fachkräfte über **Praxis-Einblicke.**

## 3 Praktikumsjahr

Einblicke in Unternehmen und Organisationen sind wichtig, damit neue Mitarbeiter ihre Möglichkeiten im Unternehmen kennenlernen können. Viele Schulabgänger müssen nach der Schule eine wichtige Entscheidung treffen. Wie geht der Weg weiter? Jeder muss individuell für sich entscheiden, für welche Branche er sich interessiert. Aber wie und wo fündig werden? Auf der anderen Seite müssen die Unternehmen ihre Zukunft mit motivierten Talenten sichern, die ihr Unternehmen voranbringen. Wie kann das gelingen?

### 3.1 Praktikumsjahrler

Der Praktikumsjahrler lernt im Praktikumsjahr ca. alle zwei Monate verschiedene Berufe kennen, um später eine fundierte Berufsentscheidung treffen zu können. Da viele Schüler gerne nach der Schulzeit ins Ausland oder den Studien-/Ausbildungsplatz nochmal wechseln wollen, kann beim Praktikumsjahr das eigene Start- und Enddatum auswählt werden. Die einzige Voraussetzung ist, dass der Zeitraum mindestens ein halbes Jahr lang ist. So haben die Talente genügend Zeit, sich auszuprobieren. Möchte er die Vielfalt der Firmen vor Ort kennenlernen, geht er am besten zuerst über Interessensgebiete und dann auch über Fähigkeiten. Denn das Internet ist dabei aufgrund der Informationsflut nicht hilfreich. Hier verliert man schnell mal den Überblick. Die Schulabgänger wählt zunächst die Berufsbranchen aus, die sie interessieren. Mithilfe der ausgewählten Interessensgebiete lernen sie Firmen kennen, die für sie vielleicht nicht so präsent sind. Da der postalische Weg überholt ist, lange dauert und der umständliche Versand der Umwelt schadet, bietet die Plattform „praktikumsjahr.de" beim Anmeldeprozess an, die Noten, den Lebenslauf und ein Motivationsschreiben zu hinterlegen[2]. Anhand des Motivationsschreibens kann der Schüler unkompliziert seine Visionen und Ziele dem potenziellen Unternehmen mitteilen. Ganz automatisch wird nach diesen Schritten für ihn ein individuelles Praktikumsjahr erstellt und bei den passenden Unternehmen in seiner Region angefragt.

## 3.2 Nachhaltige Nachwuchsgewinnung

Mitarbeiter ohne großen Verwaltungsaufwand und digital in Zeiten des Fachkräftemangels zu finden, ist für viele Unternehmen ein Traum. Keine Mitarbeiter abstellen, keine Werbung machen und sein Unternehmen positiv bewerben. Nichts leichter als das. Die Partner beim Praktikumsjahr finden über die Plattform nachhaltig und ohne großen Aufwand junge Talente. Denn schließlich sind beide Seiten auf der Suche nach dem passenden Platz bzw. dem passenden Bewerber. Über die Webseite werden beide miteinander verbunden. Das Unternehmen hat online die Möglichkeit, eine „Dauerstelle" zu erstellen. Eine Dauerstelle heißt, dass das Unternehmen für ein bestimmtes Interessensgebiet für einen Zeitraum von ca. zwei Monaten eine Stelle für ein Jahr schaltet. Kann die Firma wegen fehlender Kapazitäten gerade keinen Praktikumsplatz anbieten, stellt diese einfach einen Zeitblocker ein. Die Länge des Praktikums ist frei wählbar, da das Unternehmen am besten weiß, welcher Zeitraum für die Schulabgänger am sinnvollsten ist. Dabei gilt nur eines zu beachten: Die Länge des Praktikums darf nicht über drei Monate gehen, da sonst der gesetzliche Mindestlohn greift.

Um auch zu garantieren, dass der Praktikant in die Unternehmensstruktur passt, kann der Personaler an die Dauerstelle spezifische Anforderungen stellen. Denn für manche Branchen werden gewisse Qualifikationen vorausgesetzt, um dem Schulabgänger eine Ausbildung anbieten zu können. Mit dieser Funktion wird ermöglicht, dass nach Noten, dem Schulabschluss oder individuellen Qualifikationen gefiltert werden kann. Der angemeldete Schulabgänger bekommt davon nichts mit. Denn was ist schlimmer, als einem Praktikanten oder Auszubildenden eine Absage zu erteilen. Dies bedeutet nämlich, dass der Schüler erste negative Erfahrungen mit Unternehmen gemacht hat und sich vielleicht sogar für einen anderen Weg entscheidet. Die meisten Unternehmen setzen die Anforderungen nicht so hoch, da ein Praktikum die Möglichkeit ist, jemanden genauer kennenzulernen. Damit der Praktikant einen reibungslosen Praktikumsablauf bekommt, hinterlegt das Unternehmen eine Ablaufbeschreibung für die ersten Tage und die allgemeinen Tätigkeiten. Wer genau weiß, wer der Ansprechpartner ist, ob man sich selbst was zu essen mitbringen muss oder es eine Kantine gibt, kann viel besser in sein Praktikum starten.

---

[2] Vgl.: www.praktikumsjahr.de

## 3.3 Die Vermittlung

So geht es weiter: Der passende Schüler wird vorgeschlagen. Nachdem der Schüler am Zug war, ist nun das Unternehmen an der Reihe. Per Mail wird es informiert, dass ein passender Praktikant für den Zeitraum vorgeschlagen wurde. Die Firma meldet sich an und kann sich den Praktikumsjahrler anschauen. Der Personaler hat drei Optionen. Er kann den Praktikanten annehmen, ablehnen oder zu einem Bewerbungsgespräch einladen. Bei der Annahme wird automatisch der Praktikantenvertrag über das System verschickt, der Praktikumsjahrler bekommt alle notwendigen Informationen, welche in seinem Anmeldeprofil hinterlegt werden. Kommt der Praktikant in die engere Auswahl der Firma, wird er per Mail informiert, dass die Firma ihn zu einem Bewerbungsgespräch einladen möchte. Eine Absage sollte eigentlich nicht so oft gewählt werden, ist aber leider auch nicht immer vermeidbar. Bei Ablehnung des Bewerbers wird dieser automatisch an das nächste regionale Unternehmen weitergeleitet, ohne dass er mitbekommt, dass er vorgeschlagen wurde. Dieser Prozess wiederholt sich und so entsteht Stück für Stück das Praktikumsjahr. Damit der Praktikant beim Praktikum finanziell nicht leer ausgeht, bekommt dieser vom Unternehmen noch ein Taschengeld von mind. 250 € pro Monat. Am Ende jeden Praktikums wird von dem Unternehmen ein Praktikumsjahrzeugnis ausgefüllt und auf die Plattform hochgeladen, sodass der Praktikumsjahrler bei der späteren Bewerbung diese dem Arbeitgeber vorlegen kann. Auch das Unternehmen bekommt ein Feedback vom Praktikumsjahrler, damit man sich stetig verbessern kann. Dieser intensive Einblick hilft den Unternehmen, nachhaltig Talente auf sich aufmerksam zu machen und sie als potenzielle Azubis/Mitarbeiter zu gewinnen, ohne dass sie omnipräsent sind. Für den Praktikanten bietet sich die Möglichkeit an, eine gefestigte Berufsentscheidung zu treffen und den zukünftigen Arbeitgeber zu finden.

## 3.4 Von der Idee zum Unternehmen: Start-up

Es ist so weit: Man hat seinen Abschluss in der Hand und steht vor der ganz großen Entscheidung. Diese drei Fragen beschäftigen jeden Schulabgänger:

**Fragen**

Was soll ich machen?
Wie sieht meine berufliche Zukunft aus?
Werde ich glücklich in diesem Beruf?

Um diese Fragen abschließend beantworten zu können, sollten sich die Schüler gut informieren und den Beruf auch mal ausprobieren. Genau das merkte auch ich im Sommer 2017. Im Kroatienurlaub lernte ich kroatische Schüler kennen, die nicht genau wussten, was sie später eigentlich machen wollen: Zwei von ihnen hatten schon zweimal den Studiengang gewechselt und der dritte wusste überhaupt nicht, was er machen sollte. Es sei doch sicher sinnvoll, sich einfach ein Jahr Zeit zu nehmen und sich in verschiedenen Bereichen auszuprobieren, bevor man sich für einen Weg entscheidet. So lauteten mein Tipp und Ratschlag an sie. Aber wie sollten sie das angehen?

Ich ging zu dieser Zeit einer Ausbildung als Technischer Produktdesigner nach und machte nebenbei, quasi ausbildungsbegleitend, in der Abendschule mein Fachabitur. Auf den Beruf als technischer Produktdesigner kam ich selbst ebenfalls über Praktika. In den zwei Wochen des Schülerpraktikums lernte ich lediglich im Überblick den Beruf kennen, bekam aber von den Kollegen wenig mit. Die Ferien wurden also produktiv genutzt, um Praxiseinblicke in den unterschiedlichen Bereichen zu bekommen.

Die Idee: Wie viel sinnvoller ist es doch insgesamt, sich nach der Schule Zeit zu nehmen und intensiv über einen längeren Zeitraum mögliche Berufswege kennenzulernen, diese zu reflektieren, zu vergleichen – sich einfach mit der Vielfalt auseinanderzusetzen. Für eine zielgruppengerechte Umsetzung mussten sowohl Schüler als auch Unternehmer befragt werden. Was wünschen sie sich voneinander? Wie müsste ein unverbindliches Kennenlernen aussehen?

Zusammen mit zwei Schulkollegen gründete ich eine Firma und wurde so zum Botschafter der eigenen Generation. Intensive Gespräche mit Unternehmern, Arbeitgebervertretern, der IHK[3] und der Wirtschaftsförderung halfen bei der Konkretisierung der Geschäftsidee. Wir erkannten: Den Mehrwert, den unsere Firma mit dem Praktikumsjahr bieten kann, war eine Marktlücke! Schüler, die nicht wissen, was sie nach der Schule machen wollen und Unternehmen, die händeringend neue Fachkräfte benötigen – durch das Praktikumsjahr finden beide unkompliziert zueinander. Mit der Gründung einer GbR im Jahre 2018 fiel der offizielle Startschuss für *Das Praktikumsjahr.* Die digitale Plattform „www.praktikumsjahr.de" bietet den Unternehmen den Vorteil, ohne großen Verwaltungsaufwand neue Talente kennenzulernen. Für die wegweisende Idee wurde das Gründerteam im November 2018 mit dem Hessischen Gründerpreis ausgezeichnet. 2019 startete dann das Praktikumsjahr mit 50 Unternehmen und 15 Praktikumsjahrlern in Fulda.

## 3.5 Zielgruppenanalyse

Jeder Mensch ist unterschiedlich. Deshalb ist die Zielgruppenanalyse von großer Bedeutung.

[3] IHK = Industrie- und Handelskammer.

### 3.5.1 Wer die Ordnung liebt, ist nur zu faul zum Suchen …

Bei der Analyse der **Schülergruppen,** welche beim Praktikumsjahr teilnehmen, konnte ich zwei Typen erkennen. Nennen wir die eine Gruppe mal *Ordnung* und die andere die *Chill*-Gruppe.

Der Typ *Ordnung* ist eher der Strukturierte, welcher schon früh einen Plan hat, wie sein späteres Berufsleben aussehen soll. Die meisten machen Abitur, FOS[4]-Abschluss oder einen Realschulabschluss. Ihnen ist es wichtig, dass die Unternehmenskultur stimmt und sie sich in dem Unternehmen wohlfühlen. Die erste Entscheidung soll gleich die Richtige sein. Um das zu garantieren, ist hier das Praktikumsjahr perfekt. Die jungen Talente können sich in verschiedenen Berufsspezifikationen ausprobieren und lernen über die zwei Monate intensiv das Unternehmensumfeld kennen. Nach diesem Jahr können sie eine fundierte Berufsentscheidung treffen, damit sie ihren Weg wie geplant fortführen können.

Der Typ *Chill* lässt es eher auf sich zukommen. Er ist das Gegenteil des Ordnungstypen. Die meisten Schüler, die sich der Chill-Gruppe zuordnen lassen, machen unterschiedliche Abschlüsse. Das Praktikumsjahr hilft ihnen, eine gewisse Struktur aufzubauen. Durch die Einblicke in die unterschiedlichen Berufsfelder, ohne ein Unternehmen auszuwählen, bekommt der Chill-Typ einen strukturierten Plan vorgelegt.

Die einen haben also schon einen genauen Plan und wissen, was sie später einmal machen wollen. Die anderen lassen es auf sich zukommen. Kein Weg davon ist schlecht, keiner ist ausschließlich richtig oder falsch. Außer derjenige ist dann unzufrieden mit sich selbst. Dann sollte man dringend was ändern.

### 3.5.2 Ohne Veränderung kein Fortschritt – no future …

Fachkräfte sind rar und der demografische Wandel erschwert den Unternehmen die passenden Talente zu finden. Die Talente sind hier klar im Vorteil. Wie zuvor beschrieben, konnten sich die Unternehmen die passenden Bewerber aussuchen. Heute hat sich das fast ins Gegenteil gewandelt. Um bei den heutigen Mitarbeitern entsprechend attraktiv zu wirken, sollte die Firma gesellschaftlich anerkannt sein und sich für eine nachhaltige Zukunft einsetzen. Das betrifft nicht nur die positive Pressearbeit, sondern auch die Unternehmensphilosophie. Fachkräfte wollen sich in einem Unternehmen wohlfühlen, das die Werte der heutigen Zeit vertritt und nicht an traditionellen Strukturen festhält. Der stetige Wandel, die Zukunftsausrichtung und die Umsetzung von CSR-Maßnahmen von Unternehmen erfordert Zeit und Geld. Es ist ein langjähriger Prozess, der nicht von heute auf morgen geändert werden kann.

**Unternehmen,** die vergessen haben zu handeln, haben es besonders schwer, dem gesellschaftlichen Anspruch zu entsprechen. Ein großer Nachteil für den „Kampf" um die Talente.

Auch hier erkennt man zwei Typen.

---

[4] FOS = Fachoberschule.

Den Typ A, das Vorzeigeunternehmen, kennt jeder Bewerber. Es glänzt durch seine positive Wirkung auf die Gesellschaft und die umgesetzten CSR-Maßnahmen. Nicht nur die Öffentlichkeit ist überzeugt von der Philosophie des Unternehmens, auch die Mitarbeiter leben es. Denn hier bringen 100 von 100 Mitarbeiter das Unternehmen voran. Um das zu erreichen, lassen sich die Unternehmen unterschiedliche Ideen einfallen: Das Büro wird gemäß Feng-Shui eingerichtet, damit die Mitarbeiter sich wohl fühlen und Aktivitäten fördern den Zusammenhalt zwischen den Mitarbeitern.

**Beispiel**

Die Firma Jökel Bau aus Schlüchtern ist hierfür ein gutes Beispiel: 10 Jahre lang haben sie kontinuierlich an der Mitarbeiterzufriedenheit gearbeitet. Sie hatten ein Ziel vor Augen: Die Mitarbeiter sollen sich genauso mit der Firma identifizieren wie die Geschäftsführenden. Dabei setzt Jökel Bau ganz auf seine Mitarbeiter. Eine Feedback-App hilft, die Probleme zu erkennen und diese zusammen zu lösen. Ebenfalls ist es wichtig zu schauen, ob der neue Mitarbeiter ins Unternehmen passt. Diese Entscheidung wird nicht nur von den Personalleitern getroffen, sondern gemeinsam mit den Mitarbeitern. Der lange und anstrengende Weg wurde auch belohnt. 2016 wurde die Firma als bester Arbeitgeber Deutschlands ausgezeichnet. Bis heute hilft die nachhaltige Personalgewinnung Jökel Bau, genügend Fachkräfte zu bekommen, obwohl die Baubranche seit mehreren Jahren Probleme hat, junge Talente zu finden. Eine gelebte Firmenphilosophie und die Anwendung der CSR-Maßnahmen helfen Unternehmen, den Kampf um die Fachkräfte zu gewinnen.[5] ◀

Anders sieht es auch bei Typ B aus, das Unbekannte; diese Unternehmen stehen noch am Anfang. Sie haben meistens keine Bekanntheit bei den jungen Talenten. Viele dieser Unternehmen bekommen den Bewerbermangel noch heftiger zu spüren, da sie im ländlichen Raum liegen oder unbekannte nicht typische Ausbildungsberufe anbieten. Es kommt noch hinzu, dass Typ A Typ B Bewerber entzieht. Da nicht alle qualifizierten Bewerber bei Typ A angenommen werden, werden viele Bewerber verärgert und entscheiden sich gegen eine Ausbildung. Um eine nachhaltige Zukunft zu gestalten und zu schaffen, gilt es aber unbedingt, den Talenten Einblicke auch in bislang unbekannte Unternehmen zu ermöglichen. Das Praktikumsjahr hilft dabei, Unternehmen des Typ B kennenzulernen. Es hat keine oder geringe Bekanntheit, deshalb baut das Praktikumsjahr ihnen eine Brücke zu den Talenten und damit in die Zukunftsfähigkeit.

[5] Vgl.: www.joekel.de.

# 4 Fazit und Ausblick

Bei der Umsetzung in Fulda war die große Aufgabe, das Praktikumsjahr bei den Unternehmen und Schulabgängern bekannt zu machen. Auf der einen Seite brauchte Die Praktikumsjahr GbR genügend Unternehmen und auf der anderen Seite Schüler, die beim Praktikumsjahr mitmachen. In Fulda setzten wir zunächst auf die Unternehmensakquise. Auftritte bei lokalen Events, auf Messen oder in der Zeitung verschafften dem jungen Start-up eine gewisse Popularität. Als regionales Start-up wurden wir unter anderem auch von Institutionen und Verbänden unterstützt. Da wir den Unternehmen halfen, nachhaltig Schulabgänger kennenzulernen, war hier die Bereitschaft an einer Teilnahme schnell geweckt. Anfangs dienten viele Einzeltermine mit Unternehmen dazu, die Idee Praktikumsjahr und die Umsetzung zu erläutern. Der große Vorteil für die Unternehmen ist, dass die Praktikumsjahrler über Interessengebiete an die Unternehmen vermittelt werden.

**Herausforderung – Einfach mal ausprobieren**
Kleinere bzw. nicht so präsente Firmen haben die Möglichkeit, die Bewerber von ihrem Umfeld und Perspektiven zu überzeugen. Was jedoch noch ein Problem im ländlichen Raum ist, ist die fehlende Mobilität. Dies sorgt dafür, dass gute Arbeitgeber es schwieriger haben, junge Leute zu erreichen. Unser Mobilitätscheck, welche bei der Vermittlung eine Rolle spielt, hilft dabei, die passende und schnellste Route zu finden. Der Gewinn des Hessischen Gründerpreis war ein Qualitätssiegel für Praktikumsjahr und half bei der Expansion. Eine eigene Schulkampagne, welche an 440 Schulen in Form von Flyern verteilt wurde, erreichte viele Schüler und überzeugte diese, am Praktikumsjahr teilzunehmen. In den größeren Städten merkte man schnell, dass „normale" Praktika viel stärker in Konkurrenz mit den Hochschulpraktikanten standen, da viel mehr junge Leute vor Ort waren, die die Firmen ansprechen konnten. Zudem ist ein Umdenken für viele Unternehmen noch ein schwieriger Schritt. Im Gegensatz zum Praktikumsjahrler haben die Hochschulpraktikanten den Vorteil, dass diese schon vorqualifiziert für die jeweilige Branche sind und das Investment deutlich geringer ist. Die normalen Praktikanten müssen viel mehr angeleitet und die Branche den Neulingen bekannt gemacht werden.

**Lassen wir die Teilnehmer selbst zu Wort kommen**

> Nach meinem Abitur wusste ich einfach überhaupt nicht, was ich nach der Schule machen sollte. Das Praktikumsjahr hat mir hier einfach die Möglichkeit gegeben, sich in unterschiedlichen Berufsfeldern auszuprobieren. Mir gefällt im Praktikumsjahr, dass ich Einblicke in die Berufsfelder bekomme und man in den zwei Monaten auch mitbekommt „wie die Branche tickt". Wenn ich zwei Monate lang mit ein paar Kollegen zusammenarbeite und diese von ihrem Beruf berichten, kann ich mir ein gutes Allgemeinbild machen. (Annalena, ehemalige Praktikantin beim Praktikumsjahr)

Was können wir Besseres tun, als junge Leute dabei zu unterstützen, eine tragfähige Entscheidung über die berufliche Zukunft zu treffen? Das Praktikumsjahr ist eine gute Investition in die Zukunft für beide Seiten – Berufsanfänger und Unternehmen! Viele unserer derzeitigen Auszubildenden haben vorher ein Praktikum bei uns gemacht. Wir freuen uns drauf! (Claudia Baer, AKGG)

Wir sind dankbar, dass Praktikumsjahr die Rolle des Vermittlers zwischen Interessenten und Betrieben übernimmt. Praktikumsjahr spricht direkt die Zielgruppe der potenziellen Praktikanten an, was für uns nur mit großem zeitlichem und finanziellem Aufwand möglich wäre. (Bernhard Hahner, Hahner Technik)

Um nachhaltig neue Fachkräfte für die Zukunft auszubilden, muss ein Umdenken von allen Firmen passieren.

Der eine wartet, dass die Zeit sich wandelt. Der andere packt sie kräftig an und handelt. (Johann Wolfgang von Goethe)

Mit dem Praktikumsjahr schaffen es Unternehmen, Jugendlichen neue Perspektiven anhand von praktischen Einblicken zu verschaffen. Den Schulabgängern bietet Praktikumsjahr die Möglichkeit, nach diesem Jahr eine fundierte Berufsentscheidung treffen zu können, um so die Wahrscheinlichkeit zu erhöhen, sich auch wirklich für den richtigen Erstberuf zu entscheiden. Perspektivisch muss man weg von der bedarfsorientierten Ausbildung und hin zur nachhaltigen Ausbildung.

**Johannes Feik** ist Gründer und Ideengeber vom Praktikumsjahr und Experte im Bereich HR-Recruiting. Er absolvierte im Jahr 2019 erfolgreich seine Ausbildung als Technischer Produktdesigner und machte begleitend an der Abendschule sein Fachabitur. Im Jahr 2019 machte er sich selbstständig mit der Praktikumsjahr GbR. Sein Ziel ist es, noch viel in seinem Leben zu bewegen und Deutschland nachhaltig zu verändern. (www.johannes-feik.de)

## Literatur

BIBB (2018) Bundesinstitut für Berufsbildung. https://www.bibb.de/veroeffentlichungen/de/publication/show/9193#:~:text=Das%20Verzeichnis%20f%C3%BChrt%20alle%20327,in%20'Freien%20Berufen'%20auf. Zugegriffen: 15. Aug. 2020

Breuer I (2020) Baby-Boomer gehen in Rente (2.7.2020). Deutschlandfunk. https://www.deutschlandfunk.de/neue-ruhestaendler-baby-boomer-gehen-in-rente.1148.de.html?dram:article_id=479806. Zugegriffen: 15. Aug. 2020

HMWK (2020) Hessisches Ministerium für Wissenschaft und Kunst. Hochschulen in Hessen. https://wissenschaft.hessen.de/wissenschaft/hochschulen-hessen. Zugegriffen: 15. Aug. 2020

KOFA (2019) Kompetenzzentrum Fachkräftesicherung. Wie Unternehmen trotz Fachkräftemangel Mitarbeiter finden. In: Institut der deutschen Wirtschaft Köln e. V. (Hrsg) KOFA-Studie 1/2019. https://www.kofa.de/service/publikationen/detailseite/news/kofa-studie-12019-wie-unternehmen-trotz-fachkraeftemangel-mitarbeiter-finden. Zugegriffen: 15. Aug. 2020

Kramer B (2019) Wir sollten machen, was wir können (19.9.2019). Süddeutsche Zeitung. https://www.sueddeutsche.de/karriere/berufswahl-job-jobwahl-interessen-begabungen-interview-am-morgen-1.4566796. Zugegriffen: 15. Aug. 2020

Manager-Magazin (2020) Was sind… … Babyboomer?, 25.06.2020. https://www.manager-magazin.de/harvard/was-sind-babyboomer-a-9ac520d6-e1b0-43f7-9abe-da0466cf1002. Zugegriffen: 15. Aug. 2020

Tagesschau (2019) Die Wirtschaft braucht eine Anwerbestrategie. https://www.tagesschau.de/wirtschaft/fachkraefte-119.html. Zugegriffen: 15. Aug. 2020

Vodafone Stiftung (2014) Schule, und dann? In: Studie des Instituts für Demoskopie Allensbach im Auftrag der Vodafone Stiftung Deutschland (Hrsg). https://www.schule-wirtschaft-hamburg.de/fileadmin/download/Info/Schule__und_dann._Herausforderungen_bei_der_Berufsorientierung_von_Schuelern_in_Deutschland.pdf. Zugegriffen: 15. Aug. 2020

# Segel setzen auf Kurs Nachhaltigkeit – Azubis bei der Huhle Stahl- und Metallbau GmbH starten durch

Malena Pfeiffer und Günter Huhle


**Zusammenfassung**

„Wenn Nachhaltigkeit ein natürliches Verhalten wird, dann haben wir es geschafft!" – Dies möchte die Huhle Stahl- und Metallbau GmbH erreichen und glaubt daran, dass es der richtige Weg ist, bei den Auszubildenden anzusetzen. Sie bezieht diese aktiv mit ein, um die Firma kontinuierlich nachhaltiger und somit zukunftsfähig zu gestalten. Aus der ursprünglichen Teilnahme an einem Nachhaltigkeitsprojekt mit der TU Darmstadt heraus, beschäftigen sich die Auszubildenden nun regelmäßig damit, wie im Betrieb Ressourcen eingespart, Abläufe verbessert oder ergonomischer gearbeitet werden kann. Dabei geht es nicht nur darum, Potenziale aufzudecken, sondern auch die Kolleginnen und Kollegen für nachhaltiges Verhalten zu sensibilisieren. Der Beitrag ist ein Rückblick auf Erfahrungen und Motive, auf Chancen und Herausforderungen bei der Implementierung von Nachhaltigkeit als eine Selbstverständlichkeit. Und er gibt einen Ausblick, wie das Unternehmen weiterhin die Segel auf „Kurs Nachhaltigkeit" setzen möchte.



M. Pfeiffer (✉)
Freiberufliche Beraterin und Dozentin für Berufsbildung für nachhaltige Entwicklung, Kassel, Deutschland

G. Huhle
Huhle Stahl- und Metallbau GmbH, Wiesbaden, Deutschland
E-Mail: huhle@huhle-stahlbau.de







A. Trischler und S. Böhling (Hrsg.), *CSR in Hessen,* Management-Reihe Corporate Social Responsibility, https://doi.org/10.1007/978-3-662-63004-4_3

## 1 Das Ziel vor Augen – Azubis für eine nachhaltige Entwicklung

Was gehört in welchen Müllcontainer? Was darf in den Bauschutt, was nicht? Selbstsicher ordnen die Auszubildenden der Huhle Stahl- und Metallbau GmbH den anfallenden Müll inzwischen den richtigen Containern zu. Und auch beim Rest der Belegschaft hat sich die Trefferquote der richtigen Entsorgung durch ein paar Hilfestellungen und Aufklärungsarbeit mittlerweile erfreulich erhöht. Es war nicht immer so, dass die richtige Mülltrennung leichtfiel. Aber durch ein systematisches Angehen, Analysieren, Kommunizieren und Handeln haben nicht zuletzt die Auszubildenden des Betriebs einen entscheidenden Beitrag zum nachhaltigeren Wirtschaften im Unternehmen geleistet.

Der Gedanke eines sozial und ökologisch verträglichen Handelns ist seit Langem im Leitbild der Huhle Stahl- und Metallbau GmbH verankert. Das Wiesbadener Unternehmen, welches weit über das Rhein-Main-Gebiet hinaus agiert, befindet sich seit seiner Gründung im Jahr 1910 im Familienbesitz und wird aktuell von zwei Geschäftsführern, Günter und Oliver Huhle, geleitet. Vom Stahlbau für Hallen, über Dächer, Fassaden bis hin zum Innenausbau sowie der Anfertigung von Antennentragwerken, Beschilderungen und Werbeanlagen ist das Unternehmen mit seinen aktuell 105 Mitarbeitenden breit aufgestellt (Huhle Stahl- und Metallbau GmbH 2020).

Die Huhle Stahl- und Metallbau GmbH arbeitet fortwährend daran, nachhaltiges Handeln im ganzen Projektprozess – von der Planung, über die Beschaffung und Produktion – zu leben und auch Kunden und Lieferanten den eigenen Anspruch an soziale und ökologische Faktoren zu kommunizieren. Dem Unternehmen ist bewusst, dass es dafür bei seinen Mitarbeitenden beginnen muss. Und warum nicht bei denen, die perspektivisch noch am längsten im Betrieb sein werden – den Auszubildenden?

Der nachfolgende Beitrag benennt Projekte zur Partizipation der Jüngsten im Betrieb am nachhaltigen Transformationsprozess im Unternehmen und illustriert Entwicklungen sowie Aktivitäten der Auszubildenden bei der Huhle Stahl- und Metallbau GmbH, hin zu einem kontinuierlich nachhaltig wirtschaftenden Betrieb. Anhand von Beispielen wird dieser Weg von zu meisternden Herausforderungen bis hin zu konkreten Erfolgen beleuchtet.

## 2 Auszubildende ins richtige Fahrwasser bringen – ein Überblick

Im Zuge vieler Überlegungen, wie Unternehmen nachhaltiges Wirtschaften langfristig in ihrem Handeln und Selbstverständnis verankern können, rückt die Gruppe der Auszubildenden immer mehr ins Bewusstsein. Die jungen Leute werden zunehmend geschätzt für ihren „frischen" Blick auf Unternehmensprozesse und es wird großes Potenzial für innovative Ideen und Tatendrang vermutet. Auch die Aussicht, eine junge und hoffentlich lange im Betrieb bleibende Generation nach dem (zukunftsfähigen) Leitbild des Unternehmens aufzubauen, ist verlockend. Nicht zuletzt gilt es, als Betrieb gegenüber Mitbewerbern auf dem knappen Markt der Auszubildenden mit attraktiven Angeboten hervorzustechen.

Neben vielen eigeninitiativ entstandenen Aktivitäten in Betrieben haben sich in den letzten Jahren einige (branchenspezifische) Projekte herausgebildet, die Auszubildende in den Fokus nehmen und sie bezüglich nachhaltigen Handelns ins richtige Fahrwasser schleusen wollen:

Die ENERGIE-SCOUTS, die im Rahmen der Mittelstandsinitiative Energiewende und Klimaschutz der IHK-Organisation entwickelt wurden, ist eine Qualifizierung für Auszubildende. Hierbei werden sie befähigt, Energieeinsparpotenziale zu identifizieren, zu dokumentieren und Verbesserungen vorzuschlagen (DIHK Service GmbH o. J.a). 60 der insgesamt 79 Industrie- und Handelskammern beteiligten sich an dem von 2014 bis 2017 geförderten Projekt. Einige IHKs führen das Angebot auch darüber hinaus weiter. Laut Aussage der Organisatoren konnten bis 2017 5000 Auszubildende zu Energie-Scouts ausgebildet werden (DIHK Service GmbH o. J.b, S. 4).

Auch Berufsgenossenschaften möchten die Auszubildenden mit ausgeschriebenen Wettbewerben zur Verbesserung der Gesundheit und Sicherheit am Arbeitsplatz gewinnen. So prämiert zum Beispiel die Berufsgenossenschaft Handel und Warenlogistik (BDHW) jährlich mit dem Präventionspreis „Die goldene Hand" gute Ideen für besseren Arbeitsschutz oder Maßnahmen zur Förderung der Gesundheit. Auch Sonderpreise für Auszubildendenprojekte werden vergeben (BGHW o. J.). Die Berufsgenossenschaft für Holz und Metall (BGHM) veranstaltet ebenfalls regelmäßig Wettbewerbe und vergibt den Sicherheitspreis „Schlauer Fuchs"; auch für innovative Ideen von Auszubildenden (BGHM o. J.).

Das Bundesinstitut für Berufliche Bildung (BIBB) erkannte bereits zur Jahrtausendwende die Notwendigkeit sowie das Potenzial und fördert seit 2001 mit Geldern des Bundesministeriums für Bildung und Forschung (BMBF) immer wieder Modellversuche zum Schwerpunkt Berufsbildung für eine nachhaltige Entwicklung. Seither wurden über 30 Modellprojekte verschiedenster Schwerpunkte – von der Gastronomie, über Handel, bis hin zur Bau- und Chemiebranche – gefördert. Durch unterschiedliche Zugänge, sei es über die Entwicklung von Apps, Lernaufgaben, Videos, Weiterbildungen etc., wurden Auszubildende und Ausbildungspersonal angesprochen (BIBB o. J.a, b). Zuletzt förderte das BMBF finanziell Projekte, die sich speziell mit kaufmännischen Ausbildungsstrukturen, der Entwicklung von Nachhaltigkeitskompetenzen im Lebensmittelhandwerk und in der Industrie sowie mit Betrieben als nachhaltigen Lernorten an sich beschäftigen.

## 3 Die Ausgangssituation – schon lange auf Kurs Nachhaltigkeit

Lange bevor die Huhle Stahl- und Metallbau GmbH nach einer aktiven Möglichkeit suchte, die Auszubildenden für nachhaltiges Handeln im Betrieb zu sensibilisieren, beschäftigte sie sich bereits schon mit dieser Thematik. Das Leitbild ist definiert durch:

**Wichtig**

Kundenorientierte Leistung im Hinblick auf Qualität und Innovation
Sorge für die Umwelt
Fairer und verantwortungsvoller Umgang mit Partnerinnen und Partnern und Mitarbeitenden sowie
Effizienz und Wirtschaftlichkeit

Als mittelständisches, regional verankertes Handwerksunternehmen sieht sich der Betrieb von Grund auf nachhaltigem Handeln verbunden – ja, ist sogar darauf angewiesen. Sorgsamer Umgang und Wiederverwertung von Stoffen und Gütern, aktiver Umweltschutz oder ein offenes Ohr für Wünsche und Probleme von Mitarbeitenden gehören ebenso wie gelebtes soziales Engagement zur Philosophie des Betriebs. Dabei geht es nicht nur darum, den Fortbestand des eigenen Unternehmens zu sichern, sondern auch einen Beitrag für eine gesicherte Zukunft folgender Generationen zu leisten.

Das Unternehmen versucht nicht erst in Zeiten des Fachkräftemangels seine Beschäftigten durch verschiedene Angebote zu binden: Durch ein eigenes Versorgungswerk bei der betrieblichen Altersvorsorge für jede/jeden Mitarbeitenden, eine Inhouse-Rentenberatung, wöchentliche Obst- und Gemüselieferungen von Biobauern oder auch durch die Freistellungen für ehrenamtliche Tätigkeiten und Weiterbildungen, engagiert sich die Huhle Stahl- und Metallbau GmbH als nachhaltiger Arbeitgeber in der Region. Auch das seit 2010 ausgezahlte Windelgeld, welches junge Mitarbeitende zur Familiengründung ermutigen soll, ist eine Maßnahme, die gut angenommen wurde. Inzwischen wurde das Angebot von Windelgutscheinen für die Kinder der Belegschaft bis zum dritten Lebensjahr von weiteren Firmen übernommen und wird von der, aus der Huhle Stahl- und Metallbau GmbH herausgegründeten, Windelgeld GmbH koordiniert und organisiert.

Flexibilität am Arbeitsplatz bzw. bei den Arbeitszeiten ist nicht erst seit Pandemiezeiten gefragt. Schon vor dem Beitritt 2017 zur Charta zur Vereinbarkeit von Beruf und Pflege (Hessisches Ministerium für Soziales und Integration o. J.) hat sich die Firma selbstverpflichtet, tragfähige Lösungen für Arbeitnehmende mit pflegebedürftigen Angehörigen zu finden.

Seine gesellschaftliche Verantwortung nimmt das Unternehmen überwiegend durch Corporate-Social-Responsibility-Aktivitäten (CSR) im lokalen Umfeld, schwerpunktmäßig in Wiesbaden-Biebrich, wahr:

So ist die Huhle Stahl- und Metallbau GmbH seit Jahren bei der jährlich stattfindenden Aktionswoche „Wiesbaden engagiert" dabei. Die Aktionswoche ist eine von insgesamt sechs Säulen der Dachmarke „Wiesbaden engagiert", die verschiedene Formate für gesellschaftliches Engagement von Unternehmen in Wiesbaden strategisch vernetzt. In diesen Formaten (auch bezeichnet als Säulen) engagieren sich Unternehmen als starke Partner für das Gemeinwesen und stellen ihre Tatkraft sowie Ressourcen zur Verfügung (Landeshauptstadt Wiesbaden 2020a).

Eine weitere Säule steht für die „WiesPaten". Hier werden Schülerinnen und Schüler unterstützt, ihre Schullaufbahn erfolgreich zu absolvieren. Dabei übernehmen Betriebe Patenschaften für eine Gruppe von Jugendlichen, stellen finanzielle Mittel für deren Förderung bereit und gestalten die Patenschaft aktiv durch gemeinsame Unternehmungen. Auch die Jugendbegegnungen, die im Rahmen der „WiesPaten International" stattfinden, werden vom Unternehmen gefördert (Landeshauptstadt Wiesbaden 2020b).

Die Aktivitäten im gesellschaftlichen Bereich dokumentiert das Unternehmen im Rahmen der Teilnahme am „CSR-RegioNET", ebenfalls eine Säule der Dachmarke „Wiesbaden engagiert" (Landeshauptstadt Wiesbaden o. J).

Die Teilnahme an den verschiedenen Projekten erweitert nicht nur den Horizont aller Beteiligten und schafft Begegnung sowie Austausch mit anderen – alle Aktivitäten fördern am Ende zudem auch das Gemeinschafts- und Zugehörigkeitsgefühl der Belegschaft.

Auch im ökologischen Bereich versucht das Unternehmen seit Langem stetig ressourceneffizienter und umweltverträglicher zu werden:

Als eines der ersten Unternehmen nimmt die Huhle Stahl- und Metallbau GmbH seit dem Jahr 2000 regelmäßig am Programm „Ökoprofit Wiesbaden" teil. Hier konnten in einem kontinuierlichen Verbesserungsprozess (KVP) durch verschiedene Maßnahmen Energieverbrauch und -kosten gesenkt und Ressourceneffizienz erhöht werden.

**Beispiel**

So wurde um die Jahrtausendwende eine Brauchwasseranlage installiert; Geothermie versorgt inzwischen das Gelände mit Erdwärme. Darüber hinaus wird ein Teil des benötigten Stroms über Photovoltaikanlagen auf den Hallendächern gewonnen. Solarmodule sorgen für die Warmwasserversorgung. ◀

Auch die Fahrzeugflotte soll ökologischer werden:

**Beispiel**

Die ersten Erdgas- und Elektrowagen fahren schon und brachten gegenüber einem Dieselfahrzeug in einem Jahr bereits eine Einsparung von 2500 € und 5267 kg $CO_2$; nachzulesen im Jahresbericht von Ökoprofit 2018/2019 (Landeshauptstadt Wiesbaden 2019, S. 42). ◀

Zudem versucht das Unternehmen immer mehr Reisetätigkeiten zu reduzieren und setzt zunehmend auf Telefon- oder Videokonferenzen.

Kontinuierlich nachhaltiger zu werden, hat sich das Unternehmen auf die Fahne geschrieben. Die Auszubildenden sollen dabei eine nicht unerhebliche Rolle erhalten.

## 3.1 Auszubildende bei der Huhle Stahl- und Metallbau GmbH setzen die Segel

Den Auftakt, die Auszubildenden des Unternehmens mehr in die Nachhaltigkeitsstrategie miteinzubeziehen, stellte die Teilnahme bei NAUZUBI Nachhaltigkeitsaudits mit Auszubildenden – einem der vielen vom BIBB geförderten Projekte, dar (Pittich et al. 2019). Als Unternehmen, das für sein Engagement, seine Offenheit und seine innovativen Ideen in Wiesbaden bereits bekannt war, war die Huhle Stahl- und Metallbau GmbH über die Friedrich-Ebert-Schule, die die Mehrzahl der Auszubildenden des Unternehmens beschult, von der TU Darmstadt für eine Zusammenarbeit angefragt worden.

Die Teilnahme an diesem Projekt von 2016 bis 2019 diente dazu, die Auszubildenden – die jüngste Generation des Betriebs und perspektivisch die noch am längsten bleibende – mit den zukunftsorientierten Kerngedanken des Unternehmens vertraut zu machen und zu verantwortungsvoll und selbstständig handelnden Mitarbeitenden zu entwickeln. Kern von NAUZUBI stellten sogenannte Nachhaltigkeitsaudits – eine Methode aus dem Qualitätsmanagement – dar, anhand derer die Auszubildenden Verbesserungspotenziale identifizierten und Veränderungen anstießen.

Seither ist die Huhle Stahl- und Metallbau GmbH mit ihren durchschnittlich 14 Auszubildenden aus drei Berufsfeldern – Metallbau (Schwerpunkt Konstruktionsmechanik), Kaufmann/-frau für Büromanagement und Technische Systemplanerin und -planer – die jahrgangsübergreifend zusammenarbeiten, auf stetigem Nachhaltigkeitskurs. Es ist dem Unternehmen klar, dass die Vermittlung von nachhaltigem Handeln nicht nur ein Imagegewinn ist, sondern langfristig den Betrieb für die Zukunft gut aufstellt.

Seit 2019, nachdem das geförderte Projekt NAUZUBI ausgelaufen war, begleitet regelmäßig eine freiberufliche Trainerin und Beraterin im Bereich Berufsbildung für nachhaltige Entwicklung, aufbauend auf dem bisher Geschehenen und Erreichten, jede neue Auszubildendengeneration. Dem Unternehmen ist es wichtig, konsequent am Thema Nachhaltigkeit dranzubleiben. Das Motto lautet: **„Jetzt haben wir damit angefangen, jetzt machen wir auch weiter!“**

## 3.2 Auf zu neuen Ufern – Beispiele für Nachhaltigkeitsprojekte im Betrieb

Es war kein geradliniger Weg, aber inzwischen sind die Nachhaltigkeitstreffen der Auszubildenden zu einem regelmäßigen Bestandteil in ihrem Kalender geworden. Sie treffen sich in einem festen Rhythmus, tauschen sich über die aktuellen Entwicklungen und Erfahrungen aus und protokollieren im Bedarfsfall neue Vereinbarungen. Alle zwei Monate erhalten sie Unterstützung und bekommen neue Anstöße zu weiteren kleinen Projekten, die das nachhaltige betriebliche Handeln verbessern können.

**Beispiel**

Aktuell arbeiten die Auszubildenden an der Erfassung der Mobilität zum Arbeitsplatz und zurück, um die Potenziale für mögliche Fahrgemeinschaften zu erfassen oder Wege zu optimieren. Ein begleitendes Projekt ist die Prüfung einer möglichen Umstellung von Plastik- auf Glasflaschen, sowohl in den Büroräumen des Unternehmens als auch in der Werkstatt. Vor- und Nachteile müssen abgewogen und Kosten verglichen werden. ◀

Während des Projekts NAUZUBI hatten die Auszubildenden, unterstützt durch die wissenschaftliche Begleitung der TU Darmstadt, in regelmäßigen Workshops bereits an diesen Themen gearbeitet:

- Reduzierung des Stromverbrauchs, im Speziellen des Druckluftverbrauchs,
- Verbesserung der Mülltrennung,
- Senkung des Papierverbrauchs und
- Ergonomie

Diese Ansatzpunkte hatten sie in Betriebsrundgängen als sogenannte Auditanlässe identifiziert, Ziele gesetzt, Messmethoden festgelegt, um Verbräuche oder Zustände zu ermitteln und Verbesserungsvorschläge erarbeitet. So waren während der Projektlaufzeit schon ein paar erkennbare Erfolge erzielt worden:

**Beispiel**

Das Dauerthema der falschen Abfalltrennung konnte durch den Einsatz der Auszubildenden auf ein erfreuliches Maß reduziert werden. ◀

Nachdem die Auszubildenden durch Bild-Dokumentationen herausgefunden hatten, wie oft und was regelmäßig in den verschiedenen Müllcontainern unter anderem für Flachglas, Holz, Folien, Bauschutt und Restmüll falsch entsorgt wurde, überlegten sie, auf welchem Wege den Kolleginnen und Kollegen die Notwendigkeit der richtigen Mülltrennung nahegebracht werden konnte. Dabei setzten die Auszubildenden auf Aufklärung und Information: Sie fertigten Hinweisschilder mit grafischen Darstellungen an, die an den jeweiligen Behältern befestigt wurden. Außerdem schlugen sie vor, die Kosten, die für die Müllentsorgung entstehen, offen zu kommunizieren, um diesen Posten bei allen ins Bewusstsein zu rufen. Denn jede bzw. jeder sollte wissen, dass beispielsweise nicht korrektes Trennen von Bauschutt schnell acht- bis zehnmal höhere Kosten verursachen kann. Nicht nur das Interesse an einer umweltgerechten Entsorgung, sondern auch ein nicht zu vernachlässigender ökonomischer Aspekt spielten hier eine Rolle. Zudem gab es Abfallstoffe, wie zum Beispiel Edelstahl oder Kabel, die sogar Geld brachten, wenn sie sortenrein getrennt waren, was wahrscheinlich bis dato auch nicht allen Beschäftigten bewusst war.

Über die intensivere Kommunikation und Aufklärung hinaus glaubten die Auszubildenden, dass das Aufstellen weiterer kleiner differenzierter Mülleimer, zum Beispiel in der Teeküche des Betriebs, zu einer besseren Mülltrennung führen würde. Natürlich waren sich Auszubildende und Unternehmensleitung bewusst, dass ein Erfolg nicht von jetzt auf gleich sichtbar werden würde. Doch durch konsequentes Aufklären und Hinweisen gelang es tatsächlich, die falsch zugeordneten Objekte im Laufe eines Jahres zu reduzieren.

Auch was die Senkung des Stromverbrauchs anging, wurden die Auszubildenden aktiv. Nach dem von der Geschäftsführung ausgegebenen Leitsatz:

> „Der beste Strom ist der, der gar nicht erst verbraucht wird!“

identifizierten die Auszubildenden „Störfeuer“, die den Stromverbrauch unnötig in die Höhe trieben: unnötiges Anlassen des Lichts nach Verlassen eines Raumes oder das Belassen von Geräten im Stand-by-Modus nach Verlassen des Arbeitsplatzes. Anhand der Stromzähler konnten die Auszubildenden die aktuellen Kennzahlen direkt ablesen. Sie beobachteten nun über einen Zeitraum die Verbrauchszahlen und überlegten, welche Maßnahmen zu einem geringeren Verbrauch führen würden. Wieder stand das Thema Kommunikation auf der Tagesordnung: Die anderen Mitarbeitenden mussten für ein bewusstes Nutzen des Stroms sensibilisiert werden. Auch in diesem Fall erstellten die Auszubildenden Schilder, die zum Beispiel darauf hinwiesen, beim Verlassen eines Raumes das Licht auszuschalten.

Einen entscheidenden Anteil am Stromverbrauch machte aber auch das Druckluftsystem aus, das bei vielen Produktionsschritten benötigt wird. Zunächst einmal erfassten die Auszubildenden alle Druckluftstationen im gesamten Betrieb, um einen Überblick zu erhalten. Manch eine Station war dem ein oder anderen Auszubildenden bis dahin sogar noch fremd gewesen. Sie lernten in Workshops mit der wissenschaftlichen Begleitung der TU Darmstadt, dass auch bei Druckluftstationen, die nicht benutzt werden, die aber sogenannte Leckagen besitzen, ebenfalls ein Stromverbrauch stattfindet. So waren sie alarmiert, wenn sie ein Zischen in der Nähe hörten, was auf eine undichte Stelle hindeutete. Gemeinsam wurden zwei Auszubildende bestimmt, die nun in regelmäßigen Abständen alle Druckluftstationen abgehen sollten, um Leckagen zu erkennen und zu melden, damit diese zeitnah repariert werden konnten. Um die defekten Stationen leichter wiederzufinden, beschlossen die Auszubildenden alle Stationen zu nummerieren. Auch die anderen Mitarbeitenden wurden darauf aufmerksam gemacht, dass sie Defekte melden und nicht einfach als gegeben hinnehmen sollten. In diesem Bereich konnte der Stromverbrauch gesenkt werden.

Dennoch, auch wenn nach einigen Monaten – immer im Hinblick auf die Auftragslage – ein paar Einsparungen festgestellt werden konnten (2019 im Vergleich zum Vorjahr um etwa 7 %), wurde in diesem Bereich noch viel Potenzial erkannt. Hierbei spielt weiterhin die Bewusstseinsbildung eine große Rolle: „Heizung an, Fenster auf, Licht an … Die Gruppe, die das Sparen noch nicht im Kopf hat, ist noch zu groß.“, fasste es einer der Geschäftsführer zusammen. So werden auch die nächsten Auszubildenden das Thema Stromverbrauch noch auf der Agenda haben.

Der Papierverbrauch wurde ebenfalls erfasst und Maßnahmen zu deren Senkung diskutiert: Die Auszubildenden kamen auf die Idee, die bestellte Papiermenge als Kennzahl für den Bedarf zu verwenden. Zur Senkung des Papierverbrauchs entwickelten sie eine Anleitung, die am Drucker befestigt wurde, welche doppelseitiges Kopieren erklärte. Zudem wiesen sie durch weitere Schilder die Belegschaft an, die Notwendigkeit eines Ausdrucks zu überdenken. Auch die Benutzung von Recyclingpapier wurde diskutiert und teilweise umgesetzt.

## 3.3 Vorbei an einigen Klippen – Herausforderungen

Bei allen Erfolgen ergaben sich aber immer wieder auch Herausforderungen. Diese begründeten sich meistens nicht in unzureichender Motivation, sondern häufig aufgrund fehlender zeitlicher Kapazitäten und mangelnder Routinen. Regelmäßige Kontrollgänge und die Weiterarbeit an den Nachhaltigkeitsprojekten hatten es anfangs schwer, in den bisher strukturierten Arbeitsablauf integriert zu werden. Das ein oder andere Mal ging die Dokumentation von Kennzahlen oder Zuständen neben den Aufgaben des Alltagsgeschäfts unter oder rückte aufgrund dringlich zu erledigender Aufträge in den Hintergrund. Ebenso konnten unzureichende Absprachen dazu führen, dass Aufgaben nicht erledigt wurden oder sich verschleppten. Nach dem Motto: „Ich dachte, der andere würde das machen.“ Manchmal war der Grund noch banaler: Das Ablesen des Stromzählers war deshalb nicht möglich, weil die Person mit der Schlüsselgewalt zu diesem Zeitpunkt nicht im Hause war.

Auch den anderen Mitarbeitenden die erdachten Maßnahmen und Ziele der internen Nachhaltigkeitsprojekte zu kommunizieren, sie zu überzeugen und schließlich mit ins Boot zu holen, gestaltete sich nicht immer ganz einfach. Schließlich war es für die Auszubildenden auch keine einfache Rolle, Beschäftigte, die womöglich schon Jahrzehnte im Betrieb waren, auf neue Regeln oder Änderungen des Verhaltens hinzuweisen. Und dennoch:

- Das Gefühl, tatsächlich etwas bewirken und verändern zu können und Wertschätzung seitens der Unternehmensleitung zu erfahren, motivierte die überwiegende Zahl der Auszubildenden.

Eine weitere Herausforderung stellte in einem Fall der Datenschutz und die Gewährleistung von Anonymität dar: Die Auszubildenden wollten auch die Mitarbeitergesundheit und -zufriedenheit erfassen. Dazu überlegten sie, einen Fragebogen zu erstellen, um von den anderen Mitarbeitenden zu erfahren, welche Verbesserungspotenziale sie sahen und wie wohl sie sich am Arbeitsplatz fühlten. Schon bald wurde ihnen aber klar, dass sie sich auf ein sehr sensibles Terrain begaben und Anonymität sowie Datenschutz absolut gewährleistet werden mussten. Das ursprünglich erdachte Erhebungsinstrument fand leider keine Anwendung. Um trotzdem die Befragung zu einem späteren Zeitpunkt durchführen zu können und nachhaltig negative Effekte auszuschließen, wurde gemeinsam mit der Geschäftsführung beschlossen, andere Betriebe, die bereits solche Befragungen durchgeführt hatten, zu interviewen und von deren Erfahrungswerten für die eigene Befragung zu profitieren.

Das Thema Ergonomie trieb die Auszubildenden weiterhin um: Sie identifizierten auf einem erneuten Betriebsrundgang Gefahrenstellen und ergonomisch unvorteilhafte Konstruktionen. Kleine Unzulänglichkeiten wurden direkt von den Auszubildenden behoben – war es das Anbringen eines Warnmarkierungsbandes an einem Treppenabsatz oder das Festziehen eines lockeren Griffs. Alle weiteren entdeckten Punkte listeten die Auszubildenden auf und trugen sie der Geschäftsführung vor. Einiges delegierte diese zurück an die Auszubildenden oder an andere Mitarbeitende, anderes wurde zur Chefsache erklärt und in der Liste des Kontinuierlichen Verbesserungsprozesses (KVP) vermerkt.

Es gibt auch Herausforderungen, die bisher nicht gelöst sind: So wird aktuelle und vielleicht noch zukünftige Auszubildende die Frage nach der optimierten Verwendung von Stahlresten beschäftigen. Schon einmal hatten die Auszubildenden während der Laufzeit von NAUZUBI überlegt, wie die Mitarbeitenden zur verstärkten Nutzung bereits angeschnittener Metall- und Stahlstücke für kleine Arbeiten animiert werden könnten. Häufig griffen diese schnell zu einem neuen Stück, da es als komfortabler und schneller angesehen wurde, als nach einem passenden Stück aus den extra aufgebauten Resteregalen zu suchen. Die Aufgabe steht noch aus, geeignete Messmethoden zur Dokumentation der tatsächlichen Nutzung der Reststücke zu entwickeln. Die Idee, wie damals bei der Mülltrennung in bestimmten Zeitabständen Fotos zu machen, hatte einen Denkfehler: Denn anders als bei den Müllcontainern, in die nur Dinge hinein, bis zur Leerung aber nicht wieder hinaus genommen werden, ist die Zahl der sich im Resteregal befindlichen Objekte schwankend, da je nach Auftrag neues Material hinzukommt bzw. entnommen wird:

**Fragen**

Wie soll man also feststellen, wie stark die Reste genutzt werden?

Die Überlegung, mit Strichlisten zu arbeiten und die anderen Mitarbeitenden zu bitten, zu notieren, sobald sie ein Teil hineingetan oder hinausgenommen haben, erweist sich als nicht praktikabel. Die Installation einer Videokamera ist aus Datenschutzgründen ausgeschlossen. So eröffnen sich ungeahnte Hürden, die es zu bewältigen gilt. Die Weiterbearbeitung der Thematik Resteregal bleibt somit eine zu lösende Aufgabe für die aktuelle oder folgende Generation Auszubildender.

Die bisher bearbeiteten Themen wie zum Beispiel Mülltrennung rücken immer mehr in den Hintergrund, je umfassender der bleibende Erfolg. Sie werden wahrscheinlich durch die sich mit den Jahren wandelnde Belegschaft, neuen Regeln oder Bedingungen aber immer wieder auf der Agenda stehen. Neue Themen kommen hinzu bzw. werden wieder aufgenommen. Die Reise geht also weiter.

## 4 Kommunikation – nach innen und außen

Bei der Erreichung interner Unternehmensziele und auch bei der Darstellung betrieblicher, nachhaltigkeitsorientierter Aktivitäten gegenüber Stakeholdern spielt die richtige Kommunikation eine entscheidende Rolle. Das konnten nicht zuletzt die Auszubildenden selbst feststellen, wenn es darum ging, die von ihnen gemachten Verbesserungsvorschläge in die Tat umzusetzen, um die gesetzten Ziele zu erreichen. Nur durch eine transparente interne und externe Kommunikation sowie Aufklärung konnte dies gelingen. So nutzten die Auszubildenden nicht nur Hinweisschilder oder grafische Darstellungen, sondern auch persönliche Gespräche, die Möglichkeit von Aushängen am Schwarzen Brett und den einmal jährlich im Unternehmen stattfindenden „Tag der Sicherheit", um über ihre Arbeit zu den einzelnen Themen zu berichten, Abb. 1, Maßnahmen zu erläutern und die anderen Mitarbeitenden aufzuklären, Abb. 2.

**Abb. 1** Tag der Sicherheit: Auszubildende präsentieren das „Quiz zum Müll"

**Abb. 2** Tag der Sicherheit: Teilnehmende beim „Quiz zum Müll"

Aber auch nach außen stellten die Auszubildenden ihre Aktivitäten dar: Sei es auf einer, noch im Rahmen des Modellprojekts NAUZUBI organisierten, Tagung oder bei einer Präsentation in der Berufsschule vor ihren Mitschülerinnen und Mitschülern aus anderen Betrieben.

Steter Tropfen höhlt den Stein.

Nach diesem Motto kommuniziert auch die Geschäftsführung beständig nicht nur über das im Betrieb laufende Projekt, sondern erinnert in städtischen Gremien, bei Innungstreffen und Ausschusssitzungen, auf Verbands- oder Vereinsebene sowie in Presseartikeln immer wieder an die Notwendigkeit einer flächendeckenden und konsequenten Implementierung nachhaltigkeitsorientierten Wirtschaftens. Als Mitglied im Ausschuss Nachhaltige Wirtschaft der Industrie- und Handelskammer Wiesbaden bringt Geschäftsführer Günter Huhle sich immer wieder in der Thematik ein und berichtet von seinen Erfahrungen im eigenen Betrieb:

▶ Nachhaltiges Denken und Handeln müsste schon in einer darauf ausgerichteten Ausbildung beginnen und sich bis zu entsprechenden Prüfungsfragen erstrecken.

Auf der betrieblichen Seite ist die Huhle Stahl- und Metallbau GmbH ein Vorreiter – und unterstützt gerne dabei, zum Beispiel durch Vorträge der Auszubildenden in der Schule, weitere Auszubildende und Betriebe für nachhaltiges Wirtschaften zu sensibilisieren und zu motivieren.

## 5 Richtung Zukunft! – Ausblick

Inzwischen beschäftigt sich bereits die dritte Auszubildendengeneration mit Fragen wie:

**Fragen**

Warum und wozu ist es überhaupt wichtig, nachhaltig zu handeln?
Warum reden alle davon und was ist Nachhaltigkeit überhaupt?
Und welche Welt wünsche ich mir eigentlich?

Fragen, die zur Bewusstseinsbildung dienen und die das Wesentliche in den Fokus rücken sollen. Die regelmäßige Begleitung von außen hilft dabei, das Thema präsent zu behalten, Ziele zu definieren, kontinuierlich an den selbstgesteckten Projekten zu arbeiten und neuen Input zu erhalten.

Geschäftsführung und Auszubildende arbeiten weiter daran, den Betrieb Schritt für Schritt zu einem nachhaltigeren Wirtschaften zu führen. In gemeinsamen Workshops werden alte Themen besprochen und neue erarbeitet. Die Reduzierung des Stromverbrauchs oder die noch zu verbessernde Nutzung des Resteregals sind weiterhin auf dem Plan. Und sie werden zukünftig weiter daran arbeiten, die anderen Mitarbeitenden für das Thema zu gewinnen und zum Mitmachen zu motivieren.

Fragt man einen der Geschäftsführer der Huhle Stahl- und Metallbau GmbH nach seinen Wünschen und Visionen für den Betrieb, so wird ein Zukunftsbild gezeichnet, in dem Mitarbeitenden befähigt sind, eigene verantwortungsbewusste und reflektierte Entscheidungen zu treffen. In ihrer Berufsausübung sollen die Beschäftigten bewusster sein, Freude an ihrer Arbeit haben und nachhaltiges Denken und Handeln soll sich als Selbstverständlichkeit etablieren. Er wünscht sich einen Betrieb, in dem Bildung und Wissen einen Wert haben, man stolz ist, etwas beitragen oder weitergeben zu können und in dem Gemeinschaftssinn und Zusammengehörigkeitsgefühl lebendig sind. Und er möchte die Abbrecherquote bei den Auszubildenden weiterhin so gering halten, wie sie aktuell ist.

▶ Die Realisierung dieser Wünsche geschieht nicht von allein. Jeden Tag gilt es daran zu arbeiten. Mit den passenden Strategien, einer transparenten Kommunikation, Mut zu Innovationen, Möglichkeiten zur Partizipation und umfassenden Bildungsmaßnahmen.

Die Teilnahme am Projekt NAUZUBI war dabei ein Rad im großen Getriebe und ein Startschuss für viele weitere betriebsinterne Projekte. Das bisher Angestoßene soll nicht im Sande verlaufen. Im Gegenteil, die begonnenen Aktivitäten werden fortgesetzt, vertieft und weiter kompetent begleitet. Interessanterweise decken sich nach Beobachtung eines Geschäftsführers einige der genannten Visionen mit den Vorstellungen der Auszubildenden nach einem erfüllten Arbeitsleben. Vor allem sind das die Wünsche nach der

Zusammenarbeit in einem guten Team, nach gemeinsamen Erlebnissen und die Option für Weiterbildung. Die Huhle Stahl- und Metallbau GmbH hat schon seit längerer Zeit verstanden, dass man nur mit einem guten Gehalt allein die raren Fachkräfte nicht halten kann. Es ist wichtig, ein guter Arbeitgeber zu sein.

Jeder gesellschaftliche Wandel verursacht immer wieder neue CSR-Themen, auf die es als Unternehmen adäquat zu reagieren gilt. „Diese Themen hören nie auf", merkt Günter Huhle dazu an. Für ihn gehört es zu seinem Unternehmerverständnis, an das Wohl seiner Beschäftigten, aber auch in ganzheitlicher Hinsicht, an die Zukunft folgender Generationen, zu denken. Unterstützung wünscht er sich dabei von der Politik, die in Bezug auf nachhaltiges Handeln mehr Entschlossenheit und Tatkraft an den Tag legen sollte: „Wenn Nachhaltigkeit ein natürliches Verhalten wird, dann haben wir es geschafft!"

Wesentlich ist dabei, nachhaltiges Wirtschaften und konsequentes Handeln als Chance und Grundlage für Zukunftsfähigkeit zu betrachten. Die Auszubildenden bei der Huhle Stahl- und Metallbau GmbH, die jüngste Generation des Betriebs, sind dabei, dies zu verstehen. Es geht nicht zuletzt um ihre Zukunft. Deshalb setzen sie die Segel und nehmen Kurs auf Nachhaltigkeit und Zukunft (Abb. 3).

**Abb. 3** Die Auszubildenden setzen Segel und nehmen Kurs auf Nachhaltigkeit und Zukunft

**Malena Pfeiffer** begleitet seit 2019 freiberuflich die Huhle Stahl- und Metallbau GmbH und speziell die Auszubildenden bei der stetigen Implementierung von nachhaltigem Handeln im betrieblichen Kerngeschäft. Als ausgebildete Berufsschullehrerin sowie Beraterin und Dozentin für Berufsbildung für nachhaltige Entwicklung bringt sie Erfahrung aus verschiedenen Projekten mit. Ab 2017 arbeitete sie als wissenschaftliche Mitarbeiterin an der TU Darmstadt im Projekt NAUZUBI. Seit August 2020 ist sie als Dozentin an der Universität Kassel zuständig für die Module im Bereich Sozio-Ökologie in der Lehramtsausbildung.

**Günter Huhle,** Jahrgang 1964, geboren in Wiesbaden, Ausbildung als Kfz-Mechaniker, machte auf dem zweiten Bildungsweg eine Ausbildung als Metallbauer bei seinem Vater Johannes Huhle. Es folgte ein Studium zum Diplomingenieur (FH) für Bauingenieurwesen in Mainz. Sein Schwerpunkt in den vielfältigen Produktsparten des mittelständischen Betriebes Huhle Stahl- und Metallbau GmbH ist seit 1990 der Bereich Mobilfunkanlagen und Antennentragwerke. Neben seiner Tätigkeit als selbstständiger Geschäftsführer ist der Vater von drei Kindern in vielen lokalen Gremien ehrenamtlich tätig. Ökologische und gesellschaftliche Aspekte, verbunden mit einer verantwortlichen Unternehmensführung, sind seit Jahrzehnten seine Herzensangelegenheit. So ist der Firmenchef unter anderem stellvertretender Obermeister der Metall-Innung Wiesbaden-Rheingau-Taunus. Er ist Mitglied im Ausschuss Nachhaltige Wirtschaft der Industrie- und Handelskammer und engagiert sich bei CSR-RegioNet, Ökoprofit, der Arbeitsgemeinschaft Biebricher Vereine und Verbände sowie bei verschiedenen Projekten im Gemeinwesen der Landeshauptstadt. Weiterhin ist er Mitglied im Entwicklungsgremium der Zeitschrift M&T Metallhandwerk und unter anderem Herausgeber des Fachregelwerks für den Metallbau.

## Literatur


Berufsgenossenschaft Holz und Metall (BGHM) (2016) Der Sicherheitspreis der Berufsgenossenschaft Holz und Metall. https://sicherheitspreis.bghm.de. Zugegriffen: 28. Juni 2020

Berufsgenossenschaft Handel und Warenlogistik Körperschaft des öffentlichen Rechts (BGHW) (o. J.) Die goldene Hand. https://www.diegoldenehand.de. Zugegriffen: 17. Juli 2020

Bundesinstitut für Berufliche Bildung (BIBB) (o. J.a) Berufliche Bildung für nachhaltige Entwicklung. Modellversuche 2001–2010. https://www.bibb.de/de/25180.php. Zugegriffen: 17. Juli 2020

Bundesinstitut für Berufliche Bildung (BIBB) (o. J.b) Modellversuche Berufsbildung für nachhaltige Entwicklung 2015–2019. https://www.bibb.de/de/42885.php. Zugegriffen: 17. Juli 2020

Hessisches Ministerium für Soziales und Integration (o. J.) Mitgliedsunternehmen. https://berufundpflege.hessen.de/initiative/die-hessische-initiative/mitgliedsunternehmen/?letter=H. Zugegriffen: 14. Sept. 2021

DIHK Service GmbH (o. J.a) Energie-Scouts – Qualifizierung für Azubis. https://www.mittelstand-energiewende.de/unsere-angebote/energie-scouts-qualifizierung-fuer-azubis.html. Zugegriffen: 28. Juni 2020

DIHK Service GmbH (o. J.b) Qualifizierung als Erfolgsmodell. Best-Practice-Beispiele Energie-Scouts. https://www.mittelstand-energiewende.de/fileadmin/user_upload_mittelstand/MIE_vor_Ort/Leitf%C3%A4den/Best-Practice_Energie-Scouts.pdf. Zugegriffen: 17. Juli 2020

Huhle Stahl- und Metallbau GmbH (2020) Huhle Stahl- und Metallbau. https://www.huhle-stahlbau.de. Zugegriffen: 9. Mai 2020

Landeshauptstadt Wiesbaden (2019) Ökoprofit® Wiesbaden 2018/2019. Umweltamt Wiesbaden, Wiesbaden

Landeshauptstadt Wiesbaden, Amt für Soziale Arbeit (2020a) Aktionswoche Wiesbaden engagiert! https://aktionswoche-wiesbaden-engagiert.de. Zugegriffen: 10. Mai 2020

Landeshauptstadt Wiesbaden, Amt für Soziale Arbeit (2020b) WiesPaten. Bildungschancen eröffnen. In Zukunft investieren. https://www.wiespaten.de. Zugegriffen: 10. Mai 2020

Landeshauptstadt Wiesbaden (o. J.) CSR Regio.Net Wiesbaden. https://www.wiesbaden.de/leben-in-wiesbaden/gesellschaft/engagement/verantwortliche-unternehmensfuehrung.php. Zugegriffen: 9. Mai 2020

Pittich D, Diezemann E, Tenberg R, Dieball F, Pfeiffer M (2019) Abschlussbericht NAUZUBI. Universität Siegen, Technische Universität Darmstadt, Technische Universität München. https://www.bibb.de/dokumente/pdf/BBNE15-19_Abschlussbericht_WB_FL2.pdf. Zugegriffen: 5. Sept. 2020

# Events als unterstützende Maßnahme zur Mitarbeitereinbindung in das Nachhaltigkeitsmanagement

## Impulse für das Wozu? Was? und Wie?

Sabine Böhling

**Zusammenfassung**

Begrifflichkeiten wie *Nachhaltigkeit und CSR* sind in der Öffentlichkeit angekommen, Umsetzung und Integration entsprechender Prozesse haben in der globalen Diskussion und in Unternehmen bereits ordentlich an Fahrt aufgenommen und stellen eine gesamtgesellschaftliche Herausforderung dar.

Die Notwendigkeit für Unternehmen, sich auf den Weg in eine nachhaltige Zukunft zu machen, wird dringlicher. Bei *Veränderungsprozessen* wie diesem stellt die Akzeptanz durch die Mitarbeiter häufig eine große Hürde dar, deshalb ist ihre Einbindung in das *Nachhaltigkeitsmanagement* sehr wichtig.

Faktoren wie Unsicherheiten, Angst vor Unwissenheit und Verzicht spielen hier eine große Rolle. Das Ganze sollte daher konkret und erlebbar gemacht werden. Eine gute Plattform zur umfassenden Vermittlung, der Verbindung zwischen dem eigenen Verhalten und dessen Auswirkungen sowie Sensibilisierung der Mitarbeiter, bieten Mitarbeiterevents unter Zuhilfenahme der *Sustainable Development Goals (SDGs)* als Referenzrahmen.

S. Böhling (✉)
sb2 concepts, Idstein, Deutschland
E-Mail: sboehling@sb2-concepts.com



A. Trischler und S. Böhling (Hrsg.), *CSR in Hessen*, Management-Reihe Corporate Social Responsibility, https://doi.org/10.1007/978-3-662-63004-4_4

Aus Gründen der besseren **Lesbarkeit** wird in diesem Beitrag auf die gleichzeitige Verwendung der Sprachformen männlich, weiblich und divers (m/w/d) verzichtet. Sämtliche Personenbezeichnungen (z. B. Mitarbeiter; Teilnehmer, Speaker, Experten etc.) gelten gleichermaßen für alle Geschlechter.

# 1 Einleitung

> „Ein Geschäft, das nichts als Geld verdient, ist ein schlechtes Geschäft." (Henry Ford, *1863 †1947)

Dieses Zitat von Henry Ford, im Original aus seiner Autobiografie „My Life And Work" aus dem Jahr 1922, galt als sein Leitbild. Das daraus abgeleitete Grundprinzip unternehmerischer Verantwortung zeigte Henry Ford schon damals in der Bezahlung von Spitzenlöhnen an seine Mitarbeiter, bezahlbaren Autos für die breite Bevölkerung und dem Voranbringen ökologischer Innovationen.[1] Heute, fast 100 Jahre später, wird die gesellschaftliche Verantwortung von Unternehmen auch als Corporate Social Responsibility (CSR) bezeichnet und ist aktueller denn je.[2]

Die Kommission für europäische Gemeinschaften definiert CSR als „ein Konzept, das den Unternehmen als Grundlage dient, auf freiwilliger Basis soziale Belange und Umweltbelange in ihre Unternehmenstätigkeit und in die Wechselbeziehungen mit den Stakeholdern zu integrieren".[3] Als Grundlage der CSR dienen dabei die drei Dimensionen der Nachhaltigkeit: Ökonomie, Ökologie und Soziales. CSR versteht sich als freiwilliger Beitrag von Unternehmen zu einer nachhaltigen Entwicklung. Es ergeben sich die vier Handlungsfelder der CSR: *Mitarbeiter, Gemeinwesen, Umwelt und Markt.*[4]

Zu den Triebkräften der CSR gehören unter anderem die *Globalisierung,* der *Klimawandel* und die *Ressourcenknappheit.* Dem ist hinzuzufügen, dass ein gewünschtes Image der Unternehmen als attraktiver Partner oder Arbeitgeber[5] sowie die seit 2017 in Deutschland geltende *CSR-Berichtspflicht*[6] für die Notwendigkeit von CSR ebenfalls eine wichtige Rolle spielt. Letztendlich ist es bei CSR von Relevanz, auf welche Weise Umsätze erwirtschaftet werden.

> „CSR is not about how you spend the money you make. It's about how you make the money you spend."[7]

[1] Vgl. Schmidt (2017, S. 1).

[2] Vgl. Lotter und Braun (2014, S. 10).

[3] Kommission der europäischen Gemeinschaften (2001, S. 7).

[4] Vgl. Lotter und Braun (2014, S. 15 f.).

[5] Vgl. Lotter und Braun (2014, S. 22).

[6] Vgl. IHK Frankfurt a. M. (2016, o. S.).

[7] McElhaney (o. J., o. S.), zitiert nach InnoTrain CSR (2010, S. 2).

## 2 Die Rolle der Mitarbeiter im Nachhaltigkeitsmanagement

Aufgrund all dieser Herausforderungen ist die Ermittlung und Umsetzung von CSR im Unternehmen in den meisten Fällen unverzichtbar. Allerdings setzt die Implementierung nachhaltigen Denkens und Handelns einen aufwendigen, langwierigen, hochkomplexen sowie dynamischen Prozess voraus.[8] Um erfolgreich zu sein, bedarf es einer eigenen CSR-Strategie, welche in die Unternehmensstrategie eingebunden sein muss, sowie einem professionellen Projektmanagement.[9]

Wenn ein Unternehmen im Sinne von CSR handeln möchte, dann spielt eine gute Kommunikation eine große Rolle. Neben der externen Kommunikation hat hier vor allem die interne Kommunikation eine wesentliche Bedeutung.[10] Der Grund dafür ist, dass bei Veränderungsprozessen alle Mitarbeiter ausreichend informiert und motiviert werden müssen, damit sie die Veränderungen verstehen und sich aktiv in den Veränderungsprozess einbringen.[11] Ein erster Schritt in diese Richtung ist eine Sensibilisierung der Mitarbeiter für dieses Thema, denn:

> „Nur begreifende und der Veränderung positiv eingestellte Mitarbeiter führen letztendlich zu einer erfolgreichen (…) Umsetzung (…).“[12]

Das Wecken ihrer intrinsischen Motivation ist daher eine Grundvoraussetzung auf dem Weg in eine nachhaltige Zukunft. Wenn Mitarbeiter den Zweck verstanden haben, ihnen das Können vermittelt wurde und darüber hinaus die Selbstbestimmung über die Organisation ihrer Handlungsschritte bleibt, dann entstehen daraus häufig motivierte und engagierte Multiplikatoren.

## 3 Wirkungsvolles Instrument der internen Kommunikation – Mitarbeiterevents

> „Sage es mir, und ich vergesse es. Zeige es mir, und ich erinnere mich. Lass es mich tun, und ich behalte es.“ (Konfuzius, *551 v. Chr. †479 v. Chr.)

Im Bereich der internen Kommunikation stehen eine Reihe von Medien zur Verfügung. Sie reichen von Printmedien über elektronische und audiovisuelle Medien bis hin zu Mitarbeiterveranstaltungen.[13] Trotz aller technischen Möglichkeiten ist das klassische

[8] Vgl. López (2017, S. 12).

[9] Vgl. Lotter und Braun (2014, S. 46–50).

[10] Vgl. Lotter und Braun (2014, S. 109–111).

[11] Vgl. Zowislo und Schwab (2003, S. 7).

[12] Zowislo und Schwab (2003, S. 7).

[13] Vgl. Zowislo und Schwab (2003, S. 7).

Medium der persönlichen Kommunikation gerade bei Veränderungsprozessen unerlässlich.[14] Die zahlreichen positiven Wirkungen eines Events wie Information, Motivation, Emotion und Aktivierung, welche auf Veranstaltungen meist nicht einzeln, sondern in der Kombination eingesetzt werden, machen ein Event hochwirksam.[15]

> „Reine Information spricht nur den Verstand an. Pure Emotion allein kann die Teilnehmer zwar fesseln, zeigt aber keine direkte Wirkung und lässt den Event zur bedeutungslosen Party werden. Ohne Aktivierung erreicht man niemals sein Eventziel. Und ohne Motivation halten die Teilnehmer nicht durch."[16]

Eine weitere Definition von Events bezeichnet damit eine Veranstaltung, bei der das Erlebnis eine wichtige Komponente ist und von den Teilnehmern als solches positiv wahrgenommen wird.[17] Die Teilnehmer können durch die multisensorische Ansprache überdurchschnittlich stark aktiviert werden und sind durch das Erleben mit allen Sinnen besonders aufnahmefähig für die zu vermittelnden Botschaften.[18] Durch einen zusätzlichen Einbau von Interaktionen lässt sich durch deren kommunikativen Ansatz die entstehenden zwischenmenschlichen Erlebnisse[19] und das eigene Tun ein weiterer Schritt in Richtung der Vermittlung positiver Gefühle und neuer Erkenntnisse erzielen. Als mögliche Interaktionen sind zum Beispiel Podiumsdiskussionen, Diskussionsrunden, Interviews oder Hands-on-Workshops denkbar. Ergänzend ist festzustellen, dass der Erfolg des Lernens durch eine vielseitige Gestaltung der Reize und der (Lern-)Plattform, also des kompletten Event-Rahmens, positiv beeinflussbar ist.[20]

## 3.1 Anlässe für Mitarbeiterevents

Mitarbeiterevents liegen häufig konkrete Anlässe zugrunde, wie zum Beispiel Jubiläen, Produktpräsentationen, Kick-off-Veranstaltungen (Anstoß- oder Auftaktveranstaltungen unter anderem für neue Produkte), oder sie dienen der Emotionalisierung und Aktivierung wie zum Beispiel Get-together-Events, Motivationsveranstaltungen oder Incentives (Belohnungsveranstaltungen). Weitere Gründe sind Information und Kommunikation wie Trainings, Fort- und Weiterbildungen oder Veranstaltungen zur Bewusstseinsbildung.[21] Darüber hinaus zählen Weihnachtsfeiern, Betriebsausflüge,

[14] Vgl. Zowislo und Schwab (2003, S. 7).
[15] Vgl. Schäfer-Mehdi (2015, S. 13).
[16] Schäfer-Mehdi (2015, S. 14).
[17] Vgl. Holzbaur (2016, S. 15).
[18] Vgl. Rück (o. J., o. S.).
[19] Vgl. Sautter (2017, S. 595–596).
[20] Vgl. Richter (2017, S. 731).
[21] Vgl. Schäfer-Mehdi (2015, S. 22–30).

Geschäftsjahresabschlussfeiern (Fiskal Jahr/Fiscal Year/FY-Feiern), Familien- oder Kinderfeste zu den Mitarbeiterevents.

Unterschiedliche Eventformate und Anlässe sind auch kombinierbar. So könnten zum Beispiel FY-Feiern sowohl zur Präsentation der Umsatzzahlen in Kombination mit Ehrungen, Incentives, Verleihungen und Auslobungen sowie zu Informations- und Motivationsprogrammen genutzt werden. Des Weiteren ist es denkbar, dass im gleichen Event Programmpunkte wie die Vorstellung neuer Produkte und Serviceleistungen, Teambuilding- sowie Networking-Aktivitäten, Hausmessen oder Workshops etc. integriert werden.

Fasst man den Begriff Mitarbeiterevent noch weiter, dann kann dazu auch Corporate Volunteering gezählt werden, bei dem Mitarbeiter durch Freistellungen des Arbeitgebers Verantwortung in der Gesellschaft in Form von Projekttagen übernehmen. Beispiele dazu liefern zum Beispiel die RWE AG, die deutsche Telekom AG oder die Henkel KGaA.[22]

## 3.2 Formate von Mitarbeiterevents

„Konferenzen, Kongresse, Tagungen, Schulungen, Seminare, Workshops und ähnliche Koordinations- und Fortbildungsveranstaltungen dienen neben der Informationsvermittlung insbesondere der Motivationssteigerung bei den Mitarbeitern."[23] In diesem Satz fasst Nufer die gebräuchlichsten Mitarbeitereventformate in einem Satz zusammen. Weitere klassische Eventformate, wie zum Beispiel Meeting, Symposium, Training, Lehrgang, Versammlung oder Weiterbildung sowie Informationen zu einzelnen Formaten findet man bei Schreiber.[24]

Darüber hinaus gibt es immer mehr neue, alternative Veranstaltungsformate, wie zum Beispiel Barcamp, World Café, Fishbowl, Slam, Pecha Kucha etc. Aufgrund ihrer häufig interaktiveren Art steigern diese Formate die Begeisterung der Teilnehmer und gleichzeitig das Involvement.[25]

## 3.3 Allgemeine Ziele von Mitarbeiterevents

Das Hauptziel von Mitarbeiterevents besteht darin, durch die bei einem Event produzierten Signale, Reize und Informationen, eine Emotionalisierung der Zielgruppe durch Erlebnisse zu erreichen, die wiederum zu Gedächtniswirkungen und Verhaltensänderungen führen sollen. Dabei wird aus psychologischer Sicht in zwei Arten

[22] Vgl. Sawczyn-Müller und Krohn (2017, S. 3).

[23] Nufer (2007, S. 39).

[24] Vgl. Schreiber (2012, S. 6–7).

[25] Vgl. Events (2014, S. 20–24).

von Kommunikationszielen unterschieden. Auf der einen Seite gibt es die *affektiv-orientierten* Ziele, wie zum Beispiel Motivation, Identifikation mit dem Unternehmen, Schaffung eines Zugehörigkeitsgefühls etc., welche emotionale Wirkungen messen. Das bedeutet, dass die Vermittlung von Informationen im Zusammenhang mit Emotionen wesentlich effektiver ist. Dies kann unter anderem durch eine unterhaltende Inszenierung eines Events erreicht werden.[26]

Auf der anderen Seite stehen die *kognitiv-orientierten* Ziele, bei denen vorwiegend die sachliche Vermittlung von Informationen wie Fort- und Weiterbildung, Persönlichkeitsentwicklung etc. im Vordergrund stehen. Jedoch sollte bei Mitarbeiterevents, deren Hauptziel in der Informationsvermittlung liegt, darauf geachtet werden, dass Unterhaltungselemente zur Emotionalisierung und Aktivierung nicht fehlen und die Informationsflut die Teilnehmer nicht überfordert.[27]

Für eine erfolgreiche Gestaltung ist im Vorfeld der Anteil und das genaue Ausmaß der jeweiligen einzusetzenden Methoden mit den Zielen des Events abzustimmen sowie auf die potenziellen Zielgruppen zuzuschneiden. Optimalerweise ist sogar die Erwartungshaltung der Teilnehmer bekannt. Ein Übermaß an Information oder ein zu hohes Niveau kann sich genauso negativ auswirken wie eine Unterforderung. Ebenso wichtig ist die Art der Informationsvermittlung. Hier kann unter anderem die Vorstellung des Geschäftsergebnisses vom reinen Ablesen der Zahlenkolonnen bis hin zu komplett durchgängig animierten Power-Point- oder Prezi-Präsentationen variieren.

Dem ist hinzuzufügen, dass durch die Auswahl und Dosierung von Emotionen auslösender Mittel oder Motivationstechniken eine gewünschte Wirkung erreicht werden kann. Folglich besteht bei der Auswahl ungeeigneter Mittel die Gefahr, die gesetzten Ziele zu verfehlen. Gleiches gilt im Falle der Aktivierung der Teilnehmer. Hierbei sind Abwehrhandlungen denkbar, wenn sich die Anwesenden unwohl oder überfordert fühlen.[28] Besonders wichtig ist in diesem Zusammenhang die Tatsache, dass auch bei verpflichtenden Mitarbeiterevents die Teilnehmer selbst über ihre aktive Teilnahme entscheiden oder ihre Anwesenheit nur als eine lästige Pflicht empfinden.[29] Schließlich sollte bei der Auswahl der Gestaltungselemente auf gewünschte Folgeaktionen nach einem Event geachtet und abgezielt werden.

## 3.4 Eventwirkungen

Die zahlreichen positiven Eventwirkungen, welche auf Events meist nicht einzeln, sondern in Kombination eingesetzt werden, machen Veranstaltungen hochwirksam. Das

[26] Vgl. Kräher (2009, S. 37–38).

[27] Vgl. Kräher (2009, S. 37–38).

[28] Vgl. Schäfer-Mehdi (2015, S. 13–17).

[29] Vgl. Schäfer-Mehdi (2015, S. 33).

folgende Kapitel stellt die vier hauptsächlich auftretenden Eventwirkungen kurz vor und liefert jeweils ein kurzes, auf Nachhaltigkeit bezogenes Beispiel.

### 3.4.1 Information bei Events

> „Informationen werden nicht wertvoller, wenn man sie einsperrt. Sie werden wertvoller, wenn man sie teilt." (Michael Seemann)

Informationen können sowohl durch reine Wortbeiträge oder aber mithilfe von verschiedensten Medieneinsätzen wie Präsentationstechniken, Videos etc. vermittelt werden. Durch Licht- und Tontechnik kann das Ganze ebenfalls lebendiger gestaltet werden. Hilfreich können auch Abstimmungen, Talkrunden, Diskussionsmöglichkeiten sowie andere lustige, spannende Pausenfüller wie zum Beispiel ein kleines Quiz oder Lockerungsübungen sein. Im Grunde genommen hilft alles, was abwechslungsreich und unterhaltend ist, um Informationen zu vermitteln. Zusätzlich unterstützen Ausstellungen, Poster-Sessions oder Messen, mit und ohne Live-Kommunikation, die Informationsvermittlung.[30]

▶ Als Beispiel sei an dieser Stelle die Vermittlung von Basiswissen zur Nachhaltigkeit anhand der SDGs und der Ableitung von Sofortmaßnahmen für jede und jeden erwähnt.

### 3.4.2 Motivation bei Events

> „Motivation ist alles. Man kann die Arbeit von zwei Leuten erledigen, aber man kann nicht zwei Leute sein. Stattdessen muss man den nächsten Mitarbeiter motivieren und ihn dazu zu bringen, seine Leute zu inspirieren." (Lee Iacocca)

Die Bandbreite zur Motivation ist ebenfalls umfangreich. Die Auswahl der Methode hängt unter anderem von den Faktoren Zielgruppe, Erwartungshaltung, dem zu erreichenden Ziel und daher in erster Linie von der intensiven Auseinandersetzung mit diesen Faktoren ab. In einem Fall kann ein tolles Catering oder Entertainment zielführend sein, im anderen Fall ist es der Respekt und die Wertschätzung der Geschäftsleitung oder aber ein motivierender Keynote-Speaker, der es vermag, alle mitzureißen. Wieder andere Gegebenheiten benötigen materielle oder finanzielle Reize zur Motivation und manches Mal reicht schon ein tolles Betriebsklima zur Erreichung von Höchstleistungen.[31]

---

[30] Vgl. Schäfer-Mehdi (2015, S. 24–25).

[31] Vgl. Schäfer-Mehdi (2015, S. 15–16).

> Ein Beispiel an dieser Stelle könnte ein Mitarbeiter-Wettbewerb für die beste nachhaltige Idee für das Unternehmen sein, bei dem ein nachhaltiger Gewinn, zum Beispiel ein E-Bike als Anreiz winkt.

### 3.4.3 Emotionen bei Events

Für das sehr komplexe und umfangreiche Gebiet der Emotionen wird an dieser Stelle folgende Definition zugrunde gelegt: „(…) affektiv getönte, aktuelle Zustände einer Person, die eine spezifische Qualität und Intensität haben, auf einen bestimmten Gegenstand gerichtet und an spezifische kognitive Voraussetzungen geknüpft sind, und die eine handlungsleitende Funktion besitzen.“[32]

Die Arten an Emotionen können sehr vielschichtig sein. So zählen Freude, Hoffnung, Liebe, Dankbarkeit und Stolz etc. als positive Emotionen genauso dazu wie Empörung, Mitleid, Traurigkeit und Hass als Beispiele für negative Formen.[33] Außerdem ist es wichtig zu erkennen, dass ein Erlebnis bei einem Menschen positive Emotionen auslösen kann, einen anderen erst gar nicht berührt. Ebenso ist es möglich, dass die positive Wirkung schlichtweg verfehlt wird oder im schlimmsten Fall negative anstatt positive Emotionen ausgelöst werden.

Tatsache aber ist, dass zielgerichtete und passende Emotionen wesentlich erfolgreicher wirken als reine Sachinformationen.[34] Die Auslöser für Emotionen können vielfältig sein. So können bei Events alle szenischen Mittel wie zum Beispiel Licht, Ton, Duft, Sprache, Bilder, Musik oder Videos ebenso wie Akteure, Lokation, Aktionen, aber auch die gewählte Ausstattung und das Catering, Emotionen auslösen. Effektivität und Eindruck lassen sich durch eine geeignete Dramaturgie zusätzlich steigern.[35] Des Weiteren ist zu beachten, dass Interessen und Leidenschaften der Menschen sehr unterschiedlich sein können.

> „Wenn die Zuschauer Emotionen wollen, du aber Rasenschach anbietest, muss sich einer von beiden ein neues Stadion suchen.“ (Jürgen Klopp)

So kann man vermuten, dass ein packendes Fußballspiel für einen Weltfußball-Trainer die Welt bedeutet, während sich andere Menschen überhaupt nicht für Fußball interessieren und ein Spiel sie in keiner Weise berührt, egal wie sehr sich die Spieler anstrengen. Dies lässt sich auch auf das Eventmanagement übertragen, denn zum erfolgreichen Auslösen von Emotionen gibt es auch bei Events nicht das eine, allumfassende Geheimrezept.[36]

---

[32] Vgl. Rudolph (2015, S. 3).

[33] Vgl. Rudolph (2015, S. 7).

[34] Vgl. Schäfer-Mehdi (2015, S. 14–15).

[35] Vgl. Schäfer-Mehdi (2015, S. 121–127).

[36] Vgl. Thinius und Untiedt (2017, S. 5).

- Hier könnte zum Beispiel eine „Video-Danke-Botschaft", für ein besonders gelungenes Corporate-Volunteering-Projekt, die Mitarbeiter emotional berühren und zum Weitermachen anregen.

### 3.4.4 Aktion – Interaktion bei Events

Wenn Teilnehmer nicht nur passiv konsumieren, sondern aktiviert werden mitzumachen, dann erfolgt eine Aktion. Definiert man Interaktion als aufeinander bezogenes Verhalten, dann stehen in Bezug auf die Kommunikation, die zwischenmenschlichen Erlebnisse von Teilnehmern im Vordergrund.[37]

> „Setzt man dieses Instrument [i. e. eine Interaktion] bei Mitarbeiterevents ein, dann sollte die Absicht sein: ‚den Teilnehmer mit einem positiven Gefühl und voller neuer Erkenntnisse nach Hause gehen zu lassen'."[38]

Klassische Interaktionsbeispiele sind Diskussionsrunden, Podiumsdiskussionen, Pausengespräche oder Hands-on-Workshops etc.[39] Zu den modernen Interaktionsbeispielen zählen unter anderem Live-Abstimmung per TED oder App, aber auch neue interaktive Eventformate.

- Erfolg versprechendes Beispiel an dieser Stelle: ein abteilungsübergreifendes und interdisziplinäres Barcamp zum Thema Nachhaltigkeit. Dabei werden die Themen während der Veranstaltung von den Teilnehmern kreiert. Durch das Aufeinandertreffen von Menschen mit unterschiedlichsten Blickwinkeln können erstaunliche Ergebnisse erzielt werden.

## 4 Handlungsempfehlungen für „CSR-Mitarbeiterevents"

> „Die Frage lautet längst nicht mehr ‚Brauchen wir gesellschaftliche Verantwortung von Unternehmen', sondern wie setzen wir sie um."[40]

Diesem Buchbeitrag liegt meine Bachelorarbeit mit dem Titel „Mitarbeiterevents als unterstützende Maßnahme zur Sensibilisierung des Themas Corporate Social Responsibility – Ein modulares Eventkonzept" zugrunde. Neben umfangreicher Literatur- und Desktop-Recherche lieferten nahezu 20 Interviews mit namhaften Experteninnen und Experten aus den unterschiedlichsten Fachgebieten wertvolle Informationen, die zum Teil auch hier zitiert werden. Mit den entstandenen zentralen

---

[37] Vgl. Sautter (2017, S. 595).
[38] Sautter (2017, S. 595).
[39] Vgl. Sautter (2017, S. 596).
[40] Tertschnig (2007, S. 80).

Erkenntnissen und entwickelten Handlungsempfehlungen unterstütze ich inzwischen, mit großer Freude und intrinsischer Motivation, Unternehmen auf ihrem Weg in eine nachhaltige Zukunft.

Einige Grundlagen und Anwendungsbeispiele aus der Praxis finden sich in diesem Kapitel. Aufgrund der Komplexität des Themas gilt es jedoch stets maßgeschneiderte Lösungen für das jeweilige Unternehmen zu erarbeiten. Als Grundvoraussetzung sollte zunächst der Status quo im Unternehmen ermittelt, kurz- und langfristige Ziele definiert und im Leitbild festgeschrieben werden. Anschließend sollte umgehend mit umfassender Information und Sensibilisierung der Mitarbeiter begonnen werden. Für die doch sehr abstrakten Begriffe Nachhaltigkeit, CSR etc. sollte Basiswissen vermittelt, Definitionen für das eigene Unternehmen ermittelt und Verbindungen zwischen dem eigenen Verhalten und dessen Auswirkungen hergestellt werden. Das Ganze sollte konkret und erlebbar gemacht werden. Als Referenzrahmen für diesen Prozess bieten sich die 17 Sustainable Development Goals (SDGs) der Vereinten Nationen an.

## 4.1 Die Agenda 2030 als Referenzrahmen zur Mitarbeitereinbindung

> „Zuerst wähle eine klare, eine realisierbare Idee – ein Ziel. Als zweites versehe dich mit den Mitteln, die zur Erreichung dieses Zieles notwendig sind – Wissen, Geld, Rohstoffe und Methoden. Im dritten Schritt setze alle Deine Mittel im Hinblick auf das zu erreichende Ziel ein.“ (Aristoteles, 384 v. Chr.–322 v. Chr.)

Die *Agenda 2030* der Vereinten Nationen (UN) trat 2016 mit der Zielsetzung in Kraft, die globale Entwicklung im Rahmen der Nachhaltigkeit zu gestalten. Sie enthält *17 Nachhaltigkeitsziele* in 169 Unterzielen aus den *drei Nachhaltigkeitsdimensionen, Ökologie, Ökonomie und Soziales.* Diese werden als *Sustainable Development Goals (SDGs)* bezeichnet. Die Agenda wurde von 193 Mitgliedstaaten unterzeichnet, gilt weltweit und steht unter dem Motto „leave no one behind“. Damit soll klargestellt werden, dass allen Menschen geholfen werden soll und auch für nachfolgende Generationen ein gutes Leben gesichert werden kann.[41]

Betrachtet man die einzelnen SDGs (Abb. 1), zum Beispiel Maßnahmen für den Klimaschutz, menschenwürdige Arbeit und Wirtschaftswachstum, Geschlechter-Gleichstellung etc., dann lassen sich daraus sehr gut Handlungsbereiche für CSR und Sofortmaßnahmen für jede und jeden ableiten.

---

[41] Vgl. BMU (2019, o. S.).

**Abb. 1** Die Agenda 2030 der Vereinten Nationen. (Quelle: United Nations 2015)

▶ **Wichtig**

Hilfreich dabei ist es, die Agenda 2030 zunächst in ihre Kernbotschaften, die *5 Ps (People, Planet, Prosperity, Peace, Partnership)* der Nachhaltigkeit zu unterteilen.

**People** = Alle Formen von Hunger und Armut beenden und ein Leben in Würde und Gleichheit für alle sicherzustellen (SDG 1, 2, 3, 4, 5).

**Planet** = Ressourcen und Klima unseres Planeten für die nachkommenden Generation zu schützen und innerhalb der Grenzen unserer Erde zu leben (SDG 6, 12, 13, 14, 15).

**Prosperity** = Nachhaltige Entwicklung und eine faire und inklusive Wirtschaft sicherstellen (SDG 7, 8, 9, 10, 11).

**Peace** = Faire und gerechte Institutionen und Politik fördern, für Inklusion einsetzen und Vielfalt annehmen (SDG 16).

**Partnership** = Das Beste für einander fördern und Initiativen zur Verwirklichung des Gemeinwohls stärken, damit alle SDGs umgesetzt werden. (SDG 17).

## 4.2 Voraussetzungen und Rahmenbedingungen für „CSR-Mitarbeiterevents"

Der Einsatz eines Mitarbeiterevents zur Sensibilisierung für das Thema CSR ist nur dann sinnvoll, wenn das Thema von der Geschäftsleitung getragen wird[42] und bereits Eingang in das Leitbild und die Strategie des Unternehmens gefunden hat.[43] Dazu eignet sich zum Beispiel eine Entsprechungserklärung des Deutschen Nachhaltigkeitskodex (DNK). Ein nur einmal durchgeführtes Event, welches gegebenenfalls auch noch Dissonanzen mit der Realität birgt, wirkt im ungünstigsten Fall sogar kontraproduktiv.[44]

Darüber hinaus müssen im Vorfeld sowohl das Unternehmen und die mit dem Event verfolgten Ziele als auch die Zielgruppe genauestens analysiert werden.[45] Da es sich bei den Themen CSR und Nachhaltigkeit um sehr abstrakte Themen handelt, ist zunächst der Wissensstand und die Erwartungshaltung der einzelnen Teilnehmer zu klären.[46] Außerdem ist bei der Vermittlung von Basis- bis zum Expertenwissen eine Beziehung zum Unternehmen und dem eigenen Handeln herzustellen.[47] Dabei sollte auch die Relevanz und das Handeln jedes Einzelnen hervorgehoben werden.[48]

Interaktive Bausteine, spezielle Kommunikationsinstrumente und das Arbeiten in Teams helfen bei der Sensibilisierung und dem Erlebbar machen.[49] Zur Belohnung, als Dank für die Leistung, als Anerkennung oder Zeichen der Wertschätzung etc., ist zum Beispiel der Auftritt eines Überraschungsgastes möglich. Dies könnten Stars aus dem Showgeschäft mit einem eindrucksvollen Live-Performance-Auftritt sein oder herausragende Persönlichkeiten, die den Mitarbeitern des Unternehmens durch ihre Anwesenheit zusätzliche Wertschätzung entgegenbringen.[50]

## 4.3 Herleiten eines modularen Eventkonzepts

> „Jede Veranstaltung kann durch Integration geeigneter Elemente zur Information und Motivation bezüglich der Nachhaltigen Entwicklung beitragen."[51]

---

[42] Vgl. Schulz (2019), Interview vom 17.06.2019.

[43] Vgl. Schultze (2019), Interview vom 19.06.2019.

[44] Vgl. Mertineit (2019), Interview vom 21.05.2019.

[45] Vgl. May (2019), Interview vom 26.06.2019.

[46] Vgl. Schulz (2019), Interview vom 17.06.2019.

[47] Vgl. Mertineit (2019), Interview vom 21.05.2019.

[48] Vgl. Trischler (2019), Interview vom 06.06.2019.

[49] Vgl. Schultze (2019), Interview vom 19.06.2019.

[50] Vgl. Grupp (2019), Interview vom 06.06.2019.

[51] Holzbaur (2016, S. 23).

Grundsätzlich lässt sich feststellen, dass sich im Grunde genommen jedes Format und jeder positive Anlass zur Sensibilisierung des Themas CSR eignet, solange die Voraussetzungen und Rahmenbedingungen aus Abschn. 4.2 beachtet werden. Aufgrund der Vielfalt der Veranstaltungsformate, der unterschiedlichen Gründe für Mitarbeiterevents, der Art und Anzahl der Teilnehmer sowie der gewünschten Eventziele, wird es jedoch nicht das eine, alles umfassende Konzept geben können. Diese Erkenntnis ergibt sich aufgrund der Notwendigkeit, dass CSR im direkten Zusammenhang mit der eigentlichen Geschäftstätigkeit des Unternehmens steht. Durch beliebige Aktivitäten zum Umweltschutz und oder im Bereich der gesellschaftlichen Verantwortung läuft ein Unternehmen ansonsten Gefahr, in den Bereich des sogenannten Greenwashings zu fallen.[52] Gleiches gilt, wenn die Basis des Unternehmens nicht nach den Grundsätzen der CSR oder der Nachhaltigkeit gesteuert wird.

Ein weiterer Punkt, der ein einziges Erfolg versprechendes Eventrezept ausschließt, ist das Budget, welches für ein Mitarbeiterevent im Einzelfall zur Verfügung steht. In Anbetracht dessen erscheint ein modulares System sinnvoll, welches es ermöglicht, auf das jeweilige Unternehmen und das spezielle Mitarbeiterevent einzelne, individuell zugeschnittene Module zu kreieren, auszuwählen und diese zielgerichtet zu integrieren. Ein blindes Auswählen von Modulen ist jedoch ebenso fragwürdig, wie ein wahlloses Aneinanderreihen von Modulen. Modifikationen der Vorschläge und ein gezieltes Einbetten in ein professionelles Eventkonzept erscheint daher Erfolg versprechender. Bei großen Veranstaltungen zudem ist das Hinzuziehen von Eventagenturen sowie Spezialisten zum Beispiel aus dem Eventtechnik-Bereich anzuraten. Da CSR auf den drei Säulen der Nachhaltigkeit aufbaut[53] und die (Lern-)Plattform einen Einfluss auf das Lernen hat,[54] sollte ein solches Mitarbeiterevent ebenfalls nachhaltig gestaltet werden.

## 4.4 Nachhaltiges Event als Rahmen

> „Nachhaltige Events sind nicht nur dauerhaft wirkungsvoll im Sinne des Eventziels, sondern auch wirksam im Sinne der Nachhaltigen Entwicklung."[55]

Bei der Ausrichtung von nachhaltigen Events gilt es, eine Vielzahl von Dingen zu beachten. Die Hauptaspekte, die dabei berücksichtigt werden müssen, betreffen die Umwelt- und Ressourcenschonung. Besonders zu erwähnen sind hier Mobilität, Digitalisierung, Location und das Catering. Allerdings wirken sich nachhaltige Events auch auf soziale und ökonomische Aspekte aus. Da wäre zum Beispiel der soziale

[52] Vgl. Pufé (2017), S. 211.

[53] Vgl. Lotter und Braun (2014, S. 15).

[54] Vgl. Richter (2017, S. 731).

[55] Holzbaur (2016, S. 28).

Aspekt zu erwähnen, wenn alle verwendeten Produkte aus der Region kommen und so für Arbeitsplätze sorgen.[56] Ein weiterer Punkt in dieser Kategorie ist die Barrierefreiheit, darüber klären Frau Hoffmann-Wagner und Frau Jostes mit ihrem Beitrag „CSR im Veranstaltungsbereich – ohne Inklusion läuft gar nichts" in diesem Buch ausführlich auf. In einer Studie wurde zudem herausgefunden, dass nachhaltige Events sogar zu Kostenersparnissen führen können und damit auch der ökonomische Aspekt bedient wird. Dies geschieht zum Beispiel durch Einsparungen bei Papier, Abfall und im Catering-Bereich.[57] Da viele Auswirkungen meist nicht auf den ersten Blick erkennbar sind, ist es sehr wichtig, diese zum gegebenen Zeitpunkt entsprechend zu kommunizieren, um die Mitarbeiter auch auf diese Weise für das Thema CSR zu sensibilisieren.[58] Nachhaltige Events könnten in ihrer Wirkung zum Beispiel durch die Präsentation eines unternehmensspezifischen Nachhaltigkeitsmaskottchens verstärkt werden.[59]

Bei der Gestaltung eines nachhaltigen Events sollten aber unbedingt die Glaubwürdigkeit und Authentizität bedacht werden. Es ergibt zum Beispiel keinen Sinn, nur einmalig bei einem Event umweltschonend anzureisen oder auf nachhaltiges Catering zu setzen, wenn der Fuhrpark oder die Kantine des Unternehmens nicht den Ansatz nachhaltigen Denkens berücksichtigt.[60]

## 4.5 Event-Module zur Sensibilisierung des Themas CSR

Nachdem die Voraussetzungen und Rahmenbedingungen von Mitarbeiterevents für eine erfolgreiche Sensibilisierung des Themas CSR erarbeitet wurden, erfolgt die Konzeption und Auswahl einzelner Module zur Gestaltung der Veranstaltung. Diese lassen sich nicht einfach in die vier Kommunikationsaufgaben Information, Motivation, Emotion und Aktivierung unterteilen, da es sehr häufig innerhalb der Gestaltungselemente zu bereits erwähnten gewünschten Überschneidungen dieser Wirkungen kommt. Daher erfolgt eine weitere Unterteilung in „Passiv – Wissensvermittlung", „Aktiv – Partizipation" und „Interaktiv – Interaktion". Allerdings kann auch diese Unterteilung nur als grobes Raster angesehen werden, da die Grenzen auch hier, aufgrund des möglichen Einsatzes zusätzlicher Gestaltungsinstrumente, als fließend anzusehen sind.

Wichtig ist, den Fokus auf die ermittelten, relevanten Themen, Inhalte und Botschaften für das Thema CSR zu legen, wobei das Ziel der Veranstaltung stets zu beachten ist. Es kann sich bei den Modulen lediglich um Ideen und Anregungen handeln. Aber

[56] Vgl. Karl (2019), Interview vom 21.05.2019.

[57] Vgl. Rück et al. (2014, S. 1–2).

[58] Vgl. Karl (2019), Interview vom 21.05.2019.

[59] Vgl. Horch (2019), Interview vom 14.06.20.

[60] Vgl. Eger (2019), Interview vom 04.06.2019.

auch bei Events gilt, nicht in Aktionismus verfallen, es behutsam angehen lassen, sonst ist das vielleicht zu viel auf einmal.[61]

Vorstellbar wäre zum Beispiel Folgendes: Die Geschäftsleitung unterstreicht mit ihrem Commitment und ihrer Vorbildfunktion die Wichtigkeit, Experten unterstützen sie dabei. Die Themen CSR und Nachhaltigkeit werden durch das nachhaltige Umfeld, den Wissenstransfer, das eigene Tun und die resultierenden Erfolgserlebnisse begreifbar und erlebbar gemacht. Zusätzlich erhalten Mitarbeiter Wertschätzung sowie Anerkennung oder werden für ihren Einsatz belohnt. Dies kann zum Beispiel durch aktives Einbinden in Entscheidungen oder ansprechende Incentives erreicht werden.

## 5 Fazit

> „Auch der weiteste Weg beginnt mit einem ersten Schritt." (Konfuzius, *551 v. Chr. †479 v. Chr.)

Die Frage lautet: „Wie sollte ein Mitarbeiterevent gestaltet werden, das zur Sensibilisierung des Themas Corporate Social Responsibility beiträgt?" Bei dem Einsatz dieses Kommunikationsinstrumentes zu dem Thema CSR gilt es sowohl im Vorfeld als auch bei der eigentlichen Eventkonzeption einige Grundvoraussetzungen zu erfüllen, um erfolgreich zu sein.

Nachhaltiges Handeln sollte bereits zentraler Bestandteil im Unternehmen sein und sich im Leitbild und in der Unternehmensstrategie widerspiegeln. Glaubwürdigkeit, Authentizität, Transparenz und Kontinuität sowie Vorbildfunktion der Geschäftsleitung sind darüber hinaus sehr relevant. Ebenso stellen Wertschätzung und Anerkennung der Mitarbeiter sowie deren Einbindung in die Prozesse eine wichtige Basis dar, ohne die auch die beste interne Kommunikation wirkungslos ist.

Dadurch, dass es sich bei den Begriffen CSR und Nachhaltigkeit um Worte handelt, die zwar von vielen Menschen benutzt werden, ohne zu wissen, was sie wirklich für das Unternehmen oder für den Einzelnen bedeuten, muss eine klare Definition für den speziellen Fall erarbeitet werden. Hilfreich dabei ist es, einen konkreten Bezug zum Unternehmen sowie eine Verbindung zwischen dem eigenen Verhalten und dessen Auswirkungen herzustellen und das Ganze an Beispielen konkret und erlebbar zu machen. Der unterstützende Einsatz eines Nachhaltigkeitsspezialisten erscheint an dieser Stelle sinnvoll.

Zudem gibt es bei der eigentlichen Gestaltung von Events einiges zu beachten. Aufgrund der Vielfalt der Veranstaltungsformate, der unterschiedlichen Gründe für Mitarbeiterevents, der Art und Anzahl der Teilnehmer sowie der gewünschten Eventziele, kann es kein allumfassendes Konzept geben können. Eine genaue Analyse des

[61] Vgl. Sante (2019), Interview vom 12.06.2019.

Unternehmens, der CSR-Aktivitäten, der Zielgruppen und des Eventziels ist notwendig, um eine passgenaue Eventgestaltung zu ermöglichen. Aufgrund der Tatsache, dass CSR auf den drei Dimensionen der Nachhaltigkeit aufbaut, sollte das Event jedoch bereits in einen zum Unternehmen passenden, nachhaltigen Rahmen eingebettet sein.

Dem hinzuzufügen ist, dass alle Mitarbeiterevents mit dem Ziel der Sensibilisierung der Mitarbeiter für das Thema CSR, neben dem Wissenstransfer auch aktive und interaktive Angebote enthalten sollten. Diese sorgen dafür, dass Inhalte und Botschaften mit allen Sinnen erlebt werden können und die Teilnehmer darüber hinaus vieles selbst erarbeiten. Modifikationen je nach Schwerpunkt des Events sowie ein gezieltes Einbetten in ein professionelles (nachhaltiges) Eventkonzept erscheinen Erfolg versprechend. Ebenso kann das Hinzuziehen von Eventagenturen sowie Spezialisten, unter anderem aus dem Eventtechnik-Bereich für die Gestaltung einer wirkungsvollen Dramaturgie und Inszenierung, hilfreich sein.

Es sollte nicht unerwähnt bleiben, dass sich alle Formate, aber nur positive Anlässe zur Sensibilisierung der Mitarbeiter für das Thema CSR eignen. Darüber hinaus sollte bei Mitarbeiterevents, die zum Feiern dienen und als Belohnung gelten, der Spaß durch zu hoch gesetzte Ziele hinsichtlich der Nachhaltigkeit nicht zu kurz kommen. Hier wären erste kleine Schritte, zum Beispiel durch ein nachhaltig ausgerichtetes Event und der entsprechenden Kommunikation, besser geeignet als eine Überfrachtung der Veranstaltung mit Know-how und zahlreichen To-dos.

Einen Anfang könnte auch eine Nachhaltigkeitsausstellung oder Workshops zur Vermittlung von CSR-Basiswissen sein. Hierzu eignen sich die SDGs als Referenzrahmen und der daraus ableitbaren Sofortmaßnahmen. Solche Veranstaltungen könnten in ihrer Wirkung, zum Beispiel durch die Präsentation eines unternehmensspezifischen Nachhaltigkeitsmaskottchens, verstärkt werden. Alle weiteren Aktionen in Richtung Nachhaltigkeit sollten fortan von diesem Maskottchen begleitet werden und somit für Kontinuität und Wiedererkennung sorgen, da das Thema dauerhaft bespielt werden muss, um eine nachhaltige Wirkung zu erzielen.

Alternativ könnte auch mit Corporate Volunteering Events gestartet werden. Eine Initiative aus den Reihen der Mitarbeiter oder zumindest eine Mitbestimmung bei der Auswahl des Projektes fördert dabei die Motivation und das Engagement der Teilnehmer.

Abschließend lässt sich feststellen, dass es sich, unter Beachtung grundsätzlicher Voraussetzungen, bei einem Mitarbeiterevent um eine Erfolg versprechende Maßnahme zur Unterstützung der Sensibilisierung des Themas CSR in Unternehmen handelt. Mit diesem Artikel können allerdings aufgrund der Vielschichtigkeit der betrachteten Themen und der gewonnenen Erkenntnisse lediglich Informationen, Anregungen und Ideen präsentiert werden, nicht aber ein allumfassendes Eventkonzept zur Sensibilisierung der Mitarbeiter für das Thema CSR. Dem hinzuzufügen ist, dass es, um erfolgreich zu sensibilisieren, notwendig ist, wiederholt aufeinander aufbauende weiterführende Veranstaltungsformate zu entwickeln, die auf das jeweilige Unternehmen angepasst sind und dafür sorgen, dass sich CSR und Nachhaltigkeit zur Selbstverständlichkeit für die Mitarbeiter entwickeln.

## 6 Ausblick

> „Ich sage dir nicht, dass es leicht wird. Ich sage dir, dass es sich lohnen wird.“ (Arthur L. „Art“ Williams Jr.)

Es ist zu erwarten, dass das Thema CSR und Nachhaltigkeit in Zukunft an Bedeutung zunehmen wird und damit der Bedarf an geeigneter Unterstützung in Unternehmen steigt. Wie bei den meisten Veränderungsprozessen wird sich ein Erfolg nicht sofort einstellen. Veränderungen werden zu Beginn häufig als zusätzliche Belastung angesehen und in der Tat ist der Prozess in vielen Fällen aufwendig und unbequem. Trotz allem sollte umgehend, gerne auch mit kleinen Schritten, begonnen und Erfolge sichtbar gemacht werden. Erst wenn das Bewusstsein und das Verständnis geweckt werden konnten und die Wichtigkeit in den Köpfen angekommen ist, wird es zusehends einfacher. Die Durchführung einer verbesserten Variante ist häufig mit ähnlich hohem Aufwand wie die ursprüngliche verbunden und erfolgt schließlich in vielen Fällen automatisch.

An dieser Stelle sei als Beispiel die Diskussion um die Einführung der Pkw-Gurtpflicht in Deutschland im Jahre 1976 zu erwähnen.[62] Am Anfang standen zahlreiche Widerstände und Ängste im Raum. Diese reichten von der Einschränkung des Freiheitsgefühls über „(…) Angst, aufgrund des Sicherheitsgurtes das Auto bei einem Brand nicht schnell genug verlassen zu können, (…) bei einem Unfall durch den Gurt selbst verletzt zu werden“[63], bis hin zu Ängsten von Frauen vor platt gedrückten Busen oder zerknitterten Blusen.[64] Es war ein langer Prozess, aber: „Heute stellt kaum jemand mehr das Anschnallen im Auto ernsthaft in Frage, der Sicherheitsgurt gilt als Lebensretter Nummer eins – noch vor dem Airbag. 98 % aller Autofahrer schnallen sich an, so die Zahlen der Bundesanstalt für Straßenwesen.“[65]

> „Jeder denkt daran die Welt zu ändern, aber niemand will es selbst tun.“ (Leo Tolstoi, *1828 †1910)

Zu der Angst vor Veränderungen kommt oft die Frage: „Warum ich?“ oder der Gedanke: „Was kann ich alleine schon bewirken?“ Es wäre daher wünschenswert, wenn es in naher Zukunft für die Begriffe CSR und Nachhaltigkeit mehr Klarheit geben würde. – Wenn die Wichtigkeit in allen Köpfen ankommt, sich niemand mehr davor ängstigt und sich nicht die Fragen nach dem „Wozu?“ oder „Wie?“ stellt. – Wenn jeder einfach und ganz automatisch nachhaltig handeln würde.

---

[62] Vgl. Schwetje (2016, o. S.).

[63] Schwetje (2016, o. S.).

[64] Vgl. Schwetje (2016, o. S.).

[65] Schwetje (2016, o. S.).

„Development that meets the needs of the present without compromising the ability of future generations to meet their own needs.“ (WECD 1987).

▶ Jeder Beitrag zählt! Wir müssen nur alle anfangen!

**Sabine Böhling** ist Eigentümerin und Gründerin von $sb^2$ concepts (sustainably based concepts by sabine böhling). Als CSR/Nachhaltigkeitsberaterin und Trainerin unterstützt sie mit ihren Ideen und Konzepten Unternehmen auf dem Weg in eine nachhaltige Zukunft.

Ihr Motto: Jeder Beitrag zählt! Wir müssen nur alle anfangen!

Dieser Buchbeitrag ist ein Auszug aus ihrer Bachelorarbeit mit dem Titel: „Mitarbeiterevents als unterstützende Maßnahme zur Sensibilisierung des Themas Corporate Social Responsibility – Ein modulares Eventkonzept für Unternehmen“. Die Arbeit wurde im Sommer 2019 aufgrund ihrer Ausführlichkeit, des hohen wissenschaftlichen Niveaus und den daraus abgeleiteten zentralen Erkenntnissen ausgezeichnet.

Neben Seminaren, Workshops und Impulsvorträgen unter anderem zu den Themen Basiswissen Nachhaltigkeit, Mitarbeitereinbindung in das Nachhaltigkeitsmanagement und Nachhaltiges Eventmanagement, engagiert sie sich ehrenamtlich in verschiedenen Projekten, zum Beispiel zur Verbreitung der SDGs. Zudem ist sie als Dozentin an Hochschulen tätig und erhält Lehraufträge rund um die Themen Nachhaltigkeit und CSR.

## Literatur


BMU (2019) Die 2030-Agenda für Nachhaltige Entwicklung. 17 Ziele der UNO zur nachhaltigen Entwicklung, verfügbar unter: https://www.bmu.de/themen/nachhaltigkeit. Zugegriffen: 20. Juli 2020

Eger M (2019) Experteninterview mit Michael Eger vom 04.06.2019. Promerit AG. „Mitarbeiterevents als unterstützende Maßnahme zur Sensibilisierung des Themas Corporate Social Responsibility – Ein modulares Eventkonzept für Unternehmen“. HS Fresenius, Bachelorarbeit 2019, Wiesbaden

Events (2014) Event-Magazin. Alternative Veranstaltungsformate, Weniger Frontbeschallung … mehr „Do it yourself“!, Köln 2014, verfügbar unter: https://www.events-magazin.de/shop/kostenloser-download-alternative-veranstaltungsformate/. Zugegriffen: 29. Mai 2019

Grupp W Senior (2019) Experteninterview mit Wolfgang Grupp Senior vom 06.06.2019. Trigema. „Mitarbeiterevents als unterstützende Maßnahme zur Sensibilisierung des Themas Corporate Social Responsibility – Ein modulares Eventkonzept für Unternehmen“. HS Fresenius, Bachelorarbeit 2019, Wiesbaden

Holzbaur U (2016) Events nachhaltig gestalten. Grundlagen und Konzeption für die Umsetzung von nachhaltigen Events. Wiesbaden

Horch S (2019) Experteninterview mit Sabrina Horch vom 14.06.2019. Brita GmbH. „Mitarbeiterevents als unterstützende Maßnahme zur Sensibilisierung des Themas Corporate Social Responsibility – Ein modulares Eventkonzept für Unternehmen“. HS Fresenius, Bachelorarbeit 2019, Wiesbaden

IHK Frankfurt a. M. (2016) CSR-Berichtspflicht, verfügbar unter: https://www.frankfurt-main.ihk.de/csr/csr_und_ihk/. Zugegriffen: 19. Apr. 2019

Innotrain CSR (2010) Was ist Corporate Social Responsibility? Projekt „InnoTrain CSR", organisiert von der Gilde GmbH und finanziert mit Unterstützung der Europäischen Kommission, verfügbar unter: http://www.csrkompetenz.de/fileadmin/dokumente/CSR_TRAINING_DE.pdf. Zugegriffen: 1. Juni 2019

Karl W-T (2019) Experteninterview mit Wolf-Thomas Karl vom 21.05.2019. HS Fresenius. „Mitarbeiterevents als unterstützende Maßnahme zur Sensibilisierung des Themas Corporate Social Responsibility – Ein modulares Eventkonzept für Unternehmen". HS Fresenius, Bachelorarbeit 2019, Wiesbaden

Kommission der europäischen Gemeinschaften (2001) KOM 366 endgültig. Grünbuch: Europäische Rahmenbedingungen für die soziale Verantwortung der Unternehmen, verfügbar unter: https://eur-lex.europa.eu/LexUriServ/LexUriServ.do?uri=COM:2001:0366:FIN:DE:PDF. Zugegriffen: 23. Apr. 2019

Kräher A (2009) Corporate Events. Ein Erfolgsinstrument des Eventmarketings. Hamburg

López I (2017) CSR und Wirtschaftspsychologie. Psychologische Strategien zur Förderung nachhaltiger Managemententscheidungen und Lebensstile. Berlin

Lotter D, Braun J (2014) Der CSR-Manager. Unternehmensverantwortung in der Praxis. München

May J (2019) Experteninterview mit Jürgen May vom 26.06.2019. 2bdifferent. „Mitarbeiterevents als unterstützende Maßnahme zur Sensibilisierung des Themas Corporate Social Responsibility – Ein modulares Eventkonzept für Unternehmen". HS Fresenius, Bachelorarbeit 2019, Wiesbaden

Mertineit K-D (2019) Experteninterview mit Klaus-Dieter Mertineit vom 21.05.2019. Institut für nachhaltige Berufsbildung & Management Services GmbH. „Mitarbeiterevents als unterstützende Maßnahme zur Sensibilisierung des Themas Corporate Social Responsibility – Ein modulares Eventkonzept für Unternehmen". HS Fresenius, Bachelorarbeit 2019, Wiesbaden

Nufer G (2007) Event-Marketing und -Management. Theorie und Praxis unter besonderer Berücksichtigung von Imagewirkungen, 3. aktualisierte und überarbeitete Aufl. Wiesbaden

Pufé I (2017) Nachhaltigkeit, 3. Aufl. Konstanz

Richter M (2017) Lernen. Mehrwert und geistiges Weiterkommen für Teilnehmer. In: Bühnert C, Luppold S (Hrsg) Praxishandbuch Kongress-, Tagungs- und Konferenzmanagement. Konzeption & Gestaltung, Werbung & PR, Organisation & Finanzierung. Wiesbaden, S 721–732

Rudolph U (2015) Emotionen im Alltag. Es gibt nichts Gutes, außer man fühlt es? In: Zanger C (Hrsg) Events und Emotionen. Stand und Perspektiven der Eventforschung. Wiesbaden, S 1–19

Rück H (o. J.) Grundlagen der Verkehrs- und Tourismuswirtschaft. Definition Event, verfügbar unter: https://wirtschaftslexikon.gabler.de/definition/event-34760. Zugegriffen: 19. Apr. 2019

Rück H, Sander M, Zawinell J (2014) Rechnet sich Nachhaltigkeit? Eine Studie der Hochschule Worms am Beispiel der Roche Tage 2012, erschienen in events 04/2014, zur Verfügung gestellt als PDF-Dokument von Hans Rück in persönlicher E-Mail-Kommunikation vom 04.06.2019

Sante T (2019) Experteninterview mit Thomas Sante vom 12.06.2019. TriWiCon Wiesbaden. „Mitarbeiterevents als unterstützende Maßnahme zur Sensibilisierung des Themas Corporate Social Responsibility – Ein modulares Eventkonzept für Unternehmen". HS Fresenius, Bachelorarbeit 2019, Wiesbaden

Sautter P (2017) Live Communication bei Fachkongressen. Wissenstransfer und Gedankenaustausch in Echtzeit. In: Bühnert C, Luppold S (Hrsg) Praxishandbuch Kongress-, Tagungs- und Konferenzmanagement. Konzeption & Gestaltung, Werbung & PR, Organisation & Finanzierung. Wiesbaden, S 589–598

Sawczyn-Müller/Krohn (2017) Glaubwürdigkeit und Transparenz in der CSR-Kommunikation. In: Wagner R, Roschker N, Moutschnik A (Hrsg) CSR und interne Kommunikation. Forschungsansätze und Praxisbeiträge. Berlin, S 1–19

Schäfer-Mehdi S (2015) Event-Marketing, 4. aktualisierte Aufl. Berlin

Schmidt W-P (2017) CSR- Preis 2017 – Die Nominierten 2017. Kurzprofil der Ford-Werke GmbH, verfügbar unter: https://www.csr-in-deutschland.de/SharedDocs/Downloads/DE/CSR-Preis/Nominierte-2017/download-csr-kurzprofil-ford-werke-gmbh.pdf?__blob=publicationFile&v=2. Zugegriffen: 19. Apr. 2019

Schreiber M-T (Hrsg) (2012) Kongresse, Tagungen und Events. Potenziale, Strategien und Trends der Veranstaltungswirtschaft. München

Schulz T (2019) Experteninterview mit Thomas Schulz vom 17.06.2019. BNU, Beratung für Nachhaltige Unternehmensführung. „Mitarbeiterevents als unterstützende Maßnahme zur Sensibilisierung des Themas Corporate Social Responsibility – Ein modulares Eventkonzept für Unternehmen". HS Fresenius, Bachelorarbeit 2019, Wiesbaden

Schultze M (2019) Experteninterview mit Matthias Schultze vom 19.06.2019. GBC, German Convention Bureau e. V. „Mitarbeiterevents als unterstützende Maßnahme zur Sensibilisierung des Themas Corporate Social Responsibility – Ein modulares Eventkonzept für Unternehmen". HS Fresenius, Bachelorarbeit 2019, Wiesbaden

Schwetje S (2016) 40 Jahre Gurtpflicht in Deutschland. Hilfe, meine Bluse knittert! Verfügbar unter: https://www.n-tv.de/auto/Hilfe-meine-Bluse-knittert-article17527496.html. Zugegriffen: 25. Juni 2019

Tertschnig W (2007) CSR und der laufende ISO-Prozess. In: Baumgartner RJ, Biedermann H, Ebner D (Hrsg) Unternehmenspraxis und Nachhaltigkeit. Herausforderungen, Konzepte und Erfahrungen. München und Mehring, S 79–84

Thinius J, Untiedt J (2017) Events – Erlebnismarketing für alle Sinne. Mit neuronaler Markenkommunikation Lebensstile inszenieren, 2. Aufl. Wiesbaden

Trischler A. (2019) Experteninterview mit Anke Trischler vom 06.06.2019. Transformation zur Nachhaltigkeit GmbH. In „Mitarbeiterevents als unterstützende Maßnahme zur Sensibilisierung des Themas Corporate Social Responsibility - Ein modulares Eventkonzept für Unternehmen". HS Fresenius, Bachelorarbeit 2019, Wiesbaden

United Nations (2015) Department of Public Information, United Nations, S-1018, New York, NY 10017, USA. SDG_POSTER-#NonUN#_German.jpg verfügbar unter: https://17ziele.de/downloads.html. Zugegriffen: 20. Juli 20

Zowislo N, Schwab H (2003) Interne Kommunikation im Veränderungsprozess. Mitarbeiter gezielt informieren und erfolgreich miteinbeziehen. Wiesbaden

# Marketing & Nachhaltigkeit in Hessen studieren

## Akademische Bildung zwischen Wunsch und Wirklichkeit

Dennis Lotter und Sabrina Horch

**Zusammenfassung**

Der Beitrag beleuchtet narrativ einen Ansatz zur akademischen Bildung im Spannungsfeld zwischen Marketing und Nachhaltigkeit in Hessen und liefert einen Einblick in die Konzeption der Qualifikationsziele, Intention, die curriculare Struktur sowie das didaktische Konzept. Ausgangspunkt ist die Qualifikation einer neuen Generation an Führungskräften im Marketingumfeld, die dazu befähigt werden, selbstreflektiert zu handeln und ethische Maßstäbe in Unternehmensführung und Marketingkonzeption einbringen können. Das Masterprogramm versetzt junge Menschen in die Lage, an der gesellschaftlichen und betriebswirtschaftlichen Transformation mitzuwirken und Nachhaltigkeit im unternehmerischen Kontext zu verankern. Durch den didaktischen Ansatz des erfahrungsraumbasierten Lernens werden die Kompetenzfelder im Verlauf des Studiums geprägt. Im Rahmen eines Erfahrungsberichtes einer Alumni wird der konzeptionelle Bildungsansatz kritisch evaluiert.

D. Lotter (✉)
ISLC – Institut für Sustainable Leadership & Change, Karlsruhe, Deutschland
E-Mail: lotter@institut-slc.de

S. Horch
Eltville am Rhein, Deutschland
E-Mail: horch@arcor.de





A. Trischler und S. Böhling (Hrsg.), *CSR in Hessen,* Management-Reihe Corporate Social Responsibility, https://doi.org/10.1007/978-3-662-63004-4_5

# 1 Akademische Bildung für eine neue Generation von Führungskräften in Hessen

Prof. Dr. Dennis Lotter

Wirtschaftskrisen, Hyperwettbewerb, Globalisierung, Digitalisierung und nicht zuletzt die gestiegenen Anforderungen an die Transparenz unternehmerischen Handelns erhöhen den Druck auf Führungskräfte in der Wirtschaft. Diese müssen neben einer konsequenten marktorientierten Ausrichtung eines Unternehmens verstärkt auch ökologische, soziale und kulturelle Nachhaltigkeit etablieren. Von Führungskräften wird heute weit mehr verlangt als betriebswirtschaftlicher Sachverstand und soziale Kompetenzen im menschlichen Umgang. Zusätzliche Aspekte wie Verantwortungsbewusstsein, interdisziplinäres Denken, empathische Fähigkeiten, Courage und ein kritischer Geist sowie die Fähigkeit, das eigene Handeln und dessen Folgen stets zu reflektieren, rücken immer mehr in den Vordergrund. Führungskräfte sollen heute soziale und gesellschaftliche Verantwortung übernehmen, auf eine ausgeglichene Work-Life-Balance ihrer Mitarbeitenden achten, Talente und Potenziale im Team zur Entfaltung bringen, mit den natürlichen Ressourcen sorgsam umgehen – und dabei trotzdem noch Gewinne erwirtschaften. Fehltritte und solche Verhaltensweisen, die qua definitione durch die breite Masse und die Medien zu solchen stilisiert werden, kommen nicht nur schnell ans Licht, sondern münden nicht selten in lautstarken Forderungen nach angemessenen Konsequenzen. Insgesamt steigen Erwartungs- und Erfolgsdruck – und die Gesellschaft verlangt nachvollziehbare Antworten auf die Frage nach der gesellschaftlichen Rolle und Verantwortung von Unternehmen.

Kaum verwunderlich, dass in den letzten Jahren das Thema Corporate Social Responsibility (CSR) in die Curricula der betriebswirtschaftlichen Ausbildung junger Akademiker Einzug gehalten hat. Entweder in Form expliziter Module oder als Querschnittsthema in thematisch angrenzenden Lehrveranstaltungen. Hochschulen sind ein wichtiger Akteur in der Bildung für nachhaltige Entwicklung. Sie vermitteln Wissen, bilden Kompetenzen aus und prägen nicht zuletzt die Persönlichkeit der Entscheider von morgen mit. Die Hochschule Fresenius in Wiesbaden hat mit dem Masterstudiengang „Sustainable Marketing & Leadership" (MSML) einen konsekutiven Vollzeit-Masterstudiengang entwickelt, der an das Wissen aus einem Bachelorstudiengang im Bereich Wirtschaftswissenschaften bzw. Management anknüpft und auf die aktuellen Herausforderungen vorbereitet. Der Studiengang wendet sich an junge Akademiker in Hessen mit einschlägigem Bachelorabschluss, die eine generalistische Ausrichtung im marktorientierten Management mit Spezialisierung im Bereich Nachhaltigkeit und Leadership anstreben. Wir beleuchten in diesem Beitrag das Konzept dieses Studiengangs (Vgl. Becker et al. 2017) und nehmen eine kritische Evaluation zwischen Wunsch und Wirklichkeit aus Perspektive einer Absolventin vor, die ihre erworbenen Kompetenzen in einem hessischen Unternehmen zur Anwendung bringt.

## 2 Die Intention des Masterstudiengangs Sustainable Marketing & Leadership

Nachhaltiges Wirtschaften, nachhaltiges Management und eine auf diesen Grundsätzen basierende und vor allem gelebte Unternehmenskultur stehen im Mittelpunkt der akademischen Bildung in diesem Programm. Der Studiengang soll den Studierenden, aufbauend auf einem grundständigen Studium, wissenschaftlich-kritisches Denken mit fachübergreifenden Bezügen vermitteln und sie so befähigen, selbstkritisch und interdisziplinär auf individueller, unternehmerischer und gesellschaftlicher Ebene im Sinne einer nachhaltigkeitsorientierten Management- und Führungslehre zu handeln. Hierzu vertiefen und verbreitern die Studierenden ihr ökonomisches Grundlagenwissen im Bereich der nachhaltigkeits- und marktorientierten Unternehmens- und Mitarbeiterführung. Darüber hinaus erwerben sie die Fähigkeit, ökonomische, ökologische und soziale Sichtweisen in betriebswirtschaftliche Entscheidungsprozesse einfließen zu lassen und so gemeinsam in Teamstrukturen interdisziplinäre Lösungsansätze zu erarbeiten.

Die Fähigkeit, eigene und andere Positionen, auch selbstkritisch, zu hinterfragen und aktuelle Entwicklung sowie Bedürfnisse unterschiedlicher Märkte zu erkennen, ermöglicht es ihnen, Konzepte für eine nachhaltige Unternehmenspolitik und -führung zu gestalten. Bei der Entwicklung fachübergreifender Lösungsansätze für neue Herausforderungen auf unternehmerischer und gesellschaftlicher Ebene, greifen die Absolventinnen und Absolventen auf ihre Fähigkeit zurück, Probleme aus kulturell-gesellschaftlicher und unternehmerischer Perspektive zu betrachten. Studierende des Studiengangs Sustainable Marketing & Leadership werden daher vor allem auf Tätigkeiten als Führungskräfte in den Unternehmensbereichen Marketing und Unternehmensführung sowie Nachhaltigkeitsmanagement vorbereitet. Darüber hinaus soll den Studierenden, durch die vermittelten Kenntnisse und Fähigkeiten innerhalb des Studiengangs, ein Einsatz in Nichtregierungsorganisationen, Verbänden und im höheren Dienst eröffnet und nicht zuletzt auch der Weg zur Promotion vorbereitet werden.

### 2.1 Konzeptionelle Eckpfeiler des Studienprogramms – Aufbau und Modulstruktur

Das Curriculum wurde in Form von fünf Modulgruppen gestaltet, die jeweils für spezifische, zu erwerbende Kompetenzen stehen. Kompetenzen ermöglichen die Anwendung von Fachwissen und Fertigkeiten in konkreten Anforderungssituationen im jeweiligen Berufsfeld der Studiengangsausrichtung. Die Modularisierung über den Studienverlauf basiert auf folgender Struktur (Abb. 1).

Der Studienverlauf beginnt mit der Orientierung im künftigen Berufs- und Forschungsfeld, baut dann zunächst Basiskompetenzen auf, um dann in den Kernfächern die studiengangbezogenen Kompetenzen aufzubauen, zu verbreiten und zu vertiefen.

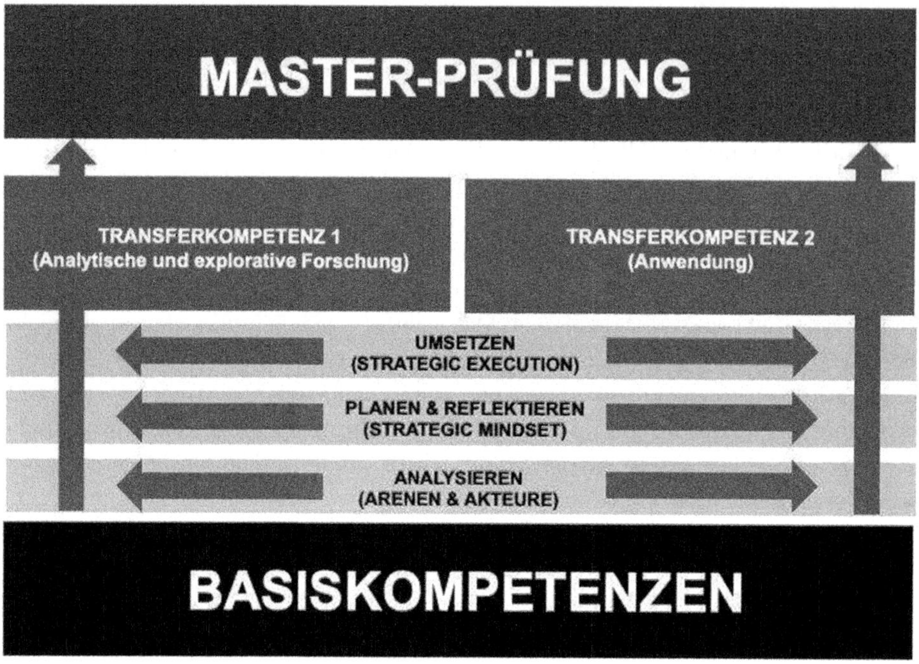


**Abb. 1** Modulstruktur

Die Studierenden werden durch die Transfermodule in die Lage versetzt, das Gelernte in konkreter Forschung zu vertiefen und an der Praxis zu messen sowie weiteren eigenen Lernbedarf zu identifizieren und eigene Lernprozesse anzustoßen. In diesem Rahmen können die Studierenden folglich durch eigenverantwortlichen Transfer Spezialkompetenzen auf hohem wissenschaftlichem Niveau bei gleichzeitig hohem Praxisbezug erwerben.

## 2.2 Das didaktische Konzept des erfahrungsraumbasierten Lernens

Entsprechend der Zielsetzung des Masterprogramms wird neben der Vermittlung von fachlichen (ökologisch, ökonomisch und sozialen) und überfachlichen (kulturellen) Kompetenzen größter Wert auf die Fähigkeit der Studierenden gelegt, in verschiedenen Arbeitskontexten und auf der Basis wissenschaftlicher Methoden professionell zu handeln. Um diese Handlungskompetenz zu entwickeln, wird das Wissen im Masterstudiengang Sustainable Marketing & Leadership einerseits durch aktivierende Methoden vermittelt, andererseits durch Transferprojekte, die einen integralen Bestandteil des Studiums bilden.

Besondere Spezifika des didaktischen Konzepts ist das sogenannte erfahrungsraumbasierte Lernen. Ein Erfahrungsraum ist eine Lehr-Lern-Situation, die entweder auf eine reale oder eine geschaffene Situation zurückgreift, in denen Studierende ihr erworbenes Wissen unter Begleitung des Hochschullehrers anwenden und reflektieren können (Wittwer und Rose 2015). Erfahrungsräume sind also Situationen, wie sie später auch in der Praxis auf die Absolventinnen und Absolventen zukommen könnten. Erfahrungsräume holen Studierende aus der Komfortzone und fordern sie in realen Projekten heraus, teilweise gemeinsam mit Praxispartnern. Auch das „Lernen durch Lehren" und ein hoher Einfluss auf die Unterrichtsgestaltung tragen zum Wissensfortschritt erheblich bei. In Formaten wie erlebnispädagogische Übungen, Rollen- und Planspielen entwickeln die Studierenden beispielsweise Vertriebsstrategien und führen Vertriebsgespräche, sie halten eine Sprungbrettrede und versuchen andere Menschen für ihre Visionen zu gewinnen.

Die Lehrformen und die damit verbundenen Prüfungsleistungen richten sich ebenfalls nach dem didaktischen Aufbau des Studiums sowie den Anforderungen an ein wissenschaftliches Masterstudium, wobei besonders die Kompetenzen, eigene Arbeiten und Positionen vor einer Gruppe anschaulich darzustellen und argumentativ zu vertreten, die Fähigkeit zum akademischen Disput sowie der Transfer zwischen Forschung und Praxis gefördert werden. Den Schwerpunkt bilden folgende Lehrformen:

1. Präsenzseminare und begleitete Foren. Sie dienen der Erarbeitung von Kenntnissen durch überwiegend vom Studierenden vorbereitete Beiträge unter Anleitung des Lehrenden. Sie dienen der vertieften und intensiven Auseinandersetzung mit Problemen, die zum Gegenstandsbereich vorangegangener Vorlesungen gehören. Wichtige Merkmale der Seminare sind die kritische Diskussion der Lerninhalte sowie die besonders aktive Mitarbeit der Studierenden nach vorangegangenem häuslichem Literaturstudium (Selbststudium).
2. Im Rahmen von Exkursionen und Lernreisen werden die Studierenden in unmittelbaren Kontakt zu Vertretern aus der Wirtschaftspraxis gebracht. Das Masterstudium beginnt mit der Leadership Week – einer einwöchigen Exkursion in die österreichischen Berge. Führungskräfte aus der Praxis berichten von ihren Erfahrungen. Eine Outdoor-Challenge mit herausfordernden Übungsaufgaben ermöglicht die Reflexion eigener Führungskompetenzen. Im zweiten Semester folgt eine Sustainability Week in München. Auf dieser Lernreise besuchen die Studierenden nachhaltige Vorreiter-Unternehmen.
3. Transferprojekte dienen dem Erwerb von Forschungs- und Anwendungskompetenzen. In diesem Rahmen führen die Studierenden unter kritischer Begleitung von Lehrenden und Mitstudierenden eigenverantwortlich forschungs- und anwendungsbezogene Projekte anhand eines dem Studiengangsziel entsprechenden Gegenstandes zum Zwecke einer möglichen Veröffentlichung der Ergebnisse durch, wobei Vorgehensweise und Ergebnisse regelmäßig in der Präsenzveranstaltung der Gruppe vorgestellt und kritisch diskutiert werden.

Das vierte Semester wurde als „Mobilitätssemester" konzipiert. Hier wird die Möglichkeit geschaffen, ein Praktikum und/oder einen Auslandsaufenthalt zu absolvieren. Eine Anwesenheit ist nur beim Kick-off der Transfermoduls ganz zu Beginn des Semesters sowie bei Kolloquium am Ende des Semesters erforderlich. Eine Besonderheit beim geplanten Präsenz-Workload bilden die beiden Transfermodule, die einerseits eine höhere Eigenleistung sowie in der Regel eine aktive Durchführung im Rahmen begleitender beruflicher Tätigkeiten (Praktika, Auslandsaufenthalte) der Studierenden mit sich bringen. Hier erfolgt der größte Teil der Präsenzzeiten als Online-Kolloquium (Distant Learning), bei denen sich die Studierenden zum Beispiel von ihrem Arbeitsplatz oder von zu Hause einloggen können.

## 3 Sustainable Marketing & Leadership zwischen Wunsch und Wirklichkeit

Sabrina Horch

Viele Unternehmen setzen sich aus Überzeugung mit dem Thema Nachhaltigkeit auseinander – und oftmals ohne davon Notiz zu nehmen. Auch in Hessen gibt es viele kleine und mittelständische Unternehmen, die aus (Familien-)Tradition das Prinzip nachhaltigen Wirtschaftens befolgen. Dennoch stehen viele Unternehmen vor der Herausforderung, Nachhaltigkeit, bekannt unter vielen Namen wie Sustainability oder auch Corporate Social Responsibility (CSR), als betriebswirtschaftliche Chance zu nutzen und nicht nur als Aushängeschild für das Image.

Der Masterstudiengang Sustainable Marketing & Leadership begegnet diesen Herausforderungen mit seinem Lehrplan perfekt. Zumindest war das mein Gedankengang und Beweggrund, den Studiengang zu belegen, nachdem ich bereits meinen Bachelor in Betriebswirtschaftslehre an der Hochschule Fresenius in Idstein absolviert habe. So startete ich im Wintersemester 2014 mit diesem Master und absolvierte ihn zwei Jahre später erfolgreich als eine von vielen Kommilitonen, die in den Genuss kamen, als erste Gruppe diesen ganz neuen Masterstudiengang zu durchlaufen. 2015 arbeitete ich bereits als Werkstudentin im Thema Nachhaltigkeit in einem hessischen Familienunternehmen und begleite seit 2016 auch in der Festanstellung meine heutige Position als Nachhaltigkeitsmanagerin.

**Ein kritischer Blick in die gelebte Praxis**

Im folgenden Kapitel werde ich einzelne Schwerpunkte aus dem Studium Revue passieren lassen und erläutern, an was ich mich auch heute regelmäßig erinnere, mir im täglichen Arbeitsleben hilft und was mir bei meinem Start ins Berufsleben gefehlt hat. Ebenso möchte ich einen Einblick in die gelebte Praxis geben, indem ich an einigen Beispielen erläutere, wie ich Studiengangerfahrungen an Kolleginnen und Kollegen, Auszubildende und Studierende weitergebe.

## 3.1 Handwerkszeug aus der Praxis für die Praxis? – Einblicke in das Vermittelte und Wünschenswerte

Zunächst einmal sei gesagt: Man muss nicht alles behalten können, aber man muss wissen, wo es steht. Nichts stellt sich als so wahr heraus wie dieser Satz, wenn man ins Berufsleben startet und ich muss sagen, dass ich die eine oder andere Vorlesungsunterlage durchaus wieder zurate gezogen habe. Das, was für mich aus dem Studiengang am wertvollsten und auch prägendsten war, das steht nicht unbedingt in den Vorlesungsunterlagen. Es sind die gemeinsamen Erfahrungen, die aus der Nachhaltigkeitswoche in München oder der Leadership-Week in Saalbach-Hinterglemm in Erinnerung bleiben oder die Erzählungen der Dozenten, die ihre Erfahrungen aus der Praxis weitergegeben haben.

Ein Satz von Prof. Dr. Lotter, der auch mich immer wieder verfolgt und sich in der Praxis stets bewahrheitet, ist der, **die Komfortzone verlassen zu müssen.** Zugegebenermaßen waren wir in den Vorlesungen verleitet Bingo zu spielen, jedes Mal, wenn das Wort Komfortzone gefallen ist. Aus heutiger Sicht bleibt zu sagen, dass er Recht behalten sollte.

**Eigene Komfortzone auf dem Prüfstand**

Eine Vorbereitung hierzu war zum Beispiel die Sprungbrettrede im Idsteiner Kulturbahnhof zu halten. Ein Thema oder Produkt der Wahl musste vor Publikum vorgestellt werden und kritischen Fragen standhalten. Die Kommilitonen hatten die Aufgabe, durchaus gezielt den Kritiker und Querulanten in ihnen zum Besten zu geben. Es war damals schon ein mulmiges Gefühl, vor einigen Leuten auf einem Podium zu stehen, nicht zu wissen, wie gut das ankommt, was man gerade präsentiert hat und trotzdem souverän den Standpunkt zu vertreten oder an berechtigten Stellen einzulenken. Es gibt Dinge, die man in der Theorie nur schwer lernen kann und solch eine Situation ist eine davon. Dennoch war das Gefühl, auf dem Prüfstand zu stehen, egal ob im Rahmen der Sprungbrettrede oder später in der Verteidigung der Masterthesis, enorm hilfreich. Es hilft zu verstehen, was es ansatzweise bedeutet, die Komfortzone zu verlassen. Wir haben, wenn auch fingierte, Situationen kennengelernt und konnten darauf vertrauen, dass selbst unangenehme Situationen gemeistert werden können. Ich wünschte, mir wäre es in meiner ersten Vorstellung eines Themas vor dem Executive Board genauso wieder eingefallen. Aber ich kann bestätigen, dass Übung nicht nur bekanntlich den Meister macht. Mit der Zeit geht man tatsächlich auch entspannter in solche Termine.

**Input: Stakeholder kennen**

Ein weiteres Thema, was im Studium nicht wirklich vermittelt werden kann, ist die spezielle innenpolitische Struktur eines Unternehmens mit seinen verschiedenen Akteurinnen und Akteuren, Interessenslagen und Vergangenheit. Es braucht Zeit oder wohlgesonnene erfahrene Kolleginnen und Kollegen, die die jeweiligen Strukturen kennen und es so ermöglichen, den richtigen Ton zu treffen. Aber auch hier war ein

Werkzeug aus dem Studium besonders hilfreich: die Stakeholder-Analyse. Sie hilft nicht nur Interessenslagen von externen Stakeholdern zu sondieren, sondern sie lässt sich auch ausgezeichnet für interne Stakeholder anwenden. Die Adaption der Analyse kann ich jedem im Berufsleben wärmstens empfehlen.

**Input: Leadership-Kompetenzen**

Gepaart mit den Leadership-Kompetenzen, die im Studium vermittelt werden, hat man definitiv das richtige Equipment an Bord, um in der Praxis Menschen in unterschiedlichen Situationen zu motivieren, zu führen und die Interessen von Organisation und Mitarbeitenden in Einklang zu bringen. Kurz gesagt: auf zwischenmenschlicher Ebene zurechtzukommen und dabei die Interessen möglichst vieler Akteurinnen und Akteure zu wahren. Insbesondere in international tätigen Unternehmen sind diese Leadership-Kompetenzen ein Muss. In meinen Augen spielt die Leadership-Kompetenz auch bei der Fragestellung, für welche Ziele und welchen Unternehmenssinn man persönlich einstehen und sich engagieren möchte, eine Rolle. Was bin ich in Bezug auf das Thema Nachhaltigkeit im Unternehmen? Dedicated oder passionate oder beides? Zwei Begriffe, die mir in meiner bisherigen Laufbahn untergekommen sind und auch hier nicht fehlen sollten.

**Die Antwort: Man sollte möglichst beides sein**

Wer die Position zum Beispiel eines CR-Managers, oder welche synonym verwendeten Begriffe es für diese Positionsbeschreibung noch geben mag, im Unternehmen begleitet, hat die Aufgabe sich dem Thema Nachhaltigkeit dediziert (dedicated) und hauptberuflich zu widmen und es in all seinen Facetten voranzutreiben, in der Unternehmenskultur zu implementieren oder zu leben.

Neben dieser hauptberuflichen Verantwortung ist es allerdings wichtig, die Themen aus eigener Überzeugung im Unternehmen zu repräsentieren und mit Passion (passionate) auch andere Kolleginnen und Kollegen von der Materie zu überzeugen.

Relevante Stakeholder sind Mitarbeitende und Kolleginnen bzw. Kollegen. Sie sind die wichtigste Ressource, die ein Unternehmen besitzt, um Nachhaltigkeitsaktivitäten voranzutreiben und zu verankern. Nicht zuletzt möchte man das Commitment der Geschäftsführung oder die Ebene der Führungskräfte ebenso von bestimmten Nachhaltigkeitsaspekten überzeugen: nicht nur fachlich vertreten, sondern auch mit Überzeugung. Wohl wissend, dass es nicht immer einfach ist, alle Stakeholder-Interessen zu vereinen. Nicht zu vergessen ist, dass Unternehmen schließlich auch betriebswirtschaftliche Überlegungen in Betracht ziehen müssen und nicht nur soziale, gesellschaftliche oder ökologische Aspekte im Vordergrund stehen. Das Hintergrundwissen zu Leadership-Kompetenzen, das anhand von Shakelton gelehrt wurde, möchte ich in meinem Berufsleben hier nicht missen.

**Praxisrelevanz**

Insgesamt vermag der Studiengang diesen Spagat zwischen den beiden Ausrichtungen *dedicated* und *passionate* zu vermitteln. Den Studierenden werden die Lösungsansätze gelehrt, die sie benötigen, um die Nachhaltigkeit im Unternehmen als Vorteil im Wettbewerb um Fachkräfte und Kunden positionieren zu können. Sie lernen allerdings nicht nur die richtige Methodik an den Tag zu legen, sondern auch hinter der Sache mit Überzeugung, Freude und Herz zu stehen. Über die Vorlesungen der verschiedenen Bereiche hinweg wurde eine gute Mischung geboten, um den Blick für die Realität zu schärfen, zu wissen, dass aus diversen Gründen nicht immer alles möglich und umsetzbar ist, sondern ein Trade-off zwischen verschiedenen Faktoren.

Neben den zuvor genannten Lehrinhalten, von denen ich von Anfang an mit Einstieg in mein Berufsleben profitieren konnte, gab es zwei Dinge, die mir im operativen Tagesgeschäft gefehlt haben. Zugegebenermaßen musste ich das Wissen anlesen bzw. Unterstützung von externen Dienstleistern einholen. Ich freue mich, dass zumindest eines der Themen tiefergehenden Einzug in die Vorlesung gefunden hat und die Hochschule damit ein Thema aufgreift, das selbst für viele Unternehmen noch weitestgehend unberührt war.

In diesem Fall spreche ich vom Thema Nachhaltigkeit in der Lieferkette und dem dazugehörigen Lieferantenmanagement in Unternehmen. Auch wir hatten die Aufgabe, uns hierzu näher mit verschiedenen Fragestellungen auseinanderzusetzen. Um nur einige davon aufzuzählen:

Wie sollen wir am besten unsere Regeln bei Lieferanten etablieren? Bei welchen Lieferanten ist das überhaupt nötig und welche gehen wir zuerst an? Wie gehen wir damit um, wenn wir über bestimmte Selbstauskunftsfragebögen und Audits feststellen, dass der Lieferant unsere Vorgaben so nicht einhalten kann? Was passiert mit den Lieferanten? Was sind unsere roten Linien, bei deren Unterschreitung wir einen Lieferanten nicht weiter unterstützen oder entwickeln können? Welche Risiken birgt es für uns, wenn wir in der Lieferkette die Nachhaltigkeit nicht sicherstellen können?

Treiber hierfür waren verschiedene Gesetzgebungen und die gesteigerte Aufmerksamkeit auch von unseren Kunden, die uns dazu veranlassten.

Wünschenswert wäre es gewesen, im Studium etwas mehr über gesetzliche Hintergründe zu erfahren oder gezielt bestimmte Tools vorgestellt zu bekommen, die man im Unternehmen nutzen kann. Es wäre zumindest ein kleiner Einstieg in die Materie gewesen, denn auch wir haben intern mehrere Ressourcen aus unterschiedlichen Abteilungen benötigt, um Wege der internen Umsetzung zu finden. Der fachlichen Materie konnten wir uns als Unternehmen dankenswerter Weise als Verbandsmitglied über ein Angebot widmen, was eine sehr gute Unterstützung durch einen externen Berater inkludierte.

Ein weiteres Thema, was nur oberflächlich als eines von vielen Themen angeschnitten wurde, sind die Themen der Emissionsberechnung, zum Beispiel von $CO_2$-Emissionen oder deren Äquivalenten. Wir haben zwar die Kriterien zur Unterscheidung eines Corporate Carbon Footprint und eines Product Carbon Footprint kennengelernt und zumindest den Begriff GRI oder GHG Protocol gehört, aber was sich in einem Unternehmen dahinter genau verbirgt und wie in der Praxis die Berechnung dieser Emissionen vorgenommen werden kann, blieb offen. Wünschenswert wäre es gewesen, einen tieferen Einblick in die Praxis anhand eines konkreten Beispiels zu erhalten, welche Komponenten in den jeweiligen Scopes eins, zwei und drei, laut GHG Protocol, aufgenommen werden müssen, welche Datenpunkte und Verbräuche müssen erfasst werden und mit welchen Stakeholdern sollte man sich hierfür im Unternehmen klassischerweise vernetzen, um an die relevanten Daten zu gelangen. Nicht zuletzt wären eine Interpretation und Diskussion über mögliche Abweichungen und Zusammenhänge sowie deren Stellschrauben im Unternehmen interessant gewesen.

## 3.2 Gelerntes in der Praxis anwenden – Wie bringe ich das Thema Nachhaltigkeit Kolleginnen und Kollegen näher?

Verantwortung zu übernehmen ist als Unternehmer nicht ungewöhnlich. Zu dieser Verantwortung gehören aber nicht etwa nur der Umsatz oder die Mitarbeitenden. Insbesondere in dem Familienunternehmen, in dem ich tätig bin, ist das Verantwortungsbewusstsein für wertvolle Ressourcen, die Gesellschaft und die Umwelt fast schon selbstverständlich und gehört zur Historie.

Vor allem die Mitarbeitenden sind eine wichtige Ressource und daher erachte ich es als wesentlich, dass unternehmerische Verantwortung (CR – Corporate Responsibility) auch das Personal miteinschließt: Familienfreundlichkeit, Schutz der Gesundheit, Aus- und Weiterbildung der Personen sind wichtig, um die Mitarbeitenden zu binden und möglichst die Motivation und Innovationskraft aufrechtzuerhalten.

Aus diesem Grund ist es unabdingbar, Kolleginnen und Kollegen auch in dieser Unternehmenskultur bestimmte Aspekte der Nachhaltigkeit näher zu bringen und das Bewusstsein dafür zu stärken. Denn jedes Projekt lebt davon, dass in den verschiedenen Unternehmensbereichen Mitarbeitenden konstruktiv zusammenarbeiten und auch nachhaltige Zielsetzungen berücksichtigen, die nicht selten auch in einen Zielkonflikt mit dem Preis, der Qualität oder der Machbarkeit treten.

Die im Studium erworbenen Leadership-Kompetenzen helfen dabei, andere zu begeistern und zum Mitziehen zu bewegen. Eine verständliche und klare Formulierung für die Zielgruppe ist hierbei unabdingbar. Die Erstellung eines Kommunikationskonzeptes war ebenfalls ein Teil des Studieninhaltes und hat sich in der Praxis als hilfreich erwiesen. Wir vermitteln das Thema CR deshalb über verschiedene Kanäle und Medien im Unternehmen, um Ziele, Projekte, Fortschritte, Ergebnisse und sonstige relevante Informationen an die Kolleginnen und Kollegen zu kommunizieren.

Wichtig ist es, die Mitarbeitenden mit ihren persönlichen Geschichten zu inkludieren und herauszustellen, welchen Beitrag sie im Speziellen zum Thema Nachhaltigkeit leisten oder leisten können. Wir arbeiten mit einfachen Fakten und Vergleichen und versuchen diese auch auf das Privatleben zu übertragen, sodass ein Bewusstsein bei den

Mitarbeitenden geschaffen wird. Der Schlüssel hier ist es, einen Bezug zum Lebensumfeld herzustellen, sodass Interesse bei den Beteiligten geweckt wird und die Botschaften kontinuierlich in regelmäßigen Abständen zu wiederholen.

- Für unsere Führungskräfte veranstalten wir regelmäßig Termine, an denen ein bestimmtes Thema aus dem Bereich Nachhaltigkeit aufbereitet wird und in anschließenden Workshops jede Führungskraft für ihre Abteilung erörtert, welchen Beitrag sie leisten könnte.
- Natürlich gibt es auch Events oder Aktionstage, um das Thema und seine Facetten zu präsentieren.
- Auch Auszubildende kommen mit dem Thema Nachhaltigkeit bei uns in Berührung, weil sie oftmals die Abteilung durchlaufen, der auch ich angehöre oder mit Aufgaben betraut werden, die ökologische oder soziale Aspekte berücksichtigen. Dies hat den Vorteil, dass die Azubis, die für die Themen sensibilisiert wurden, das Wissen auch in die anderen Abteilungen tragen, die sie im Anschluss noch durchlaufen.

Im Studium haben wir es kennengelernt, Projekte zu entwerfen, die auch einen gesellschaftlichen und sozialen Benefit haben. Das Stichwort hier war Fundraising und Spenden sammeln für den guten Zweck. Auch mein Arbeitgeber als Familienunternehmen hat eine Tradition, die einst von Auszubildenden ins Leben gerufen wurde. Seit einigen Jahren ist es eine Herzensangelegenheit, dass Auszubildende mit nicht verkauften Produkten, B-Ware oder Auslaufmodellen in einem selbst organisierten „Verkauf" Spenden für den guten Zweck sammeln. Die Auszubildenden suchen sich dann in Eigenregie einen lokalen Partner aus, dem sie das Geld gerne für den guten Zweck, zum Beispiel für ein Kinderhospiz, zur Verfügung stellen möchten.

Indem wir die Kolleginnen und Kollegen an ebensolchen Projekten beteiligen und einbinden, regen wir an, über Nachhaltigkeit in allen Facetten, nicht nur im Unternehmensumfeld, sondern auch in ihrem privaten Umfeld nachzudenken, den Horizont zu erweitern und möglichst das Gehörte, Gesehene und Getane in den Habitus zu übernehmen. Sei es über eine Elektroschrottsammlung oder die Säuberung eines Flussufers in der Nähe, zusammen mit Freundinnen und Freunden und Familien.

## 4 Zusammenfassung & Ausblick

Der hessischen Hochschule Fresenius in Wiesbaden ist es ein besonderes Anliegen, angehende Führungskräfte auf die aktuellen und künftigen Herausforderungen in Wirtschaft und Gesellschaft vorzubereiten. Das Masterprogramm Sustainable Marketing & Leadership ist ein erster Meilenstein in der Neuausrichtung von konsekutiven Masterprogrammen auf dem Gebiet Marketing und Nachhaltigkeit in Hessen. Die kritische Bewertung einer Absolventin des Programms hat Stärken und Schwächen offenbart und konnte aus unmittelbar subjektivem Erleben die Lücke zwischen Wunsch und Wirklichkeit skizzieren.

Aus unserer Sicht stehen Hochschulen mehr denn je in der Pflicht, die betriebswirtschaftliche Bedeutsamkeit gesellschaftlicher, kultureller und ethischer Fragestellungen für Unternehmensführung, Technologie und Organisation zu vermitteln und durch geeignete Erfahrungsräume eine umfassende Methodenkenntnis bei den jungen Akademikern herauszubilden, um die erforderlichen Veränderungen unternehmerischer Rahmenbedingungen vorausschauend in Strategie, Geschäftsmodell und Organisation zu integrieren.

**Dr. Dennis Lotter** ist Professor für Sustainable Marketing & Leadership an der Hochschule Fresenius in Wiesbaden. Seine Beratungs- und Forschungsschwerpunkte liegen insbesondere auf den Themen Agile Führung, New Work sowie Nachhaltiges Management. Sein Fachbuch „Der CSR-Manager" ist in der Corporate-Social-Responsibility-Fachliteratur im deutschsprachigen Raum etabliert. Mit seinem Institut für Sustainable Leadership & Change begleitet er mittelständische Unternehmen und Konzerne in Fragen der Organisationsentwicklung. In seiner Dissertation hat er sich mit dem Themengebiet der verantwortlichen Unternehmensführung in Familienunternehmen auseinandergesetzt.

**Sabrina Horch** ist seit 2015 im Bereich Health, Safety & Environment der BRITA GmbH in Taunusstein tätig, in dem sie zunächst als Werkstudentin begann, während sie ihren Masterstudiengang an der Hochschule Fresenius in Idstein belegte. 2016 absolvierte sie dann ihren Master of Arts in Sustainable Marketing & Leadership und begann ihre Tätigkeit zunächst als Senior Specialist Sustainability, bevor sie 2019 zum Manager Corporate Responsibility wurde. Im Rahmen ihrer Tätigkeit betreut sie unter anderem die Bereiche Nachhaltigkeit, Managementsysteme, Qualitäts-Reporting und Arbeitssicherheit.

## Literatur

Becker L, Kreeb M, Klübenspies M, Lotter D (2017) Selbstbericht zur Akkreditierung des Masters Sustainable Marketing & Leadership. Interne Veröffentlichung, Köln

Wittwer W, Rose P (2015) Raum als sozialer (Erfahrungs)Raum. In: Wittwer W, Diettrich A, Walber M (Hrsg) Lernräume. Springer VS, Wiesbaden

# CR-Unternehmensengagement im Spannungsfeld von Bildung und Transformation

Katharina Knoll

**Zusammenfassung**

Zukunftsfitte Unternehmen verstehen bereits heute Bildung für nachhaltige Entwicklung (BNE) als integralen Bestandteil ihrer gesellschaftlichen Verantwortung, der Corporate Responsibility (CR) (Im Artikel wird die umfassendere Begrifflichkeit „Corporate Responsibility" (CR) verwendet, die alle Verantwortungsbereiche eines Unternehmens mit einbezieht.). Dies ist in den letzten Jahren notwendig geworden durch die grundlegenden Veränderungen durch die Digitalisierung und die Nachhaltigkeitsthematik des beruflichen Alltags Hinzu kommt, dass komplexe gesellschaftliche Transformationsprozesse, wie etwa der Klimawandel oder die digitale Transformation, nicht nur einen technologischen Forschritt, sondern vor allem neue und agile Handlungsprofile und Mindsets in der Wirtschaft erfordern. Mit Blick auf die Zukunft rücken Unternehmen als Bildungsakteure im Zuge ihrer gesellschaftlichen Verantwortung daher immer stärker in den Fokus. Dieser Artikel zeigt grundlegende Thesen und potenzielle Erfolgstreiber zum CR-Bildungsengagement als Business Case auf, welche unter anderem auf den Erkenntnissen des hessischen Leuchtturmprojektes „BNE Zukunftsdialog" und aktuellen Umfrageergebnissen zur Bildung für nachhaltige Entwicklung beruhen.

K. Knoll (✉)
Deutsches Netzwerk Wirtschaftsethik – EBEN Deutschland e. V., Konstanz, Deutschland
E-Mail: Knoll@dnwe.de



A. Trischler und S. Böhling (Hrsg.), *CSR in Hessen,* Management-Reihe Corporate Social Responsibility, https://doi.org/10.1007/978-3-662-63004-4_6

# 1 Einleitung

Die Geschwindigkeit, in der neues Wissen erzeugt und praktisch umgesetzt wird, hat sich rasant erhöht. Im klassischen Bildungssystem finden Erneuerungen und aktuelle Herausforderungen, wie die digitale und nachhaltige Transformation, oftmals nur träge und schleppend Einkehr. Im Gegensatz dazu agieren Unternehmen typischerweise schneller und agiler.

Da die Digitalisierung und die Nachhaltigkeit das Berufs- und Arbeitsleben grundlegend verändern, staatliche Institutionen jedoch hinzukommend oft Ressourcen und finanzielle Mittel fehlen, um diesen Veränderungen Rechnung zu tragen, ist ein verstärktes Bildungsengagement von Unternehmen wirtschaftlich sowie gesellschaftlich unabdingbar. Um „zukunftsfitter" zu werden, rücken Unternehmen daher als Bildungsakteure im Zuge ihrer gesellschaftlichen Verantwortung (Corporate Responsibility, CR) immer stärker in den Blickpunkt und betrachten dies auch selbst als erfolgskritischen Faktor.

Beim heutigen Bildungsengagement einzelner Unternehmen geht es darum, die wichtigsten Stakeholdergruppen, wie MitarbeiterInnen, Führungskräfte und Bildungsinstitutionen, in künftige (Unternehmens-)Transformationsprozesse einzubeziehen und entsprechend nachzuqualifizieren. Denn in einer künftigen Wissensgesellschaft werden die Wirtschaftsakteure am erfolgreichsten sein, die auf kluge und motivierte Köpfe setzen und gleichzeitig neue, starke Partnerschaften aufbauen können.

Der vorliegende Artikel identifiziert und erläutert relevante Thesen und potenzielle Erfolgstreiber des CR-Bildungsengagements als Business Case vor dem Hintergrund des genannten Spannungsfeldes. Er thematisiert Faktoren, die bei der Umsetzung im Unternehmen beachtet werden sollten. Als Beispiel wurde das hessische Leuchtturmprojekt „BNE-Zukunftsdialog" gewählt. Die Schlussfolgerungen sind auf andere Unternehmen übertragbar.

# 2 Bildung für nachhaltige Entwicklung als Unternehmensengagement

Nachhaltiges und verantwortungsvolles Wirtschaften bedeutet für Unternehmen, die Auswirkungen ihrer Geschäftstätigkeit auf Gesellschaft und Umwelt stärker in den Blick zu nehmen. Zukunftsfitte Unternehmen verstehen in diesem Kontext bereits heute Bildung für nachhaltige Entwicklung als integralen Bestandteil ihrer unternehmerischen Praxis. Das bestätigen auch aktuelle Studienergebnisse zu „Anforderungen und Kompetenzen für die nachhaltige und digitale Arbeitswelt in der Chemie- und Pharmabranche" (Knoll und Keller 2020), die für einen Debattenbeitrag zu Corporate Digital Responsibility der Bertelsmann Stiftung und des Wittenberg-Zentrums für Globale Ethik in der Region Frankfurt/Rhein-Main erhoben wurden.

Demnach schreiben MitarbeiterInnen und Führungskräfte den Unternehmen eine maßgebliche Rolle in der Umsetzung der Bildung für nachhaltige Entwicklung zu. Darüber hinaus halten sie ein Zusammenspiel verschiedener gesellschaftlicher AkteurInnen für wichtig, um dieses Ziel zu erreichen. Sie sehen neben den Bildungseinrichtungen (83 %), Unternehmen (72 %) und einzelne Unternehmensfunktionen (71 %) sowie die Politik (68 %) in der Pflicht. Diese Umfrageergebnisse verdeutlichen die Relevanz von Unternehmen mit ihren Teilbereichen als entscheidende Instanz im Bildungswesen. Diesem Appell gilt es künftig verstärkt nachzukommen.

Die Bildung für nachhaltige Entwicklung (UNESCO Weltaktionsprogramm 2021) ist eines der globalen Nachhaltigkeitsziele der Agenda 2030 der Vereinten Nationen (UN), die Sustainable Development Goals (SDGs). Die BNE hat eine übergreifende Funktion zur Umsetzung aller SDGs mit der Zielsetzung, die Prinzipien der Nachhaltigkeit umfassend in alle Bildungsstrategien und -aktionspläne zu integrieren. Vor fünf Jahren hat die Vollversammlung der UN 17 globale Nachhaltigkeitsziele beschlossen, die für alle Länder und Regionen der Welt gelten.

Da gesellschaftlich komplexe Transformationsprozesse – wie etwa der Klimawandel – neue Handlungsprofile und Mindsets erfordern, steht bei der BNE der Erwerb von sogenannten „Gestaltungskompetenzen" (De Haan und Harenberg 1999) im Vordergrund. Diese umschreiben ein neues Handlungskonzept und Kompetenzfeld, durch welches „alle Lernenden die notwendigen Kenntnisse und Qualifikationen zur Förderung nachhaltiger Entwicklung erwerben sollen" (BNE-Portal 2021).

Chemikerinnen und Chemiker werden beispielsweise sowohl im Studium als auch im heutigen Berufsalltag nur unzureichend darauf vorbereitet, was sie in der Industrie 4.0 an neuen Anforderungen erwartet. Nachholbedarf herrscht im BNE-Kompetenzfeld „verantwortungsvolles Handeln". Konkret wird der Lernbedarf einerseits bei Methoden und Ansätzen, wie Kreislaufwirtschaft und Design Thinking gesehen, und andererseits bei Handlungsmöglichkeiten und Pflichten der Mitarbeitenden. Darunter fallen auch das Wissen über die Verankerung von Nachhaltigkeitszielen und -maßnahmen sowie der Umgang, die Kommunikation und die Einstellung zum Thema Nachhaltigkeit (Knoll und Keller 2020). Diese neuen Anforderungen erfordern eine ganzheitliche Transformation von Lern- und Lehrumgebungen in der beruflichen Weiterbildung.

Grundlegend geht es bei BNE neben Methodik und Fachwissen, um die Reflektion von wichtigen Werte- und Haltungsfragen, um nachhaltige Verhaltensmuster im Unternehmen zu fördern. Ebenso steht der Erwerb sogenannter „Soft Skills", wie unter anderem Team- und Kooperationsfähigkeit, Umgang mit Unsicherheiten, Systemdenken sowie Plan- und Selbstlernfähigkeit im Fokus. Die Relevanz solcher Kompetenzen, die aber auf keinem Zeugnis auftauchen, ist auf einzelnen Stellenprofilen, wie beim Nachhaltigkeitsbeauftragen und CR-Manager, besonders hoch, jedoch derzeit stark untergewichtet (Müller-Riedlhubera und Zieglera 2018).

Unternehmen wissen, dass sich Arbeitsplätze und Stellenanforderungen in den nächsten Jahren entsprechend ändern werden. Insbesondere eine immer höhere Komplexität und Unsicherheit der Zukunft stellen für nachhaltiges unternehmerisches Handeln eine Herausforderung dar. Nur lernfähige und veränderungsbereite AkteurInnen werden auf die Herausforderungen zunehmender globaler Vernetzung und erhöhten Innovationsdrucks aktiv reagieren können. Eine zügige Unternehmenstransformation braucht entsprechend qualifizierte Ressourcen. Darum liegen Bildungsangebote und der damit einhergehende Kompetenzerwerb der Belegschaft im Bereich BNE im eigenen Interesse der Firmen.

Die ganzheitliche Ausbildung der Mitarbeitenden und Führungskräften zu handlungsorientierten, ethischen und nachhaltigen Planenden muss hierbei im Fokus stehen. So können Unternehmen in die Lage versetzt werden, aktuelle gesellschaftliche Konfliktfelder sowie einhergehende Zielkonflikte und „Dilemmata-Situationen“ sowohl im operativen (z. B. bei Verringerung der CO2-Emmisionen in der Lieferkette, Materialeinsparungen oder Verbesserung der Gleichstellung von Männern und Frauen) als auch im strategischen Geschäft (z. B. bis hin zu Korruptionsbekämpfung, Klimaneutralität des Unternehmens und zur Verminderung sozialer Ungleichheit) zügiger lösen zu können.

Im Rahmen der BNE hat sich das gesellschaftspolitische Bildungs- und Diskursfeld für nachhaltige Entwicklung in den letzten Jahren zunehmend etabliert, auch als neuer unternehmerischer Treiber für Wissens- und Kompetenzaufbau. In der aktuellen Diskussion rückt daher vermehrt die generelle Frage des Beitrags von Unternehmen zu solchen Bildungs- und Transformationsprozessen in den Mittelpunkt. In diesem Kontext widmete sich der BNE-Zukunftsdialog, der am 27. November 2018 im Industriepark Frankfurt-Höchst stattfand, dem Thema „Industrie 2030: Rethinking Sustainability & Cooperations!“. Die Veranstaltung wurde vom Zentrum für Industrie und Nachhaltigkeit (ZIN) der Provadis Hochschule, dem Stifterverband für die Deutsche Wissenschaft e. V., dem B.A.U.M. e. V., gemeinsam mit dem Deutschen Netzwerk Wirtschaftsethik (DNWE) durchgeführt (Forum-Wirtschaftsethik 2018). Dabei trafen sich rund 100 Expertinnen und Experten aus Wirtschaft, Wissenschaft und Zivilgesellschaft aus dem Raum Frankfurt/Rhein-Main, um die zentrale Fragestellung zu diskutieren, wie durch neue Kooperationsformen und alternative Kompetenzprofile eine nachhaltige Unternehmenstransformation beschleunigt werden kann (Europäische Kommission 2000).

## 3 BNE-Zukunftsdialog: Transformation durch Bildungsengagement gestalten

In diesem Kontext widmete sich der BNE-Zukunftsdialog, der am 27. November 2018 im Industriepark Frankfurt-Höchst stattfand, dem Thema „Industrie 2030: Rethinking Sustainability & Cooperations!“. Die Veranstaltung wurde vom Zentrum für Industrie und Nachhaltigkeit (ZIN) der Provadis Hochschule, dem Stifterverband für die Deutsche Wissenschaft e. V., dem B.A.U.M. e. V., gemeinsam mit dem Deutschen Netzwerk Wirtschaftsethik (DNWE) durchgeführt (Forum-Wirtschaftsethik 2018). Dabei trafen sich rund 100 Expertinnen und Experten aus Wirtschaft, Wissenschaft und Zivilgesellschaft aus dem Raum Frankfurt/Rhein-Main, um die zentrale Fragestellung zu diskutieren, wie durch neue Kooperationsformen und alternative Kompetenzprofile eine nachhaltige Unternehmenstransformation beschleunigt werden kann (Europäische Kommission 2000)

Mit einem Ruf nach „Zukunftskunst“ begann Prof. Dr. Uwe Schneidewind – heutiger Oberbürgermeister Wuppertals sowie Professor an der Universität Wuppertal und Autor von „Die große Transformation“ – seinen Vortrag beim BNE-Zukunftsdialog.

Im Angesicht einer drohenden Klimakrise, aber auch der digitalen Revolution und den gesellschaftlichen Nachhaltigkeitsbestrebungen auf dem Planeten mit begrenzten Ressourcen bestehe die Frage, wie die damit verbundenen Herausforderungen in der Wirtschaft proaktiv bewältigt werden können (Schneidewind 2018a, b).

Es bedürfe diverser Transformationsprozesse, denn die momentane Entwicklung sei so nicht fortführbar. Nötig seien neben der industriellen Wende sowohl eine Wohlstands- und Konsumanpassung als auch eine Ressourcen- und Mobilitätsveränderung. In puncto Transformation und Bildung brauche es nun „Zukunftskunst" als eine Kompetenz, um mit diesen dringend gebotenen Herausforderungen umgehen zu können (Schneidewind 2018b).

Die Bedeutung von Kooperationen zwischen gesellschaftlichen Akteuren für Bildungs- und Unternehmenstransformation finde sich in allen Bereichen der vier Eckpfeiler des „Zukunftskompasses": Technologisch, ökonomisch, kulturell und institutionell, führte Prof. Schneidewind fort. Als Hauptkriterien einer nachhaltigen Entwicklung benannte er dabei nicht Technologie, Ökonomie oder Politik, sondern vielmehr die kulturelle Dimension und Wertigkeit (Schneidewind 2018b).

Entscheidend seien weltverändernde Ideen und neue Wertvorstellungen (Schneidewind 2018b). Wenn beispielsweise der Verzehr von Fleisch keinen sozialen Wert („soziale Norm") im Freundeskreis mehr darstelle, dann falle es nicht schwer, darauf zu verzichten. Gleiches gilt für die operative Umsetzung einer $CO_2$-Emissionsenkung am Arbeitsplatz, wenn dies in die Zielvereinbarung der Mitarbeitenden und Führungskräfte einfließen würde.

„Doch ein entscheidender Faktor fehle: Die Machtwende", ergänzte Dr. Katharina Reuter, Geschäftsführerin Bundesverband Nachhaltige Wirtschaft e. V. (BNW) (Reuter 2018). Die Politik müsse den Prozess mit richtigen Rahmenbedingungen begleiten und die Unternehmen durch eine Machtverlagerung hin zu mehr Nachhaltigkeit unterstützen, beispielsweise durch andere Steueranreize für nachhaltige Produkte. Sie untermauerte die Rolle kleiner und mittelständischer Unternehmen als wichtige Katalysatoren für Nachhaltigkeit und BNE (Reuter 2018).

„Boehringer Ingelheim fördert sozial unternehmerisches Handeln im Bereich Gesundheit und ermöglicht so vielfältige Partnerschaftsprojekte", so Sabine Emmerich, Associate Director, Boehringer Ingelheim. Als zentrale These für Kooperationen im Bildungssegment sah sie die Bedeutung des „Shared Values", das Kreieren eines gemeinsamen Mehrwerts für Gesellschaft und Unternehmen als Zielsetzung, an (Emmerich 2018). Dr. Lothar Meier, ehemaliges Mitglied der Geschäftsleitung von Infraserv GmbH & Co., betonte zudem, nachhaltiges Denken und Arbeiten sei eine traditionelle Stärke der Chemie, welche seit über 150 Jahren zu höherer Wirtschaftlichkeit, neuen Produkten und Ressourcenschonung beitrage (Meier 2018).

Ziehen wir Bilanz über die Ergebnisse des Dialogs, so lautet – neben den zuvor genannten Thesen der Keynote-Sprecher – ein Fazit: Transformation kann nur durch enge Kooperationen möglich sein. Herausforderungen wie der Klimawandel oder die Digitalisierung sind komplex und vielfältig. In diesem Zusammenhang treten Unternehmen sowohl als Verursacher als auch als Treiber für Nachhaltigkeit innerhalb der Transformation in Erscheinung. Die auf der Veranstaltung vorgestellte Studie „Unternehmensengagement in der Chemie- und Pharmabranche" (Labigne und Knoll 2018)

[9] zeigte auf, dass die Offenheit gegenüber sektorübergreifenden Kooperationen trotz Vorbehalten, wie z. B. Geschäftsgeheimnisse, heute bereits als Mehrwert in der Chemie- und Pharmabranche erkannt wird. Dort sind Bildungseinrichtungen Hauptkooperationspartner im Rahmen der CR. Die Grundpfeiler hierfür sind eine hohe Transparenz und enge Mitarbeitereinbindung.

## 4 Handlungsempfehlungen zum CR-Bildungsengagements von Unternehmen

Im Folgenden werden potenzielle Erfolgstreiber des CR-Bildungsengagements als Business Case erläutert. Aus den zuvor elaborierten Studienergebnissen „Anforderungen und Kompetenzen für die nachhaltige und digitale Arbeitswelt in der Chemie- und Pharmabranche“ (Knoll und Keller 2020), der Impulsstudie „Unternehmensengagement in der Chemie- und Pharmabranche“ (Labigne und Knoll 2018) und den Redebeiträgen der Keynote-Sprecher sowie teilnehmenden Expertinnen und Experten des BNE-Zukunftsdialoges im November 2018 können verschiedene Handlungsempfehlungen abgeleitet werden.

Zusammenfassend sollten Unternehmen als „verantwortliche Bürger“ („Corporate Citizens“) unserer künftigen Bildungslandschaften folgenden fünf Maximen nachgehen, um einerseits Lösungsbeiträge für drängende Bildungsherausforderungen zu liefern, und andererseits ihr CR-Bildungsengagement als Business Case umzusetzen. Die Empfehlungen beziehen sich auf die operative bis strategische Ausrichtung des Unternehmens.

1. **Unternehmensverantwortung durch gezieltes Bildungsengagement nachkommen**
   Unternehmen müssen ihrer gesellschaftlichen Verantwortung durch ein verstärktes Bildungsengagement stärker nachkommen. Als zentrale Akteure haben Unternehmen eine Schlüsselfunktion zur Umsetzung der Bildung für nachhaltigen Entwicklung: Als Arbeitgeber, in der betrieblichen Aus- und Weiterbildung, in der Produkt- und Geschäftsentwicklung, im Innovationsmanagement und letztendlich in ihrem lokalen und globalen CR-Unternehmensengagement. Die Wirtschaft ist demnach in vielerlei Hinsicht mit Maßnahmen zum Bildungsengagement gefordert.
2. **CR-Bildungsengagement strategischer umsetzen**
   Beim heutigen CR-Bildungsengagement einzelner Unternehmen geht es darum, relevante Anspruchsgruppen in künftige Transformationsprozesse hin zu einer nachhaltigen Unternehmenstransformation einzubeziehen. Damit sind vor allem die relevanten Bildungsakteure wie Hochschulen und Berufsschulen gemeint. Aktives Engagement mit Bildungsakteuren zahlt sich für Unternehmen auch konkret durch höhere Mitarbeiterbindung, Reputationssteigerung und Arbeitgeberattraktivität aus.
   Dies setzt ein langfristiges Unternehmensengagement voraus, das Teil des eigentlichen Kerngeschäfts ist. Auch ein Paradigmenwechsel weg von „Entweder Profit

oder Nachhaltigkeit" muss prinzipiell hierfür erfolgen (Schmidpeter 2019) [12]. Der klassische Aufbau von Unternehmensengagement besteht teilweise jedoch immer noch aus Geld- oder Sachspenden. Ein weitergehender Ansatz könnte darin bestehen, in strategische BNE-Bildungspartnerschaften mit Hochschulen oder Berufsschulen zu investiert. Somit könnte auch der gegenseitige Wissensaustausch im Bereich Forschung, Digitalisierung und Nachhaltigkeit gefördert werden.

3. **Mitarbeitende und Entscheidungsträgerinnen und -träger umgehend (nach-) qualifizieren**
   Nachhaltigkeit und Verantwortung sind wichtige Handlungsprinzipien für die Aus- und Weiterbildungsangebote in Unternehmen. Grundlage dafür ist der konkrete Verantwortungs- und Lernbedarf je nach relevanter Branche, Unternehmen und Stellenprofil, der für das Handlungs- und Kompetenzfeld BNE zunächst erhoben werden muss. Darüber hinaus ist es ein wichtiger Aspekt den Lernbedarf im Bereich Digitalisierung und Nachhaltigkeit stärker als bisher zusammen zu führen und beide Themenfelder in der Aus- und Weiterqualifikation und im Bildungssystem zu schulen. Vielzählige Ansätze im Bereich BNE und BBNE (Berufliche Bildung für BNE) wurden in hessischen Firmen bereits entwickelt. Hier gilt es, diese in Richtung digitale und didaktisch-durchdachte Lernformate sowie neue Berufsanforderungen zu Digitalisierung und Nachhaltigkeit (Standardberufspositionen, BMBF 2020) [1] weiterzuentwickeln.
   Der Einsatz von agilen Arbeits- und Lernmethoden, wie Design Thinking, eignet sich besonders zur Nachqualifizierung von MitarbeiterInnen und Führungskräften. Der Grund ist, dass u. a. wertebasierte Konzepte (beispielsweise Selbstorganisation und Eigenverantwortung) inhärent mitvermittelt werden.
4. **Transformative Kooperationen mit Bildungsakteuren aktiv fördern**
   Als Innovationstreiber werden Partnerschaften und bildungspolitische Kooperationen für Unternehmen im lokalen und globalen Wettbewerb künftig immer wichtiger. Unternehmen, die maßgebliche Schritte hin zu neuen Partnerschaften setzen, etwa mit Bildungsinstitutionen, aber auch mit der Forschung und Zivilgesellschaft, sind besonders offen für Innovation und neue Ideen, verstehen sich als Impulsgeber für Transformation von Wirtschaft und Gesellschaft und zählen zu den zukunftsfitten Unternehmen unseres Landes.
   Einerseits kann dadurch ein an unternehmerische Herausforderungen orientierter Wissens- und Erkenntnisgewinn für Forschung und Lehre beispielsweise an Hochschulen entstehen. Andererseits würde der zunehmend wichtiger werdende Austausch zwischen Hochschulen und Unternehmen in Form interdisziplinärer Partnerschaften zur Umsetzung der Agenda 2030 gefördert.
   Durch den gezielten Austausch entsteht ein Kompetenz- und Wissenstransfer, welcher für die Umgestaltung hin zu einem nachhaltigen und klimafreundlichen Unternehmen benötigt wird. Solche Partnerschaften sollten auch in Branchen, wie der Finanzbranche und der Textilbranche, als deutlicher Mehrwert erkannt und praktiziert werden.
5. **Etablierung eines ganzheitlichen Bildungsansatzes**
   Die Verbreitung von Bildungswissen zur nachhaltigen Entwicklung erfordert einen ganzheitlichen Bildungsansatz in der unternehmerischen Praxis. Sich dabei alleinig

auf die berufliche Qualifizierung („Employability") zu beschränken, reicht nicht aus. Damit die Lernenden zukünftig im Sinne einer aktiven Bürgerschaft Verantwortung übernehmen können, sollte eine umfassendere Denkweise vermittelt werden.
In diesem Zusammenhang werden die Begriffe „lebenslange" und „lebensbreite" (alle menschlichen und gesellschaftlichen Tätigkeiten umfassenden) sowie „lebenstiefe" (Emotionalität und Psyche einbeziehenden) Bildung unterschieden (EU-Kommission 2000). Zur Umsetzung dieses Bildungsansatzes benötigt es auch ein Umdenken und eine Weiterentwicklung an den Hoch- und Berufsschulen und eine Ausrichtung von Lehre, Forschung, Betrieb und Governance am Leitbild der nachhaltigen Entwicklung (Initiative für Nachhaltigkeit und Ethik an Hochschulen 2017).

Die fünf Maxime bieten Anhaltspunkte, mit denen Unternehmen ihre oft zu eng gefasste und klassisch aufgestellte unternehmerische Verantwortung gezielt ergänzen können. Damit soll eine Grundlage für die Diskussion und Weiterentwicklung innerhalb und außerhalb von Unternehmen geschaffen werden. Künftig braucht es vielzählige Unternehmen, die Vorbilder für die Integration dieser Ansätze sind und verantwortungsvolle Fachkräfte und Entscheidungsträgerinnen und -träger dahin gehend ausbilden.

In der konkreten Umsetzung muss jedes Unternehmen jedoch die Geschäftsrelevanz von CR-Bildungsengagement für sich selbst definieren. Ein universelles Patentrezept ist weder vorhanden noch erwünscht, denn durch die individuelle Ausgestaltung des Bildungsengagements – auch im Sinne der Sustainable Development Goals – entstehen Chancen für Innovationen und Wettbewerbsvorteile.

Das grundlegende Ziel muss ein Paradigmenwechsel im CR-Bildungsengagement sein: Dabei sollten die von kurzfristig getriebenen, inkrementellen Ansätze durch eine langfristige, strategische Perspektive ersetzt werden.

## 5 Ausblick und Umsetzungsmöglichkeiten

Es besteht Anlass zum Optimismus, dass sich die hessische Bildungs- und Unternehmenslandschaft 2030 mit den zuvor genannten Maximen noch stärker im Sinne einer BNE entwickeln kann als bisher. Schon seit Jahren existieren diesbezüglich vielzählige engagierte Ansätze in der Wirtschaft sowie Projekte von BNE-Akteuren, was auch der BNE-Zukunftsdialog zeigte. In Hessen braucht es nun weiterführend konkrete, anwendungsorientierte Konzepte und Narrative zur Vermittlung zwischen Theorie und Praxis – um künftig die oftmals noch vorhandene Nischenposition in die Breitenwirkung gehend zu verlassen.

Die hessische Klima- und Nachhaltigkeitsstrategie orientiert sich in ihrem Leitbild an der Maxime einer nachhaltigen Entwicklung. Sie versteht Nachhaltigkeit als integralen Bestandteil von Forschung, Lehre und unternehmerischer Praxis. Um diese Zielsetzung zu stärken und strukturell weiter zu verankern, ist daher der Aufbau eines „Kompetenzzentrums BNE Hessen" empfehlenswert. Eine digitale Innovationsplattform, die insbesondere die Kooperation zwischen der Wirtschaft und der Wissenschaft gezielt für BNE fördert, würde diese Institution sinnvoll ergänzen.

Darüber hinaus könnten innovative Formate unter Berücksichtigung des zukünftigen Bedarfs der Industrie zum Erwerb von (Gestaltungs-)Kompetenzen, unter anderem in Form von Ideenwettbewerben, Schulungen, Seminaren und Camps in Unternehmen und Hochschulen im Sinne von BNE entwickelt und angeboten werden. Auch wäre es zielführend, jüngere Zielgruppen anzusprechen und erfolgreiche BNE-Patenschaftsprogramme für die breite Öffentlichkeit über die Plattform sichtbar zu machen. Der Mehrwert für Unternehmen läge unter anderem darin, sich als attraktiver Arbeitgeber an Hochschulen zu platzieren und der Öffentlichkeit das eigene CR-Bildungsengagement zu kommunizieren.

In der gegenwärtigen Coronakrise, die Transformationspotenzial in sich birgt, hat sich die Wichtigkeit guter digitaler „Skills" und der Mehrwert einer digitalen Vernetzung gezeigt. Durch ein „Kompetenzzentrum BNE Hessen" ließe sich zum einen ein Gestaltungsraum für AkteurInnen kreieren, aber auch ein wichtiger Beitrag zum aktuellen bildungspolitischen Diskurs zu neuen, digitalen und innovativen Bildungsansätzen und didaktisch-durchdachten Lehr-Lern-Materialien schaffen. Zudem ist der Bedarf an Erweiterungen und Kontextualisierungen der Lerninhalte hinsichtlich BNE, Digitalisierung und Nachhaltigkeit an Hochschulen, Berufsschulen und in Unternehmen durch weitere systematische Untersuchungen zu eruieren.

In diesem Zusammenhang ist es auch von allergrößter Relevanz, das Unternehmensengagement im Bildungssektor nicht auf eine Zweckdienlichkeit hinaus laufen zu lassen, sondern ethisch-orientiert und interessenunabhängig auszurichten. Werte und Kultur sind dabei fundamentale Treiber für Nachhaltigkeit und Unternehmenserfolg. Für das künftige Bildungsengagement von Unternehmen im Rahmen ihrer Corporate Responsibility besteht somit noch Optimierungsbedarf. Es ist unabdingbar, dass sich zukunftsfitte Unternehmen umgehend mit maßgeblichen Schritten befassen bzw. sich engagieren, um die Bildungslandschaften bis 2030 im Sinne des Ausgeführten aktiv mitzugestalten.

**Katharina Knoll** ist Sprecherin, Beraterin und Trainerin für nachhaltiges Wirtschaften und Mitglied des Verbandsvorstands des Deutschen Netzwerks Wirtschaftsethik (DNWE) sowie verschiedener Fachgremien, u.a. im Nachhaltigkeitsausschuss des Bundesverband Nachhaltige Wirtschaft (BNW). Sie verfügt über Beratungs- und Expertenerfahrung in den Themenfeldern Corporate Responsibility (CR), Digitalisierung und europäische Interessensvertretung. Frau Knoll hat ein deutsch-französisches Doppeldiplom in Internationales Management/BWL und langjährige Erfahrung auf europapolitischer Ebene.

## Literatur


BMBF, Bundesministerium für Bildung und Forschung (2020) Karliczek: Digitalisierung und Nachhaltigkeit künftig Pflichtprogramm für Auszubildende. https://www.bmbf.de/bmbf/shareddocs/pressemitteilungen/de/karliczek-digitalisierung-und--chtprogramm-fuer-auszubildende.html. Zugegriffen: 07. Nov. 2021

BNE-Portal (2021) Bundesministerium für Bildung und Forschung/UNESCO-Weltaktionsprogramm. www.bne-portal.de/

De Haan G, Harenberg D (1999) Gestaltungskompetenzen für Bildung für nachhaltige Entwicklung (BNE), Institut Futur. http://www.institutfutur.de/tagung/files/beitraege/deHaan_ppt.pdf. Zugegriffen: 10. Aug. 2020

Emmerich S (2018) Mündliches Statement im Rahmen des BNE-Zukunftsdialogs zum Thema „Industrie 2030: Rethinking Sustainability & Cooperations!". Industriepark Frankfurt-Höchst

Europäische Kommission (2000) Memorandum of lifelong learning. https://arhiv.acs.si/dokumenti/Memorandum_on_Lifelong_Learning.pdf. Zugegriffen: 15. Aug. 2020

Forum-Wirtschaftsethik (2018) Deutsches Netzwerk Wirtschaftsethik (DNWE). https://www.forum-wirtschaftsethik.de/gesellschaft-transformation-mit-dialog-die-zukunft-gestalten/?upm_export=pdf. Zugegriffen: 12. Aug. 2020

Initiative für Nachhaltigkeit und Ethik an Hochschulen (2017). https://www.sneep.info/wordpress/wp-content/uploads/2017/10/Positionspapier-Nachhaltigkeit-und-Ethik-an-Hochschulen-2017.pdf. Zugegriffen: 10. Aug. 2020

Knoll K, Keller W (2020) Bertelsmann Stiftung & Wittenberg-Zentrum für Globale Ethik, Beitrag: Anforderungen und Kompetenzen für die nachhaltige und digitale Arbeitswelt in der Chemie- und Pharmabranche im Buch Unternehmensverantwortung im digitalen Wandel, ein Debattenbeitrag zu Corporate Digitale Responsibility. https://www.bertelsmann-stiftung.de/de/publikationen/publikation/did/unternehmensverantwortung-im-digitalen-wandel-all. Zugegriffen: 23. Sept. 2020

Labigne A, Knoll K (2018) Stifterverband und Provadis Hochschule, Unternehmensengagement in der Chemie- und Pharmabranche. https://www.unternehmensengagement.de/wp-content/uploads/2019/02/ZiviZ-ZIN_2018_Impuls_Chemie_Pharma.pdf. Zugegriffen: 10. Aug. 2020

Meier L (2018) Mündliches Statement im Rahmen des BNE-Zukunftsdialogs zum Thema „Industrie 2030: Rethinking Sustainability & Cooperations!". Industriepark Frankfurt-Höchst

Müller-Riedlhubera H, Zieglera P (2018) Climate-KIC, certified-professional. https://www.climate-kic.org/news/climate-kic-launches-certification-scheme-future-oriented-job-skills/. Zugegriffen: 07. Nov. 2021

Reuter K (2018) mündliches Statement im Rahmen des BNE-Zukunftsdialogs zum Thema „Industrie 2030: Rethinking Sustainability & Cooperations!". Industriepark Frankfurt-Höchst

Schmidpeter R (2019) Prof. Dr. René Schmidpeter im Experten-Interview. https://cbs.de/hochschule/news/prof-dr-rene-schmidpeter-im-experten-interview/. Zugegriffen: 20. Aug. 2020

Schneidewind U (2018a) Die große Transformation, Eine Einführung in die Kunst gesellschaftlichen Wandels. https://www.zukunftskunst.eu/

Schneidewind U (2018b) Vortrag im Rahmen des BNE-Zukunftsdialogs zum Thema „Industrie 2030: Rethinking Sustainability & Cooperations!". Industriepark Frankfurt-Höchst

UNESCO-Weltaktionsprogramm (2021) Bildung für nachhaltige Entwicklung 2030. https://www.unesco.de/bildung/bildung-fuer-nachhaltige-entwicklung/unesco-programm-bne-2030

# Uni Kassel gründet Zentrum für nachhaltige Transformation: Interview mit Prof. Dr. Finkeldey

## 17 Ziele – 17 Professuren für eine nachhaltige Entwicklung

Beate Hentschel und Anke Trischler

**Zusammenfassung**

Nachhaltigkeit und Idealismus war gestern. Pragmatischer Einsatz für gesellschaftliche, ökologische und ökonomische Ziele im Sinne der Sustainable Development Goals der Vereinten Nationen ist Alltag, Gegenwart und sichert die Zukunftsfähigkeit. Bildung ist der Schlüssel dazu und Hochschulen haben Vorbildfunktion für die Umsetzung und sind Multiplikator. Die Universität Kassel zeigt, wie es gehen kann. Das neue Zentrum für nachhaltige Transformation wird Forschungs- und Lehrkompetenzen zur gesamten thematischen Breite der 17 Sustainable Development Goals (SDGs) bündeln (Uni Kassel 2020b). Der Senat folgte damit dem von Universitätspräsident Prof. Dr. Reiner Finkeldey im Herbst 2019 gemachten Vorschlag, der in der Universität breit diskutiert wurde. Im Gespräch stellt er das Zentrum vor. Das Interview führte Beate Hentschel. Beate Hentschel leitet seit März 2014 die Stabsstelle Kommunikation, Presse- und Öffentlichkeitsarbeit der Universität Kassel. Sie war zuvor seit 1999 stellvertretende Leiterin der Öffentlichkeitsarbeit der Universität Gottingen. Beate Hentschel leitet seit März 2014 die Stabsstelle Kommunikation, Presse und Öffentlichkeitsarbeit der Universität Kassel. Sie war zuvor seit 1999 stellvertretende Leiterin der Öffentlichkeitsarbeit der Universität Göttingen.

A. Trischler (✉)
Transformation zur Nachhaltigkeit GmbH, Wiesbaden, Deutschland
E-Mail: atrischler@transformation-n.de

B. Hentschel
Leiterin Abteilung Kommunikation, Presse- und Öffentlichkeitsarbeit, Universität Kassel, Kassel, Deutschland
E-Mail: presse@uni-kassel.de



A. Trischler und S. Böhling (Hrsg.), *CSR in Hessen*, Management-Reihe Corporate Social Responsibility, https://doi.org/10.1007/978-3-662-63004-4_7

# 1 Prolog

Die Zeiten, in der Nachhaltigkeit in der ökologischen Ecke angesiedelt wurde und nur was für Idealisten war, sind Geschichte. Insbesondere Hochschulen tragen in ihren Handlungsfeldern Verantwortung für eine lebenswerte Zukunft: in Lehre, Forschung, Nachwuchsförderung und Wissenstransfer. Sie sind Organisationen mit gesellschaftlicher Relevanz, Betriebe mit ökologischen Auswirkungen und Arbeitgeber. Von ihnen wird erwartet, dass sie sichtbar und messbar zu einer nachhaltigen Entwicklung beitragen und in Erfüllung dieser Aufgabe Vorbild sind (Uni Kassel 2020c).

Die Universität Kassel wurde 1971 im Zuge der Bildungsreformen gegründet als eigenständiges Gesamthochschulmodell. Heute ist sie geprägt durch eine Vielschichtigkeit von Kompetenzen, die sich auf Natur und Technik, Kultur und Gesellschaft konzentrieren: Die Ingenieur-, Naturwissenschaften und der Mathematik einerseits sowie den Geistes-, Gesellschaftswissenschaften und der Kunst andererseits bieten ein ausgewogenes Verhältnis. Studierende und Forschende erhalten in den Arbeitsgruppen, Instituten, Fachbereichen, Kollegs und Forschungszentren eine umfassende und herausfordernde Vielfalt von Studienmöglichkeiten und Forschungsrichtungen. Der gleichberechtigte Verbund der Fachkulturen bietet erhebliche Möglichkeiten für fachübergreifende Bezüge und fördert innovative Kooperationen. Mehr als 25.000 Studierende waren zum Wintersemester 2020/2021 in über 140 Studiengängen an der Universität Kassel immatrikuliert.

**Die Universität Kassel definiert ihre Verantwortung in ihrem Leitbild**

- OFFENHEIT UND VERANTWORTUNGSBEWUSSTSEIN GEGENÜBER HERAUSFORDERUNGEN IN NATUR UND GESELLSCHAFT
- DURCHLÄSSIGKEIT DER STUDIENANGEBOTE UND AUFEINANDER AUFBAUENDE QUALIFIKATIONEN
- NACHHALTIGKEIT UND ANWENDUNGSBEZUG, BERUFSORIENTIERUNG UND PERSÖNLICHKEITSENTWICKLUNG
- INTERNATIONAL ORIENTIERT UND REGIONAL ZUHAUSE
- KREATIVITÄT ALS HERAUSFORDERUNG, REFORM ALS PROZESS, VERÄNDERUNG ALS GESTALTUNGSCHANCE

Schon 2007 wurde das Leitbild formuliert und im Senat verabschiedet (Uni Kassel 2007). Seit ihrer Gründung hat sie sich als einzige staatliche tertiäre Bildungseinrichtung der Region der Frage gestellt, wie die Bezüge zu ihrer gesellschaftlichen und materiellen Umwelt zu gestalten sind. Es lassen sich prägende Themen feststellen, die auch für die kommenden Jahre die Art des Studierens, des Forschens und Lehrens wie auch das Umfeld der weiteren Funktionsbereiche bestimmen werden: Verantwortung für die Zukunft, ein breites Fächerspektrum als Ansporn zu Kooperation und Interdisziplinarität, international sichtbare Forschung, Nachhaltigkeit in ihrer ganzen Breite und Differenzierung einschließlich Gendergerechtigkeit, Internationalität in allen Dimensionen sowie regionale Verwurzelung als Bildungs- und Transfereinrichtung.

> Mit der Zielsetzung einer nachhaltigen Entwicklung und ihrer Umsetzung übernimmt die Universität Kassel gesellschaftliche Verantwortung (Uni Kassel 2020a).

Im Jahr 2020 wurde der dritte Nachhaltigkeitsbericht der Universität vorgelegt für die Jahre 2017 bis 2019. Die selbst gesteckten Ziele wurden zum Teil deutlich übertroffen. Und es geht noch weiter: Für die kommenden Jahre plant die Hochschule unter anderem ein wissenschaftliches Zentrum zur Erforschung der 17 Nachhaltigkeitsziele der Vereinten Nationen: Das Zentrum für Nachhaltige Transformation. Das Zentrum wird Forschungs- und Lehrkompetenzen zur gesamten thematischen Breite der 17 Sustainable Development Goals (SDGs) bündeln. Der Senat folgte damit dem von Universitätspräsident Prof. Dr. Reiner Finkeldey im Herbst 2019 gemachten Vorschlag, der in der Universität breit diskutiert wurde.

## 2 Im Interview: Prof. Dr. Reiner Finkeldey

Dies ist das Interview mit Herrn Prof. Dr. Reiner Finkeldey. Als Präsident der Universität Kassel leitet Reiner Finkeldey das Präsidium und vertritt die Universität nach außen. Er verfügt über die Richtlinienkompetenz. Der Präsident ist außerdem zuständig für die Bereiche:

- Unterstutzung der strategischen Entwicklung der Kunsthochschule
- Profilbildung des Fachbereichs Ökologische Agrarwissenschaften
- Profilbildung der Hochschule in Bezug auf die Umweltwissenschaften und das Thema ökologische Nachhaltigkeit
- Frauenförderung, Gleichstellung und Diversity
- Internationalisierung
- Begleitung des Wissenschaftlichen Zentrums Center for Enviromental Systems Research (CESR)

Seit Oktober 2015 ist Reiner Finkeldey Präsident der Universität Kassel. Das Interview führte Frau Beate Hentschel.[1]

[1] Das Interview wurde am 29.09.2020 geführt.

**Fragen**

Hentschel: Herr Finkeldey, warum passt das Thema Nachhaltigkeit so gut zur Universität Kassel, dass Sie diesen Schwerpunkt jetzt mit einem neuen Zentrum weiter ausbauen möchten?

Finkeldey: Weil wir uns an der Universität Kassel in den vergangenen Jahren in ganz unterschiedlichen Disziplinen immer wieder intensiv mit Nachhaltigkeitsthemen beschäftigt haben. Im Grunde befassen wir uns seit unserer Gründung vor 50 Jahren damit. Und zwar sehr umfassend – nicht nur in unserem Fachbereich der Ökologischen Agrarwissenschaften am Standort Witzenhausen. Nachhaltigkeit betrifft viele Aspekte der Umweltwissenschaften und der ökologischen Nachhaltigkeit, aber auch ihre gesellschaftlichen, ökonomischen und sozialen Dimensionen – und selbstverständlich auch als Nachhaltigkeit im Betrieb der Universität. Das Thema Nachhaltigkeit spielt in unserer Forschung und Lehre und in unserem Betrieb also schon jetzt eine große Rolle und zwar in einem sehr breiten, umfassenden Verständnis. Mit der Neugründung eines Zentrums für nachhaltige Transformation, angelehnt an die 17 Sustainable Development Goals (SDG), wird jetzt ein ganz besonderer und sichtbarer Schwerpunkt in Kassel gesetzt werden, der auf dem Bestehenden aufbaut und es verstärkt und sichtbarer machen wird.

**Pionier in Europa: Standort Witzenhausen**

Der Fachbereich Ökologische Agrarwissenschaften der Universität Kassel ist am Standort Witzenhausen. Die Ausrichtung auf ökologisch orientierte Forschung und Lehre und der Studiengang Ökologische Landwirtschaft sind einzigartig in Europa. Seit 1981 die erste Professur für Ökologischen Landbau eingerichtet wurde, gilt der Witzenhäuser Fachbereich als Pionier auf diesem Gebiet.[2]

**Fragen**

Wie sieht dieser Prozess genau aus, den Sie initiiert haben und der schon einige Monate läuft?

Der Senat der Universität als höchstes Gremium der Hochschule hat meinem Vorschlag im Frühsommer 2020 zugestimmt, dieses Zentrum zu gründen und es mit bis zu 17 neuen Professuren auszustatten. Das ist bemerkenswert, denn wir können mit einem derartigen Aufwuchs an Neuberufungen einen strategischen Akzent für Kassel setzen. Der nächste wichtige Schritt ist nun die konkrete Ausgestaltung des Konzepts. Dazu brauchen wir ein Gründungsgremium, das sich um die Umsetzung und die Details kümmert. Ein ganz entscheidender Schritt, der im nächsten Jahr folgen wird,

[2] www.uni-kassel.de/uni/universitaet/kontakt-und-standorte/standort-witzenhausen

ist die Ausschreibung der ersten Professuren. Hier stellen wir uns vier Professuren vor, wobei sie in den vier Bereichen Umwelt, Gesellschaft, Technik und den Geisteswissenschaften angesiedelt sein werden. Dieses Professorinnen- bzw. Professoren-Team wird gemeinsam mit dem Gründungsgremium die weiteren Planungen angehen und das Vorhaben inhaltlich und konzeptionell vorantreiben. Es ist klug, jetzt noch nicht alles im Detail vorzuplanen, sondern den neu berufenen Kolleginnen und Kollegen Raum zu geben, ihre Ideen einzubringen, damit das neue Zentrum optimal aufgestellt ist.

**Fragen**

Das sind die sogenannten Eckprofessuren?

Das sind Professuren, die wir auf höchstem Niveau, das heißt als W3-Professuren ausschreiben wollen und die wir auch international intensiv bewerben wollen. Wir möchten Wissenschaftlerinnen und Wissenschaftler ansprechen, die bereits jetzt einen Namen in der Nachhaltigkeitsforschung haben und gerne die Chance wahrnehmen möchten, in Kassel dieses Zentrum mitgestalten zu wollen. Sie können und sollen Einfluss nehmen auf die weitere inhaltliche Ausgestaltung und auf die Besetzung der dann folgenden weiteren Professuren. Das ist eine attraktive Option, würde ich sagen.

**Fragen**

Diese Professuren werden an den verschiedenen Fachbereichen der Universität angesiedelt sein?

Genau, wie es bei uns üblich ist in wissenschaftlichen Zentren. Die Kolleginnen und Kollegen, die berufen werden, werden eine Anbindung an die existierenden Fachbereiche haben, an diese Fachbereiche berufen werden und gleichzeitig Mitglied in dem neuen Zentrum für Nachhaltige Transformation sein. Das ist wichtig, um eine starke Verbindung zwischen den existierenden Expertisen in den Fachbereichen und diesem noch im Aufbau befindlichen Zentrum von Anfang an sicher zu stellen.

**Fragen**

Die neue Einrichtung soll nicht nur Forschungszentrum sein, sondern auch der Lehre und Ausbildung dienen. Was können zukünftige Studierende von einem solchen Nachhaltigkeitszentrum oder Schwerpunkt erwarten?

Wir sehen verstärkt, dass es einen großen Bedarf gibt, sich mit den Nachhaltigkeitszielen und den globalen Herausforderungen wissenschaftlich zu beschäftigen und Expertinnen und Experten dafür auszubilden. Das Thema Klimaschutz ist jetzt schon so groß geworden und diese Aufmerksamkeit wird auf absehbare Zeit nicht nachlassen – auch nicht nachlassen dürfen! Wir sehen daher in unseren gegenwärtigen Planungen vor, einen neuen Nachhaltigkeitsstudiengang einzurichten, der sich von Anfang auf die Thematik der Ziele zur nachhaltigen Entwicklung fokussiert. Innovative Studienmöglichkeiten möchten wir aber auch dadurch schaffen, dass wir Module aus existierenden Fachstudiengängen mit einer „Nachhaltigkeitssäule" anreichern, um fachliche Tiefe in verschiedenen Bereichen zu erhalten und zugleich profunde Kenntnisse zu nachhaltigen Transformationen zu vermitteln. Wir haben also die Idee entwickelt, insbesondere existierende Bachelor-Studiengänge mit Nachhaltigkeitsangeboten zu verbinden.

**Fragen**

Denken Sie, dass die Uni Kassel mit diesem neuen Nachhaltigkeitsschwerpunkt im bundesweiten oder sogar globalen Wettbewerb um Studierende gut aufgestellt sein wird?

Ja, auf jeden Fall. Man sieht ja im Moment, dass sich sehr viele junge Menschen für Nachhaltigkeit engagieren, für eine lebenswerte Umwelt, für den Klimaschutz oder für ressourcenschonenden Konsum. Die Zahl der Studiengänge, die sich explizit mit dieser Thematik befassen, ist aber national und international noch überschaubar. Ich glaube, hier kann die Universität Kassel eine Vorreiterrolle spielen. Ich bin davon überzeugt, dass wir damit auch bundesweit Aufmerksamkeit erregen werden und höchst attraktiv sein werden für Studierende, nicht nur aus der Region, sondern national und sogar international. Die Einrichtung dieses Zentrums ist Teil eines umfassenden Strategieprozesses der Hochschule, der in allerbester Weise anknüpft an Kasseler Stärken in der Nachhaltigkeitsforschung sowie an die Kompetenzfelder Natur, Technik, Kultur und Gesellschaft. Mit diesem Beschluss hat sich die Universität auf die Rahmenbedingungen geeinigt. Jetzt freuen wir uns darauf, die Planungen zu konkretisieren und umzusetzen.

## 3 Epilog

Die Universität Kassel ist seit Oktober 2018 Mitglied des deutschen Partnernetzwerks für Nachhaltigkeit „Hoch-N". In diesem Verbund vernetzen sich Universitäten und Hochschulen für angewandte Wissenschaften, die sich in besonderem Maße für Nachhaltigkeit einsetzen und über ihre Maßnahmen transparent informieren. Die Universität Kassel erfüllt durch ihre Anstrengungen zur Nachhaltigkeit in der Universität, insbesondere durch ihre regelmäßige Nachhaltigkeitsberichterstattung, alle Anforderungen an eine Partnerhochschule.

**Ziel und Teilziele des Partnernetzwerks HOCH-N**

Förderung nachhaltiger Entwicklung an Hochschulen in Deutschland auf den Handlungsfeldern Forschung, Lehre, Betrieb, Governance, Nachhaltigkeitsberichterstattung und Vernetzung. Außerdem:

- Etablierung eines Netzwerks zum Erfahrungsaustausch bezüglich nachhaltigkeitsorientierter Hochschulentwicklung
- Entwicklung eines gemeinsamen Nachhaltigkeitsverständnisses an Hochschulen in Deutschland
- Förderung nachhaltiger Hochschulentwicklung durch die Ableitung geeigneter Unterstützungsmaßnahmen
- Entwicklung und Erprobung eines Nachhaltigkeitskodex
- Erstellung von (integrativen) Leitfäden zur nachhaltigen Hochschulentwicklung

Die Netzwerkpartner tauschen sich regelmäßig über die nachhaltige Entwicklung an Hochschulen aus und profitieren vom Kontakt mit anderen Akteuren aus Hochschulen, Wirtschaft, Politik und Gesellschaft (Uni Kassel 2018). Das HOCH-N-Netzwerk entwickelt und vernetzt die nachhaltige Hochschullandschaft in Deutschland.

Das Präsidium der Uni Kassel stellte schon früh die Frage: „Welchen Beitrag zur nachhaltigen Entwicklung können Hochschulen, kann die Universität Kassel in den Handlungsfeldern Nachhaltigkeitsberichterstattung, Governance, Lehre, Forschung, Betrieb und Transfer leisten?“ Diese Frage steht auch am Anfang des konsultativen Prozesses auf dem Weg zur Partnerhochschule im Nachhaltigkeitsnetzwerk HOCH-N.[3]

> Wir sind Partnerhochschule, weil die Universität Kassel durch ihre Forschung und Lehre eine Hochschule für Nachhaltigkeit und durch die Art und Weise, wie sie ihre Leistungen für die Gesellschaft erbringt, eine nachhaltige Hochschule sein möchte (Uni Kassel 2018).

Die Hochschule strebt damit eine langfristig tragfähige und gleichberechtigte Entwicklung in ökologischer, wirtschaftlicher und sozialer Hinsicht im Sinne des Drei-Säulen-Modells an. Deshalb werden Forschungsschwerpunkte und Studiengänge weiterentwickelt, die sich an Themen der Nachhaltigkeit orientieren. Wissenschaftliche Erkenntnisse sollen auch direkt an der Universität umgesetzt werden: sowohl in ökologischer als auch in sozialer und ökonomischer Hinsicht. Die Vernetzung und der Austausch mit weiteren Institutionen in der nachhaltigen Hochschullandschaft ist dabei eine wichtige Unterstützung. Die Universität Kassel hat ihre vergangene Entwicklungsperiode dazu genutzt, ihre Nachhaltigkeitsstrategie weiterzuentwickeln, ihr Nachhaltigkeitsmanagement zu stärken und ihre Nachhaltigkeitsberichterstattung fortzuführen und zu verbessern. Die alle Aspekte umfassende Nachhaltigkeitsstrategie ist Aufgabe des Präsidiums, das Nachhaltigkeitsmanagement ist in den Bereichen Umwelt, Wirtschaft und Soziales entlang der bestehenden Zuständigkeiten jeweils eigenständig aufgebaut, die integrierte Nachhaltigkeitsberichterstattung führt alle drei Bereiche unter Federführung des Präsidiums zusammen (Uni Kassel 2020a, S. 58).

---

[3] www.hochn.org; weiterhin: www.dg-hochn.de/.

Die Universität Kassel wird im Jahr 2021 genau 50 Jahre alt. Im Juni 1970 veröffentlichte das Land Hessen das Gesetz über die Errichtung der Gesamthochschule in Kassel, so der damalige Name der heutigen Universität. Rund anderthalb Jahre später startete die nordhessische Hochschule ihren Betrieb. Das Jubiläumsprogramm wird 2021 ihre Gründung und ihre bemerkenswerte Entwicklung angemessen würdigen.

**Prof. Dr. Reiner Finkeldey** (Jahrgang 1962) studierte Forstwissenschaften in Göttingen und schloss sein Studium mit Diplomprüfungen in Forstwissenschaft der gemäßigten Breiten und tropischer/subtropischer Forstwissenschaft ab. Für seine Dissertation zur Erhaltung forstgenetischer Ressourcen untersuchte er genetische Variationsmuster bei Baumarten auf Taiwan und in Deutschland. Nach Abschluss der Promotion arbeitete Reiner Finkeldey für zwei Jahre in einem Projekt der FAO mit Sitz in Los Baños, Philippinen, über die Züchtung von Bäumen in Asien. Als Habilitationsstipendiat der DFG untersuchte er anschließend das Paarungssystem von Teak in Thailand mit Forschungsaufenthalten in Bangkok, Umeå, Schweden, und Göttingen. Von 1997 bis 2001 war Reiner Finkeldey als Populationsgenetiker an der Eidgenössischen Forschungsanstalt für Wald, Schnee und Landschaft (WSL) in Birmensdorf, Schweiz, tätig, bevor er einen Ruf an die Universität Göttingen auf die Professur (C4; jetzt W3) für Forstgenetik und Forstpflanzenzüchtung annahm. Die wichtigsten Forschungsgebiete von Reiner Finkeldey beziehen sich auf anpassungsrelevante genetische Variation bei Waldbäumen an Umweltveränderungen (global change), Zusammenhänge von genetischer Variation mit Artendiversität und Ökosystemmanagement sowie genetische Variation bei Pflanzen der Tropen. Von April 2013 bis September 2015 war Reiner Finkeldey Vizepräsident der Universität Göttingen mit dem Ressort Forschung. Zuvor war er Dekan der Fakultät für Forstwissenschaften und Waldökologie sowie Mitglied des Senats. Seit Oktober 2015 ist Reiner Finkeldey Präsident der Universität Kassel.

## Literatur


Symanski U (o. J.) 17 Professuren für Nachhaltigkeit. In: Podcast: Science Managers For Future – Gespräche für ein nachhaltiges Hochschulsystem. Brauchen wir zur Bewältigung der Klimakrise ein Hochschulsystem, das neuen Paradigmen folgt? https://www.hochschulcoaching.de/sciencemanagersforfuture/. Zugegriffen: 23. Nov. 2020

Uni Kassel (2007) Das Leitbild/Mission Statement. https://www.uni-kassel.de/uni/index.php?eID=dumpFile&t=f&f=89&token=52ff3242495c529bde039de4480cd30cc298188e. Zugegriffen: 07. Nov. 2021

Uni Kassel (2018) Uni Kassel im Netzwerk für Nachhaltigkeit. Aktuelle Meldung am 30.10.2018. https://www.uni-kassel.de/uni/universitaet/profil/profil-umwelt-und-nachhaltigkeit/umwelt-und-nachhaltigkeit/aktuelle-meldung/post/detail/News/uni-kassel-im-netzwerk-fuer-nachhaltigkeit-1/. Zugegriffen: 23. Nov. 2020

Uni Kassel (2020a) Entwicklungsplan 2020–2024. https://www.uni-kassel.de/uni/index.php?eID=dumpFile&t=f&f=8807&token=3127cd3e7cef4e00eb36f53b064abc59ecaab409. Zugegriffen: 07. Nov. 2021

Uni Kassel (2020b) Uni Kassel will Zentrum zur nachhaltigen Entwicklung einrichten. Pressemitteilung am 17.06.2020. https://www.uni-kassel.de/uni/aktuelles/meldung/2020/06/17/uni-kassel-will-zentrum-zur-nachhaltigen-entwicklung-einrichten?cHash=deb7a6b7024731ccb16dd3ed069293b7. Zugegriffen: 07. Nov. 2021

Uni Kassel (2020c) Universität Kassel Heute für Morgen. Dritter Bericht zur Nachhaltigkeit in Forschung, Lehre und Betrieb. Berichtszeitraum 2017 bis 2019. www.uni-kassel.de/go/nachhaltigkeitsbericht. Zugegriffen: 23. Nov. 2020

# Herausforderungen des Klimawandels für die Weinbranche

Matthias Schmitt

**Zusammenfassung**

Oftmals wird die Weinbranche in nördlichen Weinanbaugebieten, wie in Hessen der Rheingau und die Hessische Bergstraße, als pauschaler Gewinner des Klimawandels dargestellt. Durch den Klimawandel aber ist die Weinbranche auch in kühleren Regionen zunehmend vor eine Reihe von unterschiedlichsten Herausforderungen gestellt.

Nicht nur steigende Durchschnittstemperaturen, sondern auch zunehmende Wetterextreme und die Veränderung der Niederschlagsverteilung, haben einen weitreichenden Einfluss auf den Weinbau und die nachfolgende Weinbereitung.

Diese verschiedenen klimatischen Veränderungen beeinflussen jedes Jahr in unterschiedlicher Weise den Weinbau und die Weinproduktion. Im folgenden Kapitel soll anhand verschiedener Beispiele der hessischen Weinanbaugebiete dargelegt werden, warum der Klimawandel kein Selbstläufer für die dortige Weinbranche ist, und warum man zukünftig weitere innovative sowie vernetzte Handlungskonzepte entlang der Weinproduktion braucht, um den Folgen des Klimawandels zu begegnen, um weiterhin jedes Jahr Weine von hoher Qualität produzieren zu können.

M. Schmitt (✉)
Institut für Oenologie, Hochschule Geisenheim University, Geisenheim, Deutschland
E-Mail: Matthias.Schmitt@hs-gm.de



A. Trischler und S. Böhling (Hrsg.), *CSR in Hessen*, Management-Reihe Corporate Social Responsibility, https://doi.org/10.1007/978-3-662-63004-4_8

# 1 Einleitung

Zahlreiche Studien belegen eine weltweite Veränderung des Klimas. Dies ist hauptsächlich die Folge des deutlichen Anstiegs der $CO_2$-Emissionen seit dem Beginn der Industriellen Revolution (Heinrichs und Grunenberg 2009). Die daraus erwachsenden Auswirkungen sind vielfältig und werden sich in den folgenden Jahrzenten verschärfen (Heinrichs und Grunenberg 2009; Brasseur et al. 2017). Auch bei einer deutlichen Reduzierung der Emission von Treibhausgasen durch den Menschen wird es weiterhin zu einer globalen Erwärmung kommen. Im vergangenen Jahrhundert betrug der Anstieg der globalen Durchschnittstemperatur 0,74 °C und mit einer weiteren Erwärmung ist zu rechnen (Heinrichs und Grunenberg 2009). Die direkten Folgen des Klimawandels sind sehr vielseitig. Generell nehmen extreme Wetterereignisse wie Hitzewellen, längere Dürreperioden, Starkregenereignisse und Überflutungen zu (Heinrichs und Grunenberg 2009).

Die Landwirtschaft wird bekanntermaßen besonders stark durch Klima und Witterung beeinflusst und ist somit besonders deutlich von den Auswirkungen des Klimawandels betroffen (Brasseur et al. 2017; Parker et al. 2019). Auch die Weinbranche erlebt weltweit in vielfältiger Hinsicht die Auswirkungen des Klimawandels und muss darauf in zunehmendem Umfang reagieren. Dies zeigt sich auch darin belegt, dass die Anzahl der wissenschaftlichen Publikationen zum Thema Klimawandel und Weinbau im Zeitraum von 2000–2016 um den Faktor 10 angestiegen sind (Marx et al. 2017).

Oftmals wird die deutsche Weinbranche als ein Gewinner des Klimawandels dargestellt, denn steigende Durchschnittstemperaturen und zeitgleich steigende Mostgewichte werden häufig mit steigender Weinqualität gleichgesetzt (Brasseur et al. 2017). Um aber Weine von hoher Qualität und gewünschten für die jeweilige Region und Rebsorte typischen sensorischen Produkteigenschaften erzeugen zu können, sind die Weinerzeuger zunehmend gefordert, um sich den zunehmenden Veränderungen anzupassen. Die deutschen Weinerzeuger können daher nicht als pauschale Gewinner des Klimawandels dargestellt werden. Sie müssen sich den zunehmenden Folgen des Klimawandels jedes Jahr auf unterschiedliche Art anpassen.

Die spezifischen Auswirkungen und Herausforderungen für den Weinbau und die Weinbereitung, speziell am Beispiel Hessen, werden im folgenden Kapitel beschrieben. Mögliche Strategien zur Adaption werden erläutert und vorgestellt.

# 2 Einfluss des Klimawandels auf den Weinbau in Hessen

Der moderne Weinbau zur Weinerzeugung ist weltweit zu finden. Auf der südlichen Erdhälfte erstrecken sich kommerzielle Weinberge zur Produktion von Wein zwischen dem 6. und 45. Breitengrad. Der Weinbau ist auf der nördlichen Hemisphäre zwischen dem 4. und 51. Breitengrad zu finden (Schultz 2016). Hat man früher einmal den 50.

Breitengrad auf der Nordhalbkugel als die klassische Grenze für kommerziellen Weinbau angesehen, so hat sich diese Grenze im Laufe der Zeit nach Norden verschoben. Ein Anstieg der Durchschnittstemperatur lässt die für den Weinbau geeignete Zone um ca. 180 km und bei 3 °C um ca. 500 km in Europa nach Norden wandern (Moisselin et al. 2002).

Langfristig ist es aber auch denkbar, dass südliche Weinbauregionen ohne sinnvolle Adaptionsstrategien nicht mehr für den Weinbau zur Verfügung stehen werden (Schultz und Jones 2010).

Der Weinanbau findet in Hessen auf rund 3616 ha bestockter Rebfläche zum größten Teil um den 50. Breitengrad statt. Damit ist Hessen nach Rheinland-Pfalz, Baden-Württemberg und Bayern an vierter Stelle der weinbautreibenden Bundesländer. Der Rheingau ist mit 3166 ha und die Hessische Bergstraße ist mit 450 ha Reben bestockt (Hessisches Ministerium für Umwelt, Klimaschutz, Landwirtschaft und Verbraucherschutz 2020).

Durch die steigenden Temperaturen wird der Anbau von Rebsorten aus wärmeren Regionen in den hessischen Anbaugebieten denkbar (Schultz 2000). Im Umkehrschluss bedeutet dies es aber nicht, dass die etablierten Rebsorten wie beispielsweise Riesling und Blauer Spätburgunder aus dem Rheingau und der Hessischen Bergstraße mittel- und langfristig verschwinden werden. Auf der einen Seite besteht eine gewisse Anpassungsfähigkeit der Reben und auch die Winzer können mit gezielten Strategien den Folgen steigender Temperaturen, aber auch der anderen klimatischen Veränderungen entgegenwirken (Schultz und Stoll 2010).

## 2.1 Temperaturanstieg

Der weltweite Anstieg der Durchschnittstemperaturen ist auch für Hessen und die Weinbauregionen entlang des Rheins belegt (Brasseur et al. 2017; Duchêne et al. 2010; Jones et al. 2005; Schultz 2000).

Die weinbauliche Eignung eines Standorts lässt sich anhand von verschiedenen Indices bestimmen. Der Huglin-Index oder auch der Winkler-Index basieren auf der Summe der Tagesdurchschnittstemperaturen während der Wachstumsperiode. Der Index von Branas, Bernon and Levadoux (BBL Index) berücksichtigt zusätzlich noch den Niederschlag während der Monate April bis August (Lorenzo et al. 2013). Die wirkliche Anbaueignung und die potenzielle spätere Weinqualität sind aber von einer Fülle von weiteren Faktoren bestimmt.

Die Temperatur hat einen vielseitigen Einfluss auf die Entwicklung der Reben und damit auch auf die potenzielle Weinqualität. Der Austrieb im Frühjahr wird direkt durch Temperatur beeinflusst (Amerine und Winkler 1944). Generell steigende Temperaturen im Frühjahr führen auch zu einem früheren Austrieb der Reben und damit einem vorgezogenen Start der Wachstumsphase. Alle weiteren phänologischen Ereignisse der Reben wie Blüte und dem Reifebeginn der Beeren (Véraison) sind folglich vorgezogen und durch höhere Temperaturen im Laufe der Vegetationsphase zusätzlich beschleunigt (Jones und Davis 2000).

Zu Beginn der Vegetationsperiode im Frühjahr besteht für die grünen Triebe der Rebe kurz nach dem Austrieb die Gefahr von Spätfrösten. Dies kann zu massiven Ernteausfällen führen und bedeutet oftmals auch eine verringerte Weinqualität (Molitor et al. 2014). Gerade Reben in Flachlagen oder in Senken sind von diesem Phänomen betroffen, da sich die kühle Luft dort ansammelt und nicht abfließen kann.

Auch wenn die Phase der Spätfröste im Jahr immer früher endet, so ist die Gefahr von Frostschäden nicht gebannt, da der Zeitpunkt des Austriebs der Reben langfristig zunehmend früher im Jahr stattfindet. Tendenziell verschiebt sich die Phase der Spätfröste etwas mehr im Kalender nach vorne als die der Spätfröste. Die Gefahr von Spätfrösten verringert sich dadurch zukünftig etwas (Molitor et al. 2014), aber auch weiterhin wird dieses Problem für den Weinbau in Deutschland und den angrenzenden Weinbauregionen bestehen.

Um gefährdete Lagen vor Frost zu schützen, sind verschiedene Methoden in der Weinbranche erprobt. Spezielle Windmaschinen helfen, die kalte Luft in Bodennähe durch wärmere Luft aus darüber liegenden Schichten auszutauschen. Dadurch kann die bodennahe Temperatur um bis zu 2,2 °C angehoben werden und ein Erfrieren der grünen Triebe verhindert werden (Poling 2008). Einen ähnlichen Effekt haben Hubschrauber, die auch erfolgreich zur Bekämpfung von Spätfrostschäden eingesetzt werden können. Eine ebenfalls effektive Maßnahme ist das Beheizen der gefährdeten Parzellen mit speziellen Öfen oder das Abbrennen von speziellen Frostkerzen. Auch wenn durch steigende Temperaturen vorher nicht für den Weinbau genutzte Flächen begünstigt scheinen, sollte hier Spätfrostgefahr beachtet werden und gegebenenfalls auf Rebsorten mit geringerer Frostempfindlichkeit oder späterem Austrieb geachtet werden.

Sehr hohe Temperaturen (>30 °C) während der Blüte und der Wachstumsphase der Beeren können zu einer Reihe von Problemen führen. Durch das Überschreiten des Temperaturoptimums von bestimmten Stoffwechselvorgängen und Enzymen kommt es unter anderem zu verringerten Erträgen und Defiziten in der Aromareife (Jones et al. 2005; Greer und Weston 2010). Allerdings reagieren verschiedene Rebsorten unterschiedlich (Schultz und Jones 2010). Einige Rebsorten werden von den negativen Folgen erhöhter Temperaturen weniger deutlich tangiert.

Gemäß Europäischem Recht ist nur in speziell ausgewiesenen Gebieten der Anbau von Weinreben zulässig, wenn der Wein unter dem Hinweis der Herkunft aus Hessen bzw. aus dem Rheingau oder der Hessischen Bergstraße vermarktet werden soll. Zudem sind die hierfür zulässigen Rebsorten in einem individuellen Lastenheft der Regionen festgehalten. Zudem dürfen nur Flächen, die in der sogenannten Weinbergsrolle ausgewiesen sind, für den kommerziellen Weinbau genutzt werden.

Langfristig könnte man steigenden Temperaturen begegnen, indem man in höhere Lagen ausweicht. Ein Höhenanstieg von 100 m ist mit einer Temperaturabnahme von durchschnittlich 0,65 °C verbunden (van Leeuwen und Darriet 2016). Für die hessischen Anbaugebiete heißt das, kühlere Randlagen in Seitentälern oder am oberen Teil der Hänge, welche früher als weniger geeignet für die Erzeugung höherer Qualitäten angesehen wurden, erscheinen zunehmend begünstigt.

## 2.2 Veränderung der Niederschläge

Als Folge der globalen Erwärmung intensiviert sich der Wasserkreislauf und beeinflusst damit die regional charakteristische Niederschlagsmenge und -verteilung über das Jahr (Brasseur et al. 2017). Anders als die stetig steigenden Durchschnittstemperaturen ist es weniger eindeutig, wie sich die Niederschläge langfristig regional entwickeln. Damit muss sich die Weinerzeugung auf einmal wärmere und trockenere Jahrgänge wie z. B. 2018 und 2019 oder auf wärmere und niederschlagsreichere Jahrgänge wie z. B. 2006 und 2014 einstellen.

Gemäßigter Trockenstress verringert unter anderem den Triebwachstum der Reben und führt zu höheren Zuckergehalten der Beeren. Mit zunehmendem Trockenstress nimmt der Gehalt an Anthocyanen und Polyphenolen zu, was für Rotwein vorteilhaft ist, aber für die Qualität von Weißwein nachteilig sein kann. Längerer, massiver Trockenstress führt auch zum Rückgang Photosyntheserate, einem Defizit in der Versorgung der Rebe mit Nährstoffen aus dem Boden und einer Stagnation bei der Beerenreife. Im schlimmsten Fall führt langanhaltende Trockenheit zum Absterben der Reben. Gerade bei frisch gepflanzten Junganlagen oder jungen Reben kann dies zu massiven Problemen führen. Neben Junganlagen sind generell Weinberge auf skelettreichen Böden mit geringem Humusgehalt deutlicher von Trockenstress betroffen. Zudem können Steilhänge, gerade bei Starkregen, durch den gesteigerten Oberflächenabfluss weniger Wasser aufnehmen.

Daher wird auch in Deutschland auf immer mehr Flächen bewässert.

Für die Erzeugung von Weinen hoher Qualität ist es je nach Rebsorte erforderlich, einen moderaten Trockenstress aufrecht zu halten. Dies erfordert allerdings den genauen Kenntnisstand über den aktuellen Wasserstress der einzelnen Reben. Die zielgerichtete Tröpfchenbewässerung ermöglicht es, moderaten Trockenstress bei den einzelnen Reben über einen gewissen Zeitraum aufrecht zu erhalten. Hier ist es denkbar, zukünftig auf innovative Systeme zur Fernerkundung zurückzugreifen, um innerhalb eines Weinbergs gezielt zu bewässern (Pagay und Kidman 2019). Fraglich ist aber, wo das Wasser zur Bewässerung hergenommen werden kann.

Die Wasserentnahme aus Oberflächengewässern und dem Grundwasser sowie das Bohren von Brunnen bedarf in Deutschland generell einer Erlaubnis durch die zuständigen Behörden.

Ob bei zunehmender regionaler Wasserknappheit die Bewässerung von Weinbergen toleriert wird, ist fraglich. In arrondierten Weinbauregionen wie dem Rheingau ist es unklar, ob sich zukünftig Bewässerungsteiche etablieren lassen, welche Oberflächenwasser auffangen und es anschließend für die gezielte Bewässerung nutzbar machen.

Für den Weinbau in Hessen besteht also ein gewisser Anpassungsdruck, um negative Folgen von Wassermangel für die Reben zu reduzieren und effektiver mit der Ressource Wasser zu haushalten. Dies beginnt mit der Standortauswahl. Lagen, die durch leichte, skelettarme Böden zu mehr Trockenstress neigen, sollten langfristig für die Rotweinerzeugung genutzt werden.

Zudem sollte als kulturtechnische Anpassungsstrategie bei der Neuanlage eine an trockene Bedingungen angepasste Unterlage gewählt werden (beispielsweise Paulsen 1103, Ruggeri 140 oder Richter 110) und der Standraum der Reben sollte reduziert werden, um das Wachstum der Wurzeln in die Tiefe zu fördern. Dadurch kann das Bodenwasser besser genutzt werden.

Jahrgänge mit einer generell höheren Niederschlagsintensität oder längeren Phasen mit mehr Niederschlägen während der Vegetationsperiode in Verbindung mit steigenden Temperaturen, begünstigen das Auftreten von Pilzkrankheiten wie dem echten und falschen Mehltau und deren stark beschleunigte Ausbreitung (Fraga et al. 2012). Unter solchen klimatischen Bedingungen muss der Pflanzenschutz häufiger und damit in kürzeren Abständen durchgeführt werden. Folglich steigt damit auch die Menge an ausgebrachten Fungiziden. Dies steht den generellen Bestrebungen der europäischen Agrar- und Umweltpolitik entgegen, die vorsieht, die jährlichen Aufwandsmengen an Pflanzenschutzmitteln in der Landwirtschaft zu minimieren. Gerade in Phasen mit einem hohen Befallsdruck durch Pilzkrankheiten ist eine zeitnahe Behandlung wichtig, um eine möglichst wirksame Behandlung durchführen zu können (Möhring et al. 2020). Hierzu wurden bereits einige Prognosemodelle entwickelt, die den gezielten und ressourcenschonenden Pflanzenschutz ermöglichen sollen. Neben der exakten Prognose ist aber auch die zeitnahe Pflanzenschutzapplikation erforderlich. Dies verlangt von den Winzern innerhalb kürzerer Zeitfenster, den Pflanzenschutz in allen Parzellen zielgerichtet durchzuführen.

Auch in Hessen führt der Strukturwandel zu Veränderungen in der Weinbranche. Laut statistischem Bundesamt nahm die Zahl der weinbautreibenden Betriebe von 2010–2016 um 9 % ab. Gleichzeitig wuchs aber die Rebfläche um 100 ha. Folglich wachsen die Betriebsgrößen und so sind die Betriebe zunehmend angehalten, die Effizienz in der zeitnahen Pflanzenschutzapplikation zu steigern. In Steillagen, wie im oberen Rheingau vorwiegend zu finden, ist der Pflanzenschutz in nicht befahrbaren Anlagen deutlich erschwert. Die Applikation mittels Hubschrauber ist hier ein bewährtes Mittel zum termingerechten Pflanzenschutz. Mit Änderung des Pflanzenschutzgesetzes 2012 ist dies nur noch mit Ausnahmeregelung in Steillagen zulässig. Zukünftig könnten unbemannte Drohen helfen, bei steigender Betriebsgröße, auch in Steillagen, effizient und nachhaltig die Reben vor Pilzbefall zu schützen. Fraglich ist aber, ob dies rechtlich zulässig sein wird und ob die Bevölkerung solche Innovationen tolerieren will.

Die Häufung von lokalen Starkregenereignissen (Brasseur et al. 2017) verschärft besonders für den Weinbau in Steillagen das Problem von Erosion. Durch Starkregenereignisse fließt ein großer Teil des Niederschlags oberflächig ab und führt je nach

Zustand des Bodens sowie dem Alter der Reben zu massiven Erosionsverlusten von humusreicher Feinerde. Dadurch entstehen Erosionsgräben, die eine spätere Durchfahrt mit einem Schlepper mitunter verhindern (Rodrigo Comino et al. 2015). Zusätzlich führt die erhöhte Bodenerosion zur Verschlammung und Eutrophierung von Oberflächengewässern. Dem kann gezielt entgegengetreten werden, indem die Bewirtschaftung von besonders erosionsgefährdeten Anlagen in direkter Falllinie mit entsprechend angepassten, leichteren Maschinen bewirtschaftet werden, die weniger Fahrspuren hinterlassen.

In Trockenstress gefährdeten oder jungen Weinbergen kann die Abdeckung des Bodens mit Grünkomposten oder Holzhäcksel und in etablierten Anlagen mit weniger Trockenstressneigung die Einsaat einer zeitweisen oder dauerhaften Begrünung helfen, den negativen Folgen der Erosion durch Starkregenereignissen zu begegnen.

Langfristig könnte der Erosion in Steillagen begegnet werden, wenn anstatt einer Bewirtschaftung in direkter Falllinie auf befahrbare Querterrassen gearbeitet wird. Dies erfordert massive kulturbauliche Anpassungen in den Hängen und verändert nachhaltig die etablierte Kulturlandschaft. Auch hier ist fraglich, ob eine solche Veränderung der etablierten Kulturlandschaft durch Behörden und die Öffentlichkeit weitgehend toleriert wird.

Der Klimawandel begünstigt ebenfalls tierische Schaderreger. In den letzten Jahren konnten sich Schädlinge In Europa aus wärmeren Regionen Richtung Norden ausbreiten. Die Kirschessigfliege (Drosophila suzukii) findet sich in Hessen seit 2014. Dieser invasive Schädling gelangte 2008 nach Europa und breitet sich dort seither aus. Voraussetzung für seine schnelle Verbreitung sind die durch den Klimawandel zunehmend geeigneten Klimabedingungen, die Verfügbarkeit einer Vielzahl von unterschiedlichen Wirtspflanzen im Laufe der Vegetationsphase und die Fähigkeit, innerhalb kürzester Zeit sehr große Populationen aufzubauen (Vogt 2020). Die Kirschessigfliege befällt die intakten, reifen Früchte und verfügt damit auch für den Weinbau über ein großes Schadpotenzial. Gerade Rotweinsorten mit einer dünnen Beerenhaut sind betroffen (Ioriatti et al. 2015) und bieten ideale Bedingungen für Sekundärinfektionen wie z. B. Essigsäurebakterien, die zum kompletten Ausfall der Ernte führen können. Die Kirschessigfliege dient zusätzlich als Vektor für Mikroorganismen und daher verstärkt sich das Schadpotenzial auf drastische Weise bei günstigen Bedingungen.

Da die Kirschessigfliege feucht-warme Bedingungen bevorzugt, war in Deutschland und auch den hessischen Weinanbaugebieten der Jahrgang 2014 als Beispiel wesentlich problematischer als die Jahrgänge 2018 und 2019, die auch während der Reifephase sehr trockene Bedingungen aufboten. Treten hohe Populationen der Kirschessigfliege auf, so ist zu einer sehr zeitnahen selektiven Lese zu raten. Dies setzt allerdings ein sorgfältiges Monitoring und entsprechende Ressourcen an die Weingüter voraus, um im Ernstfall innerhalb kürzester Zeit große Mengen an Rotwein zu verarbeiten.

## 3 Oenologische Herausforderungen

Der Klimawandel betrifft nicht nur die Entwicklung der Reben und damit die Weinbaupraxis in den verschiedenen Regionen, sondern beeinflusst über die Veränderung der Beerenzusammensetzung auch in vielfältiger Weise die Qualität und Stilistik der Weine. Somit wird auch die Weinbereitung in unterschiedlicher Art vor eine Reihe von Herausforderungen gestellt.

Im Folgenden sollen die direkten und indirekten Auswirkungen des Klimawandels auf die Weinbereitung beschrieben und anhand von Beispielen aufgezeigt werden, welche Herausforderungen dies für die Weinbranche bedeutet.

### 3.1 Steigende Alkoholgehalte

Durch den tendenziellen Anstieg der Durchschnittstemperaturen in den letzten Jahren zeigt sich ein Anstieg der Zuckergehalte beim Most und folglich der Alkoholgehalte beim Wein (Mira de Orduña 2010; Alston et al. 2015). Zahlreiche internationale Publikationen belegen diese Entwicklung und auch in den hessischen Weinanbaugebieten lassen sich stetig steigende Alkoholgehalte beim Wein belegen.

In der Vergangenheit hat man gerade in kühleren Weinbaugebieten wie dem Rheingau oder der Hessischen Bergstraße, aber auch in den anderen Anbaugebieten in Deutschland oder angrenzenden Ausland versucht, den Alkoholgehalt der Weine auf vielfältige Art zu steigern. Man hat Rebsorten und Klone nach hohen potenziellen Alkoholgehalten selektioniert, die weinbauliche Praxis wurde diesbezüglich optimiert, man hat Erträge reduziert oder durch größere Laubwände mit mehr Blattfläche, das sogenannte Blatt-/Fruchtverhältnis optimiert. Zudem hat die Weinbereitung mit Reinzuchthefen und gezielter Gärführung einen Anteil, dass die Weine tendenziell mehr Alkohol enthalten.

Alkohol als Weininhaltstoff wird nicht nur sehr kontrovers diskutiert, sondern auch stark rechtlich reguliert. Wird ein Wein unter Nennung der geschützten geografischen Angabe wie z. B. Rheingau oder hessische Bergstraße vermarktet, so muss dieser Wein mindestens 7 % vol. vorhandenen Alkohol aufweisen. Süßweine der Kategorien Beerenauslese, Trockenbeerenauslese und Eiswein sind hiervon ausgenommen. Sie müssen mindestens 5,5 % vol. vorhandenen Alkohol aufweisen.

Üblicherweise darf der Alkoholgehalt um bis zu 3 % vol. durch Konzentrierung oder Anreicherung mittels Saccharose oder rektifiziertem Traubenmostkonzentrat erhöht werden. Seit 2009 ist auch unter bestimmten Voraussetzungen eine teilweise Alkoholreduzierung durch physikalische Verfahren wie die Destillation unter Vakuum oder mittels moderner Membranverfahren wie der osmotischen Destillation zulässig. Laut EU Vo 144/2013 darf so dem Wein bis zu 20 % seines vorhandenen Alkoholgehaltes reduziert werden. Bei sachgemäßer Anwendung der verschiedenen zur Verfügung stehenden physikalischen Verfahren ist eine Reduzierung des Alkoholgehalts um 2 % vol. nicht sensorisch von der unbehandelten Variante zu unterscheiden (Meillon et al. 2010; Schmitt 2016). Auch wenn eine derart deutliche Reduzierung des Alkoholgehalts nicht sensorisch den Wein zu verändern scheint, so gibt es Gründe dafür, überhöhte Alkoholgehalte zu reduzieren. Vonseiten des Handels und der Kunden gibt es bestimmte Alkoholgehalte, die bevorzugt werden. Zunehmend werden überhöhte Alkoholgehalte auf dem Etikett kritisch angesehen (Alston et al. 2015).

Außerdem sind in manchen Ländern die Weinsteuer und die Zollabgaben für den Weinimport an den vorhandenen Alkoholgehalt gekoppelt. Weine mit höheren Alkoholgehalten führen demnach zu höheren Abgaben für Steuer und Importzoll. Eine gezielte Reduzierung des Alkoholgehalts kann in solch speziellem Fall helfen, kritische Grenzwerte gezielt zu umgehen und weniger Abgaben zahlen zu müssen. Dies ermöglicht damit höhere Margen für den Handel oder geringere Preise für den Kunden.

Auch wenn das europäische und deutsche Weingesetz eine teilweise Alkoholreduzierung durch physikalische Verfahren erlaubt, ist dies aktuell aus zollrechtlicher Sicht nur sehr schwer für die Branche in Deutschland zu realisieren. Durch den Entzug von Alkohol werden die zollrechtlichen Bestimmungen des Branntweinmonopolgesetzes (BranntwMonG) tangiert. Selbst kleine, mobile Membrananlagen, die nur einen Teil des Alkohols in Form einer wässrigen Fraktion von weniger als 5 % vol. entziehen, sind als Verschlussbrennerei in einem entsprechenden Steuerlager zu betreiben.

Eine gelegentliche Nutzung von modernen Membrananlagen oder die Inanspruchnahme eines mobilen Dienstleisters, wie etwa in vielen europäischen Nachbarländern zunehmend üblich, ist dadurch nicht möglich. Für die Weinbranche besteht daher nur die Möglichkeit, den Wein zu einer solchen Anlage zu bringen, die gemäß Branntweinmonopolgesetz als Verschlussbrennerei betrieben wird. Solche Anlagen sind meist relativ groß dimensioniert und der Transport zur Anlage und anschließend zum Weingut zurück ist nachteilig für die Weinqualität.

Als alternativer Ansatz zur direkten Alkoholreduzierung mittels physikalischer Verfahren sind Hefen mit reduzierter Alkoholausbeute denkbar (Contreras et al. 2014; Röcker et al. 2016b; Duchêne et al. 2010). Entsprechende auf dem Markt befindliche Hefen sind in der Lage, den Alkoholgehalt um 1–2 % vol. zu reduzieren. Fraglich hierbei ist, welche Stoffe anstatt des Alkohols durch die Hefe gebildet werden und ob dies der Qualität der Weine zuträglich ist.

Bislang noch nicht für die Weinbereitung in Europa zulässig, aber potenziell sehr interessant, ist der präfermentative Einsatz des Enzyms Glucose-Oxidase (GOX). Die Glucose-Oxidase ist unter aeroben Bedingungen in der Lage, Glucose in Gluconsäure umzuwandeln. Nach der Belüftungsphase von rund 30 h wird der Most unter üblichen Bedingungen anaerob vergoren. Dadurch lassen sich Weine mit etwa 2 % vol. weniger Alkohol erzeugen. Sensorisch zeigen sich die so erzeugten Weine deutlich von einer hohen Säure geprägt und sind insgesamt weniger gebietstypisch (Röcker et al. 2016a).

Die tendenziell steigenden Zuckergehalte führen auch zunehmend zu Problemen, die alkoholische Gärung komplett zu beenden. Hohe Zuckergehalte beim Most bedeuten für die Hefe einen hohen osmotischen Stress, wodurch der Beginn der Gärung verzögert werden kann. Dadurch wird oftmals das Auftreten von unerwünschten Mikroorganismen begünstigt, die wiederum zu Weinfehlern wie einem Anstieg der flüchtigen Säure oder Bildung von Ethylacetat führen (Ribéreau-Gayon 2007).

Die komplette Verstoffwechselung des Zuckers durch die Hefe, um trockene Weine zu erzeugen, ist durch hohe Alkoholgehalte gegen Ende der Gärung zusätzlich erschwert und auch ein evtl. gewünschter biologischer Säureabbau wird durch den Stressfaktor Alkohol zusätzlich erschwert (Bisson 1999). Auch wenn die Industrie zahlreiche scheinbar sehr alkoholtolerante Hefen und Bakterienstämme selektioniert, sind Gärstockungen weiterhin ein globales Thema.

Überhöhten Alkoholgehalten könnte man auch bereits im Weinberg durch verschiedene Maßnahmen entgegentreten.

Als vermeintlich einfachste und wirtschaftlichste Lösung könnte durch den gezielten Rebschnitt auf höhere Erträge hingearbeitet werden. Ebenso kann eine verringerte Laubfläche durch massives Einkürzen der Triebe helfen, das Blatt-Frucht-Verhältnis zu verändern und damit weniger Zucker in die Beeren einzulagern (Vasconcelos und Castagnoli 2000).

Fällt die Witterung gegen Ende der Vegetationsphase aber nicht so günstig aus wie erwartet, so mangelt es an Reife. Durch die Ertragsregelung in den deutschen und hessischen Anbaugebieten lassen sich allerdings die Erntemengen nicht unbegrenzt steigern. In sehr trockenen Jahrgängen wie 2019, verstärkt sich der Trockenstress für die Rebe durch den höheren Behang zusätzlich.

Oftmals wird ein früherer Lesetermin als Lösungsansatz genannt, um überhöhte Alkoholgehalte zu vermeiden. Gerade in sehr warmen Jahrgängen zeigt sich aber eine deutliche Diskrepanz zwischen Zuckergehalten der Beeren und der Aromareife (Mira de Orduña 2010). Erst bei sehr hohen Zuckergehalten zeigen sich die Trauben als wirklich aromatisch. Für die Erzeugung von aromatischen Weißweinen ist dies ein wichtiges Kriterium. Eine frühere Lese mit dem Ziel von moderaten Alkoholgehalten geht folglich mit einem Defizit an Aromen einher. Zudem neigen solche Weine stärker zu untypischen Alterungsnoten (UTA) (Schneider 2014). Für die Erzeugung von hochwertigen Rotweinen ist die Reife der Tannine essenziell. Ein vorgezogener, nur am Zuckergehalt orientierter Lesetermin würde Weine erzeugen, die tendenziell mehr bitter und adstringierend schmecken.

## 3.2 Sinkende Säuregehalte

Ein weiterer wesentlicher Effekt wärmerer Jahrgänge ist der Rückgang der Säuregehalte beim Wein. Tendenziell sind die Gehalte der Gesamtsäure auch in Hessen rückläufig. Dafür ist vor allem der Rückgang der Äpfelsäure verantwortlich, denn sie wird bei wärmeren Temperaturen stärker abgebaut. Die Gehalte der Weinsäure bleiben allerdings unverändert, denn sie werden nicht durch wärmere Temperaturen beeinflusst. Hat man in der Vergangenheit üblicherweise mit unterschiedlichen Verfahren versucht, die Säuregehalte im Most und im Wein zu reduzieren, so wird in den letzten Jahren zunehmend die gezielte Säuerung ein Thema für die Oenologie.

Besonders fruchtige und frische Weißweine mit Alterungspotenzial, wie beispielsweise Rheingauer Rieslinge, benötigen einen gewissen Säuregehalt für ihre typische sensorische Ausprägung. Dieser Weintyp hat sich relativ erfolgreich etabliert und folglich möchte man dieses Geschmacksbild auch in wärmeren Jahrgängen erhalten.

So wurde zwischen 2010 und 2020 in insgesamt acht Jahrgängen eine Ausnahmegenehmigung gemäß EU-Recht für eine Säuerung in Hessen bewilligt. Im Falle einer Erlaubnis zur Säuerung besteht die Möglichkeit, mittels Wein-, Äpfel- oder Milchsäure den Säuregehalt beim Most um bis zu 1,5 g/L und im Wein um maximal 2,5 g/l zu erhöhen (berechnet in Weinsäure). Mit sinkendem Säuregehalt steigt zeitgleich der pH-Wert der Weine (Boulton 1980). Dies hat einen weitreichenden Einfluss auf die Weine. Mit steigendem pH-Wert verbessern sich die Lebensbedingungen für weinschädliche Mikroorganismen wie Milch- und Essigsäurebakterien. Auf der anderen Seite ist die antimikrobielle Wirkung der schwefligen Säure reduziert. Dies ist besonders problematisch, da man vonseiten der Gesetzgebung zunehmend auf reduzierte Schwefelgehalte der Weine drängt. Zudem ist die Wirksamkeit von Weinbehandlungsmitteln wie Bentonit oder Gelatine zur Reduzierung von Bitterstoffen durch höhere pH-Werte reduziert.

All dies sind weitere Beweggründe für eine Säuerung, denn damit lässt sich der pH-Wert gezielt senken.

## 3.3 Entwicklung der Phenolgehalte

Warme und trockene Jahrgänge bedeuten für Rotweine vom Blauen Spätburgunder aus dem Rheingau generell ein höheres Qualitätspotenzial (Blank et al. 2019). Gerade in sehr trockenen Jahrgängen wie 2018 und 2019 steigen die Phenolgehalte beim Wein. Für Rotweine ist dies bis zum gewissen Grad der Qualität förderlich. Bei Weißweinen nimmt bedingt durch die steigenden Phenolgehalte aber generell der bittere Geschmack zu. Zudem verstärkt ein hoher Alkoholgehalt die empfundene Bitterkeit der Weine. Gerade Trauben aus Weinbergen mit Trockenstress sollten daher sehr schonend und zeitnah nach der Lese verarbeitet werden, um ungewünschte Mazerationsvorgänge zu begünstigen, wodurch die Bitterkeit und Adstringenz der späteren Weine zusätzlich gesteigert wird. Eiweißhaltige Schönungsmittel wie beispielsweise Gelatine oder eine gezielte Mostoxidation kann helfen, die Phenolgehalte frühzeitig beim Most zu reduzieren.

### 3.4 Steigende Temperaturen zur Leseperiode

Durch die zunehmend frühen Erntetermine liegen die Tagestemperaturen dann oftmals noch über 20, teilweise über 30 °C. Solch hohe Temperaturen bedeuten auch hohe Maische- bzw. Mosttemperaturen. Durch solch hohe Temperaturen wird eine rasche und intensive Kühlung notwendig, um unerwünschten Gärbeginn beim Weißwein während dem präfermentativen Schritt des Vorklärens zu vermeiden und um die Gärung langsam und gezügelt beginnen zu können. Höhere Gärtemperaturen von über 20–25 °C sind beim Weißwein zu vermeiden, da hierdurch unter anderem mehr Aromen verloren gehen. Für hochwertige Weißweine sollte daher eine gezügelte Gärung mit einer kontrollierten und stetigen Zuckerabnahme angestrebt werden. Daher wird auch in kühleren Weinbauregionen die gezielte Kühlung vor und während der Gärung immer wichtiger. Neben Investitionen in entsprechend geeignete Kühltechnik steigen auch die Ausgaben für Energie. Allein die Kühlung von Maische und Most vor und während der Gärung sind häufig für 40–60 % des jährlichen Energiebedarfs eines Weinguts verantwortlich (Catrini et al. 2020).

Die Lese zu kühleren Tageszeiten in der Nacht oder früh am Morgen kann helfen, den Bedarf an Energie zum Kühlen zu senken. Zudem können moderne energieeffiziente Systeme zur Gär- und Gebäudekühlung helfen, nachhaltig den steigenden Energiebedarf für die Kühlung zu reduzieren (Schenk 2018).

Sehr problematisch wird es, wenn die Traubenreife und Ernte in einer Periode mit anhaltend feucht-warmer Witterung stattfinden. Durch die zunehmenden warmen Bedingungen in dieser Phase verstärkt sich das Schadpotenzial durch die hohe Feuchtigkeit. Traubenfäule durch z. B. Botrytis cinerea (Graufäule) kann sich unter solchen Bedingungen sehr schnell ausbreiten. Wird beim Riesling ein gewisser Grad an reinem Botrytisbefall toleriert bzw. für spezielle Weinstyle erwünscht, ist bei anderen Rebsorten und vor allem bei Rotwein, ein Befall von Botrytis nicht erwünscht. Durch die Pilzkrankheit wird die potenzielle Farbe der Weine stark reduziert. Schon sehr früh zeigen Rotweine mit Botrytisbefall eine braune Farbe.

Bedingt durch ansteigende Temperaturen erhöht sich die Gefahr von sogenannten Sekundärinfektionen. Wird durch Botrytis cinerea die Beerenhaut zerstört, können sich andere Schadorganismen wie unterschiedliche Penicillium-Arten oder Säuerfäule ungehindert verbreiten (Ellison et al. 1998).

Diese führen zu unterschiedlichen dumpf-muffigen Fehltönen (Schaefer 2014). Wesentlich problematischer als diese Fehltöne sind aber Mykotoxine wie Ochratoxin, Patulin, Aflatoxin, Alternariol und Fumonisin B2 (Ubeda et al. 2020). Diese Stoffe gelangen über längere Standzeiten zunehmend in den Most und führen dazu, dass betroffene Weine evtl. nicht mehr verkehrsfähig sind. Bislang war dieses Problem stärker in südlichen Weinbauregionen verbreitet, mit dem Klimawandel wird es aber auch zukünftig stärker in nördlichen Weinbauregionen auftreten (Otteneder und Majerus 2000). Der EU-Grenzwert für Ochratoxin A liegt bei 2 µg/kg Wein. Zwar lassen sich die

Gehalte an Mykotoxinen teilweise durch kürzere Maischestandzeiten oder Behandlungsmittel wie Aktivkohle oder Hefezellwandpräparate reduzieren, wichtiger ist es aber, Fäulnis und Sekundärinfektionen zu vermeiden bzw. befallene Beeren selektiv zu entfernen. Die Strategien zur Fäulnisvermeidung im Weinbau sind vielfältig. Dabei geht es im Wesentlichen darum, eine lockere Traubenstruktur und eine gut belüftete Traubenzone zu ermöglichen. Darüber hinaus kann durch den Zeitraum der Entblätterung auf dickere Beerenhäute hingearbeitet werden, die resistenter gegen Fäulnisbefall sind. Allerdings nimmt damit der Phenolgehalt der Beeren zu, was die Weinqualität beim Weißwein nachteilig beeinflussen kann, indem solche Weine stärker bitter erscheinen.

Bei ungünstigen Witterungsverhältnissen sollte die Ernte zügig, aber auch möglichst selektiv durchgeführt werden, um den qualitativen und wirtschaftlichen Schaden durch ausbreitende Fäulnis zu begrenzen. Dies kann durch händische Negativauslese und anschließender Lese mit Vollerntern zügig durchgeführt werden. Die nachfolgenden Schritte der Traubenverarbeitung wie etwa Pressen und Vorklären müssen allerdings auch darauf abgestimmt werden. Gerade in Regionen wie dem Rheingau, der sehr stark von einer Rebsorte (>80 % Riesling) und diese Rebsorte darüber hinaus von wenigen Pflanzenklonen mit kompakter Traubenstruktur dominiert wird, verlangt in Jahrgängen mit höherer Fäulnisneigung eine sehr schnelle Ernte der Trauben.

Folglich müssen viele Betriebe daher ihre Verarbeitungskapazitäten vergrößern. Dies führt in dicht besiedelten Regionen wie dem Rheingau immer wieder zu Spannungen, denn viele Betriebe müssen räumlich wachsen und finden diese Möglichkeit nur im Außenbereich und nicht in oftmals engen, historischen Ortskernen. Solche Bauprojekte außerhalb oder am Rande von Ortschaften sind mitunter regional aus unterschiedlichsten Gründen ein öffentlicher Streitfall. Für viele Betriebe ist eine Erweiterung der Produktionskapazitäten aber aus den hier genannten Gründen oftmals alternativlos, um den zukünftigen Herausforderungen des Klimawandels zu begegnen.

Steigende Temperaturen und sich verändernde Niederschlagsereignisse haben aber nicht nur einen direkten Einfluss auf die Traubeninhaltsstoffe und die Traubengesundheit, sondern auch eine Reihe von Vorstufen für die spätere Aromaentwicklung von Weinen (Pons et al. 2017).

Wärmere Jahrgänge korrelieren generell mit höheren Gehalten an Trimethyl-Dihydronaphtalin (TDN) als kühlere Jahrgänge (Mira de Orduña 2010). Dieser Stoff ist für den charakteristischen Petrolton von gereiften Rieslingen verantwortlich. Er wird aus verschiedenen Vorstufen während der Lagerung gebildet und ist chemisch relativ stabil. Der sensorische Schwellenwert liegt bei ca. 2 µg/l. und die Kundenpräferenz ist nicht einheitlich für oder gegen diesen Geruch (Ribéreau-Gayon 2007). In kühleren Weinbauregionen war es früher üblich, dass dieser Petrolton erst nach ca. fünf Jahren Lagerung auftritt. In den vergangenen Jahren tritt dieser schon stärker in höheren Gehalten in Erscheinung. Verschiedene weinbauliche Strategien wie die gezielte Beschattung der Beeren und die gezielte Wahl von bestimmten Reinzuchthefen soll helfen, die Entwicklung von TDN zu verringern (Schüttler et al. 2015, 2016).

### 3.5 Folgen für die Schaumweinbereitung

Die Produktion von Sekt und Schaumwein ist in den hessischen wie auch in den anderen deutschen Weinanbaugebieten fest etabliert. Gerade die Erzeugung von hochwertigen und gebietstypischen Schaumweinen wird durch die Folgen des Klimawandels tangiert.

Für die sichere Herstellung von qualitativ hochwertigen Schaumweinen sollten die Grundweine folgende Anforderungen erfüllen (Bach et al. 2010; Garofalo et al. 2016):

Alkoholgehalt von max. 12 % vol.
pH-Wert 3,0–3,2
Gesamtsäure 6,5–8 g/l
Keine sensorischen Fehler
Flüchtige Säure < 0,3 g/l
Freie $SO_2$ < 25 mg/l
Gesamt $SO_2$ max. 80 mg/l
Ausreichend hefeverfügbarer Stickstoff

Höheren Alkoholgehalten der Weine zur Sekterzeugung erschweren deutlich die vollständige zweite Gärung. Im Falle von Gärstockungen fehlt es dem Sekt an gewünschter $CO_2$, was sich einmal sensorisch bemerkbar macht, indem das typische Moussieren durch die Gasblasen fehlt. Falls der geforderte Mindestdruck von 3,5 Bar (20 °C) nicht erreicht werden sollte, kann die betroffene Charge nicht als Sekt (Qualitätsschaumwein b. A.) vermarktet werden. Zudem verstärkt die $CO_2$ den bitteren Eindruck des Alkohols, was der Qualität in deutlichem Umfang abträglich ist.

Gärstockungen beim Sekt, egal ob im Tank (Methode Charmat) oder in der Flasche (traditionelle Flaschengärung), lassen sich nur schwer beheben. Korrigierende Eingriffe wie die erneute Zugabe von Hefe sind sehr arbeitsintensiv und meist nur wenig erfolgreich.

Daher sollte man für die zielgerichtete Produktion von Schaumweinen bereits im Weinberg auf moderate Mostgewichte von max. 80° Oechsle achten.

Auch die weiteren analytischen Kennzahlen für Sektgrundweine sind, wie im vorherigen Teil beschrieben, zunehmend von den Folgen des Klimawandels tangiert. Gerade die gezielte Erzeugung von hochwertigen Schaumweinen ist daher in besonderem Umfang zum Handeln und zur Entwicklung von nachhaltigen Adaptionsstrategien gefordert.

## 4 Fazit

Die hessischen Weinbauregionen, wie auch die anderen angrenzenden Weinbauregionen in kühleren Klimazonen, sind nicht als pauschale Profiteure des Klimawandels zu sehen.

Tendenziell steigende Temperaturen in Verbindung mit häufiger auftretenden Wetterextremen stellen den Weinbau und die anschließende Weinbereitung zunehmend vor verschiedene Herausforderungen. Um weiterhin Weine von optimaler Qualität mit regionaltypischem Charakter zu erzeugen, muss die Branche zunehmend mit verschiedenen weinbaulichen wie auch oenologischen Strategien reagieren und auch langfristig die Resilienz der Systeme zu stärken.

**Matthias Schmitt** ist seit 2010 als wissenschaftlicher Mitarbeiter im Institut für Oenologie an der Hochschule Geisenheim tätig. Er absolvierte den Kooperationsstudiengang Vinifera EuroMaster mit verschiedenen Europäischen Hochschulen. Seine anschließende Promotion widmete sich der Vermeidung von stetig steigenden Alkoholgehalten beim Wein. Seine Forschungsschwerpunkte als wissenschaftlicher Mitarbeiter sind seither die Untersuchung von neuen oenologischen Verfahren und Strategien zur Adaption der Wein- und Sektbereitung an den Klimawandel.

## Literatur

Alston JM, Fuller KB, Lapsley JT, Soleas G, Tumber KP (2015) Splendide mendax: false label claims about high and rising alcohol content of wine. J Wine Econ 10(3):275–313. https://doi.org/10.1017/jwe.2015.33

Amerine MA, Winkler AJ (1944) Composition and quality of musts and wines of california grapes. Hilg 15(6):493–675. https://doi.org/10.3733/hilg.v15n06p493

Bach H-P, Troost G, Rhein OH (2010) Sekt, Schaumwein, Perlwein, 3., völlig neu bearb. Aufl. Ulmer, Stuttgart (Handbuch der Lebensmitteltechnologie)

Bisson LF (1999) Stuck and sluggish fermentations. Am J Enol Vitic 50(1):107

Blank M, Hofmann M, Stoll M (2019) Seasonal differences in Vitis vinifera L. cv. Pinot noir fruit and wine quality in relation to climate. OENO One 53(2). https://doi.org/10.20870/oeno-one.2019.53.2.2427

Boulton R (1980) The relationships between total acidity, titratable acidity and pH in wine. Am J Enol Vitic 31(1):76–80. https://www.ajevonline.org/content/ajev/31/1/76.full.pdf

Brasseur GP, Jacob D, Schuck-Zöller S (2017) Klimawandel in Deutschland. Springer, Berlin

Catrini P, Panno D, Cardona F, Piacentino A (2020) Characterization of cooling loads in the wine industry and novel seasonal indicator for reliable assessment of energy saving through retrofit of chillers. Appl Energy 266:114856. https://doi.org/10.1016/j.apenergy.2020.114856

Contreras A, Hidalgo C, Henschke PA, Chambers PJ, Curtin C, Varela C (2014) Evaluation of non-Saccharomyces yeasts for the reduction of alcohol content in wine. Appl Environ Microbiol 80(5):1670–1678. https://doi.org/10.1128/AEM.03780-13

Duchêne E, Huard F, Dumas V, Schneider C, Merdinoglu D (2010) The challenge of adapting grapevine varieties to climate change. Clim Res 41(3):193–204. https://doi.org/10.3354/cr00850

Ellison P, Ash G, McDonald C (1998) An expert system for the management of Botrytis cinerea in Australian vineyards. I. Development. Agric Syst 56(2):185–207. https://doi.org/10.1016/S0308-521X(97)00035-8

Fraga H, Malheiro AC, Moutinho-Pereira J, Santos JA (2012) An overview of climate change impacts on European viticulture. Food Energy Secur 1(2):94–110. https://doi.org/10.1002/fes3.14

Garofalo C, Arena M, Laddomada B, Cappello M, Bleve G, Grieco F et al (2016) Starter cultures for sparkling wine. Fermentation 2(4):21. https://doi.org/10.3390/fermentation2040021

Greer DH, Weston C (2010) Heat stress affects flowering, berry growth, sugar accumulation and photosynthesis of Vitis vinifera cv. Semillon grapevines grown in a controlled environment. Funct Plant Biol 37(3):206. https://doi.org/10.1071/FP09209

Heinrichs H, Grunenberg H (2009) Klimawandel und Gesellschaft. Perspektive Adaptionskommunikation, 1. Aufl. VS Verlag, Wiesbaden. http://fox.leuphana.de/portal/de/publications/klimawandel-und-gesellschaft(3ac7a54f-d7a4-4d6e-9a74-010ba647357e).html

Ioriatti C, Walton V, Dalton D, Anfora G, Grassi A, Maistri S, Mazzoni V (2015) Drosophila suzukii (Diptera: Drosophilidae) and its potential impact to wine grapes during harvest in two cool climate wine grape production regions. J Econ Entomol 108(3):1148–1155. https://doi.org/10.1093/jee/tov042

Jones GV, Davis RE (2000) Climate influences on grapevine phenology, grape composition, and wine production and quality for bordeaux, France. Am J Enol Vitic 51(3):249–261. https://www.ajevonline.org/content/ajev/51/3/249.full.pdf

Jones GV, White MA, Cooper OR, Storchmann K (2005) Climate change and global wine quality. Clim Change 73(3):319–343. https://doi.org/10.1007/s10584-005-4704-2

Lorenzo MN, Taboada JJ, Lorenzo JF, Ramos AM (2013) Influence of climate on grape production and wine quality in the Rías Baixas, north-western Spain. Reg Environ Change 13(4):887–896. https://doi.org/10.1007/s10113-012-0387-1

Marx W, Haunschild R, Bornmann L (2017) Climate change and viticulture – a quantitative analysis of a highly dynamic research field. 35–43 Pages: Vitis/VITIS – Journal of Grapevine Research, Vol 56, No 1 (2017): Vitis. https://doi.org/10.5073/vitis.2017.56.35-43

Meillon S, Viala D, Medel M, Urbano C, Guillot G, Schlich P (2010) Impact of partial alcohol reduction in Syrah wine on perceived complexity and temporality of sensations and link with preference. Food Qual Prefer 21(7):732–740. https://doi.org/10.1016/j.foodqual.2010.06.005

Mira de Orduña R (2010) Climate change associated effects on grape and wine quality and production. Food Res Int 43(7):1844–1855. https://doi.org/10.1016/j.foodres.2010.05.001

Möhring N, Wuepper D, Musa T, Finger R (2020) Why farmers deviate from recommended pesticide timing: the role of uncertainty and information. Pest Manag Sci 76(8):2787–2798. https://doi.org/10.1002/ps.5826

Moisselin J-M, Schneider M, Canellas C (2002) Les changements climatiques en France au XXè siècle. Etude des longues séries homogénéisées de données de température et de précipitations. Météorologie 8(38):45. https://doi.org/10.4267/2042/36233

Molitor D, Caffarra A, Sinigoj P, Pertot I, Hoffmann L, Junk J (2014) Late frost damage risk for viticulture under future climate conditions: a case study for the Luxembourgish winegrowing region. Aust J Grape Wine Res 20(1):160–168. https://doi.org/10.1111/ajgw.12059

Otteneder H, Majerus P (2000) Occurrence of ochratoxin A (OTA) in wines: influence of the type of wine and its geographical origin. Food Addit Contam 17(9):793–798. https://doi.org/10.1080/026520300415345

Pagay V, Kidman CM (2019) Evaluating remotely-sensed grapevine (Vitis vinifera L.) water stress responses across a viticultural region. Agronomy 9(11):682. https://doi.org/10.3390/agronomy9110682

Parker L, Bourgoin C, Martinez-Valle A, Läderach P (2019) Vulnerability of the agricultural sector to climate change: the development of a pan-tropical climate risk vulnerability assessment to inform sub-national decision making. PLoS One 14(3):e0213641. https://doi.org/10.1371/journal.pone.0213641

Poling EB (2008) Spring cold injury to winegrapes and protection strategies and methods. horts 43(6):1652–1662. https://doi.org/10.21273/HORTSCI.43.6.1652

Pons A, Allamy L, Schüttler A, Rauhut D, Thibon C, Darriet P (2017) What is the expected impact of climate change on wine aroma compounds and their precursors in grape? OENO One 51(2–3):141–146

Ribéreau-Gayon P (2007) Handbook of enology, 2. Aufl. Wiley, Chichester

Röcker J, Schmitt M, Pasch L, Ebert K, Grossmann M (2016a) The use of glucose oxidase and catalase for the enzymatic reduction of the potential ethanol content in wine. Food Chem 210:660–670. https://doi.org/10.1016/j.foodchem.2016.04.093

Röcker J, Strub S, Ebert K, Grossmann M (2016b) Usage of different aerobic non-Saccharomyces yeasts and experimental conditions as a tool for reducing the potential ethanol content in wines. Eur Food Res Technol 242(12):2051–2070. https://doi.org/10.1007/s00217-016-2703-3

Rodrigo Comino J, Brings C, Lassu T, Iserloh T, Senciales JM, Martínez Murillo JF et al (2015) Rainfall and human activity impacts on soil losses and rill erosion in vineyards (Ruwer Valley, Germany). Solid Earth Discuss 7(1):259–299. https://doi.org/10.5194/sed-7-259-2015

Schaefer V (2014) Untersuchungen zum Auftreten dumpf-muffiger Fehltöne im Wein. Untersuchungen zum Auftreten, der Herkunft, Behandlung und Vermeidung sensorisch wirksamer, dumpf-muffiger Fehltöne im Wein, die durch Trauben, Weinbearbeitung, Schönung, Weinbehandlung und Abfüllen verursacht werden können. Geisenheim: Ges. zur Förderung der Hochsch. Gesellschaft zur Förderung der Hochschule, Geisenheim (Geisenheimer Berichte, Bd. 74)

Schenk C (2018) Modeling, simulation and optimization of wine fermentation. Gesellschaft zur Förderung der Hochschule, Geisenheim

Schmitt M (2016) Teilweise Alkoholreduzierung von Wein mittels physikalischer Verfahren – Alkoholmanagement. Gesellschaft zur Förderung der Hochschule Geisenheim, Geisenheim (Geisenheimer Berichte, Band 80)

Schneider V (2014) Atypical aging defect: sensory discrimination, viticultural causes, and enological consequences. A review. Am J Enol Vitic 65(3):277–284. https://doi.org/10.5344/ajev.2014.14014.

Schultz HR (2016) Global climate change, sustainability, and some challenges for grape and wine production. J Wine Econ 11(1):181–200. https://doi.org/10.1017/jwe.2015.31

Schultz HR, Jones GV (2010) Climate induced historic and future changes in viticulture. J Wine Res 21(2–3):137–145. https://doi.org/10.1080/09571264.2010.530098

Schultz HR, Stoll M (2010) Some critical issues in environmental physiology of grapevines: future challenges and current limitations. Aust J Grape Wine Res 16:4–24. https://doi.org/10.1111/j.1755-0238.2009.00074.x

Schultz HR (2000) Climate change and viticulture: a European perspective on climatology, carbon dioxide and UV-B effects. Aust J Grape Wine Res 6(1):2–12. https://doi.org/10.1111/j.1755-0238.2000.tb00156.x

Schüttler A, Guthier C, Stoll M, Darriet P, Rauhut D (2016) Riesling: impact of grape cluster zone defoliation, grape must clarification and yeast strain on TDN potential in cool climate wines. Wine Vitic J 31(2):51–54

Schüttler A, Guthier C, Stoll M, Darriet P, Rauhut D (2015) Impact of grape cluster defoliation on TDN potential in cool climate Riesling wines. BIO Web Conf 5:1006. https://doi.org/10.1051/bioconf/20150501006

Ubeda C, Hornedo-Ortega R, Cerezo AB, Garcia-Parrilla MC, Troncoso AM (2020) Chemical hazards in grapes and wine, climate change and challenges to face. Food Chem 314:126222. https://doi.org/10.1016/j.foodchem.2020.126222

van Leeuwen C, Darriet P (2016) The impact of climate change on viticulture and wine quality. J Wine Econ 11(1):150–167. https://doi.org/10.1017/jwe.2015.21

Vasconcelos MC, Castagnoli S (2000) Leaf canopy structure and vine performance. Am J Enol Vitic 51(4):390

Vogt H (2020) Ein Winzling lehrt das Fürchten. Biol Unserer Zeit 50(4):254–262. https://doi.org/10.1002/biuz.202010710

# Zukunftsfähige Industrie in Hessen gestalten

## Industrie als zentraler Bestandteil des Innovationsökosystems in Hessen

Hannes Utikal und Carolin Hendrys

**Zusammenfassung**

Hessen ist nicht nur in Deutschland, sondern auch europaweit ein Top-Wirtschaftsstandort mit einer über 150 Jahre alten Industrietradition, insbesondere im Pharma- und Chemiesektor. Seit 1863 ist der Industriepark Höchst ein Beispiel für Innovation und Transformation. Doch welche Faktoren entscheiden über Erfolg und Misserfolg von Industriestandorten? Und welche Rolle kann die Industrie bei der Umsetzung des Themas Nachhaltigkeit spielen? Dieser Artikel betont die Bedeutung funktionierender Wissenskreisläufe für die Entwicklung der Industrie. Diese Wissenskreisläufe sind themenspezifisch zu gestalten und umfassen Akteure unterschiedlicher Sektoren – Vertreter anderer Branchen, akademische Einrichtungen, der öffentlichen Hand und der Zivilgesellschaft. Durch eine themenspezifische Entwicklung solcher innovativer Ökosysteme kann eine zukunftsfähige Industrie, die sich durch Wettbewerbsfähigkeit, Innovationskraft und Nachhaltigkeit auszeichnet – auch in Hessen gestaltet werden.

H. Utikal (✉) · C. Hendrys
Zentrum für Industrie und Nachhaltigkeit an der Provadis Hochschule, Industriepark Höchst, Frankfurt am Main, Deutschland
E-Mail: hannes.utikal@provadis-hochschule.de

C. Hendrys
E-Mail: carolin.hendrys@eitrawmaterials.eu



A. Trischler und S. Böhling (Hrsg.), *CSR in Hessen,* Management-Reihe Corporate Social Responsibility, https://doi.org/10.1007/978-3-662-63004-4_9

## 1 Industrie in Hessen – Ein Überblick

Industrie ist in Hessen ein wesentlicher Bestandteil eines eng verflochtenen Wirtschaftssystems, das sich durch einen breiten Branchenmix aus Industrie- und Dienstleistungsunternehmen auszeichnet, mit den Schlüsselbranchen Informations- und Kommunikationstechnologie, Erneuerbare Energien, Kreativwirtschaft, Transport und Logistik, Automobilindustrie/E-Mobilität, Finanzen, Life Sciences/Chemie- und Pharmaindustrie und Medizintechnik sowie Maschinenbau und Elektronik. Laut Hessen Trade & Invest (HTAI) waren 2018 von 2.584.005 der sozialversicherungspflichtigen Beschäftigten 454.693 im verarbeitenden Gewerbe tätig. Die Anteile der im produzierenden Gewerbe Tätigen liegen dabei in den drei Regierungsbezirken Kassel, Gießen und Darmstadt bei jeweils 31,5 %, 33,9 % und 20,1 % (HTAI 2020).

Obwohl die hessische Industrie breit aufgestellt ist, gibt es dennoch klare Schwerpunkte und vier dominierende Branchen: Der Löwenanteil der Beschäftigten und Umsätze im verarbeitenden Gewerbe entfallen auf die chemische und pharmazeutische Industrie, Metallindustrie, Elektroindustrie sowie auf den Maschinen- und Fahrzeugbau (Industrieplatz Hessen 2020). Regional betrachtet dominieren im Regierungsbezirk Kassel die Logistikbranche, der Fahrzeugbau und Energietechnologien, im Regierungsbezirk Gießen die optische Industrie, Biotechnik, Mechanik sowie Life Sciences und im Regierungsbezirk Darmstadt, zu dem Frankfurt gehört, die chemische Industrie (HTAI 2020). Wenig wahrgenommen wird dabei, dass „Mainhattan" nicht nur Deutschlands Finanzhochburg ist, sondern – laut IHK Frankfurt – allein in der Stadt Frankfurt, dem Hochtaunuskreis und dem Main-Taunus-Kreis 90.000 Menschen in Unternehmen des produzierenden Gewerbes beschäftigt sind. Mit 10 Mrd. € erwirtschaften diese Unternehmen rund 15 % des gesamten Bruttoinlandproduktes der Region und der IHK-Bezirk Frankfurt am Main gehört damit zu den bedeutendsten Industriestandorten in Hessen und Deutschland (IHK Frankfurt 2020).

Industriellen Betrieben kommt in Hessen ohne Zweifel eine Schlüsselrolle zu, was das Wachstum, die Beschäftigung und den materiellen Wohlstand der Region anbelangt. Die Tatsache, dass das Bruttoinlandsprodukt pro Erwerbstätigen in Hessen europaweit in der Spitzengruppe liegt, hat nicht zuletzt mit den in der Region seit Jahrzehnten verwurzelten, erfolgreichen Industrieunternehmen zu tun. Im deutschlandweiten Vergleich erwirtschaftete jede erwerbstätige Person in Hessen 2019 83.320 €. Das sind 9,7 % mehr als der Bundesdurchschnitt von 75.930 € (Statistik Hessen 2020). Auch für die Exportwirtschaft spielt die Industrie eine wichtige Rolle. Laut Statistischem Landesamt sind die Erzeugnisse der hessischen chemischen und pharmazeutischen Industrie mit Abstand Exportschlager und führten 2018 mit einem Volumen von 18,4 Mrd. € und einem Anteil von 28,7 % des hessischen Exportvolumens die Rangliste der wichtigsten Exportgüter an. Darauf folgten elektrotechnische Erzeugnisse sowie Produkte des Fahrzeug- und Maschinenbaus (HTAI 2020).

Doch was bedeutet nun eigentlich Zukunftsfähigkeit? Dem Begriff „Zukunftsfähigkeit“ wurde in den letzten 150 Jahren Industriegeschichte zum Teil sehr unterschiedliche Bedeutungen zugeschrieben. Über große Teile des 19. und 20. Jahrhunderts lag der Fokus fast ausschließlich auf dem ökonomischen Erfolg eines Unternehmens. Ein wirtschaftlich erfolgreiches Unternehmen wurde als zukunftsfähig eingestuft. Erst in den vergangenen Jahrzehnten entstand ein Bewusstsein für die Notwendigkeit, den Erfolg eines Unternehmens nicht mehr nur ökonomisch, sondern auch unter Berücksichtigung ökologischer und sozialer Aspekte zu bewerten. Heute wird eine zukunftsfähige Industrie als eine solche begriffen, die Beiträge zur nachhaltigen Entwicklung – wie durch die 17 Sustainable Development Goals der Vereinten Nationen beschrieben – leistet. Die Industrie hat dann nicht mehr nur eine Verantwortung für den materiellen Wohlstand der Beschäftigten, sondern auch für eine intakte Umwelt, die Gesundheitsvorsorge sowie eine Beteiligung unterschiedlicher Bevölkerungsgruppen an der Entwicklung.

Dieser Gedanke wird auch in dem sogenannten Green Deal der EU-Kommission aufgegriffen und zum Leitmotiv für die Jahre 2019–2024 erhoben. Als Kern des Green Deals wird das Ziel genannt, die EU bis 2050 zum ersten klimaneutralen Kontinent umzugestalten. Elemente hiervon sind unter anderem die Mobilisierung der Industrie für eine saubere und kreislauforientierte Wirtschaft, die Umstellung auf eine nachhaltige und intelligente Mobilität oder der Erhalt von Biodiversität. Inhaltlich begreift der Green Deal den Transformationsprozess als soziotechnische Transformation. Neben der technologischen Umgestaltung der Industrie werden auch soziale und gesellschaftspolitische Ziele formuliert. So soll beispielsweise sichergestellt werden, dass der Transformationsprozess „gerecht“ ausgestaltet und „niemand zurückgelassen“ wird.

Die zirkuläre Wirtschaft erhält in den letzten Jahren besondere Aufmerksamkeit als Antwort auf das vorherrschende Produktions- und Verbrauchsmodell, das auf beständigem Ressourceneinsatz und kontinuierlichem Wachstum basiert. Anschaulich beschreiben lässt sich das Modell der zirkulären Wirtschaft, wenn man es der linearen Wirtschaft gegenüberstellt. In deren Produktionslogik (take, make, waste) werden der Erde ständig Rohstoffe entnommen, in industriellen Prozessen zu Produkten verarbeitet und nach Gebrauch weggeworfen. Das Konzept der zirkulären Wirtschaft schafft einen Paradigmenwechsel, der die Beanspruchung neuer Ressourcen vom Wachstum entkoppelt. Statt weiter Müll zu erzeugen, Abfälle zu verbrennen oder auf Deponien zu entsorgen, werden bei der zirkulären Wirtschaft Stoffkreisläufe geschlossen (Kopel und Utikal 2019).

Diese umfassende soziotechnische Transformation erfordert die Zusammenarbeit unterschiedlicher Akteure aus Zivilgesellschaft, Politik, Unternehmen und Wissenschaft, die jeweils ihre spezifische Expertise und Perspektive auf die Umgestaltung von Wirtschaft und Gesellschaft einbringen müssen.

Den kooperativen Ansatz nehmen wir mit Blick auf die Entwicklungsmuster und Erfolgsfaktoren dreier ausgewählter hessischer Industriestandorte genauer unter die Lupe.

## 2 Entwicklungsmuster von Industriestandorten in Hessen

Wie überall in Deutschland bzw. Europa steht auch die Industrie in Hessen vor gewaltigen Herausforderungen. Nachhaltiges Wirtschaften, das alle Nachhaltigkeitsdimensionen (soziale, ökologische, ökonomische) einbezieht und gesellschaftliche Verantwortung übernimmt, ist das Gebot der Stunde. Die dafür nötige Transformation lässt sich am Beispiel von drei Chemiestandorten in Hessen, die von der Provadis Hochschule als Fallstudien untersucht wurden, exemplarisch nachvollziehen: Die Industrieparks Höchst, Griesheim und Offenbach, die im Rhein-Main-Gebiet gerade mal rund 20 km voneinander entfernt liegen, haben eine jahrzehntelange Tradition und gemeinsame Historie. Gleichzeitig haben sie sich in den vergangenen zwei Jahrzehnten sehr unterschiedlich entwickelt. Während der Industriepark Höchst floriert, wartet das Industriegelände in Offenbach seit Jahren auf eine neue Nutzung fern der Industrie und steht der Park in Griesheim nach Abgängen mehrerer Unternehmen vor dem Aus. Grundsätzlich gibt es eine Reihe von allgemein geltenden Herausforderungen, die Industrieparks zum Wandel „zwingen" sowie Erfolgsfaktoren, vor deren Hintergrund sich die verschiedenen Standorte so unterschiedlich entwickelt haben.

### 2.1 Herausforderungen für Industriestandorte

Seit den 90er-Jahren hat sich die Struktur der Chemieindustrie in Deutschland grundlegend geändert. Während vor etwa 30 Jahren noch diversifizierte Großkonzerne wie z. B. die Hoechst AG die Chemiebranche dominierten, sind die heute in Deutschland ansässigen Firmen der Branche deutlich spezialisierter und kleiner bezüglich ihres Umsatzes und ihrer Mitarbeiterzahl. Mit diesem Wandel und der Konzentration der Industriebetriebe auf Kernaktivitäten ging die Entwicklung einher, dass aufgrund von Größenvorteilen Industrieparks zu Erfolgsfaktoren in der deutschen Industrie geworden sind. Durch die Kooperation und durch Auslagerung einzelner Aufgaben (z. B. Energie-, Wasser- und Abfallmanagement) an den Standortbetreiber lassen sich dort Synergien verwirklichen, die für die Konkurrenzfähigkeit der Unternehmen im internationalen Wettbewerb überlebenswichtig sind.

Die Entwicklung von Industrieparks gilt als Erfolgsfaktor für die Industrie in Deutschland, die nach wie vor einen zentralen Baustein der deutschen Volkswirtschaft darstellt. Mit der Ausgründung von Betreibergesellschaften aus den Großkonzernen Ende des vergangenen Jahrhunderts ging in Industrieparks in Deutschland eine Professionalisierung des Betreiber- und Dienstleistungsgeschäfts einher. Eine wesentliche Herausforderung für Industrieparks war in den vergangenen Jahren der Wandel vom konzerninternen Zentralbereich zu einem professionellen, marktorientierten Industriedienstleister, was in der Regel eine umfassende Restrukturierung der Organisation verlangt.

Der vielleicht wichtigste Faktor, der Industriestandorte weitreichenden Veränderungen unterwirft, ist das Thema Nachhaltigkeit, das seit einigen Jahren eine beherrschende Rolle spielt. Die nachhaltigkeitsorientierte Transformation der chemischen Industrie als eine Querschnittsbranche für die gesamte Wirtschaft steht hier besonders im Rampenlicht. Für Industrieparks bedeutet das unter anderem, im Sinne industrieller Synergien einen dezidierten Fokus auf unternehmensübergreifende Kooperationen zu legen, damit die Nutzung von Reststoffen und Nebenprodukten über Unternehmen und Branchen hinweg möglich gemacht werden kann.

Ein weiterer Kernaspekt, der für Industriestandorte in den letzten Jahrzehnten zu weitreichendem Wandel geführt hat, ist der technische Fortschritt. Eine erfolgreiche digitale Transformation ist für eine zukunftsfähige und nachhaltige Gestaltung von Industrie essenziell. Die Digitalisierung von Produktionsabläufen und der Arbeitswelt bieten erhebliche Potenziale für Effizienzsteigerung und die Optimierung von Wertschöpfungsketten, die im Endeffekt wettbewerbsentscheidend sein werden.

## 2.2 Erfolgsfaktoren für eine zukunftsfähige Industrie

Die Untersuchung der unterschiedlichen Entwicklungswege der Industrieparks Höchst, Griesheim und Offenbach zeigt, dass der erfolgreiche Umgang mit den komplexen Herausforderungen der Nachhaltigkeit, digitaler Innovation und sich verändernden Marktstrukturen von einer Reihe von Faktoren abhängt:

Dazu gehört die **Größe** eines Industrieparks, denn je größer Industrieparks sind, desto besser lassen sich Synergie- und Verbundeffekte nutzen. Zudem ist das richtige Gleichgewicht zwischen Diversifizierung und Fokussierung entscheidend: Die Beispiele Höchst, Griesheim und Offenbach zeigen, dass einerseits eine Fokussierung auf Kernbranchen nötig ist, weil sich sonst Querschnittsleistungen nicht sinnvoll erbringen und Verbundeffekte nicht genutzt werden können. Andererseits braucht es eine gewisse **Diversifizierung,** um konjunkturelle Wellenbewegungen ausgleichen zu können.

Absolut entscheidend ist die **Innovationskraft** von Industriestandorten. Geschäftsmodelle und Leistungen müssen innovativ – und nachhaltig – weiterentwickelt und neu ausgerichtet werden. Nur so kann eine dauerhafte Wirtschaftlichkeit gewährleistet werden und bleiben Standorte attraktiv für bestehende und neu anzusiedelnde Betriebe. Im Industriepark Höchst gibt es dafür beispielsweise seit 2018 ein vom Betreiber Infraserv initiiertes Ideation Lab, in dem in Kleingruppen an konkreten Entwicklungsprojekten gearbeitet wird und dabei eine Vernetzung zu regionalen Start-ups und Unternehmen angestrebt wird. Zentrales Ziel des Labs ist die Schaffung neuer Innovationsräume und Managementstrukturen.

Innovationsfähigkeit zahlt auch direkt auf den Erfolgsfaktor **Nachhaltigkeit** ein. Industriestandorte wie Chemieparks können mitunter im Sinne eines Ökosystems agieren. Durch das Denken in Kreisläufen und kurze Wege werden nicht nur Kosten in erheblicher Größenordnung gespart, beides wirkt sich auch positiv auf den

Umweltschutz aus. In Industrieparks können beispielsweise Infrastrukturen zum Nutzen mehrerer Unternehmen ausgerichtet werden (zum Beispiel ein Wärmenetz für die Prozesswärme in verschiedenen Unternehmen, eine Kantine, eine Bildungseinrichtung), und Abfälle eines Unternehmens einem neuen Wertkreislauf zugeführt werden (zum Beispiel Nutzung von $CO_2$ als Rohstoff in der chemischen Produktion). Aber auch in der Interaktion zwischen Industriestandorten und Region kann durch Ansätze der zirkulären Wirtschaft Nutzen gestiftet werden: So wird beispielsweise der im Industriepark Höchst entstehende Wasserstoff als Energiequelle für den Antrieb regionaler S-Bahnen im Taunus genutzt. Der im Rahmen der Klärschlammaufbereitung gesammelte Phosphor wird im Sinne eines Phosphorrecycling aufbereitet und zu einem Dünger weiterentwickelt.

Der Basiserfolgsfaktor, der alle Aspekte von Marktkenntnis über Innovationsfähigkeit bis zur Nachhaltigkeit stützt, sind **wirkungsvolle Wissenskreisläufe.** Wirkungsvolle Wissenskreisläufe sorgen dafür, dass alle Teile des Puzzles zu dem notwendigen großen Ganzen verknüpft werden können. Nehmen wir die Innovationsfähigkeit von Unternehmen als zentraler Erfolgsfaktor für deren Zukunftsfähigkeit als Beispiel: Nur Unternehmen, die sich ständig hinterfragen, ihr Geschäftsmodell weiterentwickeln und neue Produkte und/oder Dienstleistungen entwickeln, können langfristig am Markt überleben. Um dauerhaft innovativ zu sein, ist es für große, aber vor allem für kleine und mittelständische Betriebe entscheidend, sich in Netzwerken zu engagieren. In solchen Netzwerken können Betriebe über die Grenzen des eigenen Unternehmens und der eigenen Branche hinaus zunächst regional, idealerweise aber auch international Wissen teilen und auch neues Wissen entwickeln und Innovationen generieren. Gerade auf dem für die Zukunft der Industrie so wichtigen Feld der Nachhaltigkeit können in Wissensnetzwerken Synergien genutzt werden, um nachhaltige Produkte und Prozesse zu entwickeln, die einerseits auf die Erreichung der Klimaziele einzahlen, andererseits aber auch ökonomische Chancen entfalten. In Industrieparks wird daher auch in unternehmensübergreifenden Gesprächsrunden die Frage erörtert, wie beispielsweise Industrie-4.0-Technologien die Nachhaltigkeit der Aktivitäten fördern können. Eine internationale Fallstudienuntersuchung von Industriegebieten in Deutschland, China, Indien und Ägypten hat gezeigt, dass eine zentrale Clusterorganisation den Wissensaustausch über Unternehmensgrenzen hinweg deutlich befördern kann (Utikal et al. 2019).

Mit dem Ziel, eine regionale, nationale und internationale Vernetzung der Themenfelder Innovation und Nachhaltigkeit zu schaffen, wurde im Jahr 2016 an der Provadis Hochschule das Zentrum für Industrie und Nachhaltigkeit (ZIN) gegründet. Das ZIN verfolgt als „Think and Do Tank“ das Ziel, die Industrie bei ihrer nachhaltigen Entwicklung zu unterstützen. Ein wesentliches Element hierbei ist die thematische Steuerung von Wissenskreisläufen mit Akteuren aus Wirtschaft, Wissenschaft und Zivilgesellschaft.

**Über die Provadis Hochschule und das Zentrum für Industrie und Nachhaltigkeit**
Die Provadis Hochschule hat ihren Sitz am Industriepark in Frankfurt Höchst. Hier wurde vor mehr als 150 Jahren das ehemals größte Chemieunternehmen der Welt gegründet. Heute arbeiten in einem modernen Cluster von Chemie- und Pharmaunternehmen mehr als 22.000 Personen. Wir kennen daher das Thema „Transformation". Mit Wandel umgehen und ihn gestalten ist unser tägliches Geschäft. Seit mehreren Jahren arbeiten wir in dem Themenfeld „Industrie und Nachhaltigkeit". Im Jahr 2016 haben wir hierzu das Zentrum für Industrie und Nachhaltigkeit (ZIN) gegründet. Hier bündeln wir unsere interdisziplinären Forschungs-, Beratungs- und Hochschullehraktivitäten: In Kooperation mit nationalen und internationalen Partnern führen wir Studien zu den Marktpotenzialen „grüner Technologien" durch, qualifizieren wir Berufstätige und unterstützen Clean-Tech-Start-ups. Dabei ist es unser Ziel, die „großen Theorien" von der „großen Transformation" konkret wirksam werden zu lassen. Unser Motto lautet „We make sustainability work".

Der Erfolg von regionalen Ökosystem-Konzepten, bei denen Unternehmen, Hochschulen sowie politische und gesellschaftliche Institutionen und Interessengruppen zusammenkommen, ist in vielen Studien nachgewiesen worden. Gerade in Industrieparks liegt es nahe, vorhandenes Wissen zu bündeln. Es ist erwiesen, dass sich die Innovationsfähigkeit der beteiligten Akteure in Wissensnetzwerken erhöht, was zum Wachstum der in Industrieparks ansässigen Unternehmen und somit auch wieder zur Ansiedlung neuer Betriebe und zur Schaffung von Arbeitsplätzen am Standort führen kann.

### 2.2.1 Historie und Status quo: Industriepark Offenbach

Der Industriepark Offenbach geht auf das 1837 gegründete Unternehmen Chemische Produkten-Fabrik Zimmer & Sell zurück, das 1842 im Osten Offenbachs ein Gelände erwarb. Über die Jahrzehnte hinweg entwickelte sich der Standort, zunächst als Firma K. Oehler, ab 1905 als Chemische Fabrik Griesheim-Elektron, zu einem wichtigen Produktionsstandort für textile Farben, der 1925 Teil der IG Farben wurde und 1953 in den Besitz der Hoechst AG überging. 1997 verkaufte die Hoechst AG ihre Feinchemikaliensparte an die zwei Jahre zuvor gegründete Clariant AG, die 1999 auch das Werk Offenbach erwarb und als Industriepark weiter betrieb. 2001 veräußerte Clariant das Werk an eine Gruppe ehemaliger Hoechst-Manager, die zu diesem Zweck die Allessa Chemie gegründet hatten. Ende 2010 wurde das Werk stillgelegt. Seitdem liegt das 35 Hektar große Gelände brach, das immer noch Clariant gehört. Während Clariant das Gelände verkaufen will, etwa an einen Investor, will die Stadt Offenbach dort ein modernes, „Innovationscampus" genanntes Gewerbegebiet errichten.

### 2.2.2 Historie und Status quo: Industriepark Griesheim

Der Industriepark Griesheim im gleichnamigen westlichen Stadtteil Frankfurts geht auf die 1856 gegründete Frankfurter Aktiengesellschaft für landwirtschaftlich chemische

Fabrikate zurück. 1952 ging das Werk Griesheim, das lange Zeit der Chemische Fabrik Griesheim Elektron gehörte und später in die IG Farben eingegliedert wurde, in die Hoechst AG über. Seit der Überführung des Spezialchemikaliengeschäfts von Hoechst 1997 ist Clariant der Eigentümer des Industrieparks, der seit 2009 von Infrasite Griesheim betrieben wird. An dem Standort, an dem in den 70er-Jahren noch über 3500 Menschen beschäftigt waren, sind nach dem Abgang von Firmen heute nur noch etwa 600 Mitarbeiter tätig. Im April 2019 kündigte das Chemieunternehmen WeylChem an, seine Produktion in Griesheim zu schließen, womit die Chemieproduktion an diesem traditionsreichen Standort endet. Schon einige Wochen zuvor hatte Jürgen Vormann, der Chef des Industrieparkbetreiber Infraserv Höchst, zu dem Infrasite gehört, verkündet, der Industriepark Griesheim stehe vor dem Aus. In der Diskussion über die zukünftige Nutzung des Geländes sehen die Frankfurter Grünen neue stadtplanerische Entwicklungsmöglichkeiten, wie zum Beispiel die Nutzung des Gebietes für den Wohnungsbau. Andere dagegen wollen die Flächen als Industrie- und Gewerbestandort erhalten und verweisen auf die Rolle der Industrie als Motor für Wirtschaft, Wachstum und Wohlstand der Region. Eigentümer Clariant sieht den Standort langfristig als Gewerbe- und Industriestandort.

### 2.2.3 Historie und Status quo: Industriepark Höchst

Die Geschichte des Industrieparks Höchst begann 1863 mit der Gründung der Theerfarbenfabrik Meister Lucius & Co. Seitdem entwickelte sich der Standort zu einem weltweit relevanten Player in der Herstellung von Farben und Arzneimitteln. Nach dem Zusammenschluss zur IG Farben und deren Auflösung nach dem 2. Weltkrieg wurden 1951 die Farbwerke Hoechst neu gegründet. Das Unternehmen entwickelte sich in der Folge zum Chemieriesen und zeitweise größten Pharmahersteller der Welt mit in der Spitze weltweit rund 170.000 Mitarbeitern. Ende der 90er-Jahre wurde der Konzern in viele kleinere Einheiten zerschlagen, die Hoechst AG existiert heute nicht mehr. Heute beschäftigen auf dem vier Quadratkilometer großen Gelände des Industrieparks Hoechst, der seit 1997 von Infraserv Höchst betrieben wird, mehr als 90 Unternehmen rund 22.000 Mitarbeiter. Seit dem Jahr 2000 wurden dort rund 7,7 Mrd. € investiert. Infraserv Höchst selbst beschäftigt etwa 1300 Mitarbeiter, die zur Gruppe gehörenden Unternehmen insgesamt rund 2700 Mitarbeiter.

## 3 Innovative Ökosysteme als Schlüssel für eine zukunftsfähige Industrie

Damit die beschriebenen Wissenskreisläufe effizient und effektiv funktionieren können, braucht es innovative Ökosysteme, in denen verschiedene Player aus Wirtschaft, Wissenschaft und Finanzen zusammenkommen. Was besagt dabei eigentlich das der Biologie entlehnte Bild vom Ökosystem? Im Unternehmenskontext bedeutet es eine Änderung des unternehmerischen Selbstverständnisses. Unternehmen sind kein abgekapseltes System mehr, das sich durch seine Abgrenzung zu externen Experten und Wettbewerb definiert. Die Grenzen dieses Binnensystems werden nun zur durchlässigen Membran, offen für den Austausch von Ideen und Gütern wie eine Zellwand für Nährstoffe (Deloitte 2019). Dieser Ökosystemansatz kristallisiert sich zunehmend als Schlüssel für eine nachhaltige Transformation und zukunftsfähige Industrie heraus. Die Anforderungen sind zu komplex, der Wandel zu schnell, als dass man weiterhin in „Einzelkämpfermanier" agieren kann.

Ein innovatives Ökosystem umfasst basierend auf dem Stakeholder-Modell des Massachusetts Institute of Technology (MIT) sowohl Universitäten, Regierungen, Unternehmen, Start-ups und Risikokapitalgeber. Jeder dieser Stakeholder spielt eine wichtige Rolle bei der Wertschöpfung im System, in dem neue Ideen geschaffen und durch Kooperationen und Zugang zu Know-how und Finanzen in die Realität umgesetzt werden können (Chesbrough 2003).

Um die industrielle Wende aktiv mitgestalten zu können, ist eine Vernetzung von Wissen und Aktivitäten unabdingbar. Trends müssen identifiziert und aufgegriffen werden, um daraus in Netzwerken, die über die eigene Branche hinausgehen, gemeinsame Innovationen zu entwickeln. Innovative Ökosysteme können dabei auch ein wichtiger Treiber des nachhaltigen Wandels werden, wenn sie eine gemeinsame strategische Ausrichtung verfolgen und einen strukturierten Austausch anstreben. Der Fokus auf Themen der nachhaltigen Entwicklung – zum Beispiel operationalisiert über die Sustainable Development Goals der Vereinten Nationen – muss hierbei von allen Stakeholdern aktiv unterstützt und als Handlungsfeld definiert werden. Eine themenspezifische Entscheidungs- und Führungsrolle wird häufig von Clusterorganisationen abgedeckt, welche als Ökosystemarchitekten agieren: Sie stellen eine Art Institutionalisierung des innovativen Ökosystems dar und ermöglichen fokussierte Innovationen. Clusterorganisationen nehmen somit eine wichtige Rolle als Multiplikator des Themas Nachhaltigkeit ein.

## 3.1 Entwicklung innovativer Ökosysteme: Die sieben Bausteine des Erfolgs

Laut EU-Statistiken gibt es in Europa derzeit rund 3000 Industriecluster. Clusterorganisationen sind dabei juristische Personen, welche die Stärkung der Zusammenarbeit, des Vernetzens und des Lernens in innovativen Ökosystemen unterstützen und maßgeschneiderte Unterstützungsdienstleistungen für Unternehmen bereitstellen oder kanalisieren, um Kollaboration und Innovation zu fördern (ECCP 2020). Clusterthemen reichen von grüner Technologie über Medizintechnik bis hin zu Künstlicher Intelligenz und decken jede Branche und jeden Technologiebereich ab. In diesen Clustern, die Wissen und Ressourcen vernetzen, um nachhaltige Services und Produkte in den unterschiedlichsten Industrien zu fördern und zu entwickeln, arbeiten nicht nur Tausende von Menschen. Sie gelten inzwischen auch als entscheidende Erfolgsfaktoren für die Entwicklung von technischen und strukturellen Innovationen – sei es im Kampf gegen den Klimawandel oder hinsichtlich der Entwicklung von Instrumenten, die in den nächsten Jahren global im Umgang mit dem neuartigen Coronavirus – nicht nur in der Medizin – benötigt werden. Immer, wenn es darum geht, komplexe Herausforderungen zu meistern, die vielfältiges Wissen und eine vernetzte Herangehensweise erfordern, sind leistungsfähige Clusterorganisationen gefragt. Sie sind zentrale Schalt- und Verbindungsstellen genau wie Marktbeobachter, die flexibles und schnelles Innovieren ermöglichen – und für eine zukunftsfähige Wirtschaft in Hessen daher unerlässlich.

Das Zentrum für Industrie und Nachhaltigkeit (ZIN) befasst sich schon seit mehreren Jahren mit dem Thema der Entwicklung innovativer Ökosysteme und hat dabei insbesondere den Aspekt des Clustermanagements sowie die besonderen Kompetenzen im Blick, die für den Auf- und Ausbau von Wissenskreisläufen erforderlich sind.

Im Jahr 2020 hat das ZIN das Cluster „Process4Sustainability: Cluster für eine klimaneutrale Prozessindustrie in Hessen" initiiert, das unter anderem die Nachfolgeorganisation der Hoechst AG – Clariant, Infraserv, Kuraray und Sanofi – umfasst. Ziel dieses Projektes ist es, die Unternehmen bei der Gestaltung ihres Transformationspfades zur $CO_2$-Neutralität zu unterstützen. Gemeinsam mit Innovations- und Lösungspartnern – Universitäten, Verbänden, Start-ups – und Vertretern der öffentlichen Hand soll der Weg zur $CO_2$-Neutralität für die Unternehmen und die Region ausgeleuchtet werden. Auch die Verbindung zur Zivilgesellschaft soll gestärkt werden. Das regionale Netzwerk wird von der Provadis-Hochschule und den Projektpartnern auch in europäische Innovationsinitiativen – wie z. B. EIT Manufacturing und EIT Climate-KIC – eingebracht, welche sich der Entwicklung von Innovationen gegen den Klimawandel und zur Stärkung der Industrie verschrieben haben. Die Vernetzung verschiedener Akteure in der Region zur Entwicklung von Maßnahmen gegen den Klimawandel ist eine weitere Aufgabe des ZIN. In diesem Kontext engagiert sich das ZIN auch in dem internationalen Erfahrungsaustausch von innovativen Clustern und leitete im Rahmen des europäischen Projektes ConnectedClusters eine Allianz aus vier Stadtregionen – Birmingham, Edinburgh, Frankfurt und Valencia – die sich für die schnellere Entwicklung und Umsetzung von Klimainnovationen durch Industriecluster einsetzen.

Vor diesem Hintergrund wurde im Jahr 2019 ein Trainingsprogramm für europäische Cluster Manager entwickelt, das diese als wirkungsvolle Change Maker qualifiziert und mit strategischen Tools ausrüstet. Im Herbst 2019 wurde gemeinsam mit den Partnern „TheCAP" initiiert, ein Bootcamp und Training für Cluster Manager. Im ersten Bootcamp kamen 20 Cluster Manager aus elf europäischen Ländern in Frankfurt zusammen, um im Rahmen eines viertägigen Intensivprogramms individuelle Cluster Roadmaps und Aktionspläne zu erarbeiten und Kollaboration über Ländergrenzen hinweg im Sinne eines internationalen Wissensnetzwerks zu fördern.

Als ein Ergebnis des Kurses konnten dabei sieben Bausteine für die erfolgreiche Entwicklung von innovativen Ökosystemen definiert werden:

**Baustein 1:** Cluster sollten offen und multi-kollaborativ sein. Das bedeutet, dass auf allen Ebenen – und über die Unternehmensmitglieder hinaus – Partner gesucht und Allianzen geschmiedet werden müssen. Dazu gehören Wirtschaft, der akademische Sektor und Investoren, aber auch eine geografische Offenheit, um in der Zusammenarbeit mit anderen Ländern von globalen Wertschöpfungsketten profitieren zu können.

**Baustein 2:** Cluster sollten innovationsgetriebene Ökosysteme sein, das heißt Innovation und Unternehmertum stehen im Mittelpunkt. Als Experten für ihren jeweiligen Markt sind sie ideal platziert, um beispielsweise Start-ups und Industrieunternehmen im Sinne von gezielter, problemlösender Innovation zu verbinden.

**Baustein 3:** Cluster sollten untereinander verbunden sein. Das gilt auf europäischer, aber auch auf globaler Ebene. Regionale Start-ups können so Wachstumsunternehmen werden, die auf internationaler Ebene agieren.

**Baustein 4:** Kollaboration über Sektoren hinweg ist entscheidend für innovative Ökosysteme, denn multidisziplinäres Arbeiten steckt im Kern von Innovation.

**Baustein 5:** Um Entwicklungen in zentralen Bereichen voranzutreiben, sollten Cluster sich an bestimmten Initiativen orientieren. Die European Battery Alliance bringt beispielsweise verschiedene Ökosysteme zusammen, um Innovation in einem kritischen Bereich zu fördern. Solche Projekte können auch auf eigene Initiative auf regionaler Ebene ins Leben gerufen werden (s. CityLoops 3.2).

**Baustein 6:** Innovative Ökosysteme sollten aktiv in die Fort- und Weiterbildung bzw. Umschulung von Arbeitskräften involviert sein. Die digitale Transformation stellt Angestellte vor große Herausforderungen. Berufsbilder ändern sich oder verschwinden komplett. Cluster können hier eine führende Position einnehmen, indem sie den entsprechenden Bedarf für Maßnahmen in ihrer Branche identifizieren und Lösungen anbieten.

**Baustein 7:** Die Arbeit von innovativen Ökosystemen sollte von den Sustainable Development Goals geleitet werden. Dabei geht es nicht darum zu versuchen, in allen Bereichen tätig zu werden, sondern um gezielte Arbeit hinsichtlich eines SDG, um in diesem Bereich Entwicklungen voranzutreiben.

Als praktischer Leitfaden wurde im Anschluss an das Cluster Bootcamp ein Handbuch erstellt, das die wichtigsten Tools für die Entwicklung bzw. Weiterentwicklung innovativer Ökosysteme zusammenfasst und dabei diese zentralen Bausteine erläutert, damit Cluster Wissenskreisläufe zur Gestaltung einer nachhaltigen Industrie erfolgreich orchestrieren können (Hendrys et al. 2019).

### 3.2 City Loops als Fallbeispiel für die Ausgestaltung von regionalen innovativen Ökosystemen

City Loops ist ein Innovationsprogramm, das 2019 von EIT Climate-KIC ins Leben gerufen wurde, um im Alltag von fünf europäischen Städten (Berlin, Edinburgh, Frankfurt, Sofia, Wuppertal) die Umsetzung einer Kreislaufwirtschaft zu fördern. Die „Circular Economy" ist ein wesentlicher Bestandteil auf dem Weg zu einer kohlenstofffreien Gesellschaft und Wirtschaft. Das ZIN übernimmt im Rahmen des Projekts die Gesamtleitung und agiert zusätzlich als Implementierungspartner für die Stadt Frankfurt, mit dem Ziel, für einen regional relevanten Sektor Kreislaufwirtschaftsmodelle zu entwickeln und zu stärken. Der Ansatz: In Workshops zur Weiterbildung und stadtspezifischen Lern- und Aktionsnetzwerken wird ein „Innovation Space" geschaffen, in dem Unternehmen, örtliche Entscheidungsträger und Dienstleister miteinander verbunden werden, um ein eigenständiges Lernnetzwerk und eine Community aufzubauen, die Geschäftsmodelle für die Kreislaufwirtschaft in Angriff nimmt und Innovation möglich macht.

## 4 Fazit: Eine zukunftsfähige Industrie braucht innovative Ökosysteme

Die Industrie ist eine zentrale Säule für Wohlstand und Arbeitsplätze in Hessen. Die hier produzierten Güter können einen wesentlichen Beitrag zur Lösung der gesellschaftlichen Herausforderungen leisten, wie sie in den 17 Zielen für Nachhaltige Entwicklung der Vereinten Nationen zusammengefasst sind. Gleichzeitig muss sich die Industrie weiterentwickeln und rigide Konzernstrukturen durch unternehmensübergreifende Kooperationen öffnen, um neben den ökonomischen Zielen auch das Ziel der Klimaneutralität, wie postuliert im Green Deal der Europäischen Union, zu erreichen.

Die Weiterentwicklung der Industrie von einer Binnenorientierung hin zu einem vernetzten System erfordert die systematische Zusammenarbeit und den Austausch mit Akteuren unterschiedlicher Sektoren, wie zum Beispiel der Digitalwirtschaft, der Kreativwirtschaft, akademischen Einrichtungen und Vertretern der Zivilgesellschaft. Der Aufbau von solchen thematischen Wissenskreisläufen wird auch als Entwicklung innovativer Ökosysteme bezeichnet. Innovative Ökosysteme sind thematisch und oft auch geografisch abgegrenzt; ein einzelnes Unternehmen kann dabei formelles oder informelles Mitglied unterschiedlicher innovativer Ökosysteme sein.

Eine Zukunftsfähigkeit der Industrie kann durch die Vernetzung in innovativen Ökosystemen erreicht werden. Dabei agieren diese Netzwerke zeitgleich auch als Multiplikatoren und Treiber für eine nachhaltige Entwicklung und die Umsetzung von Corporate Social Responsibility (CSR) Konzepten. Sie sind insbesondere dann erfolgreich, wenn sie für die Beteiligten reale und konkrete Problemlösungen bringen und dabei auch von einem kommerziellen Interesse getragen sind.

Das Zentrum für Industrie und Nachhaltigkeit (ZIN) ist als Teil der Provadis Hochschule mit Sitz am Industriepark Höchst auf den Aufbau thematischer, branchenübergreifender innovativer Ökosysteme spezialisiert und immer auf der Suche nach Partnern, mit denen gemeinsam an dem Ziel der nachhaltigen Weiterentwicklung der Industrie gearbeitet werden kann.

**Hannes Utikal** ist Professor für strategisches Management an der Provadis Hochschule. Er ist Gründer und Leiter des Zentrums für Industrie und Nachhaltigkeit (ZIN). Seine fachlichen Schwerpunkte sind Managementfragen in der Chemieindustrie sowie die Gestaltung von unternehmerischen Transformationsprozessen in Richtung Nachhaltigkeit. Er ist Mit-Herausgeber des „Journal of Business Chemistry – the Academic Journal for Management Issues in the Chemical Industry" (www.businesschemistry.org) und zur Vernetzung von Industrie und Gesellschaft in verschiedenen regionalen Beiräten engagiert (z. B. im Industrie-, Nachhaltigkeits- und Klimaschutzbeirat der Stadt Frankfurt).

**Carolin Hendrys** arbeitete bis Mitte 2021 als Projektmanagerin für europäische Nachhaltigkeitsprojekte am Zentrum für Industrie und Nachhaltigkeit. Als Projektleitung für internationale und regionale Programme zur innovativen Ökosystementwicklung konzeptionierte sie unter anderem federführend den europäischen Cluster Accelerator und entwickelt Vernetzungskonzepte für die Region. Seit August 2021 arbeitet sie als Business Development Managerin für das Europäische Innovationsnetzwerk EIT RawMaterials. Ihre fachlichen Schwerpunkte sind Themen des Innovationsmanagements, der Kreislaufwirtschaft sowie Nachhaltigkeit in der Regionalentwicklung. Sie hat einen Masterabschluss im Fachbereich Geografie der Universität Mainz.

## Literatur

Chesbrough H (2003) The era of open innovation. MIT sloan management review, Bd 44. Massachusetts Institute of Technology, Cambridge

Deloitte (2019) Ecosystems – Kooperation als Zukunftsmodell für die Digital Economy. https://www2.deloitte.com/de/de/pages/innovation/contents/ecosystems.html. Zugegriffen: 20. Juli 2020

ECCP – European Cluster Collaboration Platform (2020) Cluster definitions. https://www.clustercollaboration.eu/cluster-definitions. Zugegriffen: 20. Juli 2020

Hendrys C, Geier B, Utikal H (2019) Creating clusters of change – how cluster managers drive innovation and increase impact. https://www.provadis-hochschule.de/clusteraccelerator. Zugegriffen: 20. Juli 2020

HTAI – Hessen Trade and Invest (2020) Hessen 2019/2020. Daten und Zahlen. https://www.htai.de/mm/mm002/Hessen-2019-2020-Daten-Zahlen.pdf. Zugegriffen: 20. Juli 2020

IHK Frankfurt (2020) Industrie-Journal 1/2020. https://www.frankfurt-main.ihk.de/industrie_innovation_umwelt/industrie/journal/. Zugegriffen: 20. Juli 2020

Industrieplatz Hessen (2020) Die Bedeutung der Industrie für die hessische Wirtschaft. http://www.industrieplatz-hessen.de/industireplatz-hessen-de-branchen. Zugegriffen: 20. Juli 2020

Kopel T, Utikal H (2019) Zirkuläre Wirtschaft – eine reale Geschäftschance. Erschienen in: Industrie + Technik – Ausgabe 67. 02/2019. Frankfurt

Statistik Hessen (2020) Hessische Wirtschaft wächst 2019 um 1,1 Prozent – Revidierte Ergebnisse 1991 bis 2018. https://statistik.hessen.de/pressemitteilungen/pm_2320.html. Zugegriffen: 20. Juli 2020

Utikal H, Ebert B, Nauruschat M (2019) Industry 4.0 in sustainable industrial areas in emerging and developing countries. GIZ. https://www.sia-toolbox.net/sites/default/files/media/document/industry_4.0_in_sustainable_industrial_areas_in_emerging_and_developing_countries_1.pdf. Zugegriffen: 20. Juli 2020

# Beschäftigungsorientierte CSR-Aktivitäten in der chemischen Industrie Hessens

Klaus-Dieter Mertineit, Karsten Rudolf und Marny Schröder

**Zusammenfassung**

Dieser Beitrag widmet sich der unternehmerischen Verantwortung in Bezug auf Nachhaltigkeit. Dabei fokussieren sich die Autoren auf die chemische und pharmazeutische Industrie als eine der großen Industriebranchen in Hessen. Betrachtet man das Thema Nachhaltigkeit und Unternehmen, so geht es meist um CSR-Management. In ihrem Beitrag plädieren die Autoren dafür, die Beschäftigten sowohl als Betroffene als auch als Katalysatoren stärker in den strategischen Fokus zu nehmen und dazu vor allem in der Berufsbildung anzusetzen. Dies stärke die Wettbewerbsfähigkeit der Unternehmen und ermögliche glaubwürdige CSR-Politik. Im Beitrag werden mehrere beschäftigungsorientierte Nachhaltigkeitsinitiativen der chemischen Industrie in Hessen sowie das Modellprojekt ANLIN vorgestellt.

K.-D. Mertineit (✉)
Institut für nachhaltige Berufsbildung & Management-Services GmbH, Laatzen, Deutschland
E-Mail: kd.mertineit@nachhaltige-berufsbildung.com

K. Rudolf
Nidderau, Deutschland
E-Mail: ka.rudolf@gmx.de

M. Schröder
Schmitten, Deutschland



A. Trischler und S. Böhling (Hrsg.), *CSR in Hessen*, Management-Reihe Corporate Social Responsibility, https://doi.org/10.1007/978-3-662-63004-4_10

# 1 Die chemische Industrie Hessens

Die Chemie- und Pharmabranche kann durch ihre wirtschaftliche Bedeutung sowie durch Forschung und ihre Produkte einen wesentlichen Beitrag zur Gestaltung von Nachhaltigkeit leisten. Sie beschäftigt mehr Arbeitnehmer als andere industrielle Arbeitgeber in Hessen. Erst mit deutlichem Abstand folgen Automobilindustrie und Maschinenbau. Betrachtet man auch die mit Chemie und Pharma verwandten Industrien, sind es über 100.000 Menschen, die in den mehr als 300 großen und vielen kleinen sowie mittleren Unternehmen beschäftigt sind, die sich im hessischen Chemie-Arbeitgeberverband (HessenChemie) organisieren (vgl. HessenChemie o. J.). Zugleich ist die Chemie- und Pharmabranche der umsatzstärkste Industriezweig in Hessen und Spitzenreiter bei Standortinvestitionen. Bei den Gewerbesteuern zählt die Branche ebenfalls zu den Haupteinnahmequellen des Landes und seiner Kommunen. Die Unternehmen dieser Industrie sind durch ihre Zulieferprodukte eng verflochten mit anderen Branchen und bilden über 50 Berufe aus.

Die Chemieindustrie bezeichnet man auch als sogenannte *Prozessindustrie*. Die fließenden Materialien werden durch Rohrleitungen zu den miteinander verflochtenen Produktionsschritten transportiert und dort zur Reaktion gebracht. Oftmals organisieren sich mehrere Unternehmen in Industrieparks als Verbundsystem und erzeugen selbst die Energie, die sie benötigen, oder steuern ihre Logistik, bereiten ihre Abfälle auf, gestalten den Arbeitsschutz durch medizinische Zentren und Werksfeuerwehren, und vieles mehr. Das ist beispielsweise an einem Industriepark wie dem in Frankfurt-Höchst gut zu erkennen, auf dessen 4,6 $km^2$ großem Areal alleine rund 22.000 Menschen in rund 90 Unternehmen arbeiten; aber auch in Industrieparks wie denen in Wiesbaden oder in Marburg. Hinzu kommen Standorte, die großen Einzelunternehmen gehören, wie zum Beispiel in Hanau, Darmstadt, Melsungen, Bad Homburg. Neben diesen großen Unternehmen gibt es zahlreiche kleinere und mittlere Unternehmen, die landesweit erfolgreich Standorte mit Produktion und Logistik in hessischen Kommunen betreiben.

# 2 Die Unternehmen und die Bedeutung der Beschäftigten in der Nachhaltigkeitsdiskussion

## 2.1 Relevanz

Nachhaltigkeit wird von uns als umfassendes Konzept verstanden, das sich in seinen drei Dimensionen Ökologie, Ökonomie und Soziale/Gesellschaftliches zusammenfassen lässt. Dabei stehen alle drei Dimensionen in gegenseitiger Abhängigkeit und Interaktion zueinander und bilden zusammen ein Werteverständnis, unter welchen Bedingungen ein Unternehmen sein Geschäft betreibt.

Die Rolle, die Unternehmen als Teile der Gesellschaft und als Akteure innerhalb staatlich geregelter Systeme einnehmen, wird in diesem Buch umfassend beschrieben. Mit dem vorliegenden Artikel soll dagegen der Blick auf den u. E. wichtigen Schlüsselfaktor der Beschäftigten – und hier insbesondere der Auszubildenden – gelegt werden.

Die nachhaltige Verantwortung von Unternehmen für ihr Handeln, ihre Produkte, ihre Wertschöpfungskette und schlicht für ihr Umfeld (Corporate Social Responsibility – CSR) ist nach unserer Überzeugung insbesondere eine Aufgabe der Unternehmensleitung und von CSR-Managern (Lotter und Braun 2014). Aber sie können diese Aufgabe nicht alleine stemmen. Nachhaltigkeit versteht sich als Werthaltung, die alle im Unternehmen mittragen. Daher sind es vor allem auch die Beschäftigten, die die Verantwortung des Betriebes im täglichen Handeln ausgestalten.

Schließlich sind die Mitarbeiter in den Unternehmen nicht nur unmittelbar Betroffene im Konzept der Nachhaltigkeit, etwa, wenn es um faire Arbeitsbedingungen, Arbeitsschutz oder den Wandel ihrer Industrie im Rahmen gesellschaftlicher und klimatischer Veränderungen geht. Aktiv eingebunden, können die Beschäftigten eines Unternehmens nicht nur Betroffene sein, sondern zum Katalysator, Gestalter und somit zu einer tragenden Säule von CSR werden.

Daher plädieren wir dafür, die Rolle der Beschäftigten im Rahmen von CSR deutlich zu stärken und zur Ansprache sowie zur Schulung der Beschäftigten das System der Berufsbildung zu nutzen. Denn letztlich werden CSR-Aktivitäten, die die Beschäftigten in den Mittelpunkt stellen, nicht nur einen wirksamen Beitrag zur Nachhaltigkeit leisten. Umfassend umgesetzt, können Mitarbeiter von Betrieben glaubwürdige *CSR-Botschafter* ihres Unternehmens und einer ganzen Branche werden. Im Bereich der Nachbarschaftskommunikation vieler Unternehmen erfolgt dies unter Stichworten wie Corporate Citizenship bereits seit Längerem, indem Mitarbeiter soziale Projekte unterstützen oder in Teambuilding-Maßnahmen zum Beispiel dabei helfen, Spielplätze wieder instand zu setzen. Im Bereich der Berufsbildung findet dies nun einen neuen Ansatzpunkt und zielt dabei umfassend auf die betrieblichen Abläufe – also eine Fokussierung darauf, *wie das Unternehmen wirtschaftet*. Das Projekt ANLIN, das später näher beschrieben wird, ist ein Ausdruck dessen.

Nicht erst seit „Fridays for Future" sollte jedem Manager, Personalverantwortlichen und Kommunikator bewusst sein, dass der Nachwuchs unter den Beschäftigten seinen zukünftigen Arbeitgeber genau auf den Nachhaltigkeitsprüfstand stellen wird, bevor er sich bewirbt. Nur wer glaubwürdig und verantwortungsvoll als Unternehmen in seinem Tagesgeschäft handelt, die Unternehmensmarke und die Nachwuchswerbung daran ausrichtet, wird im Kampf um die besten Talente bestehen.

Die Befassung mit CSR und Nachhaltigkeit wird also für Unternehmen nicht nur unter regulatorischen Gesichtspunkten, sondern vor allem für das Business strategisch bedeutsam. Schließlich geht es neben Absatzfragen auch um die wettbewerbsrelevante Frage der Fachkräftesicherung. CSR ist u. E. also auch ganz wesentlich als Stärkung der Arbeitgebermarke zu verstehen (Calmbach et al. 2016 sowie Rump und Eilers 2013).

Es gibt aber noch einen weiteren wichtigen und betriebswirtschaftlich besonders relevanten Grund für Unternehmen, die Beschäftigten in ihr Nachhaltigkeitskonzept einzubeziehen: die Erhaltung ihrer Innovations- und Wettbewerbsfähigkeit. Denn Unternehmen sind in ihrem Wesenskern darauf ausgerichtet, nachfrageorientierte Produkte und Dienstleistungen anzubieten, um einen Marktbedarf zu befriedigen, womit sie ihr Geld verdienen. Das können sie nur, wenn sie nützlich für ihre Kunden und stets auf der Höhe der Zeit sind. Dabei machen Effizienz und Herstellungskosten sowie Qualität und Vermarktung der Produkte, aber auch die Glaubwürdigkeit der Marke wesentliche Faktoren der Wettbewerbsfähigkeit von Unternehmen aus. All das beeinflussen ganz wesentlich die Fachkräfte, die ein Unternehmen hat.

Beschäftigte können auch zu einem weiteren entscheidenden Wettbewerbsfaktor beitragen, nämlich der Innovationskraft eines Unternehmens. Diese Innovationskraft beginnt im Kleinen. Täglich werden kleine und große Ideen durch die Beschäftigten im Rahmen des Verbesserungsvorschlagswesens geboren, die Einsparungen, Effizienzsteigerungen und neue Impulse zur Folge haben. Wenn das gepaart wird mit dem für Gesellschaft und Verbraucher wichtiger werdenden Nachhaltigkeitsgedanken, kann auch hier Wertschöpfendes und Nutzstiftendes entstehen. Über die Form der Verbesserungsvorschläge hinaus entwickeln sich vor dem Hintergrund von Megatrends wie Nachhaltigkeit und Digitalisierung vielerorts neue Geschäftsmodelle. Hieran können Beschäftigte durch ihr Know-how wirksam mitarbeiten und den damit einhergehenden Wandel mitgestalten.

Und schließlich gilt es zu beachten, dass Nachhaltigkeitsorientierung keine Einbahnstraße ist, die nur den Unternehmen zugutekommen kann. Es liegt im ureigenen Interesse der Arbeitnehmer, sich mit der CSR-Politik ihres Unternehmens auseinanderzusetzen. Denen, die danach suchen, wird es auch mehr Sinn bei der Arbeit stiften. Denn „beim Thema Erfüllung steht [bei der jüngeren Generation; Anm. der Autoren] die Sinnhaftigkeit des eigenen Handelns im Erwerbsleben im Vordergrund“ (Vereinigung der hessischen Unternehmerverbände 2016, S. 86).

Vor allem aber werden die beiden Megatrends Nachhaltigkeit und Digitalisierung die Arbeit, wie wir sie kennen, verändern und Unternehmen vor große Herausforderungen stellen, sich und ihr Handeln (schnell) neu zu ordnen. Daraus werden, wie bei jeder epochalen Veränderung, Gewinner und Verlierer hervorgehen. Wenn Beschäftigte aktiv an der Nachhaltigkeit mitdenken und mitarbeiten, sorgen sie also selbst auch für den Erhalt und die Wettbewerbsfähigkeit ihres Unternehmens und somit ihrer eigenen Arbeitsplätze.

Die Beschäftigten müssen also aus den angeführten Gründen heraus dazu in der Lage sein, sich konstruktiv-kritisch mit dem Thema Nachhaltigkeit auseinanderzusetzen. Dabei gilt es, Widersprüche und Spannungsverhältnisse zwischen den Dimensionen zu erkennen, zu bewerten und damit umgehen zu können.

Die Chemieindustrie kann als Innovationstreiber einen wichtigen Beitrag für den mit Nachhaltigkeit verbundenen Veränderungsprozess leisten. Denn sie ist „ganz wesentlicher Teil der Lösung, wenn es gelingen soll, den Wirtschaftsstandort Deutschland auch langfristig sozio-ökonomisch nachhaltig zu entwickeln, ökologisch relevante Zukunftstechnologien bereitzustellen und die Klimaschutzziele zu erreichen" (Vormann 2020, S. 23).

## 2.2 Nachhaltigkeitsinitiativen in der und durch die Branche

Die chemische Industrie in Deutschland und Hessen befasst sich schon lange mit Fragen der Anlagen- und Arbeitssicherheit sowie des Umweltschutzes. Zudem ist sie sich der Bedeutung eines umfassenden Dialogs innerhalb der Branche und mit der Öffentlichkeit bewusst. Dieses frühe und erfahrungsbasierte Engagement, was sich bis heute durchzieht, wird auch unter dem Begriff *Responsible Care* gefasst.

Themen rund um Responsible Care spielen in Richtlinien, Auflagen, Audits der Unternehmen eine große Rolle. Dies wird von allen Beteiligten zu Recht sehr ernst genommen und zieht sich oft als roter Faden bis in die individuellen Zielvereinbarungen bonusabhängiger Beschäftigter durch. Dadurch werden alle Arbeitnehmer in den Unternehmen der Branche mit in die Pflicht genommen, diese Ziele in ihrem täglichen Handeln im Blick zu haben und so gegenseitig und für das Umfeld Verantwortung zu übernehmen. Wer einmal durch einen Produktionsbetrieb gelaufen ist, weiß, wie sichtbar dort Maßnahmen bzw. Verhaltensregeln zum Arbeits- und Umweltschutz sind. Alleine hieran sieht man, wie wichtig und involviert die Beschäftigten bei der Erfüllung von gemeinschaftlichen Zielsetzungen sind. Der Verband der chemischen Industrie (VCI) gestaltet diese Initiative federführend auch in Hessen.

Auch die Sozialpartner aus Arbeitgebern und Gewerkschaft ziehen hierbei an einem Strang. Bereits 1987 wurde *GIBUCI – Die Gesellschaft zur Information von Betriebsräten über Umweltschutz in der chemischen Industrie* gegründet, die im Jahr 2015 in der *Sozialpartner-Werkstatt für Innovation und Nachhaltigkeit (So.WIN)* aufgegangen ist. Durch den hier geführten Dialog und die Schulungsmaßnahmen treten Arbeitgebervertreter und Gewerkschaftler sowie Betriebsräte in einen Erfahrungsaustausch zu Themen der Nachhaltigkeit und unternehmerischer Verantwortung, wie beispielsweise der Berufsausbildung. GIBUCI und So.WIN sind Teil einer langen sozialpartnerschaftlichen Tradition der Befassung mit unternehmerischer Verantwortung. Sie werden ergänzt durch den 2008 ins Leben gerufenen sogenannten *Wittenberg-Prozess,* in dem die Sozialpartner unter Begleitung durch das Wittenberg-Zentrum für Globale Ethik Fragen der sozialen Marktwirtschaft und dem verantwortlichen Handeln von Arbeitgebern und Arbeitnehmern entwickelt haben.

Aufbauend auf diese weiterhin bestehenden Einzelinitiativen der Branche wurde im Jahr 2013 durch die drei großen Bundes-Branchenorganisationen VCI, Bundesarbeitgeberverband Chemie e. V. (BAVC) und Industriegewerkschaft Bergbau, Chemie, Energie (IG BCE) eine bis dato in der deutschen Wirtschaft hervorstechende Gesamtinitiative zur Nachhaltigkeit ins Leben gerufen. Die Initiative *Chemie³* führt als Diskussionsplattform die drei Chemiepartner mit ihren Stakeholdern zusammen und beleuchtet die eingangs dargestellten drei Dimensionen der Nachhaltigkeit. In Hessen gestalten die regionalen Chemieverbände und die IG BCE die Initiative.

Im Rahmen der Allianz Chemie³ wurden Branchenleitlinien für Nachhaltigkeit, Indikatoren zur Fortschrittsmessung, Stakeholder-Dialoge, Informationskampagnen für Beschäftigte und Öffentlichkeit, eine Beschäftigtenbefragung, ein Nachhaltigkeitscheck für Unternehmen und Informations- sowie Schulungsmedien auf den Weg gebracht. Dazu zählen Leitfäden für Geschäftsführer, Personalverantwortliche und CSR-Manager, aber auch zahlreiche Präsenzschulungen und Online-Seminare rund um Themen wie SDGs (Sustainable Development Goals), Umweltschutz, Menschenrechte, Lieferkettenmanagement, Umgang mit Ressourcen, Nachhaltigkeitsberichterstattung für Führungskräfte und interessierte Mitarbeiter (vgl. https://www.chemiehoch3.de). Die Beschäftigten wurden auch hier als wichtiger Faktor erkannt. Denn als ein Erfolgskriterium der Initiative wurde festgelegt, dass eine Mehrheit der Beschäftigten der Branche die Begriffe Nachhaltigkeit und Chemie³ kennen und einordnen können soll. Bisher gab es zahlreiche Veranstaltungen und Schulungen, insbesondere auch von den Allianzpartnern in Hessen.

## 2.3 Sensibilisierung von Unternehmen und Beschäftigten durch Wettbewerbe und Schulungen

Neben diesen Kerninitiativen gestaltet die Chemie in Hessen noch weitere Aktionen, um das Thema Nachhaltigkeit in den Unternehmen und bei Beschäftigten zu verankern. Dabei versuchen die Chemieverbände (HessenChemie und VCI) das Bewusstsein für Nachhaltigkeit regelmäßig auch durch Wettbewerbe zu fördern, die entweder auf die Unternehmen als Akteure abzielen oder auf bestimmte Beschäftigtengruppen.

So haben die Chemieverbände Hessen zusammen mit der IG BCE im Jahr 2015 einen Nachhaltigkeitspreis ins Leben gerufen, der seitdem durch den hessischen Wirtschaftsminister alle zwei Jahre im Rahmen eines Wettbewerbes unter Auszubildenden der Branche vergeben wird. Im Jahr 2019 beteiligten sich 24 Teams mit Ideen zum Jahresmotto *Nachhaltiger Konsum.* Durch diese Initiative konnten viele Unternehmen und Auszubildende erreicht werden, die sich so mit Nachhaltigkeit und der Frage auseinandersetzen konnten, was dies für sie als Einzelperson und für ihr Unternehmen bedeutet.

Für Unternehmen gibt es ebenfalls einen speziellen Wettbewerb, den der VCI Hessen gestaltet. Jedes Jahr können Unternehmen der Branche im *Responsible-Care-Wettbewerb* zeigen, was sie im Bereich Nachhaltigkeit und Innovation zu bieten haben. Der Wettbewerb 2020 stand zum Beispiel unter dem Motto *Nachhaltiger Umgang mit Wasser.* Schließlich ist Wasser eine der wichtigen Ressourcen, mit der in den Produktions- und Energiebetrieben der Chemie- und Pharmaunternehmen gearbeitet wird. Aber auch Unternehmen gestalten unabhängig von den Wettbewerben Aktionen zur Sensibilisierung von Öffentlichkeit und Beschäftigten. Hierzu zählen zum Beispiel Videos, mit denen die

Beschäftigten zu den 17 SDGs und dem Beitrag des eigenen Unternehmens informiert werden, Sonderausstellungen in den Kantinen oder auch themenorientierte Werksführungen für Besucher.

Einen guten Ansatz, um Beschäftigte aus unterschiedlichen Unternehmensgrößen und -bereichen (zum Beispiel Personal, Betriebsrat, Kommunikation oder Management) mitzunehmen, zeigt auch die berufsbegleitende Fortbildung *Promotor für Nachhaltigkeit und Innovation* im Rahmen von Chemie[3]. Ziel des Angebotes, das auch zahlreiche Teilnehmende aus Hessen hatte: Multiplikatoren fortbilden, die Nachhaltigkeit in ihren Unternehmen fortan vorantreiben sollen. In mehreren Basis- und Fachmodulen lernten die Teilnehmenden über 18 Monate hinweg Nachhaltigkeitsthemen in den Kontext eines Wirtschaftsunternehmens einzuordnen, um diese abschließend in einem eigenen Nachhaltigkeitsprojekt anzuwenden (vgl. QFC 2014).

Nach diesem allgemeinen Überblick möchten wir nachfolgend näher auf das Modellprojekt und Praxisbeispiel ANLIN eingehen. Hiermit wurden speziell in Hessen und in Sachsen-Anhalt die Grundlagen für eine neue beschäftigungsorientierte CSR-Aktivität in der Berufsausbildung gelegt und erprobt. Doch zunächst ein Blick auf die berufliche Bildung in der chemischen Industrie.

## 2.4 Nachhaltigkeit in der Berufsausbildung hessischer Chemieunternehmen

Provadis – Projektpartner des später noch näher beschriebenen Projektes ANLIN – ist einer der großen Bildungsdienstleister in der chemischen Industrie Deutschlands und Hessens größtes Ausbildungsunternehmen. Im Auftrag mehrerer Hundert Kundenunternehmen bildet Provadis als überbetriebliche Bildungsstätte jährlich rund 1500 Jugendliche in einem von über 40 Berufen aus. Dazu zählen Unternehmen der chemischen Industrie, aber auch zahlreiche Industrie- und Dienstleistungsunternehmen anderer Branchen. Hinzu kommen IHK-Zertifikatskurse zur beruflichen Fortbildung zum Meister, Techniker und Fachwirt sowie Inhouse-Schulungen für Unternehmen.

Hervorgegangen ist die Provadis, die ihren Hauptsitz am Industriepark in Frankfurt-Höchst hat und einen weiteren Standort unter anderem am Pharmapark Marburg betreibt, vor 22 Jahren aus der Aus- und Fortbildungsabteilung der ehemaligen Hoechst AG. Neben der Berufsbildung und verschiedenen Personaldienstleistungen sowie E-Learning-Lösungen gehört zur Provadis-Gruppe, in der rund 250 Menschen beschäftigt sind, auch die Provadis Hochschule, die als staatlich anerkannte private Fachhochschule mittlerweile Hessens zweitgrößte duale Hochschule ist. Sie widmet sich übrigens ebenso intensiv dem Thema Nachhaltigkeit und Industrie im europäischen Kontext mit ihrem Zentrum für Industrie und Nachhaltigkeit (ZIN), was in einem anderen Beitrag in diesem Band beschrieben wird.

Ende 2019 befragte die Provadis-Gruppe Unternehmensvertreter aus ihren Kundenunternehmen zu verschiedenen Themen. Die Mehrheit dieser Befragten gab an, dass bei Bildungsdienstleistungen das Thema Nachhaltigkeit/CSR fast gleichrangig mit Digitalisierung für sie von hoher Bedeutung ist. Das zeigt, dass diese hessischen Unternehmen das Thema Nachhaltigkeit/CSR in Bildungsangeboten rund um die Berufsbildung auf ihre Agenda genommen haben und somit auch den Beschäftigten, die Teilnehmende dieser Angebote in Ausbildung, Weiterbildung und Hochschule sind, eine wichtige Rolle zumessen!

Ein besonders wichtiger Ansatzpunkt ist in der Berufsbildung zu sehen. Denn in der chemischen Industrie in Hessen und bundesweit machen diejenigen, die eine Ausbildung in einem anerkannten Ausbildungsberuf abgeschlossen haben, den weitaus größten Anteil an Beschäftigungsverhältnissen aus. Nur etwa 16 % sind akademisch Qualifizierte (Auskunft des Arbeitgeberverbands HessenChemie). Die Branche bildet übrigens bei Weitem nicht nur chemiespezifische Produktions- und Laborberufe aus. Auch Berufe in technischen, logistischen und kaufmännischen Berufen zählen dazu, ebenso Spezialberufe wie Köche, Werksfeuerwehrleute etc.

Ein Nachhaltigkeitsbewusstsein zu fördern, ist nicht nur wichtig in der Berufsausbildung. Es ist auch nötig, andere formalisierte Bildungsetappen in der Berufsbildung zu nutzen, um weitere Beschäftigungsgruppen mit dem Thema Nachhaltigkeit und unternehmerische Verantwortung zu erreichen. So etwa in der Techniker- und der Meisterfortbildung sowie bei Lehrgängen der gängigen IHK-Fachwirte. Überdies ist es zunehmend wichtig, das Thema Nachhaltigkeit schon früh in die akademische Ausbildung von zukünftigen Führungskräften einfließen zu lassen. Gleiches gilt für Trainee-Programme, die sich an Hochschulabsolventen richten, und die dazu dienen, den Führungs- oder Spezialistennachwuchs mit unternehmensrelevanten Besonderheiten sowie Berufspraxis vertraut zu machen.

## 3 ANLIN – eine Initiative zur Stärkung der Rolle der Beschäftigten

### 3.1 Konzept und Ergebnisse

Da sich dieser Beitrag insbesondere der Berufs*aus*bildung im dualen System widmet, soll nun ein Modellprojekt beschrieben werden, an dem wir aktiv mitgewirkt haben. Wie wichtig es ist, dass sich Unternehmen frühzeitig mit der Implementierung von Nachhaltigkeit in der Berufsausbildung befassen, soll auch durch die Tatsache unterstrichen werden, dass im Sommer 2021 eine *Standardberufsbildposition Umweltschutz und Nachhaltigkeit* eingeführt wurde, durch die das Thema zum verpflichtend zu behandelnden Querschnittsthema in der Berufsausbildung wird.

Wie dargestellt, bilden die Beschäftigten ein unverzichtbares Innovationspotenzial für die nachhaltige Entwicklung von Unternehmen. Um dieses Potenzial auch tatsächlich auszuschöpfen, gilt es, bei den Beschäftigten „Kompetenzen zu fördern, mit denen die Arbeits- und die Lebenswelt im Sinne der Nachhaltigkeit gestaltet werden können“

(Hemkes 2014, S. 225). Dies ist nur im Rahmen von Berufsbildungsansätzen möglich, die die nachhaltige Gestaltung der Lernorte der beruflichen Bildung konstitutiv mit einbeziehen.

Im Modellversuch ANLIN *(Ausbildung fördert nachhaltige Lernorte in der Industrie)* wurde dazu ein entsprechendes Konzept erarbeitet und mehrfach erfolgreich erprobt.[1] Durchgeführt wurde ANLIN an den Standorten Frankfurt am Main und Lutherstadt Wittenberg von einem Netzwerk von Partnern aus Berufsbildung, Wirtschaft und Wissenschaft. Dazu gehörten im Wesentlichen die beiden Verbundausbildungsträger Bildungszentrum für Beruf und Wirtschaft e. V. Wittenberg und Provadis Partner für Bildung und Beratung GmbH sowie die Qualifizierungsförderwerk Chemie GmbH (Koordination) und das Institut für nachhaltige Berufsbildung & Management-Services GmbH (Wissenschaftspartner). Um eine möglichst passgenaue Entwicklung der zu entwickelnden Konzepte zu gewährleisten, und um deren regionale sowie branchenweite Verstetigung, Verbreitung und strukturelle Verankerung zu unterstützen, wurde gezielt und intensiv mit dem BAVC und der IG BCE, den Sozialpartnern in der chemischen Industrie, sowie dem VCI und Unternehmen zusammengearbeitet.[2]

Ziel des Modellversuchs war es, zwei Verbundausbildungsträger und beteiligte Partnerbetriebe in den beiden Ausbildungsverbünden unter Beteiligung von Ausbildungskräften und Auszubildenden zu nachhaltigen betrieblichen Lernorten (weiter) zu entwickeln. Dazu wurden ein Personal- und ein Organisationsentwicklungskonzept strategisch miteinander verknüpft.

Im personenbezogenen Handlungsstrang wird bei den Ausbildungskräften angesetzt. Diese werden für die Berücksichtigung von Nachhaltigkeitsbelangen in der Ausbildung sensibilisiert und qualifiziert. Damit werden sie in die Lage versetzt, ihre Auszubildenden zu befähigen, sich im Rahmen der ihnen zur Verfügung stehenden Handlungs- und Entscheidungsspielräume aktiv an der nachhaltigen (Um-)Gestaltung ihrer betrieblichen Lernorte zu beteiligen.

Für das Lehr- und Ausbildungspersonal wurde ein dreistufiges Konzept zur Qualifizierung zum/zur *Promotor/-in für Nachhaltigkeit in den Lernorten der beruflichen Bildung* entwickelt, erprobt und beschrieben (vgl. QFC et al. 2019a). Adressaten sind neben haupt- und nebenberuflich tätigen Ausbildern alle für die Implementierung in den Unternehmen relevante Personengruppen, das heißt insbesondere Personal- und Ausbildungsverantwortliche, für Ausbildung bzw. Personal zuständige Betriebsratsmitglieder,

---

[1] Der Modellversuch ANLIN wurde von Juni 2016 bis Ende März 2019 vom Bundesinstitut für Berufsbildung (BIBB) aus Mitteln des Bundesministeriums für Bildung und Forschung (BMBF) gefördert.

[2] Für die Einbettung des Modellversuchs in dieses regional und bundesweit ausgerichtete Partnernetzwerk wurde ANLIN am 07.11.2017 von der Staatssekretärin im BMBF und der Präsidentin der Deutschen UNESCO-Kommission als Netzwerk für einen vorbildhaften Beitrag zur Umsetzung des UNESCO-Weltaktionsprogramms Bildung für nachhaltige Entwicklung auszeichnet.

Jugend- und Auszubildendenvertreter (JAV) sowie Verantwortliche bzw. Beauftragte für Umwelt- und Energiemanagement etc., aber auch Lehrkräfte der zuständigen berufsbildenden Schulen.

Abgestimmt auf das Qualifizierungskonzept für Ausbildungskräfte wurde ein dreistufiges Konzept zur Qualifizierung von Auszubildenden zum/zur *Junior-Expert/-in für Nachhaltigkeit im Betrieb* mit unterschiedlichen Varianten entwickelt, erprobt und veröffentlicht (vgl. QFC et al. 2019b). Im Mittelpunkt stehen dabei das Kennenlernen von betrieblichen Nachhaltigkeitsaktivitäten und das Identifizieren von Verbesserungsideen. Wie sich gezeigt hat, entwickeln Auszubildende in der Arbeit an Verbesserungsprojekten eine Reihe von berufsübergreifenden personalen Kompetenzen, die für die beteiligten Unternehmen einen realen Mehrwert darstellen. Dazu gehören im Bereich Sozialkompetenz unter anderem Teamfähigkeit und Kommunikation und im Bereich Selbstständigkeit beispielsweise Eigenständigkeit, Verantwortung und Zeitmanagement.

Die Maßnahmen zur Personalentwicklung sind in ein Organisationsentwicklungskonzept zur nachhaltigen Gestaltung von Lernorten im dualen System der Berufsbildung eingebettet. Hier geht es darum, die Rahmenbedingungen für nachhaltiges Handeln der Beschäftigten, insbesondere der Auszubildenden, zu schaffen bzw. zu verbessern, indem sich das Unternehmen bzw. ein Bildungsdienstleister und Partnerunternehmen (in Ausbildungsverbünden) zu nachhaltigen Lernorten entwickeln (vgl. Mertineit 2019).

Nach dem Motto *Gelernt wird nicht nur im Betrieb, sondern auch vom und für den Betrieb* wird in einem nachhaltigen betrieblichen Lernort das Lernen der Individuen (Auszubildende) mit dem Lernen der Organisation (des Betriebs) verschränkt:

- *Lernen im Betrieb:* Die Auszubildenden setzen sich mit Anforderungen einer nachhaltigen Entwicklung auseinander, die für den Gesamtbetrieb oder spezifische Lehr-/Lernumgebungen von Bedeutung sind.
- *Lernen vom Betrieb:* Betriebliche Nachhaltigkeitsaktivitäten wie die nachhaltige Gestaltung der im Betrieb angewandten (Management-)Prozesse und Technologien sowie die nachhaltige Bewirtschaftung von Gebäuden, Maschinen, Geräten, Werkzeugen und Material werden aufgezeigt und zum Gegenstand von Lehr-/Lernprozessen gemacht.
- *Lernen für den Betrieb:* Gelernt wird nicht nur für individuelle Handlungskontexte, sondern über die Thematisierung realer Beispiele (s. zuvor) bezieht sich Lernen auch auf die nachhaltige Entwicklung des Betriebs. Beispiele: Auszubildende kaufmännischer Berufe könnten an betrieblichen Beschaffungsprozessen beteiligt werden und Vorschläge für einen ökologischen, wirtschaftlichen und sozialen Gesichtspunkte berücksichtigenden Einkauf von Bürotechnik und Büromaterialien erarbeiten; gewerblich-technische Auszubildende könnten im Rahmen von Realprojekten an der Entwicklung und Umsetzung energieeffizienter Beleuchtungssysteme beteiligt werden usw.
- *Lernen des Betriebs:* Durch die Verknüpfung von individuellem und organisationalem Lernen entwickelt sich der gesamte Betrieb und verbessert seine Nachhaltigkeitsleistung.

Geeignete betriebliche Lernorte für die Behandlung von Nachhaltigkeitsthemen sind nicht nur Arbeitsplätze, Ausbildungswerkstätten, Ausbildungslabore und Ausbildungsecken, sondern auch die Betriebsgebäude, das Außengelände, Büros, Technikräume etc. sowie gegebenenfalls auch außerbetriebliche Einrichtungen. Empfehlenswert ist es, wenn dabei mit der zuständigen Berufsschule gezielt kooperiert wird. Diese kann als Partner im dualen System der Berufsbildung sowohl durch die nachhaltige Gestaltung der Schule als Lernort als auch durch Integration von Nachhaltigkeitsaspekten in den Unterricht fachspezifischer als auch allgemeinbildender Fächer (etwa Sozialkunde bzw. Politik) die Wirksamkeit dieses Ansatzes erheblich steigern.

Das in ANLIN erarbeitete Handlungswissen wurde Ende 2019 in einem Leitfaden für Unternehmen der chemischen Industrie zusammengefasst (vgl. VCI/IG BCE/BAVC 2019). Er wird von den Chemie$^3$-Allianzpartnern herausgegeben und zeigt, wie Nachhaltigkeit und Berufsausbildung im Betrieb verknüpft werden können.

## 3.2 ANLIN – Erfahrungen am Standort Frankfurt am Main

In der Provadis wurden erste Erfahrungen mit Bildung für nachhaltige Entwicklung (BNE) zum einen 2014 in dem vom Bundesministerium für Arbeit und Soziales (BMAS) geförderten Projekt *CAESAR (CSR-Aktivitäten für ethische und soziale Lösungen zur Schaffung eines innovativen Arbeitsumfeldes und für nachhaltigen Ressourceneinsatz)* sowie 2015 durch eine Nachhaltigkeitszertifizierung gesammelt. Allerdings spielte BNE zu Beginn des Modellversuchs im Provadis-Bildungszentrum, in dem junge Menschen in Lehrwerkstätten, Technika, Laboren oder Unterrichtsräumen usw. für Unternehmen ausgebildet werden, keine offensichtliche Rolle. Die Beteiligung am Modellversuch ANLIN hatte für Provadis deshalb zum Ziel, einen Teil des eigenen Ausbildungspersonals für Nachhaltigkeit zu sensibilisieren und zu qualifizieren, um zukünftig in der Lage zu sein, das Querschnittsthema Nachhaltigkeit in der Ausbildungsarbeit kompetent zu berücksichtigen. Darüber hinaus sollten Ansätze gefunden werden, wie sich die gesamte Bildungseinrichtung zu einem nachhaltigen Lernort weiterentwickeln konnte.

Gemeinsam mit drei größeren Partnerunternehmen wurden insgesamt zwölf Trainings für Ausbildungspersonal mit über 100 Teilnahmefällen und sechs Qualifizierungseinheiten für Auszubildende mit ca. 90 Teilnahmefällen am Standort Frankfurt am Main durchgeführt. Die Teilnehmenden kamen vorwiegend aus den Bereichen Produktion und Labor sowie aus Metall- und Elektroberufen.

Mit den Auszubildenden und dem Ausbildungspersonal wurde jeweils an zwei bis drei Workshop-Tagen erarbeitet, welche Bedeutung und Reichweite eine nachhaltige Entwicklung für sie persönlich und in ihrem beruflichen Alltag einnimmt. In ihrer Rolle als Ausbilder wurde ihnen zusätzlich aufgezeigt, wie sie die Gestaltung von betrieblichen Lernorten für nachhaltiges Handeln konstruktiv unterstützen, wo nötig kritisch reflektieren und zusammen mit ihren Auszubildenden an der Verbesserung der betrieblichen Nachhaltigkeit mitwirken können. Durchgeführte Nachhaltigkeitsaktivitäten waren unter anderem Betriebserkundungen, die Unterbreitung von Verbesserungsvorschlägen und die Mitwirkung an Nachhaltigkeitsprojekten. Die Erfahrung hat hierbei gezeigt, dass egal welche Aktivitäten man durchführt, es immer relevant ist, ob das Thema Nachhaltigkeit/CSR integrativer Bestandteil der einzelnen Lernorte ist und durch das Ausbildungspersonal vorgelebt wird – im Idealfall natürlich auch durch deren Vorgesetzte. Denn ein Auszubildender richtet sein Handeln nur dann nachhaltig aus, wenn auch sein betriebliches Umfeld es ihm ermöglicht.

Das Einbeziehen relevanter Akteure aus Personalabteilung und Betriebsrat sowie teilweise der JAV in den Kursen erwies sich als guter Ansatz, da diese Stellen oft einen anderen Blickwinkel vertreten und das Thema Nachhaltigkeit auch in spätere Entscheidungen – und nicht nur in Bezug auf Ausbildung – einfließen lassen. Überdies war es von Anfang an notwendig, wichtige Entscheider einzubeziehen, da beispielsweise nur mit einem ernst gemeinten Commitment der Geschäftsführung oder auch des Betriebsrates eine auf Nachhaltigkeit ausgerichtete Unternehmensstrategie umgesetzt und durch die Mitarbeiter mitgetragen werden kann.

Aus den Qualifizierungen ergab sich sowohl bei den beteiligten Unternehmen als auch bei Provadis selbst eine Reihe von Impulsen. So wurde das Thema Nachhaltigkeit/CSR verstärkt auch im Rahmen der allgemeinen Mitarbeiterqualifizierung behandelt; Nachhaltigkeit wurde in die Unternehmensvision aufgenommen, und es wurden Sensibilisierungsaktionen zu den globalen Nachhaltigkeitszielen (SDGs) durchgeführt.

## 3.3 Transfer

Derzeit finden in verschiedenen Unternehmen Qualifizierungen von Auszubildenden und weiterer Beschäftigtengruppen statt. Dabei soll es aber nicht bleiben. Es ist ein hessen- und bundesweites Transferprojekt ANLIN[2] in Durchführung. Dabei geht es zum einen darum, möglichst viele Ausbildungskräfte der Unternehmen der chemischen Industrie in die Lage zu versetzen, ihre Auszubildenden an das Thema Nachhaltigkeit/CSR heranzuführen. Zum anderen sollen weitere überbetriebliche Bildungseinrichtungen befähigt werden, diesen Ansatz selbstständig umzusetzen und sich zu nachhaltigen Lernorten zu entwickeln. Gelingt dies, und davon gehen wir aus, dann werden nicht nur Ergebnisse eines vielbeachteten Modellversuchs transferiert, sondern die Unternehmen, aber auch die ganze Branche, ist auf einem guten Weg, durch die systematische Einbeziehung der Beschäftigten in CSR-Aktivitäten die zuvor genannten Wettbewerbsvorteile zu realisieren.

**Dr. Klaus-Dieter Mertineit** ist seit 2009 Geschäftsführer im Institut für nachhaltige Berufsbildung & Management-Services GmbH in Laatzen. Nach dem Studium der Erziehungswissenschaft Wissenschaftlicher Mitarbeiter an der Universität Hannover; Gründungsmitglied und Projektleiter im Institut für Umweltschutz in der Berufsbildung e. V.; Lehrbeauftragter an der Universität Hannover (1990–2002) sowie der Leuphana Universität Lüneburg (2007–2012); Mitherausgeber der „Leuphana-Schriften zur Berufs- und Wirtschaftspädagogik". Arbeitsschwerpunkte: Berufsbildung für nachhaltige Entwicklung, Qualitätsmanagement & Organisationsentwicklung, Berufsbildungsforschung & Prozessbegleitung sowie Berufsbildung in der internationalen Entwicklungszusammenarbeit.

**Dr. Karsten Rudolf** studierte Politikwissenschaften, Psychologie, Erziehungswissenschaften auf Magister und promovierte zum Themenfeld Bildungsmarketing. Er ist Prokurist der Provadis Partner für Bildung und Beratung GmbH und verantwortet die Bereiche Marketing sowie Bildungs- und Forschungsprojekte. Mit den Megatrends CSR und Digitalisierung befasste er sich unter anderem auch als Mitglied des Arbeitskreises Nachhaltigkeit des Bundesarbeitgeberverbandes Chemie, als Sprecher des Forums Bildung der Chemieverbände Hessen sowie mit einem Lehrauftrag an der Justus-Liebig-Universität Gießen. Er ist Autor zahlreicher Veröffentlichungen zur politischen Bildung und zur Fachkräftesicherung.

**Marny Schröder** ist Projektleiterin im Bereich Bildungs- und Forschungsprojekte bei der Provadis Partner für Bildung und Beratung GmbH in Frankfurt am Main und koordiniert Bildungsprojekte wie zum Beispiel ANLIN in den Bereichen Nachhaltigkeit, Fachkräftesicherung und Berufsorientierung. Nach ihrer Ausbildung zur Chemielaborantin studierte sie berufsbegleitend Chemieingenieurwesen und arbeitete mehrere Jahre als hauptamtliche Ausbilderin im Bereich der Chemie und Labortechnik. Sie ist zudem als Prüferin der IHK tätig und Mitglied des Arbeitskreises Nachhaltigkeit des Bundesarbeitgeberverbandes Chemie.

## Literatur

Calmbach M, Borgstadt S, Borchard I, Thomas PM, Flaig B (2016) Wie ticken Jugendliche? Open-Access-Publikation, Wiesbaden

Hemkes B (2014) Vom Projekt zur Entwicklung. Modellversuche 2010–2013: Erkenntnisse, Schlussfolgerungen und Ausblicke. wbv, Bielefeld, S 225–229

HessenChemie (o. J.) Branchendaten. https://www.hessenchemie.de/branchendaten/r86.html. Zugegriffen: 15. Juni 2020

Lotter D, Braun J (2014) Der CSR-Manager. Unternehmensverantwortung in der Praxis, 3. Aufl. Altop, München

Mertineit KD (2019) Entwicklung nachhaltiger Lernorte. In: Vollmer, T, Jaschke S, Hatmann M, Mahrin B, Neustock U (Hrsg) Gewerblich-technische Berufsbildung und Digitalisierung. Praxiszugänge – Unterricht und Beruflichkeit. wbv, Bielefeld, S 193–212

Qualifizierungsförderwerk Chemie GmbH (QFC) (Hrsg) (2014) Erfolgsgeschichten aus dem Projekt CAESAR. Promotorenqualifizierung zur Stärkung von Nachhaltigkeit und Innovation in ihrem Unternehmen. Hannover

Qualifizierungsförderwerk Chemie GmbH (QFC), Bildungszentrum für Beruf und Wirtschaft e. V. (BBW), Provadis Partner für Bildung und Beratung GmbH, Institut für nachhaltige Berufsbildung & Management-Services GmbH (Hrsg) (2019a) Promotor/-in für Nachhaltigkeit in den Lernorten der beruflichen Bildung. Halle, Wittenberg, Frankfurt, Hannover. https://www.bibb.de/dokumente/pdf/ANLIN_Ausbilder_Qualifizierung_Broschuere.pdf. Zugegriffen: 15. Juni 2020

Qualifizierungsförderwerk Chemie GmbH (QFC), Bildungszentrum für Beruf und Wirtschaft e. V. (BBW), Provadis Partner für Bildung und Beratung GmbH, Institut für nachhaltige Berufsbildung & Management-Services GmbH (Hrsg) (2019b) Junior-Expertin/Junior-Experte für Nachhaltigkeit im Betrieb. Halle, Wittenberg, Frankfurt, Hannover. https://www.bibb.de/dokumente/pdf/ANLIN_Azubi_Qualifizierung_Broschuere.pdf. Zugegriffen: 15. Juni 2020

Rump J, Eilers S (2013) Die jüngere Generation in einer alternden Arbeitswelt. Baby Boomer versus Generation Y. Wissenschaft & Praxis, Sternenfels

Verband der Chemischen Industrie e. V. (VCI), Industriegewerkschaft Bergbau, Chemie, Energie (IG BCE), Bundesarbeitgeberverband Chemie e. V. (BAVC) (Hrsg) (2019) Ausbildung fördert Nachhaltigkeit im Betrieb – ein Leitfaden für Unternehmen der chemischen Industrie. Frankfurt, Hannover, Wiesbaden. https://www.chemiehoch3.de/leitfaden-nachhaltigkeit/anlin/. Zugegriffen: 15. Juni 2020

Vereinigung der hessischen Unternehmerverbände (2016) Fachkräfte für die Industrie 4.0. Für eine Neuorientierung im Bildungssystem. M. J. Raak GmbH, Frankfurt a. M.

Vormann J (2020) Gastkommentar. WirtschaftsWoche 24:23

# CSR in Hessen: Ein Impuls aus der Kultur

Gerhard Schulz

**Zusammenfassung**

Divers sind die Gegebenheiten der vielen unterschiedlich großen Kultur-Institutionen, die sich zum „Kulturbetrieb" in Deutschland (in Hessen) zusammenfassen lassen. Sind Kultur-Initiativen, -Institutionen, -Betriebe überhaupt Unternehmen und – falls ja – müssen alle in gleichem Maß wirtschaften? „Kultur" wird in Deutschland geschützt, die Freiheit der Kunst ist im Grundgesetz verankert (Art. 5 Abs. 3 GG) und der Kulturbetrieb wird von Bund, Ländern und – maßgeblich – von den Kommunen subventioniert. Kultur zählt somit zu den meritorischen Gütern, bei welchen der Staat mittels finanzieller Förderung (Subvention) des Anbieters preissenkend in die Nachfrage eingreift. Nach dem Zweiten Weltkrieg, beflügelt durch das „Wirtschaftswunder", wollte die junge Bundesrepublik den Genuss von Kulturveranstaltungen möglichst allen Teilen der Gesellschaft – nicht nur den Wohlhabenden – zugänglich machen. Im Beitrag wird die Bedeutung von Kunst und Kultur auf dem Weg zu einer zukunftsfähigen Gesellschaft und Wirtschaftsweise entwickelt.

## 1 Herausforderung: aus, für, über?

Gefragt nach einem „Impuls zur CSR aus der Kultur" war ich zunächst aufgefordert, mir zu überlegen, welche Perspektive ich wählen sollte. Ob ich „aus", „für" oder „über" die Kultur berichten möchte und überhaupt kann. Ich weiß nicht, ob es jemanden gibt, der

G. Schulz (✉)
Kulturzentrum Schlachthof Wiesbaden e. V., Wiesbaden, Deutschland
E-Mail: gerhard.schulz@schlachthof-wiesbaden.de



A. Trischler und S. Böhling (Hrsg.), *CSR in Hessen,* Management-Reihe Corporate Social Responsibility, https://doi.org/10.1007/978-3-662-63004-4_11

sich stellvertretend zum Thema CSR „aus Sicht der Kultur" positionieren könnte. Zu divers sind die Gegebenheiten der vielen unterschiedlich großen Kultur-Institutionen, die sich zum „Kulturbetrieb" in Deutschland (in Hessen) zusammenfassen lassen. Sind Kultur-Initiativen, -Institutionen und -Betriebe überhaupt Unternehmen und – falls ja – müssen alle in gleichem Maß wirtschaften?

„Kultur" wird in Deutschland geschützt, die Freiheit der Kunst ist im Grundgesetz verankert (Art. 5 Abs. 3 GG) und der Kulturbetrieb wird von Bund, Ländern und – maßgeblich – von den Kommunen subventioniert. Kultur zählt somit zu den meritorischen[1] Gütern, bei welchen der Staat mittels finanzieller Förderung (Subvention) des Anbieters preissenkend in die Nachfrage eingreift. Nach dem Zweiten Weltkrieg, beflügelt durch das „Wirtschaftswunder", wollte die junge Bundesrepublik den Genuss von Kulturveranstaltungen möglichst allen Teilen der Gesellschaft – nicht nur den Wohlhabenden – zugänglich machen.

**Grundgesetz für die Bundesrepublik Deutschland, Artikel 5**

...

(3) Kunst und Wissenschaft, Forschung und Lehre sind frei. Die Freiheit der Lehre entbindet nicht von der Treue zur Verfassung.

Die Wurzel der aktuellen Kultur-Subvention stammt aus der Mitte des letzten Jahrhunderts, wurde aber den Bedingungen des 21. Jahrhunderts noch nicht angepasst. So führt ihre handlungsleitende Haltung auch heute noch zu sehr unterschiedlichen Gegebenheiten und Grundlagen für betriebliche – unternehmerische – Entscheidungen. Denn: Nicht alle Kulturbetriebe werden in gleicher Weise gefördert. So schwankt die Höhe der Subventionen zwischen 5 bis zu 85 %. Anders formuliert erwirtschaften manche Kultur-Institutionen 95 % ihrer Einnahmen selbst, andere lediglich 15 %. Leicht lässt sich daraus ableiten, dass ein hoch-subventionierter Betrieb andere wirtschaftliche und somit auch andere unternehmerische Entscheidungen zu treffen hat. Die Möglichkeit zur Ausübung der „künstlerischen Freiheit" steht in enger Beziehung (Abhängigkeit) zur Notwendigkeit, in einem sich stets dynamisch entwickelten Markt die Zuwendung des Publikums zu erreichen, um Erlöse zu erzielen.

Grundsätzlich setzt sich „der deutsche Kulturbetrieb" je nach Trägerschaft aus öffentlich-rechtlichen, zivilgesellschaftlichen oder privatwirtschaftlichen Institutionen oder Betrieben zusammen. Zur Unterscheidung bzw. Einteilung werden des Weiteren Begriffe wie Hoch- bzw. Subkultur verwendet und von E- oder U-Kultur gesprochen. Dies dient teilweise dazu, unnötige – im besten Fall schwierig zu treffende – qualitative Kategorisierungen vorzunehmen. Diese vorsichtig zu betrachtenden Bewertungen

---

[1] Als Begriff „meritorisches Gut" von Richard Musgrave 1967 eingeführt; bezeichnet Güter, die ein Mensch unabhängig von seiner individuellen Leistung erhält.

dienen auch heute noch zur Begründung der – wie bereits erwähnt – sehr unterschiedlich gewährten Subventionen.

Es geht mir an dieser Stelle nicht darum, diese Umstände zu beklagen. Das muss an anderer Stelle dringend getan werden. Ich habe diesen Kontext eröffnet, weil das Umfeld, in welchem wir agieren, und die Bedingungen, denen wirausgesetzt istsind, Einfluss auf unsereEntscheidungen und Möglichkeiten nehmen. Die Höhe der jeweils gewährten Subvention kannalso darauf einen Einfluss haben, ob und inwieweit sich Kultur-Institutionen im Sinne der CSR verhalten und darüber hinaus „nachhaltig" aufstellen. Noch etwas: Es ist mir unfassbar schwergefallen, das Thema Corona in diesem Beitrag nicht aufzugreifen. Gerade jetzt werden Fragen nach Wirtschaft und Kultur und deren Bedeutung sehr unterschiedlich und – für einen Kulturschaffenden zum Teil irritierend – diskutiert. Vielleicht ergibt sich aus dem Text ein Hinweis auf mögliche Ansätze, wie wir (der) Krisen begegnen sollten und können.

## 2 Wirtschaft vs. Kultur vs. Natur (!)(?)

Betriebliche oder unternehmerische Entscheidungen werden stets von Menschen getroffen. Deshalb ist ebenfalls deren darunterliegende Haltung von fundamentaler Bedeutung. Denn Ausprägung von CSR und das Maß an nachhaltigem Verhalten sind stark von ihrer Begründung abhängig. Die Spannbreite zwischen Öko-Fanatismus, gesundem Menschenverstand und vom Marketing getriebenem „Greenwashing" ist groß und häufig unüberschaubar. In dem Bild, welches ich mir von Gesellschaft und Wirtschaft mache, ist auch das Teil unserer Kultur.

Ich suche die kulturelle Annäherung an das Thema und begebe mich deshalb nicht in die Auseinandersetzung über spezifische Zahlen, Daten und Fakten. Ebenso argumentiere ich nicht, ob der Klimawandel menschen-gemacht oder wie hoch der Beitrag unserer Spezies dazu war und ist. Es geht mir nicht darum, mit welchen Maßnahmen wie viel $CO_2$ eingespart werden kann und welche Auswirkungen dies auf die Erderwärmung hätte und welche anderen ökologischen Folgen das haben könnte. Auch wenn es grundsätzlich das Ziel ist: Mein Ansatz ist nicht nur zu fragen, wie mehr nachhaltiges Handeln erreicht werden kann. Ich frage ebenso, warum bisher so wenig erreicht wurde. In meiner Interpretation sehe ich dafür einen einfachen und plausiblen Grund, ein simples, aber immer wiederkehrendes Muster:

- Auf inhaltliche Fragen werden ökonomische Antworten gegeben.

Der Gedanke erscheint einfach, ja fast banal. Aber er kann der wesentliche Grund für den Zustand unserer Ökologie, aber auch unserer anderen gesellschaftlichen Zu- und Missstände sein. Wir sind an das ständig vorgebrachte Argument der „Gegenfinanzierung", an die Leier vom Wachstum der Wirtschaft gewöhnt. Ebenso geht das Mantra der „Schulden, die wir an unsere Nachkommen übergeben" leicht von der Hand und ist zur eingeübten

Routine geworden. Wenn wir die Wiederholungen hören, fällt es uns nicht schwer, sie – wenn nicht als „richtig" – doch wenigstens für stimmig einzuordnen. Längst sind wir an einem Punkt angekommen, der in uns (immer mehr) Angst, zumindest aber erhebliche Befürchtungen auslöst. Wir stehen zwischen wirtschaftlicher Alternativlosigkeit und nachhaltiger Aussichtslosigkeit. Doch die These des Homo oeconomicus, des immer scharf auf den eigenen Vorteil kalkulierenden kalt denkenden Menschen hat zu bröckeln begonnen (Gabriel 2020). Es ist an der Zeit, den Fokus der Debatte zu verschieben: von der Finanzierung weg und hin auf die Begründung unserer Handlungen.

▶ Wir müssen ökonomisches durch kulturelles Denken ersetzen.

Ändert sich die Haltung, die einer Entscheidung zugrunde liegt, ändert sich die daraus folgende Vorgehensweise und damit die entstehende Wirkung. Ob als Gesellschaft, Unternehmen oder Privatperson: Es liegt an uns, ob wir bei Entscheidungen die wirtschaftliche oder die kulturelle Begründung wählen. Ich betone: Was unser weiteres Denken und Handeln bestimmt ist von großem Gewicht, denn unser gemeinsames Handeln hat immense Folgen.

Ich will eine stark vereinfachende Ordnung bzw. Struktur nutzen und versuchen, mit vier Begriffen meine Aussage über das Thema überschaubar darzulegen: Natur, Kultur, Wirtschaft und Nachhaltigkeit.

- Zunächst gehe ich davon aus, dass sich *Natur* aus sich selbst heraus evolutionär und biologisch, also selbstständig – und insofern natürlich – nachhaltig entwickelt.
- Außerdem gehe ich davon aus, dass *Kultur* alles ist, was keine Natur ist, also alles vom Menschen Geschaffene. Die Kultur – das menschliche Werk – beeinflusst den natürlichen nachhaltigen Prozess seit ca. 200 Jahren massiv.
- Der Logik folgend, dass sich Natur nachhaltig entwickelt, bleibt nur der Mensch, der sich in der von ihm erzeugten Kultur mehr, weniger oder nicht nachhaltig verhält. Und zu dieser seiner Kultur gehören sowohl die *Wirtschaft* als auch CSR resp. *Nachhaltigkeit.*

Die Beziehungen zwischen den Begriffen Kultur und Wirtschaft sollten hinterfragt und überprüft werden.

**Fragen**

Finanziert die Wirtschaft die Kultur, oder ist die Wirtschaft in ihrer heutigen – alles bestimmenden Hoheit – eigentlich nur Werkzeug, um unsere Kultur mit den notwendigen Erzeugnissen zu versorgen?

Was bestimmt unser Streben, was befeuert unseren Drang zu Entwicklung und Veränderung, was gibt unserem Tun einen Sinn?

## 3 Motivation, Haltung und Entscheidung: Kulturelle Verantwortung und unternehmerische Handlung

Wenn ich jetzt „aus“ der Kultur schreibe, möchte ich auf „Best Practice“ verzichten. Beispiele aus unserem Haus über den Einbau energiesparender oder nachhaltig erzeugender Anlagen, über flache Hierarchien, optimierte Prozesse, Kundenorientierung, Diversität und Digitalisierung kann ich zwar zusammenstellen, es kommt für mich aber nicht infrage. Ich mag die Idee grundsätzlich nicht. Ich glaube nicht, dass eine gefundene Lösung in dem einen Betrieb in einem bestimmten Kontext der Vergangenheit als gutes Beispiel für ähnliche Fragen in anderen Teams in ähnlichen Kontexten der Zukunft hilfreich sind.[2]

Ich arbeite seit über 25 Jahren im Kulturzentrum Schlachthof in Wiesbaden. Ich habe über 20 Jahre als Zimmermann gearbeitet, zum Teil zur gleichen Zeit. Da ich im Laufe der Zeit andere Aufgaben im Schlachthof übernommen hatte, begann ich im Jahr 2010 ein nebenberufliches BWL-Studium, welches ich 2014 mit Diplom abschloss.

**Kulturzentrum Schlachthof**

Als subkulturelles bzw. „soziokulturelles Zentrum“ gehören wir zum zivilgesellschaftlichen Teil des bundesdeutschen Kulturbetriebes und zu jenen Kultur-Institutionen, die sich zum größten Teil selbst – also durch Umsatzerlöse – finanzieren. Kultur und Wirtschaft sind für uns untrennbar miteinander verbunden. Aber am Anfang war uns das weder bewusst noch wichtig. Als ich mit Anderen zu Beginn der 90er-Jahre den alten, stinkenden und ausgemergelten Schlachthof betrat und zwischen Fetteimern, Blutrinnen und Schlachtstraße stehend „let‘s do it“ fühlte, trafen wir eine kulturelle und keine wirtschaftliche Entscheidung. Ohne Business-Plan, ohne BWL, ohne Startkapital, ohne Kredit: In den Augen der IHK – hätte sie uns gesehen bzw. wahrgenommen – waren wir kein Start-up, sondern Spinner. Und tatsächlich: Wir waren keine Co-Workerinnen/-Worker, sondern Kollektivistinnen/Kollektivisten. Der Antrieb der „Gründergeneration Kulturzentrum Schlachthof“ war keine Geschäftsidee, sondern die Kraft, „Etwas“ einen Platz zu geben, was bisher noch keinen hatte. Wir agierten Input und dachten nicht Output. Grundlage war keine Kosten-Nutzen-Rechnung, sondern Lust und Leidenschaft, die auf ein (sub-)kulturelles Ergebnis und nicht auf kommerzielles Gewinnstreben zielte. Ohne sie zu kennen, erfüllten wir voller Wucht die ökonomischen Prinzipien und die Königsdisziplin der Wirtschaftlichkeit: (Selbst-)Ausbeutung. Wir waren bereit, alles zu geben. Unsere Motivation stammte aus der Überzeugung, dass die Gesellschaft nicht so ist, wie sie sein sollte.

[2] Wenn man zusätzlich die Situation der Kultur-Schaffenden, -Häuser, -Institutionen und -Initiativen ins Auge nimmt, dann haben viele mit einer maroden Infrastruktur zu kämpfen und zumeist kein Geld für Investitionen, zumal sie oft gar nicht in „eigenen Immobilien“ zu Hause sind. „Best Practice“ kann dann als hochmütig oder überflüssig daherkommen.

> Immer mehr wichtige Entscheidungen werden von immer weniger Personen mit immer mehr Macht und immer weniger Bindung an die Bevölkerung getroffen; mit erheblichen Konsequenzen für alle Bürgerinnen und Bürger und die Umwelt: Gorleben, Wackersdorf, Startbahn West, Gentrifizierung in den Städten, der Neoliberalismus der Reagan-Thatcher-Zeit, die Ungereimtheiten der Wiedervereinigung. Die Zutaten einer Zeit, in der sich noch niemand oder nur wenige ernsthafte Gedanken über CSR machte.

Im Schlachthof Wiesbaden – wie in vielen anderen (sub- oder sozio-)kulturellen Initiativen oder Zentren auch – wurde die Idee der sozialen Verantwortung gelebt. Diese Idee war Fundament und Grundlage dafür, dass überhaupt ein Betrieb entstehen konnte. Der Erfolg wurde nicht in einem monetären Ergebnis gesucht, sondern in der Veränderung seiner (gesellschaftlichen) Umwelt gefunden. Erst in späteren Jahren sollten (schlecht) bezahlte Arbeitsplätze entstehen. Ein Wechsel von guten Jobs in den neu entstehenden Kulturbetrieb war mit echten Risiken behaftet, zumindest mit spürbaren persönlichen finanziellen Einbußen. Organisiert als Verein, betrieben als Kollektiv und ausgestattet mit Mut, Vision und einem gerüttelten Maß an Naivität. Aber: Ohne Zukunft. In einer Industriebrache, deren Abriss – laut Bebauungsplan der Abluftschneise – bereits beschlossen war.

**Selbstverständnis**

Eine solche oder ähnliche Geschichte haben viele Zentren aus der Zeit der 80er- und 90er-Jahre. Wir gehörten zu einer neuen Generation von Kulturschaffenden, die die Lücken in der Kulturlandschaft schließen wollte. Der soziale Erfolg wurde höher bewertet als ein wirtschaftlicher Gewinn, das „war in unserer DNA". Und was so tief verwurzelt ist, wird man nicht wieder los. Auf dieses Selbstverständnis, diese „kulturelle Haltung" baut sich alles andere auf. Vielleicht liegt es an dieser Herkunft, dass selbst in einer Untersuchung zur Zukunftsfähigkeit soziokultureller Zentren der Begriff CSR gar nicht auftaucht? (Müller-Espey 2019) Vielleicht liegt es auch daran, dass sich diese Kulturzentren nicht als unternehmerisch wirksam verstehen.

Ich bin froh und dankbar, dass wir schon recht früh in unserer Geschichte neben der kulturellen (sozialen und gesellschaftlichen) auch unsere unternehmerische Verantwortung entdeckt haben.

> „Wir brauchen keine Fabrikbesitzer – die Fabriken gehören uns! Aus dem Weg Kapitalisten, die letzte Schlacht gewinnen wir!"[3]

Diese Parole stellte in unserer Interpretation eine Verbindung zwischen links-autonomen, gewerkschaftlichen und unternehmerischen Aspekten, Aufgaben und Pflichten her. Es ging nicht um Besitz, Gewinn oder Macht, sondern um das Potenzial zur Gestaltung

[3] Ton Steine Scherben, Vinyl LP, 1972.

und die Pflicht zur Arbeit an der Veränderung. Und das nicht nur innerhalb des eigenen Betriebes, sondern vor allem im Kontext zu unserer gesellschaftlichen und sozialen Umwelt. Bereits sehr früh in seiner Geschichte entschied sich der Schlachthof für eine Abkehr vom „Ehrenamt". Die Grundsteine des entstehenden Betriebes waren kultursoziale Verantwortung und unternehmerische Fürsorge, nicht unbezahlte Arbeit.
Heute ist der „Schlachthof" ein KMU und beschäftigt 54 Menschen in Voll- & Teilzeit, ca. 75 Aushilfen sowie ca. 15 freie Mitarbeitenden. Niemand hätte jemals gedacht, dass das erreicht werden kann. Die gewählte Betriebsform – das „Kollektiv" –, wurde mit dem wachsenden Betrieb und seinen Bedürfnissen weiterentwickelt. Die Fluktuationsrate im Haus ist eher gering, die Altersspanne groß und die Identifikation mit dem Haus und seinen Werten ist hoch. Die Hierarchie ist eher flach und Verantwortung ist breit verteilt. Somit ist die Mitbestimmung verankert und persönliche Selbstverwirklichung möglich. Zugegeben: Nicht alles, was glänzt, ist Gold, aber Silber haben wir sicher. Diese Form der Betriebsführung kann als nachhaltig bezeichnet werden, weil sie eine Identifikation der Aktiven ermöglicht. Es gibt keine bessere Voraussetzung und Motivation, um gute, richtige und langfristig wirksame Entscheidungen zu treffen als Identifikation.

## 4 CSR kulturell be-gründen

2014 wurde ich in die VV der IHK Wiesbaden gewählt. Im gleichen Jahr wurde ich von der Geschäftsführung der IHK gebeten, den Vorsitz des neu gebildeten „Ausschuss Kulturwirtschaft" zu übernehmen. Die IHK Wiesbaden gehört zu den wenigen großen deutschen IHKs, die einen solchen Ausschuss gegründet haben und diesen Teilbereich der Wirtschaft explizit von dem der „Kreativ-Wirtschaft" getrennt hat (für den es einen eigenen Ausschuss gibt).[4] Dadurch kann jedem der Teilbereiche mehr Gewicht beigemessen, mehr Aufmerksamkeit gewidmet und es kann mehr auf die Unterschiede zwischen beiden Bereichen eingegangen werden. Im Ausschuss Kulturwirtschaft – dem ca. 15 Vertreterinnen und Vertreter aus der kulturellen Landschaft angehören – wird über praktische Aspekte im Kontext des Standortfaktors gesprochen:

**Fragen**

Welche Rolle spielt „Kultur" im Wirtschaftsleben, etwa bei der Ansiedlung neuer Unternehmen? Wie bedingen sich kulturelles Leben und kreatives Milieu?

Welche wirtschaftlichen Bedingungen brauchen Kulturakteurinnen und -akteure, um eine Stadt für Wirtschaftsbetriebe attraktiv zu machen?

[4] www.ihk-wiesbaden.de/s/ueber-uns/unternehmer-im-ehrenamt/ausschuesse/fachliche-ausschuesse

Im Detail geht es um räumliche Bedingungen, Sichtbarkeit, Marketing, um Vernetzung und Kooperationen sowie den Vergleich mit anderen Städten bzw. Kammerbezirken. Ebenfalls geht es um die unterschiedlichen Voraussetzungen für die einzelnen Kultur-Institutionen, bedingt durch deren Gesellschaftsform und – natürlich – durch deren Teilhabe an staatlicher Förderung und Subvention. Wie zuvor schon ausgeführt: Die sehr verschiedenen Trägerschaften im Kontext unterschiedlich hoher Förderung lässt eine große Varianz der wirtschaftlichen Notwendigkeiten, individueller Lösungen sowie grundsätzlicher Fragen erahnen.

▶ Kultur und Wirtschaft: Auch wenn die beiden Begriffe immer noch in weiten Teilen der (politischen) Wahrnehmung als sich gegenüberstehend wahrgenommen werden, sind zwei Seiten der gleichen Medaille.

Die diesem Text zugrunde liegende Frage: „Welcher Impuls kann aus der Kultur zum Thema CSR im Kontext der Nachhaltigkeit gegeben werden?" gewinnt immer mehr Tiefe. Für mich sind CSR und Nachhaltigkeit ohne eine kulturelle Be-Gründung gar nicht möglich. Ich unterstelle: Erfolge in Sachen Schutz des Klimas, der Arten und Schonung der natürlichen Ressourcen scheitern an der wirtschaftlichen Abwägung von Nutzen und Kosten. Sind Entscheidungen und Vorgehensweisen in Sachen CSR und SDGs nicht kulturell verankert, sondern richten sie sich nach wirtschaftlichen Möglichkeiten, bleiben sie evtl. an den Fassaden der Unternehmen hängen.

Selten wird „die Kultur" explizit gefragt, zu einem bestimmten Thema Stellung zu beziehen. Meistens ermächtigt sie sich selbst und wenn sie dies tut, dann hat sie eine Idee, eine Frage, eine Irritation, ein Statement oder ein Labor. Das Konzept der CSR basiert auf dem freiwilligen Anteil an nachhaltigem unternehmerischem Handeln, der über gesetzliche Vorgaben hinausgeht. Der Umfang dieses Anteils und entsprechender Maßnahmen liegt im Ermessen der Unternehmensführung. Es handelt sich um die Entscheidung, ob und inwieweit man sich einer solchen sozialen Verantwortung stellt. Es braucht gewisse Kriterien, anhand derer es sich entscheiden lässt, in welchem Umfang für das eigene Unternehmen CSR sinnvoll erscheint bzw. ob sie tragbar ist oder eben nicht.

Es muss eine unternehmerische Antwort auf eine ganz bestimmte Frage gefunden werden, bevor man eine Haltung gewinnt, die das eigene Vorgehen bestimmt. Und hier taucht die Paarung Kultur/Wirtschaft auf. Ob sie prinzipiell oder unterschwellig, vernachlässigbar oder als unverzichtbar behandelt wird, liegt an den Führungskräften in den Unternehmen, denn Entscheidungen können entweder wirtschaftlich oder kulturell getroffen werden.

▶ **Wichtig**

Wirtschaftlich betrachtet geht es um das „Wie?" und das Abwägen von Kosten und Nutzen. Kulturell betrachtet geht es um das „Warum?" und die Frage nach dem Sinn.

Die Unterscheidung zwischen lang- und kurzfristiger Perspektive spielt ebenso eine Rolle, wie die Einbeziehung der (sozialen) Umwelt in die Kostenberechnung.

Ein Vorgang kann also wirtschaftlich sein und der Umwelt schaden, während ein im Wettbewerb konkurrierender Vorgang unwirtschaftlich ist, da er den Schutz der (sozialen) Umwelt mit entsprechendem Kostenaufwand aufnimmt. Wir lassen es zu, dass die Wirtschaftswissenschaft den Vorrang vor allen anderen menschlichen Erwägungen erhält. Auch wenn sich die wirklich wichtigen Dinge des Lebens gar nicht berechnen lassen und es nicht erforderlich ist, Fachleute zu befragen, um Prioritäten zu setzen (Schumacher 2019).

Viele Jahrzehnte lang hat der Markt – im Zusammenspiel mit dem Staat – für unseren steigenden Wohlstand gesorgt. Angebot und Nachfrage waren – und sind – die Treiber für Einkommen aus Kapital und Arbeit. Unternehmen tragen Verantwortung für Arbeiter, Angestellte und deren Familien. Soziale Systeme federn – im Rahmen des Solidarpaktes – Probleme ab. Wirtschaftssysteme bewarben sich um Vorherrschaft und in der Bundesrepublik hat eine – mehr oder weniger soziale – Marktwirtschaft diesen Wettbewerb für sich entschieden.

Hierin wiederum haben die Unternehmen eine wesentliche und tragende Rolle. Nie ging es uns so gut wie heute. Allerdings geht diese Entwicklung nur auf Kosten endlicher und nicht erneuerbarer Ressourcen, die unser Planet in und auf sich trägt. Zusätzlich werden Natur, Flora, Fauna, Klima und Atmosphäre in Mitleidenschaft gezogen und nachhaltig gestört, wenn nicht zerstört. Das Streben nach Gewinn und (Markt-)Macht ist ein immanenter Bestandteil unternehmerischen Handelns. Wir alle kennen das „höher, schneller, weiter“. Externe Effekte wurden (zu lange) ignoriert, Gewinne privatisiert, Verluste sozialisiert.

Seit einigen Jahren wird uns bewusst, dass es so nicht weitergehen kann. Es macht keinen Sinn, einerseits endliches Kapital, das uns unser Planet zur Verfügung stellt (Rohstoffe), zu verbrauchen, um durch diesen Verbrauch gleichzeitig und andererseits unsere Umwelt für uns selbst „ungenießbar“ zu machen (Schumacher 2019). Hinzu kommt die Wahrscheinlichkeit, dass es zu einem Ende der Energievorräte kommt, bevor Alternativen in ausreichendem Maß zur Verfügung stehen, um unseren wachsenden Bedarf zu decken und unseren ebenfalls wachsenden Lebensstandard aufrecht zu erhalten. Das ist – alles in allem – keine neue Erkenntnis, aber eine, die zum Nachdenken einladt, zum Umlenken drängt, zum Handeln zwingt oder – ganz anders – zum Aufgeben einladen könnte.

Viele Unternehmen bekennen sich zu CSR und zeigen sich bereit, an der großen Aufgabe den „blauen Planeten“ zu retten, mitzuwirken. Allerdings: Ob es statt einer „Pflicht“ doch nur eine „Kür“ ist, ist nicht sofort zu erkennen:

**Fragen**

Wie weit gehen die Maßnahmen?
Wie groß ist der Marketing-Effekt?
Wie viele Steuern lassen sich sparen?
Wie groß ist der Kosten-Nutzen-Effekt?
Welche Rolle spielt CSR im Unterbewusstsein des Unternehmens tatsächlich und wie handlungsleitend ist sie?

## 5 Kultur prägt Existenz, ermöglicht Entwicklung und Wachstum und Fortschritt

Kultur ist das soziale Unterbewusstsein einer Gesellschaft, welches durch Wiederholungen unser Verhalten in den letzten Tausenden von Jahren geprägt hat. In der jüngeren Vergangenheit übernahm die Kultur die Rolle, Werte zu definieren, sich über Zivilisation hinaus zu entwickeln und Gesellschaft infrage zu stellen. Kultur vereint unser Wissen mit jenem Wissen, von dem wir nicht wissen müssen, dass wir es haben. Die Macherinnen und Macher der Geschichte sind demnach Poetinnen und Poeten, Philosophinnen und Philosophen, nicht Politikerinnen und Politiker (Eagleton 2017). Gesellschaftsordnungen wie Feudalismus, Sozialismus oder Kapitalismus und deren Konzepte wie Betriebs- und Volkswirtschaft sind Resultate eines kulturellen Bewusstseins, ebenso deren Folgen.

„Wir müssen erst das Geld erwirtschaften, um uns ‚Kultur leisten‘ zu können.“

Dieses – von Vertreterinnen und Vertretern aus Wirtschaft und Politik – vorgebrachte Glaubensbekenntnis ist und bleibt eine brüchige Deutung. Kultur ist das Fundament, auf dem die Wirtschaft fußt. Selbst Adam Smith, der Erfinder der „unsichtbaren Hand des Marktes“ und dem Konzept der Arbeitsteilung, war Moral-Philosoph. Wirtschaftswissenschaften gehören nicht zu den Natur-, sondern zu den Sozialwissenschaften. Sie basieren nicht auf physikalischen Fakten, sondern auf Vorstellungen, Interpretationen, Beobachtungen, Theorien und daraus abgeleiteten Modellen, die wiederum auf Annahmen basierende Konzepte hervorbringen. Aber auch das Konzept der Kultur kann nicht wertfrei das beschreiben oder zusammenfassen, was in ihr vorgeht. Sondern es lebt von Deutungen, Interpretationen, von Akzeptanz und Ablehnung vom Achten und Ächten. Die Verwertungslogik des Kapitals aber, das alleinige Denken in Effizienz und die Ökonomie als Maß aller Dinge sind unmoralisch und dürfen die Kultur nicht dirigieren (Precht 2018).

Die Grundlage des neo-liberalen Wirtschaftens, das Konzept des ewig rational handelnden Menschen, der alle Entscheidungen anhand wirtschaftlicher Vor- und Nachteile trifft, ist umstrittener denn je. Vor mehr als 50 Jahren hat dieses Konzept einen Turbo gezündet und bis heute befeuert, der für viele der Folgen verantwortlich ist, die wir heute mittels CSR und dem Konzept der Nachhaltigkeit bekämpfen wollen. Mindestens genauso lange sind die ökologischen Probleme bekannt, die der ökonomische Booster ausgelöst hat. Immer wieder stellt sich die kulturelle Frage nach dem „Warum?“ Und zwar auf doppelte Weise.: Warum glaubte man so viel mehr an das Konzept des „Homo Oeconomicus“ als an die Berechnungen des „Club of Rome“?

Aus – im Verlauf vieler Tausend Jahre – gemachten Vorstellungen, Handlungen und Erfahrungen entstanden sowohl individuelle als auch gesellschaftliche kulturelle Prägungen. Diese Voreinstellungen sind der Nährboden, ohne den kein System funktioniert. Auch kein Wirtschaftssystem. Weil die moderne – auf Modellen gegründete

– Ökonomie aber nicht (mehr) kulturell denkt, braucht es eine kulturelle Begründung (Werte), um ökologisch aktiv zu werden (Bendixen 2011). Somit entsteht auch Nachhaltigkeit aus kulturellem Bewusstsein. So könnte – nein muss – man argumentieren. „Kultur" ist also weit mehr als die abendliche Unterhaltung, um Zerstreuung oder Ablenkung vom Arbeitsalltag im Wirtschaftsbetrieb zu finden.

Aber darauf will ich nicht hinaus. Ich möchte ausdrücken, dass das Wirtschaften – weder im Unternehmen noch in der „Volkswirtschaft" – nicht *das* Ziel unserer Gesellschaft sein kann bzw. sein sollte. Aufgabe der Wirtschaft ist es, jene Güter zu entwickeln und zur Verfügung zu stellen, die gebraucht werden, um die vielfältigen materiellen Bedürfnisse der Menschen zu befriedigen. Und hier sind wir schon wieder tief im kulturellen Kontext: Jeder gefertigte Gegenstand und jede Dienstleistung beinhalten die kulturellen Werte und Konstellationen, aus denen heraus oder für die sie entwickelt wurden. Im Begriff „Kultur" lassen sich Bereiche wie Wissenschaft, Bildung, Forschung vereinen; sie bilden somit den Kontext und die Grundlage allen Wirtschaftens (Bendixen 2011).

Das, was unserem Leben den Sinn verleiht, wird aber nicht erwirtschaftet. Und wenn wir Aufgabe und Zweck unserer Gesellschaft nicht durch *Wirtschaften* definieren, dann können wir beginnen, ganz anders über Kultur nachzudenken und ihr eine andere Rolle zuschreiben. Denn soziale (kulturelle) Normen lassen uns die Wahl, sie zu befolgen. Ihre Wirkung durch Gültigkeit entsteht nicht durch Zwang, sondern aus unserer Freiwilligkeit (Precht 2018). Die Rolle, welche der „Kultur" nach dem Zweiten Weltkrieg in unserem Gesellschaftskonstrukt eingeräumt wurde, gilt der Entspannung und Zerstreuung. Als Ablenkung vom Arbeitsalltag erscheint sie überwiegend harmlos.

Dennoch: Selbst wenn die „öffentliche Hand" keinen einzigen Euro aus Steuermitteln als Subvention für Kultur im Sinne von Kunst oder Veranstaltungen ausgeben würde, bedeutete dies nicht, dass wir „keine Kultur" hätten. Wir hätten nur eine andere. Und ob uns diese gefallen würde, ziehe ich stark in Zweifel. Eine Form der Kultur – Musik, genauer: populäre Musik – wird wiederum im Kontext des weltweit milliardenschweren Musikgeschäftes in das allgemeine, am Profit orientierte, Wirtschaften integriert, wird also Teil der Wirtschaft. Als Teilhaber an diesem Prozess finde ich hier Arbeit, Gehalt und Erfüllung und will diesen ergo nicht abschaffen. Aber ich möchte darüber hinausdenken.

Demokratie und deren heutiges Steuerungsinstrument – die Ökonomie, beschrieben durch Volks- und Betriebswirtschaft – wurden erst möglich, als die Gesellschaft ein gewisses kulturelles Niveau erreicht hatte. Die Aufklärung und Moderne führte durch die Trennung von Staat und Religion zu einer sprunghaften Entwicklung in Bildung, Handwerk, Forschung, Wissenschaft und Philosophie. Im 18. Jahrhundert waren es unter anderem Rousseau und Hobbes, die den Weg zu unserer heute gelebten Demokratie ebneten. Mittels Kultur entstand die Matrix für Macht, Verträge, Autorität und Legalität (Eagleton 2017). Sowohl Revolution als auch Demokratie wären ohne Romane, Debatten, Flugblätter, ohne die Diskurse über Gleichheit, Brüderlichkeit, politische Klassen, Republik, Gerechtigkeit und Menschenrechte unmöglich gewesen. Da diese Werte in der Natur nicht existieren, sind sie zunächst nur Fiktionen. Ihr

Zustandekommen ist einzig und allein abhängig von der Entschlossenheit derer, die sich dafür einsetzen (Blom 2020).

Diese Entschlossenheit findet ihre Fortführungen, indem die Kunst und die – in diesem Sinn verstandene – Kultur bis heute die Aufgabe übernimmt, das gesellschaftliche Verhalten zu spiegeln, zu kritisieren, infrage zu stellen oder zu karikieren. Die Erforschung der „Grenzen des guten Geschmacks", das Ausloten der Legalität, des Denkbaren und des Visionären – auch im politischen Kontext – mittels künstlerischer oder kultureller Techniken und Praktiken gehört quasi „zur Stellenbeschreibung der Kultur". Dieser nicht immer „am Mainstream orientierte" oder „gefällige" Weg der Kunst und Kultur ist und war immer ein Teil des Streitens um Fortschritt und Freiheit. Und er war gefährlich. Im Dritten Reich wurden Bücher verbrannt und Künstlerinnen und Künstler verfolgt, weggesperrt und umgebracht. Dieser Aufgabe der kritischen Reflexion der Gesellschaft gehen auch die heutigen Kultur-Institutionen und Kulturschaffenden noch nach. „Pussy Riot" und „Charlie Hebdo" sollen als Beispiele zeigen, welches Risiko Künstlerinnen und Künstler heute noch eingehen.

Protestsongs begleiten politisch unruhige Zeiten, Filme zeigen eine oft irritierende Zukunft und im Theater werden gesellschaftliche Fragestellung reflektiert (um nur diese wenigen zu nennen). Die Wirkung, die dabei erzielt wird, entsteht im Menschen, in der eigenen Person. Kunst und Kultur berühren uns emotional. „Woodstock" hat eine Generation beeinflusst, ebenso wie „Der Archipel Gulag", „Watergate", „Das Leben des Brian", die „Stones auf Cuba", „Black is Beautiful" oder „Der Schrei".

Vielleicht ist es endgültig an der Zeit, auch wirtschaftlich „gefährliche" und politisch „brisante Entscheidungen zu treffen? Für beides, sowohl für CSR als auch für die Nachhaltigkeit, ist die Möglichkeit, selbst aktiv und dadurch wirksam zu sein, zwingende Voraussetzung. „No one get's out here alive", sagte schon Jim Morrison in Bezug auf die Konsequenzen des eigenen Handelns.[5] Er wusste, wovon er sprach. Die einer Handlung zugrunde liegende Motivation ist ausschlaggebend für die daraus folgenden Ergebnisse. Dies gilt maßgeblich auch – vielleicht sogar im besonderen Maße – im Zusammenhang der CSR und der Nachhaltigkeit.

**Die Trennlinie verläuft zwischen dem ökonomischen „Was, Wie, zu welchen Kosten und zu welchem Preis" und dem kulturellen „Warum, Wozu und mit welchem Sinn".**

Bemerkenswert ist in diesem Zusammenhang die Ausgabe 01/2020 der Zeitschrift „Business Punk" mit dem Titel „Get Green Or Die Tryin". Hierin wurde nahezu „erleichtert" darüber berichtet, dass das Thema *Green* nun interessant würde, weil es sich von Weltverbesserung und Idealismus losgelöst habe. Und das deshalb, weil es nicht mehr nur von bärtigen Dogmatikern – denen man sonst nur ungern zuhöre – vertreten wird, sondern auch von BlackRock[6]. Und dann sei Ohrenspitzen angemeldet. Nach

[5] Five to one (The Doors), Text: Jim Morrison.

[6] www.blackrock.com/de

der Globalisierung und der Digitalisierung sei der Klimawandel nun die dritte neue (!) Herausforderung, die sich die Wirtschaft hurtig draufpacken müsse. Außerdem locke – dank bewährter Hockeystick-Skalierung und Exit – auch mehr Geld. Aber es sei Vorsicht geboten, denn Unternehmen stünden vor einem ernsten Dilemma: Entweder man ver-*schnarcht* das Thema und gelte als gestrig oder man ver-*zockt* mit unausgegorenem Marketing und zöge den Zorn der Gesellschaft auf sich; und die sei 2020 – ob sie es will oder nicht – „aware". Also: Die Geschichten über Verbesserung seien erzählt, jetzt kämen die profitablen Lösungen (Langer 2020). (WTF? Oh my Goodness …) Und zu den aufgeführten guten Beispielen gehört „E-ASY Rider", das neue E-Motorrad von Harley … Momentan werden vier Prozent der weltweit produzierten Treibhausemissionen durch digitale Technik (Server) erzeugt. Im Jahr 2040 wird die Digitaltechnik so viel Treibhausgase entstehen lassen wie der gesamte globale Verkehr (Precht 2020). Heute brauchen wir ca. fünf Prozent des weltweiten Stromes in den Rechenzentren, dies soll sich innerhalb von zehn Jahren auf 20 % erhöhen (Hosan 2020). An diesen Beispielen finde ich Bestätigung für meinen Glauben daran, dass es wirklich wichtig ist, die Begründung für getroffene Entscheidungen zu betrachten. Ist die hier zitierte Variante mehr Teil des Problems oder Teil einer Lösung? Vielleicht – eher wahrscheinlich – ist es beides zugleich.

**Ich stelle die Behauptung auf: Ist eine Handlung überwiegend wirtschaftlich begründet, ist sie weniger persönlich, und umgekehrt.**

Warum das wichtig ist? Weil die Anstrengungen bezüglich einer grundsätzlichen ökologischen Nachhaltigkeit bisher keines der gesteckten Ziele erreicht haben. Die einzig wirklich ökologisch verwirklichte Nachhaltigkeit durch menschliches Handeln ist offensichtlich die Herstellung von Atommüll (leider im negativen Sinn).

Der Rationalität industrieller Produktion einen hohen Rang einzuräumen, ist oft praktisch. Ihr aber stets ungefragt einen Vorrang vor ökologischen, sozialen und kulturellen Werten einzuräumen, ist fahrlässig. Schließlich hängt unser Wohlergehen (und das des Planeten) davon ab (Bendixen 2011). Das wiederum kann (und muss?) ich wie folgt interpretieren:

**Der Mensch, die Menschheit, wir, du und ich stehen heute vor dem Problem des Kollapses, weil es entweder eine Motivation gab, die bewusste Handlungen auslöste, die uns hierhergeführt haben. Oder weil es keine Motivation gegeben hat, dies zu verhindern.**

Eine Art von (Selbst-)Betrug von verantwortlichen Personen in entscheidenden Positionen in Wirtschaft und Politik hat mittlerweile weltumspannende Dimensionen erreicht. Die neoliberale Wirtschaftsphilosophie hat erst die eigene Form der Ökonomie zum Scheitern verurteilt und benötigt nun astronomische Summen von Steuergeldern, um den Brand zu löschen, den sie selbst gelegt hat. Mit der Idee von verantwortungsvollem oder gar gutem Wirtschaften hat dies nichts gemein (Gabriel 2020). Im Gegenteil: Das Grundgefüge unseres kapitalistischen, marktorientierten Wirtschaftssystems – Angebot und Nachfrage – scheint selbst in den Augen des ehemaligen Chefs der Europäischen Zentralbank auf den Kopf gestellt: Auf dem Planeten Erde stehe einer steigenden Nachfrage nach Aufnahmefähigkeit für Müll und Umweltverschmutzung ein sinkendes

Angebot an natürlichen Ressourcen gegenüber (Trichet 2008). Und gleichzeitig gibt es einen grenzenlosen Vorrat an Zukunft (Eagleton 2017).

Die Folgen sind immens bis unübersehbar und wir scheinen den Zeitpunkt überschritten zu haben, an welchem es schlicht cool war, CSR in das CI-Branding und das CD-gestylte-Marketingkonzept einzubauen. Es ist an der Zeit, die Nachhaltigkeit der Nachhaltigkeit und der CSR im Hinblick Aufrichtigkeit zu checken. Das offensichtlich nachhaltigste Element der Nachhaltigkeits-Beratungs-Branche scheint nicht deren Wirkung, sondern ihre eigene Existenz zu sein. Dass sich so wenig ändert, liegt möglicherweise an der Größe der Herausforderung? Vielleicht kann man nicht glauben, selbst einen Beitrag leisten zu können, der eine Wirkung zeigt? Vielleicht mag man keine persönlichen Nachteile generieren? Vielleicht ist das Überleben des Unternehmens doch zu wichtig? Das unternehmerische Moment birgt eine menschliche Komponente, die nicht außer Acht gelassen werden sollte. Denn bevor das Unternehmen oder gar die Gesellschaft sich verändern kann, muss mindestens ein Mensch etwas lernen. Möglicherweise bleibt es wie es ist, weil dieser Lernprozess an entscheidenden Stellen unterbunden ist?

## 6 Ohne Kultur keine Nachhaltigkeit

Alle Denk-Lager sind überzeugt, das „Richtige" zu denken, zu sagen und zu tun. Alternative Facts, Fake & Fuck News, Filter Bubbles, (a-)soziale Medien und andere mehr helfen dabei, dort zu verharren, wo man gedanklich schon angekommen ist.

► Zwei Faktoren einer solchen Verharrung auf innerlich besetzten Positionen sind einerseits die Angst, die bewegungsunfähig macht (es sei denn man flieht) und andererseits der Glaube, man wisse bereits was „richtig" ist.

„Horror-Szenarien" bezüglich einer Ausweglosigkeit, die uns in bevorstehende Katastrophen führt, erzeugen oder befördern eine oft unterschwellige, zum Teil aggressive Angst. Die Perspektive „keine Alternative" – sprich keine Wahl – zu haben, mindert einerseits unsere Kreativität und befördert andererseits eine Angst, die uns in der Perspektive der Alternativlosigkeit, welche die Angst erzeugte, festhält (Feldenkrais 1987). Um der Angst der „Untergebenen" zu begegnen, sind Entscheidungsträger immer wieder dazu aufgefordert, stets den sinnvollen Gedanken, die konsequente Vorgehensweise und die richtige Idee hervorzubringen. Wenn wir die Überzeugung haben, bereits zu wissen, was das Richtige ist, dann kann auf das Lernen verzichtet werden (Feldenkrais 1987). Entwicklungen sind jedoch abhängig von einem Lernprozess. Um diesem Widerspruch zu entrinnen und eine für sich akzeptable Lösung zu finden, neigt der Mensch zur Verklärung, zur Verschiebung, zur Verlagerung, ja manchmal auch zur Verleugnung. In den meisten Fällen geschieht dies innerhalb gewisser Grenzen:

> „Essentially, we cheat up to the level that allows us to retain our self-image as reasonably honest individuals." (Ariely 2012)

Will man nicht zu diesem Mittel greifen, werden auch höchst komplizierte Argumentationsketten aufgebaut und erheblicher Aufwand betrieben, die bereits bestehende Überzeugung zu untermauern, statt seine Meinung zu prüfen und zu ändern (Kahnemann 2012). Statt der immer wiederkehrenden same-old same-old story, die auf alten Wahrheiten thront, heruntergeleiert von den Altbekannten, werden Akteurinnen und Akteure gebraucht, die eine andere, neue Erzählung beginnen.

**Ich kann mir manches nicht zusammenreimen**

Angst um die Zukunft *versus* das sorglose Wirtschaften

Politische Erfolglosigkeit *versus* die politische Debatte

Wachsender Markt des Sustainable Business *versus* Wohlstand ohne Wachstum

Individualisierung aller Bedürfnisse *versus* Der Mangel notwendiger Solidarität

Nicht-Benutzen des vorhandenen Wissens *versus* dessen Nutzung

Es waren die drei folgenden – sinngemäßen – Zitate, die mich hier in diesem Beitrag stets begleiteten.

> „Das Leben kann nur rückblickend verstanden, muss aber vorwärts gelebt werden." (nach: Kierkegaard)
>
> „Aus der Gegenwart führen viele Tausend mögliche Wege in die Zukunft. Von der Gegenwart aus betrachtet führt nur ein einziger Weg in die Vergangenheit, nämlich der, der beschritten wurde." (nach: Yuval Noah Harari)
>
> „Wenn wir nicht wissen, was wir tatsächlich tun, dann können wir unmöglich das tun, was wir möchten." (nach: Moshé Feldenkrais)

Ob etwas „nachhaltig" gewesen sein wird, ist schließlich nur aus der Zukunft zu bewerten. Jede Annahme, dass eine heutige Handlung nachhaltig ist, wäre also spekulativ. Was aber nicht spekulativ ist: **Nichts ist so nachhaltig wie Kultur.**

Definiert man „Kultur" nicht „nur" als das Erleben einer kulturellen oder künstlerischen Veranstaltung, sondern als das „alles Umfassende", dann kann Kultur als ein kumulatives Ergebnis interpretiert werden. Kultur ist das „Heute" mit all seinen Errungenschaften, Zuständen und Gegebenheiten. Aber, Kultur ist nicht nur das, was bisher erreicht wurde, sondern sie ist auch die Basis für alle weiteren Überlegungen und Handlungen.

> „Man muss die Welt so nehmen wie sie ist. Man muss sie aber nicht so lassen."[7]

Diese eigentlich als Ansporn zum Guten gemeinte Weisheit hat der Mensch – im Sinne der Nachhaltigkeit – leider im Negativen umgesetzt.

Die Vorstellung, dass nicht nur *alle* Unternehmen, Betriebe und Konzerne in unserem Land, sondern *auf der ganzen Welt* sich *gemeinsam und freiwillig* und ***für immer*** nach

[7] Frei zitiert nach Egon Bahr und Ignazio Silone.

den SDGs richten, erscheint absurd. Dass der Streit der Nationen um Handelsabkommen, Zölle und Emissionszertifikate ebenso für immer geklärt und vertraglich geregelt werden muss, macht es noch abwegiger. Ist es nicht vielmehr an der Zeit, sich damit zu beschäftigen, was zu tun ist, um mit den Problemen anzufangen, die aus dem bisherigen – negativ nachhaltigen – Handeln der Menschen entstanden? (Franzen 2020)

Es wird höchste Zeit! Unser Anpassungsprozess muss beginnen, denn Natur bietet uns keinen Deal an, sie gewährt weder Gnade noch Aufschub. Nein, Natur verhandelt nicht (Habekuss und Steffens 2020). Was wir brauchen, sind neue und deswegen andere Wege. Wenn diese gedacht werden, dürfen sie nicht mit dem alten Maß bewertet werden.

> Die Fähigkeit, die Welt neu zu erfinden, ist eine zentrale und vielleicht die wichtigste Leistung der Kultur.

(Nachhaltiger) Innovativer Fortschritt besteht in tatsächlicher Verbesserung, nicht im Anspruch, etwas „anders" gemacht zu haben. Die Grundlage für echte CSR, die den Namen verdient, setzt voraus, dass nicht mehr das wirtschaftliche, sondern das kulturelle Argument zählt. Das könnte als innovativer Entwicklungsschritt verstanden werden. Eine Voraussetzung wäre, dass System-Erhalter nicht die Vormünder der Vordenker bleiben dürfen (Lotter 2018).

**Wichtig**

Wirtschaft wirtschaftet.

Natur verhandelt nicht.

Kultur zeigt uns, wer wir waren, spiegelt uns, wer wir sind und lehrt uns, wohin wir gehen werden.

**Gerhard Schulz,** geboren 1961, als Sohn einer Krankenschwester und eines Maurers, Bruder einer älteren Schwester, ist aufgewachsen in einfachen Verhältnissen. Die Eltern flüchteten aus der DDR. Er verließ die Schule ohne Abschluss bzw. ohne „Entfaltung des eigenen Potenzials", sozialisierte und integrierte sich in die Gesellschaft durch Anti-AKW, Rock'n' Roll & Punk, Startbahn West, Zivildienst, Wackersdorf, Hausbesetzung, Pershing II und „alternative Szene". Nach seiner Ausbildung zum Zimmermann und rund zwei Jahrzehnten Tätigkeit in Baukollektiven in Frankfurt, London und Wiesbaden folgte Anfang der 90er der Einstieg in die Kultur-Szene der Landeshauptstadt Wiesbaden. Es folgten Ausbildungen als Coach und im Change-Management, Studium BWL. Kulturpolitische Aktivitäten: Arbeitskreis Stadtkultur Wiesbaden, LAKS Hessen[8], Ausschuss „Kulturelle Wirtschaft" der IHK Wiesbaden, Kulturbeirat Wiesbaden. Schulz ist Mitbegründer des Kulturzentrums Schlachthof in Wiesbaden.

[8] Landesarbeitsgemeinschaft der Kulturinitiativen und soziokulturellen Zentren in Hessen e. V.

## Literatur

Ariely D (2012) The (honest) truth about dishonesty. Harper Collins, New York

Beck H (2013) Des Guten zu wenig (05.11.2013). Frankfurter Allgemeine Zeitung. https://www.faz.net/aktuell/wirtschaft/wirtschaftswissen/die-weltverbesserer/richard-musgrave-des-guten-zu-wenig-12646096.html. Zugegriffen: 2. Nov. 2020

Bendixen P (2011) Einführung in das Kultur- und Kunstmanagement. VS Verlag für Sozialwissenschaften. Springer Fachmedien Wiesbaden GmbH, Wiesbaden

Blom P (2020) Das große Welttheater. Von der Macht der Vorstellungskraft in Zeiten des Umbruchs. Zsolnay, Wien

Deutscher Bundestag (2020) Grundgesetz für die Bundesrepublik (2020). https://www.bundestag.de/gg. Zugegriffen: 2. Nov. 2020 (Erstveröffentlichung 1949)

Eagleton T (2017) Kultur. Ullstein, Berlin

Feldenkrais M (1987) Die Entdeckung des Selbstverständlichen. Suhrkamp

Franzen J (2020) Wann hören wir auf, uns etwas vorzumachen? Rowohlt, Hamburg

Gabriel M (2020) Moralischer Fortschritt in dunklen Zeiten. Universale Werte für das 21. Jahrhundert. Ullstein, Berlin

Habekuss F, Steffens D (2020) Über Leben. Zukunftsfrage Artensterben: Wie wir die Ökokrise überwinden. Penguin Random House Verlagsgruppe GmbH, München

Hosan B (2020) Dossier Green Biz. In: Business Punk 01/2020. Verlagshaus Gruner + Jahr, Hamburg

Kahneman D (2012) Schnelles Denken, langsames Denken. 26. Aufl. Siedler Verlag, München

Langer A (2020) Dossier Green Biz. In: Business Punk 01/2020. Verlagshaus Gruner+Jahr, Hamburg

Lotter W (2018) Innovation: Streitschrift für barrierefreies Denken. Körber, Hamburg

Müller-Espey C (2019) Zukunftsfähigkeit gestalten. Untersuchung nachhaltiger Strukturen soziokultureller Zentren. Peter Lang, Berlin

Precht RD (2018) Jäger, Hirten, Kritiker: Eine Utopie für die digitale Gesellschaft. Golgmann Verlag, München

Precht RD (2020) Künstliche Intelligenz und der Sinn des Lebens: Ein Essay. Goldmann Verlag, München

Schumacher EF (2019) Small is beautiful. Die Rückkehr zum menschlichen Maß. Oekom, München (Erstveröffentlichung 1973)

Trichet JC (2008) Introductory statement with Q&A. In: Press conference. ECB, Frankfurt a. M. https://www.ecb.europa.eu/press/pressconf/2008/html/is081002.en.html. Zugegriffen: 2. Nov. 2020

# Cultural Social Responsibility – Die Bedeutung von Kunst und Kultur für die nachhaltige Entwicklung der Gesellschaft am Beispiel ausgewählter hessischer Kulturbetriebe

## Staatliche Förderung oder gesellschaftliches Engagement – Was erhält Kunst und Kultur nachhaltig am Leben?

Maxi Schneider und Christopher Feld

**Zusammenfassung**

Ein offenes und nachhaltiges Handeln und Kommunizieren wird im Kontext der Corporate Social Responsibility (CSR) als die gesellschaftliche Verantwortung der Unternehmen verstanden. Hierbei werden überwiegend die ökonomischen, ökologischen und sozialen Aspekte betrachtet. Die Bedeutung von Kunst und Kultur wird bei der Betrachtung nachhaltigen Handelns oft vernachlässigt. Dabei spielt die kulturelle Dimension besonders dann eine Rolle, wenn wir die Verantwortung, die Kunst und Kultur für zukünftige Generationen zu bewahren und aufzubereiten, betrachten und den Erhalt sowie die Entwicklung von kulturellem Erbe als wichtiges Fundament verstehen. Dieses wird benötigt, um Reflexion und Weiterentwicklung innerhalb einer Gesellschaft zu ermöglichen. Die Auswirkungen der Corona-Pandemie im Jahr 2020 haben gezeigt, welche nachhaltige Bedeutung der Zugang und die Nutzung von Kunst, Kultur und die dadurch entstandene Solidarität für die Gesellschaft hat. Die globale Krise brachte Veränderungen mit sich, die nicht nur das Arbeitsumfeld, sondern im Besonderen den persönlichen Alltag betroffen haben. Hierdurch entwickelte die Gesellschaft aber auch besonders ein kulturelles Verständnis, welches auf Belastbarkeit, Solidarität, kollektivem Wohlergehen und einer

M. Schneider (✉)
Frankfurt am Main, Deutschland

C. Feld
Taunusstein, Deutschland



A. Trischler und S. Böhling (Hrsg.), *CSR in Hessen,* Management-Reihe Corporate Social Responsibility, https://doi.org/10.1007/978-3-662-63004-4_12

fairen Gesellschaft aufbaut (CAE 2020). Im folgenden Beitrag werden die Autoren besonders die Notwendigkeit des Wechselspiels zwischen der Gesellschaft und Kunst und Kultur als Spiegel gesellschaftlicher Entwicklungen betrachten. Aus einer unternehmerischen Verantwortung, wie sie durch CSR beschrieben wird, wird eine *Cultural* Social Responsibility, die die Gesellschaft selbst tragen und fördern sowie fordern muss.

## 1 Nachhaltigkeit in Deutschland und künstlerische und kulturelle Dimension

Nachhaltigkeit bezeichnet die Bestrebung, etwas fortdauernd und mit Nachdruck zu tun. Eine Vielzahl von Definitionen beschränken sich auf die Betrachtung der drei Dimensionen der Ökonomie, Ökologie und dem sozialen Bereich. Wenn diese drei Bereiche ganzheitlich betrachtet werden und miteinander im Einklang stehen, kann ein System nachhaltig funktionieren. Die Gemeinsamkeit aller Definitionen von Nachhaltigkeit ist das Bestreben, zum Wohl zukünftiger Generationen bestimmte Werte und Ressourcen zu bewahren (Pufé 2012). Die kulturelle Dimension wurde in der Literatur bereits oft betrachtet und thematisiert, findet in der Praxis jedoch nur bedingt Anwendung. Kunst und Kultur als eine Verbindung der drei Säulen Ökonomie, Ökologie und Soziales ermöglichen oft den Perspektivwechsel, indem sie auf eine kreative Art und Weise auf äußere Umweltumstände aufmerksam machen und sogar Gesellschaftskritik ausüben. Kunst schafft es zum einen, den Dialog zwischen Künstlern und Publikum zu schaffen und zum anderen, ausgehend von der Wirkung der Kunstwerke, den Austausch zwischen den Betrachtern zu initiieren. An dieser Stelle sollte im Hinblick auf die Nachhaltigkeit gesellschaftsbezogen eine Wertediskussion entstehen. Dann kann Kunst als „Vernetzung kommunikativer Beziehungen“ (Steinmann 2014) dienen.

Die kulturelle Dimension ist nicht nur die Verbindung der drei Säulen der Nachhaltigkeit, sondern bildet das Fundament, auf denen alle drei Dimensionen aufbauen, um Nachhaltigkeit zu schaffen. Kunst und Kultur beeinflussen gleichermaßen ökonomisches, ökologisches als auch soziales unternehmerisches, gesellschaftliches sowie privates Denken und Handeln. Die Betrachtung einer Cultural Social Responsibility stützt somit auf der Anwendung eines erweiterten Modells der drei Säulen der Nachhaltigkeit (vgl. Abb. 1).

Doch welchen Stellenwert hat die kulturelle Dimension im Sinne unternehmerischer und staatlicher Umsetzungen und Bestrebungen zum jetzigen Zeitpunkt? Für diese Betrachtung ist es sinnvoll, zunächst die europäischen und nationalen Bestrebungen auf dem Weg zu einer nachhaltigen Gesellschaft zu betrachten. Das europäische Parlament unterstreicht in ihrem Report zu den europäischen Bestrebungen für Nachhaltigkeit im Jahr 2017 bereits die Bedeutung von Kultur als transversales und übergreifendes Anliegen. Kultur wird als wesentliche Ressource für die grundlegende Entwicklung verstanden und als Notwendigkeit, um künftige andere Entwicklungsziele zu erreichen. Die

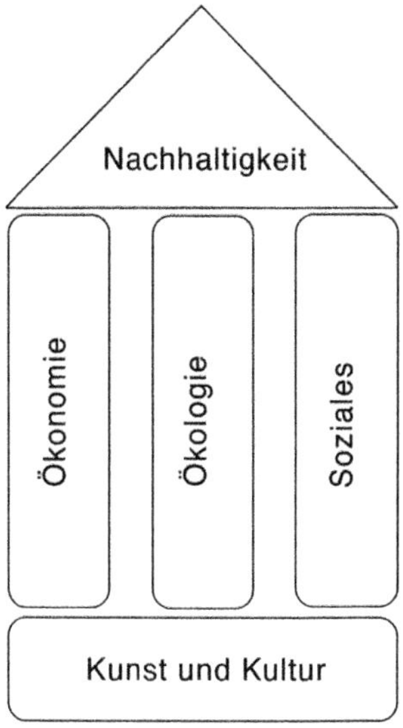


**Abb. 1** Dimensionen der Nachhaltigkeit. (Eigene, erweiterte Darstellung)

Integration kultureller Faktoren für die nachhaltige Entwicklung innerhalb politischer und strategischer Entscheidungen soll laut dem europäischen Parlament in voller Übereinstimmung mit anderen internationalen Verpflichtungen erfolgen, wobei die Universalität und Interdependenz der Menschenrechte anzuerkennen sind (CAE 2019). Die nationalen Bestrebungen der Bundesrepublik Deutschland leiten sich von den Maßstäben der europäischen Union ab. Die Bundesrepublik hat zuletzt 2018 eine überarbeitete Version der Deutschen Nachhaltigkeitsstrategie veröffentlicht und plant eine aktualisierte Version bis Anfang des Jahres 2021 herauszugeben. Laut der Bundesregierung zielt Nachhaltigkeit „auf die Erreichung von Generationengerechtigkeit, sozialem Zusammenhalt, Lebensqualität und Wahrnehmung internationaler Verantwortung. In diesem Sinne sind wirtschaftliche Leistungsfähigkeit, der Schutz der natürlichen Lebensgrundlagen und soziale Verantwortung so zusammenzuführen, dass Entwicklungen dauerhaft tragfähig sind" (BREG 2018).

**Übersicht**

Folgend möchten wir ausgewählte Prinzipien der deutschen Nachhaltigkeitsstrategie im Hinblick auf die kulturelle Dimension näher beleuchten:

1. Sozialen Zusammenhalt stärken – Leave no one behind
2. Stärkung der Einbeziehung gesellschaftlicher Akteure
3. Die Ergänzung der institutionellen Strukturen und die Stärkung der Einbeziehung gesellschaftlicher Akteure (BREG 2018)

Alle Bestrebungen und Tätigkeiten der Bundesregierung im Sinne der bilateralen Zusammenarbeit, insbesondere im Bereich der Entwicklungspolitik, stützen sich auf die fünf Kernbotschaften, die sich von den 17 SDGs als handlungsleitenden Prinzipen ableiten lassen. Die Bundesregierung orientiert sich in ihren Bestrebungen der nachhaltigen Entwicklung an den Kernbotschaften Mensch, Planet, Wohlstand, Frieden und Partnerschaft (BREG 2018).

Im Hinblick auf das in der Agenda 2030 verankerte Prinzip „Niemanden zurückzulassen“ *(Leave no one behind)* wird nur die allgemeine gemeinschaftliche Verpflichtung thematisiert, alle Menschen auf den Weg einer nachhaltigen Entwicklung mitzunehmen und in der Praxis auch armen und benachteiligten Menschen im Rahmen der Entwicklungszusammenarbeit Zugang zu schaffen. Diese Bestrebungen beinhalten jedoch nicht den kulturellen Zugang für alle Menschengruppen, der eine gesellschaftliche Weiterentwicklung und ein Sprachrohr der Gesellschaft auch in Richtung der Politik ermöglicht. Das Prinzip der Stärkung der Einbeziehung gesellschaftlicher Akteure berücksichtigt zum jetzigen Zeitpunkt keine künstlerischen und kulturellen Interessensgruppen.

Da sich aus der offiziellen deutschen Nachhaltigkeitsstrategie kaum konkrete Bezüge zur kulturellen Dimension der nachhaltigen Entwicklung finden lassen, wollen wir konkrete Tätigkeiten auf Bundesebene näher beleuchten. Der *Rat für Nachhaltige Entwicklung* (RNE) ist Akteur im gesellschaftlichen Dialog zur Nachhaltigkeit und zugleich Berater der Bundesregierung. Auf Initiative des Deutschen Bundestages wurde der Fonds Nachhaltigkeitskultur aufgesetzt, welcher für drei Jahre 7,5 Mio. EUR vorsieht und sich an gesellschaftliche Akteure richtet: „Er soll Ansätze voranbringen, die Nachhaltigkeit in der Gesellschaft verankern und Lebensstile verändern – etwa im Bereich Esskultur oder Mobilität. Erste Projekte laufen und zeigen die Kraft und Kreativität des bürgerschaftlichen Engagements zur Nachhaltigkeit.“ (BREG 2018) Der Fonds stützt jedoch in erster Linie eine Alltagskultur, die nicht unmittelbar für eine Verankerung eines nachhaltigen Bewusstseins innerhalb der Gesellschaft maßgebend ist.

*Adrienne Goehler,* ehemalige Senatorin für Wissenschaft, Forschung und Kultur des Landes Berlin und Kuratorin des Hauptstadtkulturfonds, betonte bereits 2018 in einem Gespräch mit dem *Rat für Nachhaltige Entwicklung* die Notwendigkeit, Künstler Raum und Zeit für die Entwicklung von Projekten zu schaffen. Hierfür seien aus ihrer Sicht sechs bis zehn Mio. Euro jährlich notwendig, um Kunst und Kultur zu unterstützen und nachhaltig zu gestalten (Bachmann und Goehler 2018).

Der Vorstand des *Deutschen Kulturrates* setzt es sich bis zum Jahr 2022 zum Ziel, „[…] die Rolle von Kunst, Kultur und kultureller Bildung in den Transformationsprozessen der Gesellschaft stärker hervorzuheben und sich in gesellschaftliche Debatten einzumischen“ (Deutscher Kulturrat 2019a).

*Olaf Zimmermann,* Geschäftsführer des *Deutschen Kulturrates,* hat bereits 2018 zu einem Perspektivwechsel aufgerufen und darauf aufmerksam gemacht, dass durch eine kulturelle Betrachtung der Nachhaltigkeit sowohl ökonomische, ökologische als auch soziale Gewinne erzielt werden können (Deutscher Kulturrat 2019a). Ähnlich sieht es auch die Deutsche UNESCO-Kommission (DUK), die bereits im Jahr 2016 die fehlende kulturelle Dimension innerhalb der Deutschen Nachhaltigkeitsstrategie kritisierte (UNESCO 2016). Auf den Punkt gebracht betont die DUK, dass „ein kulturell sensibler Begriff der Nachhaltigkeit" nicht „zwischen ökologischen und sozial-ökonomischen SDGs" unterscheidet, „sondern [...] die unauflöslichen Mensch-Umwelt-Kultur Beziehungen" betont (Deutsche UNESCO-Kommission 2016).

Nach der Beleuchtung des Status quo zur Einbeziehung der kulturellen Dimension in alle nachhaltigen Bestrebungen der deutschen Bundesregierung stellt sich zu Recht die Frage, wie eine Nation und Gesellschaft zum einen jahrhundertealte Kunst- und Kulturwerke, aber auch die Entwicklung einer zeitgenössischen Wertediskussion für zukünftige Generationen aufbereiten, nahbar machen und vor allem bewahren will. Zum jetzigen Zeitpunkt lassen sich Bestrebungen, die kulturelle Dimension auf Bundesebene stärker einzubeziehen, nachverfolgen. Tatsächliche Maßnahmen und Handlungen, die eine nachhaltige Entwicklung auch auf kultureller und künstlerischer Ebene stützen würden, sind jedoch aus unserer Sicht noch stark ausbaufähig und mangelhaft.

## 2 Bedeutung von Kunst und Kultur für eine nachhaltige gesellschaftliche Entwicklung

Dieser Beitrag soll das Bewusstsein für die Notwendigkeit und Dringlichkeit des Bewahrens für Kunst und Kultur für zukünftige Generationen stärken. In der Stellungnahme der Deutschen UNESCO-Kommission zum Regierungsentwurf der Deutschen Nachhaltigkeitsstrategie vom 31. Mai 2016 wurde deutlich, dass sowohl das Naturerbe als auch materielles kulturelles Erbe ausdrückt, was eine Gesellschaft zu einem bestimmten Zeitpunkt fühlt, denkt und unter welchen Umständen sie sich entwickelt und Werte für sich definiert. Dieses Bewusstsein gilt es, „für die Zukunft zu erhalten [...] [und ist] keineswegs als Bürde [zu verstehen], sondern als Zukunftschance". Materielles Kulturerbe kann jegliches „menschliches Wissen, Können, Kreativität und Erfindergeist, welches Identität und Kontinuität vermittelt und aktiv weitergibt", sein (Deutsche UNESCO-Kommission 2016). Nach wie vor ist die kulturelle Dimension nicht ausreichend in der gesellschaftlichen und ökonomischen Entwicklung berücksichtigt und integriert. Dabei unterstützt sie bedeutende Komponenten wie die Wahrung der Demokratie, soziale Gerechtigkeit, Solidarität und fungiert als Sprachrohr für gesellschaftskritische Themen wie soziale Ausgrenzung, Armut und demografische und generationsbedingte Ungleichheiten (CAE 2019). Kunst und Kultur haben nicht nur eine Bedeutung für die Entwicklung einer nachhaltigen Gesellschaft, sie bedingen das erfolgreiche Gelingen einer Agenda 2030 innerhalb Deutschlands, aber auch europaweit.

Die kulturelle Dimension zu schützen, zu stärken und zu fördern sollte jedermann ein Anliegen sein, wenn erst verdeutlicht wird, welchen nicht zu unterschätzenden Einfluss Kunst und Kultur hinsichtlich einer komplexen und unsicheren Welt auf die Gesellschaft haben. Entgegen des „Ich kann ja eh nichts machen"-Gefühls antwortet die Kunst zum Beispiel mit Ästhetik, die nicht nur Schönheit, sondern im Besonderen Sinnenbewusstsein stärkt. Die Kunst schafft es auf diverse Weisen, Zusammenhänge für verschiedene Gesellschaftsgruppen anschaulich und verständlich zu machen, sie nahe zu bringen und vor allem „emotionalen Zugang zu schaffen" (Bachmann und Goehler 2018).

Der Ministerpräsident des Landes Baden-Württemberg machte die Bedeutung von Kunst und Kultur für eine nachhaltige Entwicklung sehr deutlich (Kretschmann 2018), indem er *Lyonel Feininger* zitierte:

> Kunst und Kultur bereichern und verschönern unser Leben nicht nur, sondern sie fordern uns auch heraus, indem sie unser gewohntes Denken und Handeln hinterfragen und uns Dinge vor Augen führen, die wir sonst nicht wahrnehmen würden. Sie eröffnen uns neue Blickwinkel auf aktuelle gesellschaftliche Themen und die Möglichkeit, uns kritisch damit auseinanderzusetzen.

Auch Adrienne Goehler betont, dass „Kunst […] das Unbewusste aufdecken […] kann" und „an die Vorstellungskraft der Menschen appellier[t]." Doch Kunst schafft es nicht nur, andere Denkweisen aufzuzeigen, sondern kann auch die Impulse liefern, diese „Herausforderungen in Visionen zu überführen und Veränderungen im gesellschaftlichen Umfeld zu ermöglichen" (Baumast et al. 2018).

Das interdisziplinäre Forum *Culture Action Europe* weist auf die Kultur als explorativen, fragenden und kritischen Zugang zur Welt hin, die die Fähigkeit hat, aktuelle und komplexe Herausforderungen zu erkennen und zu analysieren, welche auch multidisziplinäre Antworten erfordern. Besonders im Hinblick auf das Gemeinwohl und einen damit erforderlichen interdisziplinären Ansatz spielt die kulturelle Dimension eine bedeutende Rolle. Sie bildet das Fundament, da sie durch ihre soziale und kollektive Natur zur Schaffung einer gleichberechtigten, vielfältigen und solidarischen Gesellschaft beiträgt. An dieser Stelle macht es auch Sinn, die Kunst und Kultur frühzeitig in die Bildung und Entwicklung der Gesellschaft zu integrieren sowie kreative Fähigkeiten und kritisches Denken zu fördern (CAE 2019). Denn so entsteht die Basis für interkulturellen Dialog, der Respekt und die Akzeptanz für kulturelle Vielfalt ermöglicht und der langfristig für die Erreichung von gesellschaftlichem Zusammenhalt und Gerechtigkeit von höchster Bedeutung ist (Deutsche UNESCO-Kommission 2016). Der *Deutsche Kulturrat* sieht in der kulturellen Bildung einen Schlüssel zur Demokratie in Hinblick auf eine Gesellschaft, die immer vielfältiger wird. So kann kulturelle Bildung sogar „dazu beitragen, Konflikte kulturell zu bearbeiten und zu lösen" (Deutscher Kulturrat 2019b).

Um den Zugang zur Kultur zu schaffen, sollen Kooperationen innerhalb regionaler Bildungslandschaften und die Implementierung von Pilotprojekten in Bildungseinrichtungen unterstützen (Deutscher Kulturrat 2019b). In Deutschland steigt besonders in den jüngeren Altersgruppen die Nachfrage nach künstlerischen Hobbys und die Zahl der Besuche von Ausstellungen zeitgenössischer Kunst sowie insgesamt das Interesse an künstlerischer Aktivität (Deutscher Bundestag 2007).

Zahlreiche Studien, wie auch die Publikation „The Value and Values of Culture" belegen, dass Wohlbefinden und kulturelles Mitwirken in Verbindung zueinanderstehen und die Zufriedenheit steigern. Es ist naheliegend, dass *Culture Action Europe* die Anpassung des dritten SDGs fordert, indem verschiedene Gemeinschaften von Fachleuten stärker in die gemeinsame Schaffung von Kulturprogrammen und -aktivitäten einbezogen werden müssen, um den Austausch von unterschiedlichem Fachwissen zu erleichtern und die Ziele ihres aktiven Engagements auf allen gesellschaftlichen Ebenen besser zu gestalten (CAE 2018).

Der Schlussbericht der Enquete-Kommission *Kultur in Deutschland* des *Deutschen Bundestags* hat erkannt, dass ein Gespür für Kunst und auch der Antrieb zu eigenem künstlerischem Schaffen nur in einem lebendigen Dialog entstehen kann. Dies ist so maßgeblich, da kulturelle Bildung nicht nur klug und stark macht, sondern auch Auswirkungen auf die Persönlichkeitsentwicklung und auf Emotionen der Menschen hat. Es prägt den ganzen Menschen an sich (Deutscher Bundestag 2007). *Norbert Kutt* vom *Institut für Nachhaltigkeit in Bildung, Arbeit und Kultur* sieht den kulturellen und kreativen Sektor als Schlüsselfunktion bei einer ästhetischen und bewussten Gestaltung des Lebens. Kulturelle Bildung ermöglicht es, die Umwelt differenziert wahrnehmen zu können und hilft den Menschen von der Identitätsfindung bis hin zur Selbstverwirklichung (Kutt 2008). Darüber hinaus wird in der Bildung durch die kritische Auseinandersetzung mit Kunst und Kultur ein Analyserahmen geschaffen, um zu offenbaren, was nicht-nachhaltige Entwicklung bedeutet, um im Umkehrschluss alternative Werte und Handlungswege für eine nachhaltige Entwicklung zu erkennen (Stoltenberg 2010). Unser Umfeld wird im Laufe der Zeit komplexer, sodass sich jeder auf ständiger Identitätssuche befindet und Zusammenhänge nicht direkt greifbar sind. Kultur kann an dieser Stelle eine Unterstützung sein, wichtige Verbindungen zwischen Menschen zu schaffen und sie in die Gesellschaft zu integrieren (BREG 2019). Als Sprachrohr eines Einzelnen oder einer ganzen Generation schaffen Kunst und Kultur Brücken untereinander und ermöglichen Probleme und Herausforderungen der Zeit abstrakt und vereinfacht darzu stellen, aber auch auf bis dato Unbewusstes aufmerksam zu machen, um so den Dialog zu eröffnen.

## 2.1 Gesellschaftliche Transformation und Innovation

Wenn uns als Gesellschaft eine Transformation in Richtung eines nachhaltigen Denkens und Handels gelingen will, durch die wir auf stetige Veränderungen der Umwelt reagieren können und es gleichzeitig schaffen, unsere Ressourcen und Kulturgüter für zukünftige Generationen zu bewahren, müssen wir ein kulturelles Bewusstsein etablieren und weiter ausbauen. Wir können besonders von der Vielfalt der kulturellen und künstlerischen Ressourcen, die uns zur Verfügung stehen, profitieren, wenn wir sie auch als „Wegweiser zur Stärkung einer nachhaltigen Entwicklung" (Deutsche UNESCO-Kommission 2016) verstehen.

Der Kultursektor erstreckt sich über verschiedene Einrichtungen und Kanäle vom Museum bis hin zur Kunst- und Musikhochschule und erreicht so verschiedene gesellschaftliche Gruppen über einen informellen Weg, der für neue Sicht- und Denkweisen motivieren kann (Deutsche UNESCO-Kommission 2016). So können wir auch unsere Innovationskraft fördern. Wir leben in einem Zeitalter, in dem die Automatisierung und die Künstliche Intelligenz zunehmend unseren Alltag mitbegleitet. Uns sollte dennoch bewusst sein, dass Roboter kritisches Hinterfragen, Weiterdenken und kreativ werden, niemals ersetzen können. Ebenso wenig kann das Verständnis für kulturelle Werte und ethische Prinzipien automatisiert werden. Wenn wir an zukünftige Generationen und eine tatsächliche nachhaltige Entwicklung unserer Gesellschaft denken, muss es uns bewusst sein, dass wir dafür die Verantwortung tragen, dieses kulturelle Verständnis, individuelle Entwicklung und Weiterdenken fortzuführen und vor allem weiterhin zu ermöglichen.

Die Auswirkungen der Corona-Pandemie im Jahr 2020 haben erhebliche Folgen auf die Kreativ- und Kulturwirtschaft. Die Bundesregierung reagiert mit ihrem Programm NEUSTART KULTUR, das finanzielle Hilfsmittel von 1 Mrd. EUR umfasst (BREG 2020b). Laut einer Umfrage des Kulturrates unter Vertreterinnen und Vertretern der Verbände werden dennoch negative Auswirkungen in die kulturelle Vielfalt in Deutschland befürchtet, die auf die Umsatzeinbrüche in den verschiedenen Teilmärkten zurückzuführen sind (Kompetenzzentrum Kultur- und Kreativwirtschaft des Bundes 2020). Die Vertreterinnen und Vertretern geben deutliche und notwendige Maßnahmen an, um die Kreativ- und Kulturwirtschaft in Deutschland nachhaltig erhalten zu können. Zum einen ist es die Verabschiedung eines Infrastrukturfonds Kultur. Zum anderen erhofft man natürlich die Wiedereröffnung von kulturellen Produktions- und Präsentationsorten. Dennoch wird auch eine stärkere Verantwortung der öffentlichen Hand und die Innovationsförderung gefordert. „Sonderprogramme, die nicht nur die Entwicklung und den Aufbau zukunftsgerichteter digitaler Strukturen fördern, sondern auch die Bildung neuer Kooperations- und Kommunikationsplattformen sowie innovative Veranstaltungs- und Präsentationsformate unterstützen“ (Kompetenzzentrum Kultur- und Kreativwirtschaft des Bundes 2020), ebnen den Weg für eine gesellschaftliche und innovative Transformation, die notwendig ist, um Krisenzeiten zu überstehen und kulturelle Güter zu wahren.

## 2.2 Die Kultur- und Kreativwirtschaft als wichtiger Bestandteil der Bruttowertschöpfung

Laut SDG 8 – **Menschenwürdige Arbeit und Wirtschaftswachstum** – verfolgen die Europäische Union und davon abgeleitet die Bundesrepublik Deutschland ein nachhaltiges und integratives Wirtschaftswachstum, welches auf einer produktiven Vollbeschäftigung und menschenwürdige Arbeit für alle aufbaut und diese fördert.

An dieser Stelle ist es wichtig, die Bedeutung des kulturellen und kreativen Sektors innerhalb der Wirtschaft zu betrachten. 2017 gab Eurostat an, dass 3,8 % der europäischen Beschäftigten im Kultur- und Kreativbereich tätig waren. Dabei setzten 1,2 Mio. Kulturbetriebe 193 Mrd. EUR um, und damit fast so viel wie die Fertigungs- oder Lebensmittelindustrie (194 Mrd. EUR) (CAE 2019). In Deutschland lag die Kultur- und Kreativwirtschaft 2018 mit einem Beitrag von 100,5 Mrd. EUR nur knapp hinter der Maschinenbaubranche, die 107,1 Mrd. EUR zur Bruttowertschöpfung beitrug (Statista 2020). Mit ihrem Beitrag zur Bruttowertschöpfung hängten Kultur und Kunst die Finanzdienstleister, die Chemieindustrie sowie die Energieversorgung locker ab. Mit ihrer erwerbs- wie volkswirtschaftlichen Bedeutung gewinnt die Kultur- und Kreativwirtschaft gegenüber dem Sektor der unselbstständigen Arbeit an Bedeutung und muss als wesentlicher Partner für eine Neu-Orientierung auf nachhaltiges Wirtschaften anerkannt werden (Deutsche UNESCO-Kommission 2016). Die Zahlen verdeutlichen das Ungleichgewicht zwischen der gesellschaftlichen Wahrnehmung und der tatsächlichen Bedeutung von Kultur und Kunst im Hinblick auf ein gesellschaftliches Wachstum und Wohlstand (siehe Abb. 2).

Culture Action Europe legte bereits einige Handlungsempfehlungen und Forderungen innerhalb des wirtschaftlichen Bereichs vor, die wir als sehr zukunftsweisend und notwendig betrachten. Der kulturelle und kreative Sektor kann nur gestärkt werden, indem auch die künstlerische Forschung, die Entwicklung von Fähigkeiten und Mobilitätsprogramme unterstützt werden. Kunst und Kultur bringen eine Reihe von positiven Effekten für die Wirtschaft mit sich. Die Verbesserungen der Kommunikation innerhalb der Organisationen, die Förderung der Stadtneuerungen, verbesserte Designlösungen sowie

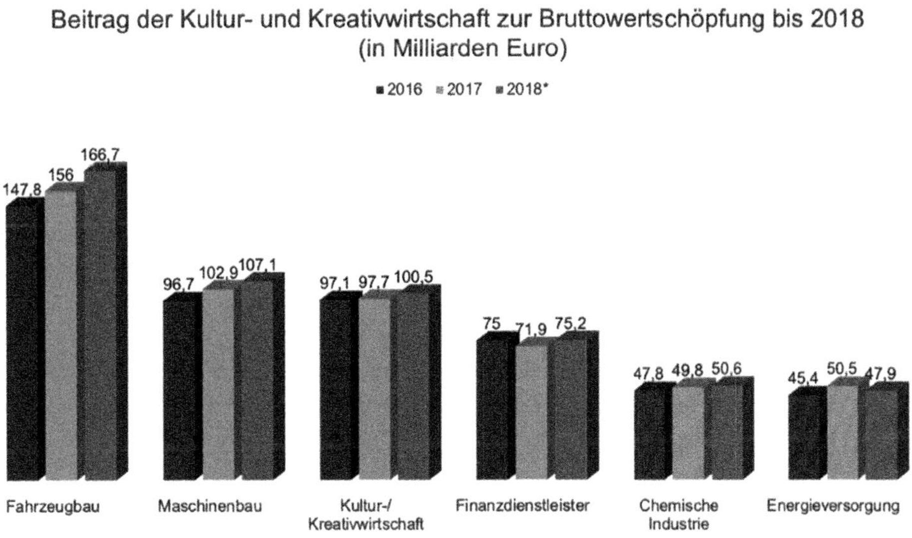


**Abb. 2** Beitrag von Kultur und Kunst an Bruttowertschöpfung

die Verbreitung von Technologien und Innovationen. Innerhalb nichtlinearen Denkens und Multidisziplinarität, die eng mit Kreativität verbunden sind, liegt der Grundstein für die Generierung neuer Ideen und Innovationen (CAE 2019).

## 3 Cultural Social Responsibility in Hessen

Die Vermittlung von Kunst und Kultur geschieht über zahlreiche Kulturbetriebe, Kanäle und Orte der Begegnung. Wir wollen anhand zwei gewählter Beispiele die unterschiedliche Vermittlung von Kunst und Kultur in Hessen und die Bedeutung dieser für die gesellschaftliche Entwicklung veranschaulichen und analysieren, inwieweit bereits ein gesellschaftliches, kulturelles Verständnis für die Bewahrung dieser Kulturbetriebe herrscht, bzw. vor welchen Herausforderungen die ausgewählten Institutionen noch stehen. Wie können hessische Kulturbetriebe die Bildung und Selbstentwicklung fördern und wie kann die Gesellschaft dazu beitragen, dass kulturelles und künstlerisches Schaffen über Generationen hinweg nachhaltig erhalten und bewahrt werden kann?

### 3.1 Praxisbeispiel 1: Das Landesmuseum Wiesbaden

Das Landesmuseum Wiesbaden ist eines der drei hessischen Landesmuseen. Es umfasst eine naturhistorische sowie eine kunsthistorische Abteilung und bedient damit gleich zwei Sparten. Zu diesen gehören unter anderem die Kunstsammlungen *Alte Meister, Klassische Moderne* und *Moderne und Gegenwart* sowie die naturwissenschaftlichen Sammlungen *Ästhetik der Natur*[1]. *Dr. Andreas Henning,* der Direktor des Landesmuseums Wiesbaden beschreibt es als einen „besonderen Ort, einen Ort der Auseinandersetzung.“[2] Es schafft einen Raum der kulturellen Identität, der zeigt, was wahr ist, was sein soll und was sein wird. Hier entsteht nicht nur eine besondere Aura, sondern auch das Gespräch, Diskussion und eine Vielzahl von Begegnungen. Vorstandsmitglied des Vereins „Freunde des Museums“, *Martina Mulcahy,* betont zudem, dass das Museum ein Ort sein soll, der Raum und Zeit zum Reflektieren und Nachdenken gibt. Wenn man den Museumsdirektor fragt, inwiefern Kunst und Kultur es schaffen können, einen Perspektivwechsel und das Nachdenken und Hinterfragen anzustoßen, betont er die Zugänglichkeit des Ortes. Jeder Mensch, unabhängig aus welcher Gesellschaftsgruppe und mit welchen Vorkenntnissen und Wissensstand kann einsteigen und zum Betrachter von Kunstwerken werden. So entsteht „ein Wechselspiel zwischen Objekt und Betrachter“, das bei jedem eine individuelle Emotion auslöst. In Bezug auf die Bedeutung der kulturellen Dimension zu einer nachhaltigen Entwicklung der

[1] Vgl.: www.museum-wiesbaden.de.

[2] Andreas Henning, Interview geführt am 27. August 2020.

Gesellschaft unterstreicht Dr. Andreas Henning aber auch, dass die Gesellschaft weg von dem Denken der reinen Wissensvermittlung im Museum muss. Die Chance liegt viel mehr in der ästhetischen Zugangsweise, die kein Wissen voraussetzt. Der Ansatz des „Ich sehe was ich weiß" ist nicht förderlich, da Wissen auch stören kann, wenn es in eine ganz bestimmte Richtung drängt. Dr. Andreas Henning zitiert Aristoteles, für den das Staunen die Grundkategorie im Erkennen war. „Wo das Staunen einsetzt, kann auch Nachhaltigkeit entstehen. Nur wenn ich innerlich aktiv bin, kann ich mich selbst weiterentwickeln", so Dr. Andreas Henning. Dort wo die Selbstentwicklung stattfindet, entsteht die Basis für die gesellschaftliche Weiterentwicklung. Kunst kann dabei unterstützen und instrumentalisiert werden. An dieser Stelle müssen auch die Unterstützung und Verzahnung auf politischer Ebene ansetzen. Durch eine enge Zusammenarbeit mit dem Bildungsministerium sollte das Museum zum festen Bestandteil im Lehrbetrieb werden und nicht nur als Ausflug an Projekttagen verstanden werden. Hier knüpft das Museum Wiesbaden bereits an und versucht in Gesprächen mit dem Kultusministerium, das Museum als außerschulischen Lernort zu platzieren, der einen ästhetischen Erfahrungsraum bietet, welcher regelmäßig in den Stundenplan integriert werden könnte. Wenn das Museum bereits innerhalb junger Generationen als Ort der Begegnung und Reflexion verstanden wird, unterstützt es lebenslanges Lernen über alle Generationen hinweg und kann die Brücke zwischen Kultur und Nachhaltigkeit schaffen. Museen als kulturelle Institutionen bewahren historisches Erbe in allen Facetten von Natur, Technik, Kunst, Kultur und Geschichte (BVMP 2004). Gleichzeitig sind sie ein besonders wirkungsvolles Umfeld für informelles und individuelles Lernen, das alle Sinne anspricht, Anstöße zur Kommunikation liefert und Menschen Raum gibt, sich über ihre Erfahrungen und Erlebnisse auszutauschen (Deutscher Bundestag 2007). Dieser Bildungs- und Vermittlungsaufgabe kommt durch die Untermauerung durch die Agenda 2030 eine erweiterte und verstärkte Bedeutung hinzu.

Während des Gesprächs mit Dr. Andreas Henning wird deutlich, dass Kunst und Kultur viele Bereiche beeinflussen könne, die auf den ersten Blick nicht kulturell wirken. Wird das aktuelle Geldwesen immer so aussehen wie jetzt und was ist eigentlich dessen Bedeutung, wenn man es mal von einer kreativen und nachhaltigen Perspektive betrachtet? Im weiteren Sinn ist es fraglich, ob Geld eine langfristige Lösung ist, wenn wir nachhaltig Werte schaffen wollen und ob Monetäres eigentlich noch lange innerhalb der Wertschöpfung seinen Sinn findet oder ob zukünftig andere Güter, Werte und Ressourcen an Bedeutung zunehmen. Fragen, die ein gemeinsames Interesse verfolgen, können auch innerhalb der Gesellschaftskunst einbezogen werden. Somit wird die Kunst das Sprachrohr für Stimmungen, Meinungen und Gedanken einer Gesellschaft. Das Museum als kultureller Träger muss sich jedoch selbst auch weiterentwickeln, um nachhaltig Bedeutung zu haben. Dr. Andreas Henning ist der Meinung, dass das Landesmuseum Wiesbaden noch viel offener und lebendiger werden muss, um der Herausforderung als Museum, eine sehr plurale Gesellschaft bedienen zu können, gerecht zu werden. „Jeder Besucher ist individuell und anders und auch jeder Besuch ist anders", so Henning. Erst wenn ausgehend von diesem Verständnis die Anknüpfung gelingt, kann ein Museum einen nachhaltigen und sozialen Beitrag leisten.

> Aus ökonomischer und ökologischer Sicht stehen wir derzeit noch vor der Frage einer sinnvollen Balance beider Komponenten. Wie kann sich der ökologische Fußabdruck des Museumsbetriebes positiv entwickeln, ohne dass das Bewahren von Kunstwerken in Mitleidenschaft gezogen wird? Henning sagt dazu: „Bewahren ist zentral für ein Museum – was zunächst ökologisch nicht nachhaltig ist, da es mehr Ressourcen, mehr Raum, mehr Mitarbeiter, mehr Betreuung und je nach Alter mehr Restaurierungsbedarf beansprucht. Da entscheidet sich die Gesellschaft für etwas, wofür sie perspektivisch immer mehr – auch ökonomisch leisten muss, damit das Bewahren gewährleistet werden kann." Genau an dieser Stelle entsteht ein ökologischer und kultureller Konflikt, wenn es um die Bewahrung und Überlieferung von Kunstwerken für zukünftige Generationen geht.

## 3.2 Praxisbeispiel 2: Das Robert Johnson

Während das Museum Wiesbaden Kunst und Kultur meist durch haptische Werke ausdrückt, steht beim zweiten Praxisbeispiel die Musik als künstlerische Ausdrucksform im Vordergrund. Das *Robert Johnson* ist seit 21 Jahren einer der beliebtesten Nachtclubs für elektronische Musik in Europa. Neben langen durchtanzten Nächten entsteht hier aber auch zeitgenössische Kunst, die die Stimmungen und Werte einer Kultur und Gesellschaftsgruppe ausdrückt. Die Auswirkungen der aktuell weltweiten Corona-Pandemie haben besonders für Nachtclubs verheerende Folgen. Die Bundesregierung hat die Schließung von nicht-lebensnotwenigen öffentlichen Einrichtungen verordnet (BREG 2020a). Besonders die Kultur- und Kreativwirtschaft ist von diesen Restriktionen betroffen. Die Verordnungen berücksichtigen jedoch nicht, dass auch der Betrieb dieser kulturellen Einrichtungen die Existenzsicherung einer Vielzahl von Menschen bedeutet. Beobachtungen und erste Hochschätzungen vermuten, dass besonders die Kulturwirtschaft, stärker als die Kreativwirtschaft, die Teilmärkte wie den Werbemarkt sowie die Software- und Game-Industrie einschließt, betroffen sein wird. Laut der Bundesregierung wird im schlimmsten Szenario mit Umsatzeinbußen von bis zu 28 Mrd. EUR gerechnet. Das würde fast ein Drittel des Umsatzes der Kulturwirtschaft des Jahres 2018 ausmachen (Kompetenzzentrum Kultur- und Kreativwirtschaft des Bundes 2020). Neben wegfallenden Arbeitsplätzen greifen diese Maßnahmen schwerwiegend in die Routinen und Lebensinhalte von Personen und Künstlern ein, die den Großteil ihres Lebens diesem Kulturbereich gewidmet haben. Daher ist es interessant zu betrachten, wie durch gesellschaftliches Engagement auch während außerordentlichen Umständen eine Musikkultur nachhaltig bewahrt werden kann. Dem Club Robert Johnson ist es gelungen, durch die Fundraising-Kampagne „See you soon" ihre Community dahin gehend zu mobilisieren, den Club zu unterstützen, um den Erhalt und Fortbetrieb nach den Corona-Maßnahmen zu ermöglichen. Der Club hatte die Idee, den Menschen etwas zurückzugeben, anstatt nur Geld zu sammeln. Daraus entstand das Konzept, mit Künstlern zusammen zu arbeiten, die eng mit dem Club verbunden sind. Es entstanden 16 Artworks und 16 limited-edition Poster, die im Verlauf der Kampagne erworben werden konnten. Clubbetreiber Ata Macias berichtet in einem Interview mit Resident Advisor über das durchaus positive Feedback der Community. Die Menschen waren froh, den Club in schwierigen Zeiten unterstützen zu können und die Betreiber dankbar, ihrer Community auch trotz geschlossenen Türen etwas zurückzugeben, anstatt nur Geld einzusammeln (Macias und Reinke 2020). Die Reaktion auf die Kampagne zeigt, wie eine Musik- und Clubkultur Solidarität innerhalb einer Community und Gesellschaft schafft und stärkt. Sie ist ein Beispiel dafür, wie sich Kulturen selbst auch innerhalb dynamischer und herausfordernder Zeiten neu erfinden und entwickeln. Die Betreiber des Offenbacher Nachtclubs sprechen sich auch deutlich gegen eine Wiedereröffnung vor der Verbreitung eines sicheren Impfstoffes gegen das SARS-CoV-2 Virus aus. Die Umstände würden eine authentische Clubatmosphäre nicht zulassen. Außerdem würde dies eine Selektion der Partygäste bedeuten, was gegen die Prinzipien des Clubs spricht. „We're not big fans of selecting people, or only taking people that have more money. We're one nation, we're one dance floor, we're one dancer." (Macias und Reinke 2020) Die Musik- und Clubkultur kämpft nach wie vor um eine weitverbreitete Anerkennung. Eine durchtanzte Nacht bedeutet nicht Drogenkonsum, Exzess, Alkohol und dröhnende Bässe. Für eine Vielzahl von Clubbesuchern ist es der Austausch. Einige betrachten die Räume sogar als eine Art *Safe Space*, der Halt bietet, aber auch einen Ort der Selbstentfaltung darstellt. Er schafft Freiheitsräume, Gleichheit und Unbeschwertheit. Ein Lebensgefühl, das in alltäglichen Situationen oft verloren gehen kann. Auch diese Art des Rückzugortes ist für die Gesellschaft notwendig, um verschiedenen gesellschaftlichen Gruppen Zuflucht zu bieten und in einer dynamischen und herausfordernden Umwelt einen Ausgleich innerhalb der Gesellschaft zu schaffen. Die Gesellschaft setzt sich aus verschiedenen Individuen zusammen, die unterschiedlich fühlen, denken und vor allem unterschiedliche Bedürfnisse haben. Dennoch ist das Bewusstsein vor allem auf politischer Ebene noch nicht verankert. Besonders die Clubkultur fühlt sich während der Krisenzeiten in 2020 vergessen und erfährt kaum Wertschätzung. „We feel a bit forgotten by all the economic problems and resolutions. The clubbing, art and music industries, gastronomy… we have seen the income decreasing all over Germany. We saw yesterday, a decrease in spending by €17.6 billion (…) We all know that it's a big part of the economy, but no one really cares about it. There's not much support." (Macias und Reinke 2020)

Kern des Problems bleibt die Anerkennung der Musik- und Clubkultur als fester Bestandteil einer heterogenen Gesellschaft. „Electronic music is still in Germany – and elsewhere in the world – not ‚culture' for the government. They don't think of ‚culture' when they think of a good club. There are different kinds of clubs in Germany: some who mainly sell beer and gin and tonics, and others that have good programming, that keep culture, art and good musicians alive. […] The government here, they don't go to the clubs, they're not involved, so they don't understand what we feel or what we do. That's the biggest problem." (Macias und Reinke 2020) Clubs wie das Robert Johnson sind ein wichtiger Bestandteil des zeitgenössischen Lebens und eine notwendige Plattform des künstlerischen Ausdrucks.

▶ Auch der Clubabend ist ein kuratiertes Musikprogramm, welches sich aus Interior Design, der Künstlerauswahl und dem Ablauf des Abends zusammensetzt. Diese Kulturbetriebe verfolgen eine klare Linie und ein Konzept, das ihre Identitäten und Überzeugungen unterstreicht und bieten somit mehr als nur Amüsement und Freizeitbeschäftigung.

## 4 Fazit

Cultural Social Responsibility ist die gesamtgesellschaftliche Verantwortung, Kunst und Kultur für zukünftige Generationen zu bewahren und aufzubereiten, um eine ganzheitliche, nachhaltige Entwicklung zu ermöglichen. Kultur und Kunst unterstützen die Bildung und persönliche Weiterentwicklung. Ein unternehmerischer Gedanke steht hier nicht im Vordergrund. Deswegen muss man CSR in Verbindung mit Kunst und Kultur anders denken.

Der Beitrag spiegelt besonders die Bedeutung der kulturellen Dimension für eine nachhaltige Entwicklung wider, die den Grundstein für verantwortungsbewusstes ökonomisches, ökologisches und soziales Verhalten setzt. Es bleibt jedoch die Frage, ob es bei theoretischen Luftschlössern und Wunschvorstellungen bleibt oder ob das Bewusstsein schon in der Praxis verankert und gelebt wird. Zeichnen sich zumindest Trends ab, die auf eine stärkere Wertschätzung und Einbindung der Kunst und Kultur in eine gesellschaftliche Entwicklung hoffen lassen?

Anhand zwei hessischer Kulturbetriebe wurden die Bedeutung und die Tragweite von Kultur auf die Gesellschaft verdeutlicht. Zwar unterscheiden sich beide Einrichtungen grundsätzlich in Aufbau, Inhalt und Zielgruppe, haben aber eine Gemeinsamkeit, die maßgebend für eine nachhaltige Entwicklung der Gesellschaft ist. Sie verbinden Menschen, fördern den Austausch und den Perspektivwechsel und vor allem bieten sie einen Raum und Ort für Offenheit, Gleichheit und Meinungs- sowie Glaubensfreiheit. Sie bieten fundamentale Voraussetzungen, die das nachhaltige Denken und Handeln überhaupt erst möglich machen. Was erhält Kunst und Kultur nun nachhaltig am Leben und welche Rolle nehmen staatliche Förderungsmaßnahmen und ein gesellschaftliches Engagement ein?

Vier Voraussetzungen können gewährleisten, dass Kunst und Kultur für zukünftige Generationen bewahrt werden können und somit auch eine umfassende nachhaltige Entwicklung ermöglicht werden kann. Die Voraussetzungen sprechen zu gleichen Maßen staatliche sowie gesellschaftliche Förderung an. In der Quintessenz ergibt sich somit, dass nur durch eine Unterstützung und ein Verständnis, das sowohl staatlich als auch gesellschaftlich ausgewogen ist, Kultur und Kunst nachhaltig am Leben erhalten werden können.

**Bewusstsein schaffen**

Ein gefestigtes Bewusstsein über die Bedeutung und die positiven Auswirkungen der kulturellen Dimension sind der Ausgangspunkt für die nachhaltige Entwicklung. Aufgrund dessen müssen die Bestrebungen für die Förderung und Stärkung dieses Bewusstseins fester und klar definierter Bestandteil der Deutschen Nachhaltigkeitsstrategie werden.

### Zugang ermöglichen und die Bedürfnisse nachkommender Generationen berücksichtigen

Besonders im Zeitalter der Digitalisierung erleben Museen neue künstlerische, aber auch technologische Herausforderungen. Neue Technologien können die Aufarbeitung von Kunst oder historisch-kulturellem Gut in anderen Dimensionen und Darstellungsformen abbilden. Natürlich muss hier auch der Zugang über digitale Angebote und Plattformen gewährleistet werden, um Kunst und Kultur für nachkommende Generationen erlebbar zu machen.

Für die Club- und Musikkultur liegt der Fokus in erster Linie nicht auf dem digitalen Zugang. Sie dient der Identitätsstiftung für Privatpersonen, aber auch für Städte und Lebensräume. Auch diesen Bedürfnissen müssen wir gerecht werden und auch zukünftig den Zugang gewährleisten können. Besonders unvorhersehbare Entwicklungen, wie durch die Corona-Pandemie, verlangen nach Kunst und Kultur, die in Zeiten der sozialen Isolation und Unsicherheit eine Stütze waren. Daher gilt es auch in Krisenzeiten nicht nur das wirtschaftliche Wachstum zu wahren, sondern auch dem Gemeinwohl zugute zu handeln und besonders auch den kulturellen Sektor zu unterstützen.

### Gesellschaftliches Engagement fördern

Besonders während der Corona-Pandemie haben sich Privatpersonen und Communities mobilisieren lassen, um Kultur und Kunst zu unterstützen. Die intrinsische Motivation rührt von den eigenen Befürchtungen, dass Rückzugsorte, die ihnen Kraft geben und ihre Akkus wieder aufladen, verschwinden könnten. Staatliche Förderung allein reicht nicht aus. Besonders gesellschaftliches Engagement hat eine enorme Tragkraft, das auch ein Stimmungsbild der Gesellschaft und deren Bedürfnisse zeigt.

**Finanzielle Unterstützung auf Bundesebene**

Diese Voraussetzung sollte vor allem gegeben sein, um kulturelle und künstlerische Freiräume zu schaffen und Entfaltung zu ermöglichen. Die derzeitige finanzielle Unterstützung ist nicht ausreichend für das breite Spektrum, das Kunst und Kultur innerhalb unserer Gesellschaft ausfüllen. Auf politischer Ebene sollte Kreativität und unkonventionelles Denken stärker gefördert werden, vor allem sollte aber auch bezahlbarerer Raum und Zugang für kulturelle Angebote geschaffen werden.

**Maxi Schneider** ist Studentin des Masterstudiengangs Sustainable Marketing & Leadership an der Hochschule Fresenius in Wiesbaden und schloss eine Weiterbildung zur Transformationsmanagerin Nachhaltige Kultur erfolgreich ab. Sie absolvierte das duale Studium der Betriebswirtschaftslehre mit der Fachrichtung Medien- und Kommunikationswirtschaft an der DHBW Baden-Württemberg in Ravensburg und war danach als Marketing & Communications Manager tätig. Aufgrund ihres privaten Interesses an elektronischer Musik und zeitgenössischer Kunst ist es ihr ein Anliegen, Kunst und Kultur stärker in die Gesellschaft zu integrieren und deren Bedeutung nachhaltig zu stärken.

**Christopher Feld** ist Student des Masterstudiengangs Sustainable Marketing & Leadership an der Hochschule Fresenius in Wiesbaden. Zuvor absolvierte er seinen Bachelor der Wirtschaftswissenschaften an der Goethe-Universität in Frankfurt am Main. Als selbstständiger DJ sieht er sich als ein Bestandteil des kulturellen Lebens. Überdies setzt er sich intensiv mit zeitgenössischer Kunst auseinander, ist in seiner Freizeit selbst künstlerisch tätig und begann während des Studiums mit dem Sammeln von Kunst aufstrebender Künstler.

## Literatur

Bachmann G, Goehler A (2018) Die Kunst ist das Gegengift zum Spezialistentum. In: nachhaltigkeitsrat.de, (23.03.2018). https://www.nachhaltigkeitsrat.de/aktuelles/die-kunst-ist-das-gegengift-zum-spezialistentum/?cn-reloaded=1. Zugegriffen: 9. Okt 2020

Baumast A, Goehler A, Kretschmann W, Schweeger E, Steinmann G, Taxopoulou I (2018) Das Symposium (29.06.2018). https://adk-bw.de/wp-content/uploads/2018_adk_symposium_kunst_kultur_nachhaltigkeit_.pdf. Zugegriffen: 9. Okt 2020

BREG (2018) Presse- und Informationsamt der Bundesregierung. Deutsche Nachhaltigkeitsstrategie (15.10.2018). https://www.bundesregierung.de/resource/blob/975274/1546450/65089964ed4a2ab07ca8a4919e09e0af/2018-11-07-aktualisierung-dns-2018-data.pdf?download=1. Zugegriffen: 9. Okt 2020

BREG (2019) Presse- und Informationsamt der Bundesregierung. Neue EU-Kommissarin trägt „Kultur" im Namen – Kulturstaatsministerin Grütters: „Die Kultur ist Kern der Identität Europas" (02.12.2019). https://www.bundesregierung.de/breg-de/bundesregierung/staatsministerin-fuer-kultur-und-medien/aktuelles/neue-eu-kommissarin-traegt-kultur-im-namen-kulturstaatsministerin-gruetters-die-kultur-ist-kern-der-identitaet-europas--1698886. Zugegriffen: 07. Nov. 2021

BREG (2020a) Presse- und Informationsamt der Bundesregierung. Vereinbarung zwischen der Bundesregierung und den Regierungschefinnen und Regierungschefs der Bundesländer angesichts der Corona-Epidemie in Deutschland. https://www.bundesregierung.de/breg-de/aktuelles/vereinbarung-zwischen-der-bundesregierung-und-den-regierungschefinnen-und-regierungschefs-der-bundeslaender-angesichts-der-corona-epidemie-in-deutschland-1730934. Zugegriffen: 20. Okt 2020

BREG (2020b) Presse- und Informationsamt der Bundesregierung. Hilfen für Künstler und Kreative (23.07.2020). https://www.bundesregierung.de/breg-de/themen/coronavirus/hilfen-fuer-kuenstler-und-kreative-1732438. Zugegriffen: 9. Okt 2020

BVMP (2004) Bundesverband Museumspädagogik e. V. Zum Bildungsauftrag der Museen (24.04.2004). https://www.museumspaedagogik.org/fileadmin/Data/Dokumente/2004-kultusministeriumkonferenz.pdf. Zugegriffen: 20. Okt 2020

CAE (2018) Culture Action Europe. The value and values of culture. Brüssel. https://cultureactioneurope.org/files/2018/02/CAE_The-Value-and-Values-of-Culture_Full_small.pdf. Zugegriffen: 9. Okt 2020

CAE (2019) Culture Action Europe. Implementing culture within the sustainable development goals. https://cultureactioneurope.org/files/2019/09/Implementing-Culture-in-Sustainable-Development-Goals-SDGs.pdf. Zugegriffen: 20. Okt 2020

CAE (2020) Culture Action Europe. No sustainability without culture and the arts (06.04.2020). https://cultureactioneurope.org/news/no-sustainability-without-culture-and-the-arts/. Zugegriffen: 9. Okt 2020

Deutscher Bundestag (2007) Schlussbericht der Enquete-Kommission „Kultur in Deutschland"(11.12.2007), Bundesdrucksache 16/7000, Berlin. https://dip21.bundestag.de/dip21/btd/16/070/1607000.pdf. Zugegriffen: 20. Okt 2020

Deutsche UNESCO-Kommission (2016) Die kulturelle Dimension der Nachhaltigkeit stärken! Stellungnahme der Deutschen UNESCO-Kommission zum Regierungsentwurf der Deutschen Nachhaltigkeitsstrategie vom 31. Mai 2016. https://www.unesco.de/sites/default/files/2018-03/NachhaltigkeitsstrategieDUKKommentar2016.pdf. Zugegriffen: 9. Okt 2020

Deutscher Kulturrat (2019a) Kernthema: Kulturelle Dimension der Nachhaltigkeit – Nachhaltigkeit, gesellschaftlicher Zusammenhalt, Digitalisierung sind Schwerpunkte des neuen Vorstands des Deutschen Kulturrates. https://www.kulturrat.de/presse/pressemitteilung/kernthema-kulturelle-dimension-der-nachhaltigkeit/. Zugegriffen: 20. Okt 2020

Deutscher Kulturrat (2019b) Umsetzung der Agenda 2030 ist eine kulturelle Aufgabe. https://www.kulturrat.de/positionen/umsetzung-der-agenda-2030-ist-eine-kulturelle-aufgabe/. Zugegriffen: 20. Okt 2020

Kompetenzzentrum Kultur- und Kreativwirtschaft des Bundes (2020) Betroffenheit der Kultur- und Kreativwirtschaft von der Corona-Pandemie. https://www.kulturrat.de/wp-content/uploads/2020/08/Corona-Verbaendebefragung-2.pdf. Zugegriffen: 07. Nov. 2021

Kretschmann W (2018) Grußwort. In: Das Symposium: Kunst. Kultur. Nachhaltigkeit (28./29.06.2018). Akademie für Darstellende Kunst Baden-Württemberg (ADK) (Hrsg). https://adk-bw.de/wp-content/uploads/2018_adk_symposium_kunst_kultur_nachhaltigkeit_.pdf. Zugegriffen: 20. Okt 2020.

Kutt N (2008) Grundsatzüberlegungen zum Zusammenhang von Kunst, Kultur und Nachhaltigkeit in der Beruflichen Bildung (20.08.2008). https://www.kuenste-bilden-umwelten.de/fileadmin/user_upload/documents/BNE/BNE_Seite/grundsatzueberlegungen.pdf. Zugegriffen: 20. Okt 2020

Macias A, Reinke F (2020) Perspective from the scene: Robert Johnson. In: Resident Advisor (15.09.2020). https://www.residentadvisor.net/features/3757. Zugegriffen: 9. Okt 2020

Pufé I (2012) Nachhaltigkeitsmanagement. Hanser, München

Statista (2020) Beitrag der Kultur und Kreativwirtschaft zur Bruttowertschöpfung im Branchenvergleich zwischen 2016 und 2018. https://de.statista.com/statistik/daten/studie/165721/umfrage/beitrag-der-kultur-und-kreativwirtschaft-zur-bruttowertschoepfung/. Zugegriffen: 9. Okt 2020

Steinmann G J (2014) Schlusswort des Künstlers (28.03.2014). Vortrag im Rahmen des Sustainable University Day an der Universität Bern. https://www.unibe.ch/unibe/portal/content/e809/e810/e812/e832/e21049/e21130/e22556/section22558/files22689/ReferatSteinmann_SUDay2014_ger.pdf. Zugegriffen: 20. Okt 2020

Stoltenberg U (2010) Kultur als Dimension eines Bildungskonzepts für nachhaltige Entwicklung. In: Parodi O, Banse G, Schaffer A (Hrsg) Wechselspiele: Kultur und Nachhaltigkeit. Annäherungen an ein Spannungsfeld, edition sigma, Berlin

# Impulse vom „Gateway to Sustainability“: Luft- und Raumfahrt, Finanzwelt und der Climate Factor

# Starten, landen, konkret helfen: Zukunft spenden

Alles was wir tun, wird ein Teil von uns. (Afrikanisches Sprichwort)

Vasco Garcia


**Zusammenfassung**

Cargo Human Care e. V. (CHC) ist ein humanitäres und medizinisches Hilfsprojekt, das 2007 von Mitarbeitern der Frachtfluggesellschaft Lufthansa Cargo AG zusammen mit Ärzten aus Deutschland ins Leben gerufen wurde. In Kooperation mit lokalen medizinischen Einrichtungen und örtlichen karitativen Trägern setzt CHC gezielt dort an, wo Hilfe dringend benötigt wird. Dabei konzentriert sich CHC auf Projekte in der ländlichen Umgebung Nairobis sowie im Norden Kenias. Die Koordinationsarbeit in Deutschland und die medizinische Behandlung und soziale Betreuung vor Ort werden ehrenamtlich geleistet. Kern des Engagements ist es, direkte medizinische Hilfe zu leisten und mittellosen Waisenkindern und Jugendlichen ein Zuhause und eine Perspektive auf eine gute Zukunft zu geben. Der Mittelbedarf für die Aktivitäten wird aus privaten Spendengeldern finanziert. Lufthansa Cargo unterstützt organisatorisch, finanziell und logistisch. „CSR" kann hier auch übersetzt werden mit Cargo Solidarity and Rescue.


## 1 Fliegerei mit Herz und Verstand

Cargo Human Care ist auch eine Familienangelegenheit bei den Doyens. Neben der Fliegerei ist für Fokko Doyen das Engagement von Cargo Human Care längst zu einer Lebensaufgabe geworden. Während unzähliger Aufenthalte in Nairobi hat er sehr


V. Garcia (✉)
Eyes on Aviation, Pfaffenhofen a.d.Ilm, Deutschland
E-Mail: info@eyesonaviation.com







A. Trischler und S. Böhling (Hrsg.), *CSR in Hessen*, Management-Reihe Corporate Social Responsibility, https://doi.org/10.1007/978-3-662-63004-4_13

schnell und unmittelbar die Not der Bevölkerung erlebt und wollte helfen. Aus einer kleinen Idee sind ein Mammutprojekt und eine Organisation entstanden, welche ohne fremde Hilfe, zum Beispiel von Lufthansa Cargo, nicht stemm- und finanzierbar ist (vgl. Kap. 5).

> „Alles begann mit einem Koffer Kinderkleidung, den ich bei einem meiner Flüge nach Nairobi in einem der vielen Kinderheime abgab …" (Fokko Doyen)

Cargo Human Care ist ein humanitäres Projekt, das 2007 im Zusammenspiel von Lufthansa-Cargo-Mitarbeitern und Ärzten aus Deutschland ins Leben gerufen worden ist, mit dem Ziel, notleidenden Menschen in Nairobi Zugang zu medizinischer Hilfe zu ermöglichen und mittellosen Waisenkindern und Jugendlichen eine neue Heimat und Perspektive zu bieten. Cargo Human Care ist ein gemeinnütziger Verein, der ausschließlich über Spendengelder finanziert wird. Angefangen hat es alles mit dem Mothers' Mercy Home, weitere Projekte wie das Jugendhaus John Kaheni Residence, Cargo Human Care Medical Centre und die Schulen „Wings Academy" und „Happy Child Education Center" sind über die letzten 13 Jahre hinzugekommen (CHC 2020).

**Die Projekte von Cargo Human Care**

Ärzte aus ganz Deutschland helfen, die medizinische Versorgung von Menschen in den unterentwickelten Gebieten von Nairobi/Kenia zu verbessern. Lufthansa Cargo ermöglicht es, die dringend benötigten Mediziner nach Afrika zu fliegen. In Kenia werden die Patienten unentgeltlich im eigenen Medizinzentrum behandelt. Ca. 50 Fachärzte gehören heute zu Cargo Human Care. Sie, viele Freunde, die Mitglieder von CHC e. V. und Mitarbeiter von Lufthansa Cargo unterstützen dieses Projekt ehrenamtlich.

Mothers' Mercy Home (MMH): Das Waisenheim in Kianjogu/Nairobi wurde 2001 vom Bischof der Anglikanischen Kirche zusammen mit Frauen der Diözese Mount Kenya South ins Leben gerufen. 2008 hat Cargo Human Care mit Spendengeldern ein gemauertes Haus mit Platz für 120 Kinder errichtet. Die Mädchen und Jungen im Alter von 3 bis 18 Jahren sind in Vier-Bett-Zimmern untergebracht.

John Kaheni-Residence (JKR): Das 2015 neu entstandene Haus ist gleichermaßen Bildungszentrum und Wohnprojekt. Hier werden alle CHC-Ausbildungsprogramme koordiniert, gleichzeitig finden bis zu 32 junge Menschen ein Zuhause, das sie selbst organisieren. Neben den MMH-Abgängern werden auch Jugendliche aus anderen Projekten und aus der Region hier betreut und auf ein selbstständiges Leben vorbereitet. Wichtige Elemente sind die Förderung persönlicher Kompetenzen, Kommunikations-Coachings, Berufsorientierung und Bewerbungstrainings, Vermittlung von Praktika und auch IT-Know-how. Die Berufsausbildungen werden mittels individueller Ausbildungspatenschaften abgesichert. Geleitet wird die JKR von einem ausgebildeten Sozialarbeiterteam.

Happy Child Education Center (HCEC): 2017 wurde in Kooperation mit der Lufthansa Hilfsorganisation Help Alliance und der Regine Sixt Kinderhilfe Stiftung der Bau einer Vorschule im Slumgebiet Kabiria/Nairobi auf dem Gelände der Anglikanischen Kirche beschlossen. Die Kosten werden zu je einem Drittel von den Beteiligten getragen. Die Fertigstellung erfolgte im vierten Quartal 2018. Die Schule bietet Platz für 100 Kinder aus der näheren Umgebung, die bisher keinen Zugang zu Bildungseinrichtungen haben. Die Fertigstellung erfolgte im 4. Quartal 2018, eingeweiht wurde die Schule im Januar 2019.

Während der Dürren 2011 und 2017 versorgte CHC bis zu 1000 Familien in vier Dörfern in der Diözese Marsabit mit Lebensmitteln. Daran anschließend entstand mit Spenden die Wings Academy, eine Nursery- und Primary-School, mit mittlerweile acht Klassenräumen für 150 Kinder in Karare.

Medical Centre: Seit Februar 2009 gibt es das Medical Centre mit eigener Apotheke und einem gut ausgestatteten Labor. Heute erfolgen hier über 25.000 Behandlungen pro Jahr. Einheimische Schwestern betreuen die Menschen aus der näheren Umgebung, die sich keine Behandlung leisten können. Mehr als 50 Ärzte aus Deutschland arbeiten hier regelmäßig unentgeltlich in drei- bis viertägigen Einsätzen. In dringenden Fällen übernimmt CHC auch die Kosten für Operationen oder stationäre Behandlungen im nahegelegenen Nazareth Hospital. Zusätzlich besuchen die CHC-Kinderärzte das Kinderheim „The Nest" und versorgen dort Babys und Kleinkinder in ihrer gewohnten Umgebung.

Medical Camps: Seit 2015 führen CHC-Ärzte in abgelegenen Gegenden die Medical Camps durch. Diese werden vom medizinischen Team vor Ort organisiert. Es geht dabei um die Grundversorgung bedürftiger Menschen, für die in schwierigen Fällen auch Anschlussbehandlungen ermöglicht und finanziert werden.

**Schulpatenschaften/Ausbildungspatenschaften/Medizinische Patenschaften**

Eine fundierte Schul- und Berufsausbildung ist das A und O der jungen Menschen zum Start ins Leben und in eine sichere Zukunft. Darum übernimmt Cargo Human Care sowohl alle mit dem Schulbesuch anfallenden Kosten als auch die Aufwendungen für eine berufliche Ausbildung. Vom Handwerk bis zum Studium ist alles möglich. Medizinische Patenschaften unterstützen Kinder mit Behinderungen oder aus extrem bedürftigen Familien außerhalb der Heime. Patenschaften bilden eine der Säulen der CHC-Entwicklungsarbeit. Mit ihren regelmäßigen Beiträgen ermöglichen die Patinnen und Paten solide, nachhaltige Schul- und Berufsausbildungen und medizinische Versorgung der Kinder, Jugendlichen und jungen Erwachsenen im CHC-Umfeld. Die Patenschaften sichern den Besuch von Bildungseinrichtungen mit guten Qualitätsstandards, außerschulische Begleitung und Förderung durch Sozialarbeiter und medizinische Versorgung bei chronischen Erkrankungen. Fokko Doyen ist oft in seiner zweiten Heimat (Abb. 1).

Fokko Doyen ist ein absolut charismatischer Typ, ein Macher und Motivator. Man kann sich von seiner positiven, überzeugenden Art nur mitreißen lassen. Ende 2019 konnte ich mir persönlich während eines Frachter-Umlaufs (FRA-JNB-NBO-FRA), im Zuge eines Artikels über die MD-11 und Lufthansa Cargo, zusammen mit Kapitän Doyen vor Ort ein Bild machen. Ein unvergessliches Erlebnis, mit welcher Hingabe, persönlichem Einsatz der deutschen Ärzte und lokalen Helfern Nächstenliebe ohne große Schnörkel gelebt wird.

**Abb. 1** Fokko Doyen

## 2 Ein Blick zurück: 10 Jahre CHC

2017 wurde das 10-jährige Bestehen einer erfolgreichen und internationalen Kooperation gemeinsam gewürdigt. Auszug aus einem Gespräch zwischen Peter Gerber[1] und Fokko Doyen, Initiator und Erster Vorsitzender von Cargo Human Care (CHC 2017). Was treibt ihn an?

Peter Gerber: Vor zehn Jahren haben Sie das humanitäre Hilfsprojekt Cargo Human Care in Kenia gegründet. Erinnern Sie sich noch an den Start?

Fokko Doyen: Sehr gut sogar. Wir fuhren zurück ins Crew-Hotel, als ich das blaue „Mothers' Mercy Home"-Schild an der Straße entdeckte und unseren Fahrer zum Wenden aufforderte. Im Heim war ich vom ersten Moment an überzeugt: Hier willst du dich engagieren. Inzwischen zusammen mit zahlreichen Cargo Lufthanseaten in der Freizeit, aber auch als Unternehmen unterstützt Lufthansa Cargo das Projekt. Was macht für Sie das Besondere an diesem Verein aus?

Gerber: Das Besondere an CHC ist für mich die große Direktheit der Hilfe. Hier haben Menschen aus unserem Unternehmen etwas tun wollen, und sie tun es. Außerdem ist es großartig, dass die Kernkompetenzen der Cargo, nämlich Fliegen und Logistik, hier voll eingesetzt werden können.

Doyen: Viele unserer Mitglieder und ein Großteil der Aktiven bei CHC sind Lufthansa-Cargo-Mitarbeiter. Die Identifikation mit diesem „Cargo-Projekt" ist im ganzen Unternehmen zu spüren. Seit unserer Gründung stieg die Zahl der Mitglieder auf mehr als 550. Wir haben aber nicht nur passive, zahlende Mitglieder, sondern vor allem auch sehr viele Menschen, die sich mit in die Arbeit einbringen: als Ärzte, als Betreuer verschiedener Patenkinder-Gruppen und in der Organisation der Vereinsarbeit.

[1] Peter Gerber war Vorstandsvorsitzender der Lufthansa Cargo AG von Mai 2014 bis Anfang 2021.

Gerber: Wie gehen Sie damit um, dass CHC ja wächst und damit auch schwerfälliger werden könnte?

Doyen: Die Komplexität bei CHC ist fraglos immer weiter gestiegen – mehr Angestellte, mehr Patienten, mehr Patenkinder, mehr Projekte. All das lässt sich auf Dauer nur steuern, wenn die Arbeit hier in Deutschland auf viele Schultern verteilt wird. Das klappt gut. Wir stellen auch fest, dass die häufige Präsenz unserer CHC-Aktiven vor Ort das A und O unseres Erfolgs ist. Wir haben zwar sehr gute und zuverlässige lokale Mitarbeiter – mittlerweile sind es 20 Angestellte, die von CHC bezahlt werden. Aber das schnelle Eingreifen in die Entwicklung ist nur möglich, wenn wir am Ball bleiben. (…)

Gerber: Seit Ihrem ersten Besuch im Mothers' Mercy Home sind viele Kinder zu jungen Erwachsenen geworden. Wie fühlt es sich an, die Schützlinge ihren eigenen Weg gehen zu lassen?

Doyen: 84 kleine Kinder waren es bei unserem ersten Besuch. Die Ersten mussten das Heim mit ihrem Schulabschluss 2013 verlassen, darunter auch mein Patenkind John Kaheni.

Gerber: Ihr Patenkind ist Namensgeber der „John Kaheni Residence", die den jungen Erwachsenen nach dem Schulabschluss ein Zuhause gibt.

Doyen: John starb am 21. Dezember 2014. Er war in all den Jahren wie mein eigenes Kind für mich, wir hatten eine sehr persönliche Vater-Sohn-Beziehung. Nach dem Schulabschluss zog er zu seiner Großmutter in eine alte Wellblechhütte mitten im Bananenfeld. So entstand die Idee, ein zweites Heim zu bauen. Noch während der Planungsphase starb John an einem Herzfehler. Für mich fühlte sich das zunächst fast wie das Ende meines Engagements an – John war all die Jahre hindurch mein größter Motivator gewesen. Aber dann kam mir die befreiende Idee: „Nein, John hat nicht umsonst gelebt. Sein Name soll auf Dauer daran erinnern, wie Cargo Human Care entstand – das Haus muss seinen Namen tragen." So habe ich weitergemacht. Mittlerweile hat CHC aber auch eine ganze Reihe prominente Unterstützer.

Gerber: Ich glaube einfach, dass die große Direktheit und der Bezug der Menschen, die die Hilfe leisten, überall ankommen. Auch bei unseren prominenten Unterstützern.

Doyen: Wir wissen genau, wohin das Geld geht und sind oft vor Ort. Wir kennen die Menschen, die wir unterstützen und die Angestellten in den Häusern sehr gut. Das ist die Basis für den Erfolg.

Gerber: Wofür sind Sie dankbar, wenn Sie an Ihre eigene Kindheit denken?

Doyen: Ich weiß recht genau, welche Menschen mich „geformt" und zu dem gemacht haben, der ich heute bin. Allen voran waren das meine Eltern. Den Gedanken, den sicher jedes Kind irgendwann einmal hat, dass sie eines Tages nicht mehr da sein könnten, fand ich unvorstellbar. Unvorstellbar, dass dann niemand da ist, dem man wirklich vertrauen kann.

Gerber: Das war für mich als Kind auch immer eine Schreckensvision, weil wir in der Familie sehr eng waren. Ich habe es dann leider als junger Erwachsener kennenlernen müssen, weil meine Eltern relativ früh verstorben sind. Für mich haben meine Eltern die Grundlagen für mein heutiges Wertesystem gelegt. Und der Schule bin ich für die entsprechende Bildung unendlich dankbar. Das war der Grundstein für alles Weitere. Man kann die elterliche Zuwendung nicht ersetzen, aber CHC leistet zumindest einen wichtigen Beitrag für Menschen, die schlechte Startchancen ins Leben haben. Deswegen wird Lufthansa Cargo die Arbeit weiter nach Kräften unterstützen.

## 3 Status quo: Besuch in Kenia im Jahr 2020

In 2020 kam alles anders als erwartet. Alle geplanten Einsätze in den Projekten mussten abgesagt werden. Nur langsam läuft eine Art Normalbetrieb wieder an. Die gute Nachricht: Die CHC-Teams vor Ort haben die Versorgung der Menschen fortgeführt. Das medizinische CHC-Zentrum blieb geöffnet. Die meisten der von CHC betreuten Kinder und Jugendlichen waren bei Familien. Gerhard Meyke, zweiter Vorsitzender CHC, war auch im Coronajahr in Nairobi. Einmal im Monat wurden die 226 Familien mit Lebensmitteln versorgt, finanziert aus Spenden: Schon 60 EUR pro Familie und Monat helfen weiter. Die lokalen Mitarbeiter von CHC setzten sich dafür ein, die Kinder zügig wieder in die Heime zurückzuholen. Das war wichtig, weil Kinder teilweise sehr schlecht in den Familien untergebracht waren. Laut Meyke stagnierte die Zahl der Corona-Infizierten in Kenia auf niedrigem Niveau. In Kenia war die Lage zum Zeitpunkt seines Besuches stabil.

In Marsabit im Norden Kenias nahe der somalischen Grenze unterstützt CHC eine Schule und startete im September 2020 ein neues Wasserprojekt, das zusammen mit der Caritas Deutschland realisiert wird. Das Wasserprojekt liegt rund 55 km nördlich von Marsabit, nahe der somalischen und äthiopischen Grenze. Für Gerhard Meyke hat dieses Wasserprojekt Priorität für mögliche Spenden. „Spenden sind bei uns immer willkommen. Wir haben im Jahr 500.000 EUR Kosten. Das müssen wir stemmen. Das ist schon eine Hausnummer."

**Finanzierung**

CHC leistet konkrete und nachhaltige Hilfe. Einmalige Spenden oder eine Mitgliedschaft im gemeinnützigen Verein tragen dazu bei, die Projekte auf lange Sicht zu planen und umzusetzen.

Die Hilfsgelder werden kosteneffizient und mit nachhaltiger Wirkung eingesetzt. Alle Mitwirkenden in Deutschland leisten ihre Arbeit ehrenamtlich. So bleiben die Verwaltungskosten auf ein absolutes Minimum beschränkt. Die Spenden kommen dort an, wo sie konkret benötigt werden – bei den Bedürftigen. Auch sportliches Engagement leistet Unterstützung. Allem voran der Bürostadtlauf (seit 2015), der in 2020 natürlich etwas anders stattfand, dafür aber mit fast 1200 Meldungen aus aller Welt. Die Erlöse werden für die Familienhilfe verwendet.

**Unterstützung, die ankommt**

- Kontoinhaber: Cargo Human Care e. V.
- Kreissparkasse Groß-Gerau, IBAN: DE40 5085 2553 0016 0606 00
- Wiesbadener Volksbank, IBAN: DE57 5109 0000 0049 4040 00
- Spenden mit paypal, https://cargohumancare.de/spenden

## 4 Im Interview: Fokko und Franka Doyen

Frankfurt Flughafen am 07. Oktober 2020: Die Sonne blinzelt immer mal wieder durch die tiefhängenden Wolken, der auffrischende Wind aus Nordwest lässt die Fahnen im Lufthansa-Blau hin und her tanzen. Am Security Check Point zum Lufthansa-Technik-Hangar treffe ich mich mit Fokko Doyen, erster Vorstand von Cargo Human Care, MD-11 Kapitän, und Harald Gloy, Vorstand Operations Lufthansa Cargo, um den neuen Botschafter D-ALFI (Boeing 777 F) von Cargo Human Care und Lufthansa Cargo zu begrüßen. Bei unserem Termin zusätzlich mit dabei sind Fokko Doyens Ehefrau Franka sowie Sohn Lutz und Schwiegertochter Alexandra, die beide auch die Pilotenlaufbahn eingeschlagen haben. Nach einem kurzen Fußmarsch stehen wir vor dem gigantischen Flugzeughangar. Nur noch eine leicht in die Jahre gekommene gelbe Stahltüre trennt uns davor, einen Blick auf den neuen Botschafter zu erhaschen. Vorfreude, gepaart mit Nervosität macht sich beim Ehepaar Doyen breit. Verständlicherweise, denn Franka Doyen hat mit ihrem Bild die Vorlage für das neue Cargo-Human-Care-Aushängeschild an der 777 geliefert. Der Weg führt uns am Lieblingsflugzeug von Fokko Doyen vorbei, der MD-11, in Pilotenkreisen auch kurz und liebevoll „Elf" genannt. Die Blicke verharren für einen Moment, schweifen aber dann doch wieder nach vorne. Da steht sie nun, die Boeing 777 D-ALFI im neuen Kleid. Kurz innehalten und den Moment festhalten. Ein magischer Moment, wie ich finde, wenn man das Ehepaar Doyen dort beobachtet. Franka und Fokko Doyen erzählen später, wie sie diesen Moment, die Überführung des ursprünglichen Botschafters, einer MD-11 mit der Kennung Charlie Hotel, nach Victorville erlebt haben und natürlich, wie es mit Cargo Human Care weitergeht. Fokko Doyen nimmt Ende 2020 das letzte Mal vorne links im Cockpit Platz. Das Projekt Cargo Human Care geht weiter, für Fokko Doyen dann in Vollzeit.

*Garcia: Das letzte Mal haben wir uns im März 2020 zur Verabschiedung von der MD-11 Charlie Hotel in Frankfurt getroffen. Kurz darauf haben Sie die MD-11 nach Victorville in die Wüste geflogen. Wie war das, ihre langjährige CHC-Botschafterin und Weggefährtin nach Victorville zu fliegen?*

Fokko Doyen: Zur Charlie Hotel hatte ich ein ganz besonders Verhältnis. Sie war die erste Botschafterin von CHC und ich kann mich sehr gut daran erinnern, wie alles entstanden ist. Die Fingerfarbe für die Fußstapfen, die als Vorlage für die Aufkleber fungierten, habe ich persönlich besorgt und nach Nairobi gebracht. Das fertige Flugzeug mit der neuen Bemalung habe ich dann das erste Mal in Nairobi nach einer Landung aus Johannesburg kommend gesehen. Ich weiß jetzt noch, wie emotional mich dieser Anblick berührt hat, als der Flieger dort auf die Parkposition gerollt ist. Emotional war auch der letzte Linienflug von Bombay über Hyderabad nach Sharjah und dann weiter nach Frankfurt. Zu guter Letzt die Überführung nach Victorville. Der Low pass über die viereinhalb Kilometer lange Runway 17 kurz vor der Landung, ein tolles Erlebnis! In der Summe aber ein sehr trauriger Moment: Die Maschine wurde dann an Boeing verkauft und kurze Zeit später von FedEx übernommen. Zu diesem Zeitpunkt stand noch nicht fest, dass es einen neuen CHC-Botschafter geben wird.

*Garcia: Nachdem die letzte MD-11 voraussichtlich Ende September 2021 die Lufthansa Cargo AG verlässt, das Projekt CHC aber weitergeführt wird, war es logisch, einen neuen Botschafter zu suchen. Wie und wann ist die Idee entstanden, nun eine Boeing 777 einzusetzen?*

Doyen: Das ist tatsächlich erst vor Kurzem entstanden. Mitte August 2020 sind nach der Freigabe vom Vorstand, ein Flugzeug mit CHC-Logo zu bemalen, die ersten Ideen dazu ausgetauscht worden. Harald Gloy, Vorstand Operations bei Lufthansa Cargo, hat dieses Projekt gepusht und dafür bin ich ihm sehr dankbar.

*Garcia: Warum gerade jetzt zur größten Luftfahrtkrise und nicht schon im März, kurz nachdem CH ausgeflottet wurde?*

Doyen: Die Ungewissheit war der ausschlaggebende Faktor im März. Keiner wusste, wie sich die Coronakrise für die Luftfahrt entwickelt. Dass die Sparte Cargo davon wenig berührt bleibt, sondern sogar ein wenig profitiert, das konnte keiner ahnen. Es hätte aber auch ganz anders kommen können. Von daher war die Entscheidung zu dem Zeitpunkt genau die richtige.

*Garcia: Die Fußstapfen auf der MD-11 waren gescannte und vergrößerte Füße von Kindern aus dem Mothers' Mercy Home in Nairobi. Wer ist auf die Idee gekommen mit dem aktuellen Bild?*

Doyen: Es gab diverse Ideen, aber am Ende hat sich das Motiv bzw. das Bild von Franka, meiner Frau, als bestes Konzept herauskristallisiert und ist umgesetzt worden.

Die Boeing 777 F mit Kennung D-ALFI und dem Taufnamen „¡Buenos días México!" wurde mit einer speziellen Beklebung versehen: Portraits kenianischer Kinder, die im von Cargo Human Care betriebenen Waisenheim „Mothers' Mercy Home" leben. Gestaltet wurden die Portraits von Franka Doyen, CHC-Gründungsmitglied. Neben den Portraits sind CHC-Logo und der CHC-Leitsatz „Step by step. Giving children a future" auf dem Rumpf der Boeing 777 F aufgebracht.

*Garcia: Frau Doyen, wie war es für Sie, das erste Mal vor der fertig gestalteten Boeing 777 zu stehen?*

Franka Doyen: Extrem nervös, positiv angespannt und weiche Knie. Die Nacht davor habe ich schlecht geschlafen (lacht). Als ich dann mit meinem Mann zusammen vor dem Flugzeug gestanden habe, war es ein sehr emotionaler Moment für uns beide. Vor allem, wenn man bedenkt, dass mein Werk jetzt das nächste Jahrzehnt als neuer Botschafter für CHC um die Welt fliegt. Einfach nur toll, und das berührt einen schon sehr.

> „Soziales Engagement ist seit jeher Bestandteil der DNA von Lufthansa Cargo. Mit den neuen Motiven auf dem Frachter bekennen wir uns nicht nur weiterhin zur Unterstützung von Cargo Human Care, sondern auch zu dem Nachhaltigkeitsziel ‚No Poverty' der Vereinten Nationen." (Harald Gloy)[2]

[2] Harald Gloy ist Vorstand Lufthansa Cargo Operations.

**Abb. 2** Step by step. Giving children a future. Foto: Vasco Garcia

Doyen: Das Motiv ist mit 10,46 × 2,76 m ein wenig größer als der Schriftzug von Cargo Human Care ausgefallen. Dieser ist mit „nur" 10,78 × 1,71 m ein geringfügig kleiner ausgefallen. Hergestellt wurden beide mit einer von Lufthansa Technik zertifizierten Folie.

*Garcia: Die Neue trägt den Taufnamen Buenos dias México, wie auch schon Charlie Hotel. Warum hat man nicht einen engeren Bezug zu Kenia und CHC hergestellt, bzw. die existierende 777 (D-ALFB) mit dem Namen Jambo Kenia genommen?*

Doyen: Dafür gibt es eine einfache Erklärung. Die Foxtrott Bravo ist seit 2013 bereits im Flugbetrieb und im Fall, dass sie neu lackiert werden muss, ist die Folie weg. So hat man sich entschieden, den neuesten Flieger, in diesem Fall Foxtrott India, damit auszustatten, um eine maximale Laufzeit zu garantieren (Abb. 2: Fokko und Franka Doyen, Harald Gloy).

*Garcia: Harald Gloy, Vorstand Operations, war bei der Fertigstellung der Folierung heute mit dabei. Welche Rolle spielt Lufthansa Cargo für CHC?*

Doyen: Als global agierender Großkonzern braucht man auch ein soziales Engagement. Wir agieren sozusagen als das soziale Aushängeschild für Lufthansa Cargo und werden entsprechend stark unterstützt. Positives Feedback und Unterstützung kommen aus den unterschiedlichen Bereichen aus dem gesamten Konzern. Harald Gloy steht hinter CHC und unterstutzt das Projekt nach den Möglichkeiten, wie es der Konzern zulässt.

> „Auch in diesen schwierigen Zeiten, bekennt sich Lufthansa Cargo zu Cargo Human Care und unterstützt das Projekt weiterhin, innerhalb der Möglichkeiten des Konzerns." (Harald Gloy)

*Garcia: Die Elf war lange Jahre Garant dafür, dass Hilfe für CHC unkompliziert mit Unterstützung der LCAG an die richtigen Stellen transportiert wurde. Wie ist hier die aktuelle Situation? Wird Nairobi aktuell angeflogen?*

Doyen: Die Strecke nach Nairobi und Johannesburg ist aufgrund fehlender Wirtschaftlichkeit leider aus dem Streckennetz der Cargo genommen worden und wird seit März 2020 nicht mehr bedient. Im Gesamtkonzern gibt es aber dennoch eine

Möglichkeit, denn die Lufthansa-Passage fliegt weiterhin mit dem Airbus A330 von Frankfurt nach Nairobi.

*Garcia: Wie ist die aktuelle Lage im größten Ihrer Waisenhäuser, dem Mothers' Mercy Home?*

Fokko Doyen: (hält kurz inne) Schlecht! Die Kinder kommen aus sehr ärmlichen Verhältnissen, wurden oft mit traumatischen Erlebnissen konfrontiert, bevor sie ins Heim kamen. Die meisten Familien leben von Gelegenheitsjobs, und die gibt es seit März eigentlich nicht mehr. Die Wirtschaft in Kenia ist völlig am Boden. Aus diesem Grund haben wir das Thema Familienhilfe bereits Ende März aufgesetzt. Aktuell werden 226 Familien monatlich mit dem Nötigsten zum Leben versorgt. Die Kinder und Jugendlichen mussten nach Ausbruch von Corona auf Anordnung der kenianischen Regierung zurück zu ihren Familien. Nur zehn Kinder, die überhaupt keine Angehörigen mehr hatten, konnten zu dem Zeitpunkt im MMH verbleiben. Nach und nach konnten in den letzten Wochen nun immer mehr Kinder in das Mothers' Mercy Home zurückkehren. Der Medical Centre im MMH wiederum konnte über das lokale Personal, ohne deutsche Ärzte, den Betrieb ohne Schließung weiterhin aufrechthalten. Durch die lokal verordneten Lockdowns sind die Patientenzahlen allerdings anfangs massiv eingebrochen. Mittlerweile haben sich die Behandlungen mit zirka 2000 pro Monat wieder stabilisiert und liegen etwa 20 % unter dem Vorjahresniveau. Schutzkleidung ist weiterhin Mangelware. Die Angst der Ansteckung bei den Helfern vor Ort war entsprechend groß. Zum Glück ist keiner der Angestellten in dieser Zeit mit Corona infiziert worden, was entsprechende Test bestätigt haben. Ein großes Glück auch für die Kinder im MMH (Abb. 3 und 4).

*Garcia: Ihre gesamte Familie arbeitet ehrenamtlich bei CHC mit. Welche Möglichkeiten haben Leserinnen und Leser, dieses Projekt zu unterstützen?*

Doyen: Mit nur 60 Euro pro Monat garantieren wir die komplette Versorgung einer Familie vor Ort mit Lebensmitteln und Hygieneartikeln. Spendengelder in jeglicher Form nehmen wir natürlich gerne an, selbstverständlich gibt es dafür eine Spendenquittung. Hilfe kommt dort an, wo sie benötigt wird.

**Abb. 3** Zukunft durch Bildung …

**Abb. 4** … Kinder brauchen Zukunftschancen.

*Garcia: Wie stellen Sie sicher, dass die Hilfe auch dort ankommt, wo sie benötigt wird?*

Doyen: Grundsätzlich halte ich es für das A und O, dass Vereinsmitglieder regelmäßig vor Ort sind. Das konnten wir bisher sicherstellen. Vor allem, da ich die Strecke sehr häufig geflogen bin. Praktisch war ich jeden Monat vor Ort und konnte mich somit vergewissern, dass die Hilfe auch dort ankommt, wo sie geplant und benötigt wird. Die Finanzen werden über Gerhard Meyke, Bankdirektor im Ruhestand, geregelt, und er guckt dem Accountant vor Ort akribisch auf die Finger. Von jedem gespendeten Euro kommt jeder einzelne von den 100 Cent an.

*Garcia: Sie werden Anfang 2021 65 Jahre alt. Ende des Jahres ist Schluss mit langen Nächten über dem Atlantik, der afrikanischen Steppe, Jet Lag und dem Pilotenalltag auf der Elf. Wie geht es weiter mit CHC und welche Projekte stehen für Sie als Nächstes an?*

Doyen: Die Antwort ist ganz einfach. Es geht weiter mit CHC. Die Unterstützung seitens Lufthansa Cargo ist gesichert. Mein Plan ist, zukünftig alle sechs bis acht Wochen für ein paar Tage vor Ort in Nairobi zu sein, um mich um alles zu kümmern. Sicherlich fällt es mir sehr schwer, den Job, diese kleine Nebenbeschäftigung Kapitän MD-11 (lacht) an den Nagel zu hängen. In den verbleibenden drei Monaten werde ich jeden Flug genießen, allerdings ist unterwegs vieles nicht mehr so, wie es einmal war. Neue Projekte für CHC stehen bereits in den Startlöchern. Eine Idee existiert schon lange in meinem Kopf: ein Altersheim in Kenia. Jetzt habe ich endlich die Zeit dafür, ein Konzept zu erarbeiten und einen Sponsor zu überzeugen.

## 5 Lufthansa Cargo als Kooperationspartner

Großes ist leistbar in tragfähigen Kooperationen. Das Unternehmen Lufthansa Cargo ist eine hundertprozentige Tochter der Deutschen Lufthansa AG und Spezialist für das Logistikgeschäft der Lufthansa Group. Der Großteil des Cargo-Geschäftes wird über den Flughafen Frankfurt umgeschlagen. Kunden erhalten maßgeschneiderte

Logistiklösungen, zum Beispiel für temperaturempfindliche Medikamente, Turnierpferde oder schwere Maschinenteile (Lufthansa Cargo 2020c). Das Unternehmen engagiert sich im Rahmen des eigenen Kerngeschäfts für soziale und ökologische Initiativen. In Unternehmenskooperationen werden die SDGs der Agenda 2030 unterstützt (vgl. Überblick).

**Kooperation und Unterstützung**

Cargo Human Care e. V. (CHC) ist ein humanitäres und medizinisches Hilfsprojekt. Mitarbeiterinnen und Mitarbeiter von Lufthansa Cargo riefen es in Zusammenarbeit mit Ärzten aus ganz Deutschland ins Leben. Die notwendige Koordinationsarbeit in Deutschland wie auch die medizinische Behandlung vor Ort wird ehrenamtlich geleistet. Lufthansa Cargo unterstützt dabei organisatorisch, finanziell und logistisch in großem Umfang (vgl. Kap. 4). Fliegende Botschafterin für CHC, die Foxtrott India (D-ALFI, siehe Abb. 5).

Unterstützung ganz besonderer Art gab es Anfang 2020: Rund zwei Tonnen selbstgemachte Beutel und Nester für australische Tierkinder wurden in Flugkooperation transportiert. Lufthansa Cargo erfüllte den Wunsch der privaten Initiative „Deutschland hilft Australiens Tierkindern!“. Mehr als 20.000 Tierfreunde aus Deutschland hatten sich organisiert, um Nester und Beutel nach den Vorgaben einer australischen Tierrettungsorganisation zu nähen, zu stricken oder zu häkeln. Die Textilien wurden dringend für

**Abb. 5** Start frei für Cargo Human Care

Tierwaisen und Tiere benötigt, die durch den Buschbrand verletzt wurden (Airliner 2020).

**Einsatz für Agenda 2030**

Das Unternehmen sieht sich als Teil und Treiber der Globalisierung, versorgt Menschen und Märkte mit Gütern und Rohstoffen. Luftfracht trägt deutlich zu den globalen $CO_2$-Emissionen bei. Das schließt auch ökologische Nachhaltigkeit dennoch nicht aus. Investiert wird in eine moderne Flotte und die Forschung in Sachen alternative Treibstoffe. Kompensation ist heute schon möglich (Compensaid).

„Lufthansa Cargo unterstützt aktiv die Nachhaltigkeitsziele der Vereinten Nationen. Wir nehmen unsere unternehmerische Verantwortung sehr ernst und haben uns vorgenommen, unser vielfältiges gesellschaftliches Handeln in Zukunft in fünf Themenfeldern zu bündeln, die besonders nah mit der Geschäftstätigkeit von Lufthansa Cargo verbunden sind. So wird unser bisheriges und künftiges Engagement noch besser nachvollziehbar.“ (Peter Gerber)

Ende November 2020 startete erstmals im Frachtlinienbetrieb eine Boeing 777 F der Lufthansa Cargo mit der Flugnummer LH8406 mit 100 % Sustainable Aviation Fuel (SAF). Strecke: Frankfurt – Shanghai und Retour. Dieser erste $CO_2$-neutrale Frachtflug gelang in einer Kooperation von DB Schenker und Lufthansa Cargo. Fossiler $CO_2$-Ausstoss wird durch den Einsatz von SAF anstelle von herkömmlichem Kerosin vollständig vermieden. Es wird ausschließlich $CO_2$ freigesetzt, das zuvor der Atmosphäre entzogen wurde, zum Beispiel beim Wachstum der Pflanzen. Zusätzlich gleichen die Kooperationspartner mit einem Aufforstungsprojekt auch $CO_2$-Emissionen und weitere Treibhausgase aus, die bei der Herstellung der Biomasse, Verarbeitung und dem Transport des SAF entstanden sind (Lufthansa Cargo 2020b).

**Die fünf Nachhaltigkeitsziele[3] im Fokus von Lufthansa Cargo sind (Lufthansa Cargo 2020a)[4]:**

SDG 1/No Poverty: Die Bekämpfung von Armut zählt zu den höchsten Zielen der Weltgemeinschaft. Eine Herausforderung, der man nur mit nachhaltig verbesserten Lebensverhaltnissen und Zukunftsperspektiven begegnen kann. Lufthansa Cargo eröffnet allen Regionen den Zugang zum Weltmarkt und leistet damit einen ganz konkreten Beitrag zur wirtschaftlichen Entwicklung vor Ort, insbesondere in Schwellen- und Entwicklungsländern.

SDG 3/Good Health and Wellbeing: Gesundheit ist ein wertvolles Gut. Das Ziel, ein gesundes Leben und das Wohlergehen der Menschen zu fördern, verfolgt

[3] engl. Sustainable Development Goals = SDG.

[4] Quelle: PresseBox Lufthansa Cargo, Frankfurt am Main, 24.11.2020.

Lufthansa Cargo, indem die weltweite Versorgung mit sensitiven medizinischen Gütern sichergestellt wird – gerade auch in Krisenzeiten. Durch umfangreiche Investitionen in Pharma-Hubs sowie enge Partnerschaften mit der Pharmaindustrie baut das Unternehmen die Kompetenz im Kampf um den Erhalt von Gesundheit und Leben kontinuierlich aus.

SDG 8/Decent Work and Economic Growth: Lufthansa Cargo steht für dauerhaftes und breitenwirksames Wirtschaftswachstum und ermöglicht dadurch produktive und menschenwürdige Arbeit. Die Unternehmenshistorie zeigt, dass Lufthansa Cargo in einem volatilen Markt immer langfristig geplant und gehandelt hat. Phasen hoher Umsätze wurden stets zu klugen Investitionen genutzt, die sich in Krisenzeiten auszahlten. Statt kurzfristiger Gewinnmitnahme ist solides Wachstum das erklärte und beweisbare Ziel des Unternehmens.

SDG 9/Industries, Innovation and Infrastructure: Lufthansa Cargo setzt sich für eine nachhaltige Industrialisierung ein, unterstützt Innovationen und beteiligt sich am Aufbau einer krisenresistenten Infrastruktur.

SDG 13/Climate Action: Mit Maßnahmen zur Eindämmung des Klimawandels und dessen Auswirkungen macht sich Lufthansa Cargo für die Umwelt stark. Aus den massiven Investitionen in neue Flugzeuge und leichteres Gerät sowie die Teilnahme an CORSIA ergibt sich eine Win-Win-Situation – für die Umwelt und für Lufthansa Cargo: Die Effizienz wird einerseits gesteigert und andererseits der Treibstoffverbrauch und $CO_2$-Emissionen verringert.

## 6 Flugplan Zukunft: Ready for Take Off

Im Interview mit Fokko Doyen im Oktober 2020 stand die Einführung des neuen Botschafters von Cargo Human Care und Lufthansa Cargo im Vordergrund. Eine Boeing 777 F mit der Kennung D-ALFI hat am 11. Oktober 2020 das erste Mal als LH8472 den Liniendienst nach Chennai aufgenommen und somit die im März 2020 ausgeflottete McDonnell Douglas MD-11 F ersetzt (vgl. Kap. 4). In Teilen des Interviews ging es damals auch um die Hintergründe von Cargo Human Care, die unermüdlichen Bemühungen von Fokko Doyen, Nächstenliebe und Menschlichkeit in Taten umzusetzen. Umso mehr freue ich mich, dass ich im Zuge dieser Publikation über weitere neue Projekte von Cargo Human Care berichten darf, die die Erfolgsstory der Organisation weiterschreiben werden.

*Garcia: Wir hatten das Thema Brunnenbau in Bubisa im Marsabit County bei unserem letzten Interview kurz angeschnitten. Wie ist die aktuelle Lage in Marsabit im Norden von Kenias?*

Fokko Doyen: Marsabit ist das zweitärmste County in Kenia. In Bubisa, einer Gemeinde mit 1850 Haushalten und 11.000 Menschen existieren zwei Bohrlöcher, um die Bevölkerung mit Wasser zu versorgen. Eins davon ist im Juli 2020 bereits kollabiert und als wirtschaftlicher Totalschaden eingestuft worden und somit nicht mehr benutzbar. Die aktuelle Lage ist sehr schwierig. Ein Großteil der Bevölkerung (81 %) lebt von Viehzucht (Kamele, Schafe, Kühe). Nach Dürren im Jahr 2011 und 2017 hat sich die Anzahl der Tiere entsprechend stark reduziert. Die Anzahl derer, die andere Berufe innehaben, wie zum Beispiel Lehrer, Angestellte bei der lokalen Regierung oder auch im Service tätig sind, liegen eher im einstelligen Prozentbereich. Aus diesem Grund herrscht eine hohe Analphabetenrate, insbesondere bei den über 40-Jährigen.

*Garcia: Was heißt das für das tägliche Leben und welche Art Wasser trinken die Einwohner von Marsabit County?*

Doyen: 40 % aller Kenianer trinken „unsafe water". 70 % haben nicht einmal Zugang zu einfachen sanitären Lösungen, wie zum Beispiel Toiletten. Die Wasserversorgung in den ländlichen Gebieten ist um ein Vielfaches teurer als in Nairobi. Im direkten Vergleich muss eine Familie in Bubisa fast das Achtfache aufwenden (38 $ vs. 4,50 $ pro Familie/pro Monat). Zusätzlich zu den Kosten kommen hier noch die immensen Entfernungen hinzu, die die Frauen und Kinder überbrücken müssen, um zu den Wasserstellen zu gelangen. 35 km und sechs Stunden Fußmarsch sind keine Seltenheit. Die Wartezeiten an den Brunnen sind hier nicht mit eingerechnet. Die Kinder sollten eigentlich die Zeit in der Schule verbringen, werden aber immer wieder abkommandiert, um essenzielle Dinge zum Überleben zu transportieren.

*Garcia: Eine dramatische Situation, die man sich aus der Ferne kaum vorstellen kann. Welche Auswirkungen machen sich bei der Bevölkerung bemerkbar?*

Doyen: Die Folgen von verunreinigtem Trinkwasser sind verheerend. Ein bis zwei Tote im Monat als Folge von Speiseröhrenkrebs, Durchfall, Typhus sowie eine erhöhte Kindersterblichkeitsrate sind typische deutliche Signale, dass hier dringender Handlungsbedarf besteht.

*Garcia: Aber es besteht Hoffnung. Das Projekt Bohrloch Bubisa befindet sich bereits in der Umsetzung und umfasst drei Phasen. Können Sie Phase I, die Kosten und die Meilensteine, kurz skizzieren?*

Doyen: Die Phase I, welche zum einen das Thema Bohrloch an sich sowie die Installation eine Solarpumpe umfasst (August bis Dezember 2020), ist im vollen Gange. Kostenpunkt 50.000 EUR plus 8 % Administration, Überwachung durch die Caritas (davon 4 % für die Administration von PACIDA[5]) sind bereits in der Gesamtsumme enthalten. Zwei wichtige Meilensteine im Projekt, ein hydrogeologisches sowie ein geophysisches Gutachten, sind bereits durchschritten. Die anschließende Bohrung war erfolgreich und in 320 m Tiefe sind wir auf Wasser gestoßen. Allerdings ist dies nitrat- und salzhaltig, sodass es ohne Aufbereitung nicht verwendet werden kann. Hierzu sind wir aktuell in Kontakt mit einer Organisation in Israel, die uns beratend zur Seite steht. Danach kann dann Phase II und III starten.

[5] PACIDA = Pastoralist Community Initiative and Development Assistance (www.pacida.org).

*Garcia: Die Phase II und III steht bereits in den Startlöchern. Welchen Umfang beinhalten diese beiden letzten Abschnitte und welche Kosten kommen auf Cargo Human Care zu?*

Doyen: Phase II umfasst unter anderem die Lagermöglichkeiten, den Aufbau und Verteilung des Wassers anhand von Pipelines sowie den Aufbau sogenannter Wasserkioske. Zieltermin Ende 2021. Die letzte Phase, Phase III, umfasst das Hinzuziehen eines Water Service Provider (WSP). Dieser WSP ist neben der Etablierung eines Bezahlsystems mittels „Digital Wallet" (von PACIA bereits ein bekanntes System) dann auch verantwortlich für das Betreiben und Warten der Anlagen. Die Kosten für Phase II und III sind noch nicht definiert, werden aber bei ca. 80.000 EUR (die Schätzung basiert auf den Kosten eines ähnlichen Projektes) liegen. Caritas Germany wird sich 2021 an den Projektkosten beteiligen. Dies wird zwischen Caritas und CHC zu gegebener Zeit diskutiert (Stavenow 2020).

*Vasco Garcia: Es ist immer wieder faszinierend zu erleben, wie selbstlos Fokko Doyen auch in diesen durch die Covid-19-Pandemie gezeichnete Zeit agiert und sich um die ärmsten und schwächsten Menschen auf diesem Planeten mit Hingabe kümmert. Vielen Dank, Fokko Doyen, für die Inspiration und die Gespräche.*

**Fokko Doyen** flog als Pilot für Lufthansa Cargo. 2004 begann sein Engagement für das „Mothers' Mercy Home" bei Nairobi – mit einer Sporttasche voll Kinderkleidung. Damals flog er häufig eine MD-11 von Frankfurt in die kenianische Hauptstadt. Spielende Kinder wiesen den Weg zu dem Waisenhaus der Mount-Kenya-South-Kirche. Aus der spontanen Spende ging das humanitäre und medizinische Hilfsprojekt Cargo Human Care (CHC) hervor. 2007 wurde der gemeinnützige Verein Cargo Human Care e. V. gegründet. Mit Unterstützung von Lufthansa Cargo gelang es, ein neues Heim für 120 Kinder und ein Medical Center zu bauen. Für sein unermüdliches Engagement erhielt er 2011 das Bundesverdienstkreuz. Fokko Doyen nahm Ende 2020 das letzte Mal vorne links im Cockpit Platz. Seine erfolgreiche Pilotenkarriere endet mit einer positiven Bilanz: zehn Jahre Flugingenieur, acht Jahre Co-Pilot, 23 Jahre Flugkapitän (1998 bis 2020), davon neun Jahre Flottenchef auf der MD-11 (Fraport 2016). Das Projekt Cargo Human Care geht weiter, für Fokko Doyen dann in Vollzeit.

E-Mail: fokko.doyen@cargohumancare.de

**Vasco Garcia** hat sich als Freier Journalist auf den Bereich Zivilluftfahrt spezialisiert und schreibt seit über einem Jahrzehnt sowohl für deutsch- als auch englisch-sprachige Publikationen. Seine Bildersprache, die viel Wert auf Details und die speziellen Momente legen, sind eine perfekte Ergänzung zum geschriebenen Wort. Im Zuge eines Artikels über die MD-11 und Lufthansa Cargo für das größte deutsche Luftfahrtmagazin, konnte er Ende 2019 die außergewöhnlichen Errungenschaften von Fokko Doyen und der Organisation Cargo Human Care vor Ort in Nairobi live miterleben.

## Literatur


Airliner (2020) Lufthansa Cargo und ANA Cargo transportieren Hilfsgüter nach Australien (11.02.2020). https://www.airliners.de/lufthansa-cargo-ana-cargo-hilfsgueter-australien/53714. Zugegriffen: 15. Dez. 2020

CHC (2017) Hier werden wir gebraucht. In: 10 Years Cargo Human Care. Jubiläumsbroschüre

CHC (2020) Der Verein. https://cargohumancare.de/pressemappe. Zugegriffen: 15. Dez. 2020

Fraport (2016) Fokko Doyen – Eine lebende Fliegerlegende. https://youtu.be/419x0vmF7hM. Zugegriffen: 29. Nov. 2020

Lufthansa Cargo (2020a) Lufthansa Cargo verpflichtet sich auf UN-Nachhaltigkeitsziele. https://www.pressebox.de/inaktiv/lufthansa-cargo-ag/Lufthansa-Cargo-verpflichtet-sich-auf-UN-Nachhaltigkeitsziele/boxid/1033653. Zugegriffen: 15. Dez. 2020

Lufthansa Cargo (2020b) Gemeinsam für Klimaschutz. https://lufthansa-cargo.com/de/newsroom#/pressreleases/gemeinsam-fur-klimaschutz-lufthansa-cargo-und-db-schenker-starten-die-ersten-co2-neutralen-frachtfluge-3054520. Zugegriffen: 15. Dez. 2020

Lufthansa Cargo (2020c) Neue Botschafterin für soziales Engagement von Lufthansa Cargo. https://www.mynewsdesk.com/de/lufthansa-cargo-ag/pressreleases/neue-botschafterin-fur-soziales-engagement-von-lufthansa-cargo-3041758. Zugegriffen: 29. Nov. 2020

Stavenow V (2020) Schrittweise zurück zur Normalität. Idsteiner Zeitung vom 10. Okt. 2020. https://cargohumancare.de/wp-content/uploads/2020/10/20201010-RMP-EM-ZG-idloka.01-Idsteiner Zeitung.pdf. Zugegriffen. 15. Dez. 2020

# Klimaschutzmaßnahmen der Fraport AG am Flughafen Frankfurt

Eva Janka

**Zusammenfassung**

Der Luftverkehr leistet mit rund drei Prozent einen vergleichsweise geringen Beitrag zu den weltweiten $CO_2$-Emissionen. Aufgrund seiner Klimawirkungen in der höheren Atmosphäre und seines starken Wachstums vor der Coronavirus-Pandemie steht er aber unter besonderer Beobachtung. Für Flughafenbetreiber wie die Fraport AG liegt der Fokus beim Klimaschutz naturgemäß weniger auf der Luftfahrt an sich als auf den Emissionen in ihrem direkten Verantwortungsbereich. Fraport sieht sich seit jeher in der Pflicht, die vom Flughafenbetrieb ausgehenden ökologischen Anforderungen angemessen zu berücksichtigen und hat konkrete Maßnahmen und Ziele für den Klimaschutz formuliert.

## 1 Luftverkehr und Klimaschutz im Einklang

Der Luftverkehr leistet mit rund drei Prozent einen vergleichsweise geringen Beitrag zu den weltweiten $CO_2$-Emissionen, steht aber wegen seiner Klimawirkungen in der höheren Atmosphäre, und wegen seines starken Wachstums vor der Coronavirus-Pandemie unter

E. Janka
Referentin Konzernstrategie, Fraport AG, Deutschland
E-Mail: e.janka@fraport.de



A. Trischler und S. Böhling (Hrsg.), *CSR in Hessen,* Management-Reihe Corporate Social Responsibility, https://doi.org/10.1007/978-3-662-63004-4_14

besonderer Beobachtung. In den vergangenen 30 Jahren hat sich die Transportleistung im Luftverkehr weltweit mehr als vervierfacht. Die $CO_2$-Emissionen stiegen im gleichen Zeitraum jedoch nicht 1:1, sondern um rund 60 % – dank der zwischenzeitlich verbesserten Energieeffizienz im Luftverkehr (Klimaschutz-Portal). Der Wachstumstrend wird sich in den nächsten Jahrzehnten voraussichtlich fortsetzen – wenn auch verzögert: Der internationale Dachverband der Flughafenbetreiber ACI (Airports Council International) ging im World Airport Traffic Report 2019 von einem jährlichen Wachstum von etwa vier Prozent aus. Die Folgen der Coronavirus-Pandemie treffen insbesondere den Luftverkehr hart. Der ACI erwartet, dass es mehrere Jahre dauern wird, bis das Verkehrsaufkommen des Jahres 2019 wieder erreicht wird. Das dennoch anhaltende Mobilitätsbedürfnis der Menschen will die Fraport AG erfüllen, ohne die Umwelt zusätzlich zu belasten. Daran arbeitet sie mit Hochdruck. Der Klimaschutz ist eine der dringendsten Aufgaben für die gesamte Luftfahrtbranche.

## 1.1 Fliegen als ein Teil des persönlichen $CO_2$-Fußabdrucks

Viele Menschen sind der Meinung, dass Fliegen der größte Faktor bei ihrem $CO_2$-Fußabdruck ist. Der höchste Anteil beim deutschen Durchschnittsbürger liegt jedoch im Konsumverhalten (4,42 t), wie dem Kauf von Kleidung, Haushaltsgeräten oder Freizeitaktivitäten (Klimaschutz in Zahlen). Danach folgen Ernährung, Heizung (je 1,75 t) und Mobilität (1,61 t). Flugreisen machen im Durchschnitt 0,58 t des eigenen $CO_2$-Fußabdrucks aus. Bei der Betrachtung des $CO_2$-Ausstoßes in Deutschland wird deutlich, dass die Stromerzeugung den größten Anteil beiträgt (Klimaschutz in Zahlen). Rund 30 % des erzeugten Stroms kommen aus Stein- und Braunkohlekraftwerken. Der zweitgrößte Verursacher von $CO_2$-Emissionen ist die Industrie. Sie konnte ihren Ausstoß seit 2000 nur leicht reduzieren. Die Emissionen entstehen vor allem bei der Herstellung von Metallen wie Eisen und Stahl, in der Chemieindustrie und bei der Produktion von Zement. Der Verkehr ist der drittgrößte Verursacher. 18,2 % werden jährlich durch den Straßenverkehr ausgestoßen. Der innerdeutsche Luftverkehr hat am gesamten deutschen $CO_2$-Ausstoß einen Anteil von etwa 0,3 Prozent.

## 1.2 Gemeinsame Klimaschutzstrategie der internationalen Luftfahrt

Der Anteil der Flughäfen am vergleichsweise geringen $CO_2$-Ausstoß in der Luftfahrt liegt bei etwa 2,8 % (vgl. Klimaschutz-Portal). Der Anteil, der den Flughäfen zugerechnet werden kann, ist noch einmal geringer. Dennoch haben sich bereits im Jahr 2009 Fluggesellschaften, Flugzeughersteller, Flugsicherungen und Flughafenbetreiber weltweit auf eine Klimaschutzstrategie verständigt. Um $CO_2$ zu reduzieren, soll unter anderem die Treibstoffeffizienz pro Jahr um 1,5 % gesteigert werden. Mit der Senkung des spezifischen Energiebedarfs der Flugzeuge wird der Verbrauch von Kerosin und somit der $CO_2$-Ausstoß pro Passagier reduziert. Bisher wurde das Ziel jedes Jahr erreicht.

Drei Punkte gehören zur Klimaschutzstrategie der internationalen Luftfahrt (Klimaschutz-Portal):

1. Effizienz steigern bzw. $CO_2$-Anstieg durch technische Innovationen und optimale Prozesse am Boden und in der Luft verringern.
2. Bis 2050 $CO_2$-neutrales Fliegen durch neue Flugzeugkonzepte sowie alternative Kraftstoffe und Antriebe ermöglichen.
3. Globale Klimaschutzprojekte fördern, die den Anstieg der $CO_2$-Emissionen kompensieren.

Das Bundesumweltministerium sieht großes Potenzial in der Entwicklung von Brenn- und Treibstoffen aus erneuerbaren Energien. Über die Möglichkeiten von „Power-to-X" (PtX) fand Ende 2019 eine Konferenz mit Experten aus Wirtschaft, Verbänden, Wissenschaft und Gewerkschaften statt. Als PtX werden Verfahren bezeichnet, in denen aus erneuerbarem Strom Brenn- und Kraftstoffe (Power-to-Gas, Power-to-Liquid), Rohstoffe für die Industrie (Power-to-Chem) oder andere Energieformen (Power-to-Heat) bereitgestellt werden. PtX-Produkte sind beim Einsatz erneuerbarer Energien nahezu klimaneutral und so ein wichtiger Baustein zur $CO_2$-Reduktion. Das gilt insbesondere dort, wo Strom auch mittelfristig nicht direkt eingesetzt werden kann, wie im Luftverkehr.

## 2 Klimaschutz bei Fraport – nicht erst seit 2019

Der Klimaschutz nimmt mit der Fridays-for-Future-Bewegung spätestens seit 2019 wieder verstärkt Raum in den Medien ein. Fraport widmet sich dem Thema schon viel länger intensiv. Der Fokus eines Flughafenbetreibers liegt dabei naturgemäß weniger auf der Luftfahrt an sich als auf den Auswirkungen seines direkten Verantwortungsbereichs (vgl. Abb. 1). Das Ziel ist unter anderem ein schonender und vorsorgender Umgang mit natürlichen Ressourcen sowie ein effizientes Energie- und $CO_2$-Management. Klimaschutz ist neben Umwelt- und Naturschutz sowie Luftqualität ein wichtiges Thema.

### 2.1 Wo wir herkommen: erste Klimaschutzziele 2008 veröffentlicht

Der Energieverbrauch am Flughafen Frankfurt ist seit 1999 ein wesentlicher Umweltaspekt und es wurden dafür konkrete Ziele formuliert. In den darauffolgenden Jahren hat Fraport die Grundlagen für die $CO_2$-Bilanz des Flughafens Frankfurt gelegt und für die verschiedenen Emittenten schrittweise aufgebaut. Das war die Basis für die ersten Klimaschutzziele, die das Unternehmen 2008 veröffentlichte.

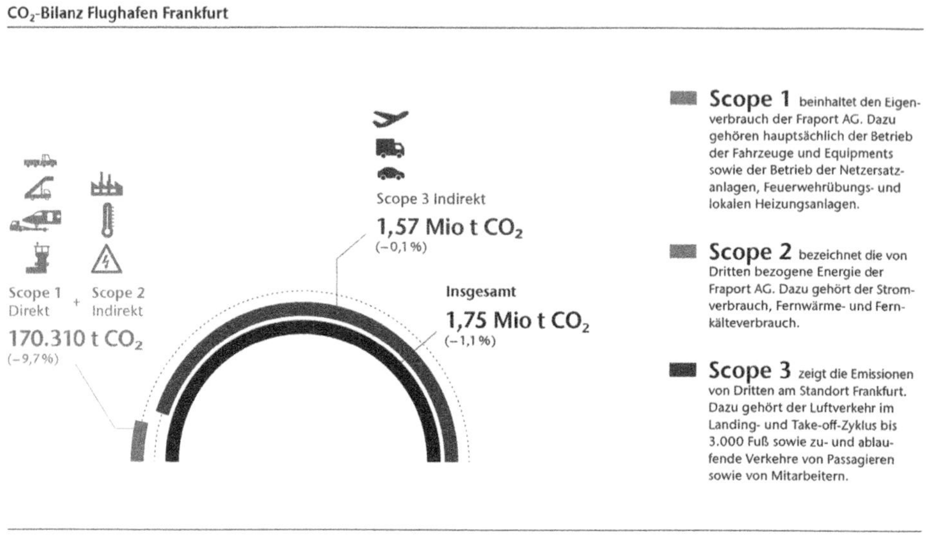


**Abb. 1** Quelle: Fraport AG, Nachhaltigkeitsbericht 2019

Im gleichen Jahr begann für Fraport das Klimaschutzprojekt der Airport Carbon Accreditation (ACA), einem Programm für das Management von Klimagasemissionen an Flughäfen. Es hat sich seither zum weltweiten Standard für $CO_2$-Reporting und -Management an Flughäfen entwickelt. Die Beteiligung auf Level 2 („Reduction") oder höher erfordert die Nachweise sowohl eines $CO_2$-Reduktionsziels, eines $CO_2$-Managements gemäß internationalen Anforderungen als auch von jährlichen Emissionsminderungen, die extern gutachterlich überprüft werden.

Die Fraport AG wurde mit dem Flughafen Frankfurt im September 2009 als erster Flughafen weltweit in diesem Programm akkreditiert. Seit 2012 befindet sich Fraport mit dem Flughafen Frankfurt auf dem dritten Level des Programms („Optimisation"). Das ist das höchste erreichbare Level, ohne Kompensation zu zahlen. Fraport hat sich klar für einen Verzicht auf dieses sogenannte „Offsetting" ihrer $CO_2$-Emissionen entschieden.

In den Jahren 2011 und 2012 erarbeitete die Fraport AG mit Unterstützung des Öko-Instituts Darmstadt einen Überblick über die Potenziale zur Energieeinsparung in den Prozessen, Anlagen und Gebäuden am Flughafen Frankfurt, die nach und nach umgesetzt werden. Die Umsetzung wird seither von einem eigens eingesetzten Gremium vorangetrieben und überwacht.

Für mehr Transparenz beim Energieverbrauch und bei den damit verbundenen $CO_2$-Emissionen am Standort Frankfurt führte Fraport im Jahr 2013 ein $CO_2$- und Energieverbrauchscontrolling ein. Es bildet den monatlichen Energieverbrauch und die zugehörigen

$CO_2$-Emissionen auf der Ebene einzelner Prozesse, Anlagen oder Gebäude ab. Das ermöglicht unter anderem Auswertungen zur Energieeffizienz und zur Wirksamkeit von Energieeinsparmaßnahmen. Die Zielwerte, abgeleitet von den Klimaschutzzielen, sind ebenfalls hinterlegt, heruntergebrochen auf das jeweilige Jahr und die einzelnen Prozesse und Objekte. Die Erreichung dieser Ziele wird kontinuierlich überwacht.

### 2.2 Wo wir hinwollen: 65 % weniger $CO_2$ bis 2030

Nachdem die Fraport AG ihre Klimaschutzziele aus dem Jahr 2008 vorzeitig erfüllen konnte, wurden sie im Jahr 2017 fortgeschrieben. Für das neue Ziel im Jahr 2030 strebt Fraport nun eine Verringerung der $CO_2$-Emission auf 80.000 t an. Dies entspricht einer Minderung um etwa 65 % (verglichen mit dem Jahr 1990). Auch die Inbetriebnahme des Terminals 3 und der zugehörigen Infrastruktur – wie das Passagier-Transport-System oder das Parkhaus – sind in das Reduktionsziel eingerechnet. Das geht sogar über die Zielsetzung des Klimaschutzplans 2050 der Bundesregierung hinaus.

Gleichzeitig bestimmte der Fraport-Vorstand 2017 die konzernweiten $CO_2$-Emissionen als bedeutsamste Kennzahl für die Messung von Umweltauswirkungen. Ziel ist es, die $CO_2$-Emissionen, die die Fraport AG und die vollkonsolidierten umweltrelevanten Konzern-Flughäfen unmittelbar oder mittelbar verantworten, bis zum Jahr 2030 auf 125.000 t zu senken. Als Basisjahr wurde das Jahr 2015 festgelegt bzw. das Jahr, in dem der jeweilige Flughafen Teil des Konzerns wurde. Der Zielwert basiert auf den bei der internationalen Klimaschutzkonferenz in Paris vereinbarten nationalen Minderungsraten. Er entspricht einer Verringerung um rund 50 % gegenüber dem Basisjahr 2015.

2020 betrugen die konzernweiten $CO_2$-Emissionen rund 171.395 t $CO_2$ (2019: 227.552 t $CO_2$). Die darin enthaltende $CO_2$-Emission der Fraport AG am Flughafen Frankfurt betrug 129.980 t $CO_2$ (2019: 170.310 t $CO_2$).

Aufgrund der Auswirkungen der Coronavirus-Pandemie reduzierte sich die CO2-Emission im Fraport Konzern deutlich, es wurden aber auch weiterhin Effekte aus laufenden Energieeinsparprogrammen zur Verbesserung der Energieeffizienz erzielt. So konnte die Fraport AG am Flughafen Frankfurt durch eine Vielzahl technischer und operativer Maßnahmen gegenüber dem Verbrauch aus dem Jahr 2013 bis zum Jahr 2019 etwa 112.000 Megawattstunden (MWh) Energie einsparen – vornehmlich Strom, Fernwärme und Fernkälte. Dies entspricht einer Einsparung von etwa 16 % gegenüber dem Basisjahr 2013.

# 3 Klimafreundlich und ökonomisch verantwortungsbewusst handeln – wie geht das?

Energie sparen und damit das Klima schützen: Das ist für Fraport seit Langem eine bedeutsame Aufgabe. Der Flughafen Frankfurt soll nicht nur bis 2030 weniger als 80.000 t Kohlendioxid im Jahr ausstoßen, sondern bis zum Jahr 2050 sogar $CO_2$-frei sein, also keine Emissionen mehr freisetzen. Die Fortschritte sind bereits deutlich sichtbar: Gegenüber dem Jahr 2000 reduzierten sich die $CO_2$-Emissionen trotz gestiegener Verkehrszahlen um rund 40 %. Um dieses Ergebnis weiter deutlich zu senken und dabei auch ökonomisch verantwortungsbewusst zu handeln, setzt Fraport in drei Bereichen an.

## 3.1 Energetische Optimierung und Sanierung der bestehenden Gebäude

Für die energetische Sanierung sind gewaltige Anstrengungen nötig, denn der Gebäudebestand des Flughafens datiert in Teilen bis ins Jahr 1972 zurück. Fraport optimiert fortlaufend die Klima- und Lüftungstechnik und stellt auf energieeffiziente Anlagen um. Ein Ansatzpunkt ist der Austausch der 50 Technikzentralen im Terminal 1. Diese Anlagen beinhalten Raumlufttechnik (Klima, Heizung, Mess- und Regeltechnik, Gebäudeautomation), Sprinkler- und Elektrotechnik, Wärme- und Kälteversorgung sowie Entrauchung. Mit der Sanierung kommen hocheffiziente Ventilatoren, Pumpen, Schaltanlagen und eine moderne Wärmerückgewinnung zum Einsatz. Das Gesamtinvestitionsvolumen liegt bei rund 260 Mio. Euro.

Zum Projekterfolg trägt ab 2020 auch eine neue Energie-Monitoring-Software bei. Für die Lüftungsanlagen wird ein eigenes Profil erstellt und der Energieverbrauch mit den Einstellwerten verglichen. Verbraucht ein System deutlich mehr Energie als vergleichbare andere Anlagen, können die operativen Energiemanager dieses gezielt nachsteuern. Allein durch die optimale Einstellung und die Anpassung an den tatsächlichen Bedarf an Klimaluft im jeweiligen Terminalabschnitt können pro Zentrale zehn bis 30 % Energie eingespart werden. Das operative Energiemanagement hat in den vergangenen Jahren bereits viele Maßnahmen umgesetzt, die ein Einsparpotenzial von rund 13 Gigawattstunden (GWh) im Jahr 2019 ermöglichten, beispielsweise durch die variable Anpassung der Raumtemperaturen an die Außenlufttemperatur.

## 3.2 Schrittweise Umstellung der Fuhrparks auf alternative Antriebe

Ein weiterer Hebel bei der Einsparung von Energie ist die Umrüstung des Fuhrparks auf Fahrzeuge mit alternativen Antrieben aus erneuerbaren Energien. Rund 90 % der Kraftstoffe, die die Fraport AG bezieht, werden auf dem Vorfeld für die Abfertigung der Flugzeuge verbraucht. Bei großen Abfertigungsgeräten wie dem Palettenhubwagen spart die Umrüstung auf einen batterieelektrischen Antrieb rund sieben Tonnen $CO_2$ im Jahr. Bei einem Pkw ergibt die Umrüstung im gleichen Zeitraum nur rund eine Tonne $CO_2$. Das langfristige Ziel ist, für die Abfertigung in Frankfurt nur noch elektrisch betriebene Geräte und Maschinen einzusetzen. Das unterstützt das Land Hessen seit 2014 mit der Initiative E-PORT AN. Rund 500 Elektrofahrzeuge von Paletten- und Containerhubwagen über Förderbandwagen bis hin zu Kleinbussen sind bereits im Einsatz. Das sind rund 14 % aller Fraport-Fahrzeuge am Standort.

Darüber hinaus werden zwei elektrisch betriebene Passagierbusse auf ihre Alltagstauglichkeit getestet. Die Voraussetzung für den flächendeckenden Einsatz ist, dass die Batteriekapazität und die damit verbundene Reichweite den Anforderungen des Passagiertransports entsprechen. Bei dem von Land Hessen geförderten Forschungsprojekt wird vor allem geprüft, ob die Ladezeiten der Busse zum Einsatz im Mehrschichtbetrieb passen.

Bisher treiben nur wenige Anbieter die Entwicklung der für die Abfertigung hoch spezialisierten Nutzfahrzeuge in Richtung alternativer Antriebe voran, sodass es bisher wenige innovative Ideen auf dem Markt gibt. Außerdem wird für den Einsatz von rein batterieelektrischen Fahrzeugen am Flughafen eine geeignete Ladeinfrastruktur benötigt. Ihre Ausgestaltung wird derzeit erarbeitet.

### 3.3 Austausch der Beleuchtung für Vorfeld, Terminals und Parkhäuser

Bei einer Infrastruktureinrichtung wie dem Flughafen Frankfurt, der Tag und Nacht in Betrieb ist, ist naturgemäß das Thema Beleuchtung bei einer Betrachtung von Energiesparmöglichkeiten unumgänglich. Rund um die Uhr werden große Teile der Terminals innen und außen erhellt. Auch die Befeuerung der Landebahnen darf selbst während des Nachtflugverbots nicht gänzlich abgeschaltet werden, falls eine Notlandung erforderlich ist.

Daher hat es sich Fraport zum Ziel gesetzt, schrittweise nahezu alle herkömmlichen Leuchten gegen energiesparende und langlebige LED-Leuchten auszutauschen. Das gilt für die Terminals, das Vorfeld und die übrigen Gebäude auf dem Gelände wie Büros, Parkhäuser oder Werkstätten. In den Terminals ist das bereits bei rund 14.000 Leuchten erfolgt, eine Stromersparnis von etwa 4,8 Mio. Kilowattstunden (KWh) pro Jahr. Damit ließen sich im selben Zeitraum etwa 1100 Privathaushalte mit Strom versorgen.

Ein wichtiger Punkt dabei ist das Licht in den Parkhäusern. Insgesamt tauscht Fraport allein in den Parkhäusern über 17.600 Leuchten aus. Von 2013 bis 2018 konnte das Unternehmen dadurch bereits etwa 4000 t $CO_2$ einsparen. Auf dem Vorfeld sind bereits 19 Flugzeugpositionen mit LED-Strahlern ausgerüstet. Der weitere Plan ist, von 2021 bis 2024 weitere 106 Flugzeugpositionen von Halogenmetalldampf zu LED-Beleuchtungstechnik umzurüsten. Das ermöglicht eine Energieeinsparung von einer Mio. kWh pro Jahr. Bei der Rollbahnbefeuerung sind bereits 60 % aller Lampen LED-Leuchten. Bis 2025 werden dort im Zuge der Rollbahnsanierungen 90 % in LED-Technik umgerüstet sein. Das Einsparpotenzial liegt bei 600.000 KWh pro Jahr.

## 3.4 Investition in regenerative Energien

Neben Energieeffizienzmaßnahmen stehen auch regenerative Energien auf dem Programm. 2019 bezog Fraport am Standort Frankfurt einen Energiemix mit einem regenerativen Anteil von rund 55 %, der über dem bundesdeutschen Durchschnitt liegt. Mit dem Ausbau von Solarenergie- und Windkraftanlagen in Deutschland wird der deutsche Energiemix immer grüner und wirkt sich positiv auf die Emissionsfaktoren und den $CO_2$-Fußabdruck aus.

Darüber hinaus hat sich Fraport dazu verpflichtet, Verantwortung zu übernehmen und einen aktiven Beitrag zur Energiewende zu leisten. In den nächsten Jahren investiert das Unternehmen unter anderem am Standort Frankfurt in regenerative Stromerzeugungsanlagen. Auf dem Flughafengelände soll auf Dachflächen Solarstrom zur eigenen Nutzung erzeugt werden. Die erste Photovoltaikanlage ist im Sommer 2020 auf einer Frachthalle in der CargoCity Süd in Betrieb gegangen und soll jährlich rund 1,5 Mio. kWh Strom erzeugen – vergleichbar mit dem Jahresbedarf von etwa 450 Vier-Personen-Haushalten. Weitere Photovoltaikanlagen befinden sich bereits in der Planung und werden in den kommenden Jahren umgesetzt. Nach aktuellen Schätzungen können auf Bestands- und Neubauten sowie Freiflächen Anlagen mit bis zu 30 Megawatt (MW) Leistung installiert werden.

Da Solarstrom allein den Stromverbrauch der Fraport AG nicht abdecken kann, ist zusätzlich der Bezug von Strom aus Offshore-Windkraftanlagen durch Power-Purchase-Agreements in Planung. Das Unternehmen will mit einem Betreiber eines Offshore-Windparks vereinbaren, bis spätestens 2030 eine jährliche Mindestmenge Strom abzunehmen. Geplant ist, bis 2030 100 Prozent des Strombedarfs inklusive dem erwarteten Zuwachs aus regenerativen Quellen zu beziehen.

Ein weiterer Ansatzpunkt ist der Einsatz von Microgrid-Batteriespeichern als $CO_2$-neutrale Unterstützung der bestehenden Notstromversorgung. Die Energieversorgung der Befeuerung an den Start- und Landebahnen muss redundant ausgelegt sein, sodass auch bei einem Stromausfall Flugzeuge weiter sicher starten und landen können. Die Notfunktion wird derzeit durch Dieselmotoren gewährleistet. Mit der Errichtung eines Microgrid-Batteriespeichers je Start- und Landebahn reduziert die Fraport AG ihre Laufzeiten bei schlechten Wetterbedingungen deutlich um bis zu 300.000 L Heizöl pro Jahr. Das entspricht rund 800 t $CO_2$. Zusätzlich sinkt der Ausstoß von NOx- und Feinstaub. Die Inbetriebnahme des ersten Containers ist für 2023 geplant.

Zur bestmöglichen Nutzung des regenerativ erzeugten Stroms ergreift die Fraport AG Maßnahmen, um das bereits intelligente Verteilnetz am Standort Frankfurt weiter zu optimieren. Intelligente Netze verknüpfen Erzeugung und Verbrauch mit minimalem

Aufwand an Netzressourcen. Dies erfordert die kommunikative Anbindung der Akteure des Energiesystems an das Energieversorgungsnetz. Das heißt, es ist ein Informationsaustausch zwischen den Erzeugern, Schaltanlagen, Speichern, Verbrauchern und sonstigen Akteuren des Energiesystems notwendig, um ein effizientes und zuverlässiges Netz zu garantieren. Somit entsteht ein integriertes Daten- und Energienetz mit veränderten Strukturen und neuen Funktionalitäten.

## 4 Fazit

Fraport verfolgt eine klare Strategie für den Klimaschutz: Bis 2030 wird das Unternehmen die $CO_2$-Emissionen im Konzern und am Standort Frankfurt deutlich senken. Ziel ist es, die Emissionen des Gesamtkonzerns auf 125.000 t $CO_2$, in Frankfurt auf 80.000 t pro Jahr zu reduzieren. Damit orientiert sich Fraport für die Konzernflughäfen an den nationalen Zielen der jeweiligen Länder. Der Frankfurter Flughafen misst sich für 2030 am Zielwert aus dem Klimaschutzplan der Bundesregierung bis 2050. Bis zu diesem Jahr sollen auch die $CO_2$-Emissionen Fraports am Flughafen Frankfurt auf null sinken. Fraport setzt dabei den Hebel auf vier Bereiche:

- Energieverbrauch Infrastruktur
- Energieverbrauch Verkehr
- Energiemix
- intelligente Klimatisierung

Mit diesen Ansatzpunkten wird das Unternehmen dem Ziel der Einsparungen weiterhin Stück für Stück näherkommen (Nichtfinanzielle Erklärung 2020). Ausführliche Informationen dazu stehen in der Nichtfinanziellen Erklärung 2020, im Nachhaltigkeitsbericht 2019 und in der Umwelterklärung 2019.

**Eva Janka** schloss ihr Magisterstudium in Germanistik und Arbeitspsychologie an der Goethe-Universität Frankfurt 2008 ab und arbeitete zunächst im Kommunikationsbereich. 2012 wechselte sie als Referentin in das Nachhaltigkeitsmanagement der Fraport AG. 2014 bis 2019 war sie im Bereich Finanzen und Investor Relations Ansprechpartnerin für Investoren sowie Analysten und unterstützte ihre Kollegen bei Nachhaltigkeitsaspekten für die Finanzierung bzw. im Rahmen von Aquisitionsprojekten. Sie verantwortete die Erstellung des Nachhaltigkeitsberichts und – in Zusammenarbeit mit der Finanzberichterstattung – des nichtfinanziellen Berichts sowie die Organisation der Prüfung im Rahmen der Jahresabschlussprüfung. 2019 wechselte sie als Referentin Konzernstrategie in den Bereich Unternehmensentwicklung und ist dort unter anderem für die Weiterentwicklung der Nachhaltigkeitsstrategie und des Nachhaltigkeitsprogramms zuständig.

## Literatur

Klimaschutz-Portal, Bundesverband der Deutschen Luftverkehrswirtschaft e. V., www.klimaschutz-portal.aero

Klimaschutz in Zahlen. Fakten, Trends und Impulse deutscher Klimapolitik, Ausgabe 2019. Bundesministerium für Umwelt, Naturschutz und nukleare Sicherheit

Nachhaltig verbinden – Nachhaltigkeitsbericht 2019, Fraport AG, https://www.fraport.com/de/konzern/verantwortung/publikationen.html

Umwelterklärung 2019, Fraport AG, https://www.fraport.com/de/konzern/verantwortung/publikationen.html

Zusammengefasste Nichtfinanzielle Erklärung 2020 (im Geschäftsbericht 2020), https://www.fraport.com/de/konzern/verantwortung/publikationen.html

# CSR und SDGs im All-Tag der ESA-Forschung. Interview mit Dr. Thomas Reiter, European Space Agency

Hans-Jürgen Loss und Anke Trischler

**Zusammenfassung**

Für Ideen gibt es keine Grenzen. Menschen haben unendlich viele Möglichkeiten, Innovationen zu entwickeln und verantwortungsvoll einzusetzen. Satelliten ermöglichen ein immer besseres Verstehen der dem Klimawandel zugrunde liegenden Prozesse. Die Forschung an Bord der Internationalen Raumstation ISS öffnet neue Möglichkeiten der Erkenntnisgewinnung. Dieses Wissen ist auch die Grundlage für die Entwicklung technischer Innovationen, die nachhaltig sind. Neben den interessanten hochwissenschaftlichen Aufgaben an Bord war Thomas Reiter bei seinen beiden Missionen – zur russischen Raumstation MIR und der internationalen Raumstation ISS – insbesondere von dem überwältigenden Anblick des Planeten Erde beeindruckt. Der zentrale Fokus von Innovation und Forschung muss sein und bleiben, die Natur auf unserem Planeten für die Generationen nach uns zu bewahren. Im Interview mit Dr. Thomas Reiter, bis Mai 2021 ESA-Koordinator internationale Agenturen und Berater des Generaldirektors (ESA o. J.a). Das Interview wurde geführt im Juni 2020.

H.-J. Loss
Wiesbaden, Deutschland
E-Mail: hanno.loss@t-online.de

A. Trischler (✉)
Transformation zur Nachhaltigkeit GmbH, Institute for Corporate Sustainability and Responsibility, Wiesbaden, Deutschland
E-Mail: atrischler@transformation-n.de



A. Trischler und S. Böhling (Hrsg.), *CSR in Hessen*, Management-Reihe Corporate Social Responsibility, https://doi.org/10.1007/978-3-662-63004-4_15

Die Atmosphäre, die das Leben hier unten überhaupt erst ermöglicht, ist als hauchdünne, in zarten Blautönen leuchtende Schicht zu erkennen. Ich wünsche mir, dass in nicht allzu ferner Zukunft möglichst viele Menschen diesen Anblick einmal selbst erleben können. Denn dieser Blick lässt uns erkennen, dass wir im wahrsten Sinne des Wortes alle in einem Boot sitzen. Und wir die wirklich großen Probleme nur gemeinsam lösen können (Thomas Reiter) (Technologieland Hessen 2020).

## 1 Prolog

In Hessen liegt Europas Tor zum All. Hier ist das europäische Raumkontrollzentrum ESOC (European Space Operations Centre). Hier werden die Missionen der ESA (European Space Agency) vorbereitet, Satelliten und unbemannte Raumfahrzeuge gesteuert (Abb. 1). 1975 legten zehn europäische Staaten den Grundstein für die gemeinsame Weltraumorganisation (ESA) und gaben damit Kenntnis von ihrer Absicht, dass sie bei der Eroberung des Alls mit dabei sein wollen. Seinerzeit verfügten US-Astronauten und Kosmonauten schon über lange Erfahrung in der Erforschung des Weltalls. Die Europäer machten sich daran aufzuholen. 2017 beging das Satellitenkontrollzentrum der ESA seinen 50. Geburtstag. Mit rund 80 Satelliten haben die ESOC-Teams seit Gründung ins Weltall gebracht: Kommunikations-, Wetter-, Erdbeobachtungs- und Klimaschutz-Satelliten, auch für das europäische Navigations-Flaggschiff Galileo, für interplanetare Missionen (ESA o. J.b).

Für Wirtschaft und Wissenschaft ist die ESA ein starker Motor im Land und in der Region. In den letzten Jahrzehnten leistete die ESA einen wichtigen Beitrag zur Erforschung des Weltraums. Sie trug und trägt dazu bei, Europa technologisch unabhängiger zu machen (Bundeszentrale für politische Bildung 2020). Die ESA liefert unter anderem relevante Informationen zu Klima- und Umweltforschung, leistet somit Beiträge zu Katastrophenvorhersagen als Ergebnis wissenschaftlicher und technischer Höchstleistungen. Im Gespräch mit Dr. Thomas Reiter erfahren die Leserinnen und Leser, wie CSR bei der ESA gelebt wird und welche Relevanz die Ziele der Agenda 2030 im All-Tag haben.[1]

## 2 Im Interview: Dr. Thomas Reiter

*Dr. Hans-Jürgen Loss/Anke Trischler: Sie waren elf Jahre alt, als die ersten Menschen Schritte auf dem Mond unternahmen. Das war der Auslöser für Ihren Wunsch, Astronaut zu werden – was Ihnen gelang. Sie waren 350 Tage im All, aber Sie waren nicht auf dem Mond. Bedauern Sie das ein bisschen?*

Dr. Thomas Reiter: Ich erinnere mich sehr gut an die nächtliche Übertragung der Mondlandung im Fernseher und meine Gefühle damals: „Das wäre ein Wahnsinnsgefühl, mit

[1] Das Interview wurde geführt am 30. Juni 2020. Hinweis: „Thomas Reiter and the European Space Agency will not receive any royalties from the sale of the publication."

**Abb. 1** Raumkontrollzentrum in Darmstadt. (© ESA)

eigenen Füßen auf der Oberfläche eines anderen Himmelskörpers zu stehen!" Auch heute bekomme ich noch eine Gänsehaut bei dem Gedanken an diesen Moment. Wenn ich von meinem Kindheitstraum extrapoliere, dann ist ja schon viel mehr eingetreten, als ich je zu hoffen gewagt hätte. Ebenso beeindruckt hat mich damals wie heute das Bild von der Apollo 8 Mission. Zu Weihnachten 1968 umkreisten die Astronauten der Apollo 8 den Mond. Sie sind die ersten Menschen, die die Erde über der Mondoberfläche aufgehen sehen: **Earthrise!** Zu hören, wie Menschen den Anblick beschreiben und später diese Bilder zu sehen: Das schwarze Nichts und mittendrin der wunderschöne Planet: Das Bild hat sich bei mir tief in die Erinnerung eingebrannt.[2]

[2] „Wir flogen hin, um den Mond zu entdecken. Was wir wirklich entdeckten, war die Erde!" William Andres, Kommandant der Apollo 8 Mission zu seinem Foto vom Earthrise am 24.12.1968).

*Sie sind seit 1993 bei der ESA und sind dabei nicht nur als Astronaut in die höchsten Höhen aufgestiegen. Frage: Welche Aufgaben und welche Rollen haben Sie heute in der ESA?*
Seit 2016 bin ich Koordinator internationaler Agenturen. Dabei geht es insbesondere um die Koordination von Aktivitäten im Bereich der Exploration, also der Erkundung des Weltraums durch robotische Systeme und durch Menschen (Abb. 2). Letztlich, um zwischen den Agenturen zu vermitteln, dass alles zusammenpasst. In einem weiteren Aufgabenbereich geht es darum, bei Forschungsprojekten, die in der Schwerelosigkeit an Bord der ISS durchgeführt werden können, zu unterstützen. Wir machen überwiegend institutionelle Forschung, das heißt steuergeldfinanzierte Forschung. Das Interesse kommerzieller Nutzer der Forschung wächst. Hier ist es wichtig, potenziellen Kandidaten die Möglichkeiten überhaupt bekannt zu machen und die Möglichkeiten und Grenzen aufzuzeigen. Last, not least, habe ich das Space Safety Programm viele Jahre als Direktor am ESOC geleitet und unterstütze es weiterhin. Unseren Generaldirektor, Professor Jan Wörner,[3] berate ich bei seiner anspruchsvollen Aufgabe, die Themen der ESA mit allen 22 Mitgliedsländern abzustimmen und mit internationalen Partnern zu implementieren.

*Aktuell verfügt die ESA über ein Jahresbudget von ca. 6,7 Mrd. Euro. Das kann man durch Bezug zu Einwohnern kleinreden (es entspricht einem Kinoticket pro Bürgerin bzw. Bürger der 22 Mitgliedstaaten) oder in absoluter Höhe mit anderen Institutionen vergleichen: Uni Frankfurt: 650 Mio. Euro und 50.000 Studierende – also könnte man mit dem ESA-Etat eine halbe Mio. Studierende an zehn Unis dieser Größe ausbilden. Frage: Warum können wir Ihres Erachtens nicht auf diese Ausgaben verzichten? Was würden wir verlieren, wenn wir das Geld anders ausgeben?*
Heute ist die Raumfahrt so stark mit unserem Alltag verwoben, viel mehr als es vielen Menschen bewusst sein mag. Und man kann sagen, dass unsere modernen hochindustrialisierten Volkswirtschaften sehr stark von weltraumgestützten Diensten abhängen. Wer möchte heute auf die Möglichkeit der Satellitennavigation verzichten, auf Telekommunikation? Was wir heute über Klimawandel wissen, wissen wir größtenteils dank der Raumfahrt. Nur mit Satelliten können wir globale Datensätze erheben und dem Klimawandel zugrunde liegende Prozesse verstehen. Die Technologie, die dahintersteckt, strahlt auch in weitere Bereiche hinein. Ich denke, das ist eine gute Investition. Gerade im letzten Jahr, in 2019, haben wir das bisher höchste Budget für die nächsten drei Jahre bekommen: 6,7 Mrd. Euro pro Jahr. Deutschland trägt einen großen Teil dazu bei: knapp mehr als eine Mrd. Euro und ist damit stärkster Beitragszahler. Dieser Anteil entspricht ungefähr 0,03 % unseres Bruttoinlandsprodukts. Das ist eine gute Investition, insbesondere vor den großen Herausforderungen, die vor uns liegen in Deutschland, in Europa und weltweit. Denn wir tragen auch dazu bei, Antworten zu finden auf Fragen wie „Womit wollen wir in Zukunft unser Geld verdienen?". Ja, wir haben Handlungsbedarf

[3] ESA-Generaldirektor bis 06.2021.

**Abb. 2.** Thomas Reiter: Weltraumspaziergang. (© NASA)

in Hightech-Bereichen und benötigen Investitionen in Bildung, aber eben auch in den MINT-Fächern. Hier sind wir in Deutschland nicht führend.

*Die 22 Mitgliedstaaten und einige Firmen bzw. Institute, die spezielle Forschungsprojekte im All durchführen wollen, finanzieren den Betrieb und die Programme der ESA. Welche Richtlinien, Abstimmungen und Genehmigungen brauchen Sie zur Mittelverwendung?*
Alle Investitionsentscheidungen werden international abgestimmt. Im November 2019 fand die Ministerratskonferenz Space 19+statt. Diese Ministerratskonferenz ist das höchste politische Entscheidungsgremium. Hier werden der inhaltliche und finanzielle Rahmen für die Raumfahrtprogramme der ESA festgelegt. Die für Raumfahrtaktivitäten zuständigen Ministerinnen und Minister und die von den jeweiligen Regierungen entsandten Vertreter der ESA-Mitgliedstaaten entschieden hier über die Zukunft der europäischen Raumfahrt der nächsten drei Jahre. Wir haben in der Raumfahrt immer mehr Ideen als Geld. Alle unsere Programme haben wir in drei Säulen gegliedert:

- Das sind die Anwendungen wie Erdbeobachtung, Telekommunikation, Navigation.
- Dann die Forschung und Exploration, aufgeteilt in Grundlagenforschung, um unser Sonnensystem und unser Universum zu verstehen, und Forschung auf der ISS.
- Schließlich die sogenannten Enabler, die erforderlich sind, um Raumfahrt zu betreiben; wie Trägerraketen, Kontrollzentren, das Thema Sicherheit.

Danach haben wir unsere Budgets festgelegt.

*Lori Garver sagte einmal: „Die NASA wurde nicht dazu geschaffen, Dinge zu wiederholen." Dennoch: Mondmissionen stehen wieder hoch im Kurs. Frage: Was macht dieses Ziel so interessant? Was gibt es dort noch zu entdecken? Sollten wir unsere*

*Budgets, unsere Wissenschaft und unsere Expertise nicht besser darauf verwenden, die drängenden Herausforderungen auf unserer Erde zu lösen?*
Der Mond ist nach dem gängigen Verständnis der Wissenschaft gewissermaßen Geschichtsbuch der Entwicklung unseres eigenen Planeten. Vor ca. 4,5 Mrd. Jahren ist der Mond durch den Einschlag eines großen Asteroiden aus der Ur-Erde herausgeschlagen worden. Dieses Material ist quasi noch so wie damals, während sich die Erdoberfläche im Wesentlichen durch die Plattentektonik sehr verändert hat. Wir können viel über die Entwicklung unseres eigenen Planeten und des Sonnensystems insgesamt lernen. Inzwischen wissen wir, dass es auf dem Mond Ressourcen gibt, insbesondere Wasser. Von anderen Bodenschätzen wie Seltene Erden wissen wir dank spektroskopischer Untersuchungen der Oberfläche. Ob die in einer lohnenden Konzentration vorliegen, wissen wir noch nicht. Der Mond ist von der erdabgewandten Seite eine ideale Beobachtungsplattform für die Tiefen des Weltraums. Von dort kann man Asteroiden, die in Richtung Erde fliegen, entdecken – auch hoffentlich rechtzeitig bevor sie uns nahekommen. Und schließlich ist es mit einem Sechstel der Schwerkraft viel einfacher, von dort aus in die Tiefen des Weltraums zu starten als von der Erde. Generell ist die Raumfahrt Innovations- und Technologietreiber, zum Beispiel in der Entwicklung von Leichtbau. Die Geräte, die im Weltraum ihre Dienste leisten, müssen mit extrem wenigen Ressourcen auskommen, eine hohe Zuverlässigkeit beweisen, eine lange Nutzbarkeit bringen und unter extremen Bedingungen funktionieren. Weltweit werden immer mehr Länder in der Raumfahrt aktiv – es sind aktuell über 80 Länder. Trend steigend. Es wäre nicht ratsam, einem weltweiten Trend entgegen sich von einem Entwicklungsbereich zu verabschieden, der überall andernorts gerade an Dynamik und Auftrieb gewinnt. An der Forschung in der ISS sind beispielsweise über 100 Länder beteiligt, das ist beispiellos. Unser Wissen wird durch den wissenschaftlichen Austausch zum Wohle aller vervielfältigt. Ganz nebenbei sind die gemeinsamen Projekte auch ein Aspekt der Völkerverständigung.

*Wir wollen ja über gesellschaftliche Verantwortung und nachhaltige Entwicklungen reden. Die ESA stellt sich selbst als Forschungszentrum für satellitengestützte Technologien und Dienstleistungen dar. Wo sehen Sie, neben der wissenschaftlichen, die gesellschaftliche Aufgabe der ESA? Worin sehen Sie die bisher geleisteten Beiträge der Raumfahrt zu einer saubereren, gerechteren oder gesünderen Welt? Und wie und wo ist so ein Beitrag in den Statuten der ESA verankert und gelebt?*
Wir sehen unsere Aufgabe auch darin, Beiträge zur Lösung globaler Herausforderungen zu leisten. Viele Dinge und Themen, die uns tagtäglich betreffen, zum Beispiel Gesundheit, Überwindung von Digital Divide. Überall dort leistet die Raumfahrt einen gewissen Beitrag. Beim Blick auf die Sustainable Development Goals wird das deutlich. In der Ministerratskonferenz 2016 haben wir uns zusammen mit der EU auf gemeinsame strategische Ziele geeinigt: Den Weltraum für Gesellschaft und Wirtschaft optimal nutzen, die Förderung einer wettbewerbsfähigen und innovativen europäischen Raumfahrtbranche, Europas strategische Unabhängigkeit sichern und seine globale Rolle

in der Raumfahrt stärken. Gemeinsam können wir mehr leisten – das war und ist die zentrale Kraft, die die wachsende Zahl der Mitgliedsländer verbindet. So steht in der Konvention:

> „... In dem Wunsch, die europäische Zusammenarbeit für ausschließlich friedliche Zwecke auf dem Gebiet der Weltraumforschung, der Weltraumtechnologie und ihrer weltraumtechnischen Anwendungen im Hinblick auf deren Nutzung für die Wissenschaft und für operationelle Weltraumanwendungssysteme fortzuführen und zu verstärken ..." (ESA 2010)

Wir haben ein Mandat zur Grundlagenforschung und daraus auch einen unmittelbaren Nutzen, wo immer es geht, zu erbringen. Dazu zählen auch der Aufbau und die Erweiterung von Wissen, die Entwicklung eines ausgeprägten Verständnisses von Zusammenhängen in unserer Umwelt. Man darf Grundlagenforschung nicht nur unter utilitären Gesichtspunkten sehen. Was hervorsticht, sind die Erkenntnisse zum Klimawandel, die erst durch den globalen Blick von oben in hoher räumlicher und zeitlicher Auflösung via Satellit möglich sind. Wir wüssten vieles nicht über unseren Einfluss, die Auswirkungen ohne den Blick von oben. Dieser Blick schafft Wissen und Erkenntnisse.

Auch die Transferleistung in die Industrie ist wichtig: Unternehmer können Weltraumtechnologie und Weltraumdaten in völlig neuen Bereichen und Anwendungen einsetzen; Stichworte dazu sind Leichtbau, minimaler Verbrauch von Ressourcen, Zuverlässigkeit. Diese Investition schafft Hunderte von Arbeitsplätzen und stärkt die Industrie, Forschungseinrichtungen und die wissenschaftliche Community in den ESA-Mitgliedstaaten. Wir leben diese Konvention in den sieben ESA-Zentren.

Unsere Arbeit unterliegt dem ESA-Rat, dem Council. Unsere Programme werden durch sogenannte Programm-Räte, besetzt mit Delegierten der Mitgliedsländer, überwacht und evaluiert.

*Durch die Bereitstellung von Informationen über natürliche und vom Menschen verursachte Ereignisse sowie von Messungen und Quantifizierungen dieser Ereignisse tragen weltraumgestützte Anwendungen zur nachhaltigen Entwicklung bei. In Ihrer Keynote zur Hessischen Nachhaltigkeitsstrategie sprachen Sie davon, dass die Raumfahrt unter anderem auch vielerlei Beiträge zur Erreichung der Globalen Ziele der UN für nachhaltige Entwicklung (SDGs) leistet. Wie verbindlich ist für die ESA der Umgang mit den SDGs? Welche Beispiele können Sie spontan nennen?*

Alle unsere Tätigkeiten werden auf ihre SDG-Relevanz überprüft. Wir haben ein frei zugängliches Internetportal mit Hunderten von Beispielen. Ich lade Sie herzlich dazu ein, das Portal zu besuchen und sich von den vielen Möglichkeiten ein Bild zu machen, mit denen Weltrauminfrastruktur und Weltraumtechnologien das Leben auf der Erde unterstützen.[4] Seit der Verabschiedung der 17 Ziele der Vereinten Nationen für

[4] https://www.esa.int/Enabling_Support/Preparing_for_the_Future/Space_for_Earth/Supporting_Sustainable_Development.

nachhaltige Entwicklung im September 2015 hat die ESA eine umfassende Datenbank mit Aktivitäten entwickelt und gepflegt, um die Erreichung der Ziele zu unterstützen. Einige Beispiele:

- **SDG 2 „Zero Hunger“**, also den Hunger weltweit verringern: An Bord der ISS haben wir Experimente zum Pflanzenwachstum gemacht. In der Schwerelosigkeit kann man durch die Änderung von biochemischen Prozessen Einblicke in Mechanismen bekommen, die beim Pflanzenwachstum eine Rolle spielen. Daraus lernen wir, dass Nutzpflanzen durch Modifikation ihren Umweltbedingungen wie extremer Dürre angepasst und resistenter gegen Trockenheit werden können. Damit können wir weltweit Landwirte bei der Verbesserung ihrer Ernteerträge unterstützen, auch durch die passgenaue Ausbringung von Dünger für optimales Wachstum.
- **SDG 3 „Good Health and Wellbeing“**, also Gesundheit und Wohlergehen: Wir haben an Bord der ISS eine ganze Menge Osteoporose-Forschung gemacht, unser Immunsystem erforscht.
- **SDG 4 „Quality Education“**: Wir nutzen circa 15 % der Arbeitszeit an Bord der ISS für Erziehungs- und Ausbildungsprojekte, unter anderem „Lessons from space“, eine E-Learning-Session, die live stattfand.
- **SDG 6 „Clean Water and Sanitation“**: In der Raumstation muss das meiste Wasser regeneriert werden. Wir haben einen Regenerationsgrad von 70 %; das Ziel ist, auf 90 % hochzugehen. Für Regionen, in denen Wasser sehr kostbar ist, können wir wertvolle Erkenntnisse daraus ableiten.

Die Datenbank enthält Hunderte von Beispielen für Weltraumanwendungen, Satellitenprogramme, Technologien, Daten und Dienste. Über die Toolbox können Benutzer auf bestimmte Informationen zur nachhaltigen Entwicklung zugreifen und sich über eine Online-Plattform zusammenschließen. Tatsächlich sind wir die erste Weltraumagentur der Welt, die ihre Aktivitäten entlang der UN-SDGs strukturiert und präsentiert.[5]

*Die ESA zeigt uns das Gesamtbild eines lebendigen Planeten. Die Möglichkeit, ganze Kontinente zu überblicken, ist etwas ganz Besonderes. Gleichzeitig verdeutlicht dieser Anblick, dass wir die wirklich großen Probleme, mit denen wir täglich zu kämpfen haben, nur gemeinsam lösen können. Das gilt insbesondere für Themen wie Klimawandel und die nachhaltige Nutzung von Ressourcen. Tatsächlich kommt ein Großteil, von dem was wir über den Klimawandel wissen, von Satelliten. Viele Fotos und Datensätze ermöglichen das „Bigger Picture“ unserer Erde. Dabei sind auch Bilder brennender Urwälder, schmelzender Gletscher, von Überschwemmungen, Wetterextreme, Verschmutzungen. Die Bilder geben Antworten und Informationen, Erkenntnisse und*

[5] Vgl.: https://sdg.esa.int/

*liefern Gewissheit. Wie geht man mit der Situation als Überbringer schlechter Nachrichten um?*
Also ich empfinde es nicht so. Ich überbringe erstmal gute Nachrichten: Nämlich wie wunderschön unser Planet aussieht, was wir alles entdecken können und welche tollen Dinge wir mit Zusammenarbeit erreichen können. Natürlich teilen wir die Nachrichten mit, die einen sehr nachdenklich stimmen und die einen auch ängstigen können: Wie verletzlich die Atmosphäre ist, wie weit die Abholzung des Regenwaldes vorangeschritten ist. Das sind keine angenehmen Nachrichten. Unsere Message ist: Die Erde ist ein wunderschöner Planet. Es liegt in unserer Hand, dass alles in den Griff zu bekommen. Wir müssen zusammenarbeiten und zur Einsicht kommen, dass wir alle gemeinsam die Probleme auch beheben können.

*Die ESA verfolgt ein weites Spektrum von Forschungsthemen, von Grundlagen- bis zur anwendungsorientierten Forschung. Immer mit dem Ziel, unser Wissen zu erweitern, neue Anwendungen zu finden, die unser Leben erleichtern, angenehmer machen, die einen Beitrag zum nachhaltigen Wirtschaften leisten, und die uns von einigen Geiseln wie Krankheiten und Hunger befreien. Wir sehen die Entwicklungen mit immer deutlicheren Satellitenbildern und dokumentieren sie. Es ist klar und deutlich: Unser Haus brennt. Wie kommen wir vom Wissen zum Handeln?*
Die Aufgabe der Wissenschaft ist es, das Verständnis über unsere Umwelt, vom Mikro- bis Makrokosmos, zu erweitern. Dieses Wissen dient dann als Grundlage für unser Handeln. Und das gilt natürlich gerade auch für die Erkenntnisse aus der Raumfahrt, die uns den globalen Blick auf unseren Planeten und in die Tiefen des Universums ermöglicht. Wir zeigen zum Beispiel wie sich das Klima wirklich global verändert. Die Frage ist allerdings, wie genau wir die Klimaveränderung vorhersagen können. Selbst die Wissenschaftlerinnen und Wissenschaftler, die am IPCC (Intergovernmental Panel on Climate Change) mitarbeiten, sind sich hier nicht immer einig. Das liegt unter anderem an immer noch fehlenden – oder nicht ausreichend genauen Messdaten, oder begrenzten Kenntnissen über Zusammenhänge und Prozesse. Das kann allerdings kein Grund dafür sein, den Klimawandel zu leugnen, die Abholzung der Urwälder voranzutreiben und immer mehr Kohlendioxid in die Luft zu blasen. Insgesamt tun wir uns ja oft sehr schwer, neues Wissen zu akzeptieren, aus der Geschichte zu lernen, und daraus die richtigen Konsequenzen zu ziehen. Ich habe erfahren, dass der Anblick aus dem Erdorbit auf den Planeten einem durch Mark und Bein geht. Die globale Auswirkung von lokalen Ereignissen ist förmlich greifbar, wenn man alle 90 min. die Erde einmal umrundet. Deshalb wünsche ich mir – lieber morgen als übermorgen – dass möglichst viele Menschen diese Erfahrung einmal selbst machen können. Hierbei wird die Dringlichkeit weltweiter Zusammenarbeit zu Lösung aller großen Probleme deutlich. Und bis es so weit ist, haben die Wenigen, die diese Erfahrung machen durften, die Aufgabe, ihre Eindrücke mit möglichst vielen zu teilen und darauf hinzuweisen, auf der Basis der Erkenntnisse zu handeln.

*Hochauflösende Fotos sind verfügbar und zugänglich. Sie zeigen Fakten und Veränderungen auf. Wird das schon genug publiziert?*
Die Macht der Bilder ist sehr groß. Das nutzen wir auch und gerade im Zusammenhang mit der Coronakrise haben wir sehr eindrucksvolle Bilder publiziert. Sie zeigen im Vergleich von Februar bis Juni, wie sich die Konzentration der Stickoxide weltweit verändert, verringert hat. Genau diesen Weg nutzen wir. Aber wir sind nicht die Einzigen, die solche wichtigen Informationen der Öffentlichkeit bereitstellen. Satellitenbilder sind immerhin der nächstbeste Weg, auf die Erde zu blicken, wenn man es nicht selbst vom Orbit aus mit eigenen Augen sehen kann. Unsere Aufgabe ist es, diese Eindrücke zu teilen so gut es geht, und dazu gehören eben auch die damit verbundenen Emotionen. (Beispiel aus 2016 zeigt Waldbrände in Russland Abb. 3).

*Lassen Sie uns die möglichen Entwicklungen der Raumfahrt und ihren zukünftigen Beitrag zu den 17 SDGs erneut aufgreifen. In welchen der 17 Felder sehen Sie die besten Chancen und die wichtigsten Herausforderungen für die Raumfahrt, die aktuellen umweltpolitischen, sozialen und internationalen Entwicklungen hin zu mehr Nachhaltigkeit zu unterstützen? Wagen Sie eine Aussage im Futur Zwei: Welcher Beitrag der ESA oder der Raumfahrt würde Sie in 2030 sagen lassen: „Toll, dass wir das geschafft haben!"?*
Aus technischer Sicht, auf die Erde bezogen und gerade vor dem Hintergrund des Klimawandels gibt es ein paar Dinge, die wir schaffen wollen. Im Kohlenstoffkreislauf gibt es immer noch einige Parameter, die wir besser verstehen müssen: Wo sind die Quellen, wo sind die Senken? Wir wollen sagen können: „Das hat sich verbessert oder verschlechtert." Und den gewünschten Effekt wollen wir auch nachweisen können. Also im Futur Zwei, der vollendeten Zukunft, formuliert: Den Kohlenstoffkreislauf werden wir verstanden haben, die Waldbiomasse wird zugenommen haben. Aber wir werden auch eine Antwort auf eine zentrale Frage der Menschheit gefunden haben: Sind wir die Einzigen in diesem unendlichen Universum? Und schließlich: Vor Ende des Jahrzehnts würde ich gern eine europäische Astronautin oder einen europäischen Astronauten auf der Oberfläche des Mondes gesehen haben wollen.

*Heute kann man aus dem All sehr viele Details auf der Erde beobachten. Die Satellitenbilder zur Navigation sind ja nur ein Eindruck der machbaren Beobachtungen. Frage: Ist es vorstellbar, die bestehenden Möglichkeiten zur Erdbeobachtung auch als eine Art (Um-)Weltpolizei im All einzusetzen, um beispielsweise Umweltzerstörung und Ozeankontaminierung zu dokumentieren und für eine rechtliche Verfolgung zu nutzen? Gibt es bereits Systeme, die heute genutzt werden (können)? Wie reagiert die internationale Staatengemeinschaft auf eine mögliche Weltpolizei im All? Akzeptieren viele Staaten die vielen Satelliten, die über ihr Gebiet fliegen nur, wenn die Betreiber nicht veröffentlichen, was sie sehen und messen können?*
Die gute Nachricht ist: Das geschieht bereits. Es gibt ganz aktuelle Beispiele: Im Mai 2020 wurden von den Copernicus-Satelliten ein großes Ölleck in der sibirischen

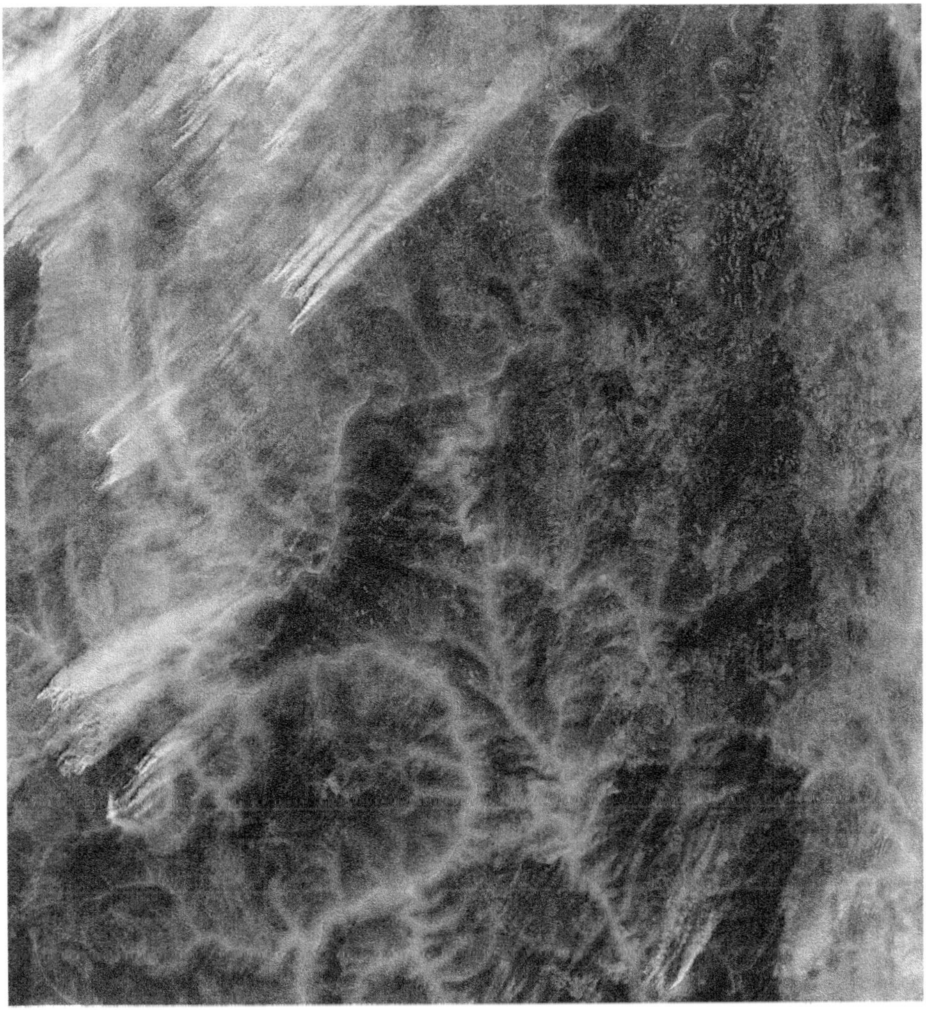

**Abb. 3** Waldbrände in Russland (2016). (© ESA)

Krasnojarsk entdeckt. Es sind 20.000 t Diesel in den Fluss Ambarnaja gelaufen. Das Besondere dabei ist, dass sowohl die Bezirks- als auch die Zentralregierung davon erst durch unsere Beobachtungen aus den öffentlichen Nachrichten erfuhren. Ein Methanleck in der Jamal-Gaspipeline konnte so entdeckt werden.[6] Mithilfe von Radarsatelliten

[6] „Übrigens war das Ölleck eine Folge des Klimawandels: Der Dieseltank wurde beschädigt, nachdem die Stützpfeiler unerwartet in den Boden sanken. Die Anlage ist auf Permafrost gebaut und somit von der klimawandelbedingten Eisschmelze bedroht."

können Tanker entdeckt werden, die auf hoher See unerlaubterweise ihre Tanks gespült haben. Die Spuren auf dem Wasser sind sichtbar. Die Erkennung ist nicht nur technisch möglich, sondern die Beobachtung wird öffentlich gemacht. Damit ist erstmal der Verursacher in der Pflicht. In 2019 konnten die Brandrodungen in Südamerika sofort gesehen werden. Bei der Datenauswertung spielt der Einsatz von Künstlicher Intelligenz eine stetig zunehmende Rolle, insbesondere in Anbetracht der enormen Datenmengen, die täglich von den Satelliten generiert werden. So liefern die Sentinel-Satelliten zum Beispiel jeden Tag 35 Terrabyte an Rohdaten. Nach deren Prozessierung multipliziert sich das Datenvolumen nochmals. Mit sogenannten „Change Detection-Programmen" lassen sich dann solche Ereignisse bzw. Veränderungen gegenüber einem anderen Zeitpunkt in der Vergangenheit entdecken (Schematische Darstellung in Abb. 4).

*Werfen wir einen Blick in den 2020er-Kalender – und es ist nur ein Auszug: SpaceX schickt im Januar 60 Starlink-Internetsatelliten auf einmal in den Weltraum. Insgesamt hat SpaceX, das private Raumfahrtunternehmen von Elon Musk, Genehmigungen für bis zu 12.000 Satelliten. Das Ziel: 42.000 Satelliten. ESA und NASA starten den Solar Orbiter, um die Pole der Sonne zu erforschen. China plant den Start eines eigenen Mars-Rover und Orbiter und den Start einer Mondfähre, die mit Gesteinsproben zur Erde zurückkommen soll. Boeings Starliner-Raumschiff soll zum ersten Mal mit NASA-Astronauten an Bord abheben. SpaceX plant, sein erstes Raumschiff in die Erdumlaufbahn zu schicken und den Ausbau eines privaten Raumschiff-Flughafens. Die institutionelle und kommerzielle Nutzung des Weltraums nimmt zu, mit steigender*

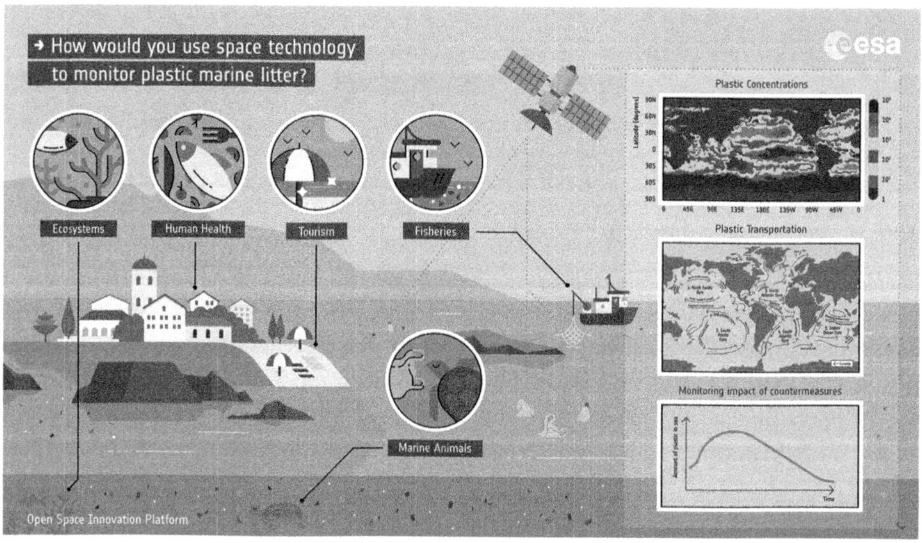


**Abb. 4** Space Technology to monitor plastic marine litter. (© ESA science office)

*Geschwindigkeit. Sehen Sie das als Wettbewerb oder als Wettlauf um die besten Positionen? Sind private Raumfahrtunternehmen die Zukunft?*
Die Kommerzialisierung ist schon die Gegenwart. Wir erleben einen Boom; allein in 2019 wurden weltweit 80 Start-ups gegründet. Wir haben das größte Netzwerk, um solche Start-ups in Europa und den ESA-Mitgliedsländern zu unterstützen. Und eines dieser Inkubatoren, cesah[7], steht neben dem ESOC in Darmstadt. Seit 2007 wurden knapp 90 Unternehmen betreut und rund 500 Arbeitsplätze geschaffen. Diese Kommerzialisierung wird in Zukunft weiter voranschreiten und mit der zunehmenden Zahl wird der Wettbewerb stärker werden. Das ist erst mal etwas Gutes: Die Preise sinken und aus mehreren erprobten Lösungen schafft es die beste. Nicht gut ist es, wenn durch staatliche Eingriffe Wettbewerbsverzerrungen verursacht werden, wie zum Beispiel bei Trägerraketen.

*Die Starlink Satelliten von Elon Musk sind ein sehr offensichtliches Beispiel für zunehmenden Boom in der Raumfahrt. Musk und seine Firma haben von der Federal Communication Commission (FCC) eine Genehmigung für fast 12.000 Starlink Satelliten bis 2027 erhalten, für weitere 30.000 Satelliten haben sie die Betriebsgenehmigung beantragt. Frage: Dürfen die das einfach so? Ist es Ihrer Meinung nach richtig, dass ein Land solche Genehmigungen erteilt und erteilen darf? Oder muss sich die FCC mit Institutionen anderer Länder abstimmen? Was bleibt dann den Ländern, die nicht gefragt werden?*
Nein, die anderen Länder werden nicht gefragt. Das Genehmigungsverfahren für SpaceX unterliegt der nationalen Gesetzgebung in den USA. Deshalb haben wir seitens der ESA vorgeschlagen, ein Verfahren zu entwickeln – Environmental Impact Assessment – mit dem wir ähnlich wie bei Haushaltsgeräten die Umweltverträglichkeit bzw. die Belastung für die Umwelt ermitteln. Mit 42.000 Satelliten von Elon Musk in drei Orbits ist de facto kein Platz mehr für andere Satelliten. Zumindest nicht ohne ein enormes Risiko, mit dieser Satelliten-Konstellation zu kollidieren. Dann besteht die Gefahr eines Kaskadeneffekts (vgl. Aufkommen von Weltraumschrott Abb. 5). Unser Vorschlag trifft bei den Experten auf Interesse und Unterstützung. Wir müssen also schnellstmöglich eine abgestimmte europäische Position für das „Space Traffic Management" entwickeln.

*Die Zukunftsziele der Raumfahrt werden also auch durch politische und wirtschaftliche Komponenten getrieben. Bis hin zur möglichen künftigen Exploration des Weltraums. Frage: Wie sieht es mit kommerziellen Interessen aus, zum Beispiel Bergbau? Ist ein Goldrausch zu erwarten? Mit dem Ergebnis, dass wir dort fortsetzen, was wir mit den endlichen Ressourcen der Erde schon beinahe erledigt haben? Wem gehört das Weltall?*

---

[7] cesah = Centrum für Satellitennavigation Hessen; cesah ist ein Kompetenzzentrum für die Anwendung von Raumfahrttechnologien und wird u. a. vom Land Hessen getragen.

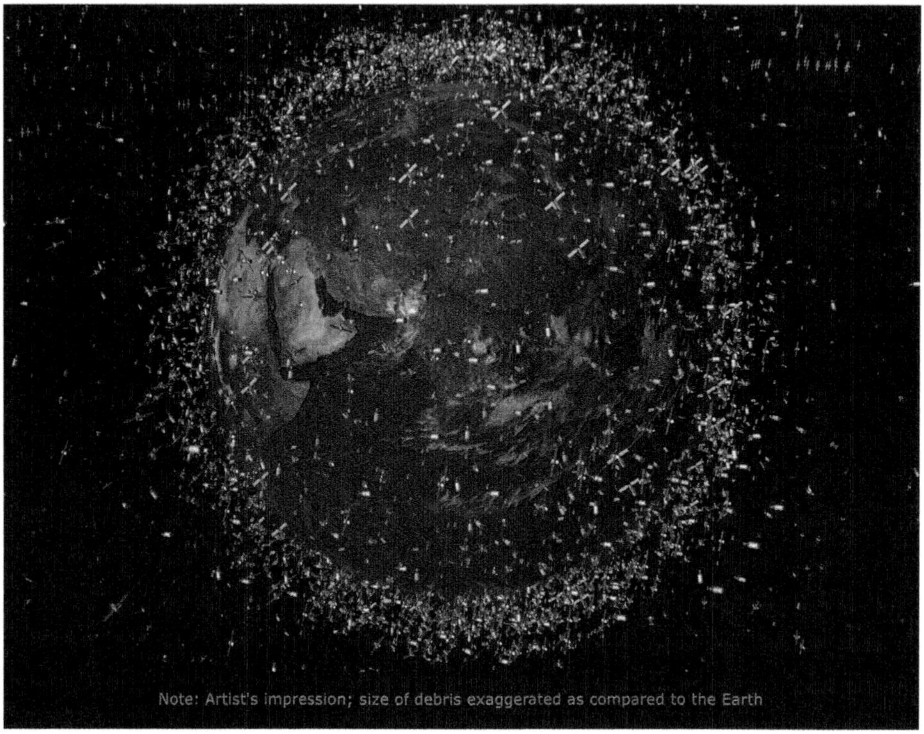


**Abb. 5** Space Debris: view over the equator. (© ESA)

*Gibt es eigentlich Regelungen, wer dort was darf? Welche zukünftigen Entwicklungen und Nutzungsmöglichkeiten im All erwarten Sie?*
Das kommerzielle Interesse am Weltall nimmt weltweit stark zu. Es gibt durchaus einige Firmen, die am Südpol des Mondes das Wasser extrahieren und verkaufen wollen – nicht nur als Trinkwasser, sondern mittels Elektrolyse auch als Sauerstoff und Treibstoff, als eine Art Tankstelle. Beispielsweise ist Luxembourg dabei, die rechtlichen Rahmenbedingungen zu schaffen, damit diese Firmen Investitionssicherheit bekommen. Das ist nachvollziehbar. Es gilt aber die Aktivitäten so zu koordinieren, dass eine Art von „Goldrausch" wie am Klondike nicht passiert. Tatsächlich sieht es bei den gesetzlichen Regelungen noch sehr mau aus. Das einzige Gesetz, das weltweit besteht, ist der Weltraumvertrag der UN von 1967. Es gibt das Weltraumrettungsübereinkommen von 1968, das regelt, wie in Not geratene Astronauten Hilfe erhalten und in ihr Heimatland zurückkommen. Und es gibt das Weltra umregistrierungsübereinkommen von 1975, das verpflichtet zur Registrierung der Starts von Satelliten bzw. Weltraumgegenständen. Hier ist noch viel zu tun, um die Aktivitäten in Bahnen zu leiten und Wildwest dort oben zu vermeiden.

*Die ESA als Akteur in eigener Sache, zum Beispiel als Arbeitgeber, für Diversität, Work-Life-Balance, Job-Tickets, Flottenmanagement, Homeoffice, flexiblen Arbeitszeiten, Gleichstellung, Verantwortung am Standort, Gelände und Gebäude mit Infrastruktur und*

*Alltagsbetrieb: Parkplatz, Logistikzentrum, Kantine, Besucherzentrum. Frage: Wie sieht das betriebsinterne Nachhaltigkeitsmanagement der ESA aus? Gibt es einen Masterplan? Was können andere Akteure davon lernen?*
Als Organisation mit ca. 2300 Mitarbeiterinnen und Mitarbeitern und fast doppelt so vielen Kontraktoren, die mit uns in Europa arbeiten, stellen wir uns natürlich ebenso allen Herausforderungen im Hinblick auf Nachhaltigkeit: CSR steht bei uns für **Corporate Societal Responsibility.** Die Entwicklung einer entsprechenden Charta geht auf das Jahr 2002 zurück, auf deren Basis ein Rahmenprogramm entwickelt wurde. Seit 2010 legen wir unserem ESA-Rat alle zwei Jahre einen CSR-Report vor, in dem wir über die Umsetzung der Maßnahmen und die Erreichung der Ziele berichten. Der aktuelle Bericht für die Jahre 2017 bis 2019, mittlerweile „ESA Corporate Responsibility and Sustainability Report" genannt, ist im Mai erschienen. Er deckt unter anderem die Bereiche Programmaktivitäten, Governance & Ethik, Umwelt & Energie, Human Resources und soziale Verantwortung ab. Unsere CSR Policy orientiert sich an den ISO 26000-Richtlinien, ergänzt um die Ergebnisse von Stakeholder-Konsultationen.

Im vergangenen Jahrzehnt hatten wir uns gerade in den Umwelt- und Energiethemen das Ziel 20–20-20 gegeben. Bis Ende 2020 wollen wir erreichen: 20 % Reduzierung von Treibhausgasemissionen, 20 % Verbesserung unserer Energieeffizienz, 20 % Erhöhung des Einsatzes von erneuerbaren Energien. Das Basisjahr in 2007. Das erste und das dritte Ziel haben wir vollständig erreicht. Ziel Zwei ist gleichwohl schwieriger zu erreichen, da wir einen umfangreichen Rechenzentrumsbetrieb mit entsprechender Infrastruktur haben. Bei Umbau und Neubau bedarf es eines Abstimmungsprozesses mit den Mitgliedern, die die Mittelverwendung natürlich lieber in Raumfahrtprojekten sehen. Der jüngste Report hat unter anderem die Ziele bis 2030 die klimawirksamen Gase nochmal um 40 %, die transportbedingten Emissionen um 40 % zu reduzieren, kein Einwegplastik mehr zu verwenden. Im Bereich der Human Resources bzw. Arbeitsbedingungen haben wir unter den aktuellen Corona-Restriktionen die tolle Erfahrung gemacht, wie gut Tele-Working funktioniert. In manchen Bereichen kann man so durchaus effizienter sein. Natürlich geht das nicht in allen Bereichen, zum Beispiel müssen die 23 Satelliten rund um die Uhr an sieben Tagen pro Woche kontrolliert werden. Das betrifft rund 30 Leute, die am ESOC in Darmstadt im Einsatz sind. Das ist in den anderen ESA-Zentren ähnlich. Ungefähr 95 % der Beschäftigten waren im Tele-Working. Ich bin fest davon überzeugt, dass diese Erfahrungen das Arbeitsmodell der ESA in der Zukunft massiv beeinflussen werden. Gender-Aspekte sind ganz wichtig, besonders in unserem technischen Umfeld. Wir haben 28 % Frauenanteil, der Großteil ist organisationsweit in administrativen Tätigkeiten eingesetzt. In Darmstadt sind wir tatsächlich führend – bei uns arbeitet ein Großteil der Kolleginnen in technischen Bereichen, zum Beispiel Ingenieurinnen. Bei der Rekrutierung konnten wir in den letzten beiden Jahren einen Anteil von 40 % erreichen. Aus nationaler Perspektive ist zu wünschen, dass an unseren Universitäten der Frauenanteil in den natur- und ingenieurwissenschaftlichen Studienfächern weiter zunimmt. Wir können natürlich nur dann Frauen in technischen Bereichen einstellen, wenn sie die entsprechende berufliche und akademische Ausbildung haben. Da setzt ja auch unsere Öffentlichkeitsarbeit an. Wir wollen junge Menschen generell für die MINT-Fächer begeistern. Work-Life-Balance – ist ein wichtiges Thema, darauf achten wir sehr stark. Wir sehen einen interessanten Effekt. Erst im vorletzten Jahrzehnt hat die ESA das unbegrenzte Aufsparen von Urlaub beendet. Sie glauben kaum, wie viele Kolleginnen und Kollegen so gut wie nie Urlaub genommen haben. Sie waren so in ihre Aktivitäten vertieft, dass sie einfach keine Unterbrechung machen wollten. Dieses Engagement war durch die Begeisterung für die Tätigkeit begründet. Jeder kennt das Gefühl: Wenn ich etwas sehr gern mache, dann vergeht die Zeit wie im Fluge, man empfindet es nicht als Arbeit, sondern als Berufung. Seither ist klar vorgeschrieben, dass Urlaub zur Regeneration genommen werden muss. Für mich ganz subjektiv: ESA ist ein toller Arbeitgeber. Was mich wirklich neben der Raumfahrt an dieser Arbeit mit am meisten begeistert ist die Internationalität. Man arbeitet tagtäglich mit Kolleginnen und Kollegen aus ganz Europa und teilweise von anderen Kontinenten zusammen. Das macht einfach Spaß! Es wäre total ungewohnt, in einem Bereich zu arbeiten, in dem jeder nur die eigene Sprache spricht.

*Man sagt, das Earthrise-Bild setzte seinerzeit die Umweltbewegung in Gang. Alexander Gerst schickte von seiner zweiten Weltraummission ein eindrucksvolles Video mit einer Botschaft an seine potenziellen Enkelkinder. Welche Botschaft möchten Sie den Leserinnen und Lesern mitgeben? Was würden Sie aus heutiger Sicht (2020) zu den Golden Records hinzufügen? Welche drei Themen wären Ihnen dabei die wichtigsten seit 1977?*
Idealerweise sollten wir Fehler aus der Vergangenheit nicht wiederholen und alles daran setzen, unseren Planeten zu erhalten. Das Universum birgt noch so viele tolle Geheimnisse, die es zu erkunden gilt. Bezüglich der „Golden Records" stellt sich die Frage, welche Errungenschaften oder Erkenntnisse hat es seit 1977 gegeben, die man nun gerne auf diesen Records nachtragen würde. Aus meiner Sicht gehören dazu: die Digitalisierung, die Entschlüsselung des menschlichen Genoms und die Erkenntnis, dass der Mensch durch sein Wirken das Klima negativ beeinflusst. Das wären weitere Informationen über unsere Zivilisation, aber ebenso auch eine Warnung. Abschließend bleibt mir noch anzumerken, dass eben in jeder Krise auch die Chance zur Reflexion und für einen Neuanfang steckt. Der Anblick unseres Planeten verdeutlicht auf eindrucksvolle Weise seine Einzigartigkeit und Verletzlichkeit, und dass wir die Herausforderungen der Zukunft nur gemeinsam bewältigen können. Jeder Beitrag zählt.

*Herzlichen Dank für das Gespräch! (Anmerkung der Autoren: Das Interview führten wir im Juni 2020.)*

## 3 Epilog

Auch für 2021 und die folgenden Jahre hat die ESA einen vollen Terminkalender. So wird der neue Generaldirektor seinen Dienst angetreten haben, zwei ESA-Astronauten fliegen zur Internationalen Raumstation und das neue James-Webb-Teleskop wird vom europäischen Weltraumbahnhof Kourou in Französisch-Guayana ins All starten. Letzteres

**Abb. 6** SDG 9 …

ist ein gemeinsames Projekt von NASA/ESA/CSA und Nachfolger des Hubble-Teleskops. Die neuen Ausblicke und Einblicke sollen unser Verständnis der Entstehung von Galaxien, Sternen, Planeten und vielleicht auch der Ursprünge des Lebens erweitern. Eine neue Rekrutierungskampagne für Astronautinnen und Astronauten wird gestartet werden.

Die ESA hat 22 Mitgliedstaaten. Dazu gehören Belgien, Dänemark, Deutschland, Estland, Finnland, Frankreich, Griechenland, Irland, Italien, Luxemburg, die Niederlande, Norwegen, Österreich, Polen, Portugal, Schweden, die Schweiz, Spanien, die Tschechische Republik, Ungarn und das Vereinigte Königreich. Assoziierte Mitglieder sind Slowenien und Lettland. Mit weiteren sieben EU-Mitgliedstaaten arbeitet die ESA zusammen. Außerhalb von Europa nimmt Kanada im Rahmen eines Kooperationsabkommens an bestimmten ESA-Programmen teil.[8] Die ESA ist ein Beispiel für gelebte internationale Zusammenarbeit, ganz im Sinne von SDG 17 – Partnerschaften zur Erreichung der Ziele. Oder wie es laut *SDG à la hessisch* heißt: „Zamme hoalde, doann klappt's aa." (Wiesbaden 2020)

Auch ganz persönlich wählte Thomas Reiter sein *SDG à la hessisch* aus (Abb. 6 und 7): „Das Ziel ‚Industrie, Innovation und Infrastruktur' liegt mir am Herzen, weil es für die kommenden Generationen gerade in Hinblick auf Nachhaltigkeit eine zentrale Rolle spielt." (IHK Wiesbaden 2020)

[8] Mehr über die ESA erfahren: www.esa.int.

**Abb. 7** … im All-Tag

**Dr. Hans-Jürgen Loss** war von 1985 bis 2020 in verschiedenen, überwiegend Managementpositionen in der Lufthansa Gruppe tätig. Er leitete unter anderem das technische Flottenmanagement der Lufthansa Airline, das Qualitäts- und Umweltmanagement der Lufthansa Technik und sorgte durch verbindliche Prozesse dafür, dass Umweltschutz und Nachhaltigkeitsaspekte in allen betrieblichen Aktivitäten und Entscheidungen verankert wurden.

**Anke Trischler** studierte Wirtschaftswissenschaften mit Schwerpunkt European Business an Hochschulen in Deutschland, England und Frankreich und war rund zwei Jahrzehnte in Fach- und Führungsverantwortung in Großunternehmen der Industrie, Bankwesen, internationaler Beratung und IT. Seit 2008 ist sie geschäftsführende Gesellschafterin der Transformation zur Nachhaltigkeit GmbH in Wiesbaden. Als Schulungspartnerin Deutscher Nachhaltigkeitskodex leistet sie strategische Beratung und Umsetzung zu den Themen Corporate-Civic-Cultural Sustainability and Responsibility. Sie arbeitet in Netzwerken und Kooperationen, bringt ihr Expertinnenwissen in Verbände und Gremien ein. Ihre Themen sind Vernetzung und Aufbau von Wissens- und Aktionsallianzen, Integration von Nachhaltigkeitsthemen in Bildung, Wirtschaft, Gesellschaft. Sie hält Lehraufträge für Wirtschaftsethik, unternehmerische Verantwortung, zukunftsfähiges Wirtschaften.

## Literatur

Bundeszentrale für politische Bildung (2020) Vor 45 Jahren: Gründung der ESA. https://www.bpb.de/politik/hintergrund-aktuell/310713/45-jahre-esa. Zugegriffen: 15. Juni 2020

ESA (o. J.a) Lebenslauf Thomas Reiter. https://www.esa.int/Science_Exploration/Human_and_Robotic_Exploration/Astrolab_German/Lebenslauf_von_Thomas_Reiter. Zugegriffen: 24. Aug. 2021

ESA (o. J.b) Die ESA: Fakten und Zahlen. https://www.esa.int/Space_in_Member_States/Switzerland_-_Deutsch/Die_ESA_Fakten_und_Zahlen. Zugegriffen: 07. Nov. 2021

ESA (2010) ESA CONVENTION AND COUNCIL RULES OF PROCEDURE. https://www.esa.int/About_Us/Corporate_news/Convention-Rules. Zugegriffen: 5. Apr. 2021

IHK Wiesbaden (2020) Instagram-Aktion zu den 17 SDG. https://www.ihk-wiesbaden.de/gruendung/gesellschaftliches-engagement-von-unternehmen/globale-nachhaltigkeitsziele/neuer-inhalt17-ziele-social-media-kampagne-5024022. Zugegriffen: 07. Nov. 2021

Technologieland Hessen (2020) Hessischer Innovationskongress. Intro: Für Ideen gibt es keine Grenzen (25.11.2020). https://hik.technologieland-hessen.de/vortraege. Zugegriffen: 15. Dez. 2020

Wiesbaden (2020) Bierdeckelkampagne mit globalen Nachhaltigkeitszielen in hessischer Mundart gestartet. (Pressemitteilung vom 10.09.2020). https://www.wiesbaden.de/medien/rathausnachrichten/PM_Zielseite.php?showpm=true&pmurl=https://www.wiesbaden.de/guiapplications/newsdesk/publications/Landeshauptstadt_Wiesbaden/141010100000389171.php. Und: www.17ziele-hessen.de. Zugegriffen: 07. Nov. 2021

# Transparenz und Vertrauen – warum das Prinzip der Nachhaltigkeit als Kommunikationsgrundlage krisengeeignet ist

Valerie Apell und Thorsten Schulte

**Zusammenfassung**

Krisen fordern von Kommunikationsverantwortlichen eine direkte Reaktionsfähigkeit, da im Ausnahmezustand das Krisenmanagement Abläufe und Kommunikation meist vollkommen umstrukturiert. Problematisch ist dabei insbesondere, dass sich Krisen im gegenwärtig digitalen und volatilen Zeitalter häufen – daraus resultiert, dass die Kommunikationsmanager ihre ursprünglichen Kommunikationsabsichten immer wieder neu entsprechend der permanent evaluierten Risiken ausrichten und an Maßnahmen für Behörden und Unternehmen neu anpassen müssen. Eine Lösung von massiven organisatorischen und strategischen Umstrukturierungen kann die Nachhaltigkeit und die ihr angeschlossene Nachhaltigkeitskommunikation als Teil der Corporate Social Responsibility bieten. Sie ist mit gutem Grund seit Jahren Trendbegriff in der Kommunikation. Denn so, wie die Nachhaltigkeitskommunikation organisatorisch aufgehängt ist sowie durch ihre kommunikative Wirkung zeigt sich, dass sie die Werte „Transparenz" und „Vertrauen" generiert. Beides Werte, die nicht nur von der breiten Öffentlichkeit im 21. Jahrhundert von Kommunikationsverantwortlichen gefordert werden, sondern die auch die Zielgrößen der krisenfesten Kommunikation abbilden und hinfällig machen, dass die Öffentlichkeitsarbeit ständig umgerüstet werden muss.

V. Apell (✉)
LEA LandesEnergieAgentur Hessen GmbH, Wiesbaden, Deutschland
E-Mail: valerie.apell@lea-hessen.de

T. Schulte
HA Hessen Agentur GmbH, Wiesbaden, Deutschland
E-Mail: thorsten.schulte@hessen-agentur.de



A. Trischler und S. Böhling (Hrsg.), *CSR in Hessen,* Management-Reihe Corporate Social Responsibility, https://doi.org/10.1007/978-3-662-63004-4_16

## 1 Begriff der Krise

Das Eintreten von Krisen gehört untrennbar zum menschlichen Dasein. Nach wie vor muss der Mensch mit Naturkatastrophen, Pandemien, Rezessionen und Kollapsen umgehen und dabei die Störung des Alltäglichen und den individuellen Umgang mit einem Wissensdefizit verkraften. An Wirtschaftskrisen wie dem „Black Friday", der „Ölkrise", der „New-Economy-Krise", der Banken- und Finanzkrise sowie Spekulationsblasen und den daraus resultierenden Krisen wie Ende der 1990er-Jahre in Asien, zeigt sich dabei eine scheinbar gesteigerte Häufigkeit krisenhafter Erscheinungen in den letzten Jahrzehnten, mit großer Variabilität in den Ausprägungen.

Der **Begriff der Krise** ist im kommunikationswissenschaftlichen Kontext nicht allgemeingültig definiert. Ein Definitionsansatz wird meist anhand der Kategorisierung objektiver Anlässe (wie beispielsweise Naturereignisse, Versagen von Systemen oder menschliche Gewalt) und subjektiver Empfindungen der einzelnen Betroffenen vorgenommen. Auf staatlicher Ebene findet sich eine Beschreibung der Krise als *„vom Normalzustand abweichende Situation mit dem Potenzial oder mit bereits eingetretenen Schäden an Schutzgütern (...)"* (BBK 2020)[1]. Gleichsetzbar ist der Begriff der Krise sprachgebräuchlich mit der Katastrophe. Diese setzt ebenfalls einen objektiven Anlass voraus, bei dem *„Leben oder Gesundheit einer Vielzahl von Menschen oder die natürlichen Lebensgrundlagen oder bedeutenden Sachwerte in so ungewöhnlichem Ausmaß gefährdet oder schädigt, dass die Abwehr und Bekämpfung nur unter einheitlicher Leitung durch zuständige Behörden erfolgen kann"* (BMI 2014, S. 4.)[2].

Die Präsenz des Begriffs der Krise in der Kommunikation lässt sich unter anderem durch geänderte Kommunikationsmittel und Kommunikationswege erklären. Krisen sind nicht mehr allein regional oder national auftretende Ereignisse (Mast 2020, S. 475). Sie sind im Zuge der Globalisierung, des demografischen Wandels und der sozialen Polarisierung, der Vernetzung durch die Digitalisierung und des Fortschreitens des Klimawandels Geschehen mit internationaler Aufmerksamkeit, die sich in schneller Dynamik unkontrolliert an unterschiedlichsten Orten weiterentwickeln. Dabei müssen Kommunikationsverantwortliche sich gegenüber wesentlich direkteren Reaktionen verantworten: Stakeholder schöpfen mittels der neuen dialogorientierten sozialen Medien ihre Möglichkeiten aus, ihre Begeisterung und Zustimmung, aber auch ihr enttäuschtes Vertrauen oder ihre Wut gegenüber gesellschaftlichen Institutionen und Geschäftsmodellen auszudrücken.

---

[1] BBK = Bundesamt für Bevölkerungsschutz und Katastrophenhilfe.

[2] BMI = Bundesministerium des Innern.

## 2 Status quo: Krisenkommunikation – schnelle Reaktion auf unvorhersehbare Ereignisse

Um den Krisen kommunikativ zu begegnen, wurde der **Begriff der Krisenkommunikation** etabliert. Grundlage der Krisenkommunikation ist neben dem Begriff der Krise (siehe Kap. 1) der Begriff der Kommunikation, die im soziologischen Kontext als die „Bedeutungsvermittlung zwischen Lebewesen" (Maletzke 1963, S. 18), im marketingspezifischen Kontext als „die Übermittlung von Informationen und Bedeutungsinhalten zum Zweck der Steuerung von Meinungen, Einstellungen, Erwartungen und Verhaltensweisen bestimmter Adressaten gemäß spezifischer Zielsetzungen" (Meffert et al. 2015, S. 569) beschrieben wird.

Die Krisenkommunikation selbst wird von staatlicher Seite als „Austausch von Informationen und Meinungen während einer Krise zur Verhinderung oder Begrenzung von Schäden an einem Schutzgut" (BMI 2014, S. 13) definiert. Dabei sollen in Ergänzung im Rahmen der Krisenkommunikation Verantwortlichkeiten und Zuständigkeiten klar verteilt werden und ein inhaltliches und argumentativ einheitliches Auftreten gewährleistet sein.

Beachtet man die unter Kap. 1 aufgeführten Definitionsprobleme des Begriffs der Krise, sowie die entstehenden Herausforderungen hinsichtlich ihrer Dynamik, ihrer Variabilität und ihrer Häufigkeit, so ergibt sich eine besondere **Kommunikationssituation,** da in der Krise die Stakeholder einer Behörde oder eines Unternehmens gesendete Kommunikationsbotschaften unter geänderten Voraussetzungen erhalten (siehe Tab. 1). Die Stakeholder sind unmittelbare Zeugen eines sie verunsichernden Ereignisses, zu dem kaum Informationen verfügbar sind und auf dessen Fortgang sie keinen Einfluss zu haben scheinen. Damit geht eine gesteigerte Emotionalität einher, begleitet von einer schnellen gesellschaftlichen Dynamik, sodass die Kommunikationsverantwortlichen mit einer plötzlich hohen Aufmerksamkeit umgehen müssen. Für Kommunikationsverantwortliche bedeutet dies eine sensible Steuerung von Kognition und Emotion, die bestenfalls verzahnt und ohne Widersprüche erfolgt, sodass weder die Beziehung zu Stakeholdern noch die Behörde oder das Unternehmen selbst in der Krise durch die Kommunikation Schaden nehmen (Mast 2020, S. 471).

**Tab. 1** Charakteristika der Krise für die Kommunikation

| | |
|---|---|
| Ereignis | Gefahr für Personen, Sachen, Sachwerte oder die Natur |
| Emotion | überraschender Eintritt der Krise, der Emotionen wie Angst, Verunsicherung, Wut hervorruft |
| Informationsdefizit | fehlende Informationen bei gleichzeitig erhöhtem Informationsbedürfnis der Öffentlichkeit |
| Wahrhaftigkeit | vollständige Offenlegung der existierenden Informationen |
| Dynamik | schnelle Veränderungen und Eskalationen im gesellschaftlichen Zusammenleben |
| Aufmerksamkeit | hohe Aufmerksamkeit der Öffentlichkeit mit heftigen, stark variierenden Reaktionen |

## 2.1 Organisatorische Grundlagen der Krisenkommunikation

Organisatorisch ist die Krisenkommunikation neben der **Presse- und Öffentlichkeitsarbeit** dem **Risiko- oder Krisenmanagement** (sogenannter „Krisenstab") einer Behörde oder eines Unternehmens zuzuordnen. Das Risiko- oder Krisenmanagement analysiert und evaluiert das gesellschaftliche und wirtschaftliche Umfeld einer Behörde oder eines Unternehmens in antizipativen Risikoanalysen regelmäßig hinsichtlich möglicher Krisenszenarien sowie deren potenzieller Auswirkungen auf die Institution (Evaluierung/Vorsorge) (BBK 2019, S. 14 f.). Wird eine Krise erkannt und von der latenten zur akuten Gefahr, so beginnt der Krisenstab in einer Anfangsphase (Phase 1) gemeinsam mit der Führungsebene, der Öffentlichkeitsarbeit sowie den einzelnen Fachbereichen innerhalb der Organisation eng abgestimmt einen organisatorischen Krisenablaufplan (mit den wichtigsten Verfahren, Zuständigkeiten und Verantwortungen) sowie einen Krisenkommunikationsplan zu erstellen. Die ursprüngliche Kommunikation der Behörde oder des Unternehmens wird eingestellt inklusive der durch die Kommunikationsverantwortlichen „für den Normalfall" entwickelten Maßnahmen wie PR-, Arbeit- und Projekt- und Redaktionspläne.

Als entscheidende Weichenstellung gilt nach Eintreten der Krise die „erste Reaktion einer Organisation gegenüber ihrer Zielgruppe, insbesondere gegenüber der Presse und der Öffentlichkeit". Dazu werden die etablierten Kommunikationskanäle verwendet. Die Inhalte orientieren sich an den Grundprinzipien (BMI 2014, S. 15):

- *Schnelligkeit (aktiv und frühzeitig)*
- *Wahrhaftigkeit (sachlich, transparent und wahr)*
- *Verständlichkeit (kurz, einfach, unkompliziert, bildhaft)*
- *Konsistenz (einheitlich, koordiniert, kontinuierlich)*

Für Behörden gilt die „One-Voice-Policy", damit widersprüchliche Aussagen vermieden werden und das Vertrauen der Stakeholder (insbesondere von Bürgerinnen und Bürger sowie krisenrelevanten Unternehmen) nicht geschwächt wird. Mittels der „One-Voice-Policy" wird eine Abstimmung der Behörde mit Ministerien und Regierung hinsichtlich Kommunikationsschwerpunkten und wissenschaftlichen Quellen umgesetzt. Die Kommunikation richtet sich dann mit Fortlauf der Krise an dem Krisenkommunikationsplan aus, der mittels ständiger Evaluierung und Nachjustierung die Einhaltung der Grundprinzipien der Krisenkommunikation garantiert.

## 2.2 Wertschöpfungspotenziale

Der Begriff der Wertschöpfung hat einen ökonomischen Ursprung und beschreibt das Ziel der wirtschaftlichen Tätigkeit eines Unternehmens: die Umwandlung von Ressourcen (Güter, Dienstleistungen, Kapital, Wissen) in Güter bzw. Dienstleistungen mit höherem (Geld-)Wert (Zerfaß 2015, S. 719). Die Kommunikation unterstützt den Wertschöpfungsprozess entlang der sogenannten Wertschöpfungskette, indem Austauschbeziehungen zu den relevanten Stakeholdern aufgebaut und stabilisiert werden (Rolke und Zerfaß 2014, S. 864 f.). Gemessen wird der dabei für die Behörde oder das Unternehmen entstehende Wert nicht allein anhand von Gewinn- oder Umsatzsteigerung, sondern mittels einer ganzheitlichen Unternehmensbetrachtung anhand der Steigerung des **Stakeholder-Value** (Zerfaß 2014, S. 25).

Es lassen sich zwei Ebenen der Wertschöpfung durch Kommunikation unterscheiden: die strategische Ebene, auf der langfristige und immateriellen Wertschöpfungspotenziale mittels qualitativen Kommunikationszielen (wie Reputationsaufbau, Kundenakquise und -bindung, Mitarbeitermotivation, gesellschaftliche Legitimation und Risikomanagement zur Sicherung von Marktanteilen) erzielt werden. Messbare Werte sind: Reputation, Marktwert und Unternehmenskultur. Die operative Wertschöpfungsebene wird anhand von Kommunikationsaktivitäten zu materiellen Unternehmenswerten (beispielsweise der laufenden Leistungserstellung) abgebildet. Generierbare Werte sind beispielsweise Bekanntheit, Kundenbeziehungen und Mitarbeiter-Commitment.

Die Krisenkommunikation zielt auf den Aufbau der Kommunikationswerte **Vertrauen und Glaubwürdigkeit** (Transparenz) ab (BMI 2014, S. 3). Diese sind in der Bandbreite der messbaren Kommunikationswerte der generellen Kommunikation weder auf strategischer noch auf operativer Ebene vorangelegt, sondern müssen durch Umstellung der Kommunikationsstrategie und Kommunikationsmaßnahmen erst aktiv mit Beginn der Krise adressiert werden (Abb. 1).

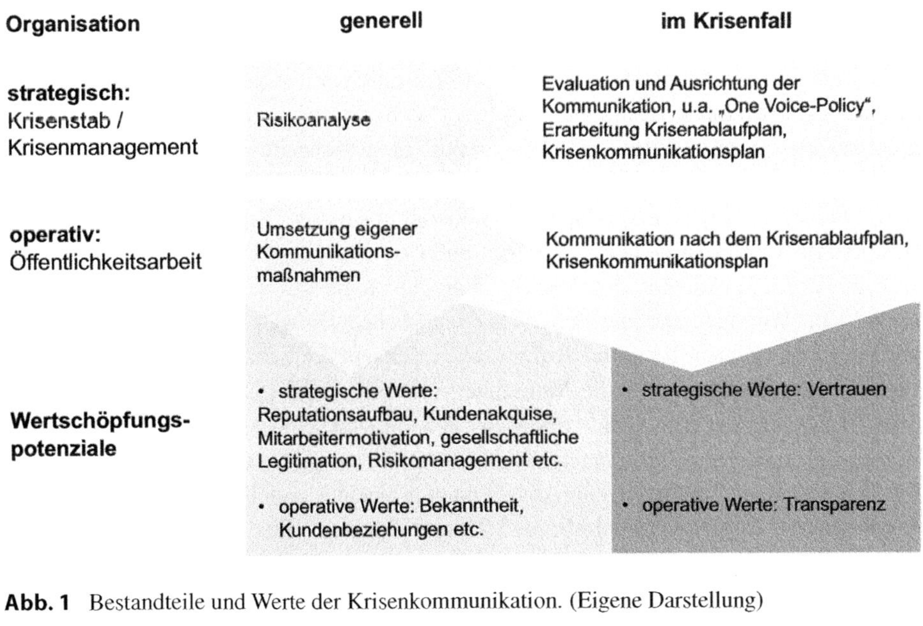


**Abb. 1** Bestandteile und Werte der Krisenkommunikation. (Eigene Darstellung)

# 3 Nachhaltigkeitskommunikation – strategisch verankertes Kommunikationskonzept

Vergleicht man die Bestandteile der Krisenkommunikation mit denen der Nachhaltigkeitskommunikation, fallen entscheidende Gemeinsamkeiten auf. Das Konzept der Nachhaltigkeit, das dem Begriff der Nachhaltigkeitskommunikation zugrunde liegt, ist mit dem Begriff der Krise eng verbunden. Ursprünglich bezeichnete „Nachhaltigkeit" bei von Carlowitz (1713) die ressourcenschonend und regenerativ gestaltete Forstwirtschaft, als Reaktion auf massive Rodungen. Als dramatischer Weckruf und Vorbote einer sich ankündigenden Krise wurde der Begriff in den 1970er-Jahren mit dem vom Club of Rome veröffentlichten Bericht „Grenzen des Wachstums" inhaltlich gleichgesetzt mit einer Eindämmung des Wachstums von Wirtschaft und Bevölkerung, um „einen ökologischen und wirtschaftlichen Gleichgewichtszustand herbeizuführen, der auch in weiterer Zukunft aufrechterhalten werden kann" (Meadows 1972, S. 17). Aktuell prägt die Agenda 2030 für nachhaltige Entwicklung, die durch die Vereinten Nationen (2015) und ihre 193 Mitgliedstaaten verabschiedet wurde, den Begriff der Nachhaltigkeit. Ihr voraus ging die Definition gemäß Brundtland-Bericht (Hauff 1987). Die Agenda 2030 gilt als „ambitionierte und transformative Vision" für Individuen, Unternehmen und Staaten der Welt einheitlich und definiert als Kernstück 17 „Sustainable Development Goals", die alle drei Dimensionen der Nachhaltigkeit gleichermaßen berücksichtigen (BMZ 2020).

## 3.1 Begriff der Nachhaltigkeit

Das Konzept der Nachhaltigkeit oder der nachhaltigen Entwicklung ist als gesellschaftliches Leitbild aufzufassen, das sich aus (über)-staatlichen und institutionellen Initiativen verschiedener Organisationen entwickelt hat. Das Konzept ist eng mit der rasanten Entwicklung des Menschen in den Megatrends Industrialisierung, Digitalisierung und Urbanisierung verknüpft. Es beschreibt den Weg „hin zu einer Welt, in der die Würde und die Entfaltungsmöglichkeit von Menschen überall auf dieser Welt heute und in Zukunft Kompass für gesellschaftliches, politisches und ökonomisches Handeln sind" (Schneidewind 2018, S. 23). Aus den drei Dimensionen „Ökologie", „Ökonomie" und „Soziales" ergibt sich, dass nicht nur der Schutz der natürlichen Umwelt im Fokus der Leitidee steht, sondern vielmehr als anthropozentrisches Konzept der Schutz der Umwelt im Hinblick auf ihre Bedeutung für die Menschheit (Jörissen et al. 1999, S. 46) infrage steht; zugespitzt bezeichnet der „Schutz des Menschen vor sich selbst" (Dyckhoff 2020, S. 45). Nachhaltigkeit beschreibt also einen Entwicklungsprozess hinaus aus einer globalen Krise mit dem Ziel, dass „künftige Generationen nicht schlechter gestellt sind, ihre Bedürfnisse zu befriedigen, als gegenwärtig Lebende" (Hessen Agentur 2020a, S. 46).

## 3.2 Definitionsansätze zur Nachhaltigkeitskommunikation

Der Begriff der Nachhaltigkeitskommunikation ist entsprechend der komplexen Leitidee der Nachhaltigkeit nicht definiert. Denn der Begriff „Nachhaltigkeitskommunikation" kann sowohl die Kommunikation zum Thema Nachhaltigkeit, die nachhaltig (andauernde) gestaltete Kommunikation als auch die ressourceneffiziente Kommunikation umfassen (Metzinger 2007, S. 299). Im Folgenden ist der Begriff Nachhaltigkeitskommunikation mit der „unternehmerischen Nachhaltigkeitskommunikation", der Öffentlichkeitsarbeit unter Zugrundelegung des Nachhaltigkeitsprinzips innerhalb einer Behörde oder eines Unternehmens, gleichzusetzen. Nach Zerfaß (1996, S. 287) umfasst die Nachhaltigkeitskommunikation „alle kommunikativen Handlungen über soziales und ökologisches Engagement sowie über die Zusammenhänge ökologischer, sozialer und ökonomischer Perspektiven in den Teilbereichen Marktkommunikation, Organisationskommunikation und Öffentlichkeitsarbeit, mit denen ein Beitrag zur Aufgabendefinition und -erfüllung in gewinnorientierten Wirtschaftseinheiten geleistet wird".

Betrachtet man die Charakteristika der Nachhaltigkeitskommunikation im Vergleich zu den Charakteristika der Krisenkommunikation (vgl. Tab. 2), erkennt man eine gemeinsame Ausrichtung. Während die Krisenkommunikation eine plötzlich für die Gesellschaft eintretende Gefahr behandelt, kommuniziert die Nachhaltigkeitskommunikation eine übergreifende, sich seit Jahrzehnten global entwickelnde Krise. Die Emotionen, denen die Krisenkommunikation im Zuge einer akuten Krise begegnen muss, sind dementsprechend heftiger: Angst, Verunsicherung und Wut werden forciert durch fehlende Informationen zu der vorherrschenden Bedrohungslage und einem erhöhten Bedürfnis an Informationen. Auch wenn diese Intensität bei der Nachhaltigkeitskommunikation nicht unmittelbar gegeben ist, so behandelt sie im Ergebnis auch eine Bandbreite an Emotionen, die Angst, Verunsicherung und Wut enthalten (vgl. Tab. 2). Bei der Nachhaltigkeitskommunikation werden diese Emotionen in die Grundüberlegungen zur Ausrichtung der gesamten Nachhaltigkeitskommunikation von Beginn an eingeplant und die Kommunikation langfristig (nicht kurzfristig wie bei der Krisenkommunikation) darauf ausgelegt. Diese Ausrichtung auf emotionale Reaktionen der Stakeholder manifestiert sich auch in der Verpflichtung zur Wahrhaftigkeit als Grundprinzip der Krisen- und auch der Nachhaltigkeitskommunikation. Sie zielt stets auf vollständige Offenlegung existierender Informationen ab, um sich (im Fall der Nachhaltigkeitskommunikation) vom Vorwurf der sogenannten „Greenwashing-Kommunikation" zu befreien. Diese liegt vor, wenn Nachhaltigkeit und Geschäftstätigkeit nur kommunikativ zusammenhängend vermittelt werden, schwaches praktisches Handeln mit hohem Kommunikationsaufwand kaschiert wird und Zielkonflikte durch fehlende Nachweise

**Tab. 2** Charakteristika der Krise und der Nachhaltigkeit für die Kommunikation

| | Krisenkommunikation | *Nachhaltigkeitskommunikation* |
|---|---|---|
| Ereignis | Konkrete Gefahr für Personen, Sachen, Sachwerte oder die Natur | *Kein plötzlicher Anlass oder Ereignis als Auslöser, sondern Verpflichtung gegenüber dem Prinzip der Nachhaltigkeit als gesellschaftliches Prinzip* |
| Emotion | Überraschender Eintritt der Krise, plötzliche Emotionen wie Angst, Verunsicherung, Wut | *Andauernde Emotionen wie Angst, Verunsicherung und Wut, aber auch Freude, Zufriedenheit und Erfolgsgefühle* |
| Information und Inspiration | Plötzlich fehlende Informationen bei gleichzeitig erhöhtem Informationsbedürfnis der Öffentlichkeit | *Informationsvermittlung zu sozialen, ökonomischen und ökologischen Belangen, gleichzeitig aber auch Inspiration (Problembewusstsein)* |
| Wahrhaftigkeit | Vollständige Offenlegung der existierenden Informationen | *Vollständige Offenlegung der existierenden Informationen* |
| Dynamik | Schnelle Veränderungen und Eskalationen im gesellschaftlichen Zusammenleben | *Fortschreitende Veränderungen und Eskalationen im gesellschaftlichen Zusammenleben* |
| Aufmerksamkeit | Hohe Aufmerksamkeit der Öffentlichkeit mit heftigen, stark variierenden Reaktionen | *Anhaltend steigende Aufmerksamkeit in der öffentlichen Wahrnehmung durch hohe Relevanz der Themen mit Nachhaltigkeitsbezug* |

der Behörde oder dem Unternehmen massiven Schaden zufügen können (Brugger 2010, S. 13). Die Nachhaltigkeitskommunikation ist wie die Krisenkommunikation einer dynamischen, unvorhersehbaren Entwicklung des Geschehens ausgeliefert, welche mit einer steigenden oder anhaltend hohen medialen Aufmerksamkeit einhergeht.

## 3.3 Organisatorische Grundlagen der Nachhaltigkeitskommunikation

Organisatorisch gibt es entscheidende Unterschiede zur Krisenkommunikation. Denn die Nachhaltigkeitskommunikation setzt eine strategische Verankerung des Prinzips der Nachhaltigkeit in der Behörde oder dem Unternehmen selbst voraus. Dies bedeutet, dass mittels dauerhafter Ausrichtung am Nachhaltigkeitsprinzip ein enger Zusammenhang zwischen dem Nachhaltigkeitsbeitrag und der Geschäftstätigkeit bestehen sollte und sich dies auf organisatorischer Ebene entsprechend widerspiegelt, indem ein Nachhaltigkeitsleitbild und ein Nachhaltigkeitsmanagement übergreifend etabliert werden. Das Nachhaltigkeitsmanagement implementiert nicht nur in Krisenzeiten, sondern dauerhaft die

Nachhaltigkeit in die Grundstrukturen der Behörde oder des Unternehmens und macht so soziale, ökologische und ökonomische Belange per se zum Tagesgeschäft. Dabei arbeitet das Nachhaltigkeitsmanagement nicht erst bei Auftreten einer Krise, sondern von Beginn an eng verzahnt mit der Öffentlichkeitsarbeit, um die auf Nachhaltigkeit fokussierte Ausrichtung in der internen und externen Kommunikation zu manifestieren und diese zu evaluieren.

## 3.4 Wertschöpfungspotenziale

Am kontrastreichsten sind die Unterschiede zwischen Krisen- und Nachhaltigkeitskommunikation im Bereich der Wertschöpfung. Die Nachhaltigkeitskommunikation besitzt über die generellen Wertschöpfungspotenziale der Kommunikation hinausgehende Werte: „**Zukunftsfähigkeit**" und „**Gesellschaftliche Legitimation**". Die Kommunikation hat im Bereich der Nachhaltigkeit die Aufgabe, neben der Meinungsbeeinflussung und der Imagebildung, die **Verstehenshandlung** zu fördern, um damit die strategische Unternehmenspositionierung des Unternehmens zu steigern (Zerfaß 2014, S. 31). Das strategische Nachhaltigkeitskommunikationsziel „Zukunftsfähigkeit" betrifft die Kerndefinition des Begriffs Nachhaltigkeit (engl. = sustainability). Durch dieses können Chancen, aber auch gesellschaftliche Krisenpotenziale früh identifiziert werden, außerdem werden dadurch Wettbewerbsvorteile sowie gesellschaftliche Legitimation des Unternehmens gesichert (Zerfaß et al. 2010, S. 28). Die Messbarkeit erfolgt durch das Monitoring der Meinungsbildung.

Auf der operativen Wertschöpfungsebene sichern im Bereich der „Gesellschaftlichen Legitimation" Handlungsspielräume als Wertschöpfungsfaktoren die „licence to operate" und sind damit die Voraussetzungen für den Bestand und die Weiterentwicklung in Markt und Gesellschaft. Im Rahmen dieses Wertschöpfungsprozesses muss die Kommunikation (nicht nur in der akuten Krise, sondern generell) Beziehungen zu Stakeholdern systematisch so aufbauen und pflegen, dass der Verstehenshandlung genüge getan wird (Rolke und Zerfaß 2014, S. 869). Eine besondere Bedeutung hat die Absicherung von Handlungsspielräumen dabei insbesondere für das Krisenmanagement, durch präventive und reaktive Kommunikation entlang der Belange der Stakeholder, auf die zurückgegriffen werden kann.

In der Praxis wird das Potenzial dieser strategischen und operativen Wertschöpfungsprozesse der Nachhaltigkeitskommunikation nur von einer Minderheit europäischer Kommunikationsmanager genutzt (Zerfaß et al. 2010, S. 28). Begründen lässt sich der Umstand damit, dass aus der betriebswirtschaftlichen Sicht Kommunikation ausschließlich als „Informations- und Bedeutungsvermittlung" konzipiert ist (Zerfaß 2009, S. 27 f.) (Abb. 2).

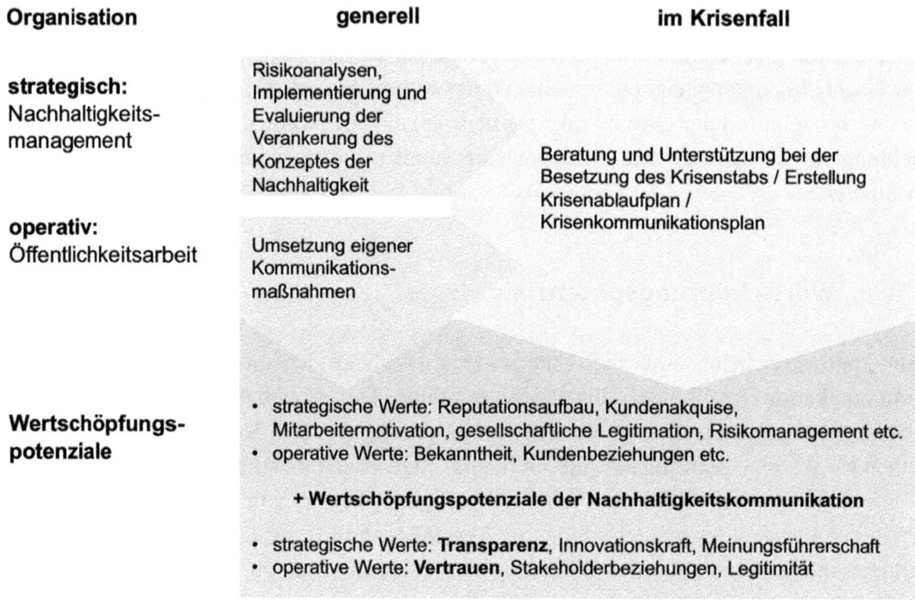


**Abb. 2** Bestandteile und Werte der Nachhaltigkeitskommunikation. (Eigene Darstellung)

## 4 Praxis: Kommunikation der Hessen Agentur Holding während der Krise – kurze Einblicke

Die DNS des Unternehmens Hessen Agentur ist der Netzwerkgedanke. Experten verschiedenster Fachrichtungen arbeiten in der Hessen Agentur Holding Hand in Hand. Die Hessen Agentur (HA) und ihre Tochtergesellschaften, die Hessen Trade & Invest GmbH (HTAI), die HA Stadtentwicklungsgesellschaft mbH sowie die LandesEnergieAgentur Hessen GmbH (LEA), entwickeln Kampagnen für das Land Hessen, öffnen Unternehmen den Zugang zu Förderprogrammen und stehen der Landesregierung als Dienstleister zur Verfügung. An der Schnittstelle zwischen Land, Kommunen, Wissenschaft, Wirtschaft, Gesellschaft und Politik verknüpft die Hessen Agentur Holding Institutionen und Akteure. Sie ist der **Wirtschaftsförderer** des Landes und fühlt sich dabei der **Nachhaltigkeitsstrategie Hessen** verpflichtet, deren konzeptioneller Kern Kooperation und Dialog ist. Der Dialog wird vorangetrieben und mit zahlreichen Projekten begleitet. Zum konzeptionellen Kern gehören auch Unternehmensführung und Kommunikationsplanung.

Die Kommunikation der Holding fußt auf Online-Managern und Kommunikationsexperten in verschiedenen Fachbereichen. Die Koordination übernimmt eine bei der Geschäftsführung angesiedelte Stabsstelle Unternehmenskommunikation, die wiederum im Netzwerk mit allen Ressorts der Landesregierung agiert. Während der Coronakrise im Jahr 2020 ist diese Schnittstellenfunktion besonders wichtig. Die Kommunikation in der Krise lässt sich in zwei Phasen aufteilen:

Phase 1: Die Hessen Agentur Holding hob im März 2020 mit einer Pressemitteilung hervor, dass sie an der Seite der hessischen Unternehmen steht (Hessen Agentur 2020a). Im Mittelpunkt auch der sich anschließenden Social-Media-Kommunikation stand die Weitergabe gesicherter Informationen und Hinweisen auf Unterstützungsangebote für die hessische Wirtschaft. Transparenz und Schnelligkeit sind wichtig, noch wichtiger ist aber die Seriosität. Die Hessen Agentur genießt als privatwirtschaftlich organisiertes Unternehmen der öffentlichen Hand das grundsätzliche Vertrauen, dass glaubwürdige und gesicherte Informationen veröffentlicht werden. Die klassische Pressemitteilung wird dabei auch nach den Erfahrungen mit der zielgruppenorientierten Online-Kommunikation künftig eine wichtige Rolle spielen.

Die mittelfristige Planung rückte in den äußerst dynamischen Krisenwochen von März bis Mai in den Hintergrund. Stattdessen wurden Routinen hinterfragt, und diejenigen, die in der Kommunikation verschiedener Institutionen arbeiten, stimmten sich unkompliziert miteinander ab. Eine volatile Lage erfordert, sich im Netzwerk der Hessischen Landesregierung eng und schnell abzustimmen, jederzeit bereit zu sein und flexibel sowie sensibel reagieren zu können.

Phase 2: Es wurde spätestens seit Juni 2020 analysiert, welche dauerhaften Veränderungen die Coronakrise mit sich bringt. Das Prinzip der Nachhaltigkeit ist fest in den Fachbereichen der Holding verankert – von der Innovationsförderung in der Abteilung Innovations- und Nachhaltigkeitsprojekte der HA und den Wirtschaftsförderungsteams der HTAI bis zur Beratung der Kommunen durch die LEA. Mit Druck wurde an zielgruppenorientierten Onlineangeboten – zu kulturellen und touristischen Angeboten sowie Angeboten zu den Themen Klimaschutz und Energiewende – gearbeitet. Auch der Relaunch der digitalen Unternehmenspräsenzen der Hessen Agentur und ihrer Töchter erhielt eine hohe Priorität. Die Frage, wie Konjunkturförderung und Klimaschutz zusammengehen, rückte in den Mittelpunkt der Kommunikationsplanung und wurde anhand konkreter Beispiele – wie unter anderem Förderung von E-Autos und Ladesäulenausbau (Hessen Agentur 2020b) oder einer Umrüstung von Straßenbeleuchtung auf LED-Technik (Hessen Agentur 2020c) – kommuniziert.

## 5 Fazit

Es ist weiterhin unvermeidlich, dass Kommunikationsverantwortliche individuell auf Krisen reagieren müssen. Die Nachhaltigkeitskommunikation ermöglicht jedoch, wie aufgezeigt, einen souveräneren Umgang mit Ausnahmesituationen. Nicht nur die wörtliche Übersetzung als „Zukunftsfähigkeit", sondern insbesondere die generierten Werte der Nachhaltigkeitskommunikation bewirken eine ehrliche und offene Kommunikation mit Stakeholdern, die dauerhaft angelegt ist. Eine „akute organisatorische Umstrukturierung" in den sowieso schon chaotischen Anfangsphasen der Krisenzeiten, in der Kommunikationspläne spontan verworfen und ad hoc neue Strukturen in wenigen Stunden etabliert werden, bergen zu hohe Risiken für Behörden und Unternehmen. Überdies ist dieses Vorgehen mit den direkteren Reaktionen von Stakeholdern mittels neuer Dialogformate und der gesellschaftlichen Forderung nach mehr direkter und ehrlicher Informationsvermittlung kaum vereinbar.

Dass die Werte der Nachhaltigkeitskommunikation Abhilfe schaffen können, zeigt die Praxis. In Hessen hat nicht nur das Ziel der Nachhaltigkeitskommunikation „Zukunftsfähigkeit" in kurzer Zeit unter dem Eindruck der Corona-Pandemie erneut enorm an Bedeutung gewonnen. Mit dem Ziel der breiten Bewusstseinsbildung und Öffentlichkeitsarbeit richtet sich die Nachhaltigkeitsstrategie Hessens zwar bereits seit dem Jahr 2008 vor allem mit Veranstaltungen, Kampagnen und Wettbewerben an Bürgerinnen und Bürger. Die Coronakrise hat aber bewirkt, dass Ziele der Nachhaltigkeitsstrategie als wichtige Säulen beim Schutz der Wirtschaft und der Sicherung der Arbeitsplätze gelten. Dabei werden die umfassenden Unterstützungsmaßnahmen für die Wirtschaft (insbesondere die zur Verfügung gestellten finanziellen Mittel) auch richtungsweisend eingesetzt (beispielsweise, indem in zukunftsfähige Technologien investiert wird), was auch eine strategische Verankerung der Nachhaltigkeitskommunikation nach sich zieht. Dynamische und sich schnell entwickelnde Krisen erfordern eine starke Kommunikation zu den wertschöpfenden Kommunikationspotenzialen „Vertrauen" und „Transparenz" – und das nicht nur in plötzlich auftretenden Ausnahmefällen, sondern langfristig, geplant und permanent.

**Valerie Apell** ist seit 2019 Kommunikationsmanagerin der LEA LandesEnergieAgentur Hessen GmbH. Sie hat 2016 mit dem „Magista iuris" ihr Studium der Rechtswissenschaften an der Ruprecht-Karls-Universität Heidelberg abgeschlossen. Im Anschluss war sie im Bereich CSR-Kommunikation und Umsetzung gesetzlicher Nachhaltigkeitsberichtspflichten tätig. Ihr darauffolgendes Masterstudium im Bereich Nachhaltigkeitsmanagement und -marketing hat sie als Mitarbeiterin der KfW Bankengruppe mit einer Masterarbeit zum Thema „Wirkungsmessung unternehmerischer Nachhaltigkeitskommunikation" erfolgreich abgeschlossen.

**Thorsten Schulte** war nach seinem Studium der Germanistik, Politik- und Medienwissenschaft in Marburg insgesamt sechs Jahre als Persönlicher Referent der Hessischen Ministerpräsidenten Roland Koch und Volker Bouffier tätig. Er arbeitete außerdem als Regierungsdirektor in der Presseabteilung der Hessischen Staatskanzlei und verantwortete das Marketing des Hessentags. Im Jahr 2014 wechselte er in die HA Hessen Agentur GmbH und leitet dort bis heute die Stabsstelle Unternehmenskommunikation, die Strategischen Projekte sowie das Büro der Geschäftsführung.

## Literatur


BBK (2019) Methode für die Risikoanalyse im Bevölkerungsschutz https://www.bbk.bund.de/SharedDocs/Downloads/DE/Mediathek/Publikationen/PiB/PiB-16-risikoanalyse-bevoelkerungsschutz.pdf?__blob=publicationFile&v=9. Zugegriffen: 5. Juli 2020

BBK (2020) Glossar, Buchstabe K. https://www.bbk.bund.de/DE/Infothek/Glossar/glossar_node.html. Zugegriffen: 07. Nov. 2021

BMI (2014) Leitfaden Krisenkommunikation, https://www.bmi.bund.de/SharedDocs/downloads/DE/publikationen/themen/bevoelkerungsschutz/leitfaden-krisenkommunikation.pdf?__blob=publicationFile&v=4. Zugegriffen: 5. Juni 2020

BMZ (2020) Bundesministerium für wirtschaftliche Zusammenarbeit und Entwicklung: Agenda 2030, https://www.bmz.de/de/ministerium/ziele/2030_agenda/index.html. Zugegriffen: 3. Mai 2020

Brugger F (2010) Nachhaltigkeit in der Unternehmenskommunikation. Bedeutung, Charakteristika und Herausforderungen, Dissertation Leuphana Universität Lüneburg 2010, Wiesbaden

Carlowitz C (1713) Sylviculura oeconomica, Nachdruck München 2013. S. 87: „wenn die Holtz und Waldung erst einmal ruinirt/so bleiben auch die Einkünffte auff unendliche Jahre hinaus zurücke/und das Cammer=Wesen wird dadurch gäntzlich erschöpffet/daß also unter gleichen scheinbaren Profit ein unersetzlicher Schade liegt"

Dyckhoff H (2000) Umweltschutz: Ein Thema für die Betriebswirtschaftslehre? In: Dyckhoff, H. (Hrsg.) Umweltmanagement. Zehn Lektionen in umweltorientierter Unternehmensführung, Berlin, S 41–58

Hessen Agentur (2020a) Pressemitteilung vom 25.03.2020 „Hessen Agentur steht an der Seite hessischer Unternehmen", https://www.hessen-agentur.de/pressemitteilungen/hessen-agentur-steht-an-der-seite-hessischer-unternehmen-2020. Zugegriffen: 07. Nov. 2021

Hessen Agentur (2020b) Pressemitteilung vom 09.06.2020 „Corona-Konjunkturpaket fördert E-Autos und Ladesäulenausbau", https://www.hessen-agentur.de/presse/pressemitteilungen/. Zugegriffen: 20. Juli 2020

Hessen Agentur (2020c) Pressemitteilung vom 06.07.2020 „Geld sparen und Klima schützen: LEDs für die Straßenbeleuchtung lohnen sich", https://www.hessen-agentur.de/presse/pressemitteilungen/. Zugegriffen: 20. Juli 2020

Hauff V (1987) Unsere gemeinsame Zukunft. Der Brundtland-Bericht der Weltkommission für Umwelt und Entwicklung (Hrsg). Eggenkamp

Jörissen J, Kopfmüller J, Brandl V, Paetau M (1999) Ein integratives Konzept nachhaltiger Entwicklung, Forschungszentrum Karlsruhe GmbH, Karlsruhe

Maletzke G (1963) Psychologie der Massenkommunikation, Hamburg

Mast C (2020) Unternehmenskommunikation: ein Leitfaden, Tübingen

Meadows D, (1972) Die Grenzen des Wachstums, Stuttgart

Meffert H, Burmann, C, Kirchgeorg M (2015) Marketing. Grundlagen marketingorientierter Unternehmensführung Konzepte – Instrumente – Praxisbeispiele, Wiesbaden

Metzinger P (2007) Kampagnenmanagement und Campaigning, in: Michelsen G, Godemann J (Hrsg.) Handbuch Nachhaltigkeitskommunikation. Grundlagen und Praxis, München

Rolke L, Zerfaß A (2014) Erfolgsmessung und Controlling der Unternehmenskommunikation: Wertbeitrag, Bezugsrahmen und Vorgehensweise, in: Zerfaß A, Piwinger M (Hrsg.) Handbuch Unternehmenskommunikation, Wiesbaden, S 863–885

Schneidewind, U (2018). Die große Transformation – Eine Einführung in die Kunst des gesellschaftlichen Wandels, Berlin 2018

Vereinte Nationen (2015) Resolution der Generalversammlung A/RES/70/1, Transformation unserer Welt: die Agenda 2030 für nachhaltige Entwicklung. https://www.un.org/Depts/german/gv-70/band1/ar70001.pdf. Zugegriffen: 20. Mai 2020

Zerfaß A (1996) Unternehmensführung und Öffentlichkeitsarbeit. Grundlegung einer Theorie der Unternehmenskommunikation und Public Relations, Wiesbaden, S 1996

Zerfaß A (2009) Controlling und Kommunikations-Controlling aus Sicht der Unternehmensführung. In: Zerfaß A (Hrsg) Pfannenberg J. Wertschöpfung durch Kommunikation, Frankfurt a. M., S 28–49

Zerfaß A (2014) Unternehmenskommunikation und Kommunikationsmanagement: Strategie, Management und Controlling in: Handbuch Unternehmenskommunikation, Wiesbaden, S 21–79

Zerfaß A (2015) Kommunikations-Controlling: steuerung und Wertschöpfung, in: Fröhlich R, Szyszka P, Bentele G (Hrsg.) Handbuch der Public Relations, Wiesbaden, S 715–738

Zerfaß A, Tench R, Verhoeven P, Vercic D, Moreno A (2010) European Communication Monitor 2010. Status Quo and challenges for public relations in Europe. Results of an empirical survey in 46 countries, Brüssel 2010. http://www.communicationmonitor.eu/wp-content/uploads/2018/03/ECM-2010-Results-ChartVersion-European-Communication-Monitor-Trends-Strategic-Communication-Management-Corporate-Communication-Public-Relations-PR.pdf. Zugegriffen: 8. Mai 2019

# Drei Dekaden Nachhaltigkeitsverständnis – Der Frankfurt-Hohenheimer Leitfaden (FHL): Umfeld – Entwicklung – Wirkung – Grenzen – Weiterführung

Johannes Hoffmann und Benedikt Hoffmann

**Zusammenfassung**

Aristoteles unterschied zwischen Geld als Tauschmittel und Geld als Geldkapital und folgerte, dass sich aus der Rolle des Geldes als Kapital eine ganz bestimmte Wirtschaftsweise ergibt, nämlich Kapitalismus. Ganz im Sinne seines Schöpfungsglaubens vertrat Thomas von Aquin die Ansicht, dass die Menschen die Welt von Gott als Lehen erhalten haben, damit alle einen hinreichenden Anteil am Gemeingut Erde zum Gebrauch bekommen. Im Grunde spiegelt sich diese Grundauffassung auch im Konzept vom Geld in einer sozialen Marktwirtschaft wider: Geld ist danach eine soziale Institution von der Regierung eines Staatswesens, bei uns der EU, geprägt und von der Arbeitsleistung vieler in seinem Wert erhalten. Welche Folgerungen ergeben sich für den Umgang mit Geld? Dieser Frage folgte die Forschungsgruppe Ethisch-Ökologisches Rating. Sie entwickelte ethisch-ökologische Kriterien zur Bewertung von Unternehmen und Kapitalanlagen; geprägt von der Hoffnung, dass mit der Annahme und der Anwendung der ethisch-ökologischen Kriterien *on the long run* die Entwicklung einer sozial-ökologischen Marktwirtschaft erreicht werden könnte. Die Autoren beschreiben die Entstehung des Frankfurt-Hohenheimer Leitfadens, das Umfeld, die Grenzen bis hin zum Übergang in das Corporate Responsibility

J. Hoffmann (✉)
Goethe-Universität Frankfurt, FB kath. Theologie – Sozialethik Wirtschaftsethik, Forschungsgruppe Ethisch Ökologisches Rating, Kelkheim, Deutschland
E-Mail: j.hoffmann@em.uni-frankfurt.de

B. Hoffmann
AfriKairos GmbH, Oberursel, Deutschland
E-Mail: benedikt@afrikairos.com



A. Trischler und S. Böhling (Hrsg.), *CSR in Hessen,* Management-Reihe Corporate Social Responsibility, https://doi.org/10.1007/978-3-662-63004-4_17

Rating und darüber hinaus: Eine Weiterentwicklung, die am Anfang nicht vorstellbar war, erhält nach rund drei Jahrzehnten unermüdlicher Forschung außerordentliche Wirkung und Aktualität am Weltfinanzmarkt.

## 1 Vorwort

Aristoteles unterschied zwischen Geld als Tauschmittel und Geld als Geldkapital und folgerte, dass sich aus der Rolle des Geldes als Kapital eine ganz bestimmte Wirtschaftsweise ergibt, nämlich Kapitalismus. Dieser bedeutet eine Absolutsetzung des Geldes. Geld wird zum letzten Bezugspunkt aller Werte. Wer das Geld zu seinem letzten Bezugspunkt macht, der betreibt eine Umwertung aller Werte. So wird zum Beispiel das Verhältnis zwischen Personen zu einem durch Geld vermittelten Verhältnis, weil sich ja dann zwischen die Personen das Geld schiebt und der jeweils andere vorrangig an seinem Geldwert gemessen wird. Geld wird auf diese Weise verwandelt von einem Mittel zum letzten Zweck. Damit nimmt das Geld quasi religiöse Züge an (Simmel 1989, S. 305). Ja, es übt kultische Faszination aus. Das Bereicherungsprinzip wird unausweichlich. Das Hauptgebot des Götzen Geld fordert von den Menschen ständige Leistungssteigerung, Wachstum, Modernisierung etc. Wenn wir das alles befolgen, wird uns vom Götzen Geld Reichtum, Glück, Freiheit, Bewunderung und Erfolg verheißen. Als ein Zeichen für die Vergötzung des Geldes kann man die Ein-Dollar-Note betrachten. Es steht zwar in der Mitte „In God we trust“, aber links davon ist die Pyramide des Illuminatenordens mit dem freimaurerischen allsehenden Auge Gottes abgebildet und darunter die Inschrift: „Novus ordo seclorum", Neue Weltordnung. Mit anderen Worten: Das Geld beinhaltet die neue Weltordnung und ist so der Gott, dem wir dienen sollen. Geld darf niemals zum Selbstzweck werden, vielmehr sollte es eigentlich nur ein Mittel sein, das die Menschen gebrauchen, um die Versorgung aller mit Gütern für eine menschenwürdige Lebensweise zu ermöglichen.

So hat sich das auch Thomas von Aquin gedacht. Ganz im Sinne seines Schöpfungsglaubens vertrat er die Ansicht, dass die Menschen die Welt von Gott als Lehen erhalten haben, damit alle einen hinreichenden Anteil am Gemeingut Erde zum Gebrauch bekommen. Privateigentum ist nach Thomas von Aquin kein Naturrecht. Niemand darf die Güter dieser Erde als sein Privateigentum betrachten. Die private Zuteilung der Erdengüter ist nur dann erlaubt, wenn – und solange – dadurch der Gemeingebrauch der Güter für alle besser ermöglicht werden kann. In der Lehensherrschaft des Mittelalters sah Thomas von Aquin die beste Form für die Realisierung des Gemeingebrauchs der Güter für alle Menschen.

Im Grunde spiegelt sich diese Grundauffassung auch im Konzept vom Geld in einer sozialen Marktwirtschaft wider: Geld ist danach eine soziale Institution von der Regierung eines Staatswesens, bei uns der EU, geprägt und von der Arbeitsleistung vieler in seinem Wert erhalten. Daher ist auch im Grundgesetz Artikel 14 (2) die Sozialpflichtigkeit des Eigentums betont.

Welche Folgerungen ergeben sich daraus für den Umgang mit Geld? Wie uns die Finanzkrise lehrt, leben wir in einem kapitalistischen Wirtschaftssystem, das heißt in einem System, in dem das Geldkapital Vorrang hat vor allen anderen Werten, vor Natur, Mensch, Arbeit, Gemeinwohl, Gemeingebrauch der Güter etc. Dieses System gilt es abzuschaffen und jeder/jede von uns kann dazu einen Beitrag leisten. Kapitalismus ist, wie alle Systeme oder auch Mechanismen, Ergebnis sozialer Prozesse in unserer Kultur und der Weltgesellschaft. Daher kann es durch soziale Prozesse in den Kulturen geändert werden. Wir müssen es nur wollen. Das aber verlangt von uns eine Veränderung unseres Handelns, unserer zum Beispiel wirtschaftlichen Praxis. Diese Frage hat uns in der Forschungsgruppe Ethisch-Ökologisches Rating umgetrieben. Als wir mit unserer Arbeit anfingen und uns überlegten, auf welche Weise wir einen Beitrag zur Befreiung der Menschen und der Natur von der Vorherrschaft des Finanzkapitals leisten könnten, sahen wir uns zwei Wegen gegenüber. Eine Möglichkeit zur Befreiung der Marktwirtschaft vom Kapitalismus sahen wir in Silvio Gesells *Geld-, Zins- und Bodenlehre.*[1] Das wäre der radikale Versuch gewesen. Doch dafür sahen wir in der Gesellschaft kaum Resonanz. Die Finanzkrise lag noch in der Ferne. Daher entschieden wir uns für den sanfteren Weg, wie wir es nannten. Wir entschieden uns für die Entwicklung von ethisch-ökologischen Kriterien zur Bewertung von Unternehmen und Kapitalanlagen in der Hoffnung, dass mit der Annahme und der Anwendung der ethisch-ökologischen Kriterien on the long run die Entwicklung einer sozial-ökologischen Marktwirtschaft entwickelt und erreicht werden könnte. In dieser Auffassung wurden wir auch von anderer Seite bestärkt und so kam es zur Entwicklung des FHL.

## 2 Umfeld für die Entstehung der Forschungsgruppe Ethisch-Ökologisches Rating

Im Jahr 1989 wurde ich von drei Bankmanagern der Deutschen Bank kontaktiert und gefragt: „Können wir mit Ihnen einmal über die Bewertung von Kapitalanlagen sprechen? Bei unserer Bank haben kirchliche Institutionen in zweistelliger Milliardenhöhe Geld angelegt. Aber die wissen nicht, was wir mit dem Geld machen, ob nämlich der Schaden, der durch die Art der Anlage entsteht, höher ist als der Nutzen, den die kirchlichen Institutionen mit den Gewinnen aus der Anlage bewirken können.“ Das hat mich als Theologe und Wirtschaftsethiker hellwach gemacht und so war für mich klar, mit den Bankmanagern über Möglichkeiten ethischer Anlagekriterien zu diskutieren. Als ersten Schritt einigten wir uns auf eine Tagung im März 1991 in der Evangelischen

[1] Einen guten Einblick in Gesells Überlegungen bietet das von Bartsch, Günter/Gesell, Silvio/Landauer, Gustav/Mühsam, Erich/Mülberger, Arthur/von Murald, Alex und Schmitt, Klaus herausgegebene Buch: Silvio Gesell „Marx“ der Anarchisten? Texte zur Befreiung der Marktwirtschaft vom Kapitalismus und der Kinder und Mütter vom patriarchalischen Bodenrecht, Berlin 1989.

Akademie in Bad Boll zum Thema: „Saubere Gewinne – Ethische Vermögensanlagen in der Diskussion" (Roche et al. 1992). An dieser Tagung nahmen etwa 70 Manager aus Banken teil. Es waren nicht nur Vertreter der 1988 gegründeten Ökobank zur Tagung gekommen, sondern auch von den Volksbanken, Sparkassen, Deutsche Bank bis hin zur Landesbank Baden-Württemberg. Peter Webster, der 1983 EIRIS (= Ethical Investment Research Services/London), sozusagen die erste Agentur für Nachhaltigkeitsratings, gegründet hatte, referierte über die Erfahrungen von EIRIS (Webster o. J., S. 62 ff.). Von ihm hatten wir uns konkrete Vorschläge erhofft, auf welche Weise wir bei Kapitalanlagen der ethischen Perspektive gegenüber der Priorisierung des Geldes in der Wirtschaft mehr Gewicht verleihen könnten. Das ist nicht einfach, denn „Geld ist geprägte Freiheit", wie Dostojewski in seinen „Aufzeichnungen aus dem Totenhaus" (Dostojewski 1979) schreibt. Nach Peter Webster kann EIRIS zwei Dinge anbieten:

> „Acceptable List and Portfolio Screens. An Acceptable List is a list of all Those Company Groups which meet the criteria set out by the investor. So it might be a South Africa free list or a tobacco free list or a tobacco, alcohol, gambling, South Africa free list. It depends on what the investor wants. But that is a list of Company Groups which meet the criteria they have set out." (Webster, S. 63).

Er erläutert weiter: „What goes on in ethical investment around the world? I divide it up into three main approaches and I use the term socially responsible investment as the overall to cover all three. The three are ‚ethical investment', ‚alternative investment' and ‚shareholder action'." (Webster, S. 66) Im Grunde geht es ihm darum: „And finally a desire to bring ethics back into finance." (Webster, S. 72) Am Schluss seines Vortrages äußerte er sich sehr skeptisch, ob es ethisches Investment gibt, weil man sich über die zu verfolgenden Werte nicht einigen kann. Daher ist er der Meinung: „I think it has to be concentrated on consistency and comparable information, and to put clarity and choice above depth of information in individual cases." (Webster o. J., S. 77)

Sowohl im Beitrag von Peter Roche, damals Deutsche Bank, als auch in dem von Oliver Förster, damals Ökobank, kam sehr deutlich die Notwendigkeit der Bildung einer „ethischen Ratingagentur" zum Ausdruck. Nach Peter Roche „kann sie zwar nicht die Allgemeinverbindlichkeit von ethischen Normen durchsetzen, aber Informationen anbieten darüber, inwieweit die zu untersuchende Anlage durch ethische Fragestellungen betroffen ist. Dem Anleger werden auf diese Weise die nötigen Hintergrundinformationen an die Hand gegeben, um – entsprechend seinen eigenen Prioritäten – selbst die Anlageentscheidung treffen zu können" (Roche 1992, S. 53). Dem stimmt auch Förster zu und erwartet von einer Ratingagentur, dass sie „dem jeweiligen Auftraggeber bzw. der jeweiligen Auftraggeberin die jeweils gewünschten Informationen im ethisch-ökologischen Bereich zur Verfügung zu stellen" (Förster o. J., S. 115).

Wie zu erwarten, wurde in der Schlussdiskussion der Wunsch nach einer methodisch gestützten wissenschaftlich begründeten Kriteriologie deutlich. Man könne im Land der Dichter und Denker keinen Investor dazu bewegen, zum Beispiel in einen Fonds zu investieren, der lediglich damit als ethischem Kriterium wirbt, dass er nicht in Tabak investiert, wie das in den USA der Fall sei. So wurde ich als Wirtschaftsethiker gefragt, ob es mir möglich sei, eine Forschungsgruppe zu bilden, die sich der Entwicklung einer differenzierten am Markt anwendbaren Kriteriologie widmen könnte.

Das konnte ich zusagen, zumal ich dazu seit 1985 Erfahrungen in der von mir mitgegründeten Projektgruppe „Ethik der Technik" innerhalb der „Interdisziplinären Arbeitsgruppe Technikfolgenforschung" der Universität Frankfurt sammeln konnte. Mit Soziologen, Philosophen, Naturwissenschaftlern und Theologen haben wir uns mit der ethischen Bewertung von Technikentwicklung im Entstehungsprozess befasst. Ganz generell ging es uns darum, „Kriterien zu entwickeln und plausibel zu machen, die der Beliebigkeit technischer, ökonomischer und politischer Machbarkeit Grenzen setzen" (Hoffmann 1992a, S. 9).

In einem Realitätstest konnten wir die Tauglichkeit unserer Kriterien demonstrieren. Es ging um eine ethische Stellungnahme zum Projekt „Sänger", das bis dahin vom Bundesministerium für Forschung und Technologie mit 250 Mio. DM gefördert wurde. „Bei dem Projekt ‚Sänger' handelte es sich um einen wiederverwendbaren Raumgleiter, der eine zu errichtende bemannte Raumstation versorgen sollte, also um einen voll wiederverwendbaren Hyperschallwelttransporter und somit um den Einstieg der BRD in die bemannte Weltraumfahrt." (Hoffmann 1992b, S. 7) Wenn dagegen keine hinreichenden Einwände aus Politik, Gesellschaft und Wissenschaft gekommen wären, dann hätte „das Projekt in die zweite Phase der Entwicklung gehen können, deren Kosten auf 48 Mrd. DM veranschlagt waren. Sofern die Entwicklungsarbeiten etwa im Jahr 2005 hätten abgeschlossen werden können, wäre dann mit dem Bau des Systems begonnen worden, für dessen Fertigstellung kein früheres Datum als das Jahr 2020 genannt wurde" (Hoffmann 1992b, S. 7). Jetzt haben wir das Jahr 2020 und jetzt hat sich die Situation dank Digitalisierung und Videokonferenzen grundlegend verändert. Wir brauchen keinen Raumgleiter, der zum Beispiel in drei Stunden 20 Leute von Frankfurt nach Tokio transportiert, um dort vielleicht an einer Konferenz teilzunehmen. Sowohl aus ökologischen, sozialen und ökonomischen Gründen sahen wir uns in der Forschungsgruppe veranlasst, das Projekt „Sänger" aus ethischer Perspektive abzuklopfen. Bestärkt wurden wir durch die Bedenken, die von der Deutschen Physikalischen Gesellschaft an die Bundesregierung gerichtet worden waren. Ursprünglich wollte die Bundesregierung im Dezember 1991 eine „Meilensteinentscheidung" fällen. Daher haben wir vor der Debatte des Projektes im Bundestag „eine erste hektographierte Fassung der Studie als ‚unerbetenes Gutachten' an einige Bundestagsabgeordnete, an andere Wissenschaftler, an MBB und an die Presse gegeben" (Hoffmann 1992b, S. 8). Das Ergebnis war: Das „unerbetene Gutachten" bewirkte die Ablehnung des Projektes Sänger im Deutschen Bundestag. Das war der Forschungsgruppe für die Entwicklung ethischer Kriterien zur Bewertung technischer, ökonomischer und ökologischer Vorgänge eine Bestätigung und Ermutigung, auf dem Weg konsequent weiterzugehen.

Der Erfolg machte uns sehr optimistisch. Wenn das so gut geht – so dachten wir –, dann werden ethisch-ökologisch orientierte Investoren mit großem Interesse auf die von uns entwickelten Kriterien zugreifen ganz im Sinne der Verse von Josef von Eichendorff:

> „Schläft ein Lied in allen Dingen, die da träumen fort und fort; und die Welt hebt an zu singen, triffst Du nur das Zauberwort."

Im Grunde ging es uns bei dem Projekt „Sänger" nicht um die Beurteilung eines Einzelfalles, sondern ganz allgemein um die Tragfähigkeit von Kriterien zur Beurteilung von technischen und wirtschaftlichen Entwicklungen. Grundlage unserer Überlegungen waren daher zunächst die Bestimmungen des Grundgesetzes über die Sozialpflichtigkeit des Eigentums (Artikel 14,2 GG), über den Schutz der natürlichen Lebensgrundlagen (Artikel 20a GG) und die Aussage in der Bayerischen Verfassung: „Alle wirtschaftliche Tätigkeit dient dem Gemeinwohl" (Artikel 151).

Für die inhaltliche Gestaltung einer Kriteriologie war für uns also neben der Ökonomie und der Ökologie die Begründung der Menschenrechte eine zentrale Grundlage. Wir haben zwar die Allgemeine Menschenrechtserklärung, aber die Begründung von Menschenrechten ist kulturspezifisch. Wir können nicht einfach das Verständnis der abendländischen Kultur und die Begründung in den westlichen Industrienationen allen Kulturen überstülpen. Also diskutierten wir in einem ersten Symposium 1990 mit Experten aus Europa, aus Lateinamerika, aus Asien, aus Afrika und mit Vertretern der drei großen Religionen (Christentum, Islam und Buddhismus) über die Begründung von Menschenrechten aus der Sicht dieser unterschiedlichen Kulturen (Hoffmann 1991a). Der Streit um die Menschrechte und ihre Begründung wurde dabei sehr deutlich. Allerdings gab es keinen Zweifel über die Unverzichtbarkeit der Universalität der Menschenrechte. „Jedoch wurden die kulturellen Voraussetzungen der Menschenrechte für ihre rechtliche Verankerung und für ihre Anwendung nicht hinreichend geklärt. Solange das nicht geschieht, verschwimmt die Rede von der Universalität der Menschenrechte nicht selten in zynischer Rhetorik … Es zeigte sich im Dialog in einem 2. Symposium im Jahr 1991 zwischen Vertreterinnen und Vertretern unterschiedlicher Kulturen und Religionen, dass die Fassung der Menschenrechtscharta der UN in der westlichen Kultur wurzelt und dass es Rechte gibt, die kulturell sehr voraussetzungsvoll sind und daher auf diese Voraussetzungen hin transparent gemacht werden müssen. Erst dann lassen sich die notwendigen kultureigenen Elemente von den universalen und kulturunabhängigen unterscheiden und zueinander in Beziehung setzen." (Hoffmann 1991b, S. 9) Um nur ein Beispiel zu nennen: So lehnte Felix Wilfred (Indien) die Definition des Universalen im westlichen Denken ab, weil dieses Universale die Verallgemeinerung des Besonderen darstelle, also einen kleinsten gemeinsamen Nenner repräsentieren solle, der „nicht wirklich das Gemeinsame" sei. Im Grunde verlaufe im Denken von Entwicklungs- und Schwellenländern Gesellschaften der Weg zum Universalen untrennbar mit dem Kontext verbunden. Das Allgemeine sei Teil ihrer Erfahrung, ihres Lebenskontextes und Allgemeines müsse vieles sein und das immer auch in Beziehung zum Kontext. Mit anderen Worten: Menschenrechte, die diesen Namen verdienen, müssen „auf die Vitalen menschlichen und Überlebensfragen antworten, mit denen die Völker der Entwicklungs- und Schwellenländer befasst sind" (Wilfred 1994, S. 158).

Konsequent mündeten diese Vorgaben in eine Erörterung der Erklärung der Vereinten Nationen aus dem Jahr 1986 über das „Recht auf Entwicklung". Daher erörterten wir in einem dritten interkulturellen Symposium wiederum mit Vertretern aus verschiedenen Kulturen „Das Recht auf kultureigene Entwicklung" (Hoffmann 1995). Die Ergebnisse gingen in die Entwicklung des FHL ein.

## 3 Entwicklung des Frankfurt-Hohenheimer Leitfadens

Auf dieser Ausgangsbasis und meiner Zusage am Ende der Tagung über ethische Geldanlagen in Bad Boll im Jahr 1991 begann ich mit der Bildung einer Forschungsgruppe zur Entwicklung einer Kriteriologie für eine ethisch-ökologische Ratingagentur. In einem Telefonat bei Prof. Dr. Gerhard Scherhorn bestätigte er, dass er das Vorhaben für sehr wichtig halte. Ohne eine differenzierte wissenschaftlich erarbeitete Kriteriologie könne eine Nachhaltigkeitsagentur kaum Unternehmen und Investoren dazu zu bewegen, in ethisch-ökologische Produkte zu investieren. Gerhard Scherhorn hat mit mir 1992 die „Forschungsgruppe Ethisch-Ökologisches Rating" gegründet und diese mit mir zusammen bis zu seinem tragischen Unfall am 11.06.2013 geleitet.

Mit Gerhard Scherhorn kam ein über Deutschland hinaus bekannter Ökonom in die Leitung. Er war unter anderem von 1966–1975 Professor für Volkswirtschaftslehre an der Hochschule für Wirtschaft und Politik in Hamburg, 1971–2005 Vorstandsmitglied des Instituts für angewandte Verbraucherforschung in Köln, 1972–1982 Mitglied des Verbraucherbeirats beim Bundesminister für Wirtschaft und von 1974–1979 Mitglied des Sachverständigenrats zur Begutachtung der gesamtwirtschaftlichen Entwicklung, also einer von den sogenannten fünf Wirtschaftsweisen, um nur einige seiner ökonomischen Engagements zu nennen. Von 1975–1998 war er Professor für Konsumtheorie und Verbraucherpolitik an der Universität Hohenheim in Stuttgart und hat dort das damals in Deutschland erste und einzige „Institut für Konsumforschung und Verbraucherpolitik" gegründet. Seit Gründung der Forschungsgruppe Ethisch-Ökologisches Rating traf sich die FG jeden Monat an einem Tag entweder in Frankfurt oder in Hohenheim. Hier wurden konkrete Aufgaben und Fragestellungen entwickelt und deren Erforschung als Aufgaben bis zur nächsten Sitzung an Gruppenmitglieder verteilt.

Zu Beginn unserer Zusammenarbeit überlegten wir, wie die Gruppe zusammengesetzt sein sollte, damit wir eine Kriteriologie zur Anwendung einer Nachhaltigkeitsagentur erarbeiten konnten. Daher engagierten wir zunächst wissenschaftliche Mitarbeiterinnen und Mitarbeiter aus unseren Fachgebieten. Auf diese Weise erreichten wir Interdisziplinarität in der Gruppe. In einem zweiten Schritt beriefen wir Frauen und Männer, die beruflich tätig waren, also Praktiker. Im Interesse der Umsetzung unserer

Ergebnisse in der wirtschaftlichen Realität erachteten wir Transdisziplinarität[2] als ein unverzichtbares Element unseres Forschungsansatzes. In seinem Grußwort anlässlich der Präsentation des Leitfadens vor Bankmanagern in der Aula der Goethe-Universität hat ihr Präsident Prof. Dr. Rudolf Steinberg am 15.09.2002 darauf Bezug genommen und gesagt: „Aber nicht nur deshalb bin ich so erfreut, gerade hier und heute zu Ihnen zu sprechen, sondern auch weil in diesem Projekt in vielerlei Hinsicht sozusagen auch das Selbstverständnis der Goethe-Universität sichtbar wird. Dieses wird bei Ihrem Projekt in dreifacher Weise deutlich: Zum ersten beleuchtet es das Problem des sogenannten Praxisbezugs universitärer Wissenschaft … das Projekt Ethisch-Ökologisches Rating ist in diesem Sinne ein beeindruckendes Beispiel universitärer Wissenschaft. Es ist aber – zweitens – auch ein schönes Modell, was den sogenannten Wissenstransfer angeht. Die Idee zu diesem Projekt kam, wie Sie wissen, von Managern der Deutschen Bank. Es geriet in die Hände von Universitäts-Theologen. Es ging wieder zurück an die Unternehmen, und kam von da wieder in die Universität. Hier wurde nicht ansatzweise bloß Wissen von der Universität nach draußen transferiert, der Transfer erfolgte in beide Richtungen. Der entscheidende Punkt in dem Ganzen war aber wohl, dass sich die universitäre Seite nicht damit begnügte, ihren wissenschaftlichen Beitrag zu liefern und damit die Sache für sich als abgeschlossen betrachtete, sondern weiter die Umsetzung ihrer Ergebnisse begleitete. An diesem Punkt kam zum Vorschein, was man gemeinhin die Verantwortung der Wissenschaft nennt (…) nicht nur wegen seines Themas, sondern auch wegen dieser besonderen Verantwortlichkeit, dieser Wissenschaftsethik selbst, scheint mir das Projekt Ethisch-Ökologisches Rating vorbildlich.“ (Steinberg 2000)

Erkenntnisse, die auf diese Weise für die Entwicklung und für die Übertragung unserer Kriteriologie in unterschiedliche ökonomische, kulturelle und gesellschaftliche Kontexte gewonnen werden konnten, wurden als Dissertationsthesen anerkannt und führten zur Promotion dieser externen Mitglieder der FG EÖR. Dazu gehörten die Doktorinnen und Doktoren Bernd Christian Balz (Referent bei einem Vorstand der Deutschen Bank) (Balz 1999), Roland Mierzwa (Pastoralreferent der Diözese Limburg) (Mierzwa 1998), Hans Albert Schneider (Bankbetriebswirt, Berufschullehrer und Religionslehrer) (Schneider 2001); Armin Schneider (Kolpingwerk, Diözesanverband Limburg, Frankfurt am Main; Referent in der Jugend- und Erwachsenenbildung, verbandliche Interessenvertretung, heute Professor an der Hochschule Koblenz) (Schneider 1993); Claus Lücker (Pfarrer der Diözese Aachen) (Lücker 1999); Peter Grieble (Verbraucherzentrale Stuttgart) (Grieble 2001); Claudia Döpfner, (Mitarbeiterin der

[2]Auch Uwe Schneidewind plädiert in seinem Beitrag „Wissenschaft in der Großen Transformation“ in der Politischen Ökologie Nr. 140/2015 ganz generell für „Inter- und transdisziplinäre Problembearbeitung“ und fordert „einen problemorientierte Wissensbearbeitung unter aktivem Einbeziehen der Wissensbestände außerwissenschaftlicher Akteure und Akteurinnen.“ In: Schneidewind, Uwe, Wissenschaft in der Großen Transformation. Verantwortung für die Gesellschaft, politische Ökologie 157–158, Denkpfade ins Morgenland, München 2019, Seite 208–209.

Hessischen Landesbank, Bereich Investmentbanking, heute CRIC, e. V.) (Döpfner 2000); Lucia Reisch (Wissenschaftliche Mitarbeiterin UNI Hohenheim) (Reisch 2001); Franziska Jahn (Analystin bei EIRIS/London, heute Direktorin bei Ruffer LLP/London) (Jahn 2004); Gwendolin Wanderer (Wissenschaftliche Mitarbeiterin UNI Frankfurt) (Hoffmann und Wanderer 2000); Clara Laeis (Unternehmensberatung) (Laeis 2005); Klaus Gabriel (Investmentbanker in Österreich, heute Geschäftsführer CRIC, e. V.) (Gabriel 2005, 2006); Simeon Ries (Katholisches Missionswerk Missio e. V., Aachen Diözesanreferent im Bistum Limburg Bildungsarbeit zu Themen der Weltkirche/ Öffentlichkeitsarbeit Kampagnenverantwortung; Fair Trade; heute Geschäftsführer facettenwerk – Gemeinnütziger Verein für Behindertenhilfe Wiesbaden und Rheingau-Taunus-Kreis e. V.) (Ries 2007); Sr. Veronika Fricke osf (Verwaltung im Orden) (Fricke 2011); Christian Beck (Pers. Referent beim Präsidenten des Deutschen Caritasverbandes, heute Professor an der katholischen Universität Eichstätt) (Beck 2003).

Schließlich gewannen wir auch Mitarbeiterinnen und Mitarbeiter aus Asien und Afrika und konnten so auch Fragen der internationalen und interkulturellen Brauchbarkeit unserer Ergebnisse in nichteuropäischen Kontexten bearbeiten. Dazu gehören: Dr. Ndidi Nnoli-Edozien, Enugu, Nigeria (Beraterin in der Wirtschaft, heute Chief Sustainability Officer, Dangote Group) (Edozien 2007); HyunJu Shim, Soul, Korea (Lehrerin) (Shim 2004); John Chidi Nwafor (Erziehungsministerium in Enugu, Nigeria) (Nwafor 2002); Josef Okechukwu Offor (Priester Diözese Enugu, Nigeria) (Offor 2002); Peter Okechukwu Nwankwo (Lehrer, Nigeria) (Nwankwo 2006); Chidi Leonhard Ilechukwu (Priester, Nigeria) (Ilechukwu 2008); Emanuel Franklyn Onyemaechi Ogbunwezeh (Theologe, Enugu Nigeria) (Ogbunwezeh 2012); Agi Makil, Indien (Finanzkoordinator im interdisziplinären Promotionsprogramm IPP, heute Lehrer für Wirtschaft und Recht am Gymnasium in Ebikon/Luzern) (Makil 2011).

Die Kontakte mit Frauen und Männern aus Afrika, Indien, China und Korea halfen uns, konkret die interkulturelle Brauchbarkeit des FHL zu erkunden. In Indien wurden zum Beispiel die Vorstände von 19 großen Unternehmen in Mumbai zum FHL befragt. Hier konnten auch die einfachen Arbeiter in der Regel Analphabeten in ihrer Sprache, nämlich Hindi, interviewt werden. Die Arbeiten zur Übertragung des Leitfadens auf die genannten Kulturen, wurden auch von den Unternehmen und auch von Universitäten wahrgenommen. Agi Makil schrieb mir dazu: „Ich habe das Thema nachhaltige Bewertung von Unternehmen in Indien aus folgenden Gründen gewählt: Ich finde den Ansatz sehr spannend, dass Nachhaltigkeit kulturspezifisch ist. Vorher hatte ich immer nur von einem Universalkonzept von Nachhaltigkeit gehört. Scheinbar steht dieses universale Konzept von Nachhaltigkeit in Widerspruch zur kulturellen Vielfalt. Dieses kulturspezifische Verständnis von Nachhaltigkeit wollte ich eben erforschen und konkretisieren. Ein wirklich spannendes Projekt, da ich nach Indien gereist bin, zu den Leuten/Anspruchsgruppen gehen durfte und mit ihnen über ihre Sichtweise von Nachhaltigkeit sprechen konnte."

Für die Mitarbeit in der FG EÖR interessierten sich immer wieder Frauen und Männer, die sich ehrenamtlich engagierten. Sie kamen und kommen einerseits mit neuen inhaltlichen Ideen. Andererseits sorgten sie mit ihrer Berufserfahrung dafür, dass wir sowohl in der Forschung als auch bei der Umsetzung unserer Ergebnisse geerdet blieben. Hier möchte ich besonders Dr. Gerhard Hofmann erwähnen, der als erfahrener Journalist[3] den Arbeitskreis Politik der FG EÖR leitete und dafür sorgte, dass unser Blog http://blog.ethisch-oekologisches-rating.org stets interessant und aktuell über nachhaltige Entwicklungen informiert.[4]

Auf diese Weise haben wir eine ökumenische, interdisziplinäre, interkulturelle, interreligiöse und transdisziplinäre Forschungsgruppe realisiert, die im Jahr 2018 von Frankfurt nach Tübingen umgesiedelt ist. Das Weltethos-Institut an der Universität Tübingen wird die Arbeit der Forschungsgruppe Ethisch-Ökologisches Rating unter dem Namen „Forschungsgruppe Finanzen und Wirtschaft“ weiterführen.

Zum Leitungsteam gehören folgende Personen:

- Dr. Ndidi Nnoli-Edozien, Chairwoman of the Board of Directors;
- Benedikt G. Hoffmann, Chairman of the Board of Directors;
- Prof. Dr. Harald Bolsinger, Member of the Board of Directors;
- Dr. Bernd Villhauer, Member of the Board of Directors;
- Bernd Hanheiser, Member of the Board of Directors;
- Prof. Dr. Johannes Hoffmann, Chairman of the Founding Board

## 4 Der Frankfurt-Hohenheimer Leitfaden (FHL) und das Corporate Responsibility Rating (CRR) als Instrumente der ethisch-ökologischen Bewertung von Unternehmen und Kapitalanlagen

In ihren Überlegungen ging die FG EÖR von den folgenden Grundannahmen aus: Technikentwicklung, Wirtschaftssysteme, monetäre Strukturen fallen nicht vom Himmel. Es sind keine Mechanismen, denen wir einfach ausgeliefert sind. Die Strukturen und Systeme sind Ergebnis sozialer Prozesse in einer Kultur. Weil das so ist, besitzt auch die Kultur in ihrem Ordnungswissen die Kraft, den Ist-Stand von Wirtschafts- und Technikentwicklungen zu verändern, wenn dieser Zustand von immer mehr Menschen als

[3] Dr. phil. Gerhard Hofmann, Berlin – geb. 1948; Studium der Geschichte und Politischen Wissenschaften in München; Geschäftsführer Agentur Zukunft; bis 2008 Chefkorrespondent von n-tv und RTL; Mitglied im Beirat der Neuen Gesellschaft/Frankfurter Hefte; Berater im Bereich der Erneuerbaren Energien und Nachhaltigen Entwicklung, u. a. für die Max-Planck-Gesellschaft und acatech – Deutsche Akademie der Technikwissenschaften.

[4] Unsere Buchveröffentlichungen erschienen bisher im ökom Verlag in München, im IKO-Verlag in Frankfurt und – betreut von Wolfgang Fischer, der auch Mitglied der FG EÖR war –, im Altius-Verlag in Erkelenz.

unbefriedigend oder gar zerstörerisch erfahren wird und wenn durch ihn die natürlichen und die sozialen Lebensgrundlagen gefährdet erscheinen.

Zunächst wird hier „Kultur im soziologischen Sinne rein deskriptiv verstanden, als die Gesamtheit der Werthaltungen in einer menschlichen Gruppierung. Wenn man untersuchen will, wie eine Gesellschaft funktioniert und wie sie sich von anderen Gesellschaften unterscheidet, ist das der angemessene Begriff. Im ethischen Sinne verwenden wir den Kulturbegriff, wenn wir fragen, was den unterschiedlichen Kulturen gemeinsam sei, wie sie sich beim Zusammenwachsen der Welt entwickeln, wohin sie konvergieren." (Scherhorn und Weber 2002, S. 5) Das aber setzt voraus, dass wir in konkreten Handlungssituationen die kulturell bedingten Eigenheiten, die alternativen Lebensmuster und die unterschiedliche Situationswahrnehmung zur Kenntnis nehmen. Darüber hinaus tangieren kulturelle Muster „religiöse Sinnwelten, Symbole, Riten und religiös sanktionierte Normen. Deshalb schließt eine interkulturelle Verständigung notwendig auch die interreligiöse Verständigung ein" (Siller 1997, S. 99 ff.). Kulturelle Muster prägen auch das Verständnis und die Gewichtung von Grundbedürfnissen, den psychosomatischen, wie nach Lebensunterhalt, nach sicherem Selbstgefühl, nach menschlichen Beziehungen und Selbstbestimmtheit. Kulturelle Muster prägen auch die soziopolitischen Bedürfnisse, wie nach Entfaltung, nach Gemeinschaft, nach Zusammenhang, nach Zivilisation, nach Gesellschaft (Scherhorn 2007, S. 63 ff.).

Das Kriterium der Kulturverträglichkeit wurde als dritte Bewertungsdimension in den Leitfaden aufgenommen, weil für die Gestaltung und Durchsetzung sowohl sozialverträglicher als auch naturverträglicher Dienstleistungen, Produkte und Produktionsverfahren sowie die Förderung und Umsetzung von Innovationen und Technikentwicklungen in diesen Bereichen das Ordnungswissen von Kulturen eine wichtige Rolle spielt. Denn, – so die Grundannahme, die hinter den Überlegungen zur Kulturverträglichkeit als Bewertungsdimension steht –, alle technischen und ökonomischen Prozesse und Innovationen sind soziale Prozesse. Es sind keine Mechanismen, denen wir einfach ausgeliefert sind, sondern diese sozialen Prozesse sind durch das Ordnungswissen, das eine Kultur in ihrer Tradition entwickelt hat, steuerbar. Das heißt: „Die Fähigkeit einer Gesellschaft, die in ihr auftretenden sozialen und ökologischen Probleme lösen zu können, hängt entscheidend von dem Ordnungswissen ab, das in der jeweiligen Kultur zur Verfügung steht, sozusagen fundamentaler Bestand der Tradition ist und zur Problemlösung mobilisiert werden kann." (Hoffmann 1997, S. 283)

Kultur meint hier weiter – ähnlich dem erweiterten Kulturbegriff der Definition der UNESCO Weltkonferenz über Kulturpolitik von Mexiko-City 1982 – den übergreifenden Lebensentwurf, der für die Mitglieder einer Gesellschaft letztlich maßgeblich ist.[5] Mit

[5] „... deshalb stimmt die Konferenz im Vertrauen auf die letztendliche Übereinstimmung der kulturellen und geistigen Ziele der Menschheit darin überein:

- Dass die Kultur in ihrem weitesten Sinne als die Gesamtheit der einzigartigen geistigen, materiellen, intellektuellen und emotionalen Aspekte angesehen werden kann, die eine Gesellschaft oder eine soziale Gruppe kennzeichnen. Dies schließt nicht nur Kunst und Literatur ein, dem Bericht „Our Creative Diversity“ der World Commission on Culture and Development[6] wird Kultur als lebensbestimmendes Element verstanden, das als Basis jeden Handelns alle Bereiche durchdringt. Damit ist Kultur die soziale Grundlage für Politik, für wirtschaftliche Produktion und Dienstleistungen einer Gesellschaft und für das Verhältnis zur Umwelt. Kultur befähigt die Menschen – so der Bericht – sich als handelnde Wesen zu begreifen, das „Schicksal“ selbst in die Hand zu nehmen, Einfluss auf gesellschaftliche Regelwerke zu nehmen und eine eigene Identität zu entwickeln (Herzog 2000, S. 26 ff.). Kultur bezeichnet folgerichtig „… the way in which people solve problems“. Damit unterscheidet sich jede Kultur von anderen durch die spezifische Art, wie sie mit gewissen Problemen umgeht (Fons Trompenaars 1993, S. 18 ff.).

Dass Kultur in ihrem Ordnungswissen die Kraft besitzt, „… den Ist-Stand von Wirtschafts- und Technikentwicklungen zu verändern, wenn dieser Zustand von immer mehr Menschen als unbefriedigend oder gar zerstörerisch erfahren wird und wenn durch ihn die natürlichen und die sozialen Lebensgrundlagen gefährdet erscheinen“ (Oekom research 2000, S. 18 f.), ist jedoch kein Automatismus. Denn unbestreitbar ist die derzeitige öko-soziale Krise gerade Ausdruck einer kulturellen Krise. Unsere von ökonomischer Rationalität bestimmte, also wirtschafts- und konsumzentrierte, sogenannte westliche Kultur, die heute globalisiert wird, trägt großen Anteil an der Entstehung und Verschärfung der derzeitigen Krise. Umwelt und soziale Aspekte, aber auch Kultur dienen in der dominanten neoliberalen Wirtschaftspolitik wirtschaftlichen Handlungszielen – nicht umgekehrt. Das hat fatale Folgen und muss geändert werden. Dies zeigt sich auch bei dem in der Nachhaltigkeitsdiskussion oftmals priorisierten „Triple Bottom Line-Ansatz“, bei dem Ökonomie formal gleichberechtigt zu ökologischen und sozialen Aspekten betrachtet wird, obwohl die ökonomischen Aspekte als ein Teil der gesellschaftlichen angesehen werden müssten. Für gewöhnlich wird in Konfliktfällen

---

sondern auch Lebensformen, die Grundrechte des Menschen, Wertsysteme, Traditionen und Glaubensrichtungen;
- dass der Mensch durch die Kultur befähigt wird, über sich selbst nachzudenken. Erst durch die Kultur werden wir zu menschlichen, rational handelnden Wesen, die über ein kritisches Urteilsvermögen und ein Gefühl der moralischen Verpflichtungen verfügen. Erst durch die Kultur erkennen wir Werte und treffen die Wahl. Erst durch die Kultur drückt sich der Mensch aus, wird sich seiner selbst bewusst, erkennt seine Unvollkommenheit, stellt seine eigenen Errungenschaften in Frage, sucht unermüdlich nach neuen Sinngehalten und schafft Werke, durch die er seine Begrenztheit überschreitet.“

(UNESCO 1982 – zit. n. Andreas Johannes Wiesand: Kunst ohne Grenzen? Kulturelle Identität und Freizügigkeit in Europa. Eine Einführung in Gegenwart, Probleme und Entwicklungschancen europäischer Kulturpolitik. Hg. v. Bundesminister des Innern, Köln 1987, 357).

[6]Vgl. UNESCO: Our Creative Diversity. Report of the World Commission on Culture and Development (Pérez de Cuéllar-Report, Paris 1995/1996.

dann der ökonomischen Dimension sogar Vorrang vor ökologischen und sozialen Aspekten eingeräumt. Die negativen Folgen wie die Ausbeutung der Umwelt, Klimawandel, Verschärfung sozialer Ungleichheit etc. sind hinreichend bekannt und müssen an dieser Stelle nicht weiter ausgeführt werden.

Angesichts der Coronakrise wird uns sehr deutlich bewusst, dass unser Globus ein System ist, in dem alles miteinander in Beziehung steht. Wie könnte sonst ein sehr kleines Lebewesen wie ein Virus blitzschnell den Globus und alle Gesellschaften der Welt ohne Ausnahme ohne Rücksicht auf nationale oder auch internationale Zusammenschlüsse durchdringen. Diese Erfahrung ist für uns in dieser Deutlichkeit neu und eröffnet auch für unser Vorhaben der Entwicklung einer weltweit wirkenden Kriteriologie zur Bewertung von Unternehmen eine neue Perspektive.

In der sogenannten westlichen Kultur spielt „Kultur" eine weitgehend untergeordnete Rolle. Der dominante Kulturbegriff reduziert Kultur meist auf den Teilbereich der Künste. Die gestalterische Kraft kulturellen Ordnungswissens – von einzelnen Künstlern zwar durchaus widergespiegelt und sichtbar gemacht – droht im Schatten der derzeit dominanten ökonomischen Rationalität zu „verblassen". Und auch Kunst wird, dieser Logik entsprechend, ständig bedroht, funktionalisiert zu werden. Zugleich vollzieht sich kultureller Wandel viel langsamer, als es die heutige globale Krise erfordert. Es bedarf dementsprechend einer bewussten kulturellen Umorientierung. Nur wenn es gelingt, Kultur wieder als „übergreifenden Lebensentwurf" zu verstehen und das internalisierte kulturelle Ordnungswissen zu stärken und den Erfordernissen entsprechend weiterzuentwickeln, kann „Nachhaltigkeit" und damit letztendlich auch eine funktionierende Marktwirtschaft gelingen. Denn das globale Vertrauen in die Funktionsfähigkeit der Wirtschaft ist ein öffentliches Gut. Dieses wird vom Markt nicht automatisch bereitgestellt, sondern muss vom Staat geschützt werden. Die moralischen Werte einer Gesellschaft wie Fairness, Verantwortung, Solidarität (trotz Konkurrenz), Vertrauen, Transparenz, Wahrhaftigkeit etc. sind zwar Voraussetzung wirtschaftlichen Handelns. Diese Werte können aber vom Wirtschaftssystem selbst nicht erzeugt, wohl aber beschädigt werden; etwa durch Forcierung eines Klimas zum Beispiel der Übervorteilung, der Korruption, Manipulation des Marktgeschehens, irreführender Werbung, Ausnutzen von Informationsasymmetrien, Kälte in der Unternehmenskommunikation und Verbreitung von Fake-News.

Die derzeitige Art und Weise des Wirtschaftens ist mit einer nachhaltigen Entwicklung unvereinbar. Sie ist nicht nur unökologisch, sondern auch sozial- und kulturunverträglich. Wird „Nachhaltigkeit", bei der es letztlich um inter- und intragenerationelle Gerechtigkeit geht, ernst gemeint, bedarf es eines gesellschaftlichen Wertewandels. Es bedarf einer Änderung unserer Rahmenbedingungen dahin gehend, dass Wirtschaft wieder die Rolle eines Mittels zugewiesen werden muss. Wirtschaft muss so organisiert sein, dass sie dem Menschen dient. Folglich kann es nicht Aufgabe der Wirtschaft sein, die Handlungsziele festzulegen, an denen Umwelt, Soziales und Kultur sich orientieren müssen. Damit einhergehend sollte ein Überdenken unserer Fixierung auf Wirtschaftswachstum und damit unser Produktions- und Konsumverhalten eine Rolle spielen.

Um diesen kulturellen Wandel voranzutreiben und ihm soziale Wirksamkeit einzuräumen, bedarf es des kulturellen Drucks sozialer Träger: Die Zivilgesellschaft hat dieses Potenzial. Denn immer mehr Menschen in unserer Gesellschaft wissen oder spüren zumindest, dass unsere öko-sozialen Lebensgrundlagen gefährdet sind. Auch fehlt es nicht an Studien, Konferenzen und Aufrufen. Auf der anderen Seite erleben wir aber vielfach eine Kluft zwischen Wissen und Handeln. Das gilt auch für die Eliten in Wirtschaft, Recht und Regierung und signalisiert damit einen Mangel an internalisierten Werten und Kenntnissen. Ein Grund hierfür mag darin liegen, dass man sich mit Fragen konkreter Umsetzung der Veränderung in Richtung sozialer und ökologischer Ziele oftmals alleine gelassen fühlt und es wenig praktische Erfahrung zu geben scheint. Doch gibt es bereits eine Vielzahl von Möglichkeiten und konkreten Initiativen.

Der FG EÖR ging und geht es um die Förderung eines das ökologische und soziale Gemeinwohl fördernden „sauberen" Kapitalismus. Den kann es geben, wenn auf den Finanzmärkten ethischer Wettbewerb herrscht, wenn die Gütermärkte nach dem Prinzip der Sustainable Production organisiert sind. Wenn die Arbeit gerecht verteilt wird und wenn eine Politik der Nachhaltigkeit dafür Sorge trägt, dass die Konsumenten die Wahl haben, sich für Sustainable Consumption zu entscheiden. Das ist unsere Vision. Ohne die Schaffung von Gesetzen, die ökologische, soziale und kulturelle Nachhaltigkeit verlangen, haben auch Konsumenten wenig Chancen, durch ihr Verbraucherverhalten für sauberen Kapitalismus zu sorgen. Darauf hat Caspar Dohmen in seiner Analyse über die Wirkung „engagierten Konsumierens" (Dohmen 2014) hingewiesen. Bei der Entwicklung der Kriterien für ein Nachhaltigkeitsrating, den FHL, sind wir auch auf die Fragen eines nachhaltigen Konsums eingegangen. Hier sind Forschungen berücksichtigt worden, die Gerhard Scherhorn, Lucia Reisch und Sabine Schrödl im Auftrag des Bundesministeriums für Bildung, Wissenschaft, Forschung und Technologie (BMBF) zusammengetragen haben. Danach ist Konsumverhalten dann „nachhaltig zu nennen, wenn es die Bedürfnisse der Konsumenten in einer Weise erfüllt, die die Absorptions- und Regenerationsfähigkeit der natürlichen Mitwelt nicht überfordert. Dazu gehört nicht nur Verantwortungsbewusstsein; es gehören dazu auch gesellschaftliche und wirtschaftliche Strukturen, die den Menschen nicht daran hindern, diesem Bewusstsein gemäß zu handeln" (Scherhorn und Reisch 1997, S. 7).

Die Zeit muss erweisen, wie realistisch die Vision ist. Das hängt entscheidend mit davon ab, ob sie sich politisch durchsetzt. Uns geht es um den Nachweis, dass sie realisierbar wäre – dass sie nach unserer Ansicht auch mit den grundlegenden Funktionsgesetzen des Kapitalismus vereinbar ist. Zweifellos würde der Kapitalismus in ökologisch und sozial verträglichere Leitplanken eingezäunt, wenn sich möglichst viele externe Kosten in den Preisen widerspiegeln würden. Es geht dem Kapitalismus um Akkumulation durch Aneignung von Gemeingütern. Daher müssen wir einen grundlegenden Schutz der Gemeingüter verlangen, indem das Eigentumsrecht, sie zu nutzen, ergänzt wird durch eine Eigentumspflicht, sie zu erhalten. Damit wird die Grundlage der Akkumulation durch Aneignung – und damit die Grundlage des Kapitalismus – entfallen. Nach Gerhard Scherhorn könne man „sich nicht blind auf die Weisheit des Marktes verlassen, sondern muss kritisch und im Detail untersuchen, wie sich die jeweiligen Machtverhältnisse auf sein Ergebnis auswirken". Und: „Machtblind nenne ich zum Beispiel die Vorstellung, man könne das Verhältnis von Arbeit und Kapital allein unter dem Aspekt betrachten, dass beide Produktionsfaktoren sind, die im Interesse der Güterproduktion rational kombiniert werden müssen, ohne zugleich dafür zu sorgen, dass beide in stabiler Machtbalance stehen". (Hoffmann und Hofmann 2020, S. 4 f.)

Die Erfahrung, die die Menschen in der ganzen Welt mit der Pandemie Covid-19 jetzt durchmachen, konfrontiert alle Menschen mit einer völlig neuen Situation. Das klingt vielleicht nicht ganz plausibel, denn dies ist ja nicht die erste Pandemie. Jetzt wird man global verstehen, welch verheerenden Folgen die kapitalistische Priorisierung des Geldes vor und in der Finanzkrise von 2008 hatte. Zum Beispiel wurden Krankenhäuser privatisiert, also kommerzialisiert, mit teilweise schlimmen Folgen für die Versorgung der Menschen. Das Deutsche Ärzteblatt berichtete bereits im Jahr 2012 „von desaströsen Verhältnissen in den krank gesparten griechischen Krankenhäusern. Es fehlte an Gerät, Material und Medikamenten. Die Ärzte arbeiteten für 1500,00 EUR im Monat, das Pflegepersonal musste monatelang darauf warten, überhaupt bezahlt zu werden ... Es fehlen 20.000 Pflegekräfte. Insgesamt zählt Griechenland heute nur 215 zur Corona-Behandlung geeignete Krankenhausbetten." (Prantl 2020, S. 6).

Mit der Vorstellung vom ethischen Wettbewerb wird der Gegenstand der FG EÖR berührt. Kapitalismus ist eine Wirtschaftsordnung, in der die Bewertungen und Handlungen der Wirtschaftssubjekte von den Gesetzen der Kapitalverwertung bestimmt werden. Mit dem Begriff „Kapital" ist dabei das Wirtschaftskapital gemeint, also die vom Menschen mithilfe naturgegebener Güter hervorgebrachten und weiterentwickelten Produktionsmittel. Im Rahmen der wirtschaftlichen Betrachtungsweise wird die Gesamtheit der naturgegebenen Produktionsgüter auch als Naturkapital bezeichnet. Sie bestehen im Wesentlichen aus Gemeinschaftsgütern.

Die Gesamtheit der von der jeweiligen Gesellschaft und Kultur beigetragenen Produktionsvoraussetzungen sind das Sozialkapital. Zum Sozialkapital gehören das Wissen und die Fähigkeiten der einzelnen (auch „Humankapital" genannt), vor allem aber die Intaktheit der Bedingungen, die den gesellschaftlichen Zusammenhalt, die zwischenmenschliche Solidarität, die kulturelle Integrationskraft sichern. Mit anderen Worten: Auch die gesellschaftlichen Produktivkräfte bestehen im Wesentlichen aus Gemeinschaftsgütern.

Nun ist es zwar eine historische Tatsache, dass die Verwertung und Expansion des Wirtschaftskapitals immer wieder mit einer Aufzehrung des Naturkapitals einhergegangen ist und auch heute noch einhergeht. Der Klimawandel mit seinen Folgen macht uns das sehr klar bewusst, auch wenn es unbelehrbare Klimaleugner gibt. Und es ist ebenso wenig zu bestreiten, dass die Expansion des Wirtschaftskapitals zum Teil auf Kosten des Sozialkapitals geht: Einkommensunterschiede nehmen weltweit zu, die Anzahl der nicht gebrauchten, marginalisierten Arbeitskräfte steigt in den meisten Ländern, die nationale Selbstversorgungskraft wird vielfach ohne Kompensation durch Exportfähigkeit zerstört, die Armutswanderungen werden immer bedrohlicher und als

Völkerwanderungen wahrgenommen, die Vielfalt der kleinen Unternehmen nimmt ab, die Einkaufsstraßen veröden zu monotonen Auslagen für wenige Massenprodukte, und Produktivitätssteigerungen werden oft durch Senkung der Qualität erkauft, gerade auch bei Dienstleistungen, zum Beispiel im Gesundheitswesen, wie uns das heute aufgrund der Privatisierung von Krankenhäusern und Pflegestationen nicht erst angesichts der Corona-Pandemie deutlich bewusst wird. Immer deutlicher zeigt sich die Notwendigkeit, über die Einführung eines bedingungslosen Grundeinkommens allen Menschen zur Wahrung der Menschenwürde einen angemessenen Anteil am Gemeingut zu geben (Hoffmann 2019, S. 135 ff.). Das bedingungslose Grundeinkommen ist angesichts der nicht gebrauchten und marginalisierten Arbeitskräfte – siehe das Beispiel der Beschäftigung bei der Fa. Tönnies in Gütersloh – geboten. Bisher wird sowohl in der katholischen Soziallehre als auch von politischen Parteien seit der industriellen Revolution des 19. Jahrhunderts die Position vertreten, dass es zur Würde als Mensch gehört, dass jeder Mensch in der Lage sein muss, für sich und seine Familie für ein menschenwürdiges Auskommen Arbeit zu bekommen. Diese Ansicht war für die wirtschaftliche und gesellschaftliche Entwicklung im 19. und 20. Jahrhundert außerordentlich wichtig. Sie hat aber leider nicht das Auseinanderdriften von „arm" und „reich" weltweit verhindert. Für eine Transformation der Wirtschaft ist im Artikel 14,2 des Grundgesetzes die Sozialpflichtigkeit des Eigentums als handlungsleitend vorgegeben, über den Schutz der natürlichen Lebensgrundlagen ist Artikel 20a GG und auch in der Bayerischen Verfassung klar definiert: „Alle wirtschaftliche Tätigkeit dient dem Gemeinwohl" (Artikel 151).

Davon ausgehend sind mindestens zwei Transformationen in der Wirtschaft fällig: Einerseits muss die Priorisierung des Geldes, des Finanzkapitals, durch eine Priorisierung des Gemeinwohls, der Commons, ersetzt werden, damit jeder Mensch ein seiner Würde entsprechendes Auskommen erhalten kann. Der Sinn menschlicher Würde ergibt sich dann vorrangig dadurch, dass jeder auch zu Tätigkeiten im Interesse des Gemeinwohls bereit ist. Tätigkeiten für die Commons geben den Menschen ihre Würde als Menschen und vermitteln ihnen Sinn und Anerkennung in der Gesellschaft. Dem korrespondiert andereseits, dass jeder Mensch aufgrund seines Tätigseins für die Commons ein bedingungsloses Grundeinkommen erhalten muss.

Demgegenüber sprechen wir zurzeit vom „unsauberen" Kapitalismus. Das heißt: In der Realität haben wir es mit einer Tendenz des Wirtschaftskapitals zu tun, sich auf Kosten des Natur-, Sozialkapital- und Kulturkapitals auszubreiten, also Mensch, Gesellschaft und Kultur auszusaugen (Hoffmann und Scherhorn 2002, S. 130 ff.).

Aus diesen Überlegungen ergab sich für uns folgende Problemstellung. Bisher legen die großen Rating-Agenturen, wie Standard & Poor's, Moody oder Euro-Ratings für die Bewertung von Aktien/von Unternehmen unter anderem als Kriterien „Bonität", „Rentabilität", „Transaktionskosten", „Laufzeit" und „steuerliche Aspekte" zugrunde. Inzwischen ist aber auf dem Hintergrund kulturellen Drucks bzw. sozialer Bewegungen das Interesse angewachsen, Geld auch unter ethischen Rücksichten anzulegen. Immer mehr Menschen gehen offenbar von der Prämisse aus, dass Eigentum dem ökonomischen, ökologischen, sozialen und kulturellen Gemeinwohl in der Pflicht ist, und dass ethisch begründete Geldanlagen ein Instrument sein können, dieser Prämisse Rechnung zu tragen und damit für wirtschaftliche Veränderungen zu sorgen, die ökologische und sozialverträgliche Technikentwicklungen hervorbringen, also dem Gemeinwohl dienen, wie es die Bayerische Verfassung vorschreibt.

Diese Tendenz, unter ethischen Rücksichten Geld anzulegen, hat insofern zusätzlichen Auftrieb erhalten, als die Überzeugung wächst, dass sich in Zukunft langfristig nur ethisch „saubere" Unternehmen am Markt überzeugend durchsetzen können und somit auch eine höhere Rendite als andere Anlagen abwerfen. Das zeigt sich jetzt auch im Zuge der Coronakrise. Ethisch-ökologisch anlegen, läge dann allein schon in der Tatsache begründet, dass zukünftige gesetzliche Regeln diese Unternehmen nicht treffen würden. Bereits im Rahmen des Börsencrashs von 1987 hat sich dies für den US-amerikanischen Markt bewahrheitet. Denn bei keinem ethischen Investmentfonds ergaben sich Einbußen, im Gegensatz zu allen herkömmlichen.

Auf diesem Hintergrund entwickelten wir die Kriteriologie des FHL. Der Wertbaum des FHL erstreckt sich, wie bereits aus den soeben angedeuteten Gegebenheiten über drei Wertdimensionen, nämlich: Naturverträglichkeit, Sozialverträglichkeit und Kulturverträglichkeit. Er umfasst ca. 850 Einzelkriterien.[7] Lucia Reisch hat das sehr übersichtlich tabellarisch dargestellt (Reisch 1998, S. 194 f.).

Ausgangspunkt für diese Trias waren für uns die bereits angedeuteten folgenden Überlegungen: Für die Gestaltung und Durchsetzung sowohl naturverträglicher als auch sozialverträglicher Produkte und Produktionsverfahren sowie für die Förderung und Umsetzung naturverträglicher Innovationen und Technikentwicklungen spielt das Ordnungswissen von Kulturen eine wichtige Rolle. Das gilt sowohl für Gesellschaften anderer Kulturen. Das gilt aber auch für die wirtschaftlichen Akteure in uns fremden Kulturen. Sowohl die Unternehmer wie auch die Konsumenten können uns sagen, wie und in welchem Umfang sie den Schutz der Gemeingüter ermöglichen. Daher erscheint die Dimension der Kulturverträglichkeit im Rahmen einer Kriteriologie unverzichtbar, wenngleich die Ausdifferenzierung dieser Dimension bei der Durchführung einer Wertbaumanalyse gerade wegen der Kulturspezifität auch Schwierigkeiten und Fragen mit sich bringt, die im Dialog mit den Vertretern der uns fremden Kulturen geklärt werden müssen. Die Fähigkeit einer Gesellschaft, die in ihr auftretenden sozialen und ökologischen Probleme lösen zu können, hängt entscheidend von dem Ordnungswissen ab, das in der jeweiligen Kultur zur Verfügung steht, sozusagen fundamentaler Bestand der Tradition ist und zur Problemlösung mobilisiert werden kann. Die faktische Kraft

[7] Im Rahmen dieses Beitrages ist eine ausführliche Behandlung der Kriterien nicht möglich. Sie sind sowohl in Deutsch als auch in Englisch in dem Buch: Hoffmann, Johannes/Ott, Konrad/Scherhorn, Gerhard, Hrsg. unter Mitarbeit von Bernd Christian Balz, Peter Grieble, Claus F. Lücker, Lucia Reisch und Hans-Albert Schneider: Ethische Kriterien für die Bewertung von Unternehmen – Frankfurt-Hohenheimer Leitfaden – Frankfurt/Stuttgart 1997.

des normativen Wissens von Kulturen kann zur Beherrschung der normativen Kraft faktischer Prozesse in Wissenschaft, Wirtschaft und Technik bewusst eingesetzt werden, weil zwischen allen drei Dimensionen Wechselwirkungen stattfinden.

Erkenntnisleitend waren für uns dabei immer zwei Grundsätze. Einerseits waren wir davon überzeugt, dass wir nur kleinschrittige Veränderungen des Normalbereichs anstreben können, weil nach unserer Überzeugung nur so tragfähige Veränderungen in Wirtschaft und Gesellschaft erreichbar sind. In dieser Auffassung sahen wir uns von der Evolutionsbiologie bestärkt, die davon ausgeht, dass nur kleinschrittige Veränderungen des Normalbereichs Evolution bedeutet. Große Sprünge im Sinne von Mutationen sind in der Regel nicht lebensfähig.

Der zweite erkenntnisleitende Grundsatz unserer Forschungsarbeit war immer und ist es auch jetzt, dass wir unsere Vorschläge im Dialog mit allen Stakeholdern in der Gesellschaft und in den betroffenen Kulturen erarbeiten müssen entsprechend der soziologischen Erfahrung, dass alle Systeme, Mechanismen, gesellschaftlichen Formen und kulturelles internalisiertes Ordnungswissen Ergebnisse sozialer Prozesse in Kulturen sind, die daher auch nur über soziale Prozesse in Kulturen verändert werden können.

Allerdings kann jeder an sich selbst beobachten, dass er eine Verhaltensweise oder eine Lebensweise, in der wir uns selber recht wohlfühlen, nicht ändert. Das gilt auch, wenn er weiß, dass durch sein Verhalten das ökologische, soziale und kulturelle Gemeinwohl Schaden nimmt. Solches ethisch nicht zu rechtfertigende Verhalten kann man trotz besseren Wissens nicht nur bei einzelnen Menschen, sondern auch bei Wirtschafts- und Finanzunternehmen, ja, auch bei Kirchen beobachten. Es wird sich zeigen, ob die Coronakrise, die ja auch eine Folge unseres kapitalistischen Wirtschaftssystems ist, die Menschen wachrüttelt, ein Umdenken in Gang kommt und zu radikalen Verhaltensänderungen führen wird. Frank Walter Steinmeier, unser Bundespräsident, ist offensichtlich zuversichtlich, wenn er sagt: „Die Welt nach Corona wird eine andere sein." (Kessler 2020b, S. 5) Und Bundesentwicklungsminister Müller: „Die Coronakrise ist ein Weckruf, mit Natur und Umwelt anders umzugehen. Deswegen können wir nicht einfach zur Normalität der Globalisierung zurückkehren. Der Immer-Weiter-Schneller-Mehrkapitalismus muss aufhören." (Kessler 2020b, S. 4) Und eine andere bessere Welt wird sie nur, „wenn dieser Kapitalismus in ein Wirtschaftssystem verwandelt wird, das auf Solidarität und Gemeinwohl gründet statt auf Gier und Egoismus. Und dies auch ohne Viren" (Kessler 2020b, S. 5).

Es kann sein, dass immer mehr Menschen begreifen, dass sowohl im Umgang mit der Natur, dem Klima, der Pandemie, als auch beim Zusammenleben in Gesellschaften ein Geben und Nehmen die Voraussetzung für das Wohlergehen und ein friedvolles Zusammenleben ist. Die Commons, die Gemeingüter gehören allen Menschen in gleicher Weise. Es geht nicht an, dass sich einige Menschen oder auch Unternehmen sich Gemeingüter aneignen, wie zum Beispiel Wasser, und damit Geschäfte machen und denen verkaufen, denen das Wasser, als ein Geschenk der Schöpfung oder, – nennen wir es des Systems Erde –, für alle Menschen, gehört. In der Coronakrise werden Unternehmen durch Kredite mit beachtlichem Umfang bereitgestellt. Das ist sicher wichtig, um die Wirtschaftskrise abzumildern. Aber Wolfgang Kessler fragt zu Recht: „Sollen wirklich auch jene 160 börsennotierten Unternehmen Geld der Steuerzahler erhalten, die in diesem Jahr noch 36 Mrd. EUR Dividenden an ihre Aktionäre auszahlen wollen, während der Steuerzahler die Kurzarbeit ihrer Beschäftigten finanziert? Die Antwort lautet: Nein. Wie es gehen kann, zeigt Dänemark: Dort erhalten Unternehmen keine Hilfe, wenn sie Gewinne auf Konten in Steueroasen verschoben haben." (Kessler 2020b, S. 6)

Das Gedicht „Der römische Brunnen" von Konrad Ferdinand Meyer, das ich in der Schule auswendig gelernt habe, kann unsere Gedanken über die Verteilung der Gemeingüter anregen. In der 6. Version von 1870 heißt es: „Der Springquell plätschert und ergießt sich in der Marmorschale Grund, Die sich erschleiernd, überfließt in einer zweiten Schale Rund; Und diese gibt sie, sie wird zu reich, Der dritten wallend ihre Flut, Und jede nimmt und jede gibt zugleich, Und alles strömt und alles ruht." (Böhler 2015)

Die Wirtschaft hat die Aufgabe, die Gemeingüter zu schützen und zu mehren. Vielleicht lernen wir das wieder auf dem Hintergrund der Corona-Pandemie. Bedeutende katastrophale Ereignisse, die mehr oder minder alle Menschen betreffen, können auch zu grundlegenden Änderungen befähigen. Das haben die Menschen, die im Osten Deutschlands nach dem 2. Weltkrieg vertrieben wurden, erfahren. Es könnte daher auch sein, dass durch die Corona-Pandemie bisher praktiziertes zum Beispiel ökonomisches Ordnungswissen grundlegend infrage gestellt wird und darüber Denk- und Handlungsprozesse ausgelöst werden, die zu einer Transformation wirtschaftlichen und gesellschaftlichen Handelns führen und gefragt wird, wie wir in Zukunft leben wollen. In der Sendung „Corona, Ethik und der Mensch" am 02.04.2020 zitierte Gert Scobel eine Befragung, nach der zurzeit Milliarden von Menschen zu Änderungen ihrer Lebensgestaltung bereit seien. Wenn das zutrifft, ist das ein Hoffnungszeichen. Es könnte also durchaus geschehen, dass aufgrund der Pandemie-Erfahrung sehr viele Menschen Verhaltensänderungen befürworten, die die große Transformation der Wirtschaft, von der wir ständig reden, gelingen lässt. Es ist zu hoffen, dass immer mehr Menschen wie Marc Beise zu der Überzeugung kommen: „Es geht darum, aus den Fehlern der Vergangenheit zu lernen, das globale Wirtschaftsmodell anzupassen, neue Lieferketten zu etablieren, die atemlose Hektik des Wirtschaftens im Großen wie im Kleinen zu überdenken. Dinge anpacken, die nie in voller Fahrt hätten angepackt werden können. So erschien es bisher nicht realistisch, das Klima im Interesse zukünftiger Generationen schnell zu schützen. Jetzt aber können Umweltschutz, Umwelttechnik und Digitalisierung der Zündstoff sein, damit die internationale Wirtschaft wieder anspringt. Die Chancen dafür stehen gar nicht so schlecht." (Beise 2020, S. 22) Als Theologe fällt mir dazu das 3. Kapitel des Buches Kohelet ein. In Weiterführung der Formulierung: „Alles hat seine Stunde, und es gibt eine Zeit für jegliche Sache unter der Sonne" könnten wir fortsetzend formulieren:

▶ **Wichtig**

Eine Zeit für das Ändern alter Gewohnheiten;
eine Zeit fürs Einüben neuer Gewohnheiten;

eine Zeit, in der wir unsere westliche Art, analytisch zu denken, mit der fernöstlichen Art, in Kreisläufen zu denken, kombinieren werden[8];
eine Zeit für einen Konsum, der auf nachhaltige und lokale Produkte setzt;
eine Zeit, in der die Autobahnen zu Fahrradwegen umfunktioniert werden;
eine Zeit für das Verbot von Leerverkäufen;
eine Zeit für eine Transaktionssteuer;
eine Zeit für eine gerechte Besteuerung des Geldkapitals;
eine Zeit für eine gerechte Besteuerung der Nutzung von Gemeingütern;
eine Zeit für das Verbot von Steueroasen;
eine Zeit für Dekarbonisierung;
eine Zeit für die Reduzierung von Pestiziden in der Landwirtschaft;
eine Zeit für die Reduzierung von Plastikmüll in den Weltmeeren;
eine Zeit, in der Kreislaufwirtschaft in allen Bereichen zum Ziel wird;
eine Zeit für die Durchsetzung eines ethischen Investments;
eine Zeit für die Wahrnehmung von Denkfehlern in unseren monetären Strukturen; eine Zeit für die Suche nach einer zukunftsfähigen Lebensgestaltung;
eine Zeit, in der alle Menschen für eine menschenwürdige Lebensweise einen angemessenen Anteil an den Gemeingütern bekommen;
eine Zeit, in der alle Menschen ohne Bedingungen ein Grundeinkommen für ein menschenwürdiges Leben als ihren Anteil an den Commons erhalten;
eine Zeit, in der die kirchlichen und die weltlichen Vertreter der Macht begreifen, dass allen Menschen aufgrund ihrer Würde ein hinreichender Anteil an den Commons zustehen, zum Beispiel in Form eines BGEs;
eine Zeit, in der der Marktkapitalismus als Vernichter der Commons sein Ende findet;
eine Zeit, in der die Europäische Zentralbank (EZB) bei ihren geldpolitischen Geschäften nicht mehr gegen die Grundrechtecharta der EU verstößt;
eine Zeit, in der wir alle unseren Beitrag für eine Kreislaufwirtschaft leisten;
eine Zeit, in der menschliche und gesellschaftliche Bindungen aufgrund der Einhaltung von Pflichten auf Gegenseitigkeit basieren;
eine Zeit, in der Geben und Nehmen, Reziprozität und Redistribution für alle Menschen selbstverständlich sein werden;
eine Zeit, in der den Menschen bewusst wird, dass „Nehmen und Geben" die angemessene Antwort auf Geschenk des Systems Erde ist.

Leider hat die Diskussion um die Eurobonds deutlich werden lassen, dass die Solidarität in Europa noch wachsen muss. Leider haben manche noch den Eindruck, „es könne sich bei dieser ‚Solidarität' um eine Veranstaltung zum einseitigen Vorteil handeln, … Das gilt

[8]Wittmann, Martin, Können wir unsere Erde noch retten, Herr Braungart?, in: FAZ, 10.1.2009, Nr.8, Seite Z6.

umso mehr, als die Solidität des deutschen Haushalts und die fehlende Solidität beispielsweise der italienischen Staatsfinanzen weitaus mehr miteinander zu tun haben, als die Verwalter der ‚schwarzen Null' auf ihrer Rechnung haben." (Steinfeld 2020, S. 9) Mit der Entwicklung des FHL ist der FG EÖR daran gelegen, dass alle Menschen ihrer Würde entsprechend gleichen Anteil an den Commons bekommen.

## 5 Der Wertbaum des FHL

Der logische Aufbau des Wertbaumes für ethisch-ökologisches Rating ist so geordnet, dass die ersten drei Ebenen die strukturierenden Ordnungsbegriffe enthalten, während die folgenden Ebenen zu den konkreten Bewertungen hinführen. Damit soll sichergestellt werden, dass kein Bewertungsobjekt übersehen wird, das für einen Ratsuchenden, das heißt für einen Investor, relevant sein könnte. Welche Sachverhalte dann jeweils zum Gegenstand der Bewertung gemacht werden, das hängt von dem Informationsbedarf dessen ab, der die Bewertung vornimmt oder in Auftrag gibt.

Die drei ersten Ebenen sind:

1. Ebene: Die grundlegenden Dimensionen der Bewertung (Kulturverträglichkeit, Sozialverträglichkeit und Naturverträglichkeit).
2. Ebene: Die Handlungsbereiche innerhalb einer Dimension.
3. Ebene: Die verschiedenen Bewertungsobjekte in einem Handlungsbereich.

Wir gehen von der Überzeugung aus, dass wirtschaftliches Handeln funktional auf die allgemeine Anerkennung von moralischen Normen angewiesen ist. Solche Normen sind mithin – wie schon erwähnt – Voraussetzungen wirtschaftlichen Handelns, die vom Wirtschaftssystem nicht selbst erzeugt, wohl aber von ihm (etwa durch die Verabsolutierung ökonomischer Rationalität) untergraben, beschädigt oder (im Extremfall) zerstört werden können. Unerlässliche Voraussetzungen wirtschaftlichen Handelns liegen demnach im Außenbereich des ökonomischen Systems, genauer: im lebensweltlich-kulturellen Ordnungswissen und in dessen normativen Gehalten, zum Beispiel in den folgenden zehn Geboten:

- Du sollst die biokulturelle Grundnorm (Überlebenssicherheit) in allen Handlungskontexten einhalten!
- Du sollst keine Schmerzen verursachen!
- Du sollst niemanden unfähig machen!
- Du sollst niemandem Freiheit oder Chancen entziehen!
- Du sollst niemandem seine Freude an etwas nehmen! – Du sollst nicht täuschen oder betrügen!
- Du sollst Deine Versprechen halten!

- Du sollst fremdes Eigentum respektieren!
- Du sollst dem Gesetz gehorchen!
- Du sollst niemanden über das Können hinaus sittlich beanspruchen!

Ökonomisches Handeln ist auf dieses Ordnungswissen angewiesen – und bedroht es zugleich, zum Beispiel dann, wenn kommerzielle Denkformen (zum Beispiel Maximierung des individuellen Vorteils) auf nichtkommerzielle Lebensbereiche (zum Beispiel die Familie) ausgedehnt werden und dies sich in entsprechenden Leitbildern (zum Beispiel „Zeit ist Geld") ausprägt. Unsere Annahme, dass jede Wirtschaftsordnung von der Wirksamkeit normativer Standards abhängt, die nicht innerökonomisch erzeugt werden können, impliziert mehr als nur, dass es staatliche bzw. rechtliche Rahmenbedingungen ökonomischen Handelns geben muss. Sie impliziert auch eine Verantwortung jedes Unternehmens für den Fortbestand sowie für die diskursive Fortentwicklung des normativen Ordnungswissens von Gesellschaften und Kulturen. Diese Verantwortung erschöpft sich nicht in der Beachtung der Gesetze (Legalismus), sondern schließt die „moralische Kultur" eines Unternehmens mit ein. Ansatzweise wird das in manchen kodifizierten Unternehmensgrundsätzen auch schon anerkannt.

Bei der Dimension Kulturverträglichkeit geht es somit ganz grundsätzlich um die ethische Verantwortung des Unternehmens in einer konkreten Gesellschaft und Kultur. Stellt man die Frage nach der ethischen Verantwortung auf der Ebene der Kultur, wird Kultur als elementare Basis für die Bewertung sowohl des menschlichen Zusammenlebens als auch für den Umgang mit der Mitwelt fokussiert. Kulturell nachhaltig ist ein Unternehmen dann, wenn es die manifesten Vorstellungen, Institutionen, Regeln, Rituale, Symbole und Mythen aufgreift und respektiert, auf deren Basis in einer Kultur Problemlösungen angegangen werden.

Mit anderen Worten: Das normative Ordnungswissen muss in die Unternehmenskultur inkorporiert sein. Das Kriterium der „Kulturverträglichkeit" bezieht sich also auf die Frage, ob und auf welche Weise ein Unternehmen dieser Verantwortung nachkommt, das heißt, wie verbindlich es das normative Ordnungswissen auffasst.

Kulturverträglichkeit fassen wir also auf als Verträglichkeit des wirtschaftlichen Handelns mit der fortschreitenden Kultivierung des gesellschaftlichen Gestaltungswillens in Richtung auf die Lebens- und Entfaltungschancen des Individuums, die Integrationsfähigkeit des Gemeinwesens, die Überlebensfähigkeit der natürlichen Mit- und Nachwelt, die Chancen kultureigener Entwicklung (vgl. Menschenrechtskonvention von 1986).

„Mit ‚Kulturverträglichkeit als Kriterium' versuchen wir daher Entwicklungen, wie sie in neuen sozialen Bewegungen zum Ausdruck kommen, wie etwa in der Friedensbewegung, Ökobewegung, Frauenbewegung, der Bewegung Fridays for Future etc., zu verstärken, um einem bio-kulturellen Grundmuster für eine gesamtgesellschaftliche Deutung und der täglichen Lebensgestaltung zum Durchbruch zu verhelfen. Wir hoffen, dass durch das kulturelle Ordnungswissen, das in den primärsozialen und sekundärsozialen Mechanismen in Erscheinung tritt, im Sinne von Bio-Überlebenssicherheit des

Menschen und seiner Mitwelt verändert, gebündelt und aufeinander bezogen werden kann." (Hoffmann 1997, S. 263 ff.)

Als kulturverträglich kann daher ein Unternehmen nur eingestuft werden, wenn es neben der Gewinnerzielung gleichrangig die genannten ethischen Unternehmensziele verfolgt. Die Frage nach dem Verhältnis der ökonomischen und der ethischen Ziele führt in ein Compliance-Rating der Kulturverträglichkeit. Zum System- und Performance-Rating der Kulturverträglichkeit führen Fragen über die konkrete Verantwortung für das Gemeinwesen, für Auslandsaktivitäten für kultureigene Entwicklung sowie Verantwortung in der Beziehung zu gesellschaftlich benachteiligten Gruppen. Die Bewertungsdimension Kulturverträglichkeit wurde von der FG EÖR schon in den 90er-Jahren als zentral und als Fundament aller anderen Wertdimensionen eingeführt.

Wir gehen von der überhistorischen bzw. anthropologischen Tatsache aus, dass die Menschen für eine vernunftmäßige Lenkung ihres Handelns durch jeweils einander entgegensetzte Antriebe herausgefordert werden, wie Aggression versus Fürsorge, Wettbewerb versus Kooperation etc. Zwischen diesen Polen von Antrieben, noch dazu in unübersichtlicher Lage, muss der Mensch mithilfe seiner Vernunft vermitteln. Dabei ist es denkbar, dass er sich an Grundnormen orientiert, wie: „du sollst niemanden töten!" oder „du sollst deine Versprechen halten!" etc. Es ist aber auch möglich, dass er sich unkritisch an gesellschaftlich dominanten Leitbildern orientiert, die in Gegensatz zu Grundnormen stehen. Dies aufzudecken und bewusst zu machen, ist eine zentrale Intention einer ethischen Bewertung von Unternehmen. Die folgende Aufzählung geschieht versuchsweise; sie bedarf weiterer Elaboration:

- Rücksicht und Fairness trotz Konkurrenz
- Diskursbereitschaft statt Positionalität
- Begrenzung partieller Interessen durch Respekt vor dem ökologischen, sozialen und kulturellen Gemeinwohl
- Selbstbegrenzung im Wachstum
- Kreativität mit Verantwortung
- Verzicht auf das Recht des Stärkeren
- Externe Anspruchsgruppen

Zur Bewertung eines Unternehmens unter dem Aspekt der Kulturverträglichkeit gehört es daher, seine Affinität sowohl zu den destruktiven als auch zu den konstruktiven Leitbildern zu ermitteln, die in der Gesellschaft angeboten werden.

Zusammen mit der oekom research GmbH (später AG), München, hat die Projektgruppe diese in der Welt bisher einmalige Bewertungssystematik in ein Ratingkonzept umgeschweißt, dem Corporate Responsibility Rating (= CRR). Mit dem *Corporate*

*Responsibility Rating* wird der „Best-of-Class-Ansatz“ abgebildet.[9] Dieses Verfahren bietet dem Investor nicht nur eine transparente Möglichkeit, ethisch-ökologische Anlageentscheidungen zu treffen. Vielmehr hat seine Anlageentscheidung nach dem „Best-of-Class-System“ auch ethisch-ökologische Wirkungen auf die gesamte wirtschaftliche Entwicklung, weil mit diesem Prüfverfahren sowohl innerhalb der Branchen als auch zwischen den Branchen ein ethischer Wettbewerb ausgelöst wird. Einem ethisch orientierten Investor kommt dies sehr entgegen, da er damit nicht nur seine individuellen Interessen verfolgt, sondern gleichzeitig in der Wirtschaft ganze Entwicklungen anstößt, die auf breiter Basis ethisch-ökologische Innovationen auslösen und eine kleinschrittige Veränderung des Kapitalmarktes hin zu mehr ethischer Performance bewirken.

## 6 Wirkung des FHL

Im Jahr 1997 hat die oekom research GmbH den FHL mit der FG EÖR in ein Ratingkonzept übertragen und zur Grundlage ihrer Agentur gemacht. Nach anfänglichen Schwierigkeiten haben zunehmend Kunden nicht nur in Deutschland, sondern auch in Österreich, in der Schweiz, in Luxemburg, in Frankreich, in Großbritannien, in Australien, Schweden und auch in den USA auf die Nachhaltigkeitsratings der oekom research AG von Unternehmen und Kapitalanlagen für ihre Anlageentscheidungen zugegriffen. Im Jahr 2018 hatte die oekom research AG 110 Analysten und unterhielt für seine Geschäftstätigkeiten Büros in München, Paris, London, New York und Zürich. Im gleichen Jahr wurde oekom research Teil von Institutional Shareholder Services Inc. (ISS), „dem weltweit größten Anbieter von Corporate Governance und Responsible Investment-Lösungen und beschäftigt zurzeit 200 Analysten. Mehr als 180 Finanzdienstleister und institutionelle Investoren nutzen das Nachhaltigkeitsresearch von oekom für die Auswahl von Wertpapieren in verschiedensten Anlageformen. Die durch die Analysen von oekom research beeinflussten Assets under Management betragen aktuell 1,5 Billionen Euro“ (oekom research 2018, S. 2).

Schon das ist eine bemerkenswerte Wirkung, die mit der Anwendung des FHL realisiert wurde.

Ein konkretes Beispiel aus der Ratingpraxis kann auch die unmittelbare Wirkung auf Unternehmen verdeutlichen: Bei einem Rating von Telekommunikationsfirmen in Europa im Jahr 1995, bei dem die Deutsche Telekom eher unwillig mitmachte, weil vor

[9] oekom research AG, Zur praktischen Umsetzung des Frankfurt-Hohenheimer Leitfadens: Das Corporate Responsibility Rating als Instrument für ethisches Investment, in: Projektgruppe Ethisch-ökologisches Rating/oekom research AG, Hrsg., Ethisch-ökologisches Rating. Der Frankfurt-Hohenheimer Leitfaden und seine Umsetzung durch das Corporate Responsibility Rating, 2. Erweiterte und aktualisierte Auflage, Schriftenreihe zur ökologischen Kommunikation 2002, Seiten 62–73.

dem Gang an die Börse, landete sie auf einem der letzten Plätze, weil sie damals noch kein Umweltmanagement hatte und weil alle Telefonkabel, die die Telekom in Innenräumen verlegte, aus für diesen Zweck sehr gefährlichem PVC hergestellt waren. Beide Mängel hat die Deutsche Telekom innerhalb eines Jahres beseitigt und landete aufgrund dieser Maßnahmen im Nachhaltigkeitsrating in Europa beim nächsten Rating auf dem ersten Platz. Dies wurde auch in der Presse zur Kenntnis genommen (Dohmen 2016b, S. 18).

Abgesehen von solchen sehr deutlich wahrnehmbaren Veränderungen zeigte sich auch, dass innerhalb der Branchen ein ethischer Wettbewerb entstand. Bei der oekom research AG konnte das in folgender Weise beobachtet werden: Allen Unternehmen, die sich an einem Nachhaltigkeitsrating beteiligten, bekamen das Ergebnis für ihre eigene Firma kostenlos mitgeteilt, aber nicht das Ergebnis des Ratings der ganzen Branche, also die Ergebnisse der Konkurrenten. Das Ratingergebnis der ganzen Branche musste durch die Unternehmen zum Beispiel von der oekom research AG gekauft werden. Die Unternehmen erwarben das Ergebnis des Branchenratings, um zu erkennen, in welchen Bereichen die Konkurrenten unter Nachhaltigkeitsgesichtspunkten besser waren, um mit diesen gleichzuziehen bzw. um sie zu übertreffen. Diese Vorgehensweise hatte eine doppelte Wirkung. Einerseits ergab sich innerhalb der Branchen ein ethischer Wettbewerb mit der Folge einer Verbesserung des Gesamtratings und andererseits erzielte die oekom Einnahmen, ohne in die Abhängigkeit der gerateten Unternehmen zu kommen.

Entsprechend unserer Bewertungsdimension „Kulturverträglichkeit" haben wir versucht, – wie bereits angedeutet – herauszufinden, ob unser im abendländischen christlich geprägten Kulturraum erarbeitete Kriteriologie auch weltweit in uns fremden Kulturräumen für eine nachhaltige Entwicklung in der Ökonomie brauchbar ist. Um das herauszufinden, sind wir zwei Wege gegangen.

Zunächst haben wir – zu Gast in der KfW – am 23. bis 25.11.2000 in einem interkulturell besetzten Symposium den FHL vorgestellt und mit Experten aus afrikanischen, lateinamerikanischen, asiatischen und europäischen Kulturen und Religionen diskutiert. Das Thema lautete: „Intercultural Compatibility of the ethical assessment of enterprises according to criteria of cultural, social and environmental sustainability". Im Auftrag der Forschungsgruppe wurden die Ergebnisse von Lucia Reisch zusammengestellt und als Buch herausgegeben (Reisch 2001).

Ferner haben wir, – wie zuvor schon dargelegt, – Männer und Frauen aus anderen Kulturen gebeten, den FHL in ihrer jeweiligen Kultur sowohl im wissenschaftlichen als auch wirtschaftlichen Kontext zur Sprache zu bringen. Damit wurde der FHL auch in nichtwestlichen Kulturen bekannt, denn es ging uns ja um globale Anwendbarkeit. Als Vorsitzender erhielt ich eine Reihe von Einladungen in Asien, Afrika und auch in der Jesuiten-Universität in San Salvador. Exemplarisch kann ich über ein paar Erfahrungen berichten.

Es gibt sogar eine neuere Anwendung des FHL im afrikanischen Kontext, die bisher kaum bedacht ist, was Nachhaltigkeitsratings betrifft. So hat Dr. Ndidi Nnoli-Edozien aufbauend auf dem FHL eine spezifische Anwendung für afrikanische Unternehmen entwickelt. Diese Forschung fand letztlich bei Afrikas größtem Unternehmen, der Dangote Group, Realisierung, die heute Nachhaltigkeitskriterien neben den klassischen Finanzindikatoren im integrierten Jahresbericht offenlegt. Diese als SevenPillars bekannte Methodologie dient noch weiteren afrikanischen Unternehmen als Orientierung und Maßstab zum Nachhaltigkeitsreporting: „The Frankfurt-Hohenheim Leitfaden inspired my PhD which investigated the ethics and values of traditional family owned businesses among Nigeria's Igbo people, widely acclaimed as possessing the most entrepreneurial culture across Africa. This PhD redefined Sustainability, from an African point of view, to include a third time dimension, namely the past (as well as the present and future) and there with to incorporate culture – in all of Africa's rich ancestral depth and wisdom- as the core to operationalize business sustainability. Following the PhD, I developed the SevenPillars approach, and then then re-joined the Lagos Business School to teach again. My academic endeavors were interrupted a second time when I was asked to build the Sustainability & Governance Function for Africa's largest conglomerate, DANGOTE, by the President-Owner, Aliko Dangote. The SevenPillars Methodology was applied as a framework to define and refine the business corporate culture around sustainability – now known as ‚The Dangote Way' for Africa's most profitable family-owned enterprise. The SevenPillars Approach was the practical application of my PhD which draws wisdom and insight from Professors Hoffmann and Scherhorn, co-founders of FHL. The work with DANGOTE validates the research, conducted as an affiliate of the Forschungsgruppe Ethisch-Oekologisches-Rating (EÖR, FHL) where the Ph.D. and SevenPillars were first developed 15 years ago in Frankfurt am Main. As part of the research arm of Afrikairos GmbH, I very much look forward to developing African case studies that provide deeper insight, useful research and know-how on African businesses, even as the world embraces Integrated Reporting, for which the SevenPillars approach was built. I am truly humbled to have been able to apply the concept of intercultural learning, by adapting the 3 pillars of FHG to suit the African context. I am proud that my SevenPillars Methodology, which places culture and values and ethics at their center, has contributed towards propelling a remarkable African business and inspiring entrepreneur into a leadership position for Sustainability in Africa and as an emerging reference point for same worldwide."[10]

## 6.1 Beispiel Korea

Aufgrund von Kontakten mit Frau Prof. Dr. Haruko Okano von der Hiroshima-University und aufgrund von Kooperationsgesprächen der oekom research AG mit dem Leiter vom Japan Research Institute, Eiichiro Adachi, wurde ich nach Japan eingeladen,

[10] Die Firma AfriKairos GmbH (afrikairos.com) bietet Unternehmen Beratung zur Umsetzung dieses Nachhaltigkeitssystems an.

um den FHL vorzustellen. Ferner haben eine Koreanerin, nämlich Hyun Ju Shim und ein Koreaner, nämlich Sang Kyu Hwang, an Dissertationen im Rahmen der Forschungsgruppe Ethisch-Ökologisches Rating der Goethe-Universität Frankfurt gearbeitet. So kam es zu Kooperationen in Korea und Japan.

Am 28.03.2001 fand an der Chonnam National University in Kwangju ein Symposium statt, bei dem der FHL diskutiert wurde. Zum Auftakt wurde ich gebeten, zu folgendem Thema zu sprechen: „The Project Ethical and Ecological Rating and its Effects on the Capital Market." Danach referierte Frau Prof. Dr. Haruko Okano von der Hiroshima Universität in Japan zum Thema: „Economic-Ethics in the Cultural Kontext of Japan", Prof. Dr. Yoshiki Kondo, ebenfalls von der Hiroshima Universität sprach zum Thema „What is Trust? What is Belief?". Schließlich war Prof. Dr. Chun Hun-Ho von der Catholic University of Daegu zum Thema gebeten: „The Capacity of the Ecological World for Support of the Life and the Christian Role." Das Symposium fand in der Aula der Universität statt. Außer den japanischen waren auch Kolleginnen und Kollegen anderer Universitäten Koreas gekommen. Der Bericht über das Projekt „Ethisch-Ökologisches Rating" wurde mit großem Interesse aufgenommen und aus dem Blickwinkel der sozioökonomischen und kulturellen Situation Koreas diskutiert. Dabei wurde auf alle Wertdimensionen des FHL Bezug genommen. Besonderes Interesse galt den kulturellen Differenzen zwischen Europa/Deutschland und Korea/Asien. Um an der Übertragung des FHL und des CRR in den koreanischen Kontext weiterzuarbeiten, erfolgte eine Einladung für das nächste Semester (Hoffmann 2001, S. 3).

## 6.2 Beispiel Japan

Von Korea reisten wir nach Japan. In Japan kamen wir mit einem Land in Kontakt, das herausgefordert durch die Kyoto Konferenz mit dem Top-Runner-Projekt im Jahr 1998 in ökologischer Hinsicht eine Pionierleistung in Wirtschaft und Gesellschaft erbracht hat, die weltweit Beachtung fand.

Meiner Ansicht nach bleiben zivilgesellschaftliche Initiativen nicht allein auf die Abwehr von Übergriffen des Staates ausgerichtet, sondern auch auf ökonomische und monetäre Strukturen und Akteure, wenn diese so mächtig geworden sind, dass der Staat ihrer nicht mehr Herr zu werden scheint und der Staat sich ihren Ansprüchen durch die Setzung von Rahmenbedingungen nicht mehr erwehren kann. Das beinhaltet zivilgesellschaftliche Formierung, die „Herausbildung einer Demokratie förderlichen Kultur" (Hoffmann 2001, S. 10) und den Schutz rechtsstaatlicher Prinzipien gegenüber dem Angriff mächtiger multinationaler Konzerne, wie das im Versuch des Multilateralen Investitionsabkommens (MAI) deutlich wurde. In dem die OECD-Länder, also die 29 reichsten Industrieländer der Welt, der Verfassung einer einheitlichen globalen Wirtschaft zustimmen sollten, durch die ausländische Investoren weitgehende Rechte und Freiheiten gewährt werden sollten, die durch keine nationale Regierung im Interesse weder der Menschen noch der Umwelt eingeschränkt werden könnten. Gegen dieses Ansinnen haben Bürgerinitiativen und auch wir von der FG EÖR für Transparenz gesorgt und den erforderlichen kulturellen Druck mobilisiert, dass das MAI nicht zur Unterzeichnung gelangte. Zivilgesellschaftliche Akteure und Bewegungen erwiesen sich als wachsames Instrument zum Schutz des demokratischen Staates. Sie treten je nach den Gegebenheiten des sozioökonomischen Kontextes immer dann auf den Plan, wenn Freiheit und Leben der Menschen oder die Mitwelt auf dem Spiel stehen. Die Entwicklung von Zivilgesellschaft als „gesellschaftsweit empfindliche Sensoren" (Habermas 1922, S. 435), wie Habermas das versteht, setzt voraus, Menschen konnten in ihrer Sozialisation soziale Kompetenzen erwerben, Einfühlungsvermögen und Mitgefühl entwickeln, mit eigener Angst die Situationen differenziert wahrnehmen und genügend Selbstsicherheit einüben, um auch aus einer Minderheitenposition heraus die eigene Überzeugung durchzuhalten und zu leben.[11]

So muss die Weiterentwicklung des Nachhaltigkeitsverständnisses den Unternehmen die Selbstkontrolle, aber auch die soziale Kontrolle darüber eröffnen, was und wie viel sie zur Erhaltung und Kultivierung der naturgegebenen, gesellschaftlich/kulturellen und realwirtschaftlichen Lebens- und Produktionsgrundlagen beitragen. Wie Unternehmen dies bewerkstelligen können, hat uns Japan mit seinem Top-Runner-Ansatz im Klimaschutz vorgemacht. Der Top-Runner-Ansatz wurde vom japanischen Wirtschaftsministerium (METI) vor der Kyoto-Konferenz der Vereinten Nationen als Teil einer Novellierung eines Energieeinsparungsgesetzes erlassen, um der Welt zu zeigen, dass es auch anders geht und man damit auch hervorragende Geschäfte weltweit machen kann. Das Energieeinsparungsgesetz stieß zunächst nicht auf Gegenliebe bei der Industrie. Inzwischen ist das Gegenteil eingetreten. Denn der Top-Runner erwies sich nicht nur als ein ausgezeichnetes Instrument zur Reduzierung der Treibhausgasemissionen, sondern sorgte für eine Verringerung der Produktionskosten und trug dazu bei, dass Innovationen zur Verbesserung der Energieeffizienz entwickelt wurden. Sowohl die Minderung der Produktionskosten durch Energieeffizienz und dazu noch die Innovationen, die zur Steigerung von Energieeffizienz entwickelt wurden, erbrachten Wettbewerbsvorteile auf dem Weltmarkt.

**Wie funktioniert das Top-Runner-Modell?** „Der Top-Runner-Ansatz ernennt den energieeffizientesten Mittelwert der verkauften Produkte eines Herstellers innerhalb einer Produktgruppe zum Zeitpunkt des Basisjahres zum ‚Top-Runner'. Alle anderen Hersteller von Produkten dieser Produktgruppe müssen bis zu einem bestimmten Zieljahr den vorgeschriebenen Effizienzwert erreicht haben. Eine Produktkategorie ist in verschiedene Produktgruppen unterteilt, um unterschiedliche Größen, Gewichtsklassen oder auch Sondervorrichtungen der einzelnen Produkte zu berücksichtigen. Das Zieljahr wird je nach dem durchschnittlichen technischen Lebenszyklus der Produkte

[11] vgl. Gerd Meyer/Angela Hermann, Zivilcourage im Alltag. Ergebnisse einer empirischen Studie, in: Aus Politik und Zeitgeschichte. Beilage zur Wochenzeitung Das Parlament, B7-8/2000, Bonn 11. Febr. 2000, 3–13.

der jeweiligen Produktkategorien festgesetzt. Vorausgesetzt werden bei dieser Rechnung jedoch gleichbleibende Verkaufszahlen zwischen Basis- und Zieljahr.

Der Ansatz sieht auch einen Sanktionsmechanismus vor. Schafft ein Hersteller es nicht, den Top-Runner-Wert der jeweiligen Produktgruppe bis zum Zieljahr zu erreichen, verschickt das METI zunächst eine Mahnung. Bei weiterem Nichtbefolgen folgt eine Veröffentlichung des Namens des Herstellers und eine Anordnung, Maßnahmen zur Effizienzsteigerung durchzuführen. Wird auch diese nicht befolgt, so drohen eine Geldbuße und schließlich ein Verbot, das Produkt auf dem japanischen Markt anzubieten." (Schröder 2004, S. 22 f.) Mit einer ganz einfachen Symbolik wird den Konsumenten angezeigt, ob ein Produkt, zum Beispiel ein Pkw, die Anforderungen erreicht oder nicht oder ob das Produkt in der Energieeffizienz überdurchschnittlich abschneidet. Mit dem Top-Runner-Modell werden zwei Wirkungen erreicht:

1. Es wird auf diese Weise – für den Konsumenten leicht erkennbar –, Transparenz beim Kauf gewährleistet.
2. Die Externalisierung von Kosten auf ökologische Gemeingüter werden verringert.

In Japan wurde ich zunächst gebeten, an der Hiroshima University einen Vortrag zum Thema „The Project ethical and ecological Rating and its effect on the Capital Market" zu halten. An der Veranstaltung nahmen 30 Kolleginnen und Kollegen der Universität und neun Studenten teil. In der Diskussion zeigte sich ein großes Interesse an unserem Projekt. Es wurde der Vorschlag gemacht, die begonnenen Gespräche zu institutionalisieren und einen Kooperationsvertrag mit dem Fachbereich Katholische Theologie an der Goethe-Universität abzuschließen. Dieser kam tatsächlich auch zustande (Hoffmann 2001, S. 10).

Darüber hinaus war ich von folgenden Unternehmen zu einem Workshop eingeladen:
**Japan Research Institute, Limited**
**Yasuda Research Institute Co. Ltd.**
**Toyo Keizai Co. Ltd.**

Der Workshop fand im Hauptbüro des Japan Research Institutes statt. Vor Beginn wurde ich von Makoto Nishida, dem Herausgeber des Wirtschaftsmagazins „The weekly Toyo Keizai in Tokyo" interviewt. Zu dem Workshop waren 200 Manager der japanischen Wirtschaft eingeladen, davon hatten sich 45 schriftlich angemeldet. In der Diskussion zu meinem Referat kristallisierten sich hinsichtlich der Nutzung der Kriterien des FHL und des CRR folgende Positionen heraus: Zunächst waren sich alle einig, dass die Kriterien zur Wertdimension Naturverträglichkeit für die japanische Wirtschaft ohne Weiteres genutzt werden können. Das geschieht immer noch. Die Kriterien der Wertdimension „Sozialverträglichkeit" dagegen wurden mit dem Hinweis abgelehnt, weil diese für das japanische Verständnis von Sozialverträglichkeit unangemessen seien. In Japan ist für die Regulierung und das Verständnis von Sozialverträglichkeit das Modell einer

Familie maßgebend. Kriterien der Wertdimension „Kulturverträglichkeit" trafen dagegen auf großes Interesse. Wie sich in der Diskussion herausstellte, waren die Manager der Meinung, Japan müsse unbedingt Kulturverträglichkeit sehr sensibel praktizieren, da man die Kultur der Nachbarvölker im Krieg missachtet habe und jetzt ohne Sensibilität für das kulturelle Bewusstsein der Nachbarvölker geschäftlich nicht erfolgreich sein könnte. Die Begegnungen mit den japanischen Vertretern aus der Industrie waren für mich ein wichtiger Hinweis, dass die Wertdimension Kulturverträglichkeit im FHL sehr bedeutsam ist.

## 6.3 Beispiel Indien

In Indien hat Agi Makil, ein Inder, im Rahmen seiner Dissertation „18 Unternehmensvertreter von indischen und ausländischen börsennotierten Unternehmen in Mumbai befragt, um die Relevanz der Kriterien des CRR zur Sozialverträglichkeit für Indien zu überprüfen. Außerdem wurden 404 Dalits befragt, um die Bedeutung der Kriterien des FHL zur Kulturverträglichkeit in Indien beobachten zu können" (Makil 2011, S. 13). In einer sehr differenzierten Analyse der Ergebnisse der Befragungen kommt Agi Makil unter anderem zu folgendem Ergebnis: „Aus beiden Umfragen kann festgehalten werden, dass die Befragten Dalits und Unternehmensvertreter die erfragten Kriterien als ‚totally relevant' oder ‚relevant' einstufen mit einer Notwendigkeit zur kulturellen Anpassung. Dies bedeutet, dass die Kriterien des FHL/CRR für Indien brauchbar sind. Aber es sind lokale Gegebenheiten in Form von Ergänzungen oder Anpassungen erforderlich. Eine Anpassung ist dann erforderlich, sobald wegen des kulturellen Kontextes ein deutlicher Unterschied im Verständnis eines Kriteriums vorliegt. Dies kann auf soziale, ökologische, politische, rechtliche oder ökonomische Faktoren zurückgeführt werden. Bei der Ergänzung ist nur eine geringe Anpassung eines Kriteriums erforderlich." (Makil 2011, S. 436 f.)

Auf der Basis dieser Ergebnisse ist die FG EÖR einen Forschungsaustausch mit der Madras University in Chennai eingegangen. In einem gemeinsamen Symposium an der Universität Chennai wurde im Jahr 2006 über die wirtschaftlichen Implikationen des FHL und dem darauf aufruhenden CRR im Kontext von Globalisierung diskutiert. Daraus sind wiederum Gespräche darüber hervorgegangen, auf welche Weise auf der Grundlage eines kulturell angepassten FHL eine entsprechende Nachhaltigkeitsagentur in Indien gegründet werden könnte. Für Tamilnadu wurde in einer Konferenz am 4. April 2009 im „Asian Centre for Cross-Cultural Studies" über die Etablierung eines ethisch und ökologischen Ratings von privaten Unternehmen beraten.

## 6.4 Beispiel Afrika

Für Afrika ergaben sich für die FG EÖR hervorragende Kommunikationsmöglichkeiten, weil aus Nigeria eine Frau und vier Männer im Rahmen des Forschungsprojektes promoviert haben. Es gab einige Aufenthalte von mir in Nigeria sowohl in der Zeit des Diktators Sani Abacha (starb am 08.06.1998 an einem Herzinfarkt). Bei einem Besuch habe ich mit Prof. Dr. Obiora Ike und meiner Frau ein großes Gefängnis besucht und als Mitglied von amnesty international eine Beschwerde ins Logbuch der Gefängnisdirektion eingetragen. Erfreulicher waren unsere Besuche in der Zeit danach, bei denen ich Gelegenheit hatte, sowohl das Leben der Menschen im Busch wie in großen Städten kennenzulernen. Meine Aufenthalte waren mehr im Süden Nigerias, wo die IGBOS, das ist einer der drei größten Stämme Nigerias, das Leben prägen. Die IGBO sind zu über 90 % Christen, die von der Grundschule an die Bildung schon immer flächendeckend gefördert haben. So ist es nicht verwunderlich, dass die Frauen einen starken Einfluss haben. Auf diesem Hintergrund gab es auch Interesse an einer Zusammenarbeit mit der FG EÖR und mit Theologie interkulturell am Fachbereich Katholische Theologie der Goethe-Universität Frankfurt. Im WS 1997 war Prof. Dr. Obiora Ike aus Enugu Gastprofessor an unserem Fachbereich. Das Thema seiner Vorlesungen lautete: „Afrikanische Kulturen und christlicher Glaube in Nigeria. Eine Gesellschaft im Übergang". Da ich ihn in seinen Vorlesungen begleitet habe, ergaben sich gute Gesprächsmöglichkeiten. Daraus entstand eine intensive Kooperation. Er wirkte bei den interkulturellen Menschenrechtssymposien ebenso mit wie bei dem interkulturellen und interreligiösen Symposium zur Frage der interkulturellen Brauchbarkeit des FHL in anderen Kontinenten im Jahr 2000 in der KfW in Frankfurt mit dem Thema „Intercultural Compatibility of the ethical assessment of enterprises according to criteria of cultural, social and environmental sustainability" (Reisch 2001).

In den wissenschaftlichen Arbeiten der Doktorandinnen und Doktoranden und in der Begegnung mit Experten aus Gesellschaft und Religion haben wir uns wertschätzen gelernt. In gemeinsamer Forschung wurden wir sensibel für die Besonderheiten uns fremder Kulturen. Aber wir entdeckten auch wichtige Parallelen und Gemeinsamkeiten. So haben wir zum Beispiel mit der Arbeit von Frau Dr. Ndidi Nnoli-Edozien die Gemeinsamkeiten zwischen dem Landrecht der IGBO und der Katholischen Soziallehre wahrgenommen. Das war für die Akzeptanz der Kriterien des FHL in IGBO-Land ein wichtiger Meilenstein. Aktuell konnte sie als Chief Sustainability Officer die Erkenntnisse ihrer Forschung bei Dangote Industries Ltd., dem größten afrikanischen Unternehmen, implementieren, eine zukunftsweisende Umsetzung des Leitfadens in Afrika.[12] Dies war nur möglich, da im Sinne der Kulturverträglichkeit eine Übersetzung der Kriteriologie in den afrikanischen Kontext von Dr. Nnoli vorgenommen wurde. Ihre

[12] Frau Dr. Ndidi Nnoli-Edozien entwickelte das SevenPillars® Nachhaltigkeitssystem auf Basis des FHL und bietet ihre Umsetzung in der Firma AfriKairos GmbH Unternehmen an.

praktische Umsetzung bei der Dangote Group – und in Zukunft wahrscheinlich bei vielen anderen Unternehmen – sieht sich dabei ganz im Geiste der zuvor beschriebenen Arbeitsweise der FG EÖR, einem Wechselspiel zwischen Forschung und Anwendung in der Praxis, die wiederum in die Forschung zurückgeführt wird. Es entsteht so ein Kreislauf der Innovation.

Nicht nur in der Provinz Enugu in Nigeria, aus der die meisten Postdoc-Schülerinnen und -Schüler stammten, interessierten sich für Fragen, auf welche Weise ethisch-ökologische Nachhaltigkeit durch Ratings bewirkt werden könnte. Prof. Dr. Obiora Ike lud mich nach Nigeria ein. Auf ihn war am 21.10.2002, also einen Monat vor meinem Besuch, ein Attentat – veranlasst durch den Ministerpräsidenten von Enugo-State – verübt worden, dem er wie durch ein Wunder entging. Obiora Ike, damals Generalvikar der Diözese Enugu, hatte in einer Predigt während des Wahlkampfes Kritik am Ministerpräsidenten geäußert. Während die Auseinandersetzungen im Süden Nigerias während des Wahlkampfes ihre Ursache im noch amtierenden Ministerpräsidenten hatten, der seine Kritiker und Gegner durch von ihm organisierte und mit Waffen ausgestattete Killer zu beseitigen versuchte, hatten die Auseinandersetzungen im Norden Nigerias, in Kaduna, andere Ursachen. Hier wurden vier katholische Kirchen und das Katholische Zentrum niedergebrannt, 250 Menschen starben, darunter auch ein Priester (Commission for Development Justice und Peace 2002). Während meiner Anwesenheit in Enugu wurde durch den schon genannten Ministerpräsidenten am 25.11. der Polizeipräsident des Landes, Daniel Ayogo, vergiftet (Nwoso 2002, S. 18 ff.).

Trotz dieser fürchterlichen Geschehnisse wurden die mit mir geplanten Begegnungen, Gespräche, Tagungen und Vorträge durchgeführt. Am 23.11.2002 konnte ich an der Theologischen Fakultät der Abia Universität in Uturu mit dem Dekan, Prof. Dr. Nicholas Inbeawuchi Omenka, über Fragen der Ökumene und des Dialogs zwischen Islam und Christentum sprechen. Am 25.11. wurden zusammen mit zwei Vertretern von Misereor, eine Ausbildungsstätte für Handwerker und ein Schulprojekt für Straßenkinder und das Ofu-Obi-Africa Centre besichtigt.

Am 26.11.2002 hatte ich im Rahmen des interkulturellen Kolloquiums „Meet The People: Sustainable Development. Self Help Initiative and Poverty Alleviation" einen Vortrag zum Thema: „Fight against Poverty by Sustainable Development". Es nahmen ca. 500 Männer und Frauen an dem Kolloquium teil. In der Diskussion wurde in den Beiträgen deutlich, dass für die Weiterarbeit in Enugu starke Impulse erkannt wurden.

Der Tag wurde mit einem Besuch beim Bischof von Enugu Dr. Gbuji abgeschlossen. Hier konnten ihm zwei Dissertationen von Priestern überreicht werden, die am Fachbereich Katholische Theologie der Goethe-Universität promoviert worden waren. Die Dissertationen wurden von mir betreut.

Am 27.11.2002 nahm ich an der Tagung der Vereinten Nationen (UNIFEM) teil zum Thema: Human Rights, Gender and HIV/AIDS Prevention Campaign.

Am 28.11.2002 begann in Lagos die Konferenz des Business Ethics Network of Afrika, wo ich einen Vortrag über die Arbeit der Forschungsgruppe Ethisch-Ökologisches Rating hielt zum Thema: „The ethical and Ecological Rating-Project – Impact on Companies and the Capital Market." In der Diskussion wurde mein Beitrag von vielen Teilnehmern als wichtig und für die nachhaltige Entwicklung auch für Afrika als zukunftsweisend bezeichnet. Vom Business Ethics Network of Africa wurde ich ein Jahr darauf erneut zu dieser Konferenz eingeladen, konnte der Einladung aber nicht folgen.

Ein hervorragendes Buch zum Verständnis von Kulturverträglichkeit, das uns von einem Afrikaner geschenkt wurde, sei hier genannt und zur Lektüre empfohlen. Es vermittelt dem Leser auf sehr unterhaltsame, pragmatische und zugleich sehr tiefsinnige Weise ein Verständnis unserer und der nigerianischen Kultur (Obiora 2007).

Mit der Darlegung dieser Beispiele aus anderen Kulturen sollte verdeutlicht werden, dass die in Frankfurt auf der Grundlage der christlich abendländischen Kultur entwickelten Kriterien für die Nachhaltigkeitsbewertung von Unternehmen und Kapitalanlagen durchaus auch in anderen Kulturen angewandt werden können, wenn sie, wie zum Beispiel von Dr. Nnoli in den kulturellen Kontext übersetzt werden.

## 6.5 Beispiel China

China und die chinesische Kultur sind für viele von uns weit weg. Die Kontakte der Forschungsgruppe sind bisher in den Anfängen stecken geblieben. Obwohl es für das gegenseitige Verständnis im Interesse ökologischer, sozialer und kultureller Nachhaltigkeit sehr wichtig wäre, mehr als bisher mit dem kulturellen Ordnungswissen der Chinesen in eine Kommunikation einzutreten. Denn, – so Prof. Dr. Zhiyi Yang, die Sinologin an der Goethe-Universität in Frankfurt, „Ziel der Frankfurter Sinologie ist es, den Menschen klar zu machen, dass es in China nicht nur um billige T-Shirts geht. China hat eine lange kulturelle Tradition mit Werten, die zugleich einzigartig und universell sind und die uns als Inspiration dienen können, über unsere eigene Identität nachzudenken ... Außerdem ist es wichtig, aufgeschlossen zu sein, um sich mit einer Kultur auseinanderzusetzen, die auf den ersten Blick sehr fremd wirkt."[13] Nach ihrer Ansicht zeigt sich unsere Unkenntnis Chinas auch im Rahmen der Pandemie. „In den chinesischen sozialen Medien kursieren schon lange zahlreiche Informationen über die tatsächliche Gefährlichkeit des Virus und über die Wirksamkeit von Gegenmaßnahmen, die die westliche Öffentlichkeit nur langsam erreichen."[14]

In unserer Forschungsgruppe haben wir einen Pionier für Fragen von Wirtschafts- und Unternehmensethik in China, nämlich Prof. Heribert Schmitz. Er hat sich während seiner mehr als 35-jährigen aktiven Zeit im Management in deutschen und international operierenden Unternehmen und im Anschluss an seine aktive Zeit in der Lehre

[13] „Nun zahlt der Westen einen Preis dafür, dass er China nicht kennt", Prof. Zhiyi Yang im Gespräch mit Natalia Zaji´c über die Sinologie in Frankfurt und Chinas Rolle in der Welt, in: Unireport/Nr.3/4. Juni 2020, Seite 21.

[14] Ebd.

an deutschen und internationalen Hochschulen mit Fragen einer verantwortlichen Führungskultur, Geschäftsethik und der sozialen Verantwortung von Unternehmen in einer sich zunehmend in allen Bereichen vernetzenden Welt befasst. Nach mehreren Gastvorlesungen in China erhielt er für die Jahre 2010 bis 2015 eine Gastprofessur an der International Business School at the Nordwest University in Xi'an in China. Hier hatte er Gelegenheit, über das vom FHL entwickelte CRR (Corporate Responsibility Rating) in Verbindung mit ISO 26000 (Leitfaden zur gesellschaftlichen Verantwortung) mit Studierenden zu diskutieren und kulturspezifische Argumentationen kennenzulernen. Nach seiner Wahrnehmung wurden die Diskussionen „mit großem Interesse aufgenommen und fiel insbesondere bei jüngeren Studenten auf fruchtbaren Boden".[15]

## 6.6 Wirkung durch Förderer

Ohne Drittmittel kann eine Forschungsgruppe nicht arbeiten. Zu Beginn der Arbeit bekamen wir Starthilfen von der Goethe-Universität und dem Land Hessen. Wir konnten und können bis auf den heutigen Tag kostenlos Räumlichkeiten für unsere Sitzungen und für größere Veranstaltungen nutzen. Alle Mitglieder haben zwar ohne Entgelt gearbeitet, sodass für die Forscherinnen und Forscher keine Personalkosten anfielen. Kosten ergaben sich durch Fahrtkosten und Unterbringung bei den ganztägigen Sitzungen. Der größte Kostenpunkt war die Finanzierung der oekom research GmbH für die Umsetzung des Leitfadens in das Corporate Responsibility Rating (CRR). Kosten ergaben sich auch bei öffentlichen Veranstaltungen mit Experten. Um nur ein Beispiel zu nennen. Ferner für die Finanzierung von Diskussionen und Gesprächsrunden in Frankfurt oder auch in Berlin mit Unternehmern und Managern, bei denen wir unsere Entwicklungen zur Diskussion gestellt haben oder auch Experten aus anderen Bereichen, wie zum Beispiel Prof. Dr. Michael Braungart mit seinem Kreislaufkonzept „Cradle to Cradle".

Kosten entstanden auch durch internationale Tagungen. Es war uns bewusst, dass die Kriterien des FHL von Wissenschaftlern der christlich-abendländischen Kultur entwickelt wurden, aber interkulturell Anwendung finden sollten. Also mussten wir Vertreter aus anderen Kulturen fragen, ob wir damit in uns fremden Kulturen verstanden wurden und ob die Kriterien auch in diesen Kulturen auf dem Finanzmarkt angenommen werden und Wirkung zeigen konnten.

Neben den in Deutschland durchgeführten Tagungen (siehe weiter oben!) mussten wir auch in andere Länder reisen, in anderen Ländern Erhebungen zum Verständnis durchführen und mit Experten aus Wissenschaft und Vertretern der Wirtschaft und der Zivilgesellschaft Dialoge führen.

[15] Schmitz, Heribert, Kurzbericht über meine Erfahrungen über die Lehrtätigkeit in China. Siehe auch sein Buch: Raus aus der Demotivationsfalle.

Für all diese Tätigkeiten wurden wir in den Jahren von 1989 bis 2018 unter anderem von 16 Privatpersonen und von der Bundesstiftung Umwelt gefördert. Ganz entscheidend war das finanzielle Engagement von 46 meist franziskanischen Frauengemeinschaften aus Deutschland und Österreich und von sieben Männergemeinschaften. Nach einer Präsentation des Projektes bei einer Vollversammlung des Ordensrates, zu der ich vom Präsidenten des Internationalen Katholischen Missionswerkes missio, Dr. Hermann Schalück, nach Würzburg eingeladen wurde, wurden der FG EÖR innerhalb eines Monates rund 220.000,00 DM auf das Konto der Forschungsgruppe bei der Goethe-Universität überwiesen. Darüber hinaus haben uns sieben kirchliche Vereine, acht Stiftungen, 15 Banken und sieben Unternehmen Geld zukommen lassen. Drei Diözesen haben die Forschung gefördert, wobei die Diözese Limburg besonders zu nennen ist. Hier fand ich bei Engpässen bei den Finanzdirektoren immer ein offenes Ohr. Nicht zu vergessen auch die Förderung durch „Misereor e. V." und „Brot für die Welt".

So hatten wir in den Jahren von 1989 bis 2001 rund 550.000 DM zur Verfügung. Von 2001 bis 2014 etwa 200.000 EUR. Die Förderer hatten großes Interesse an den Ergebnissen unserer Arbeit. Einerseits war allen Geldgebern sehr wichtig, dass ein wissenschaftlich erarbeitetes und so am Kapitalmarkt auch für die eigenen Kapitalanlagen brauchbares Instrument geschaffen wurde. Insofern erwiesen sich die Geldgeber als Nutzer des CRR und damit auch als ganz hervorragende Multiplikatoren des FHL und des CRR. Durch das Engagement von Pater Helmut Schlegel, der von 1998 bis 2007 Provinzial der Thüringischen Provinz der Franziskaner und Präsident der Missionszentrale der Franziskaner in Bonn-Bad Godesberg war, kam es zu einer intensiven Zusammenarbeit mit der Missionszentrale. Ihm gelang die Gründung der „Bank für Orden und Mission" als Filialbank der VR-Bank in Idstein. Hier wurden die Kriterien des FHL und das CRR zur Grundlage gemacht.

## 6.7 Umsetzung von FHL und CRR durch Einbeziehung und Gründung von Vereinen

Zu Beginn des 20. Jahrhunderts lud das Umweltbundesamt zu einer Konferenz ein, um zu erörtern, auf welche Weise die Adressaten – nämlich einerseits die Investoren und andererseits die Finanzdienstleister – bei der Entwicklung des ethischen Investments stärker eingebunden werden könnten. Zur Diskussion stand die Frage, ob man – wie in England – einen Verein für beide Interessentengruppen eine gemeinsame Vereinigung gründen sollte oder für jeden getrennt. Die FG EÖR plädierte für zwei gesonderte Vereine mit der Begründung: Beide Interessentengruppen haben zwar das gleiche Ziel, nämlich die Verbreitung des ethischen Investments, aber die Interessen eines Investors sind anders als beim Finanzdienstleister. Immer mehr Kapitalanleger sind daran interessiert, ihr Kapital so anzulegen, dass neben einer marktgerechten Rendite, einer entsprechenden Sicherheit und Liquidität auch ethische Kriterien berücksichtigt werden. Sie möchten damit einen Beitrag zur ethisch-ökologisch nachhaltigen Entwicklung von Wirtschaft und Gesellschaft leisten, also ökonomische Ziele mit ökologischen und sozialen in Einklang bringen.

So wurden zwei Vereine durch die Forschungsgruppe gegründet. Im Jahr 2000 gründeten wir Corporate Responsibility Interface Center (CRIC e. V.). Ich war sieben Jahre Vorsitzender des Vereins. Mit CRIC e. V. existiert die erste ethisch-ökologische Investorengemeinschaft auf der Basis des weltweit umfassendsten Kriterienkatalogs zur ethischen Bewertung von Unternehmen – dem Frankfurt-Hohenheimer Leitfaden (FHL). Damit gelang es, ein breites Forum zu schaffen, um das ethische Investment insgesamt zu fördern und Kapitalanlegern eine konkrete Hilfestellung zu geben, ethische Kriterien in ihre Kapitalanlage zu integrieren. So entstand eine Plattform für ethisch-ökologische Investoren. Diesem Anliegen entspricht CRIC e. V. durch verschiedene Dienstleistungen. CRIC e. V. gibt einen Newsletter heraus, führt Tagungen zu ethisch-ökologischen Anlagemöglichkeiten durch, diskutiert mit Politikern über die Gegebenheiten des ethischen Investments durch, informiert über Ratings, führt für das ethische Investment interessante Erhebungen durch, wie im Jahr 2019, bei der ein „CRIC-Stimmungsbarometer Nachhaltige Geldanlagen" vorgelegt wurde zur Qualität ethisch-nachhaltiger Geldanlagen. David Reusch erläutert die Absicht des Stimmungsbarometers in seinem Vorwort:

> „Das Ziel dieses Stimmungsbarometers ist es nicht, exakte Antworten oder Zahlen zu liefern, sondern wichtige Fragen zu stellen und darüber zu diskutieren, ob die zunehmende Akzeptanz nachhaltiger Geldanlagen auch tatsächlich dazu führt, unsere Welt besser zu machen. Weil es noch keine geeigneten Methoden einer exakten Wirkungsmessung gibt, die Frage der Wirksamkeit nachhaltiger Geldanlagen aber dennoch zentral ist und es unzureichend wäre, wenn nachhaltige Geldanlagen zwar zu besseren Renditen, aber nicht zu mehr Nachhaltigkeit führen, ist eine solche Diskussion über die Wirksamkeit nachhaltiger Geldanlagen unverzichtbar." (Reusch 2019, S. 2).

Der Verein für Finanzdienstleister und Banken wurde ebenfalls unter Beteiligung der FG EÖR im Jahr 2001 in Eppenhain vorbereitet und gegründet. In den ersten Vorstand wurden gewählt: Ingeborg Schumacher, Prof. Dr. Johannes Hoffmann, Jürgen K. Herrmannsdörfer, Manfred Rauschen, Robert Haßler, Dr. Rüdiger K. Brede und Walter Kahlenborn. Den Vorsitz übernahm Walter Kahlenborn. Das FNG ist international vernetzt und vergibt unter anderem ein Nachhaltigkeitslabel für Investmentfonds.

## 7 Grenzen des FHL und des CRR

Die Frage nach den Grenzen ist nicht ganz einfach zu beantworten. Wie schon dargelegt, können wir auf beachtliche Wirkungen hinweisen. Andererseits ist aus der ethischen Bewertung von Technikforschung und der Technikfolgenforschung bekannt, dass mögliche technische Innovationen schon im Entstehungsprozess daraufhin befragt werden müssen, ob damit nicht angezielte und möglicherweise völlig unbekannte Nebenwirkungen, also gegebenenfalls auch negative Folgen einhergehen können, deren negative Wirkungen gegen die positiven, mit einer Technikinnovation erwünschter Wirkungen abgewogen werden müssen. Bei den nicht beabsichtigten Nebenfolgen kann es sich um solche handeln, die von vornherein bekannt sind, aber auch um solche, die noch unbekannt sind. Um das Eingehen unbekannter schädlicher Folgen nicht zu riskieren, ist eine differenzierte Folgenforschung – besser Forschungsbewertung im Entstehungsprozess von Technik – erforderlich (Hoffmann 1992b).

Das Prinzip der Doppelwirkung einer Handlung, das Thomas von Aquin für die ethische Orientierung in solchen Situationen entwickelt hat, geht davon aus, dass mit der intendierten Wirkung einer Handlung jeweils nicht intendierte Wirkungen einhergehen. Die Lektüre der Beipackzettel von Arzneimitteln kann gut verdeutlichen, dass es nicht nur eine nicht intendierte Wirkung bei der Einnahme eines bestimmten Medikamentes gibt. Diese sogenannten, allerdings bekannten Nebenwirkungen werden ausführlich beschrieben und sind oft so zahlreich und gravierend, dass Patienten bei der Lektüre erschrecken und zur Überzeugung gelangen, die Einnahme des Medikamentes nicht verantworten zu können. Das bedeutet: Ein Patient in einer solchen Situation versucht, eine für ihn in dieser Lage rationale Entscheidung zu fällen. Darüber hinaus können bei einer Handlung mit einer intendierten Wirkung auch Nebenwirkungen folgen, die zunächst überhaupt nicht bekannt sind und daher auf eine konkrete Entscheidung keinen Einfluss haben können. Eine Verantwortung des Entscheidenden ergibt sich dann insoweit, ob er alle ihm möglichen Erkundungen angegangen ist, um ihm noch unbekannte Nebenfolgen zur Kenntnis zu bringen.

Nach Peter Knauer ist die entscheidende Bedingung des Prinzips der Doppelwirkung, dass „man einen Schaden nur dann zulassen oder verursachen darf, wenn man dafür einen ‚entsprechenden Grund' hat. ... Ohne ‚einen entsprechenden Grund' erscheint die Zulassung oder Verursachung des Schadens ‚direkt' beabsichtigt und ist dadurch ‚in sich schlecht'" (Hoffmann 1992b, S. 43 f.). Was wäre nun bei der ethischen Geldanlage unter einem „entsprechenden Grund" zu verstehen?

Da es um die sittliche Rechtfertigung einer Geldanlage geht, ist zunächst zu klären, ob die betreffende Handlung ökologisch, sozial und kulturell vertretbar ist. Mit dem Hinweis auf „Nachhaltigkeit" als Grundforderung könnte man sich die Antwort leicht machen. Die Tatsache, dass der Nachhaltigkeitsbegriff von jedem auf seine Weise gebraucht wird, unterstreicht die Notwendigkeit einer klaren Bestimmung dessen, was gemeint ist. Nachhaltig „klingt so gut, dass mittlerweile 90 % der Dax-Konzerne eigene Nachhaltigkeitsberichte anfertigen" (Bauchüller 2014, S. 3 ff.). Die „Mehrdeutigkeit des Begriffs ‚Nachhaltigkeit' macht ihn ... unbrauchbar für die präzise journalistische Berichterstattung" (Bojanowski o. j., S. 7), er verkommt zunehmend zu einem „wohlklingenden Referenzpunkt ohne tiefere Bedeutung" (Uekötter 2014, S. 9). So ist es kein Wunder, dass auf allen Ebenen, von Nachhaltigkeitsprodukten und -verfahren, von Nachhaltigkeitsfonds und ethischen Investments angefangen, über die Nachhaltigkeitsberichte von Unternehmen und Institutionen bis hin zu den Nachhaltigkeitsagenturen, zwar von „Nachhaltigkeit" geredet wird, aber keine begriffliche Klarheit herrscht. Damit ethisch-ökologisch orientierte

Investoren, zum Beispiel eigentlich durch die Art ihres Umgangs mit Geld, sowohl einen Beitrag zu einer hinreichenden Finanzierung ökonomischer Ziele als auch für die Entwicklung eines ökologisch angemessenen, einer sozial gerechten und einer kulturell verträglichen, den Zusammenhalt in Gesellschaften fördernden Beitrag für eine zukunftsfähige Marktwirtschaft leisten können – kurz: Sie möchten, dass ökologisch-soziale Marktwirtschaft gelingt.

Ethisch orientierte Investoren greifen in der Regel auf Analysen von Agenturen für Nachhaltigkeitsratings zurück, von denen es inzwischen eine ganze Reihe gibt. Entscheidend für die Brauchbarkeit der Einschätzungen dieser Nachhaltigkeitsagenturen ist allerdings auch hier, welches Nachhaltigkeitsverständnis jeweils zugrunde liegt, inwieweit die Agenturen unabhängig von den zu bewertenden Unternehmen und Kapitalanlagen sind und ob die Beurteilungen für die Nutzer hinreichend transparent sind. Hier lassen sich beachtliche Unterschiede zwischen den Nachhaltigkeitsagenturen feststellen: Das Spektrum reicht von Agenturen, die einen ethisch-ökologischen Ansatz verfolgen, bis zu solchen, die einen ökonomischen Ansatz haben. Zwei Mitglieder unserer Forschungsgruppe, Claudia Döpfner und Hans Albert Schneider, weisen darauf hin (Döpfner und Schneider 2012), dass der Übergang zwischen diesen Gruppierungen fließend ist, doch zeigen verschiedene Studien deutlich, „dass die überwiegende Zahl der Rating-Institutionen des Nachhaltigkeits-/CSR-Spektrums ökonomisch orientierte Konzepte anwendet und mit den dadurch erstellten Ratingleistungen die Kapitalmärkte und die dortigen Geldanleger anspricht …“ (Schäfer 2005, S. 18 ff.). Bei der Untersuchung von Döpfner und Schneider ging es nicht um den Nachweis, dass der Markt für Nachhaltigkeitsratings aus sich heraus keine hinreichende Transparenz, Vergleichbarkeit und Orientierung an einem gemeinsamen, validen Nachhaltigkeitsverständnis produziert. Das war nicht anders zu erwarten. Märkte können nur so gut sein wie die Regeln, die sie befolgen; diese müssen von außen gesetzt und überwacht werden. Das hat auch John Maynard Keynes vertreten, wenn er dafür plädiert: „Die wichtigsten Agenden des Staates betreffen nicht die Tätigkeiten, die bereits von Privatpersonen geleistet werden, sondern jene Funktionen, jene Entscheidungen, die niemand trifft, wenn der Staat sie nicht trifft.“ (Keynes 1926, S. 35) Maja Göpel verdeutlicht das in ihrem Buch „Unsere Welt neu denken“ an einem für jeden Konsumenten plausiblen Beispiel, nämlich an den Folgen der Rücksendungen von Onlinebestellungen für das Klima. Jeder Onlinebesteller kann eine Sendung aus beliebigen Gründen kostenlos zurücksenden. Die Folge nach Maja Göpel: „Das waren in einem Jahr 280 Mio. Pakete. Nach Einschätzung der 139 Händler, die von den Forscher*innen befragt wurden, würde eine geringe Gebühr von weniger als drei Euro auf jede Rücksendung die Zahl der Retouren um etwa 80 Mio. Artikel senken. Allein der dadurch gesparte Aufwand an Treibstoff würde dem Klima 40.000 t Kohlendioxid ersparen, was ungefähr so viel ist, wie 4000 Deutsche in einem ganzen Jahr insgesamt an Kohlendioxid verursachen. Für weniger als drei Euro Rücksendegebühr würden also 4000 Deutsche komplett klimaneutral leben. … Die meisten der befragten kleinen und mittleren Händler würden gerne eine Rücksendegebühr erheben, sie trauen sich nur nicht, weil sie fürchten, gegenüber der Konkurrenz in Wettbewerbsnachteil zu geraten. Von allein wird sich der Markt also nicht auf eine Gebühr einigen. Es bräuchte eine staatliche Regelung." (Göpel 2020, S. 146 f.)

Eine ähnliche Situation kann man auch bei den Nachhaltigkeitsratings beobachten. Auch hier wäre eine staatliche Regelung notwendig. Denn wir haben es hier mit einem Markt zu tun, der sich immer noch entwickelt. In diesem Stadium müssen erst einmal Kriterien gefunden und Erfahrungen gesammelt werden. So ist es kein Wunder, dass verschiedene Ratingagenturen, die mit dem Anspruch auftreten, „Nachhaltigkeit" zu bewerten, die Nachhaltigkeitsperformance einzelner Unternehmen unterschiedlich einschätzen. Die von Döpfner und Schneider vorgelegte Studie zeigt, dass nicht die Professionalität und Transparenz der Untersuchungs- und Bewertungsverfahren verbessert werden müssen. Problematischer, weil grundsätzlich, ist vielmehr die Differenz im Nachhaltigkeitsbegriff, den die Institute zugrunde legen. Ich habe das selbst bei einem Vergleich der Beurteilung eines A-Depots durch drei Nachhaltigkeitsagenturen beobachten können.

Die einen steuern auf eine konsequent ethische Bewertung zu, indem sie als nachhaltig die Erhaltung des Natur- und Sozialkapitals betrachten, also ein zugleich „ökologisch" und „sozial" nachhaltiges Wirtschaften fordern. Dazu müssen sowohl die naturgegebenen als auch die gesellschaftlich gestalteten Lebens- und Produktionsgrundlagen in ihrem Potenzial erhalten werden, das Naturkapital ebenso wie das Sozialkapital. Beide können nur aufrechterhalten werden, wenn die Unternehmen auf längere Sicht keine Verluste machen, sodass auch das reale Wirtschaftskapital, der Gesamtwert des privaten Produktiv- und Humankapitals, mindestens erhalten bleibt. Ob ökonomisch, ökologisch oder sozial betrachtet: Unter allen drei Blickwinkeln verlangt Nachhaltigkeit gleichermaßen die Erhaltung der ökologischen, sozialen, ökonomischen und kulturellen Substanz, also die Erhaltung der Lebens- und Produktionsgrundlagen für uns und für künftige Generationen. Nachhaltigkeit in diesem Sinne entspricht dem Wert, der nach dem Prinzip der Doppelwirkung einer Handlung „im Ganzen und auf Dauer" bei Entscheidungen anzustreben ist.

Das ist eine klare Nachhaltigkeitsdefinition, die auf der Grundlage der Brundtland-Kommission aufruht; sie ist im Rahmen des Prinzips der Doppelwirkung einer Handlung für Entscheidungen über die Annahme von Spenden oder über die Entscheidungen für Kooperationen mit Profit-Unternehmen anzuwenden, wenn diese Handlungen sittlich vertretbar sein sollen.

Auch wenn es für ethisch-ökologisch orientierte Investoren verlockend ist, dem „ökonomisch" nachhaltigen Wirtschaften eine darüber hinausgehende, eigene Bedeutung zuzuerkennen, indem sie verlangen, dass nachhaltiges Wirtschaften über die ökologische und soziale Substanzerhaltung hinaus eine positive Rendite abwirft, also das Wirtschaftskapital steigert und sich somit auch „materiell" lohnt, so interpretieren sie damit doch das Drei-Säulen-Modell auf eine Weise, die es in inneren Widerspruch bringt. Denn bisher gibt es keine Unternehmen, die vollständig nachhaltig wirtschaften. Selbst bei den am weitesten fortgeschrittenen beruht noch ein Teil des Gewinns darauf, dass sie Aufwendungen unterlassen („externalisieren"), die zur Erhaltung oder Wiederherstellung der von ihnen genutzten Gemeingüter notwendig wären (unterlassen werden zum Beispiel Aufwendungen zur Vermeidung klimaschädlicher oder toxischer Emissionen, zur Wiedergewinnung bzw. zum Ersatz verbrauchter Rohstoffe, zur Regeneration beanspruchter Ökosysteme, zur Erhaltung des friedlich-kooperativen gesellschaftlichen Zusammenhalts). Dabei liegt es doch auf der Hand: Wer Nachhaltigkeitsfortschritte von der Rendite abhängig macht, hat ein starkes Motiv, diejenigen Erhaltungsinvestitionen am längsten hinauszuschieben, deren Unterlassung bisher am meisten zum Gewinn beiträgt. Dem gleichen Verdacht sind (zu Recht) Unternehmen ausgesetzt, die Wert darauf legen, nach einem an ihre individuellen Präferenzen angepassten („customized") Bewertungsverfahren beurteilt zu werden.

Denn das Ziel der nachhaltigen Entwicklung besteht gemäß der Brundtland-Definition und ihrer Interpretation durch die deutsche Enquete-Kommission „Schutz des Menschen und der Umwelt" (26.06.1998) darin, dass die genutzten Gemeingüter, seien sie naturgegeben oder gesellschaftlich gestaltet, nicht länger aufgezehrt, sondern in ihrem Potenzial für künftige Generationen so erhalten (oder wieder hergestellt) werden, dass diese in der Befriedigung ihrer Bedürfnisse nicht schlechter gestellt sein werden als die gegenwärtig Lebenden. An diesem Ziel muss jedes einzelne Unternehmen gemessen werden. Die zurzeit am Markt operierenden Nachhaltigkeitsagenturen geben Investoren an, welches Unternehmen in der jeweiligen Branche im Hinblick der Nachhaltigkeitskriterien relativ gesehen am besten dasteht. Das kann aber im schlimmsten Fall bedeuten, dass diese Unternehmen sowohl in ökologischer, sozialer und kultureller Hinsicht in beachtlicher Weise Kosten externalisieren. Das ist natürlich auch bei der Anwendung des FHL im CRR der Fall. Es macht auch im Grundsätzlichen keinen Unterschied, ob man nach dem Best-in-Class-Verfahren vorgeht oder nach Ausschlusskriterien, denn auch hier kommt es in der Regel zu einem relativen Urteil. Das Ergebnis ist Substanzverzehr in ökologischer, sozialer und kultureller Hinsicht. Daher muss der FHL und damit müssen auch Nachhaltigkeitsratings, die diesen Namen verdienen, bei den Ratings feststellen, ob Kosten bei der Produktion bezogen auf die gesamte Wertentwicklungskette externalisiert werden, die nicht durch Internalisierung oder Ersatz kompensiert werden. Erst wenn für alle Kosten, die im Zugriff auf das Gemeinwohl dem Gemeinwohl erwachsen, entsprechend kompensiert werden, kann man einem Unternehmen die höchste Bewertung attestieren, wirklich nachhaltig genannt zu werden. In diesem Sinne müsste eine staatliche Regelung für alle Beteiligten, für die Beurteilung von Unternehmen ebenso wie für die Nachhaltigkeitsagenturen verbindlich gemacht werden.

Entscheider, die nach dem Prinzip der Doppelwirkung einer Handlung verfahren, dürften also nur solche Unternehmen in ihr Portfolio aufnehmen, die alle genutzten Gemeinressourcen ebenso behandeln wie ihre eigenen Produktionsanlagen, indem sie jeden Verbrauch von Natur-, Sozial- und Kulturkapital durch geeignete Ersatzinvestitionen vermeiden oder kompensieren. Und die übrigen Stufen der Bewertungsskala müssen am Effekt der Erhaltungsinvestitionen orientiert sein: je größer die verbleibende Externalisierung, desto negativer die Bewertung. So würde nach und nach sichergestellt, dass die regenerierbaren Ressourcen – die Ökosysteme, das Klimasystem, die menschliche Gesundheit, die gesellschaftliche Integration – sich wieder herstellen lassen und die nicht erneuerbaren Ressourcen – verbrauchte Rohstoffe oder fossile Energiequellen – im Rahmen der Kreislaufwirtschaft wiederverwendet oder durch erneuerbare ersetzt werden. Das Ideal-Ziel muss sein, dass kein „Abfall" mehr entsteht (Braungart 2013).

Wenn man also als Dimensionen der nachhaltigen Entwicklung nicht nur die ökologische und die soziale, sondern auch die ökonomische betrachtet, so muss die Betrachtung am Erhalt der realen „Substanz" orientiert sein, von der wir leben und die es zu erhalten gilt. Keine der drei Dimensionen ist durch eine andere substituierbar, schon gar nicht durch Finanzkapital. Dieses darf unter ihnen keine eigene Rolle spielen. Denn für die Kapitalrendite macht es keinen Unterschied, ob der Gewinn durch Erhaltung oder durch Aufzehrung der realen Substanz zustande kommt. Leider leben wir im westlichen „Wohlfühlkapitalismus … in einer Externalisierungsgesellschaft, die im Modus der Ausbeutung funktioniert. Über die Externalisierung von Zwängen werden die eigenen Freiheiten geschaffen, mittels Zerstörung fremder Lebenswelten die eigenen Chancen gesichert, durch eine Politik zu Lasten Dritter über die eigenen Verhältnisse gelebt" (Lessenich 2014, S. 9).

So muss die Weiterentwicklung des Nachhaltigkeitsratings den Unternehmen die soziale aber auch die Selbstkontrolle darüber eröffnen, was und wie viel sie zur Erhaltung und Kultivierung der naturgegebenen, gesellschaftlich/kulturellen und realwirtschaftlichen Lebens- und Produktionsgrundlagen beitragen. Daran gibt es noch viel zu verbessern. Da die Nachhaltigkeitsagenturen sowohl in der Form des „best in class" als auch von Ausschlusskriterien (Schäfer 2014, S. 21 ff.) nur relative Angaben machen, brauchen wir Ratings, die die externalisierten Kosten von Unternehmen genau angeben. Erst dann können Entscheider präzise negative Wirkungen auf Umwelt, Mensch und Kultur ausschalten.

Eine der wichtigsten Entwicklungsaufgaben wird darin bestehen, die Bewertungskriterien stärker an der Erhaltung der Gemeinressourcen zu orientieren. Dies können kirchliche Entscheider bei Ratingagenturen einfordern, sie können für die Änderung von Rahmenbedingungen eintreten und diese praktisch umsetzen.[16] Nachhaltigkeit im umfassenden Sinne heißt somit, darauf zu achten, dass jegliche Externalisierung von Kosten auf ökologische, soziale, ökonomische und kulturelle Ressourcen ausgeschlossen wird.

Vielleicht ist der Vorschlag bzw. „das Modell der Ethicologischen Leistungsrechnung" von Friedrich Glauner auch eine Möglichkeit. Nach Glauner besteht Nachhaltigkeit darin, dass sie die Informationen und Kräfte des Marktes zur Selbstoptimierung der Leistungsrechnung nutzt … Durch die doppelte Lenkungsfunktion von Marktpreisen durch die Ermittlung und Begleitung sämtlicher mit einem Produkt oder

[16] PUMA und OTTO-Versand haben übrigens versucht zu errechnen, wie hoch die externalisierten Kosten im Rahmen ihrer Firmen sind.

einem Geschäftsmodell einhergehender Externalisierungseffekte auf der einen Seite, sowie durch gesplittete steuerliche Anreize und Sanktionen für ressourcenschöpfendes und lediglich ressourcenneutrales Wirtschaften auf der anderen Seite werden aus dem Markt heraus innovative Geschäftsmodelle befördert."[17]

Damit Unternehmen sich darauf im Dialog mit Investoren/Kunden einlassen können, muss vor allem das Wettbewerbsrecht geändert werden. Denn dieses erlaubt die Abwälzung von Kosten auf Gemeingüter, steht also in prinzipiellem Gegensatz zum Gebot des Substanzerhalts. Noch heute muss jedes Unternehmen, das aus der bisherigen Praxis des Produzierens zulasten von Gemeingütern aussteigen will, befürchten, dass seine Abnehmer zur Konkurrenz abwandern, die weiter Kosten externalisiert – und das mit dem Segen der Wettbewerbsordnung. Das muss geändert werden.

Stattdessen wird das Problem oft mit dem Begriff „Grauzone" verharmlost und man bezieht in die Argumentationen nicht ein, dass der Raubbau an den Gemeingütern unaufhaltsam voranschreitet, solange er nicht durch Gesetzesinitiativen verhindert wird, die den Schutz des externalisierenden Wettbewerbs beenden. Anders wird es nicht zu nachhaltiger Entwicklung kommen. Kosteneinsparung zulasten von Gemeingütern muss als unlauterer Wettbewerb gesetzlich sanktioniert werden.

Das entspricht dem Verfassungsauftrag, die Sozialpflichtigkeit des Eigentums zu verwirklichen. Artikel 14 Absatz 2 des Deutschen Grundgesetzes fordert den Gesetzgeber auf, den Gebrauch des Privateigentums so zu regeln, dass er zugleich dem Wohl der Allgemeinheit dient. Auch die Grundrechtecharta der EU in Artikel 17 sagt: „Die Nutzung des Eigentums kann gesetzlich geregelt werden, soweit dies für das Wohl der Allgemeinheit erforderlich ist," und ergänzt in Artikel 37, dass gemäß „dem Grundsatz der nachhaltigen Entwicklung" ein hohes Umweltschutzniveau und die Verbesserung der Umweltqualität sichergestellt werden müssen.

Diesem Gebot kommt der Gesetzgeber am ehesten nach, wenn er Regeln erlässt, deren Einhaltung von der Allgemeinheit selbst überwacht und gegebenenfalls eingeklagt werden kann, von geschädigten Einzelnen, von den betroffenen Wettbewerbern und von den Institutionen der Zivilgesellschaft. Für solche Regeln müssen wir uns einsetzen. Dies wäre auch eine neue Basis für Nachhaltigkeitsratings. Diese hätten dann die Aufgabe, die Höhe der externalisierten und auf das Gemeinwohl abgewälzten Kosten auszuweisen. Ohne klare gesetzliche Regeln zum Verbot von Externalisierungen können Nachhaltigkeitsagenturen das nicht zu ihrer Messlatte machen. Sie würden in der Konkurrenz mit Nachhaltigkeitsagenturen, die in ihren Ratings relative Nachhaltigkeitsurteile präsentieren, nicht bestehen können.

Das Eigentumsrecht müsste in der Hinsicht ergänzt werden, dass die Nutzung der Gemeingüter wiedergutgemacht werden muss. Etwa im Bürgerlichen Gesetzbuch (BGB) steht unter Paragraf 903: „Der Eigentümer einer Sache kann, soweit nicht das Gesetz

[17] Glauner, Friedrich, Das Modell Ethikologischer Leistungsrechnung, in: glauner@weltethos-institut.org; Ausdruck vom 14.4.2020, Seite 12.

oder Rechte Dritter entgegenstehen, mit der Sache nach Belieben verfahren und andere von jeder Einwirkung ausschließen." Man müsste in diesen Paragrafen auch eine Klausel hineinbringen, in der es heißt „... soweit nicht das Gesetz, die Erhaltung der natürlichen, sozialen und kulturellen Gemeingüter oder Rechte Dritter entgegenstehen ...".

Dass ein Gut besonders günstig angeboten wird, weil der Anbieter durch Raubbau an Gemeingütern Kosten einspart, ist nicht weniger unlauter als zum Beispiel irreführende Werbung; in beiden Fällen wird der Abnehmer über die Leistung des Anbieters getäuscht. Deshalb muss Externalisierung in die verbotenen Wettbewerbshandlungen des Gesetzes gegen den unlauteren Wettbewerb (UWG) aufgenommen werden. Und auf der anderen Seite müssen Vereinbarungen zwischen Unternehmen, die einander eine Internalisierung bestimmter von ihnen bisher unterlassener Reinvestitionen zusichern, vom Kartellverbot des Gesetzes gegen Wettbewerbsbeschränkungen (GWB) ausgenommen werden. So wird erreicht, dass die Wettbewerbsfreiheit nur für den nachhaltigen Wettbewerb gilt.

**Unternehmen, Banken, Fonds auf Nachhaltigkeit verpflichten**

Im Aktiengesetz (AktG) müssen die Unternehmensvorstände auch auf den Schutz der natürlichen und der sozialen Gemeingüter verpflichtet werden, die das Unternehmen nutzt. Das Gesetz zur vorläufigen Regelung des Rechts der Industrie- und Handelskammern sollte die Kammern auch auf den Schutz der Gemeingüter verpflichten. Entsprechende Verpflichtungen sollten auch für andere berufsständische Körperschaften des Öffentlichen Rechts wie die Handwerks- und Architektenkammern gelten. Im Kreditwesengesetz (KWG) und im Investmentgesetz (InvG) müssen Banken und Investmentfonds verpflichtet werden, Kapitalanleger darüber zu informieren, inwieweit ihre Anlageprodukte natur- und sozialverträglich sind, und sich dabei an den Nachhaltigkeitsbewertungen anerkannter Ratingagenturen zu orientieren. Sie sollten auch selbst zu nachhaltiger Geldanlage verpflichtet werden; Banken sollten Kredite nur für nachhaltige Zwecke vergeben. Nicht zuletzt muss die Eigenkapitalunterlegung der Bankkredite höher, müssen Derivate börsenpflichtig sein, muss das Investmentgeschäft von den traditionellen Bankgeschäften getrennt und muss bei allen Finanzmarkttransaktionen die vollständige Transparenz der Risiken gesichert werden.

Ein Beispiel, wie man ökologische Kosten durch Ersatzleistungen wiedergutmachen kann, haben wir beim $CO_2$-Ausstoß durch den Kauf entsprechender Zertifikate. Wenn ökologische Ressourcen genutzt werden, kann man nicht alle vollständig wiederherstellen. Aber man kann Ersatzleistungen erbringen und diese müssen entsprechend der Externalisierungskosten berechnet werden. Da sind wir auch noch nicht mit unseren Überlegungen fertig, denn das muss genau für jede Branche und für jeden Bereich analysiert werden. Daran wollen wir uns mit Fachleuten begeben. Es gibt Unternehmen, die die eigenen Kosten der ökologischen Externalisierung berechnet haben, etwa Puma. Puma und andere Textilunternehmen müssten aber auch die sozialen Kosten errechnen, die etwa durch die Ausnutzung von Arbeitskräften in Billiglohnländern entstehen.

Nicht nur Externalisierung ökologischer Kosten, sondern auch die Externalisierung der sozialen und kulturellen Kosten müssen festgestellt werden.

Man kann das nicht einfach nur fordern, man muss auch die Voraussetzungen bearbeiten, damit so eine Reform von vielen als vernünftig angesehen wird. Dazu gehört, dass wir für diese Idee bei allen Stakeholdern von der Zivilgesellschaft über die großen Unternehmen bis hin zu den Abgeordneten werben. Wir haben mit zwei großen Unternehmen aus der Automobilbranche gesprochen. Eines davon wollte keine Gesetze haben, sondern Freiwilligkeit, wie sie auch im deutschen Nachhaltigkeitskodex zugrunde gelegt ist. Die Freiwilligkeit aber hat bisher nur zu sehr verschleppten Anpassungen geführt. Deswegen ist die Forschungsgruppe für Gesetzesänderungen mit Übergangsfristen, denn dann wird konkret umrissen, bis wann sie sich umstellen müssen. Das andere Unternehmen hat uns gesagt, wenn Gesetze gemacht würden, an die sich alle Konkurrenten halten müssen, dann könnten sie die von heute auf morgen umsetzen. Das ist wahrscheinlich etwas zu flott dahingesagt, aber auf jeden Fall wird damit signalisiert, dass ohne gesetzliche Regelungen eine Änderung zu weit hinausgeschoben wird. Das Top-Runner-Projekt in Japan ist dafür ein gutes Beispiel.

Der Entwicklung und Stärkung des Bewusstseins der wirtschaftlichen Akteure kommt nicht zuletzt die öffentliche Debatte um Begriff und Verständnis von Nachhaltigkeit zugute. Sie trägt dazu bei, dass sich mehr und mehr Investoren für die Verbreitung ethischer Geld- und Kapitalanlagen engagieren. Dennoch kommen wir nicht darum herum, dass wir auf allen nur denkbaren Ebenen Bewusstseinsbildung voranbringen.

„Solidarität neu denken" hat Papst Franziskus in einer Ansprache zum Fronleichnamstag 2019 allen Christen, den Ordensgemeinschaften und der ganzen Kirche ins Stammbuch geschrieben:

> „Die Arbeitslosigkeit ist ein Phänomen (…), das sich wie ein Ölfleck immer weiter im Westen ausbreitet. Und es weitet sich auch in besorgniserregender Weise zur Armut hin aus. Dabei erscheint es mir wichtig, zu betonen, dass es keine schlimmere materielle Armut gibt, als die, sich nicht einmal ein bisschen Brot selbst verdienen zu können und keine würdige Arbeit zu haben. Mittlerweile ist es so, dass dieses ‚etwas, das nicht funktioniert' aber nicht mehr nur den Süden betrifft, sondern den ganzen Planeten. Deshalb ist es erforderlich, dass wir ‚Solidarität neu denken' und zwar nicht mehr als eine einfache Hilfestellung gegenüber den Ärmsten, sondern als globalen Neugedanken im Zusammenhang mit dem ganzen System. Wir müssen Solidarität so neu denken, dass sie den Grundrechten der Menschen entspricht, und zwar denen aller Menschen. Die Welt der Wirtschaft mag den Begriff ‚Solidarität' nicht besonders, für sie scheint das ein schlimmes Wort zu sein. Doch dem Begriff muss wieder der Wert zukommen, den er verdient. Bei all den Geschäften und der Logik der Gesetze, die den Markt bestimmen, ist der Mensch verloren gegangen und er geht weiter verloren. Der Mensch als Mensch, mit seinen Tugenden und seiner tiefgreifenden Würde. Es geht darum, ihm die Möglichkeit zu geben, würdig zu leben und am Gemeinwohl teilzuhaben."[18]

[18] Quelle: Audio: http://media01.radiovaticana.va/audio/ra/00373729.RM.

Franziskus fordert uns auf, Solidarität im globalen System der Wirtschaft neu zu denken. Wir sollen die Rolle analysieren, die wir als Christen, Gemeinden und als Kirche im Ganzen dabei wahrnehmen könnten. Was könnte das für unser Christsein bedeuten? Sicher geht es darum, dass wir uns fragen, welche Verantwortung und welche Möglichkeiten wir als Christen haben, einen Beitrag für die Bewahrung der Schöpfung zu erbringen, damit Menschwerdung in Gemeinschaft im Mit-sein mit der Schöpfung in unserem sozioökonomischen Kontext vor Ort und global, für uns und künftige Generationen gelingen kann? Aber im Grunde denkt Franziskus an einen grundlegenden Perspektivenwechsel. Es geht darum, gemeinsam der Banalität des Weitermachens durch kreative Veränderung zu widerstehen, Aufbruch in einer schwierigen Lage zu wagen, nicht nur „Exodus", Auszug aus dem „falschen" Leben, sondern Veränderung der Sichtweise und des Gesehenen und Änderung der Praxis. Im Grunde bedeutet das, die Perspektive der Natur und der Schöpfung, die Perspektive der Menschen am Rande der Gesellschaft und die Perspektive der Kultur, des kulturellen Ordnungswissens scharf machen, um solidarisch sein zu können.

Am Beginn dieses Beitrags habe ich schon auf Aristoteles hingewiesen. Er unterschied zwischen Geld als Tauschmittel und Geld als Geldkapital und folgerte daraus, dass sich aus der Rolle des Geldes als Kapital eine ganz andere Wirtschaftsweise ergibt, nämlich Kapitalismus. Geld ist zunächst einmal ein Mittel, mit dem ich Zwecke verfolgen kann. Sobald ich die Erfahrung mache, dass ich mir mit Geld – sofern ich genug davon habe – alle Zwecke, alle Wünsche – und seien es auch die gegensätzlichsten – mit Geld erfüllen kann, wandelt sich Geld in meinem Bewusstsein vom Mittel zum letzten Zweck. Geld muss Mittel dafür bleiben, das alle Menschen gebrauchen, um die Versorgung aller mit Gütern für eine menschenwürdige Lebensweise zu ermöglichen. Niemand darf die Güter dieser Erde als absolutes Privateigentum betrachten. Das Adjektiv „privat" kommt bekanntlich von „privare" und das heißt „rauben". Die private Zuteilung der Erdengüter ist nur dann erlaubt, wenn – und solange – dadurch der Gemeingebrauch der Güter für alle besser ermöglicht werden kann. Das war nicht nur die Auffassung von Ambrosius und Thomas von Aquin, sondern findet auch in zahlreichen kirchlichen Lehrschreiben seinen Ausdruck. So ist in Gaudium et spes Nr. 69, § 1 nachzulesen: „Gott hat die Erde mit allem, was sie enthält, zum Nutzen für alle Menschen und Völker bestimmt; darum müssen diese geschaffenen Güter in einem billigen Verhältnis allen zustattenkommen, dabei hat die Gerechtigkeit die Führung, Hand in Hand mit ihr geht die Liebe." Somit darf das Eigentumsrecht niemals zum Schaden des Gemeinwohls genutzt werden.[19] Ganz generell schreibt Thomas von Aquin gleich zu Beginn des Gesetzestraktates: „ Das Gesetz betrifft ... in erster Linie ... die Hinordnung auf das Gemeinwohl (bonum commune)"[20] Im Grunde spiegelt sich diese Grundauffassung auch im Konzept einer sozialen Marktwirtschaft wider: Geld ist danach

[19] Vgl. Populorum progressio, Nr. 23.

[20] Thomas von Aquin, STh, 90,3.

eine soziale Institution, von der Regierung eines Staatswesens geprägt und von der Arbeitsleistung der Vielen in seinem Wert erhalten. „Deshalb darf es auch nicht geduldet werden, dass Bürger mit übergroßen Einkommen aus den Mitteln und der Arbeit des Landes davon einen großen Teil ins Ausland schaffen, zum ausschließlichen persönlichen Nutzen, ohne sich um das offensichtliche Unrecht zu kümmern, das sie ihrem Lande damit zufügen."[21]

Im Naturkapital sind alle Ressourcen unseres Globus, des Systems Erde, zusammengefasst, auf deren Nutzung nicht nur wir, sondern alle Menschen in Gegenwart und Zukunft angewiesen sind und ein von Gott gegebenes Recht darauf haben. Diese Ressourcen sind Gemeingüter, wie Luft, Meere, Wasser, Klima etc., die nicht einfach den Kapitalinteressen geopfert werden dürfen. Eine Wirtschaftsordnung, in der das geschieht, in der die Bewertungen und Handlungen der Wirtschaftssubjekte von den Gesetzen der Kapitalverwertung bestimmt werden, ist Kapitalismus. Aber „Kapitalismus ist nicht Marktwirtschaft. Er schwimmt nur auf ihr" (Braudel 1986, S. 99). Solidarität in ökologischer Hinsicht neu denken, verlangt, dass wir der Natur und der Mitwelt den Vorrang gegenüber dem Kapital einräumen. Tun wir das nicht, sägen wir an dem Ast, auf dem wir sitzen und der auch noch künftigen Generationen zu einer menschenwürdigen Lebensgestaltung zur Verfügung stehen muss. Doch nach dem Prinzip „höchste Rendite in kürzester Zeit" werden zu ihren Lasten Kosten gespart und dadurch Preise verbilligt und Qualitäten überhöht.

Im Zuge der Corona-Pandemie versuchen Lobbyisten den Schutz der ökologischen, sozialen und kulturellen Gemeingüter herunterzuschrauben. Sie fordern ein Belastungsmoratorium. „Wirtschaftsverbände wie BDI und BDA fordern die Politik aktuell auf, jegliche ‚Belastungen' für Unternehmen angesichts der momentanen Krise nun doch mal lieber sein zu lassen. Im Klartext heißt das: Regeln und Vorschriften für Unternehmen und die solidarische Finanzierung des Gemeinwesens sollen laut den Wirtschaftsverbänden nun erstmal hintenanstehen. Denn diese – so heißt es – würden die Unternehmen in ihrer Wettbewerbsfähigkeit zu stark belasten und die unternehmerische Freiheit beschneiden. Mit den ‚Belastungen' für Unternehmen sind in der Regel so ‚lästige' Dinge wie Vorschriften zum Klima-, Umwelt- oder auch Datenschutz gemeint. Und natürlich Steuern. Ein paar Beispiele: Der Lobbyverband der Werbewirtschaft ZAW wettert gerade gegen neue europäische Datenschutzregeln, da diese die Werbewirtschaft in der Corona-Krise zu stark ‚belasten' würden. Der Bauernverband hält Umweltauflagen in den Bereichen Wasserschutz, Tierschutz oder Düngemittel angesichts der Corona-Krise für zu belastend. Und der BDI fordert Steuersenkungen für Unternehmen." (LobbyControl 2020)

Ein anderes Wort für Übernutzung und Externalisierung ist Raubbau, ein weiteres ist Substanzverzehr. Heute sind alle Gemeingüter durch Raubbau und Substanzverzehr bedroht; viele sind dem kritischen Zeitpunkt nahe, an dem ihre Schädigung nicht mehr

[21] Populorum progressio, Nr. 24 mit Bezug auf Gaudium et spes Nr. 71, § 6.

zurückgedreht werden kann. Nachhaltige Nutzung von Ressourcen ist daher Substanzerhalt für uns und künftige Generationen.

20 Jahre nach Rio überschreitet der ökologische Fußabdruck der Menschheit von Jahr zu Jahr die globale Biokapazität schneller. Nach Berechnung der UNEP Finanz-Initiative von 2011 entsprachen 2008 die externalisierten Umweltkosten weltweit rund 6600 Mrd. US-$, was rund 11 % des globalen Bruttosozialproduktes ausmachte. Externalisierung führt zur Überschreitung der globalen Biokapazitäten, das bewirkt eine Auszehrung der ökologischen Widerstandsfähigkeit, vernichtet die Vielfalt des Lebens, schädigt die naturgegebene Fruchtbarkeit und zerstört Gemeinschaftsgüter für uns und für künftige Generationen.

Schließlich haben wir die Erkenntnis gewonnen, dass nationale und internationale Rahmenbedingungen für Unternehmen aus Wettbewerbsgründen unbedingt erforderlich sind und Unternehmen bei Nichteinhaltung verklagt werden können. Wir brauchen ein entsprechendes Strafrecht wie in den USA. Andererseits ist es auch im Interesse von ethisch-ökologisch eingestellten Konsumenten, dass transparente und wirksame Handlungsmöglichkeiten eröffnet werden. „Auf vielen Ebenen wächst die Überzeugung, dass eine Änderung der nationalen und internationalen Rahmenbedingungen möglich ist."[22] Das erscheint auch aus Sicht der Umsetzung der UN-Leitprinzipien und der Umsetzung von Menschenrechten in der Wirtschaft unerlässlich, denn diese setzen auf Freiwilligkeit. Nach Cornelia Heydenreich und Sarah Lincoln „bestätigen die Menschenrechtsausschüsse der Vereinten Nationen und die UN-Sonderberichterstattenden, dass Staaten sich auch darum kümmern müssen, was ihre Unternehmen im Ausland machen. Mehrere Versuche, angesichts dieser mangelhaften Umsetzung der menschenrechtlichen Schutzpflicht auf nationaler Ebene bei den Vereinten Nationen eine eigene Konvention mit verbindlichen Menschenrechtsstandards für den globalen Geschäftsverkehr zu entwickeln, sind seit den 1970er-Jahren gescheitert. ... Im Tauziehen zwischen dem Versuch verbindlicher Rahmensetzung und freiwilligen Initiativen hat der Menschenrechtsrat der Vereinten Nationen im Jahr 2011 die Leitprinzipien für Wirtschaft und Menschenrechte verabschiedet. Sie konkretisieren die staatliche Pflicht, die Menschen durch eine angemessene Politik, Regulierung und Rechtsprechung vor Menschenrechtsverstößen durch Unternehmen zu schützen und Betroffenen Zugang zu gerichtlichen und außergerichtlichen Beschwerdewegen zu schaffen. ... Eine Schwäche der Leitprinzipien liegt gleichwohl darin, dass sie keinerlei Durchsetzungsinstrumente vorsehen."[23]

---

[22] Frank Keil: Esst Butter! In: Lux360°. Rund um Energie/Umwelt/Wirtschaft/Nachhaltigkeit. Eine Beilage in der Süddeutschen Zeitung, Heft Juni 2016, 26–27, hier 27.

[23] Cornelia Heydenreich/Sarah Lincoln: Unternehmen in die Pflicht nehmen. Menschenrechtliche Verantwortung im globalen Wirtschaften, in: Wirtschaft und Menschenrechte. Unternehmen verbindlich in die Pflicht nehmen. Ein Dossier von Brot für die Welt und Germanwatch in Zusammenarbeit mit der Redaktion welt-sichten, Dossier 4–2016, 3–5, hier 4.

## 8 Weiterführung von FHL und CRR

Gibt es eine Notwendigkeit für Weiterführung und Veränderung? Der FHL wurde in den 90er-Jahren des vergangenen Jahrhunderts entwickelt. Seit der Zeit ist viel passiert: Weltfinanzkrise, Kriege, verheerende Wirbelstürme weltweit, Pandemien, starkes Auseinanderdriften zwischen Armen und Reichen, Zuspitzung der Klimakrise etc. Wenn wir diese Entwicklungen und Umwälzungen erinnern und in den Blick nehmen, dann wird uns bewusst, dass es beim FHL und dem CRR nicht einfach nur um eine Weiterentwicklung gehen kann. In der liberalistischen kapitalistischen Marktwirtschaft hat sich, – wie schon dargelegt –, das Geld, das Finanzkapital, zum obersten Wert hochgeschaukelt und dominiert alle anderen Werte, nämlich Mensch, Natur und Kultur. Alle Gemeingüter werden dem Geld untergeordnet. Als ich in den 60er-Jahren Volkswirtschaft in München studierte, haben wir zum Beispiel gelernt: „Es gibt drei gleichwertige Produktionsmittel: Natur (Natur-kapital), Arbeit (Sozial-kapital) und Geldkapital." Das hat sich radikal geändert. Im Interesse der Vermehrung des Geldkapitals kann das Natur- und das Sozialkapital in Dienst genommen, verbraucht und vernichtet werden.

Nehmen wir den Klimawandel: Eine Forschergruppe um den Holländer Marten Scheffer stellte fest, dass Menschen bevorzugt Gebiete bewohnen, die durch Jahresdurchschnittstemperaturen zwischen 11 bis 15 Grad Celsius gekennzeichnet sind. „Diese Verteilung hat sich in den vergangenen 6000 Jahren kaum geändert, weshalb die Forscher diese Temperaturspanne als die ‚ökologische Nische des Menschen' bezeichnen." Wenn die Treibhausgase sich im derzeitigen Umfang „ungebremst" entwickeln, würden Gebiete bei mehr als 29 Grad Celsius Jahresdurchschnittstemperatur „vor allem in Südamerika, Afrika, Indien, Südostasien und Nordaustralien" betroffen sein. „Allein in Indien wäre mehr als eine Milliarde Menschen davon betroffen, in Nigeria, Pakistan, Indonesien und Sudan jeweils mehr als 100 Mio. Menschen."[24] Wie das Potsdam-Institut für Klimafolgenforschung (PIK) mitteilt, „könnte der globale mittlere Anstieg des Meeresspiegels bis zum Jahr 2100 über einen Meter und bis 2300 sogar über fünf Meter betragen, – wenn die Menschheit weiter so viel Treibhausgas ausstößt wie bislang."[25]

Noch dramatischer sieht die Lage aus, wenn wir zur Kenntnis nehmen, dass „Unser heutiges, hoch erfolgreiches Wirtschaften für die Menschheit zunehmend zum Problem wird … Zwei Entwicklungen zeigen diese Gefahr: Erstens, die technologiegetriebene Ausbildung von ‚Gewinner-nehmen-alles'-Märkten, in denen die Monopolstellungen der Gewinner die Freiheit und Demokratie der Vielen bedrohen. Noch weitaus bedenklicher für das Gedeihen der Menschheit ist jedoch eine zweite Entwicklung: Unser kollektiver

[24] Heiß wie die Sahara. 3,5 Mrd. Menschen bis 2070 von Hitze bedroht, DPA-Meldung, in: Süddeutsche Zeitung, 6.5.2020 Nr.104, Seite 13, Wissen.

[25] Quelle: https://www.t-online.de/nachrichten/panorama/id_87842736/meeresspiegel könnte bis 2100 um mehr als einen Meter steigen.

Konsum befeuert, zumindest bis jetzt, die Erderwärmung, das weltweite Artensterben, den globalen Ressourcenabbau sowie daraus resultierende Migrationsbewegungen und kriegerische Konflikte."[26] Wenn man die schon von mir zitierten sowie die von Glauner angeführten Studien zugrunde legt, dann hinterlassen wir unseren Enkelgenerationen verheerende Zukunftsaussichten. Sofern der durchschnittliche globale Temperaturanstieg im „günstigsten Fall im Jahr 2100 um 4° Celsius höher liegen würde als im Referenzjahr 1900, …, werden im Jahr 2100 von den geschätzt rd. 10 Mrd. Menschen, die die Erde um 2050 bevölkern, migrations-, kriegs- und umbruchsbedingt vielleicht noch eine Milliarde überleben."[27] Wir sind also ethisch verpflichtet, eine Systemänderung herbeizuführen und verpflichtet, radikal auf die Bremse zu treten. Weitermachen wie bisher können wir nicht verantworten. Es ist also absoluter Unsinn, wenn Wirtschaftslobbyisten jetzt in der Coronakrise dafür kämpfen, dass nicht nur die Unternehmen für die Wiederankurbelung der Wachstumswirtschaft alten Stils nicht nur Subventionen fordern, sondern auch für eine Senkung der Steuern und die Senkung des Mindestlohns sowie der Senkung der Kosten für Klimaschutz und Umwelt. Das ist Raub am Gemeinwohl und Bereicherung auf Kosten der Arbeiter.

In der Erklärung der FG EÖR „Systemänderung oder Kollaps unseres Planeten" haben wir eine Weiterführung des FHL und des CRR gefordert. Auch durch die Corona-Pandemie ist uns bewusst geworden, dass wir in einer umfassenden Nachhaltigkeitskrise stecken. Mit Thomas Weber stimme ich überein, dass „die Corona-Teilkrise mit allen anderen Teilkrisen (mit der Armutskrise, mit der Ungleichheitskrise, mit der Krise der Ökosysteme, mit der Krise der für den Wohlstand notwendigen Infrastrukturen und Institutionen etc.) steht, die die UN-Agenda im September 2015 benannt hat. Dabei bedingen und verstärken sich diese Teilkrisen gegenseitig".[28]

Auf welche Weise könnte durch den FHL und das CRR die notwendige Systemtransformation herbeigeführt werden?

Ein **erster Schritt** ist die Durchsetzung des Verbotes jeglicher Externalisierung von Kosten auf ökonomische, ökologische, soziale und kulturelle Gemeingüter. Erst wenn das geschieht, können Nachhaltigkeitsagenturen ihre Ratings an den Kosten der Externalisierungen ausrichten. Damit würde transparent, welche Änderungen Unternehmen in den Produktions- und Lieferketten vornehmen müssen oder welche Ersatzleistungen dafür zu erbringen sind. Die Chancen stehen gut, denn nach Susanne Bergius „herrscht seit Jahren ein beinharter Wettbewerb. Einen Überblick seit 2009 und das Geschehen 2019 gibt die im März erschienene Studie ‚Rate the Raters' von Sustainability … Es gebe weit mehr als 600 ESG-Ratings und Rankings. Tendenz

[26] Glauner, Friedrich, Das Modell Ethikologischer Leistungsrechnung, in: glauner@weltethos-institut.org; Ausdruck vom 14.4.2020, Seite 1.

[27] Ders., ebd., Seite 1.

[28] Weber, Thomas, Die Corona-Pandemie und die Agenda 2030, Berlin, Manuskript vom 20.4.2020, Seite 1.

steigend."[29] Durch ein Verbot von Kostenexternalisierungen auf die Commons bekämen ethisch-ökologisch orientierte Investoren ein klares Bild darüber, welche Unternehmen wirklich einen deutlichen Beitrag für die Rettung der Gemeingüter leisten und welche Greenwashing betreiben.

Ein **zweiter Schritt** muss das Bewusstsein für die Commons, für das Gemeinwohl, auf allen Ebenen schärfen. Natürlich denken wir zuerst an die großen Firmen, an die Finanzwelt, an die Mächtigen und die Reichen. Aber für das Klima sind alle zuständig und alle können auch jeweils durch ihr Verhalten erheblich Schaden vermeiden, wie uns das Beispiel Versandhandel zeigen konnte. Und so gibt es viele Möglichkeiten, in ganz unscheinbaren Handlungskontexten für den Erhalt des Klimas beachtliche Wirkung erzielen. Wer hätte gedacht, dass zum Beispiel das Halten eines Haushundes unter Klimagesichtspunkten überhaupt ein Problem darstellen könnte. Dennoch haben „die Ökoarchitekten Robert und Brenda Vale von der Victoria-Universität Wellington (Neuseeland) vorgerechnet, dass ein Haushund die Ressourcen der Erde ärger strapaziert als ein großer SUV, etwa vom Typ Landrover Freelander, Porsche Cayenne oder VW Touareg."[30] Sie berechnen das anhand des „ökologischen Fußabdrucks" folgendermaßen. „Ein normaler Hund verbrauche im Jahr gut 164 Kilo Fleisch, 95 kg Getreide; zu deren Produktion seien 0,84 Hektar nötig, ein Schäferhund koste 1,1 ha. Bau und Betrieb eines Toyota Landcruiser, der 10.000 km/Jahr fährt, bräuchten einen Energiemenge, die einem Fußabdruck von 0,41 ha entspricht."[31] Ich habe mir das nicht vorstellen können. Vielen wird das ähnlich gehen. Das bedeutet, wir müssen im Interesse einer nachhaltigen Lebensweise uns informieren und uns auch bei unseren Vorlieben fragen, ob und in welchem Ausmaß wir mit welchen Interessen auch immer das Gemeingut Klima in Anspruch nehmen. Es gilt dafür zu arbeiten, dass unsere Lebensgewohnheiten aus der Perspektive der Erhaltung des Klimas, des Schutzes der Erde neu durchdacht werden und dass wir unseren Umgang mit den naturgegebenen Commons entsprechend ändern. Jeder Einzelne ist – im Rahmen seiner Möglichkeiten – gefragt, seine je eigene Verantwortung wahrzunehmen. Wie dargelegt, wissen die meisten Menschen nicht, ob sie mit ihren alltäglichen Gewohnheiten zum Beispiel dem Klima Schaden zufügen. Hier sollten die täglichen Handlungsabläufe angeschaut und daraufhin untersucht werden, inwieweit mit diesen gewohnten Handlungsabläufen dem Klima oder anderen Gemeingütern geschadet wird.

Mit den richtigen Schritten könnte die wirtschaftliche Entwicklung bei der Überwindung der Coronakrise eine Gelegenheit bieten, dass wir uns in Richtung einer Zukunft bewegen, die sich vom Business as usual trennt, die eine ökologische, soziale

---

[29] Bergius, Susanne, EU-Umfrage startet mit skeptischem Blick auf Ratingszene, in: Handelsblatt Business Briefing Nachhaltige Investments, Nr. 5, 8.5.2020, Seite 8.

[30] Quelle: Die Presse 28.10.2009, 18:24.

[31] Ebd.

und kulturverträgliche Entwicklung fördert, „die widerstandsfähiger in Krisen, sicherer, gerechter, gesünder, sauberer und wohlhabender ist."[32]

Ein **dritter Schritt** muss die Wertdimension „Kulturverträglichkeit" des FHL auf dem Hintergrund der Corona- und der Flüchtlingskrise erneut durchbuchstabieren. Angesichts wachsender Tendenzen von Rassendiskriminierung, wachsendem Faschismus in Deutschland, der Unterdrückung von Farbigen in zahlreichen Ländern der Welt, die Missachtung der Menschenwürde gegenüber den indigenen Völkern in Lateinamerika und die Unterdrückung der Farbigen in den USA, die ihren bisherigen Höhepunkt in der grausamen Tötung des Afroamerikaners George Floyd in Minneapolis erreichte. Die Berichterstattung und der Umgang in deutschen Medien zeigte wenig Sensibilität für die Situation, indem sie die Diskussionen in den Medien zunächst allein unter weißen Gästen durchgeführt haben. „Erst als im Internet Kritik laut wurde, erweiterten schwarze Gäste die Runde. Grund für diese Betriebsblindheit ist die Tatsache, dass in den meisten deutschen Pressehäusern und öffentlich-rechtlichen Anstalten eine ziemlich geschlossene Gesellschaft anzutreffen ist."[33] Hier sollte in der FG über „Kulturverträglichkeit" vor allem in multikulturellen Gesellschaften wie der deutschen geforscht und öffentlich diskutiert werden.

Ein **vierter Schritt** muss eine Änderung von Rahmenbedingungen (Gesetzen) sein. Um es noch einmal mit den Worten von Maja Göpel zu sagen: „Der Markt ist kein regelfreier Raum, sondern erst durch Regeln erschaffen worden. Diese Regeln beeinflussen, welche Freiheiten wir haben und welche nicht ... Staatliche Regelungen haben zur Freiheit der Wissenschaft und Forschung geführt, zum Ausbau von Universitäten, zur öffentlichen Gesundheitsversorgung, zur Rede-, Meinungs- und Versammlungsfreiheit, zur Gleichheit aller Bürger*innen vor dem Gesetz. Staatliche Regelungen eröffneten viele Freiheiten. Auch ein Finanzmarkt ohne staatliche Regulierung und Bürgschaft wäre gar nicht denkbar." (Göpel 2020, S. 152 f.) Das sollten wir uns ständig bewusst machen und den demokratischen Parteien unsere Stimme geben, die bereit sind, Gesetze zum Schutz der Gemeingüter durchzusetzen. Es ist wie beim Straßenverkehr: Da der Schutz aller Verkehrsteilnehmer gewährleistet werden muss, funktioniert das nur dann, wenn man Regeln aufstellt und diese mit entsprechenden Strafen bei Übertretungen sanktioniert. Wenn zum Beispiel reiche Bürgerinnen und Bürger nicht aus ethischem Verantwortungsbewusstsein ihren Gewinn entsprechend versteuern, also nachdem sie die Gewinnmöglichkeiten in einer Volkswirtschaft genutzt haben und in Steueroasen

---

[32] In einem offenen Brief an Bundeskanzlerin Angela Merkel ruft *Ecopreneur.eu,* der europäische Dachverband von UnternehmensGrün e. V., dazu auf, die deutsche EU-Ratspräsidentschaft für einen grünen Wiederaufbauplan zu nutzen. Für den Wiederaufbau sei es entscheidend, „die Klimaziele und den Europäischen Green Deal ganz oben auf der politischen Agenda zu halten". Gleichzeitig müssen Unterstützungsprogramme nachhaltig ausgerichtet sein. In: Newsletter Unternehmensgrün, 6/2020.

[33] Ramadan, Dunja, Rassismus-Debatte, Geschlossene Gesellschaft; in: Süddeutsche Zeitung, 6./7. Juni 2020, Nr. 129, Seite 4.

ziehen, dann operieren sie auf dem niedrigsten Niveau kognitiver Moralentwicklung. Um unser System Welt zu retten, müssen Nehmen und Geben, Eigensinn und Gemeinsinn, Eigenwohl und Gemeinwohl in eine Balance gebracht werden (Hoffmann 1979). Ganz aktuell wird allen anhand der Covid-19-Infektionen in der Schlachtfabrik von Clemens Tönnies[34] in Gütersloh und Rheda-Wiedenbrück deutlich, wie skrupellos Kosten externalisiert werden, das heißt auf das Gemeinwohl, auf die Commons, abgewälzt werden, also auf die sozialen, ökologischen, wirtschaftlichen und kulturellen Gemeingüter. Für die Beseitigung der nun sichtbaren großen Schäden müssen die Verursacher herangezogen werden. Gemessen am Grundgesetz unseres States ist das Verhalten der Schlachthofbetreiber Diebstahl an den Commons.

Anhand dieses Verständnisses von Schlachthofbetreibern stellen wir fest, dass unsere Gesetze zur Durchsetzung nachhaltiger Praktiken unzureichend sind. Denn Nachhaltigkeit bedeutet Erhaltung der Gemeingüter (Commons), also der Rohstoffe, der Ökosysteme, der Gesundheit, des kulturellen und gesellschaftlichen Zusammenhalts. Doch bisher ist es nicht generell verboten, Kosten auf die Umwelt und Gesellschaft abzuwälzen, zu externalisieren. Solange das gilt, zwingt der Wettbewerb die konkurrierenden Unternehmen zum Raubbau an den Gemeingütern. Daher muss die Gesetzgebung die Erhaltung der Gemeingüter vorschreiben. Alle, die ein Gemeingut beanspruchen, müssen verpflichtet werden, das Verbrauchte wieder herzustellen bzw. zu ersetzen, soweit es nicht sich selbst regeneriert. Unternehmen müssen daher künftig in die Erhaltung der von ihnen genutzten Gemeingüter ebenso investieren wie schon immer in die Erneuerung der eigenen Anlagen oder in die Weiterbildung der Mitarbeiterinnen und Mitarbeiter. Die Nachhaltig-Ökologisch-Soziale Marktwirtschaft wird erst durch den Schutz der Gemeingüter voll verwirklicht. Denn dann beruht die Marktleistung auf Substanzerhaltung statt wie jetzt auf Substanzverzehr, bewirkt der Markt Beschäftigung statt wie bisher Ausgrenzung und bringt der Wettbewerb gerechte statt wie heute ungleiche Verteilung hervor und in der Folge gesellschaftliche Konflikte und Auflösung des kulturellen Ordnungswissens sowie den Verlust des Vertrauens in eine für Gerechtigkeit sorgende Demokratie.

Ein **fünfter Schritt** muss darauf achten, dass Gesetze angewendet werden. Wie wir am Beispiel der EZB zeigen konnten, ist es ein Skandal, dass die EZB, – noch dazu als Organ der EU – bei ihrer milliardenschweren Anleihenpolitik sich nicht im Geringsten um die Beachtung der Grundrechte der EU kümmert. Die von Harald Bolsinger, einem Mitglied der FG, am 11.11.2019 im EU-Parlament eingebrachte Petition, wurde vom EU-Parlament angenommen. Darin wurde die Chefin der EZB, Frau Lagarde aufgefordert, bei ihren Anleihen auf die Übereinstimmung mit den EU-Grundrechten zu

[34]Vgl. Doster, Elisabeth, Ende vom Lied. Das System Clemens Tönnies hat lange bestens funktioniert. Die Corona-Pandemie zeigt nun aber, unter welchen Bedingungen in seinen Schlachtfabriken gearbeitet wird – und dass es so nicht weitergehen kann, in: Süddeutsche Zeitung, 27./28. Juni 2020, Nr. 146, Seite 21.

achten. Bisher blieb der Brief des Petitionsausschusses des Parlamentes trotz Erinnerung von Frau Lagarde unbeantwortet.[35]

Aufgrund der Vielzahl und Vielfalt der zurzeit existierenden Nachhaltigkeits- und Ratingkonzepte ist der Sinn der Berichterstattung in vielerlei Hinsicht unklar bis widersprüchlich geworden. Die Unübersichtlichkeit und Unvereinbarkeit verschiedener Maßstäbe und Methoden führt inzwischen nicht ohne Weiteres zu besserer Transparenz sowie mittel- und langfristig resilienter Risikoabschätzung im operativen und strategischen Management von Unternehmen; die Leistungsfähigkeit in der Transformation zur Nachhaltigkeit ist teilweise fraglich. Die ethische und sachliche Herleitung, Begründung und Interpretation der Begriffe, Kriterien und Indikatoren der Nachhaltigkeit ist oftmals nicht ohne exzeptionelles Expertenwissen möglich. Das jeweils zugrunde liegende Verständnis des Begriffs Nachhaltigkeit ist sogar zuweilen gegensätzlich, die Inhalte sind mitunter nicht vergleichbar, miteinander inkompatibel, unvollständig oder einfach nur uneinheitlich und nicht ausreichend nachvollziehbar, um die Akteure am Markt in ihrer begründeten Auswahl zwischen verschiedenen Optionen im erwünschten Ausmaß zu unterstützen. Die Orientierungsfunktion, die mit Nachhaltigkeitsbewertungen und -berichten nach innen und außen geleistet werden sollte, wird dadurch erschwert und behindert. Die Situation führt teilweise eher zu einer Verunsicherung und zu Zurückhaltung statt zu einer effektiveren und effizienteren Gestaltung der Marktentwicklung für die interessierten Akteure. Um diese Situation zu verbessern, sollte sich die Forschungsgruppe stark machen und sich in Gesellschaft und Politik einmischen.

Ein **sechster Schritt** muss die Betrachtung neuer Felder sein. Mit der KI-Entwicklung und KI-Forschung, die ja an der Universität in Tübingen angesiedelt ist, ergeben sich ethisch-ökologische Fragestellungen, denen sich die Forschungsgruppe stellen könnte und sollte, ganz im Sinne einer ethischen Technikanalyse und Technikbewertung gerade jetzt im Entstehungs- und Entwicklungsprozess.

Ein **siebter Schritt** muss darüber aufklären, welche technischen Erfindungen und Ideen zum Beispiel für die Energiegewinnung und für den Abbau oder die Umwandlung von $CO_2$ existieren, aber nicht beachtet werden.

Nach einer Studie des Deutschen Instituts für Wirtschaftsforschung (DIW), des Beratungsunternehmens DIW Econ und des Forums Ökologisch-Soziale Marktwirtschaft (FÖS) – im Auftrag von Greenpeace erstellt –, die am 5.6. in Berlin vorgestellt wurde, können „Grüne Konjunkturhilfen für grüne Zukunftsbranchen innerhalb der kommenden fünf Jahre rund 365.000 neue Arbeitsplätze schaffen und gleichzeitig bis zu 56 Mio. Tonnen $CO_2$ pro Jahr einsparen“ (Studie online: act.gp/neunpunkteplan). Beim Konjunkturprogramm der Bundesregierung in Höhe von 130 Mrd. EUR zur Überwindung

[35] Quelle: http://fwiwi.fhws.de/bolsinger.

der wirtschaftlichen Folgen aus der Coronakrise „ist für Investitionen mit erkennbarer Klimaschutzwirkung nur grob ein Sechstel der Mittel vorgesehen".[36]

Ein **achter Schritt** muss sich die FG um Fragen der Bildung über Wissen des Systems Erde kümmern und über die Möglichkeit von Verhaltensänderungen in Schule und Erwachsenenbildung forschen.

Ein **neunter Schritt** muss Fragen der Systemänderung reflektieren, die sowohl die ökonomischen, ökologischen, sozialen und kulturellen Grundlagen von Gesellschaft ins Lot zu bringen vermögen. Es ist die Abkehr von der Priorisierung des Egoismus und die Zuwendung zur Priorisierung des Gemeinwohls, der Commons. Gemeinsinn statt Eigensinn sollte als handlungsleitendes Prinzip für die Gestaltung unseres ökonomischen und gesellschaftlichen Lebens Geltung bekommen. Gemeinwohl/Gemeinsinn versus Egoismus/Eigensinn. Wir brauchen – anders ausgedrückt – einen U-Turn, wie ihn Marcus Rashford, Stürmer beim Fußballklub Manchester United, uns vormacht. In einem offenen Brief an die Abgeordneten in Westminster schrieb er: „Auch Hunger sei eine Pandemie, die in England bekämpft werden müsse; solange im Schnitt neun von 30 Kindern in jeder Klasse in Armut lebten, sei dies keine Krise, sondern ein Systemfehler."[37] Sein Vorbild hat mit etwas Nachhilfe auch bei Boris Johnson Wirkung gezeigt.

Das Konzept der „invisible hand", von Adam Smith hat uns die neoliberale Marktwirtschaft beschert und nicht bewirkt, dass für die Menschen und das System Erde das Beste erreicht wird, wenn alle im eigenen Interesse denken und handeln. „Die unsichtbare Hand kommt in der Praxis so wenig vor wie der ‚vollkommene Wettbewerb'. Der Markt wird stets von spezifischen Institutionen verkörpert – zum Beispiel von Vorständen oder Vergütungsausschüssen." (Piketti 2014, S. 441) Ergebnis der neoliberalen Marktwirtschaft sind der Klimawandel, sind das Auseinanderdriften von arm und reich, sind Epidemien wie die jetzige Corona-Virus-Krise und letztendlich die Vernichtung des Systems Erde. Sahra Wagenknecht zitiert am Beginn des Kapitels „Die Lebenslügen des Kapitalismus" Thomas Morus aus seiner Utopia: „wenn wir die Staaten betrachten, wie wir sie heute überall finden, dann zeigt sich uns, weiß Gott, nichts anderes als eine Verschwörung von reichen Leuten, die sich mit nichts anderem als ihren eigenen Interessen beschäftigen … Glaubt nicht, dass die Gerechtigkeit dort herrscht, wo die wichtigen Angelegenheiten in der Hand von üblen Spitzbuben sind, oder dass ein Staat blüht, in dem alles Vermögen auf eine kleine Zahl von Bürgern verteilt ist."[38]

[36] Quelle: https://www.sonnenseite.com/de/wirtschaft/grne-konjunkturhilfe...,Seite 1.

[37] Kahlweit, Cathrin, Marcus Rashford: Fußballstürmer und Stimme für hungernde Kinder, in: Süddeutsche Zeitung, 17.6.2020, Nr. 137, Seite 4.

[38] Zitiert nach: Wagenknecht, Sahra, Reichtum ohne Gier. Wie wir uns vor dem Kapitalismus retten, Frankfurt 2016, Seite 30.

Eine Systemänderung mit wissenschaftlichen Methoden voranzutreiben, war[39] und sollte eine zentrale Forschungsaufgabe der „Forschungsgruppe Finanzen und Wirtschaft“ bleiben.

Entscheidend wird sein, dass wir dafür eintreten, dass Konsumenten, Unternehmer, Finanzdienstleister, also alle Menschen begreifen, dass wir alle miteinander verbunden sind mit der Grundlage unseres Lebens, der Erde. Im System Erde erhalten die Menschen ihre Würde, wenn sie ihren Part für die Erhaltung des Systems Erde leisten. Das lehrt uns doch gerade die Krise, die durch eines der kleinsten Lebewesen für unser ganzes System Erde ausgelöst wurde. Es gibt keinen anderen Weg als den gemeinsamen Einsatz für das Gemeingut Erde und für Solidarität für alle Menschen in der Welt im Dienst der Erhaltung des Lebensraums Erde.

Die Förderung der ethisch-ökologischen Forschungen seit nunmehr 1985 sind unseres Erachtens vorzeigbar. Der von uns entwickelte Frankfurt-Hohenheimer Leitfaden (FHL), den wir mit der oekom research AG 1999 in ein Ratingkonzept, das Corporate Responsibility Rating (= CRR), übertragen haben, wird nunmehr durch die Übernahme dieses Konzeptes durch die New Yorker Fa. ISS (Institutional Shareholder Services) weltweit angewandt und hat durch den Kauf der Fa. ISS durch die Frankfurter Börse im November 2020 eine für uns am Anfang nicht vorstellbare außerordentliche Wirkung und Aktualität am Weltfinanzmarkt bekommen.

**Dr. theol. Johannes Hoffmann,** Professor em. für Moraltheologie, Sozialethik und Wirtschaftsethik am Fachbereich Katholische Theologie der Goethe-Universität in Frankfurt/Main. Seit 1976 ist er ein Pionier des Nachhaltigen Investierens. Zusammen mit Gerhard Scherhorn hat er mit dem Frankfurt-Hohenheimer Leitfaden (FHL) die Grundlagen für die Bewertung von Nachhaltigkeit bei Unternehmen und Investments geschaffen. Die meisten der heute gängigen Ratingansätze gehen auf die Forschung Hoffmanns und Scherhorns zurück. Direkt umgesetzt wurde der FHL von der Oekom-Research AG (heute ISS-ESG). Außerdem ist Hoffmann Diakon mit Zivilberuf der Diözese Limburg seit 1984; Mitglied des Vorstandes von Theologie interkulturell e. V.; Gründer und ehem. Geschäftsführer der Forschungsgruppe „Ethisch-Ökologisches Rating“ der Goethe-Universität (heute Forschungsgruppe Finanzen und Wirtschaft der Stiftung Weltethos an der Universität Tübingen). Mitgründer des Forums Nachhaltige Geldanlagen, Mitgründer von CRIC e. V., ehem. Vorsitzender des Umweltrates der Umweltbank, Nürnberg, ehem. Vorsitzender der Forschungsgruppe Schuldenkompass Deutschland der Schufa, Wiesbaden, ehem. Mitglied im Ethikbeirat beim Bankhaus Schellhammer und Schattera, Wien, ehem. Ethikbeirat bei der Bank für Orden und Mission, Idstein, ehem. Mitglied des Ethikbeirates der Volksbank Linz,

[39] Forschungsgruppe Ethisch-Ökologisches Rating, Hg., Erklärung der Forschungsgruppe Ethisch-Ökologisches Rating der Goethe-Universität Frankfurt – Arbeitskreis Wissenschaft. Systemänderung oder Kollaps unseres Planeten, Altius Verlag, Erkelenz 2017.

ehem. Mitglied im wissenschaftlichen Beirat des Oekom-Verlags, München, ehem. Mitglied im wissenschaftlichen Beirat der oekom research AG, München (heute ISS-ESG), Mitglied des Kuratoriums der Umweltakademie, München, heute vor allem Beirat und Co-Founder der Afrikairos GmbH.

**Benedikt G. Hoffmann** ist ein erfahrener Impact-Investing-Experte, ein erfahrener Executive Bank Manager mit einem starken Interesse an Technologie, die den finanziellen Zugang zu Finanzdienstleistungen vereinfacht mit einem besonderen regionalen Fokus auf internationale Wachstumsmärkte. Er entwirft und initiiert Anlageprodukte, um institutionellen und privaten Anlegern Zugang zu nachhaltigen Investments zu ermöglichen. Interessiert an allem, was mit dem Klimawandel zu tun hat. Nachgewiesene Erfolgsbilanz als Manager in verschiedenen kulturellen Umgebungen/Schwellenländern. Er verfügt über umfangreiche Erfahrung im Bereich Impact Investing, Firmengründung/Skalierung und über fundiertes Wissen zu rechtlichen und finanziellen Regulierungsrahmen in Schwellenländern. Vor der Gründung von AfriKairos war er ab 2017 drei Jahre als COO bei der Invest In Visions GmbH tätig, einem der führenden deutschen Manager für nachhaltige Vermögenswerte. Über zehn Jahre lang war er als CEO für die deutsche ProCredit Banken-Gruppe in Afrika südlich der Sahara und Lateinamerika erfolgreich. Gleichzeitig war er Direktor und Vorsitzender verschiedener Aufsichtsräte von Banken in Schwellenländern, Direktor der Salvadorianischen Bankenvereinigung sowie der Deutschen Handelskammer im Ausland (AHK). Seit 2003 ist er Mitglied der Forschungsgruppe Finanzen und Wirtschaft am Weltethos-Institut der Universität Tübingen, der er seit 2020 als Co-Chair vorsteht. Er ist Co-Founder der Circular Economy Innovation Partnership (CEIPafrica.org) und Advisor to the Board of Trustees of the Growing Businesses Foundation und Direktor im Board of Interswitch Financial Inclusion Services (IFIS) in Nigeria.

## Literatur

Balz B C (1999) Ethisch-ökologische Geldanlage – eine kapitalmarktorientierte Analyse. IKO-Verlag für Interkulturelle Kommunikation, Frankfurt a. M.

Bauchmüller M (o. J.) Schönen Gruß aus der Zukunft. APuZ 31–32/2014:3–6. Bundeszentrale für politische Bildung; APuZ = Aus Politik und Zeitgeschichte; Beilage zur Wochenzeitung das Parlament

Beck C (2003) Anwaltschaft: Begriff und ethischer Auftrag am Beispiel der Caritas-Schuldnerberatung. Lambertus VerlagBauchmüller: Bundeszentrale für politische Bildung, Freiburg

Beise M (2020) Deutschland am Stopp-Schild. An die Adresse der Kritiker: Der Shutdown war eine kühne, aber richtige Entscheidung in der Krise. Nach dem Stillstand besteht die Chance, in Deutschland besser zu wirtschaften als jemals zuvor, Essay. Süddeutsche Zeitung, 11./12./13. April 2020, Nr. 85, S 22

Böhler, M (2015). Dichter oder Verseschmied? Vom Rollengedicht zu absoluter Poesie. Textvarianten als Inszenierungen des lyrischen Ichs im Spannungsfeld von Inspirations- und Handwerkspoetik: C. F. Meyers „Der römische Brunnen" und „Bin ich ein Dichter?". https://doi.org/10.13140/RG.2.1.3723.0804. Unpubliziertes Referat, gehalten am Troisième Cycle Romand „Der mehrfache Text/Le texte multiple" in Château d'Oex/VD, 26.–29.5.1999

Bojanowski A (o. J.) Verwirrende Werbefloskel. APuZ, 31–32/2014

Braudel F (1986) Die Dynamik des Kapitalismus. Stuttgart, S 99

Braungart M (2013) Besser statt billiger durch Cradle to Cradle. In: IG Metall, Hrsg., Frankfurt September

Commission for Development Justice and Peace (2002) Man life is sacred. Statement of the Catholic Diocese of Enugu. The Adoration Ground Tragedy: The Facts and Issues

Döpfner C (2000) Zur Glaubwürdigkeit ethisch-ökologischer Geld- und Kapitalanlagen. Eine theologisch-ethische Untersuchung vor dem Hintergrund der Frage nach der Glaubwürdigkeit der ökonomischen und monetären Strukturen, Frankfurt

Döpfner C, Schneider H (2012) Nachhaltigkeitsratings auf dem Prüfstand Pilotstudie zu Charakter, Qualität und Vergleichbarkeit von Nachhaltigkeitsratings, Frankfurt

Döpfner C (2004) Kunst und Kultur – voll im Geschäft? Kulturverträgliches Kunstsponsering, Frankfurt

Dohmen C (2014) Otto Moralverbraucher. Vom Sinn und Unsinn engagierten Konsumierens, Zürich

Dohmen C (2016a) Ohne Veränderungen droht ein Kollaps. Der Theologe Johannes Hoffmann über neue Regeln für Firmen. Süddeutsche Zeitung, 18.10.2016, Nr 241 S 18

Dohmen C (2016b) Kapital für alle; Fair? Sozial? Ökologisch? Es gibt viele ausgefeilte Bewertungsmodelle, um den Beitrag von internationalen Konzernen zum Gemeinwohl zu bewerten – vielleicht zu viele. In: Süddeutsche Zeitung, 18.10.2016, Nr. 241 S 18

Dostert E (2020) Ende vom Lied. Das System Clemens Tönnies hat lange bestens funktioniert. Die Corona-Pandemie zeigt nun aber, unter welchen Bedingungen in seinen Schlachtfabriken gearbeitet wird – und dass es so nicht weitergehen kann, in: Süddeutsche Zeitung, 27./28. Juni 2020, Nr. 146, S 21

Dostojewski FM (1979) Aufzeichnungen aus dem Totenhaus, Berlin

Edozien NN (2007) Ownership and management structures in the economy. African Traditional Values applied to Modern Issues of Sustainability and the Corporate Governance Function, Enugu

Förster O (o. J.) Investieren in die Umwelt, in: Roche, Peter et Al., a. a. O

Fons Trompenaars (1993) Handbuch globales Managen. Wie man kulturelle Unterschiede im Geschäftsleben versteht, Düsseldorf, S 18

Fricke V (2011) Nachhaltig investieren in Mikrofinanz? Erkelenz
Gabriel K (2006) Nachhaltigkeit am Finanzmarkt. Die individual- und sozialethische Relevanz der nachhaltigen Geldanlage, Wien, S 2006
Gabriel K (2005) Nachhaltigkeitsindizes. Indices of Sustainability, Frankfurt
Göpel M (2020) Unsere Welt neu denken. Eine Einladung, 4. Aufl. Berlin
Grieble P (2001) Ethisch-ökologische Geldanlage. Einflussmöglichkeiten durch Beachtung von ethisch-ökologischen Gesichtspunkten bei der Anlage von Geld, Frankfurt
Habermas J (1922) Faktizität und Geltung. Beiträge Zur Diskurstheorie Des Rechts Und Des Demokratischen Rechtsstaates, Frankfurt 1922:435
Herzog C (2000) Farbe bekennen. Kultur und künstlerisches Schaffen als ein Aspekt der Agenda 21; in: KM Forum Weltkirche 2. März/April 2000, S 26 ff.
Hoffmann J (Hrsg) (1992a) Ethische Vernunft und technische Rationalität – Interdisziplinäre Studien, Frankfurt
Hoffmann J (1992b) Plädoyer für Gelassenheit gegenüber technologischen Potentialen statt Euphorie angesichts von Machbarem, In: Ott K, Mutschler HD (Hrsg) Vernunft in der Weltraumfahrt? Der deutsche Raumgleiter „Sänger", Frankfurt
Hoffmann J (1992c) Hrsg. Ethische Vernunft und technische Rationalität. Interdisziplinäre Studien, Frankfurt 1992. In: Hoffmann J (Hrsg) Irrationale Technikadaptation als Herausforderung an Ethik, Recht und Kultur, Interdisziplinäre Studien, Frankfurt 1997; Konrad Ott/Hans Dieter Mutschler, Vernunft in der Weltraumfahrt? Der deutsche Raumgleiter „Sänger", in: Hoffmann, Johannes, Reihe: Theologische Werkstatt: Kontext Frankfurt, Bd. 2, Frankfurt
Hoffmann J (1991a) Hrsg. Das eine Menschenrecht für alle und die vielen Lebensformen. Begründung von Menschenrechten aus der Sicht unterschiedlicher Kulturen, Bd. 1, Frankfurt
Hoffmann J (1991b) Die Grenzen der Universalisierbarkeit der Menschenrechte neu vermessen – Ausgangspunkt eines Dialogs zwischen unterschiedlichen Kulturen. In: Hoffmann J (Hrsg) Das eine Menschenrecht für alle und die vielen Lebensformen. Universale Menschenrechte im Widerspruch der Kulturen, Bd. 2, Frankfurt
Hoffmann J (Hrsg) (1995) Das eine Menschenrecht für alle und die vielen Lebensformen. Die Vernunft in den Kulturen – Das Menschenrecht auf kultureigene Entwicklung, Bd. 3, Frankfurt
Hoffmann J, Wanderer G (Hrsg) (2000) Ethische Implikationen veränderter Rahmenbedingungen in der sozialen Arbeit, Beispiel: Betreuungsrecht – Insolvenzrecht – Asylverfahren, Frankfurt
Hoffmann J (2019) Die Ermöglichung von Engagement durch ein „Bedingungsloses Grundeinkommen" (BGE). In: Hoffmann J (Hrsg) Meine Träume zu Kirchenfinanzen und Kirchenentwicklung in Deutschland, Genf 2019, S 135–141
Hoffmann J (1997) Zur Bedeutung der Kulturverträglichkeit. In: Hoffmann J, Ott K, Scherhorn G (Hrsg) Ethische Kriterien für die Bewertung von Unternehmen. – Frankfurt-Hohenheimer Leitfaden, Frankfurt, S 263–292
Hoffmann J, Hofmann G (2020) Nachhaltige Entwicklung ist die Alternative zum Kapitalismus, Erinnerungen an Gerhard Scherhorn, Manuskript, Frankfurt
Hoffmann J, Scherhorn G (2002) Saubere Gewinne. So legen Sie Ihr Geld ethisch-ökologisch an; Freiburg
Hoffmann J (2001) Bericht über die Dienst- bzw. Forschungsreise nach Korea und Japan vom 25.3. bis zum 19.4.2001.
Ilechukwu C L (2008) IGBO. Indigenious Economy and the Search for Sustainable Development in Post-Colonial African Society. A Socio-Ethical Study, Enugu
Jahn F (2004) Zur Qualität von Nachhaltigkeitsratings. Zwischen Anspruch und Wirklichkeit, Frankfurt
Kessler W (2020a) Aus der Krise lernen. Aber was? In Publik-Forum, Dossier, Mai

Kessler W (2020b) Die Geier warten schon. Arbeitsplätze retten, ja. Aber was tun, damit die Großen nicht die Kleinen fressen und die Ärmeren nicht die Zeche zahlen? In: Publik-Forum, Dossier, Mai 2020, S 6

Keynes JM (1926) Das Ende des Laissez-faire, München

Laeis CE (2005) Corporate Citizenship. Unternehmerische Bürgerkompetenz im Dienste der Erneuerung der Sozialen Marktwirtschaft. Ein Mittelstandskonzept, Münster

Lessenich S (2014) Neben uns die Sintflut. Westlicher Wohlfühlkapitalismus lebt nicht über seine Verhältnisse. Er lebt über die Verhältnisse anderer. In: Süddeutsche Zeitung (30.10.2014) Nr. 250, S 9. Vgl. auch: Gerhard Scherhorn, Wachstum oder Nachhaltigkeit. Die Ökonomie am Scheideweg, Reihe Geld & Ethik Bd. 3, Erkelenz

LobbyControl (2020) Newsletter vom 25. Mai

Lücker C F (1999) Zinsverbot und Schuldenerlass, Eine bibeltheologisch-sozialgeschichtliche Studie zur Frage nach ethischen Kriterien für Kapitalanlagen kirchlich-institutioneller Anleger in Deutschland, Frankfurt

Makil A (2011) Nachhaltigkeit für Indien. Ethisch-ökologische Bewertung indischer Unternehmen auf Basis des Frankfurt-Hohenheimer Leitfadens und des Corporate Responsibility Ratings, Diss. Frankfurt 2008, Marburg

Mierzwa R (1998) Die Konversionsbewegung im deutschen katholischen Raum: eine zeitgeschichtliche systematische Studie, Frankfurt

Nwankwo P O (2006) Social Development in Rural Communities in South-Eastern Nigeria. A Mission of Charity, Frankfurt

Nwafor J C (2002) Church and state: The Nigerian Experience, Frankfurt

Nduka N (2002) Assassination a new culture in igboland. The Guardian, November 2

oekom research (2018) Newsletter, 3/2018, vom 29.3.2018, S 2

oekom research (2002) Zur praktischen Umsetzung des Frankfurt-Hohenheimer Leitfadens: Das Corporate Responsibility Rating als Instrument für ethisches Investment. In: Projektgruppe Ethisch-ökologisches Rating/oekom research AG (Hrsg) Ethisch-ökologisches Rating. Der Frankfurt Hohenheimer Leitfaden und seine Umsetzung durch das Corporate Responsibility Rating, 2. Erweiterte und aktualisierte Auflage, Schriftenreihe zur ökologischen Kommunikation

Ogbunwezeh E F O (2012) Towards an ethical-ecological Assessment of Companies in Nigeria, Frankfurt

Offor J O (2002) Community radio and its influence in the society: the case of enugu state – Nigeria, Frankfurt

Piketti T (2014) Das Kapital im 21. Jahrhundert, München 2014, S 441

Prantl H (2020) Bittere Medizin. Die Corona-Krise lehrt: Wir müssen im Gesundheitswesen umsteuern. Die Kommerzialisierung war und ist falsch; In: Süddeutsche Zeitung, Ostern, 11., 12., 13. April 2020, Nr. 85, S 6

Reisch L (1998) „Triple A" für die Moral? Ethisch-ökologische Bonität von Unternehmen auf dem Prüfstand; In: Neuner M, Reisch LA (Hrsg) Konsumperspektiven, Verhaltensaspekte und Infrastruktur, Berlin, S 187–205, hier: S 194 f

Reisch L (2001) Ethical-ecological Investment: Towards Global Sustainable Development, Frankfurt

Reusch D (2019) CRIC-Stimmungsbarometer Nachhaltige Geldanlagen. Umfrage 2019 zur Qualität ethisch-nachhaltiger Geldanlagen; verantwortlich: Dr. Klaus Gabriel, Methodische Betreuung: VICSSE – Wiener Zentrum für sozialwissenschaftliche Sicherheitsforschung, Wien

Ries S (2007) Unternehmensstrategie und Kulturverträglichkeit. Zur Messbarkeit der Kulturverträglichkeit von Unternehmen im Rahmen des Frankfurt-Hohenheimer Leitfadens, Frankfurt

Roche P (1992) Brauchen wir eine Ethische Rating-Agentur in Deutschland?. In: Roche P, Hoffmann J, Homolka W (Hrsg) Ethische Geldanlagen. Kapital auf neuen Wegen, Frankfurt

Roche P, Hoffmann J (1992) Homolka W (1992) Ethische Geldanlagen. IKO-Verlag Frankfurt, Kapital auf neuen Wegen

Schäfer H (2005) „Schulnoten" für die Triple Bottom Line – Rating von Unternehmensverantwortung international auf dem Vormarsch, in: Maecenata Aktuell Nr. 54, München 2005, 18–21, hier: 21

Schäfer H (2014) Ausschlusskriterien in der nachhaltigen Geldanlage – eine ökonomische Analyse, In: Die Bedeutung von Ausschlusskriterien und die Verantwortung von Investoren bei der Geldanlage. Investmentethische Grundfragen, HG., Missionszentrale der Franziskaner e. V., Bonn, Heft 113, Dezember 2014, S 21–50

Scherhorn G, Weber C (2002) Nachhaltiger Konsum. Auf dem Weg zur gesellschaftlichen Verankerung, München 2002; hier Scherhorn, Gerhard (Hrsg) Vorwort

Scherhorn G (2007) Nachhaltige Lebensstile: Balance von Haben und Sein. In: Beck C, Fischer W (Hrsg) Damit alle leben können. Plädoyer für eine menschenfreundliche Ethik. Festschrift für Johannes Hoffmann zum 70. Geburtstag, Erkelenz 2007, Seiten 63–81.

Scherhorn G, Reisch L (1997) Schrödl S (1997) Wege zu nachhaltigen Konsummustern. Überblick über den Stand der Forschung und vorrangige Forschungsthemen, Marburg

Shim H (2004) Die Herausforderung der koreanischen Kultur durch die hegemoniale Globalisierung. Ein Beitrag zur Bestimmung des Verhältnisses intra-, supra- und transkultureller Werte, Frankfurt/London 2004.

Simmel G (1989) Philosophie des Geldes. Gesamtausgabe 6, hrsg. Von: Frisby, David P. und Köhnke, Klaus Christian, 1. Aufl., S 305

Schneider H (2001) Juristische und ethische Aspekte der Bankbürgschaft, Frankfurt 1991; und: Ethisches Rating – Begründung, Bewertungsmöglichkeit, Evaluation, Frankfurt

Schneider A (1993) Ethik bei der Auswahl von Führungskräften, Frankfurt

Schneidewind U (2019) Wissenschaft in der Großen Transformation

Schröder H (2004) Der japanische Ansatz im Klimaschutz. Ein Erfolgsmodell aus Asien. Ökologisches Wirtschaften, 3–4/2004

Siller P (1997) Überlegungen zur Methode von Theologie interkulturell. In: Hungerkamp M, Lutz M (Hrsg) Grenzen überschreitende Ethik. Festschrift für Prof. Dr. Johannes Hoffmann anlässlich seines 60. Geburtstags, Frankfurt 1997, S. 99–114; hier: 103

Steinberg R (2000) Grußwort des Präsidenten Professor Dr. Rudolf Steinberg anlässlich der Präsentation der Forschungsergebnisse der Projektgruppe Ethisch-ökologisches Rating am Fachbereich Katholische Theologie in der Aula der Goethe-Universität am 15. September 2000, 10.00 Uhr

Steinfeld T (2020) Im Teufelskreis. „Hitlers Enkel"! „Schuldenmacher"! Die Corona-Krise entzweit Deutschland und Italien; in: Süddeutsche Zeitung, 16.4.2020, Nr. 88

Uekötter F (2014) Ein Haus auf schwankendem Boden: Überlegungen zur Begriffsgeschichte der Nachhaltigkeit. APuZ 31–32/2014

Webster P (o. J.) Ethical Investment Research Service, London. In: Roche P, Hoffmann J, Homolka W. a. a. O

Wilfred F (1994) Die Sprache der Menschenrechte – ein ethisches Esperanto? Reflexion über universale Menschenrechte aus einem indischen/Dritte-Welt-Kontext, in: Hoffmann, Johannes Hrsg., a. a. O., Band 2, Frankfurt

# Nachhaltigkeitsbanken – Ein zukunftsfähiges Geschäftsmodell

Georg Schürmann


## Zusammenfassung

Die hessische Metropole Frankfurt ist einer der großen Finanzplätze in Europa. In den letzten Jahren hat auch für Banken und damit dem Finanzplatz das Thema Nachhaltigkeit an Bedeutung gewonnen. Als Beispiel ist die Frankfurter Erklärung, eine Nachhaltigkeitsinitiative der Deutschen Börse aus dem Mai 2017, zu nennen. Aus dieser und dem Green Finance Cluster, welches im November 2017 gegründet wurde, ging das Green and Sustainable Finance Cluster Germany im April 2018 in Frankfurt hervor. Frankfurt verfügt jedoch über eine lange Tradition des nachhaltigen Bankings. Die erste Alternativ-Bank war die Ökobank eG, die im März 1984 in Frankfurt gegründet wurde. Diese wurde 2003 von der GLS Bank eG übernommen und als Filiale der in Bochum ansässigen Bank weitergeführt. Im Dezember 2009 startete die deutsche Niederlassung von Europas führender Nachhaltigkeitsbank, der Triodos Bank N.V., ihr Geschäft in Frankfurt. Es zeigt sich immer mehr, dass Nachhaltigkeit ein wesentlicher Erfolgsfaktor für die Zukunftsfähigkeit von Banken ist. Finanzdienstleister müssen ein glaubwürdiges, nachhaltiges Angebot zur Verfügung stellen, um den Ansprüchen von Kunden gerecht zu werden. Nur mit einer überzeugenden Nachhaltigkeitsstrategie können Banken die notwendige Widerstandsfähigkeit sicherstellen, um heutigen und zukünftigen Krisen zu begegnen. Das Beispiel der in Frankfurt beheimateten Triodos Bank zeigt, dass Transparenz eine wesentliche Säule eines glaubwürdigen, nachhaltigen Geschäftsmodells ist. Glaubwürdig ist man nur dann, wenn man nicht-nachhaltige Geschäfte ausschließt. Mit einem Marktanteil von



G. Schürmann (✉)
Geschäftsleiter, Triodos Bank N.V. Deutschland, Frankfurt am Main, Deutschland
E-Mail: georg.schuermann@triodos.de





A. Trischler und S. Böhling (Hrsg.), *CSR in Hessen,* Management-Reihe Corporate Social Responsibility, https://doi.org/10.1007/978-3-662-63004-4_18

5 % befindet sich die nachhaltige Geldanlage noch in einer Nische, weist aber in den letzten Jahren starke Wachstumszahlen auf. Das Potenzial ist demnach vorhanden, um wie in anderen Segmenten des nachhaltigen Konsums einen Marktanteil von 20 % bis 25 % zu erreichen.

# 1 Nachhaltigkeit – Voraussetzung für Zukunftsfähigkeit

## 1.1 Erfolgsfaktor für ein zukunftsfähiges Angebot

Seit ein paar Jahren ist zu beobachten, dass ein neuer Lebensstil verschiedene Konsumbereiche erobert. Bekannte Beispiele sind Bio-Lebensmittel und Öko-Strom. Sie zeigen, dass sich ein Wertewandel auch im Konsum äußert. Man kann vermehrt von „bewusstem" Konsum sprechen. Für immer mehr Menschen werden Gesundheit, Nachhaltigkeit, Lebensqualität und gesellschaftliche Verantwortung zum grundlegenden Bestandteil ihres Lebens- und Konsumstils.

Diese Nachhaltigkeitsbewegung ist bereits in den 80er des letzten Jahrhunderts entstanden und hat heute die Mitte der Gesellschaft erreicht. Zu Beginn dieses Jahrtausends entwickelt sich der Begriff LOHAS (Lifestyle of Health and Sustainability) und diese Verbrauchergruppe bildet seit 2018 rund ein Drittel der deutschen Bevölkerung ab (Leitherer 2020). Seit 2016 enthält die Deutsche Nachhaltigkeitsstrategie erstmals ein Indikatoren-gestütztes Ziel für nachhaltigen Konsum (Die Bundesregierung 2016). Gemäß Zukunftsinstitut ist der Megatrend Neo-Ökologie der wichtigste unserer Zeit: „Der Megatrend sorgt nicht nur für eine Neuausrichtung der Werte der globalen Gesellschaft, der Kultur und der Politik. Er verändert unternehmerisches Denken und Handeln in seinen elementaren Grundfesten" (Zukunftsinstitut 2019).

Nur logisch ist, dass mit diesem verbundenen Wertewandel in den kommenden Jahren viele Märkte erfasst werden. Was in der Food-Branche mit Bio-Produkten begann und zu einem großen Erfolg führte, greift auf immer mehr Bereiche der Wirtschaft über: Fragen von Ökologie und Nachhaltigkeit, des sorgenfreien Genießens und der Steigerung der Lebensqualität werden immer wichtiger. Angefangen im Tourismus, über die Automobil- und Baubranche bis hin zur Mode und zur Finanzbranche. Beispiel Bio-Lebensmittel: In den 1980er gab es die ersten, kleinen Bioläden in den Studentenvierteln der Unistädte. Heute findet man Bio-Lebensmittel in jedem Discounter und Supermarkt. Einzelhändler wie Alnatura, Denn`s oder Bio-Company eröffnen neue Märkte.

**Wertewandel verändert Märkte**
Dass Deutschlands Verbraucher gerne Bio-Lebensmittel kaufen, zeigen aktuelle Zahlen: Gemäß dem Bund Ökologischer Lebensmittelwirtschaft stieg in 2019 der Umsatz der Bio-Lebensmittel um 10 %. Teilweise werden beachtliche Marktanteile erreicht. Dieser liegt bei Bio-Eiern bei 23 %.[1]

Dass Krisen, bzw. Katastrophen, beim Konsumenten einen Sinneswandel in Richtung Nachhaltigkeit auslösen können, ist auch beim Thema Energieversorgung zu beobachten gewesen. Nach der Atomkatastrophe im japanischen Fukushima stieg die Nachfrage nach Ökostrom drastisch an. Dieser Trend hat sich fortgesetzt. Gemäß Zahlen der Bundesnetzagentur bezogen 2017 fast 11 Mio. Haushalte in Deutschland Ökostrom. Das waren knapp 24 % aller Haushalte, etwa zwei Prozentpunkte mehr als im Jahr zuvor.

Die Beispiele verdeutlichen: Das nachhaltige Denken ist in der Gesellschaft ein langfristiger Trend. Zukunftsforscher sehen einen Wertewandel hin zu mehr Transparenz, Glaubwürdigkeit und Berücksichtigung öko-sozialer Aspekte. Auch die Terminologie passt sich allmählich an: Dehnbare Begriffe wie Corporate Responsibility und Energieeffizienz werden ersetzt durch neue Vokabeln wie bewusstes Unternehmertum, Ressourceneffizienz und Social Innovation (Hollender und Breen 2010). Und die Nachhaltigkeitsbewegung hat inzwischen die gesamte Wirtschaft erreicht.

So hat sich hierzulande seit 2008 der Deutsche Nachhaltigkeitspreis als feste Größe etabliert. Die Auszeichnung für nachhaltiges Wirtschaften ging hervor auf eine Initiative der Stiftung Deutscher Nachhaltigkeitspreis e. V. in Zusammenarbeit mit der Bundesregierung, dem Rat für Nachhaltige Entwicklung, Wirtschaftsvereinigungen, kommunalen Spitzenverbänden, zivilgesellschaftlichen Organisationen und Forschungseinrichtungen. Der Preis würdigt im Rahmen eines Wettbewerbes die Arbeit von Unternehmen, die vorbildlich wirtschaftlichen Erfolg mit sozialer Verantwortung und Schonung der Umwelt verbinden. Neu ist seit 2012, dass auch Städte und Gemeinden, die im Rahmen ihrer wirtschaftlichen Möglichkeiten die Stadt- und Gemeindeentwicklung nachhaltig gestaltet haben, prämiert werden[2].

Auch der seit Ende 2011 existierende Deutsche Nachhaltigkeitskodex passt in diese Entwicklung. Der Kodex will Unternehmen mithilfe einer Datenbank Impulse für mehr Transparenz und nachhaltige Verantwortung geben. Gefördert wird das Projekt vom Bundesministerium für Bildung und Forschung (BMBF)[3]. Der Deutsche Nachhaltigkeitskodex ist – neben vielen anderen Möglichkeiten der Darstellung unternehmerischer

---

[1] Bund Ökologischer Lebensmittelwirtschaft, Pressemitteilung vom 12.02.2020.

[2] Vgl.: www.nachhaltigkeitspreis.de.

[3] Vgl.: www.deutscher-nachhaltigkeitskodex.de.

Sozialverantwortung – ein gutes Instrument, mit dem eine nachhaltige Unternehmensführung dokumentiert werden kann. Er ist ein weiteres Instrument, um die Bemühungen der deutschen Wirtschaft für eine nachhaltige Entwicklung noch stärker zu unterstützen.

Festzustellen ist, dass immer mehr Menschen deshalb bei der Geldanlage ebenfalls verstärkt Wert auf das Thema Nachhaltigkeit legen. Ob Umweltsparbuch, Tagesgeld oder Girokonto – auch bei normalen Bankgeschäften achten die Bundesbürger stärker auf ökologisch orientierte und ethisch korrekte Angebote. Der Grund liegt auf der Hand: Die Entwicklung der vergangenen Jahre hat gezeigt, dass viele Banken mit den Geldern ihrer Kunden nicht verantwortungsbewusst umgehen und zum Teil in hochriskante Produkte investieren. Viele Kunden interessieren sich daher jetzt vermehrt dafür, wo die Gelder angelegt werden. Ihnen geht es darum, ihr Anlageverhalten mit den persönlichen Wertvorstellungen in Einklang zu bringen. Für viele Kunden war und sind Krisen also Zeichen und Anlass genug, um ihr bisheriges Investitionsverhalten zu überdenken und in entsprechender Weise zu handeln. Dies wurde auch in der Coronakrise deutlich. Wie der BVI (Bundesverband Investment und Asset Management e. V.) berichtete, flossen im 1. Quartal 2020 nachhaltigen Publikumsfonds insgesamt 3,4 Mrd. Euro zu, während aus konventionellen Publikumsfonds 17,3 Mrd. Euro abflossen.[4]

Dieser Trend hat sich bereits in 2019 abgezeichnet. Die war das Jahr von „Fridays for Future" und vielen Klimademonstrationen. Dies hat viele Menschen bewegt, ihr Anlageverhalten zu ändern. Wie das Forum Nachhaltige Geldanlage in ihrem Marktbericht 2019 erläutert, ist das Volumen, welches Privatinvestoren in nachhaltigen Investmentfonds und Wertpapiermandaten halten, in 2019 um 96 % (!) gestiegen. Der Anteil nachhaltiger Fonds und Mandate am Gesamtfondsmarkt lasse mit 5 % jedoch noch viel Raum für Entwicklung (FNG 2019).

Das veränderte Kundenverhalten führt auch dazu, dass Nachhaltigkeitsbanken seit Jahren starken Zulauf verzeichnen. Nachhaltigkeitsbanken wollen keine Gewinne maximinieren, sondern in erster Linie das ihnen anvertraute Geld sinnvoll anlegen. Die Bankberatungsgesellschaft zeb erläutert in ihrer Nachhaltigkeitsstudie 2020, dass die Zielgruppe nachhaltigkeitsaffiner Bankkunden um 300 % seit 2014 gewachsen ist. Diese Zielgruppe ist auch deutlich zufriedener mit ihrer Hausbank, wenn man ihren Nachhaltigkeitsansprüchen gerecht wird. Gemäß dieser Studie wünschen sich 2/3 der befragten Kunden, dass sich ihre Hausbank in Sachen Nachhaltigkeit weiterentwickelt. Wie wichtig ein nachhaltiges Angebot für die Zukunftsfähigkeit ist, führt Ulrich Hoyer, Partner der Beratungsgesellschaft, aus:

> „Wer sich nicht nachhaltig aufstellt, wird nachhaltig scheitern".[5]

---

[4] BVI, Pressemitteilung vom 19.05.2020.

[5] Vgl.: zeb.rolfes.schierenbeck.associates gmbh; Pressemitteilung vom 06.07.2020.

## 1.2 Kern eines widerstandsfähigen Geschäftsmodells

Nachhaltigkeit wird auch bei Banken immer mehr als Kern eines widerstandsfähigen Geschäftsmodells verstanden. Der Gedanke, dass Nachhaltigkeitsrisiken Teil einer Risikostrategie und damit der Geschäftsstrategie sein müssen, hat sich etabliert.

Wesentlich zum Umdenken haben auch die Aufsichtsbehörden beigetragen: Die BaFin (Bundesanstalt für Finanzdienstleistungsaufsicht) hat dazu am 20.12.2019 ein Merkblatt zum Umgang mit Nachhaltigkeitsrisiken veröffentlicht. „Wir erwarten, dass die beaufsichtigten Unternehmen sich mit den entsprechenden Risiken strategisch auseinandersetzen", erläutert Frank Pierschel, Chief Sustainable Finance Officer der BaFin[6] (BaFin 2019).

Wie eine Studie der GABV (Global Alliance for Banking on Values) erneut zeigt, ist das Rendite-Risiko-Verhältnis von Nachhaltigkeitsbanken besser als das von den systemrelevanten Banken. Man hat in dieser Studie die Geschäftsergebnisse von 50 Nachhaltigkeitsbanken, die Mitglieder der GABV sind, mit den Ergebnissen der 30 großen System relevanten Banken, zu denen unter anderem die Deutsche Bank mit Sitz in Frankfurt zählt, verglichen. Im Zeitraum von 2014 bis 2018 betrug die durchschnittliche Eigenkapitalrendite (RoE) der Nachhaltigkeitsbanken 8,3 % p. a. gegenüber 8,0 % p. a. der systemrelevanten Banken. Diese höhere Rendite ging mit einem geringeren Risiko (gemessen als Standardabweichung 1,9 % vs. 2,8 %) einher (GABV 2020, S. 10). Diese Daten zeigen, dass ein auf Nachhaltigkeit aufbauendes Wirtschaften risikoärmer ist als konventionelles Handeln, ohne auf Rendite verzichten zu müssen.

Diese Erkenntnis setzt sich auch immer mehr an den Kapitalmärkten durch. Dies wurde erneut in den turbulenten Zeiten der Coronakrise deutlich. Das Analyseinstitut Scope Analysis GmbH wird in einer Veröffentlichung sehr deutlich: „Nachhaltige Aktienfonds: In der Coronakrise widerstandsfähiger als ihre konventionellen Pendants".[7] Es bleibt festzuhalten, dass nur ein nachhaltiges Geschäftsmodell ein widerstandsfähiges und damit zukunftsfähiges Geschäftsmodell darstellt.

# 2 Das Geschäftsmodell der Nachhaltigkeitsbanken

## 2.1 Ein Beispiel: Philosophie der Triodos Bank

In Deutschland gibt es vier klassische Nachhaltigkeitsbanken: die genossenschaftliche GLS Bank aus Bochum, die Ethikbank aus Eisenach als Niederlassung der Volksbank Eisenberg, die Umweltbank AG aus Nürnberg und die Triodos Bank Deutschland mit Sitz in Frankfurt. Allerdings stellen sie – trotz hoher Wachstumsraten – noch eine Nische

[6] Vgl.: https://www.lbav.de/bafin-veroeffentlicht-merkblatt-zu-nachhaltigkeitsrisiken/.

[7] Scope Analysis GmbH, Pressemitteilung vom 05.05.2020.

im deutschen Bankenmarkt dar. Insgesamt kamen die Nachhaltigkeitsbanken Ende 2019 auf rund 400.000 Kunden in Deutschland – Tendenz steigend.

Die Kunden kommen gerne. Dabei ist das Angebot auf den ersten Blick nicht unbedingt verlockend: Die Zinsen für das Tagesgeld bewegen sich wie im gesamten Markt auf sehr niedrigem Niveau nahe 0 %. Für größere Anlagebeträge wird in der Regel ein Verwahrentgelt in Rechnung gestellt. Auch hier befindet man sich im Durchschnitt des Bankenmarktes. Das Girokonto kostet in der Regel ein paar Euro monatlich. Doch was die Kunden anzieht, ist die Verwendung: Das Geld der Sparer geht zu einem großen Teil als Kredite an Projekte etwa im Pflege- und Gesundheitsbereich, in der Bildung, der ökologischen Landwirtschaft und in die regenerativen Energien. Im Internet können sich die Kunden die einzelnen Kreditbereiche anschauen und überlegen, wohin ihr Geld investiert werden soll. So auch bei der niederländischen Triodos Bank, die seit Ende 2009 auf dem deutschen Markt aktiv ist.

**Triodos Bank**
Das Institut zählt zu den führenden Nachhaltigkeitsbanken weltweit und ist seit ihrer Gründung 1980 in zahlreichen Ländern aktiv. 2009 wurde sie von der Financial Times und der Weltbanktochter International Finance Corporation (IFC) zur „Nachhaltigkeitsbank des Jahres" gekürt. Ende 2019 hatte sie europaweit insgesamt rund 720.000 Kunden.

Der Fokus der Nachhaltigkeitsbanken – so auch der Triodos Bank – liegt im breiten Privatkundengeschäft. Die angebotene Produktpalette ist somit auch auf diese Zielgruppe ausgerichtet. Die Triodos Bank ist folglich als Direktbank tätig. Kunden können ihre Gelder sowohl in einfachen Anlageprodukten als auch über Fonds, die nach ökologischen, sozialen und wirtschaftlichen Kriterien gemanagt werden, nachhaltig investieren. Natürlich ist Rendite ein Thema, das auch die Triodos Bank nicht außer Acht lässt. Doch ebenso wichtig ist die Frage nach dem Wert einer Investition. Diese Philosophie spiegelt sich auch im Namen wider: Triodos stammt aus dem Griechischen und heißt so viel wie „drei Wege". Jedes Tun wird unter den Aspekten Menschen, Umwelt und Wirtschaft verbunden.

Bereits vor über 40 Jahren sahen die vier Gründer der Triodos Bank den dringenden Bedarf, das Bankwesen zu transformieren, und den Menschen sowie seine Umwelt wieder ins Zentrum der Wirtschaft zu rücken. Die Philosophie war und ist klar: Ziel des wirtschaftlichen Handelns ist nicht die finanzielle Rendite. Dies ist das Ergebnis. Es geht um die Maximierung der Nachhaltigkeit durch Ausrichtung an den Bedürfnissen von Mensch und Gesellschaft. Wirtschaftlicher Erfolg ist dann ein natürliches Ergebnis. Einer der Leitsprüche der Triodos Bank lautet:

> „Mit unserem Geld von heute machen wir unsere Welt von morgen."

Dieser Satz beschreibt sehr anschaulich, dass die Triodos Bank das anspruchsvolle Vorhaben, eine bessere Welt zu schaffen, ausdrücklich als Gemeinschaftsaufgabe ansieht. Der oft gehörte Titel „Ökobank" greift dabei viel zu kurz. Abgedeckt werden vielmehr alle Kriterien der Nachhaltigkeit, nicht nur der Umweltaspekt. Genauso wie die konventionellen Institute aus den Bereichen der Sparkassen und Volksbanken arbeitet die Triodos Bank nach dem ursprünglichen Bankmodell, das heißt, sie finanziert die Realwirtschaft und unterstützt das Unternehmertum. Anders ist jedoch, dass Menschen, die mit ihrem Geld etwas Positives bewirken und bewegen wollen, mit Unternehmern und Firmen, die genau das tun, zusammengebracht werden. Deswegen finanziert die Triodos Bank ausschließlich Projekte, Unternehmen und Organisationen, die nicht nur sinnvoll wirtschaften, sondern auch einen ökologischen, sozialen oder kulturellen Mehrwert schaffen. Das sind beispielsweise nachhaltige Unternehmen aus den Bereichen ökologische Landwirtschaft, Bio-Lebensmittel und erneuerbare Energien. Aber auch Schulen und Kindergärten, Behinderteneinrichtungen, Altenheime oder spirituelle Institutionen wie zum Beispiel Yoga- und Meditationszentren werden gefördert.

**Transparenz geben, Mehrwert schaffen**

In Hessen zählen unter anderem die Montessori-Sekundarschule Wetterau in Friedberg, das Pflegezentrum Steinheim „Mainterrasse" in Hanau und das Wohn- und Geschäftshaus der Evangelischen Kirchengemeinde der Nazarener in Frankfurt-Dornbusch zu den Kreditkunden. Einzelheiten nicht nur zu diesen Projekten, sondern allen vergebenen Krediten, sind auf der Webseite der Bank veröffentlicht.

Auf der anderen Seite gibt es klare und transparente Ausschlusskriterien bei der Kreditvergabe, die sicherstellen, dass keine Gelder an die Rüstungsindustrie, die Glücksspielbranche, die Pelzindustrie oder die Pornografie-Branche gehen. Außerdem finanziert die Triodos Bank keine Gentechnik, nicht-artgerechte Tierzucht und -haltung. Korruption, diktatorische Regime. Auch stehen Unternehmen, die gegen grundsätzliches Arbeitsrecht verstoßen, ebenfalls auf der Ausschlussliste. Das Geld der Anleger und Sparer wird somit ganz gezielt für Finanzierungen und Investitionen nachhaltiger Projekte und Unternehmen verwendet. Die Palette reicht vom einfachen Kredit bis hin zu anspruchsvollen Anlageprodukten.

Einfach, klar und transparent – so möchte die Triodos Bank den Dialog mit ihren Kunden führen – ganz besonders, wenn es darum geht, wo und wie das Geld der Kunden Projekte und Unternehmen finanziert. Die ethischen Prinzipien, nach denen die Triodos Bank dabei arbeitet, sind allen Kunden und Mitarbeitern offen zugänglich. Dabei gilt insgesamt: Nachhaltigkeit sollte nicht nur der Ausgangspunkt für alles, was die Bank tut, sein. Nachhaltigkeit ist auch der Grund, warum es diese Bank überhaupt gibt. Spekulation und Eigenhandel gibt es bei der Triodos Bank nicht. Dazu passt, dass die Triodos Bank anders als viele andere Banken nicht börsennotiert ist. Sie ist vielmehr eine Aktiengesellschaft, die im Besitz einer eigens gegründeten Stiftung ist und von ihr verwaltet wird. Die Aktien der Triodos Bank werden somit durch die Stiftung gehalten. Sie vergibt wiederum Anteilsscheine an Privatpersonen und Institutionen. Aktuell, das heißt Ende des Jahres 2019, sind etwas mehr als 90 % der Anteile im Besitz von über 44.000 Privatpersonen, die auch Kunden der Bank sind.

Die Stimmrechte können die Anteilseigner bei der jährlichen Hauptversammlung wahrnehmen. Der Stiftungsrat wacht über die finanziellen Interessen der Anteilseigner, die Anliegen der Mitarbeiter sowie die generelle Philosophie der Bank. Zu viel Einfluss ist ausgeschlossen: Kein Institut und keine Einzelperson kann mehr als 10 % des ausgegebenen Kapitals erwerben. Und das Stimmrecht wurde begrenzt auf maximal 1000 Stimmen – unabhängig von der Anzahl der Anteile. So wird sichergestellt, dass die Triodos Bank ihren Werten treu bleibt.

## 2.2 Transparenz und Fairness

Die Menschen, die die Angebote der Nachhaltigkeitsbanken besonders attraktiv finden, sind in der Regel mehrheitlich hoch gebildet und haben ein höheres Einkommen. Die Kreditvergabe nach sozialen und ökologischen Kriterien empfinden sie als eine „soziale Rendite". Sie stellt einen zusätzlichen Nutzen zur üblichen finanziellen Rendite bzw. Verzinsung dar. Das heißt, die Kunden sind deutlich aufgeklärter als der Durchschnitt. Sie verstehen den Zusammenhang zwischen Einlagen und Kredit und beginnen gleichzeitig zu hinterfragen, was die Bank eigentlich genau mit ihrem Geld macht.

Die Transparenz, die die Kundenseite zunehmend einfordert, wird dabei durch neue Kommunikationsmittel und technischen Möglichkeiten erleichtert. Transparenz ist die Basis für Vertrauen. Für Nachhaltigkeitsbanken ist Transparenz ein zentraler Wert und Selbstverständlichkeit. Die Kunden sollen sehen, was mit ihrem Geld geschieht, da es ihr Geld ist und nicht das Geld der Bank. Nicht nur die Kreditkunden werden gezeigt, sondern auch die Liquiditätsanlagen der Bank.

Die Anleger können über die Internetseiten oder den sozialen Netzwerken im Web erfahren, welche Projekte und Unternehmen die jeweilige Bank mit den Kundengeldern über die Vergabe von Krediten an Privat- und Geschäftskunden finanziert hat. Hier ist man auf Technik wie Google Maps oder Facebook zur Darstellung der Transparenz angewiesen. Diese hohe Transparenz ist damit auch ein wichtiger Erfolgsfaktor. Bei den traditionellen Banken fallen derartige Rechenschaftsberichte in der Regel weitaus weniger umfangreich aus.

Bei einigen der nachhaltigen Institute können die Kunden auch direkt mitentscheiden, welche Projekte unterstützt bzw. welche Investitionen getätigt werden sollen. Das zeigt: Dem Kunden ist zu jeder Zeit klar, was die Bank finanziert oder in was sie investiert, wie sie ihre Erträge und Rendite erwirtschaftet, welche Risiken sie hierbei eingeht und wie sie diese managt. Verstärkt wird auch über den gesellschaftlichen Nutzen, oder auch öko-soziale Rendite genannt, berichtet. Dies findet sowohl in deskriptiver Form als in Teilen auch quantitativ statt. So wird zum Beispiel dargestellt, wie viele Haushalte mit Ökostrom aus den Projekten, die eine Nachhaltigkeitsbank finanziert hat, versorgt werden (siehe Abb. 1).

Diese Darstellung des „Impact" erfolgt bereits seit dem Geschäftsjahr 2016. Im Geschäftsbericht wird ebenfalls dargestellt, wie die Geschäftstätigkeit der Bank auf die UN-Nachhaltigkeitsziele (SDGs) einzahlt.

**Abb. 1** Impact Erneuerbare Energie

Seit 2018 berichtet die Triodos Bank und damit als erste Bank in Deutschland über den $CO_2$-Fußabdruck ihrer Kredite und Investitionen. Die Klimakrise rückt immer stärker in den Fokus der gesamten Gesellschaft. Aus Sicht der Triodos Bank haben die Kunden somit ein Anrecht zu erfahren, welchen $CO_2$-Fußabdruck die Kredite ihrer Bank und damit ihrer Geldanlage hinterlassen. Dies ist das nächste Level an Transparenz. Daneben ist es auch für Finanzinstitute entscheidend, den $CO_2$-Fußabdruck der Aktivseite der Bilanz zu kennen, um die Klimarisiken, die damit verbunden sind, einschätzen zu können.

Aufgrund des zuvor beschriebenen Geschäftsmodells ist der $CO_2$-Fußabdruck im Vergleich zu anderen Banken relativ gering, auch wenn sich bei Finanzierungen von Schulen oder Pflegeeinrichtung $CO_2$-Emissionen nicht ganz vermeiden lassen (siehe Abb. 2). Ein wichtiges Element ist auch, dass durch die Finanzierungen von Erneuerbaren Energien, $CO_2$-Ausstoß in großem Umfang vermieden werden kann. Dies wird entsprechend dargestellt. Die Möglichkeit $CO_2$-Kompensationesprojekte – wie zum Beispiel Aufforstungsprojekte – zu finanzieren, sind allerdings eingeschränkt. Auch dies wird entsprechend dargestellt.

Bei der Gestaltung der Produkte setzt sich der Grundsatz der Transparenz und Fairness fort. Sie sind einfach, nachvollziehbar und somit fair. Denn Fairness ist eine Grundlage für Vertrauen. Alle Institute haben gemeinsam, dass sie auf unseriöse Lockangebote, wie beispielsweise unterschiedliche Zinsen für Neu- und Bestandskunden, verzichten.

Die Überzeugung, dass Transparenz die Grundvoraussetzung für den bewussten Umgang mit Geld ist, hat die Triodos Bank bewegt, die Entwicklung des ersten Siegels für nachhaltige Investmentfonds in Deutschland, dem FNG-Siegel zu unterstützen[8]. Seit der ersten Vergabe des Siegels Ende 2015 werden die Fonds von Triodos Investment Management mit der höchsten Stufe von 3 Sternen ausgezeichnet. Aus dem Kreis von

[8] Vgl.: https://www.fng-siegel.org/.

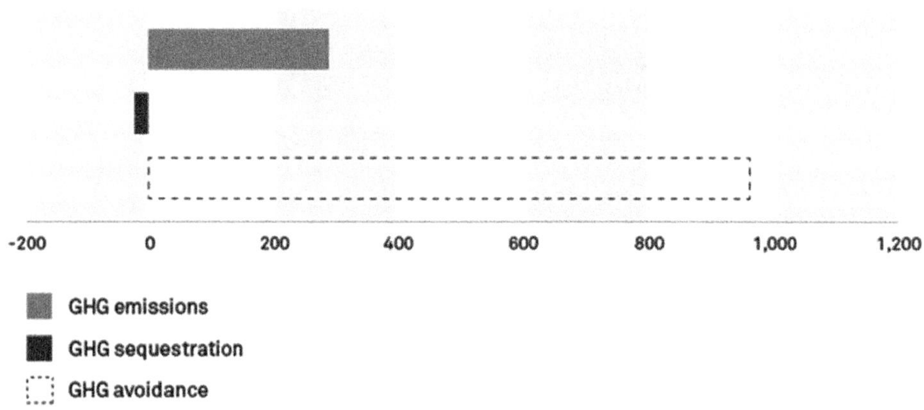


**Abb. 2** $CO_2$-Fußabdruck

20 Investmentfonds, die im ersten Jahr ausgezeichnet wurden, hat sich eine Gruppe von mehr als 100 Investmentfonds entwickelt.[9]

Einfach, klar und transparent – so lautet das Ziel. Auch die ethischen Prinzipien, nach denen die Nachhaltigkeitsbanken dabei arbeiten, sind allen Kunden und Mitarbeitern zugänglich. Das Motiv für so viel Offenheit und Fairness ist klar und hat grundsätzlich etwas mit der Philosophie der Nachhaltigkeitsbanken zu tun. Eine nachhaltige Bank will den bewussten Umgang mit Geld fördern. Und dazu ist es erforderlich, eine größtmögliche Transparenz über seine Verwendung herzustellen. Und dadurch, dass das Geld der Kunden für Finanzierungen in den Bereichen Ökologie, Kultur und Soziales verwendet wird, fördert sie die Lebensqualität in einer nachhaltigen Gesellschaft. Extra Abteilungen für soziale und ökologische Verantwortung sind deshalb in den Banken nicht vorhanden. Nachhaltige Banken sind per se Einrichtungen für soziale und ökologische Verantwortung.

Die Triodos Bank ist sogar einen Schritt weiter gegangen: Im Juni 2012 hat sie als erste Bank in Deutschland eine sogenannte Entsprechenserklärung zum Deutschen Nachhaltigkeitskodex (DNK) vorgelegt. Die Triodos Bank entspricht dem Deutschen Nachhaltigkeitskodex, da sie eine umfassende Berichterstattung nach den Richtlinien der Global Reporting Initiative (GRI) mit dem Anwendungsstandard A + (Bericht wird durch externe Dritte geprüft) vorlegt. Ziel ist eine höhere Transparenz und Vergleichbarkeit der Nachhaltigkeitsleistungen von Unternehmen jeder Größe oder Rechtsform. Auch die GLS Bank berichtet nach dem GRI Standard.

Meist bekennen sich Unternehmen erst bei Skandalen zu ihrer Verantwortung. Das ist falsch. Die Finanzkrise in 2008 hat der Öffentlichkeit die Intransparenz und

[9] Qualitätssicherungsgesellschaft Nachhaltiger Geldanlagen mbH, Pressemitteilung vom 28.11.2019.

fehlende gesellschaftliche Verantwortung des Bankensektors sehr deutlich vor Augen geführt. Der Konsens aus der Finanzkrise war und ist, dass Banken mehr Rechenschaft ablegen müssen. Der Deutsche Nachhaltigkeitskodex hat daher eine wichtige Bedeutung speziell für die deutsche Bankenlandschaft. Es ist wichtig, soziale und ökologische Verantwortung in die Geschäftsmodelle von Finanzinstituten aufzunehmen und eine Kultur der Partizipation der Bürger am Finanzsystem zu schaffen. Denn die positive Vorbildfunktion in diesem Prozess, die speziell nachhaltige Banken einnehmen können, ist durch die ökologischen, sozialen und auch finanziellen Erträge dieser Finanzinstitute während der vergangenen Jahrzehnte erwiesen. Gleichzeitig unterstreichen die jüngsten Erfahrungen im Finanzsystem die Notwendigkeit eines fundamentalen Wandels, um sicherzustellen, dass wirklich alle Finanzinstitute eine proaktive Rolle bei der Errichtung einer grünen, fairen und inklusiven Finanzwirtschaft übernehmen.

## 3 Potenzial und Herausforderung

Insgesamt befindet sich die nachhaltig orientierte Geldanlage hierzulande immer noch in der Nische. Es gibt eine klare Diskrepanz zwischen der Wahrnehmung der Menschen und der tatsächlichen Umsetzung beim Thema Geldanlage. Gerade in Deutschland ist der Markt im Vergleich zu anderen Ländern wie Frankreich oder den Niederlanden recht klein. Die größte Herausforderung ist es, den Menschen den „bewussten" Umgang mit Geld näher zu bringen. Ein Hindernis ist jedoch die geringe Kenntnis in der Gesellschaft über die Funktionsweise der Kreditwirtschaft. Es bedarf also einem Mehr an „finanzieller Bildung" in der Gesellschaft. Denn nachhaltiges Banking als Alternative ist selbst in der Zielgruppe noch recht unbekannt.

Wie die BaFin in einem Fachartikel am 17.06.2019 veröffentlichte, kannten 60 % der Teilnehmer einer repräsentativen Umfrage den Begriff „Nachhaltige Geldanlage" nicht. Nur 38 % der Befragten gaben an, den Begriff schon mal wahrgenommen zu haben (Röstel 2019). Diese Ergebnisse bestätigt eine Umfrage, die im Auftrag des Bundesverbandes der privaten Banken durchgeführt und im Juni 2019 veröffentlicht wurde. Als zentrales Ergebnis wird festgehalten: „Nachhaltige Geldanlage mit erheblichem Verbreitungspotenzial" (Bankenverband 2019, S. 3). 14 % der Gesamtheit aller Befragten kann sich gleichwohl gut oder sehr gut vorstellen, künftig in nachhaltig zu investieren. Aktuell tun dies nur fünf Prozent.

Das große Potenzial ist somit ein Hoffnungsschimmer. Allerdings ist diese Zielgruppe anspruchsvoll. Aber auch an die allgemeinen Bankleistungen wie die Kundenbetreuung und das Telefon- oder Onlinebanking hat diese Zielgruppe überdurchschnittliche Erwartungen. Nachhaltigkeitsbanken müssen also auch in diesem Punkt Besonderes leisten. Eine ähnliche Entwicklung wie im Markt für Bio-Lebensmittel, in dem nicht nur spezialisierte Anbieter, sondern auch konventionelle Anbieter ein entsprechendes Angebot aufnehmen. Dann sind auch Marktanteile von 20 % bis 25 % für nachhaltige Bankprodukte möglich, so wie wir das in anderen Konsumbereichen bereits kennen.

**Georg Schürmann** ist seit 2009 Geschäftsleiter der Triodos Bank N.V. Deutschland. 2014 übernahm er die alleinige Verantwortung für das Deutschlandgeschäft der Nachhaltigkeitsbank. Zuvor war er 20 Jahre lang bei der Deutschen Bank tätig. Nach dem Studium der Wirtschaftswissenschaften in Köln begann er 1989 seine Karriere als Trainee bei der Deutschen Bank. Es folgten diverse Stationen innerhalb des Konzerns, unter anderem als Regionalleiter in München. 2005 wurde er in die Zentrale der Bank gerufen und ein Jahr später Mitglied der Geschäftsleitung Private Banking Deutschland mit Zuständigkeit für das operative Geschäft. Georg Schürmann ist Mitglied im Sustainable Finance Beirat der Bundesregierung, im Nachhaltigkeitsbeirat der Barmenia Versicherung, im Beirat der Deutschen Umweltstiftung sowie im Diözesan-Vermögensverwaltungsrat des Bistums Eichstätt.

## Literatur


BaFin (2019) Merkblatt zum Umgang mit Nachhaltigkeitsrisiken (20.12.2019), Thema Nachhaltigkeit, Risikomanagement. https://www.bafin.de/SharedDocs/Downloads/DE/Merkblatt/dl_mb_Nachhaltigkeitsrisiken.html. Zugegriffen: 2. Nov. 2020

Bankenverband (2019) Bundesverband der privaten Banken: Nachhaltige Geldanlage – Wissen und Engagement der Deutschen. https://bankenverband.de/media/files/2019_06_13_Charts_NGA-Umfrage_d0GVwCJ.pdf. Zugegriffen: 2. Nov. 2020

Die Bundesregierung (2016) Deutsche Nachhaltigkeitsstrategie Neuauflage 2016 https://www.bundesregierung.de/resource/blob/975292/730844/3d30c6c2875a9a08d364620ab7916af6/deutsche-nachhaltigkeitsstrategie-neuauflage-2016-download-bpa-data.pdf. Zugegriffen: 2. Nov. 2020

FNG (2019) Forum Nachhaltige Geldanlagen e. V. Marktbericht 2019. https://www.forum-ng.org/images/stories/Publikationen/fng-marktbericht_2019.pdf. Zugegriffen: 2. Nov. 2020

GABV (2020) Real economy – real returns: the business case for value based banking, research on performance through yearend 2018. http://www.gabv.org/wp-content/uploads/GABV-Real-Economy-Real-Returns-20192175.pdf. Zugegriffen: 2. Nov. 2020

Hollender J, Breen B (2010) The responsibility revolution: how the next generation of businesses will win. Wiley, New Jersey

Leitherer J (2020) Der Lifestyle, dem die Lohas vertrauen (14.01.2020). Springer Professional. https://www.springerprofessional.de/konsumguetermarketing/nachhaltigkeit/der-lifestyle--dem-die-lohas-vertrauen/17553296. Zugegriffen: 2. Nov. 2020

Röstel D (2019) Wie sicher ist nachhaltig? BaFin J. Juni 2019. https://www.bafin.de/SharedDocs/Veroeffentlichungen/DE/Fachartikel/2019/fa_bj_1906_nachhaltige_Geldanlage.html. Zugegriffen: 2. Nov. 2020

Zukunftsinstitut (2019) Studie Neo-Ökologie – Der wichtigste Megatrend unserer Zeit. https://www.zukunftsinstitut.de/artikel/der-wichtigste-megatrend-unserer-zeit/. Zugegriffen: 2. Nov. 2020

# Handeln statt reden! Geht doch

## Die Naspa auf dem Weg vom Gemeinwohl zur Nachhaltigkeit

Anke Trischler


**Zusammenfassung**

Die Nassauische Sparkasse (Naspa) in Wiesbaden ist eine dem gemeinen Nutzen dienende Anstalt öffentlichen Rechts. Der öffentliche Auftrag ist im hessischen Sparkassengesetz niedergelegt und prägt das Geschäftsmodell wie das Verständnis vom Bankgeschäft: Die Sparkasse setzt auf langfristigen Werterhalt und verfolgt eine risikobewusste, langfristig orientierte Geschäftspolitik. Interview mit Daniela Gramlich, Pressesprecherin und Nachhaltigkeitsbeauftragte, zu mehr als 180 Jahre Verbundenheit mit der Region, aktuellen Herausforderungen und Umsetzung von Corporate Social Responsibility im Bankwesen.


## 1 Einleitung

Nachhaltigkeit bedeutet für die Naspa vor allem, langfristig zu denken und umsichtig im Interesse der Menschen zu handeln. Aus ihrer besonderen, dem Gemeinwohl verpflichteten unternehmerischen Haltung heraus leistet die Sparkasse ihren Beitrag zu einer nachhaltigen Entwicklung in ihrem Geschäftsgebiet. Ihr Geschäftsmodell zielt auf eine Bereitstellung von Angeboten, die den Menschen Möglichkeiten zur persönlichen finanziellen Absicherung eröffnen, Teilhabe an sozialer und gesellschaftlicher Entwicklung ermöglichen und zum Erhalt tragfähiger wirtschaftlicher Strukturen im


A. Trischler (✉)
Transformation zur Nachhaltigkeit GmbH, Wiesbaden, Deutschland
E-Mail: atrischler@transformation-n.de





A. Trischler und S. Böhling (Hrsg.), *CSR in Hessen*, Management-Reihe Corporate Social Responsibility, https://doi.org/10.1007/978-3-662-63004-4_19

Geschäftsgebiet beitragen. Wesentliche Aspekte der sozialen und ökonomischen Nachhaltigkeit sind daher integraler Bestandteil ihrer Geschäftsstrategie.

Eine gesunde, funktionsfähige Umwelt ist darüber hinaus das Fundament des Wirtschaftssystems. Der Kampf gegen den Klimawandel ist eine weltweite Aufgabe, zu der die Naspa ihren Beitrag leistet. Beim Umgang mit seinen Folgen und bei der Umstellung auf eine nachhaltige Wirtschaftsweise steht die Welt noch am Anfang der Veränderungen. Die Naspa ist gefordert, diese Aspekte in die Management- und Steuerungssysteme und in Produkte und Prozesse des Bankgeschäfts zu integrieren. Daniela Gramlich ist Pressesprecherin der Naspa und Nachhaltigkeitsbeauftragte. Jeder dieser Aufgabenbereiche umfasst schon ein vollständiges Themenregister. Dazu engagiert sie sich im Ausschuss Nachhaltige Wirtschaft der IHK Wiesbaden und im Arbeitskreis „Nachhaltigkeitsberichterstattung für Sparkassen“ des Deutschen Sparkassen- und Giroverbandes (DSGV).[1]

## 2 Im Interview: Daniela Gramlich

*Anke Trischler: Die Naspa gibt es seit 180 Jahren. Das ist eine lange Zeit, eine ständige Weiterentwicklung. Start war im 19. Jahrhundert, das geprägt war von Veränderungen und neuen Herausforderungen. Was ist der Hintergrund zur Entstehung des Instituts?*
Daniela Gramlich: Ausgangspunkt war, dass es im Jahr 1806 gegründeten Herzogtum Nassau kein Bankinstitut gab. Eine 1836 vom damaligen regierenden Staatsminister Walderdorff eingesetzte Kommission sollte die notwendigen Vorbereitungen zur Errichtung einer Landes-Credit-Casse treffen. Diese war sozusagen die Vorläuferin der Naspa. Im Bericht der Kommission klang das dann so: „Die Absicht, bei der ärmeren Klasse den Trieb zur Sparsamkeit zu nähren und ihr Gelegenheit zu geben, ihre Ersparnisse vor Verlusten sicherzustellen und zu vermehren, … hat in einzelnen Städten und in ganzen Ländern Europas Sparkassen hervorgerufen. Bei der Errichtung der Landes-Credit-Casse ist Gelegenheit gegeben, ein allgemeines Sparkassen-Institut für das ganze Herzogthum zu bilden.“ (Faber 1981)

*Wie kam es dazu? Was war dem vorausgegangen?*
1778 wird in Hamburg die „Ersparungsclasse“ der Allgemeinen Versorgungsanstalt als weltweit erste Sparkasse gegründet. Das Ziel dieser wie auch anderer früher Sparkassen ist es, die Ersparnisbildung und die finanzielle Vorsorge breiter Bevölkerungsschichten zu fördern und das in der Region vorhandene Kapital für die wirtschaftliche Entwicklung vor Ort einzusetzen. Sparkassen in der Verantwortung öffentlicher Träger wurden wenig später als Teil der kommunalen Selbstverwaltung in den Reformen des Freiherrn vom Stein begründet. Die Idee geht auf den Beginn des 19. Jahrhunderts zurück, die erste Sparkasse mit kommunaler Bindung entstand 1801 in Göttingen.

[1] Das Interview wurde geführt am 27.10.2020.

Die Nassauische Sparkasse, gegründet 1840, zählt mit einer Bilanzsumme von 12,2 Mrd. Euro und 87 Filialen zu den größten Sparkassen in Deutschland. Sie beschäftigt rund 1650 Mitarbeitenden, darunter 129 Auszubildende, Studentinnen und Studenten und Trainees (Stand 2019).

*Wie passt diese Tradition in die heutige Zeit?*
Wie sich heute zeigt, war diese Idee ein Erfolgsmodell, denn auch nach fast 220 Jahren sind Sparkassen erfolgreich am Markt tätig. Ein Grund dafür mag sein, dass öffentlicher Auftrag und Gemeinwohlorientierung nach wie vor aktuell sind. Sparkassen unterstützen bei der Erfüllung kommunaler Aufgaben im wirtschaftlichen, regionalpolitischen, sozialen und kulturellen Bereich. Sie sind wesentlicher Teil der kommunalen Fähigkeit, Herausforderungen vor Ort zu lösen (DSGV 2020a).

*Was heißt das übersetzt für die Naspa als Institut in der Region mit Sitz in der hessischen Landeshauptstadt?*
Kernaufgabe der Naspa ist die Versorgung von Bevölkerung, Unternehmen und kommunalen Institutionen im Geschäftsgebiet mit Krediten. Unser Vorteil: Unsere Mitarbeitenden kommen aus der Region, haben umfassende Kenntnis über die regionalen Märkte und sind dadurch in der Lage, Risiken im Kreditgeschäft frühzeitig zu erkennen. Davon abgesehen, bieten wir allen Bürgerinnen und Bürgern moderne Finanzdienstleistungen an, das heißt, wir schließen niemanden davon aus. Bei uns hat jeder und jede Zugang zu Basis-Bankdienstleistungen. So ermöglichen wir auch wirtschaftlich Schwächeren die Teilnahme am bargeldlosen Zahlungsverkehr. Die Naspa setzt sich vor Ort aber nicht nur wirtschaftlich, sondern auch kulturell und sozial für die Menschen ein. Dadurch entsteht nicht nur Vielfalt im gesellschaftlichen Leben, auch der Zusammenhalt in der Region wird gestärkt. Denn lebendige Vereine und ehrenamtliches Engagement sind die Grundlage einer funktionierenden Gesellschaft.

**Dem Gemeinwohl verpflichtet**
Sparkassen sind dem Gemeinwohl verpflichtet:

- Bereitstellung von Angeboten, um Menschen Möglichkeiten zur persönlichen finanziellen Absicherung zu schaffen.
- Teilhabe an sozialer und gesellschaftlicher Entwicklung ermöglichen und zum Erhalt tragfähiger wirtschaftlicher Strukturen im Geschäftsgebiet beitragen.

Wesentliche Aspekte der sozialen und ökonomischen Nachhaltigkeit sind daher integraler Bestandteil der Geschäftsstrategie.

*Welchen Herausforderungen steht ein Haus mit so langer Tradition gegenüber?*
Zu den größten Herausforderungen des 21. Jahrhunderts gehören neben Globalisierung und Digitalisierung der Klimawandel und der Verlust von Biodiversität. Die Auswirkungen dieser Entwicklungen sind vor Ort sichtbar, deshalb müssen gerade auch dort Antworten auf die wirtschaftlichen, sozialen und gesellschaftlichen Folgen gefunden werden. Die originäre Aufgabe einer Sparkasse ist es, die finanzwirtschaftliche

Versorgung in ihrem Geschäftsgebiet sicherzustellen. Wir sind darüber hinaus gefordert, unseren Teil dazu beizutragen, die Globalisierung vor Ort zu gestalten, die digitale Zukunft menschlich zu organisieren und die Transformation zu einer klimaneutralen Wirtschaftsweise zu unterstützen.

*Die Naspa ist ein regionales Institut. Digitalisierung, Klimawandel, gesellschaftlicher und politischer Diskurs sind global. Wie passt das zusammen? Welche Rolle spielen internationale Referenzrahmen?*
Im Mai 2020 hat der Deutsche Sparkassen- und Giroverband, der DSGV, für die SparkassenFinanzgruppe die Principles for Responsible Banking[2] unterzeichnet. Sie sind aus internationalen Zielen wie den Sustainable Development Goals[3] der Vereinten Nationen und dem Pariser Klimaabkommen abgeleitet. Mit dem Zielbild 2025 hat der DSGV zudem einen Leitfaden zur Nachhaltigkeit in Sparkassen entwickelt, der Zielsetzungen und strategische Leitplanken für eine nachhaltige Ausrichtung beschreibt. Das Zielbild 2025 spiegelt die Principles for Responsible Banking wider und ist Basis der Selbstverpflichtung Klimaschutz, die der DSGV im Oktober 2020 vorgelegt und der sich die Naspa angeschlossen hat (UNEPFI 2020) (DSGV 2020b).

*Die Agenda 2030 ist so etwas wie der kleinste gemeinsame Nenner auf internationalem Parkett. Wie verhält es sich mit Risiken, die nicht innerhalb des eigenen Geschäftsgebiets liegen bzw. ihren Ursprung haben?*
Klimatische, ökologische und soziale Veränderungen wirken sich immer auch auf die Kreditwirtschaft aus. Insbesondere mit dem Klimawandel verbundene physische Risiken wie Wetterextreme oder transitorische Risiken wie den forcierten Übergang zu einer klimaneutralen Wirtschaftsweise spielen mit Blick auf die Finanzmarktstabilität künftig eine wichtigere Rolle. So haben die nationalen und internationalen Aufsichtsbehörden 2019 Nachhaltigkeitsaspekte in den Fokus genommen. Die Bundesanstalt für Finanzdienstleistungsaufsicht (BaFin) hat im September 2019 ein „Merkblatt zum Umgang mit Nachhaltigkeitsrisiken" zur Konsultation vorgelegt und ihre Erwartungen an Kreditinstitute darin präzisiert (BaFin 2020). Im Rahmen ihrer Aufsichtsfunktion hat sie angekündigt, das Management von Klimarisiken im Kreditgeschäft künftig stärker zu berücksichtigen. Die Europäische Zentralbank hat im Mai 2020 einen Leitfaden zur Konsultation vorgelegt, in dem sie erläutert, wie Banken Klima- und Umweltrisiken im Kontext des derzeitigen Aufsichtsrahmens steuern und Informationen zu diesen Risiken transparent offenlegen sollten. Sie fordert dazu auf, diesen Risiken Rechnung zu tragen, da sie beträchtliche Auswirkungen auf die Realwirtschaft und die Banken haben können (EZB 2020).

[2] Principles for Responsible Banking (PRB).
[3] Sustainable Development Goals (SDG)

**CSR-RUG**

Die Naspa legt seit 2017 einen Nichtfinanziellen Bericht gemäß CSR-Richtlinienumsetzungsgesetz (CSR-RUG) vor, mit dem sie die gesetzlichen Berichtspflichten erfüllt. Dem Vorstand werden regelmäßig Vorschläge zur Weiterentwicklung von Nachhaltigkeit gemäß den regulatorischen Anforderungen zur Beschlussfassung zugeleitet.

Der Verwaltungsrat erhält einen jährlichen Sachstandsbericht zur Kenntnisnahme. Nachhaltiges Engagement für Gesellschaft und Ökologie ist als strategisches Ziel in der Q-Card der Naspa enthalten. Die Q-Card ist ein strategisches Steuerungsinstrument auf Basis eines Balanced-Scorecard-Modells. Sie ist zugleich Basis für den Strategieanpassungsprozess und die Unternehmensentwicklung.

*Stichwort Nachhaltigkeit im Kerngeschäft, also in der eigentlichen Geschäftstätigkeit. Wie macht das die Naspa?*

Nachhaltigkeit im Kerngeschäft hat für die Naspa zwei Aspekte: Einerseits sind wir vor die Aufgabe gestellt, die Steuerung von Nachhaltigkeitsrisiken in unser Risikomanagement und die Gesamtbanksteuerung zu integrieren. Andererseits eröffnen sich neue Chancen zur Finanzierung nachhaltiger Aktivitäten von Unternehmen, Privatkunden und kommunalen Kunden. Und für Kundinnen und Kunden, die ihr Geld in verantwortlich handelnde Unternehmen und Institutionen investieren möchten, bieten wir Produkte mit einem besonderen ökologischen oder sozialen Nutzen an.

*Somit ist Nachhaltigkeit in den Prozessen und der Organisation der Naspa fest verankert. Wie nehmen Sie die Mitarbeitenden dabei mit?*

Die Mobilisierung der Mitarbeitenden und ihre Sensibilisierung für das Thema ist ein wichtiges Anliegen bei der Umsetzung von Nachhaltigkeit. Wir wollen eine breite und dauerhafte Beschäftigung mit dem Thema anregen, die Eigeninitiative bei der Umsetzung stärken. Dazu haben wir 2020 ein Leitbild erarbeitet und Nachhaltigkeit als wesentliches Thema darin aufgenommen. Den Beteiligten war wichtig, dass Nachhaltigkeit nicht nebenbei geschieht, sondern im Kern des unternehmerischen Denkens verankert sein muss.

*Was steht im Leitbild? Wie wird es gelebt?*

Mit dem Leitbild haben wir unter dem Slogan „Ihr Vertrauen. Unser Antrieb. Wir sind die Naspa" unser Selbstverständnis formuliert. Es ist in sieben Dimensionen gegliedert: Leistung, Partnerschaft, Verlässlichkeit, Miteinander, Fortschritt, Verantwortung und Nachhaltigkeit. Zu jeder Dimension haben wir einen Leitsatz formuliert, der unser Verständnis davon deutlich macht. Das Leitbild gibt Orientierung für die tägliche Arbeit und vermittelt, für welche Haltung und Werte wir stehen und wie wir unsere Zusammenarbeit und Weiterentwicklung gestalten wollen.[4]

---

[4] www.naspa.de/de/home/aktionen/leitbild.html

**Hintergrundinformation**
Zur Erfüllung des öffentlichen Auftrags gemäß § 2 Abs. 1 des Hessischen Sparkassengesetzes orientiert sich die Naspa an vier Leitsätzen zur Nachhaltigkeit:

- Wir erfüllen unseren Auftrag als wirtschaftlich erfolgreiche Sparkasse.
- Wir machen Finanzwirtschaft verständlich und stellen sie in den Dienst der Menschen und der Wirtschaft.
- Wir engagieren uns für ressourcenschonendes Wirtschaften und den Erhalt der natürlichen Lebensgrundlagen.
- Wir machen uns stark für nachhaltigen Wohlstand und bessere Lebensqualität vor Ort.

Diese Leitsätze schaffen einen verbindlichen Rahmen für das Handeln zum Wohle von Bürgerinnen und Bürger, der Region und für den Austausch mit den Anspruchsgruppen der Sparkasse.

*Wie würden Sie die Rolle der Mitarbeitenden in Bezug auf Kerngeschäft und Nachhaltigkeit beschreiben? Und in Verbindung zum öffentlichen Auftrag?*
Unsere Mitarbeitenden sind ein wichtiger Erfolgsfaktor für die Erfüllung des öffentlichen Auftrags und die Erreichung der Unternehmensziele, zu denen auch eine nachhaltige Wirtschaftsweise gehört. Wir brauchen kompetente und engagierte Leistungsträgerinnen und -träger und Nachwuchskräfte. Die Naspa setzt sich deshalb umfassend für das Wohl ihrer Beschäftigten ein. Die kontinuierliche Weiterentwicklung ihrer fachlichen Qualifikationen und ihrer Fähigkeit, sich auf Veränderungen von außen einzustellen, sind zentrale Aspekte der Personalarbeit. Durch vielfältige Maßnahmen unterstützen wir unsere Beschäftigten zudem dabei, neue Anforderungen erfolgreich zu bewältigen, die sich zum Beispiel aus Regulatorik oder Digitalisierung ergeben.

*Demografischer Wandel und der damit einhergehende Fachkräftemangel sind für viele Unternehmen zu einem großen Problem geworden. Wie geht die Naspa damit um?*
Ganz einfach: Wir bilden aus. Und zwar zwischen 110 und 120 Auszubildende, dual Studierende und Trainees pro Jahr. Damit ist die Naspa einer der größten Ausbildungsbetriebe in ihrem Geschäftsgebiet. Die IHK Frankfurt am Main hat uns für besondere Leistungen im Bereich der Dualen Berufsausbildung den Titel „Ausgezeichneter Ausbildungsbetrieb" verliehen. Und wir bilden weiter: Über kontinuierliche Fort- und Weiterbildung sorgen wir für ein hohes Qualifikationsniveau unserer Mitarbeitenden und stellen sicher, dass jede Funktion an die damit verbundenen Aufgaben, Kompetenzen und jeweilige Verantwortung angepasst ist. Unser E-Learning-Angebot NetAcademy ist mit dem renommierten Deutschen Personalwirtschaftspreis ausgezeichnet worden. Es sichert mit Seminaren und Lehrgängen die laufende Weiterbildung aller Beschäftigten.

*Wie lässt sich sicherstellen, dass alle Mitarbeitenden an den Maßnahmen teilnehmen und der Transfer in die Praxis gelingt?*
Erstens: Durch die systematische Stärkung digitaler Kompetenzen. Und zweitens durch Evaluierung unserer Bildungsmaßnahmen. Wir legen großen Wert auf digitale Fitness. Allen Mitarbeitenden haben wir ein iPad zur Verfügung gestellt, das sie auch privat nutzen können. Mittels eines digitalen Führerscheins, der durch regelmäßige Updates aufgefrischt wird, erweitern wir kontinuierlich ihre digitalen Kompetenzen. Interne Weiterbildungsveranstaltungen werden regelmäßig mithilfe eines systematischen Bildungscontrollings evaluiert. Die Bewertung des Lern- und Transfererfolges ermöglicht im Nachgang eine qualifizierte Betrachtung der Qualität und Geeignetheit der Weiterbildungsmaßnahmen und sichert langfristig den Transfer des Gelernten in den Arbeitsalltag. Das Bildungscontrolling ist ein ständiger Prozess, um Bildungsmaßnahmen auf ihren Nutzen für die Naspa und ihre Beschäftigten auszurichten. So investieren wir zielgerichtet in die Weiterbildung unserer Mitarbeitenden.

*Stichwort: Nachhaltiges Personalmanagement. Wie steht es um Quoten bei der Besetzung von Stellen? Gleichstellung, Diversität ….*
Die Gleichbehandlung aller Mitarbeitenden unabhängig von Geschlecht, Herkunft, Religion oder Nationalität ist für die Naspa eine Selbstverständlichkeit. Auf der Grundlage der geltenden tariflichen Bestimmungen werden Frauen und Männer für gleiche Tätigkeiten gleich vergütet. Als Unterzeichnerin der „Charta der Vielfalt" haben wir uns verpflichtet, ein vorurteilsfreies Arbeitsumfeld zu schaffen und eine Unternehmenskultur zu pflegen, die unabhängig von Geschlecht, Rasse, Nationalität, ethnischer Herkunft, Religion oder Weltanschauung, Behinderung, Alter, sexueller Orientierung und Identität von gegenseitigem Respekt und Wertschätzung geprägt ist.

*Wie hoch ist der Frauenanteil in Ihrem Institut, und wie hoch ist der Anteil von Frauen mit Führungsaufgaben?*
Knapp 60 % der Naspa-Beschäftigten sind Frauen. Die stetige Erhöhung des Anteils von Frauen in Führungspositionen ist schon deswegen eine wichtige Aufgabe. Sie ist darüber hinaus wesentlicher Bestandteil einer zukunftsorientierten Personalpolitik, mit der wir die Potenziale und Fähigkeiten aller Beschäftigten weiterentwickeln. Mit Angeboten wie Kompetenzabenden, dem Mentoring-Programm „Frauen&Karriere", speziellen Seminarangeboten für Frauen und durch die Übernahme von projektbezogenen Führungsaufgaben fördern wir ihre berufliche Karriere. Im Gegenzug erwarten wir, dass unsere künftigen Managerinnen aktiv und engagiert auf eine Führungsrolle hinarbeiten. Mithilfe unseres Talentmanagements identifizieren wir darüber hinaus leistungsfähige und potenzialstarke Beschäftigte und entwickeln gezielt ihre Kompetenzen.

*Welche Themen stehen bei den Mitarbeitenden hoch im Kurs?*
Für viele Mitarbeitenden ist die Vereinbarkeit von Beruf und Familie ein wichtiges Thema. Deshalb ist uns eine familienfreundliche Personalpolitik ein zentrales Anliegen.

Wir unterstützen unsere Mitarbeitenden durch familiengerechte, flexible Arbeitszeiten und eine entsprechende Arbeitsplanung, Zusatzurlaub und Betreuungsangebote für Kinder. Wichtig ist uns eine Kultur der Kollegialität, in der die Rücksichtnahme auf familiäre Erfordernisse Teil einer teamorientierten Arbeitsorganisation ist.

*Wie sieht das konkret aus?*
Wie das in der Praxis konkret aussehen kann, zeigt das Beispiel der Zeitspende während der Corona-Pandemie: Um im Lockdown familiär stark geforderte Kolleginnen und Kollegen zu entlasten, haben zahlreiche Beschäftigte Zeitguthaben gespendet, die diesen gutgeschrieben worden sind. Für viele Mitarbeitenden ist die Coronakrise noch mit einer anderen Erfahrung verbunden: Statt täglich zu ihren Arbeitsplätzen zu kommen, sind viele von zu Hause aus tätig. Hier hat es sich bezahlt gemacht, dass die Naspa frühzeitig die Möglichkeit für Homeoffice geschaffen hat. Abgesehen von der Notwendigkeit während der Coronakrise ermöglicht es unseren Mitarbeitenden eine individuellere Gestaltung der Arbeit und eine bessere Vereinbarkeit von privater Lebensführung und beruflichen Anforderungen.

Um Beschäftigte mit zu pflegenden Angehörigen zu unterstützen, bildet die Naspa interessierte Kolleginnen und Kollegen zu innerbetrieblichen Pflegeguides aus. Diese kennen gesetzliche Regelungen und innerbetriebliche Lösungsansätze und geben eine erste Orientierung über die Möglichkeiten einer besseren Vereinbarkeit von Beruf und Pflege. Für ihre familiengerechten Arbeitsbedingungen ist die Naspa seit 2005 mit dem Zertifikat „audit berufundfamilie®" der HertieStiftung ausgezeichnet.[5] Laut Focus, der jährlich die 1000 besten nationalen Arbeitgeber auszeichnet, gehört die Naspa zu den Top 100 Arbeitgebern in Deutschland.[6]

*Wie halten Sie die Mannschaft gesund und fit bzw. unterstützen sie dabei, sich selbst fit zu halten für einen fordernden Job?*
Die Naspa legt großen Wert auf Maßnahmen zur Erhaltung der Gesundheit ihrer Mitarbeitenden. Im Rahmen des Betrieblichen Gesundheitsmanagements „jump" bieten wir unter anderem Workshops, individuelle Coachings und Kompetenzabende zu Themen wie Ernährung, Stressbewältigung, Resilienzförderung und Gesundes Führen an.[7] Um den Umstieg vom Auto auf das Fahrrad zu erleichtern, gibt es das „JobRad", also die Möglichkeit, ein Dienstrad zu leasen. Sportlich können sich unsere Mitarbeitenden in der Betriebssportgemeinschaft betätigen.[8] Für die Teilnahme an Wettkämpfen wie beispielsweise den European Company Sport Games 2019 in Salzburg, dem Deutschen Sparkassen-Marathon oder dem Frankfurt Marathon und den Deutschen Sparkassen-

---

[5] www.naspa.de/de/home/ihre-naspa/das-unternehmen/familienfreundliche-naspa.html

[6] www.clever.naspa.de/naspa-arbeitgeber/

[7] www.naspa-jump.de/

[8] www.naspa-bsg.de/

meisterschaften im Skilanglauf oder Sportschießen übernimmt die Naspa die Startgelder. Und für die Mitgliedschaft in einem Fitnessstudio geben wir einen finanziellen Zuschuss.

*Was macht die Naspa mit ihren erwirtschafteten Erträgen?*
Mit unseren Erträgen leisten wir verlässlich unseren Beitrag für das Gemeinwohl. Als Arbeitgeberin, Steuerzahlerin und Auftraggeberin für die heimische Wirtschaft haben wir 2019 einen Wert von rund 138 Mio. Euro in und für die Region erzeugt, für gesellschaftliche Aufgaben und Anliegen knapp 2,9 Mio. Euro zur Verfügung gestellt.

**Stiftung „Leistung und Initiative"**
Mit der Gründung ihrer Stiftung „Initiative und Leistung" hat die Naspa dauerhaft die Voraussetzung zur Förderung regionaler gesellschaftlicher Initiativen geschaffen. Ziel der Stiftung ist es, möglichst viele Akteure bei der Umsetzung von neuen Ideen zu unterstützen. Sie fördert vor allem Projekte von Vereinen und Institutionen, die sich für Kinder und Jugendliche, Kultur, Kunst, Sport, Heimat- und Brauchtumspflege, Umweltschutz und Gesundheitspflege engagieren.[9] Die Stiftung wurde anlässlich des 150-jährigen Bestehens der Naspa gegründet.

*Die Rolle als große Arbeitgeberin in der hessischen Landeshauptstadt und im Geschäftsgebiet bringt Verantwortung mit sich. Haben Sie eine abschließende Botschaft an die Lesenden?*
Die Naspa ist – gemessen an ihrer Bilanzsumme, ihrem Filialnetz und der Anzahl ihrer Beschäftigten – eine der größten Sparkassen in Deutschland. Wir stehen für Bodenständigkeit und sind stolz auf unsere Verbundenheit mit der Region. Das geht in der Tat einher mit Verantwortung, und zwar nicht nur für Kundinnen bzw. Kunden, Mitarbeitenden und die Region, auch gegenüber Gesellschaft und Umwelt insgesamt. In der über 180-jährigen Geschichte der Naspa haben sich die Rahmenbedingungen und Herausforderungen immer wieder geändert. Geblieben ist unser Gründungsauftrag, „das Ersparte für die hart arbeitende Bevölkerung zu sichern". Er prägt unser Geschäftsmodell wie unser Verständnis vom Bankgeschäft: Wir setzen auf langfristigen Werterhalt statt auf kurzfristige Gewinnmaximierung, verfolgen eine langfristig orientierte Geschäftspolitik. Darin hat die Naspa nicht nur eine lange Tradition, sondern auch eine sichere Zukunft.

## 3 Last, but not least

Last, but not least: 2019 hat die Naspa erstmals eine Klimabilanz nach dem Branchenstandard des Vereins für Umweltmanagement und Nachhaltigkeit in Finanzinstituten e. V. (VfU) erstellt. Sie nutzt ausschließlich Ökostrom aus nachhaltiger Erzeugung und hat dadurch rund 3600 t $CO_2$-Äquivalente eingespart. Wichtige Optimierungspotenziale gibt es in den Bereichen Wärme und Verkehr. Zur Verbesserung der Energieeffizienz

[9] www.naspa.de/de/home/ihre-naspa/naspa-stiftung/die-naspa-stiftung.html

investiert die Naspa in die energetische Modernisierung. Dabei werden ältere Betriebsvorrichtungen sowie Gebäudetechnik ausgetauscht und neuere, effizientere Technologien eingesetzt. Die Naspa plant, ihre Klimabilanzierung in den kommenden Jahren kontinuierlich weiterzuentwickeln, um so die Grundlage für die Definition eines tragfähigen Umweltziels für ihren Geschäftsbetrieb zu schaffen (Naspa 2019, S. 18).

**Daniela Gramlich** ist seit 1997 Pressesprecherin bei der Nassauischen Sparkasse (Naspa), seit 2014 zusätzlich Nachhaltigkeitsbeauftragte. Sie ist Mitglied im Ausschuss „Nachhaltige Wirtschaft" der IHK Wiesbaden und im Arbeitskreis „Nachhaltigkeitsberichterstattung für Sparkassen" des Deutschen Sparkassen- und Giroverbandes (DSGV). Projektverantwortung für ÖKOPROFIT Wiesbaden (bis 2017) und CSR Regio.Net Wiesbaden (bis 2019). Ihre Abschlüsse: Magister Artium (Johannes-Gutenberg-Universität Mainz) und Corporate Responsibility Manager (Universität Bayreuth). Kontakt: Nassauische Sparkasse, Rheinstraße 42–46, 65185 Wiesbaden, Deutschland. E-Mail: daniela.gramlich@naspa.de

## Literatur

BaFin (2020) Merkblatt zum Umgang mit Nachhaltigkeitsrisiken. www.bafin.de/dok/13412782. Zugegriffen: 15. Dez. 2020

DSGV (2020a) Sparkassen: Seit über 200 Jahren ein wesentlicher Teil der Gemeinschaft. www.dsgv.de/sparkassen-finanzgruppe/geschichte-der-sparkassen-finanzgruppe.html. Zugegriffen: 20. Okt. 2020

DSGV (2020b) Selbstverpflichtung deutscher Sparkassen für klimafreundliches und nachhaltiges Wirtschaften. www.dsgv.de/unsere-verantwortung/selbstverpflichtung-klimaschutz-nachhaltigkeit.html. Zugegriffen: 15. Dez. 2020

EZB (2020) Leitfaden zu Klima- und Umweltrisiken. www.bafin.de/SharedDocs/Downloads/DE/Merkblatt/dl_mb_Nachhaltigkeitsrisiken.html. Zugegriffen: 15. Dez. 2020

Faber R (1981) Herzogtum Nassau 1806–1866. Gründung, Entwicklung, Regenten. Verlag Kultur und Wissen. Wiesbaden

Naspa (2019) Bericht an die Gesellschaft. www.naspa.bericht-an-die-gesellschaft.de/wpcontent/uploads/sites/19/Naspa-Nichtfinanzielle-Bericht-2019.pdf. Zugegriffen: 20. Okt. 2020

UNEPFI (2020) Creating the future of banking. https://www.unepfi.org/banking/bankingprinciples/ Zugegriffen: 20. Okt. 2020

# Klimaschutz durch Banken? Die GLS Bank macht es vor

Julian Mertens, Laura Mervelskemper und Theresa Pleye


**Zusammenfassung**

Banken kommt in der sozial-ökologischen Transformation der Wirtschaft eine Schlüsselrolle zu. Dafür bedarf es einer präzisen Messung der Wirkung von Kapitalströmen. Dann können gezielt nachhaltige Strategien für Finanzierung, Investments und Anlagen getroffen werden. Die GLS Bank, das Frankfurter Unternehmen right. based on science und das Wuppertal Institut haben ein entsprechendes Modell vorgelegt.


## 1 Einleitung

Frankfurt am Main ist seit Jahrzehnten die Finanzmetropole Deutschlands. Mit dem Brexit im Februar 2020 hat sich ihre Bedeutung in Europa nochmals verstärkt. Neben der größten deutschen Börse sind hier über 200 Banken zudem Fondsgesellschaften, die drei größten Ratingagenturen, die Europäische Zentralbank (EZB) und die Bundesanstalt für Finanzdienstleistungsaufsicht (BaFin) ansässig. Von hier aus werden große Geldströme im Sekundentakt gesteuert und systemrelevante Investitionsentscheidungen


J. Mertens (✉) · L. Mervelskemper · T. Pleye
GLS Gemeinschaftsbank eG, Bochum, Deutschland
E-Mail: julian.mertens@gls.de

L. Mervelskemper
E-Mail: laura.mervelskemper@gls.de

T. Pleye
E-Mail: theresa.pleye@gls.de





A. Trischler und S. Böhling (Hrsg.), *CSR in Hessen,* Management-Reihe Corporate Social Responsibility, https://doi.org/10.1007/978-3-662-63004-4_20

getroffen. In Hessen und Frankfurt ist die Finanzwelt buchstäblich verortet – und damit auch die Verantwortung, die Branche auf eine klimafreundliche Zukunft auszurichten. Einige Initiativen sollen hier erwähnt werden, vordergründig beschäftigt sich dieser Beitrag jedoch mit der Wirkungsmessung von Finanzströmen und einer Methode, die erstmalig wissenschaftlich fundiert im Markt zum Einsatz kommt. Dafür umreißen wir zunächst die Voraussetzungen von Finanzbranche und Regulierung, um im nächsten Schritt die Arbeitsweise der GLS Bank und die von ihr eingeführte Wirkungstransparenz darzulegen.

## 2 Bedeutung der Finanzwirtschaft für eine nachhaltige Entwicklung

Ende 2015 verabschiedeten 193 Mitgliedstaaten der Vereinten Nationen die Agenda 2030 mit 17 globalen Zielen für eine nachhaltige Entwicklung (Sustainable Development Goals, kurz: SDGs). Diese bilden den Rahmen für die nächsten Jahre, der ein Wirtschaftswachstum innerhalb planetarer Grenzen und unter Berücksichtigung sozialer Gerechtigkeit sicherstellen soll. Die SDGs mit ihren 169 Unterzielen wirken somit in alle gesellschaftlichen Sphären hinein. Auch wenn das zugrunde liegende Wachstumsdogma kritisch zu sehen ist, verankern die SDGs viele Voraussetzungen für eine nachhaltige Entwicklung – von einer Gleichstellung der Geschlechter über ressourcenschonende Industrieproduktion bis hin zu einer naturverträglichen Landwirtschaft.

Die Potenziale bei vielen Wirtschaftszweigen werden identifiziert und somit eine nachhaltige Transformation eingefordert. Die Rolle der Finanzwirtschaft wird in den SDGs derweil kaum angesprochen, einen direkten Bezug gibt es nicht. Oberflächlich ließe sich daraus der Schluss ziehen, dass die Finanzwelt keine Rolle spiele und sich nicht verändern müsse. Tiefer hineingetaucht ist jedoch schnell erkennbar, dass gerade Finanzinstitute einen signifikanten Beitrag leisten können – und müssen – um die globalen Herausforderungen zu überwinden. Die Erreichung der SDGs bedarf Investitionen von rund 2,5 Billionen Euro jährlich.[1] Diese Mittel können nicht allein aus dem öffentlichen Sektor gestemmt werden und es ist auch nicht ausschließlich dessen Aufgabe. Die Finanzwirtschaft ist dazu da, der Wirtschaft die nötigen Zukunftsinvestitionen zu ermöglichen. Am Beispiel der Klimakrise kann dies beispielhaft verdeutlicht werden: Die Umstellung auf eine $CO_2$-neutrale[2] Wirtschaft, um die Erderwärmung auf 1,5 bis maximal 2 °C zu begrenzen, stellt zahlreiche Geschäftsmodelle infrage und verlangt adäquate Modifikationen. Die Abhängigkeit von fossilen Energieträgern und kohlenstoffintensiven Prozessen erlaubt schon in den nächsten Jahrzehnten kein klimafreundliches Wirtschaften.

---

[1] Vgl. Mohammed, A (2019) o. S.

[2] Aus Gründen der Lesbarkeit verkürzt die GLS Bank in ihrem Beitrag $CO_2$-Äquivalente zu $CO_2$.

Dabei steht den Finanzinstituten eine doppelte Aufgabe bevor. Einerseits müssen sie ihre Strategien so ausrichten, dass die Gelder dorthin gelangen, wo sie nachhaltige Transformation voranbringen und gleichzeitig klimaschädliche Investments zurückfahren. Andererseits steht ihnen damit eine Veränderung des eigenen Selbstverständnisses ins Haus. Denn neben den klassischen Kriterien Rendite, Sicherheit und Verfügbarkeit müssen zuvorderst soziale und ökologische Kriterien berücksichtigt werden. Dabei sind diese – in der Finanzindustrie in der Regel als ESG-Kriterien (Environment, Social, Governance) bezeichnet – eng mit den klassischen Kriterien verknüpft. Wer heute beispielsweise noch in stark $CO_2$-emittierende Technologien investiert, schadet damit nicht nur der Umwelt, sondern geht auch ein hohes finanzielles Risiko ein. Während Letzteres als „Ausfallrisiko" eine bekannte Größe darstellt, gehört die Klimawirkung einer Investition bislang noch nicht zu den Standardangaben. Genau solche Messgrößen, die die sozialen, ökologischen und ökonomischen Wirkungen von Investitionsentscheidungen und Finanzprodukten offenlegen, werden jedoch benötigt, um eine wirkungsvolle Lenkung von Kapitalströmen in sinnhafte und zukunftsgerichtete Unternehmen und Projekte sicherzustellen. Nur auf diese Weise kann Geld dort hingebracht werden, wo es unter ökologischen, sozialen und damit langfristig auch aus ökonomischen Gesichtspunkten Sinn macht.

## 3 Regulatorische Rahmenbedingungen für mehr Nachhaltigkeit im Finanzsektor

Anders als ein Großteil der Finanzwirtschaft haben Finanzaufsichten und Zentralbanken die Dringlichkeit zur Veränderung realisiert. Zumindest vor den Risiken der Klimakrise warnen sie seit einigen Jahren eindringlich.[3] Ende 2019 hat die Bundesanstalt für Finanzdienstleistungsaufsicht (BaFin) ein unverbindliches Merkblatt zum Umgang mit Nachhaltigkeitsrisiken veröffentlicht.[4] Anhand zahlreicher Best-Practice Beispiele zeigt die BaFin auf, welche durchdringende Relevanz Nachhaltigkeitsrisiken für Finanzinstitute haben und wie eine angemessene Berücksichtigung im Risikomanagement ausgestaltet werden kann. Nachhaltigkeitsrisiken haben das Potenzial, die deutsche und auch die internationale Finanzmarktstabilität zu bedrohen, so die BaFin. Auch die Europäische Zentralbank und die Bank für Internationalen Zahlungsausgleich (BIZ) warnen vor Klimarisiken und mahnen zur adäquaten Berücksichtigung dieser.[5] Die Frage bei diesen Risiken sei nicht, ob sie eintreten, sondern nur wann der Eintrittszeitpunkt sein wird und wie hoch die einhergehenden Schäden sein werden.

[3] Vgl. Carney (2015), o. S.; Dombret (2017), o. S.

[4] BaFin (2019), o. S.

[5] Bolton et. al. 2020, o. S.

Zentralbanken müssen demnach die Relevanz von Nachhaltigkeitsrisiken und insbesondere des Klimawandels auf die Preis- und Finanzstabilität erkennen, bemessen und in der Regulatorik angemessen berücksichtigen. Die Bank of England (BoE) hat dies erkannt und ist bereits einen Schritt weiter: Sie hat für englische Finanzinstitute einen Klimastresstest mit drei Erderwärmungs- und Transitionsszenarien modelliert und fordert dessen Anwendung, um auf diese Weise Nachhaltigkeitsrisiken stärker zu berücksichtigen.[6] Die beaufsichtigten Institute können selbst entscheiden, ob sie die Risiken vermeiden oder mit ausreichend Kapital hinterlegen.

Auf Produktebene drängen der EU Green Deal und die damit einhergehende EU-Taxonomie auf eine Stärkung nachhaltiger Finanzangebote. Der Sustainable-Finance-Beirat der Deutschen Bundesregierung arbeitet auf nationaler Ebene an der Stärkung von nachhaltigen Finanzierungsprodukten. Deutschland soll eine Vorreiterrolle im Bereich Sustainable Finance einnehmen, der Standort Deutschland somit Wettbewerbsvorteile generieren und die Verantwortung von Finanzinstituten gestärkt werden.

Es bleibt festzuhalten: Der Markt ist in Bewegung. Finanzinstitute stehen vor der Herausforderung, sich mit dem Klimawandel, Nachhaltigkeit und naturwissenschaftlichen Modellierungen zu befassen, wozu ihnen einerseits die Erfahrungen, andererseits oftmals die notwendige Datengrundlage fehlen. Die Branche steht in doppelter Hinsicht am Anfang der Transformation.

## 4 Banken in der Verantwortung

### 4.1 Chancen ergreifen

Banken kommt eine bislang unterschätzte Rolle zu bei der Erreichung der SDGs und der Transformation hin zu einer klimafreundlichen Ökonomie. Ihre Hauptfunktion im Finanzsystem ist die Verwaltung von Einlagen und die Finanzierung von Unternehmen. In Deutschland besitzen knapp 99 % der Erwachsenen ein Konto[7], die Einlagen von Privatpersonen bei deutschen Banken belief sich 2019 auf insgesamt 2392 Mrd. EUR.[8] Diese werden als Kredite an Privatpersonen, Unternehmen und Selbstständige eingesetzt, allein 2019 im Wert von 2864,8 Mrd. EUR.[9] Typischerweise macht das Kreditgeschäft einen Großteil des Kerngeschäfts einer Bank aus, auch wenn sich die Niedrigzinsphase hier negativ ausgewirkt hat. Gleichwohl hat der Finanzmarkt größten Einfluss auf die Realwirtschaft genommen, wenn er sich von dieser entfernt und sich auf abstrakte

[6] Vgl. BoE (2019), o. S.

[7] Demirguc-Kunt et al. (2018).

[8] Deutsche Bundesbank (2020a).

[9] Deutsche Bundesbank (2020b).

Geschäfte konzentriert hat. Das haben die Finanzkrisen in der Geschichte immer wieder gezeigt. Auch im positiven Sinn ist dies möglich, wenn entsprechende Kriterien definiert werden, die sich auf eine nachhaltige Realwirtschaft beziehen. Durch die Berücksichtigung von negativen und positiven Kriterien bei der Auswahl von Geschäftspartnerinnen und -partnern können die Risiken solcher Krisen nicht nur verringert, sondern die nachhaltige Transformation vorangebracht werden.

## 4.2 Risiken vermeiden

Mit einer Unternehmensstrategie, die Nachhaltigkeit und entsprechende Rahmenwerke wie die SDGs oder das Pariser Klimaabkommen nicht berücksichtigt, entstehen signifikante Risiken für Finanzmarktteilnehmenden – und zwar weit über Reputationsrisiken hinaus. Die derzeit verstärkt im Fokus stehenden Klimarisiken werden typischerweise als transitorische und physische Risiken verstanden inkl. deren Interdependenzen[10]. Transitorische Risiken stehen im Zusammenhang mit der Umstellung auf eine $CO_2$-neutrale Wirtschaftsweise. Kohlenstoffintensive Unternehmen drohen durch die mit der Umstellung verbundenen klimapolitischen Maßnahmen wie zum Beispiel einem steigenden $CO_2$-Preis, durch neue Technologien oder ungeplant hohe Investitionen massiv an Wert zu verlieren oder gar wertlos zu werden. Physische Risiken wiederum beschreiben potenzielle Schäden durch die zunehmende Häufigkeit und Stärke von Extremwetterereignissen. Unternehmen, die in Gebieten ansässig sind, die vom ansteigenden Meeresspiegel bedroht sind, oder in Gebieten produzieren, die Prognosen zufolge zukünftig häufiger von extremer Hitze, Überflutungen oder Stürmen betroffen sein werden, sind gefährdet. Diese Klimarisiken der einzelnen Unternehmen summieren sich in den Bankbilanzen, die die Kredite und Investitionen vieler Unternehmen umfassen. Gleichzeitig ist der Klimawandel nur ein Beispiel. Die aufgezeigten Risiken lassen sich auf zahlreiche globale Herausforderungen wie Biodiversitätsverluste oder Bodenerosion übertragen.

Es stellt sich für Banken also nicht die Frage nach den Folgen, sollten sie die Nachhaltigkeit ignorieren oder nicht ernst genug nehmen. Die eigentliche Frage ist, wie hoch die ökonomischen Schäden sein werden, mit der die sozial-ökologischen Konsequenzen sich auf ihre Bilanzen auswirken. Die rein finanzielle Risikoperspektive ist letztlich schon ausreichend, um das Thema auf die Agenda für die Finanzwelt zu setzen.

[10] Vgl. BaFin (2019).

## 5 Merkmale nachhaltiger Banken

Im Folgenden werden die wesentlichen Merkmale nachhaltiger Finanzinstitute mit Fokus auf die GLS Bank skizziert[11]. Diese unterscheiden sich am Markt dadurch, dass sie ihr Kerngeschäft an ethischen und sozialen Kriterien ausrichten.[12] Dies geschieht über Definitionen, Leitbilder, Satzungen, Richtlinien und ESG-Kriterien (Environment, Social, Governance). Auch die Sustainable Development Goals werden zunehmend herangezogen oder Selbstverpflichtungen wie die UN Principles for Responsible Banking.

Im Markt hat sich eine Vielfalt an Konzepten entwickelt, wie genau ESG-Kriterien definiert sind und wie sie zur Anwendung kommen. Dies kann etwa durch den historischen Ursprung eines Instituts geprägt sein, wie bei den Kirchenbanken, die sich dem christlichen Verständnis zum Schutz der Schöpfung verpflichtet sehen. Häufig werden Negativkriterien verwendet, die etwa fossile Energien oder Rüstungsunternehmen ausschließen: Etabliert sind zudem Positivkriterien, die etwa erneuerbare Energien bevorzugen.

Nachhaltigkeit erfährt im Finanzmarkt eine dynamische Entwicklung, die nicht nur durch die zuvor erwähnten Impulse von Regulierung und Politik bedingt ist. Die steigende Nachfrage nach entsprechenden Angeboten ist ebenso ursächlich wie die Transformation der Volkswirtschaften zur Erreichung von Klimazielen haben. Nicht zu vernachlässigen ist auch, dass werteorientierte Banken sich als besonders krisenfest erwiesen haben.[13] Beispiele: In fünf Jahren haben sich nachhaltige Investments in Deutschland und Österreich fast vervierfacht, das Volumen ausgegebener ESG-Anleihen (sogenannte Green Bonds) könnte sich 2020 fast verdoppeln und schon 2018 wurden weltweit 30 Bio. Dollar als nachhaltig investiert registriert.[14] Gleichwohl ist der Anteil nachhaltiger Finanzgeschäfte am Gesamtmarkt noch klein. In Deutschland etwa beträgt der Anteil entsprechender Fonds und Mandate 5 %[15].

Nachhaltige Banken verwenden die üblichen Finanzinstrumente und bieten ihren Unternehmens- und Privatkundinnen und -kunden alle gängigen Dienstleistungen an. Allerdings sind unethische Geschäfte und Spekulationen in der Regel ausgenommen, da sie nicht den Werten der Institute entsprechen. Die Banken finanzieren die Realwirtschaft, da sie nur so gesellschaftlichen Mehrwert erzeugen können. Üblicherweise

[11] Vgl. Bassler und Wulsdorf (2018).

[12] Hierzu gehören insbesondere Triodos, Umwelt- und Ethikbank sowie die Kirchenbanken. Weitere Akteure sind etwa Teil des Forum Nachhaltige Geldanlagen und des CRIC e. V.

[13] Global Alliance for Banking on Values (2020).

[14] Vgl. Katz (2020); Forum Nachhaltige Geldanlagen (2020), o. S.

[15] Ebd.

weisen nachhaltige Banken dies nach durch eine umfassende Transparenz. Unabhängige Prüfungen von NGOs können diese Qualitäten regelmäßig belegen.[16]

In Deutschland ist derzeit die GLS Bank gemessen an der Bilanzsumme (Mitte 2020 über 7,3 Mrd. EUR) die größte sozial-ökologische Bank. Ihr Geschäftsmodell ist auf Nachhaltigkeit ausgerichtet, anders als viele Wettbewerber, die es darum ergänzt haben. Im Leitbild des 1974 in Bochum gegründeten Instituts heißt es: „Grundlage unserer Arbeit ist die Achtung vor dem Leben und die Sorge um eine friedliche Koexistenz aller Kulturen, die auf individueller Freiheit und Verantwortung gegründet sind. Wir nehmen den Menschen in seiner Gesamtheit aus Körper, Seele und Geist ernst. Unser Handeln soll die Lebenschancen heutiger und zukünftiger Generationen bewahren und ihre Weiterentwicklung fördern. Ökologie verstehen wir dabei ganzheitlich im Sinne einer Leben-fördernden Einheit von Natur und Zivilisationsentwicklung." Definiert hat die GLS Bank ihre Entscheidungsgrundlage als menschlich (Social), zukunftsweisend (Environment) und ökonomisch (inkl. Governance) und zwar in dieser Reihenfolge. Gewinn ist eine Folge der unternehmerischen Tätigkeit, die dazu da ist, die Bedürfnisse der Menschen zu erfüllen. Entsprechend arbeitet die Bank nur für die Realwirtschaft und ohne Instrumente, bei denen Geld mit Geld verdient wird. Die Anlage- und Finanzierungsgrundsätze der GLS Bank beschreiben 14 Positiv- und Negativkriterien, nach denen entschieden wird, ob in ein Unternehmen/Projekt investiert wird.[17] Im Fondsgeschäft bestimmt ein mit externen Mitgliedern besetzter Anlageausschuss. Alle Finanzierungen und Eigenanlagen werden öffentlich gemacht, die Publikationen im Fondsgeschäft gehen weit über gesetzliche Vorgaben hinaus.[18]

## 6 Wirkungstransparenz – Geld als gesellschaftliches Gestaltungsmittel

Durch unsere hohen Transparenzstandards wissen unsere Kundinnen und Kunden genau, in welche Unternehmen und Projekte die GLS Bank investiert und *wo* ihre Einlagen wirken. Aber wie sieht die Wirkung am Ende konkret aus? Was wird durch die strengen, sozial-ökologischen Standards auf gesellschaftlicher Ebene tatsächlich ermöglicht? Die Finanzbranche hat dringenden Handlungsbedarf, ihre bisherigen Methoden zu erweitern, was durch Klimarisiken und die EU-Taxonomie zum Ausdruck kommt. Aber es geht auch um den eigenen Anspruch, wie Transparenz im Bankgeschäft noch besser werden kann. Hier ist der gesellschaftliche Mehrwert zu erfassen, um Geld als Gestaltungsmittel effektiv einzusetzen und die Transformation zu beschleunigen. Die GLS Bank

[16] z. B. den „Fair Finance Guide". Vgl. Facing Finance (2020), o. S.

[17] GLS Bank (2017), o. S.

[18] Vgl. Grzanna (2020), o. S.

hat 2020 eine Wirkungstransparenz eingeführt, mit der sie die gesellschaftliche Wirkung ihres Kerngeschäfts für ihre Stakeholder messbar macht. Mit den Ergebnissen lässt sich diese darstellen und festlegen, inwieweit die GLS Bank zu einer nachhaltigen Wirtschaft beiträgt. Dafür wurden Zukunftsbilder für die wichtigsten Branchen definiert[19] und jeweils mit Wirkindikatoren unterlegt. Dadurch entsteht ein Maßstab, mit dem sich zeigen lässt, wie gut die GLS Bank ihre Ziele erfüllt. Zudem entsteht eine Grundlage für den kontinuierlichen Stakeholder-Dialog, welche Zukunft die GLS Gemeinschaft als lebenswert erachtet, welche Prozesse dafür unerlässlich sind und wie eine nachhaltige Entwicklung der einzelnen Branchen aussehen soll. Die Bandbreite der gewählten Indikatoren kombiniert bewusst quantitative und qualitative Vorgaben, um eine ganzheitliche Perspektive zu schaffen, von eingesparten $CO_2$-Emissionen durch erneuerbare Energien bis hin zu einer hohen Betreuungsqualität in Alten- und Pflegeheimen.

Ihre Wirkung begreift die GLS Bank sowohl als positiven Handabdruck durch ihre Beiträge zu den Zukunftsbildern als auch als Fußabdruck durch Ressourcenverbrauch und Emissionen. Der Anspruch ist es, den Handabdruck zu vergrößern und den Fußabdruck zu minimieren.

In der Wirkungstransparenz werden nicht nur Wirkindikatoren erhoben, sondern ein dreigliedriger „Narrativ des Wandels" geschaffen:

## 6.1 Wirkung gemeinsam denken

Gemeinsam mit Kundinnen und Kunden und Mitgliedern entwickelt die GLS Bank ihre Zukunftsbilder kontinuierlich weiter, sodass sich die richtigen Prioritäten für die sozialökologische Gestaltung der jeweiligen Branche ergeben.

## 6.2 Wirkung gemeinsam verstehen

Mittels der Erhebung von Wirkindikatoren wird der Beitrag unserer Kundinnen und Kunden auf das Zukunftsbild analysiert. Bei erneuerbaren Energien geschieht dies vergleichsweise einfach. So lässt sich die Energieleistung neu finanzierter Kraftwerke kumulieren und im Kontext der Energiewende bewerten. Doch der alleinige Zuwachs an erneuerbarer Produktion ist nicht ausreichend, sodass auch erfasst wird, wie bürgernah ein Projekt ausfällt. Es hat sich nämlich gezeigt, dass die allgemeine Akzeptanz dadurch höher ausfällt. Hier muss jedoch gemeinsam mit den beteiligten Akteuren ermittelt werden, wie „bürgernah" zu definieren ist und sich ergo messen lässt. Die Wirkindikatoren sind somit Suchhilfe und Ankerpunkt für gesellschaftliche Veränderungsprozesse. Sie stehen einerseits für sich, werden andererseits aber über die Zukunftsbilder kontextualisiert.

[19] Wohnen, Energie, Ernährung, Bildung, Soziales, nachhaltige Wirtschaft.

### 6.3 Wirkung gemeinsam stärken

Die wesentlichen Erkenntnisse, die die GLS Bank mit ihren Stakeholdern durch die Wirkungsmessung erhält, geht über ihren eigenen Gestaltungsanspruch hinaus. Es entsteht der Blick auf die Bedingungen und Hemmnisse zur Erreichung der Zukunftsbilder. Manchmal stehen regulatorische Rahmenbedingungen einer wirkungsvollen Umsetzung entgegen, manchmal auch die Abhängigkeit von anderen Akteuren. Und manchmal mangelt es einfach nur an den notwendigen Ressourcen. Die Wirkungstransparenz stellt damit die **Hebel des Wandels** in den Fokus und identifiziert konkrete Forderungen, Möglichkeitsräume und sucht das Netzwerk zur Stärkung der Transformation.

Mit ihrer Wirkungstransparenz verfolgt die GLS Bank das übergeordnete Ziel einer systemtheoretischen Transformation. Das schließt natürlich den Kapitalmarkt mit ein. Auf der Anlageseite können Anlegende dann mündige Entscheidungen über die Wirkung ihres Geldes treffen, wenn sie über alle erforderlichen Informationen eines Angebots verfügen. Dies bedarf einer Informationseffizienz, die etwa Klimarisiken und gesellschaftlichen Impact deutlich macht. Daraus resultiert langfristig eine Allokationseffizienz von Geld in nachhaltigere Unternehmen.

Derzeitige Entwicklungen zur Wirkungsmessung am Markt legen den Fokus verstärkt darauf, die Auswirkungen des Klimawandels auf das eigene Finanzinstitut bzw. auf die Kundinnen und Kunden zu bemessen – auch Outside-In-Perspektive genannt. Um die Wirkung von Anlage- und Investitionsentscheidungen auf die Gesellschaft und den Klimawandel zu bemessen, ist zudem die Inside-Out-Perspektive heranzuziehen. Für eine verantwortungsvolle und zukunftsfähige Finanzwelt ist die Verwendung beider Perspektiven zur Risikobetrachtung und zur eigenen Wirkungssteuerung notwendig.

## 7 Klimawirkung messen

Die Messung und Kommunikation eines positiven Beitrags zum Klimaschutz ist heute für viele Unternehmen beliebter Bestandteil von CSR-Strategien. Der Begriff „Klimaneutralität" hat sich dabei als Maxime für das unternehmerische Klimaengagement etabliert. Eine Zielsetzung wie „Klimaneutralität bis 2050" greift jedoch zu kurz, weil sich das Unternehmen lediglich dazu verpflichtet, seine Emissionen im Zieljahr einzusparen – oder auszugleichen durch Kompensationsprojekte, ohne Ausstoß de facto zu senken. Damit ist jedoch keine Aussage darüber getroffen, wie viel Tonnen an Treibhausgasen bis 2050 noch emittiert werden. Genau diese kumulierten Emissionen über den Zeitraum sind jedoch wesentlich, erreichen sie doch die Atmosphäre und tragen zur Erderwärmung bei.

Um die Klimaschutzmaßnahmen eines Unternehmens heute zu bewerten ist es sinnvoll, mit verfügbaren $CO_2$-Budgets (bzw. Äquivalenten) zu arbeiten. Dabei wird davon ausgegangen, dass für eine Begrenzung der Klimaerwärmung auf maximal

2 °C insgesamt 1170 Gt $CO_2$ ausgestoßen werden dürfen.[20] Davon ausgehend lässt sich zeigen, ob ein Unternehmen im Einklang mit den Pariser Klimazielen steht. Für nachhaltige Banken und Anlegenden ist dies wiederum die Voraussetzung, um ihre Investitionsentscheidungen entsprechend zu optimieren.

*Wie können Banken ihre Klimawirkung messen?*

## 7.1 Motivation

Anders als Unternehmen des produzierenden Gewerbes liegt der wesentliche Einfluss von Banken auf das Klima nicht in den innerbetrieblichen Emissionen, sondern im Kerngeschäft und damit in den Investitions- und Finanzierungsentscheidungen, die täglich getroffen werden. Diese offensichtliche Differenzierung wird leider in der Finanzbranche und der Öffentlichkeit zu wenig beachtet. Dabei haben Banken sogenannte „finanzierte Emissionen" ihrer Kreditkundinnen und -kunden sowie der Unternehmen im Anlagegeschäft zu verantworten.

Die GLS Bank finanziert seit ihrer Gründung nur Unternehmen, die ihre Nachhaltigkeitskriterien (sogenannte „Anlage- und Finanzierungsgrundsätze") erfüllen. Dazu zählt auch der Klimaschutz – so werden beispielsweise ausschließlich erneuerbare Energien finanziert, fossile Brennstoffe schließt die GLS Bank gänzlich aus. Nichtsdestotrotz haben drei Schlüsselfaktoren dazu geführt, die Klimawirkung unserer Investitions- und Finanzierungsentscheidungen präzise zu erfassen:

**Übersicht**

1. Die Dringlichkeit, mit der die Menschheit der Klimakrise begegnen muss, erfordert eine konsequente Ausrichtung aller unternehmerischen Entscheidungen auf das 1,5-Grad-Ziel. Schon heute haben Mensch und Natur mit zunehmenden Dürren, Hitzewellen, Überschwemmungen und Stürmen zu kämpfen. Je schneller ein ambitionierter Klimaschutz implementiert wird, desto geringer fallen die Schäden an Gesundheit, Infrastruktur und Natur aus. Je später dieser Klimaschutz angegangen wird, desto disruptiver wird zudem die Transformation ausfallen.
2. Aufgrund der Hebelwirkung von Finanzinstituten durch die Bereitstellung von Kapital für eine Vielzahl unternehmerischer Vorhaben tragen wir als Bank eine Verantwortung für die gesellschaftliche Wirkung unserer Investitions- und Finanzierungsentscheidungen.
3. Die mit dem Klimawandel einhergehenden physischen und transitorischen Risiken von Unternehmen kumulieren sich in den Bankbilanzen und können auf diese Weise in der Konsequenz eine Gefahr für die Finanzmarktstabilität darstellen.

---

[20] Mercator Research Institute on Global Commons and Climate Change (2018) o. S.

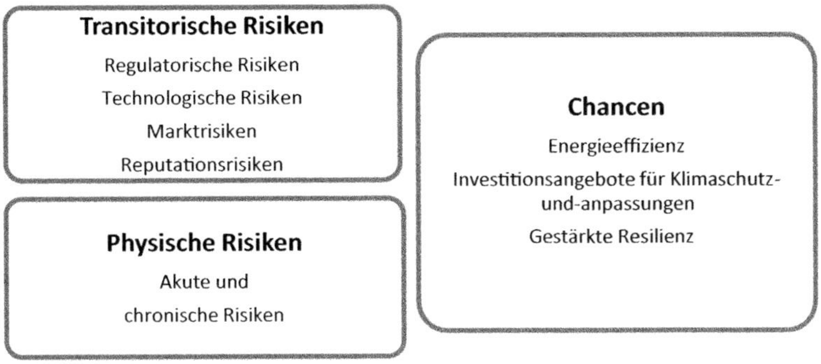


**Abb. 1** Chancen und Risiken des Klimawandels, in Anlehnung an: TCFD (2019): Status Report

Vor dem Hintergrund dieses Dreiklangs ist es sowohl aus normativer als auch aus finanzieller Sicht zwingend notwendig, die Klimawirkung der eigenen Investitionen und Finanzierungen zu kennen (Abb. 1).

## 7.2 Klimawirkungsmessung in der Praxis

Die Bestimmung der Klimawirkung ist mit verschiedenen Herausforderungen verbunden. Da ist die mangelnde Verfügbarkeit von Daten ebenso zu nennen wie die unzureichenden Verfahren und Methoden. Nicht zuletzt vor diesem Hintergrund ist die von der Partnership Carbon Accounting Financials (PCAF) entwickelte Methodik zur Ermittlung der $CO_2$-Emissionen von Finanzinstituten ein hilfreicher Orientierungsrahmen.[21]

Viele Großunternehmen berichten bereits über ihre $CO_2$-Emissionen, die von Banken wiederum für die Berechnung der finanzierten Emissionen und der resultierenden Klimawirkung herangezogen werden können. Für viele Kleinst-, klein- und mittelständische Unternehmen (KMU) hingegen liegen solche Daten oft nicht vor bzw. werden gar nicht gemessen. Für solche Fälle sieht PCAF die Verwendung von Branchendurchschnitten als Emissionsfaktoren der jeweiligen Unternehmen vor. Bei Stromproduzenten wird zum Beispiel der Durchschnitt der Branche herangezogen. Dies stellte die GLS Bank vor das nächste Problem: Da nur Produzenten erneuerbarer Energien finanziert werden, würde die Verwendung pauschaler Branchendurchschnitte zu einer deutlichen Abweichung der realen Emissionen führen. Zur Präzisierung der Werte hat die GLS Bank gemeinsam mit dem Wuppertal Institut für Klima, Umwelt und Energie speziell auf die GLS-Branchen

[21] Vgl. PCAF Global (2020) o. S.

angepasste Emissionsfaktoren berechnet, die den spezifischen sozial-ökologischen Charakteristika der GLS Bank gerecht werden.

Die spezifizierten Branchendurchschnitte werden in einem $CO_2$-Fußabdruck des Portfolios ausgedrückt. Dieser Wert (in Tonnen $CO_2$) allein reicht jedoch nicht aus, um eine Aussage über die Klimawirkung zu treffen, er muss ins Verhältnis gesetzt werden. So sagt ein $CO_2$-Fußabdruck von X Tonnen allein nichts über seine Wertigkeit aus. Auch Vergleiche mit $CO_2$-Fußabdrücken von Wettbewerbern oder eine mögliche Reduktion der Emissionen lassen keine ausreichende Bewertung zu. Selbst eine Kombination mit einer bilanziellen Kennzahl oder eine Umrechnung in eine ökonomische Emissionsintensität (zum Beispiel Emissionen pro Euro Umsatz oder Gewinn) führen nicht zu einer zielführenden Steuerungsgröße.

Mit anderen Worten: Ein $CO_2$-Fußabdruck stellt keine Aussage über die tatsächliche Auswirkung auf die Erderhitzung dar. Dabei ist insbesondere dies notwendig, um ein Verständnis darüber zu entwickeln, ob ein Unternehmen oder ein Portfolio im Einklang mit dem Paris-Abkommen steht.

## 7.3 Die X-Grad Kompatibilität

Eine angemessene Kontextualisierung der eigenen Emissionen wird durch die X-Grad-Kompatibilität (XDC) ermöglicht (Abb. 2). Die XDC des Frankfurter Start-ups right. based on science bestimmt die Klimawirkung einer wirtschaftlichen Einheit auf die globale Erderwärmung in Form einer Grad Celsius Zahl. Hat ein Unternehmen beispielsweise eine XDC von 2,7 Grad Celsius, dann bedeutet das, dass sich die Erde bis 2050 um 2,7 Grad Celsius erwärmen würde, wenn jedes Unternehmen so emissionsintensiv wirtschaften würde wie das betrachtete Unternehmen unter dem angewandten Szenario. Mehr dazu erfahren Sie von Hannah Helmke und Sonja Honigmann in deren Beitrag „Nachhaltigkeit 2.0: Von der Krisenbewältigung zur Resilienz" in diesem Buch.

In einem ersten Schritt werden die aktuellen Treibhausgasemissionen und die Bruttowertschöpfung aller Titel in einem Portfolio ermittelt. Hinzu kommen Annahmen

**Abb. 2** Die X-Grad Kompatibilität

hinsichtlich des Wirtschaftswachstums und der Bruttowertschöpfung. Damit lässt sich in einem zweiten Schritt ermitteln, wie viele Emissionen ein Unternehmen zwischen heute und 2050 insgesamt emittieren wird.

Um verschiedene Unternehmen miteinander vergleichen zu können, werden die Emissionen normiert: Wie viele Emissionen würde das Unternehmen benötigen, um eine Bruttowertschöpfung von 1 Mio. EUR zu generieren? Dieses Verhältnis von Emissionen zu Bruttowertschöpfung wird als ökonomische Emissionsintensität verstanden. Diese wird im nächsten Schritt auf alle Unternehmen weltweit übertragen, um die absolute Menge an $CO_2$-Äquivalenten ($CO_2e$) zu bestimmen, die die Atmosphäre bis 2050 erreichen würde, wenn alle Unternehmen so viele Emissionen für ihre Geschäftstätigkeit benötigen würden. Diese Menge an $CO_2e$ wird mit dem restlichen $CO_2$-Budget verglichen, das der Menschheit noch zur Verfügung steht, bevor die Erderwärmung 1,5 Grad bzw. 2 Grad erreicht. Grundlage dafür ist ein Klimamodell des Intergovernmental Panel on Climate Change (IPCC).

## 7.4 Ergebnisse

Die XDC wurde bislang für den GLS Klimafonds und das Kreditportfolio der GLS Bank unter Annahme eines konservativen Business-as-usual-Szenario berechnet. Im Ergebnis liegen beide bei einer XDC von deutlich unter 2 Grad. Damit sind der Klimafonds und das Kreditportfolio der GLS Bank mit den Zielen des Pariser Klimaabkommens kompatibel.

# 8 Ausblick

Die GLS Bank steht seit mehreren Jahrzehnten aktiv für den Klimaschutz ein. Mithilfe der XDC-Kennzahl ist es für uns nun möglich, die konkrete Klimawirkung unserer Investitions- und Finanzierungsentscheidungen zu messen und nach ihr zu steuern. Die greifbare X-Grad-Kompatibilität lässt eine einfache Einschätzung zu, ob ein Unternehmen unter Klimagesichtspunkten finanziert werden sollte.

Diese zunächst einfach klingende Entscheidung gestaltet sich in der Praxis jedoch häufig deutlich komplexer. Wie soll beispielsweise mit einem Pflegeheim umgegangen werden, das zur Erweiterung seiner Kapazitäten nach einem neuen Kredit fragt, jedoch bei einer XDC von 2,5 °C landet? Wie mit einem Krankenhaus, das möglicherweise gar bei 3 °C landet? Oder einem Anbieter von Dämmstoffen, der zu einer Erderwärmung von 4 °C beiträgt, gleichzeitig mit seinen Produkten aber die Emissionen von anderen Unternehmen und Wohnhäusern deutlich reduziert?

Für viele dieser komplexen Fragen gibt es keine einfache Antwort. Durch das ganzheitliche Nachhaltigkeitsverständnis ist die Klimawirkung allein kein exklusives Kriterium bei der Auswahl von Investitionen und Finanzierungen. Ziel kann und darf es auch nicht sein, diese Unternehmen fortan nicht mehr zu finanzieren. Aber jeder trägt die Verantwortung dazu beizutragen, die Erderwärmung auf ein verträgliches Maß zu begrenzen. Die GLS Bank sieht ihre Aufgabe daher darin, Unternehmen auf dem Weg der Dekarbonisierung zu begleiten und gemeinsam die notwendige Transformation zu gestalten. Dazu gehören Beratungs- genauso wie die passenden Finanzierungsangebote.

Daneben gibt es weitere offene Fragen: Wie kann der Aspekt der Klimagerechtigkeit in die Verteilung von $CO_2$-Budgets Einklang erhalten? Wie können weitere soziale oder ökologische Faktoren bei der Berechnung der XDC berücksichtigt werden? Braucht es eine alternative Bezugsgröße zur rein finanziellen Bruttowertschöpfung? Oder ist genau diese geeignet, um die notwendige Entkopplung von $CO_2$ und Wirtschaftsleistung in den Fokus zu rücken? Genau solche Fragen gemeinsam anzugehen, das Modell dahin gehend weiterzuentwickeln und auf diese Weise die Basis zu schaffen, um die Klimadebatte im Finanzwesen auf ein neues Niveau zu heben, sehen wir als unsere Aufgaben an. Daher haben wir uns dafür entschieden, den weiteren Entwicklungsweg der XDC durch eine strategische Partnerschaft mit right. based on science zu begleiten und unsere 2019 erstmalig erhobenen Ergebnisse sowie die Methodik stetig weiterzuentwickeln und zu verfeinern.

**Julian Mertens** ist seit 2015 in der Kommunikationsabteilung der GLS Bank für Presse- und Öffentlichkeitsarbeit sowie Content-Marketing zuständig. Zuvor war er für mehrere Medien als Nachrichten- und Wirtschaftsjournalist tätig. Nun arbeitet er daran, die schwierigen Megatrends Nachhaltigkeit und Klimaschutz stärker in die Öffentlichkeit zu bringen. Dafür bedarf es richtungsweisende Analysen ebenso wie ansprechende Geschichten. (Foto auf gls.de/presse)

**Dr. Laura Mervelskemper** ist seit 2018 in der GLS Bank in der Abteilung Wirkungstransparenz & Nachhaltigkeit tätig. Als „Überzeugungstäterin" setzt sie sich mit Herzblut für alle Themen rund um Nachhaltigkeit, gesellschaftliche Transformation und die politischen Forderungen der GLS Bank ein. Vorher hat sie sich zehn Jahre aus akademischer Perspektive mit der Verknüpfung von Nachhaltigkeit und dem Finanzwesen auseinandergesetzt und war sowohl in der Nachhaltigkeitsberatung als auch im Nachhaltigkeitsmanagement aktiv.

**Theresa Pleye** ist seit Januar 2020 bei der GLS Bank in der Abteilung Wirkungstransparenz & Nachhaltigkeit tätig. Sie beschäftigt sich schwerpunktmäßig mit Nachhaltigkeitsrisiken, Nachhaltigkeitsberichterstattung und mit dem internen Nachhaltigkeitsmanagement der GLS Bank. Nach ihrem Bachelor in Nachhaltigkeit mit Schwerpunkt in Wirtschaftswissenschaften schließt sie zurzeit ihren Master in Sustainable Accounting & Finance an.

## Literatur


Bank of England (2019) The 2021 biennial exploratory scenario on the financial risks from climate change. https://www.bankofengland.co.uk/-/media/boe/files/paper/2019/the-2021-biennial-exploratory-scenario-on-the-financial-risks-from-climate-change.pdf?la=en&hash=73D. Zugegriffen: 10. Okt. 2020

Bassler K, Wulsdorf H (2018) Ethisch-nachhaltige Geldanlage: Die Kirchen als Avantgarde ethisch motivierter Investments. https://www.aki-ekd.de/fileadmin/user/news/Ethisch_nachhaltige_Geldanlage_Bassler_Wulsdorf_final_27_11_2018_4_.pdf. Zugegriffen: 10. Okt. 2020

Bolton P, Despres, M, & Perei L A (2020) The green swan. Central banking and financial stability in the age of climate change. Bank for international settlements. https://www.bis.org/publ/othp31.pdf. Zugegriffen: 10. Okt. 2020

Bundesanstalt für Finanzdienstleistungsaufsicht (2019) Merkblatt zum Umgang mit Nachhaltigkeitsrisiken. https://www.bafin.de/SharedDocs/Downloads/DE/Merkblatt/dl_mb_Nachhaltigkeitsrisiken.html. Zugegriffen: 10. Okt. 2020

Carney, M (2015) The 2021 biennial exploratory scenario on the fincancial risks from climate change. Speech. Bank of Englang. https://www.bankofengland.co.uk/speech/2015/breaking-the-tragedy-of-the-horizon-climate-change-and-financial-stability. Zugegriffen: 10. Okt. 2020

Demirguc-Kunt, A, Klapper L, Singer D, Ansar S, Hess J (2018) Account ownership at a financial institution or with a mobile-money-service provider. The World Bank. https://data.worldbank.org/indicator/FX.OWN.TOTL.ZS. Zugegriffen: 10. Okt. 2020

Deutsche Bundesbank (2020a) Monatsbericht: Einlagen und aufgenommene Kredite der Banken (MFIs) in Deutschland von inländischen Privatpersonen, und Organisationen ohne Erwerbszweck. https://www.bundesbank.de/resource/blob/650494/ca14c30d01cf14ae57fc05ed01a878f2/mL/imb3637a-data.pdf. Zugegriffen: 10. Okt. 2020

Deutsche Bundesbank (2020b) Monatsbericht: Kredite der Banken (MFIs) in Deutschland an inländische Unternehmen und Privatpersonen, Wohnungsbaukredite, Wirtschaftsbereiche. https://www.bundesbank.de/resource/blob/650470/662fc7754662a37aee7c5610c1b60fbc/mL/i03233-data.pdf. Zugegriffen: 10. Okt. 2020

Dombret, A (2017) Klimarisiken für Finanzbranche nicht unterschätzen. Deutsche Bundesbank. https://www.bundesbank.de/de/aufgaben/themen/dombret-klimarisiken-fuer-finanzbranche-nicht-unterschaetzen-665476. Zugegriffen: 10. Okt. 2020

Facing Finance e. V. (2020) Fair finance guide. https://www.fairfinanceguide.de. Zugegriffen: 10. Okt. 2020

Forum Nachhaltige Geldanlagen e. V. (2020) Marktbericht Nachhaltige Geldanlagen 2020. https://fng-marktbericht.org/wp-content/uploads/2020/05/FNG_Marktbericht2020.pdf. Zugegriffen: 10. Okt. 2020

Global Alliance for Banking on Values. (2020) Real economy – real returns: the business case for values-based banking. http://www.gabv.org/wp-content/uploads/GABV-Real-Economy-Real-Returns-20192175.pdf. Zugegriffen: 10. Okt. 2020

GLS Bank (2017) Anlage- und Finanzierungsgrundsätze. https://www.gls.de/media/PDF/Broschueren/GLS_Bank/gls_anlage-und_finanzierungsgrundsaetze.pdf. Zugegriffen: 10. Okt. 2020

Grzanna, M (2020) Liebling der Ökoanleger. Süddeutsche Zeitung. https://www.sueddeutsche.de/wirtschaft/portraet-liebling-der-oekoanleger-1.4987593. Zugegriffen: 10. Okt. 2020

Katz, M (2020) Global Green Bond Market Set to Explode. https://www.ai-cio.com/news/global-green-bond-market-set-explode. Zugegriffen: 10. Okt. 2020

Mercator Research Institute on Global Commons and Climate Change. (2018) So schnell tickt die $CO_2$-Uhr. https://www.mcc-berlin.net/forschung/co2-budget.html. Zugegriffen: 10. Okt. 2020

Mohammed, A. (2019) Citing $2.5 Trillion annual financing gap during SDG business forum event, deputy secretary-general says poverty falling too slowly. United Nations. https://www.un.org/press/en/2019/dsgsm1340.doc.htm. Zugegriffen: 10. Okt. 2020

PCAF (2020) The global carbon accounting standard. https://carbonaccountingfinancials.com/files/downloads/PCAF-Standard-public-consultation.pdf. Zugegriffen: 10. Okt. 2020

# Nachhaltigkeit 2.0: Von der Krisenbewältigung zur Resilienz

Hannah Helmke und Sonja Honigmann

**Zusammenfassung**

Im März 2020 erlebte die Welt Land für Land wegen der Ausbreitung des Coronavirus einen nie da gewesenen Shutdown. Unabhängig von der weiteren Entwicklung der Pandemie kann nach der ersten Welle bereits festgehalten werden, dass der Verlauf der Corona-Infektionskurve von der Angemessenheit und Rechtzeitigkeit der Reaktion auf die wissenschaftliche Tatsache des Virus und seiner klinischen Merkmale abhängt – eine Abhängigkeit, die auch im Hinblick auf unseren Umgang mit dem Klimawandel und seinen weiteren Verlauf besteht. Die aktuelle Coronakrise bietet eine historische Chance, die kollektive Risikowahrnehmung zu schärfen, Erfahrungen im Risikomanagement zu sammeln und zu verstehen, dass wir die zukünftigen Risiken auf heute diskontieren müssen, um einer Marathon-Herausforderung wie dem Klimawandel und seinen Auswirkungen auf Gesellschaft, Politik, Gesundheitswesen, Wirtschaft und Finanzsystem effektiv zu begegnen. In Deutschland ist der Finanzplatz Hessen als Wirtschaftsstandort und Wiege einer wachsenden Anzahl innovationstreibender Start-ups dabei ein entscheidender Baustein.

H. Helmke (✉) · S. Honigmann
right. based on science GmbH, Frankfurt am Main, Deutschland
E-Mail: h.helmke@right-basedonscience.de

S. Honigmann
E-Mail: s.honigmann@right-basedonscience.de



A. Trischler und S. Böhling (Hrsg.), *CSR in Hessen*, Management-Reihe Corporate Social Responsibility, https://doi.org/10.1007/978-3-662-63004-4_21

## 1 Risiko – keine Zahl, sondern ein Gefühl

Der Begriff der Risikowahrnehmung begegnet uns häufig in Bezug auf Naturkatastrophen und Bedrohungen für die Umwelt oder die Gesundheit. Es handelt sich dabei um ein subjektives Urteil, denn mehrheitlich scheinen sich Menschen stärker besorgt über Probleme zu äußern, die sich unmittelbar auf ihren Alltag auswirken. So ist zum Beispiel die Besorgnis über den Einsatz von Pestiziden wie Glyphosat oft stärker wahrnehmbar als über langfristige Probleme, die künftige Generationen betreffen können, wie den Klimawandel. Wenn es darum geht, die Bedrohung durch Umweltprobleme zu bewerten, verlassen Menschen sich sehr stark auf die wissenschaftliche Gemeinschaft, da sie die Auswirkungen von Phänomenen wie dem Klimawandel normalerweise (noch) nicht direkt erleben: Die Exposition der meisten Menschen gegenüber dem Klimawandel ist unpersönlich und beschränkt sich auf virtuelle Erfahrungen durch Dokumentationen und Nachrichtenmedien aus scheinbar „abgelegenen" Gebieten der Welt. In Verbindung mit einer passiv-abwartenden Grundhaltung der Bevölkerung verstehen viele Menschen nicht, wie wichtig es ist, umweltzerstörerische Verhaltensweisen zu ändern. Selbst dann, wenn Experten detaillierte und klare Risiken aufzeigen, die durch den Klimawandel verursacht werden. Damit wird deutlich: Die Risikowahrnehmung versagt beim Thema Klimawandel. Und dieses Versagen sorgt dafür, dass Wissen und Handeln zeitlich nicht zusammenfallen.

Ein Paradebeispiel für ein verstandenes Risiko, das umgehenden Handlungsdruck erzeugt hat, ist der nie zuvor da gewesene Shutdown, den die gesamte Welt Land für Land im März 2020 wegen des Coronavirus erlebt hat: Schulen, Geschäfte, Kirchen, Fabriken und sogar Landesgrenzen wurden sukzessive geschlossen, Veranstaltungen abgesagt und elementare Rechte wie die in Artikel 2 des Grundgesetzes[1] verankerte Bewegungsfreiheit eingeschränkt. Das neue Virus, dessen Entdeckung am 8. Januar 2020 von den chinesischen Behörden offiziell verkündet worden war, wurde am 11. März von der WHO offiziell als Pandemie eingestuft, nachdem es sich auf 115 Länder ausgebreitet und bereits 4300 Menschenleben gefordert hatte.

Auch in Deutschland wurde die Alltagswelt der Menschen innerhalb weniger Wochen auf den Kopf gestellt, während das öffentliche Leben zum Stillstand kam. Ganze Wirtschaftszweige sahen sich mit einer Katastrophe konfrontiert, viele Menschen verloren ihren Arbeitsplatz und litten unter existenziellen Ängsten. Die Härte, mit der die unvorhergesehen eingetretene Krise sowohl Realwirtschaft als auch Finanzmärkte getroffen hat, muss ein neues Bewusstsein dafür schaffen, dass es nicht mehr nur um Krisenbewältigung gehen darf. Vielmehr geht es um die richtige Vorbereitung auf den Ernstfall, um ein bestmögliches Abfedern von bedrohlichen Ereignissen einer unwägbaren Realität.

[1] „Jeder hat das Recht auf Leben und körperliche Unversehrtheit. Die Freiheit der Person ist unverletzlich. In diese Rechte darf nur auf Grund eines Gesetzes eingegriffen werden." (Art. 2 GG).

Bereits an einer frühen Entwicklungsstufe der Pandemie können interessante Erkenntnisse in Bezug auf Risikomanagement und Resilienz festgehalten werden:

> **Wichtig**
> Länder, die über gesunde Strukturen verfügen, haben eine vergleichsweise geringere Sterberate, können ihre wirtschaftlichen Systeme besser aufrechterhalten und genießen eine höhere Legitimation zur Umsetzung von Steuerungsmaßnahmen in der Bevölkerung.
>
> Länder mit überlastetem und sowieso schon instabilem Gesundheitssystem mussten über längere Zeiträume deutlich strengere Beschränkungen erlassen als Länder, die in der Lage waren, bei der Vorbereitung ihres Gesundheitssystems den Expertenratschlägen zu folgen, zum Beispiel bei der Zuweisung von medizinischen Ressourcen und Intensivpflegekapazitäten.
>
> Unterschiedliche Szenarien haben also zu unterschiedlichen Ergebnissen und Reaktionen geführt, die sich entsprechend auf die Zukunft auswirken können.

Letztendlich wird der Verlauf der Corona-Infektionskurve durch die Angemessenheit und Rechtzeitigkeit der Reaktion auf die wissenschaftliche Tatsache des Virus und seiner klinischen Merkmale bestimmt. Nachdem sich nun zeigt, dass angesichts einer unmittelbar bevorstehenden Bedrohung drastische, wissenschaftsbasierte Maßnahmen auf globaler Ebene durchaus möglich sind, ist es an der Zeit, dass sich die Weltgemeinschaft in einen Lernprozess begibt: Die aktuelle Coronakrise bietet eine einzigartige Chance, die kollektive Risikowahrnehmung zu schärfen, Erfahrungen im Risikomanagement zu sammeln und zu verstehen, dass wir die zukünftigen Risiken auf heute diskontieren müssen, um einer Marathon-Herausforderung wie dem Klimawandel mit all seinen Auswirkungen auf Gesellschaft, Politik, Gesundheitswesen, Wirtschaft und Finanzsystem effektiv zu begegnen.

## 2 Coronakrise vs. Klimawandel

Die aktuelle Situation ist ein Testlauf dafür, wie mit der sich zuspitzenden Klimakrise umgegangen werden sollte. Allerdings schreitet der Klimawandel im Vergleich zur unmittelbaren Bedrohung durch Corona nur langsam voran. Er ist abstrakter und daher leichter zu ignorieren oder herunterzuspielen. In psychologischer Hinsicht erfüllt die Pandemie alle Kriterien, die das menschliche Gehirn in Alarmbereitschaft versetzen: Sie ist spektakulär, neu und plötzlich als dominantes Thema omnipräsent. Außerdem liefert sie mit dem Virus, das in den Medien nicht nur namentlich benannt, sondern in Anlehnung an seine mikrobiologische Form meist auch grafisch dargestellt wird, ein klares Feindbild. Dagegen ist der Klimawandel mit seinen graduellen Veränderungen anonymer und viel weniger greifbar. Seine krassesten Auswirkungen sind zwar schon in anderen Teilen der Welt, aber noch nicht vor der eigenen Haustür sichtbar und spürbar.

Ein klares Feindbild bedient er auch nicht, sondern verlangt stattdessen eine kritische Überprüfung von Wirtschaftsmodellen und Lebensstil. Lernen in Bezug auf den Klimawandel bedeutet also, den kollektiven Blick nach vorne zu richten und schon heute konkrete Anpassungen vorzunehmen, die sich auf den zukünftigen Verlauf der Klimakurve positiv auswirken (Comerfeld 2020). Der Cartoon in Abb. 1 verdeutlicht pointiert den Sachverhalt der Fokussierung auf die als unmittelbare Bedrohung wahrgenommene Coronakrise, während im Hintergrund das nicht angemessen verstandene Risiko des Klimawandels weiter Fahrt aufnimmt und exponentiell an Bedrohung zulegt.

Obwohl es sich um verschiedene Themen handelt, teilen der Klimawandel und die aktuelle Pandemie einige wichtige Merkmale miteinander: Beides sind globale Herausforderungen, die das Leben ausnahmslos aller Menschen betreffen. Ähnlich wie bei der exponentiellen Ansteckungsdynamik des Virus geht die Klimaforschung von Kipppunkten aus, die beim Passieren unaufhaltsame und irreversible Dominoeffekte im komplexen System unserer Biosphäre auslösen. Im Gegensatz zum Virus, das für Senioren und Menschen mit bereits bestehenden Erkrankungen besonders gefährlich ist, stellt der Klimawandel jedoch eine existenzielle Bedrohung für das andere Ende der Bevölkerungspyramide dar, das heißt für junge Menschen und zukünftige Generationen. Die Parallelen veranlassten den renommierten Klimaforscher Prof. Dr. Joachim Schellnhuber, einen „Klima-Corona-Vertrag“ vorzuschlagen, der die wechselseitige Solidarität zwischen den Generationen symbolisiert: „Man könnte es plakativ so ausdrücken: Wer achtlos das Virus weitergibt, gefährdet das Leben meiner Großeltern. Wer achtlos $CO_2$ freisetzt, gefährdet das Leben meiner Enkel.“ (Wille 2020)

**Abb. 1** „I 'll be happy when this is over …“ (Raf Schoenmaekers 2020, @statisticallycartoon)

# 3 lokale Perspektive

## 3.1 Von der EU über Deutschland nach Hessen

Die Europäische Kommission (European Commission 2020a) folgt mit dem European Green Deal einem Fahrplan, der die Klima- und Umweltherausforderungen in Chancen in allen Politikbereichen übersetzen und so eine nachhaltige Wirtschaft gestalten soll. Mit Veränderungen in den Bereichen Mobilität, Landwirtschaft, Industrie und Energie hin zu mehr Nachhaltigkeit sollen Innovation und Wachstum angekurbelt werden, die wiederum mittel- bis langfristig zu besserer Krisenprävention und Resilienz beitragen:

- Keine Nettoemissionen von Treibhausgasen bis 2050
- Wirtschaftswachstum ist von der Ressourcennutzung entkoppelt
- Keine Person und kein Ort werden dabei zurückgelassen

Um der Herausforderung des Klimawandels zu begegnen und die Ziele des EU Green Deals zu verwirklichen, ist eine bisher beispiellos enge Zusammenarbeit von Realwirtschaft, Finanzmärkten und innovativer Technologie erforderlich. Das Umweltprogramm der Vereinten Nationen sieht die Notwendigkeit einer sofortigen Dekarbonisierung vor, um das im Pariser Abkommen festgelegte Ziel von <2 Grad Celsius einzuhalten, wobei die Emissionen von 2020 bis 2030 um 7,6 % pro Jahr sinken müssen, um ein Ziel von max. 1,5 Grad Celsius zu erreichen und 2,7 % pro Jahr, um ein Ziel von 2 Grad Celsius zu erreichen (UNEP 2019). Um langfristige Resilienz statt kurzfristiger Krisenbewältigung zu schaffen, muss eine Umsetzung auch auf nationaler und lokaler Ebene erfolgen, statt Rückkehr zum „business as usual".

## 3.2 Der Finanzmarkt in Hessen

In Deutschland ist der Finanzplatz Hessen als Wirtschaftsstandort und Wiege einer wachsenden Anzahl innovationstreibender Start-ups dabei ein entscheidender Baustein. Finanzakteure, insbesondere Banken, haben begonnen, Maßnahmen zur Bewertung der Nachhaltigkeit und des klimabedingten Engagements ihrer Kapitalströme zu ergreifen. Nicht zuletzt zur Vorbereitung auf die erwarteten regulatorischen Anforderungen, zum Beispiel als Folge des EU-Aktionsplans für ein nachhaltiges Finanzwesen. Der weltweite Markt für nachhaltige Investitionen wurde 2018 mit 26,78 Billionen Euro bewertet, ein Wachstum von 34 % gegenüber 2016, mit einer durchschnittlichen jährlichen Wachstumsrate von 15,91 % und wird voraussichtlich bis 2038 rund 43,61 Billionen Euro erreichen (GSI Alliance 2018; Stevens 2019). Das Aufkommen neuer Finanzprodukte, wie zum Beispiel SDG-gebundener Kredite, ist ein weiterer Beweis für diese Verschiebung.

Zur Bündelung von Expertise und Aktivitäten im Bereich Sustainable Finance haben sich im April 2018 die *Accelerating Sustainable Finance Initiative* der Deutschen Börse und das *Green Finance Cluster Frankfurt* des Hessischen Wirtschaftsministeriums (GSFCG) zusammengeschlossen: Das GSFCG soll eine zentrale Austauschplattform für nachhaltigkeits- und klimarelevante Finanzierungsfragen bieten und dabei im Sinne eines offenen Konzepts ein Netzwerk aus Wirtschaft, Gesellschaft, Politik/Regulierungsbehörden und Wissenschaft konsultieren. Weitere Ziele sind die Förderung der unterschiedlichen Green und Sustainable-Finance-Initiativen am Finanzplatz Deutschland und in Europa sowie die Aufnahme bereits bestehender Impulse.

Die Task Force on Climate-related Financial Disclosures (TCFD) hat Empfehlungen für die freiwillige und konsistente Offenlegung klimarelevanter Informationen erstellt (TCFD 2017), die inzwischen auf globaler Ebene als Leitlinie verstanden werden, zu deren Umsetzung sich bereits zahlreiche Unternehmen verpflichtet haben. Mit den Fragen, die die praktische Implementierung der Empfehlungen noch aufwirft, befasst sich in Frankfurt der TCFD Think Tank des GSFCG mit Unterstützung *der Frankfurt School of Finance & Management,* der Beratungsunternehmen *PwC Deutschland* und *d-fine* sowie des Climate Change Start-ups *right. based on science* (GSFCG 2019).

## 3.3 Hessen aus realwirtschaftlicher Sicht

Auch Unternehmen aus der Realwirtschaft werden sich der Bedeutung dessen bewusst, ihr Geschäft auf einen Kurs zu bringen, der mit den Zielen des Pariser Abkommens kompatibel ist. Nur so schützen sie sich vor klimarelevanten Risiken und verschaffen sich gegenüber weniger reaktionsfähigen Wettbewerbern einen deutlichen Vorteil. Gleichzeitig treten viele neue Lösungsanbieter mit innovativen Dekarbonisierungsdiensten und -technologien in den Markt ein. So wird das weltweite Volumen des Leitmarktes für Energieeffizienz voraussichtlich von 837 Mrd. Euro im Jahr 2016 auf 1491 Mrd. Euro im Jahr 2025 steigen (BMU 2020).

Auf das Bundesland Hessen fokussiert, umfasst die lokale Perspektive verschiedene Aspekte: Zum einen die Präsenz der wichtigsten Wirtschaftsakteure in Frankfurt, der deutschen Finanzhauptstadt, Heimat der Deutschen Börse und vieler emissionsintensiver DAX-Unternehmen, die aktuell von den wirtschaftlichen Auswirkungen der Krise stark betroffen sind. Zum anderen erhebt die Stadt den Anspruch, ihr wachsendes Start-up-Ökosystem weiter auszubauen und innerhalb der nächsten Jahre eine führende Rolle als FinTech-Hub in Kontinentaleuropa einzunehmen. Außerdem ist Frankfurt der Entwicklungsort des Risikomanagementansatzes von *right. based on science* (kurz: right.), welcher die Dringlichkeit der Klimakrise in die Gegenwart befördert und dadurch den nötigen Handlungsdruck aufbaut, um die bereits erwähnte Angemessenheit und Rechtzeitigkeit der Reaktion auf eine wissenschaftliche Tatsache voranzutreiben, die im Umgang mit dem Klimawandel aktuell noch nicht gegeben ist.

## 4 Eine gemeinsame Sprache finden

Viele Akteure aus Real- und Finanzwirtschaft erkennen also langsam die Bedeutung des Klimawandels für ihren zukünftigen wirtschaftlichen Erfolg. Denn die damit einhergehenden Veränderungen stellen nicht nur ein erhebliches Risiko dar, sondern eröffnen auch neue Chancen für Unternehmen, die die Klimakrise strategisch mitdenken. Um Klimarisiken durchdringen und angemessen bepreisen zu können, muss Transparenz geschaffen und eine einheitliche Sprache gefunden werden. Mit Hochdruck hat die Europäische Kommission deshalb ihre Arbeiten an einer allgemein akzeptierten Taxonomie vorangetrieben, sodass Ende 2019 eine politische Einigung zur EU-Taxonomie-Verordnung erzielt werden konnte. Die Verordnung bildet den Rahmen zur Etablierung einer „grünen Liste" von ökonomischen Aktivitäten und beinhaltet auch erweiterte Offenlegungspflichten für Marktteilnehmer (EU-Kommission 2020b).

Die EU-Offenlegungspflichten (European Parliament 2014) gehen derzeit davon aus, dass eine Wechselwirkung besteht zwischen den Risiken, die sich aus dem Beitrag, den ein Unternehmen zum Klimawandel leistet (inside-out), und den Risiken, die sich für dieses Unternehmen aus dem Klimawandel ergeben (outside-in; EU-Kommission 2019). Abb. 2 veranschaulicht das komplexe Konzept der *Doppelten Materialität,* welches ein Modell wie das von right. entwickelte X-Degree Compatibility (XDC) Modell voraussetzt: Es kann den Beitrag eines Unternehmens zum Klimawandel messen und in Chancen und Risiken übersetzen. Auf nationaler Ebene ist die Bundesanstalt für Finanzdienstleistungsaufsicht (BaFin) für die Stabilität der Finanzmärkte verantwortlich und fordert von den Unternehmen, dass diese ihre „Klimarisiken angemessen steuern" (BaFin 2020). Der Notwendigkeit eines Dialogs zwischen Wirtschaft und Klimawissenschaft begegnet right. mit einem integrierten Klimamodell als einem dynamischen Tool, das Klimastrategien und andere Szenarien beachten kann, um daraus resultierende Pfade zur realen Senkung von Emissionen aufzuzeigen.

Die Dekarbonisierung wird weitgehend davon abhängen, dass Unternehmen in der Realwirtschaft ihre Emissionen drastisch senken, um ein auf Paris ausgerichtetes Geschäftsmodell zu übernehmen und gleichzeitig ihr Geschäft am Leben zu erhalten. Um diesen Übergang zu erleichtern und zu beschleunigen, ist eine gezielte Umleitung der Kapitalströme durch die Finanzindustrie dringend erforderlich. Wobei Lösungsanbieter die Eignung ihres Dekarbonisierungsprodukts oder ihrer Dienstleistung für die spezifischen Temperaturanpassungsanforderungen eines Unternehmens nachweisen müssen.

Zur Integration der verschiedenen Elemente, die auf dem Weg zu einer <2 Grad Celsius-Wirtschaft eine Rolle spielen (siehe Tab. 1), stellt das Frankfurter Climate Change-Start-up right. mit seinem #whatif Report 2019 die Frage „Was wäre, wenn die 30 größten und liquidesten Unternehmen des deutschen Aktienmarktes ihre aktuellen Klimaziele erreichen würden?"

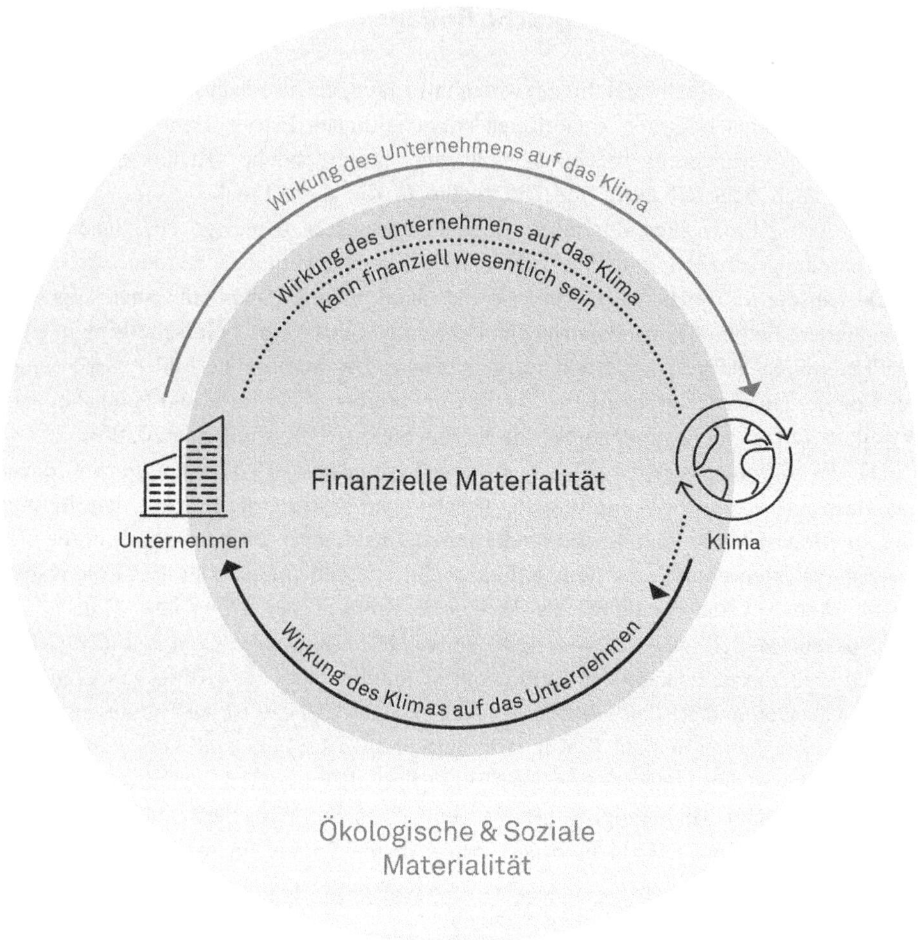


**Abb. 2** Doppelte Materialität. (Eigene Darstellung)

Um eine Antwort darauf zu finden, hat right. diese Unternehmen einer Analyse ihres aktuellen Beitrags zum Klimawandel unterzogen und daraus Szenarien abgeleitet, die Wege zu dieser Kompatibilität für die Unternehmen und ihre jeweiligen Sektoren aufzeigen. Das XDC Modell platziert einzelne Wirtschaftseinheiten auf einer Karte, die sich entlang der Achsen von Finanzwachstum und Emissionen aufspannt, zeigt den Status quo und veranschaulicht anhand von vorausschauenden Szenarioanalysen den Weg zur Entkopplung von finanziellem Wachstum und Emissionsentwicklung. Aus wenigen Prozessschritten leitet das Modell eine Zahl in Grad Celsius ab: die XDC. Weiterhin wird berechnet, welche sektorspezifische Ziel XDC das Unternehmen erreichen müsste, um Kompatibilität mit den Zielen der Pariser Klimakonferenz von 2015 (UN 2015) zu erreichen. Die Implikationen des im November 2019 veröffentlichten Berichts sind deut-

**Tab. 1** Übersicht zu Treibern und Herausforderungen für die Umsetzung von Dekarbonisierungsmaßnahmen. (Eigene Darstellung)

| Treiber | Herausforderungen |
|---|---|
| Die Unterzeichner des Pariser Klimaabkommens haben *regulatorische Änderungen* vorgenommen, um ihre bestehende Energiepolitik anzupassen und die finanzielle Offenlegung von $CO_2$-Fußabdrücken und klimarelevanten Risiken zu verbessern, wie zum Beispiel den EU-Green Deal, die EU-Taxonomie (im Rahmen des EU-Aktionsplans für ein nachhaltiges Finanzwesen) und die CSR-Richtlinie. Langfristige Ziele sind die Reduzierung der Emissionen und Maßnahmen zur Anpassung an den Klimawandel sowie zur Eindämmung des Klimawandels. | Eine Umfrage unter 1200 europäischen CFOs ergab, dass nur 10 % der befragten Unternehmen ihre Ziele mit dem Pariser Abkommen in Einklang gebracht haben, 27 % ihre eigenen Ziele festgelegt haben und 50 % keine Emissionsminderungsziele verfolgen (Coppola et al. 2019). Die *Unklarheit über Reduktionsziele* verhindert eine effektive Zielsetzung und erschwert es den Finanziers, fundierte Entscheidungen über Investitionen und Kredite zu treffen. |
| Die *Nachfrage der Anleger* verlagert sich in Richtung nachhaltiger Geschäftsmodelle oder solcher Geschäftsmodelle, die den Übergang zur Klimaneutralität ansteuern. So erklärte zum Beispiel der weltweit größte Vermögensverwalter BlackRock im Jahr 2020, dass er aus Anlagen aussteigen werde, die ein hohes Nachhaltigkeitsrisiko darstellen (Sorkin 2020). | Die breite Landschaft nicht standardisierter Tools und Metriken zur Bewertung ökonomischer Strategien zur Erreichung der Klimaziele von Paris sowie der massive Aufwand, sich einen Überblick zu verschaffen und Entscheidungen darüber zu treffen, welche Maßnahmen zu ergreifen sind, führen zu *hohen Transaktionskosten* und hemmen sowohl Unternehmen als auch Banken bei den ersten Schritten zur Ausrichtung ihrer Aktivitäten auf das Pariser Abkommen entlang der EU-Taxonomie. |
| Der *Druck der Verbraucher* auf nachhaltige Geschäftspraktiken nimmt zu:<br>73 % der weltweiten Verbraucher sind bereit, ihre Kaufgewohnheiten zu ändern, um die Umweltauswirkungen zu verringern (The Nielsen Company 2019).<br>81 % sind der Ansicht, dass die Wirtschaftsakteure eine aktive Rolle bei Umwelt- und Klimaschutz spielen sollten (The Nielsen Company 2019).<br>Generation Z und Millennials stehen dabei an vorderster Front: 95 % von ihnen sind bereit, ihre Gewohnheiten zur Bekämpfung der globalen Erwärmung zu ändern.<br>Und 84 % sind bereit, mehr Geld für nachhaltige Produkte auszugeben (Warren 2020). | In einer Analyse der Angaben von 1630 Unternehmen zu den Auswirkungen des Klimawandels konnten viele ihr Risiko für den Klimawandel nicht genau charakterisieren oder sich nicht angemessen auf seine physischen Auswirkungen vorbereiten (Hu 2018). Das *mangelnde Wissen über Klimarisiken* mindert wiederum auch die Effektivität von Risikomanagement und -bewertung durch die Banken. |

(Fortsetzung)

**Tab. 1** (Fortsetzung)

| Treiber | Herausforderungen |
|---|---|
| Die *Forderung nach Klimaschutzmaßnahmen* hat zugenommen. 4 Mio. Menschen in 161 Ländern haben im Jahr 2019 an dem weltweiten Klimastreik unter der Führung der Jugendaktivistin Greta Thunberg teilgenommen (Woodward 2019) und die Zahl der Klimaklagen steigt weiter an (Setzer und Byrnes 2019). | Trotz des stetigen Wachstums seitens Unternehmen bei der Offenlegung an sich (CDP 2019) ist die Qualität der Offenlegung relativ schlecht (The Nielsen Company 2019), was zu Unzufriedenheit bei Stakeholdern wie Kunden, Investoren und Mitarbeitern führt. Inkonsistenzen der *Offenlegungsbereitschaft von* $CO_2$*-Emissionsdaten* erhöhen auch die Wahrscheinlichkeit von Rechtsstreitigkeiten und das damit verbundene finanzielle Risiko. |

lich: Er zeigt auf, dass die Mehrzahl der größten und liquidesten Unternehmen noch nicht auf dem richtigen Weg sind, um transparente, verbindliche Ziele zu erreichen, die tatsächlich zur Einhaltung des Pariser Abkommens beitragen (right. 2019). Solange die politischen Vorgaben zur Begrenzung des Klimawandels noch weitgehend unverbindlich sind und als Empfehlungen ausgesprochen werden, müssen Erfolgsmethoden und Musterlösungen etabliert werden, die eine angemessene Risikoprognose durch die Verfolgung wissenschaftsbasierter Klimaziele ermöglichen. Eine große Bandbreite an Medien hat die Ergebnisse der Analyse aufgenommen, Akteure aus Finanz- und Realwirtschaft nehmen darauf Bezug und auch Regulatoren zeigen Interesse an ihrer Nutzung.

# 5 Transparenz und Messbarkeit bei Klimarisiken

## 5.1 Das XDC Modell

Das von right. entwickelte XDC Modell erstellt wissenschaftlich fundierte Klimametriken unter verschiedenen Szenarien. Die Ergebnisse werden in *Grad Celsius* ausgedrückt, sodass der Nutzer die Ergebnisse mit verschiedenen Ausprägungen des Klimawandels verknüpfen und die Klimaziele als eindeutigen Maßstab für die Bewertung der Auswirkungen der Klimaschutzmaßnahmen der betrachteten Wirtschaftseinheit verwenden kann. Diese Kennzahlen befähigen Unternehmen, auf die Pariser Klimaziele ausgerichtete Geschäftsstrategien zu entwickeln und Maßnahmen zu identifizieren, die die Wirtschaftstätigkeit erfolgreich von Treibhausgasemissionen entkoppeln. Schließlich finden die Ergebnisse, die mit dem XDC Modell generiert werden, in Risikomanagementprozessen und Berichten Verwendung, zum Beispiel im Rahmen der Umsetzung von TCFD-Empfehlungen. Um das XDC Modell zugänglich zu machen, hat right. eine Software entwickelt. Mit ihr kann der Benutzer klimabezogene Szenarioana-

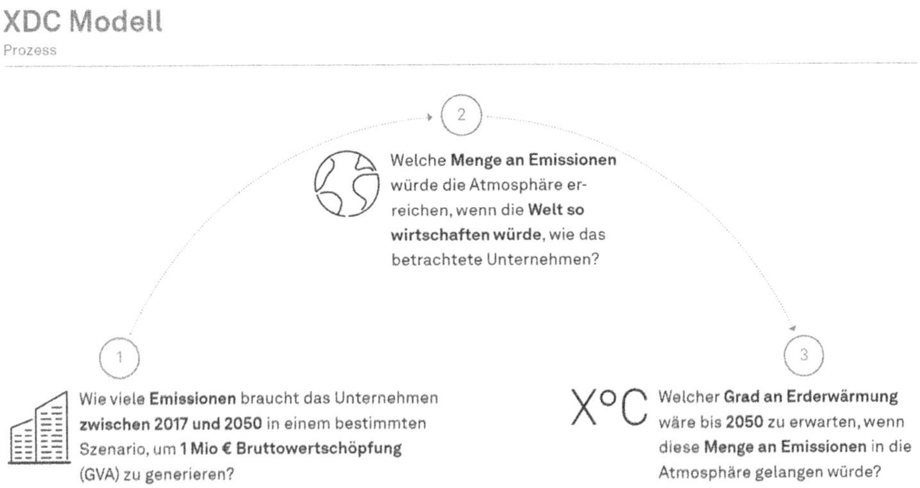


**Abb. 3** Prozess des XDC-Modells. (Eigene Darstellung)

lysen durchführen. Im XDC Scenario Explorer können einzelne Szenarien erstellt und bewertet werden, um die Wirksamkeit verschiedener Strategien zu überprüfen und/oder die Auswirkungen externer Effekte, wie zum Beispiel die Höhe der $CO_2$-Bepreisung, zu analysieren. Da das XDC Modell mit einem Klimamodell verbunden ist und mit weiteren Erdsystem- oder makroökonomischen Modellen verbunden werden kann, bietet es Benutzern ausgefeilte Optionen, um zu verstehen, wie eine wirtschaftliche Aktivität das Potenzial hat, den Klimawandel zu verschärfen oder zu lindern. Ziel ist es dabei, im Hinblick auf die Klimakurve das zu erreichen, was eingangs auch für den Verlauf der Corona-Infektionskurve als ausschlaggebend definiert wurde: Rechtzeitigkeit und Angemessenheit im Umgang mit einer wissenschaftlichen Tatsache.

Die Logik hinter dem Modell besteht aus drei Hauptschritten (siehe Abb. 3):

1. Definition der wirtschaftlichen Emissionsintensität (EEI) als die Menge der Treibhausgasemissionen pro Million Euro Bruttowertschöpfung (BWS). Zur Berechnung des EEI eines Unternehmens werden seine Emissionen, die dem Zeitraum zwischen dem Basisjahr bis 2050 entsprechen, an die BWS gebunden, die dem gleichen Zeitraum entspricht. Da sowohl direkte als auch indirekte Emissionen in die Berechnung des EEI einbezogen werden, kann es zu Doppelzählungen kommen. Um Doppelzählungen zu vermeiden, werden indirekte Emissionen nur.
2. Globale Emissionen: Der unternehmensspezifische EEI wird für den Zeitraum vom Basisjahr bis 2050 entlang des Werts für die globale BWS skaliert, was zu einer Menge von Emissionen führt, die bis 2050 in die Atmosphäre gelangen würden, wenn alle Unternehmen sich so verhalten würden wie das unter dem gewählten Szenario betrachtete.

3. Klimaleistung: Akkreditierte Erkenntnisse aus der Klimawissenschaft werden verwendet, um die Menge der globalen Erwärmung zu berechnen, die auftreten würde, wenn die in Schritt 2 berechnete Menge an Emissionen in die Atmosphäre freigesetzt würde. Um die Auswirkungen von Emissionen auf das Klima zu bestimmen, wird das Klimamodell *Finite Amplitude Impulse-Response* (FaIR; Smith et al. 2018) verwendet. Dieses Modell umfasst einen umfassenden Kohlenstoffkreislauf, wird vom IPCC verwendet und in mehreren wissenschaftlichen Veröffentlichungen erwähnt (IPCC 2018).

Das XDC Modell ist ein datengesteuertes Modell, wobei die zum Betrieb des Modells erforderlichen Variablen verwaltbar sind. Das Modell verwendet Finanzdaten (EBITDA und Personalkosten) und Emissionsdaten (Scope 1–3-Emissionen gemäß Greenhouse Gas Protocol). Alle XDC-Berechnungen sollen auf einer plausiblen Reihe von Szenarien und Annahmen für Schlüsselparameter basieren, um Unsicherheiten zu berücksichtigen. Um die Auswirkungen jedes von der Analyse abgedeckten Unternehmens auf die globale Erwärmung und den Grad der Angemessenheit kommunizierter Klimaziele zu verstehen, werden die folgenden XDCs berechnet:

Die *Baseline* XDC gibt an, um wie viel Grad Celsius sich die Erde bis 2050 erwärmen würde, wenn alle Unternehmen unter Berücksichtigung etablierter Standardannahmen hinsichtlich der Entkopplungsrate der Emissionen und der finanziellen Aktivität so emissionsintensiv arbeiten würden wie das Betrachtete. So, wie im Fall einer Pandemie verschiedene Ausgangsszenarien den jeweiligen Verlauf der Infektionskurve beeinflussen, so erfordern auch Basisannahmen über den Verlauf des Klimawandels ein Toolkit, mit dem integrierte, multidisziplinäre Analysen plausibler, sozio-ökonomischer Trends durchgeführt werden können, welche für die zukünftige Gesellschaft prägend sein könnten und dabei verschiedene Zukunftspfade abdecken. Zu den zu diesem Zweck entwickelten Shared Socioeconomic Pathways (SSPs) gehört auch der SSP2, dessen Annahmen auch die Baseline XDC unterliegt, als „Welt der gemäßigten Mitte", in der sich soziale, wirtschaftliche und technologische Trends nicht merklich von historischen Mustern abheben (Fricko et al. 2016).

Die Sektor XDC bietet einen Kontext für das Baseline XDC eines Unternehmens, indem sie die Baseline XDC des Sektors eines Unternehmens liefert. Da Unternehmen aufgrund der Verschiedenartigkeit ihrer Geschäftsmodelle sehr unterschiedliche wirtschaftliche Emissionsintensitäten aufweisen, sollte ein sektorübergreifender Vergleich vermieden werden. Daten zu BWS- und Scope-1–3-Emissionen werden für eine Mindestanzahl relevanter Unternehmen innerhalb eines NACE-Sektors (*Nomenclature statistique des activités économiques dans la Communauté européenne;* zu Deutsch: Statistische Systematik der Wirtschaftszweige in der Europäischen Gemeinschaft)[2] zusammengefasst. Eine durchschnittliche Emissionsintensität, gewichtet mit den BWS

[2] Klassifizierungssystem der Europäischen Union.

der Unternehmen, wird berechnet und zur Bestimmung der entsprechenden Sektor XDC für ein Unternehmen verwendet. In diesem Bericht basiert die Sektorklassifizierung für jedes der Unternehmen auf Informationen, die von FactSet Research Systems sowie von Urgentem bereitgestellt werden.

Unter der Annahme des individuellen Klimazielszenarios des jeweiligen Unternehmens, kann eine szenariobasierte XDC berechnet werden. Diese gibt an, um wie viel Grad Celsius sich die Erde bis 2050 erwärmen würde, wenn das betrachtete Unternehmen seine Klimaziele erreicht und alle Unternehmen genauso emissionsintensiv handeln würden.

Ausgerichtet an den Zielen des Pariser Abkommens sollten die Klimaschutzmaßnahmen, die ein Unternehmen ergreift, auch der hessischen Klimaschutzstrategie zuliefern: Der integrierte Klimaschutzplan Hessen 2025 sieht vor, die Treibhausgasemissionen gemessen am Basisjahr 1990 bis 2025 um 40 % und bis 2050 um mindestens 90 % zu reduzieren (HMUKLV 2017).

## 5.2 right.based on science

Die *right. based on science GmbH* wurde 2016 von Geschäftsführerin Hannah Helmke und Inhouse-Jurist Dr. Sebastian Müller, LL.M.[3] gegründet. Die Mission des Unternehmens besteht darin, Unternehmen, Kapitalmärkten, Aufsichtsbehörden und der Öffentlichkeit Transparenz über klimabezogene Chancen und Risiken zu bieten. Innerhalb von vier Jahren hat sich right. zu einem vielfältigen, interdisziplinären Team mit mehr als 25 Mitarbeitern aus so unterschiedlichen Bereichen wie Mathematik, Datenwissenschaft, Recht, Wirtschaft und Psychologie entwickelt. Die Kombination aus Innovationsgeist und technologiegetriebenem Ansatz zur Bekämpfung des Klimawandels wurden im November 2019 mit dem 5. Next Economy Award in der Kategorie „Change" ausgezeichnet.

Mit seiner Geschäftstätigkeit leistet right. nicht nur einen wesentlichen Beitrag zum Ziel des EU Green Deals, die Industrie auf eine saubere und/oder Kreislaufwirtschaft umzustellen, sondern liefert auch dem nachhaltigen Entwicklungsziel SDG 13 der Vereinten Nationen zu (UN 2020; Abb. 4):

- „Umgehend Maßnahmen zur Bekämpfung des Klimawandels und seiner Auswirkungen ergreifen."

Die Begrenzung der globalen Erwärmung auf deutlich unter 2 Grad Celsius würde schnelle, weitreichende und beispiellose Veränderungen in allen Bereichen der Gesellschaft erfordern. Durch Produkte, die auf Transparenz, Zusammenarbeit und

[3] Legum Magister bzw. Master of Laws" (LL. M.)

**Abb. 4** SDG 13. (©2019 ENGAGEMENT GLOBAL)

wissenschaftlicher Genauigkeit basieren, trägt right. insofern zum SDG 13 bei, als dass sie die Dekarbonisierung der Realwirtschaft beschleunigen. Den Referenzrahmen bilden dabei die Anforderungen, welche die Klimawissenschaft an den Übergang in eine <2 Grad Celsius-Welt richtet. Für Unternehmen aus der Realwirtschaft bietet right. derzeit zwei Arten der Zusammenarbeit an:

- right. erstellt Analysen für seine Kunden und fasst diese in einem Climate Impact Report zusammen, welche die Temperaturausrichtung eines Unternehmens oder eines Portfolios in Grad Celsius überprüft und die Ergebnisse mit Benchmarks wie der Vergleichsgruppe eines Unternehmens und seinen Anforderungen zur Erreichung des Pariser Klimaziels vergleicht. Für einen solchen Bericht berechnet right. eine Pauschalzahlung.
- right. bietet Unternehmen und Finanzinstituten auch einen Zugriff auf die XDC Scenario Explorer Software. Der Zugriff steht Kunden derzeit gegen eine monatliche/jährliche Lizenzgebühr und in Zukunft als SaaS-Lösung[4] zur Verfügung.

Über das Projekt right. open ist das XDC Modell für akademische Akteure wie Professoren, Doktoranden, Master- oder Bachelor-Studenten frei zugänglich. Sie können es als Methodik für ihre klimabezogenen akademischen Aktivitäten verwenden. Der Basiscode des XDC Modells soll bis 2021 als Open-Source-Projekt verfügbar sein.

[4] Software-as-a-Service (cloudbasierte Anwendung).

Open-Source-Projekte, insbesondere Community-basierte Projekte, sind ein bewährter Weg, komplexen Sachverhalten in ihrer Vielschichtigkeit bei der Entwicklung von Methoden, die versuchen, genau diese zu greifen, gerecht zu werden. Der Einfluss einer wirtschaftlichen Einheit auf den Klimawandel ist nicht nur komplex, sondern auch Baustein für zahlreiche mögliche Applikationen zur Handhabe klimabezogener Chancen und Risiken unterschiedlichster Akteure. Die Nutzbarkeit solcher Applikationen erhöht sich mit transparenten und standardisierten Komponenten, auf welche sie sich stützen. Community-basierte Open-Source-Projekte sind nur möglich, wenn das, was entwickelt werden soll, die Teilnehmer an dem Projekt begeistert. Auch hier ist das Angebot an einem Standard mitzuarbeiten, welcher den Einfluss einer wirtschaftlichen Einheit auf den Klimawandel definiert und der für individuelle Applikationen genutzt werden darf, ein vielversprechender Ausgangspunkt für eine erfolgreiche Entwicklung des XDC Modells.

## 5.3 Anwendungen des XDC Modells

Durch die Präsenz in Frankfurt konnte right. schon sehr früh seiner nutzerorientierten Entwicklung des XDC Modells nachgehen. Die Nähe zum Finanzmarkt spielt dabei eine entscheidende Rolle. Sie ermöglicht dem multidisziplinären Team von right. eng entlang der eigentlichen Anforderungen des Finanzmarktes Produkte für diesen zu entwickeln, die auf dem XDC Modell aufbauen. Transparenz für die Compliance mit den regulatorischen Anforderungen sowie die notwendige, im XDC Modell angelegte Möglichkeit, Unsicherheiten zu quantifizieren, haben sich als Kernanforderungen herausgestellt, welche die Modell- und Softwareentwicklung bei right. maßgeblich bestimmt haben.

Mit dem innovativen Indexanbieter Solactive AG wurde der Sprung in die Anwendung des Modells in Form einer XDC Aktienindexfamilie erfolgreich gemeistert (Solactive 2020). Der hessische, in Bezug auf Nachhaltigkeit mehrfach ausgezeichnete, Vermögensverwalter ESG Portfoliomanagement gehörte zu den ersten hessischen Finanzakteuren, die mit einer Anwendung des XDC Modells auf Portfolioebene den Klimaaspekt der Portfoliosteuerung verschärften.

An der Schnittstelle zur Realwirtschaft profitiert right. stark von der vielfältigen Unternehmenslandschaft in Hessen: Von zahlreichen KMU über den Industriepark Höchst bis hin zu einigen der größten und liquidesten Unternehmen Deutschlands. In enger Zusammenarbeit mit dieser Vielfalt an Akteuren im Projekt Bioökonomie im Ballungsraum („BioBall") wird zum Beispiel intensiv am Transfer des Modells von Theorie in Praxis gearbeitet. Im Zentrum steht die Bewertung von Innovationsideen im Sinne des Pariser Klimaziels, welches auch hinter Hessens Klimaschutzplan steht und diesen mit der nationalen Klimastrategie verbindet. Der in Hessen ansässige Konzern Continental AG ging in 2019 mit right. eine strategische Partnerschaft ein zum Ausbau der Software von right. auf weitere, für Konzerne relevanten Funktionalitäten.

Weitere Anwendungsfälle und Funktionalitäten des XDC Modells und dazugehöriger Software werden auch mit führenden Akteuren außerhalb von Hessen entwickelt, getestet und ausgerollt. So zählt right. auch Deutschlands größte Nachhaltigkeitsbank, die GLS Bank, und den Vermögensverwalter Salm-Salm & Partner zu seinen strategischen Partnern.

## 6 Fazit: Vom Wissen zum Handeln

Zur Bewältigung der Corona-Auswirkungen hat die Bundesregierung ein Konjunktur-, Krisenbewältigungs- und Zukunftspaket entwickelt. Im Anschluss an das unmittelbare Krisenmanagement muss sie sich dabei prinzipiell im Sinne einer widerstandsfähigen und integrativen Gesellschaft am Aufbau einer stärkeren Wirtschaft orientieren, die langfristig Gesundheit und Wohlbefinden der Bürger gewährleistet, Arbeitsplätze schafft und den Klimawandel effektiv bekämpft. Um diesen Paradigmenwechsel zu ermöglichen, ist eine Entkopplung von Wirtschaftswachstum und $CO_2$-Emissionen nötig: Neben den SDGs 8 (Menschenwürdige Arbeit und Wirtschaftswachstum) und 9 (Industrie, Innovation & Infrastruktur) muss also SDG 13, die umgehende Ergreifung von Maßnahmen zur Bekämpfung des Klimawandels und seiner Auswirkungen, zu einem mit besonderer Konsequenz verfolgten Nachhaltigkeitsziel avancieren (UN 2020).

Die Wissenschaft ist sich darüber einig, dass der Klimawandel eine Bedrohung für das Leben, die Gesundheit und die Wirtschaft der Menschen darstellt. Die Entscheidungen, die die Regierung jetzt trifft, werden in den kommenden Jahren die strategische Ausrichtung von Unternehmen und Volkswirtschaft entscheidend mitbestimmen. Durch die Kombination von Maßnahmen zur wirtschaftlichen Erholung mit wissenschaftsbasierten Klimaschutzmaßnahmen in diesem kritischen Moment wird sichergestellt, dass sich die Volkswirtschaften stärker als zuvor erholen und gleichzeitig ihre Emissionen senken können – eine Notwendigkeit, von der die Finanzmetropole Hessen mit seinen DAX-30-Unternehmen und dem Start-up-Ökosystem besonders betroffen ist.

> Die Software des Frankfurter Climate Change Start-ups right. based on science befähigt Sie dazu, den Beitrag eines Unternehmens oder eines Portfolios zum Klimawandel zu berechnen (Temperature Alignment). Ergebnisse werden greifbar in einer Grad Celsius-Zahl ausgedrückt.[5]

Der gegensätzliche Umgang mit dem schwer greifbaren Klimawandel im Vergleich zur als unmittelbare Bedrohung wahrgenommenen Corona-Pandemie verweist darauf, dass die Botschaft der Wissenschaft, ohne dabei an Sachlichkeit einzubüßen, in einen

[5] https://www.right-basedonscience.de/

emotionalen Trigger übersetzt werden muss, wenn Wissen zu einem zeitnahen und angemessenen Handeln führen soll: Der Ausdruck von Klimaauswirkungen durch $CO_2$-Emissionen in leicht verständliche Grad Celsius ist das fehlende Bindeglied, das genau diese Leistung erbringen kann.

**Hannah Helmke** ist Geschäftsführerin von right. based on science, einem Frankfurter Modellentwickler für Climate-Impact-Berechnungen. Zusammen mit Dr. Sebastian Müller gründete sie im August 2016 das junge Unternehmen mit dem Ziel, Transparenz zu wirtschaftlichen Risiken und Chancen einhergehend mit dem Klimawandel zu generieren. Hannah Helmke hat Psychologie und International Business studiert. Vor der Gründung von right. arbeitete sie unter anderem bei der Deutschen Post DHL und dem IT-Servicedienstleister BridgingIT GmbH an Nachhaltigkeitsstrategien.

**Sonja Honigmann** ist im Team Corporates bei right. based on science tätig. Ihre Arbeit konzentriert sich darauf, Unternehmen aus der Realwirtschaft die Entwicklung effektiver Klimaschutzstrategien zu ermöglichen. Berufsbegleitend absolviert sie den Masterstudiengang zum MBA Sustainability Management an der Leuphana Universität Lüneburg.

## Literatur


BaFin (Bundesanstalt für Finanzdienstleistungsaufsicht) (2020) Aktuelle Herausforderungen für die Aufsicht und Finanzbranche. https://www.bafin.de/SharedDocs/Veroeffentlichungen/DE/Reden/re_191205_Zinsforum_P.html. Zugegriffen: 25. Juni 2020

BMU (Bundesministerium für Umwelt, Naturschutz und nukleare Sicherheit) (2020) Zahlen und Fakten – Leitmarkt Energieeffizienz. https://www.bmu.de/publikation/klimaschutz-in-zahlen-2020. Zugegriffen: 25. April 2020

Comerfeld D (2020) Here's Why We've Responded to Coronavirus So Wildly Differently to Climate Change. ScienceAlert. https://www.sciencealert.com/the-coronavirus-response-shows-we-can-tackle-the-climate-crisis. Zugegriffen: 8. Juni 2020

CDP (Carbon Disclosure Project) (2019) Companies scores. https://www.cdp.net/en/companies/companies-scores. Zugegriffen: 29. Juni 2020

Coppola M, Krick T, Blohmke, J (2019) Feeling the heat?. Deloitte. https://www2.deloitte.com/us/en/insights/topics/strategy/impact-and-opportunities-of-climate-change-on-business.html#endnote-sup-14. Zugegriffen: 29. Juni 2020

European Commission (2019) Guidelines on non-financial reporting: supplement on reporting climate-related information. https://eur-lex.europa.eu/legal-content/DE/TXT/HTML/?uri=CELEX:52019XC0620(01)&qid=1636307053362&from=EN). Zugegriffen: 07. Nov. 2021

European Commission (2020a) A European Green Deal. https://ec.europa.eu/info/strategy/priorities-2019-2024/european-green-deal_en. Zugegriffen: 15. Juni 2020

European Commission (2020b) EU taxonomy for sustainable activities. https://ec.europa.eu/info/business-economy-euro/banking-and-finance/sustainable-finance/eu-taxonomy-sustainable-activities_en. Zugegriffen: 07. Nov. 2021

European Parliament (2014) DIRECTIVE 2014/95/EU. https://eur-lex.europa.eu/legal-content/EN/TXT/PDF/?uri=CELEX:32014L0095. Zugegriffen: 07. Nov. 2021

Fricko O, Havlik P, Rogelj J, Klimont Z, Gusti M, Johnson N, Kolp P, Strubegger M, Valin H, Amann M, Ermolieva T, Forsell N, Herrero M, Heyes C, Kindermann G, Krey V, McCollum D L, Obersteiner M, Pachauri S, Rao S, Schmid E, Schoepp W, Riahi K (2016) The marker quantification of the shared socioeconomic pathway 2: a middle-of-the-road scenario for the 21st century. Glob Environ Change 42:251-267, ISSN 0959-3780. www.sciencedirect.com/science/article/pii/S0959378016300784. Zugegriffen: 30. Juni 2020

GSI (Global Sustainable Investment Alliance) (2018) Global sustainable investment review 2018. http://www.gsi-alliance.org/wp-content/uploads/2019/06/GSIR_Review2018F.pdf. Zugegriffen: 30. Juni 2020

GSFCG (Green and Sustainable Finance Cluster Germany) (2019) TCFD Think Tank. Anwender Guidance zu den TCFD Empfehlungen. https://gsfc-germany.com/wp-content/uploads/2019/08/190820_TCFD_Handreichungen_DE-1.pdf. Zugegriffen: 30. Juni 2020

HMUKLV (Hessisches Ministerium für Umwelt, Klimaschutz, Landwirtschaft und Verbraucherschutz) (2017) Regierungserklärung zum Integrierten Klimaschutzplan Hessen 2025. https://umwelt.hessen.de/sites/umwelt.hessen.de/files/2021-06/integrierter_klimaschutzplan.pdf. Zugegriffen: 18. April 2020

Hu J C (2018) Companies are seriously underestimating how climate change will affect their business. Quartz. https://qz.com/1490034/companies-corporate-disclosures-underestimate-climate-change/. Zugegriffen: 29. Juni 2020

IPCC (Intergovernmental Panel on Climate Change ) (2018) Mattauch et al (2018) Steering the climate system: an extended comment. centre for climate change economics and policy working paper no. 347. Zugegriffen: 29. Juni 2020

Nelson M (2019) How climate change disclosures reveal business risks and opportunities. Ernst & Young. https://www.ey.com/en_us/assurance/climate-change-disclosures-revealing-risks-opportunities. Zugegriffen: 29. Juni 2020

right. based on science GmbH (2019) What if the 30 German stock market's largest and most liquid companies would reach their current climate targets? Zugegriffen: 29. Juni 2020

Setzer J, Byrnes R (2019) Global trends in climate change litigation. Grantham Research institute on climate change and the environment and centre for climate change economics and policy, LSE and political science. http://www.lse.ac.uk/granthaminstitute/wp-content/uploads/2019/07/GRI_Global-trends-in-climate-change-litigation-2019-snapshot-2.pdf. Zugegriffen: 29. Juni 2020

Smith CJ, Forster PM, Allen M, Leach N, Millar RJ, Passerello GA, Regayre LA (2018) FAIR v1.3: a simple emissions-based impulse response and carbon cycle model, Geosci Model Dev https://eprints.whiterose.ac.uk/131031/8/gmd-11-2273-2018.pdf. Zugegriffen: 11. Juni 2020

Solactive AG (2020) Solactive releases ‚Solactive right. 2 degree-aligned Europe Index' based on right. based on science's XDC economic climate impact model. https://www.solactive.com/solactive-releases-solactive-right-2-degree-aligned-europe-index-based-on-right-based-on-sciences-xdc-economic-climate-impact-model/. Zugegriffen: 29. Juni 2020
Sorkin AR (2020) BlackRock C.E.O. Larry Fink: climate crisis will reshape finance. New York Times. https://www.nytimes.com/2020/01/14/business/dealbook/larry-fink-blackrock-climate-change.html. Zugegriffen: 13. Juni 2020
Stevens P (2019) Your complete guide to investing with a conscience. CNBC. https://www.cnbc.com/2019/12/14/your-complete-guide-to-socially-responsible-investing.html. Zugegriffen: 30. Juni 2020
TCFD (Task Force on Climate-related Financial Disclosures) (2017) Final report. https://www.fsb.org/wp-content/uploads/P290617-5.pdf. Zugegriffen: 25. Mai 2020
The Nielsen Company (2018) Global consumers seek companies that care about environmental issues. https://www.nielsen.com/eu/en/insights/article/2018/global-consumers-seek-companies-that-care-about-environmental-issues/. Zugegriffen: 22. Juni 2020
The Nielsen Company (2019) A „natural" rise in sustainability around the world. https://www.nielsen.com/eu/en/insights/article/2019/a-natural-rise-in-sustainability-around-the-world/. Zugegriffen: 22. Juni 2020
UN (United Nations) (2015) Adoption of the Paris agreement. http://unfccc.int/resource/docs/2015/cop21/eng/l09r01.pdf. Zugegriffen: 26. Juni 2020
UN (United Nations) (2020) Sustainable development goals. https://www.un.org/sustainable development/sustainable-development-goals/. Zugegriffen: 29. Juni 2020
UNEP (United Nations Environment Programme) (2019) Emissions gap report 2019. https://www.unenvironment.org/resources/emissions-gap-report-2019. Zugegriffen: 01. Juni 2020
Warren L (2020) Responsible fashion becomes more popular as Gen Z speaks out. Sourcing Journal. https://sourcingjournal.com/denim/denim-influencers/wgsn-gen-z-project-new-york-greta-thunberg-climate-change-191883/. Zugegriffen: 8. Juni 2020
Wille J (2020) Wir brauchen einen Klima-Corona-Vertrag. Klimareporter. https://www.klimareporter.de/gesellschaft/wir-brauchen-einen-klima-corona-vertrag. Zugegriffen: 16. April 2020
Woodward A (2019) Greta Thunberg turns 17 today. Business Insider. https://www.businessinsider.com.au/greta-thunberg-bio-climate-change-activist-2019-9. Zugegriffen: 8. Juni 2020

# Impulse aus der Unternehmenspraxis

# Nachhaltigkeit bei B. Braun: Gelebte Verantwortung eines Familienkonzerns

Anne Katrin Wehrmann-Scherle und Marc Diegelmann

B. Braun steht für Innovation, Effizienz und Nachhaltigkeit. Diese Werte machen uns zu dem, was wir sind – ein in die Zukunft gerichtetes, verlässliches und verantwortungsbewusstes Unternehmen. Unser Selbstverständnis umfasst den langfristigen wirtschaftlichen Erfolg ebenso wie die Übernahme ökologischer und sozialer Verantwortung. Und dies immer mit dem Ziel im Blick: die Gesundheit der Menschen weltweit zu schützen und zu verbessern.
Im Zuge seiner Unternehmensstrategie 2023 hat sich B. Braun zum Ziel gesetzt, seinen Nachhaltigkeitsansatz in der nächsten Dekade kontinuierlich fortzuschreiben und informiert zur aktuellen Entwicklung seines strategischen Nachhaltigkeitsmanagements unter www.bbraun.de/nachhaltigkeit.
Im Zuge seiner Unternehmensstrategie 2023 hat sich B. Braun zum Ziel gesetzt, seinen Nachhaltigkeitsansatz in der nächsten Dekade kontinuierlich fortzuschreiben und informiert zur aktuellen Entwicklung seines strategischen Nachhaltigkeitsmanagements unter www.bbraun.de/nachhaltigkeit

**Zusammenfassung**

B. Braun zählt mit 64.000 Mitarbeiter*innen in 64 Ländern zu den weltweiten führenden Anbietern für den Gesundheitsmarkt. Seit über 180 Jahren ist Nachhaltigkeit

A. K. Wehrmann-Scherle (✉) · M. Diegelmann
B. Braun SE, Melsungen, Deutschland
E-Mail: Anne_Katrin.Wehrmann-Scherle@bbraun.com
URL: https://www.bbraun.de/nachhaltigkeit

M. Diegelmann
E-Mail: Marc.Diegelmann@bbraun.com



A. Trischler und S. Böhling (Hrsg.), *CSR in Hessen*, Management-Reihe Corporate Social Responsibility, https://doi.org/10.1007/978-3-662-63004-4_22

ein Unternehmenswert des Familienkonzerns und Grundlage für sein Tun. B. Braun steht für nachhaltige Entwicklung, für stetig wachsende Wirtschaftskraft, für seine Mitarbeiter*innen und für die Regionen, in denen es tätig ist. Dies umfasst langfristigen wirtschaftlichen Erfolg ebenso wie die Übernahme ökologischer und sozialer Verantwortung. Ein besonderes Augenmerk legt B. Braun darauf, Nachhaltigkeit auf vielfältige Weise mit Leben zu füllen. Dabei hält das Unternehmen sein Ziel im Blick: die Gesundheit von Menschen auf der ganzen Welt zu schützen und zu verbessern.

## 1 Wissen teilen

B. Braun ist eines der weltweit führenden Unternehmen in der Herstellung von Medizintechnikprodukten sowie Anbieter medizinischer Dienstleistungen mit Hauptsitz in Melsungen, Deutschland. Unser Portfolio umfasst insgesamt 5000 Produkte, die wir zu 95 % in eigener Fertigung herstellen. Der Nutzen für unsere Kundinnen und Kunden entsteht dabei durch das Zusammenwirken und Kombinieren mehrerer B. Braun-Produkte und -Dienstleistungen. Im konstruktiven Austausch mit Ärztinnen und Ärzten und Pflegekräften entwickeln wir auf diese Weise hochwertige Systemlösungen für Kliniken und den ambulanten Bereich wie Arztpraxen, Apotheken, Pflege- und Rettungsdienste sowie für die häusliche Pflege. Damit setzen wir immer wieder neue und richtungsweisende Standards für den Gesundheitsmarkt. Unser Angebot bündeln wir in 16 Therapiefelder und Indikationsgebiete. Zu unserer Produktpalette zählen unter anderem Produkte für die Infusions-, Ernährungs- und Schmerztherapie, Infusionspumpen und -systeme, chirurgische Instrumente, Nahtmaterial sowie Hüft- und Knie-Endoprothesen, Geräte und Zubehör für die Dialyse ebenso wie Angebote für Stomatherapie und Wundversorgung. Mit unseren Dienstleistungen und Beratungsangeboten unterstützen wir dabei, Prozesse in Kliniken, Dialysezentren und Arztpraxen zu optimieren und machen so Abläufe sicherer und Behandlungen effizienter. Zudem hilft B. Braun Patientinnen und Patienten und ihren Familienangehörigen, sich auf die Pflege zu Hause vorzubereiten.

Die über 64.000 B. Braun-Mitarbeiter*innen in 64 Ländern identifizieren sich mit der B. Braun Philosophie „Sharing Expertise“. Sie suchen den konstruktiven Dialog mit Kundschaft, Kolleginnen und Kollegen sowie mit Lieferanten, Partnerinnen und Partnern und der Öffentlichkeit, um neues Wissen zu generieren. Um die gewonnenen Erkenntnisse in hilfreiche Produkte und Dienstleistungen zu überführen, arbeiten sie eng mit den Nutzern unserer Therapiesysteme zusammen. So entstehen neue Entwicklungen, die sich an der Sicherheit der Anwender, an der Gesundheit der Patienten und an der Effizienz für das Gesundheitssystem ausrichten.

## 2 Verantwortung leben

Seit über 180 Jahren ist Nachhaltigkeit die Grundlage für das Handeln von B. Braun: Wir sind überzeugt, dass nur ein nachhaltig handelndes Unternehmen, das Verantwortung für gegenwärtige und folgende Generationen übernimmt, auch in Zukunft wachsen kann.

Dabei sind wir stets unserer Vision verpflichtet, die Gesundheit von Menschen auf der ganzen Welt zu schützen und zu verbessern.

Für B. Braun als Familienunternehmen in sechster Generation sind unternehmerische Unabhängigkeit und wirtschaftlicher Erfolg untrennbar mit Nachhaltigkeit verknüpft. Wir wollen unsere Finanzkraft langfristig stärken und dabei stets verantwortungsvoll handeln. Die ökonomische Dimension bildet zusammen mit der ökologischen und der sozialen Dimension unseren ganzheitlichen Nachhaltigkeitsansatz und damit die Grundlage für ein zukunftsorientiertes Handeln, das die Interessen gegenwärtiger und kommender Generationen schützt.

Nachhaltigkeit bildet neben Innovation und Effizienz einen der zentralen Werte des Unternehmens. So setzen wir uns gemeinsam mit medizinischem Fachpersonal, Ärztinnen und Ärzten, Patientinnen und Patienten, Klinikmanagerinnen und -managern und Gesundheitsbehörden mit Themen und Herausforderungen auf dem Gesundheitsmarkt auseinander, um sowohl Behandlungsqualität und Patientensicherheit zu erhöhen als auch den wirtschaftlichen Betrieb zu optimieren. Dafür entwickeln wir innovative Lösungen und richtungsgebende Standards, die den wachsenden Anforderungen des Gesundheitsmarktes gerecht werden, und verbessern effizient interne und externe Prozesse. Auch die Mitarbeiter*innen von B. Braun leben dieses Versprechen in ihrem täglichen Handeln, indem sie neue Formen der Kommunikation und Zusammenarbeit aktiv suchen und durch das gemeinsame Miteinander die bestmöglichen Lösungen finden. B. Braun versteht sich als „Bürger der Gesellschaft" und verbindet damit das unternehmerische Selbstverständnis, aktiv zu sein und sich für ökonomische, ökologische und soziale Belange einzusetzen.

Unsere Unternehmenskultur ist geprägt von Verantwortung, Vielfalt und Vertrauen. Es ist Aufgabe und Teil des Selbstverständnisses aller Mitarbeiter*innen, die Werte und das Leitbild von B. Braun zu leben und zu vermitteln, Leitlinien in konkretes Handeln zu übertragen und somit die Konzernstrategie umzusetzen. Dabei setzen wir auch auf agile Formen der Arbeitsorganisation und Zusammenarbeit.

Wir wollen sicherstellen, dass unsere Mitarbeiter*innen nach einheitlichen Maßstäben handeln. Im Zentrum unserer ethischen Unternehmensführung stehen daher Rechtskonformität, Integrität und Fairness. Die B. Braun-Gesellschaften tragen dafür Sorge, dass unsere Grundsätze zur Selbstverpflichtung rechtswirksam nach den für sie geltenden Regelungen beschlossen und umgesetzt werden.

## 3 Strategisch handeln

Unser Wachstum erreichen wir durch Innovationen. Dabei bezieht sich Innovation nicht nur auf die Entwicklung neuer und die stetige Verbesserung bestehender Produkte, sondern auch auf innovative Herstellungsverfahren und Serviceangebote für unsere Kundschaft. Parallel erweitern wir unsere Standorte und erhöhen unsere Produktionskapazitäten. Wir verbessern bestehende Fabriken, konzipieren Neubauten nach zukunftsorientierten Standards und investieren in neueste Produkte und Verfahren. Der Anspruch unserer Investitions- und Entwicklungsanstrengungen: auch zukünftig eines der führenden Unternehmen in der Gesundheitsversorgung zu sein und den medizinischen Fortschritt zu gestalten.

Wir setzen Digitalisierung ein, um unsere Produkte weiterzuentwickeln und den Nutzen der Anwendenden zu steigern. Darüber hinaus treiben wir die Integration neuer Technologien weiter voran. Oft kommt eine Innovation in der Medizintechnik durch eine enge Zusammenarbeit mit einem Partner zustande. Das zeigt auch unser B. Braun Accelerator-Programm, das wir aufgesetzt haben, um gemeinsam mit Start-ups jeweils frühzeitig die besten Ideen auf Kundennachfrage und technische Machbarkeit hin zu prüfen und so einsatzfähige Lösungen zu entwickeln.

Bei allem ist Nachhaltigkeit ein wesentlicher Bestandteil unserer Unternehmensstrategie. Regelmäßige Wesentlichkeitsanalysen helfen uns dabei zu ermitteln, auf welche Aspekte der Nachhaltigkeit wir unsere Aktivitäten und Projekte fokussieren. Auf Grundlage der Auswertungen identifizieren und priorisieren wir die für uns und unsere Stakeholder relevanten Themen und passen sie bei Bedarf an. So beurteilen auch Kundinnen und Kunden, Geschäftspartnerinnen und -partner, Vertretende aus Wissenschaft, Politik, dem Kapitalmarkt und aus relevanten Nichtregierungsorganisationen sowie Mitarbeiter*innen und potenzielle Bewerber*innen die Relevanz von Nachhaltigkeitsthemen unseres Unternehmens. Die jüngsten Auswertungen bestätigen die Wichtigkeit von Produkt- und Kundenverantwortung, Verantwortung für die Umwelt sowie für die Mitarbeitenden und ihre Regionen, in denen sie tätig sind. Die Ergebnisse dieser Analyse bilden die Basis für die Auswahl der Themen in unseren regelmäßig erscheinenden globalen Nachhaltigkeitsberichten. Darüber hinaus erkennt B. Braun die Rolle der Unternehmen für die Gesellschaft an, die durch die Vereinten Nationen eingefordert wird. Wir orientieren uns an den Sustainable Development Goals der Vereinten Nationen, die 2016 in Kraft traten.

## 4 Gesundheit schützen

B. Braun schützt und verbessert die Gesundheit mit Produkten und Dienstleistungen, die sicher und qualitativ hochwertig sind. Unsere Kundengruppen erwarten von uns medizinische Lösungen mit maximalem Nutzen. Daher sehen wir es als unsere Verantwortung, Therapiesysteme zu entwickeln, die Prozesse optimieren, Fortschritt bringen, Sicherheit erhöhen und Partnerschaften für eine bessere Patientenversorgung vertiefen.

## 4.1 Höchste Qualitätsstandards

Um den Nutzen sicherzustellen, haben wir ein umfangreiches und vernetztes Qualitätsmanagementsystem etabliert und dieses von akkreditierten benannten Stellen zertifizieren lassen. Es besteht aus einem mehrstufigen Prozess, der die internationalen Anforderungen, Regularien und Gesetze abdeckt und die gültigen Standards für Material-, Produkt- und Risikomanagement einbindet. Zudem sind die weiteren Anforderungen für Umweltschutz und Arbeitssicherheit zu einem integrierten Managementsystem zusammengefasst. Neue oder geänderte globale Standards setzen wir in bereichsübergreifenden Projekten um und integrieren sie in das System.

Potenzielle Risiken von Medizinprodukten oder auch medizinischen Dienstleistungen ermitteln wir frühzeitig entlang des Produktlebenszyklus hinweg – von der ersten Idee bis zur Nutzung durch Menschen zu Hause oder im Klinikalltag. Unser Ziel: durch ein umfassendes Risikomanagement die größtmögliche Sicherheit zu gewährleisten. Dafür stehen wir im kontinuierlichen Dialog mit medizinischen Fachkräften, Apothekerinnen und Apotheker sowie Patientinnen und Patienten. Wir bewerten die ermittelten Risiken, entwickeln Präventionsstrategien und verbessern so die Sicherheit im Gesundheitsbereich. Dabei hat Sicherheit für uns verschiedene Facetten:

Als Bestandteil unserer Kunden- und Produktverantwortung verbessern wir stetig das Design unserer Produkte und Verpackungen: Gut sichtbare Farbcodes harmonisieren und symbolisieren die Größe des Produkts oder zeigen an, aus welchem Material es gefertigt ist. Spezielle Label mit klaren, differenzierenden Farben und Formen erleichtern die Dosierung von Arzneimitteln und sorgen für erhöhte Aufmerksamkeit, was bei kritischen Substanzen besonders wichtig ist. Mehrfache Auszeichnungen im Bereich Produktdesign bestätigen unsere Arbeit.

Das durchgängige und intuitive Produktdesign sowie zuverlässige Funktionen entsprechen den grundlegenden Sicherheits- und Leistungsanforderungen und unterstützen die Anwendenden in ihrer täglichen Arbeit (Produktsicherheit). Unsere Produkte helfen dabei, Risiken und Komplikationen zu vermeiden. So erhöhen sie die Chancen auf Genesung und konnen den Krankenhausaufhalt verkürzen (Patientensicherheit). Produkte und Dienstleistungen von B. Braun reduzieren Risiken und gewährleisten den Schutz von Anwendenden vor Verletzungen und Kontakt mit Wirkstoffen oder Krankheitserregern (Anwendersicherheit). B. Braun-Produkte und Dienstleistungen verbessern Abläufe und Routinen, indem sie Arbeitsschritte in der Anwendung reduzieren und vereinfachen. Durch verbesserte Prozesse helfen wir den Kliniken, die Versorgungsqualität hochzuhalten – und dabei auch Zeit und Geld einzusparen (Prozesssicherheit).

### 4.2 Sichere Produkte

B. Braun betrachtet die verschiedenen Facetten von Sicherheit ganzheitlich und arbeitet an richtungsweisenden Standards für das Gesundheitswesen. Dies geschieht stets gemeinsam im konstruktiven Austausch mit medizinischem Fachpersonal und Partnern. Dabei hat Informationssicherheit für B. Braun eine hohe Bedeutung: Alle unsere Geschäfts- und Produktionsprozesse basieren auf korrekten und verfügbaren Informationen und auf den vielen Systemen, die sie verarbeiten. Auch unsere Kundinnen und Kunden und Mitarbeiter*innen vertrauen darauf, dass B. Braun Informationen sicher und im Einklang mit geltendem Recht handhabt. Der Schutz personenbezogener Daten hat in den letzten Jahren kontinuierlich an Relevanz gewonnen. Zahlreiche Fälle von Datenmissbrauch, Veröffentlichung von persönlichen Kundendaten im Internet und Datenpannen sensibilisieren die Wirtschaft und Öffentlichkeit im Monatstakt. Bei B. Braun haben wir uns entsprechend mit einem Expertenteam aufgestellt und bauen die Strukturen der Datenschutzorganisation kontinuierlich aus.

## 5 Wertschöpfung generieren

Wertschöpfung bei B. Braun ist ein sich fortwährend erneuernder Kreislauf. In jedem unserer Bereiche trägt der stetige Austausch von Kenntnissen und Wissen dazu bei, dass B. Braun nachhaltige Lösungen entlang des gesamten Wertschöpfungskreislaufs einsetzt. B. Braun verfügt über ein global ausgewogenes und lokal verankertes Lieferantennetzwerk, und wir wählen nur solche Lieferanten und Logistikdienstleister aus, die Energiemanagement-, Compliance- und andere Qualitätskriterien erfüllen. Wir fertigen medizinische Produkte sorgfältig und mit prozessbegleitenden Prüfungsschleifen und halten dabei nationale und internationale Vorschriften zu Produktregistrierung, Produktionsvalidierung und Produktsicherheit ein.

Integres Verhalten im Wettbewerb ist für uns Grundlage der Vermarktung unserer Produkte und Dienstleistungen. Daher fordern und vertreten wir einen fairen, legalen und freien Wettbewerb.

Im fortwährenden Dialog mit den Anwendenden unserer Produkte und Dienstleistungen gewinnen wir neue Erkenntnisse und integrieren diese bei der Entwicklung innovativer Lösungen. Unsere Lösungen zielen darauf, die Qualität und Sicherheit im Gesundheitsbereich kontinuierlich zu erhöhen. Dabei ist es unsere besondere Kompetenz, die Anwenderfreundlichkeit bestehender Therapien zu steigern und Risiken zu minimieren.

## 6 Umwelt schonen

Unsere Geschäftstätigkeit hat verschiedene Auswirkungen auf die Umwelt, denn bei Medizinprodukten zur Einmalverwendung ist eine Wiederverwendung der Bestandteile aus Sicherheitserwägungen häufig nicht zulässig. Zudem unterliegen unsere Produktionen strengen Regularien, die dem Schutz von Patientinnen bzw. Patienten und Anwendenden dienen. Ein besonderer Fokus liegt daher in Entwicklung nachhaltiger Lösungen für den Gesundheitsmarkt - so zum Beispiel unsere wiederverwendbaren Sterilcontainer-Systeme für Operationsinstrumente,die steriles Einweg-Verpackungsmaterial im OP-Umfeld entbehrlich machen und Abfallströme im Krankenhaus um mehr als 70 % reduzieren.

### 6.1 Steuerung durch Umweltmanagement

Umweltschutzfachleute erarbeiten gemeinsam mit den Produktionsverantwortlichen Ziele, die unsere Umweltleistung kontinuierlich steigern. Durch unser systematisches Umweltmanagement verbessern wir die ökologischen Auswirkungen entlang des kompletten Lebenszyklus. So sind wir gerade dabei, Ökobilanzen zu unseren Produkten zu erstellen. Wir untersuchen an verschiedenen Standorten beispielsweise, welche Auswirkungen ein Produkt von der Rohstoffgewinnung bis zur Entsorgung auf die Umwelt hat. Wir ermitteln zudem die Klimabilanz, den Verbrauch fossiler Energieträger sowie die verursachten Emissionen. Daraus leiten wir Verbesserungspotenziale für eine nachhaltige Produktion ab.

Insbesondere bei der Herstellung von Einmalprodukten spielen Umweltaspekte schon in der Entwicklung eine wichtige Rolle: In einem ersten Schritt wurden daher mehrere Produkte für Infusionstherapie und Stomaversorgung einer Lebenszyklusanalyse unterzogen. Dabei untersuchten wir anhand von mehreren Kriterien, welche Auswirkungen ein Produkt von der Produktion bis zur Entsorgung auf die Umwelt hat. Ebenfalls analysiert wurden dabei die Klimabilanz, der Verbrauch fossiler Energieträger sowie die Verschmutzungsbilanz. Diese stellt dar, welche gefährlichen Stoffe über den Lebenszyklus freigesetzt werden. Die Verbesserungspotenziale fließen in die Weiterentwicklung unserer Produkte ein. B. Braun betrachtet Abfälle als Rohstoffe, die wir trennen, möglichst vollständig verwerten und dem Wertschöpfungskreislauf zurückführen.

Als produzierendes Unternehmen haben wir einen erhöhten Energiebedarf; entsprechend haben wir frühzeitig damit begonnen, ein ressourcenschonendes Energiemanagement aufzubauen. Wir analysieren kontinuierlich sowohl die Herkunft der Energie als auch die Effizienz unseres Energieverbrauchs. Mit dem Rückgriff auf alternative Energien konnten wir in der Vergangenheit zunehmend nachhaltiger werden und den Anteil an erneuerbaren Energiequellen erhöhen, so unter anderem durch Energie aus Geothermie-, Wind-, Solar-/Photovoltaik-, Wasser- oder Biomassekraftwerken.

Es ist für uns selbstverständlich, in all unseren Prozessen Möglichkeiten zu finden, um den Wasserbedarf zu minimieren; das gilt besonders für Niederlassungen in den Regionen, in denen Wasser knapp ist. Wir analysieren regelmäßig, ob B. Braun-Standorte in den vom World Resources Institute definierten Wasserrisikogebieten liegen. An diesen Standorten intensivieren wir Maßnahmen, die Wasser effizienter nutzen. Dazu gehört unter anderem, anfallendes Abwasser erneut nutzbar zu machen.

In den letzten Jahren konnten wir unseren $CO_2$-Ausstoß kontinuierlich reduzieren. Gelungen ist uns dies durch den Wechsel der Energieformen: Wir haben die Nutzung emissionsstarker Energieformen wie Kohle oder Öl für die Erzeugung von Strom, Hitze und Dampf reduziert. Dafür beziehen wir verstärkt Energie aus erneuerbaren Energiequellen. Ab 2023 planen wir, unsere Neubauten $CO_2$-neutral zu gestalten und gleichzeitig umfänglich in die Klimafreundlichkeit unserer Bestandsgebäude und Lager zu investieren. Bis 2030 haben wir uns zum Ziel gesetzt, den $CO_2$-Ausstoß an unseren Standorten insgesamt um 50 % zu reduzieren.

## 6.2 Effizienz in Beschaffung und Logistik

Auch bei der Beschaffung der Rohstoffe für unsere Produktionen setzen wir auf nachhaltige Lösungen. Bei der Auswahl unserer Zulieferer achten wir darauf, dass diese die allgemeinen Standards in Nachhaltigkeit und Qualität erfüllen, Innovationen gegenüber aufgeschlossen sind und eine sichere Zustellung garantieren. Wo es möglich ist, beziehen wir Güter aus der jeweiligen Region, um sie direkt vor Ort weiterzuverarbeiten, und setzen auf eine überwiegend lokal organisierte Lieferkette. Denn unser Ziel ist es, die Wirtschaftsräume zu stärken, in denen wir operieren. So geben wir einen Großteil des Einkaufsvolumens im jeweiligen Land aus. Mit dieser Einkaufspolitik verkürzen wir Transportwege, sparen Kosten, schonen die Umwelt und stärken die regionale Wirtschaftskraft.

Seine Produktions-, Logistik- und Verwaltungsgebäude an den verschiedenen Standorten baut und unterhält B. Braun umweltschonend. Wir betreiben moderne Gebäudetechnik und setzen in unseren Industrieanlagen Maßnahmen zur Energieeffizienz um, so zum Beispiel bei der natürlichen Ausleuchtung der Arbeitsplätze durch Tageslicht. Mit eigenen Initiativen und freiwilligen Zertifizierungen sowie nachhaltiger Bauweise übernehmen wir zusätzlich Verantwortung für die Umwelt. Einige unserer Produktions- und Logistikgebäude weltweit erhielten Auszeichnungen für „Leadership in Energy and Environmental Design“ (LEED). Das LEED Gold-Zertifikat zeichnet eine besonders nachhaltige Bauweise und Energieeffizienz aus.

Als Teil der Initiative „Chemie$^3$“ setzen wir uns in Deutschland, dem Hauptsitz des Konzerns, mit Partnern aus der Chemiebranche dafür ein, wirtschaftlichen Erfolg mit sozialer Gerechtigkeit und ökologischer Verträglichkeit zu verknüpfen. Getragen wird die Initiative vom Verband der Chemischen Industrie (VCI), der Industriegewerkschaft Bergbau, Chemie, Energie (IG BCE) und dem Bundesarbeitgeberverband Chemie (BAVC).

# 7 Vielfalt pflegen

Unsere Mitarbeiter*innen sind die treibende Kraft von B. Braun – sie alle arbeiten gemeinsam mit Kundinnen und Kunden bzw. Partnerinnen und Partner daran, das Leben von Menschen zu schützen und zu verbessern. Dabei setzt B. Braun auf eine Kultur, die von Verantwortung, Vielfalt und Vertrauen geprägt ist.

## 7.1 Geschäftserfolg durch Diversität

Unsere Mitarbeiter*innen, ihr Wissen, ihre Leidenschaft und ihre Fähigkeiten sind entscheidend für die Verwirklichung unserer Ziele – und die größte Stärke von B. Braun. Bei B. Braun vertrauen wir darauf, dass jeder Einzelne mit seinen Kenntnissen und Fähigkeiten zum Unternehmenserfolg beiträgt. Dazu gehört auch, dass wir unsere Mitarbeiter*innen in all ihrer Vielfalt schätzen, unabhängig von ihrem Hintergrund, Geschlecht, ethnischer Herkunft, Nationalität, Generation, Alter, Religion, sexueller Orientierung, Ausbildung, Arbeits- und Denkweisen und Wissen. Als weltweit aktives Unternehmen sind wir davon überzeugt, dass diese Wertschätzung von Vielfalt einen entscheidenden Beitrag zum medizinischen Fortschritt in sich stark wandelnden Märkten leistet.

Wichtige Bestandteile der B. Braun-Kultur sind zudem die Internationalität und Mobilität der Mitarbeiter*innen. Wir fördern aktiv die Vernetzung und den Austausch über nationale, internationale und kulturelle Grenzen hinweg. Eines von vielen Beispielen: Das Programm AFRIKA KOMMT! gemeinsam mit der GIZ, das seit 2012 jungen talentierten Nachwuchsführungskräften aus Subsahara-Afrika die Möglichkeit bietet, bei B. Braun ihre Kompetenzen auszubauen und anschließend in ihrem Heimatland einzubringen.

Wir glauben, dass Vielfalt auch in Führungsteams die besten Ergebnisse für das Unternehmen bringt. Daher liegt bei B. Braun ein besonderes Augenmerk auf der gleichberechtigten Teilhabe von Frauen und Männern in Führungspositionen. Dabei liefern die von Mitarbeiter*innen gegründeten Netzwerke und Initiativen BIWin, 4Diversity und „Frauen in Führung" wichtige Impulse, um den Kulturwandel dauerhaft zu unterstützen. Im Vorstand waren 2020 zwei von sechs Mitgliedern weiblich; im Aufsichtsrat waren acht Frauen unter den 16 Mitgliedern. Der Frauenanteil lag in diesen Gremien somit bei 33,3 und 50 %. Im April 2019 übernahm mit Anna Maria Braun erstmals eine Frau die Unternehmensleitung. Sie gehört damit zu den wenigen weiblichen Vorstandsvorsitzenden in großen Familienunternehmen.

## 7.2 Familienfreundlichkeit für mehr Balance

Als Familienkonzern ist es uns ein besonderes Anliegen, dass unsere Mitarbeiter*innen Familie und Beruf in Einklang bringen können. So bietet B. Braun bereits in vielen Landesgesellschaften familienfreundliche Arbeitszeitmodelle an, die Freiraum für die Kindererziehung und die Pflege Angehöriger geben. An vielen Standorten weltweit können Mitarbeiter*innen aus mehreren Teilzeitangeboten wählen und gleichzeitig Gleitzeit- und Homeoffice-Modelle nutzen. So bieten wir immer mehr Mitarbeiter*innen die Grundlage für eine ausgewogene Work-Life-Balance. Eine B. Braun spezifische Besonderheit: Die Familienteilzeit. Diese Form der Teilzeit richtet sich an Eltern mit Neugeborenen ebenso wie an Mitarbeiter*innen, die Familienangehörige pflegen möchten. Bei einer mind. 50 %-Tätigkeit erhalten die Teilnehmenden des Programms für eine festgelegte Laufzeit einen finanziellen Aufstockungsbetrag. So ermöglicht das Unternehmen den Beschäftigten, aktiv im Beruf zu bleiben und den Anschluss nicht zu verlieren.

Seit 2005 sind die großen deutschen B. Braun-Standorte im Rahmen des Audits „berufundfamilie" der Hertie-Stiftung zertifiziert. Dies beinhaltet neben flexiblen Arbeitszeiten und Arbeitsorten auch das Angebot familienbezogener, finanzieller und sozialer Leistungen und Services für Mitarbeiter*innen.

An seinem Standort in Großbritannien erhielt B. Braun bereits zum dritten Mal die anerkannte „Investors in People"-Auszeichnung, dieses Mal sogar in Gold. Der Preis dokumentiert, dass wir mit unseren Mitarbeiterprogrammen weit über dem britischen Qualitätsstandard und über dem Branchendurchschnitt liegen. In Asien gehören wir zu den „Best Companies to Work for in Asia 2020". Und unser Standort in Indien erhielt 2020 erneut die Auszeichnung „Great Place to Work for Women".

Unser Angebot für eine bessere Vereinbarkeit von Beruf und Familie in den verschiedenen Ländern ist vielfältig und wird kontinuierlich auf die jeweiligen Bedürfnisse der Mitarbeiter*innen an den B. Braun-Standorten abgestimmt.

## 7.3 Bindung durch attraktive Arbeitgebermarke

In einer weltweiten Umfrage im Jahr 2018 gaben rund 90 % unserer Mitarbeiter*innen an, sich mit B. Braun und seinen Unternehmenszielen sehr gut oder gut identifizieren zu können. Entsprechend treu sind unsere Mitarbeiter*innen und unsere Fluktuationsraten im Vergleich zu internationalen Beschäftigungsstatistiken gering. Die Zusammensetzung der Mitarbeiter*innen bei B. Braun ist divers und bietet allen Menschen die gleichen Einstiegs- und Aufstiegschancen. Der konstant hohe Anteil an jungen Beschäftigten ist besonders vor dem Hintergrund der demografischen Entwicklung in vielen Industrieländern erfreulich.

Auch bei der Rekrutierung potenzieller Mitarbeiter*innen spielt Nachhaltigkeit eine immer größere Rolle, und wir spüren den zunehmenden Trend hin zur werteorientierten

Arbeitswelt. Bewerberinnen und Bewerber verlangen zusehends nach sinnvoller Arbeit, die auch einen Beitrag für unsere Gesellschaft darstellt. Das ist angesichts einer zunehmenden Automatisierung, Digitalisierung und Globalisierung der Arbeitswelt nachvollziehbar. Hier hat B. Braun durch sein verantwortliches Handeln und seine gelebte Führungs- und Unternehmenskultur international eine starke Arbeitgebermarke geschaffen, die im Wettbewerb um Talente punktet.

## 7.4 Expertise erweitern

Ob Ingenieur*in in Malaysia, Dialysemitarbeiter*in in Ungarn oder Führungskraft in den USA – für unser Unternehmen ist es entscheidend, dass unsere Mitarbeiter*innen neues Wissen erwerben und Veränderungen gegenüber offen sind. B. Braun begleitet deshalb den Berufsweg jedes Einzelnen mit vielfältigen Aus- und Weiterbildungsmöglichkeiten. Unsere Trainings- und Entwicklungsprogramme sind unter dem Dach der B. Braun Business School zusammengefasst und bieten Perspektiven für alle Mitarbeitergruppen. Ein wichtiger Teil der Weiterbildungsstrategie: ein breites Angebot von Soft Skill-, Fach- und Führungstrainings, damit jeder sein Potenzial ausschöpfen kann. Grundlage hierfür ist das „Global Curriculum“, in dem Mitarbeiter*innen die für B. Braun entscheidenden Kernkompetenzen trainieren und weiterentwickeln können. Zu den Kernkompetenzen gehören das Streben nach exzellenter Leistung, die Verpflichtung zur Zusammenarbeit, das Liefern von Best-in-Class-Lösungen und die Übernahme von Verantwortung. Themen wie agile und digitale Arbeitsformen sind ebenfalls Teil des Angebots.

Die Qualifizierung von Nachwuchskräften ist für uns ein zentraler Bestandteil der Personalstrategie. B. Braun sieht es als Chance, junge Menschen mit modernen Ausbildungskonzepten für das Unternehmen zu begeistern. Wir ermöglichen ihnen eine Berufsausbildung und oft im Anschluss daran eine direkte Übernahme in ein festes Arbeitsverhältnis. Mit insgesamt 26 Ausbildungsberufen, von Mechatroniker*in, Fachinformatiker*inund Chemikant*in über Außenhandels- oder Industriekaufleute bis hin zur technischen Produktdesigner*in, stellt sich B. Braun bewusst breit auf. Die theoretischen Kenntnisse werden durch die jeweiligen Berufsschulen vermittelt. Der praxisbezogene Teil der Ausbildung erfolgt in den unterschiedlichen Abteilungen des Unternehmens.

## 7.5 Schutz für Beschäftigte

Die Belegschaft von B. Braun arbeitet in unterschiedlichen Berufen und Bereichen. Das stellt das betriebliche Gesundheits- und Sicherheitsmanagement vor vielfältige Anforderungen. Dabei geht es uns nicht nur um die physische, sondern auch um die psychische Gesundheit. Wir haben daher umfassende Vorsorgeprogramme und Schutzmaßnahmen etabliert, die das Gesundheitsbewusstsein der Mitarbeiter*innen weltweit stärken. Insbesondere an Standorten mit weniger leistungsstarken Gesundheitssystemen unterstützt B. Braun mit medizinischen Zusatzleistungen und Krankenstationen auf dem Werksgelände. In allen Geschäftsbereichen des Unternehmens wird Arbeitssicherheit durch Vorbildfunktion und Verantwortungsbereitschaft der Mitarbeiter*innen erreicht. Dazu gehört, dass jeder Einzelne die Arbeitsschutz- und Arbeitssicherheitsvorschriften kennt und umsetzt.

In der Tradition unserer historisch gewachsenen unternehmerischen Verantwortung war es uns stets wichtig, dass Mitarbeiter*innen und ihre Familien gut versorgt sind – nicht nur heute, sondern auch nach ihrem Arbeitsleben. Im Jahre 1929 gründete das Unternehmen seine erste Pensionskasse für seine Mitarbeiter*innen. Heute sind es die vielfältigen Vorsorgeleistungen, mit denen wir die Belegschaft über die gesetzliche Rente hinaus unterstützen und Verantwortung als Arbeitgeber zeigen.

### 7.6 Betriebliche Mitbestimmung

Die Zusammenarbeit zwischen Unternehmensleitung und Arbeitnehmervertretung in der B. Braun-Gruppe ist ebenfalls geprägt durch eine lange Tradition und gegenseitiges Vertrauen. Ein wichtiges Ergebnis des sozialpartnerschaftlichen Dialogs zwischen Unternehmensleitung, Betriebsrat und den im Unternehmen vertretenen Gewerkschaften: die langfristige Sicherung der Beschäftigung. In den deutschen Standortsicherungsverträgen sind seit 2004 umfangreiche Zusagen vereinbart. Die Verträge beinhalten unter anderem den Ausschluss betriebsbedingter Kündigungen, die Schaffung von Ausbildungsplätzen, die Beteiligung der Beschäftigten am Unternehmensergebnis, Investitionszusagen sowie den Erhalt und die Schaffung von Arbeitsplätzen an den deutschen Standorten. Auf Basis dieser Verträge haben wir seit 2007 bei B. Braun in Deutschland über 4000 neue Stellen geschaffen.

## 8 Engagement fördern

B. Braun als Familienunternehmen engagiert sich weltweit als „Bürger der Gesellschaft“. Darunter verstehen wir, dass wir uns über unsere eigentliche Geschäftstätigkeit hinaus langfristig für die Gesellschaft einsetzen und damit ein Vorbild für andere Unternehmen sind.

Die Strategie für unser gesellschaftliches Engagement umfasst den Aufbau und Austausch von Wissen, die Förderung von Regionen und das Schaffen von Perspektiven. Wir evaluieren unsere sozialen Projekte regelmäßig anhand eines eigens für B. Braun entwickelten Rasters und prüfen dabei besonders, welche Vorteile unser Engagement für die jeweilige Zielgruppe bringt. So identifizieren wir kontinuierlich Projekte, die benachteiligten Menschen Chancen auf ein besseres Leben geben. Durch persönliches und finanzielles Engagement sowie durch Sachspenden leisten wir langfristig – und wenn nötig auch akut – einen Beitrag zur Selbsthilfe der Betroffenen.

## 8.1 Perspektiven schaffen

Seit 2004 schaffen wir mit der Initiative „B. Braun for Children" Lebensbedingungen und Perspektiven für Kinder. Alle „B. Braun for Children"-Projekte sind auf die Bedürfnisse der Kinder und Jugendlichen zugeschnitten und weisen ihnen den Weg in ein selbstbestimmtes Leben. Die Auswahl der Projekte erfolgt nach freier Entscheidung der jeweiligen Landesgesellschaften, da sie die Lage vor Ort kennen und Projekte gezielt steuern können. Im Jahr 2020 konnten wir weltweit über 250 Projekte realisieren. Das Programm wurde 2007 mit dem Deutschen Kinderpreis ausgezeichnet.

Mit der internationalen Initiative „B. Braun for Children Campus" reagierte das Unternehmen 2020 auf die Coronakrise und entwickelte erstmalig eine digitale Lernplattform mit einem breiten Spektrum an Themen aus den Bereichen Medizin, Gesundheit, Naturwissenschaften und Technik. Das Ziel: Kinder und Jugendliche dabei zu unterstützen, die besondere Situation in Zeiten des Coronavirus leichter zu meistern. So können sie sich sinnvoll zu Hause beschäftigen und mit Freude lernen, während ihre Eltern im Homeoffice arbeiten oder anderen Alltagspflichten nachgehen müssen. Das Themenangebot ist seitdem kontinuierlich gewachsen und konnte bisher rund 10.000 junge Menschen erreichen.

Das einjährige Qualifizierungsprogramm PerspektivePLUS ermöglicht Hauptschulabsolventinnen und -absolventen, die zunächst bei der Lehrstellensuche leer ausgegangen sind, den Arbeitsalltag kennenzulernen. Sie besuchen die Berufsschule und bekommen Computerschulungen, Bewerbertrainings etc., sodass sie schlechte Hauptschulnoten ausgleichen und ihre Chance auf dem Arbeitsmarkt erhöhen können. Eine Initiative, die mit dem ersten Preis in dem landesweiten Wettbewerb „Engagiertes Unternehmen" ausgezeichnet wurde.

## 8.2 Wissen teilen

Ein Viertel unserer Projekte schafft bessere Rahmenbedingungen für eine nachhaltige Bildung. Wir möchten in unseren Projekten im Sinne unserer Philosophie „Sharing Expertise" Wissen teilen und gemeinsam neue Ideen entwickeln. Wir sind überzeugt davon, dass Bildung Menschen dazu befähigt, selbstbewusst und selbstbestimmt durch das Leben zu gehen.

Ein gutes Beispiel dafür sind Projekte in Senegal und Kenia, die B. Braun – im Rahmen des Programms develoPPP.de des Bundesministeriums für wirtschaftliche Entwicklung und Zusammenarbeit (BMZ) – mit der Gesellschaft für Internationale Zusammenarbeit (GIZ) und anderen Medizintechnikunternehmen realisiert. Das Projektteam entwickelte einen Bachelorstudiengang für Angewandte biomedizinische Technik, stattete die Schulungsräume mit medizinischen Geräten aus und schulte Dozentinnen und Dozenten. In den nächsten Jahren können wir so gemeinsam medizinische Fachkräfte auf hohem Niveau ausbilden und die Gesundheitsversorgung in den beiden Ländern nachhaltig verbessern.

Auch am Hauptsitz in Melsungen engagiert sich B. Braun für Bildung, zum Beispiel mit der Fortbildung für Ärztinnen bzw. Ärzten und Pflegekräften, die seit 50 Jahren von der B. Braun-Stiftung ausgerichtet wird.

Auf der Veranstaltung haben die Teilnehmenden die Wahl zwischen Symposien und Kolloquien, zudem vergeben wir auch Stipendien. Mit Stipendien fördert auch der Otto-Braun-Fonds den wissenschaftlichen Nachwuchs an der Universität Kassel – und das seit 1989. B. Braun unterstützt damit Doktorandinnen und Doktoranden, die Forschungen mit Praxisbezug unternehmen. Neu ist das Fellowship-Förderprogramm, das einmal pro Jahr Promotionsabsolventinnen und -absolventen für herausragende anwendungsorientierte Forschungen vergeben wird.

Seit 2013 ist B. Braun Mitglied der „Wissensfabrik", einem Netzwerk der deutschen Wirtschaft. Die Initiative mit 130 Unternehmen und Stiftungen entwickelt mit wissenschaftlichen Partnern Bildungsprojekte, um sie deutschlandweit in Kitas und Schulen umzusetzen. Dabei liegt der Fokus auf den MINT-Fächern Mathematik, Informatik, Naturwissenschaften und Technologie. Das Ziel: die Innovationskraft von morgen zu stärken. B. Braun engagiert sich zudem für viele internationale Verbände und Stiftungen im medizinischen Bereich.

Auch Asien steht im Fokus unserer Bildungsinitiativen: Im malaysischen Penang ist B. Braun Sponsor der „Penang International Science Fair", und das seit ihrer Gründung im Jahr 2011. Über 60.000 Besuchende jährlich lassen sich auf der Messe Jung und Alt von Phänomenen der Naturwissenschaften, Technologie, und Mathematik begeistern. Mit dabei sind Schülerinnen und Schüler aus Hunderten Schulen in der Region Penang. Die Messe ist damit eine größten Wissenschaftsmessen in Südostasien. Mit ergänzenden Workshops erreichten wir in den letzten Jahren zahlreiche Schülerinnen und Schüler, um sie zu einer Karriere im medizinischen Bereich zu inspirieren.

## 8.3 Regionen fördern

Als Familienunternehmen sehen wir es als unsere Pflicht, ein guter Nachbar an unseren Standorten zu sein. Deshalb unterstützen wir lokale Initiativen in den Regionen, in denen wir tätig sind. Wir möchten genau dort helfen, wo wir durch unsere Präsenz ein starker Partner sind und Impulse für die regionale Entwicklung geben können.

So setzen wir seit 2008 im Zuge der „B. Braun Kinder- und Jugendwoche" für Kinder und Jugendliche aller Altersstufen am Hauptstandort in Melsungen ein Programm auf, das sie fesselt und für naturwissenschaftliche Zusammenhänge begeistert. Das

Programm erhielt bereits mehrere Preise, unter anderem den Responsible Care Award des VCI Hessen.

Seit 2016 entscheiden die B. Braun-Mitarbeitenden an den größten deutschen Standorten im Rahmen unseres Rest-Cent-Spende-Programms, ob sie mit einem „Rest-Cent-Betrag" ihres monatlichen Gehalts für ausgewählte Projekte spenden. Unterstützt werden damit Initiativen an unseren Standorten vor Ort, die finanzielle Hilfe benötigen.

Auch bei Katastrophen leisten die Regionen, in denen B. Braun vertreten ist, seit Jahren Unterstützung: Dabei hilft das Unternehmen nicht nur mit finanziellen und materiellen Soforthilfen, sondern setzt auf einen langfristigen Aufbau der betroffenen Regionen, sei es zum Beispiel in Nepal nach zwei schweren Erdbeben durch den Wiederaufbau einer Schule im Krisengebiet oder im Libanon durch Infrastrukturmaßnahmen nach der massiven Explosionskatastrophe in Beirut im August 2020.

## 9 Zukunft gestalten

Bereits schon seit 2008 berichtete und informierte B. Braun in seinem „Share"-Magazin beispielhaft über Nachhaltigkeit bei B. Braun und erläuterte die Sichtweise des Unternehmens zur gesellschaftlichen und sozialen Verantwortung. Mit der Nachhaltigkeitsberichterstattung seit 2014 orientieren wir uns bei B. Braun an globalen Richtlinien und Standards des Nachhaltigkeitsreportings im industriellen Vergleich. Mit unserem globalen Nachhaltigkeitsbericht legen wir unsere Prozesse offen und dokumentieren unsere Fortschritte.

Was haben wir uns für die Zukunft vorgenommen? Wir werden Nachhaltigkeit in unserer Unternehmensstrategie weiter stärken und uns weitere ambitionierte und nachprüfbare Ziele setzen. In der nächsten Dekade wollen wir verstärkt neue Technologien für uns und unsere Kunden nutzbar machen und die Digitalisierung vorantreiben. Unser Ansatz dabei: In den Produktionsprozessen, beim Einsatz von Materialien und durch Nutzung innovativer Verfahren weitere Potenziale heben. Wie in allen Unternehmensbereichen stellen wir im Rahmen unserer neuen Strategie auch für unsere Ziele und Aktivitäten im Bereich Nachhaltigkeit einen detaillierten Entwicklungsplan mit klaren Meilensteinen auf. Dies zeigt einmal mehr, dass wir unser Kerngeschäft eng mit ökologischen und sozialen Erfordernissen verknüpfen. Die Richtung ist klar: Wir wollen Nachhaltigkeit vollständig in unsere Geschäftsstrategien integrieren und sie zum wesentlichen Teil unseres Handelns werden lassen: in unseren Lösungen, unseren Prozessen und unseren sozialen Verpflichtungen. Dabei halten wir stets unsere Vision im Blick: die Gesundheit von Menschen auf der ganzen Welt zu schützen und zu verbessern.

**Anne Katrin Wehrmann-Scherle** verantwortet seit 2007 die Nachhaltigkeitskommunikation der B. Braun Gruppe.

Studium der Rechtswissenschaften und des, Kommunikationsmanagements, berufliche Stationen im Finanzsektor und der chemischen Industrie führten über verschiedene Leitungsfunktionen in Marketing und PR in die Konzernkommunikation von B. Braun. Seit 2019 befasst sie sich verstärkt mit der Relevanz und den Anforderungen an eine werteorientierte Kommunikation in Zeiten des Wandels und der globalen Vermittlung der Kernthemen Innovation, Effizienz und Nachhaltigkeit in einem Familienkonzern.

**Marc Diegelmann** verantwortet seit 2012 die Konzernmarkenführung der B. Braun-Gruppe.

Studium der Betriebswirtschaftslehre mit den Schwerpunkten internationales Management und Marketing, anschließend mehrere Jahre im Marketing und Vertrieb von Unternehmen der Konsumgüterindustrie tätig. Inhaltliche Schwerpunkte seiner Tätigkeit sind Themen zu Innovation, Effizienz und Nachhaltigkeit. Sie bilden die Grundlage der wertebasierten Unternehmensphilosophie des familiengeführten Konzerns und stehen daher auch für die zukünftige Ausrichtung im Fokus. Seit 2020 beschäftigt er sich im Rahmen eines Weiterbildungsstudiums verstärkt mit Innovations-, Change- und nachhaltigen Transformationsaspekten für Unternehmen.

# Entfaltung einer nachhaltigkeitsorientierten Unternehmenskultur – ein Transformationsprozess in sozialer Verantwortung

Simeon Ries und Friederike Remiorz

**Zusammenfassung**

Die Behindertenhilfe ist Ausdruck der sozialen Nachhaltigkeit der deutschen Gesellschaft. Der Gemeinnützige Verein für Behindertenhilfe Wiesbaden und Rheingau-Taunus-Kreis e. V. setzt sich für die berufliche und soziale Integration von Menschen mit Behinderung und benachteiligten Gruppen ein. In einem dynamischen Prozess, der seit Jahren ein Ausdruck der politisch-sozialen Entwicklungen in der Branche ist, entwickeln Werkstätten für Menschen mit Behinderung neue Referenzrahmen und Angebote. Maßgeblich ist dabei die Frage, ob diese eine nachhaltige Entwicklung fördern oder behindern. Der Verein entschied sich, über die Mitgestaltung der Zukunft hinaus, auch ein Vorbild in diesem Transformationsprozess zu sein. Dabei stellt er seine gesellschaftlichen Grundlagen und Aufgaben in den Kontext globaler, fachlicher Konzepte, wie die Ziele für eine nachhaltige Entwicklung der UN. Die Entfaltung der Unternehmenskultur findet ihren Ausdruck bereits in der Wandlung des Markennamens.

S. Ries (✉) · F. Remiorz
facettenwerk – Gemeinnütziger Verein für Behindertenhilfe Wiesbaden und Rheingau-Taunus-Kreis e. V., Wiesbaden, Deutschland
E-Mail: simeon.ries@facettenwerk.de

F. Remiorz
E-Mail: pressestelle@facettenwerk.de



A. Trischler und S. Böhling (Hrsg.), *CSR in Hessen,* Management-Reihe Corporate Social Responsibility, https://doi.org/10.1007/978-3-662-63004-4_23

# 1 Prolog

Die Behindertenhilfe in Deutschland hat einen starken gesellschaftlichen Hintergrund. Ihre bundesweite Struktur bietet den Rahmen für die Integration und den Abbau von Teilhabeeinschränkungen. Sie ist Ausdruck und Entfaltung der sozialen Nachhaltigkeit der deutschen Gesellschaft. In Hessen setzen sich 48 Trägerorganisationen für die Teilhabe am Arbeitsleben von über 20.000 Personen im Erwerbsalter ein, die jedoch aufgrund ihrer geistigen und/oder psychischen Behinderung nicht erwerbsfähig sind.

Der **Gemeinnützige Verein für Behindertenhilfe Wiesbaden und Rheingau-Taunus-Kreis e. V.** gibt dieser Aufgabe gemeinsam mit anderen Trägern ein regionales Gesicht. Bereits 1973 hat er sich dem Zweck verschrieben, insbesondere die berufliche und soziale Integration behinderter Menschen und benachteiligter gesellschaftlicher Gruppen in den allgemeinen Arbeitsmarkt zu gestalten. Heute, im Jahr 2020, bietet er an fünf regionalen Standorten als anerkannte Werkstatt für rund 600 Menschen mit geistiger Behinderung Arbeit und Maßnahmen an, die die Teilhabe am Arbeitsleben ermöglichen. Fast 200 Menschen mit zum Teil mehrfacher Schwerbehinderung besuchen den „Tagesraum". Darüber hinaus arbeiten in zwei Inklusionsfirmen Menschen mit und ohne Behinderung dauerhaft im gewerblichen Bereich. Eine weitere Firma bietet Beratung, Vermittlung und Begleitung bei unterschiedlichen Inklusionsmaßnahmen an. Insgesamt tragen rund 1200 Menschen zur Entfaltung der Unternehmenskultur des Vereins unmittelbar bei. Seit 2019 werden alle Angebote des Vereins und seiner selbstständigen Tochterunternehmen unter dem Namen **facettenwerk** der Öffentlichkeit vorgestellt.

Der gesellschaftliche Konsens über Ansatz, Ziele, den rechtlichen und finanziellen Rahmen, die Formen der Arbeit und der beteiligten Träger steht in kontinuierlicher Entwicklung. Der Diskurs über alle Ebenen der Umsetzung der Integration behinderter Menschen ist bereits Entfaltung einer kulturellen Nachhaltigkeit, die wesentlich dynamisch ist. Daran nehmen alle teil. Institutionen ebenso wie Einzelpersonen, Vereine, Gruppen, politische Parteien, Wirtschaftsunternehmen, öffentliche und gemeinnützige Träger, kurz: jedweder soziale Rahmen sowie die Gesamtheit aller.

Als Bürgerinnen und Bürger tragen behinderte und nicht behinderte Menschen im Verein ihren Beitrag zur wirtschaftlichen, politischen, sozialen und kulturellen Entwicklung auf allen Ebenen bei.

Kulturelle Nachhaltigkeit zielt auf die fortwährende Wahrung und Entwicklung der Handlungsfähigkeit aller Personen und Organisationen. Jede Entscheidung, jede Handlung, jeder Diskurs trägt zur Konsensfindung über die Wahrnehmung der Gegenwart und die Gestaltung der Zukunft bei. Zentral ist dabei die Entscheidung zwischen Optionen, die eine nachhaltige Entwicklung fördern oder behindern.

Mit seiner vorrangigen Option für benachteiligte gesellschaftliche Gruppen stellt sich das *facettenwerk* bewusst in die Reihen derer, die an der Entwicklung der Nachhaltigkeit arbeiten. Neben den nationalen gesellschaftlichen Grundlagen und den Aufgaben als Träger der Behindertenarbeit sind zum Beispiel die Agendaprozesse und die 2015 veröffentlichten Ziele für eine nachhaltige Entwicklung (SDG) der UN sowohl Ausdruck als auch Orientierung des Angebotes und der Arbeit des *facettenwerk*. In seinem Leitbild stellt es sich als „Vorbild der Inklusionsbewegung für eine sich nachhaltig gestaltende Gesellschaft" bewusst in diesen Referenzrahmen.

In den 2010er-Jahren wurde das *facettenwerk* in umfassender Weise herausgefordert, auf Veränderungen zu reagieren, die auf globaler, nationaler und regionaler Ebene sichtbar wurden:

Die seit den 1960ern geführte Debatte über das Verständnis von Inklusion fand 2007 auf der Ebene der UN ihren Ausdruck im „Übereinkommen über die Rechte von Menschen mit Behinderungen", (Behindertenrechtskonvention, kurz: UN-BRK), das 2009 von Deutschland ratifiziert wurde.

In der Folge wurde mit dem Bundesteilhabegesetz (BThG) 2016 die staatliche Behindertenhilfe neu ausgerichtet. Für viele Träger fiel der Zeitpunkt mit einem organischen Generationswechsel zusammen. Systemische Grundlagen, Arbeitsweisen, Finanzierungsmodelle, Ausbildungsinhalte und Zielbeschreibungen standen in einem größeren „Versionsupdate". Dies ist eine besondere Chance für die Überprüfung der Nachhaltigkeit und die Entfaltung der kulturellen Kraft der beteiligten Organisationen.

Diese Veränderung ist Ausdruck der allgemeinen politisch-sozialen Entwicklungen, wie auch der Wirtschaft. Produktions- und Arbeitsweisen haben sich so stark entwickelt, dass die klassischen Angebote der Werkstätten für Menschen mit Behinderungen an Marktanteil verlieren. Die Antwort darauf, also die Entwicklung, Schaffung und Akquisition neuer, moderner Arbeitsplätze beeinflusst alle Entscheidungsebenen, bis hin zum Beispiel zu Nutzungskonzepten von Gebäuden und die davon abzuleitende Finanzplanung. 2020 befindet sich die Branche inmitten eines langjährigen Prozesses mit Workshop-Charakter. Festlegungen werden entlang der stufigen Entwicklung stetig neu kalibriert. Für die beteiligten Organisationen bietet dies die außergewöhnliche Möglichkeit, alle strategischen und operativen Gegebenheiten zu überprüfen. Grundannahmen und Wertesysteme, Angebots- und Personalentwicklung, Investitionen und das gesamte Instrumentarium des Managements werden auf den veränderten Rahmen ausgerichtet. Mehr noch: Mit jeder Intervention und Entscheidung tragen Einzelne und die Organisationen real, vermittelt oder unvermittelt, zur Gestaltung des künftigen Rahmens bei. Es geht nicht nur um die neue Passung in einen vorgegebenen Rahmen, sondern den Beitrag zu einem Verständnis von Inklusion und dessen professionellen Ausdruck. Es geht um die kulturelle Entwicklung, die sich in dieser Arbeit bereits ausdrückt.

Das *facettenwerk* versteht sich als Vorbild für eine sich nachhaltig gestaltende Gesellschaft und verortet sich damit in einem dynamischen Prozess. Mit jeder Aktion – von bestätigter Routine bis hin zu zum Teil innovativen mutigen Projekten – bietet es gestaltete, erfahr- und sichtbare Bausteine an, die den künftigen Referenzrahmen globaler Welt- und Menschenbilder bereichern und konkretisieren. Mit dieser Einordnung ist jede Intervention bereits jetzt nachhaltig. Wer Kultur schafft, erreicht das Ziel kultureller Nachhaltigkeit bereits jetzt. Wer allerdings den eigenen Beitrag und Interessen aus dem Referenzrahmen der Gesellschaft versucht zu lösen, trägt zu einer Kultur bei, die nicht an Nachhaltigkeit, Gemeinwohl und Menschenrechten orientiert ist.

Dieses Selbstverständnis gründet sich auf der Erfahrung der gemeinsamen Arbeit mit Menschen mit Behinderung. Es ist Ausdruck eines Menschenbildes, das die Vielfalt und Besonderheit Einzelner als gegebene Wirklichkeit aufgreift. Jeder Mensch lebt mit und über seinen Körper an einem bestimmten Ort und zu einer bestimmten Zeit. Die individuelle Körperlichkeit stellt gewissermaßen ein Orchester an Instrumenten zur Verfügung, um die Symphonien des Lebens zu spielen: sich auszudrücken, für sich und andere zu sorgen, am sozialen Leben teilzunehmen, zu arbeiten, zu gestalten, Entscheidungen zu treffen, sich zu entwickeln, zu leben. Anzahl und Reichweite der Instrumente sind für alle Menschen begrenzt. Diese Einschränkung ist Bestandteil der conditio humana – des Menschseins – und wird bei aller Unterschiedlichkeit von Allen als für sich vollständig und normal wahrgenommen. Menschen mit Behinderung bilden hier keine Ausnahme. Das ihnen zur Verfügung stehende Orchester ist auch für sie vollständig und normal. Die Teilhabe und Teilnahme an der Gestaltung sozialen, politischen und wirtschaftlichen Lebens ist verbrieftes Menschenrecht, das gemeinsam mit der Menschenwürde Allen bedingungslos zusteht.

Die Gestaltung des gesellschaftlichen Lebens und die Auswahl der aufgeführten Stücke orientiert sich an den Bedingungen eines Orchesters, das dem der Ausstattung der meisten Menschen am nächsten kommt. Menschen mit anderen oder anders ausgeführten Instrumenten sind tatsächlich ebenfalls Teil des Orchesters. Allerdings sind die realen Gepflogenheiten im Orchester oft nicht darauf ausgerichtet, auch ihre Teilhabe und Teilnahme zu gewährleisten. Dadurch erst entstehen Beeinträchtigungen und Behinderungen. Diese gesellschaftlichen Konstrukte unterliegen einer kontinuierlichen Überprüfung auf ihre Funktion und Offenheit für alle.

Die soziale Arbeit ist in diesem Verständnis nicht nur ein Dienst an benachteiligten gesellschaftlichen Gruppen, sondern die Gestaltung der gemeinsamen Wirklichkeit. Die Organisation der Teilhabe von Menschen mit Behinderung am Arbeitsleben ist die Umsetzung eines Menschenrechts und die Entwicklung eines Konsenses über die Gestaltung gesellschaftlichen Lebens. Menschen mit Behinderung sind daher nicht Empfänger karitativen Engagements einer sich als normal deklarierenden Gesellschaft, sondern Teil derselben. Sie tragen mit allem, was ihnen zur Verfügung steht, zur Entwicklung der Gesellschaft bei. Ihr Beitrag ist nicht geringer zu bewerten als der jedes anderen Menschen. In diesem Zusammenhang lernen Träger der Behindertenhilfe täglich, dass der Beitrag der Beschäftigten nicht auf ihren wirtschaftlichen Nutzen beschränkt wird. Ein Mindestmaß produktiver Verwertbarkeit genügt. Das Recht auf Arbeit bestimmt auch die Menschenwürde.

Diese kontinuierliche Lektion ist Teil der gestalteten kulturellen Nachhaltigkeit. Die Diskussion um „Nachhaltigkeit" greift ebenfalls die reale komplexe Welt als gegebenen Rahmen auf und sucht nach einer Entwicklung, die die Überlebensfähigkeit der Menschheit sichert und dafür geeignete Instrumente entwickelt. Es geht um die Wahrnehmung und Gestaltung von Körperlichkeit, Wirksamkeit und Wirklichkeit.

Im Sinne der Kulturverträglichkeit gestaltet jede Organisation fortwährend über ihre internen Debatten, Entscheidungen und Prozesse neue Angebote zur Kommunikation und Vernetzung, die auf die Teilhabe an der Körperlichkeit der Gesellschaft zielen. Es geht um den selbstverständlichen Platz im Orchester und den Abbau von Teilhabeeinschränkungen. Die Erfahrungen und die Arbeit des *facettenwerk* sind als wirksamer Beitrag aus der Perspektive der besonderen Körperlichkeit der Beschäftigten zur nachhaltigen Entwicklung der Gesellschaft zu verstehen. Die eigentliche Arbeit besteht darin, Partituren zu komponieren, die das ganze Orchester zum Klingen bringen.

## 2 Ausgangssituation

Gemäß ihrem gesetzlichen Auftrag bieten Werkstätten für Menschen mit Behinderung ihren Beschäftigten nicht nur einen angepassten Arbeitsplatz, Entwicklungs- und Bildungsmöglichkeiten, sondern fördern außerdem die Möglichkeiten, ein selbstbestimmtes Leben zu führen. Als Teil des inklusiven Arbeitsmarktes ermöglichen sie in Deutschland rund 300.000 Menschen eine Beschäftigung auszuüben und nachhaltig an der Gesellschaft teilzuhaben. Gleiches gilt für die rund 20.000 Besucherinnen und Besucher des Tagesförderstättenbereichs. Begleitet und unterstützt werden sie von ca. 70.000 Fachkräften (BAG o. J., S. 4).

Neben den bereits benannten Themen der sozialen Verantwortung steht auch das nachhaltige Wirtschaften im Vordergrund. Die Werkstätten sind ein wichtiger Teil des deutschen Marktes, denn alle entstehenden Waren und Dienstleistungen fließen in den Wirtschaftskreislauf ein. Insgesamt erwirtschaften die 682 Mitglieds-Werkstätten der Bundesarbeitsgemeinschaft der Werkstätten (BAG WfbM) in Deutschland rund 8 Mrd. Euro Gesamtumsatz im Jahr (BAG o. J., S. 3–4).

In Hessen gibt es derzeit 48 Werkstätten mit 20.494 Beschäftigten. Damit liegt das Bundesland auf Platz 5 im gesamtdeutschen Vergleich. Der Großteil der Beschäftigten (75,16 %) in Werkstätten haben eine geistige Beeinträchtigung (BAG 2020a, S. 46–47). In der Unterstützung dieser Personengruppe liegt aktuell auch der Fokus der *facettenwerk*-Einrichtungen.

Mit ihren Angeboten leisten Werkstätten einen erheblichen Beitrag zur Erfüllung der UN-BRK (BAG 2019, S. 2). Gleichzeitig erfüllen Werkstätten bereits mit ihrem Kernauftrag verschiedenste Ziele für eine nachhaltige Entwicklung der UN. Dieses umfassende Konzept für eine gerechtere Zukunft für alle Menschen zielt darauf ab, global ein menschenwürdiges Leben zu ermöglichen, während natürliche Lebensgrundlagen bewahrt werden. Es geht darum, die drei Komponenten „Soziales", „Umwelt" und „Wirtschaft" in Einklang zu bringen, sodass eine nachhaltige Entwicklung auch für künftige Generationen gesichert wird (BAG 2020b, S. 24). Weil Werkstätten seit Jahrzehnten ein zielgruppengerechtes Angebot bereitstellen, stehen sie häufig im Zentrum der Debatte um das Gesamtbild und künftige Parameter der Behindertenarbeit in Deutschland.

Die Notwendigkeit eines grundlegenden Systemwandels als Forderung von Gesellschaft und Politik ist laut. Im Zuge dieser Entwicklungen stehen Werkstätten durch das neue Bundesteilhabegesetz aus 2016 vor neuen Herausforderungen, gleichzeitig aber auch vor Chancen und neuen Möglichkeiten wie durch den digitalen Wandel in der Arbeitswelt. Modernere Arbeitsangebote sowie zeitgemäße, innovative Entwicklungen werden gefordert. Werkstätten werden ermutigt, nicht nur Herausforderungen anzunehmen, sondern proaktiv und motiviert den Wandel mitzugestalten (BAG 2018, S. 2).

In einer Zeit des Wandels geben gute Vorbilder Halt, um voranzuschreiten, Wege zu ebnen und Chancen zu nutzen. Grundlegende, gefestigte Werte geben dabei Orientierung. Doch wie sollte ein solches „Vorbild der Inklusionsbewegung für eine sich nachhaltig gestaltende Gesellschaft" aussehen? Wie kann die Unternehmenskultur dabei unterstützen, die Ziele im Rahmen des Werkstattauftrages und im Sinne der Leistungsempfänger sowie der Gesellschaft zu erreichen? Wie kann sichergestellt werden, dass die Leistungen auf die effektiven Lebenssituationen der Menschen mit Beeinträchtigung positiv wirken und dadurch eine nachhaltige Entwicklung fördern?

## 3 Der Referenzrahmen

Die Unternehmenskultur eines solchen „Vorbildes" beflügelt nicht nur die Umsetzung gesetzlicher Vorgaben, sondern agiert in diesem Zuge auch in allen Arbeitsweisen nachhaltig und wirkt aktiv an der personenzentrierten Arbeitsweise der Branche mit. Das zentrale Ziel ist dabei die Normalisierung der Lebensmöglichkeiten für Menschen mit und ohne Behinderung. Das bedeutet, dass Menschen mit Beeinträchtigung gleichwertige, von der Gesellschaft bereitgestellte Chancen haben sollen, ihre individuellen Lebensziele zu erreichen.

Mit der Organisation in Bundes- und Landesarbeitsgemeinschaften der Werkstätten schaffen die Mitglieder einen gemeinsamen, strukturellen Referenzrahmen der Werkstätten in Deutschland. Der Verband stellt die Interessensvertretung der Werkstätten in politischen und fachlichen Angelegenheiten dar. Werkstätten sind mit ihrem Auftrag dazu verpflichtet, die Qualität und Wirkung der angebotenen Leistungen zu sichern und stetig weiterzuentwickeln. Während sich in diesem Prozess der Schwerpunkt der Behindertenarbeit von einem „Dienst für Menschen mit Behinderung" zu einer integrativeren Gesellschaft hin verlagert, wächst dabei die Notwendigkeit einer Neubewertung der Grundannahmen in geschützten Werkstätten und Rehabilitationseinrichtungen (Oberholzer und Widmer 2017, S. 1–3). In diesem Zusammenhang nehmen die *facettenwerk*-Werkstätten seit 2017 an einer Teilstudie des Deutschen Verbandes der geschützten Werkstätten zur Analyse des „Social Return on Investment" (SROI) der BAG WfbM teil. Das Ergebnis der Gesamtstudie soll der Entwicklung eines Verfahrens zur Wirkungsanalyse dienen. Somit können Vergleichsdaten zur Teilhabequalität generiert, Wirkungszusammenhänge sichtbar dargestellt werden und darauf aufbauend ein effektives Qualitätsmanagement der Werkstätten entstehen (Oberholzer und Widmer 2017, S. 1–3).

Dieser Trend wird durch die gesetzlichen Rahmenbedingungen, wie die UN-BRK sowie das neue BThG, untermauert. Diese veranlassen, dass nicht nur die künftige Bewertung von Werkstätten und ihren Leistungen nach der objektiven und subjektiven Wirkung für den Einzelnen und der Gesellschaft gesteuert wird, sondern auch deren Finanzierung (Oberholzer und Widmer 2017, S. 1–3).

Nur durch die ganzheitliche Betrachtung der verschiedenen Dimensionen der Nachhaltigkeit kann der Weg für ein gesundes Umfeld einer nachhaltigen Entwicklung geebnet werden. Unabdingbar ist dabei die Übereinstimmung von Werten und Wirkung eines Unternehmens. Denn nur dadurch kann die Integrität gewahrt und Werte glaubwürdig vermittelt und gelebt werden.

Der Referenzrahmen, in dem sich ein „Vorbild der Inklusionsbewegung für eine sich nachhaltig gestaltende Gesellschaft" verortet, wird also neben der UN-BRK und dem BThG auch durch die Ziele für eine nachhaltige Entwicklung gesteckt sowie von den formulierten Zielen eines Unternehmens oder der gesamten Branche. Dies wird durch eine aktive und konsequente Wertepositionierung und einer effektiven Wirkungsposition erreicht. Brink und Groß-Engelmann (Brink 2020, S. 20) bezeichnen Unternehmen mit dieser Positionierung als *Purpose Leader*.

Damit sind es drei Ebenen, die für eine nachhaltige Entwicklung in den Vordergrund gerückt werden:

- **Werte**
  Die UN-BRK fordert in ihren Grundsätzen „die Achtung der dem Menschen innewohnenden Würde, seiner individuellen Autonomie, einschließlich der Freiheit, eigene Entscheidungen zu treffen, sowie seiner Unabhängigkeit" (Beauftragter der Bundesregierung für die Belange von Menschen mit Behinderungen 2017, S. 9). Jeder Mensch hat das Recht auf nachhaltigen Zugang und Teilhabe in der Gesellschaft. Hinter diesem Grundrecht stehen authentische **Werte,** die ausdrücken, dass Menschen facettenreich sind und Diversität und menschliche Vielfalt in der Gesellschaft akzeptiert und geachtet werden sollen. Werkstätten haben sich diesen Werten verschrieben.

- **Nachhaltige Entwicklung**
  Neben der Wahrung und Einhaltung von sozialen und kulturellen Werten im Umgang mit Mitarbeitenden und Partnerinnen und Partnern soll auch eine fortlaufende ökologische Verträglichkeit angestrebt werden. In ihren Handlungen und Entscheidungen orientieren sich Vorbilder an den Zielen für eine nachhaltige Entwicklung der UN. Zeitgemäße Herausforderungen werden angenommen und Angebote werden so gestaltet, dass eine **nachhaltige Entwicklung** im Sinne der SDGs ermöglicht wird. Ein vielfältiges Angebot ermöglicht die optimale Betreuung und Förderung für Menschen mit Behinderung, was wiederum einen positiven Effekt auf deren Gesundheit und Wohlergehen hat. Eine hochwertige Bildung ist barrierefrei und individuell zugänglich.

**Rolle in der Gesellschaft**
Gleichzeitig sind Werkstätten aufgefordert, sich vom Rande der Gesellschaft zu lösen und ihre **Rolle in der Gesellschaft** einzunehmen. Die UN-BRK betont, dass Werkstätten als Teil des inklusiven Arbeitsmarktes eng vernetzt sein sollen. Sie fordern, dass die Teilhabe an gesellschaftlichen Angeboten barrierefrei gestaltet wird. Somit sollte ein Vorbild der Inklusionsbewegung eng mit den sozialen Trägern und der Politik vernetzt sein und einen hohen Bekanntheitsgrad in der Bevölkerung genießen. Zu erreichen ist dies durch eine intensivere Öffentlichkeits- und Netzwerkarbeit. Kooperationen und Projekte mit neuen Partnerinnen und Partnern unterstützen dabei den wirksamen Auftritt und die bessere Wahrnehmung.

## 4 Die Wirkungskreise des *facettenwerk*

Im Jahr 2018 befindet sich der Gemeinnützige Verein für Behindertenhilfe mit seinen Werkstätten in einer weiteren Phase des Umbruchs. Gesetzliche, gesellschaftliche und branchenspezifische Rahmenbedingungen haben sich verändert und die geforderte Antwort betrifft alle Entscheidungsebenen. Die externe Forderung nach einer Neuorientierung der Werkstätten ist laut und auch intern beginnt die Öffnung der Unternehmenskultur, angestoßen durch den Managementwechsel in 2016. Festlegungen und strategische Grundannahmen werden überprüft und entlang des im folgenden beschriebenen Prozesses neu definiert.

### 4.1 Werte

Im Februar 2018 fand im Rahmen einer Werteklausur der erste große Schritt zur Entfaltung der neuen Unternehmenskultur statt. Erstmalig wurden die verschiedenen Zweckbetriebe und Tochtergesellschaften des Vereins eingeladen, um miteinander an der gemeinsamen Identität, dem familiären Wertesystem und einem geeinten Zukunftsszenario zu arbeiten.

Im Zuge des Wandels und der Neubewertung der Leistungen, stellte man auch lang gelebte Werte auf den Prüfstand.

> „Und trotz des Willens, diese Werte zu bewahren, ist es auch für ein Unternehmen wie die wfb unabdingbar, sich mit Blick auf den sogenannten ‚Zeitgeist' selbst zu überprüfen und zu hinterfragen, ob das WIE noch zeitgemäß ist." (Zitat aus Werteklausur)

Die Teilnehmenden der zweitägigen Klausur, aus allen Bereichen des Vereins sowie der Tochterunternehmen, erarbeiteten gemeinsam die nachfolgenden Ergebnisse.

Von höchster Wichtigkeit war dabei zunächst – gerade in den Zeiten des Wandels – ein gemeinsames Verständnis zu entwickeln, welche zentrale Mission und Kernwerte im Verein und seiner Töchter dauerhaft als Basis bestehen bleiben, während Strategien, Praktiken und Angebote immer wieder an neue Rahmenbedingungen angepasst werden. Zu diesem Zweck wurde die Methodik: Building Your Company's Vision von Jim Collins und Jerry I. Porras (1996) herangezogen. Hierbei werden zum einen die grundlegende Kernideologie, bestehend aus Werten und Zweck des Unternehmens, und zum anderen das lebendige und immer weiter aufbauende Zukunftsszenario entwickelt. Im Kern geht es darum zu verstehen, was beständig und Routine bleibt sowie was wandelbar ist und wie diese beiden Dimensionen in Einklang gebracht werden können. Mit jedem Schritt wird der Referenzrahmen für das zukunftsfähige Miteinander sichtbarer.

> „Die Grundwerte einer Einrichtung, wie die der wfb Wiesbaden-Rheingau-Taunus können und sollen sich nicht verändern." (Zitat aus Werteklausur)

Zu Beginn wurde erarbeitet und definiert, welche Unternehmenskultur im Verein und seiner Tochterunternehmen bereits gelebt wurde. Denn dies ist der andauernde, nachhaltige Kern der Arbeit und das Fundament der Organisation. Dieser Kern gründet sich auf der langjährigen Erfahrung und der gemeinsamen Arbeit mit Menschen mit Behinderung.

Um dieser Definition eine Gestalt zu geben, erarbeiteten alle Teilnehmenden gemeinsam vier Kernwerte und eine Unternehmensmission.

**Vier Kernwerte**

**Offenheit:** Wir nutzen die Chance, neue Wege zu gehen und pflegen eine klare, faire und direkte Kommunikation. Wir lassen an unserem Wissen und Gedanken teilhaben und lernen durch Offenheit für andere Sichtweisen.

**Verbindlichkeit:** Als zuverlässiger und authentischer Ansprechpartner stehen wir für Sicherheit, Stabilität und Vertrauen. Wir nehmen Anliegen ernst und agieren in angemessener Weise, zeitnah und nachhaltig. Wir halten unser Wort!

**Empathie:** Wir erkennen die Individualität des Anderen an und sind im Umgang miteinander achtsam. In die Sichtweise und Bedürfnisse des Anderen versetzen wir uns hinein, verstehen andere Blickrichtungen und Standpunkte und versuchen diese zu verbinden.

**Respekt:** Wir begegnen Menschen auf Augenhöhe, agieren verantwortungsvoll und geben konstruktives Feedback. Wir akzeptieren Grenzen des Anderen und geben unserem Gegenüber die gleiche Wertschätzung, die wir für uns selbst erwarten.

> **Kernaussagen der Mission:**[1]
> Wir stärken Menschen!
> Wir integrieren Menschen!
> Wir sind wegweisend in der modernen Welt!

Die Kernwerte spiegeln zusammen mit der formulierten Mission die lang bewährten Traditionen wider. Sie dienen als Grundlage der täglichen Arbeit. Damit drücken sie auch die ständige Selbst-Prüfung nach zeitgemäßen Praktiken aus, was zur Weiterentwicklung der Angebote führt. Sie stehen im Einklang mit dem zuvor genannten Vorbild-Verständnis. Diese dauerhaften und wesentlichen Grundsätze und -werte des *facettenwerk* bilden das beständige Fundament, das bestehen bleibt, auch wenn die Organisation wächst oder sich verändert.

Weitere Ergebnisse der Werteklausur sind mutige, erreichbare Ziele, um den Referenzrahmen für ein nachhaltiges Weltbild zu ergänzen und den Vorbildcharakter zu leben. Diese Ziele folgen neben dem Grundverständnis auch den wesentlichen Nachhaltigkeitsaspekten und beziehen sich somit auf eine ganzheitliche Sichtweise der drei Nachhaltigkeitsdimensionen „Soziales", „Umwelt" und „Wirtschaft".

Als Vorbild einer nachhaltigen und inklusiven Gesellschaft hat der Verein gemeinsam mit den Tochterunternehmen 14 individuelle 10-Jahres-Ziele identifiziert. Sie beschreiben, wie das zukünftige Handeln gestalten werden soll oder teilweise sogar schon wird.

1. Wir sind innovativer und attraktiver Arbeitgeber und bieten Teilhabe an der modernen und digitalen Arbeitswelt.
2. Wir achten auf moderne Gebäude und Infrastruktur.
3. Sicherstellung der Finanzierung der Standards und zukünftigen Investitionen durch moderne und zweckmäßige Arbeitsangebote.
4. Implementierung der Nachhaltigkeit durch die Achtung vor Bewährtem und dem Anpassen an Veränderungen.
5. Entstehung weiterer integrativer, eigenfinanzierten Betriebsstätten mit Eigenproduktion in unterschiedlichen Geschäftsfeldern.
6. Es sollen mehr inklusive Außenstellen entstehen, um den Beschäftigten eine Vielzahl an Möglichkeiten anbieten zu können.
7. Die Bildungszeit im Berufsbildungsbereich wird verlängert, intensiviert und individualisiert.
8. Die Betreuung der Personen soll sich weg von den starren Strukturen hin zur Individualisierung – Zentrierung der Person – entwickeln.

[1] Bitte entnehmen Sie die komplette Formulierung der Mission der Homepage: https://www.facettenwerk.de/wir-das-facettenwerk/leitbild-und-werte/

9. Qualitätssicherung durch Aufbau von Kompetenz- und Schulungszentren für die verschiedenen Gewerke und Personenkreise.
10. Einrichtungen sollen für weitere benachteiligte Personengruppen geöffnet werden.
11. Eine bessere Außendarstellung soll erreicht werden durch regelmäßige Berichte in der Lokalpresse und Durchführung einer Image- und Öffentlichkeitskampagne für GID, DBS und wfb[2]: „Wir tun Gutes und reden darüber".
12. Eine klare Identität für Verein, Werkstätten, DBS und GID für einen transparenten Auftritt.
13. Eine funktionierende, ausgebaute Vertriebsstruktur für einen erleichterten Zugang für Kunden.
14. Neue, weitreichende Kooperationen mit Firmen, um neue Zielgruppen in neuen Arbeitsfeldern beschäftigen zu können.

## 4.2 Nachhaltige Entwicklung

Die Ziele der Werteklausur sind im Rahmen der Nachhaltigkeitsbemühungen, des Gemeinwohls und der Menschenrechte gefasst. Im Rahmen der Entsprechenserklärung des Deutschen Nachhaltigkeits-Kodex für das Jahr 2019 hat das *facettenwerk* die Basis für eine weitere Orientierung an den SDGs geschaffen. Zur besseren Anschauung werden die Ziele im Folgenden den SDGs zugeordnet. Seit der Werteklausur konnten bereits einige Fortschritte generiert werden.

- **SDG 1: Armut verringern – Armut in jeder Form und überall beenden & SDG 3: Gesundheit und Wohlergehen fördern – Ein gesundes Leben für alle Menschen jeden Alters gewährleisten und ihr Wohlergehen fördern (BMZ 2017, S. 8).**

Durch die Bereitstellung angepasster Arbeitsplätze und Schaffung individueller Arbeitsbedingungen leistet das *facettenwerk* einen wahrnehmbaren Beitrag für die Beschäftigten zur Lebenshaltung und -führung. Es werden damit neben der Einbindung und Teilhabe an der Arbeitswelt und der Gesellschaft auch die damit verbundenen Einkommensperspektiven sowie die Sicherung von Rentenansprüchen nach 20 Jahren Erwerbstätigkeit angeboten. Grundlegende soziale Dienstleistungen zur Sicherung der Grundbedürfnisse werden somit zugänglich gemacht.

[2] Die iba gGmbH ist seit Juli 2019 eine Tochterfirma des Vereins.

Durch die Erfüllung des Kernauftrages wird das soziale Umfeld und die Möglichkeit, Kontakte zu knüpfen, gesichert, was sich wiederum positiv auf die psychische und damit einhergehend auch auf die körperliche Gesundheit auswirkt. Zur Unterstützung und Förderung der Fähig- und Fertigkeiten der Beschäftigten bietet das *facettenwerk* Gesundheitsdienste an, zu denen ein breites Therapie- und Rehaangebot sowie regelmäßige Trainings gehören. Hinzu kommen spezielle Angebote wie ein Outdoor-Sportgeräte-Parcours und ausgewogene und nahrhafte Lebensmittel in den Kantinen, um einen gesunden Lebensstil zu fördern.

Ende 2019 entstand der Arbeitskreis zur Entwicklung von neuen, modernen begleitenden Maßnahmen für die Beschäftigten der Werkstätten, Teilnehmenden des Berufsbildungsbereichs sowie für die Besuchenden der Tagesförderstätten. Daraus entstehen bereits die ersten Konzepte für zeitgemäße, zusätzliche Kultur- und Sportangebote.

Die Organisation zielt darauf ab, die Angebote auf hohem Qualitätsniveau auszuweiten und dieses Niveau durch den Aufbau von Kompetenz- und Schulungszentren zu sichern. Unter der Prämisse, den Auftrag insbesondere unter das Grundprinzip der Personenzentrierung zu stellen, soll die Teilhabe von Menschen mit Behinderung auf dem allgemeinen Arbeitsmarkt durch mehr Außenarbeitsplätze gefördert und die Eigenproduktion ausgebaut werden. Gleichzeitig ist angedacht, den zu betreuenden Personenkreis zu öffnen.

Das Vorhaben wird seit Mai 2019 durch die systematische Erfassung und Aufarbeitung von relevanten Daten an zentraler Stelle unterstützt. Die aus diversen Projekten resultierenden Kennzahlen werden entsprechend aufgearbeitet und dienen der Entscheidungsgrundlage für künftige Vorhaben.

- **SDG 4: Hochwertige Bildung – Inklusive, gerechte und hochwertige Bildung gewährleisten und Möglichkeiten des lebenslangen Lernens für alle fördern (BMZ 2017, S. 8).**

Die Werteklausur unterstreicht die Notwendigkeit, eine inklusive, gerechte und hochwertige Bildung für unsere Teilnehmenden zu gewährleisten. Das bestehende Angebot des Berufsbildungsbereichs sollte verlängert, intensiviert und individualisiert werden. Adäquate Lernumgebung und Unterrichtsmaterialien sind hier selbstverständlich.

Dies wird seit 2019 umgesetzt. Zunächst fand die räumliche Trennung von Werkstatt und Berufsbildungsbereich statt. Der Berufsbildungsbereich zog im Juli 2019 aus dem Werkstattgebäude aus und wurde neben dem Integrationsfachdienst der Tochterfirma GID gGmbH angesiedelt. Der Umzug ist aus mehreren Perspektiven gewinnbringend. Die räumliche Distanzierung zur Werkstatt unterstützt die Abgrenzung der beiden Bereiche. Die neue Nähe zum Integrationsfachdienst stellt die direkte Verbindung zum allgemeinen Arbeitsmarkt dar und erleichtert eine schnelle Handlungsfähigkeit.

Als zweiter großer Meilenstein arbeitet der Berufsbildungsbereich seit August 2019 mit einem neuen, modernen Konzept. Dieses fokussiert die Bedürfnisse der Teilnehmenden und sichert die Ausrichtung auf die Anforderungen an der Teilhabe am

Arbeitsleben und der Gesellschaft. In diesem Prozess werden gemeinsam mit den Teilnehmenden Perspektiven und Bildungsziele vereinbart, die den Wünschen und realisierbaren Möglichkeiten der Teilnehmenden entsprechen. Angelehnt an die duale Ausbildung (reguläre Ausbildung auf dem allgemeinen Arbeitsmarkt) ist das Ziel der beruflichen Bildung der Erwerb von berufsbezogenen Handlungskompetenzen und die Förderung der allgemeinen Bildung. Im Zuge dessen wird die persönliche Entwicklung der Teilnehmenden gefördert, um eine Beschäftigungsfähigkeit mit verschiedenen Perspektiven zu ermöglichen.

- **SDG 7: Bezahlbare und saubere Energie – Zugang zu bezahlbarer, verlässlicher, nachhaltiger und zeitgemäßer Energie für alle sichern & SDG 9: Industrie, Innovation und Infrastruktur – Eine belastbare Infrastruktur aufbauen, inklusive und nachhaltige Industrialisierung fördern und Innovationen unterstützen (BMZ 2017, S. 8).**

Obwohl sich die Dienstleistungen der Werkstätten auf meist manuelle Leistungen fokussieren, erfordern einzelne Produktionsschritte punktuell einen erhöhten Energieaufwand. Dazu zählt beispielsweise die Schreinerei, die Küchen oder die Flaschenspülanlage in Oestrich-Winkel. Um den überdurchschnittlichen Energieverbrauch $CO_2$-neutral zu decken, werden jeweils Alternativen für eine ökologisch verträglichere Energieversorgung gesucht. Aus diesem Grund wurde im Jahr 2019 beschlossen, in Oestrich-Winkel eine Photovoltaik (PV)-Anlage zu installieren, die tagsüber die Betriebsstätte direkt mit Solarstrom beliefert und Überschüsse in das Energienetz einspeist. Die Inbetriebnahme erfolgte im Februar 2020 und gilt als Pilotprojekt für den Bau weiterer PV-Anlagen in den weiteren Betriebsstätten.

Um auch beim Verbrauch eine höhere Energieeffizienz zu erreichen, wurden weitere Maßnahmen bereits umgesetzt. Dazu zählen unter anderem die Umstellung auf LED-Beleuchtung, was eigens in der größten Betriebsstätte am Standort Hagenauer Straße zu einer Einsparung von jährlich rund 6030 kWh Strom führt (Umweltamt Wiesbaden 2019, S. 55). Es wurden außerdem bereits einige konkrete Baumaßnahmen und Renovierungsarbeiten unter Einbeziehung verschiedener ökologischer Faktoren definiert und umgesetzt.

Neben der Modernisierung der Betriebsgebäude wird ebenfalls eine ökologisch verträgliche Infrastruktur aufgebaut. In einem ersten Schritt wurden dazu im Jahr 2018 drei Elektro-Kfz mit eigenen Stromladesäulen für die Werkstätten angeschafft. Damit werden jedes Jahr rund 3773 kg $CO_2$ eingespart (Umweltamt Wiesbaden 2019, S. 55).

- **SDG 8: Menschenwürdige Arbeit & Wirtschaftswachstum – Dauerhaftes, inklusives und nachhaltiges Wirtschaftswachstum, produktive Vollbeschäftigung und menschenwürdige Arbeit für alle fördern (BMZ 2017, S. 8).**

Der Anteil der Menschen mit Behinderung, die ohne Beschäftigung sind oder aufgrund ihrer Beeinträchtigung keine Berufsausbildung durchlaufen können, kann mithilfe der *facettenwerk*-Angebote verringert werden. Für das Recht auf angepasste Arbeit für Menschen mit besonderen Bedürfnissen wird Sorge getragen. Die Werkstätten-Mitwirkungsverordnung regelt die gesetzlichen Ermächtigungen und Verpflichtungen des Werkstattrates als Interessensvertretung der Beschäftigten.

Durch die Dienstleistungen der Werkstätten für Unternehmen findet eine direkte Einbindung in deren Wertschöpfungsketten statt. Das führt dazu, dass die Werkstätten selbst zum Akteur des allgemeinen Marktes werden. In Zukunft sollen weitere, eigenfinanzierte Betriebsstätten mit Eigenproduktion in unterschiedlichen Geschäftsfeldern aufgebaut werden. Der Zugang für die Kundschaft wird mit einer ausgebauten Vertriebsstruktur erleichtert. Der 2019 eingeführte zentrale Vertrieb bewertet und analysiert bestehende Aufträge, meldet Bedarf an Innovationen und erschließt neue Kundenkreise. Das wachsende Angebot an Eigenprodukten sichert nicht nur lokale Arbeitsplätze, sondern fördert gleichzeitig die Regionalität der Produkte. In dieser Arbeit drückt sich die Schaffung einer gemeinsamen Kultur aus, die einen nachhaltig positiven Effekt für die gesamte Region mit sich bringt.

Der Zugang zum allgemeinen Arbeitsmarkt für Menschen mit Behinderung ermöglicht nämlich nicht nur deren Einbindung in produktive und sinnstiftende Tätigkeiten als Teil der Vorsorgeleistung der Werkstätten, sondern hat ebenfalls einen positiven Effekt für die Gesamtwirtschaft. Eine bundesweite Studie der Bundesarbeitsgemeinschaft der Werkstätten zum „Social Return on Investment" der Werkstattleistungen aus 2014 ergab, dass die Teilhabeangebote der Werkstätten im Jahr für die Gesellschaft ein deutliches Plus ergeben (Einnahmen und Einsparungen von rund 6 Mrd. EUR im Vergleich zu etwa 5,6 Mrd. EUR Investitionen; BAG 2014).

Durch die genannten Maßnahmen sowie mit einer generellen Verbesserung der *facettenwerk*-Angebote wird die Sicherstellung der Finanzierung von Standards und zukünftigen Investitionen angestrebt. Der Aufbau von Kompetenz- und Schulungszentren für die verschiedenen Gewerke und Personenkreise trägt zur verbesserten Qualität bei.

- **SDG 10: Ungleichheiten reduzieren – Ungleichheit innerhalb von und zwischen Staaten verringern (BMZ 2017, S. 9).**

Die Angebote des *facettenwerk* stärken die wirtschaftliche und gesellschaftliche Integration von Menschen mit Behinderung und fördern deren Bildungs- und Arbeitsrechte sowie den Anspruch auf einen gerechten Anteil am sozialen Wohlstand. Die Erweiterung dieser Angebote für weitere Personengruppen, die Förderung von Inklusion innerhalb des Vereinsnetzwerks und der Erhalt von vorhandenen Arbeitsplätzen, trägt dazu bei, Diskriminierung zu beenden und Ungleichheiten innerhalb der Gesellschaft abzubauen.

Als Teilnehmer an der SROI-Teilstudie der BAG WfbM beteiligt sich das *facettenwerk* daran, den Nachteilsausgleich im Bereich der beruflichen Teilhabe von Menschen mit Behinderung zu verbessern. Die Studie analysiert mithilfe eines gerechtigkeitstheoretischen Ansatzes Teilhabechancen von Menschen mit Behinderung. Somit können Wirksamkeit und Qualität von Werkstattangeboten objektiv bewertet werden. Auf dieser Basis soll die Teilhabequalität im Sinne der Beschäftigten stets verbessert werden (Oberholzer und Widmer 2017, S. 4).

- **SDG 11: Nachhaltige Städte und Gemeinden – Städte und Siedlungen inklusiv, sicher, widerstandsfähig und nachhaltig machen (BMZ 2017, S. 9).**

Durch eine bessere Außendarstellung in Presse und Medien ist es dem Verein ein Anliegen, das Bewusstsein für Diversität und Vielfalt zu vergrößern und somit möglichen Barrieren und Ungleichheiten vorzubeugen. Die Schaffung der Pressestelle, der Aufbau der regelhaften Öffentlichkeitsarbeit sowie das Entwerfen von Informationsmaterialien gehörte zu den ersten Meilensteinen. Ein interner Newsletter dient der verbesserten und regelhaften Unternehmenskommunikation. Die verstärkte Netzwerkarbeit und der Aufbau neuer Kooperationen trägt zur Akquise neuer Außenstellen und Partnerinnen und Partner bei.

Für den professionellen, zielgruppenoptimierten Internetauftritt entwickelte ein Projektteam im Jahr 2019 auf Grundlage der Werteklausur, der Kernwerte, Mission und Zukunftsziele, eine Marke, die die Identität und Unternehmenskultur widerspiegelt. Im Folgenden wird diese Markenentwicklung genauer als Ausdruck der Unternehmenskultur beleuchtet.

## 4.3 Rolle in der Gesellschaft

Durch die Entwicklung der neuen Marke *facettenwerk* wurde im November 2019 ein wichtiger Meilenstein in der zeitgemäßen Entwicklung der Zukunftsfähigkeit des Vereins erreicht.

Der frühere Name „wfb" stammt aus den 1990er-Jahren und stand für „Werkstatt für Behinderte". Heute lautet die Einrichtungsbezeichnung innerhalb der Branche „Werkstatt für Menschen mit Behinderung (WfbM)". Daneben herrschte auch intern ein geeintes Bild: „wfb" sei nicht mehr zeitgemäß und ein neues Auftreten als Netzwerk zwischen Verein und Töchtern solle als stärkender Synergieeffekt genutzt werden. Die Wurzeln der „wfb"-Marke sollten als nachhaltiger Kern und Fundament der Organisation in der neuen Marke aufleben.

Ziele der neuen Marke:

- **Wertstellung:** Aufladung der neuen Marke mit den Werten für die das Unternehmen steht.
- **Öffentlichkeitsarbeit:** Wertvolle Arbeit, die tagtäglich verrichtet wird, nach außen zeigen.
- **Menschlich sein:** Die neue Marke emotional aufladen.
- **Alleinstellungsmerkmale:** Was können wir besonders gut.
- **Zielgruppenansprache:** Vom „Kunden aus denken", Fragen beantworten, Lösungen bieten.

Ein besonderer Fokus lag auf der Zielgruppenorientierung. Zu diesem Zweck wurden zunächst alle Stakeholder benannt sowie deren Wünsche und Bedürfnisse formuliert. Dazu gehören unter anderem Menschen mit Beeinträchtigung, private oder geschäftliche Kundinnen und Kunden, Unternehmen, Kooperations- und Netzwerkpartner sowie unsere Kostenträger. Folglich wurde die Positionierung und damit einhergehend die Marke mit drei Kernbotschaften besetzt:

1. „*XY*" ist Partner/Assistent/Wegbegleiter und Arbeitgeber für Menschen mit geistiger Beeinträchtigung im Raum Wiesbaden und Rheingau-Taunus-Kreis. „*XY*" bildet beruflich Menschen mit Beeinträchtigung, trainiert und fördert sie ganz individuell.
2. „*XY*" unterstützt, die passgenaue und richtige Arbeit und Arbeitsstelle zusammen zu finden und begleitet unterstützend das Arbeitsleben ganz nach den persönlichen Erfordernissen.
3. So bietet „*XY*" den Auftraggebenden und externen Arbeitgebenden eine Vielfalt von Arbeits- und Leistungskräften, die besonders und wertvoll ist. Die Menschen lösen Probleme für Auftraggebenden und Arbeitgebenden und schließen durch ihre einzigartige Arbeitskraft eine Lücke.

Alle Namensvorschläge durchliefen eine Analyse, die den Ausdruck der Marke auf die eigenen Aussagen sowie auf die Bedürfnisse der Stakeholder beurteilte. In zweiter Instanz wurden die Ideen auf die Punkte „Aussprache", „Verständlichkeit", „Eindeutigkeit", „Inspiration", „Unternehmensbezug" und „Abgrenzung zu Wettbewerbern" geprüft.

Die Marke *facettenwerk* hat sich allen kritischen Prüfungen bewährt: Sie symbolisiert Individualität, ist wertegeladen und ansprechend. Die Menschen, die sich im *facettenwerk* beruflich bilden, eine Beschäftigung finden oder in den allgemeinen Arbeitsmarkt vermittelt werden, bringen eine Vielfalt von individuellen Facetten mit. Diese Facetten prägen das Handeln und Tun gemäß der Mission: Wir stärken Menschen. Wir integrieren Menschen. Wir sind wegweisend in der modernen Welt! Die Angebote werden im Sinne der Beschäftigten nicht für sie, sondern mit ihnen zusammen weiterentwickelt.

Mit dem neuen Namen werden die Vielfältigkeit und damit auch die Kernwerte unterstrichen:

> **Offenheit:** Die Organisation entwickelt sich im Sinne der facettenreichen und vielfältigen Menschen, die mit ihrem Angebot begleitet werden, immer weiter und ist dynamisch und offen für individuelle Belange und Bedürfnisse und neue Anforderungen der Auftraggeber.
>
> **Verbindlichkeit:** Das facettenwerk präsentiert sich durch hohe Qualitätsarbeit und fachliche Kompetenzen als zuverlässiger Partner für Beschäftigte und Unternehmenskundschaft.
>
> **Empathie:** Das Personal und die Beschäftigten sind individuell und vielfältig, in ihrem Können, Fähigkeiten und Fertigkeiten. Man legt viel Wert auf die richtige Ansprache, Förderung und Assistenz der Beschäftigten und untereinander.
>
> **Respekt:** Das Handeln ist von gegenseitigem Respekt und Wertschätzung eines jeden geprägt. Man handelt „durchlässig", um die bestmögliche Einbindung der Beschäftigten und Besuchenden zur erreichen.

Auf ihnen aufbauend, lassen sich die Angebote des Vereins und seiner Tochterunternehmen für Menschen mit Behinderung immer weiter entfalten: vielfältig, individuell und wertehaltig.

Die zugehörige Bildmarke (Abb. 1) strahlt die kulturelle Kraft der Organisation aus.

> Die Facettenform steht für ein buntes und vielfältiges Miteinander. Dabei suggeriert die florale, runde Form einen Ausdruck von Wachstum, Förderung & Entwicklung, aber auch von Lebendigkeit und Dynamik.
>
> Die Anordnung zu einem Rad verdeutlicht den positiven und dynamischen Charakter. Das Gesamtgebilde symbolisiert den einzelnen Menschen, der ein Teil des Ganzen ist.
>
> Es besteht jederzeit die Möglichkeit, eine weitere Facette hinzuzufügen.

**Abb. 1** Logo "facettenwerk" (Bildmarke)

facettenwerk
Behindertenhilfe • Wiesbaden • Rheingau • Taunus

Die sechs Farben des Hauptlogos spiegeln die sechs Facetten wider, die auch Untermarken und deren Angebote (Abb. 2, 3, 4, 5, 6 und 7) umfassen:

Die Bereiche *facettenwerk*-Werkstatt, -Tagesraum, -Bildung und -Kreativ werden vom Gemeinnützigen Verein für Behindertenhilfe Wiesbaden und Rheingau-Taunus-Kreis e. V. angeboten. Die GID gGmbH stellt das Angebot *facettenwerk*-Agentur bereit und DBS gGmbH komplettiert das Angebot mit dem *facettenwerk*-Service.

**Abb. 2** Vielfalt als Wiedererkennung einer gemeinsamen Marke: facettenwerk Agentur

**Abb. 3** Vielfalt als Wiedererkennung einer gemeinsamen Marke: facettenwerk Bildung

**Abb. 4** Vielfalt als Wiedererkennung einer gemeinsamen Marke: facettenwerk Kreativ

**Abb. 5** Vielfalt als Wiedererkennung einer gemeinsamen Marke: facettenwerk Service

**Abb. 6** Vielfalt als Wiedererkennung einer gemeinsamen Marke: facettenwerk Tagesraum

**Abb. 7** Vielfalt als Wiedererkennung einer gemeinsamen Marke: facettenwerk Werkstatt

Mit der neuen Marke wurde ein wesentlicher Schritt auf dem Weg zur inhaltlichen Transformation gemacht. Auf dieser Basis ist es möglich …

… die Bandbreite des Leistungsportfolios aufzuzeigen.
… verständlich zu sein und gleichzeitig neugierig zu machen.
… ein lebendiges Bild abzugeben.
… die Zukunft einer konventionellen Institution mit „alten" Werten „neu" zu gestalten.

Die Marke *facettenwerk* drückt nicht nur die nachhaltigkeitsorientierte Unternehmenskultur aus, sondern fördert gleichzeitig den Effekt, eine wahrnehmbare und transparente Rolle in der Gesellschaft einzunehmen. Dabei bleiben die Kernwerte als unveränderliche Basis bestehen, während sich das Gewand zeitgemäß anpasst. *facettenwerk* drückt gleichzeitig die dauerhaften, wesentlichen Grundsätze der Organisation und die facettenreiche, dynamische, nachhaltige Entwicklung einer „lernenden Organisation" aus. Nicht nur externe Stimmen nahmen die Veränderung positiv an, auch intern trifft der Name auf Identifikation: Beschäftigte zeigen noch immer mit Stolz ihren *facettenwerk*-Anstecker, der im Zuge der Umbenennung an alle verteilt wurde. Die Reichweite und auch die Wahrnehmung als neues Ganzes bleibt eine andauernde Aufgabe, die nun strategisch verstetigt wird.

## 5 Fazit

Als „Vorbild der Inklusionsbewegung für eine sich nachhaltig gestaltende Gesellschaft" befindet sich das *facettenwerk* in einem Veränderungsprozess, der die Interessen der Leistungsempfänger und der Werkstätten tiefgreifend in Einklang bringt und die Angebote stets weiterentwickelt. Das oberste Ziel, eine positive Wirkung für Menschen mit Behinderung zu leisten, kann im Kontext der Nachhaltigkeit nur mit einer systemischen Perspektive gelingen. Aus der Spannung zwischen Kernidentität und dynamischen Entwicklungen zieht das *facettenwerk* die Kraft, die gesteckten Ziele der Nachhaltigkeit zu erreichen.

Ausschlaggebend ist in dem Prozess, dass das *facettenwerk* sich in dem Referenzrahmen eines Vorbildes verortet und alle drei Ebenen von selbstgesetzten, branchenübergreifenden **Werten,** einer **nachhaltigen Entwicklung** und seiner **Rolle in der Gesellschaft** in Einklang bringt.

Als Gemeinnützige Organisation schafft das *facettenwerk* nicht nur Teilhabebeschränkungen ab, sondern fördert das Gemeinwohl in den verschiedenen Dimensionen der Nachhaltigkeit. Das *facettenwerk* ist also nicht Vorbild, weil es bereits alle Ziele erfüllt – dieser Punkt ist schwerlich zu erreichen – aber es hat sich die essenziellen Ziele im entscheidenden Rahmen gesetzt und sich auf den Weg zur nachhaltigen Zukunft gemacht. Dass unsere Markenentwicklung und das neue, intrinsisch entstandene Logo letztendlich dem Ausdruck der SDG-Darstellung ähnelt – bunt und vielfältig – stellt für uns eine Bestätigung dessen dar, was wir anstreben zu sein.

Um auf das anfängliche Bild des großen Orchesters zurückzukommen: Das *facettenwerk* ist dabei, Partituren zu komponieren. Es bietet Menschen mit Behinderung die Möglichkeit, den selbstverständlichen Platz in der Gesellschaft einzunehmen. Damit das Orchester zu klingen beginnt.

## 6 Epilog

Im Jahr 2020 wurden aufgrund der Covid-19-Pandemie die Werkstätten für behinderte Menschen für mehrere Monate geschlossen. Durch die Einschränkung des öffentlichen Lebens, insbesondere während des Lockdowns, glichen sich die Lebenswelten an. Die Regeln galten für alle. Die umsatzrelevanten Projekte konnten nicht fortgeführt werden. Stattdessen wurden die Beschäftigten mit Behinderung zu Hause – in Wohnheimen und anderen Wohnformen – besucht, betreut und beschäftigt. Gleichzeitig übernahm das Fachpersonal die produktive Arbeit in den Werkstätten und sicherte mit dem Umsatz den Lohn der Beschäftigten. Die Lektion aus diesem vertieften Kontakt lässt sich auf zwei Ebenen verdeutlichen:

Die „Fachkräfte für Arbeits- und Berufsförderung" wechselten mit dem Arbeitsfeld auch Rolle und Perspektive. Vielen wurde erst jetzt klar, welche Leistung die behinderten Beschäftigten tatsächlich täglich vollbringen.

> Die körperliche Wirklichkeit des von ihnen professionell gestalteten Alltags für behinderte Menschen wurde nun selbst erfahren. Diese Irritation eröffnete die Entwicklung eines veränderten Selbst- und Rollenverständnisses: der Ausgangspunkt für eine weitere kulturelle Entwicklung.

Unmittelbarer und konkreter Ausdruck ist die Vielzahl an Verbesserungen von Arbeitsmitteln und -weisen. Und die Ahnung, dass dies ein Schritt zur Überwindung der Einteilung in Betreute und Betreuende sein könnte, hin zu einem inklusiven kooperativen Gesamtangebot, das die jeweilige Körperlichkeit aller organisiert und produktiv macht.

Der Einsatz in Wohnheimen und anderer Wohnorte erschloss den Besuchenden die Lebenswelten ihrer langjährigen Mitarbeitenden. Die Poster an den Wänden, Musik, Andenken und Symbole ergänzten die Bilder und Einschätzungen der Fachkräfte.

► Auch hier ein Perspektiv- und Rollenwechsel: Sie fanden sich als Gast in der Welt derer wieder, deren Tagesstruktur und Arbeitsweise sie sonst festlegten. Das Hören, Sehen und Fragen erschließt für alle Beteiligten ein tieferes Verständnis einer gemeinsamen nachhaltigen Entwicklung.

Die Reduktion der Komplexität öffentlichen Lebens während der Pandemie im Jahr 2020 gleicht die Lebenswelten behinderter und nicht behinderter Menschen an. Die Körperlichkeit behinderter Menschen ist als Beitrag zu verstehen, mit den Einschränkungen körperlicher Beweglichkeit und Einhaltung von Regeln des Alltags während der Pandemie umzugehen. In der Debatte um die Parameter der nachhaltigen Entwicklung ist dies ein wesentlicher Beitrag.

Das *facettenwerk* sieht seine Aufgabe darin, diesen Aufbruch zu organisieren und immer wieder in den gesellschaftlichen Rahmen zu stellen.

**Dr. Simeon Ries** ist seit 2016 Geschäftsführer des Gemeinnützigen Vereins für Behindertenhilfe Wiesbaden und Rheingau-Taunus-Kreis e. V. In den vergangenen 20 Jahren war der Diplomtheologe, MBA und Dr. phil. als Unternehmensberater mit dem Schwerpunkt „Kulturverträgliches Management", Professor für nachhaltiges Management international tätig. Besonders beschäftigt hat er sich mit der Verbindung zwischen verantwortlichem Unternehmertum und der globalen Entwicklung von Nachhaltigkeit. Auch heute ist es ihm ein besonderes Anliegen, die verschiedenen Nachhaltigkeitskomponenten im Unternehmen zu vereinen und zu sichern.

**Friederike Remiorz** begann im Februar 2018, nach Abschluss des Masterstudiums, ihre Tätigkeit im Bereich Öffentlichkeitsarbeit und als Assistentin der Geschäftsführung beim Gemeinnützigen Verein für Behindertenhilfe Wiesbaden und Rheingau-Taunus-Kreis e. V. Bei der Markenentwicklung und -umbenennung wirkte sie maßgeblich mit. Vor ihrem persönlichen und akademischen Hintergrund liegt ihr eine ganzheitliche Betrachtung der Nachhaltigkeitsdimensionen am Herzen. Daher erstellte sie für das *facettenwerk* die erste Entsprechenserklärung gemäß dem Deutschen Nachhaltigkeitskodex.

## Literatur

BAG (o. J.) Bundesarbeitsgemeinschaft Werkstätten für behinderte Menschen e. V. „Mehr Wert als man denkt!" Studie berechnet Sozialbilanz von Werkstätten für behinderte Menschen. https://www.bagwfbm.de/file/895. Zugegriffen: 25. Juli 2020

BAG (2014) Bundesarbeitsgemeinschaft Werkstätten für behinderte Menschen e. V. Der Social Return on Investment – Mehr Wert als man denkt!. https://www.bagwfbm.de/page/sroi_allgemein. Zugegriffen: 14. Juni 2020

BAG (2018) Bundesarbeitsgemeinschaft Werkstätten für behinderte Menschen e. V. Werkstatt im Wandel – Die Position des Vorstandes der BAG WfbM, Stand: März 2018, Herausgeber: BAG WfbM, Martin Berg (Vorsitzender), Peter Friesenhahn, Andrea Stratmann, Dr. Jochen Walter und Alex Willenberg (stellv. Vorsitzende), Frankfurt a. M.

BAG (2019) Bundesarbeitsgemeinschaft Werkstätten für behinderte Menschen e. V. Der Beitrag der Werkstattleistung zur Umsetzung der UN-BRK, Stand: Februar 2019, Frankfurt a. M.

BAG (2020a) Bundesarbeitsgemeinschaft Werkstätten für behinderte Menschen e. V. Zukunft gestalten – Jahresbericht 2019; Herausgeber: Martin Berg (Vorsitzender), Peter Friesenhahn, Andrea Stratmann, Dr. Jochen Walter und Alex Willenberg (stellv. Vorsitzende), Frankfurt a. M.

BAG (2020b) Bundesarbeitsgemeinschaft Werkstätten für behinderte Menschen e. V. Werkstatt:Dialog, 36. Jahrgang, 2. 2020, Herausgeber: Martin Berg (Vorsitzender), Peter Friesenhahn, Andrea Stratmann, Dr. Jochen Walter und Alex Willenberg (stellv. Vorsitzende), Frankfurt a. M.

Beauftragter der Bundesregierung für die Belange von Menschen mit Behinderungen (2017) UN-Behindertenrechtskonvention, Herausgeber: Beauftragter der Bundesregierung für die Belange von Menschen mit Behinderungen, Die amtliche, gemeinsame Übersetzung von Deutschland, Österreich, Schweiz und Liechtenstein, Stand: Januar 2017, Berlin

BMZ (2017) Bundesministerium für wirtschaftliche Zusammenarbeit und Entwicklung: Der Zukunftsvertrag für die Welt, Herausgeber: – Bundesministerium für wirtschaftliche Zusammenarbeit und Entwicklung, Referat Öffentlichkeitsarbeit, digitale Kommunikation, Besucherdienst, Stand: März 2017. https://www.bmz.de/de/mediathek/publikationen/reihen/infobroschueren_flyer/infobroschueren/Materialie270_zukunftsvertrag.pdf. Zugegriffen: 31. Aug 2020

Brink A (2020) Wettbewerb der Werte! – Eine ökonomische Neuorientierung in Post-Corona-Zeiten (Vortrag im Rahmen der Mitgliederversammlung der Bundesarbeitsgemeinschaft Inklusionsfirmen e. V. (bag if)) am 31.08. in Dresden).

Collins J, Porras JI (1996) Building your company's vision. Harvard Bus Rev 74(September–October):65–77

Oberholzer D, Widmer M (2017) SROI-TuN – Die Bemessung der Wirkung und Qualität des Nachteilsausgleichs in Rehabilitationseinrichtungen. Studienbeschrieb der Fachhochschule Nordwestschweiz FHNW. Hochschule für Soziale Arbeit, Olten

Umweltamt Wiesbaden (2019) ÖKOPROFIT Wiesbaden 2018/2019, Landeshauptstadt Wiesbaden, Herausgeber: Umweltamt, Wiesbaden

# biokaiser – Ein Weg von der Öko-Marke zu der sozialethischen Markierung

Volker Schmidt-Sköries

**Zusammenfassung**

Der 45-jährige Weg einer Bäckerei aus dem alternativen Milieu in eines der regional größten Biobäckerunternehmen wird hier als Prozess beispielhaft beschrieben. Im Spannungsfeld von Ideen und Werten mit sich verändernden gesellschaftlichen und wirtschaftlichen Themen entwickelt sich ein Unternehmen als Konkretisierung einer Utopie mit all den dazugehörigen Schwächen. Verschiedene Betrachtungen in und aus der Wirtschaft sowie eine phänomenologische Beschreibung einer Unternehmensführung werden zusammengefasst und sind immer wieder in der Konkretisierung und in Fragmenten der Umsetzung zu finden. Der Weg führt aus dem Alternativmilieu durch eine wirtschaftliche Krise hindurch zur Erfolgsgeschichte. Der Weg führt vom Ökounternehmen zur sozialethischen Marke. Dies alles geschieht aktualisiert im Kontext der Corona-Pandemie.

## 1 CSR: Objektive Gründe und subjektive Ansichten

Der Staat kann Rahmen und Spielregeln der Wirtschaft in einer globalisierten Welt nur im begrenzten Maße strukturieren und beeinflussen. Dass die staatliche Einflussnahme jedoch erheblich größer sein kann, ist in der Corona-Pandemie sehr deutlich geworden.

Das nimmt Unternehmen aber nicht aus ihrer Verantwortung heraus, sozial und nachhaltig zu wirken. Es geht für Unternehmen nicht nur darum, sich an Gesetze und Regeln

V. Schmidt-Sköries (✉)
Kaiser. Die Vollkornbäckerei GmbH, Mainz-Kastel, Deutschland
E-Mail: v.schmidt-skoeries@biokaiser.de



A. Trischler und S. Böhling (Hrsg.), *CSR in Hessen*, Management-Reihe Corporate Social Responsibility, https://doi.org/10.1007/978-3-662-63004-4_24

zu halten, sondern auch darum, selbst umfassende Maßstäbe und Haltungen für ein soziales Miteinander zu kreieren und zu praktizieren. Unternehmensverantwortung zielt nicht nur auf das eigene Tun und Lassen, sondern verantwortet immer auch die Wirkung auf unsere Gesellschaft und Kultur.

Nicht nur, wie man mit Gewinnen umgeht, sondern auch, wie Gewinne erzielt werden, wird so zur unternehmerischen und ethischen Fragestellung.

Betrachtet man nun CSR aus dem subjektiven, individuellen Gesichtspunkt, so möchte ich aus meiner Erfahrung Folgendes konkretisieren. Vor über 40 Jahren stand in einer Küche in der Blücherstraße in Wiesbaden hinter unserem ersten Bäckergeschäft handgeschrieben das Zitat von Ernst Bloch an der Wand:

> „Ich bin. Aber ich habe mich nicht. Darum werden wir erst." (Prinzip Hoffnung).

Das war einer der Kernsätze der Diskussionen in unserer alternativen Bäckergruppe in den 70ern, die uns damals zusammenführte und gemeinsam in Bewegung hielt. In diesem Zitat von Bloch schimmert unter anderem bereits der Zusammenhang von individuellem Bewusstsein und sozialer Lösung durch. Die meisten Fragen unseres menschlichen Miteinanders können nur soziale Lösungen finden. Auch dies machte uns schon damals deutlich, dass auch im Wirtschaftlichen Kooperation vor Konkurrenz gilt.

Sehnsucht, Bedürfnis und Sinnsuche waren Ausgangspunkte bei jedem einzelnen Gruppenmitglied, aber auch von unserer Gruppe als Ganzes. Das Warum, Wozu und Wofür als Leitfragen unserer Entwicklungsprozesse mit dem Ziel, sozial Besseres zu schaffen und in unserem Leben und in unserer Gesellschaft und Kultur zu integrieren. Das ist ein subjektiver Erfahrungshintergrund für CSR.

Ein anderes individuelles Argument basiert auf einer Grenzerfahrung. Jahrzehnte später, als ich zweimal mein eigenes Lebensende durch schwere Krankheiten vor mir sah und sich nach einiger Zeit herausstellte, dass ich weiterleben konnte, bestätigte mir diese Erfahrung nochmal die Perspektive auf das Wesentliche. Steht man real oder imaginiert am eigenen Lebensende und schaut zurück, so wird deutlich, dass das Thema des äußeren Reichtums keine wesentliche Bedeutung spielt. Themen, wie Verantwortung und Beziehung, geben dem eigenen Leben erst richtiges Gewicht. Als Unternehmer führt sowohl aus objektiver Sicht als auch aus subjektiver Erkenntnis kein Weg daran vorbei, im Unternehmen immer auch aus der Unternehmensverantwortung (CSR) heraus zu handeln; das heißt nach wirtschaftlichen, sozialen und nachhaltigen Gesichtspunkten.

## 2 Einladung zum Perspektivwechsel: Verschiedene Betrachtungen in und aus der Wirtschaft

In meiner evangelisch-christlichen Biografie ist für mich schon sehr früh das Gegensatzpaar von Gott und Götze aufgetaucht. Gott als wahrer Gott und Götze als Scheingott. Das eine ist anzustreben, das andere abzulehnen. Dies möchte ich hier nicht weiter theologisch ausführen. Es führt jedoch immer zu der Frage, welche Priorisierung hinter bestimmten Begrifflichkeiten steckt und welches dem „Darum werden wir erst." (aus dem Hoffnungsprinzip von Ernst Bloch) dient. In meiner Erfahrung in der Wirtschaft und Gesellschaft als Unternehmer, aber auch als Unternehmensberater, sind mir oft Leitbilder begegnet, die als Gesetzmäßigkeiten, als nicht zu hinterfragende Wirklichkeitskonstruktionen, unser wirtschaftliches Denken und Handeln bestimmen. Der Wahrheitscharakter wird oft nicht mehr hinterfragt, sondern als objektive Wirklichkeit vorausgesetzt. Um im Ausgangsbild zu bleiben: Quasi Gottheiten, die sich bei näherer Betrachtung nicht als Gott, sondern als Götzen herausstellen. Ich stelle im Folgenden einige Gegensatzpaare im Rahmen dieses Kontextes gegenüber.

**Fragen**

Als Unternehmer bin ich in erster Linie Mensch und treffe auch wirtschaftliche Entscheidungen oder bin ich als Mensch in erster Linie Unternehmer. Dementsprechend werden Entscheidungen anders ausfallen.

Unternehmen werden als lebendige Organismen betrachtet oder werden Unternehmen als zweckorientierte, funktionale Systeme verstanden. Im ersten Fall würden Führungsfragen eher auf dem übertragenden Bereich des Gärtners beantwortet werden, im zweiten Fall würde Führung eher im Bereich der Technik und des Ingenieurwesens liegen.

Ein weiteres profanes Gegensatzpaar ist die Frage, ob Geld ein Mittel zum Zweck ist oder ob Geld der Zweck ist.

Sind Finanzmärkte angemessen reguliert und dienen der Realwirtschaft, oder sind Finanzmärkte im Wesentlichen unreguliert, mit neoliberalen Freiheitsnarrativen verknüpft und führen ein Eigenleben.

Kleine Randbemerkung: Entspricht es wirklich der menschlichen Kultur, auf den Untergang ganzer Volkswirtschaften zu wetten und mit diesen Wetten in unvorstellbarem Maße vom Untergang zu profitieren?

Unternehmen, die nach ihrer richtigen Größe streben, in ihrer Mitte und in ihren Grenzen für die Mitarbeitenden wahrnehmbar sind oder Unternehmen, in denen Größe nicht hinterfragt wird und blind dem Grundsatz „größer ist immer besser" gefolgt wird, in dem Macht im Zentrum steht und oft die eine gegen die andere Abteilung kämpft.

Arbeitszeit ist die Lebenszeit eines Menschen oder ist Arbeitszeit die produktive Funktionszeit eines Unternehmensakteurs.

Steht Shareholder Value im Mittelpunkt unternehmerischer Aktivitäten oder werden Steuerung und Verteilung am Stakeholder Value ausgerichtet.

biokaiser hat in diesem Feld der Gegensatzpaare in den letzten 45 Jahren zunehmend seine Position und Unternehmenswirklichkeit ausgebildet und sein eigenes Profil entwickelt.

## 3 biokaiser: Ein 45-jähriges Experiment – Wer wir sind, woher wir kommen, wohin wir wollen?

Schauen wir, Mitte 2021, auf das Heute von biokaiser. Wir haben aktuell rund 285 Mitarbeitende, davon 135 im Verkauf, 77 in der Produktion, 38 in der Kommissionierung und Logistik und 35 in der Verwaltung. Wir beschäftigen 18 Bäcker-/Konditormeister und bilden 34 Lehrlinge in fünf verschiedenen Ausbildungsberufen aus. Mit 19 Touren fahren wir täglich eigene Filialen und Handelskunden an, teils in Eigenregie, teils machen das Logistikpartner. Mitarbeitende aus rund 36 Nationen arbeiten hier und stellen täglich über 90 verschiedene Produkte her. biokaiser vertreibt seine Produkte in 20 eigenen Verkaufsstellen, auf einigen Wochenmärkten und über 142 Handelskunden aus dem Biobereich. Wir beziehen ca. 2600 t Biogetreide von unserer regionalen Erzeugergemeinschaft, den Kornbauern. Wir gehören damit zu den größeren Bäckern in der Region und verarbeiten ausschließlich Biorohstoffe. Alle diese Daten kann man sicher in vielen mittelständischen Bäckereien in dieser Größenordnung in ähnlicher Form finden. Unser Unternehmensgebilde hat sich in den letzten 45 Jahren entwickelt. Das Bezeichnende und nicht Typische für die Bäckerbranche war, dass es stets eine Dynamik zwischen ethischen und sozialen Ideen, den Produkten und der jeweiligen Unternehmensstruktur und -form, die sich in den letzten vier Jahrzehnten immer wieder weiterentwickelt und verändert hat, gab.

In den 70er-Jahren starteten wir als Alternativbäckerei. Wir lebten und arbeiteten als sogenanntes Kollektiv zusammen und versuchten im Wesentlichen, der Erfahrung der Entfremdung in der Arbeitswelt, unsere Idee der hierarchielosen Selbstverwirklichung entgegenzusetzen. Diese Ur-Gruppe löste sich Ende der 70er, Anfang der 80er auf. Wir wurden zu einer GmbH, die zwei übrig gebliebenen Mitglieder aus dem Alternativbereich weiterführten. Wir konzentrierten uns in den 80ern im Wesentlichen auf gesunde Vollkornbackwaren und suchten in der Region und darüber hinaus Bauern, die wir für den Bio-Anbau gewinnen und begeistern konnten. So wurden wir, ohne dass das ein unternehmerisch erklärtes Ziel war, aus der Nische heraus zu einer Spezialbäckerei. Die Art des Backens und die unkonventionellen Rohstoffe unterschieden uns von anderen Bäckereien. Die Idee, gesunde Backwaren herzustellen und durch die biologische Anbauweise zum Umweltschutz beizutragen, stand im Mittelpunkt der 80er-Jahre. Die Nachfrage wuchs stetig.

In den 90er-Jahren traten verschiedene äußere und innere Dynamiken zusammen und führten uns in eine Unternehmenskrise. Die Erweiterung unserer Vertriebsarbeit durch ein Franchise-Filialsystem war nicht erfolgreich, auch eingebettet und verstärkt durch den allgemeinen Trend mit dem Slogan „Geiz ist geil". Dieser Trend führte dazu, dass es auch beim gebildeten Mittelstand, der sonst unsere Kernkundschaft ausmachte, schick war, bei den Discountern billig einzukaufen. Dieses Jahrzehnt war sozusagen ideenseitig dadurch gekennzeichnet, dass wir der konventionellen Unternehmensführung nicht wirklich Alternativen entgegensetzten. In dieser Krise, die im eigenen Unternehmen durch die fehlende Weiterentwicklung von Idealen gekennzeichnet war, haben sich auf dem Tiefpunkt allerdings langsam neue Ideen der sozialen Unternehmensführung entwickelt. Der äußere Umbruch in eine dann stetig erfolgreiche Unternehmensentwicklung war der Tiefpunkt der BSE-Krise, die das Land erschütterte und zugleich wachrüttelte, sich wieder mit den Themen Gesundheit und Ökologie auseinanderzusetzen.

In den letzten zwei Jahrzehnten haben wir uns auf jeder Ebene weiterentwickelt. Wir nahmen an Qualität und Quantität zu, und die Unternehmenssteuerung basierte im Wesentlichen auf der nachfolgend beschriebenen, unternehmensphänomenologischen Betrachtung.

## 4 Allgemeine Ansätze zur ethischen Unternehmensführung

Schaut man sich verschiedene Phänomene in Wirtschaftsunternehmen an, so unterscheiden wir zwischen drei internen und einem externen Phänomen. In jedem Unternehmen findet man Produkte oder Dienstleistungen, die einen Großteil des Firmenprofils ausmachen. Das zweite Phänomen, das man in jeder Organisation ausmachen kann, ist das Phänomen „der menschlichen Arbeit". Menschliche Arbeit bringt im Grunde die Wertschätzung und kann als unternehmerischer Faktor betrachtet werden. Das dritte interne Phänomen ist die Welt der Zahlen und der Wirtschaftlichkeit. Alle diese drei Phänomene können in jedem Unternehmen wahrgenommen werden und sind für die Unternehmenssteuerung relevant. Das externe Phänomen, der sogenannte Kontext, das Umfeld jedes Unternehmens, ist natürlich der gesamte Marktwettbewerb, die gesellschaftlichen Rahmenbedingungen und der Zustand der Natur. Sowohl die internen als auch die externen Phänomene sind in jeder wirtschaftlichen Organisation, in jedem Unternehmen, wahrnehmbar. Es gibt natürlicherweise auch noch andere Phänomene, die in wirtschaftlichen Organisationen wahrzunehmen sind. Die vier hier beschriebenen sind für uns jedoch die wesentlichsten Phänomene.

Folgt man dieser unternehmensphänomenologischen Betrachtung sind zwei Schritte nötig, um zu einer ethischen Unternehmensführung zu gelangen. Man betrachtet alle Phänomene, intern wie extern, nicht nur als Erscheinungsform in Unternehmen, sondern man definiert diese als Qualitäten, das heißt, man ordnet diesen auch Werten zu, die als soziale Werte auszumachen sind.

Neben dem Zuordnen der Werte zu den Phänomenen ist der nächste Schritt zu einer systematischen Unternehmenssteuerung, dass man der rein auf Zahlen basierten Unternehmenssteuerung die Steuerung durch das dynamische Ausbalancieren der verschiedenen Qualitäten entgegensetzt. Dies führt dann zu einer Steuerung von Unternehmen, nicht nur orientiert am Gewinn oder am Kapital, sondern auch orientiert am Gemeinwohl, das heißt der gesellschaftspolitischen Verantwortung, die jedes Unternehmen im Ursprünglichen einer Ökonomie hat (Abb. 1).

Die praktische Umsetzung des dynamischen Ausbalancierens dieser vier Qualitäten oder Phänomene bedeutet immer eine aktuelle situative Entscheidung und Schwerpunktsetzung aus einer dieser Bereiche. So steht zum Beispiel mal die Prozessoptimierung eines Herstellungsverfahrens einer neuen Brotsorte im Vordergrund. Wesentlich dabei ist zum Beispiel, dass bei einer Investitionsentscheidung in einem Produktionsbereich sowohl die Wirtschaftlichkeit als auch die Arbeits- und Produktqualität verbessert werden sollen.

Einer meiner Leitsätze aus meiner systemischen Coaching-Ausbildung war der Satz:

▶ „Die meisten Menschen werden als Original geboren und sterben als Kopie."

Dieser Satz einer meiner Ausbilderinnen bezog sich auf die Entwicklung des Einzelnen und einer damit verbundenen gelungenen Lebenswirklichkeit. Individualität entsteht, und hier folge ich dem Neurobiologen Gerald Hüther, zwischen dem Ausbalancieren der Bestrebungen nach Einzigartigkeit und dem Bedürfnis nach Zugehörigkeit. Der Weg in diesem Spannungsfeld zeigt ein gelungenes Leben eines Einzelnen, es führt zu einem Weg mit Herz und Sinn.

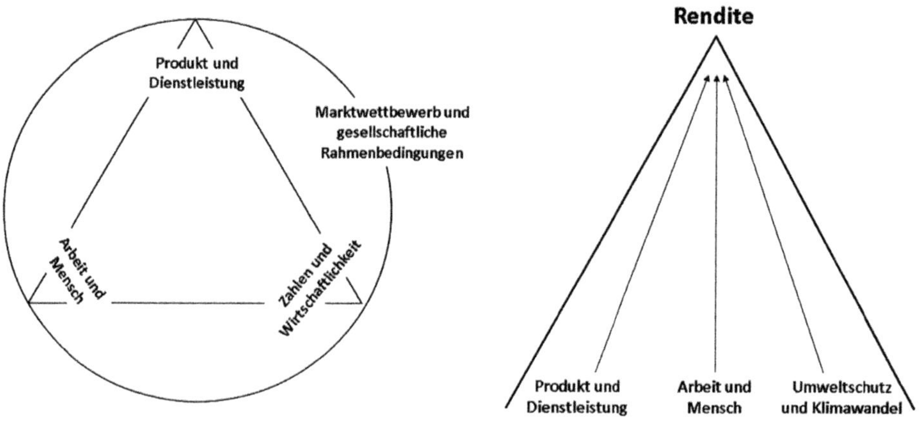


**Abb. 1** Dynamische Balance versus hierarchische Rentabilitätsstruktur. (Quelle: Volker Schmidt-Sköries (biokaiser/Kaiser. Die Vollkornbäckerei GmbH))

Überträgt man diesen Satz auf Unternehmen, die wir auch als lebendigen Organismus verstehen, so ist die Arbeit an den vier Phänomenen und deren Weiterentwicklung und stetiges Ausbalancieren, auch ein Auszug gelungener Unternehmensidentität. Stetiges Ringen um die Frage der Balance und Werte gehört zur Unternehmensidentität. Die Frage nach Sinn und Herz (Seele) im Rahmen eines Unternehmenskontextes ist eine zentral vernachlässigte Frage in unserer Zeit und sollte in den Vordergrund gestellt werden. Neue Formen/Qualitäten des Miteinanders, neue Produkte und Dienstleistungen sowie ein verantwortungsvoller, guter Umgang mit Umwelt und Lebenswelten können Garanten von wirtschaftlichen Erfolgen sein, ohne die Zerstörung der Natur einzupreisen.

Dies ist in der Entwicklung der Bäckereihandwerkswelten in den letzten Jahrzehnten nachzuvollziehen. Das Bäckersterben, welches wir in unserem Land seit Langem haben, ist Ausdruck der Überanpassung an Industrienormen. Das Bäckerhandwerk war zu „Kopie-lastig", und es fehlte an individueller Originalität.

Eine intensive Auseinandersetzung mit den vier genannten Phänomenen und deren Ausbalancierung ist notwendig, um auch das Thema der Unternehmensresilienz auf Dauer zu gewährleisten. Gleichzeitig ist sie eine Chance zur Entwicklung der eigenen Originalität (Abb. 2).

## 5 Konkretisierung der Umsetzung und Fragmente aus der Praxis

Diese sozialethische Betrachtung findet einen vielseitigen Ausdruck in unserem Unternehmensalltag. Bevor ich hier einige konkret beschreibe, möchte ich an der Stelle darauf hinweisen, dass einige beschriebene Umsetzungen gänzlich im Alltag angekommen sind und einige sich noch in der Entwicklung befinden. Genauso wie sich die Ideen

| | Produkt und Dienstleistung | Arbeit und Mensch | Zahlen und Wirtschaftlichkeit | Umwelt |
|---|---|---|---|---|
| Phänomene und Werte bei BioKaiser | Genuss | Vom Job zum Beruf | Begrenzung der Unternehmens-rendite | Klimawandel |
| | Gesundheit und Bekömmlichkeit | Arbeitszeit ist Lebenszeit | Die Idee einer idealen Größe (Begrenzung von Wachstum) | Naturschutz |
| | Schonende Herstellungs-verfahren | Bäckerei als Schule und Lebensschule | Vom Shareholder- zum Stakeholdervalue | Biologische Landwirtschaft |

**Abb. 2** Phänomene und Werte bei biokaiser und die Qualitäten. (Quelle: Volker Schmidt-Sköries (biokaiser/Kaiser. Die Vollkornbäckerei GmbH))

der biologischen Herstellungsverfahren und des biologischen Backens in den letzten 40 Jahren weiterentwickelt haben und sich so bestimmte Qualitätsansätze nicht in starren Formen verfestigen, sondern sich immer weiterentwickelt haben, so sind alle Beispiele und Umsetzungen bei uns nicht Endergebnisse, sondern immer als Schritte auf einem Weg zu verstehen. Wir verstehen die Ideen, um in einem Bild zu bleiben, als Sterne am Firmament, die uns auf der Erde die Richtung zeigen. Zum Prinzip des Idealismus gehört aber auch, dass die entsprechenden Ideale nie vollständig erreicht werden, sie dienen lediglich der Orientierung, sind quasi die richtungsweisenden Sterne am Firmament. Man wird sie als Ganzes in der Realität (Erde) aber nie wiederfinden. Das heißt, dass eine Fehlerkultur unabdingbar in allen Werdensprozessen impliziert ist.

Nun werde ich aus einer sozialethischen Sicht unseren Unternehmensalltag bei biokaiser anhand einiger Beispiele im Zusammenhang mit den Ideen konkret beschreiben.

Der erste Ansatz ist, dass bei dynamischem Ausbalancieren der Qualitäten, Gewinne nicht nur nach unten, sondern auch nach oben begrenzt werden sollten. Ich glaube, jedes lebendige Unternehmen sollte sich über die notwendige Gewinnbegrenzung nach oben und nach unten der Konsequenzen bei Nichteinhaltung dieser Grenzen bewusst sein. Klar ist, dass Gewinne, die unter jenem bestimmten Grenzwert liegen, für das Unternehmen zur Gefährdung werden können. Gewinne, die aber deutlich über bestimmte Markierungen hinausweichen, weisen immer auf eine Disbalance der anderen Qualitäten hin. Gewinne über der Gewinngrenze sollten immer mit den Stakeholdern geteilt werden. Für biokaiser haben wir als Gewinnziel die 5 % markiert. Dies kann aber für jedes Unternehmen branchenabhängig und individuell von der Unternehmerseite her festgelegt werden.

Unsere nächste Ideenumsetzung ist unser Anliegen, die Struktur der Gesellschafter so zu wählen, dass Anteilverkäufe nicht aus spekulativen Haltungen heraus möglich sind. Wir haben im Jahr 2020 einen Großteil (ca. 34 % der Gesellschaftsanteile) an eine gemeinnützige Beteiligungsgesellschaft (GLS Treuhand e. V., Bochum) veräußert. Dies führt dazu, dass in Zukunft erstens, ein spekulativer Verkauf von Anteilen verhindert wird und zweitens, dass 34 % des ausgeschütteten Ertrages immer direkt an soziale und gemeinnützige Projekte über die GLS Treuhand e. V. gespendet werden.

Welche konkreten sozialen und ökologischen Projekte das sind, soll durch ein Spendenparlament der Mitarbeitenden entschieden werden. Das heißt, die gemeinnützige Gesellschaft, die GLS Treuhand, schlägt aus ihrem Portfolio Projekte vor und die Gesamtheit der Mitarbeitenden entscheidet dann, für welche Projekte Teile des Gewinns abfließen. So kommt biokaiser seiner gesellschaftspolitischen Verantwortung nach. Das bedeutet für biokaiser, Forschung in den Bereichen Agrarwirtschaft und Klima, die Unterstützung sozialer und ökologischer Projekte sowie den Anstoß von Themen im gesellschaftlichen Diskurs.

Die Gesellschafter haben sich zusätzlich mit einer Geschäftsordnung zu ethischen Leitlinien für die Verteilung des Gewinns unter Beteiligung aller Wertschöpfungspartner verpflichtet.

Es wird geplant, dass die Verteilung dieser Mittel grundsätzlich nach folgenden Anteilen erfolgt:

- 30 % Mitarbeitende und Wertschöpfungspartner inkl. Sozialkosten
- 35 % Gesellschafter
- 35 % Thesaurierung

Wir verstehen biokaiser als Schule und Lebensschule. Die Arbeit soll Kulturgut sein. Das heißt, dass jeder Mitarbeitende seine fachlichen, sozialen und spirituellen Kompetenzen durch die Auseinandersetzung mit dem Arbeitsprozess weiterentwickeln kann. Instrumente dafür sind zum Beispiel Orientierungsgespräche, Grundlagenschulungen und interne Führungswerkstätten sowie unsere Jugendwerkstatt.

▶ Eine interne Weiterbildung zum/zur biokaiser-Bäcker/In und eine für uns selbst erstellte „Kaiserpedia" sollen die Gesamtheit der spezifischen Fachexpertisen bewahren und zur Weiterentwicklung beitragen.

Wenn Arbeitszeit, wie wir es verstehen, im Wesentlichen als Lebenszeit begriffen wird, so wollen wir beginnen, den unterschiedlichen Umgang von Arbeitszeit und Mußezeit immer mehr und mehr zu verringern. Konkret heißt das, dass wir anfangen Aktivitäten, die normalerweise zur Kategorie der Mußezeit gehören, auch zu vergüten. Um das zu ermöglichen, stehen unseren Mitarbeitenden zum Beispiel ein Fitnessstudio, Alexander Training, Pilates- und Yoga-Wochen, eine Bibliothek, eine Mediathek, ein Raum zur Stille sowie verschiedene Kulturveranstaltungen zur Verfügung. Vieles von den Angeboten und Themen wird als Arbeitszeit vergütet.

Als letztes konkretes Thema wollen wir aufseiten des Produktes im Rahmen des Qualitätsmanagements die Transparenz zum Kunden hin deutlich erhöhen. Ein Instrument dazu ist der Blog Fehlerkultur (veröffentlicht auf unserer Webseite), indem wir nicht nur Dinge berichten, auf die wir stolz sind, sondern auch Dinge, bei denen wir noch nicht ausreichend weit gegangen sind, unsere Ideale umzusetzen. Der Kunde soll so unter verschiedenen Gesichtspunkten sehen, in welchen Dingen wir gut sind und wo es noch Verbesserungspotenzial gibt. Für den Bereich Einkauf haben wir den sogenannten ethischen Algorithmus entwickelt, nach dem wir unsere Einkaufsprioritäten systematisch und strukturell entscheiden und Transparenz schaffen, für uns und den Kunden. Man kann nicht alles auf einmal gut und richtig machen, da viele Gesichtspunkte in den Entscheidungsprozess miteinfließen. Dieser ethische Algorithmus soll Entscheidungen für Alle transparent gestalten.

## 6 Unser Weg zur sozialethischen Marke und zur Gemeinwohlbilanzierung

Ein neues Projekt, das wir vor kurzem abgeschlossen haben, ist die Erstellung einer Gemeinwohlbilanz (-> Gemeinwohl-Ökonomie) für das Jahr 2020. Dass uns CSR in der Unternehmensführung schon seit vielen Jahren wichtig ist, habe ich versucht zu erläutern. Um den Zeitpunkt und die Entscheidung näher zu bringen, warum wir jetzt auch eine Gemeinwohlbilanz erstellen, möchte ich hier eine kurze Geschichte unserer Biobäckerei bezüglich unserer ökologischen Ausrichtung erzählen.

In den 70er-Jahren hatten wir eine Ahnung von dem, was ökologischer Landbau sein könnte – mehr nicht. Wir waren quasi Pioniere, fuhren übers Land und suchten in der Landwirtschaft Einstellungspartner. Wir hatten einen Agraringenieur als Partner, der bei Naturkost e. V. angestellt war und den konventionellen Bauern half, auf eine biologische Anbauweise umzustellen.

So kamen nach und nach immer mehr Landwirte zu uns, die ihre Landwirtschaft umstellten und uns ihr biologisches Getreide verkauften.

Damals gab es schon verschiedene Anbauverbände, vor allem Demeter und Bioland. Die Verbände waren aber nicht so sehr bekannt und in aller Munde wie heute, sondern nur einem ganz kleinen Publikum ein Begriff. Je mehr sich die Anbauverbände entwickelten, umso mehr wurden aus diesen Pionierimpulsen von uns auch strukturgebende Unternehmensentscheidungen. Wir verarbeiteten schon jahrelang Bioland- und Demeter-Getreide, traten aber erst 1999 dem Biolandverband bei. Unsere Mitgliedschaft und Zertifizierung gaben uns Sicherheit in Bezug auf die Kontrolle der landwirtschaftlichen Umsetzung, und die Verwendung dieser Marke sicherte die Qualitätsaussage zum Kunden hin. Ab diesem Zeitpunkt (1999) warben wir verstärkt mit Bioland und brachten dadurch auch die Marke ins Bewusstsein der Verbraucher. Das geht so weit, dass heute sogar Lidl mit Bioland als Marke wirbt. Wir haben uns eher auf die Erzeugergemeinschaft Kornbauern als regionale Markenbildung konzentriert.

Einen ähnlichen Prozess haben wir bei unserem Engagement, was Unternehmensverantwortung betrifft, durchlaufen. Wir haben im Laufe der letzten vier Jahrzehnte viele Erfahrungen gemacht und zahlreiche Ideen umsetzen können. Für die soziale Idee des Unternehmertums haben wir uns ebenfalls als Pioniere begriffen. Nun haben wir uns als soziale Marke für die Gemeinwohlbilanz entschieden, um zum einen diese Idee in der Gesellschaft zu stärken und zum anderen, um unseren Kunden noch mehr Sicherheit und Vertrauen bezüglich unseres sozialen Engagements zu vermitteln. Die Gemeinwohlbilanz basiert im Wesentlichen auf der Idee, Unternehmen oder andere Institutionen danach zu bewerten, inwiefern sie dem Gemeinwohl dienen. Bei dem Verfahren werden unter anderem soziale und ökologische Aspekte betrachtet (Abb. 3).

Deshalb wollen wir ab 2020 nicht nur Zahlen, sondern auch Werte bilanzieren. Dass dies gerade auch in Zeiten der Coronakrise ein ganz wichtiger Aspekt ist, ist spätestens im Jahr 2020 deutlich geworden.

| WERT / BERÜHRUNGSGRUPPE | MENSCHENWÜRDE | SOLIDARITÄT UND GERECHTIGKEIT | ÖKOLOGISCHE NACHHALTIGKEIT | TRANSPARENZ UND MITENTSCHEIDUNG |
|---|---|---|---|---|
| A: LIEFERNDE | **A1** Menschenwürde in der Zulieferkette | **A2** Solidarität und Gerechtigkeit in der Zulieferkette | **A3** Ökologische Nachhaltigkeit in der Zulieferkette | **A4** Transparenz und Mitentscheidung in der Zulieferkette |
| B: EIGENTÜMERINNEN/ EIGENTÜMER & FINANZ-PARTNERINNEN-&-PARTNER | **B1** Ethische Haltung im Umgang mit Geldmitteln | **B2** Soziale Haltung im Umgang mit Geldmitteln | **B3** Sozial-ökologische Investitionen und Mittelverwendung | **B4** Eigentum und Mitentscheidung |
| C: MITARBEITENDE | **C1** Menschenwürde am Arbeitsplatz | **C2** Ausgestaltung der Arbeitsverträge | **C3** Förderung des ökologischen Verhaltens der Mitarbeitenden | **C4** Innerbetriebliche Mitentscheidung und Transparenz |
| D: KUNDINNEN/KUNDEN & MITUNTERNEHMEN | **D1** Ethische Kundinnen-/ Kundenbeziehungen | **D2** Kooperation und Solidarität mit Mitunternehmen | **D3** Ökologische Auswirkung durch Nutzung und Entsorgung von Produkten und Dienstleistungen | **D4** Kundinnen-/ Kundenmitwirkung und Produkttransparenz |
| E: GESELLSCHAFTLICHES UMFELD | **E1** Sinn und gesellschaftliche Wirkung der Produkte und Dienstleistungen | **E2** Beitrag zum Gemeinwesen | **E3** Reduktion ökologischer Auswirkungen | **E4** Transparenz und gesellschaftliche Mitentscheidung |

**Abb. 3** Gemeinwohl-Matrix 5.0

## 7 Die Welt vor Corona und die Welt nach Corona

Bleibt man in der Systematik der Phänomene, so ist die Corona-Pandemie im „Phänomen-Kontext/Umwelt“ anzusiedeln. Natürlich hat diese auch Einfluss auf die internen Phänomene in unserem Unternehmen. Das Trennen von Prozessteams, der deutliche Rückgang von Umsätzen in Filialen in der Innenstadt, die immer wieder neuen Hygienevorschriften und deren Umsetzung vor allem im Umgang mit Kunden, sind einige Auswirkungen davon im konkreten Unternehmensalltag.

Das Finden einer stimmigen Balance zwischen Freiheit und Fürsorge (Ordnung) besteht aktuell im Mittelpunkt der Bemühungen. Ich möchte an dieser Stelle jenseits der Alltagsthematik mit einer Analogie aufwarten, auch und gerade im Hinblick auf die Zeiten nach der Corona-Pandemie, soweit man überhaupt von einem „Danach“ sprechen kann.

- Dass man die durch die Pandemie wirtschaftlich entstandenen Schäden auffängt, in dem man möglichst in den Vor-Corona-Wirtschaftsalltag zurückgeht, gehört zu den Versuchungen, denen wir nicht erliegen sollten. Die Chance, aus der Haltung „Wachstum um jeden Preis“ auszusteigen und damit den Symptomen der drohenden Klimakatastrophe, den von gefährdeten Demokratien aufblühenden Nationalismen und immer stärker verschuldeten Unternehmen entgegenzuwirken, wäre, die Coronakrise positiv zu nutzen. Alle, die jetzt fordern, im Sinne des wirtschaftlichen

Wachstums auf Kosten von dringend notwendigen Klimaschutzmaßnahmen zu verzichten, verspielen die Chance des Wandels.

Die angedeutete Analogie wäre die eines Menschen, der eine Symptomatik entwickelt, die schwierig, aber nicht lebensbedrohlich ist, jedoch als Vorsymptomatik einer tödlichen Krankheit bewertet werden könnte. Ändert man beim Auftreten solcher Symptomatik das Verhalten und die Einstellung, so ist ein nachhaltiges Gesunden möglich.

Kehrt man jedoch möglichst schnell zu den vorherigen Denkens- und Vorgehensweisen zurück, ist die Gefahr, dass sich die im Hintergrund lauernde Erkrankung breit macht, gegeben.

Die aktuelle Symptomatik wäre mit der Corona-Pandemie gleichzusetzen, die der lebensbedrohlichen Erkrankung mit dem Klimawandel.

Erstere wäre umkehrbar oder beherrschbar und zumindest in der menschlichen Lebenswirklichkeit integrierbar. Die Zweite wäre nach menschlichem Ermessen unumkehrbar. Diese Sichtweise als apokalyptisches Weltbild zu betrachten, leugnet jedes klimawissenschaftliches Forschungsergebnis. Die Klimakrise leichthin durch technischen Fortschritt beherrschbar machen zu können, ist meines Erachtens nach einer großen Illusion, die unser derzeitiges Weltbild stabilisieren soll, aber nicht für die Zukunft tauglich ist.

Es bedarf neben den technischen Lösungen auch Lösungen im Sinne von Veränderung der Grundstrukturen auf gesellschaftlicher und wirtschaftlicher Ebene.

Zwei mögliche Ideenimpulse, die natürlich dann ihre Umsetzung in die Realität finden müssen, sind zum Beispiel

1. Im Bereich des Rechtswesens wird die Natur in unserer Gesetzgebung als Subjekt anstelle eines Objekts behandelt. Dies hätte weitreichende Konsequenzen und müsste von Juristen in die entsprechende, praktizierbare Form gebracht werden.
2. Im Sinne einer Ablösung der Shareholder- in eine Stakeholder-Betrachtung im Bereich der Ökonomie wird die Natur als Stakeholder gewürdigt und die entsprechenden Strukturen und deren Umsetzung gesucht. Dies wird seit 2020 bereits in Unternehmen diskutiert und in 2021 konkret angegangen.

Das Prinzip der Achtsamkeit meint, alles Lebendige zu würdigen. Lebendiges ist immer dadurch gekennzeichnet, dass es ein Werden und ein Vergehen beinhaltet. Es gibt immer Potenzial und Entwicklung, aber auch Sterben und Verletzbarkeit.

Das Leben als Verletzbares zu würdigen, ist eine Haltung der Nachhaltigkeit. Dies schließt selbstverständlich die Natur ein.

**Volker Schmidt-Sköries** ist Mehrheitseigentümer von biokaiser mit Firmensitz in Mainz-Kastel. Er versteht sich als Pionier auf dem Gebiet einer ethischen, der sozialen und ökologischen Nachhaltigkeit verpflichteten Unternehmensführung. 1977 trat er in die junge Schrotbäckerei Kaiser in Wiesbaden ein, übernahm 1980 den Betrieb und baute ihn sukzessive zur Bio-Bäckerei-Gruppe aus. In den 1990ern erfand er das Unternehmen auf Basis der frühen Inspirationen neu. Volker Schmidt-Sköries ist zugleich seit über 40 Jahren als Unternehmensberater in Firmen diverser Branchen und Größen tätig. Volker Schmidt-Sköries ist Mitglied der Akademie für Potenzialentfaltung von Prof. Dr. Gerald Hüther, Förderer der Vereinigung Gemeinwohl-Ökonomie, Buchautor, Referent und leidenschaftlicher Tangotänzer.

## Literatur

Gemeinwohl-Matrix 5.0. International Federation for the Economy for the Common Good e. V. https://www.ecogood.org/apply-ecg/common-good-matrix/

# Das Start-up MANIOR – Nachhaltigkeit als Unternehmenszweck. Interview mit Gabriele Acker-Bialek

„Für meine Möbel sollen keine weiteren Bäume gefällt werden." (Gabriele Acker-Bialek)

Sabine Böhling


**Zusammenfassung**

Den Blick aufs Ganze behalten und stets erweitern, Vorhandenem einen neuen Sinn geben, eigene Kompetenzen einbringen und sich neue Erfahrungen zutrauen – das macht Unternehmertum aus. Aus dem eigenen Umfeld neue Schlüsse ziehen und sich dann auf den Weg machen. Mit Mut und dem Willen, ein Teil der Lösung zu sein, machen sich Gründerinnen und Gründer auf den Weg, Unternehmertum neu zu leben. Im Beispiel von MANIOR, dem Start-up von Gabriele Acker-Bialek, sind Nachhaltigkeit und Zeitgeist keine Widersprüche, sondern ein gewachsenes Maß für Zukunftsfähigkeit.


## 1 Einführung

Wir Menschen wohnen gern: Home, Sweet Home. Und wir richten es uns gern schön ein. Und je nach Zeitgeist kann es auch gern mal was Neues sein. Modeketten machen in Fast Fashion. Und Einrichtungshäuser in Fast Interior? Zu oft und zu gedankenlos was Neues? Es gibt interessierte Menschen, die aufmerksam verfolgen, was um sie herum geschieht und es reflektieren, dabei vorausdenken und etwas Neues davon ableiten. Manchmal führen diese Ideen auf ganz neue – oder besser – andere Wege als die bisher beschrittenen.


S. Böhling (✉)
sb² concepts, Idstein, Deutschland
E-Mail: sboehling@sb2-concepts.com





A. Trischler und S. Böhling (Hrsg.), *CSR in Hessen*, Management-Reihe Corporate Social Responsibility, https://doi.org/10.1007/978-3-662-63004-4_25

## 2 Konsum als Selbstzweck?

Die deutsche Musterwohnung hat rund 91 Quadratmeter und wird von den Bewohnern gern gut eingerichtet (Becker 2019). Bei Renovierung und Gestaltung helfen TV-Experten. Regelmäßige Werbebotschaften weisen den Weg in die nächstgelegenen Hallen mit großer Auswahl an allem dafür Erforderlichen. Die finanziellen Möglichkeiten haben sich im Allgemeinem verbessert. Vor 60 Jahren musste man in Deutschland noch 43 Tage arbeiten für die Anschaffung eines Fernsehgerätes. Heute sind es noch drei Tage (Specht 2018). Die einzusetzende Arbeitszeit für den Kauf eines Brotes hat sich halbiert. Durch Produktivitätssteigerungen haben die Menschen heute mehr Mittel zum Konsum verfügbar (BMF 2017). Gleichzeitig sind die Dinge weniger wert: Gewachsene Kaufkraft, billige Transportkapazität, externalisierte Umweltkosten, verkürzte Produktzyklen und hyperkonsumistische Alltagskultur bilden eine Allianz zur Übernutzung verfügbarer Kapazitäten. Konsumenten sind Entscheider: Sie verfügen über Kaufkraft, sie treffen die Kaufentscheidung.

Gabriele Acker-Bialek trieb die Fragen des nachhaltigen Konsums – gerade im Interieurbereich – geraume Zeit um. Sie beobachtete schon lange, dass Konsumenten wohl auf die Bioqualität ihrer Lebensmittel und auf die Ökolabel bei ihrer Kleidung achten, beim Hausbau auf Energieeffizienz und Umweltverträglichkeit Wert legen. Gleichzeitig fristete das Thema nachhaltige Einrichtung ein Nischendasein im Möbelhandel.

> Es muss doch etwas zwischen Sofas aus alten Paletten und Designertischen aus Hochglanzbroschüre geben? Es darf doch stilvoll, hochwertig und gleichzeitig sinnstiftend sein![1]

2018 gründete Gabriele Acker-Bialek (Foto) das Start-up MANIOR (Logo) – nach intensiven Vorarbeiten: Weder CSR-Berichtspflichten noch theoretische Konzepte waren relevant, sondern ausschließlich ihr Wille, etwas Sinnvolles zu schaffen und die Welt ein kleines Stückchen besser zu machen. Ihre Ideen bringen Holz mit Vorleben, Kreativität und Design, Engagement und Sinn zusammen. In ihrem Geschäftsmodell erhält Holz mit eigener Geschichte ein zweites Leben, erhalten Menschen die Chance auf sinnvolle Arbeit, erhalten Kunden das wirklich Besondere. MANIOR designt stilvolle Möbelunikate. Gabriele Acker-Bialek ist eine Vordenkerin. Im Interview gewährt sie einen direkten Einblick in die Praxis ihres nachhaltigen, unternehmerischen Handelns.

[1] Gabriele Acker-Bialek, Interview geführt am 21.09.2020.

## 3 Interview mit einer Vordenkerin

**Sabine Böhling: Frau Acker-Bialek, der Unternehmensname MANIOR macht neugierig. Was genau steckt dahinter? Und was ist Ihre Idee, die Sie mit MANIOR realisieren?**

Gabriele Acker-Bialek: MANIOR steht für MANufaktur interIOR. Der Name beinhaltet Handwerk, Design und viel Hingabe zum Detail – bei der Entwicklung des Designs – wir nennen es „positive impact design" – bei der Auswahl von Materialien, in den einzelnen Arbeitsschritten und bei der Umsetzung, schließlich auch den verantwortungsvollen Umgang mit Ressourcen. Wir verwenden markante Balken aus zurückgebauten, alten Scheunen oder Eichendauben mit kleinen Schönheitsfehlern, die bei der Herstellung von Weinfässern nicht zum Einsatz kamen. Wichtig ist in jedem Fall, dass für die Objekte von MANIOR keine weiteren Bäume gefällt werden. Die Herstellung erfolgt in einer sozialen Werkstatt in Frankfurt. Mit viel Liebe und in traditioneller Handarbeit werden dort unsere hochwertigen Objekte in kleinen Serien gefertigt. Jedes Stück wird so zu einem zeitlosen Unikat. Meine Idee ist es, Möbel zu gestalten, die nicht „nachhaltig" wirken, sondern zeitlos klassisch sind, die viele Funktionen übernehmen und auch der nächsten Generation noch Freude bereiten. Die Nachhaltigkeit soll hervorragend umgesetzt sein, soll optisch aber nicht im Vordergrund stehen. So möchte ich viele Menschen mit MANIOR „ansprechen" und zum Nachdenken inspirieren.

**In Ihrem früheren Leben hatten Sie andere Arbeitsschwerpunkte. Dann haben Sie einen großen Schritt gemacht und sich der Gründung von MANIOR gewidmet. Wie sind Sie auf die Idee dazu gekommen?**

Ich habe Folgendes beobachtet: Im Supermarkt greifen wir ganz selbstverständlich zu Bio-Lebensmitteln. Unsere Kleidung wird aus ökologisch angebauter Baumwolle oder dem wieder aufgearbeiteten Plastikmüll der Weltmeere hergestellt. Wir verwenden regenerative Energien zur Stromherstellung und nutzen nachhaltige Rohstoffe beim Hausbau. Nur bei den schönen Dingen, die uns täglich umgeben, bei Möbeln und Wohnaccessoires, fristet die Nachhaltigkeit noch ein Nischendasein. Das brachte mich zu der Frage, ob es neben dem Upcycling alter Paletten noch andere Möglichkeiten gibt, Hölzern ein zweites Leben zu schenken.

**Welche nachhaltigen Aspekte sind Ihnen persönlich wichtig?**

Neben der Auswahl des passenden, regionalen Holzes mit eigener Vergangenheit und Patina sowie kurzen Transportwegen ist das Design ganz entscheidend. Ein Produkt kann noch so nachhaltig hergestellt worden sein. Wenn man es nach kurzer Zeit nicht mehr verwendet, weil man sich daran „satt gesehen" hat, dann führt die kurze Lebensdauer nur zu einem geringen, nachhaltigen Effekt.

**Echte Nachhaltigkeit entsteht, wenn zeitloses Design mit hoher Qualität, regionaler Herkunft und verschiedenen Verwendungsmöglichkeiten kombiniert wird. Wie wird etwas zeitlos?**
Eine gute Frage! Ich orientiere mich am Stil des Bauhauses und verwende klassische Würfel, Quader, Quadrate oder Rechtecke als Grundform. Es gibt bei MANIOR keine trendigen Farben, die im nächsten Jahr bereits „aus der Mode" sind. Stattdessen wird die einzigartige Holzmaserung durch das Ölen zum Leben erweckt. Ganz bewusst wähle ich ein minimalistisches Design, damit die Objekte von MANIOR in unterschiedlichen Wohnstilen und verschiedenen Funktionen dauerhaft ein neues Habitat finden, ganz nach Ludwig Mies van der Rohe „Less is more".

**Die passenden Hölzer zu finden, ist sicherlich nicht einfach, oder?**
Für die Objekte von MANIOR soll kein exotischer Baum am anderen Ende der Welt gefällt und aufwendig zu uns transportiert werden. Deshalb wähle ich wie ein passionierter Koch regionale und saisonale Zutaten bzw. heimische Baumarten und Hölzer, die zuvor eine andere Verwendung hatten. Als ich mich mit der Idee hinter MANIOR näher beschäftigte, suchte ich zunächst in den Containern von städtischen Bauhöfen nach passenden Hölzern. Dort gab es häufig lackiertes oder morsches, für meine Zwecke leider völlig unbrauchbares Holz.

Fündig wurde ich endlich bei einem Zimmermann, der alte Scheunen oder Fachwerkhäuser vorsichtig manuell zurückbaut. Dabei kommen wunderschöne Balken zum Vorschein, die teilweise noch die Markierungen der Zimmerleute aufweisen, die sie vor über 100 Jahren zusammengebaut haben. Jedes Stück erzählt damit seine ganz eigene Geschichte. Bei meiner Schaukel-Serie verwende ich Eichendauben mit kleinen Schönheitsfehlern, die sich nicht zu Eichenfässern verbiegen lassen wollten. Für die Herstellung von Weinfässern sind Dauben mit Astloch natürlich völlig unbrauchbar, das heißt, sie werden aussortiert. Aufgrund der unterschiedlichen Formate meiner Schaukeln kann ich diese aber mit dem richtigen Zuschnitt wunderbar einsetzen.

**Es braucht viel Erfahrung und Können, die Aufarbeitung ausgedienter Materialien ist aufwendig. Wie wird aus einem alten Stück Holz ein Möbelunikat von zeitlosem Design und hoher Qualität, das mehreren Generationen noch gefallen wird? Wie geschieht das? Erzählen Sie uns davon?**
Nach der aufwendigen Suche liefere ich die Hölzer meist persönlich in der Werkstatt an. Der sehr engagierte Schreinermeister begutachtet die Dauben, Bretter und Balken. Anhand meiner Skizzen und Beschreibungen der jeweiligen Kleinserie diskutieren wir die einzelnen Details und besprechen die weitere Vorgehensweise. Die einzelnen, hochwertigen Unikate entstehen dann in liebevoller und traditioneller Handarbeit.

Der finale Arbeitsschritt ist die Gestaltung der Oberfläche. Neben dem Ölen liebe ich die Veredelung durch Köhlen. Diese Technik ist eine alte Handwerkskunst, die übrigens auch in Japan unter dem Namen Yakisugi praktiziert wird. Früher diente sie dazu, Holz vor Fäulnis und Schädlingen zu schützen. Heute wird das Objekt meist mit einem

Gasbrenner abgeflammt und oberflächlich angebrannt. Köhlen ist eine heiße Sache: Das Werkstück darf ja bei dem Verfahren keinesfalls verbrennen! Nach dem Abkühlen wird die Oberfläche mit einer Drahtbürste manuell gebürstet. Das weiche, verbrannte Frühholz verschwindet. Übrig bleibt das Spätholz mit seiner spezifischen Maserung. Nach mehrmaligem Ölen entsteht eine optisch elegante, tiefschwarze und samtige Oberfläche – ein haptischer Genuss!

**Da kann sicher auch einiges schiefgehen. Welche Vorkenntnisse hatten Sie zu Beginn? Haben Sie selbst handwerklich experimentiert?**
An meiner Werkbank im Keller experimentiere und entwickelte ich nach wie vor häufig neue Ideen und Prototypen. Natürlich habe ich mir auch ganz viel Wissen angelesen. Kunst war früher mein Lieblingsfach und eigentlich wollte ich Architektin werden. Zu Beginn besuchte ich auch verschiedene, soziale Werkstätten. Ich wollte ganz bewusst nicht mit einer „normalen" Schreinerei zusammenarbeiten, sondern ein besonderes Unternehmen mit meinen Aufträgen unterstützen. Natürlich spielten auch die Qualität der gefertigten Produkte, die Liefertreue und die mögliche Komplexität meiner Aufträge eine wichtige Rolle.

**Sie haben sich ja dann für eine ganz besondere Werkstatt entschieden …**
Meine Wahl fiel auf eine soziale Werkstatt in Frankfurt, deren Träger ambulante Sozialdienste erbringt und teilstationäre Einrichtungen und Wohnstätten betreibt. Diese Werkstatt liegt mir ganz besonders am Herzen, denn sie erfüllt zwei wichtige Aufgaben: Sie bietet Jugendlichen, die es bisher nicht so einfach im Leben hatten, eine klassische Schreinerlehre. Dabei erhalten die jungen Menschen neben der Ausbildung zusätzliche schulische und soziale Unterstützung. In einer anderen Gruppe beschäftigt die Werkstatt Menschen mit psychischen Erkrankungen, für die ein stressfreier, geregelter Tagesablauf, ein stabiles, soziales Umfeld und ein persönlicher Ansprechpartner besonders wichtig sind.

**MANIOR steht für zeitloses Design, für Qualität der Arbeit. Ihr Design wirkt sehr minimalistisch. Wie halten Sie es im eigenen Leben damit: Weniger ist mehr?**
In der Tat, ich bin eine große Anhängerin des Minimalismus. Nichts ist befreiender, als Dinge zu verschenken, zu verkaufen, zu spenden und damit einer neuen, sinnvollen Verwendung zuzuführen. Wir alle besitzen viel zu viel und Gegenstände führen zu Verpflichtungen. Ein Auto muss getankt, gewaschen, ausgesaugt, repariert, kontrolliert und zur Hauptuntersuchung gebracht, versichert und versteuert werden. Natürlich bringt nicht jeder Gegenstand so viele Aufgaben mit sich, aber ein paar wenige in jedem Fall. In der Summe verbringen wir sehr viel Zeit damit, uns um „alles" zu kümmern.

**Zeit, die wir doch meistens gar nicht haben bzw. anders viel besser nutzen könnten?**
Ist das nicht eigentlich schade? Wenn wir den Minimalismus konsequent weiterdenken, bietet die Reduktion auf das Wesentliche viele neue, persönliche Freiräume und damit

die Möglichkeit, sich mit den Dingen zu beschäftigen, an denen man wirklich Freude hat. Damit steigert der Minimalismus das persönliche Wohlbefinden. Sehr schön umgesetzt ist die Idee in Tiny Houses: Kleine Häuser mit nur 20 bis 30 Quadratmetern Wohnfläche, die sehr durchdacht konstruiert und möbliert sind und die ihren Bewohnern neben Mobilität vor allem Zeit schenken. Und genau diesem Gedanken folge ich auch beim Design meiner Objekte – keine überflüssigen Details, viele, wohlüberlegte Einsatzmöglichkeiten!

**Welchen Vorteil bringt Minimalismus? Reduktion als Stilmittel?**
Minimalismus hat den großen Vorteil, dass Reduktion im Design auch zu Zeitlosigkeit führt und darüber zu Nachhaltigkeit. Designklassiker sind zwar ein Spiegelbild ihrer Zeit, behalten aber dauerhaft ihre Attraktivität. Natürlich möchte ich nicht behaupten, Designklassiker zu entwerfen, aber klassische Formen, die es schon immer gab und immer geben wird, haben den nachhaltigen Effekt, dass sie kurzfristige Trends entspannt vorüberziehen lassen.

**Wie wichtig sind Materialqualität, Handarbeit, Lebensdauer?**
Produktqualität hat einen ähnlichen, nachhaltigen Aspekt. Je länger die Lebensdauer eines Produktes, umso nachhaltiger und günstiger ist es für den Besitzer und die Umwelt. Die Basis bildet die Produktion. Deshalb werden unsere Objekte in Frankfurt in Handarbeit unter dem aufmerksamen Blick eines erfahrenen Schreinermeisters hergestellt. Langlebige Eichenhölzer werden mit großer Sorgfalt zusammengefügt und bearbeitet. Minimalistisches Design plus hochwertige Herstellung als Gegenteil von geplanter Obsoleszenz!

**MANIOR-Unikate sind Beistelltische und Schaukeln. Wieso haben Sie sich gerade darauf fokussiert?**
Einrichtungsgegenstände sind für mich dann perfekt, wenn sie einen Nutzen stiften, flexibel einsetzbar, schlicht, zeitlos und nachhaltig hergestellt sind. Unsere Bestelltische bereichern das private Umfeld neben einem Sessel oder Sofa, als Ablage für Bücher oder Lieblingsstücke, als Nachttisch oder auch als spontane Sitzgelegenheit.

In Unternehmen erfreuen sich New Work-Spaces größter Beliebtheit. Hier erzeugen die massiven Würfel oder Quader Wohlbefinden durch ihre natürliche Haptik und Aura und „funktionieren" gleichzeitig als Platz für Laptop & Co.

Schaukeln sind etwas ganz Wunderbares. Wann haben Sie das letzte Mal geschaukelt? Schaukeln entspannt, macht glücklich und kreativ. Je nach Verwendungszweck und persönlicher Präferenz gibt es ganz unterschiedliche Modelle – zum klassischen Schaukeln, zum Anlehnen und Chillen oder eine „dynamische" Variante. Alle bieten eine kurze und nachhaltige Pause in unserem hektischen Alltag im Büro oder zu Hause, um schwebend neue Energie zu schöpfen oder einfach mal „die Seele schaukeln zu lassen".

> Die nachhaltige Ausstattung von Räumen für Arbeiten, Wohnen und Leben – der täglichen Umgebung – ist weit mehr als nur ein Dach über dem Kopf und die passende Infrastruktur.

**Welches sind die größten Herausforderungen?**
Der Möbelmarkt ist ein seit Jahren stagnierender, konjunkturanfälliger Markt, geprägt von Mega-Möbelhäusern auf der grünen Wiese mit entsprechend großer Marktmacht. Der davon ausgehende Preisdruck auf die Hersteller ist enorm, sodass inzwischen zwei Drittel aller Möbel günstig in Osteuropa oder Asien hergestellt werden, dort hergestellt werden müssen. Auf der anderen Seite gibt es die gehobenen Möbelboutiquen in den Innenstädten, die anspruchsvolle Kunden innenarchitektonisch kompetent beraten. Hier werden „die Brands" nachgefragt, die in den entsprechenden Hochglanzmagazinen inserieren. Wie die Marke des Autos sind auch die Namen der bekannten Möbelhersteller für die Kaufentscheidung der statusbewussten Kunden ausschlaggebend. Lehrbuchhaft, gemäß der U-Kurve von Porter, sind die Hersteller im mittleren Preissegment, im wahrsten Sinne des Wortes „zwischen den Stühlen sitzend", fast verschwunden.

Somit ist es schwierig, sich als neuer Anbieter in einem Markt mit einem derartig starken Verdrängungswettbewerb zu positionieren. Positiv ist der Trend zu Einzelstücken, als Ausdruck des persönlichen Geschmacks, statt zum Beispiel der Kauf einer kompletten Schlafzimmerausstattung. Immer mehr nachhaltig denkende Kunden stellen sich auch die Frage, aus welchen Hölzern, von wem und unter welchen Bedingungen ihre Möbel hergestellt wurden.

Der Onlinehandel hält auch in die Möbelbranche Einzug. Inzwischen hat er über 10 % Marktanteil mit steigender Tendenz. Hinzu kommen die digitalen Möglichkeiten, Möbelstücke online für den individuellen Bedarf zu gestalten, via App virtuell im Raum zu platzieren, Modell, Farbe und Material zu ändern, Sonderwünsche zu integrieren und alle Auswirkungen auf den Preis sofort zu sehen. Diese Objekt- und Projektkalkulationen nahmen früher viele Stunden in Anspruch. Seit wenigen Jahren bieten innovative Unternehmen diese sehr aufwendig zu programmierenden virtuellen Angebote.

Als Start-up muss man mit sehr viel Passion ans Werk gehen, um hier zu bestehen.

**2018 gründeten Sie MANIOR. Das Unternehmen ist noch jung. Welche Probleme löst Ihr Start-up?**
Bäume und Wälder sind die Lungen unsere Erde. Sie versorgen uns alle mit Sauerstoff, reinigen die Luft, sorgen für mehr Niederschläge und kühlen ihre Umgebung. Bäume neu zu pflanzen ist wunderbar, aber bis aus dem Setzling ein stattlicher Baum geworden ist, dauert es rund 100 Jahre. Deshalb hat die Erhaltung von Bäumen und Wäldern für mich höchste Priorität, denn die weltweiten Waldflächen nehmen immer weiter ab. Die Abholzungen und Brandrodungen des Regenwaldes, zum Beispiel in Brasilien, führen zu globalen Klimaveränderungen und reduzieren den Artenreichtum der dortigen Tier- und Pflanzenwelt. Auf der anderen Seite gibt es aber auch positive Nachrichten. So wächst die Waldfläche in China durch Rodungsverbote und Aufforstungsprogramme seit Jahren.

Spätestens seit dem Erfolg des Buches „Das geheime Leben der Bäume“ von Peter Wohlleben wird jedoch deutlich, dass auch eine nachhaltige Bewirtschaftung von Wäldern, wie sie in Deutschland erfolgreich betrieben wird, nur die zweitbeste Lösung ist. Noch besser ist es für den Wald, wenn man die Bäume, Pflanzen, Pilze und Tier in ihrem Gleichgewicht belässt und gar nicht eingreift.

Wenn wir unseren Fleischkonsum reduzieren, werden weniger Flächen für den Futtermittelanbau benötigt und weniger Wälder abgeholzt. Wenn wir weniger Papier und Verpackungen verwenden, dann werden weniger Bäume gefällt. Und wenn wir Möbel aus vorhandenen Hölzern herstellen, machen wir die Welt ein kleines Stückchen grüner.

Pro Jahr werden weltweit 13 Mio. Hektar Wald gefällt. Der Wald in Deutschland umfasst mit 11,4 Mio. Hektar, das entspricht 32 % der Gesamtfläche des Landes. Laut Deutschem Forstwirtschaftsrat e. V. ist „Deutschland (…) das waldreichste Land Mitteleuropas (DFWR o. J.). Aber: Von 285.000 Hektar toter Waldfläche in Deutschland geht das Bundesministerium für Ernährung und Landwirtschaft (BMEL) für das Jahr 2020 aus (BMEL 2020).

**Wie viel Kreativität braucht ein junges Unternehmen, brauchen vielleicht alle Unternehmen für ein zukunftsfähiges Geschäftsmodell?**
Kreativität ist gerade im Hinblick auf zukünftige „Rohstoffe“ gefragt. Von der Badebekleidung aus alten Fischnetzen, über Schuhsohlen zum Teil aus zerkauten Kaugummis, zu Taschen und Rucksäcken aus alten Bananenpflanzen. Noch weiter: Schuhe aus verdorbenem Obst, Verpackungen mit Bindemitteln aus Pilzen oder Papier und Pappe mit einem hohen Grasanteil statt Holz. Das sind alles sehr beeindruckende Beispiele aus Holland, Deutschland, den USA von Bleed Clothing[2], Gum Shoe[3], Fruitleather[4], Evovative Design[5] und Creapaper[6]. Sie alle bringen vermeintlichen Abfall in eine neue Gestalt – es gibt noch so viel zu entwickeln!

**Was hat Sie bestärkt, diesen Weg zu gehen? Hatten oder haben Sie ein Vorbild?**
Ja, Sina Trinkwalder hat mich motiviert. In ihrem Buch „Wunder muss man selber machen – Wie ich die Wirtschaft auf den Kopf stelle“ beschreibt sie, wie sie sich in eine, ihr gänzlich neue Branche, die Textilwirtschaft, einarbeitete.[7] 2010 stellte sie die ersten Mitarbeiter ein; sie hatten auf dem klassischen Arbeitsmarkt keine Chance mehr. Aus möglichst regionalen und ausschließlich ökologisch hergestellten Rohstoffen wurden anfangs Taschen und später auch Bekleidung gefertigt. Sie gibt den inzwischen rund 150

[2] https://www.bleed-clothing.com/deutsch.

[3] https://de-de.facebook.com/gumshoeamsterdam/.

[4] https://de-de.facebook.com/fruitleather.rotterdam/?ref=page_internal.

[5] https://ecovativedesign.com/.

[6] https://www.creapaper.de/.

[7] Sina Trinkwalder: „Wunder muss man selber machen“, München 2013.

Mitarbeitern sinnstiftende Arbeit, Sicherheit durch unbefristete Arbeitsverträge. Und ganz wichtig: persönliche Wertschätzung ihrer Leistungen. Sie ist mein großes Vorbild.

**Was hat das für Sie bewirkt? Welche Aufgaben haben Unternehmen, haben Sie mit Ihrem Unternehmen?**
Unternehmen bzw. Unternehmer haben die gesellschaftliche Verantwortung, Mensch und Natur respektvoll zu behandeln. Der Umgang mit Menschen wird heute zu einem kritischen Erfolgsfaktor. Ein gesundes, abwechslungsreiches Arbeitsumfeld, in dem sich die Mitarbeiter wohlfühlen, ist die Basis. Wie ein Wohnhaus die Persönlichkeit seiner Eigentümer zeigt, so bringt auch das Office die unternehmerische Persönlichkeit zum Ausdruck. Im Sinne von „new work" ist das Büro ein großer Bindungsfaktor und da viele Menschen die meiste Zeit des Tages dort verbringen, ist es wichtig, hier die Wertschätzung gegenüber den Mitarbeitern deutlich zum Ausdruck zu bringen. Beispiele wären eine eigene Köchin, die täglich gesundes Essen für die Kreativen einer Werbeagentur zubereitet, ein begrünter Dachgarten inmitten einer hektischen Großstadt, ein beruhigend wirkender Bürohund oder eine entspannende Schaukel, umgeben von einer Lounge-Area. Das neue Ziel lautet immer „office feels like home".

Ein gutes Beispiel für den Umgang mit der Natur ist Patagonia, die Outdoor-Marke. Recycling von Rohstoffen bei der Herstellung von Jacken, Hosen, Rucksäcken ist hier schon selbstverständlich. Dieses Unternehmen geht aber noch einen Schritt weiter und sorgt sogar dafür, dass die einmal gekauften Produkte ein möglichst langes „Leben" haben. Dafür werden die eigenen Produkte kostenlos repariert und sogar die Outdoor-Produkte anderer Hersteller bei ihren jährlichen, europäischen Reparatur-Tours. Derartige Ideen in die Möbelbranche zu übertragen, ist mein großer Traum!

**Was wünschen Sie sich? Welche Botschaft möchten Sie der Leserschaft mitgeben?**
Weniger Rohstoffverbrauch, weniger Müll, weniger Emissionen und weniger verschmutzte Abwässer. Stattdessen Pflege und Reparatur der genutzten Produkte. Mehr Recycling und Upcycling sind das Ziel. Wegen eines kaputten Fensters reißen wir ja auch nicht gleich das ganze Haus ab und bauen ein neues, oder? Meine Hoffnung ist, dass das Geschäftsmodell und die erfolgreiche Arbeit von MANIOR viele Menschen und damit auch Unternehmen inspiriert, das eigene Konsumverhalten zu überdenken. Wir befinden uns in einer Zeit der gesättigten Bedürfnisse: Nicht mehr höher, schneller, weiter, sondern weniger, besser und langlebiger ist das neue Credo. Oder wie Vivienne Westwood es formuliert: „Buy less, choose well, make it last."

**Herzlichen Dank für das umfassende Gespräch.**

## 4 Ausblick und Chance

Die Beschleunigung von Produktionszyklen bei gleichzeitiger Abnahme der Lebensdauer vieler Produkte führte zu dramatisch gestiegenen Umweltproblemen, die vor allem auf Konsum basieren. Digitalisierte Zugänge zu globaler Produktion und Dienstleistungen haben einen atemlosen Wettlauf gestartet. Aus dem Blick verloren gingen der Schutz des Waldes und damit unseres Ökosystems. Der verantwortungsvolle Umgang mit verfügbaren Ressourcen – ob Erstnutzung, Weiter- oder Umnutzung – die Wege und Möglichkeiten sind vielfältig. Sind gebrauchte Dinge Müll, Sperrmüll oder Wertstoff? Sie sind vor allem Chancen. Chance auf Umnutzung, Umdenken, Umlenken. Ist die Grundlage, der Ausgangsstoff, von hoher Qualität, dann kann jedes Material eine lange Lebensdauer verkraften. Heute erweitert sich der Qualitätsbegriff um externe Dimensionen wie beispielsweise soziale und ökologische Verantwortung sowie Transparenz und Offenheit. Das sehen, was alle sehen und dabei etwas anderes denken. Das brauchen wir für Zukunftsfähigkeit – als Konsumenten und als Produzenten. Um die Herausforderungen anzugehen und zu meistern, braucht es Vordenker. Und es braucht Menschen, die Lösungen finden und sie umsetzen.

Welche Chancen ergeben sich aus den Herausforderungen für MANIOR? Wie sieht die Zukunft aus? Gabriele Acker-Bialek sagt dazu: „Wir sind der Überzeugung, dass die regionale Herstellung in kleinen oder mittelständischen, möglichst sozial agierenden Unternehmen ein notwendiges Gegengewicht zu industrieller Massenproduktion in fernen Ländern unter unbekannten Bedingungen darstellt. In Kombination mit heimischen Rohstoffen liegt hier eine krisensichere, soziale und umweltfreundliche Perspektive. Wir alle haben es in der Hand, durch unser (Kauf-) Verhalten unsere Umwelt positiv mitzugestalten. Aus unserer Sicht liegt die Zukunft in nachhaltig denkend und handelnden Menschen, die den Wert von Unikaten in kleinen Serien, persönlichen Einzelanfertigungen und traditioneller Handarbeit zu schätzen wissen. Auch Unternehmen können verantwortungsvoll „konsumieren" und ihren Mitarbeitern ein individuell gestaltetes, wertschätzendes und natürliches Umfeld bieten, welches das persönliche Wohlbefinden steigert, zu Kreativität einlädt und die Motivation fördert."[8]

[8] Gabriele Acker-Bialek, Interview geführt am 21.09.2020.

**Gabriele Acker-Bialek** arbeitete nach ihrem Studium der Betriebswirtschaftslehre im Investmentbanking einer Großbank und begleitete innovative Unternehmen an die Börse. Danach gründete sie eine Unternehmensberatung und verkaufte nach einigen Jahren ihre Anteile, um sich ausschließlich auf MANIOR zu konzentrieren. Parallel ist sie ehrenamtlicher Vorstand der Business Angels FrankfurtRheinMain für die Bereiche Investorinnen und nachhaltige Investments.

G. Acker-Bialek
MANIOR, Martin-Niemöller-Weg 9, 61462 Königstein im Taunus, Deutschland
E-Mail: ab@MANIOR.de

## Literatur

Becker M (2019) „So wohnt Deutschland: Rentner haben die meisten Quadratmeter für sich". In: FOCUS. https://www.focus.de/immobilien/mieten/grosser-statistik-vergleich-von-rentner-wohnungen-koennen-millionen-nur-traeumen_id_7798196.html. Zugegriffen: 1 Sept 2020

BMEL (2020) https://www.bmel.de/DE/themen/wald/wald-in-deutschland/wald-trockenheit-klimawandel.html. Zugegriffen: 1 Sept 2020

BMF (2017) Monatsbericht: Analysen und Bericht, Produktivität in Deutschland – Messbarkeit und Entwicklung. https://www.bundesfinanzministerium.de/Monatsberichte/2017/10/Inhalte/Kapitel-3-Analysen/3-1-Produktivitaetsentwicklung-Deutschland.html. Zugegriffen: 1 Nov 2020

DFWR (o. J.) https://www.forstwirtschaft-in-deutschland.de/waelder-entdecken/waldflaeche/. Zugegriffen: 1 Nov 2020

Specht F (2018) „Deutsche können sich heute für eine Stunde Arbeit dreimal mehr leisten als 1960". Handelsblatt (04.08.2018). https://www.handelsblatt.com/politik/deutschland/kaufkraftentwicklung-deutsche-koennen-sich-heute-fuer-eine-stunde-arbeit-dreimal-mehr-leisten-als-1960/22874504.html?ticket=ST-2653071-hkYZgd4cR0GJtrx007YR ap2. Zugegriffen: 1 Nov 2020

# Nur wer nachhaltig agiert, erhält von seinen Kunden eine „Licence to operate"

Silvia Steinert

**Zusammenfassung**

Verbraucher hinterfragen Kosmetikprodukte heute deutlich kritischer als in der Vergangenheit. Stichworte wie „natürliche Inhaltsstoffe", „tierversuchsfrei", „fair produziert" und „umweltverträgliche Verpackungen" sind wichtige Aspekte bei der Kaufentscheidung. Dies bedeutet für ein Kosmetikunternehmen wie cosnova, dass wir uns fragen, auf welchen Gebieten wir Verantwortung für eine nachhaltige Zukunft tragen und wie wir diese aktiv gestalten möchten. Denn auf dem Weg zu einem nachhaltigen Unternehmen warten etliche Fragezeichen, Hürden und unerwartete Herausforderungen, die jedes Unternehmen auf seine eigene Weise beantworten muss. Die grundlegende Transformation berührt alle Geschäftsbereiche, ist anstrengend – bietet aber wahnsinnige Chancen für Menschen, Umwelt und das Unternehmen selbst.

## 1 Einleitung

Als Christina Oster-Daum 2001 cosnova gründete, hatte sie eine Vision: Jeder Mensch sollte mit erschwinglichen Beauty-Produkten seine Kreativität ausleben und sich schöner fühlen können. Seither stehen unsere Marken, zu denen CATRICE und essence gehören, für Qualität und ständig neue Produktentwicklungen zu fairen Preisen.

Inzwischen haben wir uns vom kleinen Start-up aus Hessen – dank des Engagements unserer Mitarbeitenden und viel Herzblut – mit essence zum Mengenmarktführer

S. Steinert (✉)
cosnova GmbH, Sulzbach, Deutschland
E-Mail: s.steinert@cosnova.com



A. Trischler und S. Böhling (Hrsg.), *CSR in Hessen,* Management-Reihe Corporate Social Responsibility, https://doi.org/10.1007/978-3-662-63004-4_26

**Abb. 1** Heutiger Hauptsitz von cosnova in Sulzbach (Taunus)

für dekorative Kosmetik in Deutschland und Europa entwickelt. Wir sind ein global agierendes Familienunternehmen. Mit unseren Werten Leidenschaft, Mut, Vertrauen, Zuverlässigkeit, Offenheit und Verantwortung stehen wir für eine moderne und tolerante Welt. Aus dieser Überzeugung heraus wollen wir unseren Beitrag leisten, das Leben möglichst vieler Menschen und den Zustand unseres Planeten positiv zu beeinflussen. Aber passen Nachhaltigkeit und unser Geschäftsmodell, Beauty-Produkte im Einstiegssegment anzubieten, überhaupt zusammen?

Wir sind seit unseren Corporate-Responsibility-Anfängen einen weiten Weg gegangen. In der Rückschau können wir an dieser Stelle bereits selbstbewusst sagen, dass unser Mindset, immer am Puls der Zeit zu sein, schnell auf neue Trends zu reagieren und immer zum richtigen Zeitpunkt das passende Produkt im Angebot zu haben, auch und gerade für die grundlegende Transformation zu einem nachhaltigen Unternehmen von großem Vorteil ist – das spürten wir in den folgenden Jahren immer deutlicher (Abb. 1).

## 2 Woher wir kommen

Mit dem Thema Tierwohl legten wir direkt zur Firmengründung den Grundstein: Seit jeher wurden und werden alle unsere Produkte komplett ohne Tierversuche entwickelt und hergestellt. Wir verpflichten jeden Einzelnen unserer Geschäftspartner, seine Waren weder selbst an Tieren zu testen, noch von anderen Unternehmen an Tieren testen zu lassen. Das überzeugte auch die Tierschutzorganisation PETA, die unsere Marken auf ihre offizielle Liste „Kosmetik ohne Tierversuche“ aufgenommen hat. Darauf sind wir sehr stolz. Mindestens genauso wichtig, wie das Wohl der Tiere, war uns schon in den Startlöchern ein sehr guter, fairer Umgang mit Menschen. Wir wollen nicht nur äußerliche Schönheit, Selbstentfaltung und Kreativität in das Leben unserer Kundinnen und Kunden bringen, sondern auch einen positiven Beitrag für möglichst viele Menschen leisten, deren Leben wir in irgendeiner Weise berühren.

Aus dieser Überzeugung heraus machten wir uns 2013 auf den Weg, das Thema Corporate Social Responsibility zum Teil unserer Unternehmens-DNA werden zu lassen. Den Anstoß dazu gab eine Mitarbeiterin mit großer Eigeninitiative, die die Geschicke der damals noch One-Woman-Abteilung „CSR“ in die Hand nahm und direkt an unsere Gründerin Christina Oster-Daum berichtete. Der Fokus unserer Aktivitäten lag damals in sozialen Initiativen wie Spendentätigkeiten, Corporate Volunteering und Sachspenden. In dieser CSR-Pionierphase war Nachhaltigkeit in unserem Unternehmen noch von keiner großen strategischen Bedeutung. Tatsächlich betrachteten viele das Thema eher als Liebhaberei.

**3 Fragen an Christina Oster-Daum, Gründerin des Beauty-Unternehmens cosnova**

**Christina, warum hast du 2001 gerade in der Beauty-Branche ein Unternehmen gegründet?**

Die Leidenschaft und das Interesse für dekorative Kosmetik waren bei mir schon immer gegeben – sowohl privat wie später auch beruflich bedingt. Anstoß, ein eigenes Unternehmen zu gründen, war für mich vor allem die Tatsache, dass der Beauty-Markt für Konsumierende zu dieser Zeit mehrheitlich hochpreisige Produkte bereithielt. Für mich fehlte eine Marke, die hohe Qualität bietet, eine Antwort auf aktuelle Trends gibt UND zugleich für jeden erschwinglich ist. Denn nicht alle Make-up-Konsumierenden wollen und können sich hochpreisige Kosmetik leisten, schon gar nicht die jungen. Das war die Geburtsstunde von essence, später folgte dann CATRICE und mittlerweile haben wir weitere Marken unter unserem Dach, die alle – trotz unterschiedlicher Positionierung im Markt – dem gleichen Qualitätsversprechen verpflichtet sind.

**In nur 18 Jahren hat cosnova – einst als kleines Start-up in Hessen gegründet – den globalen Kosmetikmarkt erobert. Wie hast du das geschafft?**

Der Erfolg von cosnova ist ein Gemeinschaftswerk und begründet sich ganz erheblich in der Kultur, die wir leben, welche neben einem wertschätzenden Miteinander von hohem Engagement, viel Leidenschaft und Dynamik aller Mitarbeitenden geprägt ist. Wir nennen es Hochleistung und Menschlichkeit. Mit unserem Geschäftsmodell haben wir noch dazu eine Lücke im Markt geschlossen – die Nachfrage nach bezahlbarer dekorativer Kosmetik war da, wir waren die ersten, die ein solches Angebot machten. Wir sind von Beginn an nah an unseren Kundinnen und Kunden dran, spüren Trends sehr frühzeitig auf und übersetzen diese sehr agil in neue Produktkonzepte. Das schätzen die Verbraucherinnen und Verbraucher, genauso wie die Qualität unserer Produkte und auch das wachsende Sortiment an „Clean Beauty“ und nachhaltigeren Produkten und Verpackungen.

**Welche Rolle spielt das Thema Nachhaltigkeit in der Unternehmensstrategie?**
Uns liegt das Wohl von Menschen, Tieren und Umwelt immer schon sehr am Herzen. Deswegen positionieren wir uns seit jeher ausdrücklich gegen Tierversuche und setzen uns für soziale Initiativen ein. Um unser Engagement besser strukturieren und enger in unsere Prozesse einbinden zu können, haben wir ab 2013 schrittweise das Thema Corporate Responsibility ausgebaut. 2015 gründeten wir eine eigene CR-Abteilung unter Leitung von Silvia Steinert und haben uns dann Schritt für Schritt mit einer eigenen Nachhaltigkeitsstrategie auf ganz konkrete Ziele verpflichtet. Das betrifft Inhaltsstoffe, Verpackungen, die Kontrolle unserer Geschäftspartner und viele andere Bereiche. Nachhaltigkeit ist heute eine unserer wichtigsten Säulen für die Zukunft unserer Marken und für das gesamte Unternehmen.

Als das Corporate-Responsibility-Thema bei uns 2013 startete, ging es vornehmlich um die sozialen Initiativen des Unternehmens, also alles rund um Spendentätigkeiten, Corporate Volunteering oder Sachspenden. Ökologische Nachhaltigkeit oder eine integrierte Strategie hatten wir zu diesem Zeitpunkt noch nicht auf dem Zettel. Dies änderte sich zwei Jahre später: Im Frühjahr 2015 übernahm ich nach meiner Elternzeit die Leitung des CSR-Bereichs. Angesichts der globalen Herausforderungen mit Klimawandel, Umweltverschmutzung und sozialer Ungerechtigkeit, neigt man im ersten Moment zum Fatalismus: „Weltrettung in Sulzbach – wie soll das denn gehen?" Aber darum geht es bei Nachhaltigkeit gar nicht. Es geht darum, dass jeder sein Möglichstes für eine nachhaltigere Welt tut. Wenn das alle beherzigen, ist schon viel erreicht.

Aber wo anfangen? Zunächst mussten wir über das bisherige soziale Engagement in der Region hinaus eine Vorstellung entwickeln, wie unser Weg für cosnova aussehen könnte. Es gibt eine Menge Literatur zu diesem komplexen Themenbereich, zahlreiche Erfahrungsberichte und kluge Ideen – letztlich muss aber jedes Unternehmen aus sich heraus einen Ansatz finden. Blaupausen gibt es nicht. Schnell kamen wir zu der Überzeugung, dass unser stärkster Hebel in unserem täglichen Tun liegt. Wir stellten uns also die Frage, was wir aus unserem Kerngeschäft heraus bewirken können.

# 3 Unser Weg in die Nachhaltigkeit

## 3.1 Herausforderungen definieren und priorisieren

Im ersten Schritt mussten wir also die Bereiche definieren, die für uns besonders wichtig waren. Wir entschieden, uns einen professionellen Partner zu suchen, der uns half, uns selbst die richtigen Fragen zu stellen.

Gemeinsam mit den Direktoren aller Abteilungen und der Geschäftsführung starteten wir unser Strategieprojekt. Eine besondere Herausforderung bei der Definition unserer künftigen Schwerpunkte war der Spagat, immer den größeren Nachhaltigkeitskontext im Kopf zu behalten sowie einen wirklichen Unterschied machen zu wollen – sich zugleich aber auf das Machbare in unserer Wertschöpfungskette zu fokussieren und die gesamte Organisation in diesem Transformationsprozess mitzunehmen.

In einem zweiten Schritt entwickelten wir einen Themenkatalog mit fünf Themenclustern für eine erste Stakeholder-Befragung (s. Abb. 2). Wir holten die Meinung unserer Mitarbeitenden, Konsumierenden und Geschäftspartner ein, fragten Verbände, Behörden und Bloggende nach ihren Erwartungen und Zielvorstellungen gegenüber cosnova. Zusätzlich wagten wir einen Blick über den Tellerrand und schauten uns an, wie andere Unternehmen in unserer Branche mit dem Thema umgingen, was wir von ihnen lernen konnten.

## 3.2 Herausarbeitung der Kernthemen

Anfang 2016 veröffentlichten die Vereinten Nationen ihre „17 Ziele für nachhaltige Entwicklung", die eine ökologische, soziale und ökonomische Zukunft für die ganze Welt sicherstellen sollen. Für uns als global agierendes Unternehmen waren diese Ziele Ansporn und Inspiration, unseren Beitrag hierzu weiter zu konkretisieren und in Zukunft verstärkt auch eine globale Perspektive einzubeziehen. Im Sommer legten wir uns schließlich auf die finale Definition unserer vier Kernfelder fest (siehe Tab. 1).

Auch personell stellten wir uns nun breiter auf: Für drei der vier Kernfelder schufen wir jeweils eine Vollzeitstelle im CR-Team. Jedes Teammitglied rief Arbeitsgruppen ins Leben, die verschiedene Abteilungen in die Arbeit einbezogen und für eine kontinuierliche, umfassende Bearbeitung der Themen sorgten. Ein erster Meilenstein in der internen Wahrnehmung unserer Arbeit war die Präsentation unserer Transformationsstrategie vor der gesamten Belegschaft. Viele Kolleginnen und Kollegen stellten erstaunt fest, dass wir längst nicht mehr die „Spenden-Abteilung" sind, sondern aktiver Treiber eines Transformationsprozesses im Herzen unseres Kerngeschäfts. Ein deutliches, internes Zeichen dieses Anspruchs war die Umbenennung unserer Abteilung in „Corporate Responsibility" (CR): Wir verzichteten bewusst auf den Zusatz „social", um uns – aufgrund der sprachlichen Missverständlichkeit – von unserem Ruf als „Sozial-Abteilung" zu emanzipieren.

Trotzdem wurde die Verantwortung zu dieser Zeit noch hauptsächlich bei unserem Vier-Personen-Team gesehen, der Anteil der jeweiligen Fachbereiche wurden noch als nachgelagert empfunden. Entsprechend komplex verliefen die Treffen der Arbeitsgruppen: Oft müssten wir erst mal eine gemeinsame Datenbasis schaffen und uns auf persönlicher Ebene annähern, um letztlich konkrete strategische Ziele zu erarbeiten. Manche Arbeitsgruppen wurden auch wieder eingestellt und man fand sich eher auf individuellen Zuruf zusammen. So entwickelte sich allmählich eine agile Arbeitsweise über Abteilungsgrenzen hinweg.

Ein weiterer Ansatz zur internen Durchdringung war unsere sogenannte „CR Street" bei der International Sales Conference (ISC) 2016. Das jährliche, dreitägige Treffen unserer weltweiten Distributoren dient dazu, Produkt- und Unternehmensneuigkeiten intern vorzustellen und zu diskutieren. Die „CR Street" konzipierten wir in Form einer selbsterklärenden Ausstellung, die sowohl unseren Strategieprozess als auch unsere vier

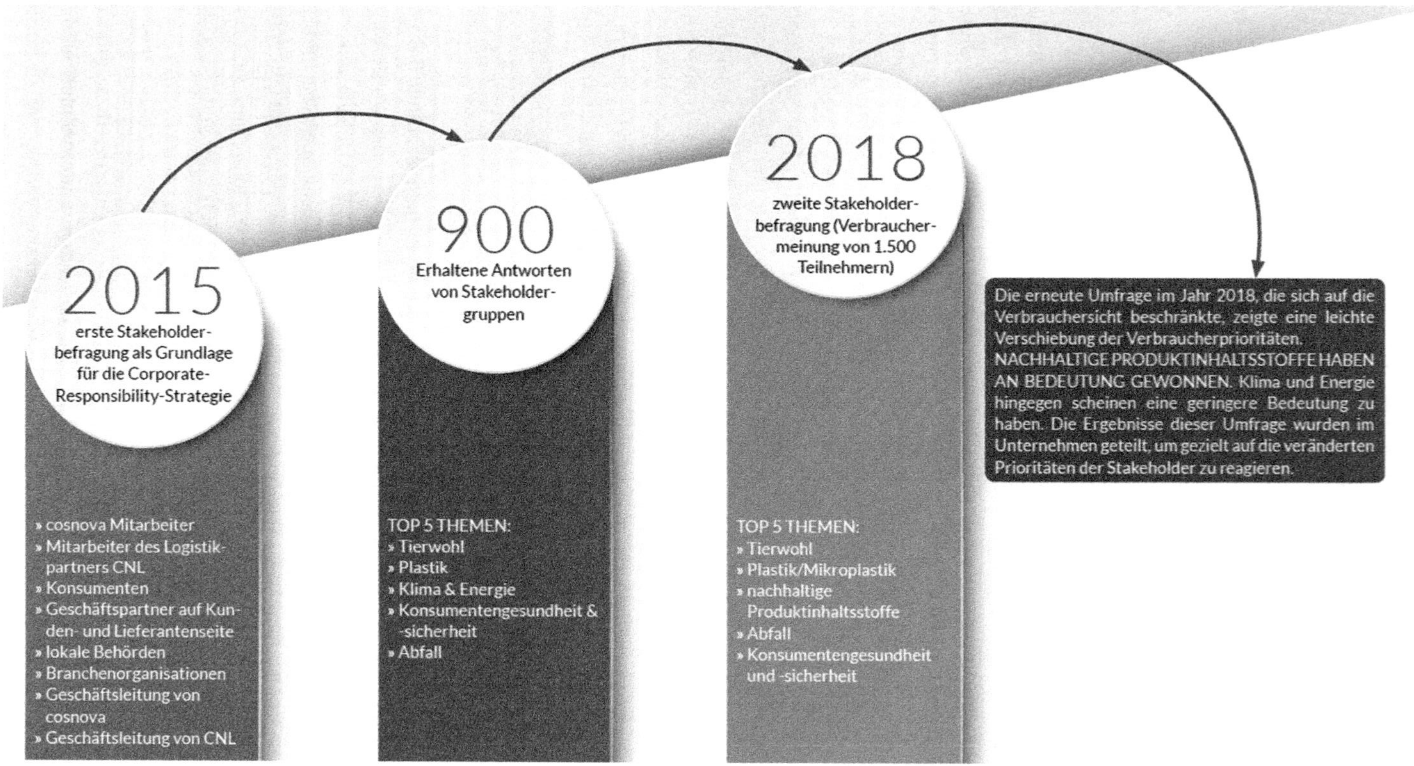


**Abb. 2** Wir streben einen kontinuierlichen Dialog mit unseren Stakeholdern an (cosnova 2018, S. 13)

**Tab. 1** Unsere Kernfelder der Corporate Responsibility (Roadmap 2019 definiert)

| Kernfeld | Worum es uns geht |
|---|---|
| Unbedenklichkeit unserer Produkte | Wir wollen unsere Produkte Schritt für Schritt unbedenklich entwickeln in den drei Bereichen Gesundheit, Umwelt und Soziales.<br>*Unsere Ziele:*<br>100 % Kompensation des verbrauchten Palmöls<br>100 % Mikroplastikpartikelfreies Sortiment bis 2023<br>100 % Transparenz in der Mica-Lieferkette bis 2023 |
| Arbeitsbedingungen bei unseren Geschäftspartnern | Unser Verhaltenskodex verpflichtet jeden Lieferanten auf die Einhaltung fairer Arbeitsbedingungen nach den ILO-Kernarbeitsnormen sowie lokalen gesetzlichen Vorgaben und ist Voraussetzung für jede Zusammenarbeit.<br>*Unser Ziel:*<br>Bewertung von 90+% unserer direkten Lieferanten durch unabhängige Gutachter bis 2021 bei zeitgleicher strikter Nachverfolgung möglicher Verstöße und entsprechender Verbesserungsmaßnahmen. |
| Arbeitsbedingungen bei unseren Geschäftspartnern | Unser Verhaltenskodex verpflichtet jeden Lieferanten auf die Einhaltung fairer Arbeitsbedingungen nach den ILO-Kernarbeitsnormen sowie lokalen gesetzlichen Vorgaben und ist Voraussetzung für jede Zusammenarbeit.<br>*Unser Ziel:*<br>Bewertung von 90+% unserer direkten Lieferanten durch unabhängige Gutachter bis 2021 bei zeitgleicher strikter Nachverfolgung möglicher Verstöße und entsprechender Verbesserungsmaßnahmen. |
| Zero Waste | Wir streben eine generelle Abfallreduzierung an, die Verwendung von umweltfreundlicheren, nachhaltigeren und besser wiederverwertbaren Materialien sowie die sinnvolle Nutzung von verbliebenen Abfällen, zum Beispiel durch Re- und Upcycling.<br>*Unsere Ziele:*<br>Bis zu 30 % weniger Verpackungsmaterial bis 2025<br>Bis zu 75 % recyclingfähige Verpackungen bis 2025<br>Mindestens 50 % recycelte Verpackungsmaterialien bis 2025 |
| Soziale Initiativen | Wir bemühen uns um eine positive Wirkung auf das Leben anderer Menschen: in unserem Unternehmen, unserer Nachbarschaft und mit unseren Partnern entlang unserer Wertschöpfungskette.<br>*Unser Ziel:*<br>Das Leben möglichst vieler Menschen durch soziale und wohltätige Projekte positiv beeinflussen. |

Kernthemen anschaulich erklärt. Leider stieß das Konzept bei den Teilnehmenden der Konferenz auf wenig Interesse. Wir hatten uns schlicht den falschen Moment dafür ausgesucht – die Relevanz unseres Transformationsprozesses wurde noch nicht ausreichend wahrgenommen.

Das Jahr 2017 sollte für unser Team das „Eichhörnchen-Jahr" werden: erstmal sammeln. Welche Daten brauchten wir, um überhaupt eine valide Basis zu schaffen? Wo bekamen wir die her? Waren sie vollständig? Wie konnten wir unsere Liefernden bei diesem für uns so wichtigen Thema ins Boot holen? Wir besuchten zahlreiche Konferenzen, schauten uns andere Unternehmen an, bildeten uns allmählich auch in den feineren Verästelungen eines jeden Themas eine Meinung. Wir definierten die allerersten konkreten Ziele und skizzierten erste Fahrpläne.

Noch immer waren unser Wirken und unser Wille zur Veränderung innerhalb der Organisation wenig sichtbar. Nachhaltigkeit genoss in den Abteilungen angesichts anderer Aufgaben keine Top-Priorität. Um auf breiter Basis im Unternehmen für unsere Anliegen Gehör zu finden oder unsere Ideen überhaupt erst vorzustellen, machte das gesamte CR-Team eine Roadshow durch alle Team-Meetings sämtlicher Abteilungen. Ein echter Marathon, der etwa ein Jahr dauerte. Aber die Mühe war es wert: Vielen wurden die Augen geöffnet, welche umfangreichen Themen wir bearbeiten. Eine motivierende und frustrierende Erfahrung, die eigene bisherige Nicht-Wahrnehmung so ungeschminkt zu erleben und zugleich durch Begeisterung ersetzen zu können.

Ganz im Sinne unserer Grundüberzeugungen verwendeten wir 2017 außerdem unsere „CR Street" vom Vorjahr wieder: Als sogenanntes „CR room takeover" stylten wir damit für drei Monate einen Raum im Hauptgebäude um, der in dieser Zeit hauptsächlich für externe Lieferantengespräche sowie als interner Meeting-Raum genutzt wurde. So blieben wir sowohl im Blickfeld von cosnovas Geschäftspartnern als auch unserer Kolleginnen und Kollegen dauerhaft präsent und sickerten so allmählich ins allgemeine Bewusstsein ein.

### 3.3 Roadmap mit klaren Zielen

2018 wiederholten wir die Befragung unserer Konsumierenden via Facebook, um zu schauen, ob wir mit der Zielrichtung unserer Maßnahmen noch auf dem richtigen Kurs waren und um neue Themen aufzuspüren. Die Auswertung der 1500 Fragebögen bestätigte unsere bisherige Arbeit (siehe Abb. 2).

New Year, same task: Neben den inhaltlichen Anstrengungen blieb es auch im neuen Jahr eine unserer Hauptaufgaben, die interne Wahrnehmung unserer Ziele und Maßnahmen zu verbessern. Seit jeher spenden wir die Umsätze unseres hauseigenen Nagelstudios, seit 2018 lassen wir die Kolleginnen und Kollegen aus drei verschiedenen Verschlägen voten, an wen die Spende gehen soll. Unsere Idee damals: Wir wollten eine subtile Auseinandersetzung und mehr Involvement seitens unserer Mitarbeitenden anstoßen. Die Wand im Nagelstudio ist entsprechend gestaltet und jedes Jahr kommt ein neues Schild hinzu, wem das Geld zugutegekommen ist.

Im folgenden Jahr zeigten sich deutlich wahrnehmbare Fortschritte im Unternehmen. In fast jedem Infomeeting, in dem das Unternehmen über aktuelle Veränderungen informiert wird, waren wir mit einer Präsentation zu einem unserer Themen vertreten, sei es der Corporate Carbon Footprint, nachhaltiges Palmöl, Corporate-Volunteering-Angebote oder nachhaltiges Materialmanagement. Und auch in der Gesellschaft nahm das Thema in dieser Zeit zusehends Fahrt auf. Von Endverbraucherinnen und

-verbrauchern, über Handelspartner und NGOs – der Wunsch nach umfassenden und tieferen Informationen war deutlich spürbar.

Mitte 2019 legten wir uns gemeinsam mit unserer Geschäftsführung auf eine detaillierte Roadmap für jedes der vier Kernthemen fest – verbunden mit konkreten Zeiträumen für deren Umsetzung. Kurz darauf veröffentlichten wir unseren ersten Nachhaltigkeitsbericht nach den Vorgaben des Deutschen Nachhaltigkeitskodex. Neben dem 60-seitigen Report erstellten wir eine 15-seitige, gestaltete Kurzversion, um unsere Bemühungen einem möglichst breiten Publikum zugänglich zu machen. Unser Nachhaltigkeitskonzept war und ist aber nicht starr – immer wieder werden wir die eingeschlagene Richtung hinterfragen und die Geschwindigkeit der Veränderungen überprüfen müssen, um auf dem richtigen Kurs zu bleiben.

Im Herbst war „Neo Ecology" neben „Digitalization" eines der beiden Fokus-Themen bei unserer International Sales Conference (ISC) 2019. Zu der internen Messe kamen über 300 internationale Gäste aus der ganzen Welt, die sich über aktuelle Entwicklungen und Schwerpunkte im Unternehmen informierten. Wir hatten also auf breiter Ebene die Gelegenheit, unsere Vertriebspartner nochmal über die strategische Bedeutung von Nachhaltigkeit zu informieren und sie in zwei großen Workshops zu den Themen „Unbedenklichkeit der Produkte" sowie „Zero Waste" interaktiv mit einzubeziehen. Anders als bei der ISC drei Jahre zuvor ein voller Erfolg, der exakt den Puls der Zeit traf! Spätestens jetzt war es jedem klar, dass Nachhaltigkeit eine grundlegende Anforderung für die Zukunftsfähigkeit unseres Unternehmens ist.

## 4 Was wir schon erreicht haben

Corporate Responsibility und nachhaltige Entwicklung ziehen sich in unserem Unternehmen heute durch alle Geschäftsbereiche, Abteilungen und Planungen. Wir haben mit dem Sustainability Board Ende 2019 eine Institution geschaffen, die Nachhaltigkeit als einen zentralen Bestandteil unserer Unternehmenspolitik verankert. In dem quartalsweise stattfindenden, abteilungsübergreifenden Meeting nehmen Expertinnen und Experten und Entscheidungsträger aus verschiedenen Abteilungen sowie Vertreter der Geschäftsführung teil, diskutieren kontroverse Themen und treffen verbindliche Entscheidungen. Darüber hinaus überprüfen wir in diesem Rahmen immer wieder kritisch unsere strategische Ausrichtung und unseren Fortschritt. Sind wir noch auf Kurs? Gibt es Themen, denen wir uns stellen müssen? Hilfreich ist hier insbesondere der wertvolle Austausch mit unserer Abteilung für „Trends and Consumer Insights", der uns immer wieder einen Blick von außen auf unsere Arbeit und die Nutzung der cosnova-typischen Trend-Expertise erlaubt.

Auf vielen Gebieten haben wir uns Industriekooperationen und Initiativen angeschlossen, eigene Grundsätze festgelegt und wurden von externen Organisationen ausgezeichnet (siehe Abb. 3). In den vier Kernfeldern unserer CR-Strategie (siehe Tab. 1) haben wir seit deren Definition 2016 bereits konkrete Verbesserungen erreicht. Die

**Abb. 3** Industriekooperationen, Initiativen, unabhängige Prüf-Organisationen und eigene Grundsätze

nachfolgend dargestellten konkreten Ergebnisse in unseren vier Kernfeldern können wir bereits vorweisen.

## 4.1 Konkrete Ergebnisse in unseren vier Kernfeldern

### 4.1.1 Unbedenklichkeit unserer Produkte

Wie bei Lebensmitteln hängt die Qualität von Beauty-Produkten maßgeblich von ihren Inhaltsstoffen ab. Oberste Priorität hat für uns immer die Sicherheit und gesundheitliche Unbedenklichkeit unserer Produkte. Wir sind stolz, dass wir seit unserer Firmengründung niemals Tierversuche unternommen haben, dafür hat die Tierschutzorganisation PETA uns auf ihre offizielle Liste „Kosmetik ohne Tierversuche" gesetzt.

Wir prüfen neben den gesetzlichen Vorgaben alle Rohstoffe zusätzlich nach weiteren internen Kriterien. Unerwünschte Substanzen, insbesondere auch aufgrund ihrer Belastung für die Umwelt, fassen wir auf einer Verbotsliste zusammen. Darüber hinaus untersuchen wir seit 2015 alle Rohstoffe sorgfältig auf zusätzliche gesundheitliche, ökologische und soziale Aspekte, inzwischen sind das mehr als 1600 Substanzen.

Ein Rohstoff, der wegen seiner negativen Umwelteinflüsse immer wieder in der Kritik steht, ist Palmöl. Übermäßiger und unkontrollierter Anbau von Palmölpflanzen gefährdet das Ökosystem und die Artenvielfalt im Regenwaldgebiet. Unsere eingesetzten Mengen an Palmöl, Palmkernöl und deren Derivaten kompensieren wir vollständig und fördern als Mitglied des Roundtable of Sustainable Palm Oil (RSPO) den nachhaltigen Anbau.

Andere ökologisch kritische Inhaltsstoffe sind Mikroplastikpartikel. Die winzigen Kunststoffteilchen gelangen über den Wasserkreislauf in die Meere und belasten so die Umwelt. Wir forschen ständig nach natürlichen, biologischen Alternativen und entwickeln seit Januar 2020 alle unsere neuen Produktinnovationen komplett ohne Mikroplastikpartikel.

Für den eleganten Schimmer-Effekt bei Nagellack & Co. sorgt der Rohstoff Mica oder auch Glimmer genannt. Leider wird dieses Naturgestein häufig unter schwierigen Bedingungen in Minen abgebaut. Ein Großteil unseres verwendeten Micas stammt aus Indien. Dort kam es in der Vergangenheit zu negativen menschenrechtlichen Auswirkungen für die Arbeitenden und ihre Familien, leider gab es sogar Fälle von Kinderarbeit. Das wollen wir nicht hinnehmen.

Darum führen wir ein striktes Monitoring unserer Mica-Lieferkette durch, mit dem Ziel, bis 2023 für 100 % Transparenz in der Lieferkette zu sorgen, aktuell haben wir bereits 99 % (2020) erreicht. Dabei werden alle Stationen bis zur Mine zurückverfolgt und überprüft. Wir arbeiten ausschließlich mit Liefernden zusammen, die unseren hohen Ansprüchen an Transparenz gerecht werden.

### 3 Fragen an Katrin Steinbach, Technical Unit Expert CR für „Unbedenklichkeit unserer Produkte" bei cosnova

**Warum legt cosnova so viel Wert auf die Auswahl der Inhaltsstoffe?**
Wir möchten uns, unsere Umwelt und das Ökosystem, in dem wir leben, gesund erhalten. Aus diesem Grund möchten wir unser Rohstoffportfolio nachhaltiger gestalten. Dazu bewerten wir unsere Rohstoffe nach einem internen System und entwickeln daraus Verbotslisten für die Produktentwicklung.

**Warum ist es so schwierig, sofort auf Stoffe wie Mikroplastikpartikel zu verzichten?**
Mikroplastikpartikel wurden und werden in Kosmetikprodukten zu unterschiedlichen Zwecken eingesetzt. Hauptsächlich um die Sensorik der Texturen positiv zu beeinflussen, aber auch für deren Haltbarkeit, die Abgabe, zur Mattierung und mehr. Diese Stoffe sind also für einen wichtigen Teil der Produktperformance verantwortlich. Alternative Stoffe gibt es zwar dazu in der Zwischenzeit, aber es ist nie ein Eins-zu-eins-Austausch möglich. Das bedeutet, eine Textur muss immer angepasst und überarbeitet werden. Ebenso müssen neue Stabilitätstests, Konservierungsmitteltests und Ähnliches vorgenommen werden. Dadurch ergibt sich je nach Produkt und Schwierigkeitsgrad eine gewisse Produktentwicklungszeit.

**Welche Schritte plant cosnova, um die Inhaltsstoffe noch nachhaltiger zu gestalten?**
Wir haben eine umfangreiche Projekt-Roadmap aufgesetzt, die uns den Weg für die nächsten fünf Jahre aufzeigt. Dazu gehören die Verbote von Mikroplastikpartikeln und flüchtigen Silikonen, aber auch die Entwicklung von neuen nachhaltigen Produktkonzepten nach unseren Clean Beauty und Clean Beauty PLUS Richtlinien.

### 4.1.2 Zero Waste und Emissionen

Nicht nur die Roh- und Inhaltsstoffe sind wichtige Ressourcen in der Herstellung von Kosmetik – auch die Verpackung hat einen großen Einfluss auf die Nachhaltigkeitsbilanz. Bei der Entwicklung neuer Verpackungen überlegen unsere Produktmanager von Anfang an, welche Teile und Materialien wirklich nötig sind. Bis 2025 wollen wir auf diese Weise bis zu 30 % des Verpackungsmaterials einzusparen.

Was wir nicht weglassen können, sollte im zweiten Schritt möglichst vollständig recyclingfähig sein. Damit aus unseren alten Verpackungen neue entstehen können, wollen wir bis 2025 bis zu 75 % unserer Verpackungen recyclingfähig designen. Das ist zugleich die Voraussetzung für die Verwendung von möglichst vielen sogenannten Rezyklaten, also Kunststoffen, die schon mindestens einen Wertschöpfungszyklus durchlaufen haben. Wenn wir es schaffen, bis 2025 mindestens 50 % unserer Verpackungen aus Rezyklaten herzustellen, können wir langfristig bis zu 80 % Energie und 60 % Treibhausgase einsparen.

Und noch etwas: Um die Auswirkungen unseres Tuns auf das Klima und mögliche Stellschrauben genau zu identifizieren, haben wir erstmals für das Geschäftsjahr 2018 unseren $CO_2$-Fußabdruck berechnet. Schon im Jahr zuvor haben wir uns der Lean & Green Initiative angeschlossen und uns dazu verpflichtet, innerhalb von fünf Jahren die $CO_2$-Emissionen unseres hochmodernen Logistikzentrums um mindestens 20 % zu reduzieren. Einen weiteren Beitrag zum Klimaschutz leisten wir durch die vollständige Kompensation aller Dienstreisen über die gemeinnützige Organisation atmosfair. Für das Jahr 2019 waren das bereits 1160 t eingesparte Treibhausgase.

**3 Fragen an Daniela Soukup, Expert Corporate Responsibility für „Zero Waste" bei cosnova**

**Worauf achtet cosnova in der Entwicklung seiner Verpackungen besonders?**

Wir achten in der Verpackungsentwicklung vor allem auf drei Bereiche: So wenig Material wie möglich einsetzen, im Rahmen der systembedingten Möglichkeiten die Recyclingfähigkeit der Verpackungen optimieren und den Einsatz recycelter Materialien erhöhen.

**Viele Produkte von cosnova haben eine Kunststoffverpackung. Warum?**

Unser Sortiment umfasst eine große Bandbreite an Produkten mit sehr unterschiedlichen Anforderungen an die Verpackung. Diese werde häufig am besten von den verschiedenen Kunststoffarten erfüllt. Aber wir suchen immer nach alternativen Verpackungen aus Papier, Glas oder recyceltem Kunststoff.

**Woher kommt das Material für die Rezyklate?**

Es gibt nicht nur den einen Materialstrom. Das recycelte PET beispielsweise kommt aus dem europäischen PET-Flaschenpfandsystem. Andere Rezyklate beziehen wir aus dem Dualen System, also aus dem Gelben Sack. Für die Zukunft arbeiten wir an der Erschließung weiterer Quellen für Rezyklate.

### 4.1.3 Arbeitsbedingungen bei unseren Geschäftspartnern

Wir betreiben keine eigenen Fabriken – umso wichtiger sind für uns vertrauensvolle und zuverlässige Liefernde. Wir arbeiten ausschließlich mit Partnern zusammen, die sich auf die Einhaltung des unternehmenseigenen „Code of Conduct" verpflichten. Der orientiert sich an den Kernarbeitsnormen der International Labour Organisation (ILO).

Darüber hinaus haben wir ein detailliertes, zweistufiges Kontrollsystem etabliert (siehe Interview-Kasten für mehr Informationen), mit dem wir die Einhaltung der menschenrechtlichen Sorgfaltspflicht sowie fairer Arbeitsbedingungen bei unseren Liefernden überwachen. Bis Ende 2021 wollen wir so über 90 % unserer direkten Liefernden bewerten.

Natürlich haben wir uns auch selbst einer Nachhaltigkeitsbewertung unterzogen und sind stolz, 2019 dank eines überdurchschnittlich guten Ergebnisses mit der Gold-Medaille von EcoVadis ausgezeichnet worden zu sein.

**3 Fragen an Maximilian Peters, Expert Corporate Responsibility für „Arbeitsbedingungen bei Geschäftspartnern" bei cosnova**

**Warum produziert cosnova seine Produkte nicht selbst?**

Wie andere Kosmetikunternehmen entwickelt cosnova seine innovativen Produkte in der Firmenzentrale, in unserem Fall hier in Sulzbach. Die Produktion dieser Artikel organisieren wir dann jedoch mit Liefernden in unterschiedlichen Regionen dieser Welt. Rund 90 % unserer Produktion erfolgt in Europa. Unsere dezentrale Einkaufsstrategie ermöglicht es uns, in einer globalisierten Welt wettbewerbsfähige Produkte mit herausragender Qualität bei gleichzeitig attraktiver Preisgestaltung anzubieten.

**Welche Kontrollmechanismen gibt es, um die Einhaltung des Code of Conducts sicherzustellen?**

Jeder Liefernde muss sich seit 2017 durch die Nachhaltigkeits-Ratingagentur EcoVadis bewerten lassen. Diese Analyse gibt uns einen Eindruck, wie ernst der jeweilige Liefernde die Nachhaltigkeit insgesamt nimmt.

Bei weniger guten EcoVadis-Bewertungen und Liefernden aus risikobehafteten Regionen lassen wir in regelmäßigen Abständen zusätzlich sogenannte Social Compliance Audit durch unseren Partner ELEVATE vor Ort durchführen. Dort, wo Missstände offengelegt werden, gehen wir sofort in Diskussion mit dem Liefernden und arbeiten gemeinsam und partnerschaftlich an der Behebung dieser Verstöße.

**Wie unterscheiden sich die Regionen im Hinblick auf faire Arbeitsbedingungen?**

Jedes Land und jede Region hat ihre ganz eigenen Gegebenheiten und Herausforderungen. In bestimmten Regionen ist die Gefahr von Verstößen gegen geltende Arbeitsnormen oder Sicherheitsauflagen höher als beispielsweise in Westeuropa. Gleichzeitig ist es für uns inakzeptabel, hier mit zweierlei Maß zu messen, denn auch die Menschen dort haben natürlich ein Recht auf faire und sichere Arbeitsplätze.

Wir stehen in der Verantwortung, überall wo wir produzieren, mögliche Verstöße frühzeitig zu erkennen und entsprechend zu handeln. Ein wichtiges Instrument sind dabei die angesprochenen Audits und eine offene Diskussion mit dem jeweiligen Liefernden. Oft handelt es sich bei den Verstößen um blinde Flecke, die mit ein bisschen mehr Aufmerksamkeit schnell als Risiko erkannt werden können. Bislang haben wir so immer eine schnelle Lösung gefunden, um die Situation für die Arbeitenden zu verbessern.

#### 4.1.4 Soziale Initiativen

Unsere Bemühungen um eine nachhaltigere Zukunft haben im sozialen Engagement ihre Wurzeln. Entsprechend sind soziale Initiativen auf lokaler, regionaler und globaler Ebene nach wie vor ein wichtiger Baustein unserer Corporate Responsibility.

So unterstützen wir seit vielen Jahren die Kinderklinikkonzerte e. V. in unserer Region, die kleinen Patientinnen und Patienten einen Moment der Freude schenken und geben an die Tafel Deutschland e. V. regelmäßig Sachspenden. Mit zwei freien Arbeitstagen pro Jahr ermutigen wir zudem unsere Mitarbeitenden zu sozialem Engagement.

Neben dem regionalen Einsatz wollen wir auch für die Menschen Positives bewirken, die an unserer Wertschöpfungskette direkt und indirekt beteiligt sind. Dafür setzen wir einerseits auf Industriezusammenarbeit wie die Responsible Beauty Initiative (RBI) oder die Responsible Mica Initiative (RMI), um übergreifend Branchenstands zu definieren. Andererseits bleiben wir auch selbst aktiv. Zum Beispiel starteten wir 2016 mit der Andheri Hilfe ein gemeinsames Projekt in Indien zur integralen Entwicklung und Stärkung der Dorfgemeinschaften, die in Abhängigkeit des Mica-Abbaus im Distrikt Koderma leben.

Umweltschutz, mehr Recycling und bessere Lebensbedingungen zugleich bietet unsere Kooperation mit der Initiative „Plastics For Change“: Die Plattform für ethische Beschaffung baut mit einer Spende von uns seit Anfang 2020 zwei Sammelzentren für Plastikmüll in Indien aus. Damit wollen wir erreichen, dass achtlos entsorgtes Plastik als wertvolles Rezyklat in den Wertstoff-Kreislauf zurückfindet. Zugleich schaffen wir gemeinsam eine nachhaltige Existenzgrundlage für die Arbeitenden vor Ort.

## 5 Fazit: Erfolgsfaktoren für eine nachhaltige Transformation

Auf unserem Weg zu mehr Nachhaltigkeit haben wir in wenigen Jahren eine beachtliche Strecke zurückgelegt. Mit dem Bedeutungsgewinn unserer Nachhaltigkeitsziele haben wir in den letzten Jahren auch einige Produkte entwickelt, die es in der Form sonst wohl nicht gegeben hätte.

Bei der Clean ID Kollektion von CATRICE etwa legen wir noch strengere Standards hinsichtlich der Inhaltsstoffe als für unsere übrigen Produkte fest. Die Produktlinie ist vollständig vegan, enthält zum größten Teil natürliche Rohstoffe und hat eine besonders kurze Liste an Inhaltsstoffen. Durch den Einsatz von Rezyklaten in den Einsatzteilen unserer sogenannten CATRICE „Beauty Shops“, den (Verkaufs-)Theken im Handel, haben wir beim Sortimentswechsel Anfang 2020 rund 13 t Neu-Kunststoff eingespart.

Die wichtigsten Erfolgsfaktoren für den ganzheitlichen Transformationsprozess sind die Kontinuität und Fokussierung der eigenen Anstrengungen sowie die auf die Unternehmensphilosophie angepasste Umsetzung und kommunikative Begleitung.

Was wir anfangs etwas unterschätzten, ist die interne Überzeugungsarbeit. Solch umfassende Veränderungen stoßen nicht überall sofort auf Begeisterung, zugleich braucht man für wahren Wandel alle Teile der Organisation im selben Boot. Hilfreich ist eine transparente, offene Gesprächskultur, die Einwände und Probleme ernst nimmt und in ihre Entscheidungen einbezieht. Die Abteilungen dürfen im CR-Prozess nicht vor vollendete Tatsachen gestellt, sondern müssen inhaltlich begeistert werden. Nur mit viel Kommunikation und einer entsprechenden personellen Ausstattung kann die nachhaltige Transformation gelingen.

Einen zusätzlichen „Push" verlieh dem Thema Nachhaltigkeit zweifellos die Corona-Pandemie: Es zeigte sich in der ersten Jahreshälfte 2020 mit ihren Verwerfungen, dass wir dank des cosnova Mindsets und Wertecredos „High Performance & People Focus" auch schwierige Situationen resilient zu bewerkstelligen vermögen. Wir haben uns abteilungsübergreifend mit den jeweiligen Experten-Teams über möglicherweise veränderte Herausforderungen ausgetauscht und unsere Nachhaltigkeits-Roadmap auf den Prüfstand gestellt. Sind wir mit unseren Zielen trotz Corona noch auf dem richtigen Weg?

Die eindeutige Antwort: Ja. Wir sahen, dass das Thema Nachhaltigkeit bei unserer Zielgruppe als gesamtgesellschaftliches Thema durch die gemeinsame Corona-Erfahrung noch mehr an Bedeutung gewonnen hat. Das haben uns unsere Trend-Experten immer in vielen verschiedenen Studien und Erhebungen bestätigt. Die Menschen spüren, wie stark globale Krisen unser Leben einschränken und für lange Zeit verändern können und wissen, dass mit dem Klimawandel eine noch größere Herausforderung auf die Menschheit wartet.

Die Bewältigung dieser Herausforderungen fordert von uns allen einen langen Atem und grundlegende, fortwährende Veränderungen: Nachhaltigkeit ist kein Projekt, sondern ein Prozess. Vermutlich wird kein Unternehmen jemals an einen Punkt kommen, an dem alle Nachhaltigkeitsfragen perfekt beantwortet sind und man nur noch Kurs halten muss.

Wir werden jedenfalls in den kommenden Jahren weiter kontinuierlich an den definierten Themen arbeiten. Zugleich werden wir uns immer wieder selbst hinterfragen, ob Richtung und Geschwindigkeit noch passen. Das wollen wir gerne im kritischen Austausch mit der Öffentlichkeit machen. Wir wollen unseren Weg zu (noch) mehr Nachhaltigkeit transparent kommunizieren und im Diskurs weiterentwickeln.

Denn unsere Überzeugung ist: Nur wer nachhaltig arbeitet und offen kommuniziert, wird auch in Zukunft eine „Licence to operate" von seinen Kunden erhalten.

**Silvia Steinert,** Director Corporate Responsibility bei cosnova. Seit rund 16 Jahren arbeitet Silvia Steinert beim deutschen Kosmetikunternehmen cosnova. Nach verschiedenen beruflichen Stationen mit Schwerpunkt Marketing und Produktmanagement führte ihr Weg die Diplom-Betriebswirtin 2005 zu dem familiengeführten Beauty-Player mit Sitz im Rhein-Main-Gebiet. Dort verantwortete sie zunächst unter anderem das Produkt-Marketing der Marke essence beauty, dem europäischen Mengenmarktführer für dekorative Kosmetik. 2015 übernahm die zweifache Mutter schließlich die Leitung der damals neu geschaffenen Corporate-Responsibility-Abteilung bei cosnova, baute diese aus und entwickelte 2016 die erste dezidierte CR-Strategie. Gemeinsam mit ihrem fünfköpfigen Team implementiert und baut Silvia Steinert diese seither konsequent aus. Was sie in ihrer verantwortungsvollen Rolle stets antreibt? „In einer Welt im Wandel motiviert es mich, für cosnova und seine Marken diesen Wandel proaktiv mitzugestalten, um so unseren Beitrag zu leisten", so Steinert.

## Literatur

cosnova (2018) Nachhaltigkeitsbericht. https://cosnova.com/pdfs/de/sustainability-report-2018.pdf. Zugegriffen: 29. Okt. 2018

# Kohlenstoffarme Kreislaufwirtschaft – eine komplexe Aufgabe von großer Tragweite

Heike Schiffler

**Zusammenfassung**

Wenn wir in einigen Jahren auf das Jahr 2020 zurückblicken, werden wir feststellen, dass es in vielen Bereichen massive Veränderungen eingeleitet hat. Auch die durch das COVID-19-Virus ausgelöste Pandemie hat dazu beigetragen. Sie hat uns nebenbei erkennen lassen, welche Auswirkungen unser Konsum auf die Abfallmenge und unsere Mobilität auf das Klima haben. Einen knallblauen Himmel ohne die winzigste Spur eines Kondensstreifens – wann haben wir das zuletzt gesehen? Wir neigen dazu, Themen im Kleinen anzugehen, meistens da, wo es nicht weh tut. Durch die Fülle an Details verlieren wir jedoch manchmal die Zusammenhänge aus den Augen. Das Klima ist ein Ergebnis vielzähliger zusammenwirkender Faktoren. Mobilität und Konsum, aber auch Abfall gehören zu diesen Faktoren, die wir zudem beeinflussen können. Mit anderen Worten: Wir haben die Mittel zur Verfügung, das Klima zu schützen. Dazu ist es erforderlich, dass wir uns die Zusammenhänge bewusst machen und handeln.

H. Schiffler (✉)
Global Recycling Director, Tetra Pak GmbH & Co KG, Hochheim am Main, Deutschland
E-Mail: Heike.Schiffler@tetrapak.com



A. Trischler und S. Böhling (Hrsg.), *CSR in Hessen,* Management-Reihe Corporate Social Responsibility, https://doi.org/10.1007/978-3-662-63004-4_27

## 1 Wachsende Weltbevölkerung beschleunigt Technologieentwicklung

Wir erleben unsere Gegenwart als eine Zeit, in der sich rasant Veränderungen vollziehen. Noch vor zehn Jahren hätten wir uns nicht vorstellen können, dass wir unsere Heizungsanlage zu Hause über eine Anwendungssoftware auf unserem Mobiltelefon vom Büro aus regulieren oder auf Knopfdruck jederzeit jedes beliebige Musikstück abspielen können. Wir sind inzwischen daran gewöhnt, dass uns immer mehr Mittel immer schneller zur Verfügung stehen, um unsere Wünsche zu erfüllen. Und das ist erst der Anfang. Genau jetzt, hier und heute erleben wir das langsamste Tempo an Veränderung für den Rest unserer Lebenszeit. Das scheint unvorstellbar?

Innerhalb der nächsten zehn Jahre wird sich die Weltbevölkerung von 7,8 Mrd. Menschen auf 8,6 Mrd. Menschen erhöhen (Statista 2020). Das sind weitere 800 Mio. Menschen, also noch einmal etwas mehr als heute in Europa leben. Sie alle zusammen werden in absoluter Menge mehr konsumieren als heute, unter anderem Lebensmittel und Getränke, die zu einem immer größeren Teil industriell gefertigt und zu ihrem Schutz bzw. ihrer Sicherheit für den Transport und die Aufbewahrung verpackt werden. Aus diesen Verpackungen entsteht, nachdem sich ihre Aufgabe des Produktschutzes erledigt hat, Abfall. Auf der einen Seite verbrauchen wir also in absoluter Menge mehr Ressourcen, auf der anderen Seite produzieren wir mehr Überreste. Spätestens seit der Club of Rome (1972) seine bahnbrechende Studie „Die Grenzen des Wachstums" veröffentlicht hat, wissen wir um die zerstörerischen Folgen für das weltweite Ökosystem unseres Planeten Erde, die unumkehrbar sind, wenn wir die endlichen fossilen Rohstoffe verbrauchen, für deren Abbau noch dazu ein immer größerer Aufwand betrieben werden muss.

Um den Spagat zwischen abnehmender Ressourcenverfügbarkeit und zunehmendem Konsum nachhaltig hinzubekommen, ist ein systemischer Lösungsansatz vonnöten, der ein neues Gleichgewicht herstellen und aufrechterhalten kann. Mit dem Beginn des Wertstoff-Zeitalters in den 1990er-Jahren hat Deutschland einen Teil der Lösung präsentiert: „aus Abfällen kreislauffähige Wertstoffe[1] generieren" (Schiffler 2003, S. 249), sie also in wieder nutzbare Rohstoffe umwandeln. Vor allem das Verpackungsrecycling hat in den vergangenen 30 Jahren hierzulande einige Achtungserfolge erzielt, was sowohl die Höhe der erreichten Recyclingraten bei den Materialien Glas, Papier, Aluminium, Weißblech und Verbundkartons sowie seine Verbreitung in viele Länder der Welt anbelangt, als auch wegen seiner Impulse, die es für die Entwicklung von Sammellogistik, zum Beispiel Rücknahmeautomaten, und von Sortier- und Verwertungstechno-

[1] Als Wertstoffe bezeichnet die Stiftung Zentrale Stelle Verpackungsregister (2019, S. 7) „im Einvernehmen mit dem Bundesumweltamt" diejenigen „Werkstoffe einer Verpackung, die über den jeweils materialspezifischen Recyclingprozess als Recyclat zurückgewonnen werden sollen (z. B. Stahl, metallisches Aluminium, PE, (Zellulose-) Faser, PET etc.)".

logien gegeben hat. Doch von dem Anspruch „So wenig Reste wie möglich!“ (Schiffler 2003, S. 252) sind wir noch weit entfernt. Es gibt noch eine Reihe ungelöster Probleme, zu denen zum Beispiel die Sammelinfrastruktur und Sortierverluste zählen, denn es ist noch nicht durchgängig gelungen, die neuen Wertstoffe in einer höchstmöglichen Qualität einzusammeln und vorzusortieren.

## 2 Rückgewinnung von Ressourcen aus verwertbaren Abfällen ist unverzichtbar

Innovative Wege müssen beschritten werden, und zwar sowohl für die städtischen Ballungszentren als auch für die weniger dicht besiedelten ländlichen Regionen. Wäre es angesichts einer stark wachsenden Weltbevölkerung denkbar, dass Drohnen nicht nur zur Auslieferung von Lebensmitteln an Verbraucher eingesetzt, sondern auch bei der Abholung von Abfällen nach dem Konsum genutzt würden? Jenen Abfällen, aus denen neue Ressourcen generiert werden sollen und müssen. Versehen mit einer digitalen Identität könnten zum Beispiel Verpackungen von ihrer Entstehung bis zum Verbrauch ihren Lebensweg melden und außerdem signalisieren, dass sie entleert worden sind und nun zur Einsammlung bereitstehen. Drohnen könnten die kodierten Angaben zum Verpackungsmaterial als Auftrag lesen, die Verpackungen zu definierten Verteilerzentren für Verwertungsbetriebe zu transportieren. Taxi, bitte! Bei der Abholung könnten dieselben Drohnen Gutschriften an die Mobiltelefone der Absender schicken, die vermerken, wie viel $CO_2$-Äquivalente sie durch die Rückgabe der Verpackungen eingespart haben, weil sie im Folgenden wiederverwertet werden. So könnten wir unsere weithin verbreitete Begeisterung, für alles Erdenkliche Bonuspunkte zu sammeln, für ein gemeinschaftliches Ziel einsetzen. Und den persönlichen Kohlenstofffußabdruck so niedrig wie möglich zu halten, könnte sich zu einer gesellschaftlichen Norm entwickeln, die auf eine neue Lebensweise abstellt, in deren Mittelpunkt die ökologische, ökonomische und soziale Nachhaltigkeit steht. Wir meinen, das ist Zukunftsmusik? Ja, im Detail ist sie das sicher noch, doch sie ist zum Greifen nah.

Es ist völlig klar, dass überhaupt kein Weg daran vorbei führt, die weiter anwachsende Abfallmenge zu einem möglichst großen Teil wieder einzusammeln und als Ressource zu nutzen. Wir wollen und können uns weder vermüllte Landschaften und Meere noch verschwendete Ressourcen leisten. Also gilt das Prinzip „gesagt, getan“? Leider nein. Verwertbare Abfälle werden noch längst nicht in dem Ausmaß gesammelt, in dem es erforderlich und möglich wäre. Neben den erwähnten logistischen Problemen liegt dies auch an dem großen technischen und vor allem finanziellen Aufwand, den es bedeutet, sie bei den Verbrauchern möglichst nach Materialgruppen (zum Beispiel Papier, Pappe, Karton; Leichtverpackungen) oder sogar nach Materialien getrennt abzuholen, sie maschinell noch tiefer zu sortieren und danach zu recyceln. Die aktive Mitwirkung der Verbraucher ist eine wesentliche Voraussetzung dafür, dass Materialkreisläufe geschlossen werden können. Und diese Mitwirkung ist nicht selbstverständlich. Sie ist bestenfalls das Ergebnis einer leicht eingängigen Erklärung, warum Verbraucher ihren Abfall trennen sollen und wie sie das konkret tun können. Unbedachtes Wegwerfen müssen wir in gut angeleitetes, verständiges Sammeln umwandeln. Doch nicht für jede Verpackung, die Verbraucher sammeln, gibt es bereits einen Verwertungsweg.

Anderen Verpackungen, für die es einen Verwertungsweg gibt, die aber auf Materialkombinationen beruhen und meist im Lebensmittelbereich anzutreffen sind, lastet wiederum an, dass sie mit den vorhandenen Technologien nicht hochwertig, und das bedeutet in der Regel werkstofflich, verwertet werden können. Das gilt unter anderem für etliche der flexiblen, hochkomplexen Kunststoffverpackungen, die sich nicht einfach mechanisch in ihre Bausteine zerlegen lassen. Sie fordern die Entwicklung neuer Technologien noch immer heraus. Aber die mögliche Schlussfolgerung, dass Materialien verboten werden sollten, die sich mit den heute etablierten Verfahren nicht oder nicht im beschriebenen Sinne hochwertig recyceln lassen, wäre aus mehreren Gründen unangebracht, die in der Regel in ungelösten Zielkonflikten liegen, also zum Beispiel Recyclingfähigkeit contra Innovation, Produkt- oder Klimaschutz[2]:

- Es gäbe keinen Anreiz mehr, innovative Sortier- und Verwertungslösungen für neue Materialien zu finden, die nicht in das Korsett des heutigen Standards passen. Und das gälte auch für Materialien, die wir heute noch nicht kennen.
- Bereits existierende Materialien, die theoretisch verwertbar wären, für die aber heute keine Recyclinganlagen in Betrieb genommen werden, weil das mengenmäßige Aufkommen zu gering ist, würden kaum mehr die Chance erhalten, sich am Markt durchzusetzen.
- Die verbleibenden Verpackungsalternativen wären recycelfähig, Hersteller müssten dafür aber Kompromisse beim Produktschutz und zusätzliche Haftungsrisiken in Kauf nehmen.
- Es würde dem Klimaschutz ein Bärendienst erweisen, wenn auf ein Material ausgewichen werden müsste, das einen größeren Kohlenstofffußabdruck aufweist.

## 3 Nachweise sind neuerdings für Recycling und Recyclingfähigkeit gefordert

Die Wahl des Materials ist für Verpackungshersteller eine immense Herausforderung, weil sie sich steigenden Erwartungen von Anspruchsgruppen gegenüber sehen, wie sie etwa in den Definitionen zum „New Plastics Global Commitment“ (2020) formuliert sind. Dort

[2]In ihrer im Juli 2020 veröffentlichten Studie thematisiert die Unternehmensberatung Roland Berger mögliche Zielkonflikte zwischen Wiederverwendung und Produkt- oder Klimaschutz bei Mehrwegsystemen (2020, S. 13) und zwischen Recyclingfähigkeit und Klimaschutz in anderen Fällen, die sie nicht näher benennt (2020, S. 15).

heißt es zum Beispiel (2020, Abschn. 4.2, S. 11–13), dass die theoretische technische Recyclingfähigkeit der einzelnen verwendeten Verpackungsmaterialien in einer Verpackung nicht genügt. Hersteller sollen nachweisen, dass bezogen auf eine einzelne Verpackungseinheit mehr als 95 % ihrer wesentlichen Verpackungsmaterialbestandteile nach dem Gebrauch separat recycelt werden. Das angestrebte Recyclingniveau ist so definiert, dass diese über 95 % Recyclingfähigkeit bis zum Jahr 2025 für mindestens 30 % der auf den Markt gebrachten Verpackungen (nach Gewicht) aus den betreffenden Verpackungsmaterialien in Regionen erreicht werden müssen, die zusammengefasst mindestens 400 Mio. Einwohner repräsentieren. Der Anspruch wird noch dadurch erhöht, dass ein einmaliges Recyceln nicht ausreicht. Die Materialien müssen mehrmals im Kreislauf geführt werden können.

Recycling ist zweifelsohne ein unverzichtbarer Teil der Lösung für die Herausforderung, Ressourcenverfügbarkeit und Konsum in eine tragfähige Balance zu bringen. Aber es stößt schnell an seine Grenzen, was die Häufigkeit der qualitativ hochwertigen Wiedereinsetzbarkeit von Rezyklaten anbetrifft. Es wäre nicht viel gewonnen, wenn der Einsatz von Rezyklat in einer Verpackung zusätzlich die Verwendung von Stoffen erfordern würde, die danach das Recycling dieser Verpackung unmöglich machen würde. Häufiges Recyceln von Verpackungen für Anwendungen im Lebensmittel- und Getränkebereich ist nur bei sehr wenigen Materialien, wie zum Beispiel Glas und den Metallen Aluminium und Weißblech, möglich. Materialien, die jedoch gerade bei ihrer Produktion und Weiterverarbeitung zu Verpackungen hohe Treibhausgasemissionen verursachen, wie man aus Ökobilanzen für Getränkeverpackungen seit Langem weiß (Umweltbundesamt 2002, S. 211 und S. 214).[3] Außerdem ist es für die Metallfraktionen nicht leistbar, genau nachzuvollziehen, in welchen neuen Endprodukten die früheren Verpackungen zu welchem exakten Anteil wieder auftauchen. Gebrauchte Metallverpackungen werden nicht separat geschmolzen. Aluminiumdosen werden zusammen mit anderem Aluminiumschrott und Weißblechdosen mit jedwedem Stahl- und Eisenschrott verwertet. Kunststoffe, die aus dem Leben von Wohlstandsgesellschaften kaum wegzudenken sind, stehen aktuell massiv in der Kritik, weil die meisten von ihnen nur einen einmaligen Gebrauch zulassen und die Entsorgungsinfrastruktur in Asien und Afrika nicht vorhanden ist, um den Eintrag von Kunststoffen in die Umwelt als Folge des Vagabundierens achtlos weggeworfener gebrauchter Kunststoffprodukte (darunter

[3] In der sogenannten UBA II Ökobilanz, auf die im Text Bezug genommen wird, heißt es (Umweltbundesamt 2002, S. 213, 214 – bzw. S. 193, 194 im Textteil „Endbericht zu Phase 2" im selben Dokument; keine durchlaufende Nummerierung), dass 90 % der verursachten Treibhausgase bei Dosen aus Weißblech oder Aluminium auf die Herstellung der Packmittel und der Verpackungen zurückzuführen sind. Diese Ökobilanz hat zwei Phasen durchlaufen und insgesamt vier Jahre der Analysearbeit beansprucht. In der zweiten Phase haben die beteiligten Institute Prognos und IFEU berücksichtigt, dass es bei den untersuchten Verpackungsmaterialien im Einsatz in konkreten Verpackungsprodukten Anstrengungen zu ihrer ökologischen Optimierung gegeben hat. Materialreduzierungen bei der einzelnen Verpackungseinheit sind bei nahezu allen Materialien vorgenommen worden. Die Tendenz der getroffenen Aussage hat sich dadurch jedoch nicht geändert.

auch Verpackungen) durch Flüsse und Meere zu unterbinden. Einer aktuellen Studie zufolge gelangen jährlich 12 Mio. Tonnen Kunststoff in die Weltmeere (Roland Berger 2020, S. 6). Diese Situation hat dazu geführt, dass die Europäische Kommission die Entwicklung eines Kunststoffgesetzes (Richtlinie (EU) 2019/904) initiiert hat. Sie erhebt den Anspruch, wegen der „erheblichen negativen Auswirkungen bestimmter Kunststoffprodukte in den Bereichen Umwelt, Gesundheit und Wirtschaft" (Richtlinie (EU) 2019/904, Gründe (1)), mit einem geeigneten Rechtsrahmen zu einer „wirksame(n) Verringerung dieser negativen Auswirkungen" beizutragen.[4]

## 4 Nachwachsende Rohstoffe sichern den zukünftigen Rohstoffbedarf

Das Recycling von Abfällen, so notwendig und unverzichtbar es ist, wird uns nicht alleine die Ressourcen bereitstellen, die benötigt werden, um die zunehmenden Bedürfnisse einer größeren Anzahl von Menschen zu befriedigen. Recycling ist kein Allheilmittel für unsere globalen Versorgungsengpässe. Es wird uns noch mehr einfallen müssen, um die mit steigendem Konsum einhergehenden Ressourcen- und, auch nicht zu vergessen, Klimaprobleme zu lösen.

Den größten Gewinn kann eine Gesellschaft erzielen, wenn sie die beiden separaten Ziele Kreislaufführung von Materialien und kohlenstoffarme Wirtschaft miteinander verbindet (Tetra Pak 2020, S. 7). Das Gebot der Stunde ist die Schaffung einer vorsorgenden kohlenstoffarmen Kreislaufwirtschaft[5], die nicht nur Ressourceneffizienz und diese nicht nur vom Ende eines Produktlebenszyklus her definiert, sondern auch den sparsamen und klimaschonenden Umgang mit Materialien und die Wiederauffüllbarkeit von Ressourcen (Ressourcensuffizienz) am Beginn eines Produktlebenszyklus in den Blick nimmt.[6] Damit rücken pflanzliche Ressourcen in den Fokus.

[4] Es geht dabei im Speziellen um „Einwegkunststoffartikel" ((EU) 2019/904, Art. 12). Derzeit werden zwischen der EU-Kommission und den nationalen Mitgliedstaaten Leitlinien diskutiert, die präzisieren sollen, welche Produkte auf der Basis welcher Kriterien künftig zur Gruppe der „Einwegkunststoffartikel" zählen werden.

[5] „Kreislaufwirtschaft" wird hier im Sinne der Definition des Umweltbundesamtes (2020, S. 10) verstanden, das von einer „Konsistenzstrategie, die nicht nur auf eine Effizienzsteigerung abzielt, sondern eine insgesamt naturverträgliche und ressourcenschonende Gestaltung des Wirtschaftssystems und aller Prozesse in der Anthroposphäre" spricht.

[6] In seinem Bericht über den Beitrag einer kohlenstoffarmen Kreislaufwirtschaft zum 1,5°-Celsius-Klimaziel gibt das United Nations Development Programme (2020, S. 8) unter Hinweis auf das International Resource Panel an, dass die Entnahme natürlicher Ressourcen sowie ihre Verarbeitung für etwa 50 % der gesamten Treibhausgasemissionen verantwortlich sind. Weiter wird gesagt, dass die „Verringerung der Abhängigkeit von kohlenstoffintensiven Materialien primären Ursprungs und die Vermeidung von Abfall (…) wirksame Mittel zur Verringerung der Treibhausgasemissionen" (übersetzt durch die Autorin dieses Beitrags) sind.

Erstmalig hat ein Gesetzgeber bei Verpackungen die Gelegenheit zur Förderung des Einsatzes von nachwachsenden Rohstoffen im Jahr 2017 wahrgenommen. So geschehen im Verpackungsgesetz in Deutschland, das dualen Systemen, die eine Zulassung für die Organisation der Sammlung und Verwertung von Verpackungen haben, auferlegt, „im Rahmen der Bemessung der Beteiligungsentgelte Anreize zu schaffen, um bei der Herstellung von systembeteiligungspflichtigen Verpackungen die Verwendung von Recyclaten sowie von nachwachsenden Rohstoffen zu fördern" (2017, § 21, Art. 1, Punkt 2). Es versteht sich, dass diese nachwachsenden Rohstoffe in Verpackungen zugleich recyclingfähig sein müssen, um sich für eine mögliche Förderung zu qualifizieren, denn dies ist das einzige Kriterium, das maßgeblich für die erfolgreiche Geschäftstätigkeit dualer Systeme ist. Der Paragraf 21 scheint allerdings ein stumpfes Schwert zu sein. Seine Krux besteht darin, dass das Kerngeschäft der dualen Systeme die Koordinierung der Sammlung, Sortierung und Verwertung von Verpackungen ist, zu deren Kostendeckung sie Lizenzentgelte von Abfüllern und Händlern erheben. Der Einsatz von Rezyklaten oder nachwachsenden Rohstoffen in neuen Verpackungen oder Produkten gehört nicht dazu und entzieht sich sogar ihrer Entscheidung. Erschwerend kommt hinzu, dass die aktuell zehn im deutschen Markt aktiven dualen Systeme im Wettbewerb zueinander stehen. Sie müssten, um finanzielle Anreize verteilen zu können, dem einen Teil ihrer Kunden höhere Lizenzentgelte berechnen, um eine zweite Kundengruppe in den Genuss der Anreize kommen zu lassen. Es liegt auf der Hand, dass dieser Mechanismus im Wettbewerb, der einem Kunden die Wahl zwischen verschiedenen Anbietern eröffnet, nur schwierig umzusetzen ist.

Unterstellen wir einen breiten Konsens, dass die Kreislaufwirtschaft wesentlich für den Klimaschutz ist (Umweltbundesamt 2020, S. 16), dann erstaunt es um so mehr, dass zusätzliche fiskalische Maßnahmen lediglich dazu angedacht werden, den Einsatz von Rezyklaten zu unterstützen (Umweltbundesamt 2020, S. 23), und nicht auch dazu, Anreize beim Produktdesign und der Substitution von Materialien mit höherem Kohlenstofffußabdruck durch Materialien mit einem vergleichsweise niedrigeren Kohlenstofffußabdruck zu setzen.

Eine kohlenstoffarme Kreislaufwirtschaft im Bereich Getränkeverpackungen bezieht die gesamte Wertschöpfungskette ein, um eine Verbesserung der Klimawirkungen zu erzielen (Tetra Pak 2020, S. 22). Sechs Aspekte treten dabei als besonders zielführend hervor:

- nachwachsende Rohstoffe als Basismaterialien für das Verpackungsdesign
- energieoptimierte Verarbeitung der Rohstoffe zu Verpackungsmaterialien
- erneuerbare Energie für die Getränkeverpackungsproduktion
- optimierte Transportauslastung und -logistik
- energieoptimierte Abfüllanlagen
- Wiederverwendung und -verwertung von Verpackungsabfällen

## 5 Tetra Pak trägt konsequent zu einer kohlenstoffarmen Kreislaufwirtschaft bei

Als global agierender Anbieter von Verpackungssystemen für Lebensmittel hat Tetra Pak die Vision „Lebensmittel überall sicher und verfügbar zu machen". Die Erkenntnis, dass Kreislaufwirtschaft mehr als Recycling ist und Klimaschutz-Aspekte berücksichtigen muss, ist aus einer systematischen Analyse hervorgegangen, die sich mit den wesentlichen Aspekten unserer Geschäftstätigkeit im Kontext Nachhaltigkeit befasst (siehe Abb. 1). Dazu wurden in 2019 auch Vertreter von Anspruchsgruppen befragt.

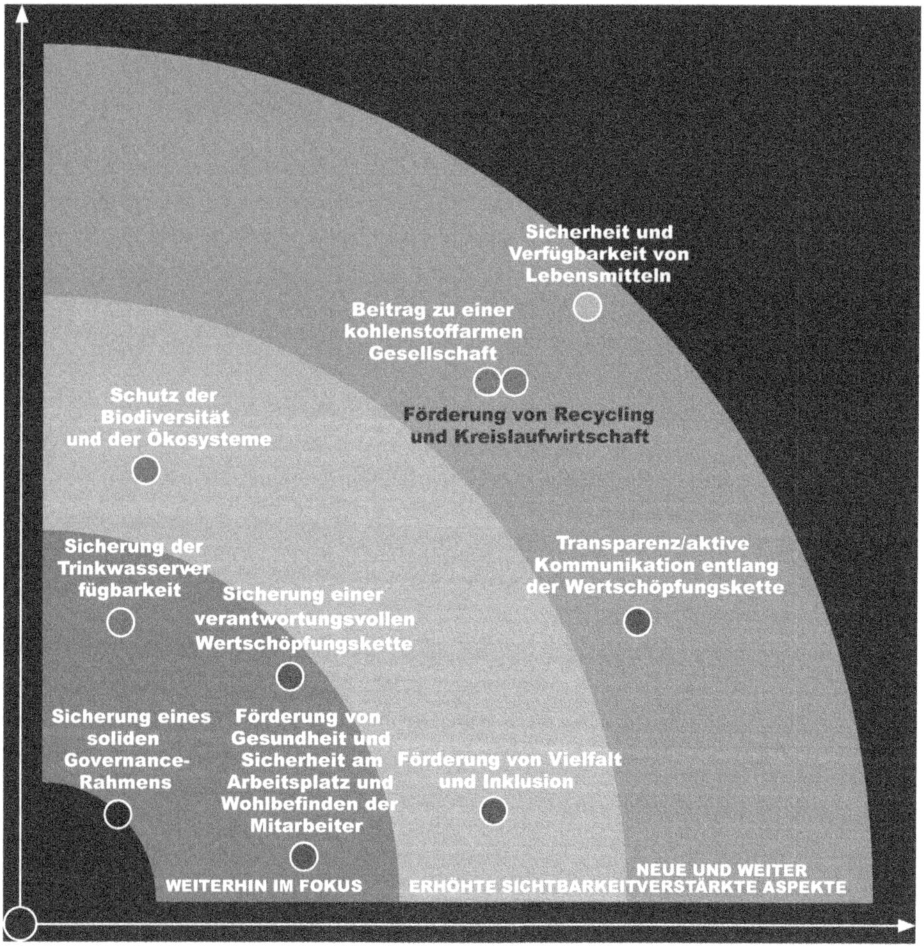


**Abb. 1** Materielle Aspekte geordnet nach ihrer Relevanz für Tetra Pak (horizontale Achse) und für externe Stakeholder (vertikale Achse) sowie nach ihrer Priorität und Aktualität

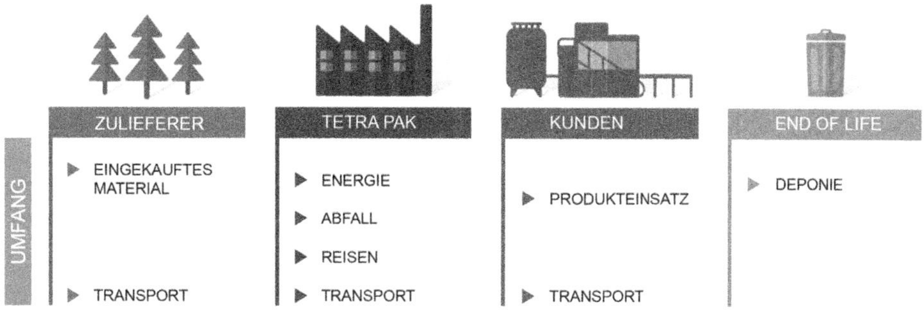


**Abb. 2** Wertschöpfungskette von Tetra Pak für die Betrachtung des Netto-Null-Treibhausgas-Emissionsziels 2050

Eine kohlenstoffarme Kreislaufwirtschaft ist für Tetra Pak dann erreicht, wenn es

a) nicht mehr zu einer Vermüllung der Natur zu Land und zu Wasser kommt,
b) keinen unverwerteten Restabfall mehr gibt und
c) das Wirtschaftswachstum vom Verbrauch endlicher Ressourcen entkoppelt ist.

Es versteht sich für Tetra Pak von selbst, dass dies in keinem Fall zulasten der Lebensmittelsicherheit gehen darf. Konkret arbeitet das Unternehmen entlang seiner Wertschöpfungskette (siehe Abb. 2[7]) an verschiedenen Enden, die allesamt als Beiträge zu einer kohlenstoffarmen Kreislaufwirtschaft angelegt sind.

## 5.1 Den Einsatz von Papier und pflanzenbasiertem Polyethylen steigern

Nachwachsende Rohstoffe aus Pflanzen können die Materialien ersetzen, welche auf endlichen fossilen Rohstoffen basieren, und den Kohlenstofffußabdruck von Produkten verringern (UNDP 2020, S. 12). Bäume und Nutzpflanzen entnehmen während ihres Wachstums $CO_2$ aus der Atmosphäre. Ihr positiver Effekt für das Klima kann noch verstärkt werden, wenn wir diese Materialien nach dem Gebrauch der Produkte, in denen sie eingesetzt worden sind, wiederverwenden oder recyceln. Dies stellen Mitglieder des CE100-Innovationsprogramms[8] der Ellen MacArthur Foundation (2018, S. 3) in ihrem Projektbericht über nachwachsende Rohstoffe fest. Zugleich ergänzen sie, dass der

[7] Der Anteil der Treibhausgasemissionen verteilt sich, wie folgt, auf die verschiedenen Stufen unserer Wertschöpfungskette (Tetra Pak 2020, S. 26): Lieferanten: 41 %, eigene Standorte (Produktion und Verwaltung): 3 %, Kundenbetriebe (Abfüllung): 49 % und Recycling: 7 %.

[8] Die Abkürzung „CE" steht für „Circular Economy".

mögliche Beitrag von nachwachsenden Rohstoffen zur Kreislaufwirtschaft noch unterschätzt wird (Ellen MacArthur Foundation 2018, S. 4).

Verpackungen von Tetra Pak bestehen heute durchschnittlich zu etwas mehr als 70 % aus Papierfaser. Hinzu kommen die beiden Materialien Polyethylen und Aluminium. Sie schützen die Nährstoffe in den abgefüllten Lebensmitteln, wie zum Beispiel bei Milch oder Saft, und bilden gleichzeitig eine Schutzbarriere vor Licht und Wärme. Zunehmend verwenden wir in Verschlüssen und Beschichtungen anstelle des aus fossilen Rohstoffen hergestellten Polyethylens solches, das auf Ethanol basiert, welches aus dem Saft von brasilianischem Zuckerrohr gewonnen wird. In 2019 haben wir 5,2 Mrd. Verschlüsse aus pflanzenbasiertem Polyethylen verkauft sowie 12,6 Mrd. Verpackungen mit Beschichtungen aus diesem Material produziert. Im selben Jahr konnten wir die Lieferketten-Zertifizierung durch Bonsucro erfolgreich abschließen.[9] Damit sind unsere, auf Pflanzen basierenden Polymere vollständig bis zu ihrer Herkunft aus Zuckerrohr rückverfolgbar. Mit diesem Schritt engagieren wir uns dafür, ethische und verantwortungsvolle Geschäftspraktiken in globalen Lieferketten zu fördern und gleichzeitig den Kohlenstofffußabdruck unserer Verpackungen zu verringern. Materialien auf pflanzlicher Basis können eine Schlüsselrolle beim Erreichen einer kohlenstoffarmen Kreislaufwirtschaft spielen (Tetra Pak 2020, S. 3).

Beim Recycling sind wir keine Kompromisse eingegangen. Pflanzenbasiertes Polyethylen aus Zuckerrohr unterscheidet sich in keiner Weise von der fossil-basierten Alternative, beide können im selben Prozess sogar miteinander recycelt werden.

Als erstes Verpackungsunternehmen hat Tetra Pak 2019 einen Trinkhalm aus Papier anstatt aus Kunststoff in den Markt eingeführt. Damit haben wir ein Versprechen eingelöst, mit dem wir uns an dem „New Plastics Economy Global Commitment" beteiligt haben. Wir gehen davon aus, dass wir die Produktion bis 2025 ausreichend erhöhen können, um die globale Nachfrage zu decken.

Die Verpackung der Zukunft wird für Tetra Pak aus Materialien bestehen, die vollständig pflanzlich und recyclingfähig sind oder recycelte Kunststoffe enthalten, die als sicher bewertet und für den Einsatz im Lebensmittelkontakt rechtlich zulässig sind. An diesen Eckpfeilern, die auch in unsere Strategie 2030 Eingang gefunden haben, richtet sich unser Verpackungsdesign konsequent aus. Konkret sieht unsere Agenda in Forschung und Entwicklung vor, bereits 2022 eine aseptische Verpackung im Markt zu testen, die vollständig aus nachwachsenden Rohstoffen hergestellt ist. Bis 2025 werden wir in Europa mindestens 10 % recycelte Kunststoffe für unsere Getränkekartons verwenden, immer vorausgesetzt, diese Kunststoffe erfüllen die lebensmittelrechtlichen Anforderungen. Wir beabsichtigen außerdem, recycelte Kunststoffe für Sekundärverpackungen und Transportmaterial einzusetzen.

[9] Der Tetra Pak-Zertifikat-Code ist registriert unter BONS-C-0119.

## 5.2 Die Energieeffizienz von Verarbeitungs- und Abfüllanlagen kontinuierlich verbessern

Fast die Hälfte der Treibhausgasemissionen unserer gesamten Wertschöpfungskette stammt aus der Nutzung der von uns hergestellten Verarbeitungs- und Abfüllanlagen durch unsere Kunden, den Abfüllern von zum Beispiel Milch und Säften. Wir unterstützen sie deshalb dabei, ihren Kohlenstofffußabdruck und ihre Kosten zu reduzieren: beispielsweise indem wir die Effizienz unserer Verarbeitungs- und Verpackungsanlagen sowie -produkte kontinuierlich weiter erhöhen. Außerdem untersuchen wir zusammen mit ihnen die täglichen Betriebsabläufe, um zu ermitteln, inwieweit sich der operative Energie- und Wasserverbrauch sowie das Aufkommen an Produktionsabfällen, bestehend aus Verpackungsmaterial oder Lebensmitteln, noch verringern lässt. In diesem Jahr haben wir zum Beispiel eine Verarbeitungsanlage für Saft, Nektar und stille Getränke („Juice, Nectars, Still Drinks" (JNSD)) auf den Markt gebracht, die Pasteurisierung, Filtration und UV-Licht-Technologie innovativ kombiniert, um Getränke in zwei getrennten Strömen zu behandeln. Anstatt das gesamte Produktvolumen zu pasteurisieren, trennt die neue Produktionslinie Wasser ab und pasteurisiert nur das Konzentrat. Das kann den Energieverbrauch um bis zu 67 % und den Wasserverbrauch um bis zu 50 % senken.

## 5.3 Recycling von allen Materialkomponenten in Getränkekartons ermöglichen

Wir haben als marktführendes Unternehmen der Getränkekartonindustrie in den vergangenen 20 Jahren unzählige Initiativen angeführt und innerhalb von sieben Jahren 23 Mio. Euro investiert, um das Getränkekartonrecycling an den Punkt zu bringen, an dem es heute steht: In 77 Ländern weltweit werden Getränkekartons für eine anschließende Verwertung gesammelt, für die über 170 Recycler verteilt über den Globus bereitstehen. Sie verwerten entweder die Faser, die Polyethylen-Aluminium-Anteile oder die gesamten Getränkekartons. Über 40 Recycler konzentrieren sich ausschließlich auf die Materialien Polyethylen und Aluminium.[10] In Deutschland zum Beispiel wurden 2019 rund 75 % der in den Markt gebrachten Getränkekartons recycelt.

Schließlich wollen wir erreichen, dass alle verkauften Getränkekartons für das Recycling gesammelt werden, das heißt, sie sollen nicht als unverwerteter Abfall enden und weder in der Landschaft noch in Gewässern oder auf einer Deponie landen. Dazu ist es – je nach Land in unterschiedlichem Maße – erforderlich, sowohl mit unseren Kunden

[10] Mehr zum Engagement von Tetra Pak für das Recycling von Getränkekartonverpackungen findet sich im Internet unter diesem Link https://www.tetrapak.com/sustainability/recycling. Zugegriffen: 12. August 2020.

als auch mit den Entsorgern, Recyclern, Gemeinden, Industrieverbänden und Maschinenherstellern an einem Strang zu ziehen. Unsere Aktivitäten im Bereich Recycling von Getränkekartons erstrecken sich also auch darauf, mit Partnern zusammen Technologien zu verbessern oder zu entwickeln und ihnen Starthilfe zu geben, damit alle einzelnen Materialkomponenten unserer Verpackungen – Papierfaser, Polyethylen, Aluminium – verwertet werden können. Das Unternehmen Palurec (Polyethylene ALUminium RECycling) ist ein Beispiel für unser partnerschaftliches Engagement, in diesem Fall mit den Getränkekartonherstellern Elopak und SIG. Die Gründung von Palurec hat zum Ziel, in Deutschland eine technische Anlage für das Recycling der Polyethylen- und Aluminiumbeschichtungen in Getränkekartons aufzubauen. Die Aufbauarbeiten sind bereits abgeschlossen und die Anlage wird noch in 2021 in den Regelbetrieb übergehen.[11]

Bei der Wahl der Recyclingtechnologie ist es wichtig, auch eine möglichst hohe Wertschöpfung beim Verkauf der Produkte mitzuberücksichtigen, denn Recycling ist kein Selbstzweck. Ein für das Recycling verbessertes Verpackungsdesign muss mit der für das Material geeignetsten Recyclingtechnik so ausgeschöpft werden, dass der Produktwert oder -nutzen den Aufwand rechtfertigt.

## 5.4 Bis 2030 Netto-Null-Treibhausgasemissionen in eigenen Betrieben erreichen

Im Juni 2020 hat Tetra Pak sich öffentlich dazu verpflichtet, bis 2030 Netto-Null-Treibhausgasemissionen (THG) in den eigenen Betrieben zu erreichen. Doch das ist nur ein Zwischenziel. Bis 2050 haben wir sogar Netto-Null-Treibhausgasemissionen für unsere gesamte Wertschöpfungskette im Visier. In der letzten Dekade ist es uns bereits gelungen, die über die gesamte Wertschöpfungskette verteilten Emissionen auf dem Niveau von 2010 zu begrenzen und gleichzeitig ein Wachstum unseres Geschäfts zu erzielen. Von 2010 bis heute konnten wird den Ausstoß von 12 Mio. Tonnen Treibhausgasemissionen vermeiden.

Wir haben außerdem mit der Science Based Target (SBT) Initiative, die dafür steht, den weltweiten Temperaturanstieg auf maximal 1,5 Grad Celsius zu begrenzen, das Ziel festgelegt, bis 2020 pro verkaufter Verpackungseinheit entlang der Wertschöpfungskette 16 % Treibhausgasemissionen im Vergleich zum Basiswert im Jahr 2015 zu reduzieren. Unsere Zusammenarbeit mit der SBT-Initiative reicht bereits auf das Jahr 2017 zurück. Wir waren das erste Unternehmen der Lebensmittel- und Getränkeindustrie, dessen Ziele zur Reduzierung der Klimaauswirkungen die SBT-Initiative genehmigt hat. Unsere

---

[11] Detailliertere Information zur Anlagentechnik der Palurec finden sich in einer Broschüre, die auf der Internetseite des Fachverbandes Kartonverpackungen für flüssige Nahrungsmittel (FKN) zum Herunterladen bereitsteht: https://www.getraenkekarton.de/recyclinganlage-fuer-getraenkekarton-spatenstich/. Zugegriffen: 12. August 2020.

Daten zum Energieverbrauch und zu den Treibhausgasemissionen unseres gesamten Unternehmens erheben wir seit 1999 jährlich, seit 2013 lassen wir unsere Treibhausgasbilanz von unabhängigen Experten überprüfen.

Die Bereiche, auf die sich unsere Maßnahmen konzentrieren, um zunächst unser Ziel 2030 zu erreichen, sind:

- die Senkung der energiebedingten Emissionen durch Energieeinsparung,
- die Verbesserung der Energieeffizienz,
- die Installation von Solar-Photovoltaikanlagen (PV) vor Ort und
- der Einkauf erneuerbarer Energie.

Seit 2011 hat Tetra Pak bei eigenen Produktionsstätten und Standorten in energieeffizientere Lösungen investiert und verhindert, dass der Energieverbrauch in diesem Zeitraum um 23 % stieg. Bis heute hat das Unternehmen rund 8000 Solar-Photovoltaik-Module mit einer Gesamtleistung von etwa 2,7 Megawatt installiert, die kohlenstoffarmen Strom liefern. Als Mitglied der RE100-Initiative verfolgen wir weltweit das Ziel, bis 2030 ausschließlich erneuerbare Elektrizität zu nutzen. Während der Startpunkt im Jahr 2014 bei 20 % lag, konnten wir das Jahr 2020 bereits mit 83 % abschließen, 3 % über unserer Zielmarke. In den Ländern der Europäischen Union produzieren bereits alle unsere Werke Verpackungen zu 100 % mit erneuerbarer Energie.

In Märkten, in denen die Infrastruktur für erneuerbare Energien noch nicht entwickelt ist, greifen wir auf Zertifikate zurück, die es uns ermöglichen, in Projekte zur Entwicklung von erneuerbaren Energien in den Gebieten zu investieren, in denen wir tätig sind. Dadurch reduzieren wir einen Teil unserer Kohlenstoffemissionen durch Kompensation und unterstützen gleichzeitig die lokale Wirtschaft. Bei der Beschaffung von Zertifikaten für erneuerbare Energien, insbesondere in Hochrisikogebieten, achten wir stets darauf, dass wir über die Standardpraktiken hinausgehen, indem wir ökologische und soziale Mindestkriterien festlegen, die erfüllt werden müssen. Umweltzeichen, wie zum Beispiel „Gold Standard" (konzentriert auf Kohlenstoff-Kompensation) und „Ekoenergy", ermöglichen es uns, in den unterschiedlichen Regionen dieselben strengen Qualitätskriterien anzuwenden.

## 5.5 Durch Partnerschaften und Plattformen Reichweite und Wirkung erhöhen

Wir wissen, dass wir bei einer Recyclingrate von 27 % weltweit nicht stehen bleiben können. Doch ökonomische Faktoren schränken unsere Möglichkeiten als einzelnes Unternehmen ein, weiter zu expandieren. Es gibt zum Beispiel keine spezifische Vorgabe in den europäischen Richtlinien, Getränkekartons zu sammeln und zu verwerten – anders als beispielsweise bei Plastikflaschen. Und wo es keine Vorgaben gibt, werden Umweltabgaben, selbst wenn sie entrichtet werden müssen, nicht für die Entwicklung einer Sammel-, Sortier- und Recyclinginfrastruktur aufgewendet. Daraus folgt, dass wir verstärkt auf strategische Partnerschaften, die Mitarbeit in Verbänden und anderen Initiativen auf lokaler, nationaler und globaler Ebene setzen, um eine systematische Sammlung und ein effektives Recycling von Getränkekartons in allen unseren Märkten vor Ort zu realisieren.

Solche strategischen Partnerschaften haben wir mit globalen Akteuren geschlossen, die uns dabei unterstützen, die besten Recyclingtechnologien und Anwendungen für Polyethylen und Aluminium sowie Fasern zu finden, zum Beispiel mit Ineos und Kadant. Wir sind außerdem ein aktives Mitglied des „Consumer Goods Forums“, wir haben uns der „New Plastics Economy Initiative“ angeschlossen sowie die Recyclinginitiative der Papierindustrie „4evergreen“ und die europäische Plattform „EXTR:ACT. Driving Value From Multi-Material Recycling“ mitgegründet. Hinzu kommt, dass wir die Zusammenarbeit mit unseren abfüllenden Kunden durch Koalitionen, wie zum Beispiel der Gründung von „3RI (Triple R Initiative)“[12] zusammen mit Danone, Nestlé und Veolia, außerdem „ReSource“ und lokalen Initiativen wie „AARC“ in Indien und „Praise“ in Indonesien verstärkt haben, um das Recycling weiter voranzubringen. Auch auf unsere Zusammenarbeit mit verschiedenen neutralen Zertifizierern sowie Nichtregierungsorganisationen für unterschiedliche Themen sei an dieser Stelle hingewiesen.

## 6 Fazit

Was also macht eine systemisch gestaltete kohlenstoffarme Kreislaufwirtschaft aus? Sie ergänzt die gesetzliche Abfallhierarchie[13] um den Aspekt einer möglichst kohlenstoffarmen Materialauswahl. An erster Stelle sollte bei der Herstellung von Produkten nicht die Frage stehen, wie Abfälle vermieden und recycelt werden können, sondern die Frage, welchen Beitrag die verwendeten Rohstoffe zum Klimaschutz leisten. Denn ein gut recycelbares Produkt muss nicht zwangsläufig einen niedrigen Kohlenstofffußabdruck aufweisen – und umgekehrt. Daraus ergeben sich im Einzelnen folgende Aspekte als relevant:

- *die Materialauswahl:* nachhaltig bewirtschaftete nachwachsende Rohstoffe einzusetzen, die nachweislich recyclingfähig sind und möglichst wenig Kohlenstoff emittieren;
- *die Materialmenge:* den Materialeinsatz auf ein notwendiges Minimum zu reduzieren und die Wiederverwendung von Produkten zu fördern, sofern sie über ihren gesamten

[12] Die 3 „R“ stehen für „reduce“, „recover“ und „reycle“.

[13] Die Abfallhierarchie, der alle Mitgliedstaaten in der Europäischen Union folgen und die bis heute unverändert gilt, ist in der Europäischen Abfallrahmenrichtlinie als „Prioritätenfolge“ definiert, von der abgewichen werden kann, sofern eine Lebenszyklusanalyse dies rechtfertigt: „a) Vermeidung, b) Vorbereitung zur Wiederverwendung, c) Recycling, d) sonstige Verwertung, z. B. energetische Verwertung, e) Beseitigung“ (Richtlinie 2008/98/EG, Art. 4 (1) u. (2)).

Lebensweg hinweg einen kleineren Kohlenstofffußabdruck nachweisen können als Vergleichsprodukte, die nur einmal genutzt werden können;
- *die Sammeleffektivität:* alle verwertbaren Abfälle zu sammeln und einer Verwertung zuzuführen;
- *die Entwicklung von neuen Sammel-, Sortier- und Recyclingtechnologien:* so viele Abfälle wie möglich technisch verwertbar zu machen;
- *die Absatzmöglichkeiten:* neue Märkte für Produkte mit einer möglichst hohen Wertschöpfung zu erschließen, die aus Rezyklatanteilen oder Rezyklaten bestehen; dies gilt nicht nur für Kunststoffe, sondern auch alle anderen Materialien und erfordert ein bewussteres Konsumverhalten, das die Schonung von Ressourcen verinnerlicht hat; und
- *die Finanzierungssicherheit:* finanzielle Anreize für den Einsatz von Materialien in Produkten zu schaffen, die nachhaltige Ressourcennutzung und Klimaschutz miteinander kombinieren, aber auch für den weiteren Ausbau des Recyclings von heutigen und zukünftigen Materialien.

Wir haben Raketen zum Mond geschickt und Satelliten im Weltraum installiert, um unsere Kommunikationsmöglichkeiten erheblich zu erweitern und zu beschleunigen. Wir sammeln Daten, die wir mit Hochleistungsrechnern für alle möglichen Fragestellungen auswerten. Ist es da zu viel verlangt, unsere Abfälle so zu verarbeiten, dass sie noch möglichst großen Nutzen für uns haben? Darauf gibt es zwei mögliche Antworten. Die eine lautet: Ja, wenn wir so weiter leben wollen wie bisher und in Kauf nehmen, dass unser Überleben auf dem Planeten Erde schon in der zweiten Hälfte unseres Jahrhunderts nicht mehr gesichert ist. Die andere lautet: Nein, wenn wir bereit sind, die Verantwortung für unsere bisherige Lebensweise zu übernehmen und sie in vernünftiger Weise auf eine nachhaltige Zukunft gerichtet zu ändern, damit etwas übrig bleibt für alle, die nach uns leben. Wir haben es selbst in der Hand, die richtige Entscheidung zu treffen.

**Dr. Heike Schiffler** ist seit 2008 bei Tetra Pak beschäftigt und heute auf globaler Ebene für den Bereich Recycling verantwortlich. Außerdem repräsentierte sie Tetra Pak im Verband „EXTR:ACT. Driving Value From Multi-Material Recycling“ während seiner Gründungs- und Startphase als Präsidentin und ist in der Arbeitsgemeinschaft Verpackung und Umwelt e. V. (AGVU) als stellvertretende Vorsitzende des geschäftsführenden Vorstands aktiv. Sie ist seit vielen Jahren Mitglied des GS1 Expertenkreises „Nachhaltigkeit“ und Mitglied der Landesbetriebskommission Hessen-Forst. Stationen ihrer beruflichen Laufbahn waren unter anderem Der Grüne Punkt – Duales System Deutschland GmbH (DSD), wo sie von 1999 bis 2008 als Direktorin Kommunikation wirkte, und die Deutsche Gesellschaft für Kunststoff-Recycling mbH (DKR), einem Beteiligungsunternehmen des Grünen Punkts und der Kunststoffindustrie. Dort leitete sie in den Jahren 1996 bis 1999 die Unternehmenskommunikation.

## Literatur


Ellen MacArthur Foundation (2018) CE100 Co.Project renewables. Renewable materials for a Low Carbon and Circular Future. https://emf.thirdlight.com/link/g3v87qjjw2ut-n4id1g/@/preview/1?o. Zugegriffen: 5. Aug 2020

Gesetz zur Fortentwicklung der haushaltsnahen Getrennterfassung von wertstoffhaltigen Abfällen vom 5. Juli 2017. Bundesgesetzblatt Jahrgang 2017 Teil I Nr. 45, 12. Juli 2017. https://www.bvse.de/images/pdf/Recht/Verpackungsgesetz_BGBl_Teil_I_S__2234_2017.pdf. Zugegriffen: 29. Juli 2020

Meadows D (1972) Die Grenzen des Wachstums. Bericht des Club of Rome zur Lage der Menschheit. Deutsche Verlags-Anstalt, Stuttgart

New Plastics Economy Global Commitment. Commitments, Visions and Definitions (2020) (Version: February 2020). https://www.newplasticseconomy.org/assets/doc/Global-Commitment_Definitions_2020-1.pdf. Zugegriffen: 23. Juli 2020

Richtlinie 2008/98/EG des Europäischen Parlaments und des Rates vom 19. November 2008 über Abfälle und zur Aufhebung bestimmter Richtlinien. Amtsblatt der Europäischen Union L 312, 22. November 2008. https://eur-lex.europa.eu/legal-content/DE/TXT/HTML/?uri=CELEX:32008L0098&from=DE. Zugegriffen: 12. Aug 2020

Richtlinie (EU) 2019/904 des Europäischen Parlaments und des Rates vom 5. Juni 2019 über die Verringerung der Auswirkungen bestimmter Kunststoffprodukte auf die Umwelt. Amtsblatt der Europäischen Union L 155, 12. Juni 2019. https://eur-lex.europa.eu/legal-content/DE/TXT/PDF/?uri=CELEX:32019L0904. Zugegriffen: 29. Juli 2020

Berger R (2020) Packaging Sustainability in the Consumer Goods Sector. Global Study. Als PDF erhalten per E-Mail: 29. Juli 2020

Schiffler H (2003) Die Zukunft kommt – der Müll geht. In: Müll. Facetten von der Steinzeit bis zum Gelben Sack. Begleitschrift zur Sonderausstellung vom 06. September bis 30. November 2003. Philipp von Zabern, Mainz am Rhein, S 249–252

Statista Research Department (2020) Prognose zur Entwicklung der Weltbevölkerung bis 2100. https://de.statista.com/statistik/daten/studie/1717/umfrage/prognose-zur-entwicklung-der-weltbevoelkerung/#professional. Zugegriffen: 21. Juli 2020

Stiftung Zentrale Stelle Verpackungsregister (2019) Mindeststandard für die Bemessung der Recyclingfähigkeit von systembeteiligungspflichtigen Verpackungen gemäß § 21 Abs. 3 VerpackG. https://www.verpackungsregister.org/fileadmin/files/Mindeststandard/Mindeststandard_VerpackG_2019.pdf. Zugegriffen: 27. Juli 2020

Tetra Pak (2020) Sustainability Report 2020. Enabling Transformation. https://www.tetrapak.com/content/dam/tetrapak/publicweb/gb/en/sustainability/documents/sustainability-report2020.pdf. Zugegriffen: 30. Juli 2020

Umweltbundesamt (2002) Ökobilanz für Getränkeverpackungen II/Phase 2. Forschungsbericht 103 50 504 UBA-FB 000363. https://www.umweltbundesamt.de/sites/default/files/medien/publikation/long/2180.pdf. Zugegriffen: 5. Aug 2020

Umweltbundesamt (2020) Leitsätze einer Kreislaufwirtschaft. Dessau-Roßlau. https://www.umweltbundesamt.de/sites/default/files/medien/1410/publikationen/2020_04_27_leitlinie_kreislaufwirtschaft_bf.pdf. Zugegriffen: 29. Juli 2020

United Nations Development Programme (2020) A 1.5°C World Requires a Circular and Low Carbon Economy. UNDP, New York. https://www.oneplanetnetwork.org/sites/default/files/enhancing_ndcs_thru_circ_economy.pdf. Zugegriffen: 18. Aug 2020

# Wenn Magnete Konflikte anziehen: CSR-Risiko „Seltene Erden"

## Nachhaltige Lieferketten im mittelständischen Unternehmen: Schritt für Schritt

Christopher Haas und Lukas Glöckner


**Zusammenfassung**

Metalle der Seltenen Erden sind Schlüsselressource wichtiger Technologien des 21. Jahrhunderts. Der Abbau der Rohstoffe, welcher überwiegend in der Volksrepublik China stattfindet, stellt für Unternehmen ein erhebliches CSR-Risiko dar. Neben der umweltschädigenden Förderung der Metalle wird auch immer wieder von Menschenrechtsverletzungen berichtet. In Form von Permanentmagneten findet das Seltenerdmetall Neodym auch Anwendung in vielen Produkten des Wiesbadener Unternehmens Haas Magnettechnik. Seit 2011 beschäftigt sich das kleine mittelständische Unternehmen mit der eigenen Verantwortung entlang der Lieferkette und lebt seitdem vor, was bald Gesetz werden soll. Der bundesweit gefragte Gesprächspartner zum Thema „Nachhaltige Lieferketten" gibt einen Einblick in die Problematik „Seltene Erden" und macht anhand der eigenen Fallstudie den Themenkomplex CSR für den Mittelstand greifbar.



C. Haas (✉) · L. Glöckner
Haas & Co. Magnettechnik GmbH, Wiesbaden, Deutschland
E-Mail: ch.haas@haas-magnettechnik.com

L. Glöckner
E-Mail: lukas.gloeckner@haas-magnettechnik.com





A. Trischler und S. Böhling (Hrsg.), *CSR in Hessen,* Management-Reihe Corporate Social Responsibility, https://doi.org/10.1007/978-3-662-63004-4_28

## 1 Einführung – Die Bedeutung Seltener Erden verstehen

Während die strategische Ressource des letzten Jahrhunderts das Öl war, werden für das beginnende 21. Jahrhundert oftmals „Daten“ als die strategische Ressource genannt. Doch auch die Speicherung von Daten hat, wenn man so möchte, eine Wertschöpfungskette. Auch an deren Anfang steht eine Ressource, die gefördert werden muss: Die Seltenerdmetalle (SEE).

> „Der mittlere Osten hat sein Öl, China hat seine Seltenen Erden.“ (Deng Xiaoping)

Seltene Erden sind ein fester Bestandteil von modernen Produkten und Produktionsabläufen. Die seltensten dieser 17 Elemente kommen in der Erdkruste immer noch häufiger vor als Gold oder Platin, doch sind größere Lagerstätten, die eine wirtschaftliche Förderung erlauben, sehr selten.

> ▶ Die Energiewende, die Mobilitätswende, Mikromotoren, Festplatten und dadurch auch immer kleiner werdende elektronische Geräte – alle diese Technologien enthalten die weltweit leistungsstärksten Permanentmagnete aus Neodym-Eisen-Bor-Verbindungen sowie weitere SEE.

Keines der Seltenerdmetalle kommt in der Natur in reiner Form vor, sondern immer in Gemischen weiterer seltener Erden und Erzen. Zur Trennung der reinen Metalle wird das abgebaute Erz durch Behandlung mit Säuren und Laugen aufgeschlossen. Durch die Verhüttung und Raffination kommt es vor Ort zu Luft-, Wasser- und Grundwasserverschmutzung sowie zu einer radioaktiven Belastung durch Thorium. Chemikalien wie Schwefelsäure und Flusssäure finden sich im Abwasser.

In der bislang größten bekannten Lagerstätte von SEE, der Mine Bayan Obo in der Inneren Mongolei in Nordchina, arbeiten schätzungsweise 6000 Menschen (Jung und Wagner 2009) im Tagebau. Die Minengesellschaft, die Raffinerien und Schmelzen sind in staatlicher Hand. Etwa 90 % aller Seltenen Erden weltweit werden in China gefördert und verarbeitet. Durch die staatliche Kontrolle und den Verzicht auf Investitionen in Umwelt- und Arbeitsschutzmaßnahmen kontrolliert der chinesische Markt die Fördermenge weltweit. Der Abbau von SEE in weiteren Lagerstätten wie Australien oder den USA werden durch das Erhöhen der Fördermenge in China und den dadurch bedingten Preisabfall auf dem Weltmarkt unwirtschaftlich gemacht. China besitzt also ein Quasi-Monopol auf für „Zukunftstechnologien“ notwendige SEE (Rüttinger et al. 2014).

Die Umweltverschmutzung, die Arbeitsbedingungen und nicht zuletzt die von der Volksrepublik China öffentlich ausgetragenen Menschenrechtsverletzungen sind ein CSR-Risiko, das am Beginn der meisten zeitgenössischen Wertschöpfungsketten stehen dürfte (Rüttinger et al. 2014). Was hat das alles mit uns, einem kleinen Familienunternehmen aus Wiesbaden, zu tun? Auch viele von uns hergestellte und gehandelte

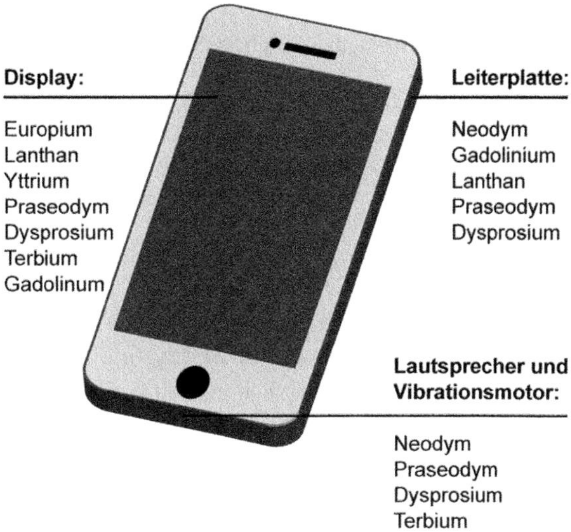


**Abb. 1** Konfliktmineralien in Smartphones. (Eigene Darstellung, Frankhauser 2019)

Permanentmagnete wie Magnetfolien und technische Magnete enthalten die Seltenerdmetalle Neodym und Cobalt. Die Abb. 1 macht deutlich, wofür in vermeintlichen Alltagsgegenständen die Konfliktmineralien im Einsatz sind (siehe Abb. 1).

## 2 Comply or Explain – Sich auf den Weg machen

Für Aktiengesellschaften mit mehr als 500 Beschäftigten trat 2017 eine Berichtspflicht über „nichtfinanzielle Aspekte der Unternehmenstätigkeit" in Kraft: das CSR RUG.[1] Dies konnte als ein erster Anreiz für Unternehmen verstanden werden, sich mit ökologischen und sozialen Fragen sowie mit Menschenrechten und Korruptionsbekämpfung zu beschäftigen, Risiken zu erkennen und zu verhindern.

Im August 2020 ging dann ein Raunen durch Unternehmen, Wirtschaftsverbände und Ministerien. Bei einer umfassenden Erhebung wurde festgestellt, dass gerade einmal 13 bis 17 % der Unternehmen in Deutschland den Anforderungen des Nationalen Aktionsplans Wirtschaft und Menschenrechte (NAP) entsprechen (AA 2020). Firmen mit mehr als 500 Beschäftigten und in Deutschland ansässig wurden im Monitoring befragt, ob sie die im NAP definierten fünf sogenannten Kernelemente umsetzen.

[1] CSR RUG: CSR-Richtlinie-Umsetzungsgesetz.

### Hintergrundinformation

Die fünf Kernelemente der Sorgfaltspflicht gemäß NAP umfassen:

1. Eine öffentliche Grundsatzerklärung zur Achtung der Menschenrechte ist vorhanden.
2. Ein Verfahren zur Ermittlung tatsächlicher und potenziell nachteiliger Auswirkungen auf die Menschenrechte besteht (Risikoanalyse).
3. Entsprechende Maßnahmen zur Abwendung und Kontrollen ihrer Wirksamkeit sind eingeführt.
4. Es erfolgt eine Berichterstattung.
5. Das Unternehmen etabliert oder beteiligt sich an einem Beschwerdemechanismus.

Die fünf Kernelemente des NAP umfassen also das Aufstellen einer Grundsatzerklärung und eine Risikoanalyse zur Ermittlung nachteiliger Auswirkungen auf Menschenrechte. Außerdem sollten Maßnahmen zur Abwendung dieser Auswirkungen und eine Wirksamkeitskontrolle eingeführt sein. Weiterhin soll eine Berichterstattung stattfinden und ein Beschwerdemechanismus eingerichtet werden. Damit Unternehmen diesen Ansprüchen in Zukunft genügen, wird es einen gesetzlichen Rahmen geben, welcher die Bedingungen der fünf Kernelemente von der freiwilligen Kür zur Pflicht für Unternehmen macht. Zwei wesentliche Faktoren werden hierzu in Zukunft noch für heiße Diskussionen sorgen:

- Die **Unternehmensgröße,** ab der das Gesetz greift: Während ein vergleichbares Gesetz in Frankreich Unternehmen ab 5000 Mitarbeitenden in die Pflicht nimmt, möchte Bundesarbeitsminister Heil einen gesetzlichen Rahmen für Unternehmen ab 500 Mitarbeitenden.
- Die Frage nach der **Haftung:** Können Unternehmen durch das „Sorgfaltsgesetz" vor einem Zivilgericht angeklagt werden? Wie werden Verstöße sanktioniert werden?
- Weitere kritische Punkte sind:
  - ob das Gesetz Schlupflöcher für die Großen bieten wird und
  - ob dem Mittelstand eine bürokratische Reform ungeahnten Ausmaßes droht.

Jedem der Diskursteilnehmer dürfte klar sein, dass ein mittelständisches Unternehmen nicht die gleichen personellen und finanziellen Ressourcen aufbringen kann wie eine international agierende Aktiengesellschaft.

### Haas & Co. Magnettechnik GmbH

wurde 1972 gegründet und ist zu 100 % in privatem Eigentum. Christopher Haas führt das Familienunternehmen in zweiter Generation. Das Unternehmen produziert und verkauft Magnetfolien, Magnetbänder, technische Magnete sowie magnetische Sonderanfertigungen in höchster Qualität.[2]

[2] Vgl. DNK Entsprechenserklärung (https://datenbank2.deutscher-nachhaltigkeitskodex.de/Profile/CompanyProfile/13578/de/2017/dnk).

Mit rund 25 Mitarbeitenden könnten wir uns nun entspannt zurücklehnen, das Gesetz wird uns aller Voraussicht nach nicht betreffen. Aber: Dies ist auf lange Sicht ein Trugschluss. Wir gehen davon aus, dass einige unserer Kunden, welche von dem Gesetz betroffen sein werden, die Sorgfaltspflicht an die Lieferanten und somit an uns durchreichen. Unsere Waren, hergestellt mit kritischen Rohstoffen, importieren wir in den deutschen und europäischen Markt. Wir müssen uns der Frage nach unserer Wettbewerbsfähigkeit stellen – national, europaweit und schließlich auch international. Sollten wir nicht in der Lage dazu sein, Maßnahmen zur Abwendung nachteiliger Auswirkungen auf Menschenrechte zu treffen, sind wir dann noch im Geschäft oder werden Unternehmen mit Marktmacht und Einfluss die Lieferanten der Zukunft?

Als Unternehmen, welches seit Jahren aktiv an der Transparenz der eigenen Lieferkette arbeitet, befinden wir uns in einem Spannungsfeld. Einerseits werden wir als Wirtschaftsunternehmen gerne von den Wirtschaftsverbänden vertreten und wollen mitgestalten. Andererseits handeln wir verantwortungsbewusst und sorgfältig im Sinne des angedachten Gesetzes und unterstützen das Vorhaben.

## 3 Case Study: Haas Magnettechnik

Mit dem Themenkomplex Corporate Social Responsibility (CSR) sind wir zuerst im Jahr 2011 in Berührung gekommen. Auf dem Lieferantentag eines Großkunden wurde CSR als strategisches Thema der nächsten 20 Jahre ausgerufen. Zum Ende der Veranstaltung wurde es konkret. Nach zwei Jahren wird ein EcoVadis-Zertifikat Grundlage der internen Lieferantenbewertung werden. Um dieses Zertifikat zu erreichen und unseren Kunden zu halten, begannen wir mit der Betrachtung unserer Lieferkette.

Die Besonderheit in unserer Lieferkette ist, dass es für das von uns benötigte Seltene Erdmetall Neodym kein Substitut gibt.

> **Ersatz für SEE? Fehlanzeige**
> Kein anderer Werkstoff erzielt die physikalischen Werte, die ein Neodym-Magnet (Neodym-Eisen-Bor) erzielen kann. Das Ausweichen auf einen Magneten eines anderen Werkstoffes ist daher in vielen Technologien aktuell nicht möglich.

Ein Ausweichen innerhalb der Lieferkette bzw. der Wertschöpfungskette ist in unserem Fall ebenfalls nicht möglich. Stellt beispielsweise ein Käufer von Lederwaren fest, dass innerhalb der Lieferkette Umweltverstöße begangen werden, welche gleichzeitig auch die Menschenrechte tangieren (Arbeiter, die ohne Schutzmaßnahmen das Leder gerben), besteht die Möglichkeit, den Produzenten zu wechseln oder sich an staatliche Stellen zu wenden.

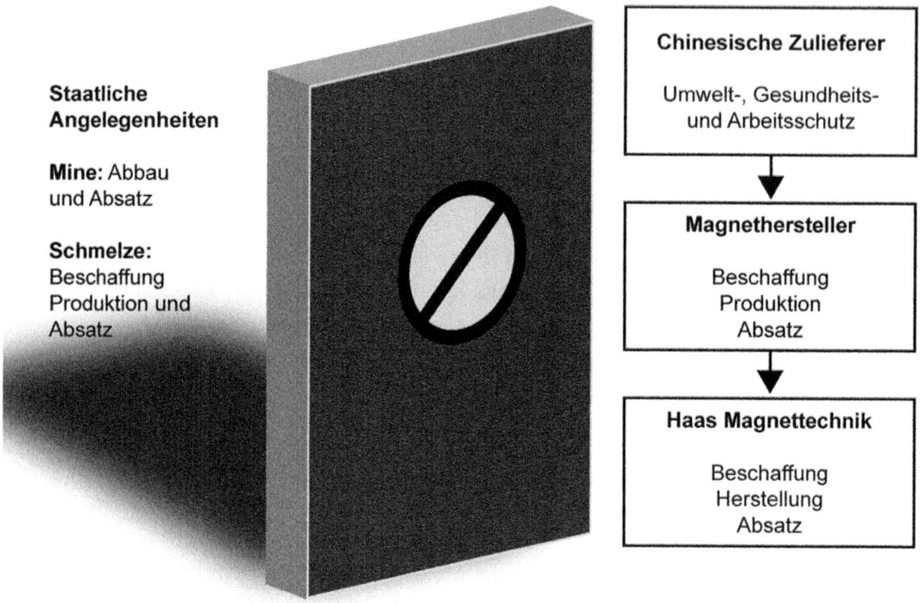


**Abb. 2** Berichten und Handeln. (Eigene Darstellung)

Unser Einfluss beschränkt sich auf unseren Tier-1-Lieferanten[3], also unseren Partner direkt vor Ort, von dem wir die fertig verarbeiteten Magnete beziehen. Alle weiteren beteiligten Unternehmen in der Lieferkette ab Tier 2 sind uns allerdings weder direkt bekannt noch haben wir oder auch unser Tier-1-Partner die Möglichkeit, den Lieferanten zu wechseln. Im Rahmen der Analyse unserer Lieferkette kamen wir zu dem Ergebnis, dass wir zwei voneinander getrennte Bereiche betrachten müssen:

Auf der einen Seite steht eine „Blackbox“, innerhalb derer wir keinerlei Einfluss haben oder Veränderungen bewirken können. Dieser Bereich umfasst den Abbau der SEE in den Minen bis zu den Schmelzen und Sintereien, in denen die unterschiedlichen magnetischen Werkstoffe hergestellt werden; vergleiche dazu Abb. 2. Als Unternehmen müssen wir den Wertschöpfungsprozess von Seltenen Erden akzeptieren. Es bleibt uns jedoch die Möglichkeit, Informationen aus unterschiedlichen Quellen zusammenzutragen und über die Missstände in unserer Lieferkette zu berichten. Für ausländische Unternehmen, ob 25 oder 25.000 Mitarbeitende, ist dieser Abschnitt der Lieferkette nicht oder nur sehr eingeschränkt einsehbar. Veränderungen können hier höchstens durch eine europäische Politik initiiert werden.

Für uns ergibt sich ein Handlungsspielraum erst hinter der Barriere, bei unserem Tier-1-Partner vor Ort in China. Durch regelmäßige Besuche vor Ort, viele intensive Gespräche und nicht zuletzt durch den Aufbau von Vertrauen konnten wir hier direkten

[3]Tier 1: erste Ebene (Lieferanten gem. Zuliefererpyramide).

Einfluss auf Menschenrechte, Arbeitsbedingungen und auch Umweltstandards nehmen. Selbstverständlich braucht es hierfür Zeit – viel Zeit. Insbesondere das Vertrauensverhältnis benötigt intensive Gespräche und ein vorsichtiges Annähern an kritische Themen. Konkret konnten wir folgendermaßen Einfluss nehmen:

In China ist das Ende des traditionellen Neujahrsfestes auch der Zeitpunkt im Jahr, in dem sich die Wanderarbeitenden entscheiden, wieder zu ihrer vorherigen Arbeitsstätte zurückzukehren oder eine neue, vermeintlich bessere Anstellung zu beginnen.

Bei unserem Partner lag diese Rückkehrquote bis vor zehn Jahren noch bei ca. 60 %. Damit verbunden waren bei uns vor Ort messbare Qualitätsprobleme der importierten Waren nach dem Chinese New Year. Die Qualitätsprobleme bedeuten für unseren Zulieferer eine massiv erhöhte Reklamationsquote und hohe Kosten für Rücknahmen und Neuproduktion.

Wir hatten damals das Thema der Unterbringung der Mitarbeitenden und der Arbeitsverhältnisse aufgenommen, um unseren Partner davon zu überzeugen, vor dem Hintergrund der Qualitätsprobleme mit relativ geringem finanziellem Aufwand für Verbesserungen der Arbeits- bzw. Lebensverhältnisse sowie des Arbeitsschutzes zu sorgen. Diese Maßnahmen haben sich innerhalb eines Jahres direkt in einem positiven Ergebnis niedergeschlagen, sichtbar in einer Steigerung der Rückkehrquote im darauffolgenden Jahr. Nach einem erst verhaltenen Einsatz wurden in den letzten Jahren immer weitere und intensivere Maßnahmen in die Wege geleitet. Dies führte dazu, dass 2019 eine Steigerung der Rückkehrquote auf knapp 90 % erzielt werden konnte. Nach Aufbau eines Vertrauensverhältnisses konnte allein durch simple Beobachtung von Prozessen und unter Verwendung des gesunden Menschenverstandes Verbesserungen erzielt werden.

**Der längste Weg beginnt mit den ersten Schritten**

In unserem Fall bedurfte es also keiner aufwendigen Strategie oder hohem finanziellen Einsatz. Oft sind leicht durchführbare Maßnahmen wie das Renovieren der Unterkünfte schon ein erster Erfolg versprechender Schritt in die richtige Richtung. Auch ein KMU kann mit einer guten Argumentation und Beharrlichkeit Erfolge und Verbesserungen herbeiführen. ◀

## 4 Synthese und Ausblick

Als häufiger Gast bei Diskussionen und Vorträgen im Rahmen von UPJ-Veranstaltungen, IHK-Ausschüssen … und auch als Referenten auf Fachtagungen machen wir immer wieder eines deutlich: Die Ressourcengewinnung, also der Abbau der Grundstoffe, sowie einige Schritte des Wertschöpfungsprozesses sind ein CSR-Risiko in unserer Lieferkette, auf das wir keinen Einfluss nehmen können. Mehr noch – und drastischer: Wir können unseren Kunden sogar garantieren, dass es in unserer Lieferkette zu Menschenrechtsverletzungen und Umweltverschmutzung kommt.

**Hintergrundinformation**
Am Anfang der Lieferkette jeder Schlüsseltechnologie des 21. Jahrhunderts steht momentan die Mine Bayan Obo in Nordchina.

Diesen Bereich beschreiben wir als eine „Blackbox". Die darin befindlichen Themen entziehen sich unserem Einflussbereich und uns bleibt nur das Berichten nach bestem Wissen und Gewissen. Unsere Sorgfalt und unser Engagement können erst bei unserem Tier-1-Lieferanten beginnen. Mit unseren Lieferanten müssen wir uns ein Vertrauensverhältnis erarbeiten, über das wir nach und nach durch Beobachtung und gute Argumente Veränderungen bewirken können. Die chinesische Mentalität verlangt nach einem klaren Kosten-Nutzen-Verhältnis, welches wir in unserem vorangegangenen Beispiel definieren konnten. Bei der Argumentation sind gesunder Menschenverstand zum Erkennen von Zusammenhängen ebenso nötig wie Empathie und die Einsicht, dass keiner der Prozesse über Nacht Ergebnisse liefert.

Der gesetzliche Rahmen zur Umsetzung der Sorgfaltspflicht entlang der Lieferkette wird ähnlich einer Datenschutzgrundverordnung (DSGVO) die Geschäftstätigkeit in Deutschland verändern. Über das Ausmaß dieser Veränderungen wird in den nächsten Monaten entschieden werden. Doch auch ohne den gesetzlichen Rahmen zeichnete sich in den letzten Jahren eine deutliche Entwicklung ab:

**Licence to operate**
Die Stakeholder eines Unternehmens wird es in Zukunft mehr und mehr interessieren, unter welchen Umständen Ware produziert wird, in welche Geschäftsmodelle investiert wird und somit salopp gesagt: wie nachhaltig ein Unternehmen ist.

Die eingangs zitierte Voraussicht von Xiaoping aus dem Jahr 1972 (!) rund um SEE wollen wir hier mit einem chinesischen Sprichwort ergänzen:

> „Wenn der Wind der Veränderung weht, bauen die einen Mauern und die anderen Windmühlen." (Sprichwort aus China, Quelle unbekannt)

Unsere Wünsche für die Zukunft von CSR in Deutschland sind drei kurze wie klare Punkte:

- Klare Kommunikation des Gesetzgebers zu den Anforderungen
- Hilfestellung in Form von Guidelines, um den Anforderungen zu entsprechen
- Und nicht zuletzt: Ein europäischer Wirtschaftsraum braucht eine europäische Wirtschaftspolitik.

Die Zukunftsfähigkeit unseres Unternehmens baut auf Verfügbarkeit, Vertrauen, Zusammenarbeit und natürlich auf Kunden. Es ist und bleibt für uns eine Herausforderung, der wir uns bewusst stellen: Entwicklung und Umsetzung von CSR-Strategien ist ein Marathon und kein Sprint. Es ist einfach unsere sportliche, aber definitiv unternehmerische Verantwortung.

**Christopher Haas** ist Geschäftsführer und Gesellschafter der Haas & Co. Magnettechnik GmbH. Nach dem Studium der Betriebswirtschaftslehre in Mainz und Bogotá übernahm er das Unternehmen und führt es in zweiter Generation. Seit 2017 ist er Mitglied im Nationalen CSR-Forum der Bundesregierung.

**Lukas Glöckner** ist Kommunikationsmanager B. A. und war als freischaffender Kreativdirektor unterwegs, bevor er 2020 für das Marketing und die Unternehmenskommunikation zur Haas & Co. Magnettechnik GmbH kam. Dort beschäftigt er sich auch mit den Themen rund um das CSR-Engagement des Familienunternehmens.

## Literatur

AA (2020) Auswärtiges Amt, Monitoring des Nationalen Aktionsplans Wirtschaft und Menschenrechte: Ergebnisse der zweiten Erhebung (11.08.2020). https://www.auswaertiges-amt.de/de/aussenpolitik/themen/aussenwirtschaft/wirtschaft-und-menschenrechte/ergebnisse-2-umfrage-nap/2374446. Zugegriffen: 22. Okt 2020

Frankhauser J (2019) Rare earth elements contained in a smartphone. In: ABC News 05.06.2019. https://www.abc.net.au/news/2019-06-05/rare-earth-elements-contained-in-a-smartphone-1/11169368?nw=0. Zugegriffen: 28. Okt 2020

Jung A, Wagner W (2009) https://www.spiegel.de/international/business/rare-earths-high-tech-companies-face-shortages-as-china-hoards-metals-a-658977.html. Zugegriffen: 08. Okt 2020

Rüttinger L, Treimer R, Tiess G, Griestop L, Schüler F, Wittroc J (2014) Fallstudie zu den Umwelt- und Sozialauswirkungen der Gewinnung Seltener Erden in Bayan Obo, China. adelphi, Berlin. https://www.umweltbundesamt.de/sites/default/files/medien/378/dokumente/umsoress_fallstudie_seltene_erden_china_bayan_obo.pdf. Zugegriffen: 22. Okt 2020

# Mehr als fair – besser als bio: CSR als Markenkern

## Die Wertschöpfungskette von Kakao und Schokolade bei PERÚ PURO

Frauke Fischer

**Zusammenfassung**

Die Wertschöpfungskette von Kakao und Schokolade nimmt ihren Anfang in den Regenwaldregionen tropischer Länder. Außerhalb der Tropen kann Kakao nicht angebaut werden. Tropenwaldländer sind geprägt von hoher Biodiversität, einer starken Abhängigkeit der Bevölkerung von den darauf basierenden Ökosystemleistungen und einer großen Bedrohung durch den Klimawandel. In den Hauptproduktionsländern wird Kakao hauptsächlich innerhalb kleinbäuerlicher Strukturen produziert und damit von Menschen, die manchmal kaum (Land-)Rechte besitzen oder aber nicht in der Lage sind, diese und andere verbriefte Rechte (Arbeitnehmer- und Umweltrechte) einzufordern. Weil die Rechtskonformität in diesen Staaten oft schwach ausgeprägt ist, spielt gerade in den Wertschöpfungsketten tropischer Rohstoffe und Nahrungsmittel CSR auf der Abnehmerseite, also bei den Unternehmen, die von Industriestaaten aus agieren, eine besonders wichtige Rolle. Die konventionelle Lieferkette von Kakao ist durch eine große Zahl von Zwischenhändlern charakterisiert, die ihre Gewinnmargen vom Weltmarktpreis abziehen. Die kleinbäuerlichen Produzenten können weder Einfluss auf den Verkaufspreis ihrer Ware nehmen noch schnell auf sich ändernde Marktanforderungen oder volatile Weltmarktpreise reagieren. Dies führt dazu, dass die meisten Kakaobauern unterhalb der Armutsgrenze leben. Die PERÚ PURO GmbH ist das Beispiel eines Unternehmens im Kakao- und Schokoladensektor, bei dem CSR nicht nur ein wichtiges Handlungsfeld, sondern zentraler Inhalt der Unternehmensgründung war und der Unter-

F. Fischer (✉)
PERÚ PURO GmbH, Frankfurt am Main, Deutschland
E-Mail: frauke.fischer@perupuro.de



A. Trischler und S. Böhling (Hrsg.), *CSR in Hessen,* Management-Reihe Corporate Social Responsibility, https://doi.org/10.1007/978-3-662-63004-4_29

nehmensführung ist. In allen sozialen und ökologischen Belangen und die Qualität der Produkte setzt PERÚ PURO Maßstäbe. Dabei wäre die Skalierung des fairen, ökologischen Ansatzes von PERÚ PURO möglich, was die Wertschöpfungskette von Kakao revolutionieren würde.

## 1 Kakao verstehen

Der Kakaobaum (*Theobroma cacao*) ist ein relativ kleiner, bis maximal 15 m hoher Baum, der ursprünglich im Unterwuchs tropischer Regenwälder Südamerikas zu Hause ist. In diesen Regionen wurde Kakao sicher seit Jahrtausenden als Lebensmittel geschätzt – nicht nur für seine Samen (die Kakaobohnen), sondern für sein aromatisches Fruchtfleisch.

Aufgrund seiner Herkunft ist Kakao schattenliebend und sehr empfindlich gegenüber Trockenheit. Das Wachstums- und Produktionsoptimum hat der Kakaobaum in einem Bereich unterhalb von 1000 m über Meereshöhe. Seine besonderen Anforderungen an die mittlere Jahrestemperatur (20 bis 25 Grad Celsius) und den Jahresniederschlag (ca. 2000 mm) erfüllen tropische Regenwälder.

Zum Vergleich: Frankfurt am Main hat eine mittlere Jahrestemperatur von 10,5 Grad Celsius und einen mittleren Jahresniederschlag von etwa 650 mm.

Weltweit werden hauptsächlich drei Kakaosorten angebaut: *Forastero, Criollo* und *Trinitario,* wobei der robuste, aber wenig aromatische Forastero fast 90 % der weltweiten Jahresernte ausmacht. Criollo und seine Urform *Chuncho* gelten dagegen als Seltenheit und Delikatesse.

Kakao ist kauliflor, das heißt, seine Blüten und Früchte wachsen am Stamm und den dicksten Ästen – wie in Abb. 1 zu erkennen. Erste Früchte, die sogenannten Kakaoschoten, bilden Kakaobäume im Alter von vier bis fünf Jahren. Bestäubt wird die Kakaoblüte durch kleine Mücken, sogenannte „Gnitzen“. Aufgrund der kompliziert auf-

**Abb. 1** Kakaobaum mit Schoten. (Foto: PERÚ PURO)

gebauten kleinen Blüten und der Lebensraumansprüche der Gnitzen ist die Bestäubungsrate auch in der Natur ausgesprochen gering: In Monokulturen, die Gnitzen schlechte Lebensbedingungen bieten, werden nur 0,5 bis 5 % aller Blüten eines Kakaobaums bestäubt – nur in Ausnahmefällen bis zu 10 %.

Die in den Schoten befindlichen Kakaobohnen, der Rohstoff für die Herstellung aller Kakaoprodukte einschließlich Schokolade, sind die Samen des Kakaobaums. In Monokulturen sinkt der Ertrag im Alter von 10 bis 15 Jahren, weil Erkrankungen durch Pilze und Viren zu- und die Bodenfruchtbarkeit abnehmen. Spätestens dann werden Kakaoplantagen gerodet, um Viehweiden anzulegen oder verlassen, um andere Flächen, meist durch Brandrodung von Regenwäldern, urbar zu machen.

## 2 Soziale und ökologische Effekte des Kakaoanbaus

Obwohl Kakao ursprünglich aus Südamerika kommt, wird er heute hauptsächlich in den westafrikanischen Ländern Côte d'Ivoire und Ghana angebaut. Die weltweit produzierte Kakaomenge ist vom Erntejahr 1980/1981 bis zum Erntejahr 2019/2020 von knapp 1,7 Millionen t auf über 4,8 Millionen t angestiegen (Henrich 2020). Etwa 90 % des jährlich produzierten Kakaos (Stand 2020) wird von etwa 6 Mio. Kleinbauern auf Flächen von jeweils zwei bis fünf Hektar produziert (Statista o. J; Fairtrade o. J).

Nach Angaben des Bundesministeriums für wirtschaftliche Zusammenarbeit (BMZ) sichert die Kakaoproduktion für mindestens 40 Mio. Menschen weltweit ihre Lebensgrundlage (BMZ 2018). Allein in den beiden Hauptanbauländern Côte d'Ivoire und Ghana, die zusammen bis zu 76 % der weltweiten Erntemenge erzeugen (Gro Intelligence 2020), arbeiten mindestens 2,2 Mio. Kinder auf den Kakaoplantagen (Fountain und Huetz-Adams 2018), teilweise unter sklavenartigen Bedingungen.

Kleinbauern leben oft in entlegenen Gebieten und sind nicht in Interessenvertretungen organisiert. Sie sind abhängig von mobilen Zwischenhändlern und erzielen Preise für ihren Kakao, die weit unterhalb des Weltmarktpreises liegen. Dieser Preis wird – wenn überhaupt – erst am Exporthafen gezahlt. So legt in Ghana das staatliche Cocoa Board (Cocobod o. J) die Preise fest. Für die Erntesaison 2019/2020 wurde der Preis, den die Bauern direkt erhalten („farmgate" oder Hoftor-Preis), auf umgerechnet knapp 1350 Euro festgelegt (Africanews o. J). Das ist deutlich weniger als die knapp 2120 Euro, die Kakao aktuell auf dem Weltmarkt erzielt (Finanzen.net 2020). In allen anderen Produktionsländern reduziert sich mit jedem Zwischenhandelsschritt der Hoftor-Preis, wenn es um als fair zertifizierten Handel geht. So liegt der aktuelle Fair-Trade-Preis für konventionellen Kakao am Hafen von Abidjan bei 2400 Euro pro Tonne. Auf dem Hof erhält der Kleinbauer, nach Angaben der von Fairtrade, aber nur 1420 Euro (Fairtrade Deutschland o. J).

**Hintergrundinformation**

Im Schnitt leben Kakaobauern von 0,78 Dollar pro Tag (Fountain und Huetz-Adams 2018) und somit fast ausnahmslos unterhalb der Armutsgrenze.

Sehr kritisch ist für Kakaobauern die starke Volatilität des Weltmarktpreises (siehe nachfolgend), weil sie das Risiko langfristiger Investitionen steigert und so Planungs- und ökonomische Sicherheit nur schwer ermöglicht.

Weil Kakao ein Baum ist, können Kakaobauern auf Schwankungen des Marktpreises nicht rasch reagieren. Anders als Produzenten von ein- oder zweijährigen Pflanzen wie Getreide oder mancher Obst- und Gemüsesorten, die innerhalb eines Jahres ihre Kulturen umstellen können.

Weil Kakao außerhalb der Tropen nicht angebaut werden kann und Kakaomonokulturen nur über wenige Jahre produktiv sind, wird immer wieder Regenwald für neue Kakaoanbauflächen gerodet.

Auch wenn hierzu keine genauen und aktuellen Zahlen vorliegen, gibt es Belege dafür, wie groß der Effekt auf Entwaldung durch Kakaoanbau ist. So sind zwischen 1998 und 2008 bis zu 3 Mio. Hektar Regenwald für die Schaffung neuer Kakaoplantagen gerodet worden. Dabei gehen fast 600.000 Hektar dieser Entwaldung direkt auf den Kakaoimport nach Europa zurück (EU Technical Report 2013). Im Jahr 2012 wurden in Peru von einem einzigen großen Kakaoproduzenten 2000 Hektar ursprünglichen Regenwaldes gerodet, um „nachhaltigen" Kakao zu produzieren (Payne und Mann 2015). In der Côte d'Ivoire sind bereits 60 bis 90 % ursprünglicher Wälder in Kakaoplantagen umgewandelt worden. Es wird prognostiziert, dass weitere mindestens 500.000 Hektar Wald bis 2030 für die Kakaoproduktion verloren gehen werden. Auch in Ghana ist die Kakaoproduktion der größte Treiber von Entwaldung (Kroeger et al. 2017). Die Entwaldung in Ghana und der Côte d'Ivoire kann dabei direkt dem Kakaokonsum in Deutschland zugeordnet werden (Hoang 2021). https://doi.org/10.1038/s41559-021-01417-z).

## 3 Die Wertschöpfungskette von Kakao und Schokolade

Bevor wir das erste Stückchen Schokolade genießen können, hat der darin enthaltene Kakao in der Regel nicht nur einen weiten Weg hinter sich, sondern ist auch durch viele Hände gegangen: vom Kleinbauern über mehrere Zwischenhändler bis zum Exporteur, zum Aufkäufer, zu verschiedenen Produzenten, dem Groß- und Einzelhandel und schließlich zum Konsumenten. Über alle diese Schritte werden Margen erzielt, die final bedeuten, dass der Kakaobauer von seiner Arbeit kaum leben kann (siehe zuvor).

In Ghana wird der Preis für Kakao vom Staat festgelegt. Auch außerhalb Ghanas haben Kakaobauern grundsätzlich keinen Einfluss auf den weltweiten Kakaopreis. Das liegt auch daran, dass die meisten Kakaobauern nicht oder nur in geringem Maß in Kooperativen organisiert sind (in Westafrika nur etwa 30 %; Huetz-Adams und Schneeweiß 2018) oder keine internationale Interessensvertretungen vorhanden sind.

Das Fehlen organisatorischer Strukturen auf lokaler, regionaler, nationaler und internationaler Ebene schwächt die Position von Kleinbauern massiv, besonders weil sie sich einer Übermacht auf „Kundenseite" gegenübersehen. Allein die drei größten Konzerne im Kakaomarkt verarbeiten zwei Drittel der Erntemenge. Diese Konzentration führt dazu, dass der Anteil dessen, was der Kakaobauer vom Schokoladenpreis im Supermarkt erhält, stetig sinkt. Waren es in den 1970er-Jahren noch 23 %, sind es heute nur noch 5,6 %. Darüber hinaus ist der Kakaopreis stark volatil und zum Beispiel zwischen

September 2016 und Juni 2017 von 3000 Dollar auf 1700 Dollar pro Tonne gefallen (Huetz-Adams und Schneeweiß 2018).

## 4 Missverständnisse

Die meisten Kakao- und Schokoladenkonsumenten in wohlhabenden Industrienationen wie Deutschland wissen nicht, unter welchen Bedingungen und zu welchen sozialen und ökologischen Kosten Kakao angebaut wird. Diese Unkenntnis erleichtert es Unternehmen des Sektors, auch solche Kakao- und Schokoladenprodukte erfolgreich auf dem Markt zu platzieren, mit deren Herstellung großes menschliches Leid und massive Zerstörung von Biodiversität und Ökosystemleistungen verbunden sind.

Gerade weil eine große Unkenntnis über die Struktur der Wertschöpfungsketten besteht und durch die lange Lieferkette ökologische und soziale Schäden in den Produktionsländern den Marken nicht anzusehen ist, ist der Druck auf Akteure des Kakaomarktes, ökologischer, sozialer und fairer zu agieren, sehr gering. Marketing und Kommunikation von Produkten, die aus nicht-nachhaltiger Produktion entstehen, reichen von Schönfärberei bis Greenwashing. Weltweit handeln nur sehr wenige Unternehmen direkt, fair und ökologisch.

Aber auch über die Prozesse und Anforderungen in den Segmenten „fair" und „bio" bestehen Missverständnisse. So leben auch die Bauern oft unterhalb der Armutsgrenze, deren Kakao als fair gehandelt zertifiziert ist, wenn sie zum Beispiel nur wenig Kakao produzieren oder sie staatlich festgelegte Preise akzeptieren müssen. Biozertifizierter Kakao kann auch solcher sein, dessen Anbauflächen durch die Rodung intakter Wälder entstanden sind. „Bio" heißt eben nicht „frei von Regenwaldzerstörung". Auch das Versprechen „hergestellt im Herkunftsland" muss keinesfalls bedeuten, dass es den Bauern oder Arbeitern besser geht als anderen Produzenten, deren Kakao erst in den Verbraucherländern verarbeitet wird. Gegebenenfalls werden so einfach die Produktionskosten noch weiter gesenkt.

Und das Pflanzen von Bäumen, ein beliebtes Verkaufs- und Marketingargument für viele Produkte, ist weit geringer zu bewerten als der Schutz intakter Regenwälder. Menschen können zwar Bäume, aber keine Ökosysteme pflanzen. Zudem wird selten der langfristige Effekt solcher Maßnahmen evaluiert, zum Beispiel indem die Überlebensrate der Setzlinge auf den Aufforstungsflächen über Jahre gemessen wird. In einigen Fällen wird sogar einfach das Setzen neuer Kakaobäume, also die Ausweitung der Anbaufläche, als Aufforstung kommuniziert – ein „fieser" Marketingtrick.

Zertifizierungen (wie Bio oder Fair Trade), die Konsumenten – mit den zuvor genannten Einschränkungen – zumindest eine gewisse Orientierung beim Kauf von Kakaoprodukten geben, kosten viel Geld und sind von Einzelbauern oder kleinen Kooperativen gar nicht zu finanzieren. Damit werden die meisten Produzenten de facto aus der Zertifizierung von Standards ausgeschlossen. Das eigentliche Missverständnis im Bereich der Zertifizierungen liegt aber darin, dass sie keine Abnahmegarantie für die dadurch teureren Produkte darstellen, sondern lediglich ein Angebot an den Markt sind.

# 5 Es geht besser: Beispiel PERÚ PURO

Dass die Lieferkette von Kakao und Schokolade auch anders, wirklich fair und ökologisch, strukturiert sein kann, zeigt unser Beispiel von PERÚ PURO. Angefangen beim Regenwaldschutz in Peru, über die faire Bezahlung der Kleinbauernfamilien und Förderung der dortigen Frauengruppen, die Schaffung von Beschäftigung für Menschen mit Behinderung in Deutschland bis zur Möglichkeit für Studierende, bei uns Praxiserfahrung zu sammeln und hin zur Reduzierung problematischer Verpackungen und unserem Engagement in Bildungsprojekten nehmen wir unsere gesellschaftliche Verantwortung auf allen Ebenen Ernst.

## 5.1 Gründungsgeschichte

PERÚ PURO wurde 2015 von der Tropenbiologin Dr. Frauke Fischer und dem tropischen Agrarbiologen Dr. Arno Wielgoss in Frankfurt am Main gegründet. Dabei bestand bereits seit 2001 ein enges und vertrauensvolles Verhältnis zu den Kleinbauernfamilien im abgelegenen peruanischen Urubambatal durch den von der Familie Wielgoss in dem Jahr gegründeten gemeinnützigen Verein *Frederic – Hilfe für Peru*.

Dieser Verein unterstützt die Kleinbauernfamilien seitdem mit facettenreicher Hilfe zur Selbsthilfe beispielsweise durch die Konzeption und Begleitung von Bildungs-, Gesundheits- und Öko-Landwirtschaftsprojekten. Er unterstützte die Kleinbauernfamilien auch bei der Gründung ihrer Kooperative, der Gründung von Frauengruppen, dem ökologischen Umbau der Landwirtschaft und zahlte schließlich auch die Bio- und Fair-Trade-Zertifizierung.

Antrieb für die Gründung des Unternehmens PERÚ PURO GmbH war die Tatsache, dass die Kleinbauernfamilien der Kooperative trotz der hohen Qualität des Kakaos, des aktiven Regenwaldschutzes und der Bio- und Fair-Trade-Zertifizierung keine fairen Preise erzielen konnten. Die geografische Lage in einer abgelegenen Region Perus führte dazu, dass nur wenige reisende Zwischenhändler vor Ort erschienen. Sie diktierten dann aber Preise, die etwa 40 % unter dem Weltmarktpreis lagen. Zur Zahlung der Bio- oder Fair-Trade-Boni waren sie nicht bereit. Aufgrund seiner Gemeinnützigkeit durfte der Verein nicht selbst wirtschaftlich aktiv werden.

PERÚ PURO wurde gegründet, um dieses Dilemma zu beheben und die Bauern für ihr großes Engagement auch wirtschaftlich zu belohnen. Wir haben ein schlichtes, punktgenaues Logo gewählt (Abb. 2). Ein Ziel des Unternehmens ist es, den Beweis zu erbringen, dass sich selbst bei Einhaltung höchster Sozial- und Umweltstandards in der Wertschöpfungskette von Kakao ein ökonomisch tragfähiges Geschäftsmodell entwickeln lässt, das langfristig funktioniert.

**Abb. 2** Logo PERÚ PURO

## 5.2 Ökologischer und sozialer Anspruch

### 5.2.1 Zusammenarbeit mit der Kooperative APECMU

In enger Absprache haben sich die demokratisch organisierte Kleinbauernkooperative APECMU, der *Asociación de Productores Ecológicos de Cacao de Medio Urubamba,* in der 45 Kleinbauernfamilien vertreten sind (Stand Juni 2020), und das Unternehmen PERÚ PURO auf die Einhaltung strenger ökologischer und sozialer Qualitätsrichtlinien verständigt. Mindestens einmal pro Jahr besucht einer der Inhaber von PERÚ PURO die Kooperative in Peru (Abb. 3). Bei diesen Treffen werden Abnahmemengen und Preise für den Kakao vereinbart und vertraglich abgesichert. Vertragspartner ist die Kooperative, die in Vertragsangelegenheiten durch ihren Vorstand und Produktionsleiter vertreten ist.

APECMU hat sich strenge Regeln auferlegt. Diese umfassen das Verbot von Kinder- und Sklavenarbeit ebenso, wie das Verbot der Rodung von Regenwald und die Nutzung von Pestiziden, Herbiziden und Kunstdünger. Über diese Geschäftsbeziehungen hinaus unterstützt PERÚ PURO die Bauern bei der Entwicklung neuer Produkte und der kontinuierlichen Steigerung der Qualität des Kakaos. Um einen größeren Teil der Wertschöpfungskette vor Ort zu belassen, hat PERÚ PURO zusammen mit dem Verein Frederic – Hilfe für Peru und APECMU im Jahr 2020 den Kauf einer Kleinstanlage

**Abb. 3** Besuch bei Mitgliedern von APECMU

zur Weiterverarbeitung von Kakao angeschafft und der Kooperative übereignet. Diese Anlage wird – verzögert durch die Corona-Pandemie – im Laufe des Jahres 2021 von den Frauengruppen in Betrieb genommen, damit auch sie einen eigenen, monetären Beitrag zum Familieneinkommen leisten können.

### 5.2.2 Kakaoanbau und Regenwaldschutz

Der Großteil der Kleinbauernfamilien, die im Urubambatal Landwirtschaft betreiben, sind aus dem peruanischen Hochland eingewandert – also aus Ökosystemen, die baumfrei sind. Ursprünglich brannten diese Landwirte intakte Regenwälder ab, um neue Agrarflächen urbar zu machen: Die traditionelle Landwirtschaft arbeitet normalerweise mit Brandrodung. Sie ist das denkbar Schlechteste, was man Boden antun kann. Durch Erosion und Austrocknung durch die Sonne wird der Boden in kürzester Zeit ausgelaugt, durch den Anbau nur einer Pflanzenart in Monokultur schnell unfruchtbar. Nach nur wenigen Jahren kann nichts mehr angebaut werden. Das Gebiet wird verlassen, um ein neues Gebiet auf herkömmlich Weise zu erschließen. So verschwindet der Urwald Stück für Stück.

Unser besonderer Anbau von Kakao (s. u.) bietet dem Bauern die Alternative, mit dem Urwald zu leben und ökologische Landwirtschaft zu betreiben, ohne dem Urwald zu schaden (Abb. 4). Inzwischen zerstört keiner der Bauern der Kooperative APECMU mehr Regenwald. Dies gilt auch für gut 900 Hektar intakten Regenwald, den die Kleinbauernfamilien vom peruanischen Staat für die Nutzung überschrieben bekamen. Anders als ursprünglich geplant haben die Bauern sich inzwischen vertraglich verpflichtet, diesen Regenwald dauerhaft unter Schutz zu stellen.

Eine wesentliche Besonderheit stellt der Anbau von Kakao in artenreichen Agroforstsystemen dar, die – maßgeblich unterstützt durch die fachliche Beratung von Arno Wielgoss – auf allen Höfen errichtet wurden. Diese reich strukturierten Anbauflächen, bei denen neben Kakao viele weitere Obst-, Gemüse- und Gewürzpflanzen angebaut werden, sind auch dadurch gekennzeichnet, dass bis zu 70 verschiedene Arten

**Abb. 4** Urubambatal in Peru

einheimischer Baumarten als Schattenbäume gepflanzt werden. Unter diesen Baumarten finden sich schnellwachsende Arten, die als Feuer- oder Bauholz verwendet werden können und dann immer wieder durch Nachpflanzungen ersetzt werden. Aber es finden sich auch Wertholzarten, die eine Art nachwachsendes Bankkonto darstellen.

Wie hoch der Wert dieser Arten ist, zeigte sich zu Jahresbeginn 2020, als einer der Bauern einen seiner Bäume, den er selbst gepflanzt hatte, für umgerechnet 1000 Euro verkaufte – ein Vermögen für ihn. Die Artenvielfalt auf diesen Anbauflächen sichert die Eigenversorgung und die Steigerung des Einkommens durch den Verkauf zahlreicher Produkte auf den lokalen Märkten. Sie fördert zudem auch Biodiversität sowie Ökosystemleistungen und sichert langfristig die Bodenfruchtbarkeit. Damit ist dieser Anbau ein Garant für ökonomische und ökologische Nachhaltigkeit.

Darüber hinaus wurde ein weiteres landwirtschaftliches System etabliert: Mittels Anpflanzung von Bodendeckerpflanzen wird die Bodenfruchtbarkeit sogar auf degradierten und daher von anderen Bauern aufgegebenen landwirtschaftlichen Flächen erhöht und Landwirtschaft so wieder möglich. Das Vorkommen von Bodendeckerpflanzen wird auch in älteren Agroforstsystemen gefördert. Hier erleichtern sie den Kleinbauern die Pflege der Flächen, weil zum Beispiel das Jäten entfällt. Sie bieten außerdem den natürlichen Bestäubern des Kakaos, den Bartmücken oder Gnitzen, einen perfekten Lebensraum. Im Ergebnis wird auf diese Weise trotz der geringen Zahl von Kakaobäumen pro Hektar eine höhere Erntemenge produziert: Im Durchschnitt 500 kg pro Hektar (im Vergleich zu 250 kg pro Hektar in konventionellen Monokulturen, die die Autorin in Ghana besuchte).

Der Kakao von APECMU ist biozertifiziert. Die internen Regularien der Kooperative gehen aber über die Anforderungen dieser Zertifizierung weit hinaus.

### 5.2.3 Preis

PERÚ PURO vereinbart zu Beginn der jeweiligen Jahresernte mit der Kooperative die Abnahmemenge und den Preis. Dabei verpflichten wir uns auch dazu, mindestens die Hälfte des prognostizierten Gesamtpreises *vorab* zu zahlen. Für die Erntesaison 2019/2020 wurden von PERÚ PURO je nach Kakaosorte (siehe nachfolgend) an die Kooperative zwischen 3610 Euro und 4230 Euro pro Tonne gezahlt. Dieser Preis liegt nicht nur wesentlich über den sonst bekannten „farm-gate“ Preisen (Ghana 1350 Euro, Fair-Trade Côte d'Ivoire 1420 Euro), sondern selbst über den Preisen, die erst am Exporthafen gezahlt werden und mit denen weitere Kosten (Transport, Beladen des Schiffes, Hafengebühren …) abgegolten werden. So erhalten Kakaobauern in der Côte d'Ivoire, die bio- und fair-trade-zertifiziert sind, 2700 Euro, müssen allerdings den Transport zur Kooperative und die Fermentierung selbst zahlen bzw. übernehmen. Beide Leistungen übernimmt in unserem Fall die Kooperative APECMU, finanziert von PERÚ PURO.

### 5.2.4 Qualität

PERÚ PURO fördert den Anbau und damit den Erhalt der seltenen Urkakaosorte *Chuncho* durch die fachliche Ausbildung der Kleinbauern und die Zahlung besonders hoher Preise für diese Kakaosorte. Chuncho liefert geringere Erträge pro Fläche, ist aber wesentlich aromatischer und damit qualitativ hochwertiger als die üblicherweise produzierte Sorte Forastero.

Es gibt eine Anzahl weiterer Maßnahmen, die sowohl die Qualität der Kakaoprodukte erhöhen und gleichzeitig die Arbeitsbelastung der Bauern reduzieren. Hierzu gehört die zentrale Fermentation des Kakaos. Dieser Prozess nimmt seinen Anfang bei der Vereinbarung eines Abholungstermins des frisch geernteten Kakaos. Noch auf der Fläche wird die Kakaoschote geöffnet und die nassen, noch vom Fruchtfleisch umgebenen Kakaobohnen in Säcke gefüllt. Weil schon jetzt die Fermentation einsetzt, muss der Kakao innerhalb von 24 h in die zentrale Fermentationshalle verbracht werden, um eine ungleiche Fermentation einzelner Chargen zu verhindern. Die Abholung des Kakaos direkt an der Fläche enthebt die einzelnen Bauern von der Verpflichtung, ihre Ernte selbst transportieren zu müssen und erleichtert ihre Arbeit entscheidend.

Die hohe Qualität aller PERÚ-PURO-Kakaoprodukte wird durch die zentrale, sortenreine und temperaturkontrollierte Fermentation in der Fermentationshalle (in Vollholzboxen) sichergestellt. Je nach Sorte und Kundenwunsch (bei B2B-Kunden) wird der Kakao zwei bis vier Tage fermentiert. Anschließend wird der Kakao unter Dach getrocknet und von Hand vorsortiert (Abb. 5).

Ein Teil der Produkte wird in Peru weiterverarbeitet und in Großgebinde verpackt. Diese PERÚ-PURO-Produkte werden in Deutschland von Hand in einer Werkstatt für Menschen mit Behinderung in die entsprechenden, umweltfreundlichen Verkaufseinheiten umgepackt. Rohe Bohnen für die Schokoladenproduktion gehen direkt nach Deutschland und weiter in die Schweiz, wo sie – jahrgangs-, lagen- und sortenrein – zu sehr hochwertigen Schokoladen verarbeitet werden. Auch diese Schokoladen werden anschließend in der Werkstatt für Menschen mit Behinderung von Hand verpackt.

**Abb. 5** Trocknung der Kakaobohnen

### 5.3 Vermarktung und Vertrieb

Die Produkte von PERÚ PURO werden in über 120 Läden in Deutschland an Endkunden verkauft. Unter diesen sind viele Weltläden, die sich dem fairen Handel mit tropischen Produkten verschrieben haben. Ein weiterer wachsender Markt ist der Verkauf unserer Produkte in Unverpackt-Läden. Zudem verfügt PERÚ PURO über einen Stamm von Geschäftskunden, die Kakao selbst weiterverarbeiten und Rohkakao bzw. andere Kakaoprodukte unter Eigenmarken vertreiben. Wichtiger Vertriebskanal ist der Webshop von PERÚ PURO. Der Kundenstamm wurde beständig über Messeauftritte, Pressearbeit, persönliche Kontakte und eine Crowdfunding-Kampagne aufgebaut. Hierbei geholfen haben zahlreiche Presseberichte über uns.

### 5.4 Erfolge, Auszeichnungen, Berichtspflichten

PERÚ PURO ist aufgrund seines besonderen Geschäftsansatzes und der Qualität seiner Produkte mehrfach ausgezeichnet worden. So waren wir Finalist des Bundeswettbewerbs „Die Lieferkette lebt", nominiert für den Deutschen Nachhaltigkeitspreis 2020 und Wegweiseprojekt des Greenpeace Magazins.

Unsere Schokoladen erhielten bei den *International Chocolate Awards*[1] in 2019 Silber- und Bronzemedaillen und wurden bei eben dieser „Weltmeisterschaft der Schokoladen" in der Saison 2020/21 mit Silber ausgezeichnet. Die Abbildung Abb. 6 zeigt unsere „Winner Awards".

Neben den im Rahmen der Biozertifizierung und durch Mitgliedschaft bei *Fairband,* dem Bundesverband Fairer Vertrieb und Handel, anfallenden Berichtspflichten haben wir freiwillig eine Entsprechenserklärung nach dem DNK (Deutscher Nachhaltigkeitskodex) erstmalig für das Berichtsjahr 2019 abgegeben. Über die Berufung der Autorin in den Ausschuss für Nachhaltigkeit der Industrie- und Handelskammer Frankfurt am Main berichten wir ad hoc in dieses Fachgremium.

### 5.5 Skalierbarkeit

Unser Ansatz bei PERÚ PURO, das heißt, das wesentliche Alleinstellungsmerkmal des aktiven Regenwaldschutzes, der direkte Handel und die Zahlung besonders hoher, fairer

[1] „Die „International Chocolate Awards" sind ein unabhängiger Wettbewerb, der die Spitzenleistung bei der Herstellung von guter Schokolade und allen Produkten, die daraus hergestellt werden, würdigt und anerkennt. Als einziger weltweiter, unabhängiger Wettbewerb setzen wir uns zum Ziel, Firmen und Chocolatiers, kleine Firmen und handwerklich arbeitende Betriebe zu unterstützen, die herausragende Schokolade herstellen und verarbeiten. Im dem wir diese kleinen Hersteller unterstützen, unterstützen wir gleichzeitig die Kakaobauern, die hochwertigen Kakao anbauen." (www.internationalchocolateawards.com)

**Abb. 6** International Chocolate Award für PERÚ-PURO-Schokoladen

Preise für qualitativ sehr hochwertige Rohstoffe, ist in hohem Maße skalierbar. Eine besonders wertvolle Grundlage unserer Arbeit ist die langjährige und vertrauensvolle Zusammenarbeit von Dr. Arno Wielgoss mit den Kleinbauernfamilien in Peru. Der Aufbau eines solch tiefen Vertrauensverhältnisses bedarf einer längeren Zusammenarbeit. Das direkte Zahlen fairer Preise, die Förderung des aktiven Biodiversitätsschutzes sowie die Aufwertung degradierter landwirtschaftlicher Flächen ist aber in allen Kakaoanbaugebieten möglich. Durch den Einkauf von Kaffee einer weiteren Kleinbauernkooperative konnten wir unseren Ansatz schon jetzt auf eine weitere Produktgruppe ausweiten.

## 6 Herausforderungen und Ausblick

PERÚ PURO wird seinem eigenen Anspruch nach Übernahme gesellschaftlicher Verantwortung in Peru und in Deutschland durch eine Vielzahl von Maßnahmen mehr als nur gerecht. Große Herausforderungen sind für uns damit verbunden, dass die Internalisierung von Umwelt- und Sozialkosten im Lebensmittelsektor, wie auch in der Wirtschaft generell, nicht gefordert ist. Das macht unökologische und unfaire Produkte sehr viel billiger als unsere Produkte von PERÚ PURO. Wir sind dennoch optimistisch. Immer mehr Konsumenten wird bewusst, mit welchem Leid der Konsum billiger Schokolade verbunden ist. Wir werden nicht nachlassen und auch weiterhin auf hohe Qualität und Handeln auf Augenhöhe mit unseren Kleinbauernfamilien setzen, um anständige und gute Geschäfte für alle Beteiligten zu tätigen.

**Frauke Fischer** ist promovierte Tropenbiologin. Sie lehrt an der Uni Würzburg und berät Unternehmen in Sachen Biodiversität, Klimaschutz und Nachhaltigkeit. Geprägt durch ihre langjährige Erfahrung an der Côte d'Ivoire, wo Übernutzung von natürlichen Ressourcen und Klimawandel soziale Konflikte bis hin zum Bürgerkrieg befeuern, hat sie ihre Vollzeitstelle als Dozentin für Internationalen Naturschutz an der Uni Würzburg reduziert und in Frankfurt die Agentur auf! gegründet. Mit ihrem Team unterstützt sie Unternehmen bei NGO-Kooperationen, Nachhaltigkeitsstrategien und CSR-Aktivitäten. Sie handelt getreu der Devise „Wir müssen reden. Wir müssen etwas tun." Konsequenterweise gründete sie 2015 zusammen mit Arno Wielgoss die PERÚ PURO GmbH. Damit wird einer kleinen Kakaobauernkooperative in Peru der direkte Zugang zum europäischen Kakao- und Schokoladenmarkt eröffnet. Ihr gemeinsames Motto: „Besser als Bio. Mehr als fair. Der pure Genuss."

## Literatur


Africanews (o. J.) Ghana to raise cocoa farmgate prices by 5.2 %. https://www.africanews.com/2019/08/06/ghana-to-raise-cocoa-farmers-prices-by-52-percent/. Zugegriffen: 9. Juni 2020

BMZ (2018) Bundesministerium für wirtschaftliche Zusammenarbeit und Entwicklung. Daten und Fakten Kakaoanbau. https://www.bmz.de/resource/blob/23314/7767bc12f2ca1ccf4c83d4a7d576861f/Poster_Schokolade_korrektur.pdf. Zugegriffen: 9. Juni 2020

Cocobod (o. J.) Objectives and functions of the board. https://cocobod.gh/objectives-of-board. Zugegriffen: 9. Juni 2020

EU Technical Report 063 (2013) The impact on EU consumption on deforestation: comprehensive analysis of the impact of EU consumption on deforestation. https://ec.europa.eu/environment/forests/pdf/1.%20Report%20analysis%20of%20impact.pdf. Zugegriffen: 9. Juni 2020

Fairtrade (o. J.) Cocoa farmers. https://www.fairtrade.org.uk/Farmers-and-Workers/Cocoa. Zugegriffen: 9. Juni 2020

Fairtrade Deutschland (o. J.) Bessere Einkommen für Kakaobauern dank höherem Fairtrade-Mindestpreis. https://www.fairtrade-deutschland.de/service/presse/details/bessere-einkommen-fuer-kakaobauern-dank-hoeherem-fairtrade-mindestpreis-2961. Zugegriffen: 17. Okt 2020

Finanzen.net (2020) Kakaopreis. https://www.finanzen.net/rohstoffe/kakaopreis. Zugegriffen: 9. Juni 2020

Fountain A, Huetz-Adams, F (2018) Cocoa barometer. https://www.voicenetwork.eu/wp-content/uploads/2019/07/2018-Cocoa-Barometer.pdf. Zugegriffen: 9. Juni 2020

Gro Intelligence (2020) Global cocoa production concentrates in West Africa. https://app.gro-intelligence.com/displays/lV9N8Meqb. Zugegriffen: 9. Juni 2020

Henrich P (2020) Erntemenge Kakaobohnen weltweit. https://de.statista.com/statistik/daten/studie/6097/umfrage/entwicklung-der-erntemengen-von-kakao-seit-1980/. Zugegriffen: 9. Juni 2020

Hoang NT, Kanemoto K (2021) Mapping the deforestation footprint of nationsreveals growing threat to tropical forests. Nat Ecol Evol 5, 845–853

Huetz-Adams F, Schneeweiß A (2018). Pricing in the cocoa value chain – causes and effects, In: GIZ – Deutsche Gesellschaft für Internationale Zusammenarbeit (Hrsg) Programme sustainable supply chain and standards. https://www.suedwind-institut.de/alle-verfuegbaren-publikationen/cocoa-barometer-2018-kopie.html. S 4–8. Zugegriffen: 9. Juni 2020

Kroeger A, Bakktary H, Haupt F, Streck C (2017). Eliminating deforestation from the cocoa supply chain. World Bank, Washington, DC. © World Bank. https://openknowledge.worldbank.org/handle/10986/26549 License: CC BY 3.0 IGO. Zugegriffen: 9. Juni 2020

Payne O, Mann SA (2015), World resources institute. https://www.wri.org/blog/2015/06/zooming-sustainable-cocoa-producer-destroys-pristine-forest-peru. Zugegriffen: 9. Juni 2020

Statista (o. J.) Erntemenge von Kakaobohnen weltweit in den Jahren 1980/1981 bis 2019/2020 (in 1000 Tonnen). https://de.statista.com/statistik/daten/studie/6097/umfrage/entwicklung-der-erntemengen-von-kakao-seit-1980/. Zugegriffen: 9. Juni 2020

# Nachhaltige Smartphones aus Nordhessen – SHIFTPHONES

Jonathan Linker, Samuel Waldeck und Carsten Waldeck

**Zusammenfassung**

SHIFT mit Sitz in Falkenberg in Nordhessen baut das erste deutsche Smartphone. Das Alleinstellungsmerkmal von SHIFT sind modular aufgebaute Smartphones. Die einzelnen Module sind so gesteckt und geschraubt, dass Kunden selbst und ohne Garantieverlust Reparaturen vornehmen können. Das ist in der Branche neu. Ziel des Unternehmens ist die Vermeidung von Elektroschrott, der längst zu einer zentralen Herausforderung der Digitalisierung geworden ist. Mit einer eigenen Endfertigung mit fairen Arbeitsbedingungen setzt SHIFT ein Zeichen gegen ausbeuterische Beschäftigungsverhältnisse im Produktionsland China. Als Social Business gegründet, ist CSR für SHIFT kein Thema, das nach und nach in das Kerngeschäft integriert werden muss, sondern die DNA eines Unternehmens.

J. Linker (✉)
Kommunikation & Nachhaltigkeit, Frielendorf, Deutschland
E-Mail: jl@jonathan-linker.de

S. Waldeck · C. Waldeck
SHIFT GmbH, Falkenberg, Deutschland
E-Mail: swaldeck@shiftphones.com

C. Waldeck
E-Mail: cwaldeck@shiftphones.com



A. Trischler und S. Böhling (Hrsg.), *CSR in Hessen*, Management-Reihe Corporate Social Responsibility, https://doi.org/10.1007/978-3-662-63004-4_30

## 1 SHIFT bedeutet Veränderung

Wir werden oft nach der Skalierbarkeit unseres Produkts gefragt. Viele Menschen erwarten dann etwas darüber zu erfahren, wann wir doppelt so viele Smartphones verkaufen wie heute usw. Uns geht es aber um etwas ganz anderes. Unser Ziel ist nicht, immer noch mehr Geräte zu verkaufen, sondern ein Gerät möglichst lange und für möglichst viele Menschen nutzbar zu machen. Wir wollen mit weniger Geräten mehr Menschen glücklich machen und damit die Ökosysteme entlasten. Trotzdem wollen wir auch ein profitables Unternehmen aufbauen. Profitieren sollen davon nicht nur die, die unsere Geräte nutzen, sondern auch die, die sie produzieren oder am Ende des Produktlebenszyklus wieder zerlegen.

Das ist nicht so einfach, denn unsere Geräte sollen kein bisschen schlechter, langsamer oder weniger schön als andere sein. Statt sie gegenüber vergleichbaren Geräten unserer Wettbewerber zu verteuern, stecken wir mit sozialen Lohnmodellen, Null-Dividenden und dem weitestgehenden Verzicht auf Werbung selbst zurück, um unser oberstes Ziel zu maximieren: Den Sinn von Technologie. Das hat nichts mit Selbstaufgabe zu tun, sondern entspricht unserem Empfinden von Fairness. Die erreichen auch wir nicht überall, wir wollen uns ihr aber so weit wie möglich annähern. Denn wir finden, die Digitalisierung ist eine zu große Chance, als dass wir sie auf dem Rücken von Menschen und Umwelt zu einer historischen Fehlentwicklung abdriften lassen wollen.

SHIFT wurde 2014 als Familienunternehmen gegründet und beschäftigt rund 30 Mitarbeiter in Deutschland und rund zehn Mitarbeiter in China. Geschäftsführer sind die Brüder Samuel und Carsten Waldeck sowie Vater Rolf Waldeck. Carsten Waldeck ist Designer und Entwickler, Samuel Waldeck Mediengestalter und Teamleiter bei SHIFT. Rolf Waldeck hat in seinem ersten Beruf Mathe und Physik an der Uni Gießen gelehrt, in seinem zweiten Beruf baute er ein Hilfswerk für ehemals drogenabhängige Jugendliche im Schloss von Falkenberg auf, wofür er das Bundesverdienstkreuz bekam. Nun unterstützt er seine Söhne bei SHIFT vor allem in der Betriebswirtschaft.

Unter anderem wurde die Wirkung, die von SHIFT ausgeht, mit dem *Hessischen Gründerpreis 2018* im Bereich „Gesellschaftliche Wirkung“ und dem *Bundespreis ecodesign* in der Kategorie „Produkt“ gewürdigt.

Der Marktanteil nachhaltiger Smartphones liegt heute noch im kaum messbaren Bereich. Unter den wenigen nachhaltigen Herstellern bauen wir unseren Anteil gegenwärtig über 20 % aus. Obwohl wir sehr klein sind, schenken uns große Technologieunternehmen und eine breite Öffentlichkeit relativ viel Aufmerksamkeit. Regulatorische Maßnahmen erschweren nicht unser Geschäft, sondern verbessern unsere Chancen. Auf die anstehenden Novellierungen des Elektrogesetzes, die Ökodesignrichtlinien oder das geplante Lieferkettengesetz sind wir gut vorbereitet. Da unser Team ohnehin zur Hälfte remote arbeitet und wir uns komplett digital organisieren, blicken wir auch gelassen auf ein mögliches Recht auf Homeoffice, das durch die Corona-Pandemie neuen Schub bekommen hat (tagesschau.de 2020).

Unser Anspruch, nachhaltige Technologie zu entwickeln, hat mit Erlebnissen zu tun, die uns geprägt haben: Gründer Carsten Waldeck hat 2017 in der Demokratischen Republik Kongo mit Opfern von Zwangsarbeit aus von Rebellen kontrollierten Goldminen sprechen können, die nach Misshandlung und Flucht in einem Krankenhaus von Friedensnobelpreisträger Dr. Denis Mukwege behandelt wurden. 2016 mussten nach Schätzungen des Global Slavery Index weltweit über 40 Mio. Menschen eine Arbeit gegen ihren Willen verrichten (Walk Free Foundation 2018), eine Vielzahl davon arbeitet bei schlechten Bedingungen und langen Arbeitszeiten für niedrige Löhne.

Wir beobachten außerdem, wie Elektroschrott auf riesigen Halden wie in Agbogbloshie in Ghana landet, wo rund 40.000 Menschen nicht etwa zu einer sinnvollen Arbeit hin pendeln, sondern auf dem Müll und mit dem Müll leben. Mit bloßen Händen und dem Feuer als einzigem primitivem Werkzeug holen sie Rohstoffe wie Kupfer und Blei aus dem Abfall heraus, was ihre Gesundheit und die Ökosysteme belastet (Ottaviani kein Datum). 53,6 Mio. Tonnen Elektroschrott sind weltweit allein 2019 angefallen (Forti et al. 2020). In Deutschland wurden 2016 allein 1,9 Mio. Tonnen Elektronik verkauft, die bei aktueller Bauart zu 1,7 Mio. Elektroschrott werden (Massmann 2018). „Aufgrund der stark wachsenden Zahl von Smartphones und ihren immer kürzer werdenden Nutzungszyklen bilden sie den weltweit am stärksten wachsenden Abfallstrom im Bereich Elektro- und Elektronikgeräte. Gleichzeitig sind die derzeitigen Sammel- und Wiederverwendungsquoten bei Smartphones noch sehr gering, in Deutschland bei etwa 5 %“ (Gurita et al. 2018).

Gemessen daran, dass unser aktuelles Smartphone, das SHIFT 6mq, das in Abb. 1 gezeigt wird, nur 199 g wiegt, sind die Müllberge und die damit einhergehende Verschwendung von Rohstoffen für uns nicht zu begreifen. Rohstoffe im Wert von 57 Mrd. US-Dollar werden allein im Elektroschrott aus dem Jahr 2019 vermutet (Forti et al. 2020). Smartphones, die unser Leben eigentlich besser, schöner, gesünder und effizienter machen sollen, sind verantwortlich für eine globale Verschwendung.

SHIFT bedeutet Veränderung. Wir haben unser Unternehmen so genannt, weil wir einen völlig anderen Ansatz verfolgen als viele andere Hersteller von Smartphones und Consumer Electronics im Allgemeinen. Wir arbeiten für mehr digitale Teilhabe mit weniger Geräten. Denn wir lieben smarte Technologie und wollen auch morgen noch Freude an ihr haben. Ob die riesige Transformation, die die Digitalisierung bedeutet, überwiegend positiv oder negativ für uns ausfallen wird, wird sich erst noch zeigen. Wir freuen uns, Teil davon sein zu dürfen und im Kleinen Veränderungen anzustoßen, die einen großen Unterschied machen können. Unser tatsächlicher Impact ist heute noch gering, unser Ansatz wirkt aber in die gesamte Branche. Innovationen sind bei Smartphones seltener geworden (Rubel 2016), es gab in den letzten Jahren wenige bahnbrechende Neuerungen. Gemessen daran verstehen wir unseren Ansatz als Innovation, die Schule machen sollte. Wir verzichten deshalb bewusst auf jegliche Patentierung unserer Produktdesigns. Für uns ist die Digitalisierung nicht in erster Linie ein Business Case, sondern eine Chance, die wir nicht vermasseln sollten. Unser Weg ist in der

**Abb. 1** Das SHIFT 6mq

Informationstechnologie nicht gänzlich neu, es geht ihn aber eben sonst fast kein anderer Hersteller von Smartphones weltweit.

Unsere Geräte sind modular aufgebaut. Das heißt, wir verlöten und verkleben elektronische Bauteile deutlich seltener als der Wettbewerb und machen einzelne Bauteile viel leichter zugänglich, damit man bei einem einzelnen Defekt nicht ein ganzes Gerät wegwerfen muss. Das passiert in der Realität ständig, auch weil Reparaturen an schwer zugänglichen Stellen regelmäßig unwirtschaftlich sind (Stiftung Warentest 2020). Aber auch in Fällen, in denen Reparaturen möglich und wirtschaftlich sinnvoll wären, tauschen Kunden ihre Geräte häufig lieber gegen neue aus. Zu lange sind die Wartezeiten auf eingesendete Smartphones, Ersatzgeräte werden in der Regel nicht angeboten, die Sicherung und Synchronisierung persönlicher Daten ist mühsam. Gemessen daran, dass der Verzicht auf das Smartphone heute schwerer wiegt als beim Auto, sind die gängigen Angebote der Industrie schlicht unrealistisch. Würden wir aber innerhalb der Europäischen Union die Lebensdauer unserer Smartphones um ein Jahr verlängern, könnten 2,1 Mio. Tonnen $CO_2$ eingespart werden. Das entspricht den Emissionen von einer Millionen Autos im Straßenverkehr (European Environmental Bureau 2019). Dabei gehen diese Zahlen von einer typischen Nutzungsdauer von drei Jahren aus, tatsächlich kaufen wir Deutschen uns im Schnitt aber schon alle 21 Monate ein neues Gerät, die Einsparungen durch längere Nutzungszyklen sind also tatsächlich wohl noch größer.

SHIFT ist unter den Herstellern von Smartphones heute eines von wenigen sozialen Unternehmen. Hinter dem Begriff Social Business steht die Überzeugung, soziale Herausforderungen mithilfe wirtschaftlicher Mittel lösen zu können. Eine eigene Rechtsform gibt es zu diesem Zweck noch nicht, SHIFT firmiert als GmbH. Über das

Miltonsche „the Business of Business is Business" hinaus glauben wir, dass Wirtschaft allein nicht automatisch allen Menschen dient und greifen deshalb bewusst selbst regulierend ein, indem wir in China beispielsweise mit Unterstützung des Auditierungs-Netzwerks TAOS eine eigene Produktion mit eigenen Mitarbeitern aufgebaut haben. Wir haben in mehreren Jahren aktiver Suche schlichtweg keinen Lieferanten gefunden, der unsere Werte von fairer Arbeit in der Endproduktion teilt.

▶ Die Idee jedes Social Business ist, mit wirtschaftlichen Mitteln gesellschaftliche Herausforderungen zu lösen (Mundig 2017). Der Begriff wurde geprägt von Muhammad Yunus, der 1976 in Bangladesch die Grameen Bank gegründet hat (Saatc und Urper 2013). Die Grameen Bank vergibt Microkredite an Menschen, die bei anderen Banken keinen Kredit erhalten würden. Die Kredite sollen Menschen darin bestärken, durch unternehmerisches Denken selbst Lösungen für ihre Probleme zu erarbeiten. Aus diesem Ansatz ist das Modell des Social Business entstanden. Ein Social Business stellt gesellschaftlichen Nutzen vor Gewinnmaximierung und reinvestiert Gewinne dazu zu 100 % in die Unternehmensziele. Dividenden oder Bonuszahlungen sind daher nicht vorgesehen. Innovationen und Effizienz dienen somit nach Abzug der Kosten der Ausweitung des gesellschaftlichen Impacts und nicht persönlicher Gewinne.

## 2 Zwischen Traum und Realität lagen 23 Jahre

Die Geschichte von SHIFT beginnt mit einem Traum: Gründer Carsten Waldeck war 1991 für ein Jahr zu Gast in Capenwray Hall, einem Landsitz in nordbritischen Lancashire, der als eine Art modernes Kloster betrieben wird (Wälde 2019). Er ist nach der Schule dorthin gegangen, weil er eine Antwort darauf gesucht hat, welchen Themen er sein Leben widmen soll. Womit er nicht gerechnet hatte, ist, dass ihm die Themen im Schlaf kommen würden. Nach einiger Zeit ohne klare Entwicklung träumte er nachts plötzlich lebhaft von Geraten, die wir rückblickend als Smartphones bezeichnen würden. Waldeck hat jeden Morgen aufgezeichnet, woran er sich erinnern konnte, und mit den Wochen wuchsen die Zeichnungen zu einem ganzen Stapel an. Die Bilder haben ihn fasziniert und nicht mehr losgelassen, immerhin war das Internet 1991 ein rein semantisches Medium, zu dessen Zugang irrwitzige Apparaturen notwendig waren. Alles bestand aus Text und Textbefehlen, die auf pixeligen Schwarz-weiß-Monitoren flimmerten, womit er als visueller Mensch wenig anfangen konnte. Die multimediale Vernetzung unserer Welt, wie er sie geträumt hatte, war technische Science-Fiction; Waldeck spürte in seiner Sehnsucht danach aber eine Aufgabe. Der Müßiggang in Capenwray Hall war für sein Leben also zentral und sinnstiftend, die Gesellschaft indes hat in der folgenden Zeit immer schneller den Wert der Langsamkeit und der Vision verlernt. So dauerte es dann auch 23 Jahre, bis aus dem Traum Realität wurde. 2014 war die Technologie reif und die Menschen hatten den Wert von Nachhaltigkeit wiedererkannt und alles drängt seither danach, diesen Wert mit Leben zu füllen.

## 3 SHIFT verändert jenseits von Renditeerwartungen

Um unabhängig entscheiden zu können, wollen wir ohne fremdes Geld auskommen. Es ist unsere persönliche Überzeugung, aber auch eine allgemeine Beobachtung, dass unter dem Einfluss von Venture Capitalists Ziele zur nachhaltigen Entwicklung gedämpft werden (Melde 2020). Wir schaffen es, unser Wachstum aus eigener Kraft zu realisieren und lassen uns die Zeit, die nötig ist, um unsere Modellreihen unabhängig zu finanzieren. Für unsere ersten Geräte haben wir mehrere Crowdfunding-Runden durchgeführt, die zu den erfolgreichsten Finanzierungsrunden auf der Plattform Startnext dieser Jahre in Deutschland wurden. SHIFT schrieb bereits im ersten Jahr (2015) schwarze Zahlen und wächst bis heute praktisch ohne Zinslast. Die Finanzierung wird mittlerweile Großteils durch Vorbestellungen sichergestellt, was bedeutet, dass wir neue Geräte schon ein bis zwei Jahre vor dem geplanten Marktstart der Community vorstellen und von ihr tatsächlich so großen Zuspruch bekommen, dass wir die Geräte ohne fremdes Geld bauen können. Für uns grenzt das bis heute an ein Wunder. Zum Zeitpunkt der ersten Ankündigung stehen viele Details noch nicht fest, die technische Entwicklung muss noch abgewartet werden. Trotzdem ist SHIFT mit einer wachsenden und wertschätzenden Kundschaft beschenkt, die Geduld und Vertrauen in bemerkenswertem Umfang aufbringt, um Teil des Shifts, der Veränderung zu sein. Auch bieten uns Menschen mehrmals pro Woche unaufgefordert Privatdarlehen an, um unsere Ziele zu unterstützen.

Wir konnten unseren Umsatz von 369.000 Euro im Jahr 2015 auf mittlerweile 5,2 Mio. Euro im Jahr 2019 steigern, ohne in Abhängigkeit von Renditezielen wirtschaften zu müssen. Diese Erfahrung und der Zuspruch, den wir als Unternehmen dafür erfahren, stärken uns in unserer Überzeugung, keine Gewinne aus unserer Firma zu entnehmen. Um diesen Anspruch gegenüber unseren Anspruchsgruppen auch formal stärker zum Ausdruck zu bringen, beschäftigen wir uns mit Stiftungsmodellen. Stiftungen stellen sicher, dass Gewinne allein definierten Unternehmenszielen und dem Gemeinwohl dienen und machen den Verkauf des Unternehmens unmöglich. Carsten Waldeck betont gerne, dass es uns eigentlich gar nicht geben dürfte. Alle Erfahrungen, alle Regeln der Marktwirtschaft sprechen gegen uns. Trotzdem steigern wir unseren Marktanteil bei nachhaltigen Smartphones 2020 auf über 20 %. Das macht uns zu den glücklichsten Menschen der Welt.

## 4 Aus Veränderung wird Fair-Änderung

Ein schönes Gerät, das nach wenigen Jahren auf dem Müll landet, ist ein hässliches Problem für den Planeten. Deshalb endet unser Blick auf Design nicht bei Äußerlichkeiten. Wir investieren einen Großteil unserer Arbeit auf das, was hinter der Fassade steckt. Dass unsere Geräte repariert werden können, ist eines unserer wichtigsten Alleinstellungsmerkmale. Reparierbarkeit ist dabei nicht Voraussetzung, sondern die Folge unseres Grundsatzes, so viel Gutes zu tun, wie wir können und dabei so wenig Schaden wie möglich anzurichten. Wir sind überzeugt: Wer seine Produkte liebt, designt sie automatisch für ein langes Leben. Wer die Umwelt liebt, sorgt automatisch für Recyclingfähigkeit am Ende des Product-Life-Cycle. Wer Menschen liebt, sorgt sich automatisch um die faire Beschaffung von Rohstoffen.

Teile, die bei Smartphones typischerweise besonders häufig kaputt gehen wie Display und Akku, lassen sich bei unseren Geräten besonders leicht austauschen und sind durch ihre Trennung von anderen Bauteilen auch verhältnismäßig günstig. So kostet ein Ersatz-Akku für unser aktuelles SHIFT 6mq 18 Euro, ein Display um 120 Euro. Der Austausch zuhause lässt sich innerhalb von Sekunden bis wenigen Minuten selbst erledigen, weil die einzelnen Module leicht erreichbar und mit simpel zu lösenden Verbindungssteckern verbunden sind, siehe Abb. 2. Bei der Reparatur helfen wir und unsere Community, die aus freien Stücken Reparatur-Videos dreht und öffentlich auf YouTube im Kanal „SHIFTPHONES Supporter" zur Verfügung stellt. Einen für das Zerlegen unserer Geräte notwendigen Schraubendreher liefern wir mit jedem Smartphone mit. In unseren Geräten gibt es nur einen Typ Schrauben, alle sind identisch, was die Montage deutlich erleichtert. Wer sich die Reparatur selbst nicht zutraut, sendet sein Gerät an unseren Support in Falkenberg ein und bekommt es in der Regel innerhalb von 14 Tagen zurück.

Damit ein Gerät, das der Kunde nicht mehr benötigt, nicht verstaubt (bis zu 200 Mio. Smartphones liegen allein in deutschen Haushalten ungenutzt herum (dpa 2020)), haben wir als erster Hersteller ein Pfandsystem auf Smartphones eingeführt. 22 Euro zahlen unsere Kunden zusätzlich zum Gerätepreis. Geräte, die an uns zurückgegeben werden, zerlegen wir, recyceln defekte Komponenten und nutzen alle intakten Bauteile, um andere Geräte am Leben zu halten. Innerhalb einer Modellreihe sind alle Komponenten abwärtskompatibel, aus alten Kabeln und Steckern machen wir mit unseren Produktionspartnern in China neue. Defekte Komponenten geben wir an ein auf Recycling spezialisiertes Unternehmen in Deutschland weiter (Abb. 2).

Für unsere Gehäuse nutzen wir recycelte Kunststoffe, die trotz insgesamt geringer Recyclingquoten gut verfügbar sind, denn die Attraktivität recycelter Kunststoffe, sogenannter Rezyklate, steht und fällt mit dem Erdölpreis, dem Basisprodukt für primäre Kunststoffe. Aktuell drückt die Corona-Pandemie den Ölpreis, Primärrohstoffe sind deshalb im Sommer 2020 erneut günstiger als Rezyklate, beklagt der Präsident des Bundesverbands der Deutschen Entsorgungs-, Wasser- und Rohstoffwirtschaft (BDE), Peter Kuth (Dierig 2020). Er fordert, die Recyclingfähigkeit von Rohstoffen schon beim Produktdesign mitzudenken und Quoten für die Verwendung geeigneter sekundärer Rohstoffe einzuführen, anders sei eine Kreislaufwirtschaft nicht zu etablieren. In Deutschland werden die stetig zunehmenden Kunststoffabfälle immer noch häufiger verbrannt als stofflich weiter verwertet (BMU 2018). Müllvermeidung ist deshalb ein großes Thema geworden, Abfälle sinnvoll zu verwerten, bleibt aber auch in einer perfekten Kreislaufwirtschaft eine globale Herausforderung (van Ewijk und Stegemann 2020).

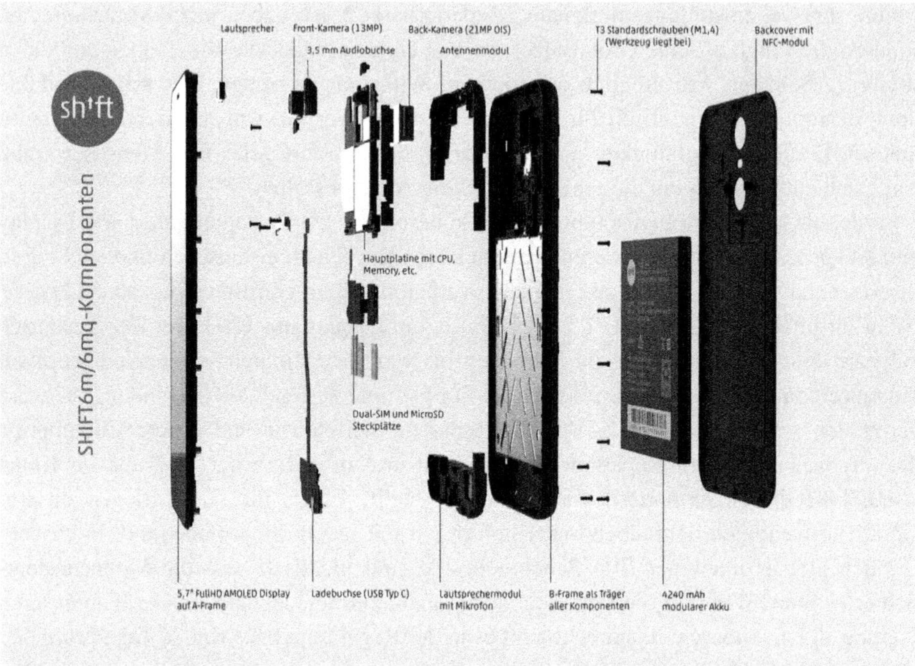


**Abb. 2** Das „m" im Namen unserer Geräte steht für „modular". Sie lassen sich besonders leicht reparieren

Ein Team von SHIFT unterstützt mit seinem Know-how den Innovationsverbund Nachhaltige Smartphones 2.0 (INaS) der Leuphana Universität Lüneburg (leuphana. de 2020), der das Ziel verfolgt, Elektroschrott durch modulare Smartphone-Designs zu reduzieren und dafür in einem Co-Creation-Ansatz Akteure aus Wirtschaft, Wissenschaft und Gesellschaft zusammenbringt. Dass der Ansatz eines offenen Miteinanders wichtig ist, zeigt die Diskrepanz zwischen Anspruch und Wirklichkeit beim Thema Elektroschrott: Während der Umgang mit Altgeräten bei 88 % der deutschen Organisationen Teil der eigenen CSR-Richtlinien ist, zerstören 29 % der an einer Umfrage beteiligten Unternehmen IT-Equipment physisch am Ende des ersten Produktnutzungszyklus. Nur 24 % der Befragten geben an, ausgemusterte Geräte wiederzuverwenden oder einem Recycling zuzuführen (Sonderkamp 2020). Geräte werden zerstört, weil damit gespeicherte Daten sicher vor dem Zugriff durch Unbefugte geschützt werden. Allerdings gibt es dafür in vielen Fällen nicht weniger sichere nicht-destruktive Techniken wie das Flashen der Speicher, das auch bei zurückgegebenen SHIFT-Geräten von uns nach Möglichkeit praktiziert wird. Datenschutz nehmen wir dabei nicht weniger ernst. Wir sind einer von wenigen Herstellern, die die Installation quelloffener Betriebssysteme nicht verhindern. Das Interesse daran wächst, weshalb wir auch die

Entwicklung unseres ShiftOS, eines eigenen alternativen Betriebssystems für unsere Smartphones, angestoßen haben.

Für die Produktion der bisherigen Modelle SHIFT 4,5 und 7 haben wir mit chinesischen Familienbetrieben mit etwa 300 Mitarbeitern zusammengearbeitet. 2018 haben wir mit dem Auditierungs-Netzwerk TAOS einen eigenen Standort mit zehn Mitarbeiter in Hangzhou, südwestlich von Shanghai, aufgebaut. Unsere Mitarbeiter haben eine 40-h-Woche und können, wo das möglich ist, aus dem Homeoffice arbeiten. Unsere Mitarbeiter in China erhalten mit mindestens 6030 RMB mehr als den dreifachen Mindestlohn vor Ort. Zum Vergleich: In China sind viele Überstunden trotz gesetzlichem Verbot bis heute keine Seltenheit. Im Volksmund werden Arbeiter speziell in der IT-Branche als „996icu" bezeichnet. 996 steht für die Arbeitszeiten von 9 Uhr morgens bis 9 Uhr abends an 6 Tagen in der Woche. icu steht für die „intensive care unit", die Intensivstation, zu der die ständige Überarbeitung führt, so die wachsende Kritik (996. ICU, kein Datum; Erling 2019).

In unserer eigenen Endfertigung ermöglicht unser modulares Design eine ungewöhnlich freie und kommunikative Arbeitsatmosphäre. Modularität ist also nicht allein ein kundenspezifisches Thema. Wir können damit auch neue Wege im ehemaligen Billiglohnland China gehen, in dem sich regional auch mittelständische Strukturen entwickeln. Hangzhou ist so eine Region, weshalb wir aus dem „Silicon-Valley für Hardwareunternehmen" (Stückler 2017) Shenzhen aus hier hin gegangen sind.

Als kleiner Hersteller ist unser Einfluss auf Lieferketten bisher nur sehr klein. Wir haben mit unseren vergleichsweise geringen Stückzahlen einerseits eine schlechte Verhandlungsposition und andererseits im komplexen Gefüge unseres Sektors auch unzählige Liefernde. Im Marktumfeld der IT-Zulieferer wird mit harten Bandagen gekämpft, was bedeutet, dass wir auch ständig mit wechselnden Liefernden zu kämpfen haben, für die SHIFT mit seinen Ansprüchen exotisch erscheint.

Ungeachtet dieser Herausforderungen können heute schon unsere Liefernden bis zur dritten Ebene ausweisen und tun dies auch regelmäßig über unseren Wirkungsbericht, den wir nach Gemeinwohlökonomie-Standards (GWÖ) erstellen. Das bedeutet, wir kennen nicht nur unsere Modulhersteller, sondern wissen auch, wer die Hersteller der einzelnen Bauteile sind, die an die Modulhersteller liefern. Produzent unseres Endprodukts sind wir selbst. Schwierigkeiten haben wir aber mit der vierten Ebene, der der Rohstoffliefernden. Zwar haben wir Kontakte zu fairen Liefernden aufgebaut und Rohstoffe wie konfliktfreies Gold und bleifreies Zinn in ausreichendem Umfang erworben. Wir konnten aber noch nicht bei allen vorgelagerten Produktionsschritten sicherstellen, dass diese Rohstoffe auch für die Fertigung unserer Module verwendet werden. Außerdem kaufen wir Bauteile wie Prozessoren und Speicher zu, über deren Herstellungsstandards wir teils noch wenig in Erfahrung bringen können.

Auch können wir heute noch nicht sicher sagen, ob alle unsere Liefernden der dritten Ebene unsere Vorstellungen von fairer und nachhaltiger Arbeit umsetzen und müssen das angesichts unserer Erfahrungen sogar bezweifeln. Wir haben aber einen guten Überblick über die Wertschöpfungsketten von Elektrotechnik und sehen den größten Impact in der Endfertigung, weshalb wir diese auch selbst betreiben.

Unserer Erfahrung nach sind vorgelagerte Fertigungsprozesse insbesondere in der Halbleiter- und Mikrochip-Industrie hoch automatisiert, was bedeutet, dass weit weniger Menschen mit geringerer Qualifikation, was sie anfällig für Ausbeutung macht, beschäftigt werden. Das bedeutet aber nicht, dass ein Shiftphone 100 % fair ist. Wir versuchen mit unseren Möglichkeiten die aus unserer Sicht richtigen Schwerpunkte zu setzen, mit dem Ziel, so wenig Schaden wie möglich anzurichten.

2020 haben wir eine Kooperation mit einem großen Chiphersteller geschlossen, der unseren Ansatz wertschätzt. Gemeinsam verfolgen wir das Ziel, einen Prozessor zu entwickeln, die tatsächlich weitestgehend als fair bezeichnet werden kann.

Wir stehen erst am Anfang der Expansion digitaler Technologie und erleben schon heute eine massive Spaltung in eine Hälfte der Welt, die unter kritikwürdigen Bedingungen Rohstoffe, Arbeitskraft und stoffliche Verwertung für die Herstellung und Entsorgung von Geräten bereitstellt, die von der anderen Hälfte der Welt genutzt wird. SHIFT hat Alternativen entwickelt, die sich unter Marktbedingungen beweisen und auf mehreren Ebenen das Leben von möglichst vielen Anspruchsgruppen verbessert, ohne Abstriche bei Leistungsfähigkeit, Design oder Preis für den Endkunden einzugehen.

Unser Weg führt uns vom modularen zum universalen Device. Statt technische Fortschritte für die Ausdifferenzierung von Consumer Electronics zu nutzen, wollen wir möglichst viele technische Ressourcen gemeinsam nutzen. Bei unserem SHIFT6mq setzen wir auf viel entnehmbare Bauteile, die teilweise innerhalb von Sekunden getauscht sind. Mit dem kommenden SHIFTmu entwickeln wir aktuell ein Gerät, bei dem dieser Ansatz deutlich weiter geht. Offen für verschiedene Betriebssysteme, bereit für jede Herausforderung, bauen wir das erste Smartphone, das im nächsten Moment Tablet oder Laptop oder Workstation sein kann. Das Smartphone ist dann nur noch zentrale Rechen- und Speichereinheit und wird mit größeren Bildschirmen und externen Eingabegeräten verbunden. So teilen sich mehrere Geräte die gleiche technische Infrastruktur und es entsteht nochmals deutlich weniger Elektroschrott als durch separate modulare Geräte. Das 2019 vorgestellt Konzept des SHIFTmu basiert auf einer neuen Generation von Mikroprozessoren, die wir für 2021 erwarten.

Einzelne Module wollen wir künftig auch über Reparierbarkeit hinaus auch Upgradefähig gestalten. Detailverbesserungen wie schnellere Prozessoren, mehr Speicher oder eine bessere Kamera rechtfertigen heute komplett neue Smartphone-Modelle. Wir wollen erreichen, dass diese Komponenten bei unseren Geräten künftig einzeln gegen leistungsfähigere getauscht werden können. Dafür müssen wir unsere Zusammenarbeit mit unseren teils deutlich größeren Liefernden erweitern. Gegenwärtig stößt unser Mindset diesbezüglich noch auf wenig Gegenliebe, da Upgrades den Produktionsaufwand insgesamt reduzieren würden. Bei aller Liebe zu Nachhaltigkeit und CSR ist die Abkehr von einem unbedingten Wachstumskurs heute noch Zukunftsmusik, die durch die Krisen im Jahr 2020 aber lauter gespielt wird als je zuvor.

## 5 SHIFT forscht nach Werten für die Digitalisierung

SHIFT setzt sich für eine Transformation von Werten durch Technologie ein und hat dafür das Claim „SHIFT happens" etabliert. Wir sind davon überzeugt, dass sich unsere Welt und das Leben der Menschen durch die Digitalisierung in noch nie da gewesener Form verändern wird. 2019 nutzten 3,2 Mrd. Menschen mobile Social-Media-Anwendungen (Kemp 2019), um mit anderen Menschen in Kontakt zu bleiben, zu arbeiten, ihr Leben zu teilen und zu organisieren. Das Smartphone ist dabei eine sehr junge Entwicklung, deren digitales Vernetzungspotenzial noch in seinen Kinderschuhen steckt. Wir erwarten eine weiterhin überproportional ansteigende digitale Vernetzung unserer Welt und sehen es kritisch, wenn flüchtige Werte wie Macht und Geld darüber bestimmen, wie unser Leben in Zukunft aussehen wird.

Wir begreifen Technologie als eine Chance für eine „Fair-änderung", eine Neuausrichtung an Werten wie Vertrauen, Beziehungen, Wohlergehen, Freiheit, Gerechtigkeit, Schönheit, Kreativität, Nachhaltigkeit, Weisheit und Liebe. Wir machen sie mit unserem Unternehmen und unseren Produkten erlebbar. Zeit zum Beispiel vergeht für alle Menschen gleich schnell oder langsam und wir stehen ständig vor der Frage, wie wir sie für uns und andere nutzen. Deshalb steht auf der Rückseite aller unserer Geräte:

- „WARNING: Smartphones can be timekillers. There is no greater gift for you today than the next 24 h. Use them wisely. People are more important than machines."

Die Wirtschaftsinformatikerin Sarah Spiekermann zieht in ihrem Buch „Digitale Ethik: Ein Wertesystem für das 21. Jahrhundert" einen interessanten Vergleich: Während wir bei Lebensmitteln auf eine uralte Wertetradition biologisch-dynamischer Landwirtschaft aufbauten und in den klassischen Ingenieurswissenschaften Werte wie Sicherheit und Verlässlichkeit unseren technologischen Fortschritt ermöglicht haben, zähle in der Informatik vornehmlich Effizienz. Digitales werde „im Sprint" entwickelt und möglichst früh und schnell auf den Markt geworfen. Die Dieselsoftware von VW, die Verbrauchern und Behörden geringe Emissionen nur vorgaukelte, sieht Spiekermann als bestes Beispiel für fehlende Werte in der Digitalisierung: „Schnell eine Software für das Problem zu schreiben war viel effizienter, als sich dem ethischen Problem der Umweltverschmutzung zu stellen und, wie versprochen, wirklich Schadstoffe abzubauen" (Spiekermann 2019). Im Krisensommer 2020 haben wir dann am Beispiel des Corona-Ausbruchs im größten deutschen Schlachtbetrieb für Schweine erlebt, wie aus einer exzessiven Ausrichtung an Kriterien der Effizienz eine Gefahr für unsere ganze Gesellschaft werden kann.

Dirk Messner, Präsident des Umweltbundesamtes, prognostiziert, dass die Coronakrise den Nachhaltigkeitsdiskurs verändern wird (Messner 2020). Resilienz sieht er als das neue Buzzword, das insbesondere in Bezug auf die wachsende Abhängigkeit unserer Wirtschaft von globalen Lieferketten an Bedeutung gewinnt (Linton und Vakil 2020). Ein Unternehmen ist nie eine Insel, nie unabhängig von äußeren Faktoren. Wir kennen diesen Anspruch aus den Kontexten von Klimawandel und Digitalisierung, nirgends aber haben wir diese Abhängigkeiten so stark zu spüren bekommen wie durch die Corona-Pandemie 2020.

Wo der Gesundheitsschutz der Mitarbeiter nicht ausreichend ist, gibt es Infektionen und Betriebe werden behördlich geschlossen. Sozial benachteiligte Menschen haben ein höheres Risiko, sich zu infizieren und leiden häufiger unter schweren Verläufen (Delfs und Kooroshy 2020; Yong 2020), weil sie seltener die bestmögliche medizinische Versorgung bekommen (Hamann 2020). Damit sind automatisch solche Organisationen stärker von der Krise betroffen, die prekäre Arbeitsverhältnisse förderten, darunter auch einige der im Rahmen der Coronakrise als systemrelevant eingestuften Bereiche. Anders als beim Klimawandel sind die Folgen unternehmerischer Verantwortung hier unmittelbar und betreffen über einzelne Akteure hinaus ganze Regionen, die auch wegen isolierten Infektionsgeschehen komplett in den Lockdown gezwungen werden (Fromm und Niewel 2020). Über das akute Geschehen hinaus drängen einzelne Akteure frühzeitig zu einer Rückkehr zu alter Normalität und zu einem möglichst schnellen „Reboot" der Systeme.

SHIFT ist nicht einverstanden mit einem Menschenbild, dessen oberstes Dogma es ist, Menschen „in Beschäftigung" zu sehen. Die monatelange Furcht der Risikogruppen, die Folgen des Verlusts vieler Rituale, des Social Distancings, die Isolation ohnehin schon häufig einsamer älterer Menschen, wiederaufkeimende Ressentiments gegenüber asiatisch aussehenden Menschen wegen des von US-Präsident Donald Trump als „chinese virus" verunglimpften Covid-19-Erregers (Yong 2020), die Folgen für Kinder und Schüler, die monatelang nicht betreut wurden, die Zunahme von Gewalt und Misshandlung, die Stigmatisierung Erkrankter; das alles wird nicht vorbei sein, wenn wir unsere Systeme neu starten. Es sind zugespitzt die Bugs eines Betriebssystems, das übereilig auf den Markt geworfen wurde, wie es Spiekermann formuliert. Die nichtwirtschaftlichen Folgen der Krise werden uns wohlmöglich deutlich länger beschäftigen als der Konjunktureinbruch, gegen den Rekordsummen in die Hand genommen wurden.

Wir bei SHIFT teilen die Sorge, dass die Digitalisierung das Leben der Menschen nicht automatisch insgesamt verbessert. Eine digitale Welt, die Einzelnen nutzt und vielen schadet, ist nicht resilient gegen Krisen. Das „soziale Immunsystem" (Hamann 2020) unserer Länder ist nur gesund, wenn wir eine gemeinsame Wertebasis verfolgen, sind wir überzeugt. CSR wird häufig vom Unternehmen aus in seine unmittelbare Umwelt gedacht (Rangan et al. 2015), der Blick der Gesellschaft auf einzelne Unternehmen wird aber immer wichtiger. Wir versuchen uns als Social Business an „positiven Lösungsbeiträgen für die Gesellschaft anstelle einer Reduktion negativer Auswirkungen der Unternehmenstätigkeit" (Dyllick 2015), wie der emeritierte Wirtschaftswissenschaftler Thomas Dyllick „echtes Nachhaltigkeitsmanagement" definiert. Für Dyllick ist die Lösung von Nachhaltigkeitsproblemen nicht Hauptaufgabe von Unternehmen, er betont aber, dass ihnen „allein aufgrund von Faktoren wie Größe,

Know-how, Ressourcen und Einfluss eine bedeutende Rolle zukommt" (Dyllick 2015). In der Coronakrise haben so zum Beispiel viele Unternehmen ihre Produktion umgestellt und Masken genäht oder Desinfektionsmittel produziert und damit geholfen, Engpässe zu überwinden.

Auch eine weitere Krise befeuert 2020 den Druck auf Unternehmen, sich ihrer Verantwortung als Teil der Gesellschaft bewusster zu werden: Die Black-Lives-Matter-Demonstrationen nach dem gewaltsamen Tod von George Floyd wird als Zäsur interpretiert, die das Ende einer Zeit markieren könnte, in der Firmen unparteiisch sein konnten (Beutelsbacher 2020). Keine Haltung zu zeigen, um keine Kundengruppen zu verärgern, werde im Zeitalter sozialer Netzwerke immer unrealistischer (Beutelsbacher 2020). Ob die Welt aber besser wird, wenn alle Unternehmen Haltung zeigen, muss sich erst noch beweisen. Als einer der Verlierer der Entwicklung wird Mark Zuckerberg gesehen, der sich bisher mit Verweis auf die Meinungsfreiheit weigert, härter gegen Hatespeech auf Facebook vorzugehen und zum Beispiel rassistische Postings von Donald Trump zu markieren oder zu löschen. Hunderte Werbekunden von Facebook haben sich in der Folge einem Boykott angeschlossen und ihre Werbekampagnen auf der Plattform gestoppt, darunter auch solche, die in Vergangenheit nicht für lupenreine Moral aufgefallen sind. „Imagepflege zum Nulltarif" (Mischler 2020) und „Doppelmoral der Konzerne" (Tiedgen 2020) schallt deshalb das mediale Echo auf die Aktion.

## 6 Unsere Inspirationsquelle ist unsere hessische Heimat

Auch wegen den Verfehlungen anderer Unternehmen stoßen Ansätze wie die von SHIFT auf positive Resonanz bei Konsumenten und Medien. Unsere Kunden danken uns unseren Einsatz für Werte mit so vielen Vorbestellungen, dass wir darüber unseren Cash flow aus eigener Kraft sichern können. Die Wertschätzung, die wir der Welt mit einem zeitgemäßen CSR-Verständnis gegenüber bringen, schenkt die Welt auch uns. Etwas zurückgeben zu wollen, ist auch der Grund dafür, warum wir bewusst in Nordhessen bleiben, wo andere Menschen uns zu den Menschen gemacht und befähigt haben, die wir heute sein können.

Die gerade mal 50 m lange Straße, an deren Ende unsere Büros sitzen, heißt Gänsemarkt. Hier arbeiten wir. Zwei Fußminuten entfernt leben wir und drei Fußminuten entfernt sind wir aufgewachsen. Der Gänsemarkt ist das Zentrum unseres Dorfes und der Nabel unseres Lebens. Deshalb wollen wir aus dem Gänsemarkt das machen, was er vom Namen her sowieso sein sollte: einen Markt. Wir wollen hier einen nachhaltigen Dorfladen eröffnen, der mit einigen Coworking-Plätzen auch ein Labor für neues Leben auf dem Land werden soll. Der Gänsemarkt soll vor Ort das ausdrücken, was uns als globaler Hersteller nachhaltiger Technologie auszeichnet: Wertschätzung für Menschen und unsere Umwelt. Mit dem Gänsemarkt lenken wir den Blick auf unsere nordhessische Heimat und ihre Bevölkerung. Die Menschen hier sind uns mit Wohlwollen begegnet und haben uns über die Jahre dazu befähigt, unsere Idee von SHIFT zu verwirklichen.

Gegenüber der Dorfkneipe Opfermann bauen wir ein in die Jahre gekommenes Fachwerkhaus zu einem künftigen Begegnungsraum aus, in dem wir die Wertschätzung teilen wollen, die wir hier erfahren haben. Befähigung ist der Kern unseres Konzepts, mit dem wir entgegen allgemeiner Unkenrufe vom Niedergang dörflicher Infrastruktur wieder einen Dorfladen für die Menschen in unserem Ort etablieren wollen. Der Gänsemarkt wird ein Portal für die Angebote gerade kleiner lokaler Erzeuger, die sonst noch alteingesessenen Falkenbergern bekannt sind. Gästen wie Menschen aus unserer Region wollen wir so den Reichtum unserer Heimat zugänglich machen. Diesem Ziel gilt auch die Initiative der „HOMEberger", bei der wir Mitglied sind und die sich ebenfalls in diesem Buch vorstellt. Um den Alltagsbedarf in unserem Dorf zuverlässig zu decken, wird der Gänsemarkt ein fluides Sortiment haben, das von saisonaler Verfügbarkeit und den Bedürfnissen seiner Kunden geprägt wird. Der Gänsemarkt soll der Ort sein, an dem unser digital vernetztes Lebensgefühl greifbar wird. Einfach unsere Interpretation eines Flagship-Stores.

**Jonathan Linker** hat Online-Journalismus und Medienentwicklung an der Hochschule Darmstadt studiert und war dort als Wissenschaftlicher Mitarbeiter am Aufbau des Medienportals gruener-journalismus.de beteiligt, das 2019 den Wissenschaftspreis der Hochschule erhalten hat. Linker ist als freiberuflicher Kommunikationsberater für Nachhaltigkeitsprojekte aktiv. Für seine Kunden entwickelt er Medienkonzepte, die auch komplizierten Ideen resonanzfähige Botschaften entlocken. Neuen Ideen Wirkung zu verleihen ist auch seine Aufgabe als Sprecher des regionalen Unternehmernetzwerks HOMEberger, das 2020 mit dem Hessischen Demografiepreis ausgezeichnet wurde.

**Samuel Waldeck** ist ein Designer aus Hessen. Gemeinsam mit seinem Bruder gründete er 2014 die SHIFT GmbH, die sie nach wie vor zusammen leiten. Mit der m-Serie der SHIFTPHONES stellte das Start-up 2016 das nachhaltige und modularste Smartphone der Welt vor.

Das Hauptziel der SHIFT GmbH, die investorenfrei als 100 % Social Business agiert, ist es, Sinn und Werte zu maximieren – nicht Gewinn. Sie wollen so viel Gutes tun wie möglich und dabei so wenig Schaden anrichten wie möglich.

Samuel erhielt sein Diplom für audiovisuelle Medien an der Kunsthochschule für Medien in Köln im Jahr 2006. Anschließend war er als Gestalter für die Hilfsorganisation ora international e. V. und später für die Dr. Schumacher GmbH tätig.

Samuel liebt Musik, Mountainbiking, Gestaltung, Fotografie und Filmproduktion, Reisen und Begegnung mit Menschen.

**Carsten Waldeck** ist ein Designer, Philosoph und Erfinder aus Hessen. Gemeinsam mit seinem Bruder gründete er 2014 die SHIFT GmbH, die sie nach wie vor zusammen leiten. Mit der m-Serie der SHIFTPHONES stellte das Start-up 2016 das nachhaltige und modularste Smartphone der Welt vor.

Das Hauptziel der SHIFT GmbH, die investorenfrei als 100 % Social Business agiert, ist es, Sinn und Werte zu maximieren – nicht Gewinn. Sie wollen so viel Gutes tun wie möglich und dabei so wenig Schaden anrichten wie möglich.

Carsten erhielt sein Diplom in Kommunikationsdesign an der HS Darmstadt im Jahr 1999. Seine Ausarbeitung „iWorld" gilt als Wegbereiter für Smartphones, soziale Netzwerke und mobiles Internet, wie wir es heute kennen. Darüber hinaus studierte er Computerwissenschaften und Philosophie in Marburg und arbeitete als wissenschaftlicher Mitarbeiter am Fraunhofer Institut im Bereich „Mobile Informationsvisualisierung" und publizierte wissenschaftliche Beiträge über seine Erfindung „Liquid Browsing" und weitere Innovationen im Bereich Interaktion.

Carsten liebt Menschen, großartiges Design, Musik, Nachhaltigkeit und soziale Gerechtigkeit von ganzem Herzen.

## Literatur

996.ICU (kein Datum). Zugegriffen: 10. Juli 2020 von 996.icu: https://996.icu/#/de_DE

Beutelsbacher S (2020) Das Ende des feigen „Corporate America". Zugegriffen: 10. Juli 2020 von welt.de: https://www.welt.de/wirtschaft/article209427795/Black-Lives-Matter-Das-Ende-des-feigen-Corporate-America.html

BMU (2018) umweltbundesamt.de. Zugegriffen: 10. Juli 2020 von Kunststoffabfälle: https://www.umweltbundesamt.de/daten/ressourcen-abfall/verwertung-entsorgung-ausgewaehlter-abfallarten/kunststoffabfaelle#kunststoffe-produktion-verwendung-und-verwertung

Delfs S, Kooroshy K (2020) Corona trifft sozial Benachteiligte härter. Zugegriffen: 10. Juli 2020 von tagesshau.de: https://www.tagesschau.de/inland/corona-sozial-schwache-101.html

Dierig C (2020) Zweimal ignoriert – Deutschland verspielt den Titel des Müll-Weltmeisters. Zugegriffen: 10. Juli 2020 von welt.de: https://www.welt.de/wirtschaft/article211134725/Kreislaufwirtschaft-Deutschland-verpasst-Anschluss-beim-Recycling.html

dpa (2020) Deutsche horten fast 200 Millionen alte Mobilfunkgeräte. Zugegriffen: 10. Juli 2020 von spiegel.de: https://www.spiegel.de/netzwelt/gadgets/smartphones-deutsche-horten-fast-200-millionen-alte-mobilfunkgeraete-a-937d1ce7-b48d-4efb-a422-310c3d742e72

Dyllick T (2015) Die Suche nach echter Nachhaltigkeit. Zugegriffen: 10. Juli 2020 von nzz.de: https://www.nzz.ch/wirtschaft/wirtschaftspolitik/die-suche-nach-echter-nachhaltigkeit-1.18663657

Erling J (2019) Der 996-Modus, der Millionen Arbeiter in Wut versetzt. Zugegriffen: 10. Juli 2020 von welt.de: https://www.welt.de/wirtschaft/article192382007/Arbeitszeiten-in-China-Widerstand-im-Ausbeuterparadies.html

European Environmental Bureau (2019) Coolproducts don't cost the Earth – full report. Brussels, Belgium

Fair Labour Association (2015) Independend external assessment report. https://www.fairlabor.org/report/2017-annual-public-report

Forti V, Bladé K, Kuehr R, Bel G (2020) The global e-waste monitor 2020: quantities, flows and the circular economy potential. United Nations University (UNU)/United Nations Institute for Training and Research (UNITAR) – co-hosted SCYCLE Programme, International Telecommunication Union (ITU) & International Solid Waste Association (ISWA), Bonn/Geneva/Rotterdam

Fromm T, Niewel G (2020). „Erschreckend" und „fahrlässig". Zugegriffen: 10. Juli 2020 von sueddeutsche.de: https://www.sueddeutsche.de/wirtschaft/toennies-corona-webasto-kritik-1.4952799

Gurita N, Fröhling M, Bongaerts J (2018). Assessing potentials for mobile/smartphone reuse/remanufacture and recycling in Germany for a closed loop of secondary precious and critical metals. J Remanufactur 8(1–2) 1–22. https://doi.org/10.1007/s13243-018-0042-1

Hamann R (2020) Coronavirus will have long-term implications for business leaders. Here are the top five. Zugegriffen: 10. Juli 2020 von theconversation.com: https://theconversation.com/coronavirus-will-have-long-term-implications-for-business-leaders-here-are-the-top-five-135064

Kemp S (2019) Digital 2019: Global digital yearbook. Zugegriffen: 10. Juli 2020 von datareportal.com: https://datareportal.com/reports/digital-2019-global-digital-yearbook

*leuphana.de* (2020) Zugegriffen: 10. Juli 2020 von Innovationsverbund Nachhaltige Smartphones 2.0 (INaS): https://www.leuphana.de/institute/csm/forschung-projekte/inas.html

Linton T, Vakil B (2020) Coronavirus is proving we need more resilient supply chains. Zugegriffen: 10. Juli 2020 von hbr.org: https://hbr.org/2020/03/coronavirus-is-proving-that-we-need-more-resilient-supply-chains

Massmann N (2018). DUH schlägt Gesetzesänderungen zu Elektroschrott vor. Zugegriffen: 10. Juli 2020 von Cleanenergy Project: https://www.cleanenergy-project.de/umwelt/ressourcen-management/duh-schlaegt-gesetzesaenderung-zu-elektroschrott-vor/

Melde T (2020) Wie es Startups mit der Nachhaltigkeit halten. (a. k. GmbH, Herausgeber) Zugegriffen: 10. Juli 2020 von akzente.de: https://www.akzente.de/blog/wie-es-startups-mit-der-nachhaltigkeit-halten/

Messner D (2020) Drei Krisen gleichzeitig. Zugegriffen: 10. Juli 2020 von zeit.de: https://www.zeit.de/wirtschaft/2020-04/corona-pandemie-klimawandel-armut-krisen-zukunft/komplettansicht

Mischler G (2020) Imagepflege zum Nulltarif. Zugegriffen: 10. Juli 2020 von golem.de: https://www.golem.de/news/facebook-boykott-imagepflege-zum-nulltarif-2007-149535.html

Mundig B (Mai 2017) Social Business: Ein Überblick. Zugegriffen: 10. Juli 2020 von zukunftsinstitut.de: https://www.zukunftsinstitut.de/artikel/social-business-ein-ueberblick/

Ottaviani J (kein Datum). Die Elektroschrott-Republik. Zugegriffen: 10. Juli 2020 von Spiegel Online: https://www.spiegel.de/wirtschaft/elektroschrott-in-afrika-recyclingmethoden-schaden-a-1085773.html

Rangan V, Chase L, Karim S (2020) The truth about CSR. Zugegriffen: 10 Juli von hbr.org: https://hbr.org/2015/01/the-truth-about-csr

Rubel B (2016) Kaum noch Innovationen: Der Smartphone-Boom ist vorbei. Zugegriffen: 10. Juli 2020 von Mobile Geeks: https://www.mobilegeeks.de/artikel/kaum-noch-innovationen-der-smartphone-boom-ist-vorbei/

Saatc E, Urper C (2013) Corporate social responsibility versus social business. J Econ 1(1):62–65. http://joebm.com/papers/15-E00038.pdf

Sonderkamp W (2020) Studie: Unternehmen verfehlen Nachhaltigkeitsziele im Bereich Elektroschrott. Zugegriffen: 10. Juli 2020 von cleanenergy-project.de: https://www.cleanenergy-project.de/cleanenergy-project-magazin/studie-unternehmen-verfehlen-nachhaltigkeitsziele-im-bereich-elektroschrott/

Spiekermann S (2019) Digitale Ethik: Ein Wertesystem für das 21. Jahrhundert. Droemer, München

Stiftung Warentest (2020) Smartphone Reparaturdienste. Alle sind teuer, nur einer repariert tipp-topp. Zugegriffen: 10. Juli 2020 von test.de: https://www.test.de/Smartphone-Reparaturdienste-Alle-sind-teuer-nur-einer-repariert-tipp-topp-4830658-0/

Stückler M (2017) Die ganze Stadt ist ein Startup: Shenzhen ist das Silicon Valley für Hardware-Firmen. Zugegriffen: 10. Juli 2020 von t3n.de: https://t3n.de/magazin/ganze-stadt-startup-shenzhen-silicon-valley-fuer-242485/

tagesschau.de (2020) Heil plant Recht auf Homeoffice. Zugegriffen: 10. Juli 2020 von tagesschau.de: https://www.tagesschau.de/inland/corona-homeoffice-heil-101.html

Tiedgen K (2020). Facebook-Boykott: Doppelmoral der Konzerne. Zugegriffen: 10. Juli 2020 von zdf.de: https://www.zdf.de/nachrichten/wirtschaft/facebook-boykott-ethik-100.html

van Ewijk S, Stegemann J (2020) Why we'll still need waste in a circular economy. Zugegriffen: 10. Juli 2020 von theconversation.com: https://theconversation.com/why-well-still-need-waste-in-a-circular-economy-136470

Wälde R (2019) Vom iPhone zum Shift (AA Jarosch, R Wälde Hrsg). EPOS 3:14

Walk Free Foundation (2018) Global slavery index. Nedlands, Australia. https://www.globalslaveryindex.org/2018/

Wikipedia (2020) Foxconn suicides. Zugegriffen: 10. Juli 2020 von wikipedia.org: https://en.wikipedia.org/wiki/Foxconn_suicides

Yong E (2020) How the pandemic will end – The U.S. may end up with the worst COVID-19 outbreak in the industrialized world. This is how it's going to play out. Zugegriffen: 10. Juli 2020 von theatlantic.com: https://www.theatlantic.com/health/archive/2020/03/how-will-coronavirus-end/608719/

# Arbeitsrechte in globalen Lieferketten – Impulse des Entwicklungspolitischen Netzwerks Hessen

Maria Tech und Andrea Jung

**Zusammenfassung**

Das Entwicklungspolitische Netzwerk Hessen e. V. (EPN Hessen) beschäftigt sich als Dachverband von mehr als 100 entwicklungspolitischen Organisationen und Initiativen seit seiner Gründung mit Arbeitsrechten in globalen Wertschöpfungsketten. Während es in diesem Kontext üblich ist, dass auf freiwillige Unternehmensverantwortung (CSR) als Lösungsstrategie verwiesen wird, stellt das EPN Hessen die Wirksamkeit solcher rein auf Freiwilligkeit beruhenden CSR-Aktivitäten angesichts der weiterhin stark auf der Ausbeutung von Mensch und Umwelt beruhenden Lieferketten grundlegend infrage. Aus dieser Perspektive beschreibt dieser Beitrag den Stand der Diskussion zu einer verbindlichen Regelung menschenrechtlicher Sorgfalt auf internationaler und nationaler Ebene und geht auf häufige Vorbehalte gegenüber dem angekündigten Sorgfaltspflichtengesetz für deutsche Unternehmen ein. Außerdem wird das EPN Hessen in seinem Engagement für einen Wandel hin zu mehr Gerechtigkeit und einer zukunftsfähigen, nachhaltigen Lebensweise beschrieben. Durch Bildungs- und Informationsarbeit sowie Beratung, Vernetzungsangebote sowie politisches Engagement regt das Netzwerk Veränderungen hin zu einer global gerechten Welt an. Das EPN Hessen unterstützt deshalb auch die Forderungen des Bündnisses „Initiative Lieferkettengesetz" für ein wirksames

M. Tech (✉)
Solidarisch handeln e. V./Weltladen Darmstadt, Darmstadt, Deutschland
E-Mail: maria.tech@epn-hessen.de

A. Jung
Entwicklungspolitisches Netzwerk Hessen e. V., Frankfurt am Main, Deutschland
E-Mail: andrea.jung@epn-hessen.de



A. Trischler und S. Böhling (Hrsg.), *CSR in Hessen*, Management-Reihe Corporate Social Responsibility, https://doi.org/10.1007/978-3-662-63004-4_31

Sorgfaltspflichtengesetz und ermutigt auch hessische Unternehmen, die Erfüllung menschenrechtlicher Sorgfaltspflichten als lohnende Herausforderung anzunehmen und ihre Gestaltungsmacht für eine Welt einzusetzen, in der wir alle gut leben können.

## 1 Wirtschaft und Menschenrechte – Status quo

Das Entwicklungspolitische Netzwerk (EPN) Hessen ist der Zusammenschluss von mehr als 100 entwicklungspolitischen Organisationen und Eine-Welt-Gruppen in Hessen. Der Dachverband beschäftigt sich seit seiner Gründung im Jahr 2004 mit Arbeitsbedingungen in globalen Wertschöpfungsketten. Einige der Mitgliedsorganisationen – darunter viele Weltläden (Fachgeschäfte für Fairen Handel) – engagieren sich bereits seit den 1970er-Jahren für menschenwürdige Arbeit weltweit. Hierbei zeigt sich immer wieder, dass Menschenrechte in globalen Lieferketten nicht verlässlich geachtet werden. Die bisherigen Strukturen und gesetzlichen Regelungen erweisen sich als unzureichend.

### 1.1 Ungleiche Lastenverteilung in globalen Lieferketten

Die Lieferketten vieler Produkte sind komplex und – das zeigte sich in der Coronakrise besonders deutlich – fragil. Die Krise verdeutlichte auch nochmals, wie die Kräfteverhältnisse in globalen Lieferketten gelagert sind. Nach dem Motto „Gewinne ja, Verantwortung nein" (Leifker 2019, S. 23) wälzten einige deutsche und europäische Unternehmen ihre Verluste auf die Schwächsten in der Lieferkette ab. So stornierten bereits im März 2020 Mode-Unternehmen allein in Bangladesch Bestellungen in Milliardenhöhe und verweigerten zunächst sogar die Zahlung für bereits produzierte Textilien (Paasch et al. 2020). Dieses Vorgehen, durch das im Globalen Süden massenhaft Arbeitende in die Armut entlassen wurden, steht beispielhaft für die ungerechte Lastenverteilung in globalen Lieferketten.

Die deutsche Wirtschaft ist international stark verflochten. Sowohl bei den Exporten als auch bei den Importen steht Deutschland hinter China und den USA weltweit an dritter Stelle (Statista 2020). Deutsche Unternehmen profitieren enorm von der Globalisierung. Mit der Auslagerung von besonders arbeitsintensiven und umweltzerstörerischen Produktionsschritten senken sie Kosten durch den Zugang zu günstigen Rohstoffen und gering bezahlten Arbeitskräften. Diese globale Ausrichtung stellt deutsche Unternehmen auch vor besondere Herausforderungen im Hinblick auf Umweltschutz und Menschenrechte. Denn Unglücke und Ausbeutung in Textilfabriken, Landvertreibungen und Kinderarbeit sind in globalen Lieferketten weiterhin an der Tagesordnung. Während Unternehmen Kosten sparen, entstehen im Zuge der wirtschaftlichen Aktivitäten kurz- wie langfristig enorme Kosten für die Menschen und Regierungen vor Ort. Billiglöhne, jederzeit kündbare Arbeitsverträge, produktionsbedingte Erkrankungen der Beschäftigten, Wasser- und Umweltverschmutzung werden als „externe" soziale und ökologische Kosten definiert und in die Produktionskosten der Waren nicht einbezogen. Viele Unternehmen profitieren auf diese Weise stark von der globalen Arbeitsteilung und weisen die Verantwortlichkeit für soziale und ökologische Folgekosten in Produktionsländern von sich.

Die Firmen verweisen gerne darauf, dass es Aufgabe des Produktionslandes sei, geltende Arbeits- und Umweltschutzbestimmungen durchzusetzen. Doch gerade Niedriglohnländer sind dazu in vielen Fällen nicht in der Lage, entweder weil die rechtsstaatlichen Strukturen zu schwach sind oder weil die finanziellen Mittel dazu fehlen und Nachteile im globalen Standortwettbewerb befürchtet werden. Deshalb ist es auch nicht überraschend, dass „wirtschaftliche Aktivitäten […] noch immer eine der Hauptursachen für Menschenrechtsverletzungen und Umweltzerstörungen [sind]" (Leifker und Schettler 2020, S. 263–264), wie auch regelmäßig Berichte aus Produktionsländern zeigen. Die Menschen, die in den Ländern des Globalen Südens am Anfang der Lieferketten leben und arbeiten, bekommen die Auswirkungen von mangelnden Arbeitsstandards, Umweltzerstörung und fehlender sozialer Absicherung besonders stark zu spüren.

## 1.2 Leitprinzipien für Wirtschaft und Menschenrechte

Um globale Mindeststandards zu definieren, die Unternehmen auch dann berücksichtigen müssen, wenn nationale Vorgaben fehlen oder nicht angemessen kontrolliert werden können, entwickelten die Vereinten Nationen (UN) die Leitprinzipien für Wirtschaft und Menschenrechte. Diese wurden 2011 einstimmig vom Menschenrechtsrat angenommen.

Die Leitprinzipien (DGCN 2020) beschreiben die grundsätzlichen Verpflichtungen und Verantwortlichkeiten zum Schutz der Menschenrechte. Dabei sehen sie nicht nur Staaten, sondern erstmals auch Unternehmen in der Pflicht, Menschenrechte zu achten. Die 31 Leitprinzipien gliedern sich in drei Säulen:

- Staatliche Schutzpflicht: Völkerrechtliche Pflicht des Staates zum Schutz der Menschenrechte – durch angemessene Politik, Regulierung und Rechtsprechung.
- Unternehmerische Verantwortung: Unternehmen haben eine eigenständige Verantwortung, Menschenrechte zu achten (menschenrechtliche Sorgfaltspflicht).
- Zugang zu Abhilfe für Betroffene: Staaten sollen Zugang zu gerichtlichen und außergerichtlichen Mitteln und Wiedergutmachung ermöglichen, Unternehmen sollen wirksame Beschwerdemechanismen einrichten.

Die menschenrechtliche Sorgfaltspflicht von Unternehmen wird anhand von operativen Prinzipien konkretisiert. Unternehmen sollen sich in einer Grundsatzerklärung zur Achtung der Menschenrechte bekennen und ein Verfahren einrichten, um potenzielle und tatsächliche menschenrechtliche Auswirkungen zu erkennen (Risikoanalyse). Sie sollen geeignete Präventions- und Abhilfemaßnahmen ergreifen und darüber Bericht erstatten.

Darüber hinaus sollen sie einen Beschwerdemechanismus einrichten, um Wiedergutmachung zu ermöglichen.

Die UN-Leitprinzipien für Wirtschaft und Menschenrechte bilden den zentralen internationalen Referenzrahmen für menschenrechtliche Sorgfaltspflichten von Unternehmen. Als Prinzipien bleiben sie jedoch rechtlich unverbindlich. Es fehlt an effektiven Durchsetzungsmechanismen und sanktionierbaren Regeln. Ihre Umsetzung soll durch sogenannte Nationale Aktionspläne (NAP) erfolgen, die – so die Idee – einen „smart mix" aus freiwilligen und verbindlichen Regeln beinhalten. Die meisten der bisher verabschiedeten Aktionspläne bleiben jedoch schwach im Hinblick auf verbindliche Vorgaben (DIHR o. J.; Leifker und Schettler 2020, S. 266). Auch der 2016 verabschiedete deutsche NAP enthält keine verbindlichen Elemente und setzt auf Freiwilligkeit. Allerdings sieht er vor, dass „weitergehende Schritte bis hin zu gesetzlichen Maßnahmen" geprüft werden sollen, wenn weniger als 50 % der in Deutschland ansässigen Unternehmen mit mehr als 500 Mitarbeitenden bis 2020 die Anforderungen erfüllen (AA 2017, S. 10). Im Juli 2020 wurden die Ergebnisse einer entsprechenden Unternehmensbefragung veröffentlicht und zeigten: Weniger als ein Fünftel der befragten Unternehmen kommen ihrer Sorgfaltspflicht nach (EY 2020). Die Bundesregierung kündigte daraufhin an – wie auch im Koalitionsvertrag 2018 vereinbart – gesetzgeberisch tätig zu werden. Die entscheidende Frage ist nun, wie weitreichend und wirksam das deutsche Sorgfaltspflichtengesetz wird.

Von zivilgesellschaftlicher Seite hat das breite Bündnis „Initiative Lieferkettengesetz" konkrete Forderungen hinsichtlich der Ausgestaltung des Gesetzes formuliert. Diese beziehen sich vor allem auf Aspekte, die die Wirksamkeit einer Regulierung sicherstellen sollen. Hierbei geht es beispielsweise um den Kreis von Unternehmen, für die das Gesetz gelten soll und um effektive Durchsetzungsmechanismen, zum Beispiel eine zivilrechtliche Haftung (ILG 2020a, b).

Viele Unternehmensverbände sprechen sich grundsätzlich gegen verbindliche Regelungen und Elemente aus, die die Wirksamkeit des Gesetzes erhöhen würden. Hierbei wird auch regelmäßig auf freiwillige Corporate Social Responsibility als adäquate Antwort auf die Herausforderungen in globalen Lieferketten verwiesen (BDI 2020; DIHK 2020).

## 2 Corporate Social Responsibility (CSR) – Nur ein Tropfen auf den heißen Stein?

### 2.1 Begriffsbestimmung – Die Frage der Freiwilligkeit

Unter den Begriff Corporate Social Responsibility (CSR) werden sehr unterschiedliche Aktivitäten und Themen gefasst. Weit verbreitet ist hierbei die Auffassung, dass es sich um lobenswerte, freiwillige Maßnahmen handelt. Diese Position nehmen auch die Spitzenverbände der deutschen Wirtschaft und die Bundesregierung ein (BDA et al. 2011; Bundesregierung 2011).

Die EU fasst den CSR-Begriff weiter und definiert CSR „als die Verantwortung von Unternehmen für ihre Auswirkungen auf die Gesellschaft". Zur Rolle des Staates heißt es: „Behörden sollten eine unterstützende Rolle spielen und dabei eine intelligente Kombination aus freiwilligen Maßnahmen und nötigenfalls ergänzenden Vorschriften einsetzen, die etwa zur Förderung der Transparenz und zur Schaffung von Marktanreizen für verantwortliches unternehmerisches Handeln beitragen und die Rechenschaftspflicht von Unternehmen sicherstellen sollen" (EU-Kommission 2011). Die EU geht hier mit dem Verweis auf gesetzliche Maßnahmen erstmalig über das Verständnis von CSR als rein freiwillige Maßnahmen von Unternehmen hinaus.

**Verständnisse der Reichweite des CSR-Begriffs**

**CSR als freiwilliges „Bonus"-Engagement**
Viele Unternehmen interpretieren CSR im Sinne einer freiwilligen Verantwortungsübernahme und fassen darunter Maßnahmen, die über gesetzliche Anforderungen hinausgehen. Zu den Beispielen von CSR-Aktivitäten innerhalb der Geschäftstätigkeit zählen etwa die Förderung der Vereinbarkeit von Beruf und Familie oder der Verzicht auf problematische Inhaltsstoffe. Klassische Beispiele für CSR außerhalb der eigenen Geschäftstätigkeit sind Spenden und Sponsoring. CSR im Sinne eines freiwilligen Engagements ist beliebt, weil solche Aktivitäten gut kommunizierbar und für Marketingzwecke nutzbar sind. Außerdem sind CSR-Maßnahmen außerhalb der eigenen Geschäftstätigkeit verhältnismäßig einfach umzusetzen und bedürfen kaum spezifischen Wissens.

**CSR als Vermeidung von Fehlverhalten und Pflicht zur Sorgfalt**
Weniger weit verbreitet – jedoch weitreichender und konsequenter – ist ein Verständnis von CSR als Vermeidung von Fehlverhalten. Unternehmen tun sich schwerer mit dieser Dimension von CSR, weil Maßnahmen zur menschenrechtlichen Sorgfalt mehr Einsatz, höhere Managementkompetenz und die Umgestaltung von organisationalen Strukturen erfordern. Darüber hinaus lassen sich eigentlich „selbstverständliche" Aspekte wie die Unterbindung von Menschenrechtsverletzungen oder Umweltschäden deutlich schlechter für Marketingzwecke nutzen als „zusätzliche" Maßnahmen im Sinne des freiwilligen CSR-Engagements. Konkrete Maßnahmen zur Vermeidung von Fehlverhalten sind zum Beispiel Risikomanagementsysteme, Verhaltenskodizes und Mechanismen zur Überprüfung der Einhaltung von Vorgaben.

Auch abgesehen von der Frage von Freiwilligkeit und Verbindlichkeit wird der Begriff CSR unterschiedlich verstanden und in der Praxis mit Leben gefüllt (Lin-Hi 2019a). Die Reichweite der Maßnahmen unterscheidet sich stark. Beliebt sind Instrumente, die leicht umzusetzen sind und den Eigeninteressen des Unternehmens dienen.

## 2.2 Unzulänglichkeiten freiwilliger CSR

Das Entwicklungspolitische Netzwerk Hessen setzt sich schon seit Jahren mit den Themen Unternehmensverantwortung sowie Sozial- und Umweltstandards in Produktions- und Lieferketten auseinander. Angesichts immer wieder vorkommender Verletzungen von Menschenrechten und Umweltverschmutzungen durch Wirtschaftsakteure stellt es Fragen wie: Wem dient CSR aktuell wirklich? Und hat freiwilliges Unternehmensengagement in den letzten Jahrzehnten zu weitreichenden Erfolgen hinsichtlich einer Verbesserung von Arbeitsrechten in globalen Lieferketten geführt?

Natürlich ist es begrüßenswert, dass es einzelne Vorreiter-Unternehmen gibt, die konsequente Maßnahmen ergreifen. Die Mehrzahl der CSR-Aktivitäten bleibt jedoch oberflächlich und entfaltet keine tiefgreifende Verbesserung hinsichtlich der Arbeitsrechte in globalen Lieferketten.

Unternehmen handeln vornehmlich gewinnorientiert – oft auf Kosten angemessener Löhne und zulasten von Arbeitsrechten und Umweltschutz. Auch im Fall von CSR-Aktivitäten stehen Eigeninteressen meist im Vordergrund. Ein Nutzen für die Gesellschaft wird zumeist nur dann erbracht, wenn sich das Unternehmen eigene Vorteile erwartet, zum Beispiel Reputations- und Risikomanagement, Kosteneinsparungen durch Materialeffizienz oder Mitarbeiterbindung (Curbach 2009, S. 175).

Ein Vorteil kann auch sein, von Verfehlungen abzulenken. Die Studie „Behind the mask" machte an den Beispielen Coca-Cola, Shell und British American Tobacco auf die Kluft aufmerksam, die zwischen einzelnen CSR-Maßnahmen und der sonstigen Wirtschaftsweise im gleichen Unternehmen besteht. CSR werde hier als „völlig unzureichende Antwort" genutzt, „um die [teilweise verheerenden] Auswirkungen zu verschleiern. Am meisten darunter zu leiden haben mittellose und schutzlose Menschen in Entwicklungsländern und die Umwelt, in der sie leben" (Christian Aid 2004, S. 2). CSR dient damit auch der Ablenkung von eigentlichen „Baustellen" des Unternehmens im Hinblick auf menschenrechtliche Sorgfaltspflichten und wird als Strategie genutzt, um Schönfärberei an der Oberfläche zu betreiben („Greenwashing").

CSR hat darüber hinaus eine politische Funktion. Unternehmen verweisen auf ihr tatsächliches oder symbolisches Engagement, um verbindlichen gesetzlichen Regulierungen vorzubeugen (Polotzek et al. 2020; Burkhardt 2017; BDA et al. 2020). Es gibt eine Reihe von Unternehmen, die leicht umzusetzende Maßnahmen ergreifen – seien es Spenden oder ein wohlklingender Verhaltenskodex – statt in ihrem Kerngeschäft konsequente Veränderungen vorzunehmen. Sie versuchen auf diese Weise verbindlichen Regelungen und „weitergehenden Ansprüchen kritischer bzw. betroffener Bevölkerungsgruppen auszuweichen und sich politisch-moralisch zu legitimieren" (Löding et al. 2007, S. 357). Damit wird freiwillige CSR als Ablenkungsmanöver Teil des Problems.

Solange es sich um freiwilliges Engagement handelt, bleibt CSR außerdem vorwiegend eine Anforderung für im Fokus der Öffentlichkeit stehende Unternehmen. Gesellschaftlichen Druck erfahren fast ausschließlich Unternehmen, die einen bekannten Markennamen tragen. Für spezialisierte Unternehmen, die als Zulieferer oder Dienstleister tätig sind, ergibt die Kosten-Nutzen-Rechnung häufig, dass es sich finanziell nicht lohnt, menschenrechtliche Sorgfaltspflichten zu erfüllen. Da diese kaum Reputationsverluste fürchten müssen, fehlt häufig der Anreiz, sich mit den tatsächlichen Zuständen in ihren Lieferketten auseinanderzusetzen. Hier können gesetzliche Vorgaben Druck ausüben und eine weitreichende Veränderung hin zu guter Arbeit in globalen Lieferketten bewirken. Zugleich würde eine Regulierung auch die Wettbewerbsbedingungen in diesem Bereich angleichen. Unternehmen, die – ob wertegetrieben oder aufgrund gesellschaftlichen Drucks – schon heute verantwortlicher handeln, müssten keinen finanziellen Nachteil mehr befürchten.

## 3 Zeit für einen verbindlichen Rahmen

Die Kernfrage bleibt: Wie kann es gelingen, dass Menschenrechte in globalen Lieferketten verlässlich geachtet und geschützt werden? Da CSR als freiwilliges Engagement bisher kaum zu tiefgreifenden Veränderungen beigetragen hat, drängt sich die Frage nach aussichtsreicheren Strategien auf. Die UN haben in ihren Leitprinzipien einen Mix aus freiwilligen und verbindlichen Maßnahmen empfohlen. Ist angesichts der offensichtlich unzureichenden freiwilligen Verantwortungsübernahme von Unternehmen nun endlich ein Paradigmenwechsel in Richtung wachsender rechtlicher Verbindlichkeit in Sicht?

### 3.1 Internationaler Trend zu mehr Verbindlichkeit

Die menschenrechtliche Regulierung von Unternehmen ist nichts grundsätzlich Neues. Bereits 2002 wurde per EU-Verordnung ein Zertifikationssystem für den internationalen Handel mit Blutdiamanten eingeführt (Kimberley-Prozess). Auch die USA legte 2010 mit dem Dodd-Frank-Act verbindliche Vorgaben zum Handel mit Konfliktmineralien fest. Mit der Verabschiedung der UN-Leitprinzipien für Wirtschaft und Menschenrechte im Jahr 2011 hat die Dynamik zu mehr Verbindlichkeit neuen Schwung erhalten. Seitdem haben eine Reihe von Staaten Gesetze erlassen, die zumeist einen thematischen Fokus haben (zum Beispiel Textilien, Kinderarbeit, moderne Sklaverei) und unterschiedlich strenge Durchsetzungsmechanismen (zum Beispiel Haftung, Bußgelder, Berichtspflichten) festlegen. Viele der Regulierungsansätze „gelten auch für ausländische Unternehmen, die in dem Staat Geschäfte treiben, eine Niederlassung unterhalten oder an einer Börse gelistet sind“ (Grabosch 2019, S. 4). In den meisten Fällen bezieht sich die Regulierung über die eigenen Ländergrenzen hinaus.

Zu den Ländern, die bereits Gesetze zu unternehmerischen Sorgfaltspflichten erlassen haben, zählen unter anderem Großbritannien (2015, moderne Sklaverei), Frankreich (2017, menschenrechtliche und umweltbezogene Sorgfalt) und die Niederlande (2019, Kinderarbeit).[1] Sie zeigen, dass es keineswegs Utopie bleiben muss, Unternehmen auch zu menschenrechtlichen Fragen zu regulieren. Deutschland hinkt hierbei aktuell noch hinterher (Stand 2020).

Auf EU-Ebene gibt es bereits verbindliche Vorgaben für den Handel mit Holz und mit Konfliktmineralien, die Sorgfaltspflichten für Unternehmen beinhalten sowie das CSR-Richtlinien-Gesetz. Eine umfassendere Regelung, die sich nicht nur auf einzelne Produktgruppen oder Berichtspflichten bezieht, wird auch auf EU-Ebene diskutiert. Im April 2020 kündigte EU-Justizkommissar Didier Reynders an, 2021 einen Gesetzesentwurf für ein europäisches Lieferkettengesetz vorlegen zu wollen: „Dieses solle Unternehmen zur Achtung von Menschenrechten und Umweltstandards in ihren Wertschöpfungsketten verpflichten und öffentlich-rechtliche Sanktionen ebenso wie Klagemöglichkeiten für Betroffene vorsehen.“ (ECCJ 2020) Wenn Deutschland als stärkste Wirtschaftsnation der EU ein Sorgfaltspflichtengesetz verabschiedet, das umfassend und wirksam ist, steigen auch die Chancen für eine ambitionierte europäische Regelung.

Auch auf internationaler Ebene gibt es Bestrebungen, die Aktivitäten transnationaler Unternehmen zu regulieren. Seit 2014 wird in einer zwischenstaatlichen Arbeitsgruppe über ein mögliches völkerrechtlich verbindliches Abkommen zu Wirtschaft und Menschenrechten verhandelt (UN-Treaty-Prozess). Deutschland und die EU haben in den Verhandlungsrunden bisher eine ablehnende Grundhaltung gezeigt. Es bleibt zu hoffen, dass sie diese aufgeben, wenn sie nun wie angekündigt eigene Sorgfaltspflichtengesetze erlassen.

## 3.2 Wachsende Zustimmung für gesetzliche Regelung

Die öffentliche Aufmerksamkeit und das gesellschaftliche Bewusstsein für das Zusammenspiel von Wirtschaft und Menschenrechten wachsen. Die Medien greifen die Untersuchungen von zivilgesellschaftlichen Organisationen zunehmend auf und berichten über Menschenrechtsverletzungen, die in Zusammenhang mit deutschen Unternehmen stehen (Löning 2017, S. 27). Immer mehr Verbrauchende legen Wert auf nachhaltige und menschenwürdige Produktionsbedingungen. Laut einer Erhebung ist es für 82 % der in Deutschland Befragten ein Kaufkriterium, inwieweit ein Unternehmen

[1] Eine aufschlussreiche vergleichende Analyse von elf Regulierungsansätzen zu menschenrechtlichen Sorgfaltspflichten legte Rechtsanwalt Robert Grabosch von der Rechtsanwaltskanzlei Schweizer Legal 2019 vor (Grabosch 2019).

Materialien, Produkte und Dienstleistungen verantwortungsvoll und fair beschafft (Edelmann 2019, S. 34). Jedoch fällt es Verbrauchenden in der Fülle der verschiedenen Gütesiegel schwer, deren Reichweite und Glaubhaftigkeit zu beurteilen. Überdies gibt es in vielen Produktbereichen bisher noch keine nachhaltigen Alternativen. Trotz einer relativ hohen Bereitschaft haben Verbrauchende mit ihren Kaufentscheidungen nur begrenzten Einfluss und können allein mit einer „Politik mit dem Einkaufskorb" keine tief greifenden Veränderungen erzielen. Folglich sehen viele den Gesetzgeber in der Pflicht, Unternehmen verbindlich zu regulieren. Laut einer repräsentativen Umfrage gaben 91 % der Befragten an, dass es Aufgabe der Politik sei, dafür zu sorgen, dass deutsche Unternehmen auch in ihren Auslandsgeschäften Menschenrechte und Sozialstandards achten. 75 % der Befragten sprachen sich für ein deutsches Lieferkettengesetz aus (infratest dimap 2020).

Seit September 2019 setzen sich mehr als 110 zivilgesellschaftliche Organisationen aus den Bereichen Menschenrechte, Umwelt, Entwicklungszusammenarbeit, Unternehmensverantwortung, Gewerkschaften und Kirche im Bündnis „Initiative Lieferkettengesetz" für ein nationales Sorgfaltspflichtengesetz ein. Das Bündnis stellt konkrete Forderungen hinsichtlich der Ausgestaltung des Gesetzes und strebt damit eine wirksame Regulierung von Unternehmen an (siehe Kasten). Für ihr Anliegen sammelte die Initiative Lieferkettengesetz im Rahmen einer Petition an Angela Merkel mehr als 222.000 Unterschriften.

**Erfolgsfaktoren für ein wirksames Sorgfaltspflichtengesetz**

Die Initiative Lieferkettengesetz hat unter anderem in einem ausführlichen Rechtsgutachten (ILG 2020b) konkretisiert, welche Elemente die Wirksamkeit eines Sorgfaltspflichtengesetzes sicherstellen können.

**Sorgfaltspflicht und Schutzgüter:**
Ein Gesetz muss Unternehmen dazu verpflichten, in der gesamten Wertschöpfungskette Sorgfalt in Bezug auf Menschenrechte, Arbeitnehmerbelange und Umwelt walten zu lassen. Hierfür darf das Gesetz nicht hinter die Anforderungen der UN-Leitprinzipien für Wirtschaft und Menschenrechte zurückfallen und muss sicherstellen, dass Unternehmen ihr Risiko analysieren, wirksame Maßnahmen ergreifen und darüber berichten. Die geforderten Sorgfaltspflichten orientieren sich am Grundsatz der Verhältnismäßigkeit, das heißt, die Maßnahmen sollen der Größe, dem Einfluss und dem Kontext der Geschäftstätigkeit des Unternehmens angemessen sein.

**Schwellenwert Mitarbeitende:**
Ein weiterer Aspekt betrifft den Kreis der Unternehmen, den das Gesetz erfassen soll, um einerseits sicherzustellen, dass es ausreichend Wirkung entfaltet und es

andererseits den Grundsatz der Verhältnismäßigkeit erfüllt. Wirtschaftsverbände fordern, dass das Gesetz nur für Unternehmen mit mehr als 5000 Mitarbeitenden gilt. Die Leitprinzipien sehen jedoch alle Wirtschaftsunternehmen in der Pflicht, „unabhängig von ihrer Größe, dem Sektor, dem sie angehören, ihrem operativen Umfeld, ihren Eigentumsverhältnissen und ihrer Struktur“ (DGCN 2020, S. 29). Die Initiative Lieferkettengesetz empfiehlt, dass das Gesetz für alle deutschen und in Deutschland tätigen Unternehmen gilt, die – unabhängig von ihrer Rechtsform – große Gesellschaften im Sinne des § 267 HGB sind. Vereinfacht gesagt, betrifft dies Unternehmen ab 250 Mitarbeitenden. Darüber hinaus soll das Gesetz auch für kleinere Unternehmen gelten, wenn sie in Sektoren mit großen Menschenrechtsrisiken tätig sind – etwa der Textilbranche, der Nahrungsmittel- oder Chemieindustrie – damit das Gesetz ausreichende Wirksamkeit entfalten kann. Kleinstunternehmen mit weniger als zehn Beschäftigten sollen nicht erfasst sein.

**Durchsetzungsmechanismen:**
Damit das Gesetz seine Wirkung im Rahmen des definierten Zwecks entfalten kann und kein „zahnloser Tiger“ wird, muss die Missachtung der Sorgfaltspflichten öffentlich-rechtliche Sanktionen nach sich ziehen. Das Bündnis fordert Bußgelder sowie den Ausschluss von öffentlichen Vergabeverfahren und von der Außenwirtschaftsförderung. Darüber hinaus soll das Gesetz eine zivilrechtliche Haftung von Unternehmen beinhalten: Es muss Betroffenen von Menschenrechtsverletzungen im Ausland die Möglichkeit geben, vor deutschen Gerichten Schadensersatz von Unternehmen einzuklagen, wenn sie keine angemessenen Sorgfaltsmaßnahmen ergriffen haben. Ein wirksames Lieferkettengesetz soll zudem eine Beweislastumkehr vorsehen. Danach müssen nicht die Betroffenen von Menschenrechtsverletzungen, sondern das beklagte Unternehmen die Einhaltung der Sorgfaltspflichten nachweisen.

Auch von Unternehmensseite wächst die Unterstützung für verbindliche Vorgaben. In einer gemeinsamen Stellungnahme sprachen sich 73 Unternehmen aus 10 Branchen für ein deutsches Sorgfaltspflichtengesetz aus. Sie argumentieren: „Eine gesetzliche Regelung menschenrechtlicher und umweltbezogener Sorgfaltspflichten würde zu Rechtssicherheit und gleichen Wettbewerbsbedingungen (‚level playing field‘) beitragen.“ (BHRRC 2020) Zu den Unterzeichnern der Stellungnahme gehören beispielsweise Tchibo, Rewe, KiK und Nestlé Deutschland. In einer Studie im Auftrag der EU bestätigten knapp 70 % der befragten Unternehmen mögliche Vorteile einer EU-weiten Regulierung durch die Schaffung gleicher Wettbewerbsbedingungen für alle (EU-Kommission 2020). Auch größere Wirtschaftsverbände können folglich nicht beanspruchen, für die gesamte Wirtschaft zu sprechen.

Die Regierungsparteien CDU und SPD haben sich auf ihren Parteitagen ebenfalls hinter eine gesetzliche Regelung gestellt (CDU 2019; SPD 2019). Die Bundesminister Gerd Müller (CSU, Bundesministerium für wirtschaftliche Zusammenarbeit und Entwicklung) und Hubertus Heil (SPD, Bundesministerium für Arbeit und Soziales) sprachen sich wiederholt für ein starkes Sorgfaltspflichtengesetz aus (Schwenck 2019; Küstner 2020).

## 4 Herausforderungen und Vorbehalte auf dem Weg zur Umsetzung überwinden

Neben der wachsenden Zustimmung für verbindliche Sorgfaltspflichten gibt es auch kritische Stimmen – vor allem von Teilen der Wirtschaft – die sich gegen eine gesetzliche Regulierung aussprechen bzw. Elemente zur Sanktionierung von Gesetzesverstößen ablehnen. Eine Reihe von häufig vorgebrachten Sorgen und Vorbehalten wird im Folgenden diskutiert.

**Besteht überhaupt eine Notwendigkeit für ein Sorgfaltspflichtengesetz?**
Dass eine gesetzliche Vorgabe von Sorgfaltspflichten notwendig ist, wird zuweilen grundsätzlich infrage gestellt. Hierbei wird konstatiert, dass deutsche Unternehmen bereits nach hohen Menschenrechtsstandards arbeiten würden. Fakt ist jedoch, dass konsequent verantwortungsvoll handelnde Unternehmen in der Minderheit sind. Das zeigten auch die Ergebnisse des NAP-Monitorings und einer EU-Studie deutlich, wonach weniger als ein Fünftel der befragten Unternehmen ihrer menschenrechtlichen Sorgfaltspflicht ausreichend nachkommen (EY 2020; EU-Kommission 2020). Darüber hinaus offenbaren Bilder und Berichte aus der Produktion unserer Konsumgüter immer wieder, dass ausbeuterische Arbeitsbedingungen und die Zerstörung von Lebensgrundlagen für die Rohstoffgewinnung trauriger Alltag sind. Die 280 öffentlich gewordenen Menschenrechtsvorwürfe gegen deutsche Unternehmen, die das Business & Human Rights Resource Centre seit 2005 registriert hat, sind nur die Spitze des Eisbergs (Wilks und Blankenbach 2020). Auch Auditprogramme und Siegel werden erstens nur von einem kleinen Teil der Unternehmen genutzt und sind zweitens keine ausreichend wirksame Strategie im Bemühen um den Schutz von Menschenrechten. Zum einen beziehen sie sich oftmals nur auf einen Teilbereich der Menschenrechte und der Lieferkette und zum anderen hat sich gezeigt, dass auch externe Prüfungen (Audits) Menschenrechtsverletzungen nicht zuverlässig aufdecken können (CCC 2019; Lin-Hi 2019b; Burkhardt 2017).

**Ist es nicht Sache der Nationalstaaten statt der Unternehmen, Menschenrechte zu schützen?**
Eine verbindliche Regulierung von Unternehmen wird auch mit dem Argument abgelehnt, dass Menschenrechtsschutz Sache des Staates sei und nicht auf Unter-

nehmen „abgewälzt“ werden dürfe. Die eingangs beschriebenen UN-Leitprinzipien machen deutlich, dass Sorgfaltsplichten sowohl von Nationalstaaten als auch von Unternehmen umgesetzt werden müssen. Auf die konkrete Gestaltung und die Zustände von globalen Lieferketten haben Staaten einen deutlich geringeren Einfluss als diejenigen Unternehmen, die sie geschaffen haben. Was Staaten jedoch tun können, ist – und das beschreiben auch die UN-Leitprinzipien – ihre Schutzpflicht über das Instrument verbindlicher Regulierung auszuüben und auf diese Weise Unternehmen zu verpflichten, in ihrem Einflussbereich tätig zu werden. Auch das Argument, dass Menschenrechtsschutz in der Souveränität der einzelnen Staaten liege, ist irreführend, da einige Länder aufgrund von schwacher Rechtsstaatlichkeit, unzureichenden Finanzmitteln und unter dem Druck des Standortwettbewerbs dazu nicht in der Lage sind. Hier sind stark von der Globalisierung profitierende Länder wie Deutschland in der Pflicht, dem Unterbietungswettlauf („race to the bottom“) durch menschenrechtsbasierte Regeln für Unternehmen Einhalt zu gebieten und Leitplanken zu definieren. Die UN-Leitprinzipien für Wirtschaft und Menschenrechte heben hervor, dass die Anstrengungen von Regierungen und Unternehmen Hand in Hand gehen müssen. Keine Seite darf sich hier der Verantwortung entziehen.

**Ist die Überprüfung der Lieferketten für Unternehmen überhaupt machbar?**
Eine weitere Kritik betrifft die Befürchtung, dass die Überprüfung der häufig hochkomplexen Lieferketten nicht möglich bzw. zu aufwendig sei, was vor allem für kleine und mittlere Unternehmen eine unangemessene Belastung darstelle. Es erfordert tatsächlich Einsatz, die eigenen – im Übrigen selbst gestalteten – Lieferketten im Hinblick auf menschenrechtliche Risiken zu durchleuchten. Für andere Aspekte, wie zum Beispiel detaillierte Standards für Sicherheit und Qualität, wird der Aufwand jedoch nicht infrage gestellt, weil diesen im Unternehmen eine höhere Priorität gegeben wird. Es geht hier demnach nicht darum, ob es zu anspruchsvoll, kostspielig oder aufwendig ist, sondern vielmehr um die Frage, welche Wichtigkeit fundamentalen Menschenrechten eingeräumt wird. Sobald Unternehmen sich – ob freiwillig oder verpflichtet – auf den Weg machen, menschenrechtliche Sorgfaltspflichten zu erfüllen, werden sie Wege finden. Hierbei gibt es bereits hilfreiche Unterstützung, die Unternehmen den Begriff der Menschenrechte und die sich daraus für sie ergebenden Sorgfaltspflichten näherbringen. Hierzu gehören allgemeine Orientierungshilfen, Leitfäden, Schritt-für-Schritt-Anleitungen, Hilfestellungen für die Risikoanalyse oder Schulungen, die teilweise speziell auf die Anforderungen kleiner und mittelständischer Unternehmen zugeschnitten sind (zum Beispiel BHRCC 2016; DGCN 2012, 2015; GIZ und BMZ 2020; MVO Nederland 2020; Umweltbundesamt 2017). Auch Brancheninitiativen können hilfreich sein, um Kräfte zu bündeln, Synergien zu nutzen und ausreichend Einfluss zu erreichen, um die Bedingungen in globalen Lieferketten gemeinsam zu verbessern (Econsense 2017, S. 14). Darüber orientieren sich die geforderten Sorgfaltspflichten am Grundsatz der Verhältnismäßigkeit, wonach die Maßnahmen der Größe, dem Einfluss und dem Kontext der Geschäftstätigkeit des Unternehmens angemessen sein müssen.

**Führt ein Sorgfaltspflichtengesetz zu Wettbewerbsnachteilen für die deutsche Wirtschaft?**

Zu den häufig vorgebrachten Kritikpunkten gehört auch die Annahme, dass ein Sorgfaltspflichtengesetz für die deutsche Wirtschaft zum Wettbewerbsnachteil würde, was gerade in Krisenzeiten wie der aktuellen Covid-19-Pandemie eine zu vermeidende zusätzliche Belastung für deutsche Unternehmen wäre. Gegen diese Bedenken lasst sich mit Bezug auf unterschiedliche Studien einwenden, dass die Einhaltung menschenrechtlicher Sorgfaltspflichten positive Effekte haben kann, wie zum Beispiel erhöhte Arbeitsleistung und -qualität, höhere Zuverlässigkeit und Planbarkeit (Lin-Hi 2019b, S. 51–53). Zudem werden weitere mögliche Vorteile angeführt, wie widerstandsfähigere Lieferketten, verbessertes Risikomanagement, Schutz der Reputation, Gewinnung von Nachwuchskräften oder zuverlässigere Lieferantenbeziehungen (Quiachon und Much 2019). Insofern lassen sich die Anstrengungen von Unternehmen in die Einhaltung menschenrechtlicher Sorgfaltspflichten auch als „langfristige Investition in die zukünftige Geschäftsfähigkeit sehen" (Quiachon und Much 2019, S. 39). Davon sind auch viele Unternehmen überzeugt, die bereits begonnen haben, sich mit menschenrechtlichen Sorgfaltspflichten auseinanderzusetzen – darunter der hessische mittelständische Betrieb Haas & Co Magnettechnik (F.A.Z Business Media 2020). Es lohnt sich in Betracht zu ziehen, dass verbindliche Vorgaben für alle Akteure Mehrwert schaffen können, etwa indem sie klare Erwartungen definieren, Rechtssicherheit schaffen und öffentliches Vertrauen stärken.

Darüber hinaus gibt es in mehreren europäischen Ländern bereits Sorgfaltspflichtengesetze und „es ist nicht ersichtlich, dass die in anderen Ländern existierenden Regelungen für die dortigen Unternehmen zu Wettbewerbsnachteilen geführt hätten" (ILG 2020c, S. 5).

**Hätte ein Sorgfaltspflichtengesetz negative Auswirkungen im Globalen Süden?**

Gegen eine gesetzliche Regelung wird auch das Argument vorgebracht, dass sich Unternehmen aufgrund dieser aus Produktionsländern zurückziehen bzw. dort weniger investieren und sich ein Sorgfaltspflichtengesetz daher nachteilig auf Länder des Globalen Südens auswirken würde. Zunächst einmal zeigt eine solch zynische Argumentation die Schieflagen im globalen Wirtschaftssystem deutlich auf: Denn demnach investieren Unternehmen nur dann in Entwicklungsländern, wenn sie Menschenrechte und Umweltschutz straffrei vernachlässigen und verletzen können. Solche Investitionen richten vor Ort viel Schaden an und genau dieser Praxis muss entgegengewirkt werden. Ein starkes Sorgfaltspflichtengesetz sorgt dafür, dass Unternehmen grundlegende Sozial- und Umweltstandards in ihren globalen Lieferketten einhalten müssen. Das ist kein Nachteil, sondern ein wirksamer Beitrag zum Abbau vorhandener Ungleichheiten und Ausbeutungsverhältnisse und damit für nachhaltigere und selbstbestimmtere Entwicklungen im Globalen Süden.

Diese Argumentation überzeugt auch deshalb nicht, weil bei der Standortwahl neben geringen Produktionskosten weitere Faktoren eine Rolle spielen, etwa politische und wirtschaftliche Stabilität, Infrastruktur und potenzielle Absatzmöglichkeiten. Darüber hinaus gibt es Rohstoffe, wie Coltan oder Kakao, bei denen deutsche Unternehmen nicht ohne Weiteres auf andere Länder ausweichen können.

**Müssen Verbrauchende höhere Preise befürchten?**

Kritisierende eines Sorgfaltspflichtengesetzes warnen außerdem vor steigenden Warenpreisen durch höhere Produktionskosten. Doch das ist nicht zwangsläufig der Fall. Die Preisentwicklungen hängen auch davon ab, inwieweit Unternehmen höhere Kosten auf den Endpreis und damit auf die Verbrauchenden umlegen oder ob sie bereit sind, stattdessen eine geringere Gewinnmarge anzusetzen. Im Allgemeinen ist davon auszugehen, dass die Mehrkosten für Unternehmen überschaubar sind. Beispielsweise beträgt der Lohnanteil des Endpreises für Textilien durchschnittlich nur 1 bis 2 %. Die WirtschaftsWoche schätzte 2017, dass die Mehrkosten für faire Rohstoffe – Stahl, Kupfer, Platin – für ein Auto mit einem Kaufpreis von 25.000 Euro ungefähr 60 Euro betragen würden, das entspricht einem Anteil von 0,2 % (WirtschaftsWoche 2017). Über höhere Lohn- oder Materialkosten hinaus können auch Personalkosten für die Durchführung von Risikoanalysen und die Einführung geeigneter Maßnahmen anfallen. Bei all diesen „Mehrkosten" gilt jedoch, dass diese de facto bestehen und „externalisiert" in Form von Schäden an Mensch und Umwelt in den Produktionsländern zu Buche schlagen. Insofern würde ein starkes Sorgfaltspflichtengesetz lediglich dazu beitragen, dass diese externalisierten Kosten von den verursachenden Unternehmen getragen werden bzw. eingepreist werden und Preise im Sinne einer „Kostenwahrheit" die tatsächlichen Belastungen angemessener widerspiegeln.

**Sind Haftungsregeln ein unkalkulierbares Risiko für Unternehmen?**

Einige Wirtschaftsverbände wenden sich auch vehement gegen ein zentrales Element für die Wirksamkeit eines Sorgfaltspflichtengesetzes: Sie wollen nicht, dass Unternehmen für Menschenrechtsverletzungen im Ausland zivilrechtlich haften müssen. Sie befürchten unüberschaubare Haftungsrisiken und behaupten, dass Unternehmen Verantwortung für Schäden übernehmen müssten, auf die sie keinen Einfluss hätten (Specht 2019). Die Initiative Lieferkettengesetz stellte daraufhin in einem Faktencheck klar, dass ein Gesetz nach Vorstellung des Bündnisses nur zu einer Haftung führen würden, wenn Unternehmen „ihre eigenen Sorgfaltspflichten verletzt haben und dadurch kausal ein Schaden entstanden ist, den sie vorhersehen und mit angemessener Sorgfalt hätten vermeiden können" (ILG 2020c, S. 6). Darüber hinaus ist sowohl im Rechtsgutachten der Initiative (ILG 2020b) als auch in den Eckpunkten für ein Sorgfaltspflichtengesetz vom März 2020 (BMZ und BMAS 2020) nur eine zivilrechtliche und keine strafrechtliche Verfolgung angestrebt. Die Behauptung von Arbeitgeberpräsident Ingo Kramer, dass Unternehmende „mit beiden Beinen im Gefängnis" stünden (Specht 2019), ist also nicht haltbar. Realistisch betrachtet – und das zeigen auch die Erfahrungen mit dem französischen Gesetz – wird sich die Haftung „aller Wahrscheinlichkeit nach auf wenige und schwerwiegende Einzelfälle beschränken, bei denen Sorgfaltspflichten eindeutig missachtet wurden" (ILG 2020c, S. 6). Ein Sorgfaltspflichtengesetz soll vor allem präventiv wirken, indem Unternehmen effektive Risikomanagementsysteme aufbauen, sodass kein Anlass für Schadensersatzklagen entsteht.

## 5 Arbeit des EPN Hessen

Das Entwicklungspolitische Netzwerk Hessen e. V. versteht sich als unabhängiger Dachverband entwicklungspolitischer Organisationen und Eine-Welt-Gruppen in Hessen. Der gemeinnützige Verein mit Sitz in Frankfurt am Main stärkt die Arbeit der über 100 Mitglieder sowie darüber hinaus bürgerschaftliches Engagement durch Beratung, Vernetzung sowie Informations- und Weiterbildungsangebote. Mithilfe von Bildungs-, Informations- und Öffentlichkeitsarbeit fördert das Netzwerk die allgemeine Bewusstseinsbildung zu Eine-Welt-Themen sowie den gesellschaftlichen Dialog.

Das EPN Hessen bündelt Anliegen und Ziele, vertritt zivilgesellschaftliche Interessen und berät politische Entscheidungsträgerinnen und -träger sowie Verbände. Es handelt nach dem Leitbild „Global vernetzt – lokal aktiv" und strebt einen Wandel hin zu mehr Gerechtigkeit und einer zukunftsfähigen, nachhaltigen Lebensweise an (EPN Hessen 2018a, b).

Das Thema der Menschenrechte und insbesondere auch der Menschen- und Arbeitsrechte in Wirtschaftsbeziehungen sowie Sozial- und Umweltstandards in globalen Wertschöpfungsketten gehört seit der Gründung im Jahr 2004 zu den Kernthemen des EPN Hessen. Zahlreiche Mitgliedsgruppen im Netzwerk unterhalten partnerschaftliche Beziehungen zu Initiativen und Organisationen im Globalen Süden. Sie erfahren so aus erster Hand, was es bedeutet, wenn Produktionskosten entlang der globalen Produktions- und Lieferketten dorthin „externalisiert" werden. Etwa wenn dort Pestizide vertrieben und eingesetzt werden, die in Europa aus guten Gründen schon längst verboten sind. Oder wenn Rohstoffabbau dazu führt, dass vor Ort die Umwelt zerstört und das lebenswichtige Trinkwasser für Mensch und Tier dauerhaft verschmutzt oder gar vergiftet wird, weil keine Maßnahmen dazu ergriffen wurden, um dies zu verhindern. Sie erleben es mit, wenn Verletzte oder Angehörige von Todesopfern, wie etwa nach dem Einsturz der Textilfabrik Rana Plaza in Bangladesch, aufgrund von fehlenden rechtlichen Rahmenbedingungen bestenfalls darauf hoffen können, minimale Entschädigungen zu erhalten. Und dass sie hierfür auf die Unterstützung von transnationalen zivilgesellschaftlichen Netzwerken, die mit viel vereinter Kraft und langem Atem über gezielte Kampagnenarbeit genügend Druck aufbauen, angewiesen sind.

Als zivilgesellschaftliches Netzwerk fordern wir ein, dass die Globalisierung unseres Wirtschaftssystems endlich konsequent im Sinne global einklagbarer sozialer und ökonomischer Menschenrechte reguliert wird. Deshalb machen wir immer wieder auf die verdrängten „externen" Kosten unserer Lebensweise aufmerksam und thematisieren bestehende Missstände und globale Ungleichheiten zwischen wie auch innerhalb der nationalen Grenzen unserer Einen Welt. Dabei bemühen wir uns um den Dialog mit Akteurinnen und Akteuren sowie Aktivistinnen und Aktivisten im Globalen Süden und darum, dass deren Wissen und ihre Kritiken hier vor Ort zur Kenntnis genommen werden. Genauso wichtig ist uns aber auch, hier vor Ort Wissen und Bewusstsein für globale Zusammenhänge zu vermitteln und Möglichkeiten aufzuzeigen, durch individuelles oder kollektives Handeln Verantwortung zu übernehmen und zu mehr Gerechtigkeit beizutragen.

Im Folgenden wird ein Einblick gegeben in die Aktivitäten des Netzwerks zu diesen Fragen.[2]

## 5.1 Wissen, Bewusstsein und Handlungsoptionen

Die Bildungs- und Informationsarbeit des EPN dient der Wissensvermittlung, der Sensibilisierung sowie dem Aufzeigen vorhandener Handlungsoptionen, unter anderem zu Themen wie Weltwirtschaft und (Neo-)Kolonialismus. Mit dieser Arbeit wendet sich das Netzwerk ebenso an die breite Öffentlichkeit wie auch an Schülerinnen und Schüler sowie Jugendliche, Interessierte und Aktive aus Verbänden, Politik, Kommunen und aus der Wirtschaft.

Mit Bildungsangeboten wie der Ausstellung „Hessen fairändert", einem Kooperationsprojekt des EPN Hessen mit Weltläden in Hessen e. V., werden globale Produktions- und Handelsbeziehungen exemplarisch an einzelnen Produktgruppen wie IT, Textil oder auch Kakao in einer Perspektive veranschaulicht, welche die verdrängten Kosten unseres Wirtschaftens und Konsumierens vom Rohstoff bis zum Endprodukt aufzeigt. Gleichzeitig verweist die Ausstellung auch auf Vorreiter und Alternativen und zeigt damit Handlungs- und Veränderungsansätze für konkretes Engagement auf. Begleitend vermittelt das EPN Hessen ausgebildete Referierende für Ausstellungsführungen oder Workshops mit Produktfokus sowie zu Themen wie Post-Wachstum oder moderne Sklaverei.

Der Zielgruppe der Jugendlichen bringt die seit 2010 bereits mehrmals aufgelegte Broschüre „Fairrückte Welt: Infos und Aktionen für Jugendliche" die Themen Fairer Handel, nachhaltige Produktions- und Konsummuster näher und will damit zu bewussterem Handeln im Alltag einladen (EPN 2013). Das Verstehen globaler Zusammenhänge sowie die Reflexion von Arbeitsbedingungen und Fragen der nachhaltigen Beschaffung bietet die „Handreichung Globales Lernen in der kaufmännischen Ausbildung" (EPN 2015), mit dem sich das EPN, ebenso wie mit verschiedenen Workshops zu globalen Perspektiven auf das zukünftige Berufsfeld, gezielt an Auszubildende richtet. Über den monatlichen Newsletter und die sozialen Medien werden Informationen einem breiten Publikum zugänglich gemacht.

[2] Das Netzwerk befasst sich darüber hinaus intensiv mit weiteren Themen, insbesondere mit den Sustainable Development Goals (SDGs), Diaspora, Migration, Nord-Süd-Dialoge und Partnerschaftsarbeit, Globales Lernen, Transformativer Bildung und Postkolonialen Perspektiven.

## 5.2 Fachliche Diskussionen und transnationale Dialoge

Um das Bewusstsein und Engagement für Themen globaler Zusammenhänge zu stärken, organisiert das EPN Hessen zudem eine Reihe von Veranstaltungen wie Vorträge, Film- und Diskussionsveranstaltungen, Ausstellungen, Fortbildungen, Fachtagungen und Vernetzungstreffen. Mit Bezug auf das Konzept der „decent work" der Internationalen Arbeitsorganisation (ILO) wurde eine Ringvorlesung zum Thema „Gute Arbeit weltweit" (2011) an der Universität Frankfurt organisiert sowie darauf aufbauend eine gleichnamige Broschüre erstellt (EPN 2012). In den letzten Jahren organisierte EPN Hessen in Zusammenarbeit mit verschiedenen Stakeholdern unter anderem zwei Runde Tische zur globalen Verantwortung hessischer Unternehmen, bei denen Unternehmen, die sich auf den Weg gemacht hatten, als gute Beispiele vorgestellt wurden. Eine Fachdiskussion zur Rohstoffförderung im Globalen Süden mit Beteiligung des Wirtschaftsministeriums, eines Minenunternehmens und einer Nichtregierungsorganisation traf auch bei Unternehmen und EZ-Beratern auf großes Interesse. Zum 100. Jubiläum der ILO 2019 griffen wir das Thema „gute Arbeit" in einer gemeinsamen Veranstaltungsreihe mit dem Deutschen Gewerkschaftsbund (DGB) und der Akademie Rabanus Maurus im Frankfurter Haus am Dom wieder auf und legten dabei besonderes Augenmerk auf die Auswirkungen der Digitalisierung auf die Deregulierung des globalen Arbeitsmarktes.

Ein weiter wichtiger Bestandteil unserer Arbeit stellt außerdem der direkte Dialog mit Aktivistinnen und Aktivisten aus dem Globalen Süden dar, sei es im Rahmen einer Fachkonferenz zu nachhaltiger Beschaffung oder im Rahmen von Rundreisen, zum Beispiel mit Textilarbeitenden aus Indien, Aktivistinnen und Aktivisten der Asian Floor Wage Campaign, Umweltaktivistinnen und Aktivisten aus Honduras oder Gewerkschaftsvertretende aus China und Indonesien.

## 5.3 Advocacy und Interessenvertretung für globale Menschenrechte

Auf Bundesebene engagiert sich das EPN Hessen bereits seit vielen Jahren in dem zivilgesellschaftlichen „Netzwerk für Unternehmensverantwortung" (CorA), beteiligt sich an Diskussionen, gemeinsamen Kampagnen oder auch Rundreisen von Aktivistinnen und Aktivisten aus dem Globalen Süden. CorA arbeitet kontinuierlich zu internationalen Diskussionen rund um Wirtschaft und Menschenrechte, begleitet kritisch die Umsetzung von entsprechenden UN-Leitlinien auf europäischer wie nationaler Ebene und beobachtet richtungsweisende Initiativen und strafrechtliche Verfahren in anderen Ländern. CorA ist ebenso wie auch die Arbeitsgemeinschaft der Eine-Welt-Landesnetzwerke in Deutschland (agl e. V.), zu denen auch das EPN Hessen gehört, Mitglied der bundesweiten „Initiative Lieferkettengesetz". So ist es naheliegend, dass sich das EPN Hessen auch auf Landesebene aktiv in der hessischen Steuergruppe der Initiative Lieferkettengesetz einbringt, um auch lokale Akteurinnen und Akteuren in ihrem Engagement für menschenrechtliche Sorgfaltspflichten zu unterstützen und das Thema vor Ort zu verbreiten. Die Aktivitäten der hessischen Steuergruppe zeigen Handlungsfelder und Beteiligungsmöglichkeiten auf, zum Beispiel über die Teilnahme an Petitionen, öffentliche Straßenaktionen oder die Ansprache von Abgeordneten. Die Initiative bemüht sich um gezielte Ansprache und Einbindung unterschiedlicher Stakeholder-Gruppen, darunter auch Unternehmen und Unternehmensverbände, um deren Positionen kennenzulernen und für Unterstützung zu werben.

Neben zwei Workshops für zivilgesellschaftlich Aktive und Interessierte zur „Initiative Lieferkettengesetz" fanden deshalb 2019 und 2020 auch öffentliche Diskussionsveranstaltungen zum Thema menschenrechtliche Sorgfaltspflichten mit Vertretenden aus Politik, Wirtschaft, Handelsverbänden, Gewerkschaften und Zivilgesellschaft statt, um so den notwendigen Dialog zwischen verschiedenen Interessensgruppen zu ermöglichen. Die Veranstaltungen werden zumeist gemeinsam mit Mitgliedsorganisationen und/oder Kooperationspartnerinnen und -partnern geplant und durchgeführt.

## 5.4 Beschaffung als Thema für Land, Kommunen, Verbände und Unternehmen

Dem Thema der nachhaltigen Beschaffung kommt als „Pull Faktor" in Sachen Sozial- und Umweltstandards eine besondere Bedeutung zu, weshalb es in der Arbeit vom EPN Hessen und dem hessischen Eine-Welt-Promotor*innen-Programm eine prominente Rolle einnimmt.

Auf Landesebene beteiligte sich das EPN Hessen durch Beratung am Projekt „Nachhaltige Beschaffung in Hessen" und engagierte sich auch regelmäßig in den unterschiedlichen Lenkungskreisen und Steuerungsgruppen der Nachhaltigkeitsstrategie des Landes. Auch die regelmäßig angefragten Stellungnahmen zu den Gesetzentwürfen verschiedener Landtagsfraktionen zum hessischen Tariftreue- und Vergabegesetz gehören zu den Beratungsleistungen unseres Netzwerks. Gleichwohl sehen wir im Hinblick auf das geltende Vergabegesetz noch deutliche Verbesserungsmöglichkeiten. Deshalb arbeitet das EPN Hessen in dem zivilgesellschaftlichen Zusammenschluss „Bündnis für eine faire Vergabe in Hessen" und fordert einen global und umweltgerechten öffentlichen Einkauf in Hessen. Das Bündnis setzt sich für vergaberechtliche Regelungen ein, die wirksam dafür sorgen, dass öffentliche Mittel nur für Produkte eingesetzt werden, die – mindestens – grundlegende Sozial- und Umweltstandards erfüllen. Um die Umsetzung einer nachhaltigen öffentlichen Beschaffung in der Praxis zu unterstützen und Beschaffungsstellen zu entlasten, sollte das Land Hessen auch ausreichende Schulungs-, Beratungs- und Servicekapazitäten für Beschaffende bereitstellen. Empfohlen wird auch eine landesweite Service- oder Kompetenzstelle für nachhaltige Beschaffung, welche die Einrichtungen der öffentlichen Hand in Hessen in allen relevanten Fragen berät und positive Beispiele verbreitet. Auf diese Weise können öffentliche Institutionen ihre Einkaufsmacht einsetzen und ihrer globalen Verantwortung und Vorbildfunktion gerecht werden.

Auch auf kommunaler Ebene stößt das Thema auf immer größeres Interesse. Die hessische Fachpromotorin für Fairen Handel und nachhaltige Beschaffung bietet hier gezielte Beratungen und einen Newsletter an. Darüber hinaus ist sie an der Organisation von jährlich stattfindenden Vernetzungstreffen für interessierte und engagierte hessischen Kommunen beteiligt[3], bei denen unter anderem Impulse zum sozial-ökologischen öffentlichen Einkauf gegeben werden. Das EPN Hessen bringt sich auch in gemeinsame Projekte mit Kommunen, Verbänden und Unternehmen ein, wie etwa die Gründung der fairen Metropolregion Rhein.Main.Fair, die sich zunehmend mit dem Thema kommunale Beschaffung befasst.

Auch Unternehmen werden auf Anfrage zu Fragen des nachhaltigen Einkaufs und menschenrechtlicher Sorgfaltspflichten in Lieferketten beraten. So zum Beispiel in Form von Einzelberatungen oder Onlinevorträgen anlässlich des Tags der Nachhaltigkeit der Industrie- und Handelskammer Darmstadt und anlässlich eines Workshops des Netzwerks Ökoprofit Rhein-Main.

## 5.5 Projekte konkreter Solidarität im Netzwerk

Das EPN Hessen leistet in seinem Engagement auch „politische Arbeit, indem es Missstände benennt, Kritik formuliert sowie Veränderungen hin zu einer solidarischen und global gerechten Welt anregt und in konkreten Projekten umsetzt" (EPN Hessen 2018a). Alle Teile des Netzwerks, von Mitgliedsgruppen über Vorstand und Mitarbeitenden, bringen sich auf unterschiedliche Weise für eine global nachhaltige Entwicklung ein.

Die konkrete Nord-Süd- und Süd-Süd-Projektarbeit im Netzwerk wird unter anderem von den zahlreichen Weltläden geleistet, die sich für den Fairen Handel entlang der Produktions- und Lieferketten einsetzen. Sie vertreiben nicht nur fair produzierte und gehandelte Produkte in den Fachgeschäften für Fairen Handel, sondern zählen häufig auch zu den tragenden Säulen lokaler Fair-Trade-Town-Initiativen und bieten Bildungsangebote zu verschiedenen Themen an. Im Netzwerk finden sich auch Direktimporteure wie etwa Banafair, das seit Jahren verlässliche Beziehungen zur Bananenproduzierenden in Zentralamerika unterhält und sich überdies in der Kampagne „Make Fruit fair!" engagiert. Einige Gruppen begleiten Freihandelsprozesse, zum Beispiel zwischen der EU und verschiedenen Ländern im Globalen Süden, kritisch und setzen sich für sogenannte Menschenrechtsklauseln als verbindliche Bestandteile der Handelsabkommen ein. Andere Initiativen und Nichtregierungsorganisationen unter-

[3] Viele davon sind als Fairtrade-Towns (www.fairtrade-towns.de) ausgezeichnet und fördern in diesem Rahmen den fairen Handel auf kommunaler Ebene.

stützen bundesweite Kampagnen, in denen die Verfolgung und Ermordung von Gewerkschafterinnen und Gewerkschaftern, Umwelt- oder Menschenrechtsaktivistinnen und -aktivisten oder auch der Export von Waffen in Kriegs- und Krisengebiete angeklagt und zur Aufklärung gedrängt wird. Die Mitgliedsgruppe medico international engagiert sich seit Jahren zu Themen wie Rohstoffförderung in Krisengebieten und beteiligte sich an der Kampagne zur Entschädigung der Opfer von Rana Plaza. Begleitet wird dieses Engagement durch gemeinsame Veranstaltungen, Kampagnen, Öffentlichkeitsarbeit und Forderungen gegenüber Politik und Verbänden hier vor Ort.

## 6 Fazit

Menschenrechtsverstöße und Umweltzerstörung sind Bestandteil eines Wirtschafts- und Gesellschaftssystems, in dem unter hohem Wettbewerbs- und Preisdruck stehende Unternehmen keine Verantwortung für die Folgen ihrer Geschäftstätigkeit tragen. Auch CSR-Maßnahmen haben bisher keine weitreichenden Veränderungen erzielt. Zum einen handelt es sich vorwiegend um ein Konzept für im Fokus der Öffentlichkeit stehende Unternehmen, solange es sich um freiwilliges Engagement handelt. Zum anderen beschränken sich die Maßnahmen oft auf kosmetische Korrekturen, die sich gut für Marketingzwecke nutzen lassen und oftmals vor allem den Eigeninteressen des Unternehmens dienen. Ein Verständnis von CSR als Vermeidung von Fehlverhalten im Kerngeschäft und als Erfüllung von Sorgfaltspflichten hat sich noch nicht durchgesetzt. Freiwillige CSR wird sogar zum Teil des Problems, wenn Unternehmen versuchen, mit dem Verweis auf oberflächliches Engagement verbindlichen gesetzlichen Regulierungen vorzubeugen.

Die UN-Leitprinzipien für Wirtschaft und Menschenrechte nehmen sowohl Unternehmen als auch Staaten in die Pflicht, Menschenrechte zu achten. Hierbei wird die staatliche Schutzpflicht nicht ausreichend erfüllt, wenn menschenrechtliche Sorgfalt freiwillig bleibt. International ist hierbei klar ein Trend hin zu mehr Verbindlichkeit zu beobachten. Auch in der Gesellschaft herrscht breite Zustimmung für ein Sorgfaltspflichtengesetz.

In Deutschland hat die Bundesregierung im Juli 2020 ein Sorgfaltspflichtengesetz angekündigt. Für eine hinreichende Wirksamkeit ist es nun von zentraler Bedeutung, dass das Gesetz die Kernforderungen der Initiative Lieferkettengesetz erfüllt: Sorgfaltspflichten in Bezug auf Menschenrechte und Umwelt in der gesamten Wertschöpfungskette; Geltung für Unternehmen ab 250 Mitarbeitenden und in Sektoren mit großen Menschenrechtsrisiken auch für kleinere Unternehmen, wirksame Durchsetzungsmechanismen inklusive zivilrechtlicher Haftung.

Die Vorbehalte und Befürchtungen von Teilen der Wirtschaft gegenüber einem Sorgfaltspflichtengesetz beruhen zum Teil auf unsachlichen Darstellungen von Anforderungen und Auswirkungen einer verbindlichen Regelung und spiegeln die vorherrschende Ansicht wider, Maßnahmen zur menschenrechtlichen Sorgfalt als reinen Kostenfaktor zu sehen.

Aus Sicht des EPN Hessen ist eine Kosten-Nutzen-Abwägung in Bezug auf Menschenrechte und Umweltschutz völlig inakzeptabel. Menschenrechtsschutz kann nicht optional sein. Auf Freiwilligkeit zu beharren hieße, dass sich viele Unternehmen bewusst dagegen entscheiden können und werden, menschenrechtliche Sorgfalt walten zu lassen. Unsere Lebensweise verursacht global gesehen enorme Kosten, von denen ein Großteil außerhalb der deutschen Grenzen entsteht. Während die Gewinne privat verbucht werden können, werden die sozialen und ökologischen Kosten weiterhin „sozialisiert" und „externalisiert", also von den vielfach unsichtbar verbleibenden Menschen sowie der Umwelt entlang der langen und verzweigten Lieferketten getragen. Damit Sorgfaltspflichten nicht länger zugunsten von Kostenargumenten und Gewinninteressen vernachlässigt werden, darf der Schutz von Menschenrechten nicht weiterhin im Ermessen von Unternehmen liegen. Unternehmen, die bereit sind, sich ihrer bestehenden Verantwortung aktiver zu stellen, sollten darin unterstützt werden.

Das EPN Hessen setzt sich deshalb für ein starkes und weitreichendes Sorgfaltspflichtengesetz ein. Sowohl in der Bildungs- und Informationsarbeit als auch im politischen Engagement des Netzwerks spiegelt sich das Ziel wider, die breite Bevölkerung und Entscheidungsträgerinnen und -träger in Politik und Wirtschaft dafür zu gewinnen, ihr Handeln an der globalen Verantwortung zu orientieren und selbst für politische Veränderungen im Sinne einer zukunftsfähigen Entwicklung aktiv zu werden.

Die hessische Landesregierung sollte hierbei in folgenden Feldern aktiv werden und auf diese Weise einen Beitrag zu einer global gerechten Welt leisten:

- Öffentliche Beschaffung: Anpassung der vergaberechtlichen Regelungen mit dem Ziel, dass öffentliche Mittel nur für Produkte eingesetzt werden, die – mindestens – grundlegende Sozial- und Umweltstandards erfüllen; konsequente Ausrichtung der eigenen Beschaffung nach sozial-ökologischen Kriterien; Bereitstellung ausreichender Schulungs-, Beratungs- und Servicekapazitäten für Beschaffende
- (Außen)Wirtschaftsförderung: Festlegen von Fördervoraussetzungen, zum Beispiel Vorliegen eines menschenrechtlichen Sorgfaltsplans sowie Schaffung und Anwendung von entsprechenden Managementinstrumenten
- Unterstützung: Informations-, Beratungs-, Förder- und weitere Unterstützungsangebote für Unternehmen bei der Umsetzung der menschenrechtlichen Sorgfaltspflichten; Formate zum Erfahrungs- und Informationsaustausch
- Landesbeteiligung an Unternehmen: Einflussnahme in Aufsichts- und Verwaltungsräten in Richtung einer konsequenten Einhaltung von Menschenrechten und Umweltstandards
- Bundesebene: Einsatz für Beschlüsse und Verfahren auf Bundesebene, die ein wirksames Sorgfaltspflichtengesetz befördern

Bei vielen der Vorbehalte gegen eine gesetzliche Regelung scheinen die Angst vor der Veränderung und der Abwehrreflex gegen staatliche Regulierung durch. Hier braucht es zu Anfang Mut und Neugier, um neue Wege zu suchen und zu finden. Unternehmen, die sich bereits auf den Weg in Richtung menschenrechtlicher Sorgfalt gemacht haben, berichten häufig, dass viel mehr möglich war, als sie ursprünglich befürchteten. Es ist an der Zeit, dass auch Unternehmen die Erfüllung menschenrechtlicher Sorgfaltspflichten als erstrebenswertes Ziel und lohnende Herausforderung annehmen und ihrer Verantwortung ganz selbstverständlich nachkommen.

Das Bewusstsein für die Auswirkungen unseres Konsums und die Nachfrage nach ausbeutungsfreien Produkten steigen stetig an. Auch die in Hessen ansässigen Unternehmen sollten die Chance ergreifen, sich schon jetzt mit menschenrechtlichen Sorgfaltspflichten in ihren Lieferketten auseinanderzusetzen und entschlossen zu handeln. Auf diese Weise bleiben sie wettbewerbsfähig und setzen ihre Gestaltungsmacht ein für eine Welt, in der wir alle gut leben können.

**Maria Tech** ist Betriebswirtin im Außenhandel, Politik- und Sozialwissenschaftlerin. Sie arbeitet seit 2017 im Rahmen des hessischen Eine Welt-Promotor*innen Programms als Fachpromotorin für Fairen Handel und nachhaltige Beschaffung. Ihre Stelle ist angesiedelt beim Weltladen Darmstadt und wird koordiniert vom Entwicklungspolitischen Netzwerk Hessen. Im Rahmen ihrer Arbeit unterstützt sie hessische Akteurinnen und Akteure darin, ihren jeweiligen Beitrag zu global verantwortlichem Wirtschaften zu leisten. Sie informiert und berät Vereine, Verwaltungen oder Unternehmen und fördert Austausch und Vernetzung.

**Andrea Jung** hat sich als Politikwissenschaftlerin schwerpunktmäßig mit Entwicklungsprozessen im Globalen Süden beschäftigt und dabei unter anderem zu Menschenrechten und Umweltschutz im Rahmen von Freihandelsprojekten geforscht. Seit 2011 ist sie Koordinatorin des Entwicklungspolitischen Netzwerks Hessen, wo sie im Rahmen der Informations-, Bildungs- und Beratungsarbeit unter anderem zu Globalisierungsprozessen, Arbeitsrechten und Unternehmensverantwortung arbeitet.

## Literatur

AA, Auswärtiges Amt (2017) Nationaler Aktionsplan. Umsetzung der VN-Leitprinzipien für Wirtschaft und Menschenrechte. https://www.auswaertiges-amt.de/blob/297434/8d6ab29982767d5a31d2e85464461565/nap-wirtschaft-menschenrechte-data.pdf. Zugegriffen: 18. Sept. 2020

BDA, BDI, DIHK, ZDH (2011) Stellungnahme zur CSR-Mitteilung der EU-Kommission „Eine neue EU-Strategie (2011–2014) für die soziale Verantwortung der Unternehmen" (13.12.2011). https://www.arbeit-und-arbeitsrecht.de/schlagzeilen/spitzenverbaende-fordern-weiterhin-csr-freiwilligkeit/2011/10/30. Zugegriffen: 07. Nov. 2021

BDA, BDI, DIHK, HDE (2020) Gemeinsames Statement von BDI, BDA, DIHK und HDE zu einem Sorgfaltspflichtengesetz (13.7.2020). https://bdi.eu/publikation/news/gemeinsames-statement-von-bdi-bda-dihk-und-hde-zu-einem-sorgfaltspflichtengesetz/. Zugegriffen am 11. Sept. 2020

BDI, Bundesverband der Deutschen Industrie (2020) Gesetz darf heimische Unternehmen im internationalen Wettbewerb nicht benachteiligen (26.08.2020). https://bdi.eu/artikel/news/gesetz-darf-heimische-unternehmen-im-internationalen-wettbewerb-nicht-benachteiligen/. Zugegriffen: 18. Sept. 2020

BHRRC, Business & Human Rights Resource Centre (2016) Beschwerdemechanismen im Unternehmen: Menschenrechtliche Beschwerden effektiv managen und wirksam Abhilfe schaffen. https://www.business-humanrights.org/en/latest-news/beschwerdemechanismen-im-unternehmen-menschenrechtliche-beschwerden-effektiv-managen-und-wirksam-abhilfe-schaffen/. Zugegriffen: 25. Sept. 2020

BHRRC, Business & Human Rights Resource Centre (2020) Unsere Verantwortung in einer globalisierten Welt. https://www.business-humanrights.org/de/schwerpunkt-themen/mandatory-due-diligence/gesetz/. Zugegriffen: 27. Aug. 2021

BMZ, BMAS (2020): Entwurf für Eckpunkte eines Bundesgesetzes über die Stärkung der unternehmerischen Sorgfaltspflichten zur Vermeidung von Menschenrechtsverletzungen in globalen Wertschöpfungsketten (Sorgfaltspflichtengesetz; 10.03.2020). https://die-korrespondenten.de/fileadmin/user_upload/die-korrespondenten.de/Lieferkettengesetz-Eckpunkte-10.3.20.pdf. Zugegriffen: 24. Sept. 2020

Bundesregierung (2011) Positionspapier der Bundesregierung zur Mitteilung der Europäischen Kommission „Eine neue EU-Strategie (2011–2014) für die soziale Verantwortung der Unternehmen (CSR)" (18.11.2011). https://www.drsc.de/app/uploads/2017/03/17_05k_IFRS-FA_EU-RL_Bundesregierung_2011.pdf. Zugegriffen: 18. Sept. 2020

Burkhardt G (2017) CSR in Mode: Ein kritischer Blick auf die Bekleidungsindustrie und FEMNETs Einsatz für bessere Arbeitsbedingungen. In: Bungard P, Schmidpeter R (Hrsg) CSR in Nordrhein-Westfalen. Management-Reihe Corporate Social Responsibility. Springer Gabler, Berlin, S. 407–422. https://doi.org/10.1007/978-3-662-54190-6_31

CCC, Clean Clothes Campaign (2019) Fig leaf for fashion. How social auditing protects brands and fails workers. https://cleanclothes.org/file-repository/figleaf-for-fashion-brief.pdf. Zugegriffen: 19. Okt. 2020

CDU (2019) Sonstige Beschlüsse des 32. Parteitags der CDU Deutschlands (23.11.2019). https://www.cdu.de/system/tdf/media/images/leipzig2019/32._parteitag_2019_sonstige_beschluesse_2.pdf?file=1. Zugegriffen: 18. Sept. 2020

Christian Aid (2004) Behind the mask. The real face of corporate social responsibility. https://www.st-andrews.ac.uk/media/csear/app2practice-docs/CSEAR_behind-the-mask.pdf. Zugegriffen: 19. Okt. 2020

Curbach J (2009) Die Corporate-Social-Responsibility-Bewegung. VS Verlag, Wiesbaden. https://doi.org/10.1007/978-3-531-91862-4

DGCN, Deutsches Global Compact Netzwerk (2012) Menschenrechte achten. Ein Leitfaden für Unternehmen. https://www.globalcompact.de/wAssets/docs/Menschenrechte/Publikationen/menschenrechte_achten-ein_leitfaden_fuer_unternehmen.pdf. Zugegriffen: 25. Sept. 2020

DGCN, Deutsches Global Compact Netzwerk (2015) 5 Schritte zum Management der menschenrechtlichen Auswirkungen Ihres Unternehmens. https://www.globalcompact.de/wAssets/docs/Menschenrechte/Publikationen/5_schritte_zum_management_der_menschenrechtlichen_auswirkungen_ihres_unternehmens.pdf. Zugegriffen: 25. Sept. 2020

DGCN, Deutsches Global Compact Netzwerk (2020) Leitprinzipien für Wirtschaft und Menschenrechte. https://www.globalcompact.de/wAssets/docs/Menschenrechte/Publikationen/leitprinzipien_fuer_wirtschaft_und_menschenrechte.pdf. Zugegriffen: 18. Sept. 2020

DIHK, Deutscher Industrie- und Handelskammertag (2020) Wirtschaftspolitische Positionen der IHK-Organisation. https://www.dihk.de/resource/blob/9262/d9fd0dff4b685c12013c04ddf0f1c340/wipos-gesamtfassung-data.pdf. Zugegriffen: 18. Sept. 2020

DIHR, Danish Institute for Human Rights (o. J.) National action plans on business and human rights. https://globalnaps.org/. Zugegriffen: 18. Sept. 2020

ECCJ, European Coalition for Corporate Justice (2020) Commissioner Reynders announces EU corporate due diligence legislation (30.4.2020). https://corporatejustice.org/news/commissioner-reynders-announces-eu-corporate-due-diligence-legislation/. Zugegriffen: 18. Sept. 2020

Econsense (2017) Prozessschritte nachhaltiges Lieferkettenmanagement. Praxisorientierter Leitfaden für Unternehmen mit Entscheidungsmatrix. https://econsense.de/app/uploads/2018/06/econsense_Prozessschritte-nachhaltiges-Lieferkettenmanagement_2017.pdf. Zugegriffen: 25. Sept. 2020

Edelmann (2019) 2019 Edelman trust barometer special report. Brands We Trust? https://www.edelman.com/sites/g/files/aatuss191/files/2019-06/2019_edelman_trust_barometer_special_report_in_brands_we_trust.pdf. Zugegriffen: 18. Sept. 2020

EPN, Entwicklungspolitisches Netzwerk Hessen (2012) Gute Arbeit weltweit. Entwicklungspolitik, Gewerkschaften und Wissenschaft zu globalen Arbeitsrechten und Sozialstandards, hrsg. für EPN Hessen von Jung A und Hauf F, Frankfurt a. M.

EPN, Entwicklungspolitisches Netzwerk Hessen (2013) Fairrückte Welt. Infos und Aktionen für Jugendliche. https://www.epn-hessen.de/wp-content/uploads/FairueckteWelt2013_dig.pdf. Zugegriffen: 18. Sept. 2020

EPN, Entwicklungspolitisches Netzwerk Hessen (2015) Globales Lernen in der kaufmännischen Ausbildung. Handreichung zum KMK-Rahmenlehrplan für den Ausbildungsberuf Kaufmann/Kauffrau im Einzelhandel, Verkäufer/Verkäuferin, Frankfurt a. M. https://www.epn-hessen.de/wp-content/uploads/handreichung_sozokoglob.pdf. Zugegriffen: 18. Sept. 2020

EPN, Entwicklungspolitisches Netzwerk Hessen (2018a) Leitbild des EPN HESSEN:„Global vernetzt –lokal aktiv“. https://www.epn-hessen.de/wp-content/uploads/Leitbild_EPNHessen.pdf. Zugegriffen: 18. Sept. 2020

EPN, Entwicklungspolitisches Netzwerk Hessen (2018b) global vernetzt lokal aktiv im Entwicklungsland Hessen. Initiativ/en für globale Nachhaltigkeit, Frankfurt a. M. https://www.epn-hessen.de/wp-content/uploads/SDG-Broschuere_Global_vernetzt_lokal_aktiv_im_Entwicklungsland_Hessen.pdf. Zugegriffen: 18. Sept 2020

EY, Ernst & Young (2020) Zwischenbericht Erhebungsphase 2020. Monitoring des Umsetzungsstandes der im Nationalen Aktionsplan Wirtschaft und Menschenrechte 2016–2020 beschriebenen menschenrechtlichen Sorgfaltspflicht von Unternehmen. https://www.csr-in-deutschland.de/SharedDocs/Downloads/DE/NAP/dritter-zwischenbericht-nap-monitoring-2020.html?__blob=publicationFile. Zugegriffen: 18. Sept. 2020

EU-Kommission (2011) Eine neue EU-Strategie (2011–2014) für die soziale Verantwortung der Unternehmen (CSR). https://ec.europa.eu/commission/presscorner/detail/en/MEMO_11_730. Zugegriffen: 18. Sept. 2020

EU-Kommission (2020) Study on due diligence requirements through the supply chain. https://op.europa.eu/en/publication-detail/-/publication/8ba0a8fd-4c83-11ea-b8b7-01aa75ed71a1/language-en. Zugegriffen: 18. Sept. 2020

F.A.Z. Business Media (2020) Wie ein Mittelständler auf CSR in seiner Lieferkette achtet (9.9.2020). https://www.marktundmittelstand.de/personal/csr-wie-sich-unternehmen-fuer-die-gesellschaft-einsetzen/wie-ein-mittelstaendler-auf-csr-in-seiner-lieferkette-achtet-1295801. Zugegriffen: 30. Sept. 2020

GIZ und BMZ (2020) Kompass Nachhaltigkeit. https://kmu.kompass-nachhaltigkeit.de. Zugegriffen: 25. Sept. 2020

Grabosch R (2019) Unternehmen und Menschenrechte. Gesetzliche Verpflichtungen zur Sorgfalt im weltweiten Vergleich. http://library.fes.de/pdf-files/iez/15675.pdf. Zugegriffen: 18. Sept. 2020

ILG, Initiative Lieferkettengesetz (2020a) Anforderungen an ein wirksames Lieferkettengesetz. https://lieferkettengesetz.de/wp-content/uploads/2019/09/Anforderungen-an-ein-wirksames-Lieferkettengesetz_Februar-2020.pdf. Zugegriffen: 18. Sept. 2020

ILG, Initiative Lieferkettengesetz (2020b) Rechtsgutachten zur Ausgestaltung eines Lieferkettengesetzes. https://lieferkettengesetz.de/wp-content/uploads/2020/02/200527_lk_rechtsgutachten_webversion_ds.pdf. Zugegriffen: 18. Sept. 2020

ILG, Initiative Lieferkettengesetz (2020c) Verhältnismäßig und zumutbar: Haftung nach dem Lieferkettengesetz. https://lieferkettengesetz.de/wp-content/uploads/2020/09/Initiative-Lieferkettengesetz_Verh%C3%A4ltnism%C3%A4%C3%9Fig-und-zumutbar_Haftung-nach-dem-LieferkettenG.pdf. Zugegriffen: 24. Sept. 2020

Infratest dimap (2020) Lieferkettengesetz - KW 37/2020. https://lieferkettengesetz.de/wp-content/uploads/2020/09/infratest-dimap_Umfrage-Lieferkettengesetz.pdf. Zugegriffen: 18. Sept. 2020

Küstner K (2020) Lieferkettengesetz. „Wahl zwischen Tiger und Bettvorleger“ (10.09.2020). Tagesschau. https://www.tagesschau.de/wirtschaft/lieferkettengesetz-streit-ueber-eckpunkte-101.html. Zugegriffen: 18. Sept. 2020

Leifker M (2019) Wirtschaft und Menschenrechte. Ein Paradigmenwechsel in Sicht. In: Verband Entwicklungspolitik Niedersachen (Hrsg) Mehr.Wert! Menschenrechte in globalen Lieferketten. Handlungsansätze für Niedersachsen, Hannover, S. 18–29. https://www.ven-nds.de/images/ven/projekte/mehrwert/Sammelband_Mehr.Wert_web.pdf

Leifker M, Schettler L (2020) Menschenrechtliche Verantwortung – zur Kongruenz von Advocacy und interner Aufstellung bei Brot für die Welt. In: Genders S (Hrsg) CSR und Institutionen. Management-Reihe Corporate Social Responsibility. Springer Gabler, Berlin, S. 261–281. https://doi.org/10.1007/978-3-662-60740-4_20

Lin-Hi N (2019a) Corporate social responsibility. https://wirtschaftslexikon.gabler.de/definition/corporate-social-responsibility-51589/version-371504. Zugegriffen: 9. Sept. 2020

Lin-Hi N (2019b) Warum die Politik Unternehmen zu ihrem Glück zwingen sollte. Menschenrechtliche Sorgfaltspflichten am Beispiel der textilen Lieferkette. In: Verband Entwicklungspolitik Niedersachen (Hrsg) Mehr.Wert! Menschenrechte in globalen Lieferketten. Handlungsansätze für Niedersachsen, Hannover, S. 43–53. https://www.ven-nds.de/images/ven/projekte/mehrwert/Sammelband_Mehr.Wert_web.pdf

Löding T, Schulze KO, Sundermann, J (2007) Geheimwaffe CSR – Wozu braucht‘s noch Kampagnen? In: Baringhorst S, Kneip V, März A (Hrsg) Politik mit dem Einkaufswagen. Transcript, Bielefeld, S. 353–366

Löning (2017) Unternehmen und Menschenrechte. Studie: Was der Gesetzgeber fordert, Verbraucher wollen und die Wirtschaft erwartet. https://www.loening-berlin.de/wp-content/uploads/2017/12/Loening_Studie-2017_071217.pdf. Zugegriffen: 18. Sept. 2020

MVO Nederland (2020) CSR Risiko-Check. https://www.mvorisicochecker.nl/de. Zugegriffen: 30. Sept. 2020

Paasch A, Saage-Maaß M, Leifker M (2020) Briefing Globale Lieferketten in der Corona-Krise: Menschenrechte auf dem Abstellgleis? https://lieferkettengesetz.de/wp-content/uploads/2020/06/Briefing-Juni-2020_Lieferketten-und-Corona_final.pdf. Zugegriffen: 18. Sept. 2020

Polotzek L, Wild W, Spangenberg J, Ebinger F (2020) Die Risiken des CSR-Ansatzes für ein zukunftsfähiges Wirtschaftssystem. In: Genders S (Hrsg) CSR und Institutionen. Management-Reihe Corporate Social Responsibility. Springer Gabler, Berlin, S. 217–229. https://doi.org/10.1007/978-3-662-60740-4_17

Quiachon T, Much L (2019) Menschenrechte. Unternehmen. Zukunft. Menschenrechtliche Sorgfaltspflicht im Unternehmenskontext. In: Verband Entwicklungspolitik Niedersachen (Hrsg) Mehr.Wert! Menschenrechte in globalen Lieferketten. Handlungsansätze für Niedersachsen, Hannover, S. 32–41. https://www.ven-nds.de/images/ven/projekte/mehrwert/Sammelband_Mehr.Wert_web.pdf

Schwenck V (2019) Fairer Handel. Die Grenzen der Freiwilligkeit (2.12.2019). Tagesschau. https://headtopics.com/de/muller-und-heil-in-athiopien-die-grenzen-der-freiwilligkeit-9907501. Zugegriffen: 07. Nov. 2021

SPD (2019) Beschluss vom Ordentlichen Bundesparteitag der SPD 2019 (6.–8.12.2019). https://globalezukunftsfragen.spd.de/fileadmin/globalezukunftsfragen/Positionspapiere/Beschluss_BPT_Gesetz_zur_menschenrechtlichen_Sorgfaltspflicht_deutscher_Unternehmen_bei_globalen_Lieferketten.pdf. Zugegriffen: 18. Sept. 2020

Specht F (2019) Arbeitgeber machen Front gegen geplantes Lieferkettengesetz (13.12.2019). https://www.handelsblatt.com/politik/deutschland/menschenrechte-arbeitgeber-machen-front-gegen-geplantes-lieferkettengesetz/25332602.html?ticket=ST-674511-D1sDbuWwmPt05bp6AnHf-ap6. Zugegriffen: 24. Sept. 2020

Statista (2020) Die 20 größten Exportländer weltweit im Jahr 2019 und die 20 größten Importländer weltweit im Jahr 2019. https://de.statista.com/statistik/daten/studie/37013/umfrage/ranking-der-top-20-exportlaender-weltweit/ und https://de.statista.com/statistik/daten/studie/157858/umfrage/groesste-importlaender-weltweit/. Zugegriffen: 18. Sept. 2020

Umweltbundesamt (2017) Schritt für Schritt zum nachhaltigen Lieferkettenmanagement. Praxisleitfaden für Unternehmen. https://www.bmu.de/fileadmin/Daten_BMU/Pools/Broschueren/leitfaden_nachhaltige_lieferkette_bf.pdf. Zugegriffen: 25. Sept. 2020

Wilks S, Blankenbach J (2020) Will Germany become a leader in the drive for corporate due diligence on human rights? (24.08.2020) https://www.business-humanrights.org/en/blog/will-germany-become-a-leader-in-the-drive-for-corporate-due-diligence-on-human-rights/ Zugegriffen: 21. Sept. 2020

WirtschaftsWoche (2017): Für Dein Auto (06.11.2017). https://tool.wiwo.de/wiwoapp/3d/storyflow/102017/fuerdeinauto/index.html. Zugegriffen: 22. Sept. 2020

# Druckerei Lokay e. K. – Höchste Öko-Effektivität in der Medienproduktion. Interview mit Ralf Lokay

Anke Trischler

**Zusammenfassung**

Tradition und Zukunftsfähigkeit sind miteinander vereinbar. Die Druckerei Lokay e. K. beweist, dass eine konsequente Weiterentwicklung zur Umweltdruckerei machbar ist, Wertschöpfung leistet und Ressourcen schont, einfach Sinn macht. Tempo und Druck in diese Entwicklung kamen 1991. In diesem Jahr kommt Astrid und Ralf Lokays erste Tochter Elisa als Frühchen zur Welt und die junge Familie streicht umwelt- und gesundheitsschädliche Produkte aus ihrem Leben. Es folgen zahlreiche Schritte, die Erfolge stellen sich ein. Ralf Lokay ist konsequent. Seine Botschaft ist deutlich: Jede und jeder kann mit täglichem Handeln aktiv dazu beitragen, die natürlichen Ressourcen zu schützen. Ralf Lokay ist täglich im Einsatz und arbeitet weiter an der Umsetzung des Leitmotivs Nachhaltigkeit – aus tiefster Überzeugung und mit großer Leidenschaft.

## 1 Aus Überzeugung handeln

Hängen Sie auch so an diesem Planeten wie wir? Als umweltfreundliche Druckerei gehen wir darum besonders umsichtig mit Ressourcen um. Wir drucken hochwertige Printprodukte mit Nachhaltigkeitsgarantie. Unser Herz schlägt grün. (Ralf Lokay)

A. Trischler (✉)
Druckerei Lokay e. K., Reinheim, Deutschland
E-Mail: atrischler@transformation-n.de



A. Trischler und S. Böhling (Hrsg.), *CSR in Hessen*, Management-Reihe Corporate Social Responsibility, https://doi.org/10.1007/978-3-662-63004-4_32

**Abb. 1** Nachhaltiger Betriebsstandort LOKAY e. K. in Reinheim

Die Druckerei Lokay e. K. blickt auf eine lange Familiengeschichte, Gründung 1932 vom Großvater des heutigen Eigentümers. Aus einem konventionellen Betrieb wurde die ökologische Druckerei, die mittlerweile weit über das Rhein-Main-Gebiet hinaus bekannt ist. Ralf Lokay, Inhaber und Geschäftsführer, legt eine beachtliche Erfolgsbilanz vor. 2015 wird Lokay e. K. Umweltdruckerei des Jahres und 2016 als eine der ersten Druckereien Deutschlands mit dem Blauen Engel zertifiziert. Für Ralf Lokay war der Weg klar: Umwelt- und gesundheitsschädliche Produkte gehören nicht in unser Leben als Familie. Die familiäre Umstellung auf ökologischen Konsum hält auch bald im Unternehmen Einzug und Lokay beginnt mit Ökofarben zu drucken. Das war 1998. Das Ziel war damit gesetzt und es gibt keinen Weg zurück: Nachhaltigkeit wird 2004 zum Leitmotiv. Es folgt der ökologische Ausbau zur Umweltdruckerei: Die erste nachhaltige Papierkollektion und FCS-Zertifizierung (2006), das EMAS-Umweltmanagement startet und Lokay wird ein klimaneutrales Unternehmen (2007). Ab 2009 drucken die Maschinen alkoholfrei, die erste Fahrrad-Leasing-Flotte Deutschlands wird eingeführt, der erste umweltfreundliche Liefertransporter mit Erdgasantrieb angeschafft. In 2013 ausgezeichnet als „GREEN BRAND Germany 2013/2014“ für herausragendes Engagement für Nachhaltigkeit und Corporate Social Responsibility, werden hier Drucksachen für jeden Anspruch mit besonderem Augenmerk auf Klimaschutz hergestellt. Im modernen Druckereigebäude (siehe Abb. 1), 2014 wiedereröffnet nach einjährigem Umbau – bei laufendem Betrieb, natürlich energetisch saniert, wird moderne Druckereitechnik eingesetzt, die zu den nachhaltigsten in Europa gehört.

Ralf Lokay versteht seine Aufgabe im Weiterdenken und zügiger Umsetzung des Erforderlichen und Notwendigen. Das Interview fand statt im November 2020.

## 2 Im Interview: Ralf Lokay

***Anke Trischler: „Am Anfang war Elisa …" – die Geburt Ihrer Tochter brachte neue Herausforderungen für Sie und neue Erkenntnisse. Was war geschehen? Was geschah dann?***

Ralf Lokay: Elisa kam als Sieben-Monats-Kind mit 1648 Gramm auf die Welt und war gerade mal so groß wie eine Mineralwasserflasche. Das hatte damals meine Frau und mich noch mehr zum Umdenken, zum Umlenken unserer Haltung und Lebenseinstellung in Bezug auf ein ökologisches Bewusstsein bewegt, unseren Blick geschärft. Wir wollten unserer Tochter ein gesundes Umfeld quasi mit in die Wiege legen. Unsere Lebensmittel kauften wir bereits schon vor ihrer Geburt in einem kleinen regionalen Biomarkt. Darüber hinaus haben wir dann alles hinterfragt. Ein wichtiger Begleiter für unseren Alltag war damals das alternative Branchenbuch von Fritz Lietsch[1]. Darin haben wir alles gefunden, was unser Leben noch nachhaltiger beeinflusste: Möbel ohne schädlichen Anstrich, kein Teppichboden, ökologische Putzmittel und vieles mehr wurde zu unserem Alltag. Da ist fast selbstverständlich geworden, dass dieses Verhalten sich auch auf mein Handeln im Unternehmen auswirkte. Zunächst wurde der Arbeitsschutz im Unternehmen noch weiter verbessert und damit auch der Grundstein für Umweltschutz im Unternehmen gelegt. Meine Unternehmensführung war klar ausgerichtet dafür Sorge zu tragen, dass Mensch und Natur nachhaltig schützenswert sind. Dabei war von Anfang an ein Streben nach Gewinnmaximierung in den Hintergrund gestellt.

***Mit einem Team von 30 Mitarbeiterinnen und Mitarbeitern realisieren Sie täglich vielseitige Drucksachen. Wie reagierten Ihre Mitarbeiterinnen und Mitarbeiter auf Ihre Ideen zur Umgestaltung der Druckerei von einem konventionellen auf einen ökologischen Betrieb?***

Am Anfang fanden es meine Mitarbeiter als Spinnerei, das, was wir tun zu hinterfragen, chemische Hilfsmittel, die wir einsetzten, durch andere zu ersetzen. Mit dem Ergebnis, dass die Prozesse jetzt viel länger dauerten als vorher. Jedes Mittelchen wurde nun hinterfragt und ohne vorher einen Blick auf das Sicherheitsdatenblatt zu werfen, durfte nichts mehr bestellt werden. Heute haben wir dadurch keine unangenehmen Gerüche mehr in unserer Produktion, die gefährlich für unsere Mitarbeiter waren. Bezogen auf Corona haben wir auch mit dem Umbau in 2013 aus heutiger Sicht, wenn auch teuer in der Anschaffung, eine zukunftsweisende Entscheidung getroffen. Alle 40 Sekunden

[1] www.forum-csr.net/MedienTipps/Unser_LOHASPortal_ECOWorldde

tauschen wir durch eine intelligente Lüftungsanlage die Raumluft in unserer Produktion automatisch aus.

***Wie gut gelingt es, neue Mitarbeiterinnen und Mitarbeitern zu gewinnen? Erleben Sie einen Vorteil dadurch?***
Durch unsere ökologische und soziale Unternehmensausrichtung haben wir ständig interessante Initiativbewerbungen. Mitarbeiter zu gewinnen ist kein Problem, leider fehlt es an jungen Menschen, die sich für unser Handwerk interessieren.

***Wie können die Leserinnen und Lesern sich das vorstellen? Wie läuft ein Auftrag durch Ihr Unternehmen, was passiert bei Ihnen anders als bei anderen Druckereien? Wie kommen die Drucksachen zu der Kundschaft?***
Unsere Berater bezeichnen wir schon seit vielen Jahren als Umweltdruckberater. Als Spezialist für umweltfreundliche Druckerzeugnisse schauen wir genau hin, was die der Kunde möchte und geben Empfehlungen, was im Sinne eines ökologischen Druckproduktes noch verbessert werden könnte, ohne dabei den Zeigefinger zu heben. Als erste Druckerei haben wir 2007 eine Papierkollektion mit nachhaltig hergestellten Papieren entwickelt. Hierbei wurde genau recherchiert, wo das Papier gefertigt wird und ob es negative Meldungen dazu gibt. Papiere außerhalb Europas wurden ausgeschlossen und eine Herstellung standortnah bevorzugt. Präferieren tun wir seitdem Recycling-, Frischfaserpapiere nach FSC und seit April 2020 Papiere Cradle-to-Cradle©-zertifiziert. Alles was wir tun, muss durch fremde Dritte überprüfbar sein. Deshalb sind uns Zertifizierungen sehr wichtig. Damit schaffen wir Transparenz und Glaubwürdigkeit und stellen uns gerne den Fragen unserer Kundschaft und Zertifizierer. Der Transport zu unseren Kunden erfolgt klimaneutral über DHL und UPS.

***Sie sagen „Wir leben Nachhaltigkeit mit Herz und Überzeugung." Gilt das für 100 Prozent Ihrer Belegschaft? Wie gelang und gelingt es Ihnen, die Mitarbeiterinnen und Mitarbeiter mitzunehmen?***
Nun, Sie können den Mitarbeiter nicht einfach das überstülpen, wovon ich überzeugt bin. Es ist aber so, dass durch die Vorbildfunktion des Unternehmers vieles auch automatisch passiert. Was das Handeln im Unternehmen angeht, würde ich sagen, trifft das auf mehr als 90 % der Mitarbeiter zu. Durch unser Biofrühstück schaffen wir Bewusstsein durch die Gegenüberstellung von konventionell hergestellten Lebensmitteln im Vergleich zu Lebensmittel mit Demeter-, Naturland- und Bioland-Qualitäten. Hierbei versuchen wir den Mitarbeiterinnen und Mitarbeitern aufzuzeigen, dass weniger, dafür gesündere Lebensmittel erschwinglich sind, weniger süchtig machen – Beispiel Zucker – und schneller zur Sättigung führen. Und wir dadurch nicht zuletzt auch unsere Zivilisationskrankheiten reduzieren können. Durch unser Umweltteam wird auch vieles angestoßen, was auch im privaten Umfeld von Vorteil sein könnte. Ich denke hier an die Einführung unserer Fahrradflotte in 2009, um weniger mit dem Auto zu fahren, oder die Einführung eines RMV-Jobtickets, das wir zu 100 % fördern.

***Papier wird aus Faserstoffen hergestellt, die heute vor allem aus dem Rohstoff Holz gewonnen werden. Was macht der Klimawandel mit Ihrem Rohstoff Holz? Haben Sie zur Zeit (noch) jede Menge davon?***

Es gibt derzeit keine Engpässe in der Papierbeschaffung, durch Innovationen wie Steinpapier und Graspapier (25 % Anteil Gras) gibt es auch andere Bedruckstoffe, die den Anteil an Zellstoff reduzieren und natürlich ein gesunder Mix aus Frischfaser und Recyclingpapier.

***Und was passiert dann? Wie hoch ist die Recyclingquote? Können Sie Altpapier als Rohstoff nutzen?***

Derzeit verarbeiten wir mehr als 60 % unserer Druckprodukte mit Recyclingpapier. Wir denken derzeit über ein Rückholsystem unserer Produkte aus dem Bereich Cradle to Cradle© nach, um damit ein Recyclingpapier herzustellen. Cradle to Cradle© ist noch wenig bekannt, damit wollen wir in der Lieferkette bereits vorne anfangen, in dem wir sicherstellen, dass keine Schadstoffe im Druckprodukt enthalten sind (Abb. 2). Hierbei handelt es sich im Moment noch um Frischfaser. Eines ist auch klar: Ohne weiterhin einen Anteil an Frischwasser würde es auch kein Recyclingpapier geben. Mit Cradle to Cradle© möchten wir kein wenig schlechteres Recyclingpapier, sondern ein gutes Recyclingpapier langfristig erreichen.

***Sie arbeiten ausgezeichnet – mit Siegeln und Zertifikaten – und produzieren gemäß RAL-UZ 195. Was macht einen umweltfreundlichen, nachhaltigen Druckereistandort aus? Sie brauchen doch auch Wasser, Strom, Papier ….***

Meines Erachtens geht es dabei um die Ressourcen, die wir für unsere Produktion benötigen, allem voran um Klimaschutz und Verzicht auf den Einsatz giftiger Substanzen. Ohne Strom würde wir nicht produzieren können, ein Selbstverständnis ist hier schon seit 2007 der Einsatz von 100 % Ökostrom. Damit alleine ist es aber nicht getan, dazu gehört natürlich auch ein energieeffizientes Gebäude, die Nutzung von Abwärme und Energie aus vorhandenen Energieträgern. Dies hat bei uns dazu geführt,

**Abb. 2** Unser Herz schlägt grün …

dass wir weder noch Gas oder Öl zum Heizen benötigen. Brauchwasser kommt aus unserer Zisterne und Papier – natürlich am liebsten Recycling oder zertifiziertes Papier nach Cradle to Cradle©.

***Wie viele Auszeichnungen durften Sie schon entgegennehmen?***
Kann ich gar nicht sagen, viele … Die bedeutendsten sind für mich die Verleihung des B.A.U.M. Umweltpreises, EMAS Bundessieger zu sein – und umweltfreundlichste Druckerei Deutschlandes.

***Welche Auszeichnung wünschen Sie sich noch? Was fehlt Ihnen noch?***
So viel gibt es da nicht mehr, erstrebenswert wäre der Deutsche Umweltpreis! Was ich tue, hat mit Auszeichnungen nichts zu tun. Es geht mir vor allem darum, unseren Planeten zu schützen und zu erhalten und dabei viele Mitstreiter zu gewinnen. Auszeichnung ist das Ergebnis guter Arbeit und Wertschätzungen, die natürlich auch wichtig sind.

***Wie viel Zeit setzen Sie und Ihre Mitarbeiterinnen und Mitarbeitern ein, um die Anforderungen der Siegel zu „administrieren"? Oft hört man ja, dass Nachhaltigkeit zu viel Administration erfordert ….***
Naja, das ist schon ein großer Aufwand, vor allem die Dokumentationen. Ich würde sagen, sechs Stunden pro Woche sind da keine Seltenheit.

***In Ihrem ökologischen Druckereigarten leben zwei Bienenvölker mit über 60.000 Bienen; das ist ein beachtlicher Beitrag zur Biodiversität. Und was geschieht mit dem Honig?***
Den verschenken wir.

***Als Wirtschaftsunternehmen braucht die Druckerei eine gute Auslastung. Viele Einkäuferinnen und Einkäufer sollen oder müssen noch immer über den Preis die Beauftragung entscheiden. Wie schwer ist es, in Ausschreibungen zu überzeugen? Welchen Vorteil oder Nachteil erleben Sie dabei?***
Nun, „eigentlich ist es gar nicht schwer", wir haben ja ganz viel vorzuweisen, aber die Politik predigt Wein und trinkt aber Wasser. Es gibt kein klares Bekenntnis zu EMAS und beispielsweise zur RAL UZ 195. Man will ja keine Unternehmen benachteiligen! … Oder schaut nicht genau hin, was wirklich hinter der Fassade steckt. Online gibt es auch viele schwarze Schafe, die sich Umweltdruckerei schimpfen.

***Wie viel „Nachhaltigkeit" darf ein Einkäufer/eine Einkäuferin berücksichtigen? Was muss sich ändern?***
Gewinnmaximierung darf im Unternehmen beim Einkauf nicht im Vordergrund stehen, auch sollten die Umweltauswirkungen über das Produkt hinaus mit betrachtet werden. Also nicht zu kurz denken!

***Seit Oktober 2018 ist das Prinzip der Nachhaltigkeit in der Verfassung des Landes Hessen verankert und erhielt somit Verfassungsrang. Kennen Sie den relevanten Artikel 26 c? Wenn ja, wie oft ist Ihnen jemand begegnet, der im Hinblick auf Beauftragung oder in einem anderen Kontext davon Kenntnis hatte?***
Ja, ist mir bekannt. Leider immer noch sehr wenige. Und außerdem frage mich, warum denn umweltfreundliche Unternehmen aus Hessen nicht bevorzugt werden und Kollegen aus anderen Bundesländern von der hessischen Landesregierung beauftragt werden.

***Gutes Stichwort. Was wünschen Sie sich von der hessischen Landesregierung in Bezug auf die Umsetzung des Prinzips?***
Noch mehr den Artikel 26c anzuwenden!!! Gerade auch vor dem Hintergrund, welchen Aufwand diese Überzeugungstäter mit ihren vielfältigen Zertifizierungen und ihrem Engagement tagtäglich leisten.

***Ein Gedankensprung: Der Umsatz im Druckereiwesen ist seit Jahren tendenziell rückläufig, in den Jahren 2007 und 2008 konnten noch Umsätze von mehr als 13 Mrd. Euro erzielt werden. Welche Entwicklungen sehen Sie, welche können Sie steuern?***
Nun, einen entscheidenden Anteil haben auch die Onlinedruckereien an dieser Entwicklung. Durch deren Geschäftsmodell verlieren regionale Druckereien ihre Existenzen, ähnlich wie wir das im Einzelhandel erleben. Die Wertigkeit unserer Produkte verliert und es wird, gerade weil Druckerzeugnisse online so günstig sind, noch mehr gedruckt und mehr Abfall erzeugt. Gegensteuern können wir nur durch eine umweltfreundliche und regionale Produktion.

***Wo standen Sie mit der Druckerei vor zehn Jahren?***
Am Anfang einer Veränderung, die sich bis heute für uns als Wettbewerbsvorteil verändert hat. Das zeigt sich auch aktuell in der Krise, die wir bisher besser als andere Kollegen gemeistert haben.

***Welche Zukunft haben Printprodukte?***
Ich denke eine gute. Die Digitalisierung ist anstrengend und macht müde. Schöne, haptische und umweltfreundlich hergestellte Druckprodukte werden überleben. Mal ehrlich: Es gibt nichts Schöneres als ein gedrucktes Buch in den Händen zu halten.

***Worauf sind Sie besonders stolz in der Entwicklung?***
Auf die Kunden, die unsere Produkte wertschätzen. Neulich sagte mir ein Kunde Folgendes: „Ich kaufe gerne bei Ihnen, denn Ihre Produkte sind für mich preiswert, weil sie ihren Preis wert sind."

***Wo sehen Sie sich und die Druckerei in 10 Jahren?***
Ich bleibe meiner Linie treu, entwickle weitere Druckprodukte toxisch frei nach Cradle to Cradle© und wir werden noch mehr Kunden erreichen, die das wertschätzen werden.

**Abb. 3** Mitarbeiterinnen und Mitarbeiter und das Lokay-Rad

Ich bin überzeugt davon, dass wir auch in Zukunft noch eine Daseinsberechtigung haben werden und einen Nutzen für Mensch und Umwelt darstellen.

***Zusatzfrage: Gibt es das Lokay-Rad noch? Wenn ja, möchten Sie dazu noch ein paar Infos loswerden?***
Ja, das Lokay-Klimarad gibt es immer noch (Abb. 3), ergänzt wurde dieses Projekt jetzt mit dem Job-Rad, um den Mitarbeitern auch den Sprung zu einem E-Bike zu ermöglichen. Radfahren ist gesund, schont die Umwelt und baut Stress ab. Allerdings ist es auch nach mehr als zehn Jahren noch immer nicht selbstverständlich für unsere Mitarbeiter, bei Wind und Wetter auf das Auto zu verzichten. Daran müssen wir noch weiterarbeiten und uns überlegen, wie wir dieses Verhalten dann noch überwinden können.

***Welche Botschaft möchten Sie den Leserinnen und Lesern noch übermitteln?***
Tragen Sie auch mit Ihrem täglichen Handel aktiv mit dazu bei, die natürlichen Ressourcen zu schützen, Biodiversität und Artenschutz zu fördern und den Aktivisten und Institutionen darin zu unterstützen. Das sind wir unseren Kindern und Enkelkindern schuldigt und nicht zuletzt haben wir nur diesen einen Planeten.

## 3 Zukunft braucht Mut

Ralf Lokay beweist diesen Mut jeden Tag. Als Elisa geboren wurde, gab es das Familienunternehmen bereits seit 60 Jahren. Bis dato als konventionelle Druckerei. Elisa steht mittlerweile auf eigenen Beinen und mitten im Leben. Sie wird ihren Weg gehen. Ihr Vater Ralf Lokay ist ein Zukunfts-Unternehmer, der in der Gegenwart handelt. Er kennt die Anforderungen an ein zeitgemäßes Liefer- und Wertschöpfungskettenmanagement und scheut den Aufwand dafür nicht. Sein Tag könnte 48 h haben. Gern hätte er mehr Zeit für die Mitarbeiterinnen und Mitarbeiter im Unternehmen, um sie in laufende und kommende Projekte einzubeziehen. Er gibt sein Wissen und seine Erfahrungen gern weiter und engagiert sich ehrenamtlich unter anderem im Ausschuss „Umwelt und Energie“ und im Lenkungskreis „Unternehmen Verantwortung“ der IHK Darmstadt, im Ausschuss „Nachhaltigkeit“ der IHK Frankfurt am Main. Er ist Mitglied bei Unternehmensgrün e. V., Beiratsmitglied bei B.A.U.M. e. V., aktiv in der Wirtschaftsinitiative der Hessischen Nachhaltigkeitsstrategie. Mit dem Unternehmen ist Lokay Teil eines großen Netzwerks für nachhaltiges Wirtschaften – wie ÖKOPROFIT und UN Global Compact. Mit dem Newsletter „Grünes Blatt“ informiert er regelmäßig über Trends und News aus der Welt der Corporate Responsibility, des umweltfreundlichen Druckens und aus der Umweltdruckerei. Ralf Lokay versteht sich als Weltbürger. Er beweist seit Langem, dass klimafreundliche Produktion machbar ist. Nachhaltigkeit und verantwortungsvolle Unternehmensführung sind für ihn kein Sprint, sondern ein Marathon und eine Lebenseinstellung.

**Ralf Lokay,** Jahrgang 1967, ist Inhaber der Druckerei Lokay e. K. in Reinheim im schönen Odenwald. Er ist aus voller Überzeugung Druckdienstleister und Hersteller von umweltfreundlichen Printprodukten. Im Alter von nur 24 Jahren kaufte er das Familienunternehmen und richtete es erfolgreich neu aus. Seitdem führt er die Druckerei Lokay mit großem Engagement in eine nachhaltige Zukunft. Unter seiner Ägide hat sich das Unternehmen dem umweltfreundlichen und ressourcenschonenden Drucken verschrieben und sich zu einer der führenden Umweltdruckereien in Europa weiterentwickelt. Seine Begeisterung, seine Erfahrungen und das Wissen, das er hierbei sammeln konnte, teilt er mit seinen Kunden und Partnern.

Druckerei Lokay e. K., Königsberger Straße, 3, 64354 Reinheim, Deutschland.

www.umweltdruckerei.de · www.lokay.de

E-Mail: lokay@lokay.de

# Sustainability in Unternehmen am Beispiel der Promerit AG

## Nachhaltigkeit als Alleinstellungsmerkmal nach innen und außen

Kai Anderson, Michael Eger und Mark-Olaf Schmitz


**Zusammenfassung**

Für Beratungsunternehmen ist Nachhaltigkeit eine Herausforderung – der Umgang mit Ressourcen und Mitarbeitern oft wenig schonend. Flugreisen, Hotelübernachtungen und Dauerstress machen das Thema zur Herausforderung. Getrieben von der eigenen Überzeugung der Gründer und veränderten Präferenzen bei Mitarbeiter und Kunden hat sich die Promerit AG auf den Weg gemacht, den scheinbaren Branchengesetzen zum Trotz ein ganzheitliches Nachhaltigkeitsmodell zu implementieren. Entscheidend ist dabei die Ausdehnung der Nachhaltigkeitsdefinition auf die Mitarbeiter: People Sustainability, also der langfristig und nachhaltig ausgerichtete Umgang mit den Mitarbeitern, spielt schon seit der Gründung eine große Rolle beim Erfolg des Unternehmens. 2019 wurde eine Initiative gestartet, die die bereits strukturell existierenden, aber häufig aus isolierten Fragestellungen heraus entstandenen nachhaltigen Ansätze in ein konsistentes Modell bringen sollte. Das Modell, das gemeinsam mit den Mitarbeitern partizipativ organisiert ist, hat bereits erste Maßnahmen und Erfolge hervorgebracht. Die Covid-19-Krise hat den Fokus zwar etwas verändert, sie hatte jedoch aber auch die Chance, als Beschleuniger für die Zukunftsziele der Promerit AG zu fungieren.



K. Anderson · M. Eger (✉) · M.-O. Schmitz
Promerit AG, Frankfurt am Main, Deutschland
E-Mail: michael.eger@promerit.com

K. Anderson
E-Mail: kai.anderson@promerit.com

M.-O. Schmitz
E-Mail: mark-olaf.schmitz@promerit.com





A. Trischler und S. Böhling (Hrsg.), *CSR in Hessen,* Management-Reihe Corporate Social Responsibility, https://doi.org/10.1007/978-3-662-63004-4_33

# 1 Ausgangssituation: Warum Sustainability?

Mit Beginn der Industrialisierung und dem stetigen Wachstum der Weltwirtschaft im 19. und 20. Jahrhundert wurden Ressourcen im Sinne von Rohstoffen, Energie und auch Arbeitskraft zunehmend wichtiger. Schon in der frühen Phase der Industrialisierung wurde deutlich, dass Ressourcen nicht endlich verfügbar sind und dass der sinnvolle Umgang mit ihnen für den Erfolg jeder Unternehmung entscheidend ist. Der Fokus lag dabei jedoch meist auf einer eher kurzfristigen Wirtschaftlichkeitsbetrachtung.

Wo genügend Ressourcen vorhanden waren oder wo sie leicht ersetzt werden konnten, wurde in der Regel auch keine Rücksicht genommen. Ausnahmen davon beruhten meistens auf der Überzeugung oder dem Weltbild der Unternehmer. Dies galt auch für den Umgang mit Arbeitnehmern – wobei in fortschrittlichen Volkswirtschaften zumindest Gesetze zum Arbeitsschutz und eine entsprechende Sozialgesetzgebung entstanden. Erst mit dem zunehmenden gesellschaftlichen Diskurs im Kontext von Umweltschutz und Ressourcenverschwendung vor allem in den Industrieländern änderte sich die Sichtweise gegen Ende des letzten Jahrtausends.

Seit den frühen 1990er-Jahren ist das Bewusstsein in der Gesellschaft und der Wirtschaft zum Thema Sustainability (bzw. mit dem deutschen Begriff „Nachhaltigkeit") gestiegen. Nachhaltigkeit bedeutet grundsätzlich, mit den anvertrauten und eigenen Ressourcen so umzugehen, dass sie erhalten bleiben und sich erneuern können. Im Zentrum steht die Erkenntnis, dass unternehmerisches Handeln soziale und ökologische Folgen hat, die es gilt, positiv zu beeinflussen.

Spätestens 2015, als die UN die 17 Ziele zur Nachhaltigen Entwicklung (SDGs) verabschiedete, wurden die Forderungen zur Nachhaltigkeit in ökologischer, ökonomischer und sozialer Hinsicht, eine umfassende Aufforderung an Politik, Wirtschaft und Gesellschaft und konnten nicht mehr als Ausdruck einer an das Gute glaubenden Weltanschauung zuzuordnenden Nischen-Agenda abgetan werden. In Deutschland wurden die 17 Ziele zur Nachhaltigen Entwicklung 2017 durch Verabschiedung der Deutschen Nachhaltigkeitsstrategie in eine nationale Strategie überführt. Die konkreten Auswirkungen wie zum Beispiel Energiewende führen immer wieder zu Debatten darüber, was man der Wirtschaft zumuten kann, ohne das Wachstum zu behindern und unseren Wohlstand zu gefährden. Jedoch wächst die Zahl von Unternehmen, die sich offen zu dem Thema Nachhaltigkeit bekennen und diese auch unterschiedlich stark in Purpose, Kultur und Strategie umgesetzt haben.

Für uns gibt es daher gleich mehrere Gründe, warum wir Nachhaltigkeit als wichtiges Instrument unserer unternehmerischen Tätigkeit sehen.

## 1.1 Unsere unternehmerische Überzeugung

Als wir Promerit 1999 als Unternehmensberatung für Personalmanagement gründeten, war die Verantwortung für (zukünftige) Mitarbeiter bereits fest in unseren Grundüberzeugungen verankert. Basierend auf den Erfahrungen, die wir Gründer in den ersten Jahren unserer Berufstätigkeit sammeln konnten, war uns klar, dass wir ein Unternehmen aufbauen wollten, das wirtschaftlich erfolgreich sein sollte und trotzdem im Einklang mit dem Wohle unserer Mitarbeiter, Kunden und der Gesellschaft funktionieren sollte. Dieser Überzeugung folgend, haben wir beim Aufbau von Promerit verschiedene Strukturen und Instrumente verankert, die unsere eigene Überzeugung widerspiegeln.

Wir haben früh in unseren Unternehmenswerten mit dem Wert „Fairness“ zum Ausdruck gebracht, dass wir die unternehmerischen Interessen und die unserer Kolleginnen und Kollegen und unserer Stakeholder in Balance wissen wollten. Wir verstehen die Werte nicht nur als „Wand-Hinweise“, sondern haben sie fest in unseren Personalauswahl- und Entwicklungsinstrumenten verankert. Wir möchten nicht mit Menschen zusammenarbeiten, die dem Erfolg alles andere unterordnen und sind stolz darauf, dass uns das im Laufe der über 20-jährigen Unternehmenshistorie gut gelungen ist.

Auch unsere Gehalts- und Bonussysteme sind im Einklang mit unserer Überzeugung aufgebaut. Wir haben uns schon lange gegen eine Ausrichtung auf individuelle monetäre Belohnung entschieden und fokussieren bewusst auf Teamziele. Unser Bild war immer das einer „Jagdgemeinschaft“, die gemeinsam erfolgreich ist und das teilt, was erwirtschaftet wurde.

Auch in wirtschaftlich schwierigeren Jahren wie bei der Wirtschaftskrise 2008 war uns wichtig, den langfristigen Erfolg nicht kurzfristigen finanziellen Zielen zu opfern. So haben wir damals zum Beispiel nicht an Weiterbildungsmitteln gespart und in der Diskussion mit unseren Mitarbeitern einen Weg aus der Krise definiert, der uns in den darauffolgenden Jahren tatsächlich zu stetigem Wachstum geführt hat. Auch dabei war uns wichtig, dass wir nie auf eine mögliche noch höhere Wachstumsgeschwindigkeit fokussierten, sondern immer auch den Erhalt der Kultur und die Balance zwischen Wachstum und guter Zusammenarbeit achteten.

Auch als der im Laufe der Jahre erweiterte Gesellschafterkreis die Promerit AG 2017 an die internationale Unternehmensberatung Mercer und ihre Mutterfirma MMC (Marsh McLennan Companies) verkauften, war uns wichtig, dass unsere Kultur und unsere Werte zu Mercer passten und erhalten werden konnten.

In den letzten Jahren wuchs unsere Motivation, das Thema Nachhaltigkeit nicht nur implizit im Unternehmen zu verankern, sondern auch ganz bewusst Akzente zu setzen und auszubauen. Dazu beigetragen haben unter anderem unsere eigenen Erfahrungen mit der Entwicklung des Unternehmens und auch privat als Mütter und Väter – aber auch die Feedbacks und Wünsche unserer Mitarbeiter und Kunden, die uns darin bestärkt haben, dass wir auf dem richtigen Weg sind.

## 1.2 Mitarbeiterpräferenzen/Arbeitgeberattraktivität

Seit etwa fünf Jahren stellen wir ein verändertes Präferenzverhalten bei unseren Kandidaten fest. Während früher zum Beispiel die Aussicht auf einen Firmenwagen ein wesentlicher Motivationsfaktor für die Mehrheit war, sind heute nur noch ca. 20 % daran interessiert. Zudem mussten wir uns kritischen Fragen hinsichtlich des Reisens stellen. Gerade für die Generation Z, die Millennials, nun bereits als Junior Consultants wichtig für unser Geschäftsmodell wären, kommt ein Beratungsunternehmen als Arbeitgeber aus Gründen der Work-Life Balance, aber auch im Hinblick auf den $CO_2$-Ausstoß beim Reisen, kaum noch infrage. Was früher noch ein Motivationsfaktor war, ist heute eine fragwürdige Arbeitgebereigenschaft.

Darüber hinaus ist die Frage nach dem „Purpose" zentral geworden: „Wofür steht das Unternehmen, für das ich arbeite, welche Unternehmenswerte bestimmen die Zusammenarbeit und welche langfristigen Perspektiven für meine Entwicklung bietet mir das Unternehmen?" In Krisenzeiten kommt dann noch die Frage nach langfristiger finanzieller Sicherheit, aber auch nach dem Beitrag zur Bewältigung der Krise hinzu.

Menschen möchten zunehmend für Unternehmen arbeiten, die in der Lage sind, sinnvolle Geschäftsmodelle zu entwickeln und den Mitarbeitern zu vermitteln, denn Mitarbeiter möchten ihre Rolle in einem Geschäftsmodell verstehen und für sich mit Sinn füllen können.

Die Frage, wie wir uns als Beratung weiterentwickeln, welche Themen wir in der Beratung vorantreiben wollen und wie wir unsere Kollegen und Kolleginnen dafür vorbereiten, stellen wir uns regelmäßig in den verschiedenen Managementkreisen. Wir gehen dazu aber vor allen Dingen auch in den Dialog mit unseren Mitarbeitern, sei es in den regelmäßigen Mitarbeitergesprächen – den „Connects" oder in unseren Geschäftsfeldmeetings und „all hands meetings".

Wir merken großes Interesse am Thema Nachhaltigkeit und haben auch viel Wertschätzung verspürt, als wir deutlich machten, dass wir weiter an uns und unserem Unternehmen arbeiten möchten.

Wie eingangs erwähnt, sind Antworten auf die Fragen aber nicht nur im Sinne eines guten Miteinanders wichtig. Vielmehr werden Unternehmensberatungen in existenzielle Schwierigkeiten geraten, wenn sie sich nicht entsprechend bewegen: Vor zwei Jahren konnte man sich mit dem Thema Nachhaltigkeit in der Beratung noch ein Alleinstellungsmerkmal schaffen. In den nächsten zwei bis drei Jahren wird man ohne glaubwürdiges Nachhaltigkeitsmanagement bei vielen Bewerben „ausgelistet" werden. Nachhaltigkeit wird zum neuen Arbeitgeberstandard – und im Kontext der Arbeitgeberattraktivität zur strategischen wichtigen Fragestellung.

## 1.3 Kundenbedürfnisse/attraktiver Dienstleister

Auch aus der Perspektive unserer Marktpositionierung nimmt das Thema Sustainability an Bedeutung zu. Gerade im Kontext einer HR-Beratung, die ja durchaus zu Themen wie Arbeitgeberattraktivität, Engagement und Retention berät, war die Frage, wie wir selbst mit solchen Themen umgehen und wie gut wir selbst aufgestellt sind, immer schon im Fokus. Zunächst war dies nur subjektiv spürbar – etwa, wenn die Kundenansprechpartner die Berater fragten, wie lange sie arbeiten oder wie spät sie E-Mails schreiben würden – oder auch, ob sie mit dem Flugzeug oder der Bahn anreisen würden.

In den letzten Jahren wurde das Thema jedoch institutionalisiert und häufig fester Bestandteil in Ausschreibungsvergaben und Projektvergaben. Auch, wenn natürlich die Leistungsfähigkeit des Beraters und die Wirtschaftlichkeit nach wie vor das Hauptentscheidungskriterium darstellen, hat das Bewusstsein zugenommen, dass gute Beratung nur möglich ist, wenn die Dienstleister auch selbst entsprechend verantwortungsbewusst mit Ressourcen umgehen.

Im Zuge der Einführung von Verhaltenskodizes zur Nachhaltigkeit und entsprechenden Unternehmensrichtlinien sind häufig auch die Einkaufsrichtlinien angepasst worden. Sorgten vor einigen Jahren die ersten „Nachhaltigkeitsfragebögen", die zusätzlich zu den üblichen Auskünften zur wirtschaftlichen Leistungsfähigkeit, zu technischer Infrastruktur und zum Beratungsangebot selbst im Rahmen eines Angebotsprozesses ausgefüllt werden mussten, für ungläubiges Staunen bei den Angebotsteams, so sind entsprechende Kriterien heute vielfach Standard und haben durchaus auch formal Einfluss auf Auftragsvergaben. Das Kundenbeispiel (eines der führenden Energieunternehmen in Deutschland) zeigt, dass „Sicheres und Nachhaltiges Handeln" zu den wichtigen Bewertungskriterien bei der Dienstleisterauswahl zählt – längst nicht nur bei Unternehmen mit einem entsprechenden weltanschaulichen Hintergrund (Abb. 1).

Mit zunehmender Verjüngung der Entscheidenden und einer höheren Bedeutung des Themas Nachhaltigkeit auch bei den Ansprechpartnern innerhalb der Kundenunternehmen kann das Thema auch jenseits der Bewertungsschemata ein Alleinstellungsmerkmal sein.

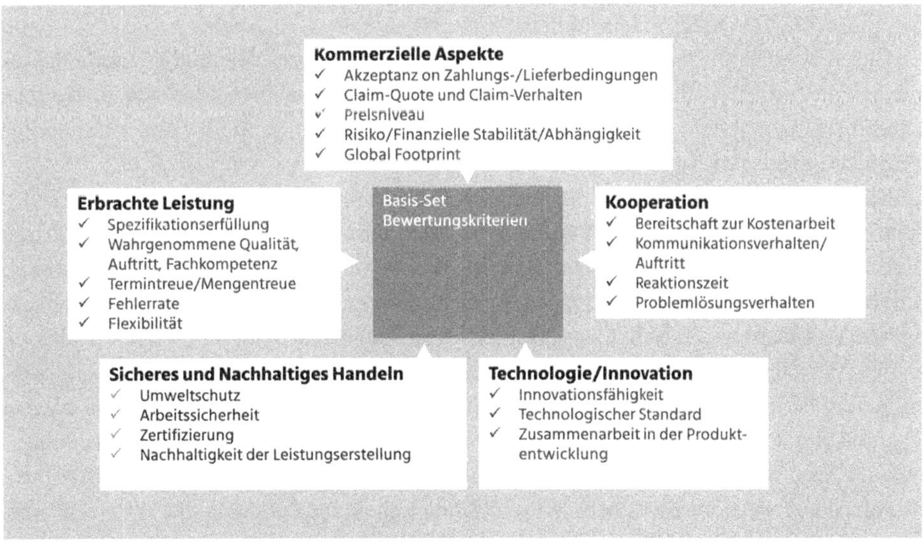


**Abb. 1** Bewertungskriterien Kundenbeispiel

Gerade in der Beratungsbranche, die im Kontext von Reisen und langen Arbeitszeiten immer mit dem Vorwurf eines wenig ressourcenschonenden Verhaltens konfrontiert wird, kann der aktive und authentische Umgang mit Nachhaltigkeit durchaus dazu dienen, marktwirksame Akzente zu setzen. Dabei geht es weniger um die Erfüllung der Formalkriterien als um kreative Lösungen für die scheinbar systemimmanenten Branchengesetze.

Ein großer Teil unseres unternehmerischen Erfolges und der Wertschätzung bei unseren Kunden beruht auf der beschriebenen guten Unternehmenskultur, dem sympathischen Auftreten der Berater, einer Unternehmensphilosophie, die neben einer exzellenten Leistungsfähigkeit immer auch Werte wie Fairness und Empathie in den Mittelpunkt des Beratungsmodells gestellt hat. Mit der Verschiebung der Präferenzen in der Gesellschaft zugunsten nachhaltigen Handelns ist diese kulturelle Grundlage eine gute Möglichkeit, eigene Überzeugungen im Kontext Sustainability auch im Auftritt und im Produktportfolio zu verankern.

Wenn Nachhaltigkeit auch als Teil der Dienstleistungsphilosophie wertgeschätzt wird und in Auswahlentscheidungen zum Beispiel auf den oft unterschätzten (weil subjektiven) „cultural fit" einzahlen – dann können im Idealfall durchaus echte und altruistische Motive mit handfesten Alleinstellungsmerkmalen im Marketing einhergehen.

## 2 Was ist Sustainability in unserem Verständnis

In der Schilderung der Motive und Rahmenbedingungen ist bereits angeklungen, dass unsere Definition für Nachhaltigkeit eine weitgehende ist, die vor allem auch die Komponente Mitarbeiter miteinschließt.

Unser Verständnis von Nachhaltigkeit ist gemäß unseres Beratungsverständnisses zuerst transformatorischer Natur. Nachhaltigkeit ist keine statische Maßnahme, die man durchführt oder per Projekt erlangt, sie muss vielmehr fest verankert und auf ständige Veränderung ausgerichtet sein.

Nachhaltigkeit muss ein bestimmender Teil des Unternehmenzwecks, des „Purpose" sein, durch den das Unternehmen mit der Gesellschaft und Umwelt verbunden ist. Damit wird Nachhaltigkeit dann in der Unternehmenskultur verankert – sie muss gelebt werden, um dauerhaft wirken zu können. Nur eine Veränderung des Mindsets bewirkt eine nachhaltige Veränderung des Verhaltens. Der Führung kommt dabei eine besondere Rolle zu, als Vorbild die Richtung vorzugeben, authentisch vorzuleben und alle Mitarbeiter einzubinden. Partizipation bringt Nachhaltigkeit in die Breite der Organisation. Bei diesem Thema kommt hinzu, dass gerade die jungen Mitarbeiter viel Offenheit und Gestaltungswillen zeigen, was im Kreativprozess, aber auch in der Anwendung extrem positiv wirkt.

Aus transformatorischer Sicht wird Nachhaltigkeit möglichst in der Strategie verankert. In unserem Kontext heißt das zum Beispiel, für unsere Projekte ein Nachhaltigkeitspaket anzubieten, mit dem Kunden gemeinsam mit uns das Reiseaufkommen

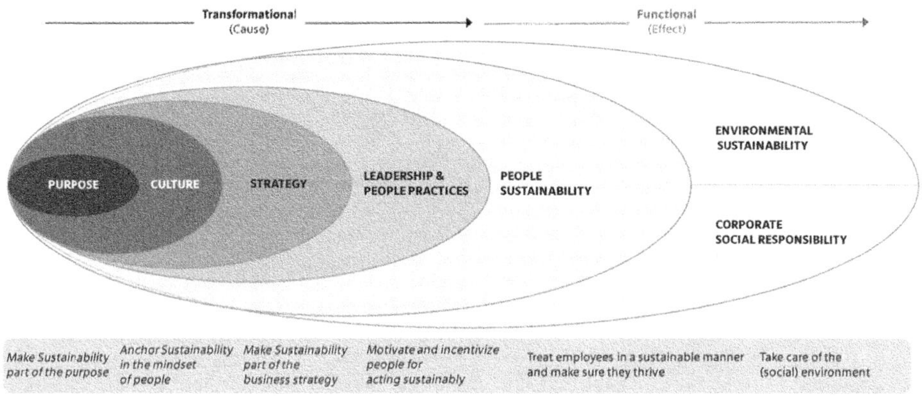


**Abb. 2** Promerit Sustainability Business Transformation Approach

reduzieren. Nachhaltigkeitsmaßnahmen sind dann nicht Selbstzweck, sondern Teil des unternehmerischen Handelns. Über Führung und Zielkaskadierung werden die Ziele in die Breite der Organisation gebracht.

Verlassen wir die transformatorischen Rahmenbedingungen für Nachhaltigkeit im Sinne der Ursachen für nachhaltiges Handeln, kommen wir zu den Effekten. Im Ergebnis beginnt Nachhaltigkeit für uns bei den Menschen in unserer Organisation. Was wir People Sustainability nennen, bedeutet im Kern der verantwortungsvolle Umgang mit der Ressource Mensch.

Die Verantwortung für die Umwelt im Hinblick auf Natur und Gesellschaft rundet das nachhaltige unternehmerische Handeln für uns ab und ist ein Resultat der festen Verankerung von Nachhaltigkeitsaspekten auf allen Ebenen der unternehmerischen Entscheidungen (Abb. 2).

Nur wenn diese Verantwortung für die Umwelt und die Gesellschaft als Ausdruck der Unternehmenskultur, Mindset und Strategie erlebt wird, werden Mitarbeiter, Konsumenten, Interessengruppen dies als glaubwürdig und ernsthaft wahrnehmen.

Im Entwicklungsprozess werden häufig Fragen laut, die die Gewichtung der Themen bzw. die Priorisierung zwischen den Faktoren „Umwelt" und „People" hinterfragen, also zum Beispiel: „Haben die unterschiedlichen Gesichtspunkte von Nachhaltigkeit in Bezug auf Umwelt einerseits und People andererseits eine unterschiedliche Bedeutung und Gewichtung? Worauf fokussiert man sich zuerst oder was wird in einer Krise als Erstes geopfert?"

Betrachten wir Nachhaltigkeit im Ursache-Wirkungs-Kontext, wird auf Basis bisheriger Erfahrungen und auch der wirtschaftlichen Logik klar, dass ein nachhaltiger Umgang mit der „Ressource Mensch" vor dem nachhaltigen Umgang mit der „Ressource Umwelt" kommt. Sind Menschen arbeitslos, verdienen sie nicht genug, sind sie krank, sind sie in ihrer Existenz bedroht, dann sind ihnen Umweltaspekte herzlich egal.

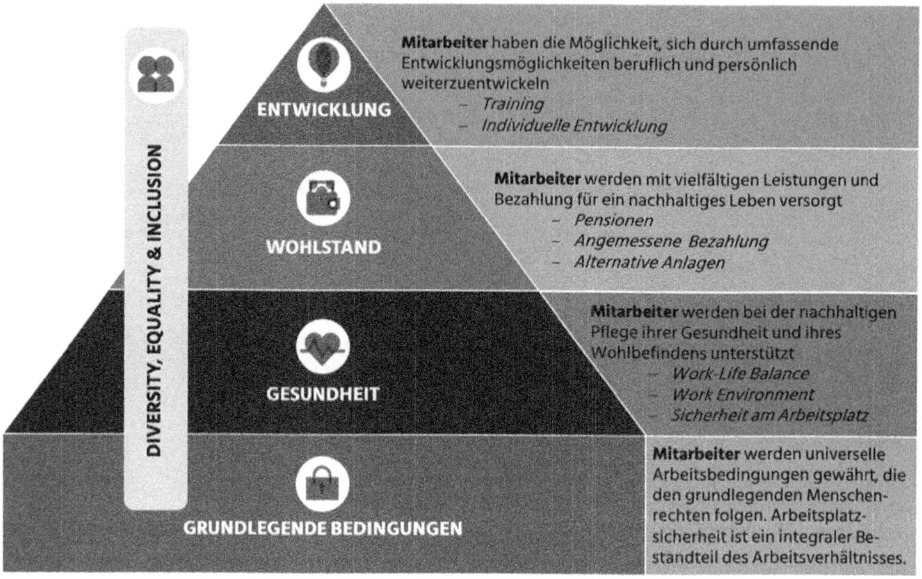


**Abb. 3** People-Sustainability-Pyramiden-Modell

Das bezieht sich sicher auch auf Unternehmen: In einer (existenzbedrohenden) Krise werden häufig alle „nice to have's", alle nicht überlebenswichtigen „Kostenfaktoren" über Bord geworfen. Diese Logik bedroht auch alle Nachhaltigkeitsbemühungen – jedenfalls dann, wenn Sustainability nicht fest stabiler Teil der Unternehmens DNA ist.

Daher ist es wichtig, dass Nachhaltigkeit in der gesamten Organisation verankert ist und die Zielerreichung positiv beeinflusst. Sonst besteht das Risiko, dass eine Veränderung im Management oder eine Schwankung im Konjunkturzyklus dazu führen, Nachhaltigkeit direkt zu hinterfragen.[1]

Um den Wirkungszusammenhang und die ehrliche Fokussierung auf People Sustainability nachvollziehen zu können, ist es wichtig, die Komponenten von People Sustainability zu definieren. Wir lehnen uns hier dem Modell von Maslow zur Bedürfnishierarchie an: Abb. 3.

Insofern verstehen wir People Sustainability als Aufgabe des Arbeitgebers, die unterschiedlichen menschlichen Bedürfnisse und Motivationen im Arbeitsverhältnis anzuerkennen und zu erfüllen. Dabei sind wir uns bewusst, dass die Bedürfnisse und Motive nicht starr und voneinander getrennt betrachtet werden können. Vielmehr wird der Mitarbeiter zu einem Zeitpunkt von Bedürfnissen aus unterschiedlichen Ebenen motiviert.

[1] M E Porter/M R Kramer, Strategy & Society, The Link between Competitive Advantage and Corporate Social Responsibility, HBR Dec 2006, Seite 78.

Dies ist ein dynamischer Prozess, bei dem eine weitgehende Erfüllung der Bedürfnisse der unteren Ebene dazu führt, dass sich die Motivation aus der nächsten Ebene ergibt.

Vereinfachend ist die unterste Ebene dadurch gekennzeichnet, dass jeder Mensch ein grundlegendes Bedürfnis nach Sicherheit hat. Dies beinhaltet in erster Linie die Sicherheit des Arbeitsplatzes selbst und in zweiter Linie die Wertschätzung der individuellen Leistung am Arbeitsplatz (psychologische Sicherheit); insbesondere ist hier auch im internationalen Umfeld die Gewährung von grundlegenden Arbeitsbedingungen, die den Menschenrechten folgen, die Basis.

Auf der nächsten Ebene dieses Modells verorten wir das Bedürfnis danach, seine Gesundheit zu erhalten. Der Arbeitgeber kann darauf mit verschiedenen Maßnahmen einzahlen – grundsätzlich mit einem Arbeitsplatz, der die Gesundheit des Mitarbeiters nicht gefährdet oder dem Zugang zu Krankenversicherung, was in weiten Teilen der Welt keine Selbstverständlichkeit ist. Weitergehende Maßnahmen (in Europa) sind Aktivitäten zum Beispiel zu Work-Life-Balance oder Burn-out-Prävention.

Wohlstand (Wealth) umfasst eine angemessene Bezahlung (Fair Pay), die ein auskömmliches Leben ermöglicht, und die Möglichkeit einer Altersvorsorge, die einen würdevollen Ruhestand zum Ziel hat.

Die letzte Ebene, die wir mit „Entwicklung" bezeichnen, verstehen wir als die Möglichkeit, professionell und als Mensch zu wachsen.

Wir verbinden diese bedürfnisorientierten Dimensionen der People Sustainability mit der normativen Dimension von Diversity, Equality & Inclusion (DE&I). Wir sind der Überzeugung, dass eine echte soziale Verantwortung der Unternehmen nur dann gewährleistet werden kann, wenn die Dimension „Mensch" einen Querschnitt der Gesellschaft darstellt und wenn alle Diversität mit denselben Chancen und Möglichkeiten in der Organisation zusammenkommt und sowohl strukturell als auch kulturell eine vielfältige Gemeinschaft bildet.

## 2.1 Was sind Merkmale und Erfolgsfaktoren eines nachhaltig agierenden Unternehmens

Voraussetzung für ein nachhaltiges Handeln ist es, langfristige Ziele zu setzten. Das heißt, auf langfristiges gesundes Wachstum zu setzen und nicht kurzfristig – um jeden Preis – möglichst hohe Gewinne erwirtschaften zu wollen. Nachhaltigkeit heißt, konsequent die Zukunft im Blick haben und Trends frühzeitig zu erkennen und einzuordnen. Es erfordert innovatives Denken, um neue, ressourcenschonende Lösungen zu schaffen. Dafür müssen Freiräume geschaffen werden.

Nachhaltig handelnde Unternehmen zeichnen sich durch Diversität und Solidarität aus. Durch Transparenz über die gesamte Wertschöpfungskette und offene interne und externe Kommunikation, auch wenn es mal daneben geht und sich nicht sofort Erfolge einstellen.

Im Hinblick auf die Mitarbeiter zeichnet nachhaltige Unternehmen ein klares Bekenntnis zu wertebasiertem Handeln und Entscheiden aus. Die Entwicklung der Mitarbeiter steht im Fokus der Führungskräfte und die Unternehmen haben oft ein Angebot zu Arbeitsmodellen, die die Vereinbarkeit von Familie und Beruf erhöhen. Das führt zu mehr Diversität, unterstützt durch eine Kultur der Inklusion.

Diese Unternehmen haben die Ambidextrie des Unternehmenserfolges der Zukunft erkannt. Sie verstehen, dass sich Profitabilität und Effizienz (doing well) und gesellschaftlich relevante Probleme zu lösen (doing good) verstärken und nicht ausschließen.

## 2.2 Was sind Besonderheiten im Consulting

Wie schon dargestellt ist im Consulting das Thema People Sustainability nicht einfach und vor allem authentisch umsetzbar – hohes Stresslevel, hohe Anforderungen vom Kunden und viel Arbeit sind nicht nur Klischees, sondern oft tatsächlich die Realität der Berater. Auch Umwelt Sustainability ist kein Selbstläufer: Energieverbrauch in den Büroräumen, Dienstwagen und Flüge machen es schwer, den eigenen Arbeitgeber als nachhaltig zu erleben.

Wichtig ist aus unserer Erfahrung daher, ein nachhaltiges Geschäftsmodell nicht per se als unmöglich zu betrachten, sondern die Stärke einer auf Innovation und Veränderung ausgerichteten Organisation für sich selbst zu nutzen und Stück für Stück zu leben. Wir sehen kein Patentrezept für eine nachhaltige Beratungsorganisation, sondern möchten unsere Erfahrungswerte und Erkenntnisse schildern – und damit den Weg aufzeigen, auf den wir uns gemacht haben.

Wir haben motivierte Mitarbeiter und Führungskräfte, die etwas verändern wollen und mit Engagement für die Gesellschaft gestaltend tätig werden. Die kreativ werden, Ideen für ihren Beratungsalltag entwickeln und Stück für Stück ihre eigenen Arbeitsroutinen anpassen. Die Diskussionen zulassen und hierarchieübergreifend das Thema für sich entdeckt haben. Dazu gehört es nicht nur, den „Purpose" für sich im Beratungsalltag in der Arbeit mit den Kunden zu finden, sondern zum Beispiel auch, mit den erworbenen Fähigkeiten jenseits der Arbeit nach draußen zu gehen und zum Beispiel als Team Bewerbungstrainings für Schüler aus benachteiligten Verhältnissen anzubieten – oder auch einfach mit ihnen Fußball kicken.

Und noch entscheidender: Als Beratung haben wir Kunden, die sich verändern wollen. Kunden, die wir bei ihrer HR- oder Business-Transformation beratend unterstützen. Wir helfen unseren Kunden, die Ambidextrie des zukünftigen Geschäftserfolges zu verstehen und die Weichen entsprechend zu stellen. Dabei bieten sich durch unseren gesamtheitlichen Transformationsansatz unzählige Ansatzpunkte, um das System neu auszurichten, hin zu einem nachhaltigeren Unternehmen. Vom Erarbeiten des Purpose-Statements über die Unterstützung beim Culture und Mindset Change, bei der Entwicklung und Verankerung der Unternehmenswerte. Bei der Integration von Nachhaltigkeit in die Leadership und People Practices. All das zahlt was auf einen erhöhten People-Sustainability-Index des Unternehmens ein. Wir lassen uns dabei auch von den Kunden herausfordern, hinterfragen unsere eigenen Ansätze – und lernen natürlich auch selbst massiv in den Veränderungsprozessen unserer Kunden für uns selbst.

All dies sind Voraussetzungen, die Rahmenbedingungen in der Beratung nicht nur als schwierig zu sehen, sondern auch als echte Chance und durchaus Vorteil gegenüber anderen Branchen.

## 3 Unser Weg zu mehr Nachhaltigkeit

### 3.1 Maßnahmen Projektansatz

Nach Jahren des eher impliziten Schaffens von nachhaltigen Strukturen und vielen Einzelmaßnahmen haben wir Ende 2019 intern das Projekt „Sustainability" gestartet, mit dem Ziel, als Promerit deutliche und konsistente Schritte zu mehr Nachhaltigkeit zu machen.

Entsprechend unserer Philosophie der Partizipation bei Veränderungen, sind wir im Jour fixe mit allen 200 Mitarbeitern in einen Dialog darüber eingetreten, wie wir Nachhaltigkeit in unsere tägliche Arbeit integrieren können. Wir haben ebenfalls konkrete Maßnahmen abgestimmt, die direkt initiiert werden können und darüber hinaus eine Initiative gestartet, die für 2020 ein Programm konzipieren sollte.

Da ein entscheidender Teil unserer Nachhaltigkeitsdiskussion erwartungsgemäß die vielen Reisen betraf, haben wir einen frühen Akzent auf das Thema „Projekt-Virtualisierung" gelegt. Arbeit mit und bei Kunden ist unser Kerngeschäft. Pitch-Termine, Tagesworkshops, Status-Meetings, zu denen wir Berater (und oft genug auch die Mitarbeiter der Kunden von verschiedenen Standorten) anreisen, sind immer noch die Regel. Bei dem initiierten Projekt geht es darum, unsere Arbeitsmethoden und Projektansätze so weit wie möglich auf virtuelle Formate zu übertragen und dies auch entsprechend in Richtung unserer Kunden zu vermarkten. Seit 2015 haben wir virtuelle Arbeitsformate bereits kontinuierlich ausgebaut, das Projekt verstärkte und systematisierte nun diese Ansätze. Vor der Covid-19-Krise lag der Anteil virtueller Zusammenarbeit mit unseren Kunden bereits bei rund einem Viertel.

Ergänzend wurden die Regelungen für die Dienstreisen auf den Prüfstand gestellt und eine klare Empfehlung für die Nutzung der $CO_2$ schonendsten Reisevariante bekräftigt. Für Inlandsreise betrifft dies zum Beispiel eine Empfehlung zur Nutzung von Zügen – durchaus mit dem Angebot, dass zusätzliche Hotelübernachtungen möglich sind, wenn die Zugreise nicht möglich oder sinnvoll ist und Flüge so vermieden werden können. Die Ausstattung mit einer Bahncard ist schon lange Standard für unsere Berater und hat in den letzten Jahren auch zunehmend eine Präferenz zur Bahncard 100 als Benefit statt eines Dienstwagens erfahren. Wichtig war uns dabei im Sinne der People Sustainability aber auch, dass die Berater weiter die freie Wahl haben und durchaus entscheiden können zu fliegen, etwa wenn sie abends bei ihrer Familie sein möchten.

Zum Thema People Sustainability gehört auch, dass wir unser Recreation-Angebot für die Mitarbeiter weiter ausgebaut haben. Bereits seit 2012 beschäftigen wir einen fest angestellten Fitnesstrainer als Recreation Manager. Der Gesundheits- und Langlebigkeits-Check-up und entsprechende Beratung gehört zu dem Onboarding Programm, das jeder Mitarbeiter in den ersten Wochen durchläuft. Im nun renovierten Fitnessraum des Frankfurter Büros werden von ihm von Yoga bis Kampfsport, Stressbewältigung und Tipps zur Integration vom persönlichen Fitnessprogramm im Berateralltag angeboten.

Da sich Dienstreisen nicht komplett vermeiden lassen, wurde die Kompensation unseres $CO_2$-Verbrauchs dadurch teilfinanziert, dass wir auf Weihnachtsgeschenke an Mitarbeiter und Kunden des Unternehmens verzichtet und stattdessen mit entsprechenden Kompensationsanbietern kooperiert – und die fehlende Summe dabei ebenfalls aus Unternehmensmitteln ergänzt haben. Das Signal, dass wir es ernst meinen und zum Beispiel auch die Weihnachtstradition hinterfragen, wurde von Mitarbeiter- wie Kundenseiten sehr positiv aufgenommen.

Im Rahmen des Programms haben wir alle Vorbereitungen getroffen, das Thema intern weiterzuentwickeln. Wir haben einen Kommunikationskanal auf Yammer für den laufenden Dialog und mögliche Impulse geschaffen. Alle Mitarbeiter sind eingeladen, Meinungen, Ideen, Gedanken oder Zweifel einzubringen. Wir legen dabei Wert darauf, dass die Diskussion und die Entscheidungsfindung sichtbar werden.

Darüber hinaus wurden 2020 regelmäßige kurze Impulse oder Dialogsessions von etwa 15 min gestartet, die wir in unsere bestehenden Dialogformate wie Lunch & Learns oder Jour fixes integriert haben. Ziel ist es, alle Möglichkeiten aktiv zu nutzen, Ideen auszutauschen, voneinander zu lernen, um Nachhaltigkeit Schritt für Schritt in unsere tägliche Arbeit einzubetten.

## 3.2 Covid-19-Krise als Testfall

Wir waren also gut gestartet und wollten 2020 zu dem Jahr machen, in dem wir Sustainability konsequent in unserem Unternehmen umsetzen. Dann kam der März 2020 und die Covid-19-Krise veränderte unsere Aktivitäten – in dreierlei Hinsicht.

Covid-19 ist zuerst eine humane Krise, dann eine systemische Krise. Unser erstes Interesse (und das der meisten Unternehmen, die wir beraten) galt dem Schutz unserer (ihrer) Mitarbeiter. Die soziale Verantwortung als Arbeitgeber ist ein Reflex gewesen, der, ohne lange zu überlegen, eingesetzt hat. Das Rückholen von Mitarbeiter aus dem Ausland und die sofortige Verlagerung der Teams in die Homeoffices waren die ersten Maßnahmen, die im Krisenmanagement ergriffen worden sind. Später wurde die (Teil-)Rückkehr in die Offices unter Beachtung der Distanz- und Hygienemaßnahmen organisiert, sodass ein Höchstmaß an Schutz für die Mitarbeiter gewährleistet werden konnte.

Für uns selbstverständlich, aber für einen amerikanischen Konzern durchaus Schlagzeilen in der New York Times wert, war das Versprechen des CEOs unseres Mutterkonzerns MMC, Dan Glaser, in der Covid-19-Krise keine Mitarbeiter zu entlassen. Das ist soziale Verantwortung, die Geld kostet und (zumindest für einen gewissen Zeitraum) ernst gemeint ist. Die Philosophie und das Selbstverständnis als Arbeitgeber, der das Schaffen und Erhalten von Arbeitsplätzen über den unmittelbaren ökonomischen Erfolg stellt, bestätigte uns darin, uns auch als Promerit innerhalb von MMC in unseren Motiven wiederzufinden.

Der zweite Faktor, der uns im Kontext der Covid-19-Krise bewegt hat, war das Krisenmanagement selbst, das zwangsläufig zu einer Verschiebung von Prioritäten geführt hat. Die Organisation des Betriebs, die Kommunikation mit unseren Kolleginnen und Kollegen und die Beschäftigung mit unseren Kunden hat natürlich dazu geführt, dass unsere Nachhaltigkeitsaktivitäten nicht mehr im Vordergrund standen. Sie waren sicher nicht in Vergessenheit geraten, aber der unternehmerische Fokus galt der Sicherung des Überlebens der Organisation. Interessanterweise hat aber die Krise trotzdem zu mehr Nachhaltigkeit geführt, was uns zum dritten Aspekt bringt.

Die Tatsache, dass wir unsere Projekte und unsere interne Arbeit zu 100 % auf virtuelle Zusammenarbeit umstellen mussten, hat zu einer sofortigen Einstellung unserer nicht unerheblichen Reisetätigkeit gesorgt. Die hinlänglich erörterten positiven Auswirkungen auf die Umwelt sind offensichtlich. Weniger offensichtlich sind die positiven Effekte auf die Work-Life-Balance unserer Beratenden. Nicht mehr zu Reisen hat vielen eine Menge qualitative Lebenszeit geschenkt, was nur zum Teil von dicht gedrängten Online-Meetings wieder negativ kompensiert wurde. Dennoch bestätigen uns die Berater, dass bei ihnen ein Umdenken eingesetzt hat, das auch zu einer anderen Arbeitsweise nach der Krise führen könnte. Die Reaktionen unserer Kunden legen durchaus auch nahe, dass zumindest ein Weniger an Reisen und ein mehr an virtueller Zusammenarbeit im Vergleich zu vor der Covid-19-Krise ein realistisches Ziel sein könnte.

## 4 Erkenntnisse und Empfehlungen für die Praxis

Im Gegensatz zu Covid-19 wird es keinen Impfstoff gegen die Ressourcen-Verschwendung geben. Nachhaltigkeit ist ein Dauerthema, mit dem wir uns für den Rest unseres (Berufs-)Lebens auseinandersetzen müssen. Es besteht eine gute Chance, dass die Coronakrise als Beschleuniger für nachhaltiges Unternehmensmanagement wirkt.

Diese Diskussion weiterzuführen – intern wie extern – ist unsere erste Aufgabe. Der Diskussion Maßnahmen folgen zu lassen, ist eine Frage der Glaubwürdigkeit. Wir haben einen Weg eingeschlagen, die Nachhaltigkeit unseres Geschäfts über den Ausbau von virtueller Zusammenarbeit zu steigern. Daran werden wir gemeinsam mit unseren Kolleginnen und Kollegen und mit unseren Kunden arbeiten. Was nicht vermieden werden kann, muss – zumindest im Kontext Umwelt – kompensiert werden.

Wir werden weiterhin einen Teil unseres erwirtschafteten Kapitals dafür einsetzen und sehen alle Maßnahmen als unsere Verantwortung gegenüber der Gesellschaft. Nachhaltigkeit sollte nicht als Kostenfaktor gesehen werden, sondern als ein Erfolgsfaktor. Ist Nachhaltigkeit im Purpose, Kultur, Strategie und Führung sowie HR-Tools und -Prozesse fest verankert, dann wird Nachhaltigkeit (ökologisch und sozial) ein Wettbewerbsvorteil für den Arbeitgeber. Die Transformation hin zu Nachhaltigkeit ist eine echte Business-Transformation mit einer Bedeutung wie Digitalisierung oder Globalisierung, die entsprechender Aufmerksamkeit bedarf und mit dem Alignment des Leaderships beginnen muss.

Was Nachhaltigkeit aber von vielen anderen schwierigen Transformationen unterscheidet, ist, dass wirklich jede Maßnahme zählt. Alles, was wir als Unternehmen oder Einzelner beitragen können, hilft. Das Bewusstsein, dass wir alle etwas verändern können, ist so wichtig wie Mut machend für die Zukunft.

**Kai Anderson** gehört zu den gefragtesten Veränderungsexperten Deutschlands.

Sein Spezialgebiet ist die Transformation von Unternehmen und die Aktivierung der Belegschaft in internationalen Organisationen.

Er begleitet Exekutives bei der Neuausrichtung und Transformation des Unternehmens sowie der Gestaltung eines modernen People Managements.

Nach dem Wirtschaftsingenieur-Studium und der ersten gescheiterten Gründung eines Software-Unternehmens war er als Berater in einem Spin-off der Hochschule St. Gallen tätig. 1999 gründete er mit einem Studienfreund die Promerit AG als neue Idee einer Beratung für Transformations- und Talent-Management. Heute entwickelt er gemeinsam mit Kunden und wissenschaftlichen Partnern zukunftsweisende Managementansätze (zum Beispiel das Modell der Nachhaltigkeits-Unternehmens-Transformation oder Employer Value Management).

Kai Anderson ist viel gebuchter Redner in Fachveranstaltungen und Dozent in Seminaren zu Transformations- und HR-Themen.

Kai Anderson

**Michael Eger** studierte Medienwirtschaft und sammelte nach seinem Wechsel aus dem Kreativ- und Digitalbereich in die Beratung über 15 Jahre Erfahrung als Management Consultant und Projektleiter in strategischen HR-Projekten.

Er ist seit 2005 bei Mercer/Promerit und heute als Partner verantwortlich für Themen rund um strategische Personalgewinnung/Talent Acquisition. Als einer der führenden Experten für Arbeitgeberattraktivität und innovatives Recruiting im DACH-Bereich, gestaltet er in Vorträgen und Fachartikeln seit Jahren die Weiterentwicklung des Themas mit und spannt dabei auch den Bogen zur Digitalisierung der Personalgewinnung.

Michael Eger

**Mark-Olaf Schmitz** ist Managing Consultant in der Beratungspraxis von Mercer/Promerit in München. Er studierte Rechtswissenschaften an der Freien Universität.

Bei Mercer/Promerit liegt sein Beratungsschwerpunkt auf den Themen der internationalen Unternehmenstransformation und den daraus resultierenden Anforderungen an Führung und Kultur.

Als Rechtsanwalt und Wirtschaftsmediator fokussiert er sich nun mit einer berufsbegleitenden Weiterbildung durch die International Compliance Association auf die Themenbereiche Corporate Governance, Risk und Compliance sowie Sustainability.

Mark-Olaf Schmitz

# Nachhaltigkeit im Eventbetrieb

Marcus Stadler

**Zusammenfassung**

Nachhaltigkeit im Eventbetrieb ist möglich, notwendig und wirtschaftlich tragfähig. Sowohl in der inneren Organisation eines Eventdienstleisters als auch in der Durchführung von Veranstaltungen besteht viel Handlungsbedarf. Dieser ist aber unter Anwendung von organisatorischen Hilfsmitteln von Initiativen, Normen und Umweltmanagement praxisnah zu bewältigen und ermöglicht die Bilanzierung und Darstellung der Nachhaltigkeitsleistung von Veranstaltungen. Wichtig in der Durchführung ist die Authentizität der beteiligten Firmen und die Anwendung von Leitlinien im gesamten Verlauf einer Eventorganisation. Eine Klimabilanzierung kann Aufschluss geben über die Umweltwirkungen der Veranstaltung.

## 1 Einleitung

Eine genaue Betrachtung zur Nachhaltigkeit in der Eventbranche hat zwei unterschiedliche Betrachtungsweisen zur Folge. Da ist der klassische Blick eines Umweltmanagers nach innen, so wie sich das Unternehmen aufstellt, wie es sich im Nachhaltigkeitsmanagement organisiert und was es dafür unternimmt, den eigenen ökologischen Fußabdruck zu verringern. Und da ist der Blick nach außen, auf das Produkt, das vermarktet wird, das Event, das Konzert oder den Messestand (im Folgenden übergreifend auch die „Veranstaltung" genannt). In aller Regel ist der Blick auf die

M. Stadler (✉)
Stadler concept GmbH, Frankfurt, Deutschland
E-Mail: marcus.stadler@scan.de

 
A. Trischler und S. Böhling (Hrsg.), *CSR in Hessen,* Management-Reihe Corporate Social Responsibility, https://doi.org/10.1007/978-3-662-63004-4_34

Veranstaltung und all seinen Umweltwirkungen viel stärker im Fokus der Öffentlichkeitsbetrachtung. Deshalb soll auch hier im Rahmen des Textes dieser Schwerpunkt gesetzt werden. Der Vollständigkeit halber erfolgt aber dennoch auch ein kurzer Blick auf das Unternehmen selbst. Denn aus eigener langjähriger Erfahrung des Autors lässt sich berichten, dass in der Praxis das eine nicht ohne das andere funktioniert.

Aus der Historie heraus ist das Eventbusiness eine sehr junge Branche. Seit erst ca. 20 Jahren findet eine Professionalisierung in dem hohen Maße statt, wie man sie in anderen industriellen Branchen heute bereits für selbstverständlich hält. Alle modernen Anforderungen wie Arbeitsschutz, Mitarbeiterausrichtung, die Einhaltung von Umweltpflichten und die Ausrichtung auf Nachhaltigkeitswerte wurden erst im Laufe dieser Zeit entwickelt. Es handelt sich dabei um Prozesse, die in vielen Teilen heute noch nicht gänzlich abgeschlossen sind. Ein Grund dafür, weshalb es in Teilbereichen heute noch zuweilen sehr archaisch in der Umsetzung von Nachhaltigkeitszielen anmutet. Als Beispiel sei hier der gewohnheitsmäßige Umgang mit Abfällen auf Eventproduktionen oder das allzu verbreitete Desinteresse an Lieferkettenbetrachtungen genannt.

## 2 Das Eventunternehmen

Orientiert man sich in der Betrachtung an den SDGs (Sustainable Development Goals), dann gibt es drei markante Nachhaltigkeitswerte, die schnell kritisch werden, wenn man sie im Eventbetrieb nicht aktiv in Angriff nimmt.

### 2.1 Die Arbeitsbedingungen

Siehe Abb. 1

Events und Konzerte finden in der Regel dann statt, wenn andere Freizeit haben: am Wochenende, abends oder feiertags. Messen und Kongresse werden in der Regel dann aufgebaut, wenn andere schlafen. Hohe Mietgebühren der Veranstaltungslocations bewirken, dass die Veranstalter die Zeiten für Auf- und Abbauten zusehends reduzieren. In der Summe resultieren Arbeitszeitbedingungen für die Auf- und Abbau- sowie Showkräfte, die man nur als familien- und privatlebenfeindlich beschreiben kann. Ähnliche Schwierigkeiten kann man sich auch gut bei den Sicherheits-, Rettungs- und Intensiv-Pflegekräften vorstellen.

Diesem Umstand kann man begegnen, indem man für jede Veranstaltung eine sehr detaillierte Auf- und Abbauplanung organisiert, die darauf basiert, dass die Arbeitszeit jeder Aufbau- und Showkraft auf ein Maximum von 10 h inkl. Pausen inkl. Pausen gedeckelt ist. Was aus dem Blickwinkel anderer Branchen wie ein Selbstverständnis wirkt, ist in der Veranstaltungsbranche leider noch viel zu selten gelebte Praxis. Im

**Abb. 1** SDG 8 – Menschenwürdige Arbeit und Wirtschaftswachstum

Zusammenspiel mit kurzen Aufbauzeiten (24–48 h) lässt die 10-h-Regel nämlich den Personalbedarf nach oben schnellen. Der direkte Preisvergleich durch Ausschreibungen und Wettbewerb bewirkt dann in erster Linie eine Reduktion der Personalzahlen in der Angebotsphase, was wiederum durch Mehrleistungen der Arbeitskräfte jenseits der 10 h bezahlt wird.

Von allen Maßnahmen, den übermäßigen Überstunden der Mitarbeiter Einhalt zu gebieten, ist die verbindliche Vorgabe der Kunden an 10-h-Arbeitsschichten die effizienteste. Erst wenn es Teil der anzubietenden Leistung ist, diese Regel einzuhalten und dies auch unter Androhung der Kürzung der Leistungsbezahlung kundenseitig kontrolliert wird, findet eine zuverlässige Einhaltung dieser Regel statt. Wer das Glück hat, schon einmal für eine NGO (Nichtregierungsorganisation), eine nachhaltig ausgerichtete Partei, eine gemeinnützige Institution oder für eine Gewerkschaft, eine größere Veranstaltung aufgebaut zu haben, weiß von diesem Umstand positiv zu berichten.

Maßnahmen zum Ausgleich der ungünstigen Arbeitszeiten können mit flexiblen Arbeitszeitmodellen geschaffen werden, die unter Einhaltung von Überstunden-Obergrenzen zu einer angemessenen Work-Life-Balance führen. Das trifft aber leider nicht für die vielen freiberuflich Tätigen zu, auf die sich die Branche stützt. Diese müssen auf der einen Seite in Eigenverantwortung für einen persönlichen Ausgleich sorgen und sind aber auf der anderen Seite den sehr volatilen Auftragslagen wirtschaftlich direkt ausgeliefert.

## 2.2 Die Gleichberechtigung von Mann und Frau

Siehe Abb. 2

Die Ursache für mangelnde Gleichberechtigung ist nie mit Logik, sondern immer nur mit historisch gewachsenem chauvinistischem Verhalten zu begründen. So auch hier. Die Ursprünge der Veranstaltungsbranche liegen im fahrenden Geschäft, denen übrigens die IHKs (Industrie- und Handelskammern) die Eventbranche vor 20 Jahren noch offiziell zuordnete. Eine männerdominierte Welt, die von Freiheitsdrang und Bindungslosigkeit lebte. Das schnelle Wachstum des Live-Entertainments durch Hippie-, Punk- und Rockkonzerte förderte die Entwicklung einer Eventgesellschaft, das diesem Bild gerne folgte. So schön diese Zeit war, so vorbei ist sie auch. Aus „Sex'n Drugs and Rock'n Roll" wurde heute eine hochprofessionalisierte Branche für temporäre Bauten und komplexen Showerlebnissen mit technisch sehr spezialisierten Berufen sowie höchsten Sicherheitsmaßnahmen. Was sich ebenfalls geändert hat, ist die geschlechtliche Zusammensetzung der Arbeitsgruppen hin zu mehr geschlechtlicher Ausgewogenheit. Was sich weniger geändert hat, ist die Zusammensetzung der Führungsebenen der Eventfirmen, die sich häufig aus der ersten und zweiten Generation des modernen Eventbusiness rekrutieren. Dem zu entgegnen, braucht es aus Sicht des Autors dieselben Schritte wie anderen Orts: Bevorzugung, Unterstützung und aktive Aufforderung zu mehr Führungsanspruch von Frauen.

Naturgemäß gibt es in den einzelnen Aufgabenfeldern bei besonders körperlichen Beanspruchungen, wie zum Beispiel im Bühnenbau einen deutlichen Männerüberhang und ebenso bei besonders kleinteiligen kreativen Tätigkeiten, wie zum Beispiel in der

**Abb. 2** SDG 5 Geschlechtergleichheit

Dekoration, eine stärkere weibliche Komponente, doch Grundsätzliches zur Befähigung lässt sich hier aus Praxissicht keineswegs ableiten.

## 2.3 Die Fairness in der Bezahlung

Abb. 3

Die Eventbranche in Deutschland wie an vielen anderen Orten in der Welt ist wirtschaftlich von sehr hohem Konkurrenzdruck geprägt. Die größten Auftraggeber sind hierzulande die Autokonzerne mit ihren Pressepräsentationen, Messeauftritten und Managertreffen. Aufträge werden hier ausschließlich über ein transparentes Vergabewesen mit Ausschreibungen vergeben. Die Ausschreibungen selbst sind sehr detailliert und lassen den Anbietern nur wenig individuellen Gestaltungsspielraum. Das reicht bis hin zur Angabe der Art.-Nr. des zu beziehenden Produktes bei einer klar definierten Zulieferfirma (zum Beispiel bei Stoffen). Weiterhin gibt es technische Ausstattungen, die so speziell angefragt werden, dass sie zum Teil nur bei einem Technikanbietern zu beziehen sind. Die Folge ist, dass sich die Einkaufspreise für die technische und bauliche Ausstattung sehr gleichen. Durch den Preisdruck der letzten Jahre sind die Margen hier so zusammengeschrumpft, dass man als Anbieter keinen nennenswerten Preisvorteil mehr herausarbeiten kann.

Was bleibt, ist die Preisgestaltung über das Personal. Mit weniger Personal, mit weniger qualifiziertem Fachpersonal, mit mehr unbezahlten Überstunden, weniger Personalbegleitkosten (Unterkunft, Catering, Transport etc.) und mit Einschränkung

**Abb. 3** SDG 10 Weniger Ungleichheiten

der Maßnahmen zur Arbeitssicherheit lassen sich Preisunterschiede zum Mitbewerber herausarbeiten, um den Auftrag zu bekommen. Es gibt allerdings zunehmend verantwortungsvolle Technikdienstleister, die sich diesem Druck durch Absage an den Kunden zur Angebotsabgabe bereits entziehen. Was aber bleibt, ist ein branchenweites Verständnis für Personalkosten von Messebauer, Technikern, Lichtdesignern & Co. So sind die Personalentlohnungen im Eventsektor innerhalb der letzten 20 Jahre entgegen der der meisten anderen Branchen nicht nennenswert gestiegen und erreichen heute unter Bezug auf die langen Arbeitszeiten zuweilen prekäre Dimensionen.

Abhilfe schafft natürlich ein Arbeitgeber, der sich mit anderen der Branche organisiert und für höhere Mindestbezahlungen eintritt. Deutlich wirksamer wäre aber eine gesetzliche Arbeitszeitbeschränkung auch für selbstständig Tätige im Eventsektor auf 10 h inkl. Pausen. Sehr hilfreich wäre es, wenn die Auftraggeber, die allesamt bereits DIN-ISO-Zertifizierungen in Managementsystemen implementiert haben, die Lieferkettenbetrachtung nach ihren Qualitäts- und Umweltkriterien auch bei ihren öffentlichen Auftritten wie Messen und Veranstaltungen selbstverpflichtend anwenden.

Wettbewerb ist nicht schädlich, sondern sorgt für Innovationen und Ideen. Es müssen aber auch im Personalbereich hochwertige Mindeststandards miteinander verglichen werden, die eine Aufwertung und Wertschätzung der Tätigkeit zu Folge haben und nicht zu Dumping und Qualitätsverlust führen.

Neben den kritischen muss aber ein anderer Aspekt des SDG 10 als herausragend positiv beschrieben werden. Dieses liefert vielleicht auch den Grund dafür, warum man sich einem aufopfernden Job in dieser Branche täglich so gerne stellt. Es geht um die Sicherstellung der Diversität. Die gesamte Branche ist sehr überdurchschnittlich international aufgestellt. Die Kunden oder auch Künstler agieren international, die Veranstaltungen finden auf dem ganzen Globus statt und die Mitarbeiter stammen aus allen Kulturen und Ländern dieser Welt. Für Ressentiments und Vorurteile ist da kein Platz und auch keine Zeit. Es handelt sich um ein multikulturelle Parallelgesellschaft, indem die Herkunft, das Alter oder das Geschlecht in der Achtung dem oder der anderen Gegenüber keine Rolle spielt und der Spaß an der Arbeit im Vordergrund steht.

## 3 Das nachhaltige Event

Siehe Abb. 4 und 5

Spricht man von einem „nachhaltigen Event", fokussiert man den Blick in Europa in aller Regel auf die Umweltaspekte, da hier die größten sicht- und messbaren Umweltwirkungen vorliegen. Gemeint ist umgangssprachlich die Ausrichtung eines Events, welches unter Beachtung aller Umweltaspekte und des Ressourcenschutzes organisiert und optimiert umgesetzt wird.

**Abb. 4** SDG 12 Nachhaltiger Konsum und Produktion

**Abb. 5** SDG 13 Maßnahmen zum Klimaschutz

### 3.1 Normen und Leitfäden für nachhaltige Events

Die passende Norm ISO 20121:2012 *Nachhaltiges Veranstaltungsmanagement*[1] definiert den Begriff der Nachhaltigkeit in dem Zusammenhang mit „Grad der nachhaltigen Entwicklung einer Veranstaltung" und legt für nachhaltige Entwicklung fest: „Entwicklung, die die Bedürfnisse der Gegenwart befriedigt, ohne zu riskieren, dass künftige Generationen ihre eigenen Bedürfnisse nicht befriedigen können."

In Anbetracht der Natur eines Events – nur von begrenzter Dauer, dafür aber zum Teil sehr aufwendig gestaltet zu sein, und eine mitunter in einem kurzen Moment sehr hohe Anzahl an Besucher zu seinen Gästen zu zählen, wird schnell klar, dass dem Thema Ressourceneffizienz eine übergeordnete Rolle bei einer nachhaltigen Ausrichtung zukommt. Wenn man sich den Verbrauch an eingesetzten Ressourcen betrachtet und diese ins Verhältnis zur Kurzlebigkeit setzt, könnte man die Möglichkeit einer nachhaltigen Ausrichtung gar generell infrage stellen, wie es aktuell mitunter auch schon geschieht.

**Beispiel**

So hat die britische Pop-Rock-Band Coldplay eine weitere Welttour 2019 von einer nachhaltigen Umsetzung abhängig gemacht.[2] ◀

Aus der Perspektive eines Umweltmanagements ist der beste Lösungsansatz hin zu einer nachhaltigen Veranstaltung aus Sicht des Autors der, dem Bild des *Sustainable Event Guide*[3] der UN zu folgen:

> *„A sustainable event is one designed, organised and implemented in a way that minimises potential negative impacts and leaves a beneficial legacy for the host community and all involved."*

Wenn man jedes Event und jeden Messestand als Prozess versteht, der immer unter den aktuell besten Möglichkeiten zur nachhaltigen Ausrichtung erfolgen soll, unterstützt man innovative Produktentwicklungen und Lösungen. Man unterstützt die Dienstleister und Ausstatter, die sich den modernen Aufgaben zum Klimaschutz stellen und motiviert die herkömmlichen Anbieter zum Produkt- und Sinneswechsel. Es macht aber auch klar, dass das Arbeiten auf der Basis alter, nicht nachhaltiger Gewohnheiten perspektivisch nicht nur aus Umwelt- und Nachhaltigkeitssicht, sondern auch aus wirtschaftlicher Sicht ein großer Fehler ist.

[1] Vgl. DIN ISO 20121:2013-04 (2012, S. 7 ff.)

[2] Vgl. Süddeutsche Zeitung GmbH (2019, o. S.)

[3] Vgl. UNEP (2012, S. 1).

Dem Bild des UN-Leitfadens folgend muss den negativen Auswirkungen wie zum Beispiel der Ressourcenverbrauch eine größere positive Auswirkung gegenüberstehen. Folgerichtig gilt es als Grundsatz im Sinne der Nachhaltigkeit, jedes Event vorab einer Sinnfrage zu unterziehen. Einen Messeauftritt, der Absätze fördert und damit Arbeitsplätze sichert, ist ebenso zu hinterfragen, wie ein Managementkongress in einem Nobel-Hotel, der Krisen bewältigen hilft, oder Autopräsentationen in südlichen Gefilden zur Verkaufsförderung. Diese Bewertung muss vorab auf Managementebene getroffen werden und authentisch kommunizierbar sein. Im Umkehrschluss kann eine Veranstaltung auch durch ihren Zweck Nachhaltigkeit ausschließen. So kann die Hauptversammlung eines großen Waffenproduzenden unter Umständen klimaneutral und ressourcenschonend ausgestattet sein, doch der Zweck, die Produktion und das Inverkehrbringen von Tötungsinstrumenten schließt einen nachhaltigen Ansatz der Veranstaltung generell aus.

Es gibt viele gute Hilfsmittel, um auch Laien den Weg zu einer nachhaltigen Veranstaltung zu erleichtern. Neben dem bereits zuvor erwähnten Leitfaden der UNEP sollte noch der „Leitfaden für die nachhaltige Organisation von Veranstaltungen" des Umweltbundesamts[4] hervorgehoben werden. Es gibt auch sehr nützliche tiefer gehende wissenschaftliche Betrachtungen darüber, hervorzuheben ist hier das Buch von Prof. Dr. Große Ophoff über nachhaltiges Veranstaltungsmanagement[5]. Darüber hinaus haben einige engagierte Privatinitiativen ebenso praktische Umsetzungshilfen veröffentlicht, hier ist insbesondere der „Sustainability Rider" auf der Plattform Sustainable Event Solutions von Stefan Lohmann[6] zu nennen, der Künstler und Agenturen als Zielgruppe hat.

## 3.2 Hauptaspekt Umweltwirkung

Die wesentlichen Umweltwirkungen bei Events und Messeauftritten liegen wie dargestellt im Ressourcen- und Energieverbrauch. Das begründet, dass neben der umfassenderen Nachhaltigkeit vor allem die Klimaneutralität in den Fokus des öffentlichen Interesses rückt. So hat es sich zum Teil leider auch schon etabliert, die beiden Begriffe als Synonym zu verwenden. Die Aufgabenfelder sind ja in weiten Teilen deckungsgleich. Das kann in der genauen Nachhaltigkeitsbetrachtung nicht zufriedenstellen, ist aber für den Prozess der Verbesserung der Umweltwirkungen von Veranstaltungen durchaus hilfreich, da der Einstieg in die Thematik für Fachfremde und Anfänger niedrigschwelliger und damit attraktiver wird. Deshalb sollen hier noch zum Thema als Hilfsmittel zur Ausrichtung die Ratgeber „Klimaneutrale Veranstaltungen"

[4] Vgl. BMUB (2015, o. S.).

[5] Vgl. Große Ophoff (2016, o. S.).

[6] Lohmann, S. (2020, o. S.).

der Energie Agentur NRW[7] und die umfassende Schrift „Umweltmanagement von Großveranstaltungen" der FEST (Forschungsstätte der Evangelischen Studiengemeinschaft) Heidelberg[8] genannt sein.

Mit Ausnahme der sehr detaillierten Handreiche der FEST ist allen Hilfsmitteln in der Praxis gleich, dass die konkrete Umsetzung in den einzelnen Aufgaben nur umschrieben wird und vielen Fragen in der konkreten Arbeitsorganisation offenlässt. Nach dem Prinzip *low-hanging fruit* werden vor allem die Hauptverursacher identifiziert. Das sind im Wesentlichen die Besuchertransfers und deren Unterbringung nebst Catering. Es ist zwar richtig, dass hier ca. drei Viertel der Ursachen für $CO_2$-Emissionen zu suchen sind, bedeutete aber nicht, dass man sich um das letzte verbleibende Drittel nicht kümmern sollte. Je mehr die Locations in Richtung Klimaneutralität gehen (das sind zum Beispiel Green Globe zertifizierte Veranstaltungsstätten) und je mehr der Besucherverkehr durch ÖPNV und Bahn klimafreundlicher gestaltet wird etc., desto wichtiger wird in der Gesamtbetrachtung der Emissionen der Output durch Technik und Ausstattung auch in der Klimabilanz.

Aus diesem Grund sollte in der professionellen Praxis in der Anwendung eher der Weg eines Umweltmanagements (DIN ISO 14001) gegangen werden, alle Umweltaspekte zu erfassen, eine praxisnahe Wesentlichkeitsschwelle zu definieren und dann alle Schritte eines Veranstaltungsmanagements einem kontrollierbaren Verbesserungsprozess zu unterziehen. Die ISO 20121:2012 kann hier sehr gut als Wegweiser dienen. Dass dies funktioniert und es sich neben der Umwelt auch für den zu erzielenden Gewinn rechnet, zeigt der Autor in einem vom Land NRW geförderten Projekt gemeinsam mit der satis&fy AG Deutschland zur „Ressourceneffizienz in der Eventdienstleistung" auf. Die Veröffentlichung der Projektergebnisse sind für Mitte 2022 geplant.

Technik-, Messebau- und Dienstleisterunternehmen aus dem Eventsektor, die über keine Kompetenzen in dem Bereich Umweltmanagement verfügen und nur für das jeweilige Projekt auf Kundenwunsch Neuland betreten, haben es hier naturgemäß schwer, sich in die notwendigen Prozesse einzufinden. Hier zeigt die Praxis, dass sich unter Umständen keine Ersparnis durch nachhaltiges Wirtschaften einstellt, sondern eine Verteuerung durch punktuelle Sonderlösungen eintritt. Als Beispiel sei hier ein im Verhältnis teurer eingekauftes recyclebares Produkt wie zum Beispiel „Öko" Messeteppich genannt, welcher dann durch fehlendes Abfallmanagement in der Veranstaltungsorganisation in der teuren Restmülltonne landet. Der Ertrag durch Überlassung des Abfalls als Rohstoff für Recyclat wird dabei verschenkt und in einen Aufwand zur Entsorgung negativ umgekehrt.

Ein hoher Umweltanspruch des Kunden in der Umsetzung war schon 2009 möglich: die Bühne der hessischen GRÜNEN in Marburg. Vollständig barrierefrei mit integrierter Rampe und rollstuhlgerecht verstellbarer Gestaltung des Pultes, alle Materialien im Mieteinsatz ohne Sonderbau, der Teppich aus Bioplastic (Mais) mit Recycling in der Nachnutzung. Der erste Prototyp eines sehr nachhaltigen Veranstaltungsaufbaus auf Kundenwunsch. Entwickelt und umgesetzt by satis&fy AG (Abb. 6).

[7] Energie Agentur NRW (2019, o. S.).

[8] FEST (2008, o. S.).

**Abb. 6** Die Bühne der hessischen GRÜNEN in Marburg (Grüne Hessen).

## 4 Die Umsetzung

Anhand eines abstrakten Arbeitsablaufs in der Eventorganisation sollen im Folgenden die notwendigen Schritte zur Ausrichtung eines nachhaltigen Events aus der Sicht eines Technikdienstleisters praxisnah beschrieben werden.

### 4.1 Schritt 1: Die Veranstaltungsidee

Für alle weiteren Schritte eines effizienten nachhaltigen Veranstaltungsmanagements gilt, im Erstgespräch mit den Kunden werden die Weichen gestellt. Der Kunde muss es als Teil seiner Anforderung an das Event und all seiner Prozessschritte verstehen, klare verbindliche Vorgaben an die Umsetzung zu stellen. Im Idealfall sind das die Umwelt- und/oder Nachhaltigkeitsleitlinien, die sich das präsentierende Unternehmen bereits an sich selbst gestellt hat. Größere Kapitalgesellschaften unterliegen der EU-Richtlinie 2014/95/EU (CSR-Richtlinie)[9] und müssen über Nachhaltigkeitsleitlinien verfügen, moderne Unternehmen sehen dies als freiwillige gesellschaftliche Verpflichtung und positionieren sich damit positiv im Markt.

[9] BMAS (2017, o. S.).

Wenn sich zum Beispiel ein Unternehmen, gemäß dem SDG 8 – Unterziel 8.7[10], der Verhinderung von Kinderarbeit in der Lieferkette verpflichtet hat, kann dies ebenso für die Veranstaltung und die dafür benutzten Produkte gelten, in der sich das Unternehmen nach außen präsentiert. Die Verpflichtung zum Einhalten der Verpflichtung des Pariser Klimaschutzabkommens zur Erreichung des 1,5 °C Ziels ist im gleichen Maß in der Umsetzung einer Veranstaltung anwendbar. Dies gilt für alle anderen Nachhaltigkeitskennwerte analog. Für die Authentizität des Unternehmens ist das auch in der Außendarstellung später sehr förderlich.

Wenn diese Vorgaben klar durch den Kunden als verbindlich formuliert wurden, lassen sich diese transparent und wirtschaftlich sinnvoll in allen folgenden Arbeitsprozessen anwenden und zur Umsetzung bringen. Die ISO 20121:2013 schlägt hier ganz konkret die Anwendung einer generell gültigen Erwerbshierarchie vor: *„Überdenken, ausschließen, vermindern, umnutzen, wiederverwerten, entsorgen"*. Diese lässt sich auf alle Prozessschritte von der Herstellung des ersten Konzeptentwurfs bis zum Abfalltrennsystem beim Abbau mit Erfolg anwenden.

## 4.2 Schritt 2: Das Eventdesign

Das Design legt den Umfang des Ressourcenverbrauchs bereits fest. Bereits in der ersten Zeichnung lassen sich am Ende enorme Verbräuche einsparen. Genaue Kenntnis über die eingesetzten Materialien und deren Verfügbarkeiten am Markt ermöglicht es einem auf Nachhaltigkeit geschulten Designer, abfallarme Set-Designs zu entwerfen, die sich von herkömmlich geplanten optisch nicht unterscheiden. So gibt es beispielsweise bei den Rohmaterialien für Stoffe, Digitaldrucke und Projektionsfolien etablierte Bahnenbreiten von 3,2 m und 5,10 m. Abzüglich dem für die Montage benötigten Rand ergibt sich ein nutzbares Nettomaß von ca. 2,95 m. Ein Bühnendesign mit einer breiten flächigen nahtlosen Bespannung von über 3 m erzeugt dadurch automatisch immer den Abfall bis zur nächsten Größe von 5,10 m. Was so marginal klingen mag, sieht auf einem mannshohen Haufen von ca. 2 m breiten und 20 m langen PVC-Projektionsmaterial in der Praxis schon sehr umweltrelevant aus.

Darüber hinaus lassen sich bei genauer Kenntnis von überregional auf Mietbasis verfügbarem extravaganten Bühnenmobiliar und Bühnenkulissen nicht nur viel Ressourcen im Sonderbau, sondern auch viele Kosten zur Herstellung sparen. Es lohnt sich hier, sich mit anderen Messebauern und Bühnenexperten in der Branche zu vernetzen und gegenseitig auf einen gemeinsamen Pool zurückzugreifen.

Die Kenntnis des Designers über die Qualität, die Maße und Verfügbarkeiten von großen Mietbeständen an Materialien, die konventionell als „Verbrauchsmaterialien"

[10] Vereinte Nationen (2015, S. 21).

gehandhabt werden, wie Teppiche und Vorhänge, lassen im Vorfeld sehr viel Neumaterial und Abfall verhindern.

Analog gilt das für die professionellen Lichtdesigner von hochwertigen Showinstallationen. Genaue Kenntnis über umweltfreundlichere Produkte können hier perspektivisch helfen, Konfliktmaterialien wie Schwermetalle und seltene Erden aus der Zulieferung von Showlicht zu verbannen.

Hier folgen nun weitere positive Eventbeispiele, die zeigen, was heute bereits möglich ist.

1. Der 24. Ordentliche Gewerkschaftstag der IG Metall in Nürnberg 2019: Ein anspruchsvolles Design wird am besten mit modernster energieeffizienter Technik in Verbindung mit innovativen umweltfreundlichen Materialien umgesetzt. Der höhere Planungsaufwand bewirkt eine spürbare Materialersparnis. Ein hoher optischer Anspruch ist eben auch mit nachhaltigen Materialien gut möglich (Abb. 7).
2. Die Karma Konsum Konferenz 2012 in FFM. Der höchste Nachhaltigkeitsanspruch eines sehr bewussten Kunden. Vorgabe: Kein Material soll dafür extra produziert werden, kein Abfall soll entstehen, eben ein möglichst geringer ökologischer Fußabdruck: In der Umsetzung wurden nur Materialen aus jüngst vergangenen Events benutzt, die ansonsten entsorgt worden wären. Ein Novum, eine Eventgestaltung als Nachnutzung von wertvollen Ressourcen (Abb. 8).

**Abb. 7** Der 24. Ordentliche Gewerkschaftstag der IG Metall in Nürnberg 2019.

**Abb. 8** Die Karma Konsum Konferenz 2012 in FFM (satis&fy AG).

**Abb. 9** Digitaler Parteitag der hessischen Grünen bei satis&fy in Karben 2020.

3. Der digitale Parteitag der hessischen GRÜNEN bei satis&fy in Karben: modern, coronakonform und klimaneutral. Der Strom aus 100 % elektrischer Energie, keine Transporte, keine Verbrauchsartikel und das Catering – bio und regional. Rechnerisch verbleibende $CO_2$-Emissionen werden kompensiert (Abb. 9).

## 4.3 Schritt 3: Das Lieferantenmanagement

In der Ausrichtung einer nachhaltigen Veranstaltung kommt dem Management der Wertschöpfungskette eine überragende Bedeutung zu. Eine Veranstaltung lässt sich am besten abstrakt verstehen als eine eigenständige Organisation, deren Zweck und Zeitraum sehr eng begrenzt sind (zum Beispiel ein Konzert oder eine Messe). Zu diesem Zweck werden bedarfsgerecht eine Vielzahl von Zulieferungen nötig, die aus einem sehr breit gefächertem Angebotsspektrum stammen (beispielsweise von Aluminiumtraversen für Technik bis Blumen zur Dekoration).

Wenn die Nachhaltigkeits- und Umweltziele für die Veranstaltung definiert wurden, gilt es nun passende Anbieter zu finden, die diese auch erfüllen können. Der etablierte Weg, einheitliche Standards umzusetzen, ist mittels einer Lieferantenselbstauskunft die wichtigsten Kriterien abzufragen und dann über eine Priorisierung der Ergebnisse eine individuelle Lieferantenauswahl aufzubauen, die zu dem geplanten Event und deren Nachhaltigkeitszielen passt. Neben den Fragen zu den Grundsätzen einer nachhaltigen Entwicklung gemäß ISO 20121:2012, also zu *„verantwortungsvollem Umgang, Einschließlichkeit, Integrität und Transparenz"*, können das auch Fragen zur Klimawirkung der Produkte und Dienstleistungen, zu Arbeitszeitmodellen, zur Darstellung der Rechtskonformität und zum Transport- und Abfallmanagement der Zulieferfirma sein. Auf jeden Fall gilt es zu prüfen, ob es beim potenziellen Lieferanten oder Dienstleister firmeninterne Ansprechpartner für Umwelt- und Nachhaltigkeitsthemen gibt, welches die weitere Arbeit des Veranstalters an diesem Thema ungemein erleichtert.

## 4.4 Schritt 4: Die Ausschreibungsgestaltung

Ist die technische Planung unter Berucksichtigung von Ressourcenersparnis und Energieeffizienz abgeschlossen, kann diese in Ausschreibungstexte übersetzt werden. Aus Praxissicht die Königsdisziplin in der nachhaltigen Eventorganisation. Die technischen Leiter und Projektleiter, die diese Aufgabe erfüllen, müssen über die notwendigen Kenntnisse im Marktgeschehen nachhaltiger Produkte verfügen. Althergebrachte Lösungen müssen hinsichtlich ihrer Umweltwirkungen kontinuierlich hinterfragt werden. Ebenso ist es hier weniger zielführend, nur den Designwunsch oder das Ausführungsergebnis auszuformulieren, um einen Preis abzufragen. Dies öffnet dem „Vergleich von Äpfeln und Birnen" die Tore. Nachhaltige Produkte, die ihre kosteneffiziente Wirkung an anderer Stelle haben, wie zum Beispiel durch Kostenersparnis beim Transport, durch Abfallreduktion, durch Stromersparnis etc. geraten so ins Hintertreffen.

Eine effiziente Art und Weise ist hier eine produktgenaue Ausführungsbeschreibung, die mit passenden Mindestanforderungen durch Kennwerte wie Stromverbrauch/Lumen, kg Abfall/m$^2$ Teppich, Liter Diesel/KWh erzeugter Strom etc. – ausgewiesen wird. Jedem Bieter ist dabei die Option „beschriebene nachhaltige Lösung oder besser" einzuräumen. Dies ermöglicht in der Angebotsauswertung neben dem Vergleich der Kosten einen einfachen Vergleich der Nachhaltigkeitswerte und dadurch eine schnelle Auswertung der Nachhaltigkeitsaspekte in Verbindung mit den Kosten.

Damit im weiteren Verlauf die Einhaltung der gesetzten sozialen Nachhaltigkeitswerte garantiert werden kann, ist es unerlässlich, diese als Bedingung in den Vorbemerkungen der Lose auszuformulieren. Insbesondere Faktoren wie die maximalen Arbeitszeiten und die Einhaltung der Rechtskonformität im Umwelt- und Arbeitssicherheitsbereich müssen als verbindlich unter Hinweis auf Kontrolle vor Ort und Leistungsabzug bei Nichteinhaltung beschrieben werden.

## 4.5 Schritt 5: Das Controlling

Ganz wesentlich für das Gelingen vor Ort ist ein effizientes Controlling durch den Veranstalter wie es zum Beispiel in der Handlungsempfehlung der FEST am Beispiel des evangelischen Kirchentages vorgestellt wird. Der Aufwand für Kontrolle lässt sich jedoch weiter minimieren, wenn die Datenerhebung klar als Teil der Zulieferung oder der dargebrachten Leistung bereits in der Auftragsvergabe dem Lieferanten verpflichtend mitgeteilt wird. Der Nettoaufwand zur Datenerhebung ist beim direkten Verursacher ungleich niedriger als bei einer externen Bewertung durch den Veranstalter. Als Beispiel sollen die gefahrenen Kilometer zur Lieferung inkl. der eigenen Zulieferung zum Lieferanten genannt sein.

## 4.6 Schritt 6: Die Show, die Messe, das Konzert vor Ort

Die Veranstaltung als ein Abstrakt einer temporär geschaffenen Organisation aus einem Heer an unterschiedlichsten Zulieferern, Dienstleister und Mitarbeiter nimmt für die Dauer von Auf- bis Abbau die Struktur eines eigenen komplexen Unternehmens an. Es ist seit jeher Aufgabe des Veranstalters dieser Unternehmung („das Projekt"), den passenden inneren und äußeren Rahmen zu geben und dafür Sorge zu tragen, dass diese reibungslos funktioniert. Die Erfolgsmessung ist bisher die positive Resonanz des Kunden, der ungestörte Ablauf, der wirtschaftliche Erfolg und das Einhalten der Zeitabläufe. Soll eine Veranstaltung nachhaltig sein, ist die Beurteilung der Nachhaltigkeitskennwerte unbedingt in diese Erfolgsmessung mit einzubeziehen.

In der Praxis hat es sich bewährt, die Aufgabe der Umsetzung einer nachhaltigen Veranstaltung mit Personal eigens zu besetzen. Das kann in Abhängigkeit der Größe ein Expertenteam sein, eine eigens dafür engagierte Fachkraft oder in Personalunion ein dafür ausgebildeter Kollege bei Kleinstveranstaltungen und kleinen Messeständen. Neben der Überwachung und Hilfe zur Einhaltung von Nachhaltigkeits- und Umweltzielen und der Datenerhebung zur Bilanzierung ist es vor allem die Einhaltung der mannigfaltigen Umweltvorschriften, für die diese Person professionell Sorge tragen kann. So gerät zum Beispiel die Einhaltung der Gewerbeabfallverordnung (GewAbfV) zunehmend in das Blickfeld der kontrollierenden Ordnungsbehörden von Veranstaltungen, welche schnell zu restriktiven Maßnahmen führen können.

## 4.7 Schritt 7: Die Bilanzierung

Eine Bilanzierung der Nachhaltigkeitsziele ist dann gut möglich, wenn diese in allen Schritten der Planung und Umsetzung eingefordert werden. In Abhängigkeit der Größe der Veranstaltung ist es sinnvoll, den Weg über die Anwendung der Norm ISO 20121:2012 zu gehen oder bei sehr komplexen Großveranstaltungen sogar ein Umweltmanagementsystem nach DIN ISO 14001 oder EMAS (Eco-Management and Audit Scheme) aufzusetzen. Bei kleineren Veranstaltungen empfiehlt es sich, die Kernstrukturen eines Umweltmanagementsystems anzuwenden, um neben den Einhaltungen der Nachhaltigkeits- und Umweltziele vor allem auch die wirtschaftlichen Vorteile dadurch zu erlangen.

Ressourcenschutz und $CO_2$-Einsparung ist immer auch mit einer Geldersparnis verbunden, da es sich ja tatsächlich um das Verhindern von Rohstoff- und Energieverschwendung handelt. Um diese Erträge und Aufwendungen kalkulieren zu können, müssen diese immer im selben Los oder der Gesamtbetrachtung gegenübergestellt werden. So zum Beispiel der Einsatz von modernster LED-Technik mit der Stromabrechnung oder der Materialeinsatz im Kulissenbau mit der Entsorgung. Wenn es dem Anbieter ermöglicht wird, durch Anwendung von modernster Technik oder eines wirksamen Ressourcenmanagements finanzielle Vorteile zu erwirtschaften und auch im Angebot auszuweisen, wird der Wettbewerb zwischen den Anbietern die Abkehr von der Ressourcenverschwendung bei Veranstaltungen schnell einleiten.

Eine gute vereinfachte Möglichkeit zur Darstellung der Nachhaltigkeit einer Veranstaltung ist die Erstellung einer Klimabilanz. In der Praxis zeigt es sich, dass Lieferanten und Dienstleister, die sich dem Thema Klimawirkung proaktiv stellen, ebenso über ihre Nachhaltigkeitswerte und Umweltleistungen nachdenken und Maßnahmen zur Verbesserung ergreifen. Bei wiederkehrenden Veranstaltungen und Darstellungen von Kennzahlen kann man gut deren Verbesserungsprozesse damit darstellen. Darüber erlaubt eine saubere Bilanzierung im Nachgang auch die authentische Kompensation der Klimawirkung. Dies kann bis hin zur Zertifizierung der „Klimaneutralität" nach dem PAS 2060 Klimaneutralität Standard gehen und stellt damit eine sehr anerkannte Darstellung der Klimafreundlichkeit des Events dar (Abb. 10).

Dies ist ein Faktor der für Veranstalter und Kunden sowie für Künstler, der auch zukünftig einen immer höheren Stellenwert bekommen wird. Maßgeblich zum Gelingen ist dabei die stringente Einhaltung des Grundsatzes: Vermeidung vor Verminderung vor Kompensation. Eine reine Bilanzierung und Kompensation ohne Berücksichtigung von Verbesserungsprozessen und deren Kontrolle, dient erfahrungsgemäß nur kurzfristig dem Marketing des Unternehmens, nicht aber seiner authentischen nachhaltigen Ausrichtung.

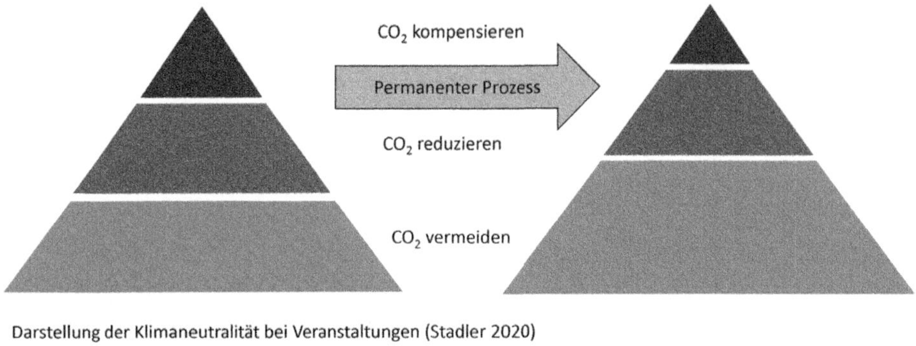


**Abb. 10** Klimaneutralität (Stadler)

## 5 Fazit

Nachhaltigkeit in der Eventbranche steckt in manchen Teilen noch in den Kinderschuhen, in anderen Teilen, wie zum Beispiel der Multikulturalität, ist diese Branche bereits weiter als andere. Die positiven Veränderungen gewinnen aber insgesamt zunehmend an Fahrt und setzen sich „peu à peu" – getrieben durch den gesellschaftlichen Wandel – unaufhaltsam durch.

Die Klimaneutralität von Veranstaltungen gerät immer mehr in das Interesse der Öffentlichkeit und damit in den Fokus der Veranstalter. Eine praxisnahe Umsetzung ist möglich und auch wirtschaftlich sinnvoll, wenn alle Beteiligten einer Veranstaltung im gesamten Prozess der Umsetzung von erstem Kundenwunsch zur Nachhaltigkeit, über die Show bis hin zur Entsorgung im Recyclingsystem ihre eigenen Möglichkeiten kennen und auch umsetzen. Eine Einbindung von Veranstaltungen in einen kontinuierlichen Verbesserungsprozess führt zu spürbaren und messbaren Erfolgen im Klimaschutz.

**Marcus Stadler** arbeitet als freier Umweltberater im Bereich Klimabilanzierung und Umweltmanagement (DIN, ISO, EMAS) mit Schwerpunkt in der Eventbranche, in der er seit 25 Jahren tätig ist. So leitete er unter anderem 15 Jahre den Bereich Eventarchitektur bei einem großen Eventdienstleister, der satis&fy AG Deutschland, wo er auch den Bereich CSR-Management verantwortete. Seine Projekte umfassen heute die Entwicklung und Umsetzung ressourcenschonender Alternativen und Produkte ebenso wie die Erarbeitung wirtschaftlicher, umweltfreundlicher und nachhaltiger Arbeitsprozesse.

## Literatur

BMAS (Bundesministerium für Arbeit und Soziales) (2017) CSR-Berichtspflicht für Unternehmen seit 2017. https://www.csr-in-deutschland.de/DE/Politik/CSR-national/Aktivitaeten-der-Bundesregierung/CSR-Berichtspflichten/richtlinie-zur-berichterstattung.html. Zugegriffen: 2. Jan. 2020

BMUB (Bundesministerium für Umwelt, Naturschutz, Bau und Reaktorsicherheit) (2015) https://www.umweltbundesamt.de/sites/default/files/medien/377/publikationen/leitfaden_nachhaltige_organisation_von_veranstaltungen_2017_05_18_web.pdf. Zugegriffen: 9. Sept. 2020

Cierjacks A, Teichert V, Diefenbacher H (2008) Umweltmanagement von Großveranstaltungen: Ein Leitfaden am Beispiel des Deutschen Evangelischen Kirchentages Band 1 von FEST (Forschungsstätte der Evangelischen Studiengemeinschaft) für die Praxis

DIN ISO 20121:2013-04 (2012) Nachhaltiges Veranstaltungsmanagement – Anforderungen mit Anleitung zur Anwendung (ISO 20121:2012); S. 7 ff.

Energie Agentur NRW GmbH (2019) Klimaneutrale Veranstaltungen einfacher als gedacht. https://broschueren.nordrheinwestfalendirekt.de/broschuerenservice/energieagentur/klimaneutrale-veranstaltungen-einfacher-als-gedacht/2962. Zugegriffen: 9. Sept. 2020

Große Ophoff M (Hrsg) (2016) Nachhaltiges Veranstaltungsmanagement: Green Meetings als Zukunftsprojekt für die Veranstaltungsbranche (DBU/Deutsche Bundesstiftung Umwelt), München

Lohmann S (2020) Der Sustainability Rider – Ein Leitfaden für Künstler und Veranstalter. https://sustainable-event-solutions.de/sustainability-rider/. Zugegriffen: 9. Sept. 2020

Süddeutsche Zeitung GmbH (2019) Coldplay wollen mit ihrer Welttour warten, bis sie klimafreundlich sein kann. https://www.jetzt.de/umwelt/coldplay-wollen-so-lange-mit-ihrer-welttour-warten-bis-sie-klimafreundlich-sein-kann. Zugegriffen: 2. Jan. 2020

UNEP (2012) Sustainable Event Guide. https://www.greeningtheblue.org/sites/default/files/Sustainable%20Events%20Guide%20May%2030%202012%20FINAL.pdf. Zugegriffen: 9 Sept. 2020, S. 1

Vereinte Nationen (2015) Transformation unserer Welt: die Agenda 2030 für nachhaltige Entwicklung. https://www.un.org/Depts/german/gv-70/band1/ar70001.pdf. S. 21. Zugegriffen: 2. Jan. 2021

# CSR im Veranstaltungsbereich – ohne Inklusion läuft nichts

Kerstin Hoffmann-Wagner und Gudrun Jostes

**Zusammenfassung**

Obwohl Veranstaltungen im Zusammenhang mit Corporate Social Responsibility CSR als häufig eingesetztes Kommunikationsinstrument eine wichtige Rolle spielen, werden in der Planung und Umsetzung von Events noch zu selten barrierefreie Aspekte berücksichtigt. Diese sind aber grundlegende Voraussetzung zur Umsetzung von Inklusion im Veranstaltungsbereich. Ein Zustand, der durch die Entwicklung von barrierefreien Standards und frühzeitiger Einbindung in die Prozesskette von Veranstaltungen sehr einfach aufgebrochen werden kann. Die Autorinnen geben in diesem Kapitel einen kompakten Einblick in die Bedeutung von inklusiven Veranstaltungen für das Thema CSR und in die dafür erforderliche Einbindung barrierefreier Aspekte.

## 1 Welche Bedeutung haben Veranstaltungen für CSR?

Veranstaltungen sind neben anderen Instrumenten, wie zum Beispiel PR und Öffentlichkeitsarbeit, Investor Relations oder Werbung, wichtige Werkzeuge in der Kommunikation von Unternehmen. Damit bilden sie einen wesentlichen Teil des

K. Hoffmann-Wagner (✉)
Training und Vorträge für Eventmanagement, Mühlheim am Main, Deutschland
E-Mail: hoffmann-wagner@hoffmannevent.de

G. Jostes
Planungsbüro JOSTES - BARRIEREFREI.PLANEN.BAUEN.BERATEN, Kassel, Deutschland
E-Mail: info@planungsbuero-jostes.de





A. Trischler und S. Böhling (Hrsg.), *CSR in Hessen,* Management-Reihe Corporate Social Responsibility, https://doi.org/10.1007/978-3-662-63004-4_35

Marketings, mit dem Unternehmen ihre Botschaften über ihr Unternehmen, ihre Produkte oder auch Dienstleistungen in Richtung interessierte Öffentlichkeit, potenzielle Kunden oder auch Stakeholder kommunizieren.

Die Themen Corporate Social Responsibility und Nachhaltigkeit können auch bei Veranstaltungen eine wachsende Bedeutung verzeichnen. Immer mehr Unternehmen berücksichtigen bei der Planung und Umsetzung ihrer Events nachhaltige Aspekte, wie die Verringerung des $CO_2$-Ausstoßes, den schonenden Umgang mit Ressourcen und auch die Einbindung sozialer Aspekte. Was zu Beginn auf Freiwilligkeit beruhte, gilt seit der Berichtspflicht für CSR-Aktivitäten, die seit 2017 für Unternehmen mit mehr als 500 Mitarbeitenden gilt, für größere Unternehmen die Verpflichtung, sich mit Umwelt- und Sozialbelangen, Korruptionsbekämpfung, Diversität und Menschenrechten zu beschäftigen und hier Engagement nachzuweisen.

Aber auch für kleinere Unternehmen spielen verantwortungsvolles und ressourcenschonendes Planen und Handeln in sämtlichen Unternehmensbereichen eine wachsende Rolle. Werden doch die Unternehmen von ihren Stakeholdern auch an solchen Aktivitäten gemessen, entwickeln sich gar zu einem Wettbewerbsvorteil.

Welche Rolle spielt der Veranstaltungsbereich im Zusammenhang mit CSR? Gemeint sind hier im Übrigen nicht nur die klassischen Protagonisten der Eventbranche, wie Eventagenturen, Messegesellschaften oder auch Branchenverbände. Vielmehr werden im Folgenden branchenübergreifend alle unternehmerischen Bereiche berücksichtigt, in denen Veranstaltungen zur Kommunikation geplant und eingesetzt werden.

Veranstaltungen nehmen im CSR-Kontext zwei entscheidende Rollen ein (Abb. 1):

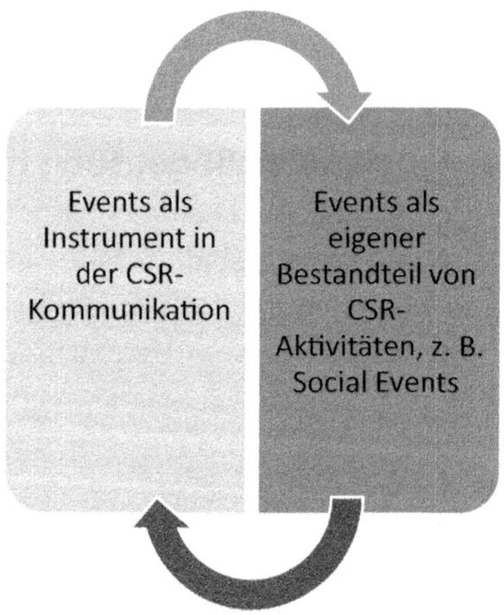


**Abb. 1** Bedeutung von Events im CSR-Kontext.

## 1.1 Events als Instrument in der CSR-Kommunikation

Events gehören in der Unternehmenskommunikation zu den häufig eingesetzten Instrumenten und spielen deshalb auch für die CSR-Kommunikation eine entscheidende Rolle. Neben weiteren Kommunikationsinstrumenten, wie zum Beispiel Publikationen, direkte Arbeit mit Medien oder auch Onlinekommunikation, nehmen der persönliche Kontakt und Veranstaltungen eine gleichberechtigte Aufgabe in der Verbreitung CSR-betreffender Aktivitäten und Haltungen ein[1].

Der Vorteil von Veranstaltungen liegt dabei klar auf der Hand:

- direkter Kontakt zu den entsprechenden Stakeholdern
- persönliche Kommunikation
- direktes Feedback
- Erörterung möglich durch Diskussionen

> Vor allem im persönlichen Kontakt mit seinen Stakeholdern kann das Unternehmen gezielt die Aspekte seiner CSR-Aktivitäten wirkungsvoll in Szene setzen.

Durch die diversen Inszenierungsmöglichkeiten von Events bestehen hier wesentlich mehr Möglichkeiten, die Stakeholder auch emotional auf das Thema einzustimmen, was psychologisch gesehen einen klaren Mehrwert gegenüber anderen Kommunikationsinstrumenten, wie zum Beispiel Printerzeugnissen ohne die Möglichkeit des direkten Kontakts, darstellt.

Welche Art von Veranstaltung gewählt wird, hängt dabei maßgeblich von den jeweiligen Zielen des Unternehmens ab. So richtet sich das Spektrum an Events zum einen nach der Art der Stakeholder, zum Beispiel interne wie Mitarbeitende, Management, oder auch externe Stakeholder, wie zum Beispiel potenzielle und bestehende Kundinnen und Kunden, Investierende, Verbrauchende, aber auch die allgemeine Öffentlichkeit.

Zu den gängigsten Veranstaltungsformaten im Zusammenhang mit der CSR-Kommunikation zählen sicherlich Mitarbeiterworkshops, Expertengespräche, Konferenzen, Stakeholder-Dialog-Veranstaltungen, aber auch Tage der offenen Tür oder Jubiläumsfeiern.

## 1.2 Events als eigener Bestandteil von CSR-Aktivitäten

Durch ihre vielseitigen Formate können Events auch selber als CSR-Aktivitäten genutzt werden. Inhalt solcher Veranstaltungen können zum Beispiel Aktionen der Mit-

[1] Vgl. Heinrich (2018, S. 87–110).

**Abb. 2** Grundpfeiler von Social Events

arbeitenden im Bereich Umweltschutz oder in sozialen Einrichtungen im lokalen Umfeld sein, die im Rahmen einer Veranstaltung durchgeführt werden.

Zu den gängigsten Veranstaltungsarten im Rahmen einer CSR-Aktivität zählen wohl die sogenannten Social Events. Diese unterscheiden sich über den sogenannten „Sinnfaktor“[2] gegenüber herkömmlichen Veranstaltungen, durch den die Events eine zusätzliche Rolle zu dem des Kommunikationsinstruments einnehmen: Sie fungieren vielmehr selbst als Lösungsform, um Wirtschaft und Gesellschaft durch Engagement und gezieltes soziales oder ökologisches Handeln stärker miteinander zu verbinden. Social Events sind somit eine direkte Ausdrucksform der CSR-Aktivitäten eines Unternehmens, über die selbst wiederum in den Unternehmensberichten geschrieben wird.

Im Gegensatz zu herkömmlichen Eventformaten dienen Social Events in erster Linie dazu, das Unternehmen in sozialen Belangen zu präsentieren und durch derartige Events für Akzeptanz und ein gezieltes Image zu schaffen.

Um Social Events konsequent im Sinne einer CSR-Strategie auszurichten, sollten die in Abb. 2 aufgezeigten Bereiche von Anfang an in die Planungskette integriert werden.

## 2 Inklusion und Barrierefreiheit bei Veranstaltungen

Bei Aktivitäten, die Social Events forcieren, sollte das Unternehmensinteresse zunächst bei der Erreichbarkeit aller Stakeholder liegen. Ein auf soziale Verantwortung ausgerichtetes Unternehmen kann hiermit aufzeigen, wie weitreichend der Gedanke CSR in allen Unternehmensbereichen verankert ist.

Allgemeines gesellschaftliches Bestreben ist es, den Gedanken der Inklusion voranzutreiben. Die sich hieraus ableitenden gesellschaftlichen und auch gesetzlich verankerten Ziele sind gerade bei der Gestaltung von Social Events von großer Bedeutung. Inklusion bedeutet nichts anderes, als die Teilhabe aller Menschen zu ermöglichen. Dies wurde als Konkretisierung der Menschenrechte aus Sicht von Menschen mit Behinderungen in der UN-Behindertenrechtskonvention[3] festgeschrieben und als Abkommen von derzeit 182

[2] Vgl. Paul (2006, S. 79).

[3] Vgl. Aktion Mensch (2020).

Ländern ratifiziert. Darunter auch Deutschland, das sich mit der Unterzeichnung 2009 zur Umsetzung dieser Ziele verpflichtet. Mehrere große Unternehmen haben dies aufgegriffen und treiben mit dem Instrument der Zielvereinbarungen[4] die Umsetzung schrittweise voran.

Gleich mehrere angestrebte Ziele können mit Social Events erreicht werden. Dazu bedarf es einen differenzierten Umgang mit der infrastrukturellen Gestaltung der Gesamtveranstaltung. Bezogen auf CSR sollte hier das Vermeiden von Barrieren zur gleichberechtigten Teilhabe als auch das Recht auf Bildung und Arbeit für alle, ein wesentlicher Gedanke sein.

▶ Ist Barrierefreiheit erst einmal in der Unternehmensstrategie adaptiert, bietet dies eine Basis, um ein inklusives Miteinander auch über Social Events entstehen zu lassen.

## 2.1 Barrieren abbauen bei Veranstaltungen

Zur Vermeidung von Barrieren bei Events ist zunächst die Frage zu beantworten, was Barrieren überhaupt sind und für wen sie Hindernisse darstellen. Ist der Veranstaltungsort baulich barrierefrei, ist die Zugänglichkeit und Nutzbarkeit der Infrastruktur für alle möglich? Für Stakeholder, die mit Beeinträchtigungen leben, bedeutet eine solche Gestaltungsqualität, dass eine gleichberechtigte Teilnahme ohne besondere Erschwernis und ohne fremde Hilfe möglich ist.

Dabei geht es um durchaus bekannte Maßnahmen, die technisch und organisatorisch mit einem diesbezüglichen sensibilisierten Mindset in der Gesamtplanung reibungslos umgesetzt werden können. Es ist dabei nicht nur auf das Vermeiden oder Entfernen von physischen Barrieren, sondern auch um das Hinzutun zum Beispiel von Informationen oder technische Hilfsmittel zu achten.

Physische Barrieren, wie zum Beispiel Treppenstufen, sind in der Regel allen präsent, da die meisten diese schon einmal als unbequem oder als unüberwindbar verspürt haben. Aber auch räumliche Barrieren, wie zum Beispiel überakustische Veranstaltungsräume, sind nicht zu unterschätzen. Der Nachhall ist für alle unangenehm und das Zuhören wird als sehr anstrengend empfunden. Für hörbeeinträchtigte Personen ist dies äußerst problematisch, da es mit einer sehr großen Anstrengung verbunden ist, die wesentlichen akustischen Informationen herauszufiltern.

Auch fehlende oder unzureichende Leit- und Orientierungssysteme sind Barrieren im Hinblick der Auffindbarkeit von Räumlichkeiten. Dies führt nicht selten für Sehbeeinträchtigte, aber auch Ortsunkundige zu einer Odyssee.

---

[4] Vgl. BMAS (2020).

Ebene Zugänge und eindeutige Wegeführungen in Gebäuden mit leicht zu öffnenden Türen sowie Aufzüge für die vertikale Erschließung sind eine Voraussetzung für die barrierefreie Erreichbarkeit von Events.

Das Vorhandensein einer induktiven Unterstützung ist für Hörgeräteträger ein großer Gewinn, denn über induktive Höranlagen werden auditive Signale direkt ohne Störgeräusche und Hall-arm auf das Hörsystem (Hörgerät oder Cochlea Implantat) übertragen. Dies ist vor allem bei musikalischen Darbietungen und Vorträgen hilfreich. Untertitelungen von Videos oder Live-Vorträgen bieten zudem auch hörbeeinträchtigten Gästen ohne Hörsystemen einen großen Mehrwert.

Wichtige Informationen zur Orientierung werden in der Regel visuell über Beschilderungen mitgeteilt. Einige Grundregeln, wie schon von Weitem erkennbare Informationen, die über Größen, Kontrast und Eindeutigkeit gesteuert werden können, sind dabei zu beachten. Ein systematisch aufgebautes Leit- und Orientierungssystem besteht aus visuellen und ergänzenden taktilen Informationen, was für Sehbeeinträchtigte und blinde Gäste hilfreich ist, um sich selbstständig auf dem Event bewegen zu können.[5]

Zielgerichtete, schattenlose und ausreichend helle Belichtung sorgt neben der Wahrnehmbarkeit von Informationen zudem für Sicherheit und Sturzprävention.

Bei der Auswahl von Mobiliar ist auf Flexibilität und unterschiedliche Höhen zu achten. Bewegliches Mobiliar lässt sich bei Bedarf verschieben oder wegstellen. Tresen und Informationsschalter mit Höhenstaffelung sind für große und kleine Personen gleichberechtigt nutzbar. Dies betrifft auch die Zusammenstellung einer Mischung von gut unterfahrbaren Tischen mit Bestuhlung und Stehtischen im Cateringbereich, damit kleine und große Teilnehmende auf Augenhöhe kommunizieren können.

▶ Finden diese gestalterischen und technischen Beispiele zur barrierefreien Gestaltung frühzeitig Beachtung in der Planung und Umsetzung, können unnötige Mehrkosten vermieden werden und es steht einem barrierefreien Event nichts mehr im Wege.

## 2.2 Eventkommunikation

Die Kommunikation über eine Veranstaltung ist ein weiterer Bereich, bei dem barrierefreie Aspekte einfließen sollten. Dies betrifft Einladungen, Werbung über Flyer oder Plakate, aber auch Presseberichte oder die Kommunikation über Onlinemedien, wie eine Website oder Social Media. Die Kommunikation mit den Teilnehmenden vor Ort während der Veranstaltung ist hier ebenfalls unbedingt zu berücksichtigen.

---

[5] Vgl. DBSV (2020).

Die Kernfragen sind hier:

- Sind die Informationen so aufbereitet, dass sie für möglichst alle Interessierten verständlich sind, zum Beispiel in einfacher oder leichter Sprache?
- Sind die Informationen auch visuell so aufbereitet (zum Beispiel kontrastreich, ausreichend große Schrift, über Screenreader lesbar), dass diese auch mit einer Sehbehinderung problemlos wahrgenommen werden können?
- Kommen Gebärdendolmetscher zum Einsatz?
- Wird das Eventpersonal vorab entsprechend geschult und sensibilisiert im Kontakt mit Teilnehmenden mit Behinderung?

## 3 CSR und barrierefreie Events – Gewinn für alle

Zeitgemäße und zukunftsgerichtete Veranstaltungskonzepte verbinden den Gedanken der Inklusion und der Nachhaltigkeit. Gerade Unternehmen, die ihre Aktivitäten nach CSR ausrichten, scheint die standardmäßige Eventplanung nach nachhaltigen und inklusiven Gesichtspunkten selbstverständlich, um konsequent und glaubwürdig zu bleiben. Inklusion ist dazu in zweierlei Hinsicht unabdingbar mit jeder Eventplanung anzustreben:

Zum einen als Teil des sozialen Aspekts nachhaltiger Eventplanung mit gleichem Stellenwert neben den ökologischen und ökonomischen Aspekten.

Zum anderen bildet Inklusion durch die gesellschaftlichen Verpflichtungen zur Umsetzung der Ziele der UN-Behindertenkonvention und den Behindertengleichstellungsgesetzen [6] eine eigene Basis, nach der heutige und künftige Veranstaltungen geplant werden.

Dennoch werden derzeit noch von vielen Veranstaltenden die Ziele der Inklusion mit der benötigten Barrierefreiheit als zeit- und kostenaufwendiges Add-on gesehen. Auch wird häufig das Nichterscheinen von Teilnehmenden mit sichtbaren Beeinträchtigungen auf eigenen Events als zusätzliche Bestätigung dafür gesehen, barrierefreie Anforderungen nicht einbinden zu müssen. Der Bedarf wird schlichtweg übersehen.

Menschen mit Beeinträchtigungen informieren sich in der Regel vorab darüber, ob die Veranstaltung so gestaltet ist, dass eine Teilnahme möglich ist. Stellt sich jedoch heraus, dass schon die Location für sie unzugänglich ist, wird eine Teilnahme häufig gar nicht erst in Erwägung gezogen. Bei Veranstaltenden bleibt häufig der Eindruck, ihre Events seien inhaltlich oder vom Format für Teilnehmende mit sichtbaren Beeinträchtigungen nicht interessant. Letztlich handelt es sich hierbei um einen Kreislauf, den es zu durchbrechen gilt. Dabei liegen die Vorteile von barrierefreien Events klar auf der Hand (Abb. 3).

[6] Vgl. HessBGG (2020).

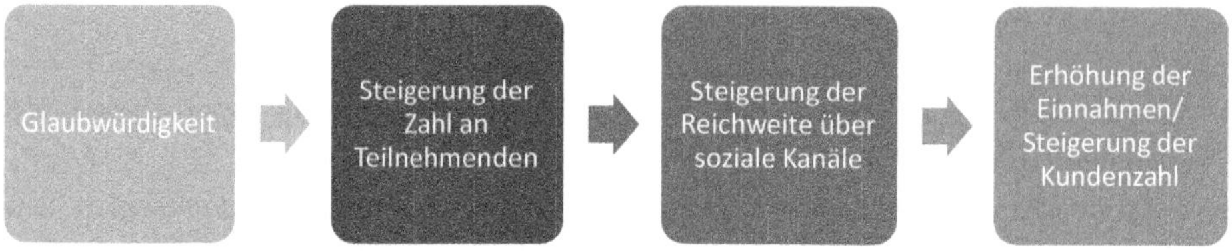


**Abb. 3** Die wichtigsten Vorteile barrierefreier Events

## 3.1 Events für alle

Unternehmen bieten Veranstaltungen für ihre Zielgruppe an. Die Festlegung der anzusprechenden Zielgruppe erfolgt nach den in der Kommunikationsstrategie üblichen Parametern. Neben der Definition der Eventziele ist dies ein weiterer wichtiger Schritt, der zu Beginn in der Planungskette eingebunden wird: Wer soll überhaupt mit dem Event erreicht werden?

Zur Benennung einer Zielgruppe wird in der Regel eine genaue Zielgruppenanalyse durchgeführt, die klar benennt, wen Veranstaltende mit ihrer Veranstaltung ansprechen wollen. Dabei werden Parameter wie demografische, sozioökonomische, psychografische Aspekte sowie das Kaufverhalten definiert und festgehalten. Diese Analyse sollte jedes wirtschaftlich agierende Unternehmen vor der Entwicklung von Kommunikationsmaßnahmen vornehmen, um nicht nur eine große Menge an Menschen mit ihren Aktivitäten anzusprechen, sondern auch die richtigen Menschen.

Anhand dieser Zielgruppendefinition wird die Veranstaltung konzipiert. Dies betrifft Inhalte, die Auswahl der geeigneten Location sowie die Entwicklung eines Kommunikationskonzepts zur Bewerbung der Veranstaltung. Im nächsten Schritt erfolgt die Betrachtung möglicher Bedürfnisse der potenziellen Teilnehmenden. An diesem Punkt entscheidet sich, ob alle Interessierten der Zielgruppe eingebunden werden, da diese Erkenntnisse die Grundlage für die weitere Eventkonzeption sind.

## 3.2 Event-Planungsschritte zur Barrierefreiheit

Das Einbinden von Barrierefreiheit beginnt mit der Bedürfnisrecherche der Zielgruppe. Festzustellen ist ein häufiges Hemmnis, die Barrierefreiheit in die Eventplanung einzubinden. Eine mangelnde Kenntnis der Bedürfnisse möglicher Teilnehmenden mit Beeinträchtigungen in der Mobilität oder der Sinne sowie die Ängste, etwas falsch zu machen, könnte der Grund einer fehlenden Auseinandersetzung sein. Hier ist im größeren Maß Umdenken und Informieren seitens der Veranstaltenden erforderlich. Hin zu dem

Verständnis, dass inklusive Ziele grundlegende Teile von allen Eventkonzepten sind und diese nur mit Barrierefreiheit als Basis erreicht werden können. Für die Praxis bedeutet das, dass diese Veranstaltungen unabhängig von ihrer Größe, Format und Inhalte für alle zielgruppenrelevanten Menschen offen sind.

Die in Abb. 4 aufgezeigten Abhängigkeiten der Bereiche, in denen die Berührungspunkte von Barrierefreiheit zur Planungskette vorliegen können, ermöglicht es den Eventverantwortlichen, einheitliche Standards zu entwickeln und diese genau wie nachhaltige Aspekte ganz selbstverständlich anzuwenden. Diese Standards sind gerade zu Beginn der Eventkonzeption wichtig, um nach geeigneten Ressourcen zu suchen, die genutzt werden können und somit keine eigenen Lösungen nötig werden. Erst ab dem Zeitpunkt, wo durch die Eventkommunikation erster Kontakt zu möglichen Teilnehmenden zustande kommt, können zum Beispiel durch Angaben in den Anmeldetools die zusätzlichen Bedürfnisse in Erfahrung gebracht werden. Ein Abgleich mit den zuvor angewendeten Standards für barrierefreie Events zeigt den Eventplanenden dann, inwieweit die vorhandenen Ressourcen den Bedarf abdecken und was gegebenenfalls noch an weiteren Lösungen, zum Beispiel im Bereich assistiver Techniken, dazu geplant werden muss (Abb. 5).

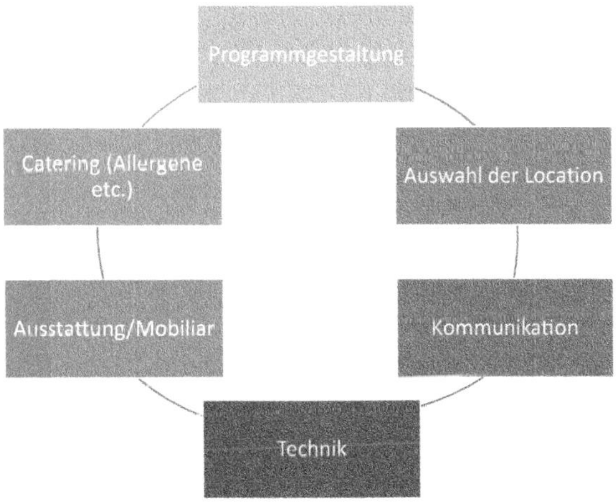


**Abb. 4** Berührungspunkte von Barrierefreiheit mit Event-Planungsschritten.

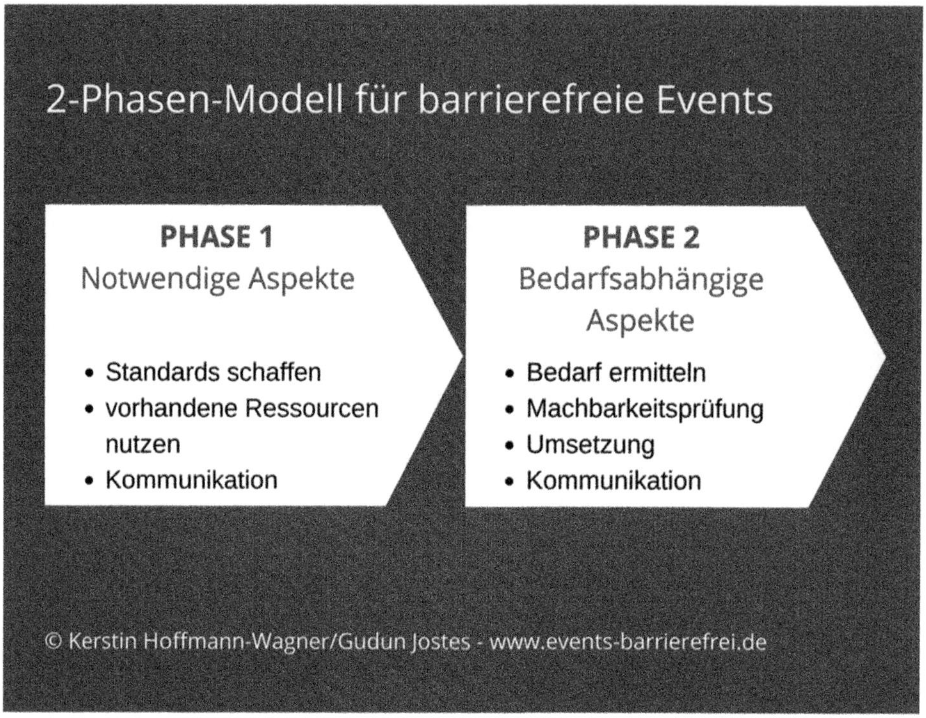


**Abb. 5** 2-Phasen-Modell zur barrierefreien Eventplanung

## 4 Ausblick

Die Entwicklung im Bereich Nachhaltigkeit und CSR der vergangenen Jahre zeigt, wie nach und nach ein Umdenken im Eventbereich erfolgt ist, was unter anderem den ressourcenschonenden Einsatz von Materialien, die Förderung der Regionalität, die Reduktion des $CO_2$-Ausstoßes, aber auch das Einbinden von sozialen Projekten angeht.

Um hier wettbewerbsfähig, aber auch glaubwürdig zu bleiben, gehören inklusive Veranstaltungen unbedingt zu nachhaltigem und CSR-konformem unternehmerischem Handeln dazu. Zukunftsweisende Eventkonzepte sind nachhaltig, inklusiv und barrierefrei. Über das Ziel Inklusion darf genauso wenig wie auch bei der Nachhaltigkeit über den Kosten-Nutzen-Aspekt entschieden werden. Vielmehr ist es eine gesellschaftliche Verpflichtung, denn gerade im Hinblick auf die demografische Entwicklung wird es höchste Zeit, die Weichen zu stellen, Events für alle Menschen gleichermaßen erlebbar zu machen.

**Kerstin Hoffmann-Wagner** ist selbstständige Eventstrategin, Trainerin und Bloggerin. Sie berät, coacht und trainiert Unternehmen bei ihren Aktivitäten im Bereich Event- und Messeplanung und bietet zu diesen Themen Seminare an. Zuvor war die studierte Kulturmanagerin selbst viele Jahre als Seniorreferentin und Projektleiterin im Eventmanagement tätig. Als Nachhaltigkeitsberaterin für die Veranstaltungsbranche (GCB) sind die Themen Nachhaltigkeit und Inklusion zwei wesentliche Schwerpunkte in ihrer Arbeit.

**Gudrun Jostes** ist zertifizierte Fachplanerin und Sachverständige für Barrierefreies Bauen. Sie erstellt barrierefreie Konzepte und berät seit 2000 öffentliche und private Auftraggeber, zum Barrierefreien Planen und Bauen. Seit mehreren Jahren führt sie praxisrelevante Trainings und Workshops zu Spezialthemen des Barrierefreien Bauens durch.

Seit 2015 kooperieren beide Expertinnen im Bereich Barrierefreiheit bei Events und Messen.

## Literatur


Aktion Mensch (2020) Ein großer Schritt nach vorn. Mit der UN-Behindertenrechtskonvention für gleichberechtigte Teilhabe in der Gesellschaft. https://www.aktion-mensch.de/dafuer-stehen-wir/was-ist-inklusion/un-konvention.html. Zugegriffen: 31. Mai 2020

BMAS (2020) Liste der Unternehmen mit Zielvereinbarungen zur Umsetzung von Barrierefreiheit. https://www.bmas.de/DE/Themen/Teilhabe-Inklusion/Zielvereinbarungen/Zielvereinbarungs-register/zielvereinbarungsregister.html. Zugegriffen: 21. Juni 2020

DBSV (2020) Leserlich.info ist ein Angebot des Deutschen Blinden- und Sehbehindertenverbandes (DBSV). https://www.leserlich.info/. Zugegriffen: 17. Juni 2020

Heinrich P (2018) CSR-Kommunikation – die Instrumente. In: Heinrich P (Hrsg) CSR und Kommunikation. Berlin, S. 87–110

HessBGG (2020) Hessisches Behinderten-Gleichstellungsgesetz – HessBGG. https://www.rv.hessenrecht.hessen.de/bshe/document/jlr-BGGHErahmen. Zugegriffen: 1. Juni 2020

Paul J (2006) Social Events. Wertewandel in der Eventbranche. Saarbrücken 2006:79

# Nachhaltigkeit in hessischen Hotels mit GreenSign

## Nachhaltigkeit in der Hotellerie

Suzann Heinemann, Darlene Schwabroch und Anja Engel

GEMEINSAM + EINZIGARTIG + GRÜN

**Zusammenfassung**

Nachhaltigkeit hat in der Hotellerie eine wichtige Bedeutung angenommen, denn neben gesellschaftlichen und politischen Anforderungen werden Hoteliers auch vermehrt mit den veränderten Erwartungen ihrer Gäste herausgefordert. Einige Hotels im Bundesland Hessen haben sich dieser Thematik angenommen und ihr ökologisches, soziales und wirtschaftliches Engagement mit dem Nachhaltigkeitssiegel GreenSign auszeichnen lassen. Was genau dieses Siegel besagt, wie Hoteliers nachhaltig werden können und welche Hotels Vorreiter in puncto Nachhaltigkeit in Hessen sind, wird im folgenden Kapitel erläutert.

S. Heinemann (✉) · D. Schwabroch · A. Engel
InfraCert GmbH – Institut für Nachhaltige Entwicklung in der Hotellerie, Berlin, Deutschland
E-Mail: sh@greensign.de

D. Schwabroch
E-Mail: ds@greensign.de

A. Engel
E-Mail: ae@greensign.de



A. Trischler und S. Böhling (Hrsg.), *CSR in Hessen*, Management-Reihe Corporate Social Responsibility, https://doi.org/10.1007/978-3-662-63004-4_36

# 1 GreenSign – Das Nachhaltigkeitssiegel für Hotels

## 1.1 Nachhaltigkeit in der Hotellerie

Auch in der Hotellerie ist Nachhaltigkeit längst kein Fremdwort mehr. Hotels und Gaststätten als Hauptleistungsträger des Tourismus sehen sich seit geraumer Zeit in der Verantwortung, Aspekte gesellschaftlichen und ökologischen Engagements mit einer gewinngetriebenen Unternehmensführung zu vereinen. Denn besonders in diesen Branchen ist ein erhöhtes Aufkommen von Energie- und Wasserverbräuchen aufzuzeichnen, welche der Beherbergung und Verpflegung großer Menschenmengen geschuldet ist. Auch das Abfallaufkommen und die Lebensmittelverschwendung sind als negative Begleiterscheinungen des Tourismus einzuordnen, welche Hoteliers stark reduzieren können. Dabei steht die Optimierung von betriebsinternen Prozessen gemäß nachhaltiger Alternativen im Vordergrund. Ein effizientes und angenehmes Arbeiten unterstützt die Gewinnung neuer Mitarbeiter und wirkt somit dem altbekannten Fachkräftemangel in der Hotellerie entgegen. Darüber hinaus trägt das nachhaltige Engagement eines Hotels dazu bei, dem veränderten Gästebedürfnis zu entsprechen, welches vermehrt die Denkweise eines grünen Lebensstils und die Ansprüche an eine ökologische und soziale Unternehmensführung aufweist.

## 1.2 Die Lösung GreenSign

Das GreenSign Nachhaltigkeitssiegel wurde für genau diese Zwecke konzipiert und unterstützt Hoteliers europaweit bei der nachhaltigen Entwicklung ihrer Betriebe (siehe Abb. 1). Grundlage dafür ist der GreenSign Kriterienkatalog, welcher den Alltag eines jeden Hotelbetriebes anhand 92 praxisnaher Kriterien abbildet. Der Katalog ist unter Berücksichtigung der drei Säulen der Nachhaltigkeit Ökologie, Ökonomie und soziale

**Abb. 1** Das GreenSign Logo. (Eigene Darstellung, InfraCert GmbH 2015)

Verantwortung in die sieben Kernbereiche Management und Kommunikation, Umwelt (Energie, Wasser, Abfall), Einkauf, Regionalität & Mobilität, Qualitätsmanagement, soziale Verantwortung und wirtschaftliche Verantwortung unterteilt (InfraCert GmbH 2015a). GreenSign als greifbares und dynamisches Tool zur Entwicklung ökologischer, sozialer und wirtschaftlicher Aspekte wurde speziell für die Hotellerie entwickelt. Dabei sind die Größe und Klassifizierung des Hotels nicht von Bedeutung.

### 1.2.1 Entstehung

Entwickelt wurde das GreenSign im Jahr 2015 durch InfraCert – das Institut für nachhaltige Entwicklung in der Hotellerie. Als wissenschaftlich fundierte Arbeit sind Normen der ISO 14001, der ISO 26000 und der EMAS im GreenSign Kriterienkatalog verankert. Nach mehrmaliger Überarbeitung des Katalogs gemäß den Entwicklungen und Trends in der Hotellerie und in der Nachhaltigkeit besteht inzwischen eine 75 %ige Konformität mit dem Global Sustainable Tourism Council, kurz GSTC, welches Zertifizierungsstätten weltweit auf ihre Wissenschaftlichkeit und Glaubwürdigkeit hin akkreditiert (GSTC 2020).

### 1.2.2 Konzept

Die Nachhaltigkeitszertifizierung GreenSign dient dem Zweck, Hotels in ihrer nachhaltigen Entwicklung zu unterstützen und zu begleiten. Die Voraussetzung für eine Zertifizierung mit GreenSign ist die wahrheitsgetreue Angabe der bisher implementierten Nachhaltigkeitsaktivitäten durch Ausfüllen des Kriterienkataloges. Ein anschließendes unabhängiges Audit dient zur Überprüfung der geleisteten Angaben. Anhand des Kriterienkataloges und des Audits evaluiert InfraCert den Ist-Zustand eines Hotels hinsichtlich der aktuellen nachhaltigen Aufstellung und verleiht das GreenSign Siegel in einem von fünf Leveln (siehe Abb. 2).

Mit Ausnahme weniger verpflichtender Kriterien, welche sich auf internationale Rahmenwerke beziehen, sind alle im Katalog gefragten nachhaltigen Initiativen auf freiwilliger Basis zu leisten. Dies ermöglicht einem Hotel eine Verbesserung der Nachhaltigkeitsaktivitäten und des GreenSign Levels bis zur Re-Zertifizierung. Insbesondere die noch nicht erfüllten Kriterien in der Zertifizierung können innerhalb der dreijährigen Gültigkeit des GreenSigns erfüllt und ausgebaut werden. Bei dieser nachhaltigen Weiterentwicklung des Betriebes wird stark auf die Nutzung moderner und digitaler Lösungen gesetzt. Für eine kontinuierliche Verbesserung der Nachhaltigkeitsaktivitäten haben zertifizierte Hotels fortwährend Zugriff auf ihren Kriterienkatalog und können den Kontakt mit InfraCert zur kompetenten Beratung jederzeit suchen. Das integrierte Umweltmanagementsystem hilft bei der strukturierten und zeitlich festgelegten Umsetzung geplanter Initiativen. Außerdem erhalten zertifizierte Hotels ein individuell angefertigtes Nachhaltigkeitsbarometer, welches die Fortschritte in den sieben Kernbereichen dokumentiert und anschaulich darstellt.

Neben der nachhaltigen Entwicklung des Hotelbetriebes legt InfraCert großen Wert auf die transparente Kommunikation der Nachhaltigkeitsfortschritte und die

**Abb. 2** Das einzigartige fünfstufige Zertifizierungssystem von GreenSign. (Eigene Darstellung, InfraCert GmbH 2015)

Sensibilisierung von Mitarbeitern, Gästen, Partnern und Lieferanten des Hotels. Nachhaltigkeit bietet in der Hotellerie schon heute einen Wettbewerbsvorteil, und die Kommunikation dessen verhilft zur Gewinnung neuer Kundengruppen und zum Erhalt bestehender Gäste.

GreenSign hat sich als bekanntes und aussagekräftiges Nachhaltigkeitssiegel auf dem Hotelmarkt manifestiert und bereichert Hotelbetriebe mit der Ausstrahlung einer positiven, grünen Reputation. GreenSign verhilft bei der aktiven Vermarktung der Nachhaltigkeitsaktivitäten und ermöglicht einem zertifizierten Betrieb erhöhte Sichtbarkeit auf diversen Buchungsplattformen, wie den greenconferencehotels.com, greenline-hotels.com, destinet.eu und bookitgreen.com.

### 1.2.3 Stand heute

Bereits heute sind mehr als 250 Hotels in 13 Ländern mit GreenSign zertifiziert (InfraCert GmbH 2020). Dazu zählen mitunter alle Häuser der Lindner Hotels AG sowie A&O Hotels und Hostels und das bekannte Park Inn by Radisson am Alexanderplatz in Berlin. Auch die Kooperationen mit zahlreichen nachhaltigen Partnerfirmen, wie beispielsweise Greenpeace Energy, Klimapatenschaft GmbH und Unilever, verdeutlichen GreenSigns Fortschritt und Standhaftigkeit auf dem Hotelmarkt (InfraCert GmbH 2020).

## 1.3 Die drei Säulen der Nachhaltigkeit in der Hotellerie

Hoteliers, die sich der Nachhaltigkeit annehmen möchten, stehen häufig vor einer Vielzahl von Ungewissheiten. Was genau bedeutet „nachhaltige Unternehmensführung"? Welche hotelinternen Abläufe kann ich verbessern? Wie kann ich meine Mitarbeiter einbeziehen? Welche Kosten kommen auf mich zu? Lohnt sich Nachhaltigkeit für meinen Betrieb überhaupt? Wie kann ich unsere Klimabilanz verbessern, ohne dass meine Gäste auf Komfort verzichten müssen? Muss sich der gesamte Betrieb verändern? Kann ich überhaupt ein nachhaltiger Hotelier werden, wenn die Bauweise meines Hauses moderne Anlagen gar nicht zulässt? Wie kann ich meine Gäste einbinden? Und wo fange ich überhaupt an?

All diese Fragen sind berechtigt, und dennoch kann das Team von GreenSign aufgrund seiner jahrelangen Erfahrung mit genau diesen Unsicherheiten Entwarnung geben: *Jedes Hotel kann nachhaltig sein!* Denn es kommt besonders beim Einstieg viel weniger darauf an, eine perfekte Klimabilanz aufzeigen zu können oder nur vegane Produkte auf der Speisekarte anzubieten, sondern vielmehr darauf, den Mut zu haben, sich für die Nachhaltigkeit zu öffnen und einfach damit loszulegen! Bereits kleine Veränderungen im Hotelalltag können eine große Wirkung zeigen, sowohl ökologisch als auch finanziell. Da die Nachhaltigkeit eine Lebensweise darstellt, die sich durch neue Ideen, Trends und Innovationen kontinuierlich fortbewegt, gibt es nie den einen richtigen Moment, um damit anzufangen. Stattdessen wird allen Hoteliers wärmstens ans Herz gelegt, den Einstieg zu wagen, auch wenn umweltfreundliche Initiativen noch nicht in jeder Abteilung perfektioniert sind. Denn nachhaltig zu wirtschaften bedeutet auch eine stetige Weiterentwicklung und einen fortlaufenden Lernprozess. Die innere Überzeugung für Ressourcenschonung und Umweltschutz sowie die Freude am umweltfreundlichen Wirtschaften werden der nachhaltigen Entwicklung und Verbesserung eines jeden Hotels zugutekommen. Welche Möglichkeiten es für Hoteliers gibt, sich in den Bereichen Ökologie, Ökonomie und sozialer Verantwortung nachhaltig aufzustellen, wird im Folgenden erläutert.

### 1.3.1 Management & Kommunikation

Die Säulen Management und Kommunikation sind zentrale Bestandteile einer nachhaltigen Unternehmensausrichtung. Sie stehen für ein Wertesystem und eine verantwortungsvolle Zukunftsgestaltung im Dialog mit Stakeholdern (zum Beispiel Mitarbeiter, Kunden und Lieferanten).

Um sich in diesem Bereich auf den Pfad der Nachhaltigkeit zu begeben, ist die *Erstellung eines Leitbilds* essenziell, welches diverse Aspekte der verantwortungsvollen Unternehmensführung des Hotels beleuchtet. Dazu zählen neben Umweltschutz und Menschenrechten auch gesellschaftliches, wirtschaftliches und soziokulturelles Engagement. Um Unternehmensrisiken jeglicher Art zu minimieren, sollten sämtliche Maßnahmen dafür in einem *Risikomanagementsystem* dokumentiert und auf aktuellem Stand gehalten werden. Ein CSR-Beauftragter im Hotel ist von großer Bedeutung, um die Nachhaltigkeit stetig zu koordinieren. Dafür ist auch ein *Umweltprogramm* unverzichtbar, um Aufgaben, Ziele und Pläne für eine nachhaltige Umsetzung und Weiterentwicklung an bestimmten Personengruppen innerhalb des Hotels zuzuweisen und sie zu terminieren. Ein jährlich veröffentlichter Nachhaltigkeitsbericht dient der transparenten Kommunikation mit Gästen und Mitarbeitern sowie mit Partnern und Lieferanten (InfraCert GmbH 2015b).

### 1.3.2 Umwelt

Die Säule Umwelt umfasst die ökologischen Bereiche Energie, Wasser und Abfall. Als wesentliche Bestandteile und Einflussgrößen auf den ökologischen Fußabdruck sind Strategien und Maßnahmen zur Reduzierung des Ressourcenverbrauchs notwendig. Besonders in diesen drei Bereichen ist die Kommunikation und Sensibilisierung der Gäste, Mitarbeiter und Lieferanten für Ressourcenschonung besonders wichtig und hilfreich.

#### 1.3.2.1 Energie

Im Punkt Energie gibt es besonders viele Maßnahmen, die ein Hotelier auf dem Weg zur Nachhaltigkeit umsetzen kann, angefangen mit der regelmäßigen *Erhebung der Energieverbräuche,* wie zum Beispiel Strom, Heizöl oder Erdgas. Nur durch die genaue Dokumentation der Verbräuche können diese kritisch überwacht und effektiv verbessert werden. Bestehende Elektrogeräte sind häufig veraltet und nicht auf dem modernsten Stand. Bei der Neuanschaffung elektronischer Geräte sollten allerdings *energiesparende Alternativen* gewählt werden. Ein weiterer interessanter Aspekt ist der *Strombezug aus erneuerbaren Quellen,* beispielsweise Solarenergie oder eine Photovoltaikanlage. Auch Heizenergie kann aus ressourcenschonenden Quellen wie einem Blockheizkraftwerk, einer Holzhackschnitzelanlage oder einem Wärmetauscher generiert werden. Im Hotelzimmer reichen bereits kleine Veränderungen aus, um die Klimabilanz des gesamten Hauses zu verbessern. Hierzu zählen die Nutzung von Vorhängen oder Jalousien als *Verschattungssysteme* und der Verzicht auf Minibars oder Kaffeemaschinen. Auch Hotelraum-Managementsysteme, Warmwasseraufbereitung und Luftaufbereitung beeinflussen den Energieverbrauch eines Hotels. Weitere Bereiche, in denen Energie gespart werden kann, ist das *Beleuchtungskonzept* des Hauses, beispielweise durch Bewegungsmelder in den Fluren und das *Küchenkonzept* des Restaurants, zum Beispiel durch korrektes Befüllen der Kühlschränke, das *Abschalten von Bildschirmen* im Verwaltungsbereich nach Arbeitsbeendigung, und *papiersparend* bis papierlos zu arbeiten (InfraCert GmbH 2015c).

#### 1.3.2.2 Wasser

Auch im Bereich Wasser sollten Verbräuche regelmäßig erhoben werden, um diese beobachten und verbessern zu können. Um Wasser effektiv sparen zu können, ist der Einsatz von *Durchflussbegrenzern* in Duschen, Wasserhähnen und Toilettenspülung wichtig. Auch *Armaturen mit Sensortechnik* in den öffentlichen Toiletten verhelfen zu einer wirksamen Ressourcenschonung. Wenn diese Techniken aufgrund der Bauweise eines Hotels nicht umzusetzen sind, ist die Wasserschonung bei der Reinigung von Gebäude und Textilien für jeden Hotelbetrieb machbar. Hierbei empfiehlt sich eine *nachhaltig zertifizierte Wäscherei,* der *Einsatz umweltfreundlicher Reinigungsmittel* sowie die *Reduktion von Handtuch- und Bettwäschewechsel* unter der Zustimmung der Gäste (InfraCert GmbH 2015d). Hierfür haben viele Hotels ein Gutscheinsystem eingeführt, in welchem Hotelgäste ein Freigetränk an der Bar bekommen, wenn sie ihr Zimmer erst nach einer bestimmten Anzahl von Nächten reinigen lassen.

#### 1.3.2.3 Abfall

Neben der Reduktion des Abfallaufkommens eines Hotels sollte auch die *korrekte Mülltrennung und Entsorgung* beachtet werden. Hier können *gekennzeichnete Wertstoff- und Recyclingbehälter* für Gäste, Personal oder das Housekeeping zum Einsatz kommen. Zur Minimierung des Abfallaufkommens im Hotel empfiehlt sich die *Vermeidung von Portionsverpackungen,* beispielsweise für das Frühstücksbuffet, die Nutzung von Mehrweg- und Pfandsystemen für Flaschen, und der *Einsatz von nachfüllbaren Seifenspendern* in den Gästezimmern und den öffentlichen Bereichen des Hotels. Um starker Lebensmittelverschwendung vorzubeugen, empfiehlt sich eine Zusammenarbeit mit den Initiativen „United Against Waste“ oder „Too Good To Go“ (InfraCert GmbH 2015e).

### 1.3.3 Einkauf

Der Einkauf ist ein zentrales Steuerungsorgan und Indikator für nachhaltiges Wirtschaften. Regionale, saisonale, Bio und fair gehandelte Produkte nehmen zunehmend einen hohen Stellenwert in der Gesellschaft und der Wertekette im Hoteleinkauf ein.

Um den Einkauf eines Hotelbetriebes möglichst klimaneutral zu gestalten, sollten *regionale Lieferanten* bevorzugt werden. Kürzere Transportwege der Lebensmittel sparen signifikante $CO_2$-Emissionen und die hohe Qualität der Produkte macht sich bei Hotelgästen positiv bemerkbar. Außerdem hat die Nutzung *biologischer, pflanzlicher oder FSC-zertifizierter Lebensmittel,* wie zum Beispiel Fleisch oder Fisch, eine starke Auswirkung auf die Umweltbilanz eines Hotels. Auch *fair gehandelte Produkte,* beispielsweise mit einer UTZ- oder GEPA-Zertifizierung, sind hier von Vorteil. Neben dem Einkauf zertifizierter Lebensmittel bleiben die Regionalität und *Saisonalität* von Gemüse und Obst Vorreiter in puncto umweltverträglicher Einkauf (InfraCert GmbH 2015f). Denn die bewusste Entscheidung gegen die heutzutage standardgemäße globalisierte Ernährung wirkt Schäden für die Umwelt, sozialen Ungerechtigkeiten und der Anonymität des Essens auf unseren Tellern entgegen.

### 1.3.4 Regionalität und Mobilität

Regionalität und Mobilität sind zentrale Indikatoren von Nachhaltigkeit. Regionalität trägt zur Unternehmensidentifikation und einem qualitativen Wachstum bei. Das Thema Mobilität erfordert zukunftsweisende Ansätze im Tourismus.

Neben *regionalen Spezialitäten* auf der Speisekarte ist auch der *Verkauf selbsthergestellter oder regionaler Produkte,* wie zum Beispiel Honig oder Schokolade, bei Hotelgästen gerne gesehen. So kann eine kulturelle *Verbindung mit der Umgebung* entstehen, wodurch bewusstes Reisen und intensive Erlebnisse nach den Leitsätzen des sogenannten „Sanften Tourismus" gefördert werden. Eine regionale Unternehmensführung beinhaltet außerdem, dass Mitarbeiter sich mit den Herkünften und Qualitäten von Produkten und Lieferanten auskennen und dieses jederzeit im direkten Dialog mit Gästen wiedergeben können. Auch *regionale Veranstaltungen* mit kulturellem Inhalt sollten deutlich kommuniziert werden, um Hotelgästen eine Spannbreite an ortsüblichen Bräuchen nahezulegen. Um die *Mobilität der Gäste* zu gewährleisten, ist die Möglichkeit zum *Ausleihen von Fahrrädern* oder E-Bikes sowie Ermäßigungen bei emissionsfreien Anreisen empfohlen. Darüber hinaus sollten *barrierefreie Hoteleingänge,* Korridore, Gästezimmer und Freizeitaktivitäten vorhanden sein, um auch Gästen mit körperlichen Einschränkungen einen mobilen und angenehmen Aufenthalt zu ermöglichen (InfraCert GmbH 2015g).

### 1.3.5 Qualitätsmanagement und nachhaltige Entwicklung

Qualitätssicherung ist ein Kernprozess von Nachhaltigkeit und wesentlicher Bestandteil jedes Unternehmens. Dessen Weiterentwicklung bedeutet Zukunftssicherung durch zufriedene und motivierte Mitarbeiter, Stammgäste sowie eine vertrauensvolle Zusammenarbeit mit allen Stakeholdern.

Qualitätsmanagement beinhaltet die *Dokumentation von Geschäftsprozessen* und Organisationsstrukturen in einem Qualitätshandbuch, um kontinuierliche Verbesserungsprozesse im Hotel zu generieren. Im zweiten Schritt ist es essenziell, dass Mitarbeiter regelmäßig in Effizienzmaßnahmen der Unternehmensökologie geschult werden, damit Verbesserungen der Umweltleistungen erzielt werden können. Diese *Schulungen* können intern und extern stattfinden. Darüber hinaus sind Informationen für ein *umweltfreundliches Verhalten am Arbeitsplatz* für Mitarbeiter unverzichtbar. Auch Lieferanten sollten in soziale, ökologische und ethische Standards des Hotels eingebunden werden und diese erfüllen. Um eine qualitativ hohe Performance zu sichern, sollten regelmäßig die *Gäste- und Mitarbeiterzufriedenheit* verzeichnet werden. Ein zunehmender Grad der Zufriedenheit über die Jahre verdeutlicht eine nachhaltige Entwicklung auf sozialer Ebene. Ein weiteres Merkmal für qualitatives Management ist die *Klimaneutralität* eines Hotels, welche durch die Erhebung und Kompensation des individuellen $CO_2$-Fußabdruckes erreicht werden kann. Ebenso relevant ist der *Erhalt der biologischen Vielfalt,* beispielweise durch ein Bienenhotel sowie die *Sicherung des Umgangs mit Betriebsmitteln* für Mitarbeiter, zum Beispiel durch Hygienepläne (InfraCert GmbH 2015h).

### 1.3.6 Soziale Verantwortung

Gesellschaftliches Engagement ist eine tragende Säule einer nachhaltigen Entwicklung. Sie steht für Verantwortungsbewusstsein und Motivation für die Gestaltung einer zukunftsfähigen Umwelt im Dreiklang von Ökologie, sozialer und ökonomischer Verantwortung.

Die soziale Verantwortung eines Hotels bezieht sich insbesondere auf den Umgang mit Mitarbeitern. Hierfür wird die *Orientierung an Tariflöhnen* und die Möglichkeit der Teilnahme an Weiterbildungen für Mitarbeiter angeraten. Auch ein *betriebliches Gesundheitsmanagement* sollte vorhanden sein und deckt im besten Falle Sport-/Entspannungsangebote, frisches Obst in der Kantine und einen ergonomischen Arbeitsplatz ab. Die regelmäßige *Erhebung von Daten,* wie die Anzahl der Mitarbeiter, Auszubildenden und Führungspositionen verschafft einen guten Überblick über die *Beschäftigungsstruktur.* Neue Mitarbeiter anzusprechen und bestehende Mitarbeiter langfristig halten zu können, ist besonders in der Hotellerie von großer Wichtigkeit, denn der Fachkräftemangel in dieser Branche ist nicht zu unterschätzen. Damit eine Hoteldirektion ihre Mitarbeiter zufriedenstellen kann, bietet sie ihnen oftmals die verschiedensten Vorzüge. Dazu zählen eine integrierte *Überstundenregelung,* übertarifliche Bezahlung und die Zahlung von Weihnachts- und/oder Urlaubsgeld. Aber auch die *Mitsprache bei der Dienstplangestaltung,* eine *familienfreundliche Arbeitszeitgestaltung* und eine den Mitarbeitern entgegenkommende Urlaubsplanung bringen Arbeitnehmern ein Gefühl von Wertschätzung entgegen. *Förderprogramme,* Bildungsurlaube und eine eigene Weiterbildungsakademie tragen dazu bei, dass Mitarbeiter berufliche und persönliche Entwicklungen erfahren, welche sie dann gezielt im Unternehmen einsetzen können. Weitere Vorzüge für eine hohe Mitarbeiterzufriedenheit sind die Möglichkeiten des Homeoffice, *dokumentierte Mitarbeitergespräche* sowie regelmäßige Mitarbeiterversammlungen und *Betriebsausflüge.* Um auch soziales Engagement auf gesellschaftlicher Ebene auszustrahlen, sollten nachhaltige Hotelbetriebe mindestens eine Initiative der lokalen Gemeinschaft, zum Beispiel einen Kindergarten oder einen Sportverein, finanziell sowie durch tatkräftige Aktionen oder Hilfestellungen unterstützen (InfraCert GmbH 2015i).

### 1.3.7 Wirtschaftliche Verantwortung

Wirtschaftliche Stabilität von Unternehmen ist eine tragende Säule und sichert qualitatives und quantitatives Wachstum. Die Erhebung, Evaluation und Steuerung von Finanz- und Wirtschaftsdaten sind dabei essenziell und stehen für ein Verantwortungsbewusstsein, um externe Ansprüche und Erwartungen von Kunden, Investoren oder Medien zu begegnen.

Zu den *Wirtschafts- und Finanzdaten,* welche ein Hotel regelmäßig erheben sollte, zählen unter anderem der Umsatz pro Mitarbeiter und pro verfügbarem Zimmer, die durchschnittliche Aufenthaltsdauer eines Gastes sowie die Personalaufwandsquote und der Krankenstand der Mitarbeiter. Darüber hinaus sollte ein *langfristiger Investitionsplan* bestehen und wichtige Hotelkennzahlen sollten regelmäßig an alle Mitarbeiter kommuniziert werden.

Ein Hotel sticht in puncto wirtschaftliche Verantwortung besonders heraus, wenn es ein *kontinuierliches Wachstum* in Umsatz, Ertrag und *Auslastung* verzeichnen kann. Hier sind auch der Übernachtungspreis, die Auslastung und die *Aufenthaltsdauer* relevant. Ein weiteres Indiz für eine erfolgreiche nachhaltige Unternehmensführung ist das Wachstum des gesellschaftlichen Engagements und der regionalen Lieferanten sowie der *qualitativen Netzwerke* und *klimaneutralen Produkte* (InfraCert GmbH 2015j).

## 2 Best-Practice-Beispiele – GreenSign zertifizierte Betriebe in Hessen

Auch im Bundesland Hessen bekennen sich Hotelbetriebe zunehmend zur Nachhaltigkeit und suchen dabei die Unterstützung und Expertise von InfraCert. Aktuell tragen acht Hotels und Hostels in Hessen die GreenSign Nachhaltigkeitszertifizierung und zwei Hotels befinden sich inmitten des Zertifizierungsprozesses. All diese Hotels erfüllen hohe ökologische, soziale und wirtschaftliche Erwartungen und fungieren somit als Vorreiter für nachhaltige Hotelbetriebe in Hessen.

### 2.1 Lindner Hotels

Seit November 2019 sind alle 30 Lindner Hotels europaweit mit dem Nachhaltigkeitssiegel GreenSign zertifiziert, doch schon lange vor dieser Zeit wurde Nachhaltigkeit in der Hotelkette großgeschrieben. So werden alle Lindner Hotels mit 100 % Naturstrom beliefert und zahlreiche E-Tankstellen stehen den Gästen zur Verfügung. Mit eigenen Kräutergärten und Insektenhotels in diversen Häusern der Lindner Hotels wird die Biodiversität aktiv unterstützt, und durch die Mitgliedschaft bei United Against Waste e. V. trägt das Familienunternehmen zum Kampf gegen Lebensmittelverschwendung bei. Darüber hinaus wird auf umweltschonende Reinigungs- und Pflegemittel sowie auf Naturkosmetik in den Hotelzimmern gesetzt. Otto Lindner aus dem Vorstand der Lindner Hotels AG begründet das nachhaltige Engagement der Hotelkette wie folgt: „Ich denke, wir als Familienunternehmen leben die Grundeinstellung, sie ist quasi die DNA aller unserer Werte. Jeder unserer Mitarbeiter ist sich dabei ebenso seiner Verantwortung gegenüber der Umwelt und den nachfolgenden Generationen bewusst wie wir. Zudem haben wir als Familienunternehmen seither eine offene und ehrliche Unternehmenskultur, die das gemeinsame Erreichen von Zielen in den Mittelpunkt stellt. Bei einem internen Ideenwettbewerb haben unsere Mitarbeiter einige Ideen für Nachhaltigkeitsmaßnahmen eingereicht, die wir anschließend in den Hotels umgesetzt haben. Diese Form der Partizipation ist sicher auch eine sehr wichtige Motivation.“ (Lindner 2020)

Ein respektvoller Umgang mit natürlichen Ressourcen steht bei den Lindner Hotels stets im Vordergrund. Diese und weitere Initiativen der mittelständischen Hotelkette zeigen großes nachhaltiges Engagement und verdeutlichen ein hervorragendes

GreenSign Level 4, welches alle Lindner Hotels europaweit auszeichnet. Neben dem umweltschonenden Unternehmensgeist aller Lindner Hotels weisen die einzelnen Betriebe individuelle Aktivitäten zur Ressourcenschonung auf, welche im Folgenden näher beleuchtet werden.

### 2.1.1 Lindner Congress Hotel Frankfurt – Wirtschaftliche Verantwortung

Mit 274 Zimmern und 15 Veranstaltungsräumen ist das Lindner Congress Hotel ein beliebtes Ziel für Geschäftsreisende und Tagungsgäste in Frankfurt. Auch dieses Hotel hat ein starkes CSR-Management etabliert und punktet besonders stark bei der wirtschaftlichen Säule der Nachhaltigkeit. Durch die regelmäßige, ausführliche Erhebung von Wirtschafts- und Finanzdaten strebt das Lindner Congress Hotel eine kontinuierliche Verbesserung der finanziellen Aufstellung an und trägt Verantwortung für die Existenz seiner Mitarbeiter und Partner. Erhoben werden unter anderem die Umsatzstruktur, der Personalumschlag und die Gesundheitsquote sowie der Durchschnitt der Zimmerauslastung und der Aufenthaltsdauer der Gäste. Ein langfristiger Investitionsplan als Bestandteil der strategischen Unternehmensplanung hilft dem Hotel dabei, die Wirtschaftlichkeit langfristiger Investitionen unter Berücksichtigung ökologischer Aspekte beurteilen zu können. Dass das Linder Congress Hotel auf der ökonomischen Säule der Nachhaltigkeit eine Vorbildfunktion trägt, zeigt auch eine Verbesserung sämtlicher wesentlicher Aspekte des Hotelalltages. Innerhalb der letzten drei Jahre konnte das Lindner Congress Hotel Frankfurt positive Entwicklungen mitunter in den Bereichen Umsatz, Auslastung, Übernachtungspreis und Anzahl der Mitarbeiter und Stammgäste verzeichnen. Auch die Anzahl regionaler Lieferanten sowie veganer und Fair-Trade-Produkte hat ein kontinuierliches Wachstum aufzeigen können. Zu Recht trägt das Lindner Congress Hotel Frankfurt die GreenSign Zertifizierung mit Level 4 und stellt den Vorreiter einer wirtschaftlichen Unternehmensführung der Hotels in Hessen dar (InfraCert GmbH 2019).

### 2.1.2 Lindner Hotel & Residence Main Plaza – Soziale Verantwortung

Ein weiteres Lindner Hotel in Frankfurt beweist starkes nachhaltiges Engagement, insbesondere auf der sozialen Säule. Das Lindner Hotel & Residence Main Plaza bietet seinen Gästen 118 Zimmer und 8 Tagungsräume. Aber auch die Angebote für Mitarbeiter des Hotels sind lobenswert, denn das Lindner Hotel & Residence Main Plaza erreichte in diesem Bereich nahezu jeden gefragten Punkt des GreenSign Kriterienkataloges. Neben der Förderung eines Kindergartens in der lokalen Gemeinschaft engagiert sich das Hotel in der regelmäßigen internen und externen Weiterbildung seiner Mitarbeiter. Ein betriebliches Gesundheitssystem sorgt mit einem Betriebsarzt, täglich frischen Speisen, sowie Sport- und Entspannungsangeboten für das Wohlergehen aller Mitarbeiter. Darüber hinaus bietet das Lindner Hotel & Residence Main Plaza seinen Mitarbeitern Vorzüge, wie eine Überstundenregelung, übertarifliche Bezahlung, familienfreundliche Arbeitszeitgestaltung sowie dokumentierte Mitarbeitergespräche, ansprechende Sozialräume und Vergünstigungen für Mitarbeiter. Das Angebot umfasst weiterführend Förderprogramme für Auszubildende, Programme zur Karriereweiterentwicklung, materielle und monetäre Anreize, Anwesenheitskost und Betriebsfeste. Ein respektvoller und wertschätzender Umgang mit seinen Mitarbeitern ist in jeder Branche gewünscht, kann aber besonders in der Hotellerie gegen den altbekannten Fachkräftemangel wirken. Mitarbeiter sind als Auge und Ohr eines jeden Hotelbetriebes unverzichtbar für einen funktionierenden Betrieb, und das Lindner Hotel & Residence Main Plaza hat diese Tatsache erkannt und stark in seiner sozialen Verantwortung umgesetzt (InfraCert GmbH 2019).

#### 2.1.3 Lindner Hotel & Sports Academy Frankfurt – Umwelt

Das Lindner Hotel & Sports Academy Frankfurt bietet 94 Hotelzimmer und 7 Tagungsräume für Reisende. Als Teil der Lindner-Hotel-Kette legt es höchsten Wert auf ressourcenschonendes Wirtschaften. Besonders in den Aspekten Energie, Wasser und Abfall erfüllt dieses Hotel unzählige Kriterien des GreenSign Zertifizierungskataloges. Somit positioniert es sich deutlich als Vorreiter für ökologische Initiativen unter allen GreenSign zertifizierten Hotels in Hessen. Ein Blockheizkraftwerk und ein Wärmetauscher bieten eine ressourcenschonende Quelle für die Versorgung der Heizenergie des Hauses. Energiesparende Lampen und Fernsehgeräte, ein integriertes Hotelraum-Managementsystem und eine Wärmekopplungsanlage sind nur wenige Beispiele aller umgesetzten Energieeffizienzmaßnahmen des Hotels. Auch die Verwendung von Wasser wird im Lindner Hotel & Sports Academy streng überwacht und nach Möglichkeiten geringgehalten. Anhand von Durchflussbegrenzern und Armaturen mit Sensortechnik in öffentlichen Bereichen wird der Wasserverbrauch auf das Nötigste reduziert. In puncto Abfall macht sich das Hotel durch strikte Mülltrennung, der Vermeidung von Einzelverpackungen und dem Einsatz von Seifenspendern beliebt. Auch die ausschließliche Verwendung von Recyclingpapier und das regelmäßige Nachhalten des Papierverbrauchs verdeutlicht die Bemühungen des Lindner Hotels & Sports Academy, Ressourcen und die Umwelt zu schonen. Zusätzlich wird das Thema Lebensmittelverschwendung nicht außer Acht gelassen. Wie alle anderen Häuser der Lindner Hotels ist auch dieses Haus in Frankfurt Mitglied des Vereins „United Against Waste". Interne Mitarbeiterwettbewerbe sorgen zusätzlich für frische Ideen und tolle Innovation im Kampf gegen die Lebensmittelverschwendung (InfraCert GmbH 2019).

### 2.2 Hotel „Zur Krone" in Löhnberg – Einkauf

Nicht nur Hotelketten ergreifen umweltschonende Maßnahmen in Hessen. Auch das individuell geführte Hotel „Zur Krone" mit 42 Gästezimmern hat sich der Nachhaltigkeit verschrieben und wurde dafür mit dem GreenSign Nachhaltigkeitssiegel in Level 3 ausgezeichnet. Besonders beim Einkauf des Hotels „Zur Krone" wird auf nachhaltige Alternativen geachtet. Zwischen 60 % und 90 % aller Einkäufe des Hauses werden aus regionalem Umkreis geleistet, wodurch die lokale Wirtschaft unterstützt wird und die $CO_2$-Emissionen durch verkürzte Transportwege verringert werden. Dazu zählen Brötchen, Eier, Wild, Fisch, Kräuter, Pilze und Honig. Auch Getränke wie Wasser, Säfte und Wein werden regional bezogen. Neben den Regionalitäten auf der Speisekarte haben Gäste des Hotels „Zur Krone" die Möglichkeit, regional hergestellte Produkte wie Schokolade, Senf und Honig im Hotel zu erwerben. Aber auch die Saisonalität ist im Hotel „Zur Krone" von Bedeutung, mit 30 % saisonalen Produkten im Food- und Beverage-Bereich. Zusätzlich bestehen zwischen 30 % und 60 % aller eingekauften Waren aus nachhaltigen Produkten und kommen aus umweltschonender Forstwirtschaft oder sind GOTS- oder MSC-zertifiziert. Das Hotel „Zur Krone" fungiert somit als erfolgreicher Vordenker für Individualhotels in Hessen, die auf regionale und nachhaltige Produkte für ihren Betrieb zurückgreifen möchten. Dies zeigt erwiesenermaßen positive Einflüsse auf die Umwelt und kommt gleichzeitig lokalen Unternehmen wie Bauern und Bäckern zugute. Auch die Gäste schätzen Regionalität in einem Landhotel wie diesem ganz besonders (InfraCert GmbH 2018).

## 2.3 Waldhotel Wiesemann in Waldeck – Regionalität und Verkehr

Auch das Waldhotel Wiesemann trägt stolz die GreenSign Level 3 Zertifizierung. Obwohl das Hotel mit 28 Zimmern und Apartments recht klein ausfällt, beweist es starkes nachhaltiges Engagement. Im GreenSign Zertifizierungskatalog erfüllt das Waldhotel Wiesemann zahlreiche der gefragten Kriterien, wie zum Beispiel das Angebot regionaler Speisen sowie die direkte Kommunikation von regionalen Veranstaltungen mit Gästen des Hotels. Auch die Mobilität im Hotel ist durch Barrierefreiheit gewährleistet. Darüber hinaus haben Gäste des Waldhotels Wiesemann die Möglichkeit, Fahrräder für die Freizeitgestaltung auszuleihen. Letzteres begünstigt nicht nur die sportliche Betätigung der Hotelgäste, sondern fördert auch die Verbundenheit mit der direkten Region, die das Hotel umgibt. Die Tatsache, dass einige aus der Region stammende Mitarbeiter den Weg zur Arbeit zu Fuß oder mit öffentlichen Verkehrsmitteln antreten, spart umweltschädliche Emissionen und hat somit positiven Einfluss auf den $CO_2$-Fußabdruck des Hotels (InfraCert GmbH 2017).

## 2.4 Hotel an der Therme Bad Orb im Spessart & Hotel zum Ritter Fulda – im Zertifizierungsprozess

Sowohl das Hotel an der Therme Bad Orb und das Hotel zum Ritter in Hessen befinden sich derzeit noch in der Zertifizierungsphase mit dem GreenSign Nachhaltigkeitssiegel. Diese Phase besteht aus fünf Schritten, beginnend damit, dass ein Hotel den Antrag einer Zertifizierung mit GreenSign durch das InfraCert Institut ausfüllt und diesem zukommen lässt. Danach wird der GreenSign Kriterienkatalog zunächst von den Mitarbeitern des zu zertifizierenden Hotels ausgefüllt und anschließend von InfraCert ausgewertet. InfraCert evaluiert und dokumentiert den Ist-Zustand des Hotels bezüglich der vorhandenen Nachhaltigkeitsaktivitäten und stellt daraufhin, bei Erfüllung der verpflichtenden Kriterien, das GreenSign Siegel in entsprechendem Level eins bis fünf aus. Nach der Auszeichnung mit dem GreenSign Zertifikat erfolgt ein unabhängiges Audit im Hotel, welches die geleisteten Angaben im Kriterienkatalog überprüft. Dies ist die Gelegenheit für Hoteliers, kompetente Verbesserungsvorschläge und Zukunftsideen von InfraCert für die Nachhaltigkeit im jeweiligen Hotel einzuholen. Die Zertifizierung mit GreenSign ist ein strukturiertes und umgängliches Verfahren, welches innerhalb weniger Wochen abgeschlossen werden kann. Bei erfolgreicher Zertifizierung erhält das Hotel eine Urkunde, ein GreenSign Holzschild und ein Nachhaltigkeitsbarometer für die offensive Kommunikation der hotelinternen Nachhaltigkeit mit Mitarbeitern, Gästen und Partnern. Das Hotel an der Therme Bad Orb und das Hotel zum Ritter befinden sich zum jetzigen Moment in eben dieser Zertifizierungsphase und sie werden schon bald zu nachhaltig aufgestellten Hotelbetrieben in Hessen mit einer aussagekräftigen Zertifizierung darüber gehören (InfraCert GmbH 2020).

## 2.5 A&O Hotels & Hostels

Auch die A&O Hotels und Hostels haben ihr nachhaltiges Engagement im Januar 2020 mit der GreenSign Zertifizierung besiegelt. Alle 34 A&O Hostels unter der Geschäftsführung von Oliver Winter tragen das GreenSign Level 3, welches besonders für die Hostellerie eine bemerkenswerte Leistung ist. Unter dem Motto „Everyone can change“ bemüht sich die Kette schon lange darum, ihren Gästen umweltfreundliche Übernachtungen anbieten zu können. Mit weniger als 7 kg $CO_2$-Emissionen pro übernachtendem Gast ist eine gänzlich klimaneutrale Unterkunft nicht weit entfernt. Alle Häuser werden zu 100 % mit Strom aus erneuerbaren Energien beliefert und auch bei der Wasserschonung punkten die Hostels durch wassersparende Duschköpfe und Toilettenspülungen. Außerdem wird einem hohen Abfallaufkommen durch den Verzicht auf Zahnputzbecher und Frühstücksverpackungen aus Plastik entgegengewirkt. Zusätzlich sind alle A&O Hostels mit großen Seifenspendern ausgestattet und bieten Preisnachlässe für das Mitbringen eines eigenen Kaffeebechers an. Gesunde Ernährung für Gäste und Mitarbeiter, die Reduktion von chemischen Reinigungsmitteln sowie eigene Gewächshäuser und Bienenwiesen sind weitere Aspekte, welche die Verankerung nachhaltiger Ideale in der Unternehmensstrategie der Hostelkette verdeutlichen. Gründer und CEO Oliver Winter erklärt das nachhaltige Engagement in den A&O Hostels wie folgt: „Unser Maßnahmenkatalog, der inzwischen aus 103 Punkten besteht, ist zum Großteil auf Wunsch und auch auf Initiative unserer Mitarbeiter entstanden. (…) Von diesen 103 Maßnahmen waren wir überrascht, wie viele von denen eigentlich überhaupt gar keine

Herausforderung für uns darstellen, sondern rein organisatorischer Natur sind. Es ist so simpel. Wir waren schon immer kostengetrieben, und Kosteneffizienz ist erstaunlicherweise in den allermeisten Fällen Umwelteffizienz. Die zwei Dinge passen einfach zusammen. (…) Auch aus Investorensicht ist die Nachhaltigkeit ein Thema für uns, denn große institutionelle Investoren erwarten inzwischen auch, dass bestimme Nachhaltigkeitsstandards erfüllt werden (…)" (Winter 2020).

### 2.5.1 A&O Hostel Frankfurt Ostend & A&O Hostel Frankfurt Galluswarte

Sowohl das A&O Hostel Frankfurt Ostend, als auch das A&O Hostel Frankfurt Galluswarte erfüllen zahlreiche Kriterien des GreenSign Zertifizierungskataloges, welches sie zu wahren Vorzeigehäusern in Hessen macht. In allen drei Bereichen der Nachhaltigkeit Ökologie, soziale Verantwortung und Ökonomie zeigen die Hostels ihr nachhaltiges Engagement. Neben der Beschäftigung eines CSR-Beauftragten, welcher alle Prozesse rund um die Nachhaltigkeit in den Häusern als Hauptfunktion koordiniert, legen die Hostels großen Wert auf den transparenten Dialog mit Mitarbeitern, Gästen und Lieferanten. LED-Lampen, Energieeffizienztests und der Einsatz moderner Geräte spart den Häusern Energie in ihren täglichen Prozessen, ebenso wie der Verzicht von Minibars und Kaffeemaschinen in den Gästezimmern. Auch die Ressource Wasser wird in den hessischen Hostels durch einen reduzierten Handtuch- und Bettwäschewechsel und eine erfolgreiche Sensibilisierung von Gästen und Mitarbeitern zu dem Thema geschont. Im Zuge der Digitalisierung werden Angebote, Rechnungen und Reservierungsbestätigungen nur noch online versandt und der Kopierverbrauch wird regelmäßig überwacht und möglichst geringgehalten. Um Lebensmittelverschwendung vorzubeugen, sind die Hostels Mitglieder des Vereins „United Against Waste", nutzen die Angebote von „Too Good To Go" und haben sogar einen Weg gefunden, Kaffeesatz wiederzuverwerten. Der Einkauf von Lebensmitteln erfolgt weitestgehend regional und sowohl Reinigungsmittel als auch Kosmetikprodukte werden in umweltschonender, nachhaltig zertifizierter Version angeschafft. Mit E-Tankstellen und ermäßigten ÖPNV-Tickets ermöglichen die Hostels ihren Gästen Mobilität, um die Umgebung möglichst umweltschonend zu bereisen. Seit Neuestem erheben die Hostels auch ihren $CO_2$- und Wasserfußabdruck und gehen somit einen großen Schritt in Richtung Klimaneutralität. Neben allem ökologischen Engagement zeigen A&O Hostel Frankfurt Ostend und Galluswarte auch starke soziale Verantwortung. Jedes Jahr fördert jede Abteilung der Hostels eine selbst gewählte Initiative der lokalen Gemeinschaft. Auch die Mitarbeiter werden gefördert und erhalten regelmäßige interne und externe Schulungen, Sport- und Entspannungsangebote und einen ergonomischen Arbeitsplatz. Mit der Erhebung relevanter Finanzdaten sichern die Häuser langfristigen wirtschaftlichen Erfolg und die Beschäftigung ihrer zahlreichen Mitarbeiter (InfraCert GmbH 2020).

## 3 Ausblick und Perspektive

Einige hessische Hoteliers haben sich der nachhaltigen Unternehmensführung verschrieben und befinden sich im erfolgreichen Dialog diesbezüglich mit ihren Mitarbeitern, Gästen und Partnern. Dabei setzt noch nicht jedes dieser Hotels alle verfügbaren Maßnahmen zur Nachhaltigkeit um, und die Schwerpunkte des nachhaltigen Handelns unterscheiden sich von Haus zu Haus deutlich. Dennoch haben alle der zuvor aufgeführten Hotels eines gemeinsam: Sie haben sich der Nachhaltigkeit angenommen und diese aus fester Überzeugung in ihre Unternehmensstrategie integriert. Der Erfolg darin gilt alleinig der Tatsache, dass die Hoteliers mit mehr oder weniger vielen Initiativen in den unterschiedlichsten Ecken ihrer Hotels die Entscheidung getroffen haben, einfach loszulegen. Hierbei hat das GreenSign Nachhaltigkeitssiegel sie darin unterstützt, aus den bereits vorhandenen Aktivitäten in den verschiedenen Kernbereichen ein stimmiges Gesamtbild zu erschließen und Maßnahmen für die nachhaltige Weiterentwicklung vorzustellen. Diese Hotels gelten somit als Vorreiter für Gastbetriebe mit nachhaltigem Engagement in Hessen und bereichern dadurch die Umwelt, die lokale Gemeinschaft und das Hotelerlebnis ihrer Gäste. CSR ist in der hessischen Hotellerie angekommen und macht das Bundesland somit nach und nach zu einem grünen Urlaubsziel.

**Erfolge machen stark**

Oftmals erscheint der Einstieg in die nachhaltige Unternehmensführung für Hoteliers zunächst wie ein hoher Berg, den es zu erklimmen gilt. Dabei sind die zuvor aufgeführten nachhaltigen Hotels in Hessen die besten Beispiele dafür, dass Nachhaltigkeit nicht nur aus einem konkreten individuellen Fahrplan besteht, dem von Anfang an gefolgt werden muss. Mit kleinen nachhaltigen Initiativen zu beginnen, motiviert zum Weitermachen. Im Zertifizierungsprozess mit dem GreenSign ist auffällig, wie sehr sich die Hotels auf das nächsthöhere Level verbessern möchten. Innerhalb der drei Jahre bis zur Re-Zertifizierung sind die Hoteliers also stets bemüht, neue oder effizientere Maßnahmen in den Punkten Ökologie, Ökonomie oder soziale Verantwortung einzuführen, um sich beispielsweise von einem GreenSign Level 3 auf ein GreenSign Level 4 hochzuarbeiten. Fest steht: Nachhaltigkeit macht Spaß und Erfolge machen stark!

**Suzann Heinemann** verfügt über eine über 25-jährige Erfahrung in der Hotelindustrie als Gründerin und Geschäftsführerin im Hotel-Development sowie im Consulting. Sie war viele Jahre Mitinhaberin eines auf Tagung spezialisierten Hotels, bevor sie die Gronowsky & Co. Hotel Consulting GmbH und die GreenLine Hotels GmbH gründete. Ihre gelebte Vision einer nachhaltigen Hotel- und Markenführung setzte sie stringent bei den GreenLine Hotels um: 2014 führte sie als erste und einzige Marketingkooperation ein integriertes Nachhaltigkeitssystem über alle Wertschöpfungsstufen ein. Seit 2015 ist Suzann Heinemann Inhaberin des 4-Sterne Schlosshotels Blankenburg, das sich durch eine nachhaltige Hotelführung auszeichnet. Im selben Jahr gründete sie das InfraCert Institut, welches das GreenSign Nachhaltigkeitszertifikat verleiht und als grüner Vorreiter für die Hotellerie den Tourismus revolutioniert. Sie ist Autor und Referent auf dem Gebiet Marketing und Vertrieb sowie Nachhaltigkeit in der Hotellerie.

**Darlene Schwabroch** ist jüngstes Teammitglied bei InfraCert – Institut für nachhaltige Entwicklung in der Hotellerie. Sie absolvierte das Bachelor-Studium International Hospitality Management an der NHL Stenden University of Applied Sciences (NL). Hier entdeckte sie ihr Interesse am nachhaltigen Tourismus und spezialisierte sich auf die Fächer „Zukunftssichere Hotellerie“ in Amsterdam und „Soziales Unternehmertum“ in Südafrika. Zuletzt absolvierte sie ein zehnmonatiges Praktikum als Sustainability Assistant bei InfraCert in Berlin. Inzwischen wirkt sie als Business Development Manager bei diversen internen und externen Projekten mit, kümmert sich um die GreenCommunity und um die internationale Akquise, vertritt GreenSign auf Veranstaltungen und möchte Hoteliers und Reisende mit Beiträgen in Nachhaltigkeitsblogs und auf sozialen Medien für die Nachhaltigkeit begeistern.

**Anja Engel** ist gelernte Hotelfachfrau und arbeitete acht Jahre an vorderster Front in der Kettenhotellerie im In- und Ausland. Im Jahr 2008 startete sie als Sales Manager bei den GreenLine Hotels und entwickelte hier in den darauffolgenden Jahren ihre Content Marketing Skills. Mit der Gründung von InfraCert wuchs auch ihr persönliches Interesse am nachhaltigen Leben und grünen Reisen. Ihre Mission, das GreenSign noch bekannter bei Gästen und in der Branche zu machen, setzt sie mit ihren Blogs, Newslettern, Pressemitteilungen, Marketingkooperationen und Website-Texten um. Mit Kreativität, Engagement, Loyalität und innerer Überzeugung möchte sie mit InfraCert die Hotellerie weiter revolutionieren.

## Literatur

Global Sustainable Tourism Council (2020) GSTC Criteria, The Global Baseline Standards for Sustainable Travel and Tourism. https://www.gstcouncil.org/. Zugegriffen: 5. Apr. 2020
InfraCert GmbH (2015a) GreenSign Kriterienkatalog S 2. Interne Quelle
InfraCert GmbH (2015b) GreenSign Kriterienkatalog S 8. Interne Quelle
InfraCert GmbH (2015c) GreenSign Kriterienkatalog S 13. Interne Quelle
InfraCert GmbH (2015d) GreenSign Kriterienkatalog S 16. Interne Quelle
InfraCert GmbH (2015e) GreenSign Kriterienkatalog S 18. Interne Quelle
InfraCert GmbH (2015f) GreenSign Kriterienkatalog S 20. Interne Quelle
InfraCert GmbH (2015g) GreenSign Kriterienkatalog S 24. Interne Quelle
InfraCert GmbH (2015h) GreenSign Kriterienkatalog S 28. Interne Quelle
InfraCert GmbH (2015i) GreenSign Kriterienkatalog S 29. Interne Quelle
InfraCert GmbH (2015j) GreenSign Kriterienkatalog S 31. Interne Quelle
InfraCert GmbH (2017) Zertifizierungskatalog Waldhotel Wiesemann. Interne Quelle
InfraCert GmbH (2018) Zertifizierungskatalog Hotel „Zur Krone". Interne Quelle
InfraCert GmbH (2019a) Zertifizierungskatalog Lindner Congress Hotel Frankfurt. Interne Quelle
InfraCert GmbH (2019b) Zertifizierungskatalog Lindner Hotel & Residence Main Plaza. Interne Quelle
InfraCert GmbH (2019c) Zertifizierungskatalog Lindner Hotel & Sports Academy Frankfurt. Interne Quelle
InfraCert GmbH (2020a) GreenCommunity. https://www.greensign.de/greencommunity. Zugegriffen: 10. Mai 2020
InfraCert GmbH (2020b) GreenSign Hotels. https://www.greensign.de/hotels. Zugegriffen: 28. März 2020
InfraCert GmbH (2020c) Zertifizierungskatalog A&O Hostel Frankfurt Ostend und A&O Hostel Frankfurt Galluswarte. Interne Quelle
InfraCert GmbH (2020d) Zertifizierungsauftrag Hotel an der Therme und Hotel zum Ritter. Interne Quelle
Lindner O (2020) Interview mit Otto Lindner, Vorstand, Lindner Hotels AG im März 2020; veröffentlicht am 11.02.2020. https://www.greensign.de/blog/item/nachhaltigkeit-in-der-hotellerie-kurzfristige-euphorie-oder-langfristiger-buchungserfolg. Zugegriffen: 10. Apr. 2021
Winter O (2020) Interview mit Oliver Winter, Gründer und CEO, a&o hostels Marketing GmbH im März 2020; veröffentlich am 11.02.2020. https://www.greensign.de/blog/item/nachhaltigkeit-in-der-hotellerie-kurzfristige-euphorie-oder-langfristiger-buchungserfolg. Zugegriffen: 10. Apr. 2021

# PIERspektiven – Visionen, Chancen und Risiken für kleine Nachhaltigkeitsunternehmen am Beispiel des „Frankfurter Zukunftshafens“ PIER F

Susanne Petry und Michael Behrendt

**Zusammenfassung**

Die Geschichte des Zentrums PIER F – Zukunftshafen Frankfurt steht exemplarisch für die Visionen und Ziele, mit denen kleinere Nachhaltigkeitsunternehmen an den Start gehen, für die Chancen ihrer primär von Idealismus getriebenen Arbeit, aber auch für die Probleme und Risiken, mit denen sich die Macher häufig konfrontiert sehen. Anschaulich und lebendig erzählt das Autorenduo von zündenden Ideen und spannenden Kooperationen, von glücklichen Zufällen und großem Teamgeist, aber auch von bürokratischen Hürden, unberechenbaren Partnern und herben Rückschlägen. Nicht zuletzt die Erfahrungen der Corona-Pandemie unterstreichen, dass man sich auch als Nachhaltigkeitsakteur immer wieder neu erfinden muss.

## 1 Intro

Sechs Jahre sind seit der Gründung unseres Nachhaltigkeitszentrums PIER F – Zukunftshafen Frankfurt vergangen. Ein halbes Jahrzehnt, das wir als aufregend erlebt haben, und zwar in vielerlei Hinsicht. Wir, das sind Susanne Petry (SP), Initiatorin, Inhaberin,

S. Petry (✉)
PIER F – Zukunftshafen Frankfurt + AiD – Architektur im Dialog, Frankfurt am Main, Deutschland
E-Mail: s.petry@pier-f.de

M. Behrendt
Dr. Michael Behrendt Text & Konzeption, c/o PIER F, Frankfurt am Main, Deutschland
E-Mail: ted.behrendt@t-online.de



A. Trischler und S. Böhling (Hrsg.), *CSR in Hessen*, Management-Reihe Corporate Social Responsibility, https://doi.org/10.1007/978-3-662-63004-4_37

sprich: Macherin des Projekts, und Michael Behrendt (MB), eifriger Supporter und für die textliche Kommunikation zuständig. Welche Ziele verfolgen wir mit dem PIER F? Wo liegen die Chancen und wo die Gefahren eines solchen Projekts? Welche Erfolge können wir bisher verbuchen? Wo müssen wir nachjustieren? Und wie stellen wir uns für die Zukunft auf? Eine Fallstudie als Zwiegespräch.

## 2 Grüner planen: Warum nachhaltiges Bauen so wichtig ist

**Susanne Petry:** Vorweg ein wenig Statistik: Laut einer Studie der internationalen Koalition für urbanen Wandel (CUT) sind Städte für rund drei Viertel des weltweiten $CO_2$-Ausstoßes verantwortlich (Coalition for Urban Transition 2019; Kübler 2019). Klar, denkt man, wenn man das liest: der Verkehr, die vielen Menschen und ihre energiefressenden Aktivitäten, der ganze Müll, dazu die Industrie in den Städten und ringsherum. Was oft vergessen wird, sind die Gebäude. Etwa 30 % der Emissionen in Deutschland, so das Bundesumweltministerium, entstehen beim Betrieb von Gebäuden. Gut die Hälfte davon wird der Energiewirtschaft zugerechnet, wobei der Energieverbrauch insbesondere vom energetischen Zustand des Gebäudes und der Effizienz der Heizung abhängt (Bundesministerium für Umwelt, Naturschutz und nukleare Sicherheit 2019). Bezieht man nun noch die Emissionen ein, die beim Bau, aber auch beim Abriss von Gebäuden entstehen können, dann wird deutlich, welche Bedeutung dem Bausektor im Kampf gegen den Klimawandel zukommt. In anderen Worten: Die Umrüstung von Bestandsgebäuden und der Bau von Energie erzeugenden und sogar komplett autarken Gebäuden mit recycelfähigen, natürlichen Materialien trägt ganz entscheidend zur Reduktion der weltweiten $CO_2$-Emissionen bei. In Kombination mit einer zukunftsorientierten Stadtplanung, die nicht nur auf begrünte, autofreie Innenstädte und innovative Mobilitätskonzepte, sondern auch auf sinnvolle Nachverdichtung und neue Wohn- und Arbeitsformen setzt, lassen sich weitere Emissionen reduzieren. Und von diesen Gedanken ist es nicht weit bis zu nachhaltigen Gesundheits- und Ernährungskonzepten, zu einem kulturellen Leben, das ebenfalls auf Ressourcenschonung setzt.

Diesem urbanen Themenkomplex mit der Baukultur im Zentrum widmet sich unser Nachhaltigkeitszentrum PIER F. Wir informieren und machen Weiterbildungsangebote, bringen Bauherren und Planer, Hersteller, Universitäten und Initiativen zusammen, zeigen zeitgemäße wegweisende Produkte, Lösungen, Visionen. Und das nicht dogmatisch, mit erhobenem Zeigefinger, sondern als „Best Practice", als Anregung und Inspiration.

Mein Weg zum PIER F war in gewisser Weise vorgezeichnet. Ein großes Vorbild war mir mein Vater. Er folgte keiner politischen Agenda, aber dachte intensiv über Natur und Umwelt nach. Schon früh legte er bei uns zu Hause einen Dachgarten an, den meine Mutter noch heute nutzt. Während meines Architekturstudiums engagierte ich mich ganz selbstverständlich bei Greenpeace. Später, als Planerin, machte ich nebenher die Nachhaltigkeit zum Thema: Zur eigenen Weiterbildung und für interessierte Kolleginnen und Kollegen organisierte ich Vortragsveranstaltungen mit innovativen, ökologisch denkenden Machern aus der Baukultur.

**Michael Behrendt:** Bis 2010 hatte ich mit dem Thema Nachhaltigkeit wenig am Hut. Natürlich: Saurer Regen, Artensterben, Müllskandale und Tankerkatastrophen, Luft- und Wasserverschmutzung, all das waren bedrückende Themen, die ich aus den Medien kannte. Und ich fand es super, dass grüne Politiker und NGOs etwas dagegen tun wollten. Weshalb ich regelmäßig spendete und das eine oder andere Wahlkreuz bei Fischer, Roth, Trittin & Co setzte. Aber wenn ich ehrlich bin: Das Ganze hatte etwas Abstraktes für mich. Dass all diese Themen etwas mit meinem eigenen Verhalten zu tun haben könnten, war mir weniger bewusst. Ich fand es selbstverständlich, dass der Strom aus der Steckdose und das Wasser aus dem Wasserhahn kam, wann immer und solange ich wollte; dass Obst und Gemüse aus der ganzen Welt direkt vor meiner Haustür verfügbar waren und dass es viele Lebensmittel nur in aufwendigen Plastikverpackungen gab; dass Blechlawinen die Verkehrsadern der Stadt verstopften und Flugzeuge die Menschen in ihren wohlverdienten Urlaub brachten. Mülltrennung war mir wichtig, aber hallo!, und natürlich fand auch ich Anfang der 2000er-Jahre den Weg in die neuen Biosupermärkte – denn sie waren hip und gaben mir ein gutes Gefühl. Ein tieferes Bewusstsein aber, das zu konkretem Handeln führt, war nur begrenzt vorhanden. Und nachhaltiges Bauen? Darüber hatte ich mir erst recht nie Gedanken gemacht.

## 3 Von der Mainmetropole lernen: Neue Frankfurter Schule der Baukultur

**SP:** Es dauerte eine Weile, doch irgendwann, etwa ab der Jahrtausendwende, begannen Architekten, Städte und Gemeinden langsam, die Zeichen der Zeit zu erkennen. Frankfurt am Main, die Stadt, in der ich seit den 90er-Jahren lebe und arbeite, entwickelte sich zur Passivhaus-Hauptstadt Deutschlands und galt schon bald als wegweisend in Europa. Keine schlechte Voraussetzung. Denn allmählich reifte in mir die Idee, mich von der Planungsarbeit als Architektin zu verabschieden und ganz in der Rolle einer Vermittlerin in Sachen Nachhaltigkeit aufzugehen – als Networkerin und Veranstaltungsmanagerin. 2009 war es so weit: Ich gründete die Plattformagentur AiD – Architektur im Dialog. Neben der Organisation von Vortrags- und Netzwerkveranstaltungen an wechselnden Orten gelang es mir gemeinsam mit der Stadt Frankfurt, die noch heute von AiD angebotenen KLIMA*tours* zu entwickeln und zu realisieren. Die KLIMA*tours*, das sind Fachführungen zu nachhaltigen Gebäuden und Projekten der Stadt. Sie können in verschiedenen Formaten gebucht werden, vom zweistündigen Stadtspaziergang bis zur mehrtägigen Besichtigungstour, auf Wunsch mit Übersetzern. Der Reiz der ausführlicheren KLIMA*tours* bestand und besteht darin, dass die Teilnehmer direkt von den jeweiligen Planern, Architekten, Ingenieuren über ihre Arbeit informiert werden und mit ihnen ins Gespräch kommen. Tatsächlich kamen nach und nach Architekten und Delegationen aus der ganzen Welt, aus den USA, aus Spanien oder China, um von der Mainmetropole zu lernen. Eine neue Frankfurter Schule der Baukultur gewissermaßen. Über die Jahre haben sich diese von Kommunen, Architekten- und Planergruppen aus aller Welt genutzten Führungen zu einem beliebten Frankfurter Programmpunkt auf dem Gebiet der Fach- und Bildungsreisen entwickelt. Auch deshalb waren sie der Jury bei der „Green Capital of Europe 2014"-Bewerbung der Stadt Frankfurt eine lobende Erwähnung wert[1](European Green Capital Award 2014). Man kann mit Fug und Recht behaupten: Die KLIMA*tours* sind eine Erfolgsstory.

**MB:** Meine Haltung zum Thema Nachhaltigkeit änderte sich schlagartig, als ich Ende 2010 Susanne kennenlernte. Im Austausch mit ihr begann ich, die Gebäude der Stadt, an denen ich jeden Tag vorbeiging, mit anderen Augen zu sehen. Ich bekam zumindest ein Gefühl für Bauweisen und Materialien, für die Möglichkeiten der Emissionsreduktion, wenn man nicht nur mit entsprechenden Materialien baute und bestimmte Techniken der Wärmedämmung anwendete, sondern auch Kreislaufprinzipien wie „Cradle to Cradle" beachtete. Von Zeit zu Zeit ging ich auf Klimatouren mit, als Assistent, auch mal als Englisch-Dolmetscher für asiatische Gäste, und besuchte von AiD organisierte Vortragsveranstaltungen. Ganz allmählich setzte ein Bewusstseinswandel ein – bis hin zu der Erkenntnis, dass ich selber auch im Alltag schon mit kleinen Änderungen meines Verhaltens etwas für die Umwelt tun kann. Den Wasserhahn früher abdrehen, kürzer duschen und den Stromverbrauch reduzieren etwa, häufiger die öffentlichen Verkehrsmittel und das Fahrrad nutzen, den Fleischkonsum reduzieren und dabei auf Bioqualität achten, weniger Produkte in Plastikverpackungen kaufen, fair gehandelten Kaffee trinken, weniger ausdrucken und öfter beidseitig drucken, mit dem Geschäftskonto zu einer Nachhaltigkeitsbank wechseln, den Kleiderschrank durch fair produzierte Eco-Fashion bereichern, Haushalts- und Entertainmentgeräte erst dann ausrangieren, wenn sie wirklich hinüber sind, auch wenn es längst coolere Nachfolgemodelle gibt. Mir wurde klar: Umweltbewusster zu leben, ist gar nicht so schwer. Es macht Spaß und hebt die Lebensqualität. Zumal sich nachhaltige Produkte und Lösungen längst von ihrem angestaubten Öko-/Latzhosen-Image befreit haben und lässig, cool, elegant daherkommen, ganz einfach mit Stil. Ein schönes Beispiel: Ökopapier war früher unattraktiv bräunlich, heute bekommt man es in strahlendem Weiß. Umweltbewusster zu leben, heißt nicht, Verzicht zu üben oder zum Dogmatiker zu mutieren. Man muss nicht radikal seinen Alltag ändern. Aber man kann Tag für Tag ein kleines bisschen besser werden.

[1] „Frankfurt is successfully combining its environmental tradition with innovation via initiatives such as urban lab and climate tours – architecture in dialogue, along with the BioFrankfurt network which draws thousands of visitors to the city annually to events such as ‚Biodiversity in the Green City'."

## 4 Nach Hause! Von „Future Frankfurt" zum Zukunftshafen PIER F

**SP:** In den frühen 2010er-Jahren betrieb ich Architektur im Dialog und die KLIMA*tours* noch als Mitglied einer von mir geleiteten Bürogemeinschaft. Doch je besser es mit AiD lief, desto stärker wurde der Wunsch, einen gänzlich eigenen Ort zu etablieren – einen Ort, an dem man einem Fachpublikum und der interessierten Öffentlichkeit nicht nur die neuesten Erkenntnisse auf dem Gebiet des nachhaltigen Bauens, sondern sämtliche Aspekte eines nachhaltigen Handelns näherbringen konnte. Schnell fand ich Gleichgesinnte, und 2013 riefen wir zusammen die Initiative „Future Frankfurt" ins Leben. Bald hatten wir ganz konkret ein bestimmtes Leerstandsgebäude im Viertel Sachsenhausen im Auge, das wir mit Einwilligung der Stadt zu einem „Haus der Zukunft" entwickeln wollten. Dabei verfolgten wir einen ganzheitlichen Ansatz: Nachhaltiges Bauen, Eco-Design, gesunde Ernährung, erneuerbare Energien und umweltschonende Mobilitätskonzepte sollten im „Haus der Zukunft" ebenso thematisiert werden wie Ideen für ein barrierefreies Wohnen und die Schaffung von Teilhabemöglichkeiten für alle Menschen. Unsere Überzeugung: Nur in der Kombination der verschiedensten Ansätze und Modelle lassen sich die aktuellen Probleme der Menschheit lösen.

Es ist kaum zu glauben, aber wahr: Besagtes Leerstandsgebäude steht noch heute leer. Weder „Future Frankfurt" noch spätere Initiativen mit ähnlichen Konzepten fanden bei der Stadt Gehör, was unterstreicht, wie langsam die kommunalpolitischen Mühlen manchmal mahlen. Erst recht, wenn es um das Thema Nachhaltigkeit geht. Obwohl die ehemaligen „Future Frankfurt"-Mitglieder einander noch heute schätzen, begannen sie damals irgendwann wieder, ihre eigenen beruflichen Wege zu gehen. Mich ließ die Idee einer eigenen Adresse für Nachhaltigkeitsthemen nicht los, und so begann ich schließlich, auf eigene Faust nach geeigneten Räumlichkeiten und Flächen Ausschau zu halten. Das Suchprofil: bezahlbar, nicht zu klein, aber überschaubar, in Kreativität fördernder Umgebung.

Während der Suche stieß ich auf einen leerstehenden Minikiosk in einer Ladenpassage im Frankfurter Bahnhofsviertel: eine wunderbare Gelegenheit, um schnell und unkompliziert „die kleinste grüne Galerie der Stadt" zu eröffnen und sie mehrere Wochen lang mit einer Ausstellung zum Thema Nachhaltigkeit zu bespielen. „Green Box" hieß diese Galerie, und der Name war ebenso rasch gefunden wie die passenden Akteure: Zuerst präsentierten Studenten der Frankfurter University of Applied Sciences „On Top", ihren prämierten Beitrag zum Nachhaltigkeits-Bauwettbewerb „Solar Decathlon", anschließend kreierte Achim Ripperger eigens für die „Green Box" die „Mülljungfrau", eine eindrucksvolle Skulptur aus Plastikabfällen, die auf die dramatische Verschmutzung der Meere aufmerksam machte. Die Finissage der Ausstellung, sie fand im Januar 2015 statt, läutete gleichzeitig eine entscheidende neue Phase in meinem Leben ein. Denn inzwischen hatte ich die passenden Räumlichkeiten für meinen geplanten „Ort der Nachhaltigkeit" gefunden: eine Etage in einem Bürogebäude auf dem Gelände einer ehemaligen Autoverwertung, spannend gelegen im rauen Frankfurter Osthafen. Das PIER F war geboren.

**MB:** Im PIER F fand AiD eine neue Heimat – und das Thema Nachhaltigkeit eine fantasievolle Umsetzung. Ich arbeitete zu Hause als freier Texter und Lektor, konnte aber hautnah miterleben, wie sich der Zukunftshafen entwickelte. Susannes Konzept und Geschäftsmodell waren und sind einmalig: Ein Pier ist eine Anlegestelle, das F im Namen steht nicht nur für Frankfurt, sondern auch für „Future", Zukunft. Dementsprechend versteht sich das PIER F als interdisziplinäres Zukunftslabor, das Kreative, Forscher, Entwickler, Hersteller/Unternehmen und interessierte Bürger sinnvoll zu einem Netzwerk zusammenbringt – als praxisorientiertes Nachhaltigkeitszentrum, als Präsentationsplattform und lebendige Bildungs- und Begegnungsstätte. Drei Säulen tragen bis heute das Konzept:

- die Untervermietung von Büroflächen an Kreative, bevorzugt aus dem Bereich der Nachhaltigkeit,
- die Bereitstellung von Showroom-Flächen, auf denen innovative Hersteller, Künstler und Initiativen ihre nachhaltigen Produkte und Lösungen zeigen – in dem Wissen, dass das PIER potenzielle Zielgruppen versammelt,
- und, last not least, die Bespielung von Aktionsflächen – mit von PIER F organisierten Vortrags-, Workshop- und Get-together-Veranstaltungen, aber auch durch externe Nachhaltigkeitsakteure, die die PIER-Flächen für ihre Business-Meetings, Schulungen oder Treffen mieten.

In den folgenden Monaten und Jahren baute Susanne eine starke Bürogemeinschaft auf und gewann renommierte Hersteller, die ihre Produkte und Lösungen präsentierten, das PIER F aber auch für Meetings mit Kollegen oder Kunden nutzten. Denn auch das ist das PIER F: eine Schnittstelle zwischen verschiedenen Playern, die ansonsten nicht ohne Weiteres zueinanderfinden (siehe Abb. 1).

Darüber hinaus lud Susanne namhafte Experten zu Lectures und Seminaren ein, hatte verschiedenste Organisationen und Initiativen mit ihren Nachhaltigkeitsprojekten zu Gast. Manchmal buchten auch Entscheider einer Firmenabteilung die Räume, einfach weil sie mal aus ihren nüchternen Meetingzimmern herauskommen und in ungewohnter, kreativer Umgebung zu anderen Sichtweisen und Entscheidungen gelangen wollten. Das PIER-Ambiente war ein anregender Mix aus Alt und Neu, aus Lo-Fi und Hightech, aus Wohnzimmer und Agentur. Neben den Büros und Aktionsflächen gab es eine von einem Künstler gestaltete Cafébar, die in Workshop-Pausen und bei Get-togethers schnell zum Hotspot wurde. Es gab einiges zu sehen und zu erleben im PIER. Die Gäste kamen gern und fühlten sich wohl. Auch für mich als Kommunikationsarbeiter gab es nun einiges zu tun: Eine Website musste getextet werden, Image-Flyer und Einladungen verlangten nach dem passenden Wording, Pressemitteilungen und ein regelmäßiger Newsletter wollten auf den Weg gebracht werden. Auch für Wettbewerbsbeiträge und Förderanträge lieferte ich Texte, aber das ist ein Thema für sich.

**Abb. 1** PIER F – Denkfabrik

## 5 Gründing by doing: Mit Herzblut zu Highlights

**SP:** PIER F war ein lupenreines Start-up, ein Sozialunternehmen. Dementsprechend Kraft, Zeit und Geld kostete das Ganze. Von der Entscheidung für die richtige Gesellschaftsform und der Suche nach Mietern über die Akquise von Herstellern, die stimmungsvolle Einrichtung und die Bespielung der Räumlichkeiten bis hin zur professionellen Gestaltung des Unternehmensauftritts waren unzählige Aufgaben zu bewältigen, vom nervtötenden Bürokram ganz zu schweigen. Zehn- bis Zwölfstundenarbeitstage waren normal, manchmal an sechs, auch sieben Tagen die Woche. Um mir fehlendes Unternehmerwissen anzueignen, las ich Fachbücher, besuchte Vorträge und nahm an Gründerprogrammen teil. Mit gemischten Gefühlen: Fachbücher sind oft schwierig und abstrakt geschrieben, sie halfen mir nur selten bei meinem spezifischen Businessmodell. Die Vorträge deckten immer nur Teilthemen ab, und die Gründerprogramme fraßen unglaublich Zeit. Klar, aus bestimmten Workshops und Einzelcoachings dort konnte ich einiges mitnehmen, aber immer wieder sollte ich an letztlich wenig zielführenden Gruppensessions oder Planspielen teilnehmen, obwohl ich mitten im Tagesgeschäft steckte. Das war manchmal ziemlich ermüdend. Wenn ich ehrlich bin: Ich glaube nicht an den Mythos, mit dem perfekten Businessplan und dem nötigen Engagement komme der Erfolg ganz von selbst. Vielleicht klappt das mit einer außergewöhnlichen Tech-Erfindung, irgendeinem verrückten Produkt. Aber meine Erfahrung mit dem Thema Nachhaltigkeit hat mir gezeigt: Vieles lässt sich nicht verbindlich planen, Schicksalsschläge kommen aus dem Nichts, und manches entwickelt sich anders, als man dachte. Beratungen könnten manchmal einfach etwas individueller und effizienter auf die einzelnen Start-ups und ihre einzigartigen Geschäftsideen ausgerichtet sein.

Auch mit meinen PIER-F-Projekten ging es mal mehr, mal weniger gut voran. Manches kam mir zäh und schleppend vor, einiges verzögerte sich oder klappte gar nicht, dazu kamen bürokratische Hürden und Steine, die mir Ämter, Partner und Mitbewerber in den Weg legten. Erst im Rückblick wird mir bewusst, was wir gerade zwischen 2015 und 2018 tatsächlich alles mit dem PIER F auf die Beine gestellt haben. Zum Beispiel unsere Bürogemeinschaft mit etlichen spannenden Akteuren, darunter das Holzbaukollektiv OMNITEKTEN, die Firma SMC2, deren Geschäft um nachhaltige Sportstätten kreist, das Designduo Natur², die Naturheilkundlerin Anna-Katharina Heinrich oder ein Repräsentant des schwedischen Unternehmens Naty, das nachhaltige Windeln produziert. Caparol, WeGo, Rockfon, Interface, Muratto, RINN, Busch-Jaeger, Artemide und nimbus sind nur einige der renommierten Hersteller, die auf den Showroom-Flächen des PIER F ausstellten – sie steuerten Klima- und Akustikdecken, Recycling-Teppiche, Korkfliesen, Natursteine, strapazierfähige Bodenbeläge, Wandverkleidungen aus Naturmaterialien, schadstoffabsorbierende Putze, Smart-Home-Anlagen, clevere Leuchten und andere innovative, nachhaltige Lösungen bei. Geschirr aus Kaffeesatz und edle Vorhänge aus ehemaligen PET-Flaschen (Fischbacher) gehören zu den kleineren Büro- und Wohn-Accessoires, mit denen wir Gäste bei internen wie bei externen Events beeindruckten (siehe Abb. 2).

Namhafte Initiativen und Organisationen buchten Räume im PIER F für Workshops und Get-togethers, darunter das Fraunhofer Institut für nachhaltige Entwicklung, „100 Kommunen für den Klimaschutz", die IHK (für die Reihe „Nachhaltigkeitsfrühstück"), der 24-Stunden-Innovationsmarathon „CLIMATHON" und der N-Club. Ganz wichtig: Unsere Events waren von Anfang an – soweit machbar – grün. Das heißt: möglichst viel papierlose Kommunikation, Kaffee, Tee und Kaltgetränke aus fairer, gesunder Produktion, nachhaltige Arbeitsmaterialien, kein Plastikgeschirr, dazu regionales und saisonales Bio-Catering, das von entsprechenden Gastronomiepartnern zubereitet und per E-Bike-Lieferservice ins PIER gebracht wurde.

Besonders stolz bin ich auf die Anlässe, die wir selbst kreiert haben, um Nachhaltigkeitsmacher und -interessierte zusammenzubringen: Exkursionen zu beispielhaften Bauprojekten, die längst um die Spaziergangreihe „Green City Tours" erweiterten

**Abb. 2** Veranstaltung von AiD/ PIER F

KLIMA*tours,* einen Energieberater-Stammtisch namens „Energy Lounge" und die hochkarätigen Vorträge und Workshops unter dem Motto „Der grüne Salon", zu Themen wie „Bauen mit Naturmaterialien" und „Kreislaufwirtschaft". Hinzu kommen kleinere Architekturwettbewerbe in Zusammenarbeit mit der Frankfurt University of Applied Sciences und inzwischen drei große Nachhaltigkeits-Open-Air-Festivals im Frankfurter Osthafen – 2015, 2016 und 2018. Die ersten beiden Ausgaben fanden unter dem Titel „PIER Festival" statt, die bisher letzte, in Zusammenarbeit mit der Initiative Transition Town Frankfurt, nannte sich „GRÜNWÄRTS-Festival" (siehe Abb. 3).

Jeweils 800 bis 1200 Besucher kamen, um sich einen ganzen Tag lang an Ständen über Nachhaltigkeitsthemen zu informieren, um zu genießen und zu feiern. Es gab Livemusik, eine von den Machern bestückte Kuchentheke, Getränke und leckere Gerichte, die zum Teil aus geretteten Lebensmitteln gekocht wurden. Der BUND, Greenpeace, das Fair Finance Network, Oxfam, die Frankfurter Entsorgungsbetriebe, das Umweltamt, Mainova, der Naturkosmetikhersteller Ringana, die Strohballenbau-Experten ROOK-Architekten, der Getränkehersteller LEMON AID, das Food-Projekt Shoutoutloud, der Tauschring Bockenheim oder Zinipi Tiny House stellten aus und wirkten mit – zu den Highlights des Festivals 2016 gehörte eine nachhaltige Modenschau in Zusammenarbeit mit dem Fashionstore „Apfelgrün".

Nicht verschweigen möchte ich unser „PIER F Magazin", ein nachhaltig produziertes und gedrucktes Netzwerkmagazin, in dem wir unsere Arbeit vorstellen und spannende Entwicklungen aus Zukunftsfeldern wie Bauen, Mobilität und Gesundheit beleuchten. Neue Ausgaben sind in Planung. Und um nun wirklich alle unsere Aktivitäten einmal

**Abb. 3** PIER F-Festival 2018

angerissen zu haben, sei zu guter Letzt unser Ende 2017 gegründeter Zukunftshafen Frankfurt (ZHF) e. V. erwähnt. Die Mitglieder – Architekten, Energieberater, Nachhaltigkeitsexperten – sind allesamt Akteure aus dem Umfeld des PIER F, die nun auch gemeinsam nachhaltige Bau- und Bildungsprojekte fördern und umsetzen wollen. Kein Wunder, dass bereits verschiedene Medien über uns berichteten und Frankfurter Kommunalpolitiker vorbeischauten, um sich ein Bild von unseren Aktivitäten zu machen. Wir übertreiben sicher nicht, wenn wir behaupten: In der Nachhaltigkeitsszene Rhein-Main hat sich das PIER F als spannende Marke etabliert.

**MB:** Einen der seltenen Momente, in denen ein Büro frei wurde, nutzte ich, um selbst als Texter und Lektor ins PIER F einzuziehen. Teil der PIER-Family war ich ohnehin schon – jetzt wurde ich auch ganz unmittelbar Zeuge der faszinierenden Entwicklung, die das Projekt nahm. Dass Susanne und ich längst ein Paar waren, soll hier nicht als sentimentale Fußnote einfließen – es ist tatsächlich mitentscheidend für die Kontinuität der Unternehmung PIER F. Viele Start-ups werden gelenkt von miteinander vertrauten Zweier- und Dreierteams, deren Mitglieder die jeweiligen Kompetenzen zusammenwerfen und wissen, dass sie sich auf den oder die anderen verlassen können. Da gibt es die glühenden Visionäre und die kühlen Zahlenmenschen, die genialen Entwickler, die Vertriebs- und die Marketing-Asse: Auf die richtige Konstellation kommt es an. In unserem Fall ist es die Dynamik zwischen einer visionären Netzwerkerin/Veranstalterin/Entwicklerin und einem Texter, der die PIER-F-Vision in immer neue Worte fasst, Präsentationen auf den Punkt bringt und, wo nötig, auch mal kräftig mit den Händen anpackt. Umgekehrt – und das muss gesagt werden – unterstützt mich Susanne bei meinen eigenen schreiberischen Aktivitäten, motiviert und macht Kontakte. Was am langen Ende zu zwei Buchveröffentlichungen und verschiedenen von ihr initiierten

Lesungen geführt hat. Dass man sich auf jemanden wirklich verlassen kann, ist aber nicht nur in Zeiten wichtig, in denen es gut läuft. Es wird vor allem dann essenziell, wenn es Schwierigkeiten gibt: Wenn erwartete Meilensteine ausbleiben, wenn Geldquellen versiegen oder Dinge schiefgehen. Dann ist es gut, wenn man gemeinsam kämpfen, gemeinsam wütend sein, sich gegenseitig stützen kann.

## 6 Eine Tüte PIER F, bitte! Von Hängern und Hürden

**SP:** Was mich nicht umbringt, macht mich nur härter? Krise als Chance? Nach Niederlagen wieder aufstehen? Mal ehrlich: Das braucht doch kein Mensch! Und doch gehört es zum Unternehmertum wie der Ebbelwoi zu Frankfurt. Auf geschaffte Etappen, verwirklichte Ziele, Erfolge und Lob von außen folgen immer wieder Rückschläge und Hiobsbotschaften, manchmal auch aus Richtungen, aus denen man sie gar nicht erwartet hätte. Solche Phasen muss man überstehen – und dabei immer wieder entscheiden, ob man die eigene Strategie auch mal ändert oder ob man den eingeschlagenen Weg konsequent weitergeht. Mit AiD und dem PIER F haben wir schon verschiedene kleinere und größere Krisen gemeistert. Zum Beispiel als unerwartet Verträge nicht mehr erfüllt wurden oder als potenzielle Partner, auf die wir große Hoffnungen gesetzt hatten, absurde Forderungen stellten. Durchhaltevermögen und Improvisationstalent sind immer wieder gefragt (Abb. 4).

PIER F besitzt keine „Lizenz zum Gelddrucken“. PIER F ist ein bodenständiges kleines Unternehmen – unabhängig, mit Eigenkapital finanziert, ohne Festangestellte, dafür mit Freien, deren Leistungen wir projektbezogen „einkaufen“: Grafiker, Guides, IT-Experten, vielleicht auch mal ein Handwerker. Gelegentlich bringen sich internationale Fachleute aus dem „Pioneers into Practice“-Programm der Provadis-Hochschule für drei bis vier Wochen in unsere Projekte ein. Die PIER-Umsätze sind überschaubar, es geht uns primär um Inhalte, die wir mit Herzblut vorantreiben. Vielleicht verleiht uns das eine gewisse Widerstandskraft. Andere Start-ups verfolgen kühne Erfolgsstrategien, träumen – trotz mangelnder Erfahrung – vielleicht sogar vom Börsengang, weshalb sie Business Angels und Investoren mit enormer Gewinnerwartung hinter sich haben, die je nach Lage den Daumen heben oder senken. Es geht um schnelles Wachstum, also stellt man Mitarbeiter ein, die nicht selten nach eineinhalb Jahren wieder entlassen werden. Natürlich muss es nicht immer so extrem laufen, aber wir kennen Start-up-Geschichten, bei denen die Macher Hunderttausende Euro verbrannt

**Abb. 4** Das Logo von PIER F

PIER F ZUKUNFTSHAFEN FRANKFURT/MAIN

und sich nach kurzer Auszeit ins nächste XXL-Business-Abenteuer gestürzt haben. Sind das die wagemutigen Entrepreneurs, nach denen Wirtschaftsexperten immer rufen? Zumindest sind Zweifel angebracht. Wir vom PIER sind keine Himmelsstürmer, müssen uns immer wieder durchwurschteln. Aber wir haben es bis jetzt stets aus eigener Kraft geschafft, den nächsten Schritt zu gehen und die Köpfe über Wasser zu halten.

**MB:** Zu den weniger motivierenden Erfahrungen, das klang schon an, gehört die Nichtberücksichtigung bei Gründer- und Nachhaltigkeitswettbewerben. Mehrmals in den vergangenen Jahren bewarben wir uns mit PIER F – mal mit dem Gesamtkonstrukt, mal mit Einzelaspekten unserer Arbeit: dem Magazin etwa, den Festivals oder einer Kampagne zum Thema Emissionsreduktion. Solche Bewerbungen sind aufwendiger, als man denkt. Stets war der Grundgedanke: Wir machen ein innovatives Angebot in Nachhaltigkeitsbildung. Für gewöhnlich waren wir gern gesehene Teilnehmer, manchmal kamen wir sogar in die letzte Runde, am Ende jedoch trugen regelmäßig andere die Preisgelder davon. Darunter auch mal Projekte, die schon Monate später nicht mehr existierten. Hmm … Für uns war das irgendwann frustrierend. Nicht weil wir etwa missgünstig waren oder unter maßloser Selbstüberschätzung litten, sondern weil wir das PIER-F-Konzept als wirklich ungewöhnlich und nicht alltäglich empfinden; weil wir gearbeitet hatten bis zum Umfallen; und weil wir einiges an Leistung nachweisen konnten.
In der Rückschau gehen wir deutlich entspannter mit diesen Erfahrungen um. Zum einen haben uns die Absagen darin bestärkt, unseren eigenen Weg zu gehen, ohne jemandem gefallen zu müssen. Zum anderen haben wir uns genauer angeschaut, wer und was da so regelmäßig ausgezeichnet wurde, und selbstkritisch zumindest eine These entwickelt, warum wir es Juroren so schwergemacht haben könnten. Kurz: Ausgezeichnet werden gerne einfache, klar umrissene Produkte und Dienstleistungen – eine neue App, die Smartphone-Victims bestimmte Infos liefert; eine Serviceleistung, die in eine Bedarfslücke stößt, ein Produkt, das eine bestimmte Nachfrage bedient. Ein Team zu beschäftigen, also Arbeitsplätze geschaffen zu haben, ist ein weiteres preisverdächtiges Kriterium. Unsere These: Würde PIER F mit einer kleinen Belegschaft etwas Einfaches, Konkretes produzieren, das man kaufen und in einer Tüte nach Hause tragen kann, dann hätten wir vielleicht schon den einen oder anderen Preis gewonnen. Unser „Ju-Es-Pie“ und gleichzeitig unser Handicap: PIER F promotet vor allem eine Vision – die Vision einer nachhaltigen Gesellschaft. Und: PIER F spricht zwar auch interessierte Bürger an, funktioniert aber primär als Fachnetzwerk. Die Plattform, die wir bieten, hat mehrere Gesichter. Das alles macht uns weniger greifbar, der Erfolg ist schwieriger messbar. Klar, man kann KLIMA*tours* buchen, auch mal ein Magazin in die Hand nehmen oder einen Vortrag besuchen – aber das Gesamtkonstrukt PIER F ist nicht auf einen Blick zu erfassen. Schaut man auf unsere Website www.pier-f.de, erahnt man ein personelles und thematisches Geflecht, eine weit verzweigte Unternehmung: und das, obwohl das Ganze im Kern eine One-Woman-Show ist. „Die machen doch schon so viel“ und „Die sind doch schon groß, die brauchen keine Preisgelder mehr“: Auch solche – leider an der Realität vorbeigehenden – Reaktionen haben wir bekommen.

**SP:** Ach, die Wettbewerbe … Schnee von gestern. Schließlich arbeiten wir nicht, um Preise zu gewinnen. Wir arbeiten, um Nachhaltigkeitsthemen voran- und Entscheider zusammenzubringen. Im Laufe des Jahres 2017, das lässt sich rückblickend sagen, hatten wir den angestrebten Zustand erreicht: Das PIER F lief. Die Bürogemeinschaft harmonierte, und die Räumlichkeiten waren nach aufwendigen Umbauarbeiten regelmäßig gebucht. Weil auch die von uns selbst organisierten Events Anklang fanden, stellten Hersteller gern bei uns aus. Schließlich kam ins PIER genau das Fachpublikum, das sie mit ihren Lösungen und Produkten erreichen wollten. Doch dann, Anfang 2018, nahm eine völlig unerwartete tief greifende Entwicklung ihren Lauf: Unser Vermieter teilte uns mit, dass er den Mietvertrag ab Mitte 2018 nicht verlängern würde und stattdessen einen neuen Mietvertrag aufsetzen wolle. Die darauf folgenden Gespräche blieben erfolglos, und so stand irgendwann fest: Wir müssen umziehen. Uns blieben nur wenige Monate. Ein sehr kurzer Zeitraum, in dem neue Räume gefunden werden, Umzugsvorbereitungen getroffen und die Herausforderungen des Tagesgeschäfts weiter gemeistert werden mussten. Erst in solchen Situationen zeigt sich, wie gut ein Team wirklich funktioniert – und ob man sich auf sein Netzwerk verlassen kann.

**MB:** Die Nichtverlängerung des Mietvertrags war der bis dahin größte Rückschlag für PIER F. Andere Hürden hatten wir mehr oder weniger athletisch genommen – aber das hier war eine echte Zerreißprobe. Über die Beweggründe des Vermieters konnten wir nur spekulieren. Wir hatten uns nichts zuschulden kommen lassen, im Gegenteil: Wir hatten die Räumlichkeiten aufgewertet, mit PIER F das Gelände belebt und Aufmerksamkeit für diese Osthafenecke geschaffen, dem Eigentümer durch unsere Kontakte sogar einen weiteren Mieter vermittelt. Vielleicht hat das Begehrlichkeiten geweckt. Begehrlichkeiten, die wir nicht erfüllen konnten. Denn schon zuletzt hatte der Eigentümer immer mehr Geld verlangt. Womit wir beim Stichwort Gentrifizierung und verwandten Entwicklungen wären. Es klingt nach Klischee und ist doch weltweit Realität: Kreative bereiten das Feld, machen schwierige Viertel und Straßenzüge attraktiv. Dann betreten andere, zahlungskräftigere Interessenten das Feld. Die Kreativen werden hinausgedrängt, die frei werdenden Flächen teuer neu vermietet. Wie gesagt: In unserem Fall konnten wir nur spekulieren. Ganz abwegig erschien uns die These nicht.
Doch es half ja nichts: Wir mussten raus. Zehn Büros, die eine neue Bleibe suchten – besonders für Susanne der reinste Horror. Sie war für ihre Bürogemeinschaft verantwortlich, sie versuchte, das PIER F und die Idee dahinter zu retten. Also nutzte sie ihre vielfältigen Kontakte, nahm Besichtigungstermine wahr, verhandelte, plante, organisierte. Ein unmenschlicher Kraftakt. Zumal die Quadratmeterpreise in Frankfurt zu den höchsten bundesweit gehören. Bezahlbarkeit war aber eines unserer wichtigsten Kriterien. Erst wenige Wochen vor dem Auszugstermin war der neue Mietvertrag für eine andere Osthafen-Location in trockenen Tüchern. Am Ende orientierten sich drei Büros aus der Gemeinschaft neu, schlüpften woanders unter. Und mit sieben Parteien stemmten wir den Aus- und Umzug. Wer sich an den Sommer 2018 erinnert, weiß, wie außerordentlich heiß es damals war. Buchstäblich in Gluthitze packten wir wochenlang

unsere Sachen und transportierten sie nach und nach zum neuen Standort. Dann die zwei Hauptumzugstage, das Auspacken und Neueinrichten. Am Ende gingen wir buchstäblich auf dem Zahnfleisch. Aber wir hatten es geschafft!

## 7 Jedem Neuanfang wohnt ein Zauber inne ...: PIER F 2.0 und die fast perfekte Welle

**SP:** Am neuen Standort hieß es erst einmal: Durchatmen! Und langsam wieder aufbauen! Das war alles andere als einfach. Denn plötzlich hatten wir zwar komfortablere Büroräume, aber deutlich weniger Aktions- und Showroom-Fläche. Und ein Teil der von Herstellern eingebrachten Produkte und Lösungen war fest verbaut am alten Standort geblieben. Es brauchte einiges an Kommunikationsarbeit, um sich auch zukünftig das Vertrauen der Partner zu sichern. Motivierend: Mit Firmen wie Assa Abloy, einem Hersteller smarter Schließsysteme, konnten wir sogar neue Partner gewinnen – und mit Gesundheitsberaterin Stefanie Rütten ein neues Mitglied in unserer Bürogemeinschaft begrüßen. Zwei Räume am neuen Standort richteten wir als „PIER Akademie" her: Sie können von externen Kunden gemietet werden und dienen für eigene kleine PIER-Events. „Energy Lounges", Hersteller-Meetings oder auch ein Workshop zum Trendthema Tiny Houses fanden schon hier statt.

Der neue Standort war das Beste, was uns in unserer dramatischen Situation passieren konnte. Nach wie vor fühlen wir uns dort sehr wohl, können ungehindert unseren Geschäften nachgehen. Und doch: Für einen umfangreichen, lukrativen PIER-Betrieb, wie wir ihn vor dem Umzug realisiert hatten, waren und sind die neuen Räumlichkeiten zu klein. Das hätten wir weniger aufgewühlt zur Kenntnis genommen, wenn nicht 2019 das Thema Nachhaltigkeit weltweit eine völlig neue Dynamik gewonnen hätte. Ein Jahr zuvor hatte eine junge Schwedin namens Greta Thunberg, die wir sehr bewundern, ihren „Schulstreik fürs Klima" begonnen – ein ungewöhnliches Engagement, das Monate später in die Gründung der internationalen „Fridays for Future"-Bewegung gemündet war. Am 15. März 2019 fand der erste weltweite Klimastreik statt, und plötzlich sprachen alle über Erderwärmung, über Umweltschutz, Nachhaltigkeit, eine grüne Revolution. Das war, keine Frage, eine überfällige, erfreuliche Entwicklung, auch wenn wir das Gefühl nicht loswurden, dass manche Firmen, Politiker, Influencer das Thema eher als Trittbrettfahrer und zu „Green Washing"-Zwecken nutzten.

Oh Mann! Exakt jetzt wäre für uns die Zeit gewesen, unser Engagement mit PIER F zu intensivieren. Exakt jetzt hätten wir die Chance gehabt, in größerem Stil mitzuwirken, auf breiterer Ebene Gehör zu finden. Neue Vortragsreihen, neue Konzepte für Führungen, zusätzliche Kooperationen, innovative Kampagnen – all das hätte sich machen lassen. Doch ausgerechnet jetzt standen uns weder die Räumlichkeiten noch die Mittel dafür zur Verfügung. Und da draußen hörte die Welt fasziniert jungen Menschen zu, die ihr Recht auf eine gesunde, glückliche Zukunft einklagten. Da hatten wir – wie viele andere Nachhaltigkeitsinitiativen und institutionen auch – jahrelang engagiert, mit kleinen, aber feinen Erfolgen vor uns hingewerkelt, und nun wurden wir nach einem unerwarteten Tiefschlag von einer weltweiten grünen Welle beinahe überrollt.

**MB:** 2019 war ein seltsames Jahr. Mit PIER F konnten wir nicht so präsent sein wie in den drei Jahren zuvor. Aber die Bürogemeinschaft blieb stabil, die Stadtführungen und verschiedene Kooperationen liefen weiter, und neue Ideen, sogar neue Perspektiven zeichneten sich ab. Vielleicht braucht es immer auch solche Phasen: um Luft zu holen, sich in Teilbereichen neu zu erfinden. Die „Fridays for Future"-Bewegung verfolgten und verfolgen wir mit großem Interesse, ebenso wie die täglich neu aus dem Boden schießenden Ableger: Scientists, Architects, Pädagogen und Artists, Health und Kindergärten, sogar Parents und Grandparents – alle sind „for Future" aktiv. Das lässt mitunter schmunzeln, wirft aber auch Fragen auf: nach wegweisenden Ideen, Bündnissen und Handlungsoptionen, die über den bloßen Protest hinausgehen. Damit wir uns richtig verstehen: Es ist beeindruckend, gut und wichtig, dass quasi aus dem Nichts eine so starke Bewegung erwachsen ist, die die Nachhaltigkeitsdiskussion global neu befeuert. Aber sie muss auch zu konkreten Projekten führen und sich im Handeln von Parlamenten und Verwaltungen, nicht zuletzt im individuellen Konsumverhalten niederschlagen. Die Nachhaltigkeitsdiskussion wird die Menschheit noch auf Jahre begleiten und immer neue Anknüpfungspunkte bieten. Auch für eine Institution wie PIER F.

## 8 Ma-ma-ma-my Corona! Arbeit an PIER F 3.0

**SP:** Krise als Chance? Das hatten wir doch schon … Tatsächlich konnten schließlich auch wir vom PIER diese Dynamik erfahren. Not macht bekanntlich erfinderisch, weshalb ich neue „Green City Tours" konzipierte: eine Führung unter dem Titel „Faszination Kleingarten" zum Beispiel, inspiriert von unserem jahrelangen privaten Werkeln in einer Sachsenhäuser Kleingartenanlage. Was auf den ersten Blick banal erscheint, ist durchaus gesellschaftlich relevant: Kleingärten bilden, wie Wälder und Parks, so etwas wie die grüne Lunge einer Stadt. Sie dienen der Naherholung und der Naturerfahrung – zudem verändert sich über den Anbau von eigenem Gemüse die Einstellung zum Thema Lebensmittel und Ernährung. In unserem Fall hat das Ganze eine zusätzliche soziale Komponente. Denn wir teilen uns den Garten mit einer älteren Dame – praktizieren „Garden Sharing" erfolgreich als Mehrgenerationenprojekt.

Noch wichtiger aber wurde eine andere Konstellation: Hätte PIER F nicht umziehen müssen, wäre ich 2018 nicht auf die Suche nach neuen Räumlichkeiten gegangen. Und hätte ich nicht nach neuen Räumlichkeiten gesucht, dann wäre ich nicht auf ein leerstehendes Bürogebäude gestoßen. Das Gebäude im Industriegebiet Frankfurt-Fechenheim war leider nicht bezugsfertig, weshalb es als Standort für uns nicht infrage kam. Aber: Der Eigentümer wollte es nicht nur wieder nutzbar machen, er war auch Nachhaltigkeitsthemen gegenüber aufgeschlossen. Und er war beeindruckt vom PIER-F-Netzwerk mit seinen tollen Kontakten, vor allem aus der Baukultur. Krise als Chance …

So entstand im Lauf des Jahres 2019 die Idee, das Gebäude gemeinsam mit dem Eigentümer nachhaltig zu entwickeln – es fit für die Vermietung an Kreative zu machen und uns als Mitentwickler neue Showroom-/Event-Flächen zu erschließen.

Die unerwarteten Aussichten verliehen uns buchstäblich Flügel. Wir erstellten ein Konzept, wie man Hersteller einbinden und das Gebäude energieeffizient sanieren, wie man Flächen vermieten und das gesamte Haus zu einer Art grünem Schauhaus transformieren könnte – mit Wärmepumpen, grünen Fassaden, Fotovoltaik, Gemüseanbau auf dem Dach, smarten Techniklösungen und, und, und. Erwartungsvoll traten wir in Verhandlungen mit der Eigentümerseite ein. Das ging langsamer voran als gehofft, was auch an einem Personalwechsel aufseiten des Eigentümers lag. Aber wir blieben dran. Und planten weitere größere Aktivitäten für das kommende Jahr: eine neue Ausgabe unseres „PIER F Magazins“, das nächste große Nachhaltigkeitsfestival – parallel zum großen Frankfurter Osthafen-Festival im August, verschiedene Sonderführungen, und, wenn alles klappte, schon ein paar Programmpunkte zur Entwicklung des Leerstandsgebäudes in Fechenheim. Warum diese plötzliche Betriebsamkeit? Weil 2020 gleich drei Jubiläen anstanden: 10 Jahre AiD – Architektur im Dialog, 10 Jahre KLIMA*tours* und 5 Jahre PIER F. 2020 sollte unser Jahr werden. Wir wollten einladen und feiern und unmissverständlich zeigen: Wir sind da, wir mischen weiter mit! Alle Weichen für ein aufregendes Jubiläum waren gestellt. Tja, und dann …

**MB:** … schlug Anfang 2020 das Coronavirus zu. Es ist müßig, noch einmal detailliert den Schock des Shutdowns zu beschreiben – er hat ja fast alle Menschen in irgendeiner Weise getroffen. Als freiberuflicher Texter und Lektor hatte ich Umsatzeinbußen von bis zu 50 %, Susanne fiel mit PIER F von 100 auf beinahe null. Hersteller fuhren ihre Aktivitäten zurück, Veranstaltungen wie die Klima*tours* fanden nicht mehr statt, unser Festival und andere geplante Events wurden abgesagt. Das Tagesgeschäft war komplett auf Eis gelegt. Und das in unserem Jubiläumsjahr! Womit wir im Hier und Jetzt angekommen wären.

**SP:** Corona war ein neuerlicher Tiefschlag. Aber: „Immer wenn du denkst, es geht nicht mehr, kommt von irgendwo 'ne Flanke her.“ So oder ähnlich lautet ein Fußballspruch. Und tatsächlich konnten alle Mitglieder der Bürogemeinschaft diese Erfahrung machen: in Form von unerwarteten Aufträgen, Kooperationen, Soforthilfen. Hinzu kam ein seltsames neues Lebensgefühl: Entschleunigung. Keine Alltagshektik, keine Meetings mehr, keine Flut von beruflichen und privaten Terminen. Stattdessen konzentriertes Abarbeiten, gemeinsames Kochen und Spielen, gemütliche Abende zu Hause. Es war verrückt! Auch die Natur schien sich auf wundersame Weise zu erholen. Vielleicht projizierten wir ein bisschen unsere Hoffnungen hinein: Aber plötzlich waren nicht nur im Kleingarten wieder mehr Vögel zu hören, die Bienen kamen zurück und mit ihnen andere Insekten. Die Luft war klarer, kein Flugzeug am Himmel, die Menschen wirkten entspannter. Medienberichte über weltweit drastisch gesunkene $CO_2$-Emissionen untermauerten unseren Eindruck. Das Leben veränderte sich radikal. Wir kauften nur noch das Nötigste, lasen Bücher, statt essen, auf Events oder ins Kino zu gehen, und waren einfach … zufrieden! Was, wenn die Corona-Krise die Chance für einen Neuanfang böte – wenn die Menschheit die schlimmsten Fehlentwicklungen stoppen, gar umkehren und zu einer neuen nachhaltigeren Welt- und Wirtschaftsordnung gelangen würde? Begeistert lasen wir Essays und politische Programme, die in diese Richtung zielten (Horx 2020; Grüne NRW o. J.) – und stellten uns auf die konkreten neuen Gegebenheiten der Arbeitswelt ein. Was die Menschheit nach dem Wiederhochfahren des öffentlichen Lebens betrifft, sind wir mittlerweile ernüchtert: Im Großen und Ganzen scheinen alle so weiterzumachen wie bisher. Frei nach dem Motto: Warum sollen wir etwas ändern – war doch alles gar nicht soooo schlimm! Was aber die Veränderungen im Arbeitsalltag betrifft, hat sich nicht nur bei uns ein Schlagwort in den Vordergrund gespielt: Digitalisierung! Homeoffice, virtuelle Meetings, Online-Unterricht, Webkonzerte und neue Internetshopping-Angebote haben gezeigt: Hier wird sich nachhaltig etwas ändern, in allen Bereichen des Lebens! Insofern haben auch wir vom PIER begonnen, unsere Angebote stärker zu digitalisieren: von der Onlineausgabe unseres „PIER F Magazins" bis zur Einbindung von Partnern in unser Internetangebot. Dabei zeigen sich schon erste Ansätze eines Wandels hin zu einer Kommunikations- und Beratungsagentur. Die geplante Entwicklung des Leerstandshauses im Industriegebiet Frankfurt-Fechenheim zum „Grünen Schauhaus" wurde vom Eigentümer Corona-bedingt auf unbestimmte Zeit zurückgestellt. Unsere Idee, dieses Schauhaus in eine virtuelle Welt im World Wide Web zu transferieren, haben wir schnell wieder verworfen. Zu aufwendig. Zu kostspielig. Aber: Unser Netzwerk steht. Und sollten wir Eigentümer finden, die ihre Immobilie mit uns zusammen nachhaltig entwickeln wollen, dann werden wir gerne aktiv. Kontaktaufnahmen per Mail oder Telefon sind willkommen.

Daneben schauen wir auf aktuelle Entwicklungen und versuchen, passende Angebote zu entwickeln. Die schon recht weit geplante Veranstaltung „Architektur und Mode" etwa, die im Herbst 2020 stattfinden sollte, konnten wir im Juni 2021 durchführen – als Frankfurt mit der „Fashion Week" ein neues Event-Highlight bekam. Neben „Faszination Kleingarten/Garden Sharing" wird es neue, auf aktuelle Entwicklungen reagierende Nachhaltigkeitsführungen geben – im Trend liegende unkonventionelle Wohnformen wie Mehrgenerationenhäuser und Hausboote werden wir zu Vortragsthemen machen. Auch Begrünungen sind ein wichtiges Thema mit Blick auf die Emissionsreduktion in Städten, dazu planen wir ein spannendes Event. Fakt ist: Die Corona-Krise ist nicht das Ende. Es liegen jede Menge neuer Puzzlesteine für ein PIER F 3.0 vor uns. Wir müssen sie nur aufsammeln und sinnvoll zusammenfügen.

## 9 Man müsste und man sollte …: Kleines Wunschkonzert

**SP:** Wäre dies ein Interview, würden wir uns über die Schlussfrage „Was wünscht ihr euch als Nachhaltigkeitsunternehmen für die Zukunft?" freuen. Und wir würden antworten: So einiges. Mit Blick auf unseren 2018 gekündigten Mietvertrag etwa, dass man nicht nur im Wohnmietrecht, sondern auch im Gewerbemietrecht Mietern mehr Sicherheit verschafft. Gerade Kreative und Start-ups sind, wenn sie Pech haben, skrupellosen Eigentümern ausgeliefert, die sie scheinbar nach Belieben schikanieren können. Weniger bürokratische Hürden für Start-ups wären ein weiterer Wunsch. Da appelliert die Politik an ein lebendiges Gründer- und Unternehmertum, und dann muss man sich mit komplizierten rechtlichen und steuerlichen Dingen herumschlagen, die einen von der Entwicklungs- und Umsetzungsarbeit abhalten.

Den Wunsch, dass die Politik schneller vorankommt, erst recht, wenn es um Nachhaltigkeitsthemen geht, teilen wir sicher mit vielen. So manches Klimaschutzprogramm bleibt eine „Absichtserklärung", es wird endlos „geprüft". Würde hier konkret mehr passieren, wären vielleicht auch manche Bauherren und Investoren etwas mutiger. Vieles von dem, was wir gemacht haben und machen, ist ehrenamtliche Tätigkeit. Davon kann man auf Dauer nur schwer leben und nur wenig bewirken – erst recht mit den unvorhergesehenen Auswirkungen der Corona-Pandemie im Rücken. Wirtschaftlichkeit ist neben den ökologischen und den sozialen Aspekten die dritte Säule der Nachhaltigkeit. Um auch zukünftig wegweisende Projekte umsetzen können, benötigen wir jetzt allmählich auch externe finanzielle Mittel, ob sie nun von Förderinstitutionen oder privaten Sponsoren kommen.

**Wichtig**

**Michael Behrendt:** Ich möchte als Wunsch „Mehr Marketing- und Vertriebspower" ergänzen. Selbstkritisch müssen wir festhalten, dass wir auf diesem Gebiet noch Luft nach oben haben. Tolle Netzwerk- und Konzeptarbeit allein, das reicht nicht. Auch an dieses Thema werden wir – vielleicht mit Provisionsmodellen – herangehen.

**Susanne Petry:** Klimaschutz und Nachhaltigkeit bleiben drängende Themen unserer Zeit. Insofern gibt es noch etliche Aufgaben für AiD, PIER F und den ZHF e. V. Wir wollen weiterbilden, als Schnittstelle dienen, nachhaltige Projekte fördern und auf den Weg bringen. Jede Menge PIERspektiven also.

**Susanne Petry,** Dipl.-Architektin, war jahrelang als Planerin, auch im eigenen Büro, tätig, bevor sie 2009 die Agenturplattform AiD – Architektur im Dialog gründete. Seitdem bringt sie als Netzwerkerin und Veranstaltungsmanagerin Nachhaltigkeitsthemen voran, schwerpunktmäßig im Bereich Bauen, aber auch auf den Gebieten Kultur und Design. Gemeinsam mit der Stadt Frankfurt entwickelte sie die noch heute angebotenen KLIMA*tours,* ein- bis mehrtägige Fachführungen zu nachhaltigen Gebäuden und Projekten der Mainmetropole. 2015 gründete sie das Nachhaltigkeitszentrum PIER F – Zukunftshafen Frankfurt, darüber hinaus ist sie Vorsitzende im Zukunftshafen Frankfurt (ZHF) e. V. PIER F und ZHF e. V. betreiben Nachhaltigkeitsbildung, zeigen innovative Lösungen und bringen grüne Akteure zur Realisierung von Nachhaltigkeitsprojekten zusammen.

**Michael Behrendt,** promovierter Germanist und Anglist, war lange Jahre für Frankfurter Stadtmagazine tätig, unter anderem als Redaktionsleiter und Chefredakteur. Heute ist er freiberuflicher Lektor, Texter und Autor, auch für Nachhaltigkeitsthemen. Sein Steckenpferd ist die Pop- und Rockmusik: Zwei Buchveröffentlichungen (2017 und 2019) beschäftigen sich mit Songmissverständnissen und kontroversen Songs.

## Literatur


Bundesministerium für Umwelt, Naturschutz und nukleare Sicherheit (2019) Klimaschutz in Zahlen: der Sektor Gebäude, In: Klimaschutz in Zahlen (www.bmu.de/publikationen www.bmu.de), https://www.bmu.de/fileadmin/Daten_BMU/Pools/Broschueren/klimaschutz_zahlen_2019_broschuere_bf.pdf. Zugegriffen: 19. Sept. 2020

Coalition for Urban Transition (2019) How National Governments Can Secure Economic Prosperity and Avert Climate Catastrophy by Transforming Cities, In: Executive Summary: Climate Emergency/Urban Opportunity. S 2. https://urbantransitions.global/wp-content/uploads/2019/09/Climate-Emergency-Urban-Opportunity-executive-summary-ENG.pdf. Zugegriffen: 19. Sept. 2020

European Green Capital Award (2014) Jury Conclusion. In: Jury Report for the European Green Capital Award 2012. S 4. https://ec.europa.eu/environment/europeangreencapital/wp-content/uploads/2012/06/MDR0763Rp00018-Jury-Report-2014_For-web.pdf. Zugegriffen: 19. Sept. 2020

Grüne NRW (o. J.) Ein neuer Gesellschaftsvertrag nach Corona: Für eine bessere Zukunft nach der Pandemie. https://gruene-nrw.de/fuer-eine-bessere-zukunft-nach-der-pandemie/. Zugegriffen: 19. Sept. 2020

Horx M (2020) Die Welt nach Corona. www.horx.com und www.zukunftsinstitut.de. https://www.horx.com/48-die-welt-nach-corona/. Zugegriffen: 19. Sept. 2020

Kübler M (2019) Städte spielen zentrale Rolle beim Kampf gegen Klimawandel, In: Deutsche Welle Online. https://www.dw.com/de/st%C3%A4dte-spielen-zentrale-rolle-beim-kampf-gegen-klimawandel/a-50480509, Zugegriffen: 19. Sept. 2020

# Impulse aus Kommunen, Politik, Zivilgesellschaft

# Zusammenhalt in Zeiten der Krise: Perspektiven auf „Civic Social Responsibility“ in hessischen Kommunen

Christina Kunkel

**Zusammenfassung**

Mit der Aufnahme des nachhaltigen Prinzips in die Verfassung 2018 hat Hessen bundesweit eine Vorreiterrolle inne. Gerade während der Coronakrise zeigte sich besonders deutlich: Die Schlüsselrolle haben die Kommunen als Multiplikatoren von Nachhaltigkeit. So wurden für diesen Beitrag verschiedene Gespräche mit Vertreterinnen und Vertretern aus Zivilgesellschaft, Verwaltung und Politik geführt, um unterschiedliche Perspektiven auf zivilgesellschaftliche Verantwortungsübernahme, *„Civic Social Responsibility“,* in hessischen Kommunen in Zeiten der Krise darstellen zu können. Auch der hessische Ministerpräsident Volker Bouffier kommt zu Wort. Dieser Beitrag erzählt Geschichten des Machens und des Gelingens, von Menschen in Entscheidungspositionen und aus der Zivilgesellschaft. Sie machen deutlich: Erfolgsfaktoren für eine krisenresiliente Stadtgesellschaft und nachhaltige Entscheidungen waren ehrliche und erklärende Kommunikation durch die Entscheidungsträger, neue Formen der Verantwortungsübernahme, das Nutzen von bestehenden Kooperationen und Netzwerken sowie Raum für Beteiligung und Engagement der Jugend.

C. Kunkel (✉)
Wiesbaden, Deutschland
E-Mail: christina.kunkel@live.de





A. Trischler und S. Böhling (Hrsg.), *CSR in Hessen,* Management-Reihe Corporate Social Responsibility, https://doi.org/10.1007/978-3-662-63004-4_38

## 1 Hinführung

Der Lärm der Diskussionen, die der WDR mit dem Auftritt seines Kinderchors und dem Schmählied „Oma Umweltsau" Ende 2019 auslöste (Joffe 2020), verklang zu Beginn des Jahres 2020 schnell vor dem Hintergrund eines Virus, der das Land in die bisher größte wirtschaftliche Krise des 21. Jahrhunderts stürzte.

Seit Oktober 2018 ist das nachhaltige Prinzip durch eine Volksabstimmung in der hessischen Verfassung verankert. Damit ist Hessen als erstes Bundesland Vorreiter, welches Nachhaltigkeit eine institutionelle Rahmung verleiht (HMUKLV 2018).

Aber was hat eigentlich Nachhaltigkeit mit der älteren Generation „Ü60" zu tun? Sind es nicht die Jugendlichen, die Studierenden, die allwöchentlich seit 2018 auf die Straße gehen und während der Krise den Protest unter dem Hashtag #FighteveryCrisis im Netz fortsetzen? Die für die Einhaltung der Klimaziele, für ihre eigene Zukunft demonstrieren – und nicht für die Zukunft ihrer Großmutter? Und was hat das eigentlich mit der Coronakrise zu tun? Brauchen wir einen „Klima-Corona-Vertrag", wie es der Klimaforscher Professor Hans-Joachim Schellnhuber vorschlägt, mit intergenerativem Ansatz, der das Verhältnis der Generationen zueinander abbildet (vgl. Schellnhuber 2020):

> „Derzeit wird sehr zu Recht von den jüngeren Teilen der Bevölkerung Solidarität mit den Älteren eingefordert, die ja viel stärker durch das Virus gefährdet sind. Umgekehrt sollten die Älteren beim Klima Solidarität mit den Jüngeren üben, denn Letztere werden die Folgen der Erderhitzung in ihrem Leben viel stärker spüren. Die Solidarität muss also wechselseitig sein. Man könnte es plakativ so ausdrücken: Wer achtlos das Virus weitergibt, gefährdet das Leben meiner Großeltern. Wer achtlos $CO_2$ freisetzt, gefährdet das Leben meiner Enkel." (Hans-Joachim Schellnhuber 2020)

Auf den zweiten Blick haben Corona und Nachhaltigkeit also sehr viel miteinander zu tun. Zukunftsfähigkeit bedeutet, diejenigen mitzunehmen und zu erreichen, die die Gegenwart aufgebaut haben. Das ist die „Großelterngeneration". Unter anderem diejenigen, für die ein ganzes Land im März 2020 solidarisch beschloss, zu Hause zu bleiben, Maske zu tragen und Abstand zu halten.

Dieser Artikel soll einen Beitrag dazu leisten, neue innergesellschaftliche Schnittstellen und gute Beispiele für gesellschaftliche Solidarität und Verantwortungsübernahme, die während der Krisenzeit entstanden sind, aufzudecken. Inwiefern ist „CSR", nicht in der traditionellen Wortbedeutung von „Corporate Social Responsibility", sondern im Sinne von „Civic Social Responsibility", also sozialer Verantwortungsübernahme in der Zivilgesellschaft, während der Coronakrise sichtbar geworden?

Das Wort „Krisis" kommt aus dem Griechischen und bedeutet „Entscheidung". Während der Coronakrise stehen die kommunalen Entscheidungsträger an erster Front, als Krisenmanager, Problemlöser, Brückenbauer und Ideenfinder.

Der Artikel 26c der hessischen Verfassung, auf den im ersten Teil des Beitrags näher eingegangen wird, verpflichtet kommunale Entscheidungsträger dazu, Entscheidungen so zu treffen, dass die Interessen nachfolgender Generationen gewahrt werden. Doch wie ist das möglich mitten in einer Krise, wenn

> „[es] für ein Verständnis von langfristigen Folgen [...] noch zu früh [ist]. Nachhaltig – also sozial, ökologisch und ökonomisch ganzheitlich zu planen und zu handeln, scheint gerade durch die Dominanz der Gegenwart kaum möglich." (Teucher 2020)

Im ersten Teil wird der theoretische Hintergrund, Nachhaltigkeit in der hessischen Verfassung, erläutert. Der zweite Teil lenkt den Blick vor allem auf kommunale Akteure und soll Geschichten aus hessischen Kommunen erzählen, in denen es auch während der Krise möglich war, Nachhaltigkeit und Krisenmanagement zusammenzudenken. Es sind Erzählungen von Menschen, die die Dinge einfach gemacht haben – Geschichten des Wollens und des Könnens. Daraus sollen konkrete Impulse für die politischen Akteure abgeleitet werden. Dazu wurden fünf jeweils einstündige Experteninterviews mit Vertretern aus Politik, Verwaltung, Jugendarbeit und Zivilgesellschaft geführt, alle im Zeitraum von April bis Mai 2020. Auch der hessische Ministerpräsident Volker Bouffier, mit dem die Verfasserin am 08.07.2020 ein Interview zu Corona und sozialer Nachhaltigkeit führen konnte, kommt in diesem Beitrag zu Wort.

## 2 Hintergrund: Das „Prinzip Nachhaltigkeit" in der hessischen Verfassung

> „Die Bestimmung ist Ausdruck eines breiten politischen Konsenses, dass dieses Thema eine besondere Wertschätzung erfahren muss, und wenn es dann in der Verfassung verankert wird, steht es über der Tagespolitik. Dahinter steht eine grundsätzliche Überlegung: Nachhaltigkeit aus der inflationären Verwendung des Wortes in dauerhaftes politisches und gesellschaftliches Handeln zu überführen." (Volker Bouffier, Ministerpräsident des Landes Hessen)[1]

### 2.1 Artikel 26c: Nachhaltigkeit in der hessischen Verfassung

Hessen hat mit der Aufnahme des nachhaltigen Prinzips im Rahmen des Artikels 26c eine beispielhafte Vorreiterrolle inne. Der Artikel 26c ergänzt die Verpflichtung der Regierenden zum Schutz der natürlichen Lebensgrundlagen (Art. 26a) und die Begrenzung der Staatsverschuldung (Art. 141) um die Berücksichtigung von Entwicklungs- und Gestaltungsmöglichkeiten zukünftiger Generationen in staatlichen und vor allem kommunalen Handlungsbereichen:

---

[1] Volker Bouffier, Interview geführt am 08.07.2020.

Artikel 26c: Der Staat, die Gemeinden und Gemeindeverbände berücksichtigen bei ihrem Handeln das Prinzip der Nachhaltigkeit, um die Interessen künftiger Generationen zu wahren (Gesetz zur Ergänzung der Verfassung des Landes Hessen 2018).

So wird ein Zeichen mit großem Symbolcharakter gesetzt „für eine gelingende Verbindung von politischer Innovation, moderner Regierungsführung und Verantwortung für die auf die Zukunft ausgerichtete Gestaltung der Gesellschaft sowie die Erhaltung von Umwelt und Heimat" (HMUKLV 2018), welches als Impuls in Richtung Bund verstanden werden kann, wo die Aufnahme des nachhaltigen Prinzips ins Grundgesetz bereits diskutiert wird: Mit dem Verfassungsrang erhalte „die Zukunft einen rechtlichen Stellenwert" (SRzG 2018). Auch bei der Diskussion um die Aufnahme ins Grundgesetz lautet ein Argument, dass „eine generationengerechte Nachhaltigkeit [...] alle Politikbereiche durchziehen [müsse]" (RNE 2019). Die Demokratie brauche das Nachhaltigkeitsprinzip, damit die Sicherung von Gemeinschaftsinteressen den kurzen Horizont von Wahlperioden überdauern könne und ökologische, soziale und wirtschaftliche Fragen zusammengedacht werden (RNE 2019).

Nachhaltigkeit muss demnach als Gesamtansatz begriffen werden, der beispielweise die Frage nach Schulden, die zukünftigen Generationen hinterlassen werden, mitberücksichtigt. Deswegen sei auch ein eigenes Ministerium für Nachhaltigkeit wenig zielführend: „In einer bunten, immer vielfältigeren Gesellschaft mit vielen Brüchen kommen Sie mit einem Zukunfts- oder Nachhaltigkeitsministerium außer mit der Presseschlagzeile keinen Meter weiter. Beides muss überall implementiert und Grundlage sein, und zwar in jedem Ministerium." (Bouffier 2020)

Ohne ein Mindestmaß an Akzeptanz in der Bevölkerung könne das Prinzip Nachhaltigkeit nicht als gesamtgesellschaftlicher Ansatz tragfähig sein, weswegen es immer des Kompromisses, der Kommunikation und der Erklärung bedürfe:

> „Wenn Menschen Angst haben um ihren Arbeitsplatz und ihre Zukunft, spätestens dann ist es mit Nachhaltigkeitsstrategie nur mit Umwelt zu Ende. Umgekehrt muss aber auch klar sein: Wir müssen in diesem Bereich vorankommen, und zwar nicht irgendwann, sondern jetzt." (Bouffier 2020)

## 2.2 Soziale Nachhaltigkeit und die Schlüsselrolle der Kommunen

Neben ökologischer und ökonomischer Nachhaltigkeit stellt die soziale Nachhaltigkeit die dritte Dimension des nachhaltigen Prinzips dar. Alle drei Bestandteile sind als ein Ganzes zu denken, dabei hat die soziale Nachhaltigkeit den Menschen und sein Verhalten in der Gesellschaft im Blick und ein friedliches, gleichberechtigtes und gutes Zusammenleben und -arbeiten von Menschen zum Ziel (Pufé 2012, S. 30). Dazu soll der gesellschaftliche Zusammenhalt innerhalb der Generationen sowie generationsübergreifend gefördert werden. So spiegelt sich soziale Nachhaltigkeit auch in den Sustainable Development Goals der Agenda 2030, wie in der Abbildung zu sehen

**Abb. 1** UN Sustainable Development Goals (deutsche Version).

(Abb. 1), beispielsweise in den Zielen „Keine Armut; Weniger Ungleichheiten; Friede, Gerechtigkeit und starke Institutionen" wider (UN 2020).

2018 erschien anlässlich des zehnjährigen Bestehens der hessischen Nachhaltigkeitsstrategie der Peer Review „Sicherheit in Zukunftsfragen. Vertrauen in Nachhaltigkeit. Mut zu Neuanfängen", welcher rückblickend insbesondere die Leistungen bei der Schaffung eines Bewusstseins für Nachhaltigkeit, der Förderung von Kooperationen und die bereits erwähnte verfassungsmäßige Verankerung als besonders gelungen hervorhob (HMUKLV 2018). Die Peers stellten fest, dass die Nachhaltigkeitsstrategie operativ im Umweltministerium verankert ist und es kein gesondertes Gremium für Ressortabstimmung gibt. Sie empfehlen die Einsetzung von Nachhaltigkeitskoordinatoren in allen Ressorts sowie die Fokussierung der Nachhaltigkeitskonferenz, welche aktuell die Aufgabenbereiche „Entscheiden und Beraten" innehat, auf die Rolle eines Entscheidungsgremiums (HMUKLV 2018, S. 14–15).

Bouffier betont, dass die operative Verankerung im Umweltministerium aufgrund der meist ökologischen Themen, welche im Nachhaltigkeitskontext behandelt werden, zwar sinnvoll, und es dennoch wichtig sei, alle anderen mit einzubeziehen: „Welches Ministerium das jetzt im Einzelnen betreut, das scheint mir nicht so wichtig, entscheidend ist, dass alle Gesichtspunkte dort einfließen." (Bouffier 2020)

Die Peers richten sich außerdem an die gesellschaftlichen Akteure: Sie empfehlen den interessierten Akteuren, sich stärker einzubringen und „eigenverantwortliche Koalitionen und Allianzen für eine nachhaltige Entwicklung zu schmieden" – an die Politik richtet sich die Empfehlung, dieses eigenverantwortliche, zivilgesellschaftliche Handeln durch eine „Politik des Zulassens“ zu unterstützen, indem diese entsprechende Freiräume schafft, beispielweise für Vereine (HMUKLV 2018, S. 12). Auch an anderen Stellen zielen die Empfehlungen auf die Förderung von Partizipation durch die Zivilgesellschaft und die Teilhabe verschiedener gesellschaftlicher Gruppen ab, welche ein Kernbestandteil von sozialer Nachhaltigkeit sind.

Bouffier spricht sich positiv für die verstärkte Einbindung der Jugend in das Gremium der Nachhaltigkeitskonferenz aus, der häufig vor allem klimapolitische Themen am Herzen läge, wo doch soziale Sicherung und finanzielle Folgen, wenn man Nachhaltigkeit als Gesamtansatz begreife, einen ebenso hohen Stellenwert haben sollten (Bouffier 2020). Während der Coronakrise werde zudem besonders deutlich, dass es nicht nur eine einzige Lösung für alle gesellschaftlichen Gruppen geben kann, wenn es darum geht, sozial nachhaltig zu agieren:

> „Denken Sie mal an die Behinderteneinrichtungen. (…) Wenn Sie dort ein Kind haben oder einen Erwachsenen, wenn Sie von dort ein herzzerreißendes Schreiben kriegen, wann dürfen wir denn wieder in unsere Werkstatt, dann wird deutlich, es ist eben nicht die eine Gruppe und in einer vielfältigen Gesellschaft haben Sie ganz viele unterschiedliche Sachverhalte, für die es nicht nur eine Antwort gibt. (…) Und deshalb muss man sich die einzelnen Bereiche anschauen und, so wie es irgend vertretbar ist, auch passende Lösungen finden und das geht am Ende auch nur mit einem hohen Maß an Akzeptanz. Und deshalb müssen wir unsere Entscheidungen erklären.“ (Bouffier 2020)

Der Schlüssel für die Umsetzung von Nachhaltigkeit und die erklärende Kommunikation waren und sind schon immer die Kommunen gewesen, als nächste Entscheidungsträger an den Bürgern und als Ort, wo „Beteiligung und direkte Maßnahmen die Lebenswirklichkeit der Menschen ganz unmittelbar [erreichen]“ (HMUKLV 2018, S. 9). Sie sind auch der Ort, wo eine „Politik des Zulassens“, das Schaffen und Unterstützen von Räumen für zivilgesellschaftliches Engagement, praktisch umsetzbar ist. Die Peers empfahlen 2018, „die Schlüsselrolle zur Umsetzung heute mehr denn je bei den Kommunen zu suchen [und] Vorreiterkommunen in die Arbeit von Nachhaltigkeitskonferenz und -forum einzubeziehen“ (HMUKLV 2018, S. 20). Die Kommunen sind Multiplikatoren von Nachhaltigkeit, sie sind der Ort, an dem die Menschen leben und arbeiten und nachhaltiges Handeln direkte Auswirkungen auf ihre Lebensrealität hat. Dort haben sie die Chance auf Beteiligung an der Gemeinschaft und Gestaltung der Gesellschaft.

Auch während der Coronakrise sind die Kommunen Krisenmanager an vorderster Front. Im Folgenden werden Beispiele vorgestellt, wie in hessischen Kommunen in der Zeit der Krise CSR im Sinne von „Civic Social Responsibility“ vonseiten der Zivilgesellschaft gelebt und vonseiten der politischen Entscheidungsträgerinnen und -träger gefördert wird. Dazu wurden Interviews geführt mit Vertretern aus Verwaltung, Zivilgesellschaft und Jugendarbeit aus den südhessischen Gemeinden Eltville am Rhein (ca. 18.000 Einwohner), Taunusstein (29.000 Einwohner) und der nordhessischen Gemeinde Eschwege (20.000 Einwohner) (Eltville 2018; Taunusstein 2019; Eschwege 2020).

## 3 Gelingensgeschichten für „Civic Social Responsibility" in Hessens Kommunen während der Krise

> „Veränderung benötigt ein positives Ziel, und zwar eines, das mit der eigenen Identität und den eigenen Wünschen in Verbindung gebracht werden kann. (...) Menschen brauchen also Geschichten des Gelingens – Geschichten über die Möglichkeiten eines besseren, gerechteren, qualitätvolleren Lebens, das nicht die einen auf Kosten der anderen führen." (Welzer 2012)

Welche solidarischen Momente der Verantwortungsübernahme gab es in Hessens Kommunen aus der Zivilgesellschaft heraus, durch ehrenamtliches Engagement während der Coronakrise? Welche Ansätze haben sich als erfolgreich erwiesen und können als Impulse und Inspiration dienen?

Große mediale Aufmerksamkeit erhielten Initiativen der Solidarität wie beispielsweise die „Einkaufshelden"-Aktion der Jungen Union (Heldenbörse 2020), aber auch parteiunabhängige (digitale) Initiativen zur Nachbarschaftshilfe wie beispielsweise die Plattform „Wir gegen Corona" (Wir gegen Corona 2020). Ehrenamtliche, die beispielsweise bei der Tafel aktiv waren, fanden in Form eines Lieferdienstes einen neuen Weg, ihre Kundschaft zu erreichen. An vielen Orten organisierten sich Nachbarschaftshilfen: Jüngere Menschen erledigten Einkäufe für die Älteren, ganz ohne mediale Bühne. Auf Vereinsebene wurden individuelle Lösungen gefunden, beispielsweise in Form von Videokonferenzen. Sandro Zehner, Bürgermeister von Taunusstein, beobachtete hier einen „Know-how-Transfer" innerhalb der Generationen, da die Jüngeren die Älteren bei dem Rückgriff auf digitale Lösungen häufig unterstützten (Zehner 2020)[2]. Auch in Eschwege wurde das Seniorenforum, bei dem die Senioren am Stadtgeschehen in Form von Arbeitsgemeinschaften mitarbeiten können, in ein digitales Format überführt, in dessen Rahmen die affineren Senioren die weniger affinen mitzogen (Heppe 2020)[3].

### 3.1 Jugend Raum geben

Eine Gelingensgeschichte der Solidarität findet sich in Eltville am Rhein, wo insbesondere die Jugend während der Krise in besonderer Weise Verantwortung übernimmt. Als Jugendpflegerin und angehende Sozialarbeiterin im Jugendzentrum Eltville am Rhein (im Folgenden: JUZ) arbeitet Franziska Bruns, 25 Jahre, sehr viel mit Kindern und Jugendlichen zusammen. Für viele dieser Jugendlichen ist das JUZ eine zentrale Anlaufstelle, wo sie Ansprechpartner finden. Auch der Kinder- und Jugendbeirat Eltville als politisches Gremium der Stadtjugend sowie die 2019 gegründete Initiative YCFF (Your City for Future) haben dort ihr zu Hause.

---

[2] Sandro Zehner, Bürgermeister der Stadt Taunusstein, Interview geführt am 06.05.2020.

[3] Alexander Heppe, Bürgermeister der Stadt Eschwege, Interview geführt am 30.04.2020.

Im Kontext der Jugendarbeit hat Bruns häufig mit dem Thema Verantwortung als etwas zu tun, was man den Jugendlichen vermittelt und sie ermächtigt, diese zu ergreifen. Sie nennt die Organisation einer Party als einfaches Beispiel:

> „Die wissen dann, ok ich bin dafür verantwortlich, dass die Party nicht komplett eskaliert, Geld in der Kasse ist, pünktlich zu machen, dann am Ende des Abends da rauszugehen, nicht immer perfekt gewesen zu sein, es aber irgendwie gewuppt zu haben, das ist eine sehr wichtige Erfahrung.“ (Franziska Bruns, JUZ Eltville)[4]

In diesem Sinne sind Jugendräume Orte des Lernens, wo sich junge Heranwachsende ausprobieren können, um zukünftig als mündige Mitglieder in der Gesellschaft agieren zu können, und wo Verantwortungsübernahme im Kleinen erprobt wird. Bruns beobachtete gerade zu Beginn des Lockdowns jedoch, wie der Begriff Verantwortung einen negativen Beigeschmack erhielt: „Weil es eben damit einherging, ich darf niemanden sehen, ich bin verantwortlich dafür, dass die Risikogruppe, also meine Eltern, meine Oma, sich nicht anstecken“ (Bruns 2020). Die Reaktion der Jugendlichen auf die Schließung ihres JUZ war jedoch von viel Verständnis für die Situation geprägt – und sie zeigten eine hohe Bereitschaft, etwas zu tun und in der Krise Verantwortung zu übernehmen, wie beispielsweise durch die Unterstützung des Lieferdienstes der Mediathek (Lilje 2020)[5]. Als in der Stadtverwaltung zu Beginn der Krise die Frage im Raum stand, „wie schaffen wir es, alle Eltviller Senioren zu erreichen und zu informieren“, halfen die Jugendlichen und weitere Ehrenamtliche, insgesamt über 30, dabei, Briefe zu verteilen. An Ostern fand eine ähnliche Aktion statt: Mitarbeiter der Verwaltung sowie Jugendliche verteilten an alle Eltviller Senioren über 70 einen Blumengruß und erfuhren durchweg positive Resonanz und große Dankbarkeit (Bruns 2020). Für Bruns hatte diese Aktion mit Blick auf die Jugendlichen vor allem zwei Dimensionen: Einerseits hatten die Jugendlichen damit eine Aufgabe, erfuhren Anerkennung, andererseits trug die Aktion dazu bei, die Generationen „zusammenzuschweißen“ und beiderseits Akzeptanz für die jeweils andere Seite hervorzurufen (Bruns 2020).

Auch die Jurybegründung zur Verleihung des Deutschen Nachhaltigkeitspreises 2021 an Eltville am Rhein als nachhaltigste Kleinstadt hebt die gelungene Integration von jugendlichem Engagement in das kommunale Handeln hervor:

> „Auch das Klimaschutz-Projekt „#YCFF- Your City For Future“ wird maßgeblich vom Kinder- und Jugendbeirat sowie vom Team des Jugendzentrums, das sich aktiv bei „Fridays for Future“ engagiert hat, gestaltet. Dank des großen Engagements konnten unter anderem Trenn-Mülleimer im Stadtgebiet eingeführt und sog. Elterntaxis abgeschafft werden.“ (Nachhaltigkeitspreis 2020)

[4] Franziska Bruns, Jugendzentrum Eltville am Rhein (JUZ), Interview geführt am 20.05.2020.

[5] Barbara Lilje, Leiterin Amt für Wirtschaftsförderung, Stadtmarketing, Kultur und Tourismus der Stadt Eltville, Interview geführt am 05.05.2020.

Ziel der Initiative „Your City for Future" war es zunächst, die Energie der Jugendlichen, die sich bei Fridays for Future (FFF) engagierten, nicht abebben zu lassen. Stattdessen sollte der Tatendrang aufgefangen und „unter dem Beteiligungsaspekt den Jugendlichen die Möglichkeit [geboten werden], selbstwirksam zu sein" (Bruns 2020). In lockerer Atmosphäre treffen sich interessierte Jugendliche regelmäßig, um Vorschläge zu erarbeiten, durch welche konkreten Maßnahmen ihre Stadt umweltfreundlicher und nachhaltiger werden kann. Sie entwickeln beispielsweise Anregungen zur Mülltrennung oder dem ÖPNV, um diese dann über den Kinder- und Jugendbeirat an die Stadtverwaltung heranzutragen. Die Verbindung dieser „konsultativen Kreativinstitution" mit dem politischen Vertretungsorgan der Jugend, dem Kinder- und Jugendbeirat, ist in der Form deutschlandweit einzigartig und weist bereits erste Erfolge auf. Bruns nennt das Konstrukt

> „… die perfekte Kombination aus jugendlichem Leichtsinn, der sich trifft und spinnt, und dann aber auch das Demokratie-Lernen, was wir ja eigentlich im JUZ dauerhaft machen. Es geht darum, Entscheidungen zu treffen, mit denen alle einigermaßen zufrieden sind, das dann auf die politische Ebene zu heben und über den Kinder- und Jugendbeirat an die Entscheider heranzutragen." (Bruns 2020)

Für die nächste Zeit seien Gespräche mit der lokalen Wirtschaft bezüglich der Umwandlung einer stark befahrenen Straße in eine Fußgängerzone geplant. So soll am runden Tisch miteinander gesprochen werden, um Lösungen für die ortsansässigen Geschäfte zu entwickeln, und mit bereits ausgearbeiteten konkreten Vorschlägen an die Verwaltung heranzutreten (Bruns 2020).

Die Bedeutung von sozialen Räumen für Jugendliche zum Erproben von Demokratie und gesellschaftlicher Verantwortung, welche gerade in Krisenzeiten zu Solidarität und Zusammenhalt in einer Gesellschaft beitragen und des sozialen Bereichs als solchem hat sich auch während der Coronakrise gezeigt. Die Kommunen spielen hierbei als Brückenbauer und Ermöglicher, zur Unterstützung des sozialen Bereichs, eine tragende Rolle.

> „Wir sehen es auch im Management von Firmen, die sich mal was trauen, dass da ein Umbruch stattfindet. Es ist nicht mehr ‚hinsetzen machen abgeben', sondern Prozesse werden kreativer, es geht mehr um Sozialkompetenz, um Teamarbeit, und wenn wir es nicht schaffen, als Kommune etwas außerschulisch anzubieten, das die Kinder lehrt – Kinder können nichts dafür, in welche Familie sie geboren werden. Aber es ist Aufgabe der Kommunen, zu schauen, dass man jeden mitnehmen kann und dass jeder die Chance hat, sich zu beteiligen und gut ins Leben zu starten. Und dafür brauchen wir den sozialen Bereich!" (Bruns 2020)

## 3.2 Verantwortung neu denken

Nicht nur im Kontext der Jugendarbeit ist der Begriff der Verantwortung zentral. Er erhielt in der Krise vor allem für die Verwaltungschefs, die Bürgermeister, als Entscheidungsträger und Führungskräfte, sowie ihre Amtsleiter eine erweiterte Bedeutung. Welche Dimensionen umfasst der Begriff, und welche Aspekte waren entscheidend für ein erfolgreiches und sozial nachhaltiges Krisenmanagement?

Sandro Zehner, Bürgermeister von Taunusstein, versteht unter Verantwortung nicht nur die Bereitschaft, „auch mal unpopuläre Entscheidungen zu treffen", sondern vor allem, für „Orientierung und eine klare Richtung zu sorgen und (…) eine deutliche Haltung zum Ausdruck zu bringen" (Zehner 2020). Ebenso wichtig sei jedoch auch die Bereitschaft, kurzfristig auf neue Entwicklungen einer Krise, die nicht linear verläuft, zu reagieren (Zehner 2020).

Barbara Lilje, Leiterin des Amtes für Wirtschaftsförderung, Kultur und Tourismus in Eltville am Rhein, definiert Verantwortung als die Befähigung der eigenen Mitarbeiter dahin gehend, dass sie „selbst zu Krisenmanagern werden". Dazu sei es unerlässlich, alle mitzunehmen und zu informieren, denn „nur wer selbst informiert ist, kann Verantwortung übernehmen" (Lilje 2020). Als beispielsweise die Wiedereröffnung des Eltviller Touristenmagnets, der Burg, im Raum stand, wurden die Mitarbeiter der Tourismusinformation stark in den Entscheidungsprozess zur Regelung der Besucherzahlen mit eingebunden und um eigene Vorschläge gebeten.

Für Alexander Heppe, Bürgermeister von Eschwege, schließt der Begriff Verantwortung auch die Bereitschaft ein, sich selbst als Person zurückzustellen und „das Allgemeinwohl noch mehr als ohnehin nach vorne zu bringen" (Heppe 2020), zu einer Entscheidung zu stehen und selbst Vorbild zu sein, aber auch über Partei- und Organisationsstrukturen hinaus Lösungen zu entwickeln, mit einer guten Lösung voranzugehen und diese so zu kommunizieren, dass alle mitgenommen werden (Heppe 2020).

## 3.3 Ehrlich kommunizieren

Heppe berichtet, es hätten sich während der Krise neue Kommunikationswege auf Kreisebene entwickelt, in der sich alle Bürgermeister, der Landrat, die Polizei, das Gesundheitsamt unter anderem in einer WhatsApp-Gruppe auf kurzem Weg austauschen und abstimmen, um „nach Außen ein geschlossenes Bild zu zeigen" und schnell reagieren zu können – auch das sei für ihn Verantwortung (Heppe 2020). Er verstehe sich selbst in dieser Zeit vor allem als „Kommunikator", als derjenige, der politische Entscheidungen erklärt, damit sie in der Bürgerschaft auf Akzeptanz stoßen und von dieser mitgetragen werden:

> „Kommunikation ist Trumpf. Kommunikation, Transparenz, Ehrlichkeit, Offenheit. Auch zugeben, wenn man etwas nicht kann, das schafft Vertrauen in die Verwaltung." (Alexander Heppe, Bürgermeister Stadt Eschwege)

Auch der ehemalige Pressesprecher von FFF Wiesbaden, Dominik Lawetzky, sieht die Politik in der Verantwortung, Fehler einzugestehen, und bemängelt beispielsweise die Kommunikation. Häufig seien die Informationen widersprüchlich gewesen oder kurzfristig verändert worden, als Beispiel nannte er die Haltung zur Alltagsmaske, was bei den Bürgern zu Verwirrung führen könne:

> „Da fehlt politischer Mut. Politischer Mut auch zu sagen, wir haben grad keine Lösung. Und das gehört auch zur Politik dazu, es gibt halt manchmal erstmal keine Lösung (...) aber ich glaube es ist viel schädlicher, Leute an der Nase herumzuführen (...) Krisenkommunikation heißt ja manchmal auch Mut zum Versagen." (Dominik Lawetzky, ehem. Pressesprecher Fridays for Future Wiesbaden)[6]

Die Peers betonen im Peer Review zur hessischen Nachhaltigkeitsstrategie in der fünften Empfehlung ebenfalls die hohe Bedeutung von Kommunikation und empfehlen, hervorragende Beispiele und Leistungen unter Vermeidung von „Insider-Sprech" darzustellen und politisches Handeln verständlich zu erklären: „Politik wird durch gute Argumente transportiert, die durch Bilder und Sprachbilder verständlich kommuniziert werden. Insofern ist Sprache Politik." (HMUKLV 2018, S. 13 f.)

Ein innovatives Kommunikationsmedium zur Vermittlung solcher Bilder und Sprachbilder, welches sich für Bürgermeister Zehner während der Krise als praktikabel erwies und auf viel positive Resonanz innerhalb der Bürgerschaft traf, ist das Video: In kurzen Filmbeiträgen, welche anschließend auf den klassischen Social-Media-Plattformen Facebook und Instagram veröffentlicht wurden, erklärte er Entscheidungen und sieht in dieser Form, Botschaften schnell und verständlich zu vermitteln, großes Zukunftspotenzial. So könnten komplexe Sachverhalte viel leichter an die Bürger herangetragen werden als mit langen Textbotschaften (Zehner 2020). Der bereits im Kontext der Jugendbeteiligung angeführte Mut zu neuen und kreativen Wegen erwies sich auch in Taunusstein als erfolgreich, wo die Stadt gemeinsam mit der Tafel eine Spendenaktion der besonderen Art ins Leben rief: Spontan – aus einem Aprilscherz heraus – wurde die Idee geboren, Toilettenpapier mit aufgedrucktem Stadtlogo zugunsten der Tafel zu verkaufen. Die Aktion wurde zu einem Selbstläufer. Insgesamt verzeichnete die Aktion Einnahmen von über 28.000 EUR (vgl. Kircher 2020). Nebenbei wurde die Stadt Taunusstein für ihre ungewöhnliche Aktion bundesweit bekannt. Und die Arbeit der Tafeln erhielt die dringend erforderliche Aufmerksamkeit.

## 3.4 Grenzübergreifend kooperieren

Barbara Lilje sieht ihre Aufgabe zurzeit ebenfalls noch stärker in der Kommunikation und der Informationsvermittlung. Sie steht seit Beginn der Krise in noch engerem Austausch mit ihrer Kollegin, der Amtsleiterin für den Bereich Soziales, Kitas, Sport und Vereine:

[6] Dominik Lawetzky, Interview geführt am 08.05.2020.

> „Ihr Ehrenamtslieferservice beliefert ja beispielsweise unsere Mediathek, sodass Bücher ausgeliefert werden können, wir stehen in sehr engem Austausch und das ist ganz wichtig. Dieses miteinander und füreinander Denken und gemeinsam Projekte auf- und umsetzen [...]. Das Thema CSR im eigentlichen Sinne von Corporate Social Responsibility beschäftigt uns aus der Perspektive der Wirtschaft auch sehr, sich sozial zu engagieren und Verantwortung zu übernehmen, und deswegen bin ich auch in so enger Abstimmung, auch gerade in der Krise." (Barbara Lilje, Leiterin Amt für Wirtschaftsförderung, Stadtmarketing, Kultur und Tourismus in Eltville)

Ein weiterer Erfolgsfaktor für gutes Krisenmanagement ist Vernetzung und Kooperation über Amtsgrenzen hinweg, sodass neue Schnittstellen aufgedeckt werden oder entstehen. So erwiesen sich in Eltville bestehende Netzwerke, koordiniert durch das Netzwerkbüro Ehrenamt, als in der Krise besonders handlungsfähig.

Auch in Eschwege wurden viele Aktionen wie Nachbarschaftshilfen über die „Fachstelle Bürgerschaftliches Engagement" koordiniert, wo einzelne Akteure wie Ehrenamtliche, Kirchen oder Vereinsvorstände effektiv zusammengebracht werden konnten (Heppe 2020). Als relevant nannten die Interviewpartner die Tatsache, dass solche Koordinationsstellen bereits vorher bestehen und aktiv genutzt werden, um während der Krise handlungsfähig zu sein:

> „Vernetzung ist einer der Hauptpunkte, die wichtig sind, damit man in so einer Krisensituation, wenn sie auftritt, handlungsfähig bleibt, nicht erst etwas aufbauen muss, sondern auf bestehende Netzwerke zurückgreifen kann." (Alexander Heppe, Bürgermeister von Eschwege)

Zusammenfassend lässt sich sagen: Die Delegation von Entscheidungen an informierte und befähigte Verwaltungsmitarbeiter hat das Potenzial, in Zeiten der Krise auf eine resiliente Stadtverwaltung zählen zu können, was wiederum bei den Bürgern für Vertrauen sorgt. Die Erfahrungsberichte zeigten: Dazu ist transparente Kommunikation innerhalb der Verwaltung, die keinen außer Acht lässt und ressort-, partei- und auch kommunenübergreifend stattfindet, unerlässlich. Außerdem erfordert es eine Informationspolitik durch die Entscheider, die die Entscheidungen den Bürgern erklärt und verständlich macht, und bereit ist, Fehler einzugestehen. Zudem sind Vernetzung und Kooperation über einzelne Amtsgrenzen hinaus notwendig, um handlungsfähig zu bleiben und „outside the box" innovative Ideen zu generieren und umzusetzen.

## 4 Fazit und Ausblick

> „Eine krisen- und pandemiesichere Gesellschaft gab es nie und wird es nie geben, aus vielerlei Gründen (...) Ich glaube, wir werden mit diesen Herausforderungen leben, und die spannende Frage ist, wie wir damit leben." (Bouffier 2020)

Die Erzählungen, die dieser Beitrag aufgreift, zeigen jedoch, dass es, wenngleich keine krisen- und pandemiesichere Gesellschaft, doch eine krisenresiliente Gesellschaft geben kann. Verschiedene Faktoren können dazu beitragen, die Art und Weise des Zusammenlebens, „wie wir damit leben", zu verbessern – um nachhaltig gestalten und entscheiden zu können. Nach der Krise ist vor der Krise – die Resilienz unserer Gesellschaft wird jetzt auf die Probe gestellt.

> „Die Nachhaltigkeitsstrategie wird den Zeitensprung vorausahnen, den Corona eventuell – noch kann man das nicht genau sagen – auslöst. Es ist aber sehr wahrscheinlich, dass es nach Corona nicht ganz genau so weitergeht wie vor Corona." (Günther Bachmann, ehem. Leiter der Geschäftsstelle und Generalsekretär des Rates für Nachhaltige Entwicklung 2020)

Daher gilt es jetzt, unabhängig, autark und widerstandsfähig zu agieren, sich solidarisch als Gemeinschaft um die Schwächsten zu kümmern: Nachhaltigkeit ist ein Gemeinschaftswerk.

Die Erfahrungen der Vertreter aus hessischen Kommunen sowie des Ministerpräsidenten Volker Bouffier zeigen, wie „Civic Social Responsibility" und soziale Nachhaltigkeit sich gerade während der Coronakrise gut verwirklichen ließen. Verantwortung im Sinne von „Civic Social Responsibility", also Verantwortungsübernahme aus der Zivilgesellschaft heraus, bekam eine neue Bedeutung.

**Wichtig**

Bestehende Netzwerke wie das Netzwerkbüro Ehrenamt in Eltville am Rhein, bestehende Kooperationen und amtsübergreifende Schnittstellen wie die Fachstelle Ehrenamt in Eschwege erwiesen sich als handlungsfähig, um schnell und effizient reagieren zu können.

Bestehende Räume wie das Jugendzentrum in Eltville am Rhein und Unterstützung des sozialen Bereichs durch die Kommune boten die Möglichkeit, gesellschaftliches Engagement in der Stadtgesellschaft zu koordinieren.

Kommunikation, Politik erklären und auch Fehleinschätzungen einzugestehen, erwies sich als besonders notwendig, um Komplexität abzubauen und um den Rückgriff auf vermeintlich einfache Lösungen oder Verschwörungsmythen zu verhindern. Diese haben das Potenzial, eine Gesellschaft zu spalten, statt zusammenzuhalten. In der Bundespressekonferenz vom 03.08.2020 betonte die stellvertretende Regierungssprecherin Ulrike Demmer, dass Deutschland im internationalen Vergleich gerade aus diesem Grund so gut abschneide – im Widerspruch zur These von Wolfgang Kubicki, die Demonstrationen gegen die Corona-Regelungen hätten ihren Ursprung in einem Unverständnis und einer mangelhaften Kommunikationspolitik, die nicht ausreichend erkläre (Phoenix 2020).

Um einen Ausblick wagen zu können, muss klar sein: Die Coronakrise macht globale Zusammenhänge und Abhängigkeiten sichtbarer als je zuvor (Teucher 2020) – und „genauso wie $CO_2$ [macht auch das Virus] nicht an den nationalen Grenzen halt" (Schellnhuber 2020). Umso wichtiger scheint für einen Ausblick also der internationale Blick, die Europa- und Weltsicht, die die globalen Fragen wie beispielsweise Migration, Liefer- und Wertschöpfungsketten mitberücksichtigt, da eine offene Gesellschaft in einer globalisierten Welt nicht nur nach nationalen Kriterien beurteilt werden könne (Bouffier 2020).

Zudem schreibt Bachmann dem Narrativ der Krise eine „famose Suggestivkraft" zu, welche vermittle, dass es mit Corona eines Tages vorbei sei. Dabei sei leicht vergessen, dass unsere Zeit aus zahlreichen „Verkettungen von Sachlagen" mit Krisencharakter bestünde (Bachmann 2020, S. 6). Eine krisenresiliente Gesellschaft, in der Entscheidungen nachhaltig zum Wohle aller getroffen werden, müsse sich dessen bewusst sein:

> „Nach Corona werden alle froh und dankbar sein, dass sie ihren gewohnten Tätigkeiten und Abläufen wieder nachgehen können. Sie verstehen Krise als Ausnahme. Das wird jedoch genau dann zu einer gefährlichen Täuschung, wenn die Normalität selbst die Krise ist." (Bachmann 2020, S. 6)

Es wird sich zeigen, ob die zuvor genannten Faktoren für gelingenden gesellschaftlichen Zusammenhalt, zur Förderung von „Civic Social Responsibility", auch dazu beitragen können, die Gesellschaft nachhaltig durch „die andere Krise", die Klimakrise, zu führen. Auch hier gilt es, in der Gegenwart Entscheidungen zu treffen und dabei gleichzeitig die Interessen zukünftiger Generationen zu wahren. Der Artikel 26c der hessischen Verfassung bietet dafür eine hervorragende Grundlage – nun gilt es, intergenerative und interdisziplinäre Lösungsansätze zu finden, um Nachhaltigkeit als Gemeinschaftswerk weiter voranzubringen. Dieser Beitrag hat gezeigt, dass bereits im Kleinen, auf der kommunalen Ebene, gerade während der Krise viele Weichen gestellt werden können:

> „Gerade sehen wir an vielen Stellen: Es muss einfach laufen. Und im Nachhinein wird es vielen, die das politisch ablehnen, sehr schwerfallen, zu rechtfertigen, nicht neue Wege zu gehen, die sich in der Krise schon als funktionstüchtig erwiesen haben." (Lawetzky 2020)

**Christina Kunkel** studiert an der Hochschule Fresenius Wiesbaden Digitales Management (M. A.) mit Schwerpunkt „Sustainable Management" und ist als wissenschaftliche Mitarbeiterin in der Media School der Hochschule Fresenius beschäftigt. Ihren Bachelor hat sie 2018 in Geschichte und Germanistik absolviert. Während eines Praktikums in der Bertelsmann-Stiftung 2019 kam sie durch ihre Mitwirkung an der Entwicklung einer Marketingstrategie für das SDG-Portal für Kommunen erstmals mit dem Thema Nachhaltigkeit in Kontakt. Sie ist der Überzeugung, dass digitale Transformation nicht ohne Nachhaltigkeit gedacht und umgesetzt werden kann. Auch im Privaten setzt sie sich für die Erreichung der 17 Nachhaltigkeitsziele ein und hat im Januar 2020 die SDG-Bierdeckelkampagne auf Hessisch mitinitiiert. Sie ist Stipendiatin der Konrad-Adenauer-Stiftung und als stellvertretende CDU-Stadtverbandsvorsitzende in Eltville am Rhein kommunalpolitisch aktiv.

## Literatur


Alexander Heppe, Bürgermeister der Stadt Eschwege, Interview geführt am 30.04.2020.

Barbara Lilje, Leiterin Amt für Wirtschaftsförderung, Stadtmarketing, Kultur und Tourismus der Stadt Eltville, Interview geführt am 05.05.2020.

Bachmann G (2020) Corona und die Nachhaltigkeit. Anthropozäische Nähe und andere Gedanken zu Wissenschaft, Politik, Gemeinschaft, Vorsorge (07.04.2020). https://www.guentherbachmann.de/fileadmin/media/download/20200407_Bachmann_Corona_und_Nachhaltigkeit_anthropoz%C3%A4ische_N%C3%A4he.pdf. Zugegriffen: 26. Aug. 2020

Dominik Lawetzky, Interview geführt am 08.05.2020.

Franziska Bruns, Jugendzentrum Eltville am Rhein (JUZ), Interview geführt am 20.05.2020.

Eltville (2018) Statistische Daten. Wegweiser Kommune. https://www.wegweiser-kommune.de/statistik/eltville-am-rhein+demographischer-wandel+2016-2018+tabelle. Zugegriffen: 7. Sept. 2020

Eschwege (2020) Daten und Fakten. Statistiken der Kreisstadt Eschwege (02.01.2020). Eschwege überrascht. https://www.eschwege.de/stadt/stadtportraet/daten-und-fakten.php. Zugegriffen: 27. Aug. 2020

Gesetz zur Ergänzung der Verfassung des Landes Hessen (2018) Artikel 26c Staatsziel zur stärkeren Berücksichtigung der Nachhaltigkeit. Wahlen in Hessen. https://wahlen.hessen.de/land-hessen/volksabstimmung-2018/gesetz-zur-erg%C3%A4nzung-der-verfassung-des-landes-hessen-1. Zugegriffen: 2. Aug. 2020

Heldenboerse (2020) Die Einkaufshelfer. https://www.junge-union.de/aktuelles/die-heldenboerse-keep-calm-und-amp-carry-on/. Zugegriffen: 07. Nov. 2021

HMUKLV (2018) (Hessisches Ministerium für Umwelt, Klimaschutz, Landwirtschaft und Verbraucherschutz) „Sicherheit in Zukunftsfragen – Vertrauen in Nachhaltigkeit – Mut zu Neuanfängen" Peer Review 10 Jahre Nachhaltigkeitsstrategie Hessen. https://www.hessen-nachhaltig.de/files/content/downloads/gremien/Peer%20Review%20zu%20zehn%20Jahren%20Nachhaltigkeitsstrategie%20Hessen%20%28barrierefrei%29.pdf. Zugegriffen: 8. Febr. 2020

Joffe J (2020) Kinderlied als Kulturkampf (15.01.2020). ZEIT. https://www.zeit.de/politik/2020-01/umweltsau-skandal-wdr-satire-empoerung-folgen. Zugegriffen: 31. Aug. 2020

Kircher S (2020) Toilettenpapier-Aktion: 28.962 € für Taunussteiner Tafel (12.05.2020). Wiesbadener Kurier. https://www.wiesbadener-kurier.de/lokales/untertaunus/taunusstein/toilettenpapier-aktion-28962-euro-fur-taunussteiner-tafel_21665904. Zugegriffen: 25. Aug. 2020

Nachhaltigkeitspreis (2020) Stadt Eltville am Rhein. Jurybegründung zum Sieg. Deutscher Nachhaltigkeitspreis. https://www.nachhaltigkeitspreis.de/kommunen/preistraeger-staedte-und-gemeinden/2020/stadt-eltville-am-rhein/. Zugegriffen: 26. Aug. 2020

Phoenix (2020) Regierungspressekonferenz mit Ulrike Demmer (03.08.2020). https://www.phoenix.de/regierungs-pk-a-1763095.html. Zugegriffen: 26. Aug. 2020

Pufé I (2012) Nachhaltigkeitsmanagement. Hanser, München

RNE (2019) (Rat für Nachhaltige Entwicklung) „Grundgesetz for Future" – Nach 70 Jahren muss die Verfassung enkelfähiger werden (21.05.2019). https://www.nachhaltigkeitsrat.de/aktuelles/grundgesetz-for-future-nach-70-jahren-muss-die-verfassung-enkelfahiger-werden/. Zugegriffen: 5. Aug. 2020

Sandro Zehner, Bürgermeister der Stadt Taunusstein, Interview geführt am 06.05.2020.

Schellnhuber H (2020) „Wir brauchen einen Klima-Corona-Vertrag" (23.03.2020). Klimareporter. https://www.klimareporter.de/gesellschaft/wir-brauchen-einen-klima-corona-vertrag. Zugegriffen: 31. Aug. 2020

SRzG (o. J.) (Stiftung für die Rechte zukünftiger Generationen) Nachhaltigkeitsziel in die hessische Verfassung – JETZT! Stiftung für die Rechte zukünftiger Generationen. https://www.nachhaltigkeitsrat.de/aktuelles/grundgesetz-for-future-nach-70-jahren-muss-die-verfassung-enkelfahiger-werden/. Zugegriffen: 5. Aug. 2020

Taunusstein (2019) Einwohnerstatistik 2019. https://www.taunusstein.de/portal/seiten/statistik-900000065-29880.html. Zugegriffen: 27. Aug. 2020

Teucher T (2020) Corona und Nachhaltigkeit: Wie beeinflusst Covid-19 die nachhaltige Entwicklung? (27.05.2020). https://www.tinateucher.com/blog/corona-und-nachhaltigkeit-wie-beeinflusst-covid-19-die-nachhaltige-entwicklung/. Zugegriffen: 26. Aug. 2020

UN (2020) (United Nations) About the sustainable development goals. https://www.un.org/sustainabledevelopment/sustainable-development-goals/. Zugegriffen: 5. Aug. 2020

Volker Bouffier, Hessischer Ministerpräsident, Interview geführt am 08.07.2020.

Welzer H (2012) Wiedergewinnung von Zukunft – Geschichten des Gelingens erzählen (25.07.2012). Bundeszentrale für politische Bildung. https://www.bpb.de/162710/wiedergewinnung-von-zukunft. Zugegriffen: 2. Aug. 2020

Wir gegen Corona (2020) Wir sind alle Nachbarn, lasst uns helfen. https://www.wirgegencorona.com/. Zugegriffen: 26. Aug. 2020

# Aktivieren der Stadtgesellschaft – Nachhaltige Stadtentwicklung in Eltville am Rhein

Barbara Lilje und Julia Übelhör

**Zusammenfassung**

Eltville am Rhein ist die größte und älteste Stadt im Rheingau. Begünstigt durch die Nähe zu den Rhein-Main-Zentren Wiesbaden, Mainz und Frankfurt am Main zählt Eltville zu den attraktivsten Wirtschafts- und Dienstleistungsstandorten in der Region. Eingebettet in die Weinbaulandschaften des Rheingaus bietet die Stadt ihren rund 18.000 Einwohnerinnen und Einwohnern eine außerordentlich hohe Wohn- und Lebensqualität. Die hessische Wein-, Sekt- und Rosenstadt Eltville am Rhein erarbeitete bereits 2011 in einem partizipativen Prozess ihre „Vision Eltville 2030“. Trotz angespannter Haushaltslage konnte diese, auch mit Unterstützung beispielsweise durch das Programm „Global Nachhaltige Kommune“ der Servicestelle Kommunen in der Einen Welt (SKEW), stetig weiterentwickelt und schrittweise verwirklicht werden. Eltville versteht sich als „Soziale Stadt“ und „FamilienStadt“ und verfügt – auch dank vielfältigen ehrenamtlichen Engagements – über ein beachtliches Portfolio sozialraumorientierter, niedrigschwelliger und generationenübergreifender Angebote. Ermöglichungsstrukturen aktivieren Mitbestimmung und Kreativität. Beim halbjährlichen Eltviller WirtschaftsDialog erarbeitet die Kommune vor allem mit Unternehmerinnen und Unternehmern Empfehlungen für die regionale Wirtschaft und den lokalen Handel. Der kürzlich gestartete CSR-Prozess soll zudem systematisch Eltviller Unternehmen mit zivilgesellschaftlichen Akteurinnen und Akteuren vernetzen, soziale und nachhaltige Start-ups werden im Rahmen der kommunalen Wirtschaftsförderung unterstützt.

B. Lilje · J. Übelhör (✉)
Eltville am Rhein, Deutschland
E-Mail: julia.uebelhoer@eltville.de

B. Lilje
E-Mail: barbara.lilje@eltville.de



A. Trischler und S. Böhling (Hrsg.), *CSR in Hessen*, Management-Reihe Corporate Social Responsibility, https://doi.org/10.1007/978-3-662-63004-4_39

# 1 Eltville, Stadt am Rhein

Eltville am Rhein ist eine traditionsreiche Stadt im südöstlichen Teil des Rheingau-Taunus-Kreises. Eingebettet in einer der bekanntesten deutschen Weinbaulandschaften, dem Rheingau, bietet die Stadt ihren rund 18.000 Einwohnerinnen und Einwohnern eine hohe Wohn- und Lebensqualität. Begünstigt durch die Nähe zu den Rhein-Main-Zentren Wiesbaden, Mainz und Frankfurt am Main zählt Eltville zu den attraktivsten Wirtschafts- und Dienstleistungsstandorten in der Region. Trotz der ständig wachsenden baulichen Entwicklung hat sich die Stadt ihren historischen Charme bewahrt, nicht zuletzt durch die malerische Altstadt und die reizvollen dörflichen Strukturen der Stadtteile Erbach, Hattenheim, Martinsthal und Rauenthal (Abb. 1 und 2).

Auf die einzelnen Stadtteile verteilt, verfügt die Stadt über ein Gymnasium, eine Realschule sowie eine Weinbauschule. Kindertagesstätten und Betreuungsmöglichkeiten für Kinder, außerschulische Angebote, Seniorenarbeit und weitere Vernetzungen im sozialen und gesellschaftlichen Bereich machen Eltville zu einer attraktiven Kleinstadt für alle

**Abb. 1** Kurfürstliche Burg am Rheinufer und Rosengarten

**Abb. 2** Rosengarten am Rheinufer

Generationen. Eltville verfügt über kulturelle Einrichtungen wie die Kurfürstliche Burg und die Mediathek, die größte Mediathek im Rheingau, ein Mehrgenerationenhaus mit drei Standorten und engagierte Bürger-Stiftungen und Organisationen. Durch die Attraktivität und verkehrsgünstige Lage kann sich Eltville des Zuzugs junger Familien (Arbeitnehmerinnen und Arbeitnehmer) erfreuen, und ist somit die „jüngste" Stadt im Rheingau. Diese Situation birgt sie natürlich Freude, doch bringt sie auch Verantwortung mit sich in den Bereichen: Zukunftsgestaltung, Perspektiven Bildung und die nachhaltige Stadtentwicklung.

Eltville erfreut sich bei Bürgerinnen und Bürgern, sowie Touristen gleichermaßen hoher Beliebtheit, bei Letzteren in erster Linie durch das Erleben des Alleinstellungsmerkmals: Wein-, Sekt- und Rosenstadt (Wein- und Sektproben, Rosenpracht in den Sommermonaten) und durch den Besuch des überregional bekannten Klosters Eberbach in Eltville-Hattenheim. Auch der direkte Zugang zum Rhein ist ein Alleinstellungsmerkmal von Eltville, sind doch die weiteren am Rhein liegenden Rheingau-Städte durch die Bundesstraße abgeschnitten vom Rheinufer. Eltville hingegen hat eine autofreie platanenbestandene Rheinuferpromenade, welche das Freibad und die Kurfürstliche Burg verbindet. Hier flaniert man, trifft sich am Weinprobierstand, in der Gastronomie, am Schiffsanleger sowie bei vielen Festen und Veranstaltungen (Abb. 3).

**Abb. 3** Blick auf Eltville am Rhein. (Quelle: Foto Hermann Heibel)

## 2 Eltville – Agenda 2030 Kommune

Vielfach wird auf die herausragende Rolle der Kommunen auf dem Weg zu einer nachhaltigen Entwicklung verwiesen. So heißt es beispielsweise in einer aktuellen Publikation der Bertelsmann Stiftung: „[…] in den Kommunen wird sich letztlich entscheiden, ob eine nachhaltige Entwicklung insgesamt möglich ist. Daher haben die Vereinten Nationen in der am 27. September 2015 verabschiedeten Agenda 2030 und den darin enthaltenen 17 Zielen für nachhaltige Entwicklung, den sog. Sustainable Development Goals (SDGs), die zentrale Rolle kommunaler Akteure bei der Erreichung der SDGs hervorgehoben" (Knipperts 2020, S. 6).

Auch in der Peer Review der hessischen Nachhaltigkeitsstrategie wird diese zentrale Rolle der Kommunen betont: „Bei den Kommunen und in regionalen oder lokalen Initiativen liegt mehr denn je eine Schlüsselrolle zur Umsetzung von Nachhaltigkeit. Dort erreichen Beteiligung und direkte Maßnahmen die Lebenswirklichkeit der Menschen ganz unmittelbar. Handlungskompetenz, Lösungen und neue Impulse werden dort besonders greifbar." (Bachmann et al. 2018, S. 9)

Die Stadt Eltville stellt sich dieser Verantwortung und setzt dabei auf eine enge und vertrauensvolle Zusammenarbeit mit den vielfältigen Akteurinnen und Akteuren und Institutionen vor Ort, aber auch mit den Nachbarkommunen, der Wissenschaft und den

Bürgerinnen und Bürgern. Transparenz, Miteinander und das Schaffen von bestmöglichen Strukturen, um den größten Nutzen für alle Generationen zu erzielen, sind dabei Eckpfeiler von fundamentaler Bedeutung.

Bereits 2011 erarbeitete die hessische Wein-, Sekt- und Rosenstadt Eltville am Rhein in einem partizipativen Prozess ihre „Vision Eltville 2030“. Trotz angespannter Haushaltslage wurden an den dort formulierten, ambitionierten Vorschlägen im Rahmen der Möglichkeiten der Stadt laufend weitergearbeitet. Dabei spielten auch Fördermittel und Beratungsprogramme auf Bundes-, Landes- und Kreisebene eine wichtige Rolle, welche das Engagement der Kommunen in der Entwicklungs- und Nachhaltigkeitspolitik unterstützen. So hilft beispielsweise die Servicestelle Kommunen in der Einen Welt (SKEW) Städten, Gemeinden und Landkreisen dabei, ihre Arbeit zum Beispiel durch kommunale Nachhaltigkeitsstrategien auch global auszurichten.

Im September 2017 unterzeichnete der Eltviller Bürgermeister Patrick Kunkel die Resolution „2030-Agenda für Nachhaltige Entwicklung: Nachhaltigkeit auf kommunaler Ebene gestalten“. Mit dem Beitritt zur Agenda 2030 begrüßte die Stadt die von den Vereinten Nationen (VN) im Jahr 2015 verabschiedete 17 globalen Entwicklungsziele und bekennt sich zu deren lokalen Umsetzung (Abb. 4).

Zur Abstimmung entsprechender – nachhaltiger – Maßnahmen bildete sich die ämterübergreifende Arbeitsgruppe AG #Eltville 2030. Die AG tagt etwa im vier bis sechs Wochen-Rhythmus. Während der Treffen werden strategische Überlegungen zur nachhaltigen Stadtentwicklung ebenso diskutiert wie gezielte Initiativen und Aktivitäten der Ämter zur Förderung der nachhaltigen Stadtentwicklung. So entstand ein umfassender Maßnahmenplan, der weit über 50 Aktivitäten zur Förderung der Nachhaltigkeit auf kommunaler Ebene enthält. Die Aktivitäten werden mit klaren Verantwortlichkeiten laufend überprüft, erweitert und fortgeschrieben.

Eltville wurde für seinen Einsatz für eine nachhaltige Entwicklung 2017 und 2018 vom Deutschen Nachhaltigkeitspreis (DNP) als „TOP3“-Kommune ausgezeichnet; im Dezember 2020 erhielt die Stadt als Siegerkommune in der Kategorie Kleinstädte und Gemeinden die Auszeichnung DNP 2021 (Abb. 5).

Für sein Engagement erhält Eltville im Rahmen von Projekten auch personelle Unterstützung: So wurden beispielsweise in den letzten Monaten zwei neue Stellen besetzt, die mit Bundesmittel bezuschusst werden. Seit Oktober 2019 arbeitet ein Klimaschutzmanager an der Umsetzung des Klimaschutzteilkonzeptes „Klimaschutz in eigenen Liegenschaften der Stadt Eltville“. Und seit März 2020 arbeitet eine Koordinatorin für

**Abb. 4** Eltville bekennt sich zur Agenda 2030

**Abb. 5** Die Kleinstadt Eltville am Rhein erhielt den Deutschen Nachhaltigkeitspreis 2021

kommunale Entwicklungspolitik in der Stadt, deren Einsatz durch Engagement Global gGmbH im Rahmen des Servicestelle Kommunen in der Einen Welt-Programms mit Mitteln des Bundesministeriums für wirtschaftliche Zusammenarbeit und Entwicklung (BMZ) gefördert wird.

## 2.1 Das soziale Netzwerk – leave no one behind

Eltville versteht sich als „Soziale Stadt" und „FamilienStadt". Im Nachhaltigkeitsverständnis Eltvilles ist eine Stadt immer nur so stark, wie ihre Gemeinschaft, die aktiv eingebunden werden möchte. Erfahrungsgemäß steigt das ehrenamtliche Engagement zur Umsetzung und Pflege von Projekten, die durch bürgerschaftliche Ideen entstehen. Durch die Arbeit an den städtischen Netzwerken, die sowohl in der Stadt als auch weit darüber hinaus geknüpft werden, wird die städtische Gemeinschaft insgesamt an der nachhaltigen Stadtentwicklung beteiligt.

Diese aktive Einbindung der Bürgerschaft in Prozesse der Stadtgesellschaft fördert gesellschaftliche Resilienz und ist fundamental für die Transformation zu nachhaltigerem Leben und Wirtschaften. Das soziale und gesellschaftliche Miteinander ist zentrales Fundament für eine stabile, handlungsfähige und im Besonderen auch zukunftsfähige Stadt.

In Eltville wird das starke soziale Netzwerk der Stadt entsprechend engagiert gefördert, Ziel ist es, für alle Bürgerinnen und Bürger der Stadt passende Angebote vorzuhalten. Dabei geht es um Themen der Daseinsfürsorge ebenso wie um politische

Teilhabe, Partizipation und Demokratieförderung. Das soziale Netzwerk in Eltville, das von städtischer Seite koordiniert und laufend erweitert wird, hilft dabei, inklusive Teilhabe zu fördern – ganz im Sinne des vorrangigen Agenda-2030-Ziels: Leave no one behind.

Damit aus Betroffenen eigenverantwortlich handelnde Akteurinnen und Akteure werden, setzt Eltville statt auf eine defizitorientierte Unterstützungsstruktur auf Ermöglichungsstrukturen, um Beteiligung sowie die Kreativität der Bürgerinnen und Bürger zu fördern. Denn verbindliche Strukturen der Mitbestimmung stimulieren bürgerliches Engagement. In Eltville hat Partizipation einen spürbaren Effekt auf die Maßnahmen, die von städtischer Seite umgesetzt werden. Dadurch werden öffentliche Ressourcen so bedarfsgerecht und nachhaltig wie möglich genutzt.

Auf diese Weise entsteht ein Gemeinschaftsgefühl, das trägt. „Schaltzentralen" des sozialen Netzwerks sind die aktuell drei MGH-Standorte (in Eltville seit 2019 in städtischer Trägerschaft), sowie das NetzwerkBüro, welches systematisch ehrenamtliches Engagement koordiniert und unterstützt.

Im Mittelpunkt des kulturellen Netzwerks der Stadt stehen ihrerseits die Mediathek sowie das Team in der Kurfürstlichen Burg. Zur besseren Vernetzung der soziokulturellen Strukturen der Stadt mit den lokalen Unternehmen entwickelt und plant das Amt für Wirtschaftsförderung und nachhaltige Entwicklung einen CSR-Prozess, auf den nachfolgend noch genauer eingegangen wird.

## 2.2 SDG und Fair Trade im regionalen Kontext

Eltville stellt sich den globalen Herausforderungen, die in den 17 globalen Nachhaltigkeitszielen benannt werden: Im September 2018 erhielt Eltville nach dreijährigem Fair-Trade-Prozess durch die Steuergruppe, die sich aus Mitgliedern aus Politik, Verwaltung, Handel, Kirche, Kindergarten, Weltladen und Schule zusammensetzt, den Titel *Fair-Trade-Town*, die Stadt wurde Mitglied im Netzwerk der Fairen Kommunen in Deutschland. Dieser Titel wurde im Juli 2020 erneuert. Um auch für dieses Engagement mehr Bewusstsein und Aufmerksamkeit in der Stadtgesellschaft zu fördern, werden immer neue Aktivitäten geplant. So wurde in der zweiten Septemberhälfte 2020 zum zweiten Mal eine Fair Trade Stadtrallye (Abb. 6) ausgerichtet, dieses Mal mit explizitem Bezug auf die SDGs: An insgesamt elf Stationen wurde aufgezeigt, wie Eltville sich auf lokaler Ebene für die globalen Nachhaltigkeitsziele einsetzt – und die Bürgerinnen und Bürger werden zum Mitmachen eingeladen.

Als eine von zahlreichen weiteren Arbeitslinien zur Förderung einer nachhaltigen Stadtentwicklung soll hier noch die Förderung einer nachhaltigen kommunalen Beschaffung erwähnt werden. Damit übernehmen Kommunen nicht „nur" Verantwortung für die Berücksichtigung von Nachhaltigkeitskriterien bei der Beschaffung von Waren, insbesondere von solchen aus dem Globalen Süden. Sondern darüber hinaus wird auf dem Markt die Nachfrage stimuliert, sodass die Bereitstellung und das Angebot von fair produzierten Produkten vorangebracht werden.

**Abb. 6** Stadtrallye – Auftakt am 6. Hessischen Tag der Nachhaltigkeit

Im Sinne der Verantwortung für die Region ebenso wie für die Eine Welt engagiert sich Eltville als eines der ersten kommunalen Mitglieder bei Rhein.Main.Fair e. V. Der Verein Rhein.Main.Fair setzt sich ein für die Förderung des fairen Handels, für eine nachhaltige Beschaffung und für Bildung für nachhaltige Entwicklung in der Metropolregion Frankfurt Rhein-Main. Außerdem werden Kampagnen zur Erreichung der globalen Entwicklungsziele unterstützt.

## 2.3 Zukunftsorientierte Projekte – die zur Resilienz der Stadt beitragen

Um gerade auch junge Menschen bei der Entwicklung von Nachhaltigkeitsmaßnahmen einzubinden, gibt es in Eltville ein innovatives Format, mithilfe dessen gleichzeitig Demokratieförderung und Generationengerechtigkeit vorangetrieben wird. Dieses Format entstand, als sich die Bewegung Fridays for Future in Eltville formierte. Daraufhin wurden die Jugendlichen vom Bürgermeister eingeladen, konkret zu überlegen, wie die Stadt klimafreundlicher und nachhaltiger werden kann. Daraus entwickelte sich #YCFF – YOUR CITY FOR FUTURE.

Seit April 2019 treffen sich regelmäßig Jugendliche und junge Erwachsene, um sich über aktuelle Themen der Klimapolitik auszutauschen und um über Möglichkeiten zu diskutieren, in Eltville etwas zu verbessern, das heißt nachhaltiger zu gestalten. Für die Stadt ist es wichtig, die Energie der jungen Leute aufzunehmen und ihnen durch Teilhabe Möglichkeiten aufzuzeigen, wie sie basisdemokratisch in ihrer Kommune etwas bewirken können. Vorschläge aus den #YCFF-Treffen werden an den Kinder- und Jugendbeirat weitergegeben. Dieser kann die Vorschläge in Antragsform an den Magistrat und/oder an die Stadtverordnetenversammlung weitergeben. Die Ideen der engagierten Jugendlichen sollen auf diese Weise möglichst unmittelbar in den demokratischen Prozess der städtischen Gremien einfließen, um auch den jugendlichen Klimaschützer eine Teilhabe an Entscheidungsprozessen zu gewähren. So werden junge Menschen ernst genommen und bei der Identifikation von Lösungen aktiv involviert.

Um Inspiration, Unterstützung, Feedback und Ansporn zu erhalten, vernetzt sich Eltville darüber hinaus auch mit anderen Kommunen, wissenschaftlichen Institutionen, Verbänden und vielen mehr. Dieser Austausch bringt immer neue Ideen zur Umsetzung konkreter Maßnahmen und auch innovativer Projekte mit sich. Beispiel für ein solches Projekt ist das vom Bundesumweltministerium geförderte KliA-Net zur Klimaanpassung in Weinbaulandschaften (www.klianet.de). Bei diesem Netzwerk- und Forschungsprojekt kooperiert die Stadt Eltville mit renommierten Partnerinnen und Partnern aus der Wissenschaft. Zusammen mit dem Wuppertal Institut für Klima, Umwelt, Energie und der Hochschule Geisenheim University werden Maßnahmen entwickelt, die die Zukunftsfähigkeit von Weinbaulandschaften im Rheingau erhalten sollen – auch unter sich verändernden klimatischen Bedingungen, die für die Winzerinnen und Winzer aktuell bereits deutlich spürbar sind. Eltville hat dabei die Aufgabe, das Kooperationsnetzwerk aufzubauen, mit den lokalen Kommunen, Betrieben, Verbänden, Stiftungen, NGOs, Wissenschaftlerinnen und Wissenschaftlern und Fachbehörden der Region.

Die Stadt setzt sich außerdem für eine langfristige Etablierung der Netzwerkstrukturen ein, die durch das Projekt aufgebaut werden. Außerdem fördert sie die stetige Erweiterung des Netzwerks, auch über Landesgrenzen hinaus: Beispielsweise ist angedacht, im Rahmen der geplanten Städtefreundschaft mit Tunuyán, einer Kommune in der argentinischen Weinbauregion Mendoza, einen entsprechenden Wissens- und Erfahrungsaustausch zu etablieren.

Bei all diesen Bemühungen wird natürlich auch auf das Engagement der lokal ansässigen Unternehmen gesetzt. Im Amt für Wirtschaftsförderung und nachhaltige Stadtentwicklung liegt dabei die Hauptverantwortung für das Thema Corporate Social Responsibility (CSR) – in enger Abstimmung mit dem Amt für Soziales.

## 3 CSR-Prozess in Eltville

Eltville erhofft sich auch durch die Einbindung der örtlichen Unternehmen Unterstützung und Inspiration für die nachhaltige Stadtentwicklung – und dies nicht ohne Grund, wie bei den folgenden Ausführungen zur Entstehung des CSR-Prozesses deutlich wird.

### 3.1 Im Rahmen der nachhaltigen Stadtentwicklung gesellschaftliche Verantwortung der Unternehmen fördern

Beim Eltviller WirtschaftsDialog (EWD) im Herbst 2019 präsentierte eine inhabergeführte Maschinenbaufirma ihre energetischen Innovationen, die sie gemeinsam mit einem regionalen Energiedienstleister umgesetzt hat. Sei es im Bereich Solarthermie, Umstellung der Beleuchtung auf LED oder E-Mobilität: Hier wurde nicht nur theoretisch erläutert, was getan werden kann, sondern in Best-Practice-Manier im Unternehmen vorgestellt, welche Maßnahmen erfolgreich umgesetzt wurden, wie hoch die Investitionen waren – und wie nachhaltig diese durch energetische Einsparungen auf Dauer sind.

Ermutigt durch den Erfolg des EWDs und den vielen Anregungen der Unternehmerschaft startete die Eltviller Wirtschaftsförderung 2019 die Vorbereitungen für den CSR-Prozess, gemeinsam mit Unternehmen, die in dem Bereich schon Erfahrung haben, und mit Unterstützung des gemeinnützigen Verbands UPJ e. V.

Am Standort Eltville am Rhein zeigen bereits einige Firmen bürgerschaftliches und gesellschaftliches Engagement und realisieren beispielsweise Spenden-, Sponsoring- und Stiftungsaktivitäten, fördern den freiwilligen gemeinnützigen Einsatz von Mitarbeitenden, wie zum Beispiel beim jährlich stattfindenden Eltviller FamilienLauf, oder unterstützen die Eltviller Bürger-Stiftung.

Der CSR-Prozess wurde initiiert mit dem Ziel, das gesellschaftliche Engagement weiterzuentwickeln und gleichzeitig die städtischen Initiativen im sozialen Bereich zum Wohl der Stadtgesellschaft und nachhaltigen Stadtentwicklung zu unterstützen. In einem gemeinsamen, zunächst verwaltungsinternen Workshop mit dem Bürgermeister, Amtsleiterinnen und Amtsleitern sowie städtischen Bediensteten aus den Bereichen Wirtschaft, Tourismus, Kultur und Soziales wurden dazu Themen erarbeitet, die auch auf die Nachhaltigkeitsstrategie einzahlen.

Neben der Stärkung bürgerschaftlichen Engagements wird im Rahmen des Eltviller CSR-Prozesses auch die strategische Verankerung von CSR in die Unternehmensführung angestrebt, also die Verbindung mit der eigenen Geschäftstätigkeit. Während die Förderung von Corporate Citizenship auf die Stärkung des Gemeinwesens fokussiert und somit einen Beitrag zur sozialen Dimension von Nachhaltigkeit leistet, zielt die Förderung von CSR, Corporate Social Responsibility, auf den Beitrag von Unternehmen zur nachhaltigen Entwicklung in allen drei Dimensionen der Nachhaltigkeit (wirtschaftlich, ökologisch, sozial) und in allen CSR-Handlungsfeldern (Markt, Umwelt,

Mitarbeitende, Gemeinwesen). In beiden Fällen lässt sich eine Verknüpfung mit den Sustainable Development Goals (SDGs) der Vereinten Nationen herstellen, und somit auf kommunaler Ebene zur nachhaltigen Stadtentwicklung (Umsetzung der Agenda 2030). Unternehmen sollten demnach nicht nur kurzfristige Erfolge anstreben, sondern es gilt neben der Wirtschaftlichkeit auch langfristige Ziele im Sinne der Agenda 2030 als unternehmerische Erfolgsfaktoren zu begreifen.

Bei einem weiteren Workshop mit Vertretern aus lokalen Firmen und UPJ wurde der Fokus auf vier unterschiedliche CSR-Formate gelegt, die zeitnah verwirklicht werden: ein CSR-Einsteiger-Workshop für Mitarbeitende von Unternehmen, das CSR-Unternehmerfrühstück: „Early Eltville", der „Marktplatz Gute Geschäfte" und die Beteiligung am Aktionstag „Ehrensache" des Rheingau-Taunus-Kreises.

## 3.2 EWD ... Kommunikation, Einbindung, Vernetzung

Als erste breitenwirksam angelegte Aktivität zur Umsetzung des CSR-Prozesses sollte in 2020 der zweimal jährlich stattfindende Eltviller WirtschaftsDialog (EWD) auf CSR-Themen ausgerichtet werden. Der EWD fungiert seit 2017 für Unternehmer, Gewerbetreibende und Stadt als Plattform, die den direkten Austausch und das Netzwerken fördert. Der EWD findet immer in anderen Unternehmen/Betrieben statt, sodass der Gastgeber an dem Abend dazu noch die Gelegenheit erhält, seinen Betrieb vorzustellen. Nach der Begrüßung und dem Punkt „Neues aus der Stadt" spricht ein Referent zu einem fachbezogenen Thema und anschließend geht es bei einem kleinen Imbiss in den Dialog und Austausch.

Der EWD ist daher eine wichtige Plattform bei der Einbindung der Unternehmen in den CSR-Prozess zur Verknüpfung von wirtschaftlichen und sozialen Zielen, die den Wirtschaftsstandort Eltville nachhaltig sichern.

Aufgrund der Einschränkungen, die insbesondere im Frühjahr 2020 durch die Corona-Pandemie in Deutschland herrschten, konnte der EWD im April nicht wie geplant stattfinden. Dennoch wollten die Beteiligten nicht auf dieses konstruktive und sektorübergreifende Austauschformat verzichten und so wurde kurzerhand der erste digitale EWD (Abb. 7) realisiert – der bei den Beteiligten sehr gut ankam.

## 3.3 Formate und Ziele des CSR-Prozesses

Im Rahmen des CSR-Prozesses sollen Unternehmen einen Überblick erhalten, welche sozialen Projekte es in Eltville und den Stadtteilen gibt und es sollen direkte Kontakte zwischen Projekten und Unternehmen entstehen. Eine wichtige Rolle bei den sozialen Projekten spielen auch die Angebote des bereits erwähnten städtischen NetzwerkBüros – auch dafür sollen Projekt-Partnerschaften gefördert werden. Für Stiftungen wie beispielsweise die ortsansässige Philip-Kraft-Stiftung, aber natürlich auch andere, ist es interessant, feste Partner zu finden, die wiederkehrend Unterstützung leisten.

**Abb. 7** EWD DIGITAL MAI 2020

Seitens der Wirtschaftsförderung wird also angestrebt, neue Kooperationen zu initiieren, um die sozialen Netzwerke der Stadt weiter zu fördern und zu stärken. Selbstverständlich soll die CSR-Förderung in Eltville nicht abgekoppelt von anderen Initiativen und Aktivitäten stattfinden, die an anderer Stelle koordiniert werden. Ein Beispiel hierfür ist der Aktionstag „Ehrensache" des Landkreises, der seitens der Stadt unterstützt wird, beispielsweise in dem die Veranstaltung beworben wird und Unternehmen aktiv darauf angesprochen werden. Denn die Erfahrung zeigt, dass eine direkte, persönliche Ansprache zu einer deutlich engagierteren Beteiligung führt, als wenn die Kommunikation zu dem Format ausschließlich vom Landkreis übernommen wird. Hier wird einmal mehr deutlich, dass die Ebene der Kommune an lokalen Akteurinnen und Akteuren oftmals deutlich näher dran ist und entsprechend mehr Möglichkeiten zum Austausch und Einwirken bestehen, als dies auf anderen Ebenen möglich ist.

Beim Marktplatz „Gute Geschäfte" werden im Rahmen einer Veranstaltung in ansprechendem Setting Vereine und Unternehmen zusammengebracht. Bei diesem wie auch bei anderen Formaten wird auf bereits existierende Erfahrungen andernorts in

Deutschland aufgebaut. So werden Erfolgsfaktoren und Lessons Learned von anderen „Marktplätzen“ oder Ehrenamtsbörsen in anderen Kommunen so gut wie möglich berücksichtigt.

### 3.4 Kommunale Wirtschaftsförderung und innovative Beteiligungsangebote in Eltville

Im Verständnis der Eltviller Wirtschaftsförderung ist auch für kleine Firmen und Unternehmensgründungen Unterstützung vorgesehen, vor allem wenn diese regional und nachhaltig wirtschaften. Und es geht über die Förderung von Unternehmen hinaus, indem auch Initiativen des Teilens, Tauschens und Kooperierens unterstützt werden.

Hervorragendes Beispiel für die Förderung von regionaler und nachhaltiger Wertschöpfung ist die Unterstützung von Start-ups wie Die Gemeinschaft „Du bist hier der Chef! Die Verbrauchermarke“ e. V. (https://dubisthierderchef.de/). Die Initiative ist inspiriert vom französischen Beispiel der Verbrauchermarke „C’est qui le patron?!“, die seit Ende 2016 von Verbrauchern kreierte Produkte im Lebensmitteleinzelhandel erfolgreich vermarktet. In Deutschland bringt der Verein seit 2019 Verbraucher zusammen, definiert mit der Community Kriterien für „Ideal-Produkte“, bei denen neben wirtschaftlichen auch ökologische und soziale Kriterien berücksichtigt werden und fördert damit unmittelbar eine faire und regionale Produktion von Lebensmitteln. Für die eigenen Produkte der Initiative wird volle Transparenz und Rückverfolgbarkeit garantiert – von der Entstehung über die Produktion bis hin zur Vermarktung, das heißt im Kreationsprozess und in der Wertschöpfungskette. Das erste Produkt auf dem deutschen Markt (zum Beispiel in Rewe-Märkten) ist Milch. Milch bietet die Möglichkeit, viele wichtige Themen der Bewegung – Umweltschutz, Biodiversität, Tierwohl, Vergütung für die Landwirte – gemeinsam anzugehen. Der aktuelle Milchpreis erlaubt es vielen Milchbäuerinnen und -bauern in Deutschland nicht, kostendeckend zu produzieren. Das Start-up setzt sich für eine nachhaltigere Form der Milchproduktion, -verarbeitung und -vermarktung ein. Aktuell wird dieser Einsatz auch für weitere Produkte fortgesetzt (zum Beispiel Eier, Kartoffeln und vieles mehr). Die Initiative und ihr Einsatz für Fairness, Wertschätzung und Qualität ohne Preisdumping wurde 2020 als Sieger in der Kategorie „Gesellschaftliche Wirkung“ des Hessischen Gründerpreises ausgezeichnet.

Mit Blick auf die Förderung lokaler und regionaler Wirtschaftsförderung gilt es auch das Rheingauer Handelsforum zu erwähnen. Dieses Format ist etwas niedrigschwelliger als der Wirtschaftsdialog angelegt. Das Forum wird in Kooperation mit anderen Kommunen im Rheingau veranstaltet (Oestrich-Winkel, Geisenheim und Rüdesheim). Zielgruppe sind die Händler, Dienstleister und Gewerbetreibenden aus der gesamten Region der sieben Rheingauer Kommunen. Während sich der Wirtschaftsdialog größeren Themen widmet (Digitalisierung, Energieeffizienz) stehen beim Handelsforum praktische Informationen im Mittelpunkt, zum Beispiel der Onlinehandel, digitale Marktplätze, Gutscheinsysteme und Förderprogramme. Das Rheingauer Handelsforum findet je nach Thema im Frühjahr und im Herbst alternierend in den Kommunen mit aktiver Wirtschaftsförderung statt. Ziele sind, gemeinsam mit den Gewerbevereinen aus dem Rheingau und ihren Mitgliedern dem Leerstand vorzubeugen und die Händlerinnen und Händler fit für die Zukunft zu machen, was auch in Hinblick auf die touristischen Standorte und die Fachkräfteansiedlung bedeutsam ist. Die Zusammenarbeit über kommunale Grenzen hinweg verbessert die Kommunikation mit- und untereinander und verstärkt den gemeinsamen Gedanken für die Region: Es ist wichtig, dass Touristen und Gäste in den Rheingau kommen, unabhängig davon, in welcher Stadt sie einkaufen. Und genauso wichtig ist es, die Kaufkraft der Bürgerinnen und Bürger in der Region zu halten. Das Rheingauer Handelsforum, das durch interkommunale Zusammenarbeit der Wirtschaftsförderungen und Gewerbevereine im Rheingau realisiert wird, ist ein wichtiges Element bei der Identifikation gemeinsamer Lösungsansätze und Antworten auf Herausforderungen.

Schließlich sei noch die Broschüre „Regional – Bio – Fair. Nachhaltiger Konsum und Genuß in Eltville am Rhein" erwähnt, die gerade vom Eltviller Team für nachhaltige Stadtentwicklung ausgearbeitet wurde. Darin werden all diejenigen Betriebe und Produzenten im Stadtgebiet und darüber hinaus vorgestellt, bei denen der Aspekt der Nachhaltigkeit eine zentrale Rolle spielt.

## 4 Umgang mit der Krise und Schlussfolgerungen für die Zukunft der Stadt

Die Erfahrung der Coronakrise bestärkte Bürgermeister Patrick Kunkel, dass der Eltviller Entwicklungspfad ein nachhaltiger sein muss. Anfang Juni legte er, zusammen mit der städtischen Stabsstelle, ein Positionspapier vor, in dem er genau dazu unmissverständlich Stellung bezieht: „Es gilt jetzt, die Lehren aus der Corona-Zeit zu ziehen und mutig und entschlossen den einmal eingeschlagenen Weg der Nachhaltigkeit weiter zu gehen, um den Herausforderungen der Zukunft gewachsen zu sein", heißt es zu Beginn des Papiers. Weiterhin führt er darin aus: „Künftige Krisen werden womöglich nicht durch ein Virus verursacht, wohl aber durch eine Hitzewelle mit Trockenheit, einen Verkehrskollaps, einen Chemieunfall oder andere Ursachen, an die heute noch keiner denkt", beschreibt Kunkel seine Zukunftsgedanken. „Dabei ist es wichtig, die Nach-Corona-Stadt widerstandsfähig gegen solche Krisen zu machen", so Kunkel, „und dabei genauso entschlossen vorzugehen wie in der Coronakrise selbst." Schließlich ist der Klimawandel mittlerweile für jeden spürbar und Gegenmaßnahmen dürften laut Kunkel nicht etwa zögerlich angegangen werden, „sondern wir brauchen für nachhaltig wirksame Maßnahmen mutige Entscheidungen."

Mit dem Positionspapier präsentierte der Eltviller Verwaltungschef „5 Punkte für die Zukunft der Stadt". Es geht dabei um die Themenfelder neue Mobilität, eine lebenswerte und multifunktionale Innenstadt, die Digitalisierung der Verwaltung, die Jugendbewegung „Your City for Future" als Beispiel für die Teilhabe von Jugendlichen an demokratischen Prozessen und darum, den Pfad der Nachhaltigkeit konsequent weiter zu beschreiten.

In diesem Sinne wird Eltville bis 2021 eine Nachhaltigkeitsstrategie erarbeiten, in der Ziele und Handlungsfelder für nachhaltig definiert werden, die sich die Stadt vornimmt. Dazu wird ein derzeit vor allem digital ausgerichteter Beteiligungsprozess angeboten, um der aktuellen Pandemielage Rechnung zu tragen und um trotzdem eine breit angelegte Beteiligung der Stadtgesellschaft zu ermöglichen. Als ersten Schritt in Richtung digitale Bürgerbeteiligung beteiligte sich Eltville als eine von zehn Pilotkommunen in Deutschland am Projekt der Bertelsmann Stiftung „Digitale Bürgerdialoge in Zeiten von Corona". Bei dieser digitalen Dialogveranstaltung war die Coronakrise das zentrale Thema. Ausgehend von diesen Erfahrungen wurden die Auswirkungen von Corona auf die Nachhaltigkeitsbestrebungen der Stadt beleuchtet, insbesondere mit Blick auf Mobilität, Klimawandel, Stadtgesellschaft und Digitalisierung.

Eltville wird auch in Zukunft mit innovativen Formaten arbeiten, um für unterschiedliche Akteursgruppen Beteiligungsmöglichkeiten zu bieten und gesellschaftliche Verantwortung zu übernehmen. So möchte die Stadt gemeinsam mit ihrer Bürgerschaft und ihren ortsansässigen Unternehmen einen immer nachhaltigeren Entwicklungspfad beschreiten.

**Barbara Lilje,** 1966 in Hannover geboren, lebt in Mainz und arbeitet seit 2005 im Rhein-Main-Gebiet. Sie ist gelernte Verlagskauffrau und studierte Diplom-Germanistin. Nach 20 Jahren in der Verlags- und Medienbranche im Bereich Marketing und Kommunikation, mit Stationen bei der Hannoverschen Allgemeinen Zeitung, Leipziger Volkszeitung, Berliner Morgenpost, beim Fränkischen Tag in Bamberg und der Frankfurter Rundschau arbeitet Barbara Lilje seit 2009 bei der Stadt Eltville am Rhein. Zunächst als Stabsstelle beim Bürgermeister war sie mit verschiedenen Projekten rund um die Themen Stadtmarketing, Kultur, Städtepartnerschaften und Wirtschaftsförderung befasst. Seit 2015 leitet sie das Amt für Wirtschaftsförderung, Kultur, Tourismus und nachhaltige Stadtentwicklung und vertritt die Stadt Eltville in zahlreichen regionalen Gremien und Verbänden.

**Julia Übelhör,** geb. 1981 in Memmingen, mit Mastertiteln in Politikwissenschaft und Organisationsentwicklung, war über zehn Jahre lang in der internationalen Entwicklungszusammenarbeit tätig, bevor sie im März 2019 die Stelle als Koordinatorin für kommunale Entwicklungspolitik in der Stadt Eltville am Rhein antrat. Schwerpunkte ihrer Tätigkeit in Eltville liegen auf der Entwicklung einer Nachhaltigkeitsstrategie, auf der systematischen Einführung bzw. Verankerung fairer/nachhaltiger Beschaffungspraktiken sowie auf der intersektoralen Netzwerkarbeit mit Partnern aus der Zivilgesellschaft, der Wirtschaft und der Wissenschaft zur effizienten und wirksamen Umsetzung der kommunalen Nachhaltigkeitsbestrebungen. Dabei setzt sie sich intensiv mit digitalen Beteiligungsformaten auseinander und arbeitet an der Weiterentwicklung von lokalen, nationalen und internationalen Partnerschaften.

## Literatur

Bachmann G, Koch T, Niestroy I, Pflaum SA, Raschke J, Walz R (2018) Sicherheit in Zukunftsfragen – Vertrauen in Nachhaltigkeit – Mut zu Neuanfängen. Peer Review zu zehn Jahren Nachhaltigkeitsstrategie Hessen. Hessisches Ministerium für Umwelt, Klimaschutz, Landwirtschaft und Verbraucherschutz, Wiesbaden

Knipperts J (2020) SDG-Indikatoren für kommunale Entwicklungspolitik. Indikatoren für den entwicklungspolitischen Beitrag von Kommunen zu den Sustainable Development Goals. Bertelsmann Stiftung, Gütersloh

# Kooperationen für Nachhaltigkeit in der hessischen Landeshauptstadt – die Beispiele „ÖKOPROFIT Wiesbaden“ und „Wiesbaden Engagiert!“

Evelyne Wickop und Karoline Deissner

**Zusammenfassung**

CSR wird zum wichtigen Handlungsfeld für Kommunen, wenn sie die Wirtschaft als zentralen Partner für Nachhaltigkeit ansprechen möchten. In Wiesbaden ist es gelungen, frühzeitig und mit bis dahin neuartigen Konzepten und Ansätzen auf die Wirtschaft zuzugehen und gemeinsam mit den Unternehmen innovative Wege für mehr Nachhaltigkeit zu beschreiten. Zwei Beispiele gelebter Praxis und aktiver Kooperatioin sind „ÖKOPROFIT Wiesbaden“ und „Wiesbaden Engagiert!“.

E. Wickop (✉) · K. Deissner
Landeshauptstadt Wiesbaden, Wiesbaden, Deutschland
E-Mail: evelyne.wickop@wiesbaden.de

K. Deissner
E-Mail: karoline.deissner@wiesbaden.de



A. Trischler und S. Böhling (Hrsg.), *CSR in Hessen*, Management-Reihe Corporate Social Responsibility, https://doi.org/10.1007/978-3-662-63004-4_40

„In Wiesbaden wird seit vielen Jahren am Thema Nachhaltigkeit partnerschaftlich und erfolgreich zusammengearbeitet. Besonders wertvoll sind dabei die Kooperationen zwischen Stadt, Wirtschaft und weiteren Beteiligten vor Ort.

Seit über 20 Jahren gehen wir als Kommune auf Unternehmen zu, um sie für das gemeinsame Ziel einer nachhaltigen Entwicklung zu gewinnen. Wir möchten sie ins Boot holen und ein verlässlicher Partner für die Umsetzung sein. Für und mit den unterschiedlichen Akteuren konnten wir auf dieser Basis erfolgreiche Projekte und Programme zur Förderung von ökologischer und sozialer Nachhaltigkeit initiieren, dauerhaft etablieren und dabei erstaunliche Ergebnisse erzielen.

Kooperation ist die Basis für den Erfolg und das Erreichen der zentralen Ziele für eine nachhaltige Entwicklung. Oder wie es so schön hessisch auf dem 17. Bierdeckel der ‚Bierdeckelkampagne' zu den globalen Nachhaltigkeitszielen heißt: ‚Zamme halde, dann klappt's aach.'[1] Gemeinsam lassen sich auch Nachhaltigkeitsziele, wie Klimaschutz, nachhaltiger Konsum und eine nachhaltige Wirtschaftsweise, aber auch ‚soziale' Ziele wie hochwertige Bildung und die Reduzierung sozialer Ungleichheit besser erreichen. Ich bin überzeugt: Den Kommunen kommt dabei eine zentrale Rolle zu.

Als Oberbürgermeister freut es mich sehr, dass wir als Stadt selbst dabei eine so aktive Rolle spielen. Wir möchten hier weiterhin Impulse setzen und uns als Partner verstehen. Es ist mir ein Wunsch, dass diese Kultur der Zusammenarbeit auch andernorts in Hessen und darüber hinaus weitere Nachahmer findet und ähnlich fruchtbar wird wie in der Landeshauptstadt." Gert-Uwe Mende, Oberbürgermeister der Landeshauptstadt Wiesbaden

# 1 Gemeinsam mit der Wiesbadener Wirtschaft für Klimaschutz, Ressourcenschonung und Nachhaltigkeit – Umweltmanagement- und Netzwerkprogramm ÖKOPROFIT Wiesbaden

Evelyne Wickop

## 1.1 Neue Wege zum nachhaltigen Wirtschaften

### 1.1.1 Ausgangspunkt und Rahmenbedingungen für das Engagement von Stadt und Wirtschaft für eine nachhaltige Entwicklung

Wer für die globalen gesellschaftlichen Herausforderungen Nachhaltigkeit, Klimawandel und Erhalt der natürlichen Lebensgrundlagen etwas bewegen möchte, braucht

[1] SDG 17: „Partnerschaften zur Erreichung der Ziele" aus der Hessischen Bierdeckelkampagne zu den Nachhaltigkeitszielen der UN – für die der Wiesbadener Oberbürgermeister Gert-Uwe Mende die Schirmherrschaft im Jahr 2020 zum Start der hessischen Kampagne übernommen hatte.

**Abb. 1** Die zentralen Bausteine von ÖKOPROFIT

Innovationsbereitschaft, Beharrlichkeit und vor allem starke Partner. Dabei sind Leuchtturmprojekte auf kommunaler Ebene von zentraler Bedeutung. In Wiesbaden ist es gelungen, mit neuartigen Konzepten und Ansätzen unter Beteiligung der Wirtschaft frühzeitig solche innovativen Wege zu beschreiten. Der Startschuss hierzu fiel vor über 20 Jahren: Das Umweltamt der Landeshauptstadt Wiesbaden koordinierte seit 1997 den Lokalen-Agenda-21-Prozess, um das globale Aktionsprogramm der Vereinten Nationen von „Rio" für eine nachhaltige Entwicklung auf die lokale Ebene zu übertragen. Gemeinsam mit verschiedensten Akteuren – Bürgerinnen und Bürgern, Institutionen, Verbänden und Vereinen, Interessenvertreter, Stadtverwaltung, Politik und vielen mehr – galt es, ein „Kommunales Handlungsprogramm Agenda 21" für eine sozial, ökologisch und ökonomisch zukunftsfähige Entwicklung zu erarbeiten. In einem breit angelegten Beteiligungs und Konsultationsprozess wurde es bis 2001 fertiggestellt (Landeshauptstadt Wiesbaden, Umweltamt 2001). Parallel dazu wurden zahlreiche Projektideen entwickelt, Initiativen entfaltet und Akteure vernetzt, die dieses Haus mit Leben füllten. Ein konkreter Ansatz im Bereich nachhaltiges Wirtschaften war das betriebliche Umweltberatungsprogramm ÖKOPROFIT (Abb. 1).

### 1.1.2 Beteiligung der Wirtschaft in Zusammenarbeit mit der Kommune

Umwelt- und Nachhaltigkeitsthemen haben kontinuierlich an Bedeutung für die Zukunftsfähigkeit von Unternehmen gewonnen. Der Tatsache, dass Betriebe eine wichtige Rolle auf der lokalen Handlungsebene spielen, trägt die Landeshauptstadt Wiesbaden mit dem Beratungs- und Netzwerkprogramm ÖKOPROFIT Rechnung, indem sie den sparsamen Einsatz von Ressourcen und die Verankerung von Klima- und Umweltschutz bei Unternehmen und Einrichtungen aller Größen und Branchen fördert. Die Wiesbadener ÖKOPROFIT-Betriebe sind in besonderem Maße innovativ und begegnen mit wirksamen Maßnahmen den gesamtgesellschaftlichen Herausforderungen in der betrieblichen Praxis.

Der Bedarf und Wunsch nach einem konkreten Beitrag der Wirtschaft vor Ort zu einer nachhaltigen Entwicklung war im Rahmen der Lokalen Agenda 21 erstmalig formuliert worden. Somit begann die Recherche nach einem Vorreiterprojekt im Bereich „Ökologie und Ökonomie", von dem Kommunen und Betriebe gleichermaßen profitieren. In München, wo ÖKOPROFIT zu diesem Zeitpunkt in einer ersten Programmrunde gestartet war, wurde man fündig: Es folgten Gespräche mit den Experten in München, mit potenziellen und zukünftigen Partnern in Wiesbaden, Konzeptentwicklung und schließlich nach reiflichen Überlegungen und mancher anfänglichen Skepsis der politische Beschluss, ÖKOPROFIT in Wiesbaden im Jahr 2000 einzuführen.

ÖKOPROFIT ist heute ein bundesweit etabliertes Programm, das Wiesbaden als erste Stadt in Hessen und als dritte in Deutschland eingeführt hat. Was damals mit wenigen Unternehmen als Kooperationsprojekt zwischen Kommune und Wirtschaft startete, entwickelte sich zu einer kontinuierlichen – und weiter wachsenden – Erfolgsgeschichte. Heute ist ÖKOPROFIT in Wiesbaden ein zentrales Instrument des nachhaltigen Wirtschaftens, effektiver Baustein zur Reduktion der Treibhausgasemissionen im gewerblichen Bereich und Kernelement der städtischen Klimaschutzaktivitäten im Sektor Wirtschaft. Darüber hinaus hat sich ÖKOPROFIT zu einem dauerhaften lokalen und regionalen Netzwerk für Unternehmen rund um Umweltschutz und Nachhaltigkeit entwickelt.

### 1.1.3 Ökologischer Nutzen trifft auf ökonomischen Gewinn

Mit der Einführung von ÖKOPROFIT hat das Umweltamt der Landeshauptstadt Wiesbaden in vielerlei Hinsicht Neuland betreten. Es galt, aktiv auf Unternehmen zuzugehen, um sie für ein bis dato unbekanntes Programm zu gewinnen, das zum Ziel hat, vorsorgenden betrieblichen Umweltschutz und den Erhalt der natürlichen Lebensgrundlagen zu fördern. Ein Programm, das mit **ÖKO**-logischen Maßnahmen im Betrieb **PROFIT** und damit eine Win-win-Situation erzielen soll, somit ein Programm, das Ökologie und Ökonomie zusammenbringt, was bis dahin oft als unüberwindliche Hürde und Gegenspieler verstanden wurde. Aber dies waren nicht die alleinigen Ziele bei der Einführung von ÖKOPROFIT zu Beginn des neuen Jahrtausends. Es gab auch das Bestreben, die Eigenverantwortung der Unternehmen für Umweltschutz zu stärken und die Einführung von Umweltmanagementsystemen mit einem lokalen, kostengünstigen und imagewirksamen Programm zu unterstützen. Und zugleich eine attraktive und dauerhafte Plattform für Dialog und Austausch mit Unternehmen in einem vertrauensvollen Umfeld zu schaffen. Auf Kooperation von Stadt und Unternehmen zu setzen, sich als Initiator, Partner und Berater zu verstehen, ist ein Selbstverständnis, das zwar als Idee seinerzeit bereits im Raum stand, aber noch sukzessive mit Leben gefüllt werden musste.

### 1.1.4 Kompetenzen bündeln mit starken Partnern

Das Umweltmanagement-Programm ÖKOPROFIT unterliegt bundesweit einheitlichen Qualitätsstandards und wird durch Kommunen, Gemeinden und Landkreise getragen – in enger Zusammenarbeit mit der ansässigen Wirtschaft und lokalen Partnern. So auch in Wiesbaden: Das Wiesbadener Umweltamt ist Projektträger und wird durch die Industrie- und Handelskammer Wiesbaden, die ESWE Versorgungs AG und die Klimaschutzagentur Wiesbaden e. V. als Partner unterstützt. Somit lässt sich Know-how vor Ort bündeln und Wissen zielgerichtet vermitteln. Und das kontinuierlich und immer wieder angepasst an die aktuellen Entwicklungen.

## 1.2 Effekte und Ergebnisse auf vielen Ebenen

### 1.2.1 Einstieg ins Umweltmanagement in einem lokalen Netzwerk

ÖKOPROFIT ist ein Programm zur nachhaltigen Unternehmensführung, das für Wissenstransfer, Praxisnähe, Flexibilität, Größen- und Branchenmix und Austausch in einem starken Netzwerk steht. Es bietet einen einfachen und praktikablen Einstieg ins Umweltmanagement, besteht aus einer Kombination von gemeinsamen Workshops und individuellen Beratungen im Betrieb und ist zugleich ein geeigneter Kristallisationspunkt für weitere Aktivitäten von Stadt und Wirtschaft im Kontext Nachhaltigkeit und Klimaschutz. Neben klassischen Themen des betrieblichen Umweltschutzes wie Energieeffizienz, Erneuerbare Energien, Kreislaufwirtschaft und Ressourceneffizienz sowie gefährliche Arbeitsstoffe, werden auch Fragen zu Umweltcontrolling und -kommunikation, Mobilität, nachhaltiger Beschaffung sowie umweltrechtliche und betriebsorganisatorische Aspekte behandelt. ÖKOPROFIT geht dabei individuell auf die unterschiedlichen Rahmenbedingungen der teilnehmenden Unternehmen und Einrichtungen ein und unterstützt bei der ökologischen Optimierung im Betrieb. Es ist zugleich eine gute Basis für ein Umwelt-, Energie-, Klima- und Nachhaltigkeitsmanagement.

### 1.2.2 Individuelle und messbare Erfolge

Die Betriebe decken Verbesserungspotenziale auf und entwickeln Ideen für die Umsetzung ihrer Umweltprogramme. Sie erfahren, erlernen und erproben, wie sie in ihrem Unternehmen Ressourcen, Energie und Kosten sparen und ihre Prozesse umweltfreundlicher und nachhaltiger gestalten können. Einige Projekte zeigen direkt Effekte, andere bringen über die Folgejahre richtig Gewinn. Dies gilt gleichermaßen für kleine und große Betriebe. Alle Aktivitäten werden dokumentiert: Nach jedem Projektdurchgang wird eine Bilanz über die stofflichen und monetären Einsparungen der umgesetzten Maßnahmen der Betriebe erstellt[2]. So kann jeder Betrieb mess- und mit anderen Betrieben vergleichbar seine Erfolge bilanzieren und kommunizieren. Insgesamt wurden

[2] https://www.wiesbaden.de/leben-in-wiesbaden/umwelt/oekoprofit/erfolgsbilanz.php

**Abb. 2** Breites Maßnahmenspektrum nach Handlungsfeldern 2015–2019

anlässlich des 20-jährigen Jubiläums die berechenbaren Maßnahmen von 121 Betrieben im Zeitraum 2000 bis 2019 ausgewertet. Unter der Annahme, dass eine Maßnahme nicht nur ein Jahr, sondern im Durchschnitt vier Jahre wirksam ist, ergibt sich folgendes hochgerechnetes Ergebnis für diesen Zeitraum: Über 730 Mio. kWh Energie, gut 5 Mio. L Kraftstoff und ca. 460.000 t $CO_2$ sparten die Wiesbadener ÖKOPROFIT-Betriebe ein. Darüber hinaus reduzierten sie 480 Mio. L Wasser und rund 7000 t Abfall und Ressourcen. Und das bei einer Gesamtersparnis von 67 Mio. EUR.

### 1.2.3 Breites Spektrum an Maßnahmen

Die ÖKOPROFIT-Erfahrung zeigt: Das Spektrum der Maßnahmen ist groß. Vielfältige Maßnahmen, ganz kleine oder auch sehr große, entfalten vielseitige Wirkungen. Das Topthema über den langen Zeitraum ist Energie. Rund 50 bis 60 % der realisierten Maßnahmen liegen im Bereich Verringerung des Energieverbrauchs und dadurch entstehender $CO_2$-Emissionen. Dadurch werden drei Viertel der Gesamt-Kosteneinsparung erzielt. Danach folgen Maßnahmen im Handlungsfeld Mobilität und Kreislaufwirtschaft/Ressourceneffizienz. Auch nehmen weitere Themenbereiche wie Kommunikation/Mitarbeiter/Gesellschaft, Organisation, Beschaffung und Biodiversität eine immer größere Rolle ein (Abb. 2).

Zu konkreten Beispielen gehören die Umstellung auf LED-Beleuchtung, Erneuerung und Optimierung von Heizungsanlagen, Photovoltaikanlagen, Fuhrparkumstellung auf alternative Antriebstechniken, Förderung einer umweltfreundlichen Mitarbeitermobilität wie zum Beispiel Fahrradfahren, Verringerung des Einsatzes von Rohstoffen, Einkauf nachhaltiger Produkte oder auch Sensibilisierung für Themen wie Abfallvermeidung oder Papiersparen.

### 1.2.4 Passgenau mit Außenwirkung

Es gibt Programmbausteine für Neueinsteiger, mit ÖKOPROFIT-Mikro auch speziell für kleinere Betriebe, und – für erfolgreich ausgezeichnete Betriebe – den ÖKOPROFIT-Klub. In diesem Netzwerk können die Fortgeschrittenen, nachdem sie das Einsteigerprogramm erfolgreich durchlaufen haben, ihre Umwelt- und Nachhaltigkeitsleistungen ausbauen, weiterhin von Erfahrungsaustausch, Impulsen und Ideen profitieren und sich nach jeder Projektrunde re-zertifizieren lassen (Abb. 3). ÖKOPROFIT der „Wiesbadener

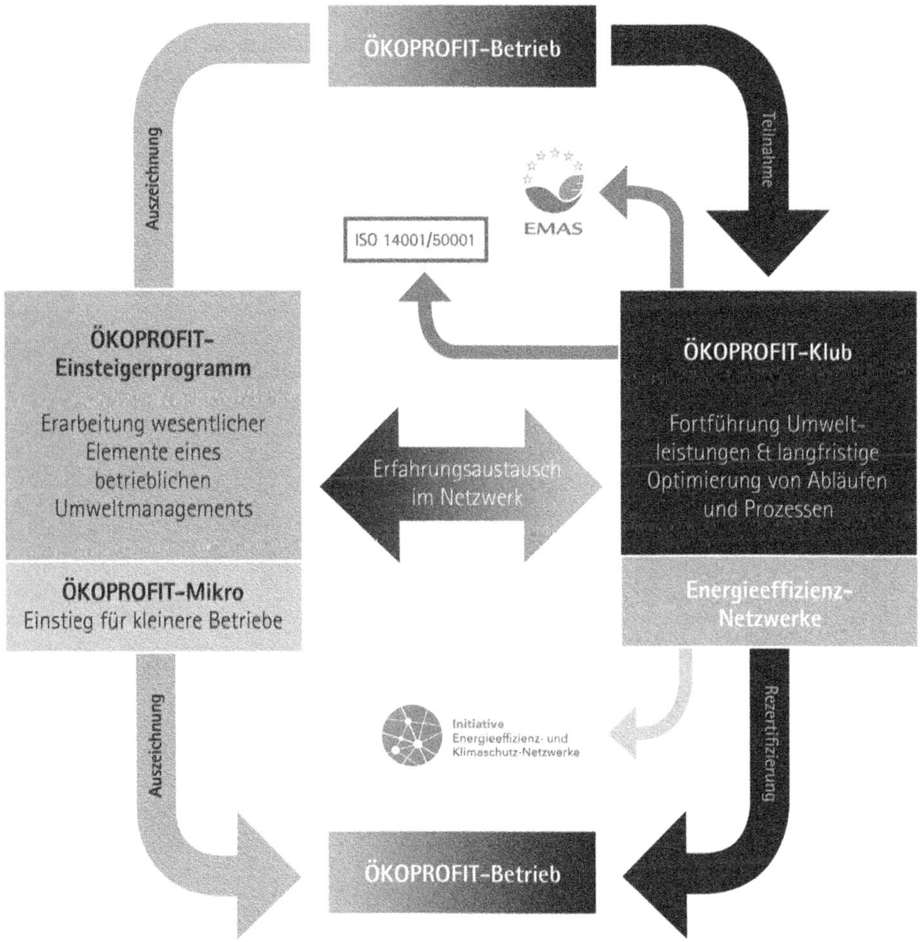


**Abb. 3** Programmbausteine ÖKOPROFIT Wiesbaden. (Quelle: ÖKOPROFIT Wiesbaden 2018/2019, Seite 8)

Art" setzt auf eine enge Verzahnung der Module über Veranstaltungen und Patenschaften, um somit die Zusammenarbeit und Umsetzung gemeinsamer Aktivitäten von Anfang an zu fördern. Einige Betriebe bauen auf ÖKOPROFIT auf und betreiben parallel ein zertifiziertes Umweltmanagementsystem nach ISO 14001, EMAS oder auch ein Energiemanagementsystem nach ISO 50001.

Bisher wurden insgesamt 121 Betriebe und Einrichtungen erst-zertifiziert. Die Teilnehmerzahl in insgesamt 14 Programmrunden ist stetig gestiegen. Insgesamt bisher rund 370 Auszeichnungen, inklusive im Rahmen des ÖKOPROFIT-Klubs, belegen Kontinuität, dauerhaftes Interesse und zahlreiche Neuzertifizierungen. Eine beachtliche Anzahl der Unternehmen ist seit mehr als zehn Jahren dabei, manche bereits von Anfang an. Eine zunehmende Nachfrage von Unternehmen aus dem Umland unterstreicht die Strahlkraft des Programms über die Stadtgrenzen hinaus (Abb. 4). Die beachtlichen Zahlen kommen nicht von ungefähr: ÖKOPROFIT stellt für die Unternehmen einen Mehrwert dar als Gruppenprojekt und Plattform für einen kontinuierlichen Verbesserungsprozess, Updates im Umweltrecht und Austausch zu neuen Entwicklungen. Hinzu kommen positive Effekte bei Außendarstellung und Image und natürlich der messbare Beitrag zu Umweltentlastung und $CO_2$-Reduzierung (Petrak et al. 2018, S. 162).

**Abb. 4** Auszeichnung der ÖKOPROFIT-Betriebe 2018/2019. (Quelle: Landeshauptstadt Wiesbaden, Umweltamt, Foto: Kristina Schäfer)

### 1.2.5 Immer neue Branchen

ÖKOPROFIT ist kein Programm für diese oder jene, sondern für alle – alle Betriebsgrößen, alle Branchen. Ob fünf oder 5000 Beschäftigte, ob Dienstleistung, Handwerk, Industrie, Handel, öffentliche Einrichtung, ob Finanz-, Versicherungs-, Veranstaltungsbranche, Kirche, Landwirtschaft oder Sozialwesen (Abb. 5). In den ersten Jahren war die Industrie am stärksten vertreten, häufig mit der Motivation, über ÖKOPROFIT die Grundlagen für ein zertifiziertes Umweltmanagementsystem nach ISO 14001 oder EMAS einzuführen. Der Dienstleistungsbereich kam nach und nach dazu, ebenso das Handwerk, verschiedenste Einrichtungen und viele mehr. Waren die Teilnehmenden zu Beginn eher größere und mittlere Unternehmen, so sind im Laufe der Zeit zunehmend kleinere Betriebe hinzugestoßen (Abb. 6). Die Motivation, mit einem ganzheitlichen Umweltmanagement einen konkreten Beitrag zu einer nachhaltigen Entwicklung zu leisten, bekommt mehr und mehr Gewicht. Dabei wird die Unterstützung von Experten als sehr wertvoll betrachtet, die dabei hilft, umweltrelevante Prozesse unter die Lupe zu nehmen, Aktivitäten zu bündeln und Rahmenbedingungen für die Umsetzung im Betrieb zu schaffen.

### 1.2.6 Innovationen – am Puls der Zeit

ÖKOPROFIT ist kein statisches, sondern ein äußerst dynamisches Unternehmensprogramm und verfolgt dabei das Ziel, stets am Puls der Zeit zu sein. Der Rückblick zeigt, dass beispielsweise das Thema Energieeffizienz zunehmend an Bedeutung gewonnen hat. ÖKOPROFIT ist nicht nur eine lokale Plattform, sondern auch ein

**Abb. 5** Branchen bei ÖKOPROFIT Wiesbaden 2000–2021

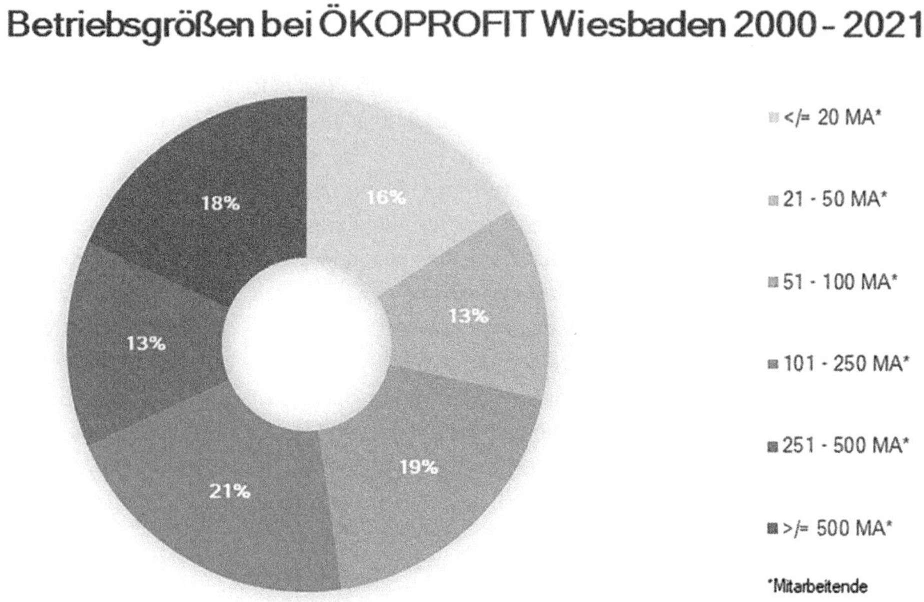


**Abb. 6** Betriebsgrößen bei ÖKOPROFIT Wiesbaden 2000–2021

wichtiger Anknüpfungspunkt für überregionale und bundesweite Initiativen. Der Wiesbadener ÖKOPROFIT-Klub war seit 2016 bereits dreimal anerkanntes Energieeffizienz-Netzwerk im Rahmen der Initiative von Bundesregierung und Wirtschaftsverbänden (Initiative Effizienz- und Klimaschutz-Netzwerke o. J.) und zeigt so auch überregional Flagge. Das über viele Jahre gewachsene ÖKOPROFIT-Netzwerk bringt optimale Voraussetzungen für die gemeinsame Arbeit zum Thema Energie- und Ressourceneffizienz mit und zeigt in idealer Weise, wie unterschiedliche Formate gewinnbringend miteinander verzahnt werden können, ohne dass die Verantwortlichen im Betrieb „auf zwei Hochzeiten tanzen" müssen (Wickop und Ziese 2018, S. 33).

Eine weitere Besonderheit im Rahmen von ÖKOPROFIT Wiesbaden ist die langjährige enge Kooperation der beiden Landeshauptstädte Wiesbaden und Mainz. Ein Zusatzangebot mit dem Ziel, eine gemeinsame Plattform zu Themen rund um eine nachhaltige Unternehmensführung zu schaffen, die es ermöglicht, neben den Kernangeboten über den Tellerrand zu schauen und voneinander zu lernen. Zahlreiche gemeinsame Veranstaltungen mit unterschiedlichen Themenschwerpunkten – von Best Practice über Umwelt- und Sozialstandards bis hin zu Kommunikations- und Motivationspsychologie – prägen seitdem die interkommunale Zusammenarbeit. Vernetzung und Austausch reichen mittlerweile über Wiesbaden und Mainz hinaus bis nach Frankfurt im Rahmen der Initiative ÖKOPROFIT Rhein-Main – ein wichtiger Beitrag, um das Engagement von Kommunen und ÖKOPROFIT-Betrieben im Rhein-Gebiet sichtbar zu machen (Abb. 7).

**Abb. 7** Netzwerktreffen ÖKOPROFIT-Rhein-Main 2019 bei Henkell & Co. Sektkellerei KG. (Quelle: Landeshauptstadt Wiesbaden, Umweltamt, Foto: Kristina Schäfer)

### 1.2.7 Konstante Rahmenhandlung, neue Kapitel

Selbsternanntes Ziel ist es, die Programmbausteine stetig auszubauen, thematisch weiterzuentwickeln und damit dauerhaft up to date zu gestalten. Waren es zu Beginn die Kernthemen des betrieblichen Umweltschutzes, so ist das Spektrum deutlich erweitert worden. Innovative Mobilitätskonzepte, Klimabilanzen, nachhaltige Lieferketten, Kommunikation und Sensibilisierung der Beschäftigten, Biodiversität auf dem Firmengelände und andere Themen spielen eine immer größere Rolle und finden über neue Formate Eingang ins Schulungs- und Workshop-Programm. Neben Maßnahmen, deren Umwelt- und Klimawirkung sich in der Bilanz ausweisen lassen, liegt der Fokus mehr und mehr auf Aktivitäten, die sich nicht in Zahlen darstellen lassen und sich trotzdem „rechnen" – weil sie ein wichtiger Beitrag zur Verankerung von Umweltschutz und Nachhaltigkeit im Betrieb sind.

### 1.2.8 Engagement sichtbar machen

Begleitet wird der Wiesbadener ÖKOPROFIT-Weg von kontinuierlicher und vielfältiger Öffentlichkeitsarbeit und Kommunikation – von Homepage über den ÖKOPROFIT-Bus,

**Abb. 8** Der neue ÖKOPROFIT-Elektrobus. (Quelle: Landeshauptstadt Wiesbaden, Umweltamt)

der nicht nur Stadtbild Wiesbadens, sondern auch in einem Film[3] zu sehen ist, bis zu Veröffentlichungen wie zum Beispiel die Auszeichnungsbroschüre[4] mit Darstellung der Unternehmen, Maßnahmen und Ergebnisse. Der ÖKOPROFIT-Bus ist bundesweit einmalig und hat bereits 2007 zum ersten Mal die Idee und das Engagement der ÖKOPROFIT-Betriebe auf die Straßen Wiesbadens gebracht. Seit Beginn der Jubiläumsrunde 2020/2021 ist dieser nun als Elektrobus unterwegs (siehe Abb. 8).

## 1.3 Erfolgsfaktoren und Synergien

Wirksamer betrieblicher Umwelt- und Klimaschutz funktioniert nicht im stillen Kämmerlein, sondern nur im stetigen und vertrauensvollen Austausch und in einem professionellen Rahmen. Natürlich könnten in Sachen Umwelt-, Klimaschutz und

[3] youtu.be/4-k6cnrzrUE.

[4] www.wiesbaden.de/medien-zentral/dok/leben/umwelt-naturschutz/OeKOPROFIT-Auszeichnungsbroschuere_2018_2019.pdf

Nachhaltigkeit alle ihren eigenen Weg gehen. Richtig wirksam werden Anstrengungen aber erst dann, wenn prädestinierte Partner vor Ort an einem Strang ziehen und sich somit Synergien erzielen lassen. Deshalb sind lokale Kooperationen und Netzwerke der Kommunen mit und für die Wirtschaft geeignete Instrumente, um dem Ziel einer nachhaltigen Entwicklung Schritt für Schritt näher zu kommen. Sie wirken nach außen, aber zugleich auch nach innen, da die Stadt nicht nur Träger und Koordinator solcher Aktivitäten ist, sondern auch selbst als Teilnehmer fungiert und ihrer Vorbildfunktion mit einer hohen Glaubwürdigkeit gerecht werden kann. Zunächst gilt es aber Ideen zu entwickeln, engagierte Partner zu suchen, Pilotprojekte durchzuführen, um diese dann bei Erfolg als dauerhafte Prozesse zu etablieren. Gemeinsame Ziele, gemeinsames Tun entstehen nicht von alleine und sind auch keine Selbstläufer. Zeit und Ausdauer sind genauso wie Kenntnis unterschiedlicher Sichtweisen notwendige Voraussetzungen, damit Zusammenarbeit in der Sache und für die Sache wachsen kann. Die Erfolgsfaktoren, wie sich in den letzten 20 Jahren ÖKOPROFIT Wiesbaden gezeigt hat, sind breit gefächert: Dazu zählen die Bereitschaft, innovative Wege zu gehen, aktuelle Entwicklungen sowie die Bedürfnisse der Teilnehmer stetig einzubeziehen, kontinuierlich dranzubleiben, tragfähige und zugleich flexible Strukturen zu installieren, messbare Erfolge zu erzielen sowie Vorteile und praktischen Nutzen klar zu kommunizieren. Das schafft die Basis für eine langfristige und vertrauensvolle Zusammenarbeit. Und bei allem ist auch eine Portion Mut erforderlich, um neue Aufgabenfelder zu erschließen und bis dahin ungewohnte Arbeitsweisen zu entwickeln.

Durch die aktive Unterstützung von Betrieben und Einrichtungen aus Stadt und Umland bei der Realisierung von Energie- und Ressourceneffizienzmaßnahmen, der ökologischen Optimierung von Abläufen und Prozessen oder der Einführung eines Umwelt- und Energiemanagementsystems lassen sich nicht nur $CO_2$-Emissionen und umweltrelevante Verbräuche, sondern auch Kosten für den Betrieb reduzieren und die Wettbewerbsfähigkeit steigern. Neben den betriebsspezifischen Effekten leisten die ÖKOPROFIT-Betriebe zugleich einen wichtigen gesellschaftlichen Beitrag zur Erhaltung der natürlichen Lebensgrundlagen und zum Klimaschutz. Dadurch profitieren Umwelt, Stadt und Region.

ÖKOPROFIT, das mit Abstand erfolgreichste Einstiegsmodell für betriebliches Umweltmanagement, das ursprünglich aus dem österreichischen Graz stammt, hat sich in Deutschland inzwischen in über 100 Kommunen mit rund 4000 Teilnehmer-Betrieben etabliert und kann bundesweit beeindruckende Einsparungen vorweisen (Landeshauptstadt München 2018). Für Wiesbaden markiert das 20-jährige Jubiläum in 2020 ein besonderes ÖKOPROFIT-Jahr, in dem nicht nur Bilanz des Erreichten gezogen wird, sondern auch zuversichtlich und kreativ weiterhin neue Wege für Nachhaltigkeit in Zusammenarbeit mit Wirtschaft und anderen Partnern beschritten werden.

## 2 Zusammenhalt nachhaltig stärken – „Wiesbaden Engagiert!"

Karoline Deissner

### 2.1 Einführung

Die Wiesbadener Wirtschaft für soziale Themen ins Boot holen – diese Idee wurde Ende der 1990er-Jahre in der Abteilung Jugendarbeit des Amtes für Soziale Arbeit geboren: Die Unternehmen sollten zu starken „Partnern der Jugend" werden und sich für die Anliegen von Kindern und Jugendlichen engagieren.

Das Ganze war ein – nicht nur für die Sozialarbeit – neuer Ansatz, denn „Corporate Social Responsibility" (CSR), die gesellschaftliche Verantwortung von Unternehmen, war ein noch zartes Pflänzchen. Die Verantwortung der Wirtschaft sah man damals meist ausschließlich im erfolgreichen Wirtschaften und in der Schaffung und Sicherung von Arbeitsplätzen. „Soziale" Aktivitäten beschränkten sich weitestgehend auf Spenden oder Sponsoring. Der Boden für echte soziale Kooperationen zwischen Wirtschaft und gemeinnützigen Akteuren musste erst bereitet werden – bei den Unternehmen ebenso wie im sozialen Feld.

Heute – gut 20 Jahre später – hat sich aus der damals innovativen Idee die Gesamtstrategie „Wiesbaden Engagiert!" entwickelt, die nicht nur in Wiesbaden nachhaltig Früchte trägt, sondern weit über die Landeshauptstadt hinaus wirkt – als Inspiration für Kommunen in Hessen, in Deutschland und Europa.

### 2.2 „Wiesbaden Engagiert!" und CSR

„Corporate Citizenship" – das Engagement von Unternehmen im Gemeinwesen – ist inzwischen ein selbstverständlicher Teil verantwortlicher Unternehmensführung und damit jeder CSR-Strategie. Mit „Wiesbaden Engagiert!" eröffnete das Wiesbadener Amt für Soziale Arbeit das CSR-Handlungsfeld „Gemeinwesen" frühzeitig für Unternehmen. Das Ziel: Das Engagement von Unternehmen fördern, indem man ihnen die Chance eröffnet, einen aktiven, konkreten und relevanten Beitrag zu leisten für ein gutes Zusammenleben am Standort. Denn auch die Akteure der Wirtschaft haben ein Interesse daran, das Gemeinwesen, in dem sie erfolgreich wirtschaften, nachhaltig weiterzuentwickeln. Kein Unternehmen agiert im luftleeren Raum.

Der Kerngedanke: Alle Akteure der Stadtgesellschaft – Gemeinnützige, Verwaltung und Unternehmen – arbeiten Hand in Hand bei den Themen in ihrem gemeinsamen Umfeld, die ihnen jeweils wichtig sind. Die Zusammenarbeit tut allen Beteiligten gut: den engagierten Unternehmen und ihren Mitarbeiterinnen und Mitarbeitern ebenso wie den Partnern auf gemeinnütziger Seite sowie deren Zielgruppe. Und sie bringt auch die Stadt als Gemeinwesen – und damit auch als Wirtschaftsstandort – voran.

## 2.3 Anfänge und Suchbewegungen

Angeregt durch Ulrich Becks „Risikogesellschaft" (Beck 1986) suchte das Team der Abteilung Jugendarbeit (Amt für Soziale Arbeit) Mitte der 1990er-Jahre nach neuen Strategien, um die Rahmenbedingungen für das Aufwachsen von Kindern und Jugendlichen in Wiesbaden zu verbessern und den sozialen Zusammenhalt in der Stadtgesellschaft zu stärken.

Die ersten praktischen Impulse gab es 1995 in Dresden, auf dem ersten bundesweiten Kongress zum Thema „Neue Soziale Kooperationen". Hier diskutierten Unternehmen, Stiftungen, Freie Träger der Jugend- und Sozialarbeit sowie Kolleginnen und Kollegen aus der öffentlichen Verwaltung, wie, wo und warum sich Unternehmen sinnvoll engagieren können und wollen – und vor allem, wie solche Kooperationen organisiert werden könnten. In Wiesbaden konnte mit Prof. Dr. Tom Sommerlatte, Chairman der weltweit tätigen Unternehmensberatung Arthur D. Little, ein gut vernetzter Unternehmer als wertvoller Fürsprecher und Multiplikator für eine gemeinsame Arbeitsgruppe gewonnen werden. Außerdem als Partner mit im Boot: der in Berlin neu gegründete UPJ e. V.[5], heute ein bundesweit aktives CSR-Netzwerk engagierter Unternehmen und gemeinnütziger Mittlerorganisationen.

Zum ersten wichtigen Meilenstein wurde im Juni 2000 die Veranstaltung „Unternehmen – Partner der Jugend – wie geht das in Wiesbaden?" im alten Schlachthof: Vertreterinnen und Vertreter aus 14 Unternehmen und aus elf Einrichtungen der Jugendhilfe gingen auf dem „Markt der Möglichkeiten" aufeinander zu und starteten erste gemeinsame Projekte: Zum Beispiel wurden Computer an sieben Jugendinitiativen gespendet, eine Wiesbadener Agentur führte mit Schülerinnen und Schülern ein „Kreativitätstraining" durch und mehrere große Firmen boten Beratung im Bereich Organisationsentwicklung für Kinder- und Jugendeinrichtungen. 2003 tourte dann das „Webmobil" (Abb. 9) durch Wiesbaden – ein Doppeldecker-Bus, ausgestattet mit moderner Internettechnik – und machte Station an Treffpunkten für Kinder und Jugendliche. 30 Unternehmen der Medienbranche stellten Equipment – ihre Mitarbeiterinnen und Mitarbeiter boten im Webmobil kleine Medien-Workshops für Jugendliche an, die in großer Zahl „einstiegen" und mitmachten.

Die Aktionen wurden stets durch Öffentlichkeitsarbeit flankiert – unter anderem in Kooperation mit der FH Wiesbaden. Die neuartigen Kooperationen sprachen sich in der Stadt herum: Immer mehr Unternehmen wollten sich für die Jugendarbeit engagieren und machten in kleineren und größeren Pilotprojekten mit. Sie entdeckten das Thema, und sie entdeckten auch das Herz ihrer Mitarbeiterinnen und Mitarbeiter, die sich gern mit ihrer Zeit und ihrem Know-how einbrachten und im Namen ihrer Arbeitgeber Gutes taten. Und auch die Gemeinnützigen nahmen die Erfahrungen mit diesen Projekten positiv auf.

---

[5] www.upj.de/

**Abb. 9** Webmobil Wiesbaden

## 2.4 Aktionstag „Wiesbaden Engagiert!"

2005 bekommt das Ganze einen Namen – und ein festes Format: Nach Recherchen und Erkundungen, unter anderem bei den Maltesern in Frankfurt, veranstaltet das Amt für Soziale Arbeit den ersten Aktionstag „Wiesbaden Engagiert!" – einen stadtweiten „Social Day" für Gemeinnützige und Unternehmen[6]. Auf einer Projektbörse im Frühjahr finden 26 soziale Organisationen passende Unternehmenspartner für ihre Projektideen. Am 15. Juli 2005 ist dann „Showtime": 170 Mitarbeiterinnen und Mitarbeiter aus 36 Unternehmen packen einen Tag in 30 gemeinnützigen Projekten an – es wird gewerkelt, gestrichen, beraten und geschult ... und am Abend eine gemeinsame After-Work-Party gefeiert. Schirmherr der Veranstaltung ist – damals wie heute – der Wiesbadener Oberbürgermeister.

Das Format funktioniert – und bewegt etwas in Wiesbaden: Die Unternehmen zeigen Verantwortung am Standort und blicken mit ihren Mitarbeiterinnen und Mitarbeiter über den Tellerrand der eigenen Arbeitswelt. Die gemeinnützigen Partner gewähren Einblicke in ihr Arbeitsfeld, gewinnen Mitstreiter für ihre wichtigen Anliegen und können

[6] www.aktionswoche-wiesbaden-engagiert.de/interview-hildegunde-rech-wie-alles-begann/

**Abb. 10** „Wiesbaden Engagiert!" 2020 - ein Team in Aktion bei Naturefund e.V. (Foto: Petra A. Killick)

so auch größere Projekte realisieren. Sich gemeinsam für die gute Sache zu engagieren, schafft echte Begegnung und baut Brücken zwischen unterschiedlichen „Welten" der Stadtgesellschaft.

In den folgenden Jahren wächst und gedeiht die Idee: Das Format macht es Unternehmen leicht, einen Einstieg in neue Engagementformen zu finden. Die engagierten Teams nehmen neue Erfahrungen mit in ihren Alltag im Unternehmen. Die Vielfalt der teilnehmenden gemeinnützigen Akteure – und damit auch der Themen des Engagements – wächst ebenso wie die Zahl und die Vielfalt der Teilnehmenden: Jahr für Jahr begegnen sich mehr Menschen in gemeinsamen, sinnstiftenden Projekten im Bereich Soziales, Bildung, Sport, Kultur oder Naturschutz (Abb. 10). Aus vielen Kooperationen für einen Tag entwickeln sich feste Beziehungen zwischen Unternehmen und ihren gemeinnützigen Projektpartnern. Und das Beste: Die Kooperationen ergeben nicht nur viel Sinn, sondern machen auch großen Spaß! 2019 wurden durch die Aktion 148 Unternehmen mit rund 1500 Mitarbeiterinnen und Mitarbeitern und 100 gemeinnützige Akteure in 145 Projekten miteinander verbunden.[7]

[7] www.aktionswoche-wiesbaden-engagiert.de/dokumentation-2019/

## 2.5 „WiesPaten" – Unternehmen als Paten für Bildung

Aus den Erfahrungen und dem Erfolg des lokalen Aktionstags ergeben sich weitere Initiativen. Jugendliche als „Fachkräfte von morgen“ bleiben dabei für die Unternehmen eine relevante Zielgruppe. Und man wünscht sich ein Engagement, das längerfristig angelegt ist und damit noch nachhaltiger wirkt.

2009 geht die Initiative „WiesPaten“[8] an den Start. Die Idee: Wiesbadener Firmen übernehmen eine Patenschaft für eine kleine Gruppe Jugendlicher. Die Unternehmen finanzieren einen auf die Gruppe zugeschnittenen Förderunterricht, der von Lehramts-Studierenden gestaltet wird. So unterstützen die Firmen ihre „Patenkinder“ dabei, ihre Schullaufbahn erfolgreich zu meistern. Gleichzeitig engagieren sich ihre Mitarbeiterinnen und Mitarbeiter ganz persönlich für die Jugendlichen: Gemeinsame Ausflüge, Aktivitäten und Projekte – vom Schlittschuhlaufen über das gemeinsame Kochen bis zum Bewerbungstraining – erfüllen die Patenschaft mit Leben und bieten Gelegenheit zum Austausch und gemeinsamen Erleben. So werden die Patinnen und Paten für die Jugendlichen zu zusätzlichen Ansprechpersonen jenseits von Schule und Elternhaus, wenn es ums Lernen und um die Orientierung für die Zeit nach dem Schulabschluss geht.[9] Im Jahr 2020 eröffnen 17 Unternehmen an 10 Standorten zusätzliche Bildungschancen für ihre rund 130 „Patenkinder“.[10]

## 2.6 „Die Goldene Lilie" – Auszeichnung für engagierte Unternehmen

2006 entsteht die Idee, eine Auszeichnung als eine Art Gütesiegel für engagierte Unternehmen ins Leben zu rufen. Daraus wird die „Goldene Lilie“, mit der die Landeshauptstadt Wiesbaden seit 2010 Unternehmen öffentlich würdigt, die sich überdurchschnittlich stark im Gemeinwesen engagieren. Ein hochkarätig besetztes Kuratorium, dem neben dem Wiesbadener Oberbürgermeister die Präsidenten der Industrie- und Handelskammer Wiesbaden-Rheingau-Taunus und der Wiesbadener Handwerkskammer angehören, begleitet und unterstützt die „Goldene Lilie“.

[8] „WiesPaten“ ging hervor aus dem Programm „Förderunterricht“ der Stiftung Mercator, das Jugendlichen aus Familien mit Zuwanderungsgeschichte einen kostenfreien Deutsch-Förderunterricht bot. Die neue Idee: Das Angebot durch die Einbindung von Unternehmen zu erweitern und so das Thema Berufsorientierung mit zu bespielen. 2009 gingen zunächst vier Pionier-Unternehmen als „WiesPaten“ an den Start, ab 2010 kamen weitere hinzu.

[9] Seit 2014 können die WiesPaten-Jugendlichen zudem an internationalen Jugendbegegnungen teilnehmen und dabei auch ins europäische Ausland reisen. Auch hierbei sind die engagierten Unternehmen aktiv beteiligt. So fördert WiesPaten zusätzlich die Mobilitäts- und Sprachkompetenz sowie die Persönlichkeitsentwicklung.

[10] www.wiespaten.de/

**Abb. 11** Die Goldene Lilie und Preisträgerinnen und Preisträger 2018

Die Auszeichnung wird ab 2010 zunächst jährlich, seit 2018 alle zwei Jahre verliehen. Eine Jury mit Vertreterinnen und Vertretern von Kammern, Hochschule und Stadt, koordiniert vom CSR-Netzwerk UPJ, betrachtet das gesellschaftliche Engagement im Verhältnis zur jeweiligen Wirtschaftskraft des Unternehmens. Zeit- und Sachspenden, Pro-bono-Leistungen, monetäre Spenden, ehrenamtliche Mitarbeit in Gremien, Engagement für Bildung und Forschung, Ausbildung über Bedarf, Beschäftigung von Menschen mit Behinderung zählen bei der Bewertung. Jedes Wiesbadener Unternehmen kann sich bewerben. Auch gemeinnützige Einrichtungen und Bürgerinnen und Bürgern können Unternehmen für die „Goldene Lilie" nominieren. Dabei ist die „Goldene Lilie" kein „Wettbewerb" um Sieg und Platz: Jedes Unternehmen, das sich bewirbt und die strengen Kriterien erfüllt, wird ausgezeichnet (Abb. 11). So haben seit 2010 insgesamt 279 Unternehmen die „Goldene Lilie" erhalten. Im Jahr 2020 werden 44 Unternehmen mit der „Goldenen Lilie" gewürdigt. Drei Unternehmen erhalten einen Sonderpreis für ihr Engagement im Bereich „Vielfalt".[11]

## 2.7 „CSR Regio.Net Wiesbaden" – Lokales Netzwerk für CSR

2011 startet das Projekt „CSR Regio.Net", angestoßen im Rahmen des „Aktionsplans CSR" (Bundesregierung 2010) der Bundesregierung. Ziel des Programms ist, kleine und mittlere Unternehmen für das Thema verantwortliche Unternehmensführung zu gewinnen. An acht Standorten bundesweit berät, qualifiziert und vernetzt CSR Regio.Net mittelständische Unternehmen im Bereich Corporate Social Responsibility.

[11] www.die-goldene-lilie.de

In Wiesbaden wird das Unternehmensnetzwerk durch den UPJ e. V. getragen, in Kooperation mit und gefördert durch das Amt für Soziale Arbeit. Die IHK Wiesbaden unterstützt von Beginn an als strategischer Partner. Das Programm bietet regionalen Unternehmen die Möglichkeit, sich mit den vier CSR-Handlungsfeldern Markt – Arbeitsplatz – Umwelt – Gemeinwesen praktisch auseinanderzusetzen und soziale wie ökologische Aspekte systematischer in alle Bereiche ihrer Unternehmenstätigkeit zu integrieren. 2019 entsteht aus dem Netzwerk heraus die Initiative „WiNaMo", in der sich Wiesbadener Unternehmen für nachhaltige Mobilität engagieren, insbesondere für die Stärkung des Fahrrads als nachhaltiges Verkehrsmittel. Im Jahr 2020 besteht das CSR Regio.Net Wiesbaden aus 30 Unternehmen aller Branchen und Größen.[12]

## 2.8 „DU bist BERUFen" – Berufsorientierungswoche in Wiesbadener Betrieben

Der Handwerksunternehmer Theo Baumstark, der zu den „WiesPaten"-Pionieren zählt, ruft 2013 in Kooperation mit der Wiesbadener Schulsozialarbeit die Initiative „Du bist Baumstark" ins Leben: Schülerinnen und Schüler können ihre Talente in einem praktischen Handwerksprojekt bei der Firma Baumstark beweisen – und einen Ausbildungsplatz „gewinnen". Das Projekt wird ein Erfolg für die Jugendlichen – und für das Unternehmen.

Im folgenden Jahr wird die Aktion stadtweit ausgerollt und bekommt einen neuen Namen: „DU bist BERUFen" bietet Jugendlichen seither direkte Einblicke in verschiedene Unternehmen und deren Ausbildungsberufe. Interessierte Jugendliche werden über die Schulsozialarbeit an die Unternehmen vermittelt. Sie können sich in der besonderen Projektwoche auf praktische Weise beruflich orientieren, ihren Wunschberuf ausprobieren und auch potenzielle Ausbildungsbetriebe kennenlernen. Dabei gewinnen auch die Unternehmen: Sie lernen über das Programm potenzielle Azubis kennen, können engagierten Nachwuchs fördern und für sich gewinnen. Im Rahmen einer gemeinsamen Abschlussveranstaltung präsentieren die Schülerinnen und Schüler, was sie im Rahmen von „DU bist BERUFen" erfahren und gelernt haben. Viele Jugendliche erhalten die Chance auf ein vertiefendes Praktikum oder sogar einen Ausbildungsplatz.

Der Wiesbadener Rotary und Rotaract Club unterstützt das Projekt tatkräftig und motiviert auch neue Unternehmen zum Mitmachen. „DU bist BERUFen" zeigt beispielhaft, wie aus dem engagierten Wiesbadener Netzwerk neue Impulse entstehen und gemeinsam mit unterschiedlichen Akteuren fruchtbar gemacht werden – mit Benefit für

[12] www.upj.de/CSR-Regio-Net-Wiesbaden.289.0.html

alle Beteiligten. Im Jahr 2019 beteiligten sich 13 Wiesbadener Unternehmen an „DU bist BERUFen" und boten die Projektwoche für insgesamt 113 Jugendliche an.[13]

## 2.9 „gemeinsam aktiv" – Engagement im Quartier

Die Preisträger der ersten „Goldenen Lilie" nehmen 2010 die Auszeichnung als Ansporn, ihr Engagement zu bündeln, um gemeinsam noch mehr zu erreichen. Und sie wollen dort aktiv werden, wo der Bedarf besonders hoch ist. In Kooperation mit dem Amt für Soziale Arbeit werden mehrere Projekte im Schelmengraben initiiert – Wiesbadens Stadtteil mit der „höchsten sozialen Bedarfslage". Unter anderem entstanden ein dauerhaftes Leseprojekt in der Grundschule und das Format „Abenteuertage" für die Kinder des Stadtteils.

In 2014 gelingt es, über das Programm „Stadtentwicklung und Wirtschaft"[14] der Nationalen Stadtentwicklungspolitik die Ressource für ein Pilotprojekt zu erschließen: Unter dem Titel „gemeinsam aktiv. Unternehmen Schelmengraben" unterstützen Unternehmen die Quartiersentwicklung mit ihren spezifischen Kompetenzen und Ressourcen. Sie leisten so einen eigenen Beitrag zur Verbesserung der Lebensbedingungen im Stadtteil und ergänzen die Aktivitäten von Kommune und sozialen Einrichtungen vor Ort. Höhepunkt der Pilotphase ist der „Aktionstag Schelmengraben aktiv" im April 2015, bei dem 27 engagierte Unternehmen und über 100 Ehrenamtliche aus dem Stadtteil gemeinsam 14 Projekte umsetzen. Zum Leuchtturmprojekt wird das professionelle Kochbuch „Meine Küche und mein Herz"[15], das aus einer Kooperation der Frauengruppe „Die Linse" mit Unternehmen entsteht und im November 2017 – finanziert über ein bundesweites Crowdfunding – erscheint. Seit 2016 ist das Format auf Basis einer Förderung durch das Amt für Soziale Arbeit verstetigt und heißt seither „gemeinsam aktiv. Stadtteilpartner Schelmengraben". Als „Stadtteilpartner" engagieren sich acht Unternehmen in besonderem Maße für den Stadtteil – in enger Kooperation mit den sozialen Einrichtungen vor Ort und begleitet durch UPJ.[16]

[13] www.wiesbaden.de/leben-in-wiesbaden/gesellschaft/engagement/du-bist-berufen.php

[14] www.nationale-stadtentwicklungspolitik.de/NSP/DE/Projekte/Projektaufruf/ProjektaufrufWirtschaft/projektaufruf_node.html

[15] http://schelmengraben-kocht.de/

[16] www.wiesbaden.de/leben-in-wiesbaden/gesellschaft/engagement/gemeinsam-aktiv.php

**Europäische Hauptstadt des Unternehmensengagements**
Im Jahr 2014 feiert „Wiesbaden Engagiert!" sein 10-jähriges Jubiläum – gleichzeitig wird aus dem „Aktionstag" eine „Aktionswoche". Im Zusammenhang mit einer Bewerbung für den „Europäischen Unternehmensförderpreis" entsteht die Dachmarke „Wiesbaden Engagiert!" (Abb. 12), die alle bestehenden Formate in einer Gesamtstrategie verbindet.

Im Oktober 2014 wird die Landeshauptstadt Wiesbaden für diese Strategie von der Europäischen Kommission mit dem „Europäischen Unternehmensförderpreis" in der Kategorie „Verantwortungsvolles und integrationsfreundliches Unternehmertum" ausgezeichnet. So avanciert Wiesbaden zur „Europäischen Hauptstadt des Unternehmensengagements".

**Abb. 12** Die Säulen von „Wiesbaden Engagiert"

## 2.10 Die Erfolgsfaktoren von „Wiesbaden Engagiert!"

Am Anfang stand eine innovative Idee mit Weitblick, deren Potenzial und Umsetzbarkeit zunächst ausgelotet werden musste. Das pragmatische Prinzip der Initiatoren lautete: „Klein anfangen, aber anfangen." Doch was waren im weiteren Verlauf die Geheimnisse des Erfolgsrezepts?

- **Treiberin** des Gesamtprojekts war über fast 30 Jahre Hildegunde Rech, ehemalige Leiterin der Abteilung Jugendarbeit.
- **Fürsprecher und Multiplikatoren** standen und stehen hinter der Strategie und unterstützen auf vielfältige Weise.
- **Fachliche Expertise des Partners UPJ e. V.** half dabei, zur richtigen Zeit das Richtige zu tun.[17]
- **Unterstützung** aus Verwaltung und Politik waren wichtig zur Entwicklung der Idee.
- Viele **neugierige und engagierte Mitmacher** ließen die Idee wachsen und gedeihen.
- Die **Ressourcen** wuchsen mit den Aufgaben – und schließlich war ein **institutioneller Rahmen** nötig, um die gute Idee nachhaltig wirksam werden zu lassen (siehe auch Abb. 13).

Im weiteren Verlauf wurde die **Vielfalt** und **stetige Weiterentwicklung** der einzelnen Formate und der Gesamtstrategie – Schritt für Schritt und vor allem auch **gemeinsam mit den Beteiligten** – zum wichtigen Erfolgsfaktor: Die verschiedenen Engagementangebote und Handlungsfelder holen Unternehmen mit ihren unterschiedlichen Ansätzen und Interessen ab, bieten vielfältige Einstiege und leisten zugleich relevante Beiträge zu unterschiedlichen Bedarfen im Gemeinwesen. Die Kooperationen der sehr unterschiedlichen Akteure können dabei nur gelingen und nachhaltig positiv wirken, wenn man sich auf **Augenhöhe** begegnet – mit Offenheit und gegenseitigem **Respekt.** Hier braucht es einen **professionellen Mittler** für die Moderation zwischen unterschiedlichen Akteurinnen und Akteuren und Perspektiven. Zentrale Maxime aller Projekte ist die klare **Handlungsorientierung,** um das Engagement und seine Wirkung erfahrbar werden zu lassen. Alle Aktivitäten waren und sind stets orientiert an den konkreten Herausforderungen des Gemeinwesens – ohne jedoch den **konkreten Nutzen für die Teilnehmenden** selbst außer Acht zu lassen: Alle Beteiligten dürfen – und sollen – profitieren (siehe auch Abb. 14).

[17] Von Beginn an mit entscheidend für den Erfolg war die Zusammenarbeit mit dem gemeinnützigen CSR-Netzwerk UPJ, das viele Initiativen der Landeshauptstadt Wiesbaden bis heute begleitet: als Experte, als Träger für die Entwicklung und Pilotierung der Programme und als bundesweiter Netzwerkpartner.

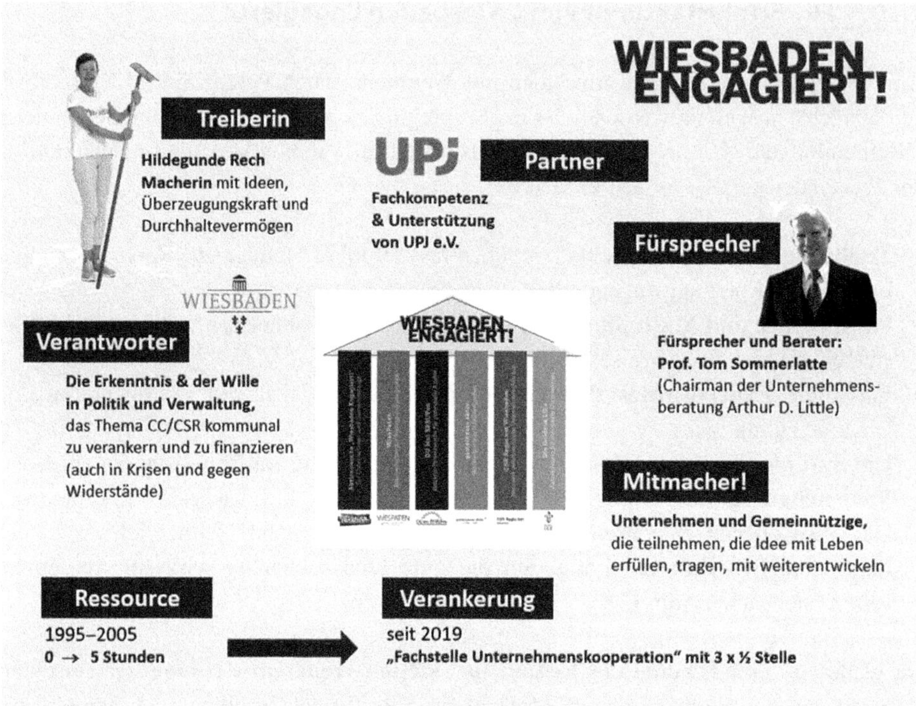


**Abb. 13** Die Erfolgsfaktoren von „Wiesbaden Engagiert!"

## 2.11 „Wiesbaden Engagiert!" wirkt – nachhaltig

Seit 2005 haben sich allein im Rahmen des Aktionstages „Wiesbaden Engagiert!" (bzw. Aktionswoche) mehr als 550 Unternehmen mit insgesamt über 14.400 Mitarbeiterinnen und Mitarbeitern engagiert. 1361 Projekte wurden umgesetzt – mit mehr als 300 gemeinnützigen Institutionen und Organisationen. Seit 2015 ist auch die städtische Verwaltung mit jährlich mehreren 100 Teilnehmenden vertreten.

Aus dem „Impulsformat" für neue Kooperationen ergeben sich mehr und mehr stabile Beziehungen zwischen gemeinnützigen Organisationen und der Wirtschaft: Etwa 50 % der jährlichen Kooperationen einer Aktionswoche resultieren aus längerfristigen Partnerschaften. Die „Goldene Lilie" inspiriert zu neuem Engagement, Unternehmen aus dem CSR Regio.Net Wiesbaden nutzen die Aktionswoche oder steigen auch als „WiesPaten" ein und umgekehrt. Aus der Idee „Unternehmen – Partner der Jugend" ist in Wiesbaden inzwischen ein vielfältiges, starkes und kreatives Netzwerk aus Wirtschaftsakteuren, Non-profit-Organisationen und Kommune geworden. Immer wieder wurden und werden auch neue CSR- und CC-Initiativen gestartet. Und das engagierte Netzwerk trägt auch in schwierigen Zeiten – wie sich aktuell in der durch die COVID-Pandemie ausgelösten Krise zeigt, in der Unternehmen vielerorts spontane und unbürokratische Hilfe leisten.

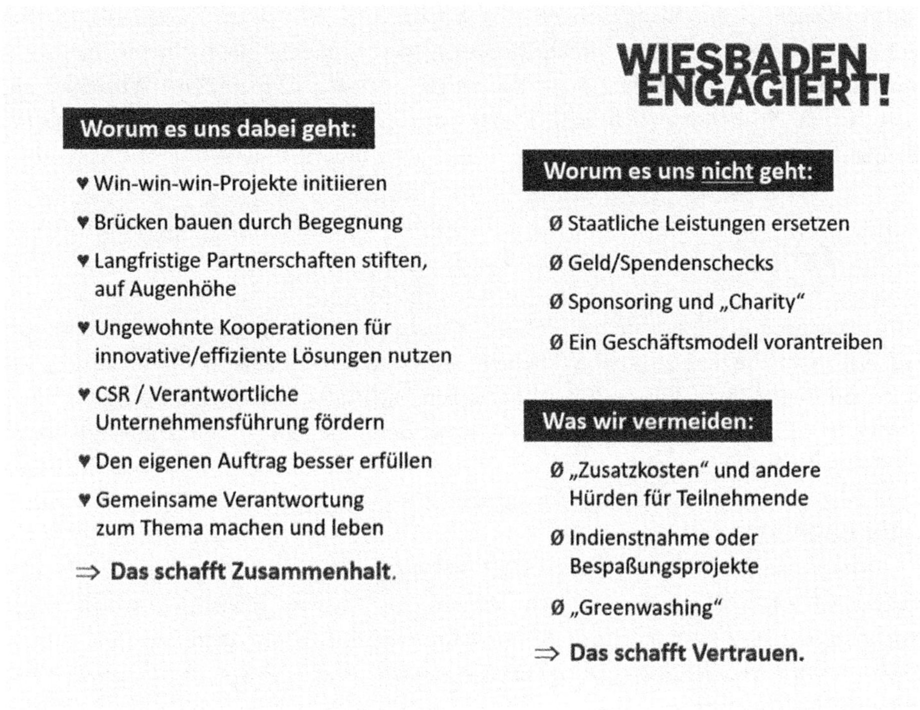


**Abb. 14** Die Ziele von „Wiesbaden Engagiert"!

Mit den unterschiedlichen Formaten wurde Wiesbaden immer wieder zum Impulsgeber für andere Kommunen, zum Beispiel für die Aktionstage in Mainz („MUMM – Mainzer Unternehmen Machen Mit") und im Rheingau-Taunus-Kreis („Aktionstag Ehrensache") oder für die neue CSR-Initiative der Stadt in Eltville am Rhein.

## 2.12 Das Amt für Soziale Arbeit als Partner für Corporate Citizenship und CSR

Die Federführung der Aktivitäten unter dem „Wiesbaden Engagiert!"-Dach lag in Wiesbaden von Beginn an in der kommunalen Verwaltung – bei der Abteilung Jugendarbeit im Amt für Soziale Arbeit. Von hier aus wurde die Idee angestoßen und vorangetrieben. In der „Fachstelle Unternehmenskooperation" ist heute die Expertise für die Mittlerrolle an der Schnittstelle von Wirtschaft, Gemeinwesen und Verwaltung gebündelt. Das Amt für Soziale Arbeit ist Mitglied im UPJ-Netzwerk gemeinnütziger Mittlerorganisationen und profitiert so vom bundesweiten Erfahrungsaustausch.

Die kommunale Fachstelle hat sich nicht nur als Anlaufstelle für engagierte Unternehmen – und solche, die es werden wollen – etabliert. Aus der aktiven Mittlerrolle und dem bedarfs- und lösungsorientierten Ansatz von „Wiesbaden Engagiert!“ ergeben sich vielfältige Kontakte und direkte Kooperationen – sowohl innerhalb der städtischen Verwaltung als auch zwischen Stadt und verschiedensten Akteuren aus Wirtschaft und Gesellschaft. So können auch neue Themen angepackt und gemeinsam vorangetrieben werden.

## 3 Fazit

Vorausschauend und innovativ am Puls der Zeit zu agieren, auf neue Herausforderungen und Rahmenbedingungen proaktiv, flexibel und kreativ zu reagieren, ist nicht das, was man städtischen Verwaltungen im Allgemeinen nachsagt. „Wiesbaden Engagiert!“ und „ÖKOPROFIT Wiesbaden“ sind jedoch gute Beispiele dafür, wie innovative Ideen im Bereich Nachhaltigkeit seitens der Kommune angestoßen, entwickelt und mit Partnerinnen und Partnern erfolgreich umgesetzt werden können. Die SDG à la hessisch stehen dafür (Abb. 15).

„Partnerschaften für die Ziele“ (SDG 17) sind nötig, wenn wir für die globalen gesellschaftlichen Herausforderungen vor unserer eigenen Haustür etwas bewegen möchten. Mit-Verantwortung und Kooperation sind die Basis, damit wir gemeinsam Antworten auf die wichtigen ökologischen und auch sozialen Fragen der Gegenwart und Zukunft finden können.

**Abb. 15** SDG à la hessisch: Ziel 17

**Evelyne Wickop** ist Dipl.-Geografin und hat an der Georg-August-Universität Göttingen Geografie mit den Schwerpunkten Landschafts- und Stadtökologie studiert. Sie war drei Jahre am Umweltforschungszentrum Leipzig-Halle GmbH tätig, bevor sie 1998 wissenschaftliche Mitarbeiterin beim Umweltamt der Landeshauptstadt Wiesbaden wurde und bis 2002 maßgeblich an der Gestaltung, Organisation und Begleitung des Agenda-21-Prozesses in Wiesbaden beteiligt war. Als zentralen Baustein im Bereich nachhaltiges Wirtschaften im Umweltamt hat sie bereits 2000 das betriebliche Umweltmanagement-Programm ÖKOPROFIT mit initiiert und baute diesen Schwerpunkt über 20 Jahre kontinuierlich aus. Sie engagiert sich für Kooperationen und Netzwerke zum betrieblichen Umwelt- und Klimaschutz und Energieeffizienz, sowohl lokal als auch überregional. Einblicke in die Erfordernisse und Handlungsfelder des Umwelt- und Nachhaltigkeitsmanagements bei Betrieben unterschiedlicher Größen und Branchen runden ihre Expertise ab. Neben der Leitung des Bereichs Umweltmanagement gehören die Entwicklung von Konzepten, Instrumenten und Programmen im Kontext Nachhaltigkeit zu ihren Aufgaben, ebenso wie fachübergreifende Projekte zu Themen wie Leitbilder, Bürgerbeteiligung und Klimaschutz.

**Karoline Deissner** arbeitet seit 2012 im Bereich Unternehmenskooperation im Amt für Soziale Arbeit der Landeshauptstadt Wiesbaden. Seit 2019 leitet sie in der Abteilung Jugendarbeit die Fachstelle Unternehmenskooperation und koordiniert das interne Kompetenzteam „Wiesbaden Engagiert!". Als Projektmitarbeiterin von UPJ e. V. hat sie unter anderem das Format „gemeinsam aktiv. Stadtteilpartner Schelmengraben" in Wiesbaden mit aufgebaut. Sie ist Fachreferentin im Bereich CC und CSR und freiberufliche Lektorin für Kommunikation, Grafikdesign und Werbung.

## Literatur

Beck U (1986) Risikogesellschaft. Auf dem Weg in eine andere Moderne. Suhrkamp, Frankfurt a. M.

Bundesregierung (2010) Nationale Strategie zur gesellschaftlichen Verantwortung von Unternehmen (Corporate Social Responsibility – CSR) – Aktionsplan CSR. https://www.bundesregierung.de/resource/blob/975274/464606/c521116c6e6659b26d5ff286ff67408c/2010-12-07-aktionsplan-csr-data.pdf?download=1. Zugegriffen: 4. Nov. 2020

Initiative Energieeffizienz-und Klimaschutz-Netzwerke (o. J.) https://www.effizienznetzwerke.org. Zugegriffen: 4. Nov. 2020

Landeshauptstadt München (2018) 20 Jahre ÖKOPROFIT Deutschland 1998 bis 2018. Zusammenfassung der Ergebnisse. Referat für Arbeit und Wirtschaft, Referat für Gesundheit und Umwelt (Hrsg). http://www.wirtschaft-muenchen.de/publikationen/pdfs/20_jahre_oekoprofit_flyer_d.pdf. Zugegriffen: 4. Nov. 2020

Landeshauptstadt Wiesbaden (2001) Wiesbadener Agenda 21: Handlungsprogramm für eine dauerhaft lebenswerte Stadt. Umweltamt (Hrsg). https://www.wiesbaden.de/medien-zentral/dok/leben/umwelt-naturschutz/umwelt_agenda_programm_xs_1_.pdf. Zugegriffen: 4. Nov. 2020

Landeshauptstadt Wiesbaden (2016) ÖKOPROFIT Wiesbaden 2015/2016. Umweltamt (Hrsg)

Landeshauptstadt Wiesbaden (2018) ÖKOPROFIT Wiesbaden 2017. Umweltamt (Hrsg). https://www.wiesbaden.de/leben-in-wiesbaden/umwelt/oekoprofit/auszeichnungen-2017.php. Zugegriffen: 4. Nov. 2020

Landeshauptstadt Wiesbaden (2019) ÖKOPROFIT Wiesbaden 2018/2019. Umweltamt (Hrsg). https://www.wiesbaden.de/leben-in-wiesbaden/umwelt/oekoprofit/auszeichnung-2019.php. Zugegriffen: 4. Nov. 2020

Landeshauptstadt Wiesbaden (2020) Ökoprofit – Umweltberatungs- und Klimaschutzprogramm für Unternehmen. https://www.wiesbaden.de/oekoprofit. Zugegriffen: 4. Nov. 2020

Petrak R et al (2018) Mit Konzept und klarem Kurs. In: Worms MJ, Radermacher FJ (Hrsg) Klimaneutralität – Hessen 5 Jahre weiter. Springer Vieweg, Wiesbaden. https://doi.org/10.1007/978-3-658-20606-2_26. Zugegriffen: 4. Nov. 2020

Umweltbundesamt (2005) Umweltmanagementansätze in Deutschland. https://www.umweltbundesamt.de/publikationen/umweltmanagementansaetze-in-deutschland. Zugegriffen: 4. Nov. 2020

Wickop E, Ziese M (2019) Umweltmanagementsystem Ökoprofit. Betreuungschance für Sicherheitsfachkräfte. In: Sicherheitsingenieur 01/2019. https://www.sifa-sibe.de/sicherheit/arbeitsschutzorganisation/betreuungschance-fuer-sicherheitsfachkraefte/. Zugegriffen: 4. Nov. 2020

# Blue Community Marburg

## Eine Stadt trinkt Leitungswasser für den Klimaschutz

Karin Brahms

> *Dr. Maude Barlow: „Wir erleben einen grundsätzlichen Wandel in unserer Beziehung zum Wasser, und das stimmt mich sehr hoffnungsvoll.“*
>
> *(Chancen* 2016*)*

**Zusammenfassung**

Die Auswirkungen des Klimawandels betreffen zunehmend auch die deutsche Wasserwirtschaft. Extreme Wetterlagen wie Starkregen oder anhaltende Dürre haben die Bedeutung der kommunalen Wasserversorgung in den Fokus der Öffentlichkeit gerückt. Seit 2018 ist die Universitätsstadt Marburg eine zertifizierte Blue Community. Sie zählt damit neben Berlin und München zu den ersten Städten in Deutschland, die sich dieser internationalen Bewegung angeschlossen haben. Eine Blue Community erkennt das weltweite Menschenrecht auf Zugang zu sauberem Wasser und zu sanitärer Grundversorgung an, belässt Wasserdienstleistungen in öffentlicher Hand, fördert das Trinken von Leitungswasser und pflegt internationale Partnerschaften. In der Blue Community Marburg hat sich seither ein breit aufgestelltes Netzwerk etabliert mit dem Ziel, die lebenswichtige und zu schützende Ressource Wasser und ihren Wert stärker ins öffentliche Bewusstsein zu rücken.

K. Brahms (✉)
Stadtwerke Marburg GmbH, Marburg, Deutschland
E-Mail: karin.brahms@swmr.de

 
A. Trischler und S. Böhling (Hrsg.), *CSR in Hessen,* Management-Reihe Corporate Social Responsibility, https://doi.org/10.1007/978-3-662-63004-4_41

# 1 Trinkwasser – Das Lebensmittel Nummer eins

## 1.1 Trinkwasserknappheit und -Reichtum

Trinkwasser ist ein Gut, das weltweit immer knapper und wertvoller wird. Schon heute haben, wie das UN-Kinderhilfswerks UNICEF und die Weltgesundheitsorganisation WHO berichteten, 2,2 Mrd. Menschen kein sicheres Trinkwasser zur Verfügung. Davon haben 785 Mio. Menschen nicht einmal eine Basisversorgung. Eine sichere Sanitätsversorgung fehlt 4,2 Mrd. Menschen und die schlechten hygienischen Bedingungen bedeuten für 3 Mrd. Menschen, dass sie sich zu Hause nicht die Hände waschen können (UNICEF 2019).

Deutschland dagegen ist ein wasserreiches Land und der Bevölkerung steht „Trinkwasser stets in hervorragender Qualität und ausreichender Menge zur Verfügung". Dafür sorgen auch die hohen technischen Standards und das Einhalten der gesetzlichen Vorgaben und Regelwerke (Branchenbild 2020, S. 8) (Abb. 1).

**Abb. 1** Innenansicht Wasserbehälter, Detail

## 1.2 Hohe Qualitätsstandards

Das Lebensmittel Nummer eins wird in Deutschland streng kontrolliert und kommt stets in Trinkwasserqualität aus der Leitung. Die deutsche Trinkwasserverordnung ist dafür die Grundlage und sie legt fest, dass Leitungswasser hygienisch einwandfrei und frei von Schadstoffen sein muss.

Rund 127 L Trinkwasser werden in Deutschland pro Kopf und Tag verbraucht (Branchenbild 2020, S. 39). Das Vertrauen der Deutschen in die Qualität und in die Versorgersicherheit ist hoch. Über 90 % nutzen Leitungswasser unmittelbar zum Trinken und 84 % bewerten die Qualität mit „sehr gut“ oder „gut“ (Pöhls 2019, S. 5).

Wasser in Trinkwasserqualität – überall und zu jeder Tages- und Nachtzeit das ist für die Menschen hier in Deutschland eine Selbstverständlichkeit. „Weitgehend unbemerkt und selbstverständlich arbeiten tagtäglich rund 80.000 Menschen daran, uns rund um die Uhr mit sicherem, sauberem und günstigem Trinkwasser zu versorgen, unser Abwasser umweltgerecht zu entsorgen, uns vor Hochwasser zu schützen und lebendige Gewässer zu entwickeln. So schützen diese Menschen unser Wasser auch für die kommenden Generationen.“ (Scheuer 2020)

## 1.3 Kommunale Wasserwirtschaft

In Deutschland gehört die Trinkwasserversorgung ebenso wie die Abwasserentsorgung zu den Kernaufgaben der kommunalen Daseinsvorsorge. Von den insgesamt 5845 Wasserversorgern in Deutschland waren im Jahr 2018 67 % öffentlich-rechtlich, 33 % privat-rechtlich organisiert (Branchenbild 2020, S. 33).

Die Mehrheit der Deutschen möchte ihre Wasserversorgung direkt vor Ort in kommunaler Regie organisiert wissen. Und dort, wo nach der Liberalisierung der Energiemärkte der Wassersektor für private Investoren geöffnet wurde, haben vielerorts Bürgerinitiativen und Kommunalpolitikerinnen und -politiker in den letzten

Jahren erfolgreich für die Rekommunalisierung ihrer Versorgungsbetriebe gekämpft. Prominente Beispiele sind die Berliner Wasserbetriebe (2013) und die Nordwasser GmbH in Rostock (2018).

Auch weltweit haben sich seit der Jahrtausendwende „nationale Regierungen, viele Städte, Regionen und Länder entschieden, das Buch von privatisiertem Wasser zu schließen und die Dienstleistungen wieder in die öffentliche Kontrolle zu nehmen. Mehr als 235 Städte aus 37 Ländern" rekommunialisierten im Zeitraum von 2000–2015 ihre Wasserdienstleistungen, darunter auch Paris (Kishimoto et al. 2015, S. 130).

„Während in den 1980er- und 1990er-Jahren die Befürworter von Privatisierung größere Effizienz und einen besseren Service durch den privaten Sektor versprochen hatten, ist die Anziehungskraft dieser Argumente für die Privatisierung nun komplett verschwunden." (Hecht 2015, S. 62)

Von zentraler Bedeutung für die öffentliche Willensbildung zugunsten der kommunalen Wasserwirtschaft war auch die europäische Bürgerinitiative right2water. Der europäische Gewerkschaftsverband initiierte das Bürgerbegehren im Frühjahr 2012 und forderte, neben der Anerkennung des Menschenrechts auf Wasser, die Wasserwirtschaft „von der Liberalisierungsagenda auszuschließen" (Hecht 2014, S. 4). Bis Ende August 2013 unterzeichneten 1,9 Mio. Europäerinnen und Europäer das Bürgerbegehren, davon allein 1,38 Mio. in Deutschland.

## 2 Stadtwerke Marburg – 100 % kommunal

### 2.1 Kommunale Daseinsvorsorge und Klimaschutz

In der Universitätsstadt Marburg ist es Tradition, die Daseinsvorsorge kommunal zu steuern. Seit den Anfängen im Jahr 1863 leisten die Stadtwerke Marburg ihren Versorgungsauftrag in kommunaler Regie. Für die Bürgerinnen und Bürger ist das städtische Unternehmen seit Generationen der verlässliche Partner in allen Bereichen der öffentlichen Daseinsvorsorge: Strom, Gas, Wärme, Wasser und Abwasser, Mobilität, Entsorgung, Energiedienstleistungen und Breitbandinternet. Rund 650 Mitarbeiterinnen und Mitarbeiter arbeiten in der Unternehmensgruppe (Abb. 2).

Die Verantwortung für den Klima- und Umweltschutz hat bei den Stadtwerken Marburg Tradition und ist in enger Zusammenarbeit mit den Beteiligten vor Ort eine Querschnittsaufgabe, die nahezu alle Bereiche ihres Tuns und Handelns durchdringt.

Schon in der Vergangenheit, seit Mitte der 1990er-Jahre, investierte das kommunale Unternehmen kontinuierlich in den Ausbau der erneuerbaren Energien, beliefert seine Haushaltskundinnen und -kunden von 2009 an konsequent mit Ökostrom, stellte seine Busflotte seit 2005 sukzessive auf Erdgasantrieb um und baute vor Ort die dezentrale

**Abb. 2** Hauptverwaltung der Stadtwerke Marburg

Energieerzeugung und Wärmeversorgung kontinuierlich aus. Im Frühjahr 2021 haben die Stadtwerke Marburg die ersten beiden rein elektrisch betriebenen Busse für die Universitätsstadt Marburg in Betrieb genommen und sind damit auch im Nahverkehrsbereich in die Elektromobilität eingestiegen.

## 2.2 Ausruf des Klimanotstands

Am 28. Juni 2019 hat die Universitätsstadt Marburg den Klimanotstand ausgerufen und sich das Ziel gesetzt, bis 2030 klimaneutral zu sein. In dem nun vorgelegten „Klima-Aktionsplan 2030 der Universitätsstadt Marburg" nehmen die Stadtwerke Marburg eine zentrale Rolle ein, im Schulterschluss mit der Universitätsstadt Marburg und zahlreichen lokalen Initiativen, Vereinen, Organisationen und Betrieben die Klimaziele vor Ort, insbesondere im Bereich der Energie- und Mobilitätswende, konsequent umzusetzen (Stadt Marburg 2020).

Vor diesem Hintergrund ist auch die Bedeutung der kommunalen Wasserversorgung sowie allgemein der Gewässerschutz verstärkt als klimarelevant in das öffentliche Bewusstsein gerückt – in Marburg, aber auch überregional und global.

### 2.3 Sichere Trinkwasserversorgung für die Zukunft

Seit 2017 führt das I.E.S.K – Institut für empirische Sozial- und Kommunikationsforschung mit Förderung des Verbands der kommunalen Unternehmen (VKU) die Langzeitstudie „Qualität und Image von Trinkwasser in Deutschland (TWIS)“ durch. Die letzte Befragung aus dem Jahr 2019 macht deutlich, dass sich die Deutschen nach den beiden Jahrhundertsommern 2018 und 2019 sowie den Starkregenereignissen im Jahr 2017 zunehmend Sorgen machen, der Klimawandel könne sich negativ auf die Trinkwasserressourcen auswirken (Poehls 2019, S. 29). Auch hätten die „Diskussionen um das Thema Nitrat in Deutschland, das Thema Infrastruktur sowie die medienstarken Vergleiche von Leitungswasser und Mineralwasser durch die Stiftung Warentest und Ökotest stärker als zuvor das Thema Trinkwasser auf die Tagesordnung gesetzt“ (Pöhls 2019, S. 3).

„Wir haben in der Marburger Region eine stabile Ausgangslage für eine sichere Trinkwasserversorgung, auch für die Zukunft“, erklären Stadtwerke Marburg Geschäftsführer Holger Armbrüster und Dr. Bernhard Müller. „Gleichwohl sehen wir Handlungsbedarf, unsere Infrastruktur angesichts des Klimawandels anzupassen und unsere Investitionen im Wasserbereich signifikant zu steigern.“ Dazu zähle unter anderem der Neubau eines bestehenden Wasserwerks, weitere Gewinnungsanlagen zu erschließen sowie die Resilienz der Netze und Verbundleitungen zu stärken. Auch trage eine kontinuierliche Öffentlichkeitsarbeit dazu bei, die Verbraucherinnen und Verbraucher mit in die Verantwortung zu nehmen und für wasserrelevante Themen zu sensibilisieren.

### 2.4 Gezielte Öffentlichkeitsarbeit

Entsprechend veranstalten die Stadtwerke Marburg seit vielen Jahren themenspezifische Ausstellungen, Vorträge, Führungen, oft in Kooperation mit ortsansässigen Gruppen von Nichtregierungsorganisationen oder Vereinen, wie die UNICEF-Arbeitsgruppe Marburg, Ingenieure ohne Grenzen e. V. oder Terra Tech Förderprojekte e. V., und suchen seit 2010 zum Weltwassertag gezielt den Dialog mit den Marburgerinnen und Marburgern. Ein fester Programmbestandteil der Öffentlichkeitsarbeit sind darüber hinaus die fast immer ausgebuchten Führungen zur historischen Wasserversorgung in der Marburger Altstadt inklusive einer Besichtigung des mittelalterlichen Landgrafenschlossbrunnens.

## 3 Dr. Maude Barlow und die Blue-Community-Bewegung

### 3.1 Wasser ist keine Handelsware

Im Rahmen dieser Öffentlichkeitsarbeit besuchte die Menschenrechts- und Umweltaktivistin Dr. Maude Barlow während ihres Europaaufenthaltes im Oktober 2016 gemeinsam mit Christa Hecht von der Allianz der öffentlichen Wasserwirtschaft e. V.

(AöW) die Universitätsstadt Marburg. Die Einladung der Stadt Marburg und der Stadtwerke Marburg unterstützten viele lokale Initiativen, so der Marburger Weltladen e. V. und der Verein Kulturelle Aktion Strömungen e. V. Die AöW ist eine bundesweite Interessensvertretung, die ausschließlich die öffentliche Wasserwirtschaft vertritt und die Blue Community Bewegung in Deutschland seit vielen Jahren unterstützt (AöW). Christa Hecht war bis zu ihrem Ruhestand Ende 2018 die Geschäftsführerin der AöW und koordiniert mittlerweile ehrenamtlich als offizielle Vertreterin Dr. Maude Barlows die Blue-Community-Aktivitäten in Deutschland (Blue Community Deutschland).

„Wasser ist keine Handelsware und der Zugang zu Trinkwasser ein universelles Menschenrecht, mit diesen kurzen Worten lässt sich erklären, wofür Dr. Maude Barlow international seit Jahren kämpft", würdigte Marburgs Oberbürgermeister Dr. Thomas Spies die kanadische Wasseraktivistin, die sich im Rathaus in das Goldene Buch der Stadt eintrug (Stadt Marburg 2016), und hob die Bedeutung der kommunalen Unternehmen für Deutschland, auch für Marburg, hervor. „Die deutsche Wasserwirtschaft ist hervorragend aufgestellt und gehört in öffentliche Hand." Gleichzeitig habe man aber auch die Erfahrung gemacht, dass sowohl die Energie- und Wasserwirtschaft als auch der Dienstleistungssektor in immer neuen Wellen global und auf EU-Ebene unter Privatisierungsdruck gerate. „Umso mehr brauchen wir engagierte Menschen wie Dr. Maude Barlow und internationale Netzwerke, die eine Gegenbewegung zum Liberalisierungs- und Privatisierungsdruck bilden."

## 3.2 Dr. Maude Barlow – die „Wasserkriegerin"

Die Kanadierin Dr. Maude Barlow, die sich selbst im Kampf um mehr Wassergerechtigkeit auch als „Wasser-Kriegerin" bezeichnet (Barlow 2016), ist eine führende Wasser- und Umweltaktivistin. Seit Jahren engagiert sie sich weltweit für das Menschenrecht auf Zugang zu sauberem Wasser und zu sanitärer Grundversorgung, gegen die Privatisierung und Ausbeutung der globalen Wasserreserven, für Umweltschutz und für faire nachhaltige Handelsbeziehungen (Abb. 3).

2010 brachte sie, gemeinsam mit Bolivien und 33 weiteren Staaten, die UN-Charta zum Menschenrecht auf Wasser und sanitäre Grundversorgung auf den Weg. Für ihren weltweiten Einsatz für gerechten Handel und die Anerkennung des Grundrechts auf Wasser wurde Dr. Maude Barlow mit zahlreichen internationalen Preisen, wie 2005 dem alternativen Nobelpreis, dem Right Livelihood Award, dem Earth Care Award und 14 Ehrendoktortiteln ausgezeichnet. Von ihren insgesamt 18 Büchern sind beispielhaft zu nennen „Blaues Gold" (Barlow und Clarke 2003), „Blaue Zukunft" (Barlow 2014) und „Wasser-Allmende" (Barlow 2013).

2011 gründete sie gemeinsam mit der kanadischen Umweltorganisation Council of Canadians sowie der kanadischen Gewerkschaftsvereinigung „Canadian Union of Public Employees" die Blue-Community-Initiative, der sich mittlerweile 49 Gemeinschaften (Städte, Gemeinden, Kirchen, Orden und Universitäten) weltweit angeschlossen haben.

**Abb. 3** Dr. Maude Barlow zu Besuch im historischen Rathaussaal Marburg

Die erste Blue Community wurde 2011 die Stadt Burnaby in Kanada, 2013 wurden die Stadt und die Universität Bern die ersten Blue Communities außerhalb Kanadas. Inzwischen haben weitere europäische Städte und Regionen die Blue-Community-Selbstverpflichtung beschlossen, darunter Paris, die Region Brüssel, Thessaloniki und Amsterdam (Blue Community International). In Deutschland sind der Blue-Community-Bewegung seit 2017 Augsburg, Berlin, Kempten, Marburg und München beigetreten (Blue Community Deutschland).

## 3.3 Das Menschenrecht auf Wasser und die globale Wasserkrise

Im historischen Marburger Rathaussaal referierte Dr. Maude Barlow (2016) vor rund 100 Zuhörinnen und Zuhörern zum Thema „Das Menschenrecht auf Wasser – Viel erreicht und doch müssen wir weiter kämpfen – aktuell gegen die Bedrohung für den Gewässerschutz durch TTIP und CETA".

„Unser Planet erlebt eine globale Wasserkrise. Der Bedarf nach Wasser wird in den nächsten 15 Jahren um 55 % ansteigen. An diesem Punkt werden die weltweiten Wasserressourcen lediglich 60 % des globalen Bedarfes abdecken", mahnte Dr. Maude Barlow in ihrem Vortrag.

Es gebe bereits viele Länder im Nahen Osten, die ihren Süßwasserbedarf nur noch mithilfe von Entsalzungsanlagen decken könnten. Doch auch eigentlich wasserreiche Länder seien durch Industrie, Umweltverschmutzung, extensive Landwirtschaft, Bevölkerungswachstum und Privatisierung der Wasserversorgung auf dem Weg in die Wasserkrise. Es könne Kriege um Wasser geben, wenn es der Weltgemeinschaft nicht gelinge, neue Verteilungsgerechtigkeit und konsequente Umweltstandards herbeizuführen.

Der Mangel an Süßwasser in vielen Teilen der Welt werde, so Dr. Barlow, voraussichtlich mehrere Millionen Menschen jährlich zur Flucht bewegen. Es sei eine bittere

Realität, dass täglich mehr als 1000 Kinder aufgrund von wasserinduzierten Krankheiten sterben würden und damit mehr als durch alle Formen der Gewalt zusammen, inklusive Kriege.

Es gebe aber einen wachsenden Konsens, dass, „wenn wir die schwindenden Wasserreserven des Planeten erhalten und sauberes Wasser für alle zur Verfügung stellen wollen, wir das Wasser als Allmende und öffentliches Gut verteidigen müssen. Wasser ist entscheidend für unser Überleben und muss allen Mitgliedern der Gemeinschaft zugänglich sein" (Barlow 2016).

## 4 Marburg wird Blue Community

### 4.1 Ziele

Für die Marburger Stadtgesellschaft wurde der Vortrag von Dr. Maude Barlow die Initialzündung, der Blue-Community-Bewegung beizutreten. Im Herbst 2017 war Dr. Maude Barlow Gast auf der Weltklimakonferenz in Bonn. Die AöW nutzte ihre Anwesenheit in Deutschland, Blue-Community-Interessierte zu einem Vernetzungstreffen in Frankfurt einzuladen. Dort bildete sich ein erster Arbeitskontakt zwischen den Wasseraktivistinnen und Wasseraktivisten der Marburger Stadtgesellschaft, der bis heute die Basis des Runden Tisches der Blue Community Marburg ist.

Im Dezember 2017 entschied das Marburger Stadtparlament einstimmig, der Blue-Community-Bewegung beizutreten. Dazu heißt es in der Beschlussvorlage:

„Die Universitätsstadt Marburg wird Blue Community und bekennt sich selbstverpflichtend zu folgenden Zielen dieser internationalen Initiative:

1. Anerkennung des Wassers als Menschenrecht
2. Wasserdienstleistungen bleiben in öffentlicher Hand
3. Leitungswasser statt Flaschenwasser trinken
4. Pflege von Partnerschaften mit internationalen Partnern

Die Universitätsstadt Marburg bekennt sich seit jeher klar und eindeutig zur kommunalen und öffentlichen Daseinsvorsorge und hat die meisten Dienstleistungen über ihre eigenen städtischen Gesellschaften organisiert. Die Trinkwasserversorgung der Marburger Bürgerinnen und Bürger erfolgt durch die Stadtwerke Marburg.

Mit dem Beschluss, Blue Community zu werden, bekennt sich die Universitätsstadt Marburg zu ihrer kommunalen Wasserversorgung und dem internationalen Menschenrecht auf Wasser. Darüber hinaus verpflichtet sich die Stadt Marburg darauf hinzuwirken, dass sowohl in den städtischen Einrichtungen, bei Empfängen und öffentlichen Veranstaltungen statt abgepacktem Flaschenwasser Leitungswasser getrunken wird. Es ist darüber hinaus auch zu prüfen, welche Maßnahmen der Vernetzung und Zusammenarbeit entwickelt werden können, damit auch in anderen Institutionen, Unternehmen, Bildungseinrichtungen etc. verstärkt Leitungswasser statt Flaschenwasser getrunken wird." (Stadt Marburg 2017)

## 4.2 Runder Tisch

Mit Jahresbeginn 2018 nahm der Runde Tisch Blue Community unter Federführung der Stadtwerke Marburg und dem städtischen Fachdienst Umwelt, Naturschutz, Fairer Handel und Abfallwirtschaft seine Arbeit mit dem Ziel auf, Kooperationen mit anderen Institutionen, Vereinen, Organisationen und den vielen Akteuren der Stadtgesellschaft aufzubauen und zu verstetigen. Eine wichtige Partnerin ist die Blue-Community-Initiative der Philipps-Universität Marburg. Sie erwirkte im Juni 2018 einen dem Stadtparlament ähnlichen Beschluss im Senat der Philipps-Universität Marburg. Als eigenständige Gruppe bündelt sie die Aktivitäten im universitären Umfeld und pflegt einen intensiven Austausch mit bundesweit aktiven Gruppen zum Thema Wasser (Viva con Agua) (Refill).

**Abb. 4** Im Juni 2018 wird Marburg zur Blue Community zertifiziert: Zertifikatübergabe Blue Community am 09.07.2018 in Marburg mit (v.l.n.r.) Fachdienstleiterin Dr. Christine Amend-Wegmann (Stadt Marburg), Lukas Herbst (Blue Community Philipps-Universität), Geschäftsführer Dr. Bernhard Müller (Stadtwerke Marburg), Stadträtin Anni Röhrkohl, Sara Müller (Blue Community Philipps-Universität), Blue Community Projektleiterin Karin Brahms (Stadtwerke Marburg), AöW-Geschäftsführerin Christa Hecht, Oberbürgermeister Dr. Thomas Spies, Andrea Heinz (Fachdienst Umwelt Stadt Marburg)

# 5 Blue Community Marburg – Leitungswasser überall

## 5.1 Emissionsdefizite von Flaschenwasser

Für die Blue Community Marburg ist es ein zentrales Ziel, möglichst viele zum Umstieg von Flaschenwasser auf Leitungswasser zu bewegen, denn Leitungswasser ist mit rund 0,2 Cent pro Liter nicht nur unschlagbar günstig, sondern es zu trinken ist aktiver Klimaschutz. Nach einer Studie des Berliner Audit-Unternehmens GUTcert, die der gemeinnützige Verein a tip: tap e. V. beauftragt hatte, könnte der $CO_2$-Fußabdruck der Deutschen allein durch den Umstieg auf Leitungswasser um 3 Mio. t $CO_2$ verringert werden. „Das ist in etwa 1,5 Mal die Menge, die der innerdeutsche Flugverkehr verursacht." (a tip: tap 2020)

## 5.2 Trinkorte in der Stadt

Für die rund 80.000 Bürgerinnen und Bürger der Universitätsstadt Marburg gehört die Darbietung von Frischwasser an öffentlichen innerstädtischen Brunnen seit vielen Jahren zum Stadtbild. Schrittweise reaktivierte das städtische Bauamt seit 2002 historische Trinkbrunnen und errichtete zudem neue Trinkorte auf innerstädtischen Plätzen. Aktuell gibt es 21 Trinkbrunnen in der Stadt, drei davon wurden seit 2018 errichtet.

Um die Bürgerinnen und Bürgern, aber auch die vielen Besucherinnen und Besucher der Marburger Altstadt, über die Standorte der Trinkbrunnen zu informieren, entstand 2018 der Flyer „Blue Community Marburg – Genießen Sie Leitungswasser überall" mit einem entsprechenden Übersichtsplan (Stadt Marburg 2019). Regelmäßig verteilen Aktive der Blue Community Marburg das Informationsmaterial auf Stadtfesten oder anderen größeren Events, schenken an öffentlichen Brunnen Leitungswasser aus und informieren über die Vorteile des Leitungswassertrinkens. Die Grüne Liga Berlin nominierte den Flyer 2019 für den Deutschen Nachhaltigkeitspreis ZeitzeicheN (ZeitzeicheN 2019).

Marburg ist Stadt des fairen Handels, und das bereits seit 2009 und als erste Stadt Hessens. Das Bewusstsein für den Klima- und Umweltschutz ist vor Ort fest verankert und so, wie der Magistrat der Stadt Marburg seit 2009 nur fair gehandelten Kaffee ausschenkt, steht in der Blue Community seit 2018 bei Sitzungen Leitungswasser auf dem Tisch. Selbst beim jährlichen Neujahrsempfang in der Stadthalle, dem Erwin-Piscator-Haus, trinken die rund 1000 Gäste der Stadtgesellschaft ihr „Marburger Leitungswasser". Sowohl die städtische Verwaltung als auch die Stadtwerke Marburg sehen sich zudem in einer Vorbildfunktion und statten ihre Liegenschaften seither schrittweise mit Wasserspendern für die Beschäftigten aus. Auf der Betriebsversammlung im Jahr 2018 erhielten alle Mitarbeiterinnen und Mitarbeiter der Stadtwerke eine Trinkflasche zum Abfüllen, 90 % der Marburger Schulen sind mit Trinkbrunnen ausgestattet und im Zuge der Umbauarbeiten der Sanitäranlagen im Hörsaalgebäude der Philipps-Universität wurden die ersten öffentlichen Wasserspender installiert.

# 6 Wasserquartier Marburg

## 6.1 Gewinnung bundesweiter Partner

Seit Oktober 2019 arbeitet die Blue Community Marburg eng mit dem Berliner Verein a tip: tap e. V. zusammen. „Wasserwende – Leitungswasser trinken ist Klimaschutz“ – unter dieser Leitlinie wurde die Universitätsstadt Marburg 2019 eines von bundesweit zwölf offiziellen „Wasserquartieren“ des Vereins a tip: tap e. V. Das vom Bundesministerium für Umwelt, Naturschutz und nukleare Sicherheit mit insgesamt 1,3 Mio. EUR geförderte Projekt mit einer Laufzeit von drei Jahren ist Teil mehrerer Aktionen im Rahmen der UN-Wasserdekade 2018–2028 (Abb. 5).

## 6.2 Refill-Partnerschaften

Im „Wasserquartier“ Marburg haben sowohl Gäste als auch Bürgerinnen und Bürger Zugänge zu kostenfreiem Trinkwasser. Viele Betriebe und Organisationen beteiligen

**Abb. 5** Juli 2020: Oberbürgermeister Dr. Thomas Spies, Stadtwerke Geschäftsführer Holger Armbrüster, Kanzler der Philipps-Universität Dr. Friedhelm Nonne, Stadtwerke Wassermeister Walter Christ, Stadtwerke Geschäftsführer Dr. Bernhard Müller, „Wasserwende“-Projektkoordinator Jannick Poungias und Blue Community Marburg Projektleiterin Karin Brahms am Mönchsbrunnen in Marburg (v.l.n.r.)

sich am „Refill-Programm“ (Refill) und füllen Menschen kostenlos Leitungswasser in mitgebrachten Flaschen ab, darunter zum Beispiel ein Marburger Kaufhaus, regionale Sparkassen und Banken sowie Gastronomiebetriebe. In Schulen, Kindergärten und öffentlichen Einrichtungen werden Workshops und Fortbildungen zum Thema Leitungswasser angeboten, und Infostände bei Veranstaltungen und Events informieren über die Vorteile des Leitungswassertrinkens.

Die hohe Identifikation der Marburgerinnen und Marburger mit den Zielen der Blue Community Marburg zeigt sich an vielen Beispielen. So hat etwa der Handel schnell auf die wachsende Nachfrage nach Trinkflaschen reagiert und bietet Modelle in allen Ausführungen und Preisklassen an. Sogar eine eigene Blue-Community-Marburg-Flasche und ein entsprechender Trinkbecher gehören mittlerweile zum Sortiment.

# 7 Den Wert des Wassers sichtbar machen

## 7.1 Jubiläum „125 Jahre moderne Wasserversorgung"

Veranstaltungen, Ausstellungen, Vorträge, Beratung und Vermittlung – seit Gründung des Runden Tisches Blue Community Anfang 2018 ist das Thema Wasser kontinuierlich in der Marburger Öffentlichkeit präsent.

2018 blickten die Universitätsstadt Marburg und die Stadtwerke Marburg auf „125 Jahre moderne Wasserversorgung“ zurück. Bereits 1893 wurde in Marburg das erste Wasserwerk eingeweiht und die Bürgerinnen und Bürger erhielten fortan frisches Quell- und Brunnenwasser. Nur wenige Jahre später, 1897, war auch das erste Klärwerk in Betrieb.

## 7.2 Kunstwettbewerb Wasser

In diesem Jubiläumsjahr veranstalteten die Stadtwerke Marburg einen Kunstwettbewerb mit dem Ziel, die Sicht Kulturschaffender auf das Wasserthema zu befragen. 90 professionell arbeitende Künstlerinnen und Künstler aus Hessen mit entsprechender akademischer Ausbildung oder einer Mitgliedschaft im Berufsverband Bildender Künstler reichten schließlich ihre Werke ein und machten damit deutlich, dass das Thema in all seinen Facetten in der deutschen Bevölkerung angekommen ist. Bilder von mit Plastikmüll verschmutzten Meeren, trockenen Landschaften und Dürre, aber auch mit Ansichten von schützenswerten lebendigen Gewässern, urbanen Städten, imposanten Landschaften, alltäglichen Stillleben und mehr (Abb. 6).

Bei der Vernissage und der Preisverleihung gratulierte Oberbürgermeister Dr. Thomas Spies den Künstlerinnen Liz Mülleneisen und Mareike Wieland zum ersten Preis für ihr Werk „versuchsanordnung V über wasser“ und erklärte: „Wir sehen uns als kommunale Stadtwerke und als Universitätsstadt Marburg zunehmend auch in der Verantwortung,

**Abb. 6** Die Gemeinschaftsarbeit „versuchsanordnung V über wasser" der Künstlerinnen Liz Mülleneisen und Mareike Wieland wurde mit dem 1. Preis des Stadtwerke Kunstwettbewerbs zum Thema Wasser ausgezeichnet

den Wasserschatz der Menschheit vor schädlichen Umwelteinflüssen zu schützen und den Zugang zu sauberem Trinkwasser als Menschenrecht und Gemeingut für uns, unsere Kinder und alle nachfolgenden Generationen zu erhalten."

## 7.3 Vortragsreihe Wasser an der Philipps-Universität Marburg

Im Wintersemester 2019/2020 organisierte die studentische Blue-Community-Initiative mit materieller Unterstützung der Stadt Marburg und der Philipps-Universität im zentralen Hörsaalgebäude eine interdisziplinäre Vortragsreihe mit dem Titel „Wasser". Das breite Angebot beinhaltete unter anderem einen Vortrag der Stadtwerke Marburg über die lokale und regionale Wasser- und Abwasserversorgung, einen Fachvortrag über das Aralsee-Syndrom von Professor Dr. Christian Opp vom Fachbereich Geografie der Marburger Philipps-Universität und die Beleuchtung der „Schlacht ums Wasser" in Vittel von französisch-deutschen Aktivistinnen und Aktivisten.

# 8 Schlussbetrachtung – COVID-19 und das Menschenrecht auf Wasser

Die aktuelle Coronavirus-Pandemie hat viele andere Themen in den Hintergrund gedrängt und den Fokus auf die Akutbehandlung von infizierten Menschen und den Gesundheitsschutz der Bevölkerung gelegt. Mit den Maßnahmen zum Infektionsschutz treten wieder Vorsorge und Hygiene in den Vordergrund. Wenn aber Zweidrittel der Weltbevölkerung in Gebieten mit Süßwassermangel und Wasserstress leben und auch in Staaten mit ausgebauter Infrastruktur nach wie vor viele Menschen keinen Zugang zu sauberem Leitungswasser haben, wird eine der wichtigsten Empfehlungen zur individuellen Hygiene – häufiges Händewaschen – ins Leere gehen. Am 22. März 2020, dem Weltwassertag, wandte sich Dr. Maude Barlow in The Guardian mit dem eindringlichen Appell an die Öffentlichkeit (übersetzt von Christa Hecht): „Die derzeitige Coronavirus-Pandemie wird durch die globale Wasserkrise erheblich verschärft und verstärkt den Kampf für das Menschenrecht auf Wasser. Während wir mit aller Kraft gegen COVID-19 kämpfen, müssen wir dringend Wassereinzugsgebiete schützen und wiederherstellen und allen Zugang zu sauberem öffentlichen Wasser gewähren." (Blue Community Deutschland)

**Karin Brahms** arbeitet seit 2001 als Kommunikations- und Frauenbeauftragte bei den Stadtwerken Marburg, wo sie unter anderem das Corporate Publishing (Kundenmagazine, Geschäftsberichte) sowie die Presse- und Öffentlichkeitsarbeit in den Bereichen Wasser, Kultursponsoring und Frauenförderung verantwortet.

Karin Brahms ist Mitglied im Präsidium der Allianz der öffentlichen Wasserwirtschaft e. V. und koordiniert in Marburg für die Stadtwerke Marburg den Runden Tisch Blue Community.

## Literatur

AöW. https://aoew.de/. Zugegriffen: 17. Juli 2020

a tip: tap (2020) Mineralwasser verursacht mehr $CO_2$ als innerdeutscher Flugverkehr. Pressemitteilung 4. März 2020. https://atiptap.org/uber-uns/presse/. Zugegriffen: 17. Juli 2020

Barlow M (2013) Die Wasser-Allmende. Eine gute Zukunft braucht gutes Wasser für alle. Drachenverlag, Klein Jasedow

Barlow M (2014) Blaue Zukunft. Das Recht auf Wasser und wie wir es schützen können. Verlag Antje Kunstmann, München

Barlow M (2016) Das Menschenrecht auf Wasser – Viel erreicht und doch müssen wir weiter kämpfen – aktuell gegen die Bedrohung für den Gewässerschutz durch TTIP und CETA (Vortrag am 24. Oktober 2016 in Marburg)

Barlow M, Clarke T (2003) Blaues Gold. Das globale Geschäft mit dem Wasser. Verlag Antje Kunstmann, München

Blue Community Deutschland. https://www.blue-community-deutschland.com. Zugegriffen 17. Juli 2020

Blue Community International. https://canadians.org/bluecommunities. Zugegriffen: 17. Juli 2020

Branchenbild (2020) Arbeitsgemeinschaft Trinkwassersperren e. V., Bundesverband der Energie- und Wasserwirtschaft e. V., Deutscher Bund der verbandlichen Wasserwirtschaft e. V.,

Deutscher Verein des Gas- und Wasserfaches e. V., Deutsche Vereinigung für Wasserwirtschaft, Abwasser und Abfall e. V., Verband kommunaler Unternehmen e. V. (Hrsg) Branchenbild der Deutschen Wasserwirtschaft 2020. Wvgw Wirtschafts- und Verlagsgesellschaft Gas und Wasser mbH, Bonn

Chancen (2016) Wortwechsel Maude Barlow und Dr. Jörg Zeuner. In: Chancen, Das Magazin für Entscheider aus Politik und Wirtschaft, 2016, KfW, Anstalt des öffentlichen Rechts, Frankfurt a. M.

Hecht C (2014) Wasserpolitik in Europa – mit der Europäischen Bürgerinitiative eine Abkehr von Privatisierung und Überregulierung? (Vortrag von AöW-Geschäftsführerin Christa Hecht anlässlich der 10. Bayerischen Wassertage vom 5.–6.11.2014 in Augsburg). https://aoew.de/media/Themen/Europa/Vortrag_Hecht_10__Bayerische_Wassertage_KUMAS_NETZWERK_05_11_2014a.pdf. Zugegriffen: 22. Juli 2020

Hecht C (2015) Deutsche Gemeinden holen sich die Kontrolle über das Wasser zurück. In: Kishimoto S, Lobina E, Petitjean O (Hrsg) Die Zukunft unseres Wassers in öffentlicher Hand. Transnational Instititute, Public Service International Research Unit, Multinationals Observatory, Municipal Services Project, Europäische Gewerkschaftsvereinigung der öffentlichen Dienste – Federation of Public Service Unit, Amsterdam

Kishimoto S et al (2015) Die Rückeroberung der öffentlichen Wasserversorgung durch Rekommunalisierung. In: Kishimoto S, Lobina E, Petitjean O (Hrsg) Die Zukunft unseres Wassers in öffentlicher Hand. Transnational Institute, Public Service International Research Unit, Multinationals Observatory, Municipal Services Project, Europäische Gewerkschaftsvereinigung der öffentlichen Dienste – Federation of Public Service Unit, Amsterdam

Pöhls U (2019) Studie: Qualität und Image von Trinkwasser in Deutschland (TWIS). Datenreport 2018/19. Institut für empirische Sozial- und Kommunikationsforschung e. V., VKU – Verband kommunaler Unternehmen. https://www.vku.de/twis19. Zugegriffen: 22. Juli 2020

Refill. https://refill-deutschland.de. Zugegriffen: 17. Juli 2020

Scheuer L (2020) Pressemitteilung 19. Juni 2019 Wasserwirtschaft in öffentlicher Hand: Tagtäglicher Einsatz für Umweltschutz und Anpassung an den Klimawandel. https://aoew.de/pages/posts/wasserwirtschaft-in-oeffentlicher-hand-tagtaeglicher-einsatz-fuer-umweltschutz-und-anpassung-an-den-klimawandel-202.php. Zugegriffen: 1. Juli 2020

Stadt Marburg (2016) Pressemitteilung 25.10.2016 Trägerin des Alternativen Nobelpreises. Dr. Maude Barlow trägt sich in Goldene Buch ein. https://www.marburg.de/portal/meldungen/dr-maude-barlow-traegt-sich-ins-goldene-buch-ein-900001410-23001.html?rubrik=900000004. Zugegriffen: 1. Juli 2020

Stadt Marburg (2017) Beschluss der Marburger Stadtverordnetenversammlung vom 15.12.2017. Vorlage – VO/5946/2017. Antrag der Fraktionen von SPD, BfM und CDU betr. Universitätsstadt Marburg wird Blue Community

Stadt Marburg (2019) https://www.marburg.de/portal/seiten/blue-community-marburg-900001906-23001.html. Zugegriffen: 27. Juli 2020

Stadt Marburg (2020) Blue Community Marburg. https://www.marburg.de/leben-in-marburg/umwelt-klima/klimaschutz/. Zugegriffen: 1. Juli 2020

Stadtwerke Marburg (2016) Pressemitteilung 25.10.2020 Dr. Maude Barlow referierte im Historischen Rathaussaal über das Menschenrecht auf Wasser. Pressearchiv der Stadtwerke Marburg.

UNICEF (2019) https://www.unicef.de/informieren/aktuelles/presse/2019/zugang-zu-sicherem-trinkwasser/194364. Zugegriffen: 1. Juli 2020

Viva con Agua (2020) https://www.vivaconagua.org/. Zugegriffen: 17. Juli 2020

ZeitzeicheN (2019) https://www.netzwerk21kongress.de/zeitzeichen-informationen/zeitzeichen-2020/preistraeger-und-nominierte-2019/nachhaltige-gemeinde-stadt-undregionalentwicklung/magistrat-der-universitaetsstadt-marburg. Zugegriffen: 27. Juli 2020

# Die HOMEberger – Nordhessen nachhaltig erkunden

Jonathan Linker

**Zusammenfassung**

Hessen ist ein vielfältiges Bundesland, das seine Vielfalt noch nicht überall als Stärke entdeckt hat. Der Süden betont gerne seine Geschäftigkeit und der Norden seine Ruhe. Die Erzählungen der Regionen vergessen, dass zu einem lebenswerten Land beides gehört. Aktuelle Zahlen zeigen eine zunehmende Stadtflucht, wofür vor allem steigende Mietpreise verantwortlich gemacht werden. Die Entwicklung ist aber ganzheitlicher: Es gibt eine wachsende Sehnsucht nach neuen Lebens- und Arbeitsmodellen, die sich zwischen Stadt und Land bewegen. Ermöglicht werden sie von der Digitalisierung. Höchste Zeit also, ein Bild von Hessen zu zeichnen, das alte Grenzen überwindet und Nähe schafft. Die HOMEberger sind ein Netzwerk von 24 Unternehmerinnen und Unternehmern aus Nordhessen, die es als Teil ihrer gesellschaftlichen Verantwortung sehen, ihre Heimatregion für diese Entwicklung zu öffnen.

## 1 Unser Bild von Hessen ist ein Bild aus der Vergangenheit

Hessen war lange Zeit ein Bundesland der Gegensätze. Im Süden das Bild Mainhattans, der vertikalen Stadt. Im Norden das flache Land, Wiesen und Wälder. Hier immer weniger Menschen, dort immer mehr. Unten haben wir mit dem Airport die Welt zu Füßen, oben stehen wir auch mal allein auf ihr. Das boomende Rhein-Main-Gebiet war lange Zeit der Inbegriff von morgen und Nordhessen als strukturschwache Region

J. Linker (✉)
Kommunikation & Nachhaltigkeit, Frielendorf, Deutschland
E-Mail: jl@jonathan-linker.de

 
A. Trischler und S. Böhling (Hrsg.), *CSR in Hessen*, Management-Reihe Corporate Social Responsibility, https://doi.org/10.1007/978-3-662-63004-4_42

nahe der ehemaligen innerdeutschen Grenze von gestern. Wer es sich so einfach macht, schwächt Hessen insgesamt.

Denn im Wettlauf der Metropolen wird mittlerweile auch eine Stadt wie Frankfurt immer kleiner und die Sehnsucht der Menschen nach Naturnähe wächst mit den zunehmenden sozialen Reibungsverlusten in den Städten. Höchste Zeit also, beide Pole Hessens gemeinsam zu denken, die ohnehin immer schon im ständigen Austausch standen. Und die beste Zeit, die alten stereotypen Bilder der „zwei Hessens" hinter sich zu lassen, ist schon angebrochen.

Neben dem Leid, das die Coronakrise über uns gebracht hat, haben viele Menschen den beinahe weltweiten Lockdown auch als einen Kokon begriffen, der eine Metamorphose hin zu einer nachhaltigen Zukunft beschleunigt und wahrscheinlicher werden lässt – neben anderen möglichen Szenarien. Corona ist ein Katalysator für gesellschaftliche Erneuerung und die suchen immer mehr Menschen heute wieder auf dem Land.

Hessen nicht als Einheit zu begreifen, bedeutet Wettbewerbsfähigkeit einzubüßen. Wer seine Freizeit als Pendler Großteils im Auto verbringt (Frankfurt ist eine der größten Pendlerstädte Deutschlands), kann sich weniger in seiner Heimat einbringen. Wer arbeitsnah wohnt, aber kein Heimatgefühl empfindet, bringt sich ebenfalls weniger ein. Die Coronakrise hat gezeigt, wie gut ortsflexibles Arbeiten über digitale Wege funktioniert. Macht Hessen seine Bürgerinnen und Bürger frei von der Lebensraumentscheidung Nord oder Süd, gewinnt das Land insgesamt an Attraktivität.

Ich stelle in diesem Text die HOMEberger vor, ein Netzwerk von 24 Unternehmerinnen und Unternehmern, die es sich im Kleinen rund um die nordhessische Kleinstadt Homberg (Efze) zur Aufgabe gemacht haben, Lust auf Zukunft auf dem Land zu machen. Und das nicht aus einem scheuklappenbesetzten Regionalstolz heraus, sondern als Einladung, Stadt und Land stärker als Einheit zu begreifen. Dazu gehört es, einen Schulterschluss zwischen Nordhessen und Südhessen zu fordern. Provinzielle Egos gibt es nicht nur auf dem Land, urbane Bohème nicht nur in der Stadt. Wer Zukunft will, muss Vielfalt fördern.

## 1.1 Tausche Heimat gegen Engagement

Ich bin in Nordhessen aufgewachsen und habe in Frankfurt Zivildienst gemacht und zum Studium gelebt. Wenn ich ab und zu am Wochenende raus in die Heimat gefahren bin, ist mir oft erst auf der Autobahn aufgefallen, wie sich die Natur in der Zwischenzeit verändert hat, wie das Rad der Jahreszeiten sich weitergedreht hat. Mit den Jahreszeiten zu gehen, bedeutet für mich, Veränderungen wahrzunehmen und zu antizipieren. Mit dem Frühling mit neuer Energie versorgt zu werden und im Herbst daran erinnert zu werden, für die bevorstehenden dunklen Monate vorzusorgen. Diese Kreisläufe haben meinen Begriff von Nachhaltigkeit geprägt. In Nordhessen haben wir als Kinder Herbstlaub zu Haufen geformt, in dem Igel überwinterten. In Frankfurt beobachtete ich, wie es Gullys verstopft und zu Überschwemmungen führt, durch die unachtsame Autofahrende brausen und

Passantinnen und Passanten nass spritzen. In der Stadt schien mir Natur vor allem als lästig empfunden zu werden und empfand das als einen herben Verlust für ihre Bewohnerinnen und Bewohner.

Und wenn ich seinerzeit auf Heimatbesuch gen Norden unterwegs war und das Gambacher Kreuz hinter mir ließ, wo die Wälder größer und grüner werden, war ich erstaunt, dass hier das Gleiche passierte. Von der kleinteiligen Kulturlandschaft und den vitalen Dörfern mit tausend und mehr Jahren Geschichte, in denen sich angeblich wenig verändert, habe ich immer häufiger nur noch auf den braunen Hinweistafeln Notiz genommen, die auf besondere regionale Sehenswürdigkeiten hinweisen. Blechgerippe, größer als die Großmarkthalle in Frankfurt, aber ohne jeden Stolz, verbauten zunehmend den Blick auf das, was dahinter lag. Logistikzentren, Gewerbeparks, Einkaufsmalls und Glücksspielhallen wurden scheinbar ohne jeden Anspruch und Rücksicht auf die Historie des alten Hessens in der Landschaft verteilt. Zwar war Natur hier weniger Fremdkörper, dafür war sie zu gegenwärtig. Aber eine besondere Wertschätzung konnte ich im Umgang mit ihr hier auch nicht erkennen.

Der hessische Kosmopolit meiner Generation stört sich an Agrarwüsten auf dem Land ebenso wie an der Gentrifizierung der Stadt, was abstrakt betrachtet beides einem Verlust an Vielfalt gleichkommt. Statt Kreativität zu fördern, wurde in beiden Lebensräumen dem Pragmatismus das Feld überlassen (wofür es im Einzelfall immer nachvollziehbare Argumente gibt). Wo aber nur noch Großstrukturen herrschen, hadern Menschen mit der verblassenden Sichtbarkeit des eigenen Wirkens und wo das eigene Wirken unsichtbar geworden ist, verlieren Menschen die Bezüge, die Heimat ausmachen (Bätzing 2020).

Ein lehrreiches globales Bild vom Zustand ländlicher Regionen zeichnete 2020 der Architekt Rem Kohlhaas mit seiner Ausstellung *Countryside. The Future* im New Yorker Guggenheim Museum. Im Begleitbuch fragt er: „Where did the cows go? And when did they leave? Could we no longer tolerate the smell?“ (Kohlhaas und AMO 2020, S. 324) und kontrastiert die Frage mit der Fotografie des größten vollautomatisierten Melkkarussells der Welt in einer Wüste in Katar (Kohlhaas und AMO 2020, S. 87). Nachhaltigkeit beschreibt den Dreiklang aus ökonomischen, ökologischen und gesellschaftlichen Motiven. Kohlhaas Ausstellung zeigt, dass man schon mit dem Blick aus dem Weltall erkennen kann, wie gut es gelungen ist, einzelne (ländliche) Regionen unserer Welt ganzheitlich zu entwickeln – und wo wir daran scheitern.

## 2 Digitalisierung als Basis sozialer Innovationen auf dem Land

Aus der Auseinandersetzung mit den Herausforderungen des bisherigen 21. Jahrhunderts ist in Hessen eine neue Vielfalt entstanden, die zeigt, wie anpassungsfähig wir zwischen Stadt und Land schon geworden sind. Heute finden Bienen den größeren Trachtenreichtum in der Stadt (Strauß 2017) und Deutschlands erstes Smartphone[1] wird in einem Dorf in Nordhessen gebaut. Der wichtigste Verkehrsknoten liegt zwar immer noch in Frankfurt, ist aber weniger als eine Millisekunde von Nordhessen entfernt: Der DE-CIX in Frankfurt macht keinen Fluglärm und verbindet unsichtbar mehr Menschen als der Flughafen jemals könnte: DE-CIX ist der größte Internetknoten der Welt. Und seitdem auch Nordhessen mit Glasfasern erschlossen wurde, wächst in Hessen mehr und mehr auch digital zusammen, was zusammengehört.

Die Digitalisierung ist nicht nur eine Frage von Infrastruktur, sie verändert auch unsere Bewertung von Entfernungen und den Blick auf Geschäftsmodelle. Der Status quo privilegiert die Stadt, weil sie Arbeit, Kultur und Bildung zentralisiert hat. Die Digitalisierung entfesselt das nun alles wieder. Die Chancen der Digitalisierung sind deshalb für ländliche Regionen zunächst größer als für die Stadt, einzig die digitalen Talente fehlen noch auf dem Land. Wenn wir durch Homeoffice-Regelungen zu einer neuen Normalität gelangen, werden sich Stadt und Land womöglich wieder besser durchmischen. Und wenn wir den Pendlerverkehr reduzieren, dann ist auch das eine soziale Innovation, weil wir zum Beispiel mehr Zeit für Familien schaffen, ohne die Produktivität der Arbeit einzuengen.

Die HOMEberger sind eine Gemeinschaft von Gründenden, die Vorbilder sein wollen für so ein neues Leben und Arbeiten auf dem Land. Arbeits- und Lebensmittelpunkt werden wieder stärker identisch sein und lösen sich von festen Orten, weil immer mehr jüngere Menschen ihren Sehnsüchten folgen. Und die liegen nicht mehr nur auf ihrer „Beschäftigung", einem Begriff aus einer Zeit, in der Selbstverwirklichung offenbar noch eine untergeordnete Rolle gespielt hat. Dafür wollen die HOMEberger das ländliche Hessen mit einem klaren Profil wappnen. Denn wenn die Digitalisierung für gleichwertige Lebensverhältnisse sorgen kann, dann wollen wir die Chancen, die wie WLAN-Signale schon überall durch die Luft wabern, greifbar machen und anpacken.

Ländliche Kommunen sind von außen betrachtet oft nicht gut sichtbar, weil sie lange Zeit wenig dafür getan, ein klares Profil zu entwickeln. Vielleicht stand ein zu bescheidener Begriff von Bodenständigkeit dem allgemeinen Vermarktungslärm entgegen, der erfolgreicher aus den Städten heraus aufgebaut wurde (andererseits werden auch allerorten Oktoberfeste gefeiert, was auch eine Anmaßung ist). Ohne klares Profil hat man kein Ziel und fällt so auch niemandem auf, der Ziele hat. Keimzelle der HOMEberger war eine Klausurtagung in Bad Essen, einer Kleinstadt im Landkreis Osnabrück, die sich als Cittàslow profiliert hat. Eingeladen hat dazu der Bürgermeister von Homberg (Efze), der die Delegation bewusst bunt besetzt hat.

Cittàslow ist ein selbstorganisiertes internationales Netzwerk von Kleinstädten, die agil den Trend der Entschleunigung in ein Stadtentwicklungskonzept übersetzten. Ziel einer Cittàslow ist, lokal Antworten auf globale Herausforderungen zu finden. Dazu zählt die Suche nach dem Kern kleinstädtischer Lebensqualität im 21. Jahrhundert

[1] Das Shiftphone wird in Falkenberg in der Gemeinde Wabern gebaut.

ebenso wie die Unterstützung der Klima- und Artenschutzbestrebungen der Vereinten Nationen. Gefördert werden sollen regionale Besonderheiten statt globalem Franchise. Der Gründungsmythos erzählt vom Kampf der kulinarisch anspruchsvollen Einwohner Orivetos gegen eine McDonald's-Filiale in ihrem Ort und die Frauen und Männer von Oriveto haben, soweit ergibt das eine kurze Ecosia-Recherche, bislang Stand halten können.

Als Kleinstadt selbstbewusst in die Zukunft zu schauen, hat nicht nur mir gefallen, sondern auch einer Reihe weiterer Gründenden, die der Bürgermeister Hombergs 2017 ebenfalls zu der initialen Klausurtagung nach Bad Essen eingeladen hat. Am Ende des Wochenendes stand die Idee, Unternehmerinnen und Unternehmer mit einem nachhaltigen Profil als Botschafter für die Bewerbung Hombergs als Cittàslow auf einer Website zu zeigen.

## 2.1 HOMEberger: Persönliche Wertegemeinschaft statt unternehmerischer Interessenvertretung

Das folgende erste Vernetzungstreffen in einem leerstehenden Ladenlokal in Homberg war der Aufbruch einer Initiative, die in den letzten drei Jahren größer geworden ist als ein Schaukasten in die Provinz. Zwar ist unsere Website mit den einzelnen Portraits der HOMEberger auch heute unser zentrales Angebot. Wir haben darüber hinaus aber ein gemeinsames Narrativ entwickelt, das zu breiter Identifikation nach innen und außen geführt hat. Wir bauen auf dem negativen Bild von Nordhessen als strukturschwache Region auf und fragen: „Was passiert, wenn wir das Bild der abgehängten Provinz umkehren?" Und antworten: „Ihr entdeckt ein Paradies!" Dabei verklären wir das Landleben nicht im Sinne eines Landlust-Magazins, sondern spüren der Fragen nach, was es für uns ist, was uns daran hält und was wir dafür künftig tun können.

Unsere gemeinsame Erzählung vom neuen Leben und Arbeiten auf dem Land verbindet und motiviert die individuellen Vorstellungen vieler Menschen und entfaltet so eine größere Wirksamkeit als die Stimmen der Einzelnen. Sinnstiftende Erzählungen können sich in unserem heutigen Mediensystem schnell verbreiten und helfen, die komplexen Herausforderungen unserer Zeit zu meistern. Wiens demonstriert die Wirksamkeit sinnstiftender Narrative am viral gewordenen Skolstrejk för klimatet der Schülerin Greta Thunberg (Wiens 2020, S. 9) und Latour zieht eine Parallele zum Coronavirus, der sich wie eine Erzählung von Mund zu Mund verbreitet: „The big climate questions can make individuals feel small and impotent. But the virus gives us a lesson. If you spread from one mouth to another, you can viralise the world very fast. That knowledge can re-empower us." (Latour und Watts 2020)

Als wir 2017 mit der Vernetzung begonnen haben, war das Interesse am ländlichen Raum noch nicht so groß wie heute. Viele Akteurinnen und Akteure, die sich lange Zeit für die Region stark gemacht hatten, waren in der zürickliegenden Zeit enttäuscht. Ausgerechnet diejenigen mit individuellen Angeboten, die ja eigentlich auf dem Land fehlen, hatten es nicht leicht, gesehen zu werden. Durch die Vernetzung konnten wir die Verhältnisse völlig auf den Kopf stellen. Unser gemeinsames Interesse an nachhaltigem Wirtschaften hat uns nicht nur als Gemeinschaft verbunden, wir haben damit auch eine Schnittmenge zwischen den vielen getrennten Zielgruppen unserer Mitglieder geschaffen und erreichen dadurch ein größeres Interesse an allen Einzelnen.

Unsere Haltung ist radikal positiv: Wir nehmen die Verhältnisse wie sie sind, ignorieren Mängel und lenken den Blick auf das Potenzial des Vorhandenen. Das macht uns Spaß, gibt unseren Besuchenden ein gutes Gefühl und macht Lust auf Zukunft auf dem Land. Und wo dieses Gefühl erstmal etabliert ist, kann man sich eigentlich nur darauf freuen, was noch kommt.

Drei Jahre nach unserer Gründung verstehen wir die Leistung der HOMEberger vor allem darin, ein Mindset zu verbreiten, dass unsere Heimatregion insgesamt offen für Vielfalt und Innovation macht. Wir ermutigen: Schaut nicht so viel nach außen, blickt auf euch. Menschen sind es, die Heimat machen. Also fangen wir an und motivieren andere, es uns gleich zu tun.

HOMEberger sind nicht Unternehmen, sondern Unternehmerinnen und Unternehmer. Diese Unterscheidung ist uns für unsere Ziele wichtig, weil Unternehmen mit Produkten assoziiert werden und weniger mit den Menschen, die dafür einstehen. Unternehmerinnen und Unternehmer sind Menschen mit persönlichen Anliegen, zum Beispiel eben einer lebenswerten Heimat. Und sie können einen gewichtigen Beitrag dazu leisten, wenn sie über relativ anonyme Spenden und Sponsorings hinaus selbst aktiv werden und ihre Bezüge, die über Heimat hinausgehen, mit einbringen.

Dass Unternehmerinnen und Unternehmer abseits wirtschaftlicher Interessen mit privaten Mitteln ein regionales Gemeinschaftsprojekt betreiben, ist neu und elektrisiert unsere Region, aus der uns viele Menschen stetig schildern, dass die HOMEberger ihre Verbundenheit steigern.

Unser Versprechen lautet: Nordhessen nachhaltig entdecken. HOMEberger kann deshalb nur werden, wer ein nachhaltiges und innovatives Produkt selbst herstellt und eine gute Erklärung dafür hat, weshalb er das ausgerechnet im ländlichen Nordhessen tut. Die Zusammensetzung unseres Netzwerks richtet sich nach der Frage, welche Akteurinnen und Akteure für eine nachhaltige Entwicklung unserer Region benötigt werden. HOMEberger vereinen also keine Brancheninteressen, sondern ein gemeinsames Werteverständnis und eine Vision für Nordhessen, die nur funktioniert, wenn der Süden mitgedacht wird.

Die Frage nach der Organisation der HOMEberger führt oft zu Irritation. Es gibt nämlich keine. Wir haben kein Geld zu verteilen und nehmen keins ein, wir können die Verantwortung für unsere Projekte selbst tragen und müssen unsere Haftung nicht limitieren. Also fehlt uns die Motivation, eine Rechtsform zu gründen. Mit Rechtsformen kommen Posten und Posten beschränken unserer Erfahrung nach Initiativen, die von Freiwilligkeit getragen sind. Die HOMEberger gehören sich selbst und allen, die sich gerne als solche verstehen, weil sie sich mit unseren Zielen identifizieren. Ich übernehme die Rolle eines Sprechers und Projektleiters, andere kümmern sich um Kontakte und Gastfreundschaft.

**Tab. 1** Werte der HOMEberger

| Innere Werte | Äußere Werte |
|---|---|
| Beziehungen, Verbundenheit | Nächstenliebe, Offenheit |
| Qualität unserer Netzwerktreffen | Qualität unserer Orte |
| Wertschätzung erfahren | Wertschätzung schenken |
| Mutig sein | Innovation fördern |

Der wichtigste Dienst der HOMEberger allerdings ist es, sie selbst zu sein. Unsere Mitglieder sprechen in Haltung und Handlung für sich und für die Werte, die unsere Gemeinschaft zusammenschweißen, siehe Tab. 1.

Von politischer Seite hören wir hin und wieder: Ihr HOMEberger habt jetzt eine gewisse Sichtbarkeit erlangt, was sind eure Forderungen? Und wir können sie eigentlich nur enttäuschen, denn wir stellen keine Forderungen. Wir verschenken ein Narrativ, das Menschen über Heimat und Gemeinsinn nachdenken lässt.

## 2.2 Die HOMEberger in der Übersicht

Nordhessen ist voller wunderbarer Menschen, deren Geschichten es zu erzählen lohnt. In Streiflichtern beleuchten wir die strahlenden Ideen dieser Menschen mit ganz unterschiedlichen Hintergründen, die die Vision eines nachhaltigen Lebens in Nordhessen eint. Alle ihre Geschichten kann man auf homeberger.de lesen. Hier folgen alle HOMEberger im Überblick:

**Almuth und Volker Karger** betreiben das Café *Piazza* mit regionalen Spezialitäten, machen Theater und bieten Astronomie-Kurse auf dem Burgberg von Homberg an.

**Anna Lysikow und Manuela Allendorf** holen mit ihrem *Schnatzplatz* die Schwälmer Tracht und alte lokale Dialekte zurück in den Alltag, indem sie kleine praktische Produkte entwerfen, deren Design die regionalen Bezüge aufgreift.

**Bettina Hauenschild und Otto Kukla** sind Theatermacher und Schauspieler und betreiben eine Bio-Kräutergärtnerei auf ihrem *Schloss Hirschgarten,* wo sie mit anderen als Lebensgemeinschaft Heil-Tees produzieren und vertreiben.

**Carsten und Samuel Waldeck** bauen mit ihrer Firma *SHIFT* das erste deutsche Smartphone. Ihre Geräte, zu denen bald auch nachhaltig produzierte Laptops zählen, lassen sich sehr leicht reparieren, um lange zu halten und Elektroschrott zu minimieren.

**Hubertus Nägel** betreibt die *Tierfairbrik*. Hier züchtet er bedrohte Schweinerassen im Freiland und ein Mal im Jahr wird der Hof seiner Familie mit dem Musikschutzgebiet zu einem Festival, das deutschlandweit bekannt ist.

**Jonas Seemann** ist freiberuflicher Webdesigner. Unter dem Namen *ahoi* verbindet er Code und Design aus einer Hand. Für die professionelle Präsentation unserer Region auf homeberger.de ist der junge Familienvater verantwortlich.

**Jonathan Linker** ist freiberuflicher Journalist und Kommunikationsberater im Themenfeld der Nachhaltigkeit. Er entwickelt Medienkonzepte für Print und Online und steht hinter den Inhalten der HOMEberger und vertritt das Netzwerk nach innen wie außen.

**Karin Wiegand** hat mit ihrem *Fotostudio Wiegand* am Marktplatz von Homberg den Wandel der Altstadtlagen direkt miterlebt, über den viele schimpfen. Sie genießt das historische Ambiente und hält es beharrlich für andere fest.

**Kristina Fiand und Ernst Groß** sind Holzbildhauende mit eigenem Kursangebot und einem wachsenden Skulpturenpark mit angeschlossenem Café auf dem *Kunst- und Werkhof* in Großropperhausen.

**Malte Groß** hat den landwirtschaftlichen Pionierbetrieb seiner Eltern übernommen und entwickelt Rezepte, um Humus und Artenvielfalt aufzubauen. Auf dem *Biohof Groß* betreibt ein Studienfreund aus Wiesbaden den dazugehörigen Bio-Hofladen.

**Markus Schott** ist Orthopädie-Schuhmacher in vierter Generation und vertreibt mit seinem Start-up *myVale* weltweit Zehenstegsandalen mit einem Fußbett nach Maß.

**Michael Schramek** ist Berater für Mobilitätskonzepte und etabliert im Schwalm-Eder-Kreis wie auch andernorts mit seiner Firma *Regio.Mobil* Carsharing-Angebote, die speziell auf die Rahmenbedingungen ländlicher Regionen abgestimmt sind.

**Moritz Zinn** war als Koch hessischer Jugendmeister und hat in vielen prominenten Küchen gekocht. Weil ihm alle zu eng waren, hat er mit seiner Familie die Burg Wallenstein gekauft und betreibt dort sein *Standbad No. 1.*

**Rainer und Ilona Wälde** betreiben die *Gutshof Akademie* mit eigenem Gästehaus und einer Kapelle auf einem historischen Anwesen. Ihre Themen sind die berufliche Rückbesinnung auf Werte und ihre mediale Positionierung.

**Simone Bressan** macht Eis aus regionalen Zutaten. Zwei Bullis bringen sein Eis in die Dörfer der Region. Seine Kunden sehen via *Eiscafé Bressan*-App, wann der Eisbus kommt und welche Sorten an Bord sind.

**Teja Habbishaw** hat das vormals nur regional relevante Geschäft seiner *Teppichmanufaktur Habbishaw* ins Netz ausgeweitet und die Weberei in einen Erlebnisbetrieb für nachhaltige Produktion verwandelt.

**Udo van der Kolk und Christian Schmidt** betreiben eine der letzten Brokatwebereien in Deutschland. Ihre *Brokatweberei Egelkraut* versorgt Theater und Trachtenhersteller weltweit mit aufwendigen Stoffen nach Kundenwunsch.

## 3 Hessen neu denken

Unserer Überzeugung nach ist das alte Hessen mit den stereotypen Vorstellungen vom performanten Süden und provinziellen Norden längst Geschichte. Die Zukunft liegt in der Vernetzung und der Balance zwischen den unterschiedlichen Lebensräumen, die ausgleichend aufeinander wirken können. Und was ist der aktuelle Status quo? Der ist in allen Einzelfällen kompliziert. Die gute Nachricht ist: Unternehmerinnen und Unternehmer, die sich als Gesellschaftsgestaltende begreifen, ändern ihn fortwährend. Deshalb widmen wir uns mit den HOMEbergern weniger der Analyse und bewegen uns in kleinen Schritten des Machbaren vorwärts.

Ich habe in diesem Beitrag unsere Vision für Hessen geteilt. Visionen brauchen wir, um uns einen positiven Begriff von der Zukunft zu machen, für die die Zeichen nicht nur positiv stehen. Ohne nachhaltige Entwicklung kommen in Hessen nach den Donut-Dörfern auch die Donut-Städte und vor allem kleinere Großstädte geraten unter Druck – und nur solche haben wir in Hessen.

In Frankfurt wurden die Großbanken in der Finanzkrise zurechtgestutzt, die Rolle des Börsenstandorts entwickelt sich unter den Erwartungen, die Messe ist durch den Weggang der IAA ausgebremst, die Flieger seit Corona an den Boden gefesselt und auf vielen Büroflächen herrscht mehr Leere als auf jedem nordhessischen Acker.

Seit 2014 schon zieht es mehr Deutsche von der Stadt aufs Land als umgekehrt. Nur noch 13 % der Deutschen würden am liebsten in einer Stadt wohnen, alle anderen zieht es raus (Eberhardt 2020). Verantwortlich dafür ist auch die Entwicklung der Wohnungsmärkte, die insbesondere junge Familien zur Abwanderung bewegt (Henger und Oberst 2019). Alle westdeutschen Städte leiden mittlerweile unter einer negativen Binnenwanderung, wenn der Zuzug aus dem Ausland außer Acht gelassen wird; dünn besiedelte ländliche Kreise sind in den letzten Daten aus 2014 sogar die Gebiete mit dem stärksten Binnenwanderungsgewinn (siehe Busch 2016). Diese Zahlen lassen Migration und den möglichen Corona-Effekt allerdings außen vor.

Eine Umfrage von KPMG im August 2020 hat gezeigt, dass mehr als drei Viertel der Unternehmen künftig mehr Remote Work ermöglichen wollen (Groll 2020). Also herrscht jetzt auf dem Land das gute Leben und die Stadt gerät zum Auslaufmodell? (Müller 2020) „Vom Eigenheim im Neubaugebiet geht es mit dem Auto kilometerweit ins Gewerbemischgebiet zum Einkaufen, die Kinder werden mit dem Auto zum Musikunterricht gefahren, und weil es daheim gar so hässlich ist, flüchtet sich die Familie am Wochenende in die Berge und damit in den nächsten Stau." (Beck 2020) So ätzte Sebastian Beck, Redakteur der Bayern-Redaktion der Süddeutschen Zeitung, dem man keine mangelnde Heimatliebe vorwerfen kann, gegen die Entwicklung ländlicher Lebensmodelle.

Und Corona beschleunigt den Rückzug auf die „eigene Scholle", wie es der Kulturgeograf Werner Bätzing in einem vielzitierten Buch „Das Landleben – Geschichte und Zukunft einer gefährdeten Lebensform" beschreibt. Mit Weber-Grills und Kaffeevollautomaten rüstet sich das Land gegen die sterbende gastronomische Infrastruktur und gegen das, was noch alles kommen mag. Im Corona-Sommer 2020 boomten Selbstversorgung und das Bauholz wurde knapp, weil gefühlt jeder nach seinem Fernseher jetzt seine Terrasse vergrößert hat. Dabei sollten wir es uns gerade jetzt in unserem Zuhause nicht zu „hyggelig"[2] machen, wie man heute sagt, sondern lieber vor der Tür aktiv werden.

[2] Dänisch/Norwegisch für „gemütlich", „angenehm", „nett" und „gut".

Denn den Wert der eigenen Scholle kann man auch steigern, ohne Geld auszugeben. Einfach, indem man etwas für Region und Gemeinschaft tut, in der man lebt. Eine Studie der Hochschule Landshut will ergeben haben, dass Gründende auf dem Land zufriedener sind. „Wer in einer Großstadt ist, kann auch in eine andere gehen. Aber wer auf dem Land gründet, tut es bewusst genau dort. Und die Gründer und Führungskräfte sind deutlich stärker intrinsisch motiviert" (Heckel 2020). Ob das tatsächlich stimmt oder nicht, es tut dem angekratzten Selbstbewusstsein ländlicher Regionen gut und hilft, Beziehungen auf Augenhöhe zu entwickeln.

Wirklich auf Augenhöhe kommt aber nur, wer auch ein Gegenüber hat. Begegnungen zwischen Stadt und Land müssen gestaltet werden. Ein Projekt, das dieses Ziel erfolgreich verfolgt, ist der Summer of Pioneers. In Zusammenarbeit mit zukunftshungrigen Kommunen in ganz Deutschland lädt das Projekt Großstadt-Kreative und Digitalarbeitende ein, das Landleben ohne die sonst üblichen Hürden, wie den Kauf eines Autos, die Suche einer Wohnung und Gleichgesinnten, zu testen.

Denn der Summer of Pioneers bietet jeweils 20 bunt gemischten Pionierinnen und Pionieren ein Rundum-Sorglos-Paket aus möblierter Wohnung und Zugang zu einem gemeinsamen Coworking Space. Vor Ort demonstrieren die Pionierinnen und Pioniere dann, wie befriedigend es ist, seine Arbeit einfach mitzubringen zu können und machen so die Errungenschaften der Digitalisierung greifbar. Und sie nutzen die sechs Sommermonate des Summer of Pioneers, um sich in lokalen Projekten mit lokalen Akteurinnen und Akteuren einzubringen, um möglichst viel zu hinterlassen. 2021 wird Homberg Gastgeber des Summer of Pioneers, die HOMEberger sind dafür initiale Projektpartner.

Der erste Summer of Pioneers fand 2019 in Wittenberge statt. Das Projekt wurde nach Ablauf der sechs Monate auf insgesamt ein Jahr verlängert und die Hälfte der Pioniere sind bis heute begeisterte Wittenberger. Der Coworking Space, der eigens für den Summer of Pioneers eingerichtet wurde, blieb der Stadt erhalten. Insgesamt über 30 Projekte konnte die Gemeinschaft der Pioniere in Wittenberge umsetzen – darunter die Verwandlung eines leerstehenden Ladens in den Stadtsalon „Safari", ein Barcamp zum neuen Leben und Arbeiten auf dem Land und zahlreiche kostenlose Wissenstransfer-Workshops zu Kreativ- und Digital-Themen wie kreatives Schreiben oder Online-Marketing. Der Erfolg wurde vom Bundesinnenministerium im Rahmen des Wettbewerbs „Menschen und Erfolge" anerkannt. Initiator Frederik Fischer ist überzeugt: „Es wird Zeit, das Wachstum der Großstädte zu hinterfragen. Vielleicht hält es viele Menschen gar nicht dort, weil sie sich ein Leben woanders nicht vorstellen können, sondern weil es auf dem Land schlicht keine geeigneten Angebote gibt." (Fischer 2020)

Mit den HOMEbergern ermutigen wir dazu, solche Angebote zu schaffen, weil wir uns daran erfreuen und diese Freude teilen wollen. Wir wissen, dass wir das nicht allein schaffen werden. Deshalb ist unser Angebot eine Einladung, es uns gleich zu tun. Wir machen mit einer sinnstiftenden Erzählung, die verbindet und motiviert, Mut für neues Leben und Arbeiten auf dem Land.

**Jonathan Linker** hat Online-Journalismus und Medienentwicklung an der Hochschule Darmstadt studiert und war dort als Wissenschaftlicher Mitarbeiter am Aufbau des Medienportals gruener-journalismus.de beteiligt, das 2019 den Wissenschaftspreis der Hochschule erhalten hat. Linker ist als freiberuflicher Kommunikationsberater für Nachhaltigkeitsprojekte aktiv. Für seine Kunden entwickelt er Medienkonzepte, die auch komplizierten Ideen resonanzfähige Botschaften entlocken. Neuen Ideen Wirkung zu verleihen ist auch seine Aufgabe als Sprecher des regionalen Unternehmernetzwerks HOMEberger, das 2020 mit dem Hessischen Demografiepreis ausgezeichnet wurde.

## Literatur

Beck S (2020) Süddeutsche Zeitung. Von Bedrohtes Land – Wirtschaftlich geht es Bayern so gut wie nie zuvor. Doch der Preis dafür ist hoch, die Dörfer verlieren ihre Identität. Dagegen wächst langsam der Widerstand. https://www.sueddeutsche.de/bayern/essay-bedrohtes-land-1.4824764

Beutelsbacher S (2020) Das Ende des feigen „Corporate America". https://www.welt.de/wirtschaft/article209427795/Black-Lives-Matter-Das-Ende-des-feigen-Corporate-America.html. Zugegriffen: 10 Juli 2020

BMU (2018) umweltbundesamt.de. https://www.umweltbundesamt.de/daten/ressourcen-abfall/verwertung-entsorgung-ausgewaehlter-abfallarten/kunststoffabfaelle#kunststoffe-produktion-verwendung-und-verwertung. Zugegriffen: 10 Juli 2020

Busch R (2016) Inländische Wanderungen in Deutschland – wer gewinnt und wer verliert? https://link.springer.com/article/https://doi.org/10.1365/s41056-016-0012-3. Zugegriffen: 26 Aug 2020

Bätzing W (2020) Das Landleben – Geschichte und Zukunft einer gefährdeten Lebensform. BECK, München

Delfs S, Kooroshy K (2020) Corona trifft sozial Benachteiligte härter. https://www.tagesschau.de/inland/corona-sozial-schwache-101.html. Zugegriffen: 10 Juli 2020

Dierig C (2020) Zweimal ignoriert – Deutschland verspielt den Titel des Müll-Weltmeisters. https://www.welt.de/wirtschaft/article211134725/Kreislaufwirtschaft-Deutschland-verpasst-Anschluss-beim-Recycling.html. Zugegriffen: 10 Juli 2020

dpa (2020) Deutsche horten fast 200 Millionen alte Mobilfunkgeräte. https://www.spiegel.de/netzwelt/gadgets/smartphones-deutsche-horten-fast-200-millionen-alte-mobilfunkgeraete-a-937d1ce7-b48d-4efb-a422-310c3d742e72. Zugegriffen: 10 Juli 2020

Dyllick T (2015) Die Suche nach echter Nachhaltigkeit. https://www.nzz.ch/wirtschaft/wirtschaftspolitik/die-suche-nach-echter-nachhaltigkeit-1.18663657. Zugegriffen: 10 Juli 2020

Eberhardt C (2020) Wohnwünsche der Deutschen – Massenflucht aufs Dorf? https://kommunal.de/massenflucht-aufs-dorf. Zugegriffen: 26 Aug 2020

Erling J (2019) Der 996-Modus, der Millionen Arbeiter in Wut versetzt. https://www.welt.de/wirtschaft/article192382007/Arbeitszeiten-in-China-Widerstand-im-Ausbeuterparadies.html. Zugegriffen: 10 Juli 2020

European Environmental Bureau (2019) Coolproducts don't cost the earth - full report. Belgium, Brussels

Fair Labour Association (2015) Independend external assessment report. https://www.fairlabor.org/report/2017-annual-public-report

Fischer F (2020) Großstadt-Kreative und Digitalarbeiter? Kommt aufs Land! https://kommunal.de/summer-of-pioneers-ländlicher-raum-kodorf. Zugegriffen: 26 Aug 2020

Forti V, Bladé K, Kuehr R, Bel G (2020) The Global E-waste Monitor 2020: Quantities, flows and the circular economy potential. Bonn/Geneva/Rotterdam: United Nations University (UNU)/United Nations Institute for Training and Research (UNITAR) – co-hosted SCYCLE Programme, International Telecommunication Union (ITU) & International Solid Waste Association (ISWA).

Fromm T, Niewel G (2020) „Erschreckend" und „fahrlässig". https://www.sueddeutsche.de/wirtschaft/toennies-corona-webasto-kritik-1.4952799. Zugegriffen: 10 Juli 2020

Groll T (2020) Corona und Digitalisierung – Viele Unternehmen wollen Büroflächen reduzieren. https://www.zeit.de/wirtschaft/2020-08/corona-digitalisierung-umfrage-kpmg-unternehmen-homeoffice-arbeitsplatz. Zugegriffen: 30 Aug 2020

Gurita N, Fröhling M, Bongaerts J (2018) Assessing potentials for mobile/smartphone reuse/remanufacture and recycling in Germany for a closed loop of secondary precious and critical metals. J Remanuf 1–22. https://doi.org/10.1007/s13243-018-0042-1

Hamann R (2020) Coronavirus will have long-term implications for business leaders. Here are the top five. https://theconversation.com/coronavirus-will-have-long-term-implications-for-business-leaders-here-are-the-top-five-135064. Zugegriffen: 10 Juli 2020

Heckel M (2020) Start-ups jenseits der Metropolen – „Gründer auf dem Land sind privat zufriedener". https://www.wiwo.de/erfolg/gruender/start-ups-jenseits-der-metropolen-gruender-auf-dem-land-sind-privat-zufriedener/25465066.html. Zugegriffen: 26 Aug 2020

Henger R, Oberst C (2019) IW-Kurzbericht Nr. 20 – Immer mehr Menschen verlassen die Großstädte wegen Wohnungsknappheit. https://www.iwkoeln.de/studien/iw-kurzberichte/beitrag/ralph-henger-christian-oberst-immer-mehr-menschen-verlassen-die-grossstaedte-wegen-wohnungsknappheit-419693.html. Zugegriffen: 26 Aug 2020

*ICU*. (kein Datum). https://996.icu/#/de_DE. Zugegriffen: 10 Juli 2020

Kemp S (2019) Digital 2019: Global Digital Yearbook. https://datareportal.com/reports/digital-2019-global-digital-yearbook. Zugegriffen: 10 Juli 2020

Kohlhaas R, AMO (2020) Countryside – A Report. Taschen, Köln

Latour B, Watts J (2020) Bruno Latour: „This is a global catastrophe that has come from within" – Interview. https://www.theguardian.com/world/2020/jun/06/bruno-latour-coronavirus-gaia-hypothesis-climate-crisis. Zugegriffen: 26 Aug 2020

*leuphana.de*. (2020) Innovationsverbund Nachhaltige Smartphones 2.0 (INaS). https://www.leuphana.de/institute/csm/forschung-projekte/inas.html. Zugegriffen: 10 Juli 2020

Linton T, Vakil B (2020) Coronavirus is proving we need more resilient supply chains. https://hbr.org/2020/03/coronavirus-is-proving-that-we-need-more-resilient-supply-chains. Zugegriffen: 10 Juli 2020

Massmann N (2018) DUH schlägt Gesetzesänderungen zu Elektroschrott vor. https://www.cleanenergy-project.de/umwelt/ressourcenmanagement/duh-schlaegt-gesetzesaenderung-zu-elektroschrott-vor/. Zugegriffen: 10 Juli 2020

Melde T (2020) Wie es Startups mit der Nachhaltigkeit halten. (a. k. GmbH, Herausgeber). https://www.akzente.de/blog/wie-es-startups-mit-der-nachhaltigkeit-halten/. Zugegriffen: 10 Juli 2020

Messner D (2020) Drei Krisen gleichzeitig. https://www.zeit.de/wirtschaft/2020-04/corona-pandemie-klimawandel-armut-krisen-zukunft/komplettansicht. Zugegriffen: 10 Juli 2020

Mischler G (2020) Imagepflege zum Nulltarif. https://www.golem.de/news/facebook-boykott-imagepflege-zum-nulltarif-2007-149535.html. Zugegriffen: 10 Juli 2020

Mundig B (2017) Social Business: Ein Überblick. https://www.zukunftsinstitut.de/artikel/social-business-ein-ueberblick/. Zugegriffen: 10 Juli 2020

Müller H (2020) Umbruch von Leben und Arbeit – Stadt, Land, Covid. https://www.spiegel.de/wirtschaft/coronakrise-deutschland-koennte-kleinstaedtischer-werden-a-c6e030d0-19b8-401e-a3ad-3e96a67ff59d. Zugegriffen: 26 Aug 2020

Ottaviani J (kein Datum) Die Elektroschrott-Republik. https://www.spiegel.de/wirtschaft/elektroschrott-in-afrika-recyclingmethoden-schaden-a-1085773.html. Zugegriffen: 10 Juli 2020

Rangan V, Chase L, Karim S (2015) The Truth About CSR. https://hbr.org/2015/01/the-truth-about-csr. Zugegriffen: 10 Juli 2020

Rubel B (2016) Kaum noch Innovationen: Der Smartphone-Boom ist vorbei. https://www.mobilegeeks.de/artikel/kaum-noch-innovationen-der-smartphone-boom-ist-vorbei/. Zugegriffen: 10 Juli 2020

Saatc E, Urper C (2013) Corporate social responsibility versus social business. J Econ 1(1): 62–65. http://joebm.com/papers/15-E00038.pdf

Sonderkamp W (2020) Studie: Unternehmen verfehlen Nachhaltigkeitsziele im Bereich Elektroschrott. https://www.cleanenergy-project.de/cleanenergy-project-magazin/studie-unternehmen-verfehlen-nachhaltigkeitsziele-im-bereich-elektroschrott/. Zugegriffen: 10 Juli 2020

Spiekermann S (2019) Digitale Ethik – Ein Wertesystem für das 21. Jahrhundert. Droemer, München

Stiftung Warentest (2020) Smartphone Reparaturdienste. Alle sind teuer, nur einer repariert tipp-topp. https://www.test.de/Smartphone-Reparaturdienste-Alle-sind-teuer-nur-einer-repariert-tipp-topp-4830658-0/. Zugegriffen: 10 Juli 2020

Strauß H (2017) Mehr Honig – aber nur in den Städten. Von Westdeutsche Zeitung. https://www.wz.de/politik/inland/mehr-honig-aber-nur-in-den-staedten_aid-27497233

Stückler M (2017). Die ganze Stadt ist ein Startup: Shenzhen ist das Silicon Valley für Hardware-Firmen. https://t3n.de/magazin/ganze-stadt-startup-shenzhen-silicon-valley-fuer-242485/. Zugegriffen: 10 Juli 2020

Tiedgen K (2020) Facebook-Boykott: Doppelmoral der Konzerne. https://www.zdf.de/nachrichten/wirtschaft/facebook-boykott-ethik-100.html. Zugegriffen: 10 Juli 2020

tagesschau.de. (2020) Heil plant Recht auf Homeoffice. https://www.tagesschau.de/inland/corona-homeoffice-heil-101.html. Zugegriffen: 10 Juli 2020

Walk Free Foundation (2018) Global slavery index. Nedlands, Australia. https://www.globalslaveryindex.org/2018/

Wiens M (2020) Wie werden wir wirksam? In: Publishing N (Hrsg) Neue Narrative, 06, S 8–13. https://www.instagram.com/p/CEUYfkgCcob/. Zugegriffen: 26 Aug 2020

Wikipedia (2020) Foxconn suicides. https://en.wikipedia.org/wiki/Foxconn suicides. Zugegriffen: 10 Juli 2020

Wälde R (2019) Vom iPhone zum Shift. In: Jarosch AA, Wälde R (Hrsg.) epos, vol 3, S 14

Yong E (2020) How the pandemic will end – The U.S. may end up with the worst COVID-19 outbreak in the industrialized world. This is how it's going to play out. https://www.theatlantic.com/health/archive/2020/03/how-will-coronavirus-end/608719/. Zugegriffen: 10 Juli 2020

van Ewijk S, Stegemann J (2020) Why we'll still need waste in a circular economy. https://theconversation.com/why-well-still-need-waste-in-a-circular-economy-136470. Zugegriffen: 10 Juli 2020

# Mit einem CleanUp beginnt CSR vor der eigenen Haustür – Interview mit Tanja Methien, CleanupWiesbaden

Anke Trischler

**Zusammenfassung**

Zivilisationsphänomen Plastik: Es ist aus unserem Alltag nicht mehr wegzudenken, denn Plastikprodukte erleichtern vieles. Aber sie überhäufen den Planeten mit Müll und gefährden die Gesundheit von Mensch, Tier und Umwelt. Müll ist überall dort, wo auch Menschen sind. Es gibt Menschen, denen das ganz und gar nicht egal ist. Ihr Motto: „Es ist nicht mein Müll, aber es ist mein Planet. Der Ozean beginnt vor meiner Haustür.“ Zivilgesellschaftliches Engagement zeichnet sie aus. Und ebenso die Überzeugung, dass jede und jeder ein Teil der Lösung ist. Im Interview spricht Tanja Methien über ihre Motivation als Umweltaktivistin und interpretiert CSR ganz im globalen Sinn und der SDG.

## 1 Intro

Zivilisationsphänomen Plastik: Es ist aus unserem Alltag nicht mehr wegzudenken – Plastikprodukte erleichtern vieles. Aber: Sie gefährden unsere Gesundheit und überhäufen unseren Planeten mit Müll. Müll ist überall dort, wo auch Menschen sind. Und leider auch schon dort, wo keine Menschen sind. Rund 80 % des Mülls, der im Meer landet, stammt vom Festland. Und wiederum rund 80 % davon sind aus Plastik. Wind und Strömungen transportieren Plastikabfälle vom Flussufer an die Meeresküsten und noch weiter. Ein achtlos weggeworfenes Einmalbesteck ist nur ein kleines Teil – mit

A. Trischler (✉)
Transformation zur Nachhaltigkeit GmbH, Wiesbaden, Deutschland
E-Mail: atrischler@transformation-n.de



A. Trischler und S. Böhling (Hrsg.), *CSR in Hessen,* Management-Reihe Corporate Social Responsibility, https://doi.org/10.1007/978-3-662-63004-4_43

großer Wirkung, schon bei der Produktion – aber erst recht, wenn es in der Umwelt landet. Einmal im Wasser angekommen, verteilt sich das Plastik über die Weltmeere und an die Strände in nah und fern. Tiere verheddern sich darin, halten das Material für Nahrung und verenden mit vollem Magen. Meereswirbel verdichten den Kunststoffabfall zu riesigen Müllstrudeln. In den Ozeanen wird der schwimmende Plastikmüll zu großen Arealen zusammengetrieben, den sogenannten Garbage Patches. Der Great Pacific Garbage Patch erstreckt sich von der Westküste Nordamerikas bis nach Japan im Nordpazifik. Das entspricht einer Fläche der Größe Mitteleuropas. Er ist einer von weltweit fünf Müllstrudeln im südindischen, südpazifischen, nordatlantischen und südatlantischen Strömungskreis. Ein sechster Strudel wird nordöstlich von Norwegen in der Barentssee vermutet.

Der Müll in der Natur, vor allem Plastik, ist ein globales Problem (Lemke 2020). Mikroplastik lässt sich mittlerweile vom Ackerboden über Gewässer bis in die Tiefsee und ins arktische Eis nachweisen. Point Nemo – einer der biologisch inaktivsten Orte der Welt – liegt im Südpazifik rund 2700 km von der nächsten Landmasse entfernt.[1] Selbst dort ist mittlerweile Mikroplastik im Meerwasser zu finden. Das teilten Wissenschaftler des Geomar Helmholtz-Zentrums für Ozeanforschung Kiel mit.[2] Tanja Methien ist Kriminalbeamtin. Ganz zivil und aus privatem Engagement organisiert sie Müllsammelaktionen, überwiegend am Rheinufer. Für sie beginnt der Ozean unmittelbar von ihrer Haustür.

## 2 Im Interview: Tanja Methien, CleanupWiesbaden

Anke Trischler: Tanja, wir lernten uns kennen mit Mülltüten in den Händen. Unser zweistündiger Spaziergang brachte uns einen Sammelerfolg von rund fünf Kilogramm Wegesrandmüll. Wir sprachen dabei über CleanupWiesbaden. Was hat ein Cleanup mit CSR zu tun?

Tanja Methien: Das **R** steht für Verantwortung und Verantwortlichkeit – und die beginnt zuerst bei jedem selbst. Ich bin auch verantwortlich für die Konsequenzen, die sich aus meinen Handlungen ergeben – wie zum Beispiel beim Kauf von plastikverpackter Ware, bei der Nutzung von Plastiktüten, beim Konsum überhaupt. Das **S** steht zuerst mal für Sustainability, also Nachhaltigkeit, aber ich sehe es auch für Solidarität und für Gesellschaft – Society. Die Nutzung von Plastik ist ja ein Zivilisations-, ein

[1] Point Nemo hat seinen Namen aus dem Lateinischen (nemo = keine(r), niemand) respektive in Anlehnung an den berühmten Kapitän Nemo der Nautilus aus den Romanen von Jules Verne erhalten. Das ist aber längst nicht die einzige Bezeichnung für den abgelegensten Ort im Meer. Er ist auch als Wasserpol, Pol der Unerreichbarkeit, Unzugänglichkeitspol oder – wissenschaftlicher – als Pazifischer Pol der Unzugänglichkeit bekannt (Pole of InAccessibility, PIA).

[2] Quelle: www.geomar.de/news/article/mikroplastik-sogar-am-point-nemo

Gesellschaftsthema. Also haben wir als Gesellschaft auch die Verantwortung dafür. Na, und da haben wir auch schon das **C** für Civic. Das ist dann zusammengesetzt CSR für Civic Social Responsibility. Oder ganz spontan auch: Cleanup Self Responsibility!

*Stichwort: Müllsammeln. Was hast Du mit dem Thema zu tun und was brachte Dich dazu?*
Ich bin schon immer umweltbewusst gewesen. Aber seitdem mir im Urlaub der Müll und insbesondere die vielen Zigarettenstummel am Strand aufgefallen sind, wollte ich unbedingt was dagegen machen. Das Sammeln von Müll packte mich also bei einem Familienurlaub vor Jahren in Galizien. Trotz der morgendlichen Reinigung aller Strände durch die Kommune wurde im Laufe des Tages immer wieder Plastikmüll angeschwemmt. Seit diesem Zeitpunkt sammelte ich neben den vielen Muscheln auch immer Müll. Mittlerweile sammle ich keine Muscheln mehr. Das liegt unter anderem daran, dass es seit circa drei Jahren mehr Müll als Muscheln gibt. ... Mit der Zeit wird der Blick schon stark sensibilisiert: Man sieht überall Müll.

*Du bist dabei geblieben ...*
Es macht mir Freude, etwas Aktives für die Umwelt tun zu können. Ich gehe mit Freude jede Diskussion über die Müllproblematik ein und hoffe, die Menschen inspirieren zu können, selber einmal Müll aufzuheben und wegzuschmeißen, als sich nur darüber zu ärgern. Das löst ja das Problem nicht. Schon immer habe ich neben der Verbundenheit zur Natur eine Art Sammelleidenschaft gehabt. In der Kindheit waren es Pilze und Tannenzapfen, später Gegenstände mit Familiengeschichte und Muscheln. Jetzt eben Müll ... man geht mit der Zeit ... (lacht) ... Ja, es ist eine Erkenntnis, dass man eine Selbstwirksamkeit hat. Es gibt immer Möglichkeiten – wie klein sie auch sein mögen –, etwas zu verändern. Wenn man vor Ort selbst mal mit anpackt und aufräumt, erhält man einen anderen Blick auf die Umwelt. Ich freue mich jedes Mal, wenn sich Menschen durch Aktionen von CleanupWiesbaden inspirieren lassen und selber Müll aufheben.

*Was ist das Kurioseste, was Du bisher gefunden hast?*
Ich finde viele alte Sachen. Ja, auch Kurioses (... zeigt ein großes Sammelglas voller bunter Wattestäbchen, ein weiteres voller Rasierklingen, eine nostalgische Bierdose mit aufgedrucktem Preis in D-Mark) ... Kurioses gibt es in jeglicher Form. BHs, alte Fotoapparate, eine Außenklimaanlage, Handys ... richtig kurios ist jedoch eher die Masse ungewöhnlicher Dinge: Rasierklingen und Unmengen von Damenhygieneartikeln, die regelmäßig am Rheinkilometer 502 oder am Muschelstrand, Kilometer 503, angeschwemmt werden. Da stellt sich schon die Frage nach der Herkunft: Wie kommen diese Mengen an Sanitärmüll in den Rhein? Weitere „usual suspects" sind: Eislöffel und Eisbecher, Plastikhalme, Lutscherstiele, Glasflaschen, alte Fahrräder und jede Menge Kippen und Feuerzeuge, die finden sich überall. Es gibt wenig, was Menschen nicht gleichgültig einfach in der Natur liegen lassen oder auf die Straße werfen ... auch wenn es nur wenige Meter zum nächsten Papierkorb sind. Manchmal macht sich sogar jemand

die Mühe, den Müll am Strand, am Rheinufer zu vergraben. Oder im Wald wird ein Stein draufgelegt. Ein bisschen als wollten die Missetäter ihre Tat vertuschen. Meinem kriminalistischen Spürsinn entgeht das natürlich nicht (... lacht). Ich habe tatsächlich auch meine Favoritensammlung angelegt, ein Kuriositätenkabinett sozusagen. Das würde ich gern in eine Kunstaktion einbringen. Wenn zum Beispiel das Landesmuseum mit ihrer engagierten Museumspädagogik an die schon erfolgreich realisierte Ausstellung „Sammelfieber: Sammeln verbindet. Und was sammelst Du?" anknüpfen würde ...

**Museum Wiesbaden**

Zu den traditionellen Kernaufgaben eines Museums gehören: das Sammeln, Bewahren, Forschen und Vermitteln. **Sammelfieber,** eine Aktion der Abteilung für Bildung und Vermittlung des Landesmuseums in Wiesbaden, griff das Thema Sammeln nach dem Motto **Was sammelst du? – Sammeln verbindet!** auf und zeigte in einer Sonderausstellung die Exponate. Online zu sehen unter: museum-wiesbaden.de/sammelfieber.

*Was machst Du mit dem gesammelten Müll?*

Bei den Großaktionen, den Cleanups, sind die Wiesbadener Entsorgungsbetriebe eingebunden; bei den nachbarschaftlichen oder privaten Sammelaktionen wandern die Tüten in den Restmüll oder in einen öffentlichen Müllsammler. Wenn wir illegal entsorgten Sperrmüll oder Sondermüll finden, dann gebe ich mittels der App „Sauberes Wiesbaden" die Info an die Entsorgungsbetriebe.

**Sauberes Wiesbaden**

Mit der App kann jeder Smartphone-Nutzer schnell und einfach wilde Müllablagerungen an die Stadt melden, damit diese beseitigt werden. Die App wurde von der Stabsstelle „Sauberes Wiesbaden" in Kooperation mit der ELW und dem Fachbereich „Design Informatik Medien" der Hochschule RheinMain entwickelt. Das hinter der App liegende Beschwerdemanagementsystem der ELW erfasst nach der Freigabe die Meldung und weist diese den zuständigen Stellen in der Stadt zur Beseitigung zu. Das System hat sich bereits im Zusammenhang mit der Sauberkeits-Hotline bewährt. Alle Meldungen werden von einem zentralen Ansprechpartner gesteuert.[3]

*Was ist ein Cleanup?*

Unser Cleanup ist ein organisiertes Treffen, eine konzertierte Aktion zur Säuberung eines Teilabschnitts am Rheinufer. CleanupWiesbaden gibt es jetzt seit einigen Jahren. Gemeinsam mit Tim Fritsche habe ich die Initiative nach dem RhineCleanupDay in 2018 gegründet. Wir treffen uns einmal monatlich in Wiesbaden Biebrich am Muschelstrand, um diesen und die Umgebung von Müll zu säubern. Wer uns unterstützen möchte oder einfach nur mal mit mir oder Tim über Cleanups, Müll und andere Umweltthemen diskutieren möchte, ist herzlich eingeladen, uns zu kontaktieren. Wir sind auf Instagram und Facebook zu finden oder per E-Mail erreichbar. Unser Logo (Abb. 1) ist leicht zu erkennen.

[3] Quelle: www.wiesbaden.de/leben-in-wiesbaden/gesellschaft/engagement/saubere-wiesbaden-app.php

**Abb. 1** CleanupWiesbaden-Logo

**CleanupWiesbaden**

Eine ehrenamtlich aktive Gruppe um Tanja Methien trifft sich seit Februar einmal im Monat zu einem Cleanup in Wiesbaden. Am ersten Sonntag im Monat ab zehn Uhr (Treffpunkt Haltestelle Biebricher Schloss) befreit die Gruppe das Flussufer und die Grünstreifen, manchmal auch den Schiersteiner Hafen, von jeglichem Müll. Aktuelle Infos: www.facebook.com/CleanupWiesbaden/ (Abb. 2)

*Was muss ein Cleanup-Interessierter mitbringen?*

Zuerst mal Zeit, dann hilft gutes Schuhwerk und auch Beweglichkeit. Vor allem aber die Bereitschaft, den Müll anderer einzusammeln. Feste Handschuhe sorgen dabei für Eigenschutz, bequeme, widerstandsfähige Kleidung für den Komfort. Von uns werden für jeden Cleanup Müllsäcke, Eimer und Greifzangen bereitgestellt. Müll sammeln geht aber auch allein, zum Beispiel auf dem heimischen Feldweg. Einfach zum nächsten Spaziergang eine kleine Mülltüte mitnehmen und fünf Müllteile aufsammeln und richtig entsorgen – im nächsten Mülleimer oder daheim. Das könnte der Beginn einer umweltfreundlichen und sehr zufriedenstellenden Gewohnheit sein. Jedes Teil zählt.

*Gibt es eine Jahreszeit, in der Du am liebsten unterwegs bist?*

Prinzipiell eignet sich jeder Tag, jede Jahreszeit, um unmittelbar und vor Ort etwas für die Umwelt zu tun. Im Frühjahr, bevor Sträucher und Bodendecker austreiben und sich das Laub aus dem letzten Herbst zersetzt, lässt sich Abfall noch am einfachsten erkennen und auffinden. Da ist der Sammelerfolg oft am größten. Die Stimmung über die Müllberge schwankt zwischen Freude und Entsetzen. Grundsätzlich sollten Müllsammelaktionen in Schutzgebieten nur in Rücksprache mit den zuständigen Behörden stattfinden, um dort lebende Tiere und Pflanzen nicht zu beeinträchtigen.

**Abb. 2** Tanja Methien und Tim Fritsche, Cleanup Wiesbaden, am Rheinufer

*Wie kann man mehr Menschen für dieses Thema, also die Beteiligung an Sammelaktionen oder den Start eigener Aktivitäten begeistern?*
Der wohl wichtigste Punkt, um die Gesellschaft für die Thematik und eine aktive Teilnahme an unseren Sammelaktionen zu begeistern, ist gezielte Öffentlichkeitsarbeit. Ganz sicher aber ist es noch sinnvoller, weiter vorn anzusetzen und über Möglichkeiten zur Vermeidung von Müll und die richtige Entsorgung zu informieren. Hier sind natürlich neben den vielen privaten Initiativen, die es mittlerweile gibt, staatliche Stellen mit der Schaffung gesetzlicher Regelungen gefragt. Man müsste viel öfter vom Ende her denken: Eine einzelne weggeschmissene Kippe mag für einen Raucher vielleicht unbedeutend erscheinen. Erschreckend wird es erst, wenn man sieht, welche Mengen an Kippen an einem Kilometer Uferpromenade gesammelt werden und man sich dann vorstellt, wie viele Liter Wasser durch das Einsammeln vor einer Verschmutzung gerettet wurden. Solche Fakten regen zum Nachdenken an. … Prävention durch Information, also nicht erst bei Missständen darauf aufmerksam machen. Schon vorher … zum Beispiel durch Müllscouts, die in Parks und in öffentlichen Bereichen auch schon mal Müllsäcke verteilen. Die Großaktionen wie der RhineCleanupDay oder der World Cleanup Day sind sehr wichtig für unsere Bewegung. Sie bekommen Aufmerksamkeit und öffentliche Wahrnehmung. Aber auch jede individuelle Handlung ist von großer Bedeutung: Jede Plastiktüte, die aufgehoben und entsorgt wird, landet nicht im Fluss und somit auch nicht im Meer. Auch das hilft dabei, die Menge an Plastikmüll in unseren Ozeanen zu

reduzieren. Die Umwelt ist vor allem deshalb so verschmutzt, weil unzählige Produkte nur für den einmaligen Gebrauch bestimmt sind. Nicht jedem oder jeder ist klar, dass Müll nicht einfach verschwindet. Wird mir bewusst, dass ALLES was ich kaufe, irgendwann zu Müll wird, verändert sich im positivsten Fall mein Konsumverhalten.

*So könnte man das Übel mit dem Müll an der Wurzel packen?*
Ja, sicher. Und auf verschiedenen Ebenen ansetzen. Wem bewusst ist, dass wir ein echtes Müllproblem auf unserem Planeten haben, der sucht auch nach Lösungen. Will Teil der Lösung sein. Mit jeder noch so kleinen Aktion wird deutlich: Ich kann das ändern! So erlebt jeder Mensch unmittelbar seine Selbstwirksamkeit. Und dann kommt der nächste Schritt: Als Konsumenten haben wir Einfluss auf Produktion und Angebot. Wenn ich schon beim Einkauf darauf achte, Einwegverpackungen zu vermeiden, regional, saisonal und bedarfsorientiert zu kaufen, dann ändert sich was. Es ist doch immer das eigene Verhalten: Nichts achtlos wegwerfen, sondern getrennt entsorgen. Nichts in die Natur werfen oder liegen lassen. Und dann auch einfach mal machen, statt sich nur zu wundern oder darüber aufzuregen, wie viel Müll in der Natur liegt. Stattdessen: Einfach einsammeln und entsorgen. Automatisch zieht man Blicke auf sich und wird zum Vorbild! Wird angesprochen, ermutigt. Das fühlt sich gut an. Manchmal schließt sich sogar spontan jemand an.

*Du kennst die hessischen SDGs? Welches ist Dein Favorit?*
Zu meiner Mission am Rheinufer passt doch SDG 14 perfekt (Abb. 3). Das heißt auf hochdeutsch „Den Lebensraum Ozean schützen und erhalten" – auch von Hessen aus. Und in Mundart eben „Lebbe im Wässersche! Des müssemer schütze!"

**Abb. 3** SDG à la hessisch: Leben im Wasser

*Du sammelst überwiegend am Rheinufer …*
Ja, da ich für den Rheinabschnitt Biebrich eine Patenschaft der ELW (Entsorgungsbetriebe der Landeshauptstadt Wiesbaden) übernommen habe, ist das unser regelmäßiger und häufigster Treffpunkt. Aber nicht nur. Wir organisieren auch Cleanups in anderen Stadtteilen. Oft mit anderen Initiativen oder städtischen Einrichtungen zusammen. Im Vordergrund steht bei uns jedoch immer das Müllsammeln, nicht die Ermahnung. Ab und an ein freundliches Gespräch: Erst kürzlich traf ich am Rheinuferstrand zwei rauchende Frauen. Sie wussten nicht, wohin mit ihren Zigarettenkippen. Den beiden gab ich je einen Taschenascher. Die waren total dankbar. Na, Zigarettenkippen sind besonders schädlicher Müll. Sie zersetzen sich nur sehr langsam, enthalten jede Menge Giftstoffe. Diese gelangen über das Wasser und die Tiere schlussendlich auch wieder zum Menschen. Es muss jedem klar werden, dass Müll nicht einfach verschwindet, sobald wir uns seiner entledigt haben. Neben Kaffeebechern, Trinkpäckchen, Plastiktrinkhalmen liegen auch Flaschen herum. Das ist auch durchaus gefährlich. Wäre doch so einfach, wenn jeder seinen Müll einfach mitnähme. Jeder kann etwas tun.

**Zigarettenkippen sind eine Gefahr für Mensch, Tier und Umwelt**
Die Filter von Zigarettenstummeln enthalten giftige Inhaltsstoffe. Gelangen diese ins Grundwasser, in Flüsse, Seen oder Böden, dann schaden sie den darin lebenden Organismen. Auf diesem Weg können die Giftstoffe auch in unsere Nahrungskette gelangen. Eine Kippe verschmutzt bis zu 40 L Grundwasser (Deutscher Bundestag 2019). Nach einer Schätzung der WHO werden rund 5,6 Billionen Zigaretten pro Jahr geraucht. Rund zwei Drittel davon, bis zu 680.000 t, landen auf dem Boden. Da kommt einiges zusammen (Samson 2020). Exemplarisch zeigt das die Sammlung vom Rhinecleanup 2019 (Abb. 4).

*Ist es nicht auch frustrierend, wenn an der gleichen Stelle, die Du vor Kurzem vom Müll befreit hast, einige Tage oder Wochen später alles beim Alten ist?*
Einmal im Monat sind wir am Rheinufer unterwegs. Das ist halt ein beliebter Ort, viele Menschen treffen sich dort. Ach, das ist leider keine Sache von nur einer Lokation.

**Abb. 4** Rhinecleanup 2019 – Zigarettenkippen.

Dort wo Menschen sind, liegt auch Müll rum. Einmal im Jahr machen wir mit beim bundesweiten RhineCleanUp. Das bringt halt Aufmerksamkeit auf das Thema. Unabhängig davon kann das aber jeder überall machen. In Wiesbaden haben wir schon ein paar Stadtteilpaten, noch wenige. Aber es werden sicher mehr werden. Mit unseren Nachbarfamilien gehen wir auch durch unser Wohnviertel. Es findet sich immer Müll: Hausmüll, Sperrmüll, Abfall, Kippen ... Ich hoffe dann immer auf viele Helfer, egal ob groß oder klein, jeder ist willkommen! Über die gemeinsame Aktivität kommen wir ins Gespräch. Da können wir uns gegenseitig motivieren. Es geht nicht darum, mit erhobenem Zeigefinger umher zu laufen. Es geht immer darum, selbst Teil der Lösung zu sein. Dennoch: Es überkommt mich manchmal eine Ohnmacht angesichts der Fülle an schlechten Nachrichten und negativen Informationen. Für mich ist das Müllsammeln dann trotzdem eine Art von Selbstheilung ... Ich kann meinen Teil zu einer besseren Umwelt beitragen und auch für mich selbst anerkennen, was ich leiste. Die Aktivität in Gemeinschaft, der gegenseitige Austausch tut allen gut. Sich in der Natur zu bewegen, tut gut. Egal, ob es regnet oder die Sonne scheint. Bei Schnee sammeln wir nicht. Und wie gesagt, man hat das gute Gefühl, etwas bewegt zu haben.

**Von der Quelle bis zu Mündung**

RhineCleanup startete in 2018 und aktivierte auf Anhieb 10.000 Menschen in 59 Städten. Im Jahr 2020 nahmen 35.000 Ehrenamtliche teil und sammelten 320 t Müll entlang des Rheinufers – und in 2020 auch entlang des Mains.[4]

*Wie sind die Reaktionen von Passanten, die Du unterwegs auf deinen Touren triffst?*

Die meisten gehen weiter, bleiben unbeteiligt, schauen eventuell nur flüchtig auf. Es gibt aber auch direkte Reaktionen, Lob und Dank. Mit Kindern und Jugendlichen erlebe ich Positives. Kids nehmen die Sammelaktionen sehr ernst und sammeln oft um die Wette. Die Gruppenaktivität macht stark, das gilt für jedes Alter. Jugendliche spreche ich auch direkt an, wenn sie ihren Müll auf der Straße entsorgen. Die machen erst große Augen, sind aber dann einsichtig und bringen ihren Abfall in die Tonne. Sie haben mehr Achtsamkeit, wenn sie die Zusammenhänge verstehen lernen. Ganz nach dem Motto: Es ist zwar nicht unser Müll, aber es ist unser Planet und unser Viertel. Sogar ich als einzelner Mensch kann etwas tun, damit unsere Umwelt nicht leidet und unsere Umgebung sauberer ist.

*Was wünscht Du Dir für 2021?*

Weitreichende Müllvermeidung ist auf jeden Fall ein sehr guter Ansatz. Wenn weniger Müll entsteht, dann wird hoffentlich weniger Müll herumliegen oder liegen gelassen werden. Müllvermeidung ist noch besser als Müllsammelaktionen. Trotzdem hilft jede Aktion, jede Stadtteilpatenschaft, jede Kooperation weiter. Also in 2021 weitere

[4] Weiterführende Informationen: www.rhinecleanup.org/de

Stadtteilpaten und -patinnen finden, mehr miteinander in die Aktion kommen und überregional mehr voneinander erfahren und sich austauschen. Ich wünsche mir, dass sich die Einstellung „Es ist nicht mein Müll, aber mein Planet" verbreitet. Je mehr Menschen mitmachen, desto mehr können wir bewegen.

*Was möchtest Du den Leserinnen und Lesern noch zurufen?*
Viel hilft viel: Bei der Vermeidung von Verschmutzungen durch Abfall kann wirklich jeder etwas tun. Sei es beim eigenen Einkauf. Sei es, indem man seinen Müll einfach kurz zum nächsten Mülleimer trägt oder eben beim Aufsammeln von Müll. Jeder kann dazu beitragen, Müll zu vermeiden. Helft mit, unseren Stadtteil und unsere Umgebung frisch und sauber zu halten. Sammeln wir ein, was nicht in die Natur gehört: Zigarettenkippen, Bonbonpapier, Plastikbecher und … und … und … Egal ob alleine sammeln eine Option für euch ist, oder ob ihr euch einer Gruppe anschließt. Probiert es doch mal aus. Die Bewegung an der frischen Luft, dabei noch etwas Gymnastik – und schließlich noch etwas Sinnvolles in netter Gemeinschaft tun!

## 3 Fazit

> „Kunststoffe sind aus unserem Alltag nicht mehr wegzudenken. Wir essen und trinken Plastik, tragen es als Kleidung am Körper und als Kosmetik im Gesicht. Das wirkliche Ausmaß an Verschmutzung und Vergiftung durch die Plastikschwemme beginnen wir gerade erst zu begreifen. Wer sind die Verursacher und wie sehen die Auswirkungen auf Mensch und Natur aus? Diese Daten und Fakten liefert der Plastikatlas." (Böll 2019)

**Pressemitteilung Nr. 511 vom 16. Dezember 2020**
WIESBADEN – Im Jahr 2019 wurden bei den privaten Haushalten insgesamt 38,0 Mio. Tonnen Abfälle eingesammelt. Wie das Statistische Bundesamt (Destatis) nach vorläufigen Angaben mitteilt, waren das rund 0,3 Mio. Tonnen beziehungsweise 0,8 % mehr als 2018. Das Pro-Kopf-Aufkommen an Haushaltsabfällen stieg von 455 auf 457 kg. Zu Haushaltsabfällen zählen Hausmüll (Restmüll), Bioabfälle, Wertstoffe, Sperrmüll und sonstige Abfälle wie beispielsweise Batterien und Farben. Dieser leichte Anstieg war fast ausschließlich auf die Bioabfälle zurückzuführen: Das Bioabfallaufkommen betrug 2019 knapp 10,2 Mio. Tonnen, 2018 waren es noch 9,9 Mio. Tonnen. Pro Kopf war das ein Anstieg um 2 kg auf 122 kg. (…).

Haus- und Sperrmüll-Aufkommen unverändert bei 187 kg pro Kopf.

Das Aufkommen an Hausmüll (Restmüll) und Sperrmüll blieb 2019 mit 15,6 Mio. Tonnen unverändert zum Vorjahr. Das Hausmüll-Aufkommen belief sich dabei auf 12,9 Mio. Tonnen beziehungsweise 156 kg pro Kopf. Beim Sperrmüll wurden bei den privaten Haushalten 2,6 Mio. Tonnen oder 31 kg pro Kopf eingesammelt.

146 kg Wertstoffe pro Person eingesammelt.

Auch die Sammelmenge an Wertstoffen war 2019 mit 12,1 Mio. Tonnen im Vergleich zum Vorjahr nahezu unverändert. Dies entspricht einem Pro-Kopf-Aufkommen von 146 kg. Zu den Wertstoffen zählen unter anderem Papier, gemischte Verpackungen und Glas (...) (Destatis 2020).

457 kg Müll, das entspricht einer Tagesmenge von 1,25 kg. In der Gesamtmenge von 457 kg machen Haus- oder Restmüll mit 156 kg den größten Posten aus. Erfasst werden in den Statistiken die ordnungsgemäß entsorgten Müllsorten. Gerade deshalb und trotzdem: Das Beispiel von Tanja Methien macht auch anderswo Schule, inspiriert zum Nachmachen und Mitmachen, zum miteinander Verantwortung übernehmen und Zukunft gestalten. Das gemeinsame – lokale wie globale – Motto ist:

**Wir haben nur diesen einen Planeten und die Welt ist ein Dorf.**

Der **Naturpark Rhein-Taunus** setzt auf seine umweltbewussten Nutzer: Wer auf eine Wanderung geht, kann eine Sammeltüte mitnehmen, Müll aufsammeln und diese nach Rückkehr in einen Mülleimer am Parkplatz entsorgen. Abfallkörbe mit vorbereiteten Tüten und Sammelstäben, sogenannte Abfallstationen mit Erklärschildern, finden sich auf den Wanderparkplätzen. Das Konzept stammt von den Bundesfreiwilligen, die im Naturpark Rhein-Taunus mitarbeiten. Naturpark-Geschäftsführer Andreas Wennemann hebt hervor, dass die Stationen überwiegend aus Bordmitteln, also aus Bestandsmaterial, recycelt wurden. „Letztendlich wollen wir ausprobieren, was funktioniert und die Sache gegebenenfalls etwas anpassen. Wir sind auch gespannt, ob das Angebot angenommen wird und die Spaziergänger die Landschaft etwas sauberer hinterlassen, als sie sie vorfinden." (Naturpark Rhein-Taunus 2020)

Eine Stadtteilpatin aus Wiesbaden hat die Idee nach Kenia ins Dorf Msumarini am indischen Ozean gebracht. Das lokale Team vom **Selbsthilfeprojekt Msumarini** packte gründlich zu: Was zuvor übersät war von Plastikmüll ist mittlerweile gereinigt und mittels eigener Kompostierung pflanzlicher Abfälle eine Gemüseplantage mit wechselnder Bepflanzung. Sie bietet der Dorfgemeinschaft die Grundlage zur Selbstversorgung (Wikmann 2017).

Irgendwo am schönen Muschelstrand fand Tanja Methien unter anderem eine gut erhaltene Chipstüte. Das aufgedruckte Mindesthaltbarkeitsdatum war abgelaufen im Jahr 1986. Noch knapper und klarer lässt sich das globale Problem nicht darstellen. Ihr Lachen und die gute Laune sind Tanja Methien dennoch nicht vergangen ... Sie wird weitermachen, unermüdlich. Sie geht voran, ist Vorbild, Enthusiastin, Weltbürgerin und motiviert andere, es ihr gleichzutun.

**Tanja Methien** verheiratet, Mutter, Kriminalbeamtin, aktive Umweltschützerin, Initiatorin der Initiative CleanupWiesbaden. Sie nennt sich selbst „Müllfluencerin", geht mit Freude aktiv in die Diskussion über die Müllproblematik und hofft, viele Menschen zu einem bewussten Umgang in Konsum und Umweltschutz inspirieren zu können.

T. Methien
Cleanup Wiesbaden
E-Mail: mail@cleanupwiesbaden

## Literatur

Böll (2019) Plastikatlas. Heinrich-Böll-Stiftung in Zusammenarbeit mit dem BUND. 5. Aufl. https://www.boell.de/de/plastikatlas. Zugegriffen: 01 Oct 2020

Destatis (2020) 457 Kilogramm Haushaltsabfälle pro Kopf im Jahr 2019: 2 Kilogramm mehr als 2018. https://www.destatis.de/DE/Presse/Pressemitteilungen/2020/12/PD20_511_321.html. Zugegriffen: 17 Dec 2020

Deutscher Bundestag (2019) Umweltverschmutzung durch Zigarettenkippen. Drucksache 19/7380. https://dipbt.bundestag.de/doc/btd/19/073/1907380.pdf. Zugegriffen: 01 Oct 2020

Lemke S (2020) Am Rande des Kollaps. In: Böll.Thema 04/20: Die Natur braucht Schutz. https://www.boell.de/sites/default/files/2021-01/Boell_Thema_20-4_Natur-braucht-Schutz.pdf?dimension1=bt_biodiversit%C3%A4t. Zugegriffen: 17 Dez 2020

Naturpark Rhein-Taunus (2020) Naturpark CleanUp. https://www.naturparkmagazin.de/rhein-taunus/naturpark-cleanup/ Zugegriffen: 01 Oct 2020

Samson O (2020) Warum Zigaretten so schädlich für die Umwelt sind. In: WWF-Blog, 20.08.2020. https://blog.wwf.de/rauchen-umwelt-zigarettenkippen/ Zugegriffen: 01 Oct 2020

Wikmann A (2017) Sauberes Msumarini. https://www.selbsthilfeprojekt-msumarini-kenia.de/unsere-homepage/unsere-umwelt/ Zugegriffen: 17 Dez 2020

# Von der Anti-Establishment-Bewegung zur globalen Umwelt-Partnerschaft

## Earth Day 22. April – ein Baustein der internationalen Umweltbewegung seit 1970 in den USA und seit 1994 in Deutschland – weltweit in 192 Ländern der Erde

Tamara Dannenmann und Thomas Dannenmann

**Zusammenfassung**

Aus einer Idee wird eine Bewegung – aus einer Bewegung wird ein fester Bestandteil einer Gesellschaft. Earth Day entstand 1970 in den USA als spontane Studentenbewegung. Ziel war es, dem Washingtoner Establishment und der Öffentlichkeit zu demonstrieren, dass es in Nordamerika eine Umweltbewegung gab und dass die Natur ab jetzt über eine starke Lobby verfügen wird. Der 22. April ist seitdem der weltweit begangene Earth Day. Begründet wurde die Volksaktion von dem sozial engagierten US-Senator Gaylord Nelson. In Kanada wie in vielen anderen Ländern der Erde ist die Earth-Day-Idee eng mit der nationalen Umweltpolitik verwoben. Ziel dieser alle Nationen berührenden Kampagne ist es, die Bürger und insbesondere die jungen Menschen in ein kreatives Umweltprojekt einzubinden. Bis heute blieben die Earth Days stets neutral, geben Hilfestellung, vernetzen, schaffen Medienpräsenz für die vielen Umweltinitiativen vor Ort.

T. Dannenmann (✉)
Pressedienst Umweltbildung & Gesundheit, Earth Day International Deutsches Komitee e. V., Münster, Deutschland
E-Mail: tamara@earthday.de; schwarzweiss@wortfarben.de

T. Dannenmann
Earth Day International Deutsches Komitee e. V., Leun, Deutschland
E-Mail: dannenmann.earthday@web.de praesident@earthday.de



A. Trischler und S. Böhling (Hrsg.), *CSR in Hessen*, Management-Reihe Corporate Social Responsibility, https://doi.org/10.1007/978-3-662-63004-4_44

# 1 Earth Day 2020: STADTNATUR ist wertvoll

„StadtNatur – vernetzt, klimaaktiv, lebenswert", ist das Jahresmotto 2020 von Earth Day International in Deutschland mit Sitz in Hessen. 25 Jahre Earth Day International in Deutschland und 50 Jahre Earth Day seit Gründung in den USA – damit setzte das weltweit in 192 Ländern der Erde aktive Netzwerk erneut ein markantes Zeichen für den Artenschutz im Rahmen der Aktionen für den nachhaltigen Klima- und Umweltschutz in Städten und Gemeinden. Diesmal ging es um die Einbindung von Natur in der Stadt zur Interaktion mit dem Umwelt- und Klimaschutz.

> Jeder kann sich aktiv für den Klimaschutz einbringen. Es gilt keine Zeit zu verlieren. (Thomas Dannenmann, Journalist und Präsident der Umweltorganisation Earth Day International Deutsches Komitee e. V.)

Eine Stadt – auch eine dicht bebaute Stadt ist längst ein Stück Natur. Das ist der Anspruch des Earth-Day-Mottos. Die Stadt ist eingebettet in die komplexen Zusammenhänge der Natur: eine Chance für die grünen Städte von morgen. Stadtnatur ist wertvoll. Grünanlagen können die Temperaturen im Vergleich zur bebauten Umgebung erheblich senken. Grüne Architektur mit Gründächern, Vertikalgrün, Bäumen und Sträucher, begrünte Hausfassaden können dem Klimawandel trotzen. Für die heimische Tier- und Pflanzenwelt sind städtische Grünräume wichtig. Stadtgrün ist erfüllend – zu sehen und zu erleben, wie etwas wächst, gedeiht und grünt. Beim Urban Gardening, dem Gärtnern in der Stadt, kann jeder seine Ideen selbst verwirklichen. Dem urbanen Menschen wird es erfahrbar, dass er ein Teil einer umfassenden Natur ist, für die er Verantwortung trägt. Jeder kann ein Beispiel geben und sich engagieren.

Darüber hinaus geht es um vorausschauende Maßnahmen, die städtebauliche, infrastrukturelle und vor allem landschaftlich-ökologische Robustheit beinhalten und somit die Verletzlichkeit unserer Städte minimieren und zu ihrer strukturellen Stärke beitragen. Was global seine unbedingte Berechtigung hat, gilt erst recht lokal: Externe Schocks und Krisen schlagen sich in den Städten und Gemeinden nieder.

## 1.1 Rettet die Arten – Schüler engagieren sich

Doch was haben die Mammutbäume in Kronberg, die Elefanten des Opel Zoos, die Fledermäuse im Park Kassel Wilhelmshöhe, die Störche in Amöneburg und die tropischen Pflanzen im Palmengarten in Frankfurt gemeinsam? Sie alle standen im Mittelpunkt des Interesses junger Naturschützer beim Earth-Day-Schul-Wettbewerb „Rettet die Arten", den die Umweltaktion Earth Day International Deutsches Komitee e. V. an Schulen in Deutschland seit 1995 ausgeschrieben hatte.

Damit startete die weltweite Jugendaktion von Earth Day International in Nordamerika mit einer spektakulären Parade der „All Species Earth Parade" von Kanada aus. Mit der Gründung von Earth Day International in Deutschland im Jahr 1994 mit Sitz in Frankfurt am Main wurde das Artenschutzprojekt unter dem Motto: „Rettet die Arten" an über 100 Schulen initiiert. Elf Schulen aus Frankfurt, Kassel und dem Taunuskreis wurden preisgekrönt. Hunderte umweltaktiver Schüler dokumentierten ihr aktives Umweltengagement auf riesigen Wandteppichen. Ziel dieser alle Nationen berührenden Kampagne war es, junge Menschen in ein kreatives Umweltprojekt für den Artenschutz einzubinden. Im Sinne des Erdgipfels 1992, der Konferenz für Umwelt und Entwicklung der Vereinten Nationen in Rio de Janeiro und der damals beschlossenen „Agenda 21", sollten sie sich verpflichten, jeden Tag etwas für die Umwelt zu leisten – hier sich speziell um bedrohte Tier und Pflanzen zu kümmern.

> Agenda 21, Chapter 25: „Die Rolle der Jugend voranzutreiben und sie aktiv in den Umweltschutz einzubinden … Es ist dringend notwendig, dass die Jugend aus allen Erdteilen aktiv auf allen Ebenen an den Entscheidungsprozessen teilnimmt, da es ihr Leben heute berührt und Auswirkungen auf die Zukunft hat." (Agenda 21 der UN-Konferenz für Umwelt und Entwicklung, Rio de Janeiro 1992)

Die Schüler entwickelten fächerübergreifend die entsprechenden Ideen. Dabei erarbeiteten die Jugendlichen das Thema mit lokalen und globalen Bezügen über einen vorgegebenen Zeitraum mit ihrem selbstgewählten Thema, berichteten über Theorie und Praxis ihres Artenschutzprojektes und dokumentierten die schrittweise Umsetzung in Berichten, Fotos, Videos und anderen Dokumenten unter dem Motto: **„Was kann ich tun."**

## 1.2 Biologische Vielfalt erhalten

Die Agenda 21 von Rio ist Satzungsbestandteil von Earth Day International Deutsches Komitee e. V. Artenvielfalt, Biodiversität sind eine Kernaussage. So ging beispielsweise die „Konvention zum Schutz der biologischen Vielfalt" als ein Ergebnis des UN-Erdgipfels 1992 in Rio de Janeiro hervor. Das Übereinkommen wurde damals von 114 Staaten und der EU ratifiziert und trat im Jahr 1993 in Kraft. Ziel der Konvention ist es, global den Schutz von Tier- und Pflanzenarten sowie ihre Lebensräume zu gewährleisten, um den darin enthaltenen genetischen Reichtum zu erhalten. Dazu sollen die entsprechenden Schutzgebiete für die natürlichen Lebensräume verstärkt beachtet werden. Ausbildung und Bildung sind nach den Prinzipien der Nachhaltigkeit zu leisten. Auch Städte sollen sich für den Artenschutz engagieren. Denn durch die Bevölkerungszunahme und das durch Technik, Wirtschaft, Wissenschaft und Lebensformen multiplizierte Vernichtungspotenzial der menschlichen Aktivitäten werden Lebensräume und Arten beschleunigt zerstört.

Zum Earth-Day-Motto, „STADTNATUR – vernetzt, klimaaktiv, lebenswert – lasst die Stadt blühen!", erklärte die Marburger Naturschutz-Biologin Professor Dr. Birgit Ziegenhagen im Gespräch mit dem Pressedienst Earth Day Press[1]:

*Pflanzen und Umwelt, wie ist die Interaktion?*
„Pflanzen und Bäume können ja nicht weglaufen. Bei langlebigen Organismen wie Bäume wirken sich sichtbare Effekte erst über längere Zeiträume aus. Wenn einige Individuen verlorengehen, heißt es nicht zwingend, dass die Population ausstirbt."

Die gute Nachricht sei, dass Pflanzen eine eigene Überlebensstrategie beinhalten. Dies gilt nicht für die gefährdeten Arten der Tierwelt. Mehr als eine Million Arten sind in den kommenden Jahrzehnten vom Aussterben bedroht, verkündete der Weltbiodiversitätsrat (IPBES) im Mai 2019. Das Artensterben ist in vollem Gange. Insekten, Reptilien und Vögel stehen ganz oben auf der „Roten Liste" der gefährdeten Tierarten.

Dr. Birgit Ziegenhagen: „Pflanzen können sich in ihrer genetischen Struktur auch plastisch verhalten. Sie nehmen ihre Umwelt wahr, mit der sie als stationäre Wesen verbunden sind. Sie sind nicht immer hilflos. Pflanzen reagieren mit ihren Zellen in einem vielschichtigen Prozess." Das Überleben, beispielsweise von langlebigen Organismen wie Bäumen, hänge weitgehend davon ab, ob es diesen gelingen kann, ihre Merkmale zu variieren und sich dadurch an die ständigen Umweltveränderungen anzupassen. Die Wissenschaftlerin plädiert für das Aufforsten der Städte: „Verfügen Bäume in der Stadt über eine hohe Plastizität, so können diese dadurch eine individuelle Anpassungsstrategie entwickeln." Diese Interaktion zwischen Umwelt und Genetik sei eine wichtige Antwort auf den Klimawandel. Umso essenzieller sei es, immer mehr Bäume gegen den Klimawandel in die Städte zu verpflanzen. Hier ist ganz im Sinn der Agenda 21 vom Rio-Gipfel 1992 eine innovative Stadtarchitektur gefragt.

„Zukunftsfähig sein heißt, ein Steinchen reinwerfen, dann bilden sich Ringe wie im Wasser und dann ist die Fläche gut besetzt und bildet ein vernetztes Mosaik", erklärt die Ökologin Ziegenhagen.

## 1.3 Von der Vision zur Realität einer globalen Umweltpartnerschaft

**„Lust auf eine grüne Zukunft. Wir wollen klug verbrauchen, um nachhaltig zu leben."**

Mit diesem Anspruch agiert und informiert das deutsche Komitee von Earth Day International in Deutschland, sucht den Dialog seit Gründung. Unter dem Motto: „Every Day ist Earth Day", sind Programmschwerpunkte Umweltbildung an Schulen, zivile Umweltaktionen zur Heranbildung eines ökologisch zukunftsfähigen, nachhaltigen

[1] Vergleiche dazu: https://www.earthday.de/pdf/newsletter/2019-05.pdf.

Lebensstils, Einbindung von Wirtschaft und Politik in die Entwicklung nachhaltiger Strukturen sowie Aktionen zur Information, zum Dialog über die Umsetzung der Ziele lokal und global. Die Earth Days blieben stets neutral, geben Hilfestellung, vernetzen, schaffen Präsenz durch die aktuellen Jahresthemen und für die engagierten Menschen und Initiativen, die sich am Earth Day einbringen. Nach dem „Grassroots-Prinzip" kann jeder mitmachen, mitreden unter dem Motto: „Sei umweltfit" am Earth Day, dem 22. April und das ganze Jahr. Dies soll der Öffentlichkeit demonstriert werden.

Zustimmung und Resonanz erhält Earth Day in Deutschland. Lokal und international.

> „Die Bundesregierung verfolgt den Werdegang von Earth Day mit großem Interesse. Die Bewahrung der Schöpfung gehört zu den großen Aufgaben der Menschheit, und es freut mich besonders, dass Sie sich seit Jahren dieser Aufgabe widmen", schreibt im Auftrag des Bundeskanzlers Helmut Kohl der Chef des Bundeskanzleramtes, Friedrich Bohl (Bonn, Schreiben vom Februar 1997, an Präsident Thomas Dannenmann, Earth Day International Deutsches Komitee e. V.).

Grüne Zukunft – was bedeutet dies für die Earth-Day-Aktivisten?

„Umwelt- und Klimaschutz stehen an erster Stelle, aber das heißt nicht Verzicht, sondern Gewinn. Klimaschutz und der sorgsame Umgang mit unserer Umwelt ist der Motor für Innovationen in Wissenschaft, Wirtschaft und Gesellschaft", ist ein grundlegender Baustein für die weltweit koordinierten Jahresthemen und Aktionen von Earth Day International. Wir müssen uns an das Unvermeidliche anpassen: Gletscher schmelzen, Inseln könnten im Meer versinken, ganze Regionen versteppen. Arten sterben aus.

Earth Day motiviert mit den Themen Bürger, Politiker, Unternehmer, Organisationen global und lokal. Die Aktivisten haben den Klimaschutz deshalb zu ihrer Angelegenheit gemacht.

Ohne die Unternehmen der Wirtschaft ist die Resilienz, die notwendige und unabdingbare Anpassung nicht möglich. So lassen sich Firmen auf allen Kontinenten etwas einfallen: Klima schützen und Geld verdienen ist für diese kein Widerspruch. Pfiffige Ideen sind gefragt. Klimaschutz ist Motor für Innovationen in Wirtschaft, Gesellschaft, Wissenschaft. Jeder Bürger kann zu einem nachhaltigen Handeln beitragen – ob am Arbeitsplatz, im Büro, in Schulen, an Universitäten, zu Hause und im Straßenverkehr.

Auch international erhalten die deutschen Earth-Day-Aktivisten Zuspruch: *„From Agenda into Action"*, lobt der UNCED-Generalsekretär des Erdgipfels 1992 Maurice Strong das Engagement des Earth Days in Deutschland.

> „I encourage all Germans to recommit themselves to transforming Agenda 21 and other Earth Summit agreements by participating in the German Earth Day Campaign.
>
> Five years after the Earth Summit Conference, the time has come for the worlds leaders in government, business and civil society to renew their commitment to the promises made in Rio. Much progress has been made at the community level in implementing the charters an agreement reached in Rio, including Agenda 21. Earth Day Germany is playing a vital

> role in reafirming this commitment as the campaign continues to encourage people to take action directed towards improving their local environments…
>
> I commend Earth Day Germany for playing a key role in this.“ (Toronto, Schreiben vom 3. Februar 1997 an Präsident Thomas Dannenmann)

Ein weiterer Meilenstein ist das Engagement des Chemischen Instituts Dr. Flad in Stuttgart. Die UNESCO-Modellschule wird zum Multiplikator des Earth Days.

> „Wir möchten nicht nur in Stuttgart selbst angemessen den Earth Day 1997 begehen, sondern alle GLOBE-GERMANY-Schulen und andere Schulen, mit denen wir in Verbindung stehen, zur entsprechenden Teilnahme einladen.“ Schulleiter Wolfgang Flad an Präsident Thomas Dannenmann (Stuttgart, Schreiben vom 29.10 1996)

Unter dem Dach „Chemie und Umwelt“ wird das Institut Dr. Flad Koordinierungsstelle des Earth Day International Deutsches Komitee e. V. in Stuttgart.

## 2 Earth Day 1970: Amerika im Aufbruch – ein Rückblick

Als Ende der 60er-Jahre die Apollo-Astronauten unseren Planeten Erde vom Weltraum aus für die Menschheit sichtbar machten, war das zugleich eine Revolution menschlicher Wahrnehmung. Wir erkannten die Erde auf einmal als einen im dunklen Weltall strahlend hellen Ball, mit azurblauen Regionen durchbrochen von schneeweißen Flächen auf tiefschwarzem Grund und mit nur einem hauchdünnen atmosphärischen Schutz drumherum. Und noch etwas anderes wurde deutlich:

**Wir erkannten zum ersten Mal die Schutzlosigkeit und Zerbrechlichkeit unserer Erde**

Die beginnende Raumfahrt inspirierte ein neues Denken für die Umwelt, sie ist Auslöser für Amerikas „Environmental Revolution“. Die zweite Hälfte der 60er-Jahre ist geprägt von gesellschaftlichen und politischen Konflikten. Es ist die Zeit der Hippiebewegung und des atomaren Rüstungswettlaufs, des Vietnamkriegs und des Prager Frühlings und seiner brutalen Niederschlagung durch die Sowjetmacht. Weltweit finden Studentenunruhen statt, Martin Luther King, Symbol der Schwarzen-Bewegung, wird ermordet, Rassenunruhen erschüttern die USA.

Die Universitäten in der westlichen Hemisphäre – aber auch in Japan – werden zunehmend Zentrum einer Protestbewegung, die die bis dahin weithin unbeachteten Schattenseiten des technologischen Fortschritts infrage stellen. Was aber sind die Gründe für diesen Protest?

Die junge Generation empfindet das überkommene System – vornehmlich der Industrieländer – als lebensfeindlich, kalt und unmenschlich. In dieser entzauberten Welt des Kapitalismus träumen die Hippies von einer Rückkehr zu einem Leben im Einklang mit der Natur, was immer dies auch heißen sollte. Es ist eine Rebellion gegen das

Establishment, gegen die Wertvorstellungen der Eltern. Jugendliche entwickeln eine unbändige Neugier auf alles Neue und Fremdartige: exotische Religionen, freie Liebe, Zen-Buddhismus und die Wiederentdeckung der indianischen Naturreligionen prägen den neuen „Way of Life".

## 2.1 Protest mit umwälzenden Folgen

Schauen wir auf Amerika. Die Gesellschaft befindet sich im Aufbruch: Der schnell wachsende Wohlstand bringt die notwendige Freiheit für mehr Lebensqualität. Man will raus aus den verpesteten Städten, Stadtrand und Natur werden attraktiv, man will erholsam im Land reisen und das Abenteuer Natur erleben – das sind die neuen Werte. Galt bis in die 60er-Jahre die Devise, dass brachliegendes Land eine Vergeudung darstellte, so ändert sich allmählich diese Einstellung.

## 2.2 Unbelastete Natur wird wieder „in"

Die Medien berichten über Wasser- und Luftverschmutzung und ihre gesundheitlichen Folgen, über Fischsterben in Seen und Flüssen, über die Luftverschmutzung über den Industriezentren und den Städten. Und vor allem: Sie bringen steigende Krebsraten und Allergiekrankheiten damit in Zusammenhang.

Für viele ist das Buch von Rachel Carson, „Silent Spring", das sich mit den schrecklichen Auswirkungen des DDT-Pestizids beschäftigte, Wegbereiter und Zeuge für das wachsende Unbehagen der Bevölkerung. Doch in der politischen Szene Amerikas spielt der Faktor Umwelt noch keine Rolle. Zu sehr ist man mit dem Vietnamkrieg und seinen Folgen beschäftigt. Das Trauma Vietnam ist nur ein Synonym für das Unbehagen, das Amerika ergriffen hatte.

Was aber geht in den Köpfen der Politiker vor? – *„Der moderne bürokratische Staat wird trotz der zur Schau gestellten Stärke offenbar durch ganz triviale Anlässe in seinen Grundfesten erschüttert"*, schrieb der amerikanische Außenminister Henry Kissinger damals. *„Seine Anfälligkeit und die weltweite Revolution der Jugend – besonders in den hochentwickelten Ländern – lassen ein spirituelles Vakuum vermuten, eine fast metaphysische Langeweile und Unzufriedenheit mit einer verbürokratisierten Politik, der es nur noch um materielle Bequemlichkeit geht."*[2]

War Kissingers Aufsatz eher auf weltpolitische Visionen gerichtet, so trafen seine Gedanken auch auf den inneren Zustand der amerikanischen Politik am Ende der 60er-Jahre zu.

[2] Wiedergabe des Texts nach Henry Kissinger. Quelle: Archiv Amerikahaus Frankfurt/Main.

## 2.3 Von der Idee zu den „Grassroots"

Und in der Tat gibt die Umweltkatastrophe in Kalifornien im Sommer 1969 Anlass zu neuem Zweifeln an der Machbarkeit des technischen Fortschritts.

An der kalifornischen Küste vor Santa Barbara bildet sich ein riesiger Ölteppich, verursacht durch ein Leck in einer Bohrinsel im Santa Barbara Channel. Kaliforniens traumhafte Küsten stehen in Gefahr. Wieder ein schwarzer Tag für die Umwelt. Jetzt stürzen sich die Medien auf das Thema.

Der demokratische US-Senator Gaylord Nelson aus Wisconsin, einer der wenigen Umwelt-engagierten im US-Kongress, spürt, dass es höchste Zeit ist, politisch aktiv zu werden. Aber ohne Druck aus der Bevölkerung wird sich auch in der Administration von US-Präsident Nixon wenig ändern. Doch der Druck wächst.

## 2.4 Senator Nelson kommt die Idee eines nationalen Umwelttages

> „On a flight from Santa Barbara to the University of California/ Berkeley, I read an article on the Teach-ins, and it suddenly occurred to me, why not have a nationwide Teach-in on the environment? That was the origin of EARTH DAY." (Gaylord Nelson)[3]

Nelson findet schnell Anhänger für seine Idee eines nationalen Umwelttages, eines Earth Days. Er beruft einen kleinen Stab, der als Helfer private Spenden sammelt und ihm bei seiner ungewöhnlichen PR-Kampagne behilflich ist. Briefe gehen an die 50 Gouverneure der Bundesstaaten sowie an die Bürgermeister aller Großstädte mit der Aufforderung, sich öffentlich hinter den Earth Day zu stellen. Ein Earth-Day-Grundsatzartikel mit Denkanstößen für Umweltschutz in den Kommunen, mit Vorschlägen für Umwelt-engagements, wird an alle Studentenzeitungen und an die einflussreichsten Lehrer-magazine geschickt.

Gaylord Anton Nelson (1916–2005), US-amerikanischer Politiker und Gouverneur (1959 bis 1963) von Wisconsin, Demokrat); diesen Bundesstaat vertrat er außerdem im US-Senat (1963 bis 1981). Nelson war der Begründer des am 22. April 1970 ins Leben gerufenen Tages der Erde.

Im September wird Nelsons Idee eines nationalen Umwelt-Teachins von den Presse-agenturen zu allen wichtigen Medien gedrahtet – mit einem überwältigenden Echo: Tele-gramme, unzählige Brief- und Telefonanfragen treffen ein, Nelsons Washingtoner Büro wird zur Drehscheibe. Aber der jetzt notwendige Organisationsaufwand ist so riesig, dass in Washington ein eigenes Informationszentrum eingerichtet wird. Nelson heuert den

[3] Zitat von Gaylord Nelson, Quelle: Archiv Amerikahaus, Frankfurt/Main.

25-jährigen Jura-Studenten Denis Hayes an, der sich rasch als Organisationstalent entpuppt.

Alle Vorbereitungen laufen auf Hochtouren. Der Termin wird festgelegt und bundesweit ausgestrahlt. Am 22. April 1970 ist es so weit. Millionen Menschen in New York, Washington, Chicago und anderen Städten nahmen an spontanen Teach-ins und Groß-Demonstrationen teil. Ein historisches Datum: Denn ab jetzt wird jedes Jahr am 22. April der Earth Day begangen.

**Nelsons Idee ging auf**

*„The objective was to get a nationwide demonstration of concern for the environment, so large that it would shake the political arena. It was a gamble, but it worked."*

Rund 20 Mio. Menschen überall in den USA waren dieser Idee gefolgt, organisierten selbst ausgedachte Aktionen für den Umweltschutz: an ihrem Wohnort, in der Nachbarschaft, im Zentrum der Städte, auf über 2000 Colleges und Universitäten und an über 30.000 Schulen!

**Etwas Einmaliges war geschehen:**

Hier war eine „Grassroots"-Bewegung entstanden, spontan und zunächst ziellos – nur dem einen verpflichtet: Selber etwas tun zu wollen, Umwelt nicht länger als wichtige Nebensache der politischen Bürokraten in Washington verkümmern zu lassen. Senator Nelson sieht die neue Grassroots-Bewegung als politische Botschaft an den US-Congress:

> „The people cared and Earth Day became the first opportunity they ever had to join in a nationwide demonstration to send a big message to the politicians – a message to tell them to wake up and to do something." (Gaylord Nelson)[4]

Earth Day sollte dem Washingtoner Establishment und der Öffentlichkeit demonstrieren, dass es eine Umweltbewegung gab und dass die Natur jetzt über eine starke Lobby verfügt. Der Student und Aktivist Denis Hayes hatte die Aktionen an den Universitäten wohl vorbereitet. An den großen Universitäten hatte er frühzeitig Teams aufgebaut, die die gesamte Organisationsarbeit übernommen hatten und sich auf konkrete Inhalte festgelegt hatten. In diesen Tagen konnte man Studenten sehr schnell mit globalen Themen mobilisieren. Anders die Schulen und Kommunen: Hier kam die Motivation aus dem Unbehagen und dem Misstrauen gegenüber den Behörden und Unternehmen. Hier bildeten sich spontan Aktionsgruppen und übernahmen freiwillig die Regie. Die vielen lokalen Organisationen, auch Religionsgemeinschaften, schlossen sich an, und auf diese Weise kamen Zigtausende von freiwilligen Helfern dazu. Denis Hayes beschreibt die Grassroots:

---

[4] Zitat von Gaylord Nelson, Quelle: Archiv Amerikahaus, Frankfurt/Main.

„We had neither time nor resources to organize the ten thousand grade schools and high schools and thousands of communities that participated. They simply organized themselves. That was the remarkable thing that became Earth Day.“[5]

## 2.5 Druck auf Washington wächst

In der Tat: Earth Day 1970 traf ins Herz einer Nation, die gespalten war durch innerstädtische Rassenunruhen und Anti-Kriegs-Demonstrationen. Earth Day war ein Festtag für die Erde, da waren sich die Amerikaner einig, da konnte jeder mitmachen. Konservative wie Barry Goldwater und liberale Demokraten wie Edward Kennedy und Edmund Muskie – alle waren dabei. Unter dem Eindruck der Massendemonstration für die Umwelt am Earth Day erfasste die Nixon-Administration schnell die Bedeutung des Themas, eher aus pragmatischen Gründen: Man konnte so von den konfliktreichen innen- und außenpolitischen Themen ablenken.

In der Folge des ersten Earth Days wurden bereits im Jahr 1970 wesentliche Umweltgesetze auf die Schiene gesetzt. Einige Beispiele:

- Der Clean Air Act, Clean Water Act und entsprechende Ausführungsbestimmungen.
- Der National Environmental Protection Act hatte weitreichende Folgen: Entwicklungsvorhaben, mit Bundesmitteln finanziert oder auf öffentlichem Land, müssen die Umweltverträglichkeit dokumentieren.
- Gründung der Environmental Protection Agency (EPA), der US-Umweltbehörde als Kontrollorgan für die nationale und auch internationale Umweltpolitik der amerikanischen Regierung.

Auch in den folgenden Jahren üben die Umweltaktivisten durch ihre Earth-Day-Demonstrationen Druck auf die nationale Umweltgesetzgebung aus. Die wesentlichen neuen Gesetze waren:

- Federal Water Pollution Control Act Amendments (1972)
- Federal Insecticide, Fungicide, Rodenticide Act (1972)
- Marine Protection, Research and Sanctuaries Act (1972)
- Endangered Species Act (1973)
- Safe Drinking Water Act (1974) …

Und Hunderte von Ausführungsbestimmungen auf regionaler und lokaler Ebene sind Beispiele für den riesigen Fortschritt in der amerikanischen Umweltpolitik der

[5] Denis Hayes, Quelle: Earth Day History – Earth Day Network, Washington.

70er-Jahre. Zur Erfüllung der gesetzlichen Auflagen waren in den 70er-Jahren Milliarden Investitionen notwendig und zeigten erste Fortschritte.

Hatte sich zum Beispiel der Zustand amerikanischer Gewässer, der Flüsse, Seen und Küsten durch Industriemüll und Abwässer bis Anfang 1970 dramatisch verschlechtert, so wurden durch die neuen Umweltgesetze sichtbare Veränderungen erreicht.

Ein konkretes Beispiel ist der an vier US-Bundesstaaten und Kanada angrenzende Erie-See. Er galt zu Beginn der 70er-Jahre bereits als biologisch tot. Traurige Berühmtheit hatte der von Chemie-Abfällen vollgepumpte Cuyahoga-River erlangt, der durch Cleveland fließt und in den Erie-See mündet, als er in Brand geriet. Durch die per Gesetz über die Umweltbehörde EPA auferlegte strenge Kontrolle der Wasserqualität der einmündenden Flüsse gelang es den angrenzenden Bundesstaaten und Kanada, eine Wende herbeizuführen.

**Es geht um Zeitgewinn – Verschärfung der Umweltgesetze**

Aber eine strategische Umweltpolitik, wie sie vielfach gefordert wird, bleibt auf der Strecke. In diesem politischen Klima setzen Earth-Day-Aktivisten alles dran, um das Bestehende in der Umweltpolitik so weit wie möglich zu erhalten. Earth-Day-Aktionen konzentrieren sich in den Städten auf die Demonstration des Erreichten.

Die Umweltbewegung setzt auf den neuen US-Präsidentschaftskandidaten der Demokraten, Jimmy Carter, der als Gouverneur von Georgia eine kluge Umweltpolitik vorgezeigt hat. Und es zahlt sich aus: In der Begleitung des neuen Präsidenten Jimmy Carter ziehen 1977 auch Wortführer der Umweltbewegungen ins Weiße Haus. Die Folge ist eine Verschärfung bestehender Umweltgesetze wie des Clean Air Acts und diverser Gewässer-Schutzbestimmungen sowie strenge Umweltvorschriften für den Tagebau von Kohle. Steigende Rohölpreise auf dem Weltmarkt, Inflation und hohe Arbeitslosigkeit geben den Umweltschützern Recht in ihrer Forderung nach produktiver Ressourcennutzung – also einer radikalen Einschränkung der Ausbeutung fossiler Energieliefernden und der Entwicklung alternativer Energien wie zum Beispiel der Solartechnologie.

## 2.6 Tschernobyl und die Umwelt-Lobby

Unter dem Druck der Earth-Day-Aktivisten verabschiedet der US-Kongress zwischen den Jahren 1985 bis 1989 Umweltgesetze mit weitreichenden Folgen.

Und dann, am 26. April 1986, nur vier Tage nach den Feierlichkeiten zum Earth Day, wird die Welt erschüttert von der Reaktorkatastrophe in Tschernobyl. Ein Feuersturm saugte die radioaktiven Spaltprodukte in die Atmosphäre: Ganz Europa und Asien sind von dem radioaktiven Fallout betroffen (Frietsch et al. 2018). In den USA – obwohl nur unmittelbar betroffen – erhält die Umweltbewegung weiteren Zulauf und Fragen nach der Sicherheit der amerikanischen Kernreaktoren werden laut.

Jetzt besinnen sich die Städte und Kommunen auf ihre hausgemachten Umweltprobleme. Seit 1987 beginnen einige US-Bundesstaaten wie Seattle und Washington mit Recycling-Programmen. Andere Städte und Kommunen machen mit. Neue Grenzen für Pestizid-Rückstände in Nahrungsmitteln werden festgelegt. Der „Shore Protection Act" im Jahr 1988 erlaubt der Küstenwache ein schärferes Durchgreifen und neue Gesetze und Verordnungen zur Rettung bedrohter Arten werden erlassen (Winoviecki 2014).

Am Ende der 80er-Jahre gibt es eine erstarkte Earth-Day-Umweltbewegung in Amerika. 20 Jahre Earth-Day-Umweltbewegung hatte die Menschen verändert, entscheidenden Einfluss auf die amerikanische Umweltpolitik ausgeübt. Und dennoch: Was war erreicht worden? In den Reihen der Umweltschützer werden Forderungen nach radikaleren Aktionen lauter und diese treten stärker in die öffentliche Wahrnehmung:

**Beispiel**

Greenpeace, gegründet 1971 in Vancouver/Kanada von Friedensaktivisten, richtete sich anfangs gegen Atomtests und Walfang, entwickelte sich in den folgenden Jahrzehnten zu einer politischen Non-Profit-Organisation. Auch heute setzt Greenpeace entsprechend der Philosophie seiner Gründer auf kämpferischen Aktionismus, ist in 26 Ländern vertreten, in mehr als 50 Ländern aktiv (Greenpeace 2020).

In den USA gründete sich 1979 mit Earth First! eine „internationale, radikale Umweltschutzorganisation"[6], deren Aktivisten auch vor Sabotageaktionen vor allem in der amerikanischen Holzindustrie nicht zurückschrecken. Die Earth-First!-Aktivisten kämpfen kompromisslos für den Erhalt der Natur, der Wälder: „No Compromise in Defense of Mother Earth." (Earth First! 2020) ◀

## 3 Earth Day 1990: Die Globalos kommen

Auch die Earth-Day-Bewegung steht am Wendepunkt. In den zurückliegenden 20 Jahren war es nicht gelungen, eine nationale schlagkräftige Organisationsstruktur zu entwickeln. Die globale Umweltbedrohung wird immer deutlicher. Ozonloch und Treibhauseffekt jagen den Umweltschützern kalte Schauer über den Rücken, denn sie sind die ersten Anzeichen dafür, dass die Umweltzerstörung sich auf den ganzen Planeten auswirkt.

Das Jahr 1990 wird zu einem wichtigen Meilenstein in der Geschichte von EARTH DAY: Denis Hayes, als Student einst Organisator des ersten Earth Days 1970 und jetzt Anwalt und Umweltaktivist in San Francisco, sieht die Chance, dass aus einer Aktion eine globale Bewegung werden kann. Unter seiner Leitung formiert sich ein internationales Organisationskomitee unter Beteiligung von 115 lokalen Earth-Day-Gruppen und politischen und sozial engagierten Meinungsführern aus 33 Ländern der

[6] Definition gem. Deutsche Nationalbibliothek: http://d-nb.info/gnd/4580988-4.

Welt. Alle gesellschaftlichen Bereiche sind vertreten: Aktivisten, Politiker, Manager, Kirchenfürsten, Showstars, Gewerkschaftsmitglieder und Journalisten. Die Medien transportieren die Nachricht von der größten Umwelt-Demonstration aller Zeiten in den letzten Winkel Amerikas. Earth Day soll auch von jenen mitgetragen werden, die im Schatten der Gesellschaft leben, denn gerade die Arbeitslosen, die Ärmsten, die Migranten sind von den verheerenden Umweltschäden am stärksten betroffen. Nach dem bewährten Grassroots-Prinzip sollen sich jedoch die Gruppen auf lokaler Ebene selbst organisieren. Denis Hayes formuliert sein Ziel:

> The whole thrust of Earth Day as we go into the 1990s is an environment that is much brighter, a far more diversified movement and hopefully a working agenda for the next ten years.

## 3.1 US-Präsident proklamiert den nationalen Earth Day

Die Bush-Administration kann sich dem Sog nicht entziehen und wagt sich nach vorne: US-Präsident George Bush proklamiert den 22. April 1990, den Jahrestag des 20-jährigen Bestehens, zu einem nationalen Earth Day und fordert die US-Bürger auf, sich persönlich für die Verbesserung der Umwelt einzusetzen. Bush sieht in dieser original amerikanischen Bewegung auch ein außenpolitisches Instrument. Die kommunistischen Staaten Osteuropas stehen vor dem Zusammenbruch, Deutschland vor der Wiedervereinigung. Earth Day als ein Modell amerikanischen Demokratieverständnisses in die Welt zu tragen, das war es wert, dass die amerikanische Regierung ihren gigantischen PR-Apparat in Bewegung setzt, um dies international bekannt zu machen.

Der Sozialismus hatte eine Umweltkatastrophe in bis dahin ungeahntem Ausmaß hinterlassen. Jetzt will Amerika der Welt deutlich machen, dass im amerikanischen „Way of Life“ Umweltschutz und wirtschaftliches Wachstum im Einklang stehen sollen, Wachstum und die Erwartung eines hohen Lebensstandards erst Voraussetzung für eine neue nachhaltige Lebensqualität sein können. Das Weiße Haus, EPA und der amerikanische Senat sehen Earth Day 1990 als Beispiel für den Beginn einer „International Environment Decade“. Die Feiern und Veranstaltungen am Earth Day werden als Wegbereiter für dauerhaften Umweltschutz angesehen. Da werden Beispiele für Earth-Day-Aktionen aufgelistet mit dem Ziel, ein besseres Verständnis unter der Bevölkerung für Recycling-Programme der Kommunen zu erreichen durch:

- Aufklärungs-Aktionen
- Baumpflanz- und Wiederaufforstungsprojekte
- „Home Audits“ – eine Art persönliche Ökobilanz, mit der jeder Haushalt seinen Energieverbrauch optimieren kann und seine persönlichen Lebensgewohnheiten ressourcenschonend gestalten kann.

- **„Think globally act locally“** sei das offizielle Earth-Day-Motto. Denn Betroffenheit über globale Umweltschäden wie den Treibhauseffekt beginne zu Hause durch eigenes umweltfreundliches Verhalten.

> Was nutzt es, wenn den Menschen Zahlen genannt werden, dass zum Beispiel zur Verringerung des „Global Warming“ von den 23 Mrd. Tonnen Emissionen aus fossilen Energieträgern und den 6 Mrd. vor allem aus der Brandrodung in den Regenwäldern jährlich sofort 60 % reduziert werden müssten, wenn nicht dem Einzelnen gezeigt wird, was er dazu beitragen kann,

propagiert Earth Day-Organisator Denis Hayes in der Pressekonferenz zum Auftakt des Earth Day 1990. Earth Day soll aber ein Fest sein, auf dem die Liebe zur Natur, die Freude über den Erhalt der Vielfalt und Schönheit des Lebens dokumentiert wird:

> Love of the Wilderness for example is an important American Tradition, and one naturally protects what one loves.

Der 20. Earth Day wird nicht nur zu einem Fest für die Umwelt. In vielen Ländern der Welt gibt er die Chance zum massiven Protest gegen Regierungen und Industrie. In Polen gehen Tausende auf die Straße und demonstrieren gegen die Abholzung der Wälder. In Kenya organisiert die Gründerin des mächtigen „Greenbelt Movements“, Wangari Maathai, aus dem Untergrund eine Protestaktion zur Rettung der Nationalparks. In Indien gibt es Massendemonstrationen in Bombay und anderen Städten gegen die stinkenden, giftigen Müllberge. In Italien, Frankreich, Hongkong und Japan – überall wird am Earth Day 1990 gefeiert, protestiert und – agiert. Auch in Deutschland werden die Earth-Day-Aktionen aufmerksam verfolgt.

## 3.2 Auftrag Zukunft

Der herausragende Erfolg des 20. Earth Days – geschätzte 200 Mio. Menschen in über 140 Ländern engagierten sich – veranlasste Denis Hayes, den „Auftrag Zukunft“ zu formulieren: Die Bildung einer ständigen internationalen Dachorganisation mit regionalen und nationalen Büros in aller Welt – mit dem Ziel, dass es dem Anspruch, „Every Day is Earth Day“, gereicht.[7]

Denis Hayes (geb. 1944), Präsident und Vorstandsvorsitzender der Bullitt Foundation in Seattle, ist ein US-amerikanischer Umweltaktivist. Er organisierte den ersten Earth Day in den USA. Nach Abschluss des Jurastudiums lehrte er von 1983 bis 1992 als außerordentlicher Professor für Ingenieurswesen in Stanford und war unter anderem als Anwalt für Umweltrecht im Silicon Valley

[7] Denis Hayes war 25 Jahre alt und Student, als er 1970 den ersten Earth Day organisierte. 20 Mio. US-Amerikaner engagierten sich spontan und initiierten damit den Start einer modernen Umweltbewegung (Pazzanese 2020, übersetzt durch die Autorin dieses Beitrags).

tätig. Er ist Gründer des International Earth Day Network. Das Time Magazine ernannte ihn 1999 zum „Hero of the planet“ (University of Washington 2020).

Der Kanadier Nigel Seale, bis dahin Koordinator des Aufbaus eines kanadischen Earth Days, nahm den Auftrag von Denis Hayes an und gründete im Sommer 1990 in Vancouver/Kanada Earth Day International als Non-Profit-Gesellschaft mit dem Ziel, überall in der Welt Earth-Day-Netzwerke zu initiieren und eine internationale Clearing-Stelle für die entstehenden Länderkomitees zu sein.

In Kanada gründet sich Earth Day als eigenständige nationale Organisation unter der Leitung des erfahrenen Greenpeace-Aktivisten Maurey Mason in Toronto und danach in Quebec, Montreal, als „Jour de la Terre“ unter Leitung des Aktivisten Pierre Lussier. Earth Day Kanada wird in den 90er-Jahren zum Weltmodell einer tief gestaffelten, alle gesellschaftlichen Bereiche berührenden Umweltorganisation mit Tausenden von freiwilligen Helfern und Tausenden von aktiven Jugendlichen und Kindern. Ziele, Aufgaben und Strategie von Earth Day Canada beschreibt das „Executive Summary“ aus dem Jahr 1994:

> „The Earth Day organization will commit itself to grassroots environmental education and facilitation. Our activities therefore focus exclusively on raising environmental awareness and helping people to get involved in creating change.“ (Toronto 1994, Schreiben von Earth Day Executive Director Robin Jones Martin an Präsident Thomas Dannenmann)

In den USA ist die Grassroots-Bewegung in diverse Lager gespalten. Dennoch wird im Herbst 1990 in Washington Earth-Day-Gründer Nelson aktiv. Zusammen mit dem Umweltingenieur Bruce Anderson, einem der führenden Promoter der Solartechnologie in den 80er-Jahren, etabliert er eine US-nationale Earth-Day-Organisation. Ziel ist es, für die Tausenden lokalen Earth-Day-Gruppen in den USA vielfältige Service- und Organisationshilfen zur Verfügung zu stellen und dem Anliegen der Umweltbewegung durch eine professionelle nationale Public Relations und Lobby-Arbeit gerecht zu werden. Earth Day USA organisiert zu Beginn der 90er-Jahre Umweltkonferenzen und Workshops, gibt umfangreiche strategische Hilfen zum langfristigen Aufbau von lokalen Earth Days und veröffentlicht ständig eine Übersicht über sämtliche Earth Day-Aktivitäten in den USA.

### 3.2.1 Earth Day fordert Umweltbildung

Die Earth-Day-Bewegung bleibt bei allen Bemühungen, sich zu organisieren, ihrer Philosophie treu: Die Idee des „Grassroots-movement“ machte Earth Day erst schlagkräftig. Dazu Gründer Nelson: *„Don't ever forget, – if you want to move the nation to make hard decisions on political issues, the grassroots is the source of power. With it you can do anything – without it, nothing. If we are going to move the nation to an environmentally sustainable economy, you and that young generation right behind you are going to do it – and I think you will.“* (Archiv Amerikahaus, Frankfurt/Main)

Stets blieben die Earth-Day-Organisatoren neutral, gaben Hilfestellung, vernetzten, schufen Medienpräsenz. Sie verstanden Earth Day als Podium, sich selbst als Veranstalter. Earth Day als Weltbühne für Dialog und allseitigen Initiativgeist, als Bürgeraktion. Für den Earth Day 1991 wird erstmals das Motto „For the children" ausgegeben, mit dem Ziel, vorrangig Umweltbildung als eigenständige Einheit mit allen relevanten Facetten in Kindergarten und Schulen zu etablieren. Im Übrigen eine typische Earth-Day-Forderung auch heute: Das Fach Umwelt soll als Unterrichtsfach fester Bestandteil der Lehrpläne werden.

### 3.2.2 Earth Day und der UNO-Gipfel in Rio de Janeiro

Earth Day wird jetzt auch in internationalen Gremien aktiv. Deshalb wird der Earth Day 1992 auf das UNCED-Konferenz-Ereignis in Rio de Janeiro (United Nations Conference on Environment and Development) ausgerichtet: In Verabredung mit dem UNCED-Generalsekretär Maurice Strong wird die Weltaktion „Earth Voice", die millionenfache Verpflichtung als Zeichen für die in Rio versammelten Regierungen gestartet. Mit Erfolg: Millionen von Menschen beteiligen sich weltweit daran.

Höhepunkt der Earth-Day-Aktionen ist die Mit-Organisation des „EARTH WALK" am 7. Juni 1992 in Rio de Janeiro anlässlich des UNO-Umweltgipfels. Mehr als 250.000 Menschen setzten mit einer vier Kilometer langen Demo entlang der Copacabana in Rio ein bahnbrechendes Zeichen zum Umweltgipfel. Sie trugen eine riesige „Erd-Fahne" von Earth Day Canada. Auf dieser Fahne hatten sich 400.000 Kanadier mit ihrer Unterschrift zu einem positiven, umweltgerechten Lebensstil verpflichtet.

Earth Day International setzt sich seitdem dafür ein, dass die „Agenda 21", der auf dem Rio-Gipfel 1992 von Staats- und Regierungschefs beschlossene Aktionsplan zur Rettung und zum Erhalt unserer Erde, maximal erfüllt wird.

### 3.2.3 Strategische Umweltpolitik mit Clinton und Al Gore

Mit dem Einzug Clintons ins Weiße Haus und der Ernennung Al Gores zum Vizepräsidenten erhält die Umweltbewegung in den USA erneut Schubkraft. Es ist unbestritten, dass Vizepräsident Al Gore die Umweltpolitik der Regierung Clinton mitprägt. Seine umweltpolitische Weitsicht führt zu der Forderung nach einer flexibleren und strategisch wirksameren Umweltpolitik als dem bisherigen verbürokratisierten „Command and control"-Mechanismus der früheren Jahre. Die Clinton-Administration ratifiziert im Jahr 1993 die „Artenschutz-Konvention", die Rio-Konferenz war hier Vorreiter. Sie erlässt in schneller Folge eine Zahl verbesserter Umweltvorschriften.

### 3.2.4 Earth Day organisiert sich weltweit

Lokale Earth-Day-Gruppen vor allem in den Großstädten der US-Bundestaaten schmieden über die lokalen Grenzen hinweg gemeinsame Themen und Aktionen. Es sollen Materialien für die Schulen und Universitäten erarbeitet werden, damit eine Lobby für Umweltthemen entsteht und auf die politische Agenda der US-Parteien lokal und bundesweit Einfluss nehmen kann. Globale Aktionen sollen folgen. Mit dem Motto:

„Umwelt braucht Marketing“ sollen jetzt auch Unternehmen der Wirtschaft mit ins Boot. So entsteht im Jahr 1995 in Washington unter Führung der großen Earth-Day-Gruppen aus New York, Pittsburgh, Chicago, San Diego, Los Angeles und anderen Städten das Earth Day Network in Washington. Sie sieht sich als internationale Drehscheibe und wichtiger Umwelt-Lobbyist am US-Regierungssitz. Ziel soll es sein, in über 190 Ländern der Erde den Earth-Day-Aktivisten mit ihren lokalen Aktivitäten pro Umwelt bei Gründung und Aktionen eines Earth Days inspirierende Ideen zu vermitteln und damit vor allem Themen und Aktionen pro Umwelt global zu verankern.

Der Earth Day etabliert sich weltweit. Bereits im Jahr 1994 wird das Earth Day International Deutsches Komitee e. V. mit Sitz in Frankfurt unter Leitung des Journalisten Thomas Dannenmann gegründet. Jetzt gilt der Earth Day als wichtiges Signal und Wegzeichen für Aktionen pro Umwelt- und Klimaschutz.

US-Aktivist Denis Hayes, Anwalt und Ehrenvorstand des Earth Day Networks in Washington, ruft zum 30. Earth Day im Jahr 2000 zu weltweiten Demonstrationen gegen „Global Warming“ auf und fordert von der unternehmerischen Wirtschaft, sich verstärkt für Erneuerbare Energien zu engagieren. Tausende Gruppen und Institutionen in 184 Ländern folgen dem Aufruf. Der Earth Day schafft globales Bewusstsein für pro Umwelt.

### 3.2.5 Mother Earth Day – die UNO wird aktiv

Jahr für Jahr engagieren sich rund um den Globus Länder aus allen Kontinenten, vor allem auch aus der Dritten Welt, am Earth Day für nachhaltigen Umweltschutz- und Klimaziele. Auch die Vereinten Nationen können sich dem Sog nicht mehr entziehen. Im Jahr 2009 ratifizieren zunächst 55 Mitgliedstaaten den „International Mother Earth Day“ am traditionellen Datum 22. April:

> „It recognizes that the Earth and its Ecosystem are our home. It reflects the Interdependence that exists among human beings, other living species and the planet we all inhabit. Forthering shared responsibilties to rebuild our troubled relationship with nature.“ (Earth Day Charta UN, 2009)

## 3.3 Earth Day 2021: „Restore Our Earth“

Millionen von Menschen in 192 Ländern der Erde haben trotz der Covid-19-Pandemie am Earth Day 2020 aktiv teilgenommen. Diesmal auf dem ungewöhnlichen Weg – digital. Gleichzeitig wurde weltweit das Jahresthema für 2021 propagiert. Mit dem Motto: „Restore Our Earth“ geht es um die Wiederherstellung unserer Ökosysteme. Vor allem um pragmatischen Klimaschutz, Anpassung an den Wandel, Aufforstung, Ressourcenschutz, Erhalt der biologischen Vielfalt, dramatische Reduktion von $CO_2$- und anderen Treibhaus-Emissionen. Wissenschaftler schlagen Alarm. Pandemien und Klimawandel sind eine Bedrohung der Zivilisation auf der Erde. Keine dieser beiden

Herausforderungen erkennt nationale Grenzen an. Inspiriert vom Earth Day 2020 sollen sich die Menschen mit Begeisterung dem Jahresthema „Restore Our Earth“ zuwenden und ihren Beitrag anlässlich des Earth Days, 22. April 2021, kundtun und aktiv umweltfit werden.

## 4 Every Day is Earth Day: Next Generation – Future now!

**Gespräch mit Tamara Dannenmann, kreative, sozial engagierte Marketingexpertin und Künstlerin. Mitglied im Vorstand von Earth Day International Deutsches Komitee e. V.**

*Frage: Sie haben die Entwicklung des Earth Day International Deutsches Komitee e. V. in Hessen von Anfang an mitgestaltet. Was hat Sie daran begeistert?*

Antwort: Bereits als junger Mensch war ich der Überzeugung, dass wir mit den Ressourcen unseres Planeten so umgehen, als könnten wir – wenn die Erde nicht mehr bewohnbar ist – einfach weiterziehen. Ich fand, wir verhielten uns wie „Mietnomaden“: alles nehmen, wenig zurückgeben. Ich interessierte mich für alternative Ernährung. Denn ich hatte den Gedanken – mein Essen kann die Welt verändern. Als junge „Rebellin“ war es mir egal, wenn ich dafür belächelt wurde.

Ich unterstütze das Engagement von Organisationen, die sich mit Leib und Leben für den Erhalt unseres Planeten einsetzen und bewundere Menschen, die dies als ihre Lebensaufgabe sehen. Ich bin keine Umweltaktivistin, die auf die Straße geht und demonstriert. Und vor allem: Ich bin nicht immer konsequent. Aber ich bin kreativ, lösungsorientiert und zum Dialog bereit. Veränderung beginnt meines Erachtens mit einer Idee, dem Gespräch und entsprechender Aufklärung. Deswegen bin ich bei Earth Day International engagiert. Da steckt Kreativität dahinter und die Ideologie entspricht meiner Mentalität, dass jeder etwas dazu beitragen kann. Jeden Tag – auch mit kleinen Veränderungen. Darin übe ich mich selbst auch immer wieder.

*Frage: Bei Earth-Day-Aktionen konnten Sie hautnah prominente international bekannte Menschen mit ihrem Umweltengagement erleben, aber auch ganz unbekannte Menschen, die sich für die Erde einsetzen. Welche Menschen haben Sie besonders beeindruckt?*

Jeder, der sich engagiert, um diesen Planeten zu einem lebenswerten nachhaltigen Ort zu machen, hat Bewunderung verdient. Menschen, die mich beeindruckt haben, gibt es auch in der Umweltszene. 1993 gründete Earth Day International von Kanada aus die Initiative „Umwelt braucht Marketing“. Ziel sollte eine weltweite Zusammenarbeit mit den Unternehmen der Wirtschaft sein. Dafür sollten Umwelt engagierte Persönlichkeiten aus allen gesellschaftlichen Bereichen als Meinungsführer auftreten. So gelang es den exzentrischen, aber engagierten Filmstar Peter Fonda (seine Schwester Jane

Fonda ist ebenfalls als Aktivistin bekannt) zu einer „Tour“ durch die deutschen Medien zu gewinnen. Als junge Kommunikationswirtin war ich von dem Thema begeistert und wurde beauftragt, den Filmstar als persönliche Fahrerin zu Meetings, Interviews und Fernsehauftritten zu begleiten. Das war beeindruckend, so eine große Persönlichkeit hautnah zu erleben. In seiner Art schaffte er immer wieder Situationskomik zu den verschiedenen Themen. Genau das war die Idee zur Meinungsbildung pro Umwelt bei Lesern und Zuschauern.

Dann gibt es junge Menschen, die mich begeistert haben: Im Jahr 2014 hat Earth Day International Deutsches Komitee e. V. den 14-jährigen Justin für sein Engagement zum „NaturTalent“ ausgezeichnet. Er hat regelmäßig das Ufer des Bodensees vom Müll befreit und versuchte mit immer neuen Ideen, die Besuchern dazu zu bewegen, den Müll nicht einfach achtlos wegzuwerfen, sondern zu entsorgen.

Unternehmerisch bewundernswert finde ich aktuell die Vaude-Geschäftsführerin Antje von Dewitz, die bereits vor Jahren begonnen hat, sich für mehr Nachhaltigkeit in ihrem Unternehmen einzusetzen. Aktuell hat sie ein lesenswertes Buch herausgegeben mit dem Titel „Mut steht uns gut“ (Benevento Verlag). Sie gehört zu den Unternehmerinnen, die Verantwortung für Mensch und Natur ernst nehmen. Sie lebt Werte wie Nachhaltigkeit, Vereinbarkeit von Familie und Beruf und macht diese zu ihrer Firmenphilosophie. Nicht als Marketinginstrument – sie lebt das!

Eine Freundin von mir hat sich aus der Marketingbranche zurückgezogen und lebt nun auf einem Bauernhof, der sich auf die Fahne schreibt, respektvoll im Umgang mit Natur und Tier zu leben. Dies inspiriert mich jedes Mal aufs Neue, wenn ich mich mit ihr treffe. Es ist unglaublich, dass man Glücklichsein in der Natur auch auftanken kann – nicht nur im „modernen Waldbaden“. Nehmen wir ihren Bauernhof: Dieser Ort ist magisch – voll positiver Energie. Und wie sie ihr Leben meistert. Mit anderen Worten: Jedes Engagement ist bewundernswert. Egal ob laut oder leise. Prominent oder nicht.

*Frage: Sie arbeiten zum Thema Earth Day mit jungen Menschen zusammen. Was sind die Themen und wie können Sie diese für das Thema Umwelt begeistern?*

Ein großes Hindernis bei jungen Menschen ist der Mangel an fundiertem Wissen in verschiedenen Bereichen – zum Beispiel auch über die Zusammenhänge allen Lebens bzw. dem Zusammenspiel von verschiedenen Einflussfaktoren. Das finde ich beunruhigend. Das ist nichts Neues und war schon zu meiner Schulzeit so. Es geht nicht nur um Umwelt und Wissen. Viel wichtiger ist es auch über nachhaltige Aspekte, beispielsweise das Artensterben, deren Auswirkung und den dringend notwendigen Klimaschutz sowie über Ursache und Wirkung unserer Lebensgrundlagen wie beispielsweise in Bezug auf Ernährung zu reden. Da reicht Erdkunde oder Biologie als Fach nicht aus. Deshalb sind wir dafür, fächerübergreifend Umwelt- und Klimabildung (samt wirtschaftlicher Auswirkungen) als festen Bestandteil auf den Lehrplan zu nehmen. Denn es geht um das Überleben des Planeten für die nächsten Generationen.

Während ich in der sogenannten „Null-Bock-Generation" aufgewachsen bin, sind Kinder und Jugendliche – beispielsweise von der „Fridays for Future-Bewegung" – bereit, etwas zu tun. Sie sind aufmerksam, wollen etwas bewegen und fühlen sich dennoch nicht ernst genommen. Aber auch ihnen fehlt zum Teil fundiertes Wissen und dadurch die Möglichkeit, sich entsprechend zielorientierter zu engagieren. Manche von ihnen machen mit tollen Aktionen auf sich aufmerksam. Um mal eine stellvertretend hier zu nennen: Mir gefällt die Aktion „Concerts for Future". Die eine nachhaltige Konzertreihe entwickelt haben, um Nachwuchskünstlern und Umweltschutz-Initiativen eine Bühne zu bieten. Nach dem Prinzip „Raum zu schaffen, um Diskurs anzuregen und zu konstruktiven Lösungsansätzen zu inspirieren".

Also anstatt der heranwachsenden Generation vorzuwerfen, sie würden die Schule schwänzen oder zu versuchen, ihnen einen „Maulkorb" zu verpassen, indem ihnen mitgeteilt wird, sie seien zu jung, um die Zusammenhänge zu verstehen, könnte ein Dialog helfen, um herauszufinden, wie diese jungen Menschen selbst aktiv ihre (und unsere) Zukunft mitgestalten können. Denn, was mit einem Schlag alles möglich … machbar ist, wenn es sein MUSS, haben wir leidlich aktuell weltweit miterleben müssen … Covid-19!

*Frage: Demonstrationen und Schulstreik sind das eine und sicher auch wirksam, um die politisch und wirtschaftlich Handelnden aufzurütteln. Aber es geht doch erst mal um das notwendige Know-how, oder?*

Genau! Oder sagen wir – zum Teil. Wenn Menschen nicht wissen, welche Dinge der Natur schaden, wie können sie sich dann darum kümmern? Deshalb geht es zuerst um das Bewusstsein und die Erkenntnis für das eigene Leben und die Umgebung und erst dann für die übrige Welt. Es sind bereits sehr kluge junge Köpfe unterwegs, die sehr wohl wissen, was gut für den Planeten ist und was nicht. Aber wir wollen ja noch einen Schritt weiter: Dass wir ALLE wissen, was gut ist für den Planeten und was nicht. Und dieses Verständnis muss einfach so früh wie möglich durch Bildung gefördert werden. Nur so kann auch ein fundiertes Umdenken in Wirtschaft, Politik und Wissenschaft erfolgen. Weil der Fokus sich verändert. Wir wachsen dann auf mit dem „Bildungsinhalt", dass jedes Tun, und sei es noch so klein, Auswirkungen auf unser Leben und unseren Lebensraum hat, wie wichtig ein gut funktionierendes Ökosystem ist, dass unsere Städte resilient genug sein sollten, dass wir alle – jeder Einzelne von uns mit Verantwortung trägt. Im Positiven als auch im Negativen.

Meine Vision ist es, dass die Generation, die jetzt heranwächst, mit vielen positiven neuen Ideen alles daransetzt, unseren Planeten in eine stabile, zukunftsfähige Oase zu verwandeln – ökologisch – ökonomisch – gesellschaftlich – nachhaltig! Die Generation, die heute auf die Straße geht, hat Gehör verdient und sollte ernst genommen werden. Sie sind die politischen, gesellschaftlichen und wirtschaftlichen Köpfe von morgen. Das sollten wir nicht vergessen.

## 5 Kleine Zeitreise – 25 Jahre Engagement in Hessen – 50 Jahre weltweit

Earth Day International Deutsches Komitee e. V. wurde 1994 gegründet und will vor allem die auf dem UNO-Umwelt-Gipfel 1992 in Rio verabschiedete Agenda 21 nachhaltig ausbauen:

**Tut etwas für die Erde, demonstriert euer Anliegen am Earth Day, seid umweltfit jeden Tag.**

### 5.1 Chronologie Earth Day 1970 bis 2020

**1970** Am 22. April 1970 feierten über 20 Mio. Menschen mit Aktionen den 1. Earth Day. Die wichtigsten US-Umweltgesetze entstehen.

**1990** Am 20. Earth Day engagieren sich weltweit über 200 Mio. Menschen. US-Präsident Bush proklamiert den 20. Earth Day zum nationalen Umwelttag. Internationaler Peace Climb auf den Mount Everest. Extrem-Bergsteigende aus den USA, Sowjetunion, China für Umwelt und Frieden.

**1991** International werden Earth-Day-Gruppen gegründet. Earth Day Canada übernimmt im Auftrag der kanadischen Regierung die Koordinierung der Umweltbildung im Schulsystem.

**1993** Ein Jahr nach der UN-Konferenz für Umwelt und Entwicklung in Rio de Janeiro erhalten in der UNO in New York 15 Earth Day engagierte Weltpersönlichkeiten, den einmalig vergebenen Earth-Day-Umweltpreis.

**1993** Die Internationale Earth Day „Kids Flag Campaign" erreicht Deutschland. Tausende von Schülern beteiligen sich.

**1994** Das Deutsche Komitee e. V. von Earth Day International wird gegründet. Die Satzung basiert auf den Zielen des Weltgipfels 1992, der Agenda 21 von Rio de Janeiro. Der deutsche Earth Day wird in Russland aktiv.

**1995** Earth Day Network wird in Washington als internationale Organisation gegründet. New York wird Earth-Day-Stadt des Jahres 1995. Das Deutsche Komitee e. V. ruft die Schulen zur Teilnahme an der Aktion „Rettet die Arten" auf. Earth Day Deutschland verleiht zum ersten Mal den Umwelt-Medienpreis: „Vorbildhafte Umweltpublikation".

**1996** Zehn Schulen in Deutschland werden Preisträger der Earth-Day-Aktion „Rettet die Arten", Earth Day Deutschland ist Einsatzstelle für das Freiwillige Ökologische Jahr in Hessen. Earth Day organisiert bei den Olympischen Spielen in Atlanta die Aktion „Go for the Green, be an Ecoathlete".

**1997** Die Earth-Day-Kampagne „Rio plus five", unter dem Motto: „Tu was für Deine Erde, sei umweltfit, mach Deine Öko-Bilanz", wird gestartet. Das renommierte

Institut Dr. Flad, Berufskolleg für Chemie, Pharmazie und Umwelt in Stuttgart, wird Earth-Day-Koordinator.

**2000** Earth Day Network ruft zu weltweiten Aktionen gegen Global Warming auf. Über 5000 Gruppen in 184 Ländern engagieren sich am Earth Day. Stuttgart wird Earth-Day-Stadt des Jahres. Unter dem Motto „Klimaschutz beginnt zuhause“ führen die Schülerinnen und Schüler des Instituts Dr. Flad das Projekt Treibhauseffekt durch.

**2001** Am Earth Day ziehen in Stuttgart, im Institut Dr. Flad, international anerkannte Umweltexperten und Wissenschaftler ihre Umweltbilanz.

**2002** In mehr als 150 Ländern treten weit über 200 Mio. Menschen mit öffentlich wirksamen Aktionen zum Schutz der Umwelt auf. Einer der Höhepunkte ist die lokale „Earth-Week Stuttgart“ mit öffentlichen Veranstaltungen und Workshops.

**2003** Weltweites Engagement zum Thema Wasser. Earth Day ruft dazu auf, sich für eine gerechte Verteilung und den Schutz der Ressource Wasser einzusetzen. Konsequent verfolgen Hunderte Schulen weltweit und auch in Deutschland dieses Earth-Day-Thema in fächerübergreifenden Arbeitsgruppen.

**2004** Der Earth Day stellt den Klimaschutz in den Mittelpunkt.

**2005** Earth Day fordert Unternehmen, Schulen, Universitäten, Institutionen, Vereine, Kirchen, Bürgerinitiativen auf: „Seid umweltfit! Umwelt muss gelernt werden, um aktiv zu handeln.“

**2006** „Wir bewegen etwas! Für eine gesunde Umwelt und die Gesundheit der Menschen.“ Earth Day engagiert sich mit zahlreichen Aktionen zum Thema „Umwelt und Gesundheit“, auch in Schulen wird fächerübergreifend dazu gelernt.

**2007** Earth Day ruft die Bürger auf, Eigenverantwortung zu übernehmen für eine aktive Zukunftsgestaltung.

**2008** Zukunft nachhaltige Stadt: „Werdet aktiv, unsere Städte müssen zukunftsfähig werden!“

**2009** Die UNO propagiert am Earth Day weltweit den 22. April zum „Mother Earth Day“. 55 Staaten ratifizieren den internationalen Earth Day. Thema in Deutschland: „Überlegt verbrauchen für fairen Handel und die Umwelt soll nicht das Ende des ‚schönen‘ Lebens sein!“ Was wirklich zählt, ist die Verkleinerung unseres ökologischen Fußabdrucks.

**2010** „Wir wollen klug verbrauchen, um nachhaltig zu leben!“ Bundesweite Aktionen vor allem auch in Schulen.

**2011** „Wir lieben unsere grüne Stadt!“ Die zukunftsfähige Stadt ist die grüne Stadt. Infrastruktur, Architektur, Flächenplanung müssen sich an die Folgen des Klimawandels anpassen.

**2012** „Wahre die Schätze unserer Erde! Die Schätze dieser Erde bedeuten die Vielfalt allen Lebens. Wir dürfen nicht zulassen, dass Einzelinteressen dominieren!".

**2013** „Grünes Geld – Fairhandeln – Verantwortung leben." Mit „Grünem Geld" die „Um"-Welt verändern und damit auch noch Geld verdienen. Dann stiftet Geld Sinn.

**2014** Wasser ist Grundlage allen Lebens. Ein effizienter Schutz und der schonende Umgang mit der Ressource Wasser sind Voraussetzung für die biologische Vielfalt und eine nachhaltige Nutzung.

**2015** Earth Day engagiert sich als „Cradle to Cradle"-Pionier weltweit: Nie wieder Müll. Heute Abfall, morgen Nährstoff. Intelligent produzieren, verbrauchen, nutzen, zurückgeben, wiederverwenden.

**2016** „Mein Essen verändert die Welt!". Nachhaltige Ernährung – bio, ökologisch, fair ist Umweltschutz, Tierschutz und dient der eigenen Gesundheit.

**2017** Earth Day Network ruft global zum „March for Science" auf. Thema in Deutschland:„Green IT für's Klima. Unsere Kommunikation wird grüner!" Weltweiter Einsatz „Grüner" IT.

**2018** „Nachhaltige Mobilität hat Zukunft." Vernetzung aller Akteure für eine ökonomische, ökologische und soziale zukunftsfähige Mobilitätsindustrie lokal und global.

**2019** „SOS – Save Our Species – Rettet die Arten." Zusammenarbeit mit Tausenden Initiativen und Aktionen, Motto: „Artenschutz beginnt bei Dir – es gilt die Schatzkammer der Erde zu schützen, Vielfalt stützen." Fächerübergreifende Aktionen an über 100 Schulen.

**2020** 50 Jahre: Earth Day geht digital. Aktionsthema: „Stadt & Natur – vernetzt, klimaaktiv, lebenswert – Lasst die Städte blühen!" – Earth Challenge App. – Billion Acts of Green. – „Vote Earth!" – Aktion für junge Wähler. Klimaschutz steht global im Vordergrund.

## 5.2 Earth Day International und Earth Day Deutschland: Quo vadis?

Wir stellen uns jeden Tag die Fragen:

**Fragen**

Was wird einen erfolgreichen Earth Day 2070 ausgemacht haben?

Und welches Erbe wollen wir für den Earth Day in den kommenden 50 Jahren aufgebaut haben?

Earth Day 2020 und die Welt steht still … Mal ehrlich: Wir haben uns so ein Szenario nicht vorstellen können, wie wir es im Jahr 2020 weltweit erlebten. Eine Pandemie beherrscht unseren Alltag, den Alltag in allen Ländern der Erde. Dennoch: Es gibt interessante Entwicklungen, vielleicht auch neue Ideen und Technologien, die es ohne diese Krise nie gegeben hätte. Schön wären Visionen, wie wir in besserem Einklang mit der Natur zukünftig leben und arbeiten. Wie wir es schaffen, allen Lebewesen den benötigten Lebensraum zu geben. Vielleicht hilft dieser unverhoffte und ungebetene Stillstand sogar unserer Erde eine Verschnaufpause zu gönnen. Wir wissen es nicht. Aber wir hoffen es. 2020 haben wir den 50igsten Tag der Erde, den Earth Day, gefeiert.

Make every day Earth Day! Jeder kann etwas dazu beitragen. Der kleinste Beitrag zählt, machen Sie einfach mit: Reduzieren Sie Ihren ökologischen Fußabdruck, pflanzen Sie bienenfreundliche Blumen, essen Sie nachhaltig und regional, setzen Sie sich für Radwege ein, schützen Sie gefährdete Arten, kaufen Sie auch Gebrauchtes oder reparieren Sie Dinge selbst. Kaufen Sie nachhaltig ein, vermeiden Sie Plastik. Wiederverwenden statt verschwenden. Zukunft braucht Mut und Muße zum Ausprobieren. Am besten gleich anfangen.

Für diese Ziele steht Earth Day Deutschland: **Erziehung, Dialog, Initiative.** Die Initialen von EARTH DAY INTERNATIONAL Deutsches Komitee e. V. tragen die Philosophie dieses gemeinnützigen Vereins in sich:

> **Wichtig**
>
> E = Erziehung
>
> Umweltbewusstes Handeln ist bei den Menschen nicht vorgegeben, es muss erlernt werden.
>
> D = Dialog
>
> Die fortschreitende Umweltzerstörung erfordert globales Umdenken und duldet keinen Aufschub. Alle müssen an einen Tisch!
>
> I = Initiative
>
> Der Verantwortung für die Umweltprobleme vermag sich keiner mehr zu entziehen. Erst die eigene Initiative bewirkt Veränderungen und setzt sichtbare Zeichen.

Unsere Ziele sind zeitlos und haben kein Verfallsdatum. Dafür und deshalb initiiert und propagiert Earth Day in Deutschland spannende und zukunftsweisende Projekte und agiert als Lobbyist für die Umwelt. Mit einer Spende unterstützen Sie uns bei der Erreichung der Ziele. Spendenkonto: IBAN: DE93 5125 0000 0007 00 12 82 BIC: HELADEF1TSK.

Earth Day International Deutsches Komitee e. V. ist vom Finanzamt als gemeinnützig anerkannt. Spenden sind steuerabzugsfähig mit einer Spendenbescheinigung Earth Day International Deutsches Komitee e. V. Zur Frage im Futur 2 *Was wir erreicht haben werden?* ist für uns ganz klar und eindeutig die Antwort: Wir bleiben dran und machen weiter. Jeder Beitrag zählt. Niemals aufgeben.

**Wichtig**

Earth Day Aktions-Motto 2021:
RESTORE OUR EARTH.
**Jeder Bissen zählt.**
Schütze was du isst – schütze unsere Erde.
Lebe bewusst und nachhaltig: Bio, Regional, Fair.

**Tamara Dannenmann** alias Mara Danné, Jahrgang 1969, ist Dipl. Kommunikationswirtin (BAW), Entspannungspädagogin (FBZ), Malleiterin Begleitetes Malen/Maltherapie (IHKD). Sie arbeitet selbstständig im Bereich Marketing and Guidance. Ihre Themen sind kreative Vorhaben im Bereich Text und entsprechende Marketingberatung kleiner und mittlerer Unternehmen, freie Projektarbeit (konzeptionell, strategisch, künstlerisch), freie Referentin und Guide. Sie ist ehrenamtlich für den Pressedienst Umwelt und Gesundheit der Umweltorganisation Earth Day International Deutsches Komitee e. V. und als freie Honorarkraft in der Jugendarbeit tätig. Für die Zukunft wünscht sie sich mehr innovative, zündende grüne Ideen, damit aus der Interaktion zwischen uns Menschen, der Natur – also unserem Planeten – und der Pflanzen- und Tierwelt ein ausgewogenes Gleichgewicht zwischen Geben und Nehmen entstehen kann. Dass wir Menschen mehr Gutes tun als Schaden anrichten. Das wäre ein Zugewinn für alle!

**Thomas Dannenmann** ist Journalist, Medienfachmann, Umweltaktivist und Präsident von Earth Day International Deutsches Komitee e. V. Thomas Dannenmann nahm nach seinem Studium der Kommunikations- und Zeitungswissenschaft in Münster und München und einer Ausbildung als TV- und Zeitungsjournalist an zwei mehrjährigen Großexpeditionen der Bundesregierung Deutschland als Kommunikationsberater in West-, Ost- und Zentralafrika teil und war danach für Entwicklungshilfeprojekte von „Brot für die Welt", sowie anderen – auch bundesstaatlichen Organisationen – und für Printmedien als Journalist und Berichterstatter in Ost- und Nordafrika unterwegs und besuchte damals zusätzlich mehrfach die USA, um Medienkontakte herzustellen. Zuvor war Dannenmann für ein Jahr USA-Austauschschüler in Milwaukee, Wisconsin. Als Vorstandsmitglied von Earth Day International hat er in Vancouver und Los Angeles die Strategien der amerikanischen Earth-Day-Bürgerbewegung international ausgebaut und im Jahr 1994 in Deutschland die Umwelt-Organisation Earth Day International Deutsches Komitee e. V. gegründet. Dabei konnte er seine internationalen journalistischen Erfahrungen zielgerichtet einsetzen. Die redaktionelle Arbeit als Chefredakteur diverser sozial engagierter Medien führte Dannenmann auch später mehrfach in die USA. Auf Einladung des Metropolitan YMCA in Milwaukee, Wisconsin, USA übernahm er in den Jahren 1979 bis 1981 die Leitung der Public

Relations dieser großen sozialen Einrichtung in der Großregion von Milwaukee, Wisconsin. Gleichzeitig gründete und leitete er die Begleitung und Betreuung von Integrationsprojekten für vietnamesische Migrierte in Wisconsin und veröffentlichte die Ergebnisse international in den Medien. Dannenmann war nach seiner Rückkehr aus den USA unter anderem verantwortlich für die Herausgabe der internationalen Zeitschrift „Kontinent". Mit der Herausgabe der Zeitschrift „Kontinent" gemeinsam mit dem Ullstein Verlag und der Russland-Expertin Cornelia Gerstenmaier entwickelte er ein Pressemodell der „initiativen und recycelten Information", die den Dissidenten in den Ländern des Ostblocks und der Sowjetunion Öffentlichkeit und zugleich Schutz boten. Einer der führenden Autoren von Kontinent war der zeitweilig inhaftierte Physiker und Regimekritiker Andrej Sacharow. Als Geschäftsführer und Chefredakteur im Burg Verlag Stuttgart-Bonn war er verantwortlich für Buch und Zeitschriften und leitete zusätzlich die Öffentlichkeitsarbeit diverser sozial engagierter Einrichtungen. Er war seit 1984 gemeinsam mit der Autorin Gisela Bonn Herausgeber der Zeitschrift „Indo Asia" für die Deutsch-Indischen Gesellschaften. Neben seinen verlegerischen Aufgaben betreute Dannenmann mehr als zehn Jahre die gesamte Kommunikation der „Johanniter Unfall Hilfe" (JUH) in Deutschland und kreierte schließlich mit dem Mitglieder-Magazin „Die Johanniter" auch den neuen Namen „DIE JOHANNITER" und das Logo dieser Einrichtung.

## Literatur

Agenda 21 der UN-Konferenz für Umwelt und Entwicklung, Rio de Janeiro (1992)

Earth First! (2020) https://earthfirstjournal.org/about/. Zugegriffen: 09 Sept 2020

Frietsch M, Gorse C, Ziegler W (2018) Tschernobyl. In: Planet Wissen (Stand: 05.09.2018). https://www.planet-wissen.de/technik/atomkraft/das_reaktorunglueck_von_tschernobyl/index.html. Zugegriffen: 09.09.2020

Greenpeace (2020) https://www.greenpeace.de/themen/ueber-uns/fragen-antworten-zu-greenpeace. Zugegriffen: 09 Sept 2020

Pazzanese C (2020) How Earth Day gave birth to environmental movement. In: The Harvard Gazette vom 17. April 2020. https://news.harvard.edu/gazette/story/2020/04/denis-hayes-one-of-earth-days-founders-50-years-ago-reflects/. Zugegriffen: 09 Sept 2020

Robert Bosch Academy (2015) http://www.robertboschacademy.de/content/language1/html/54147.asp. Zugegriffen: 09 Sept 2020

Schreiben Bundeskanzleramt im Auftrag von Dr. Helmut Kohl an Earth Day International Präsident Thomas Dannenmann, Bonn Februar 1997

Schreiben des UNCED Generalsekretär Maurice Strong an Earth Day International Präsident Thomas Dannenmann, Toronto, Canada (1992)

Schreiben von Schulleiter Wolfgang Flad, Chemisches Institut Dr. Flad, Stuttgart 1996 an Earth Day International Präsident Thomas Dannenmann

von Executive S, Martin DRJ (1994) Earth Day Canada an Earth Day International Präsident Thomas Dannenmann. Canada, Toronto

United Nations (2009) Resolution adopted by the General Assembly an 22 April 2009: 63/278. International Mother Earth Day. Zugegriffen: 09 Sept 2020

University of Washington (2020) Department of Global Health. https://globalhealth.washington.edu/denis-hayes. Zugegriffen: 09 Sept 2020

Winoviecki T (2014) Shore Protection Act (SPA). https://prezi.com/hpdzw-qelspi/shore-protection-act-spa/. Zugegriffen: 09 Sept 2020

# Prinzip Zukunft mit Verfassungsrang

## Mit Artikel 26c verankert Hessen das Prinzip der Nachhaltigkeit in seiner Verfassung

Lisa Seyffardt

**Zusammenfassung**

Nachdem das Land Hessen schon seit 2008 eine eigene Nachhaltigkeitsstrategie verfolgt, wurde per Volksabstimmung am 29.10.2018 das Prinzip der Nachhaltigkeit in die Verfassung des Landes Hessen aufgenommen. Artikel 26c zeigt direkte und indirekte Auswirkungen, begründet aber auch Perspektiven für Städte und Gemeinden, Wirtschaft, Konsumenten, Bildung sowie Kunst und Kultur. Nachhaltigkeit mit Verfassungsrang kann oder sollte die Funktion als Leitbild für politisches Handeln einnehmen. In dieser Hinsicht wird sich das Land bei jeder Entscheidung und Handlung auf das Staatsziel Nachhaltigkeit beziehen müssen. Gleichermaßen sind Bildung, Kunst und Kultur elementar für die Entwicklung zu einer nachhaltig agierenden Gesellschaft, denn sie schließen ein, grenzen nicht aus, sondern offenbaren, stellen dar, verbinden und stärken. Sie sind Grundlage für das Verstehen: Nachhaltiges Handeln im Sinne einer Corporate, Cultural, aber auch Civil Responsibility bedeutet, gemeinsam die Zukunft zu gestalten.

## 1 Einleitung

Die Bürgerinnen und Bürger im Bundesland Hessen wählten im Oktober 2018 einen neuen Landtag und haben gleichzeitig per Volksabstimmung der Aufnahme des Prinzips der Nachhaltigkeit in die Verfassung des Landes Hessen im Artikel 26c zugestimmt. Mittels Anwendung des Prinzips der Nachhaltigkeit sollen hessische Städte und

L. Seyffardt (✉)
Wiesbaden, Deutschland



A. Trischler und S. Böhling (Hrsg.), *CSR in Hessen,* Management-Reihe Corporate Social Responsibility, https://doi.org/10.1007/978-3-662-63004-4_45

Gemeinden zu nachhaltigem Handeln angeleitet werden, um das Leben künftiger Generationen nicht zu beeinträchtigen (Hessische Landesregierung 2018, S. 9). Damit ist Hessen das erste Bundesland, das Nachhaltigkeit in Verfassungsrang gebracht hat: „Ein Verfassungsziel Nachhaltigkeit hat die Kraft, die politische Resonanz und strategische Aufmerksamkeit rund um die Agenda 2030 und die Nachhaltigkeitsstrategie zu steigern.“ (Bachmann 2018, S. 4)

Das Land Hessen beging im Jahr 2018 den zehnten Jahrestag der Hessischen Nachhaltigkeitsstrategie. Der vorliegende Buchbeitrag basiert auf einer Studienarbeit, die zur Erlangung des akademischen Grades Bachelor im Fachbereich Wirtschaft und Medien an der Hochschule Fresenius im Wintersemester 2018/2019 vorgelegt wurde. Das Literaturverzeichnis führt die im Rahmen der Studienarbeit genutzten Quellen auf. Zielsetzung der Studie war die Ermittlung möglicher Auswirkung bzw. Implikationen durch Artikel 26c der Verfassung des Landes Hessen auf Unternehmen und Organisationen. Ergänzend sollte der Nachweis erbracht werden, dass Bildung, Kunst und Kultur eine Schnittstelle zur Befähigung zu Entscheidungsfindung und zum Handeln sind. Die Inhalte der Studienarbeit werden in Auszügen wiedergegeben.[1]

## 2 Relevanz des verantwortlichen Handelns

Die Dringlichkeit zu handeln und vom Wissen zum Handeln zu kommen, wurde anhand der existenzsichernden Lebensgrundlagen und ihrer Bedrohungen dargelegt: Druck auf die Systeme. Die Definition von Nachhaltigkeit mit den klassischen drei Dimensionen gemäß Brundtland-Bericht wurde als zentrale Grundlage festgelegt. Das Bundesland Hessen bildet in vielen Bereichen den deutschen Durchschnitt ab.

### 2.1 Einheitliche Definition

Die am häufigsten verwendete Definition für Nachhaltigkeit stammt aus dem Brundtland-Bericht der United Nations aus dem Jahr 1987:

> „Nachhaltige Entwicklung ist eine Entwicklung, welche die Bedürfnisse der gegenwärtigen Generation befriedigt, ohne die Fähigkeit zukünftiger Generationen zu gefährden, ihre eigenen Bedürfnisse zu befriedigen.“ (Hauff 1987)

Nachhaltigkeit wird als Drei-Säulen-Modell beschrieben mit gleicher Bedeutung von Ökologie, Ökonomie und sozialer Gerechtigkeit. In dieser Definition wird von zukünftigen Generationen gesprochen, wobei der Begriff Zukunftsfähigkeit in den Fokus

[1] Weiterführende Informationen können bei der Verfasserin angefragt werden.

rückt. Ausgehend von Jahr 1987 ist die Generation Y (geboren zwischen 1980 und 2000) eine dieser zukünftigen Generationen. Sie stellt sich die Frage nach Handlungsmöglichkeiten und eigener Wirkmacht, nach dem Sinn der eigenen Tätigkeit. Als bewusste Entscheider gestaltet sie selbst ihre gegenwärtige Lebenssituation (Absolventa 2018). Die Frage nach der eigenen Zukunft auf Grundlage der Gegenwart ist starke Motivation für die Auseinandersetzung mit dem Thema. Jede einzelne Entscheidung zählt und jede Veränderung beginnt bei jedem einzelnen Menschen. Der Zeitpunkt zum Handeln war gestern, ist jetzt und wird es jeden Tag sein (Umweltdialog 2015).

## 2.2 Druck auf die Systeme

Ein funktionierendes Ökosystem ist Grundlage allen Lebens. Eine Wirtschaftsweise, die soziale und ökologische Kollateralschäden in Kauf nimmt, schafft sich selbst ab. Im „Hier und Jetzt" erleben wir einen enormen Druck auf den Planeten und unsere Ökosysteme: Die rasch wachsende Weltbevölkerung, die viel zu schnell schwindende Artenvielfalt, Extremwetterereignisse und Klimaveränderungen. Der menschliche Einfluss durch Besiedlung, Industrialisierung, Bodenversiegelung. Lebensstil, Mobilität und Konsum der Industrieländer bringen hohe $CO_2$-Emissionen und Müll. Durch hohe $CO_2$-Emissionen erwärmt sich die Erdatmosphäre und in vielen Regionen verdorren Ernten. Das war im Sommer 2018 spürbar. Uns geht es so gut oder schlecht wie der Umwelt, in der wir leben (FNP 2018; Reisinger 2018).

Mit Beginn der Industrialisierung stieg die Möglichkeit zum vermehrten Konsum bis hin zum Massenkonsum. Die günstigeren Industriewaren konnten sich auch normale Familien mit durchschnittlichem Einkommen leisten, die sogenannte Demokratisierung des Luxus (Pieper 2007, S. 139). Heute wird dabei von einem sogenannten Konsumismus gesprochen. Konsum hat sich zu einer Art Belohnung und Quelle des Trosts entwickelt, wobei der eigentliche Nutzen von Konsumgütern immer weiter in den Hintergrund rückt (Kalt 2016). Ozeane und Flüsse sind stark mit Plastik belastet. Jedes Jahr werden 260 Mio. Tonnen Plastik hergestellt, wovon rund 80 % ins Meer gelangen. Weltweit treiben sechs Plastikinseln bis zur Größe Europas auf den Ozeanen. Allein der Nordpazifische Müllstrudel ist vier Mal so groß wie Deutschland (Mast/Stockrahm 2018, S. 1–3).

Je mehr Plastik wir in die Umwelt und ins Meer entlassen, desto häufiger landet es in den Mägen von Tieren, in unserem Wasser und unseren Böden und tritt in die Nahrungskette ein. Es erscheint als gebratener Fisch auf dem Teller oder als Apfelsaft im Glas. Viele Tiere verenden durch die Aufnahme von Plastik (Mast/Stockrahm 2018, S. 1–3). Aktuell leben über 7,6 Mrd. Menschen auf der Erde und nach Statistiken der United Nations werden es 2050 schon über 9,8 Mrd. sein. Im Schnitt wächst die Weltbevölkerung um 82 Mio. Menschen pro Jahr an, was ungefähr der Einwohnerzahl ganz Deutschlands entspricht. Über die Hälfte der Menschheit lebt in Städten und bis 2030 werden es 60 % sein (Schilling 2018).

Rohstoffe, die die Natur frei zur Verfügung stellt, sind über Jahrmillionen durch langwierige Prozesse entstanden und werden jeden Tag massiv reduziert (WBGU 2013, S. 5–11).

Laut Global Footprint Network verbraucht Deutschland die Ressourcen von insgesamt mehr als drei Erden (Global Footprint Network o. J.). Der Deutsche Erdüberlastungstag 2019 war am 3. Mai. Der globale Earth Overshoot Day 2019 war am 29. Juli. An diesem Tag waren rechnerisch die Ressourcen verbraucht, die der Menschheit innerhalb eines Jahres zur Verfügung stehen. Der persönliche Fußabdruck kann für den eigenen Verbrauch berechnet werden: Ein durchschnittlicher Deutscher hat die Ressourcen, die für das ganze Leben gedacht sind, schon nach 26,5 Jahren aufgebraucht. Ab dann lebt er auf Kosten der folgenden Generationen (Earth Overshoot Day 2018).

## 2.3 Hessen ist Durchschnitt

Das Bundesland Hessen verfügt über eine Gesamtfläche von 21.115 $km^2$ und rund 6,2 Mio. Einwohnerinnen und Einwohner. Es gehört zu den zehn innovationsstärksten Regionen Europas und behauptet sich zusätzlich mit seinem Luftfrachtzentrum am Frankfurter Flughafen als der größte Logistikstandort Europas. Hessen bildet in vielen Bereichen den deutschen Durchschnitt, wodurch es als Datengrundlage auf ganz Deutschland übertragbar ist (Hessen Trade und Invest o. J.). Mittels ausgewählter SDGs, relevanter Zahlen und Fakten haben sich im Verlauf der Recherchen vier Multiplikatoren herausgebildet mit der größten anzunehmenden Wirkmacht. Dazu gehören Städte und Gemeinden, Wirtschaftsunternehmen, der Bereich Bildung und Konsum. Diese Multiplikatoren beanspruchen aus Sicht der Verfasserin besondere Beachtung in Bezug auf nachhaltige Entwicklung.

### 2.3.1 Städte und Gemeinden

Rund 55 % aller Menschen leben in urbanen Ballungsräumen und laut einem Bericht der United Nations wird bis 2050 dieser Anteil auf 68 % steigen. In Zahlen umgerechnet entspricht dies bis in das Jahr 2050 rund 2,5 Mrd. weitere Menschen nur in Städten, wodurch diese zum Dreh- und Angelpunkt von Zukunftsplanungen und Aktivitäten werden (United Nations 2018).

SDG 11 „Nachhaltige Städte und Gemeinden“: Städte und Siedlungen sollen sicher, widerstandsfähig und nachhaltig gestaltet werden. Dies umfasst bezahlbaren Wohnraum, den Ausbau des öffentlichen Verkehrs und die Verstärkung von Müllentsorgungen. Städte und Gemeinden sollen widerstandsfähiger werden, um unter anderem den Auswirkungen des Klimawandels trotzen zu können. Dazu gehören auch die Bildung von Partnerschaften, die Sicherstellung einer Grundversorgung, der Zugang zu bezahlbarem Wohnraum und die Reduktion der durch die Städte hervorgerufenen $CO_2$-Emissionen (United Nations 2018).

Beispiele aus der Landeshauptstadt Wiesbaden: 48 % der Energie werden für die Wirtschaft, 26 % für den Verkehr und 26 % für Privathaushalte verwendet. Bis 2020 soll der Energieverbrauch um 20 % reduziert, 20 % des Energieverbrauchs durch erneuerbare Energien abgedeckt werden. Sechs Handlungsfelder wurden ausgewählt: Mobilität, Energieeinsparungen, Stadtentwicklung, Ausbau erneuerbarer Energien, nachhaltige

Wärmeversorgung sowie die Aktivierung und Beteiligung von Bürgerinnen und Bürgern. Wiesbaden erreichte eine Reduzierung des Stromverbrauchs von 15 % im Zeitraum von 1990 bis 2014. Laut Umweltamt Wiesbaden könnten die $CO_2$-Emissionen um zwei Drittel reduziert werden, wenn bei Stadtfahrten alle Pkw-Nutzer auf den ÖPNV umsteigen würden. In diesem Kontext fördert die Stadt Wiesbaden einen optimalen Nahverkehrsplan sowie das Semester- bzw. Jobticket. Darüber hinaus wurde ein Radverkehrskonzept inklusive neuer Radwege und Radabstellanlagen erarbeitet, um die Bürgerinnen und Bürger zum Fahrradfahren zu motivieren. Hierbei steht ebenso das Mobilitätsmanagement im Vordergrund, welches für jedes teilnehmende Unternehmen individualisiert wird und beispielsweise berufliche Fahrgemeinschaften, Einrichtung sicherer Fahrradverwahrung, E-Bike als Dienstfahrrad, Duschmöglichkeiten am Firmenstandort und Ladestationen auf dem Firmengelände für Auto und Rad vorschlägt (Landeshauptstadt Wiesbaden 2017, S. 5–21).

Zwischenfazit: In Städten und Gemeinden entstehen rund 80 % der weltweiten Wertschöpfung, rund 50 % des weltweiten Abfalls und 80 % der Kohlenstoffdioxid-Emissionen. Zusätzlich werden in Städten ca. 75 % aller natürlichen Ressourcen verbraucht und rund 40 % des gesamten Stroms werden durch Häuser in Anspruch genommen (Bundesregierung 2016, S. 155 f.). Auch der WBGU ermittelt, dass in Städten die Zukunft der Menschheit entschieden werden wird, da die gesetzten Ziele nur in zukunftsfähigen Städten und Gemeinden erreicht werden können (WBGU 2016).

### 2.3.2 Unternehmen der Wirtschaft

Hessens Wirtschaftsstruktur erfasste im Jahr 2018 vorwiegend Dienstleistungsunternehmen mit rund 75 % aller hessischen Beschäftigten mit den Schwerpunkten Marketing, Design, Logistik und IT. Weitere relevante Faktoren waren Elektronik- und Automobilhersteller zum Zeitpunkt der Studie. Die Exporte lagen bei ca. 55 % (Hessisches Ministerium für Umwelt, Klimaschutz, Landwirtschaft und Verbraucherschutz 2018, S. 8 f.). SDG 12 zielt auf nachhaltige Produktionsverfahren, auf Übergang zu ressourcensparenden Produktionstechniken sowie Abfallreduzierung und Müllvermeidung (Entwicklungspolitisches Netzwerk Hessen 2018, S. 54 f.).

**Aufgaben von Unternehmen**

- Versorgung des Marktes, das heißt Produktion von Gütern und Dienstleistungen für den Fremdbedarf;
- Agieren auf eigenes Risiko, das heißt Autonomie bzw. Selbstständigkeit im wirtschaftlichen Handeln;
- Bereitstellung von Arbeitsplätzen und Erzeugung von Einkommen durch die Nutzung der Produktionsfaktoren Arbeit, Kapital und Boden;
- Gewinnorientierung, das heißt Verluste vermeiden bzw. Gewinne erzielen (kurz-, mittel-, langfristig), Sicherstellung von Liquidität, Rentabilität, Wirtschaftlichkeit, Produktivität, Marktanteile, Unabhängigkeit und Erhalt des Unternehmens (Gabler Wirtschaftslexikon o. J.).

Der Präsident der IHK Wiesbaden, Dr. Christian Gastl, bezeichnete die Veränderungsbereitschaft der Unternehmen als Indikator für das stetig steigende Wirtschaftswachstum Deutschlands (Gastl 2018b, S. 4). 2018 war ein wirtschaftlich gutes Jahr mit einem Wirtschaftswachstum von 1,8 %. Zu den Herausforderungen zählten die lange Hitzewelle, Dieselfahrverbote und einige mehr, welche größtenteils durch die Unternehmen abgefedert werden mussten. Laut Gastl sind es die Unternehmen, welche die Wirtschaft krisenfest machen und voranbringen können (Gastl 2018a, S. 4). Einem Bericht der INEBB zufolge kann ein Unternehmen, welches als nachhaltig angesehen wird, seine Attraktivität und damit seinen Umsatz um bis zu 10 % steigern. Hierbei wird der Faktor nachhaltiges Wirtschaften genauso bewertet wie die Produktqualität oder die Attraktivität eines Produktes. Mithilfe von nachhaltigem Wirtschaften kann die Umwelt geschont, Ressourcen sinnvoll genutzt und zusätzlich neue Märkte erschlossen werden (INEBB 2018, S. 1).

Zwischenfazit: Unternehmen sind aufgrund ihrer Aufgaben und Leistungsfähigkeit, ihrer Verantwortung und Einbindung in globale Zusammenhänge relevante Multiplikatoren, denen Anreize geschaffen werden sollten, um eine nachhaltige Entwicklung zu beschleunigen.

### 2.3.3 Bildung als Fundament

Im Jahr 2016 hatten in Hessen 56.780 Bürgerinnen und Bürger einen Schulabschluss, das entspricht 97,5 % aller Schulpflichtigen (Hessisches Statistisches Landesamt 2018, S. 18). Es gab über 69 Hochschulen und Forschungsinstitute in Hessen, mit insgesamt 250.000 Studierenden. In den meisten Lehrplänen war Nachhaltigkeit als Lehrfach kaum bis gar nicht enthalten. In einer Studie der GfK im Jahr 2016 konnten 12 % der Befragten nichts mit dem Begriff Nachhaltigkeit anfangen, 40 % hatten den Ausdruck schon einmal gehört und immerhin 48 % konnten eine Aussage zu Nachhaltigkeit treffen. Im Vergleich zu den vorherigen Jahren ist die Bekanntheit der Bedeutung von Nachhaltigkeit zwar stetig gestiegen, wird aber noch nicht durchgängig korrekt eingeordnet und verstanden (GfK Verein 2016).

Die Agenda 2030 und die Deutsche Nachhaltigkeitsstrategie enthalten mit dem SDG 4 (Hochwertige Bildung), „… inklusive, gerechte und hochwertige Bildung (zu) gewährleisten und Möglichkeiten des lebenslangen Lernens für alle (zu) fördern". Hierbei spricht die Bundesregierung vom Prinzip des lebenslangen Lernens von der frühkindlichen Bildung bis ins fortgeschrittene Alter (Die Bundesregierung 2016, S. 83).

Zwischenfazit: Bildung hat die bedeutendste Rolle in Bezug auf nachhaltiges Wirtschaften, da nachhaltiges Handeln nur möglich ist, wenn auch genügend und umfassendes Wissen vorhanden ist. Kinder und Jugendliche, die heute unterrichtet und ausgebildet werden, sind die Konsumenten und Unternehmer von morgen. Sie gestalten die nächsten Schritte einer nachhaltigen Entwicklung in Richtung einer enkelfähigen Zukunft. Dafür sollte Nachhaltigkeit in die Lehrpläne und Bildungsprogramme eingehen, wobei keine feste Form festgelegt ist und somit die Umsetzung bei den einzelnen

Ländern liegt. Im Land Hessen wird die Bildung für nachhaltige Entwicklung noch nicht explizit in Lehrplänen erwähnt, wobei der bereits enthaltene Begriff Nachhaltigkeit in Bezug auf dauerhaftes Lernen zu verstehen ist (Stiftung Haus der kleinen Forscher 2017, S. 4 f., S. 35).

#### 2.3.4 Weitere Multiplikatoren

Untersucht wurde auch die Rolle des Konsums. Private und öffentliche Haushalte sind die Nachfrager und stellen eine der größten Stellschrauben für die Entwicklung von Nachhaltigkeit dar. Sie verfügen aufgrund ihrer Kaufkraft und des Beschaffungsauftrages einen relevanten Multiplikatoreffekt, den es für eine nachhaltige Entwicklung zu nutzen gilt. Das ist nicht als hessenspezifisch einzuordnen.

## 3 Annahmen, Fragen und Antworten

Die zentrale Fragestellung der Studienarbeit lautete: Welche Auswirkungen und Perspektiven wird der neue Artikel 26c in der Verfassung des Landes Hessen für Unternehmen und Organisationen sowie Städte und Gemeinden haben? Die aufgestellten Hypothesen wurden anhand von Interviewergebnissen, Best-Practice-Beispielen und verfügbarer Literatur sowie zum Zeitpunkt der Bearbeitung aktueller Veröffentlichungen auf ihren Wahrheitsgrad untersucht.

### 3.1 Grundannahmen und Forschungshypothesen

Die Grundannahmen waren:

- Lokale und regionale Konsum-Entscheidungen sind vor ihrer gesamten Wirkungsweise zu treffen und werden im Kontext globaler Auswirkungen in Liefer- und Wertschöpfungsketten bewertet.
- Innovation und Bildung sind die Treiber der zukunftsfähigen Lebens- und Wirtschaftsweise.
- Das klassische Modell der Nachhaltigkeit ist zu erweitern um die Dimension Kunst und Kultur.

Mit folgenden Hypothesen wurde gearbeitet (Zusammenfassung):

1. Hessische Städte und Gemeinden werden vermehrt auf eine nachhaltige Beschaffung achten müssen, da Artikel 26c von nachhaltigem Handeln in Gestaltungsspielräumen spricht, unter welche die öffentliche Beschaffung fällt. In diesem Zusammenhang ist vermutlich nicht mehr ausschließlich auf die Wirtschaftlichkeit und den günstigsten

Anbieter zu achten, sondern auch darauf, wie nachhaltig der jeweilige Anbieter wirtschaftet.
2. Durch Artikel 26c werden neue Tätigkeitsfelder und Inhalte entstehen, während andere im Zeitverlauf entfallen. Hierzu werden voraussichtlich nicht-nachhaltig wirtschaftende Unternehmen und die damit verbundenen Arbeitsplätze wegfallen, neue Arbeitsplätze werden entstehen wie beispielsweise Tätigkeiten von Energieexperten, Spezialisten für E-Mobilität, in der Entwicklung intelligenter Daten- und Energienetze, Müllverarbeitung, Recycling und Wasseraufbereitung (Frey 2012).
3. Die *Große Transformation*[2] kann nur dann stattfinden, wenn gesamt-gesellschaftlich neu gedacht und gehandelt wird.
   - Dabei stellt die Bildung eine maßgebende Schnittstelle zwischen Umbruch und Gestaltung dar. Bildung hat eine relevante Bedeutung in Bezug auf nachhaltiges Handeln. Nur wenn Menschen die Zusammenhänge, Ursache und Wirkung kennen, können sie entsprechend handeln.
   - Zudem bilden Kunst und Kultur die vierte Dimension der Nachhaltigkeit. Sie können dazu beitragen, eine nachhaltige Entwicklung zu stärken.

## 3.2 Fragen und Antworten

Es wurde ein explorativer Forschungsansatz gewählt. Hierbei wurden Sekundärdaten gesammelt, um durch anschließende Interviews neue Erkenntnisse zu gewinnen. In Form einer einmaligen Befragung wurden qualitative, auf die Interviewpartner zugeschnittene Fragen gestellt und anschließend ausgewertet. Einer Auswahl von Akteuren aus Wirtschaft, Bildung, Städten und Gemeinden und Konsumenten wurden vorbereitete Fragen gestellt (exemplarische Auswahl):

- Was kann können Städte und Gemeinden tun, um nachhaltig zu wirtschaften?
- Welche Bedeutung hat Nachhaltigkeit im Gesamtkontext einer Stadtentwicklung?
- Wie hoch schätzen Sie die Aufmerksamkeit und Akzeptanz bei der Bevölkerung ein?
- Welche Rolle spielt Bildung in Bezug auf Nachhaltigkeit?
- Könnten Kunst und Kultur dazu beitragen, nachhaltige Entwicklung zu fördern?
- Wie beobachten Sie die Entwicklung in Unternehmen in Bezug auf Nachhaltigkeit?
- Wie hoch ist die Bereitschaft von Unternehmerinnen und Unternehmer, Nachhaltigkeitsaspekte in ihrer Unternehmensführung aufzunehmen?

Insgesamt wurden zehn Experteninterviews und 20 Interviews mit Konsumenten bzw. Unternehmensvertretern im Zeitraum vom 20.11. bis zum 18.12.2018 durchgeführt.

[2] Die Große Transformation gem. (WBGU 2013).

In den Interviews wurden folgende Erkenntnisse zum Thema Nachhaltigkeit und zu Implikationen von Artikel 26c gewonnen (Auszug):

70 % der Befragten nehmen nachhaltiges Verhalten an ihrem Arbeitsplatz wahr.
30 % der Befragten war Artikel 26c bekannt.
55 % der Interviewpartner definierten Nachhaltigkeit ausschließlich ökologisch.

Insgesamt gaben alle Interviewpartner der Bildung einen hohen Stellenwert in Bezug auf nachhaltige Entwicklung: Nachhaltige Entwicklung sollte zusätzlich als Schulfach integriert werden. Hierbei müssten Grundlagen des nachhaltigen Handelns besprochen und bewusst gefördert werden. Durch Projekte und Aktionen könne das Thema spielerisch an Schülerinnen und Schüler herangetragen werden, um diese aufzuklären und im besten Fall auch ihre Eltern für das Thema begeistern zu können. Ferner müsse es mehr Angebote für nachhaltige Studienfächer geben, zum Beispiel nachhaltige Unternehmensführung, nachhaltiger Städtebau.

Die Befragten wünschen sich eine bessere Aufklärung in Kitas, Schulen, Hochschulen und auch im Bereich der Erwachsenenbildung in Form von Fort- und Weiterbildungen.

Es sollte die Nachhaltigkeitsstrategie in allen Ministerien vertreten sein, um die Denkweise der Bevölkerung auch in Richtung der ökonomischen und sozialen Faktoren der Nachhaltigkeit zu lenken.[3] Dabei könnte eine Art Ausbildung für Nachhaltigkeitsbotschafterinnen und -botschafter möglicherweise helfen. Diese Botschafterinnen und Botschafter können dann an Schulen, in Unternehmen oder auch an öffentlichen Plätzen über das Thema informieren, ohne dass jede Institution einen eigenen Beauftragten stellen muss.

Einige der Befragten waren der Meinung, dass schon bei den Kleinsten in der Kita und zu Hause, durch die Familie, mit dem Vorleben von nachhaltigem Verhalten angefangen werden müsse.

Dem Konsum komme eine hohe Relevanz zu. Aber Nachhaltigkeit könne von Konsumenten nur nachgehalten werden, wenn Begrifflichkeit und Handlungsbedarf klar seien, ebenso wie Handlungsmöglichkeiten. Damit hätten Bildung und Information erneut hohe Relevanz. Wichtig sei, dass Konsumenten über die wahren Preise der Produkte informiert werden. In Form von „wahren Preisen" müssten $CO_2$-Emissionen, Wasser- und Energieverbrauch sowie faire Löhne einkalkuliert werden, um die echten Kosten für Mensch und Umwelt zu vermitteln.

Ebenso wurde angegeben, dass es eine der Aufgaben von Unternehmen und damit der Wirtschaft ist, etwas zu verändern, um die Verbraucher zu einem nachhaltigeren Lebensstil zu bringen: In Bezug auf Artikel 26c ist davon auszugehen, dass sich Unternehmen, allen voran jene der öffentlichen Hand, vermehrt mit dem Thema Nachhaltigkeit auseinandersetzen müssen. Die öffentliche Beschaffung trägt einen hohen Anteil

[3] Interview mit R. Lippmann (HIHK) am 18.12.2018.

der deutschen Wirtschaft im dreistelligen Milliardenbereich, wodurch Veränderungen für Unternehmen in Richtung nachhaltiges Wirtschaften unerlässlich werden (Bundesministerium für Wirtschaft und Energie 2018). Folglich würden nicht-nachhaltige Produkte und Prozesse abgelöst.

Im Kontext mit Konsum haben alle Befragten angegeben, bereits Maßnahmen in Richtung Nachhaltigkeit umzusetzen, wobei an dieser Stelle alle Befragten Potenziale für mehr Maßnahmen sahen: Es werde sich nur dann etwas verändern können, wenn neu gedacht wird und neue Impulse gegeben werden, wobei der Artikel 26c der Hessischen Landesregierung einen Schritt in die richtige Richtung geht. Trotzdem habe das Staatsziel keine direkten Auswirkungen auf die Konsumenten. Hierbei könne aber davon ausgegangen werden, dass es öffentliche Aufmerksamkeit und damit gesellschaftliche Diskussionen anregt. Die größte Kritik während der Befragungen betraf die Politik. Hier wurden sich vorwiegend strengere Regularien und Gesetze gewünscht, welche im Kontext der Studienarbeit vorwiegend auf Städte und Gemeinden bezogen wurden.

Die Befragten befanden Kunst und Kultur als Möglichkeit zur Förderung nachhaltiger Entwicklung. Insgesamt können über Kunst und Kultur notwendige Emotionen hervorgerufen werden, welche wiederum zum Handeln motivieren. Damit bilden sie eine Schnittstelle zum Handeln, da sie das verbindende Element aller Bereiche der Nachhaltigkeit darstellt und durch die Auseinandersetzung und Reflexion mit dem Thema dazu beitragen kann, eine nachhaltige Entwicklung zu stärken.[4]

Einig waren sich die Interviewten darin, dass lebensbegleitendes Lernen und entsprechende Bildungsangebote sowie die Ausdrucksformen in Kunst und Kultur zusammen mit Innovation die Treiber einer zukunftsfähigen Lebens- und Wirtschaftsweise sein können. Grundsätzlich wurde bei den Befragungen deutlich, dass es eine Entwicklung vom Wissen zum Handeln geben muss. Die Menschen werden nur dann handeln, wenn ihre Existenz davon abhängt.

## 4 Mutiger Blick nach vorn im Futur II

Die Ergebnisse der Studienarbeit wurden in einer Diskussionsrunde mit Kunstschaffenden, Studierenden und Vertreterinnen und Vertretern von Unternehmen diskutiert.[5] Gedacht und formuliert wurde in der grammatikalischen Form des Futur II, der vollendeten Zukunft (future perfect). Die Ergebnisse des Gedankenspiels werden nachfolgend auszugsweise dargestellt. Der zentrale Ansatz war: „Was wäre, wenn wir ein positives Bild unserer Zukunft hätten? Tun wir doch einfach mal so ….“. Im Überblick:

[4] Interview mit G. Schulz (Kulturzentrum Schlachthof) am 14.12.2018.

[5] Vgl.: www.rubrecht-contemporary.com/exhibitions-1/open-your-mind-transformation-incognito/

**Futur II (Teil 1)**

- Im Jahr 2040 leben 9,3 Mrd. Menschen auf der Erde. Die globalen Nachhaltigkeitsziele der Agenda 2030 wurden von allen Staaten berücksichtigt und sind seit einem Jahrzehnt Maßstab des nationalen und internationalen Handelns.
- Es herrscht Frieden auf der Erde, weil die Menschheit verstanden hat, dass der wahre Feind die von ihnen selbst verursachte Ausbeutung der Erde ist. Mithilfe globaler Partnerschaften wurden Hunger und Armut abgeschafft, alle Menschen haben Zugang zu Trinkwasser und Bildung.
- Die Politik lebt eine pragmatische Vorgehensweise und das Paradigma des ökologisch Machbaren.
- Die Wirtschaft boomt, da mit dem verpflichtenden Konzept der Kreislaufwirtschaft Ressourcen und damit auch Geld eingespart werden können.
- Plastik als single use product ist verschwunden.
- Die Kunst hat Einzug gehalten in alle Bereiche des Lebens und ist gleichrangig mit den klassischen Dimensionen der Nachhaltigkeit. Mittels ihrer Möglichkeiten und Vielfalt werden Dissonanzen und offene Fragen aufgearbeitet und thematisiert, womit sie in jeder Sprache und für jedes Alter den Zugang zur konstruktiven Auseinandersetzung und Weiterentwicklung bietet.
- In allen Themen, die Städte und Gemeinden beschäftigen, gibt es vielfache Möglichkeiten, um eine nachhaltige Entwicklung voranzutreiben: Verwaltung, Beschaffung, Mobilität, Infrastruktur, Bildung, Quartiersentwicklung für Leben und Arbeiten sowie Bürgerbeteiligung.
- Vernetzte Mobilitätskonzepte und eine intelligente Logistik ermöglichen die Anbindung ländlicher Räume an den öffentlichen Personennah- und Fernverkehr. Diese Angebote sind finanziell attraktiv und werden als Bonus zum Gemeinwohl berücksichtigt.
- In Kitas, Schulen, Berufsausbildungen, an Hochschulen und in Weiterbildungen ist Nachhaltigkeit „state of the art". Damit einhergehend ist Upcycling ein wichtiges, vor allem praktisches Lern- und Erlebnisfach geworden.
- Unternehmen wetteifern mittlerweile weniger über Marktanteile als über ihren Reifegrad als zukunftsfähiges Unternehmen. Das erweist sich als klarer Vorteil im „War for talents".
- Europaweit gibt es den „Tag der Nachhaltigkeit", an dem alle Bürgerinnen und Bürger sich mit mindestens einer Aktion einbringen zum Wohl von Erde, Mensch und Umwelt.
- Jede öffentliche Einrichtung hat Nachhaltigkeitsbotschafterinnen und -botschafter, die über neue Entwicklungen informieren und Rückmeldungen geben.
- Jede Kommune hat einen interdisziplinär und generationenübergreifend besetzten Nachhaltigkeitsrat, dessen Querschnittsauftrag in alle Gremien eingebunden ist. Jede Kommune hat eine nachhaltige Zukunftsstrategie.
- Kommunale Dienstkleidung kommt aus fairer Produktion und ist sogar biologisch abbaubar.

- Baugenehmigungen sind gebunden an Grünflächen auf Dächern und an Fassaden. Das dient als natürliche Klimaanlage, spendet Platz für biologische Vielfalt und nimmt Wasser bei starken Regenfällen auf. Darüber hinaus wird industrielle Abwärme zur Beheizung von Räumen und zur Warmwasseraufbereitung genutzt.
- Die Menschen bauen eigene Lebensmittel auf freien Flächen an, wozu es zahlreiche Kurse und Unterstützung seitens der Städte und Gemeinden gibt.
- Die Wirtschaft als einer der stärksten Multiplikatoren habe besonders großes Potenzial für eine langfristige, nachhaltige Entwicklung. So gehöre das Thema Zukunftsfähigkeit in die Beratungen für Unternehmensgründungen, um so bereits frühzeitig das Prinzip der Nachhaltigkeit in der Unternehmens-DNA zu verankern. Weitere Ideen, die im Diskurs gesammelt wurden (Auswahl):
- Transparenz in Liefer- und Wertschöpfungsketten zur Reduzierung von Ressourcenübernutzung, Abfall (Verpackung) und Kohlenstoffdioxid-Emissionen sowie zur Wahrung von Arbeitnehmerrechten; Nutzung von Sekundärrohstoffen durch Förderung einer Kreislaufwirtschaft, auch um von endlichen Ressourcen unabhängiger zu werden; Wertschöpfung durch Wertschätzung im Kontext Mitarbeiterförderung, zum Beispiel regionale Obstkiste, Job-Bike.

**Futur II (Teil 2) in Hessen**

- Strom wird ausschließlich aus erneuerbaren Energien gewonnen. Hessen hat die modernsten Städte Deutschlands, die sich selbst im Klima regulieren können. Mithilfe modernster Techniken und den neuesten Mobilitätskonzepten werden die Straßen nur noch von emissionsfreien Verkehrsmitteln und von Fahrrädern befahren.
- Durch zahlreiche Projekte in Hessen sind die Bürger für das Thema Nachhaltigkeit sensibilisiert. Schon in Kitas und Grundschulen wird nachhaltig gewirtschaftet. In den weiterführenden Schulen stehen die vier Dimensionen der Nachhaltigkeit auf dem Lehrplan. In alle beruflichen Ausbildungspläne wurde das Thema Zukunftsfähigkeit aufgenommen.
- Die Hessen haben ihren Fleischkonsum so weit reduziert, dass Tiere nicht mehr in Massentierhaltung gehalten werden müssen und nun ein artgerechteres Leben führen können.
- Die Menschen in Hessen arbeiten für eine Zukunft, für welche sich ein Umdenken lohnt und nehmen weniger Gehalt für einen nahen Arbeitsplatz in Kauf. Zudem bieten Unternehmen vermehrt Homeoffice-Arbeitsplätze an, um die Work-Life-Balance der Mitarbeiter zu fördern, den Berufsverkehr zu entlasten und eine positive Klimabilanz in ihrem Geschäftsbericht auszuweisen. Hessens Unternehmen haben keine freien Stellen, denn sie gelten als attraktive Arbeitgeber. Weltweit gelten sie als beispielhafte Innovatoren: Sie zeigen auf, wie mit dem Kerngeschäft die globale Liefer- und Wertschöpfungskette zukunftsfähig und gleichzeitig fair gesteuert und Geld verdient werden kann.
- Hessens Ministerien haben es als erste geschafft, dass die Nachhaltigkeitsstrategie als Querschnittsfunktion vernetzt umgesetzt wird: Statt des Nebeneinanders in Silos gibt es ein konstruktives Miteinander und eine gemeinsame Zukunftsstrategie.

## 5 Fazit und Ausblick

In der Zusammenfassung war allen, den Interviewten und den Diskussionsteilnehmern, gemeinsam die Erkenntnis: „Der Mensch hat's gemacht … der Mensch kann gestalten … der Mensch wirkt." Was wir erreichen müssen ist: Die große Transformation, das heißt weg vom „business as usual" hin zu nachhaltigen Lebens- und Wirtschaftsweisen. Dieser notwendige Übergang kann und wird nur stattfinden, wenn Menschen zukunftsfähig denken und handeln. Insgesamt zeigten die Studienergebnisse auf, dass allein die Verankerung des Prinzips der Nachhaltigkeit in der Landesverfassung nur geringe unmittelbare Auswirkungen begründet. Gleichwohl kommt eine neue Dynamik in die Diskussion. Diese Entwicklung gilt es weiter zu verfolgen und weitere Ansätze für nachhaltiges Handeln zu finden. In den Interviews und Diskussionen wurden zahlreiche Ansätze und Ideen gesammelt, um eine nachhaltige Entwicklung dynamisch zu gestalten. Immer mehr Menschen begreifen den Sinn von nachhaltigem Handeln, verhalten sich dementsprechend und setzen sich für eine positive nachhaltige Entwicklung ein. Dennoch besteht weiterhin ein hoher Handlungsbedarf, um den Entwicklungen auf der Erde gerecht zu werden. Dabei müssten beispielsweise alle Ministerien den Umgang mit Nachhaltigkeit stärker vorantreiben. Es müssten qualifizierte Fachkräfte ausgebildet werden, um die Nachhaltigkeit in alle relevanten Bereiche aufzunehmen.

Im Rahmen der durchgeführten Interviews wurde klar, dass viele Menschen nur den ökologischen Teil der Nachhaltigkeit sehen. Und weiterhin wurde besonders deutlich, dass die Menschen nur dann handeln werden, wenn ihre Existenz davon abhängt. Wir erreichen Menschen in erster Linie über finanzielle Anreize und Emotionen. Kunst und Kultur lösen Emotionen aus. Kunst weckt Emotionen, die zum Handeln motivieren. Bildung, Kunst und Kultur sind Vermittler und zeigen Wege zu einer nachhaltigen Entwicklung auf. Im Rahmen der Volksabstimmung wurde auch die Kultur als Staatsziel in die Verfassung des Landes Hessen aufgenommen. In diesem Staatsziel ist vom Schutz und Förderung der Kultur durch den Staat und die Gemeinden die Rede, wobei insbesondere Bräuche und Dialekte gepflegt werden sollen (Die Hessische Landesregierung 2018, S. 12). Damit bildet Kunst und Kultur eine Schnittstelle zum Handeln, da sie das verbindende Element aller Bereiche der Nachhaltigkeit darstellt und durch die Auseinandersetzung und Reflexion mit dem Thema dazu beitragen kann, eine nachhaltige Entwicklung zu stärken. Letztendlich haben Kunst und Kultur das Potenzial, die Bewusstseinsbildung für Nachhaltigkeit zu stärken und weiterzuentwickeln. Die Definition von Nachhaltigkeit ist um die Dimension von Kunst und Kultur zu erweitern. Kunst und Kultur sind als Basis für nachhaltiges Wirtschaften unerlässlich und stellen einen wichtigen Bestandteil der Nachhaltigkeit dar. Kunst und Kultur erfahren durch Artikel 26c der hessischen Landesverfassung keine direkten Auswirkungen, trotzdem wird das Thema Nachhaltigkeit stärker aufgenommen. Letztendlich besteht hier das Potenzial, die Bewusstseinsbildung für Nachhaltigkeit zu stärken und weiterzuentwickeln. Kunst und Kultur verdienen einen berechtigten Stellenwert als vierte

Dimension der Nachhaltigkeit. Kunst und Kultur stellen das verbindende Element aller Bereiche der Nachhaltigkeit, also interdisziplinär, und auch im Zeitverlauf dar. Durch die Auseinandersetzung und Reflexion mit dem Thema können Kunst und Kultur dazu beitragen, eine nachhaltige Entwicklung zu initiieren und vor allem zu stärken. Schließlich bedeutet auch in der Bildung die konsequente Orientierung am Prinzip der Nachhaltigkeit vor allem eine verbindliche Ausrichtung auf Zukunftsfähigkeit.

Städte und Gemeinden gelten als Multiplikatoren mit zahlreichen Möglichkeiten, um eine nachhaltige Entwicklung voranzutreiben. Hierzu gehören Aspekte der eigenen Verwaltung aber unter anderem auch Mobilität, Infrastruktur, Bildung, Quartiersentwicklung für Leben und Arbeiten sowie Bürgerbeteiligung. Artikel 26c zeigt direkte und indirekte Auswirkungen, begründet aber auch Perspektiven für Städte und Gemeinden, Wirtschaft, Konsumierenden, Bildung sowie Kunst und Kultur. Nachhaltigkeit mit Verfassungsrang kann oder sollte die Funktion als Leitbild für politisches Handeln einnehmen.

Das Bundesland Hessen könnte die Vorreiterrolle in Bezug auf Integration von Nachhaltigkeit in die Landesverfassung weiter ausbauen. Ziel dabei könnte die Verankerung von Nachhaltigkeit im Grundgesetz sein, damit nachhaltige Entwicklung auch bundesweit Rechtskraft erhält. Insgesamt werden die Diskussionen, Anforderungen und Auflagen an Unternehmen, Städte und Gemeinden zunehmen. In dieser Hinsicht wird sich das Land bei jeder Entscheidung und Handlung auf das Staatsziel Nachhaltigkeit beziehen müssen. Gleichermaßen sind auch hier Bildung, Kunst und Kultur elementar für die Entwicklung zu einer nachhaltig agierenden Gesellschaft, denn sie schließen ein, grenzen nicht aus, sondern offenbaren, stellen dar, verbinden und stärken. Sie sind Grundlage für das Verstehen: Nachhaltiges Handeln im Sinne einer Corporate, Cultural aber auch Civil Responsibility bedeutet, gemeinsam die Zukunft zu gestalten.

**Lisa Seyffardt** (Jahrgang 1994), geboren und aufgewachsen im Weinanbaugebiet Rheingau. Die Liebe zur Natur führte zu ihrem immer weiter wachsenden Interesse am Thema Nachhaltigkeit. Daraus resultierte der Wunsch, etwas verändern zu wollen, was im ersten Schritt durch Veränderungen im Lebensstil und am Ende des Bachelorstudiums im Fachbereich Wirtschaft und Medien, Studiengang Betriebswirtschaftslehre, mit der Bachelorarbeit weitergeführt wurde. Thema der Thesis: „Gesetzliche Verankerung des Prinzips der Nachhaltigkeit in der Verfassung des Landes Hessen". 2021 schließt sie den Studiengang Sustainable Marketing and Leadership an der Hochschule Fresenius mit dem Mastertitel ab.

## Literatur

Absolventa (2018) XYZ – Generationen auf dem Arbeitsmarkt. https://www.absolventa.de/karriereguide/berufseinsteiger-wissen/xyz-generationen-arbeitsmarkt-ueberblick. Zugegriffen: 29 Dez 2018

Albert Schweitzer Stiftung (2017) Fleischverzehr in Deutschland sinkt weiter. https://albert-schweitzer-stiftung.de/aktuell/fleischverzehr-in-deutschland-sinkt. Zugegriffen: 29 Dez 2018

Bachmann G (2018) Nachhaltigkeit als Verfassungsziel. https://www.nachhaltigkeitsrat.de/wp-content/uploads/2018/11/20181122_Bachmann_RENNwest_Verfassungsziel_Nachhaltigkeit.pdf. Zugegriffen: 03 Jan 2019

Bayrische Staatskanzlei (2018) Art. 151 in: Verfassung des Freistaates Bayern in der Fassung der Bekanntmachung vom 15. Dezember 1998. https://www.gesetze-bayern.de/Content/Document/BayVerf-151. Zugegriffen: 07. Nov. 2021

Bayrischer Rundfunk (2018) Anthropozän, Zeitalter des Menschen. https://www.br.de/themen/wissen/anthropozaen-erdzeitalter-mensch-geologie-100.html. Zugegriffen: 29 Dez 2018

Beuermann C (2013) Die Entdeckung des menschlichen Einflusses auf das Klima. http://www.bpb.de/gesellschaft/umwelt/klimawandel/38444/entdeckung-des-menschlichen-einflusses. Zugegriffen: 29 Dez 2018

Bleyder K (2017) KLIMAWANDEL: URSACHEN UND FOLGEN KURZ ERKLÄRT. https://www.oncampus.de/blog/2017/09/08/klimawandel-ursachen-und-folgen-kurz-erklaert/. Zugegriffen: 29 Dez 2018

Bundesministerium für Umwelt, Naturschutz und nukleare Sicherheit (2017) Kyoto-Protokoll. https://www.bmu.de/themen/klima-energie/klimaschutz/internationale-klimapolitik/kyoto-protokoll/. Zugegriffen: 04 Jan 2019

Bundesministerium für wirtschaftliche Zusammenarbeit und Entwicklung (2017) Der Zukunftsvertrag für die Welt, Die Agenda 2030 für nachhaltige Entwicklung. http://www.bmz.de/de/mediathek/publikationen/reihen/infobroschueren_flyer/infobroschueren/Materialie270_zukunftsvertrag.pdf. Zugegriffen: 29 Dez 2018

Bundesministerium für Wirtschaft und Energie (2018) Öffentliche Aufträge und Vergabe. https://www.bmwi.de/Redaktion/DE/Dossier/oeffentliche-auftraege-und-vergabe.html. Zugegriffen: 29 Dez 2018

Bundesministerium für Ernährung und Landwirtschaft (2017) Deutschland, wie es isst, Der BMEL-Ernährungsreport 2017 ist erschienen. https://www.bmel.de/DE/Ernaehrung/_Texte/Ernaehrungsreport2017.html. Zugegriffen: 29 Dez 2018

Bundesministerium für Ernährung und Landwirtschaft (2018) 10 Goldene Regeln gegen Lebensmittelverschwendung. https://www.bmel.de/DE/Ernaehrung/ZuGutFuerDieTonne/_Texte/ZGFDT-Info2014.pdf?__blob=publicationFile. Zugegriffen: 05 Jan 2019

Bundesregierung D (2017) Wir nehmen die Zukunft in die Hand. Die Deutsche Nachhaltigkeitsstrategie, Berlin, 2017

Bundeszentrale für politische Bildung (o. J. a) Die Große Beschleunigung. http://www.bpb.de/gesellschaft/umwelt/anthropozaen/216918/die-grosse-beschleunigung-the-great-acceleration Zugegriffen: 29 Dez 2018

Bundeszentrale für politische Bildung (o. J. b) Animationen: Erdsystemtrends. http://www.bpb.de/gesellschaft/umwelt/anthropozaen/256738/animationen-erdsystemtrends. Zugegriffen: 29 Dez 2018

Bundeszentrale für politische Bildung (o. J. c) Animationen: Sozio-ökonomische Trends. www.bpb.de/gesellschaft/umwelt/anthropozaen/256739/animationen-sozio-oekonomische-trends. Zugegriffen: 29 Dez 2018

Bundeszentrale für politische Bildung (o. J. d) Zum Entwicklungsverlauf des Anthropozäns: „Die Große Beschleunigung". www.bpb.de/gesellschaft/umwelt/anthropozaen/234831/entwicklungsverlauf-des-anthropozaens?type=galerie&show=image&k=1. Zugegriffen: 29 Dez 2018

Bundeszentrum für Ernährung (o. J.) Lebensmittelverschwendung, Plattformen: Lebensmittelwertschätzen.de und zugutfuerdietonne.de. www.bzfe.de/inhalt/lebensmittelverschwendung-1868.html. Zugegriffen: 29 Dez 2018

Cuntz C (2018) Chemie im Grundwasser: Bio-Bauer kann Spinat nicht verkaufen. https://www.echo-online.de/lokales/rhein-main/chemie-im-grundwasser-bio-bauer-kann-spinat-nicht-verkaufen_19645411. Zugegriffen: 29 Dez 2018

DNK (2018) DNK auf den neuesten Stand gebracht. https://www.deutscher-nachhaltigkeitskodex.de/de-DE/Home/News/Sustainability-Code/2018/DNK-auf-den-neuesten-Stand-gebracht. Zugegriffen: 02 Jan 2019

DNVGL (2016) The sustainable development goals and business. https://www.dnvgl.com/feature/sdgs-business-action.html?cookie-consent=1. Zugegriffen: 29 Dez 2018

Deutsche Stiftung Weltbevölkerung (2018) NICHTS IST STÄRKER ALS EINE NACHHALTIGE BEVÖLKERUNGSENTWICKLUNG. https://www.dsw.org/weltbevoelkerung/. Zugegriffen: 29 Dez 2018

Deutsche Umwelthilfe (o. J. a) Ressource Erde, Planetare Grenzen: Wenn die Erde erschöpft ist. https://www.duh.de/themen/natur/planetare-grenzen/ Zugegriffen: 29 Dez 2018

Deutsche Umwelthilfe (o. J. b) Zu viel Stickstoff ist giftig!, Stickstoff – Die vergessene Gefahr. https://www.duh.de/themen/natur/planetare-grenzen/stickstoff/ Zugegriffen: 29 Dez 2018

Deutscher Bundestag (2010) Grundgesetz für die Bundesrepublik Deutschland, Berlin 2010

Die Bundesregierung (o. J.) Managementkonzept der Nachhaltigkeit. https://www.bundesregierung.de/breg-de/themen/nachhaltigkeitspolitik/eine-strategie-begleitet-uns/managementkonzept. Zugegriffen: 29 Dez 2018

Die Bundesregierung (2016) Deutsche Nachhaltigkeitsstrategie, Neuauflage 2016, Berlin 2016

Die Bundesregierung (2018) Neujahrsansprache von Bundeskanzlerin Angela Merkel zum Jahreswechsel 2018/2019. https://www.bundesregierung.de/breg-de/aktuelles/neujahrsansprache-von-bundeskanzlerin-angela-merkel-zum-jahreswechsel-2018-2019-am-montag-31-dezember-2018-in-berlin-1564774, Berlin. Zugegriffen: 31 Dez 2018

Die Hessische Landesregierung (2018) Informationen zu den Volksabstimmungen am 28. Oktober 2018, Wiesbaden 2018

Dietz M (2018a) Aufbruch ins Ungewisse, in: Hessische Wirtschaft, Oktober/November 2018, S. 23

Dietz M (2018b) Neue Raumordnung? Hessische Wirtschaft, August/September 2018:19–21

Dion C, Laurent M (2015) Tomorrow, Die Welt ist voller Lösungen, Frankreich, Pandora Film Verleih, 2016, TV-Spielfilm Farbe 118 min

Earth Overshoot Day (2018) Country overshoot days. https://www.overshootday.org/newsroom/country-overshoot-days/ Zugegriffen: 29 Dez 2018

Earth Overshoot Day (o. J.) About earth overshoot day. https://www.overshootday.org/about-earth-overshoot-day/. Zugegriffen: 04 Jan 2019

Edwards C (2018) What's the triple bottom line? https://www.business.com/articles/triple-bottom-line-defined/. Zugegriffen: 04 Jan 2019

Engagement Global (o. J.) Wer wir sind. Für ein gerechtes globales Miteinander. https://www.engagement-global.de/wer-wir-sind.html. Zugegriffen: 29 Dez 2018

Entwicklungspolitisches Netzwerk Hessen (2018) Global vernetzt lokal aktiv Entwicklungsland Hessen, 1. Aufl. Frankfurt 2018

Europäische Kommission (o. J.) Pariser Übereinkommen. https://ec.europa.eu/clima/policies/international/negotiations/paris_de. Zugegriffen: 04 Jan 2018
FEMNET (2017) Angebote. https://femnet.de/fuer-frauenrechte/informationen-aufklaerung/faire-oeffentliche-beschaffung.html. Zugegriffen: 07. Nov. 2021
FNP (2018) Das Trinkwasser wird in vielen Kommunen knapp. https://www.fnp.de/hessen/trinkwasser-wird-vielen-kommunen-knapp-10370001.html. Zugegriffen: 31 Dez 2018
Fairtrade Deutschland (o. J.) Die Fünf Kriterien. https://www.fairtrade-towns.de/mitmachen/die-fuenf-kriterien/ Zugegriffen: 29 Dez 2018
Frey A (2012) Neue Berufsfelder, In Zukunft ist fast jeder Job grün. https://www.zeit.de/karriere/beruf/2012-01/arbeitsmarkt-gruene-technologien. Zugegriffen: 29 Dez 2018
GRI (o. J.) ABOUT GRI. https://www.globalreporting.org/information/about-gri/Pages/default.aspx. Zugegriffen: 04.01.2019
Gabler Wirtschaftslexikon (o. J.) Unternehmen. https://wirtschaftslexikon.gabler.de/definition/unternehmen-48087. Zugegriffen: 02 Jan 2019
Gad D (2014) Die Kunst der Entwicklungszusammenarbeit, Konzeptionen und Programme einer auswärtigen Kulturpolitik nordischer Staaten, Hildesheim
Gastl C (2018a) Mut zu Entscheidungen. In: Hessische Wirtschaft, Oktober/November 2018, S 4
Gastl C (2018b) Die große Linie. In: Hessische Wirtschaft, Dezember 2018/Januar 2019, S 4
GfK Verein (2016) Nachhaltigkeit: Mehr als eine Worthülse. https://www.gfk-verein.org/compact/fokusthemen/nachhaltigkeit-mehr-als-eine-worthuelse. Zugegriffen: 29 Dez 18
Global Compact Netzwerk Deutschland (o. J.) United Nations Global Compact. https://www.globalcompact.de/ueber-uns. Zugegriffen: 07. Nov. 2021
Global Footprint Network (o. J.a) Global footprint network, advancing the science of sustainability. http://data.footprintnetwork.org/#/?. Zugegriffen: 29 Dez 2018
Global Footprint Network (o. J.b) Glossary. https://www.footprintnetwork.org/resources/glossary/. Zugegriffen: 29 Dez 2018
Grober U (2013) Die Entdeckung der Nachhaltigkeit. Kulturgeschichte eines Begriffs, München, 2013
Hans Böckler Stiftung (2016) Geheimwirtschaft bei Transparenz zum gesellschaftlichen Engagement. MBF-Report Nr. 27(11/2016):12f
Hartmann E (2016) Wie viele Sklaven halten Sie? Über Globalisierung und Moral, 1. Aufl. Frankfurt a. M.
Hauff M (2014) Nachhaltige Entwicklung, Grundlagen und Umsetzung, 2. Aufl., München, 2014
Hauff V (1987) (Hrsg) Unsere gemeinsame Zukunft. Der Brundtland-Bericht der Weltkommission für Umwelt und Entwicklung
Hessen Trade and Invest (o. J.) Profitzentrum Hessen. https://www.invest-in-hessen.de/daten-und-fakten. Zugegriffen: 29 Dez 2018
Hessen Trade & Invest GmbH (2015) Mit Ecodesign zu einer ressourcenschonenden Wirtschaft, Wiesbaden 2015
Hessenschau.de (2018) 15 Gesetzesänderungen, Alle Ergebnisse zur Volksabstimmung über die Verfassung. https://www.hessenschau.de/politik/wahlen/landtagswahl-2018/verfassungsreform/alle-ergebnisse-zur-volksabstimmung-ueber-die-verfassung,verfassungsreform-ergebnisse-102.html. Zugegriffen: 29 Dez 2018
Hessisches Ministerium der Finanzen (o. J.) Hessische Schuldenbremse, Schuldenabbau. https://finanzen.hessen.de/haushalt/schuldenbremse. Zugegriffen: 07. Nov. 2021
Hessisches Ministerium für Umwelt (2018) Klimaschutz, Landwirtschaft und Verbraucherschutz (2018) Sicherheit in Zukunftsfragen – Vertrauen in Nachhaltigkeit – Mut zu Neuanfängen. Peer Review, Wiesbaden

Hessisches Statistisches Landesamt (2016) Nachhaltigkeitsstrategie Hessen Ziele und Indikatoren, Fortschrittsbericht 2016, Wiesbaden 2016

Hessisches Statistisches Landesamt (2018) Schüler und Schulentlassene in Hessen. https://statistik.hessen.de/sites/statistik.hessen.de/files/BI3-unreg_2020.pdf. Zugegriffen: 07. Nov. 2021

Hollmer K (2018) „Um unsere Reben herum ist Wüste". https://www.zeit.de/zeit-magazin/essen-trinken/2018-08/weinanbau-hitze-wein-winzer-klimawandel. Zugegriffen: 29 Dez 2018

INEBB (2018) Vorsprung gewinnen. Ideen für innovative und nachhaltige Wirtschaftsweise, Berlin, 2018

Jankowiak S (2018) Koordination kommunaler Entwicklungspolitik, Über das Projekt. https://skew.engagement-global.de/projekte-in-nordrhein-westfalen.html. Zugegriffen: 29 Dez 2018

Kalt A (2016) Westlicher Lebensstil – Konsum als Lebensziel?. https://blog.herr-kalt.de/2016/01/24/westlicher-lebensstil-konsum-als-lebensziel/. Zugegriffen: 29 Dez 2018

Kaminski-Nissen M (2018) Nachhaltigkeit – SDGs – Individuelles Handeln. https://www.fed.de/fileadmin/user_upload/AK_Umwelt_Nachhaltigkeit-SDGs_-Individuelles_Handeln_01.02.18.pdf. Zugegriffen: 29 Dez 2018

KaufDA.de (2018) So konsumiert Deutschland in Echtzeit. https://www.kaufda.de/info/konsum-in-echtzeit/. Zugegriffen: 29 Dez 2018

Knittel J (2018) HOT IN THE CITY, in: Forum Nachhaltig Wirtschaften, 2. und 3. Quartal 2018, S 42–47

Knoll K (2018) Gesellschaft & Transformation: Mit Dialog die Zukunft gestalten. https://www.forum-wirtschaftsethik.de/gesellschaft-transformation-mit-dialog-die-zukunft-gestalten/. Zugegriffen: 29 Dez 2018

Käsbohrer S (2018) Klimawandel regional und global. https://www.co2online.de/klima-schuetzen/klimawandel/klimawandel-regional-und-global/. Zugegriffen: 29 Dez 2018

Landeshauptstadt Wiesbaden, Umweltamt (2017) Klarer Kurs Klimaschutz! Das Klimakonzept für Wiesbaden. Wichtige Inhalte. Wertvolle Anregungen. Wiesbaden

Landeszentrale für politische Bildung Baden-Württemberg (o. J.) Pariser Klimaschutzkonferenz COP21. https://www.lpb-bw.de/pariser_klimaabkommen.html. Zugegriffen: 04 Jan 2019

Lexikon der Nachhaltigkeit (o. J.) Weltgipfel Rio +10, Johannesburg 2002. https://www.nachhaltigkeit.info/artikel/weltgipfel_johannesburg_2002_1004.htm. Zugegriffen: 31 Dez 2018

Linguee.de (o. J.) Sustainability. https://www.linguee.de/deutsch-englisch/search?source=auto&query=Sustainability. Zugegriffen: 29 Dez 2018

Mankiw N, Taylor M (2012) Grundzüge der Volkswirtschaftslehre, 5. Aufl. Stuttgart

Mast M, Stockrahm S (2018) Plastik im Meer, Die größte Müllkippe der Welt ist gut versteckt. https://www.zeit.de/wissen/umwelt/2018-07/plastik-meer-tiefsee-nordpazifik-muellstrudel-oekosystem. Zugegriffen: 29 Dez 2018

Nolde J (2018) Kampf um die Fläche. In: Hessische Wirtschaft, August/September 2018, S 4

Pieper N (2007) Die Fabrik. In: Geschichte der Wirtschaft, 2007, S 112–116

Presse- und Informationsamt der Bundesregierung (2017) Fakten zur Nachhaltigkeit, Neue Deutsche Nachhaltigkeitsstrategie verabschiedet. https://www.bundesregierung.de/breg-de/aktuelles/neue-deutsche-nachhaltigkeitsstrategie-verabschiedet-748388. Zugegriffen: 07. Nov. 2021

Rat für Nachhaltige Entwicklung (2015) Der Deutsche Nachhaltigkeitskodex, Maßstab für nachhaltiges Wirtschaften, 2. Aufl.

Rat für Nachhaltige Entwicklung (2018) Bund-Länder-Zusammenarbeit zur Nachhaltigkeit. https://www.nachhaltigkeitsrat.de/wp-content/uploads/2018/12/20181210_StA_nE_RNE_Stellungnahme_Bund_Laender_Zusammenarbeit.pdf. Zugegriffen: 29 Dez 2018

Reimer N, Lüdemann D (2018) Klimawandel, bald gibt es kein Zurück mehr. https://www.zeit.de/wissen/umwelt/2018-08/klimawandel-erderwaermung-duerre-risiko-klima-forschung-kipp-elemente/seite-1. Zugegriffen: 29 Dez 2018

Reisinger K (2018) Eine Dürre, wie es sie noch nie gab. https://www.welt.de/wissenschaft/article181616914/Duerre-in-Deutschland-Was-der-trockene-Sommer-bewirkt-hat.html. Zugegriffen: 29 Dez 2018

Rockström J (2010) in Amara Public: Von der Umwelt geleitete Entwicklung. https://amara.org/en/videos/hqINjWfNvPVO/de/112717/490146/. Zugegriffen: 07. Nov. 2021

SWR (o. J.) Planet Schule. https://www.planet-schule.de/sf/spezial/spezial_klimawandel.php. Zugegriffen: 07. Nov. 2021

Scherff V (2017) Nachgefragt: Ist Upcycling wirklich nachhaltig? verfügbar unter: https://utopia.de/ratgeber/upcycling-nachhaltig-nachgefragt/. Zugegriffen: 29 Dez 2018

Schilling S (2018) Die Menschheit zieht in die Städte. http://www.spektrum.de/video/die-menschheit-zieht-in-die-staedte/1535159. Zugegriffen: 02 Jan 2019

Schmortte S (2018) Der Durst der Welt, in: Forum Nachhaltig Wirtschaften, 2.+3. Quartal 2018, S 12–19

Spektrum.de (o. J.) Holozän. https://www.spektrum.de/lexikon/geowissenschaften/holozaen/7053. Zugegriffen: 29 Dez 2018

Stangl W (o. J.) Klassische Konditionierung. http://lexikon.stangl.eu/3912/klassische-konditionierung/. Zugegriffen: 29 Dez 2018

Statista (2018) Entwicklung der Weltbevölkerungszahl von Christi Geburt bis zum Jahr 2017 (in Milliarden)*. https://de.statista.com/statistik/daten/studie/1694/umfrage/entwicklung-der-weltbevoelkerungszahl/. Zugegriffen: 29 Dez 2018

Statistik.Hessen (2018) Hessischer Tourismus im Jahr 2017: Erstmals über 34 Millionen Übernachtungen. https://statistik.hessen.de/pressemitteilungen/pm_1754.html. Zugegriffen: 29 Dez 2018

Statistisches Bundesamt (2018) Bevölkerungsstand. https://www.destatis.de/DE/Themen/Gesellschaft-Umwelt/Bevoelkerung/Bevoelkerungsstand/Tabellen/zensus-geschlecht-staatsangehoerigkeit-2018.html. Zugegriffen: 29 Dez 2018

Stiftung Haus der kleinen Forscher (2017) Bestandsaufnahme zur Verankerung von Bildung für nachhaltige Entwicklung in Bildungs- und Lehrplänen, Berlin 2017

Stüber E (2015) Nachhaltigkeit im Online-Handel – Was sagt der Kunde?. https://www.ifhkoeln.de/blog/details/nachhaltigkeit-im-online-handel-was-sagt-der-kunde/ Zugegriffen: 29 Dez 2018

Süddeutsche Zeitung (2018) Nachhaltigkeit. https://www.sueddeutsche.de/thema/Nachhaltigkeit. Zugegriffen: 29 Dez 2018

Umweltbundesamt (2017) Hendricks B: „Deutschland muss seinen ökologischen Fußabdruck auf ein verträgliches Maß reduzieren", Internationale Konferenz berät über Konzept der planetaren Belastungsgrenzen. https://www.umweltbundesamt.de/sites/default/files/medien/2743/dokumente/pm_2017_15_planetary_boundaries_0.pdf. Zugegriffen: 29 Dez 2018

Umweltbundesamt (2014) Rebound-Effekte. https://www.umweltbundesamt.de/themen/abfall-ressourcen/oekonomische-rechtliche-aspekte-der/rebound-effekte. Zugegriffen: 29 Dez 2018

Umweltdialog (2015) Hildebrandt A: „Warum Nachhaltigkeit für die Generation Y wichtig ist.". https://www.umweltdialog.de/de/politik/gesellschaft/2015/Warum-Nachhaltigkeit-fuer-die-Generation-Y-wichtig-ist.php. Zugegriffen: 29 Dez 2018

United Nations (o. J.) Overview. Verfügbar unter: https://www.un.org/en/model-united-nations/overview-guide. Zugegriffen: 07. Nov. 2021

United Nations (2018) 68 % of the world population projected to live in urban areas by 2050, says UN. https://www.un.org/development/desa/en/news/population/2018-revision-of-world-urbanization-prospects.html. Zugegriffen: 19 Dez 2018

Verband Entwicklungspolitik Niedersachsen e. V. (2017) Weltwunder: Plakat und Kalender 2017. https://www.ven-nds.de/images/ven/projekte/weltwunder/Weltwunder-Wandkalender-2017.pdf. Zugegriffen: 03 Jan 2019

WBGU (2013) The great transformation, climate – can we beat the heat? Berlin 2013
WBGU (2016) The urban planet, how cities save our planet, Berlin 2016
WWF International (2016) Kurzfassung Living Planet Report 2016. https://www.wwf.de/fileadmin/fm-wwf/Publikationen-PDF/WWF-LivingPlanetReport-2016-Kurzfassung.pdf. Zugegriffen: 29 Dez 2018
Wille J (2014) Lebensmittel reisen immer weiter. http://www.fr.de/wirtschaft/oekologie-lebensmittel-reisen-immer-weiter-a-576171. Zugegriffen: 29 Dez 2018
Wingchen J (2014) Kommunikation und Gesprächsführung für Pflegeberufe, 3. Aufl. Hannover 2014
Wirtschaftslexikon24.com (o. J.) Obsoleszenz. http://www.wirtschaftslexikon24.com/d/obsoleszenz/obsoleszenz.htm. Zugegriffen: 05 Jan 2019
World Health Organization (2014) World Health Statistics 2014. https://www.who.int/news/item/15-05-2014-world-health-statistics-2014. Zugegriffen: 07. Nov. 2021

# Könnte, müsste? Machen! Europa braucht uns alle – Interview mit Dr. Daniel Röder, Pulse of Europe

Anke Trischler

**Zusammenfassung**

Der Erhalt eines vereinten Europas und seine zukunftsfähige Gestaltung sind wichtiger denn je. Die Engagierten von Pulse of Europe stellen sich den destruktiven und zerstörerischen Stimmen entgegen und sind überzeugt von der Reformierbarkeit und dem Willen zur Weiterentwicklung der Europäischen Union. Sie sagen: „Der europäische Pulsschlag muss spürbar sein! Es geht um nicht mehr und nicht weniger als die gemeinsame Zukunft und um die Frage, in welcher Welt wir leben möchten. Wir Europäer müssen unser Schicksal beherzt in die Hand nehmen. Jetzt ist die Zeit, sich einzubringen und aktiv zu werden – nicht gegen, sondern für etwas. … Es ist die Zeit, für die Grundlagen unserer Wertegemeinschaft im positiven Sinne einzustehen.“ Und dafür bringen sie so viele Menschen wie möglich an so vielen Orten wie möglich zusammen im Sinne von Civic Social Responsibility. Interview mit Dr. Daniel Röder.

## 1 Pulse of Europe e. V.

Die Bürgerbewegung „Pulse of Europe“ wurde 2016 in Frankfurt am Main gegründet. Gründer sind Sabine und Dr. Daniel Röder. Pulse of Europe befördert die europäische Zivilgesellschaft:

A. Trischler (✉)
Transformation zur Nachhaltigkeit GmbH, Wiesbaden, Deutschland
E-Mail: atrischler@transformation-n.de



A. Trischler und S. Böhling (Hrsg.), *CSR in Hessen,* Management-Reihe Corporate Social Responsibility, https://doi.org/10.1007/978-3-662-63004-4_46

> Europa braucht Herz und Seele. Der Weg hierzu führt über Emotionen. Europa muss wieder Freude machen! Genau diese Freude und die Emotionen will Pulse of Europe entfachen. (Pulse of Europe e. V.)

Demokratie und Frieden sind keine Selbstverständlichkeit. Sie müssen erarbeitet werden, sie müssen weiterentwickelt werden. Und sie müssen gestärkt und verteidigt werden. Vielfalt stärkt Europa. Ein vereintes Europa ist heute wichtiger denn je. Es geht um die Bewahrung des gemeinsamen Bündnisses zur Friedenssicherung, zur Gewährleistung individueller Freiheit, Gerechtigkeit und Rechtssicherheit. Gemeinsam ist der Einfluss groß genug, um die globalen Herausforderungen zu meistern und die sich verändernde Weltordnung mitzugestalten.[1] Gründer Dr. Daniel Röder ist Wirtschaftsanwalt, Mediator und Konfliktcoach.[2] Pulse of Europe ist eine Bürgerbewegung, überparteilich, überkonfessionell, keiner Interessensgruppe verpflichtet. Sie ist unabhängig und finanziert sich ausschließlich aus Spendengeldern. Die Menschen von Pulse of Europe setzen sich gemeinsam ein für die europäische Idee – und das auf ganz unterschiedliche Weise.

## 2 Im Interview: Dr. Daniel Röder

***Anke Trischler: Zum Einstieg und zum Aufwärmen ein paar Zahlen und Daten. Wie sattelfest sind Sie im EU-Überblick? Haben Sie ein paar Zahlen, ein paar Daten für uns, zum Beispiel: Wie viele Menschen lebten 2019 in der EU?***
Daniel Röder: Wir haben der Einfachheit halber immer von 500 Mio. gesprochen, tatsächlich sind es etwas weniger.

***Wie viele Länder sind Mitglied der EU?***
Das sind leider nur noch 27, auch wenn mir 28 Länder lieber wären (schmunzelt).

***Und welches ist das größte Land, das kleinste Land?***
Flächenmäßig ist Frankreich das größte Land Europas, die meisten Einwohner stellt Deutschland. Das kleinste Land ist Malta. Wir haben oftmals Europa-Quizze veranstaltet, bei denen Fragen nach Größe und Einwohnerzahl waren Standard.

***Welche Symbole stehen für die EU? Und seit wann?***
Natürlich unsere schöne blau-gelbe Flagge. Dann selbstverständlich die „Ode an die Freude", die wir auf unseren Veranstaltungen in verschiedenen Formen haben erklingen lassen. Dann auch das Leitmotiv der Union „in Vielfalt geeint".

[1] www.pulseofeurope.eu

[2] Interview vom 30.09.2020.

***Was schätzen Sie: Wie viele Menschen kennen den Europatag?***
Keine Ahnung, aber auf jeden Fall viel zu wenige. Wir sollten einen offiziellen europaweiten Feiertag mit vielen transnationalen Veranstaltungen einführen. Europa braucht noch viel mehr positive Aufmerksamkeit.

***2016 entstand die Bürgerbewegung „Pulse of Europe" beinahe aus dem Nichts. Wie kam es zu der Idee, eine Bürgerinitiative zu gründen? Schwebte Ihnen die Idee schon länger vor?***
Lang geplant war da nichts. Klar, das Ergebnis des Brexit-Referendums hatte mich und meine Frau wie viele andere im Sommer 2016 wie einen Schock getroffen. Uns war klar: Jetzt ändern sich sicher geglaubte Dinge, wir schlagen ein neues, unbekanntes Kapitel der westlichen Welt auf. Die initiale Idee, aktiv zu werden, ist uns auf dem Sofa gekommen, am Tag nach der Wahl Donald Trumps zum US-Präsidenten – das zweite extrem einschneidende politische Ereignis in 2016. Wie schon nach dem Brexit-Referendum wurden im Fernsehen Bilder von Demonstranten gezeigt, die ihrem Frust, ihrem Schock, ihrer Angst Ausdruck verleihen wollten. Mit Blick auf die wichtigen Wahlen in Europa im Jahr 2017 – allen voran die kritische Präsidentenwahl in Frankreich – fragten wir uns, warum diese Kraft in UK oder den USA vor den Abstimmungen nicht spürbar war. Nur vorher hätte man etwas beeinflussen können. Und so ging es los mit Pulse of Europe.

***Warum der Name „Pulse of Europe"?***
Der Name ist am gleichen Abend entstanden. Es ging darum zu zeigen, dass Europa noch lebt. Man müsste nur den europäischen „Pulsschlag" spürbarer machen. Damit war etwas gefunden, mit dem sich viele identifizieren konnen. Eine relativ einfache und klare Botschaft.

***In einem frühen Interview sagten Sie „Wir sehen uns im Moment erst mal als eine Art Reanimationsmaschine des europäischen Geistes, bis die Wahlen in den Niederlanden und Frankreich gelaufen sind." Nach der Wahl ist vor der Wahl. Am Puls der Zeit stehen Sie ja. Frage: Wofür steht „Pulse of Europe"? Was ist das Ziel, sind die Ziele?***
Der Erhalt und die zukunftsfähige Gestaltung eines vereinten Europas sind heute wichtiger denn je. Wir sind überzeugt, dass die Mehrzahl der Menschen an die europäische Idee glaubt und sie nicht nationalistischen und protektionistischen Tendenzen opfern möchte. Wir stellen uns den destruktiven und zerstörerischen Stimmen entgegen, weil wir an die Weiterentwicklung und Zukunftsfähigkeit der Europäischen Union glauben. Auf den Punkt gebracht: Ohne die europäische Union sind die sich stellenden Herausforderungen nicht zu bewältigen, würde der Kontinent auf absehbare Zeit global in der Bedeutungslosigkeit versinken.

**Dafür müssen wir alle Verantwortung übernehmen und weiterhin Zeichen für die Zukunft Europas setzen!**
Es geht um unsere gemeinsame Zukunft und um die Frage, in welcher Welt wir leben möchten. Wir haben die Möglichkeit, das zu entscheiden und sie aktiv zu gestalten. Wir wünschen uns dadurch ein neues europäisches Bewusstsein, das Menschen, Kulturen und Nationen miteinander verbindet und auch in Zukunft ein Leben in Sicherheit und Frieden ermöglicht.

***Sie selbst stehen für Europa ein. Sie sind überzeugt, dass viele Menschen an die Grundidee der Europäischen Union und ihre Reformierbarkeit glauben. „Pulse of Europe" fordert: „Europa, übernimm Verantwortung und stelle Dich den aktuellen Herausforderungen – jetzt!" Ist das nicht ein bisschen pauschal? Wer fühlt sich da angesprochen? Geht es auch konkreter?***
Wir haben ja erlebt, dass sich viele Menschen angesprochen fühlen. Aber zugegeben: Europa ist eine große Ebene und für viele sehr abstrakt. Wenn man aber auch nur kurz darüber nachdenkt, kann man unschwer erkennen, dass die EU ein Garant für den Frieden in Europa ist. Eine so lange Friedensphase auf dem Gebiet der Europäischen Union hat es vorher nicht gegeben. Und klar, es geht auch konkreter: Dem Klimawandel und seinen Folgen können sie nur multilateral begegnen. Nationalismus löst keine Probleme.

***Die Initiative zur Bürgerbewegung startete in Frankfurt und ist inzwischen auf dem ganzen Kontinent vertreten. Wer macht dabei mit und warum? Wer ist „Pulse of Europe"? Gibt es Zahlen?***
Unsere Europa-Aktivistinnen und -Aktivisten sind an etwa 100 Standorten in ganz Europa aktiv. Ehrenamtliche Bürgerinnen und Bürger jeder Generation tauschen sich in unseren Städte- und Projekt-Teams regelmäßig aus und leiten Projekte und Kampagnen. Organisiert sind wir in Deutschland, aber auch in Luxemburg und Österreich als Verein. Stimmberechtigte Mitglieder können alle Europa-Aktivistinnen und -Aktivisten werden, die sie für PoE eingesetzt haben. Dazu gibt es eine Geschäftsstelle mit Sitz in Frankfurt, in der alle Fäden von Organisation, Infrastruktur, Verwaltung und auch Projekten und Kampagnen zusammenlaufen sowie einen Vereinsvorstand. Wichtig ist uns aber weiterhin die Unabhängigkeit und der demokratische Ansatz unserer Bewegung. Darüber hinaus gibt es aber auch Städteteams in ganz Europa, die zwar keine Vereinsstruktur haben, denn die Rechtsform eines europäischen Vereins gibt es ja leider (noch!) nicht, die aber fest zu PoE dazu gehören, auch außerhalb der EU, etwa in Albanien, und auch, so sehr es mich schmerzt das zu sagen: Großbritannien.

***Menschen suchen nach Orientierung, nach Vorbildern, nach Beispielen – auch nach Role Models. Ein „Gesicht", das für die Bewegung steht, ist bei Ihnen bzw. auf der Homepage nicht zu finden. Auch Sie als Gründer machen sich eher rar. Wie unterstützend wäre ein „Gesicht", eine Person, die mit ihrem Bekanntheitsgrad für die***

***Sache von „Pulse of Europe" als Botschafter oder Botschafterin für mehr Wahrnehmung sorgen könnte?***
Ich mache mich nicht rar, muss aber auch nicht im Mittelpunkt stehen. Personenkult wollen wir nicht betreiben, das lenkt meines Erachtens eher vom Thema ab. Klar, Menschen sehnen sich nach Leitbildern und nach Identifikation. Pulse of Europe ist eine so heterogene Gruppe von Pro-Europäerinnen und -Europäern, die genügend Fläche zur Identifikation bietet. Bei uns ist für jede und jeden etwas dabei.

***Bei „Pulse of Europe" geht um eine europäische Identität. Das ist eine große Aufgabe: Gemeinsam zu Europäern werden, europäisch denken lernen und bei aller Unterschiedlichkeit der Auffassungen, des kulturellen Hintergrundes und der jeweiligen Wünsche und Anliegen zu Teilen eines Ganzen zu entwickeln. „In Vielfalt geeint." ist das Motto. Sie haben drei Säulen für Ihre Arbeit identifiziert. Welche sind das?***
Richtig, unser Blick ist in die Zukunft gerichtet und nach intensivem Austausch haben sich unsere Europa-Aktivistinnen und -Aktivisten drei selbst erarbeiteten Strategien verpflichtet, die fortan als die drei zentralen Säulen fungieren.

Mit unserer ersten Säule, die wir **„PoE Citizen Participation"** nennen, möchten wir zur Stärkung von Bürgerbeteiligung und direkter Demokratie in Europa beitragen. Unser Hauptaugenmerk liegt hier auf unserem Projekt der **Europäischen HausParlamente.** Sie bieten ein innovatives und effektives Verfahren der partizipativen Bürgerbeteiligung, das der koordinierten und effektiven Einbindung der Bürgerinnen und Bürger in den politischen Willensbildungsprozess dient. Jede und jeder, der Lust und eine konstruktive Meinung zu europapolitischen Themen hat, kann mitmachen und politische Entscheidungen beeinflussen. Damit ist dieses Verfahren in besonderem Maße geeignet, die Bürger der Europäischen Union und die politischen Entscheidungsträger in Brüssel konstruktiv zu verbinden. So wirken Bürger im Kleinen am Großen mit.

Daneben sehen wir uns aber auch als eine Art Wächter über Demokratie und Menschenrechte in Europa und möchten unter dem **#PoEWatchesEU** dieser neuen „Watchdog-Rolle" auch gerecht werden. Hierbei können wir über schnelle Abstimmungen in unserem Netzwerk Themen identifizieren und kurzfristig Aktionen anstoßen, wenn Demokratie und Menschenrechte in Europa gefährdet und angegriffen werden.

Schließlich sehen wir uns aber auch weiterhin dem Europa-Aktivismus verpflichtet, aus dem wir entstanden sind und haben daher eine Ideenschmiede für kreative Pro-Europa-Aktionen auf lokaler Ebene ins Leben gerufen, die wie **PoE Do-Tanks** nennen. In offenen Workshops entwickeln wir Ideen und Vorlagen für neuartige Aktionen, die unsere Aktivistinnen und Aktivisten in den Städten umsetzen können und bieten damit Alternativen zu den ursprünglichen Sonntags-Kundgebungen.

Unsere drei Säulen fördern den nahen Kontakt und Austausch unserer Europa-Aktivistinnen und -Aktivisten untereinander und nach außen, um neue und kreative Ideen und Aktionen zu organisieren. Unsere Teams sind immer mit vollem Engagement und Interesse für Europa aktiv. Das Ziel eines gerechten und demokratischen Europas treibt uns, um noch kreativer und erfolgreicher zu werden, ohne dabei den Spaß und Enthusiasmus zu vergessen.

**Die drei Säulen von Pulse of Europe für die Zukunft Europas**
**#PoEWatchesEU** – Der prüfende Blick auf die aktuellen politischen Entwicklungen.

**PoE-Do-Tanks** – Das Prinzip: Die PoE-Städteteams organisieren Kreativ-Workshops. Interessierte entwickeln gemeinsam Ideen für Pro-Europa-Aktionen.

**Europäische HausParlamente** – aktives Format der Bürgerinnen- und Bürgerbeteiligung.

***Ihre Öffentlichkeitsarbeit betreiben Sie mit einfachen Mitteln: Die Europaflagge ist präsent, ein Mikrofon steht offen, in Vor-Corona-Zeiten schlossen die Versammlungen mit Menschenketten ab, zu der die Europahymne erklang. Zu Beginn versammelten sich beinahe aus dem Nichts jeden Sonntag teilweise über 1000 Menschen an zentralen Plätzen in Städten, um ihre proeuropäische Haltung zu zeigen. Frage: Erreichen bzw. erreichten Sie auf diese Weise Menschen, die sonst nicht öffentlich demonstrieren, nicht an Konferenzen teilnehmen oder von Informationskampagnen nicht erreicht werden?***
Ich glaube, der Schlüssel dazu lag darin, dass wir uns von „üblichen" Demonstrationen dahin gehend unterschieden haben, dass wir einfach „für" etwas auf die Straße gegangen sind. Die Stimmung war immer friedlich, motiviert und positiv. Das hat viele Leute angezogen und eben auch zur Identifikation mit uns beigetragen.

***Wie erreichen Sie die Menschen in unserer neuen Normalität, in Zeiten von Social Distancing?***
Die Corona-Pandemie hat uns selbstverständlich wie alle anderen auch getroffen. Es gibt neue Herausforderungen, Ängste, veränderte Lebensverhältnisse. Man musste sich erst einmal orientieren, viele wurden auch existenziell betroffen. Es geht also nicht nur um das Demonstrationsformat, das im Moment nur eingeschränkt funktioniert. Viele Veranstaltungen müssen mit Zugangsbeschränkungen durchgeführt werden, die meisten Team-Meetings fanden digital statt. Auf der anderen Seite hat diese Situation die Kreativität unserer Aktivistinnen und Aktivisten stark gefördert. Es gab neben unserer täglichen Social-Media-Arbeit, über die wir ja auch starke Zeichen setzen, in dieser Zeit so viele unterschiedliche und vor allem tolle und kreative Veranstaltungen und Aktionen (natürlich alles coronakonform). Das ging von Kleinstveranstaltungen wie Diskussionsrunden über hybride Formen mit Zugangsbeschränkungen und gleichzeitiger Übertragung bis hin zu rein virtuellen Veranstaltungen via Video-Konferenz. Besonders gefreut darüber hat mich aber, dass wir so unter den Menschen auch Hoffnung säen konnten, sowohl durch das Versprechen Europas für Solidarität und Rechtsstaatlichkeit als auch durch etwas Ablenkung vom coronabestimmten Alltag.

***„Was immer du wählst, wähl Europa." Stichwort: Europawahl 2019. Die Wahlbeteiligung lag bei etwas über 61 % (gegenüber 48 % 2014). Das ist ja noch mal gut gegangen. Frage:***

***Reicht das schon?***
Es hat jedenfalls dafür gereicht, den befürchteten Großeinzug nationalistischer Parteien in das Europarlament zu verhindern. Mit unserer Europawahlkampagne haben wir genau an diesem Punkt angesetzt: Steigerung der Wahlbeteiligung. Dies in der Erkenntnis, dass eine niedrige Wahlbeteiligung populistische und vor allem nationale oder nationalistische Kräfte befördert hätte. Diese hatten den Plan, die EU von innen heraus auszuhöhlen. Wir haben schon einen Beitrag dazu geleistet, dass das verhindert werden konnte. Aber natürlich kann das noch nicht das Ende der Fahnenstange sein. Die EU muss handlungsfähiger werden, Reformen sind notwendig. Die Europäische Union muss erhalten bleiben, damit sie verbessert werden kann. Und ohne Verbesserung wird sie nicht erhalten bleiben. Die europäische Idee muss verständlicher werden und für jeden greifbar sein.

***Europa steht vor riesigen Herausforderungen im globalen Gefüge. Was sind aus Ihrer Sicht die drei dringendsten Aufgaben im internationalen Kontext?***
Die Europäische Union steht angesichts von Themen wie zum Beispiel Klimawandel, Migration, weltpolitische Bedeutung des Bündnisses, ganz aktuell der Coronakrise und dem Management des wohl harten Brexits vor den größten Herausforderungen seit ihrer Gründung … und täglich werden es mehr. Da die Personalfragen der Europäischen Union vorerst gelöst sind, braucht es unmittelbar und dringender denn je kluge Entscheidungen und entschiedenes Handeln der EU und ihrer Mitgliedstaaten, um diesen Herausforderungen wirksam zu begegnen.

***Am 1. Juli 2020 übernahm Deutschland die EU-Ratspräsidentschaft. In einer Zeit mit ganz besonderen Herausforderungen. Die Erwartungen in der europäischen Bevölkerung sind hoch und die Agenda ist lang. Einen wichtigen Fokus legt Deutschland während seiner sechsmonatigen Ratspräsidentschaft auf das Thema Grundrechte – dem Fundament, auf dem Europa ruht. Weitere Schwerpunkte sind: Zusammenhalt, Klimaschutz, Digitalisierung, Europas Rolle in der Welt. Bei einem vereinten Europa geht es um nichts Geringeres als die Bewahrung eines Bündnisses zur Sicherung des Friedens und zur Gewährleistung von individueller Freiheit und Rechtssicherheit. Nur gemeinsam ist der Einfluss groß genug, um die globalen Herausforderungen zu meistern und die sich verändernde Weltordnung mitzugestalten. Frage: Wie wird „Pulse of Europe" versuchen, auf die Politik einzuwirken, damit diese wichtigen Punkte auch angegangen und umgesetzt werden?***
Neben unserem Einfluss, den wir durch die drei beschriebenen Säulen auch auf die Politik ausüben wollen, speziell natürlich durch die Ergebnisse unserer Europäischen HausParlamente, aber auch durch die Öffentlichkeit, die wir als Wächter über

Demokratie und Menschenrechte erreichen, sehen wir es als unserer Aufgabe an, einen Beitrag zu einer echten europäischen Identität zu leisten und vor allem interessiere Menschen für Europa und dessen Errungenschaften zu begeistern.

***Erleben Sie ein politisches Corona-Loch, was macht das mit „Pulse of Europe"?***
Natürlich schränkt uns Corona in unserem Aktivismus ein, das habe ich auch schon beschrieben. Auf der anderen Seite wurde durch die Pandemie deutlich, wo Europa helfen kann und wo es in und an Europa noch fehlt. Als plötzlich wieder Grenzen geschlossen wurde, hat eine ganze Generation junger Europäerinnen und Europäer gesehen, was das bedeutet und wie schrecklich sich das anfühlt. An dieser Stelle konnten wir als Pulse of Europe natürlich gut einsteigen und sagen: Schaut mal, an Europa ist gar nichts selbstverständlich – weder Demokratie noch offene Grenzen.

***Sie sagen, dass es eines nachhaltigen und zügigen Entwicklungs- und Gestaltungsprozesses bedarf, der das vereinte Europa zukunftsfähig macht. Was gehört aus Ihrer Sicht dazu? Wie sollte diese „Roadmap" gestaltet werden und von wem?***
Wichtig ist, dass alle Mitgliedstaaten erkennen, dass sie nur gemeinsam erfolgreich und in Frieden miteinander leben können. In mehreren Mitgliedstaaten der Europäischen Union werden bereits Grundrechte wie Presse-, Meinungs- und Versammlungsfreiheit verletzt und die Rechtsstaatlichkeit wird eingeschränkt. Diese Angriffe auf das Fundament des geeinten Europas sind nicht hinnehmbar. Hier muss angesetzt werden. Zudem müssten sich alle dem gemeinsamen Wertekanon in der Union noch stärker verpflichtet fühlen. Egoismen sollten eingeschränkt, Verletzungen geahndet werden. Aus meiner Sicht müsste das Einstimmigkeitsprinzip, das in den EU-Verträgen für wichtige Themen gilt, abgeschafft werden. Es ist völlig unrealistisch, dass in einem Verbund von 27 Mitgliedern einstimmig effektive Entscheidungen getroffen werden. Das klappt bei keinem Verein und schon gar nicht bei der EU. Fest steht, dass wir noch lange nicht am Ende einer Entwicklung hin zu einem geeinten und einigen Europa sind.

***Wir sprechen bei CSR klassisch von Corporate Social Responsibility, also gesellschaftlicher Verantwortung von Unternehmen. Unternehmen werden von Menschen gemacht, in Unternehmen arbeiten Menschen. Unternehmen sind überhaupt erst in einer Gesellschaft möglich geworden. Wie viel Zivilgesellschaft steckt in Unternehmen? Und wie viel Zivilgesellschaft brauchen wir für Europa?***
Unternehmen werden künftig mehr gesellschaftliche Verantwortung übernehmen müssen. Es muss nachhaltiger gewirtschaftet werden, ganz klar. Zum zweiten Teil der Frage kann ich knapp antworten: So viel wie möglich. Erst durch eine starke europäische Zivilgesellschaft ist so etwas wie ein europäisches Gemeinschaftsgefühl überhaupt möglich.

***Wie viel Verantwortung hat jeder Einzelne, jede Einzelne von uns für das Gelingen von Europa?***
Demokratie ist Aufgabe einer und eines jeden von uns. Unerlässlich an der Wahlurne, aber auch darüber hinaus! Wir halten es für wichtiger denn je, miteinander zu reden und möchten den politischen Diskurs beleben und intensivieren.

**Jede und jeder Einzelne ist verantwortlich für die Gestaltung unserer Zukunft. Niemand kann sich herausreden. Zu hoffen, es werde schon alles gut gehen, ist brandgefährlich. Europa braucht uns alle, jetzt!**
Wir selbst müssen für Menschenwürde, Freiheit, Gleichheit, politische Vielfalt und Solidarität einstehen. Wir müssen destruktiven und rückwärtsgewandten Tendenzen entschieden entgegentreten. Demokratie lebt nur, wenn die Bürgerinnen und Bürger sich aktiv beteiligen. Demokratie scheitert nicht an ihren Gegnern, sondern an der Untätigkeit der Demokraten!

***Wie wichtig ist die Weiterentwicklung des klassischen CSR zu einer Civic Social Responsibility? Und wie viel brauchen wir davon?***
Diese Entwicklung ist ein ganz wesentlicher Schritt hin zu mehr (sozialer) Gerechtigkeit in Europa. Der größte Punkt liegt hier wohl wahrscheinlich in den teils unterschiedlichen Auffassungen von Verantwortung. Doch gerade dieses Pflichtbewusstsein gegenüber der eigenen Rolle und der eigenen Verantwortung in der Gesellschaft muss noch viel stärker unterstützt und gefördert werden.

***„Pulse of Europe" wurde gegründet aus dem Gedanken FÜR etwas zu sein, sich für Europa, Einigkeit, Gegenseitigkeit. Ein vereintes Europa benötigt als Fundament eine europäische Zivilgemeinschaft, getragen von gegenseitiger Solidarität, Verbundenheit und echtem Interesse aneinander. Aber auch getragen von gemeinsamen Werten, von Respekt füreinander, von Freude an der Gemeinschaft. Frage: Wie viel einfacher ist es GEGEN etwas zu sein?***
Das müssen sie die Nörgler und Pessimisten dieser Welt fragen (lacht).

***Ist „Angst" ein guter Motor für Aktivitäten? Was wünschen Sie sich zusätzlich oder stattdessen, um ein stärkeres Engagement zu erreichen?***
Tatsächlich ist Angst häufig ein starker Treiber. Angst sollte aber niemals der einzige Motor für irgendetwas sein, denn allein daraus kann nichts Kreatives und Positives erwachsen. Viel wünschenswerter wären doch Mut und Optimismus. Und ohne einen handlungsstarken Pragmatismus verliert sich alles in hübschen Ideen.

***„Pulse of Europe" steht mehr für den Erhalt, weniger für radikalen Wandel. Macht es das schwieriger, Menschen zu motivieren, wenn man weniger radikal ist – nicht für den Wandel, sondern für den Erhalt einsteht?***
Das ist mir zu einfach gedacht. Wir stehen ja auch für die Weiterentwicklung Europas. Wenn es allerdings etwas Schlechtes sein soll, sich für den Erhalt von Frieden, Freiheit, Demokratie und Rechtsstaatlichkeit einzusetzen, dann bekenne ich mich in diesem Punkt wohl für schuldig.

***Wie werden Sie die Freude an Europa wieder entfachen? Wie werden Sie Herz und Verstand der Menschen in Europa erreichen?***
Das Ziel von Pulse of Europe ist es, die europäischen Werte zu verbreiten und in der Gesellschaft zu verankern. Dabei versuchen wir, den Frieden, die Rechtsstaatlichkeit zu wahren und dabei Rechtsextremismus und den Ausschluss von Minderheiten zu verhindern.

Unsere Europa-Aktivistinnen und -Aktivisten fühlen sich der Zukunft Europas verpflichtet und entwickeln so immer neue Ideen, Kampagnen und Aktionen, die natürlich auch das Herz und die Emotionen der Bürgerinnen und Bürger ansprechen sollen.

***Die gelben Sterne in unserer Europaflagge stehen symbolisch für die Völker und auch für Optimismus und Strahlkraft. Frage: Wie viel Optimismus brauchen wir für die Zukunft?***
Ohne Optimismus keine Schaffenskraft – also immer her damit!

***Das Motto von „Pulse of Europe" lautet „Vielfalt ist gut." Gibt es bei „Pulse of Europe" auch grundsätzliche Meinungsverschiedenheiten – weltanschauliche Gegensätze, die die Arbeit schwer machen?***
Ich habe ja schon angedeutet, dass sich unsere Europa-Aktivistinnen und -Aktivisten aus den unterschiedlichsten Bereichen, Altersklassen, Bildungsschichten und politischen Heimaten zusammensetzen. Wir sind, wenn sie so wollen, ein ziemlich bunter Haufen. Natürlich gibt es hier auch mal Diskussionen und unterschiedliche Ansätze. Aber das Schöne ist, dass wir uns alle einer gemeinsamen Sache und einem gemeinsamen Ziel verpflichtet fühlen. Europa! Und daraus ziehen wir unsere Kraft.

***Wohin entwickelt sich „Pulse of Europe"?***
Ich hoffe, dass wir uns zu einer wichtigen und verlässlichen Stütze im Einsatz für Europa entwickeln können. Sobald irgendwo das Thema Europa fällt, muss es heißen: „Ach, da fragen wir die Leute von Pulse of Europe." Und dann sind wir da!

Bitte vervollständigen Sie diese Sätze:

Europa ist für mich …

**…Heimat!**

Europa ist unverzichtbar, weil …

**… wir die aktuellen Herausforderungen nur gemeinsam lösen und Frieden, Freiheit und Zusammenhalt nur als Gemeinschaft bewahren können.**

Unsere Stärke …

**…sind engagierte Europäerinnen und Europäer.**

***„Bemiss deine Lebenszeit; für so vieles reicht sie nicht." Das Zitat stammt von Lucius Annaeus Seneca, ca. 4 v. Chr. – 65 n. Chr., genannt Seneca der Jüngere. Unser aller Zeit ist natürlich begrenzt. In 2021 begehen wir am 9. Mai zum 57. Mal den Europatag. Denken wir mal in die Zukunft. Wagen Sie eine Prognose? Bitte formulieren Sie im Futur Zwei. Am 9. Mai 2024 (zum 60. Jahrestag) werden wir erreicht haben … Welche fünf Themen nennen Sie?***

- Der 9. Mai 2024 wird ein europaweiter Feiertag sein.
- Europa wird die Coronakrise überwunden haben und gestärkt aus ihr hervorgegangen sein. Diesen Schwung wird Europa genutzt haben, um Unterschiede zwischen Süd und Nord zu verringern und die Konflikte zu Ost und West zu überwinden.
- Europa wird ein menschenwürdiges einheitliches Einwanderungs- und Asylrecht haben, das praktisch hervorragend funktioniert.
- Die europäische Union wird alle wichtigen Maßnahmen des „New Green Deal" ergriffen haben und sich auf dem besten Weg zur Klimaneutralität befinden. Andere Staaten orientieren sich an der EU als „Role Model".
- Unsere Europäischen HausParlamente werden als wesentliches Instrument der Bürgerbeteiligung in der neuen Europäischen Verfassung niedergelegt sein.

***Welche Botschaft möchten Sie den Leserinnen und Leser mitgeben?***

Let's be the Pulse of Europe!

## 3 Die zehn Grundaussagen von Pulse of Europe[3]

1. Europa darf nicht scheitern
   Die Europäische Union droht zu zerfallen. Jedoch nur gemeinsam haben die europäischen Länder ausreichenden Einfluss, die sich rasant verändernde Welt mitzugestalten. Es ist von existenzieller Bedeutung, dass alle, denen Europa wichtig ist, aktiv werden und Zeichen setzen. Für die europäische Idee geht es jetzt um alles!
2. Der Frieden steht auf dem Spiel
   Die Europäische Union war und ist in erster Linie ein Bündnis zur Sicherung des Friedens. Dieser wird von innen und außen bedroht: Nationalistische und protektionistische Strömungen nehmen zu. Gesellschaften driften auseinander. Bis-

[3] www.pulseofeurope.eu/worum-geht-es/

her verlässliche politische Strukturen und Bündnisse werden infrage gestellt oder lösen sich gar auf. Wer in Frieden leben will, muss sich für Zusammenhalt stark machen. Europa darf sich nicht spalten lassen!

3. Wir sind verantwortlich
   Jede und jeder Einzelne ist verantwortlich für die Gestaltung unserer Zukunft. Niemand kann sich herausreden. Zu hoffen, es werde schon alles gut gehen, ist brandgefährlich. Europa braucht jetzt uns alle, um für Menschenwürde, Freiheit, Gleichheit, politische Vielfalt und Solidarität einzustehen. Wir müssen destruktiven und rückwärtsgewandten Tendenzen entschieden entgegentreten. Demokratie lebt nur, wenn die Bürger sich aktiv beteiligen. Demokratie scheitert nicht an ihren Gegnern, sondern an der Untätigkeit der Demokraten.
4. Grundrechte und Rechtsstaatlichkeit sind unantastbar
   In mehreren Mitgliedstaaten der Europäischen Union werden bereits Grundrechte wie Presse-, Meinungs- und Versammlungsfreiheit verletzt und die Rechtsstaatlichkeit wird eingeschränkt. Diese Angriffe auf das Fundament des geeinten Europas sind nicht hinnehmbar. Gewaltenteilung und Rechtssicherheit sind gemeinschaftsweit zu gewährleisten. Staatliches Handeln darf nur auf Grundlage rechtmäßiger und demokratisch legitimierter Gesetze erfolgen. Unabhängige Gerichte, Gesellschaft und Presse müssen ihre Kontrollaufgabe wahrnehmen können.
5. Wirtschaftliche Freiheit und soziale Verantwortung verbinden
   Personenfreizügigkeit, Dienstleistungsfreiheit, freier Waren- und Zahlungsverkehr sind Grundlage des Binnenmarkts und Voraussetzung für individuelle Freiheit und Wohlstand in Europa. Zukunftsfähig ist jedoch nur eine nachhaltige Wirtschaft. Um den Zusammenhalt in der Europäischen Union zu stärken, braucht es zudem weitere Schritte zur Angleichung der Lebensverhältnisse und eine höhere Chancengerechtigkeit.
6. Reformen sind notwendig
   Die Europäische Union muss erhalten bleiben, damit sie verbessert werden kann. Und ohne Verbesserung wird sie nicht erhalten bleiben. Bürger müssen aktiv in Reformprozesse eingebunden werden, sodass die Einheit Europas von allen mitgetragen wird. Ein breiter öffentlicher Diskurs über die zentralen europäischen Themen ist Grundlage für demokratische Teilhabe. Bedenken müssen gehört und an ihren Ursachen muss gearbeitet werden. Es geht um Transparenz und Glaubwürdigkeit! Die europäische Idee muss verständlicher werden und für jeden greifbar sein.
7. Vielfalt und Gemeinsames leben
   Die Vielfalt innerhalb Europas ist großartig. Sie zu erhalten und regionale Unterschiede zu wahren, muss europäisches Programm sein. Gleichzeitig verbindet die Europäer viel: Die Geschichte eines jeden Landes ist etwas Besonderes, doch kann sie nicht ohne die Geschichte anderer Länder geschrieben werden. Die sprachlichen und kulturellen Traditionen in Europa haben sich immer gegenseitig durchdrungen und beeinflusst – und werden dies auch weiterhin tun. Vielfalt und Gemeinsamkeit

sind also kein Widerspruch: Niemand muss sich zwischen regionaler, nationaler und europäischer Identität entscheiden!

8. Europäische Identität stärken
   Das Gefühl der Zusammengehörigkeit macht Europa erst lebendig. Es geht um die Entwicklung einer europäischen Zivilgesellschaft! Wir müssen europäisch denken lernen und verstehen, dass das Wohl und Wehe unserer europäischen Nachbarn uns direkt betrifft. Hierzu braucht es eine länderübergreifende Öffentlichkeit. Je mehr sprachliche und kulturelle Verständigung wir fördern, desto größer sind die Chancen, Verständnis füreinander zu gewinnen. Dazu gehört eine ausgewogene und verständliche Berichterstattung. Gefragt ist eine gesamteuropäische und nicht nur eine nationale Sicht.
9. Aufstehen, aktiv werden, wählen gehen!
   Lasst uns den europäischen Gedanken wieder sichtbar und hörbar machen. Wir wollen die schweigende Mehrheit aufrütteln. Wir sind überzeugt, dass die Zahl der Menschen, die der europäischen Idee positiv gegenüberstehen, größer ist als die Zahl ihrer Gegner. Macht Euch für Europa stark und diskutiert mit. Geht wählen und gebt europafreundlichen Parteien Eure Stimme.
10. Alle können mitmachen – und sollen es auch!
   Pulse of Europe ist eine Bewegung der europäischen Zivilgesellschaft, überparteilich und unabhängig. Alle, denen die europäische Idee wichtig ist, können sich einbringen. Der europäische Pulsschlag soll spürbar sein.

**Let's be the Pulse of Europe!**

**Hintergrundinformation**
Pulse of Europe e. V. ist ein eingetragener Verein und als gemeinnützig anerkannt. Fördermitglieder und Spenden ermöglichen und unterstützen das Engagement. Ein Beitritt als Mitglied ist online möglich. Zuwendungen, per Überweisung auf folgendes Konto IBAN:

DE34 5125 0000 0001 0824 34 / Pulse of Europe e. V., werden dankbar entgegengenommen und sind steuerlich abzugsfähig. Spendenbescheinigungen werden ab 200 Euro ausgestellt. Dazu ist im Verwendungszweck die eigene Adresse (Straße, Hausnummer, PLZ, Stadt) anzugeben.

## 4 Stand der Dinge[4]

Europäische HausParlamente, Runde drei:

Im Herbst 2020 fand die dritte Runde der Europäischen HausParlamente in der Zeit vom 19. September bis 22. November statt. Miteinander diskutierten rund 1200 Teilnehmende über Ausgleichzahlungen im Krisenfall, soziale Ungleichheit zwischen Mitgliedstaaten und die Bekämpfung des Klimawandels. Die Teilnehmerinnen und

[4] www.homeparliaments.eu/ergebnisse-runde-3/

Teilnehmer der privat organisierten Gesprächsrunden waren begeistert von dem konstruktiven Austausch untereinander, dem gegenseitigen Verständnis füreinander und dem Erkenntnisgewinn aus einer gut strukturierten Diskussion über die Zukunft europäischer Solidarität. Dabei wurden gleich mehrere Neuigkeiten eingeführt:

- Erstmals fanden knapp die Hälfte der HausParlamente per Videokonferenz statt.
- Über einen Matching-Prozess wurden Gesprächsrunden zwischen Menschen gebildet, die sich vorher nicht kannten.
- Die Europäischen HausParlamente fanden in zwölf verschiedenen Ländern statt. In einigen HausParlamenten wurde auch über Ländergrenzen hinweg diskutiert.

Die Wünsche der Menschen wurden gehört: Neben EU-Kommissionspräsidentin Ursula von der Leyen nahmen 30 EU-Politisierende aus fünf Ländern und fünf Parteien Stellung zu den Ergebnissen.
Hätte … könnte … sollte …? Wie wäre es mit einfach mal machen? Zukunft braucht Mut und Engagement. Und jede und jeden Einzelnen, der sich aktiv einbringt.

> Die Einheit Europas war ein Traum von wenigen. Sie wurde die Hoffnung für viele. Sie ist heute die Notwendigkeit für alle. (Konrad Adenauer)

**Dr. Daniel Röder** lebt in Frankfurt am Main, ist verheiratet und hat zwei Kinder. Er arbeitet als Rechtsanwalt, Mediator und Konfliktcoach bei der von ihm im Jahr 2005 mitgegründeten Kanzlei Greenfort. Daneben hat er seit 2009 einen Lehrauftrag an der Johann Wolfgang Goethe-Universität und ist Richter am Hessischen Anwaltsgerichtshof. Im Jahr 2016 initiierte er zusammen mit seiner Frau die Bürgerbewegung „Pulse of Europe". Daniel Röder und „Pulse of Europe" sind verschiedentlich ausgezeichnet worden (zum Beispiel Bürgerpreis des Europäischen Parlaments, Erich-Fromm Preis, Bundesverdienstkreuz, „Mensch des Respekts").

D. Röder
Pulse of Europe e. V., Wolfsgangstraße 63, 60322 Frankfurt am Main, Deutschland
E-Mail: info@pulseofeurope.eu

# Impulse aus Kooperation, Netzwerken und Verbänden

# Lust auf besser leben: Nachhaltiger Konsum und nachhaltiges Wirtschaften als zwei Seiten einer Medaille

Alexandra von Winning und Marlene Haas

**Zusammenfassung**

Die Lust auf besser leben gGmbH verfolgt das Ziel, die „Sustainable Development Goals" der Vereinten Nationen (Agenda 2030) in Hessen alltagstauglich zu machen. Nachhaltigem Konsum und nachhaltigem Wirtschaften schreiben wir dabei eine Schlüsselrolle zu. Deshalb fördern wir als gemeinnütziges Unternehmen nachhaltiges Handeln in Wirtschaft und Gesellschaft – unabhängig und lokal verwurzelt in Frankfurt. Aber wie entscheiden wir über unser Projekt- und Dienstleistungsangebot? Wie können wir die größte Wirkung im Sinne einer nachhaltigen Entwicklung erzielen? Im ersten Abschnitt erläutern wir, mit welcher theoretischen Hintergrundfolie wir das Programmportfolio und Aufgabenspektrum von Lust auf besser leben definieren, um in den Folgeabschnitten aufzuzeigen, wie wir diese Theorie in die Praxis umsetzen.

A. von Winning (✉) · M. Haas
Lust auf besser leben gGmbH, Frankfurt am Main, Deutschland
E-Mail: alexandra@lustaufbesserleben.de

M. Haas
E-Mail: marlene@lustaufbesserleben.de



A. Trischler und S. Böhling (Hrsg.), *CSR in Hessen,* Management-Reihe Corporate Social Responsibility, https://doi.org/10.1007/978-3-662-63004-4_47

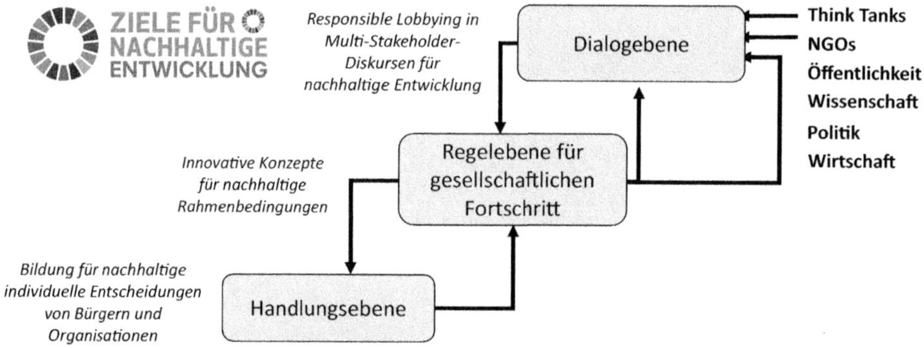


**Abb. 1** Ebenen der Verantwortung für nachhaltige Entwicklung, eigene Darstellung in Anlehnung an Ingo Pies (2009)

> „Eine global gelebte Nachhaltigkeitskultur wird von Menschen in ihrem Alltag entwickelt und erprobt – lokal vor Ort auf der Arbeit oder in der Freizeit, durch informelle Bildung ebenso wie mit der Entwicklung nachhaltigkeitsfördernder Rahmenbedingungen. Für nachhaltigen Konsum und nachhaltiges Wirtschaften benötigen wir neben Wissen und Kompetenzen bei möglichst vielen Akteuren auch anreizkompatible Rahmenbedingungen und vor allem Lust auf Fortschritt."[1]

## 1 Nachhaltige Entwicklung im theoretischen Kontext eines ordonomischen Forschungsprogramms

Das Denken steuert das Handeln. Deshalb ist es uns als wissenschaftlich fundiertes Unternehmen wichtig, die Denkmethode zu definieren, mit der wir an die Gestaltung von Projekten und Dienstleistungen herangehen. Denn die Sprache, die wir benutzen, und die Bilder, die wir im Kopf haben, haben systematischen Einfluss auf die Gestaltungsempfehlungen, die wir für Bürgerinnen und Bürger, Unternehmen und Politik generieren.[2] Der Kontext, in dem wir nachhaltige Entwicklung verstehen, ist wissenschaftlich fundiert. Wir beziehen uns auf das wissenschaftliche Forschungsprogramm der Ordonomik, das im Kern besagt, dass gesellschaftlicher Fortschritt ein Zusammenspiel von 1) individueller Verantwortung auf Handlungsebene, 2) der Gestaltung anreizkompatibler Rahmenbedingungen auf Regelebene sowie 3) konstruktiven Diskursen unterschiedlicher gesellschaftlicher Sphären auf Dialogebene erfordert (Abb. 1):[3]

[1] Zitat: M. Haas und A. von Winning.

[2] Vgl. zur Bedeutung von Semantik für die Gestaltung unserer Gesellschaft insb. Niklas Luhmann (1989, 1993), Ingo Pies (2006) sowie Ingo Pies et al. (2009).

[3] Für eine detaillierte Darstellung des ordonomischen Forschungsprogramms vgl. Ingo Pies (2009).

Aus dem ordonomischen Forschungsprogramm leiten wir folgende Leitgedanken für unsere Angebote ab:

- **Bildung für die Aktivierung von Selbstwirksamkeit:** Auf individueller Handlungsebene haben sowohl Bürger und Bürgerinnen als auch Unternehmen große Spielräume – und Verantwortung –, um in ihrem Alltag einen positiven Beitrag zu nachhaltiger Entwicklung zu leisten. Diese Potenziale im Großen und im Kleinen gilt es freizusetzen. Zur Aktivierung individueller Akteurinnen und Akteure bedarf es auf dieser Ebene vorrangig der Vermittlung von Wissen und Kompetenzen zu Möglichkeiten der Selbstwirksamkeit sowie einer Nachhaltigkeitskultur, die Fortschritt im Alltag fördert und fordert.
- **Fehlerkultur zur Erprobung von Selbstwirksamkeit:** Lernerfolge sind robuster und nachhaltiger, wenn ihre Handlungsfolgen im Alltag erprobbar sind, damit daraus Erfahrungen werden, deren wiederholte Anwendung sich zu neuen Traditionen und Handlungsmustern oder eben auch als Erkenntnis von Misserfolgen entwickeln kann. Das bedeutet auch – als Kern unseres Bildungsverständnisses –, dass ein kontinuierlicher Entwicklungsprozess angeregt wird, der weder als richtig noch falsch beurteilt werden sollte, sondern vielmehr als sich aufbauendes Wissen, das in seiner Anwendung im eigenen Lebensumfeld einen ständigen Fortschritt beinhaltet.
- **Legitimität individueller Interessen:** Nicht alle Nachhaltigkeitsprobleme im Alltag können durch Bildung und Kompetenzvermittlung gelöst werden, da die Umwelt- und Sozialverträglichkeit von Einzelhandlungen oft im Konflikt mit anderen Interessen stehen. Unser Nachhaltigkeitsverständnis auf Basis der Ordonomik geht davon aus, dass es für nachhaltige Entwicklung kontraproduktiv ist, von Bürgerinnen und Bürgern sowie von Unternehmen zu verlangen, dauerhaft gegen ihre vordergründig eigenen Interessen zu verstoßen. Normative Appelle zum Verzicht im Alltag (zum Beispiel in Bezug auf Flug- und Autoreisen, Coffee to go, den Einsatz von Plastik für Produktverpackungen, Umstellung auf Ökostrom in der Produktion von Industrieunternehmen oder viele andere mehr) führen systemisch meist nicht zu Fortschritt, sondern zu Grabenkämpfen, Rechtfertigungsrhetorik und Frustration auf allen Seiten. Unser ordonomisches Verständnis von Nachhaltigkeit erkennt die Legitimität der individuellen Interessen und Restriktionen aller Akteurinnen und Akteure an.
- **Notwendige Veränderungen in den Rahmenbedingungen:** Für die Situationsstrukturen, in denen Dilemmata zwischen Nachhaltigkeit und anderen (legitimen) Interessen bestehen, suchen wir nach neuen Konzepten, wie Zielkonflikte anreizkompatibel überwunden werden können. Diese neuen Konzepte gilt es gemeinsam zu erarbeiten, zu testen und schließlich vom Projekt zur gesellschaftlichen Struktur zu überführen. Für diese Form der gesellschaftlichen Innovation betrachten wir einen langen Atem und engen Schulterschluss mit anderen Akteurinnen und Akteuren aus Politik, Wirtschaft und Zivilgesellschaft für unabdingbar.
- **Raum für konstruktiven Dialog:** Innovative Konzepte zur Überwindung von Nachhaltigkeitsdilemmata können nur im Dialog entstehen, indem über normative Ziele

und mögliche Lösungen debattiert und so gesellschaftlicher Fortschritt erzeugt wird. Für diesen Prozess ist es wichtig, dass Akteurinnen und Akteure aus Zivilgesellschaft, Politik und Wirtschaft auf Augenhöhe und proaktiv ihr Know-how und ihre Kernkompetenzen in Lösungskonzepte einbringen. Dafür wiederum ist es wichtig, dass Dialoge in geschützten Räumen entstehen, die Vertrauen und wechselseitiges Verständnis ermöglichen – ohne Günstlingswirtschaft hervorzurufen. Hierfür ist professionelle Moderation und Mediation von Vorteil.

In den folgenden Abschnitten zeigen wir mithilfe einer kleinen Auswahl unserer Angebote auf, wie wir auf **Handlungsebene,** auf **Regelebene** und auf **Dialogebene** als Katalysator für Nachhaltigkeit in Politik, Wirtschaft und Gesellschaft agieren.

## 2 BNE: Förderung von nachhaltigem Konsum und nachhaltigem Wirtschaften im Alltag

Wir beraten einerseits auf *Handlungsebene* diejenigen, die mit ihren individuellen Entscheidungen im Alltag direkten Einfluss auf die Nachhaltigkeitsziele der Vereinten Nationen haben: Bürgerinnen und Bürger und Unternehmen. Für sie bieten wir Bildung für Nachhaltige Entwicklung (BNE): Informationen, Trainings und Beratung, wo jede und jeder Einzelne ansetzen kann, um Nachhaltigkeit in das individuelle Konsum- und Produktionsverhalten systematisch zu integrieren.

### 2.1 KMU als Botschafter für Nachhaltigkeit

Wir betrachten kleine und mittelständische Unternehmen (KMU) in Deutschland als Schlüssel für nachhaltige Produktion und nachhaltigen Konsum. Deshalb bieten wir ihnen das von der UNESCO ausgezeichnete BNE-Netzwerk „Nachhaltigkeitsbotschafter*innen" an.

Es sind die vielen kleinen Unternehmen, die das Rückgrat der deutschen Wirtschaft ausmachen. Laut Statista sind 99,4 % der deutschen Wirtschaft KMU, und da reden wir von Einzelhandelnden, Cafés und Restaurants, Handwerkerinnen und Handwerkern, Dienstleistenden etc. (Statista 2020). Sie sind wichtig, weil sie in der Summe von elementarer Bedeutung für Ressourceneffizienz, Klimaschutz oder die Qualität von Arbeitsplätzen sind – für alle Dimensionen der Nachhaltigkeit.

Zum einen sind sie das Gesicht der Wirtschaft zu den Bürgerinnen und Bürgern. Sie reden in ihrem Geschäft täglich mit Kundschaft unterschiedlicher Herkunft, Altersklassen oder Bildungsniveaus. In diesem direkten Kontakt können sie – quasi subkutan – viele Informationen über nachhaltige Entwicklung an Otto-Normal-Verbraucherinnen und -Verbrauchern weitergeben. Zudem kommunizieren sie in ihren bestehenden Netzwerken und mit ihren Mitarbeitenden, tauschen sich aus, teilen Erfahrungen und Wissen.

Das Netzwerk für Nachhaltigkeitsbotschafterinnen und -botschafter beinhaltet folgende Module:

- **Charta der Nachhaltigkeit:** Mit dem Unterzeichnen der Charta verpflichten sich Mitglieder zu unseren fünf Prinzipien für nachhaltiges Wirtschaften. In einem persönlichen Erstgespräch prüfen wir, ob das Engagement glaubwürdig ist. Dabei geht es nicht um 100 % Nachhaltigkeit, denn die gibt es aus unserer Sicht nicht. Es geht um eine ehrlich gemeinte Entwicklung, mit der sich die Botschafterinnen und Botschafter unseres Netzwerkes identifizieren. Die unterzeichnete Charta kann sich das Mitglied im Geschäft aufstellen, um mit Kundinnen und Kunden darüber ins Gespräch zu kommen. Zusätzlich erhält das Mitglied ein Badge zum Aufkleben im Außenbereich sowie Marketingmaterial für die Website/Signatur.
- **N.Check:** Mit dem Nachhaltigkeitscheck erhalten Mitglieder einen unkomplizierten Einstieg und eine Bestandsaufnahme in puncto Nachhaltigkeit in der eigenen Organisation. Der Check enthält praxisnahe Tipps und alltagstaugliche Inspirationen zur direkten Umsetzung, die Möglichkeit der Evaluation des eigenen Betriebs und einen individuellen Steckbrief, um Kundinnen und Kunden einen Einblick in den Betrieb zu geben und über bestehendes Engagement zu informieren
- **Servicestelle und Klubtreffen:** Für die optimale Vernetzung, Informations- und Wissensaustausch bieten wir eine Servicestelle und regelmäßige Klubtreffen an. Mitglieder erhalten thematische Impulse: Der IT-Spezialist informiert zu Green IT, der Bienenretter zu Biodiversität und der Taschenmacher über nachhaltiges Leder über nachhaltiges Leder. Externe Referentinnen und Referenten erweitern die Bandbreite an relevanten Themen für nachhaltiges Wirtschaften. Wie reinige ich das Unternehmen umweltfreundlich (und wie vermittle ich diese Information gegebenenfalls an mein Reinigungsunternehmen)? Wie energieeffizient wirtschaften wir? Wo ist unser größter $CO_2$-Ausstoß? Wie kann ich meine globale Lieferkette nachhaltig gestalten, und was bedeutet das Lieferkettengesetz für mich? Was hat mein Wirtschaften mit Biodiversität zu tun? Die Themen werden nach Möglichkeit von den Mitgliedern gesetzt und geben Einblicke in deren Geschäftsbetrieb.

## 2.2 Webguide für nachhaltiges Leben und Einkaufen

Unsere Erfahrung zeigt: Bürger und Bürgerinnen möchten gerne nachhaltig konsumieren, aber finden sich oft im Dschungel der Informationen und Siegel nicht zurecht. Unser Webguide für „nachhaltiges Einkaufen und Leben in Frankfurt-Rhein-Main“[4] porträtiert die Botschafterinnen und Botschafter der nachhaltigen Betriebe mit Informationen zu Nachhaltigkeit in verschiedenen Bereichen wie Dienstleistung,

---

[4] https://ffm.lustaufbesserleben.de/

Mode, Ernährung, Mobilität, Haushalt oder Familie – denn bei ihnen wissen wir, dass sie sich für nachhaltige Entwicklung und werteorientiertes Wirtschaften einsetzen. Verbraucherinnen und Verbraucher nutzen den Guide mit Blog und Eventkalender, der sie umfassend informiert: Warum sind Bienen wichtig für unser Gemüse, aber auch für die Baumwolljeans? Wo finde ich eine Bäckerei, deren Kuchen aus regionalen Zutaten hergestellt sind? Wann trifft sich das Repair-Café in meinem Viertel? Wo ist ein Taschenmacher bzw. eine Taschenmacherin, die chemiefrei gegerbtes Leder verwenden? Wie kann ich plastikfreier leben? Wann finden Aktionen statt, bei denen ich Gleichgesinnte treffe oder Neues erlebe?

Alle zwei Wochen schicken wir eine Wochenvorschau per Newsletter an unser Netzwerk. Hier erfahren die Leserinnen und Leser alles rund um Nachhaltigkeit im lokalen Umfeld. Zudem sorgen Tausende von Mitgliedern unserer Online-Community für angeregten Austausch zu Nachhaltigkeit in der Region.

## 2.3 Zielgruppenspezifische Bildungsprojekte

Bildung für nachhaltige Entwicklung erzielt aus unserer Sicht die größte Wirkung, wenn Informationen praxisrelevant am Alltag der Zielgruppe ansetzen. Deshalb setzen wir uns dafür ein, Angebote so präzise wie möglich zu individualisieren. Beispiele für solche Projekte:

- **KLIMASPORT:** Gefördert durch das Bundesministerium für Umwelt, Naturschutz und nukleare Sicherheit (BMU) zielt das Projekt KLIMASPORT darauf ab, Sportvereine dabei zu unterstützen, unter sich ändernden klimatischen Bedingungen weiterhin erfolgreich arbeiten zu können. Denn der Klimawandel ist längst angekommen – er ist spür- und messbar und hat vielfältige Auswirkungen, auch auf die Aktivitäten von Sportvereinen: Hitzewellen und Treibhausgase belasten den menschlichen Körper während sportlicher Aktivitäten verstärkt, was schwerwiegende gesundheitliche Folgen haben kann; zunehmende Trockenheit und Trockenstress bedeutet für Sportvereine, dass sie sich anders um die Bewässerung und Instandhaltung ihrer Außenanlagen kümmern müssen, damit Wasserkosten nicht explodieren; Überschwemmungen und Unwetter verursachen Schäden an Gebäuden und Infrastruktur von Sportvereinen; steigende Temperaturen führen zur Ausbreitung von Schädlingen und gebietsfremden Arten in Sportstätten und von gesundheitsschädlichen Blaualgen im Wassersport; Natursportarten wie Skifahren oder Tauchen sind unmittelbar bei der Ausübung ihrer Sportart von den Folgen des Klimawandels betroffen, zum Beispiel durch weniger Schnee oder Korallensterben. Um Sportvereine bei Klimaanpassung zu unterstützen, entwerfen wir praxistaugliche Bildungsmaterialien wie ein Erklärvideo, Quizze und Kreuzworträtsel, Checklisten, Broschüre/Plakat, ein Social-Media-Kit sowie Workshop-Materialien für Kursleitenden in Sportverbänden oder Landessportbünden.

- **Hessischer Preis für Nachhaltiges Kino:** Seit 2018 begleiten wir mit konzeptioneller Unterstützung und Nachhaltigkeitsberatung das bundesweit einmalige Nachhaltigkeitskulturprojekt. Mit dem Preis wird das Engagement für nachhaltige Entwicklung hessischer Kinos gewürdigt, die sich in besonderem Maße auf Nachhaltigkeit und Umweltfreundlichkeit bei der Entwicklung ihrer Betriebsführung und sozialen Praxis, aber auch ihrer Programmgestaltung besinnen. Dafür werden die Kinobetreibenden bei der Erreichung ihrer individuellen Nachhaltigkeitsziele unterstützt, von „Zero Waste" bis zum barrierefreien Kino; zudem lernen die Kinos gegenseitig von Praxisbeispielen der anderen. Der Preis versteht sich als motivierende und fördernde Initiative der Kinobranche auf diesem wichtigen Weg in eine Zukunft, in der Kinos eine besondere Rolle kultureller Vermittlung zukommt. Der Preis für nachhaltiges Kino wurde 2020 bereits zum vierten Mal ausgelobt und vergeben durch das Hessische Ministerium für Wissenschaft und Kunst, koordiniert durch das Film- und Kinobüro Hessen.
- **$CO_2$-optimierte Großküchen ($CO_2$OK) in Hessen:** Das Thema Ernährung nimmt für das Land Hessen einen hohen Stellenwert ein, denn die Zubereitung von Speisen ist einer der größten Faktoren für den Ausstoß von Treibhausgasen. Insbesondere der Fleischverzehr und lange Transportwege stellen eine Belastung für unser Klima dar. Daher sollen in dem Projekt mögliche Reduktionsmaßnahmen hinsichtlich Ernährung und Klimaschutz gemeinsam mit Großküchen angestoßen werden: Was sind die Zusammenhänge von Ernährung und Klimaschutz? Wo werden $CO_2$-Emissionen in Küchen verursacht und welche Stellschrauben gibt es, diese zu senken?
  Das im Jahr 2015 in einer ersten Runde erfolgreich abgeschlossene Modellprojekt wird mit uns fortgeführt: Die Aktivitäten werden weiter verstetigt und zusätzlich auf weitere Küchen ausgeweitet. Dazu sensibilisieren und unterstützen wir durch Trainings und Schulungen vor allem Teams aus größeren Küchen der Außer-Haus-Verpflegung, den $CO_2$-Ausstoß in ihrem Betrieb zu senken. Wir schulen die Küchen hinsichtlich der Auswahl ihrer Speisen (bio, regional, saisonal), einer Anpassung ihrer Speisepläne und Zutatenlisten, der Analyse von Lebensmittelabfällen, Verpackungen usw. Ziel einer Schulung ist es, gemeinsam mit den Küchen konkrete Maßnahmen für den Praxisalltag zu entwickeln, damit sie zeitnah mit der Umsetzung des Erlernten beginnen können. Die Schulungen werden für die Großküchen kostenfrei durchgeführt.
  Das Projekt wird durch das Hessische Ministerium für Umwelt, Klimaschutz, Landwirtschaft und Verbraucherschutz (HMUKLV) finanziert. Die Umsetzung erfolgt im Auftrag der LandesEnergieAgentur Hessen (LEA).
- **Kinder und Jugendliche:** Das Programm **„faces4change"** zeigt Kindern und Jugendlichen in einer Workshop-Reihe konkrete Möglichkeiten auf, im Alltag nachhaltiger zu handeln. Auf der Basis erarbeiten sie für sich selbst eine persönliche „Challenge", die sie sich in ihrem eigenen Alltag setzen, zum Beispiel „gebrauchte Kleidung kaufen", „Duschgel ohne Mikroplastik kaufen", „auf Plastik im Alltag verzichten", „klimafreundlichere Ernährung" etc. Die Kinder und Jugendlichen werden

gleichzeitig in die sichere Nutzung sozialer Medien eingeführt und produzieren während des Projekts einen kurzen Videoclip als „Klima-Influencer", der mithilfe von Partnerorganisationen auf Social Media verbreitet wird.

## 3 Gesellschaftlicher Fortschritt: Innovative Konzepte für nachhaltige Rahmenbedingungen

Nicht immer reicht Bildung für nachhaltige Entwicklung als Katalysator für wichtige Veränderungsprozesse. Für die Situationsstrukturen, in denen Dilemmata zwischen Nachhaltigkeit und anderen (legitimen) Interessen bestehen, reichen Informationen oftmals nicht aus. Deshalb suchen wir nach neuen Konzepten, wie Zielkonflikte anreizkompatibel überwunden werden können. Diese neuen Konzepte gilt es gemeinsam zu erarbeiten, zu testen und schließlich zu verwirklichen: das heißt in gesellschaftliche Strukturen zu überführen. Deshalb zeigen wir auf *Ordnungsebene* auf, wo angesetzt werden kann, um nachhaltiges Handeln im Alltag und im Wirtschaften zu fördern, statt zu konterkarieren.

### 3.1 Cup2gether und #MainBecher – vom Pilotprojekt zum kommunalen Pfandsystem

Rund 2,8 Mrd. Coffee-to-go-Becher gehen jährlich über die Ladentheken der Republik – 25 Mio. davon alleine in Frankfurt am Main – und landen dann im Müll.[5] Menschen wollen Kaffeegenuss heute verstärkt im schnell getakteten Leben unterbringen, indem sie ihren Kaffee unterwegs trinken. Um sich keine Gedanken über die Logistik ihres gebrauchten Bechers zu machen, greifen viele zu Einwegbechern – und fühlen sich aufgrund ökologischer Gewissensbisse zunehmend unwohl dabei.

Mit dem 2017 vom Fonds für Nachhaltigkeitskultur des Rates für Nachhaltige Entwicklung, der Deutschen Postcodelotterie und dem Frankfurter Wirtschaftsdezernat geförderte Pilotprojekt Cup2gether wollten wir beweisen, dass es möglich ist, über ein von Bürgerinnen und Bürgern getragenes Mehrwegbecher-Pfandsystem der Herausforderung des Einwegbechermülls zu begegnen. Die Herausforderung war: Schaffen wir es, in 90 Tagen 100 ehrenamtlich engagierte Becherbotschafterinnen und -botschafter, 20 Cafés und 150 To-Go-Trinkende zu finden, die sich für die Umwelt einsetzen und ein Pfandsystem testen? Der Zuspruch war so groß, dass wir schon nach 45 Tagen mehr als die gewünschten Ergebnisse hatten und einen Systemtest starteten. Im Pilotzeitraum testeten 537 Mehrwegbechernutzende in zwei Stadtteilen und 41 Cafés das System.

[5] Für Auswirkungen des Einwegbechermülls auf Littering, ressourcenwirtschaftliche Fragestellungen und weitere Umweltauswirkungen vgl. UBA (2019).

Zudem engagierten sich über 150 Becherbotschafterinnen und -botschafter via Social Media, im Bekanntenkreis und auf der Straße aktiv für die Umwelt. Ergänzend dazu organisierten wir im Rahmen des Ernährungsrates Frankfurt einen „Runden Tisch Mehrweg“, um Lösungen für politische/organisatorische Hürden zu entwickeln und diese auf Ordnungsebene zu platzieren.

Mittlerweile ist das Pilotprojekt in nachhaltige Strukturen überführt. 2019 hat die Frankfurter Entsorgungs- und Service GmbH (FES), unser Abfallentsorger, die Idee des kommunalen Becher-Pfandsystems aufgegriffen und Cup2gether zum kommunalen System ausgeweitet, nun unter dem Namen #MainBecher[6]. So gibt es mit unserer Unterstützung und Beratung nun ein stadtweites Pfandsystem, das der Einwegbecherflut in Frankfurt positiv entgegenwirkt. Wir beraten die FES weiterhin strategisch für die Weiterentwicklung des Systems.

## 3.2 Personalforum Inklusion – Strukturen für das Matching von Unternehmen und Jobsuchenden für einen inklusiven Arbeitsmarkt

Für Menschen mit Behinderung ist die Suche nach einem Job oft ein Spießrutenlauf. Zwar gehen einige Unternehmen bei der Ausbildung und Beschäftigung von Menschen mit Behinderung mit gutem Beispiel voran. Für viele Betriebe – gerade KMU – stellt dies jedoch noch eine große Herausforderung dar – sie fühlen sich mit der Aufgabe überfordert oder nicht ausreichend informiert. Deshalb findet in partnerschaftlicher Organisation das Personalforum Inklusion statt. Um Arbeitgebende bei der Ausbildung und Einstellung von Menschen mit Behinderung zu unterstützen, Arbeitssuchenden bei der Suche nach dem passenden Unternehmen zu helfen, und mit Politik, Wirtschaft und Verwaltung über systemische Barrieren zu diskutieren, organisieren die Industrie- und Handelskammer Frankfurt am Main, die Stabstelle Inklusion der Stadt Frankfurt am Main, das Netzwerk Inklusion Deutschland e. V. und wir, die Lust auf besser leben gGmbH, seit 2017 jährlich die Veranstaltung „Personal. Fachkräfte. Diversity. – Inklusion in Ausbildung und Beruf“.

2018 kamen über 600 Teilnehmende zur Veranstaltung in die IHK Frankfurt am Main, 2019 fand das Personalforum Inklusion exklusiv für Schülerinnen und Schüler mit einer Behinderung im Historischen Museum Frankfurt statt. Dort konnten sie sich zu Praktika, Ausbildung und Schnuppertagen informieren. 2020 findet das Format erstmals digital statt.[7]

---

[6] Vgl. https://www.mainbecher.de/

[7] Vgl. https://personalforum-inklusion.de/

### 3.3 Whitepapers im Rahmen von Nachhaltigkeitsprojekten

Bei unseren praxisorientierten Projekten sammeln wir immer wieder Impulse, die wichtig sind, um Rahmenbedingungen für nachhaltige Entwicklung weiter zu gestalten. Damit Erkenntnisse über Stolpersteine und mögliche Lösungen in der Politik Gehör finden, konsolidieren wir diese in Form von Whitepapers, die wir an die entsprechenden Stellen weiterleiten und dort diskutieren. Beispiele:

- **„Kleine Unternehmen mit großem Impact":** Im Rahmen verschiedener Workshops diskutierten wir mit KMU die Themen nachhaltige Lieferkette, Plastik/Ressourcenschutz und Biodiversität im Kontext des Unternehmerinnen- und Unternehmeralltags und seinen globalen Zusammenhängen. Mit den teilnehmenden Gewerbetreibenden, kleinen Unternehmen und Initiativen wurden Maßnahmen und Hilfestellungen erörtert, die im Anschluss in Form von „Handlungsempfehlungen an die Politik" zusammengefasst und in einem Whitepaper und einem Video veröffentlicht wurden.
- **Whitepaper zur Lage des Anpassungsbedarfs an Klimawandelfolgen bei Sportvereinen in Deutschland:** Das Projekt KLIMASPORT befasst sich mit der Erhebung der Betroffenheiten und möglicher Anpassungsmaßnahmen unterschiedlicher Sportarten in Deutschland, um Bildungsmaterial für Sportvereine zu entwickeln (s. zuvor). Neben der Erarbeitung von Bildungsmaterial für Sportvereine haben wir Impulse aus den vielen Interviews in einem Whitepaper zusammengefasst, das aufzeigt, welche Veränderungen auf Ebene der Rahmenbedingungen für Sportvereine – primär in Bezug auf Sportstätten, Förderung und Information/Bildung – verbessert werden können, um Klimaanpassung in Sportvereinen zu unterstützen. Zielgruppe dieses Whitepapers sind daher primär Vertretende aus Politik, Verwaltung, Sportverbänden und Landessportbünden.

## 4 Dialogebene: Unsere Lobbyarbeit in Multi-Stakeholder-Diskursen für nachhaltige Entwicklung

Innovative Konzepte zur Überwindung von Nachhaltigkeitsdilemmata können nur im Dialog entstehen, indem über normative Ziele, Zielkonflikte und mögliche Lösungen debattiert und so gesellschaftlicher Konsens erzeugt wird. Deshalb engagieren wir uns ehrenamtlich bei Diskursen, die sektorenübergreifend nach Lösungen für nachhaltige Entwicklung suchen.

## 4.1 Ausschuss für Nachhaltigkeit der IHK Frankfurt am Main

Die IHK Frankfurt am Main ist eine altehrwürdige Institution, die die Interessen aller Gewerbetreibenden ihres Bezirks vertritt. Bei ihrer Wahl zur ehrenamtlichen Vizepräsidentin der IHK Frankfurt am Main im Jahr 2014 hat unsere Geschäftsführerin Marlene Haas insbesondere den sektorenübergreifenden Blick des nachhaltigen Wirtschaftens auf ihrer Agenda gehabt. Sie gründete im gleichen Jahr den Arbeitskreis Nachhaltiges Wirtschaften, zu dessen Auftakttreffen ca. 60 Mitgliedsunternehmen kamen, und leitete ein Beteiligungsverfahren ein, das erstmalig in Deutschland zu einem Positionspapier für nachhaltiges Wirtschaften in einer IHK führte und einstimmig von der Vollversammlung verabschiedet wurde. Der Arbeitskreis ist mittlerweile zu einem formalen Ausschuss ernannt worden, der die Vollversammlung und das Präsidium der IHK Frankfurt am Main berät. Nach dem Ausscheiden von Marlene Haas aus dem Präsidium hat Dr. Alexandra von Winning von Lust auf besser leben den Staffelstab für den Vorsitz des Ausschusses für Nachhaltigkeit übernommen. Der Ausschuss entwickelt Unterstützungs- und Informationsangebote für Kammermitglieder, die nachhaltiges Wirtschaften anstreben, und prüft IHK-Positionen aus Perspektive der Nachhaltigkeit.

## 4.2 Steuerungskreis der Wirtschaftsinitiative für die Nachhaltigkeitsstrategie des Landes Hessen

Die Konzeption und die Umsetzung einer Initiative für hessische Unternehmen unter dem Dach der Nachhaltigkeitsstrategie Hessen geht auf eine Empfehlung aus dem Peer Review 2018 zurück und wurde vom Hessischen Bündnis für Nachhaltigkeit (HBN) auf seiner Sitzung im Frühjahr 2019 beschlossen (HMUKLV 2018).[8] Als Mitglied des Steuerungskreises bringt sich Dr. Alexandra von Winning gemeinsam mit weiteren Vertreterinnen und Vertretern aus Unternehmen, Wirtschaftsverbänden und der Landesverwaltung sowie gesellschaftlichen Akteurinnen und Akteuren ein, um Zielsetzung, Themen, Angebote und Organisationsstruktur der Wirtschaftsinitiative zu erarbeiten und den Start vorzubereiten.

## 4.3 Runder Tisch BNE des Landes Hessen

Der Runde Tisch BNE des Landes Hessen bündelt gemeinsame Aktivitäten und bildet einen langfristigen Rahmen, um die Vernetzung von BNE-Akteurinnen und -Akteuren in Hessen zu fördern.[9] Die besondere Stärke des Runden Tisches besteht in der Zusammensetzung

[8] Vgl. http://www.hessen-nachhaltig.de/de/wirtschaftsinitiative.html

[9] Vgl. https://www.hessen-nachhaltig.de/runder-tisch-bildung-fuer-nachhaltige-entwicklung-bne.html

seiner Mitglieder. Diese umfassen eine Vielzahl von Institutionen und Personen mit hoher fachlicher Expertise und Erfahrung im Bereich BNE, die die Implementierung von BNE in allen Bildungsbereichen aktiv und kooperativ voranbringen und mitgestalten wollen. Als Mitglied des Runden Tisches bringt sich Marlene Haas von Lust auf besser leben in die Weiterentwicklung gemeinsamer Aktivitäten und Strukturen für wirksame BNE ein, insbesondere um die Berücksichtigung informeller BNE im Wirtschaftsbereich weiter zu stärken.

## 5 Fazit und Ausblick

Für eine Kultur der nachhaltigen Entwicklung braucht es das Engagement unserer gesamten Gesellschaft. Die Sustainable Development Goals liefern uns dabei eine Richtschnur für unser Handeln. Zentral für uns ist dabei der Grundsatz: „Ultra posse nemo obligatur" – Sollen setzt Können voraus. Keine Nachhaltigkeitskonzeption kann von Bürgerinnen und Bürgern, Politisierenden oder Unternehmenden verlangen, dauerhaft gegen die eigenen Interessen zu handeln. Deshalb benötigen wir neben Bildung auch Rahmenbedingungen, die es sowohl der/dem Einzelnen als auch dem (Öko-)System als Ganzes ermöglichen, nachhaltige Entwicklung zu leben. Dafür setzen wir uns ein. Denn eine global gelebte Nachhaltigkeitskultur sollte von Menschen aller Hintergründe entwickelt werden. Wir brauchen das Engagement vieler Menschen in der Wirtschaft, Zivilgesellschaft, Wissenschaft und Politik gleichermaßen, um die Entwicklung einer sinnstiftenden, nachhaltigen Gesellschaft zu ermöglichen. Dementsprechend sind wir davon überzeugt, dass gesellschaftliche Wirkung nur gelingen kann, wenn sowohl Einzelne – Unternehmen, Organisationen und Bürgerinnen und Bürger – als auch das Gesellschaftssystem sich für nachhaltige Entwicklung einsetzen.

**Dr. Alexandra von Winning** ist seit 2003 als Nachhaltigkeits- und Inklusionsberaterin tätig und seit 2016 geschäftsführende Gesellschafterin der Lust auf besser leben gGmbH. Sie arbeitet als Strategie- und Kommunikationsberaterin für Unternehmen, Politik, Verwaltung, zivilgesellschaftliche Organisationen und Verbände. Die promovierte Betriebs- und Volkswirtin unterrichtet als Hochschuldozentin seit 2014 „Change Management", „Responsible Leadership" und „Unternehmensethik" an der Leuphana Professional School Lüneburg und „Nachhaltigkeitsmanagement in Theorie und Praxis" an der Goethe-Universität Frankfurt am Main. Dr. Alexandra von Winning ist Vorsitzende des Ausschusses für Nachhaltigkeit der IHK Frankfurt am Main, Mitglied im Steuerungskreis „Wirtschaftsinitiative" der hessischen Nachhaltigkeitsstrategie und Aufsichtsrätin von DIE KOOPERATIVE eG.

**Marlene Haas** ist die Gründerin und geschäftsführende Gesellschafterin der Lust auf besser leben gGmbH. Sie ist als gelernte Veranstaltungskauffrau seit 2009 mit der Organisation nachhaltiger Veranstaltungen, Workshops und Konferenzen vertraut. Über besondere Kenntnisse verfügt sie in den Bereichen Ressourcenschutz, nachhaltiges Wirtschaften und Konsum sowie nachhaltige Stadt- bzw. Quartiersentwicklung. Marlene Haas war von 2014 bis 2018 ehrenamtliche Vizepräsidentin der IHK Frankfurt am Main, wo sie die Gründung und den Aufbau des Kompetenzzentrums Nachhaltigkeit initiierte. Heute ist sie ehrenamtliche Aufsichtsrätin der OEKOGENO SWH eG, Mitglied beim Runden Tisch BNE des Landes Hessen und Beiratsmitglied des kommunalen BNE-Vereins Umweltlernen Frankfurt e. V.

## Literatur


Hessisches Ministerium für Umwelt, Klimaschutz, Landwirtschaft und Verbraucherschutz (HMUKLV) (2018) Nachhaltigkeitsstrategie Hessen: Peer Review. https://www.hessen-nachhaltig.de/files/content/downloads/zeitstrahl/peer_review_zu_zehn_jahren_nachhaltigkeitsstrategie_hessen.pdf. Zugegriffen: 07. Nov. 2021

Luhmann N (1989, 1993) Gesellschaftsstruktur und Semantik, Studien zur Wissenssoziologie der modernen Gesellschaft, Bd. 3, Frankfurt a. M.

Pies I (2006) Nachhaltigkeit: eine semantische Innovation von welthistorischer Bedeutung. In: Pies I (Hrsg) Diskussionspapier Nr. 2006-12 des Lehrstuhls für Wirtschaftsethik an der Martin-Luther-Universität Halle-Wittenberg

Pies I (2009) Das ordonomische Forschungsprogramm. In: Pies I (Hrsg) Moral als Heuristik – ordonomische Schriften zur Wirtschaftsethik. wvb, Berlin, S 2–32

Pies I, Beckmann M, Hielscher S (2009) Sozialstruktur und Semantik – Ordonomik als Forschungsprogramm in der modernen (Welt-)Gesellschaft. In: Pies I (Hrsg) Diskussionspapier Nr. 2009-6 des Lehrstuhls für Wirtschaftsethik an der Martin-Luther-Universität Halle-Wittenberg

Statista (2020) Dossier: Kleine und mittlere Unternehmen (KMU) in Deutschland.

Umweltbundesamt (UBA) (2019) Untersuchung der ökologischen Bedeutung von Einweggetränkebechern im Außer-Haus-Verzehr und mögliche Maßnahmen zur Verringerung des Verbrauchs, Dessau-Roßlau.

# Wie aus Kaufmännern Ehrbare Kaufleute wurden

## Impulse der IHK Wiesbaden zu den SDGs und nachhaltigem Wirtschaften

Sabine Meder und Melanie Dietz

**Zusammenfassung**

Vom Ehrbaren Kaufmann zu den Ehrbaren Kaufleuten, vom Mittelalter ins 21. Jahrhundert: Am Beispiel der Industrie- und Handelskammer (IHK) Wiesbaden zeigt sich, woran Unternehmen in der stark vom Mittelstand geprägten Wirtschaftsregion ihr Handeln ausrichten. „Ein Handschlag gilt" aus dem Mittelalter spielt nach wie vor eine Rolle. Ebenso orientieren sich Unternehmen aber auch an neuen Werten. Dazu gehört ein klares Bekenntnis zur Demokratie – und, dass sich die vielen ehrenamtlich in der IHK engagierten „Kauffrauen" vom „Kaufmann" nicht repräsentiert fühlen. Die Unternehmen der Region Wiesbaden haben deshalb im Jahr 2014 ein eigenes „Leitbild Ehrbarer Kaufleute" entwickelt und dieses im Jahr 2019 fortgeschrieben. Es braucht starke Netzwerke und neue Formen der Kommunikation, um die Haltung dahinter in die Breite zu tragen – dafür lassen die Landeshauptstadt Wiesbaden und die IHK sogar die 17 Nachhaltigkeitsziele der Vereinten Nationen auf Bierdeckel drucken.

S. Meder (✉) · M. Dietz
Industrie- und Handelskammer Wiesbaden, Wiesbaden, Deutschland
E-Mail: s.meder@wiesbaden.ihk.de

M. Dietz
E-Mail: melanie.dietz@rheinhessen.ihk24.de



A. Trischler und S. Böhling (Hrsg.), *CSR in Hessen*, Management-Reihe Corporate Social Responsibility, https://doi.org/10.1007/978-3-662-63004-4_48

## 1 Was ist ein ehrbarer Kaufmann?

„Mein Sohn, sey mit Lust bey den Geschäften am Tage, aber mache nur solche, dass wir bey Nacht ruhig schlafen können.“ (Thomas Mann, Buddenbrooks, 1930)

„CSR? Damit habe ich nichts zu tun.“ Sagt ein Garten- und Landschaftsbauer, der dem Magazin der IHK Wiesbaden ein Statement zum gesellschaftlichen Beitrag seines Betriebs geben sollte – und der sich am Aktionstag „Wiesbaden engagiert“ beteiligt, seinen Mitarbeitern regelmäßige Weiterbildungen ermöglicht, regionale Pflanzen bevorzugt und seinen Kunden Alternativen zu Tropenholz anbietet.

Unternehmen übernehmen an vielen Stellen Verantwortung für die Auswirkungen ihres Handelns auf die Gesellschaft. Die Begriffe dafür sind allerdings besonders für mittelständische Betriebe mitunter weit weg. Nicht jedoch die Handlungen, die dahinter stehen: In Industrie- und Schwellenländern haben sich in den vergangenen zwei Jahren neun von zehn Mittelständlern nicht nur für ökonomische, sondern auch für soziale oder ökologische Ziele engagiert. Dabei geht es vor allem darum, gute Arbeitsbedingungen sicherzustellen, aber auch um den schonenden Umgang mit Ressourcen: Das zeigt eine Sonderauswertung des KfW-Wettbewerbsindikators 2016, für den mehr als 3100 Unternehmen in zehn wichtigen Volkswirtschaften Europas und der Welt unter anderem zu ihrem Engagement im Bereich Corporate Social Responsibility befragt wurden (Abel-Koch 2016).

Greifbarer als die Begriffe ist auch die Haltung dahinter. Schließlich standen schon die ersten Kaufleute im Mittelalter vor einigen Herausforderungen: „So erwies es sich als schwierig für Handelsreisende, dass sie auf ihren Reisen an jedem Ort Fremde waren und zudem das Vorurteil gegen sich hatten, in betrügerischer Absicht zu agieren. Auch der Umstand, dass ein Stadtbewohner, der Ansprüche gegen einen Kaufmann hatte, diese Ansprüche bei jedem anderen Kaufmann befriedigen konnte, erschwerte das Leben der Kaufleute.“ (Lin-Hi 2015) Das führte dazu, dass sich Kaufleute zu Gemeinschaften zusammenschlossen – die Urform der kaufmännischen Selbstverwaltung war entstanden, und damit auch Beweis- und Gerichtsverfahren und das Kaufmannsrecht von „Treu und Glauben“.

Es entwickelten sich Verhaltensnormen, damit die einzelnen Kaufmänner nicht gegen die Interessen der Kaufmannsgemeinschaft verstießen. Handelte ein Kaufmann im Einklang mit den Normen, konnte er sich ehrbar nennen und von diesem Ruf profitieren – handelte er dagegen, wurde er im schlimmsten Falle aus der Gemeinschaft ausgeschlossen: „Der Erfolg des Kaufmanns wurde damit nicht nur durch praktische Fähigkeiten wie Lesen, Rechnen oder Schreiben sowie Talenten wie sozialer Empathie, Intelligenz, Kommunikationsfähigkeit oder wirtschaftlichem Geschick beeinflusst, sondern ebenso durch ethische Kompetenzen. Tugenden wie Integrität, Aufrichtigkeit oder Anstand ließen den Kaufmann ehrbar werden. Der Ehrbare Kaufmann zeichnete sich dadurch aus, dass sein Wort jederzeit Gültigkeit besaß und man sich auf seine Aussagen verlassen konnte. Durch unehrenvolles Verhalten wie zum Beispiel Betrug oder

Täuschung verlor der Kaufmann seinen guten Ruf und das Vertrauen seiner Kunden, was unweigerlich zu seinem Ruin führte. Insofern lässt sich formulieren, dass die Ehre des Kaufmanns für selbigen eng mit seinem wirtschaftlichen Erfolg verflochten war und damit einen zentralen Vermögenswert darstellte." (Lin-Hi 2015).

## 2 Wie kommt der „Ehrbare Kaufmann" in die IHK Wiesbaden?

Über Jahrhunderte hinweg haben Kaufleute das Leitbild des Ehrbaren Kaufmanns geprägt – und gemeinsam dafür Sorge getragen, dass es eingehalten wurde. Der Gesetzgeber hat diese Aufgabe 1956 den Industrie- und Handelskammern übertragen: Sie erhalten an erster Stelle im IHK-Gesetz den Auftrag, „für Wahrung von Anstand und Sitte des ehrbaren Kaufmanns zu wirken" (§ 1 Abs. 1 IHKG). Der „Ehrbare Kaufmann" ist also schon per Gesetz fest bei der IHK Wiesbaden verankert, ebenso wie bei den zehn hessischen und den insgesamt 79 Industrie- und Handelskammern bundesweit.

Was unternehmen die IHKs, um diesem Auftrag gerecht zu werden? Sie engagieren sich gegen unlauteren Wettbewerb und gegen Produkt- und Markenpiraterie. Sie sorgen dafür, dass Unternehmen ihre Konflikte auch ohne Gericht beilegen können, etwa mit eigenen Mediationsstellen oder der „Einigungsstelle für Wettbewerbsstreitigkeiten". Sie prüfen die Zuverlässigkeit von ehrenamtlichen Handelsrichtern, vermitteln wirtschaftliches Fachwissen, beraten zu Zoll- und Exportfragen. Sie unterstützen Gründer. Und sie entwickeln Standards der beruflichen Aus- und Weiterbildung, organisieren die Zwischen- und Abschlussprüfungen und stellen fest, ob Betriebe für eine Ausbildung geeignet sind. Allein bei der IHK Wiesbaden sorgen mehr als 800 ehrenamtliche Prüfer für Praxisnähe. Auszubildende gehen als „Ausbildungsbotschafter" an die Schulen, um Jugendlichen berufliche Orientierung zu geben. Ein „Willkommenslotse" unterstützt Betriebe bei der Ausbildung und Beschäftigung von Geflüchteten.

Im Jahr 2014 ist die IHK Wiesbaden noch einen Schritt weiter gegangen: Die IHKs werden getragen durch das ehrenamtliche Engagement der Unternehmerinnen und Unternehmer in ihrer Region – und durch ihren Beschluss wurde 2014 in Wiesbaden der bundesweit erste IHK-Ausschuss „Gesellschaftliche Verantwortung" gegründet. Dieses Gremium mit seinen Vertretern aus Wirtschaft, Politik und Gesellschaft hatte die Aufgabe, die gewählte IHK-Vollversammlung, das „Parlament der Wirtschaft", zum Thema gesellschaftliche Verantwortung zu beraten. Dazu sollten gute Beispiele sichtbar gemacht, Akteure vernetzt und Betriebe dabei unterstützt werden, verantwortungsvolle Unternehmensführung systematisch im eigenen Betrieb zu verankern.

Die Gründung des Ausschusses fiel in eine Zeit, in der Diskussionen um die Verantwortung von Unternehmen die Schlagzeilen bestimmten. Die Wirtschafts- und Finanzkrise hatte das Vertrauen in die Wirtschaft und ihre Akteurinnen und Akteure erschüttert, Politik und Wirtschaft diskutierten die CSR-Strategie 2011–2014 der Europäischen Kommission. Deren Ziel war klar definiert: „Die Kommission will die Unternehmen in der EU veranlassen, ihr soziales und ökologisches Engagement (Corporate Social Responsibility, CSR) deutlich zu verstärken." Im April 2014 hatte das Europäische Parlament in diesem Zuge den „Transparenzregeln für Unternehmen von öffentlichem Interesse und mit über 500 Mitarbeitern" zugestimmt und diese verpflichtet, zu Nachhaltigkeitskriterien zu berichten. Dass von diesen sogenannten CSR-Berichtspflichten dann ebenso deren Dienstleister und Zulieferer betroffen sein würden, beschäftigte auch mittelständische Betriebe bei der IHK Wiesbaden.

Ähnlich wie im Mittelalter galt es, Vertrauen zurückzugewinnen – und einen gemeinsamen Orientierungsrahmen zu finden. Am Anfang stand die Frage: War der „Ehrbare Kaufmann" dafür noch der richtige Ausgangspunkt?

## 3 Vom Kaufmann zu den Kaufleuten – Unternehmen entwickeln ihr eigenes Leitbild

Der „Ehrbare Kaufmann" ist im IHK-Gesetz verankert, er hat den Kaufleuten über Jahrhunderte hinweg Orientierung gegeben – und die Grundlage für ihren Erfolg gelegt. Passt er auch ins 21. Jahrhundert? Wie ehrbar können die heutigen Kaufmänner im globalen Wettbewerb sein? Und was ist mit den Kauffrauen?

Die 18 Mitglieder des IHK-Ausschusses „Gesellschaftliche Verantwortung", darunter sieben Unternehmerinnen und eine Vertreterin der Landeshauptstadt, waren sich schnell einig, dass sie sich von den „Kaufmännern" allein nicht repräsentiert fühlen – einstimmig fiel die Entscheidung für den Begriff der „Ehrbaren Kaufleute". Doch auch wenn Entwicklungen wie Digitalisierung, Globalisierung, demografischer Wandel und Ressourcenknappheit für die Handelsleute im Mittelalter noch nicht die Rolle spielten wie für ihre Nachfahren, so sahen die Mitglieder des IHK-Ausschusses deren Werte nach wie vor als aktuell an. Für ihr Leitbild hielten sie im Jahr 2014 fest: „Ehrbare Kaufleute stehen zu ihrem Wort, ihr Handschlag gilt. (…) Sie sind Vorbild in ihrem Handeln, (…) halten sich an das Prinzip von Treu und Glauben, (…) legen ihr unternehmerisches Wirken langfristig und nachhaltig an." Wichtig war es den Unternehmerinnen und Unternehmern dabei, den Handlungsrahmen auf die Herausforderungen des 21. Jahrhunderts anzupassen. Zum „Handschlag" kamen neue Felder für verantwortungsbewusste Unternehmer: „(Sie) gestalten die Grundlage für ein offenes, diskriminierungsfreies Arbeitsumfeld, (…) treten auch im internationalen Geschäft für ihre Werte ein."

Das neu definierte Leitbild wurde von der Vollversammlung der IHK Wiesbaden im Dezember 2014 einstimmig verabschiedet – als Richtschnur für das eigene Handeln, als Appell und als Grundlage für weitere Unternehmen, daraus ein eigenes Leitbild zu entwickeln: „(…) Daher setzt sich die IHK Wiesbaden gemeinsam mit ihren Mitgliedsunternehmen dafür ein, dass sich Unternehmer und Führungskräfte zu ihrer wirtschaftlichen, sozialen und ökologischen Verantwortung bekennen und danach handeln." Dabei geht es darum, den Erfolg des eigenen Unternehmens langfristig zu sichern und gleichzeitig im Einklang mit seiner Umwelt zu wirtschaften: „Kein Unternehmen agiert im luftleeren Raum – es braucht ein gesundes gesellschaftliches Umfeld. Dieses mitzugestalten liegt also im ureigenen Interesse", machte die damalige Ausschuss-Vorsitzende Elisabeth Ganss deutlich (IHK Wiesbaden 2015).

Die Haltung war also formuliert – und der Ausschuss stand damit vor drei neuen Herausforderungen: Wie trägt man solche Grundsätze in die Breite der Wirtschaft? Wie sorgt man dafür, dass sie aktuell bleiben? Und wie kann man Unternehmen dabei unterstützen, aus den Haltungen Handlungen zu machen, auch unter Zeit-, Kosten- und Wettbewerbsdruck?

Dafür brauchte es Netzwerke, Öffentlichkeitsarbeit und Unternehmerinnen und Unternehmer, die bereit waren, Leitbild und Werte immer wieder neu zu überprüfen. Besonders bei den kleinen und mittleren Betrieben waren Strategien gefragt, etwa in Form eines CSR-Managements. Schließlich ging es auch darum, in Werte zu investieren, die in den Finanzkennzahlen in der Regel nicht sichtbar werden: in Verlässlichkeit, Integrität, Aufrichtigkeit, Anstand und Fairness. Doch schon die Ehrbaren Kaufmänner wussten, dass sie als immaterielle Vermögenswerte die Grundlage für künftige Erträge legen.

## 4 Ehrbare Kaufleute, globale Ziele und Bierdeckel – aus dem Mittelalter in die Zukunft

Alle fünf Jahre wird die IHK-Vollversammlung, das „Parlament der Wirtschaft", neu gewählt – alle fünf Jahre können die ehrenamtlich engagierten Unternehmerinnen und Unternehmer auch mit ihren Ausschüssen neue Schwerpunkte setzen. Im Jahr 2019 wurde so aus dem Ausschuss „Gesellschaftliche Verantwortung" der Ausschuss „Nachhaltige Wirtschaft". Damit wurde das Ziel des Gremiums direkt in seinem Namen sichtbar, außerdem sollte der Begriff den Fokus weiten und deutlich machen, dass zukunftsfähiges Wirtschaften alle Unternehmensbereiche umfasst.

„Das Thema Nachhaltigkeit betrifft uns alle, denn wir müssen ein vitales Interesse daran haben, dass der Planet in einem lebenswerten Zustand erhalten bleibt. Deshalb gehört die Diskussion um Nachhaltigkeit nicht nur in die Hörsäle und auf die politische Bühne, sondern in die Mitte der Gesellschaft und in die Betriebe", hatte die Ausschussvorsitzende Anke Trischler bereits ein Jahr zuvor in einem Interview klargestellt (IHK Wiesbaden 2018).

Die Diskussion war direkt zum Start des neu getauften Ausschusses eröffnet, mit der Frage: War das Leitbild von 2014 nach wie vor aktuell? Die Mitglieder waren sich einig, den Kompass für ihr Handeln auf den Prüfstand zu stellen und, wenn nötig, neu auszurichten.

Angesichts zunehmender demokratiefeindlicher Tendenzen und eines stärkeren Extremismus in der Gesellschaft beschloss der Ausschuss, aus der regionalen Wirtschaft heraus ein starkes Zeichen entgegenzusetzen. Das „Leitbild Ehrbarer Kaufleute" wurde erneuert und von der IHK-Vollversammlung im Dezember 2019 einstimmig verabschiedet. Dabei stellten die gewählten Wirtschaftsvertreter Weltoffenheit und Toleranz als zentrale Werte und als Basis ihres wirtschaftlichen Erfolgs in den Mittelpunkt: „Jede Form von Diskriminierung widerspricht nicht nur ethischen Grundsätzen, sondern auch den Grundsätzen der Sozialen Marktwirtschaft.“[1]

Den Kompass für ihr Handeln ergänzten die Unternehmerinnen und Unternehmer durch ein klares Bekenntnis zu Demokratie und Rechtsstaat sowie zur eigenen Verantwortung in Wirtschaft, Umwelt und Gesellschaft. „Wir gehen mit gutem Beispiel voran, leben verantwortungsbewusstes Wirtschaften und Handeln vor und fordern dies auch von unseren Mitarbeitern ein“, heißt es in dem Beschluss, den die IHK zum Jahresauftakt 2020 an die Medien und über ihre sozialen Netzwerke kommunizierte. Beim anschließenden IHK-Neujahrsempfang gehörten Werte und Demokratie – und auch das Leitbild selbst – zu den zentralen Themen der offiziellen Reden von Digitalministerin, IHK-Präsident, Oberbürgermeister und Landrat.

Der Hessische Industrie- und Handelskammertag (HIHK) als Dachorganisation der zehn Industrie- und Handelskammern trägt Kerngedanken dieses Leitbildes weiter: „Die hessischen Unternehmerinnen und Unternehmer verstehen sich als ehrbare Kaufleute und beachten in ihrem unternehmerischen Handeln Ökonomie, Ökologie und Soziales. Sie stehen für eine verantwortungsvolle Teilnahme am Wirtschaftsleben. Dabei gelten nach wie vor die bewährten Tugenden der ehrbaren Kaufleute wie Verlässlichkeit, Ehrlichkeit, Glaubwürdigkeit, Loyalität und Respekt“, heißt es in der „Grundsatzposition Nachhaltigkeit“ des Hessischen Industrie- und Handelskammertags (HIHK 2020). So arbeiten die Industrie- und Handelskammern in Hessen und die Ministerien gemeinsam an dem Ziel, nachhaltiges und verantwortliches Wirtschaften zu fördern: „In Zukunft wird die Wettbewerbsfähigkeit von Unternehmen zunehmend von ihrem Beitrag zu einer nachhaltigen Entwicklung unserer Gesellschaft abhängen. (…) Um die Nachhaltigkeitsziele der Vereinten Nationen zu erreichen, sind Politik, Wirtschaft und Gesellschaft gemeinsam gefordert.“

Damit ist das Leitbild in einen globalen Kontext gestellt: Als Kompass dienen die 17 Nachhaltigkeitsziele (Sustainable Development Goals, SDGs), die von den Vereinten Nationen im September 2015 beschlossen wurden – sie definieren erstmals universell gültige Ziele für eine nachhaltige Entwicklung. Denn sie dienen weltweit als Orientierung, um globale Herausforderungen zu bewältigen – für Regierungen, Zivilgesellschaft, Wirtschaft und Wissenschaft. In der Präambel heißt es: „Die Agenda 2030 verpflichtet uns, den Planeten zu schützen, damit auch künftige Generationen ein gutes Leben in einer intakten Umwelt führen können.“

▶ Für Unternehmen können die Nachhaltigkeitsziele zu Leitplanken für die Weiterentwicklung ihrer Geschäftsstrategie werden – damit führen sie die Tradition der Ehrbaren Kaufleute fort, das eigene Handeln langfristig anzulegen, mit Blick auf dessen Folgen für die gesamte Gesellschaft.

[1] Vgl.: ihk-wiesbaden.de/leitbild.

**Abb. 1** Gert-Uwe Mende (Schirmherr 2020), Dr. Christian Gastl (Schirmherr 2021); Foto: Andreas Schlote

Doch wie macht man diese Ziele greifbar – und was kann jeder Einzelne dazu beitragen? Die Landeshauptstadt und die IHK Wiesbaden haben die 17 Ziele im Jahr 2020 auf Bierdeckel gedruckt und sie so zum Gesprächsthema gemacht: Am „6. Hessischen Tag der Nachhaltigkeit" im September 2020 wurde die Kampagne in den Räumen der IHK vorgestellt. Dabei hat IHK-Präsident Dr. Christian Gastl die Schirmherrschaft für die Kampagne 2021 von Oberbürgermeister Gert-Uwe Mende übernommen (Abb. 1 und 2).

> „Die Ziele sind Herausforderung und Chance für unsere Betriebe – sie setzen Maßstäbe für verantwortungsvolles und zukunftsorientiertes Unternehmertum",

betonte IHK-Präsident Dr. Christian Gastl. „Damit können wir das Thema Nachhaltigkeit noch breiter in der Wirtschaft unserer Region verankern."
Bei der 17-Ziele-Bierdeckelkampagne handelt es sich um eine Aktion, die Studierende der Rheinischen Fachhochschule in Köln in Kooperation mit der Engagement Global gGmbH entwickelt haben. Sie läuft deutschlandweit in unterschiedlichen Städten und Bundesländern, von Berlin bis Bayern[2]. Bei der Suche nach den Zielen auf Hessisch

[2] www.17ziele.de / www.17ziele-hessen.de

**Abb. 2** SDG-Bierdeckel à la hessisch, Foto: Andreas Schlote

konnte sich im Jahr 2020 jeder beteiligen – über die Internetseite der Landeshauptstadt Wiesbaden waren dazu Vorschläge gesammelt worden[3].

Die IHK hat die Kampagne gemeinsam mit der Landeshauptstadt nicht nur über die Medien, sondern auch über ihre sozialen Netzwerke weitergetragen: Nach dem offiziellen Start am „Tag der Nachhaltigkeit" wurde über 17 Wochen hinweg immer eine Persönlichkeit mit einem 17-Ziele-Bierdeckel auf Facebook und Instagram gepostet – vom Astronauten und dem Agenturchef über die Mode-Bloggerin bis hin zum IHK-Präsident, dem Wiesbadener Oberbürgermeister und dem hessischen Ministerpräsidenten. Auszubildende der IHK Wiesbaden gestalteten die Kampagne, die pro Post allein über die IHK-Kanäle gut 1000 Menschen erreichte (Abb. 2).

Ermöglicht hatte die Bierdeckelaktion ein Projektteam gemeinsam mit der Studentin und Initiatorin Christina Kunkel, bestehend aus dem Entwicklungspolitischen Netzwerk Hessen (EPN e. V.), dem Wiesbadener Umweltamt sowie den ehrenamtlich Engagierten Sabine Böhling (sb$^2$-concepts) und Anke Trischler, Vorsitzende des Ausschusses Nachhaltige Wirtschaft der IHK Wiesbaden.

[3] www.wiesbaden.de/leben-in-wiesbaden/umwelt/umweltberatung/17-ziele-nachhaltige-Entwicklung.php

Die Kampagne ist in der Region Wiesbaden und hessenweit auch – und möglicherweise sogar gerade – im Jahr der COVID-19-Pandemie auf besondere Resonanz gestoßen. Jedoch zeigt der Bericht der Vereinten Nationen 2020, dass viele der 17 Ziele durch die Pandemie einen deutlichen Rückschlag erlitten haben (United Nations 2020). Hinzu kommt, dass die Fortschritte auch bereits vor der Krise aus Sicht der UN nicht ausreichten, um die Ziele bis 2030 zu erreichen. „Weder das Tempo noch der Umfang der Veränderungen waren ausreichend. Jetzt gefährdet mit COVID-19 eine beispiellose gesundheitliche, wirtschaftliche und soziale Krise Menschenleben und Existenzgrundlagen und gestaltet die Erreichung der Ziele noch schwieriger", schreibt UN-Generalsekretär António Guterres in seinem Vorwort. Sein Appell: „Die COVID-19-Pandemie hat die Agenda 2030 für nachhaltige Entwicklung in ihren Grundfesten erschüttert. Dennoch müssen wir an unseren Überzeugungen festhalten und dürfen nicht zulassen, dass die Krise unsere Hoffnungen und Bestrebungen zunichtemacht. Die Grundprinzipien der Nachhaltigkeitsziele sind nämlich der Schlüssel dafür, gestärkt aus der COVID-19-Krise hervorzugehen." (United Nations 2020)

## 5 Fazit

Das eigene Handeln langfristig auslegen, mit Blick auf die Folgen für die Gesellschaft – der „Ehrbare Kaufmann" aus dem Mittelalter bleibt aktuell. Um das Leitbild in die Zukunft zu tragen, müssen die Gedanken und Haltungen dahinter immer wieder neu konkretisiert werden – mit Blick auf die aktuellen Entwicklungen in Wirtschaft, Umwelt und Gesellschaft. Das geht bis zur Neufassung des Begriffs als „Leitbild der Ehrbaren Kaufleute". Mit den 17 Nachhaltigkeitszielen der Vereinten Nationen erhält das Leitbild einen breiteren, globalen Rahmen. Um die Grundsätze und Ziele in die Breite der Wirtschaft zu tragen, braucht es Netzwerke, Öffentlichkeitsarbeit und Unternehmerinnen und Unternehmer, die bereit sind, Leitbild und Werte immer wieder neu zu überprüfen – und aus Haltungen Handlungen zu machen. Dafür sind Instrumente und Strategien gefragt, etwa in Form eines CSR-Managements. Die Industrie- und Handelskammern mit ihrer Verankerung in der Region, ihrem bundes- und weltweiten Netzwerk und ihren zahlreichen ehrenamtlich engagierten Unternehmerinnen und Unternehmern können hier einen entscheidenden Beitrag leisten.

**Sabine Meder** ist seit 2019 Hauptgeschäftsführerin der Industrie- und Handelskammer (IHK) Wiesbaden. Der IHK-Ausschuss Nachhaltige Wirtschaft ist einer von drei Ausschüssen, die sie als Schwerpunkte verantwortet. Gestartet ist die Diplomkauffrau 2015 in Wiesbaden als Geschäftsführerin Finanzen und Organisation. Zuvor war sie stellvertretende Leiterin Finanzen und Organisation bei der IHK Frankfurt am Main. Vor ihrem Wechsel nach Frankfurt leitete sie den Bereich Finanzen und Berichtswesen der Landeshauptstadt Potsdam. Ihre Karriere begann Sabine Meder bei der Wirtschaftsprüfungsgesellschaft PwC in Berlin.

**Melanie Dietz** war bis März 2021 Leiterin Kommunikation und Pressesprecherin der Industrie- und Handelskammer (IHK) Wiesbaden. Als fachliche Leiterin des IHK-Ausschusses Nachhaltige Wirtschaft war sie für die Entwicklung der Themen CSR und Nachhaltigkeit in der IHK verantwortlich. Die Journalistin kam 2005 zur IHK Wiesbaden, nach einem Volontariat bei der Tageszeitung Darmstädter Echo sowie Stationen beim ZDF und weiteren regionalen und überregionalen Tageszeitungen. Sie hat die Gründung des bundesweit ersten IHK-Ausschusses Gesellschaftliche Verantwortung im Jahr 2014 vorbereitet und als fachliche Leiterin begleitet. Seit April 2021 ist sie Abteilungsleiterin Kommunikation bei der IHK für Rheinhessen.

## Literatur


Abel-Koch J (2016) KfW-Wettbewerbsindikator 2016 – Sonderauswertung. KfW Research, Frankfurt a. M.

HIHK (2020) Hessischer Industrie- und Handelskammertag. Grundsatzposition Nachhaltigkeit (Blueprint). http://www.hihk.de/blueprint/servlet/resource/blob/4900402/9c6e0a277e35efb77dc375a74a64802d/entwurf-grundsatzposition-nachhaltigkeit-data.pdf. Zugegriffen: 23 Dez 2020

IHK Wiesbaden (2015) „Kein Betrieb agiert im luftleeren Raum", Interview zum Titelthema Gesellschaftliche Verantwortung. In: IHK Wiesbaden (Hrsg) Hessische Wirtschaft – das IHK-Magazin für Wiesbaden, Rheingau-Taunus, Hochheim, Ausgabe 06/2015

IHK Wiesbaden (2018): „Das Thema Nachhaltigkeit betrifft uns alle". Interview zum Titelthema Moral. In: IHK Wiesbaden (Hrsg) Hessische Wirtschaft – das IHK-Magazin für Wiesbaden, Rheingau-Taunus, Hochheim, Ausgabe 06/07/2018, „Das Thema Nachhaltigkeit betrifft uns alle".

Lin-Hi N (2015) Der Ehrbare Kaufmann, Industrie- und Handelskammer Nürnberg für Mittelfranken, Nürnberg

Mann T (1930) Buddenbrooks. Verfall einer Familie. S. Fischer, Berlin

United Nations (2020) Ziele für nachhaltige Entwicklung – Bericht 2020. New York

# Die nachhaltige Transformation braucht gutes Design und Designer mit Haltung und Mut

Joe Kaiser

**Zusammenfassung**

Design bzw. die damit verbundene Denkmethodik ist in der Lage, komplexe Aufgabenstellungen bei der Gestaltung von Produkten und Dienstleistungen zu bewältigen und immer wieder Neues zu denken und zu gestalten. Die Entdeckung des Nutzwertes durch Design brachte in den 1980er- und 1990er-Jahren einen enormen Wachstumsschub. Viele Produkte wurden durch Design für den Nutzer verbessert, vereinfacht, komfortabler und stylischer gemacht. In Verbindung mit technologischen Innovationen hat Design dafür gesorgt, dass immer schneller, immer neue Produkte auf den Markt gebracht und damit eine Wachstumsspirale angekurbelt wurde, die uns heute vor enorme, vor allem ökologische Probleme stellt. Deshalb brauchen wir ein neues Designdenken, das komplexe, nachhaltige und soziale Faktoren in die Entwicklung neuer Produkte, Dienstleistungen und Wertschöpfungsmodelle einfließen lässt und das nachhaltiges, verantwortliches Verhalten fördert und einen zukunftsfähigen Wohlstand ermöglicht.

## 1 Design ist immer politisch

Design gibt Werten, Verhaltens- und Denkmustern und auch Gesellschaftsmodellen Formen, Funktionen und Emotionen. Wenn Designer für die Automobilindustrie heute mächtige SUV mit männlich-martialischer Ästhetik entwerfen, dann werden damit

J. Kaiser (✉)
re:nu sustainable culture, Schlangenbad, Deutschland
E-Mail: joe.kaiser@re-nu.de

 
A. Trischler und S. Böhling (Hrsg.), *CSR in Hessen,* Management-Reihe Corporate Social Responsibility, https://doi.org/10.1007/978-3-662-63004-4_49

einem konservativen Gesellschaftsbild Statussymbole gegeben und ein bestimmtes Wertesystem gestärkt. Andersherum kann Design dabei helfen, Verhaltensmuster zu verändern, gesellschaftliche und kulturelle Transformationen anzustoßen. Das iPhone von Apple beispielsweise hat den Umgang der Menschen mit Information und Vernetzung grundsätzlich verändert und tief in unsere Alltagskultur und Wertschöpfungsmodelle eingegriffen – das wäre ohne dessen Designkonzept nicht möglich gewesen.

> „Die Realität ist kompliziert, und es ist illusorisch zu glauben, dass sie durch Design einfacher wird. Das Credo von traditionellem Design ist es, komplexe Sachverhalte einfach darzustellen. Das Design der Zukunft ist mit der Frage konfrontiert, wie wir Komplexität aushalten und gestalten können.“ (Pfeffer 2014)

## 1.1 Design als Wachstumsmotor

Es war die neoliberale Philosophie, die unbegrenztes, schnelles Wachstum als Wohlstandsbringer für die ganze Welt pries. Die Aufgabenstellung der Industrie hieß in dieser Zeit vor allem, effizienter zu produzieren und schnellere Produktevolutionen einzuführen und diese auch zu verkaufen. Das war der Siegeszug des Designs. Design bzw. die damit verbundene Denkmethodik ist in der Lage, komplexe Aufgabenstellungen bei der Gestaltung von Produkten und Dienstleistungen zu bewältigen und immer wieder Neues zu denken und zu gestalten.

Design versprach den Konsumenten mehr Nutzen, mehr Komfort, mehr Individualität, mehr Style und vor allem mehr Selbstwertgefühl. Es wurden immer neue Produkte und neue Verpackungen designt, mit neuen Materialien und neuen Fertigungstechniken gearbeitet und sogar neue Finanzprodukte designt, wie Leasing oder Konsumentenkredite, mit denen die Menschen den entstehenden Überfluss auch leicht und sorglos finanzieren konnten.

**Design entdeckte den Nutzwert.**

Viele Produkte wurden durch Design auch tatsächlich verbessert, weil Design vor allem den Nutzer und nicht nur die technische Machbarkeit im Blick hatte. Denken wir nur an Fahrzeuge, Haushaltsgeräte, Medizintechnik, Gebäude, Computertechnologie, die heute für den Nutzer in vielerlei Hinsicht weit besser, sicherer, komfortabler, leistungsfähiger geworden sind als noch in den 1980er- und 1990er-Jahren. Und in Kombination mit neuer digitaler Informationstechnologie eröffnete Design ganz neue Geschäftsmodelle und Wertschöpfungsmöglichkeiten. Unser vernetzter Alltag wäre ohne eines der wichtigsten Designunternehmen der letzten Jahrzehnte, Apple, nicht möglich gewesen.

Design wurde hipp. Design formulierte den eigenen Anspruch an die Lebensqualität und zeigte einen hohen Status quo. Neue Materialien sowie Funktionen und vor allem deren Kombinationen mit modernen Technologien schufen fast unendliche neue

Möglichkeiten, neue Styles sowie ganz neue Wertschöpfungsmodelle und Geschäftsfelder. „Design Thinking" wurde zum Inbegriff für Innovationsfähigkeit von Unternehmen und Organisationen.

**Aber nicht alles, was neu ist, ist auch wirklich gut und sinnvoll.**

Die Jagd nach Neuem brachte immer schneller „neue" Designs auf den Markt und machte die Vorgänger, so gut sie auch gemacht gewesen sein mögen, in einer rasanten Geschwindigkeit zu altem Kram. Einzig allein, um immer schnelleren und höheren Warenumsatz zu erzielen. Ökologische, soziale und ethische Kriterien wurden diesem Wohlstandsmodell gerne untergeordnet bzw. bei dessen Bewertung gar nicht betrachtet. Design ist zum Symbol einer sich selbst überholenden Wirtschaft geworden und damit auch für Ressourcenausbeutung, Umweltverschmutzung und sozialer Ungleichheit – weit entfernt von der ursprünglichen Aufgabenstellung von Design, die Dinge sinnvoller und besser zu gestalten.

## 1.2 Die Rolle von Design in der nachhaltigen Transformation

Wollen wir die Gesellschaft und Wirtschaft nachhaltig transformieren, ist es deshalb notwendig, beim Design anzufangen. Der Industriedesigner Fritz Frenkler, ehemals Frog Design, die die frühen Apple-Computer entwarfen, sagte in einem Interview zur Aufgabe des Designs: „Es geht meiner Meinung nach nicht darum, ständig neue Bedürfnisse zu wecken und für Tausende von Menschen verschiedene Formen zu entwickeln. Es geht darum, dass Design die Aufgabe hat, den Prozess einer Produktentwicklung zu moderieren. Und das Ziel von Design ist es, sinnvolle Produkte für Menschen zu machen. Da müssen wir so manche unserer Handlungsweisen überdenken." (Lilligreen 2012)

Welche Rolle aber spielt Design, wenn das Erschaffen, das Herstellen immer neuer Dinge an ökologische, ethische und soziale Grenzen stoßt?

Produzieren und konsumieren wir nur noch gut designte Produkte? Tauschen wir schlechte Materialien einfach durch gute, zum Beispiel recyclebare aus? Lassen wir all die Produkte zudem fair ohne soziale Ausbeutung produzieren?

Diese Fragestellungen werden von vielen Design- und Nachhaltigkeitsexperten bereits diskutiert und in Systeme und Modelle wie Cradle to Cradle, Kreislaufwirtschaft oder Eco-Design überführt.

**Warum die nachhaltige Transformation andere Designkonzepte braucht.**

So wie Design in den 1980er-, 1990er-Jahren eine neue Produktära geschaffen hatte, in der Nutzen, Komfort, Individualität und Style im Vordergrund standen, kann Design heute dabei helfen, die neuen Paradigmen, die unserem zukünftigen Wohlstand zugrunde liegen werden, in sinnvollen Produkten und Dienstleistungen zu implementieren – und Kommunikationsmaßnahmen zu erschaffen, die Menschen auf diesem Weg mitnehmen und dazu motivieren, Verhaltens- und Bewertungsmuster zu verändern. Das bedeutet nicht das Abschaffen sinnvoller bestehender Wertmuster, sondern das Ergänzen mit neuen, zukunftsfähigen.

Mit gutem Design wird die nachhaltige Transformation auch kulturell einen großen Schritt nach vorne machen. Fehlt es hier an Designqualität, wird es an Akzeptanz bei den Menschen fehlen. Erfolgreiche nachhaltige Marken, wie zum Beispiel die deutsche Outdoormarke *VAUDE,* schaffen genau das: Sie kombinieren moderne Designansprüche in Form, Materialität, Funktion und Style mit nachhaltiger Produktion und darüber hinaus sogar mit dem Ansatz der Gemeinwohlökonomie, einem Wirtschaftssystem, das sich statt an Wachstum an Nachhaltigkeit und Solidarität orientiert (VAUDE 2020a).

Die Aufgabe von nachhaltigem Design ist also weitaus komplexer, weil mehr Kriterien im Designprozess beachtet werden müssen. Wenn sich bisher die Beurteilung von Design überwiegend auf das Produkt, die Form, Materialität und die Funktion bzw. Benutzbarkeit bezog, muss nachhaltiges Design sich auch mit dem Kontext des Produktes beschäftigen. Das heißt, mit der Art und Weise, wie es hergestellt, genutzt und verwertet wird – und welchen Sinn es macht.

Das Umweltbundesamt hat für die umweltgerechte Gestaltung eines Produktes die folgenden Eco-Design-Prinzipien definiert: Langlebigkeit, Reparierbarkeit, Materialeffizienz, Energieeffizienz, Problemstoffarmut, nachwachsende Rohstoffe und Kreislauffähigkeit (Umweltbundesamt 2015).

Auch namhafte Designorganisationen, wie der Deutsche Designer Club (DDC) und der Rat für Formgebung, beide mit Sitz in Frankfurt, Hessen, und der Deutsche Werkbund (bundesweit, auch in Frankfurt) diskutieren deshalb schon seit einiger Zeit in vielen Gremien und mit ihren Mitgliedern darüber, wie sich der Designbegriff verändern muss. Die Fragestellungen, die dort diskutiert werden, gehen weit über Produkte und klassische Designleistungen hinaus und dringen in den Kern unserer Konsum- und Industriekultur vor: Unter dem Titel „Was ist gut?" kommen im Podcast des DDC Stimmen aus allen Sparten des Designs, aus angrenzenden Disziplinen, aus Wissenschaft, Wirtschaft und Politik zu Wort (DDC 2020).

Wie müssen wir heute Qualität beurteilen? Was bedeutet nachhaltige Innovation? Diesen Fragestellungen geht der Deutsche Werkbund Hessen in Zusammenarbeit mit dem Frankfurter Designbüro Iconstorm in der Expertenrunde „Nachhaltige Innovation" (Iconstorm 2019) und dem „World Industrial Design Day 2020" (Iconstorm 2020) nach.

In diesem Diskurs kommt Designern – dazu werden in diesem Zusammenhang auch Architekten gezählt – ihre typische Denkweise zugute, Fragestellungen und die damit verbundenen Denkräume bewusst zu erweitern, um an den, meistens versteckten Kern der Aufgabenstellung zu gelangen. Designer können in Möglichkeiten und Konsequenzen denken und Vorstellbares visualisieren und verständlich machen. Das Design Thinking kann Komplexität verstehbar und handhabbar machen und dadurch Veränderungen von Denk- und Handlungsmuster anstoßen.

## 2 Transformative Handlungsfelder für Design

Wenn wir also davon ausgehen, dass wir grundlegende Parameter verändern müssen, um Gesellschaft und Wirtschaft wirklich nachhaltig zu transformieren, dann brauchen wir genau die Denkart von Design dazu: Paradigmen verändern, neue Möglichkeiten denken, die neue Wirklichkeiten werden. Und wir müssen das wieder hinzufügen, was in der neoliberalen Wachstumsfantasie der industriellen Kultur entnommen wurde: Haltung, Ethik und Moral.

„Jetzt sieht man, unter diesen besonderen Bedingungen, dass dieser Markt zum Schutz der Gesellschaft wenig beiträgt. Das ist die wichtigste Erkenntnis für mich und auch für uns als Designszene. Dass wir sehr viel stärker auf die Gesellschaft schauen müssen und nicht auf die Wirtschaft. Die Wirtschaft ist ein Teil der Gesellschaft und die Gesellschaft ist Teil der Natur. Genau in dieser Reihenfolge", sagt Georg-Christof Bertsch, Unternehmensberater und Professor für Interkulturelles Design an der HFG Offenbach und Mitglied im Beirat des Deutschen Designer Clubs, im Interview mit dem Titel „Warum ist Design eigentlich nicht systemrelevant?" (Bertsch 2020).

Wir brauchen also eine Veränderung im System. Eine solche Veränderung kann jedoch nicht nur in der Produktion erfolgen, sondern muss tief in die Wirtschaft und Gesellschaft getragen werden. In den folgenden Handlungsfeldern, die für eine zukunftsfähige Gesellschaft zwingend zusammengehören, kann Design bzw. Designmethodik heute einen maßgeblichen Beitrag leisten:

1. Sinnvolle und nachhaltig produzierte Produkte erschaffen
2. Verantwortungsvolles und selbstbestimmtes Verhalten fördern

### 2.1 Sinnvolle und nachhaltig produzierte Produkte

Eines der neuen Denkmodelle, das von Nachhaltigkeitsexperten und Designern in aller Welt diskutiert wird, ist das Modell der Circular Economy. Das Denken, Produzieren und der Nutzen in linearen Abläufen, an deren Ende immer die Entsorgung steht, wird von einem geschlossenen Kreislaufdenken und mit zirkulierender Wertschöpfung abgelöst. Das eröffnet radikale Lösungsansätze und kann ganz neue Produkt- und Dienstleistungstypen schaffen. Dabei geht es nicht nur um Produkt- und Materialkreisläufe, sondern auch um den Austausch von Informationen und Skills. Und darum, Produkte durch die Nutzung aufzuwerten bzw. nicht abzuwerten, wie das in den bisherigen linearen Wertschöpfungsmodellen der fall ist. Ansätze davon finden wir bereits in Recycling-, Upcycling-Produkten, im Blockchain- und Open-Source-Gedanken und der Sharing Economy.

Eng verbunden mit dem Modell der Kreislaufwirtschaft sind die 3R's, die wir aus der Abfallvermeidungsstrategie kennen und die bereits in den 1970er-Jahren vom niederländischen Politiker Ad Lanslink entwickelt wurden: **Re-duce, Re-use und Re-cycle.**

Aus diesen drei Prinzipien lassen sich sehr gut Aufgabenstellungen für Designprozesse neuer Produkte ableiten:

### 2.1.1 Re-duce – Reduktion

Das Reduzieren von Unwichtigem, Sinnlosem, von Zuviel ist die wichtigste dieser drei Prinzipien und sollte deshalb auch am höchsten priorisiert werden. Denn neben ökologischen Argumenten, die für eine Reduktion sprechen, gibt es jedoch noch weitere Fragestellungen, warum das auf immer „mehr" basierende Prinzip unseres Wohlstands transformiert werden sollte.

Überflüssige oder zu viele Dinge machen das Leben nicht wirklich schöner, wertvoller, besser. Es entwertet die Dinge und damit die Idee, die dahintersteckt, das Design, die Materialien, die in ihnen stecken, und die menschliche Arbeit, mit der sie hergestellt wurden. Viele Dinge zu produzieren, wird auch keine Arbeitsplätze mehr sichern, denn die industriellen Produktivkräfte werden in Zukunft weitestgehend künstlich intelligente Geschöpfe sein. Die Bedeutung des Menschen in der industriellen Produktion wird deutlich abnehmen.

Die Spiegelkolumnistin Sybille Berg bringt dieses Dilemma in ihrer Onlinekolumne „Der Markt regelt alles" auf den Punkt: „Sie [die Menschen, Anmerkung JK] haben so viel Anstrengung darauf verwendet, auf dem Arbeitsmarkt gut anzukommen, sie sind erschöpft. Sie haben Sport getrieben, gelernt, sich gut ernährt und weitergebildet, sie haben versucht, zu Maschinen zu werden und werden doch von Maschinen ersetzt." (Berg 2020)

Aus diesen Überlegungen heraus ergeben sich bezüglich der Reduktion für den Designprozess die folgenden Aufgabenstellungen:

- Wie kann die Menge an Produkten, die Menge an verarbeiteten Materialien, der Energieaufwand in Herstellung, Distribution, Nutzung und Rückführung reduziert werden?
- Wie können die Menschen überzeugt werden, dass die Menge an Dingen, die sie kaufen, nicht entscheidend für ihre Lebensqualität ist?

Zunächst sollten wir darauf verzichten, die Geschwindigkeit von Produktzyklen unnötig in die Höhe zu treiben und Produktentwicklung an echten Bedarfen und nicht an Moden oder Produktionskapazitäten auszurichten. In der Konsequenz könnte das auch die bewusste Reduktion von Produktionskapazitäten bedeuten. Einige Unternehmen in der Investitionsgüterbranche haben dank KI bereits ihre Produktion auf variantenreiche Individualfertigung umgestellt, um das Design der Produkte passgenau auf den entsprechenden Bedarf der Kunden anzupassen. Solche Ideen sind auch bei Konsumgüterherstellern machbar. So haben sowohl Nike als auch Adidas erfolgreich die Herstellung von Sohlen für Sportschuhe im 3-D-Druck getestet (Engineering Spot 2017).

Zeitlos und gut gestaltete Produkte, die mit nachhaltigen und lange haltbaren Materialien gefertigt werden, werden länger genutzt und müssen aufgrund dessen weniger schnell ersetzt werden. Auch Funktionen können so gestaltet werden, dass sie länger nutzbar sind.

Beim Design von Produkten sollten wir den Materialeinsatz so gering wie möglich planen. In vielen Bereichen bedeutet das, die Größe und das Gewicht des Produktes bewusst zu reduzieren. Ein SUV, der 2,5 t wiegt und 5 m lang ist, ist einfach zu groß, um ein sinnvolles und nachhaltiges Produkt zu sein – auch, wenn er von einem Elektromotor angetrieben wird.

Neben den Möglichkeiten, die der Handel bereits bieten kann, zum Beispiel Produkte unverpackt zum Selbstabfüllen anzubieten, können an vielen Produkten Marken, Labels und Informationen ohne zusätzliche Verpackungsmaterialien zur Anwendung kommen. Über digitale Systeme können für erklärungsbedürftige Produkte zusätzlich Informationen abrufbar gemacht werden. Wenn auf Verpackung nicht verzichtet werden kann, sollte dieses Material dafür reduziert und aus nachhaltigen Materialien erfolgen.

Kurze Lieferwege für Materialien und Zwischenprodukte reduzieren den Energieaufwand und den Schadstoffausstoß. Der Einsatz regionaler Materialien ist deshalb für viele nachhaltige Produkte heute bereits eine zentrale Maßnahme.

Ebenso kann durch Design der Energieaufwand bei der Herstellung und bei der Verwendung, im Falle elektrischer oder elektronischer Geräte, reduziert werden.

Möbel des Produktdesigners *Nils Holger Moormann* kommen weitgehend ohne feste Verbindungen und überflüssige Materialien aus und werden von Lieferanten im Umkreis von 40 km des Firmensitzes im bayrischen Aschau im Chiemgau gefertigt. Aber die Möbel von Moormann sind nicht nur in Material- und Energieeinsatz reduziert und im Design zeitlos. Sie lassen sich dank einfachen und klugen Montageideen meistens auch sehr leicht umziehen. Sein legendäres Regalsystem „FNP“, sein steckbares Stehpult „Der kleiner Lehner“ (Design von Jörg Gätjens) oder der Garderobenständer „Pin Coat“ sind inzwischen Klassiker des modernen Designs (www.moormann.de).

Ein sehr innovatives, verbrauchsarmes und materialreduziertes Mobilitätskonzept kommt seit 1998 aus dem nordhessischen Rosenthal. Das „Twike“ wurde in der Schweiz erfunden und seit Mitte der 90er-Jahre in Deutschland produziert. Es ist ein dreirädriges Auto, das einen Elektroantrieb mit einem Pedalantrieb kombiniert. Es ist extrem leicht und aerodynamisch konstruiert. Das „Twike3“ wird seit 1995 in Deutschland gefertigt. Inzwischen ist das „Twike5“ mit einer Reichweite von bis zu 500 km geplant und in der Crowdfinanzierung (www.twike.de).

Kommunikationsdesign und Lifestylekampagnen können dabei helfen, über Sinn und Unsinn von Produkten aufzuklären und Verzicht auf Überfluss als erstrebenswertes Ziel zu kommunizieren. Die deutsche Umwelthilfe e. V. vergibt zum Beispiel jedes Jahr den „Goldenen Geier“ als Auszeichnung für ökologisch unsinnige Produkte. Aber auch Greenpeace oder der B.U.N.D. machen häufig in gut gemachten Kampagnen auf ökologisch bedenkliche Produkte, Produktfamilien oder Materialien aufmerksam.

Nudging-Systeme können dabei unterstützen, indem sie dem Produktnutzer die Auswirkungen der Nutzung reflektieren. Bekanntes Beispiel sind die lächelnden oder traurig schauenden Ampelgesichter, die auf die Geschwindigkeit des Autofahrers reagieren.

Auf der Website vom Umweltbundesamt ist es möglich, sich seinen $CO_2$-Footprint berechnen lassen (https://uba.co2-rechner.de/de_DE/) und sich in Communitys wie *blustories.de* über nachhaltigen Konsum austauschen und gegenseitig anspornen.

Auch die Veränderung unseres Nutzungsverhaltens kann zu einer deutlichen Reduktion von Produkt- und Herstellungsvolumen führen.

### 2.1.2 Re-use – Wiederverwendung oder Umnutzung

Die nächste sinnvolle Stufe in der Abfallvermeidungshierarchie ist das Wiederverwenden von Produkten. Hier sind sowohl Mehrwegsysteme gefragt als auch Designlösungen, die eine direkte Wiederverwendung durch den Benutzer befördern.

Eines der bekanntesten Mehrwegsysteme und eine gute Anregung ist das Mehrwegsystem der Glaspfandflaschen der Getränkeindustrie. Mehrwegsysteme reduzieren in hohem Maße den Ressourcenaufwand auch gegenüber Einwegpfandsystemen, die das Ziel haben, die Materialien einem Recyclingkreislauf hinzuzufügen. Mehrweg-Glasflaschen werden bis zu 50 Mal wieder eingesetzt. Die deutsche Mehrweg-Mineralwasserflasche ist dafür ein Symbol geworden und inzwischen eine regelrechte Designikone.

Produkte oder Produktverpackungen können aber auch vom Benutzer selbst sinnvoll wiederverwendet oder umgenutzt werden, wenn das beim Design des Produktes entsprechend bedacht und in der Produktkommunikation auch kommuniziert wird. Die Einmachgläser von WECK, die auch als Verpackung von Lebensmitteln aus dem Supermarkt genutzt werden, sind ein gutes Beispiel für die Möglichkeit des direkten Mehrfacheinsatzes im eigenen Haushalt zum Beispiel als Saucenglas, Kuchenform oder Salatbehälter.

In der Möbelindustrie sind ebenfalls Beispiele zu finden für Produkte, bei denen das Wiederverwenden durch Umnutzung oder Umbau Teil des Designkonzeptes ist. *Möbelum,* ein deutscher Hersteller und Händler für Naturholzprodukte, hat zum Beispiel bereits vor vielen Jahren das sehr haltbare und zeitlose Regalkuben-System „Flexi“ entwickelt, das immer wieder zu neuen, individuellen Regalformen zusammengestellt werden und sogar als Sitzmöbel verwendet werden kann (www.moebelum.de).

Der Designmöbel-Hersteller *Vitra* aus Weil am Rhein hat mit „Dancing Wall“ (Design Stephan Hürlemann) ein beweg- und veränderbares Wandsystem entwickelt, das zu ganz unterschiedlichen Zwecken, zum Beispiel als Regal, Trenn- oder Pflanzenwand oder als Garderobe genutzt werden kann und mit dem Räume immer wieder neu gegliedert und gestaltet werden können (www.vitra.com).

Oder denken wir an die wandelbaren Sofalandschaften, die vor allem in den 1960er- und 1970er-Jahren berühmt wurden. Das von dem italienischen Möbeldesigner Mario Bellini entworfene „Camaleonda“ der Marke *B&B Italia* erfährt gerade heute wieder eine Renaissance und ist Vorbild für viele andere wandelbare Sofa- und Sitzlandschaften (www.bebitalia.com).

Aus Frankfurt am Main kommt ein interessantes Designkonzept für ein Fahrrad, das sich für verschiedene Zwecke leicht umbauen lässt. Das „Convercycle" kann sowohl als normales Citybike gefahren als auch mittels eines leichtgängigen Klappmechanismus in ein Cargobike umgewandelt werden, mit dem bequem größere Lasten transportiert werden kann. Das „Convercycle" soll es als normale und als E-Bike-Version geben und ist im Moment noch in der Finanzierungsphase (www.convercycle.com).

Auch die Idee der Sharing-Industrie „Nutzen statt kaufen" befördert das Wiedernutzen von Produkten. In modernen digitalen Communitys, wie zum Beispiel *nebenan.de*, können Menschen unter anderem ihre ungenutzten Dinge an andere Community-Mitglieder verleihen. Der Schweizer Pionier von Upcycling-Taschen *Freitag* (siehe Abschn. 2.1.3) bietet mit „S.W.A.P." sogar eine Plattform an, in der Besitzer von Freitag-Taschen ihre Taschen untereinander tauschen können (https://www.freitag.ch/de/swap).

Eine lange Haltbarkeit der Materialien und eine gute Verarbeitung der Produkte sowie deren zeitloses Design erhöhen die Möglichkeit, als Second-Hand-Ware wiederverwendet zu werden. Auch leicht reparierbare Produkte lassen sich besser wiedernutzen. Mithilfe der 3-D-Drucktechnologie kombiniert mit Open-Source-Ersatzteilkonstruktionen sind sogar Reparaturen von Produkten denkbar, für die keine Ersatzteile mehr zu bekommen sind.

### 2.1.3 Re-cycle – Wiederverwertung

Der dritte Baustein in der Abfallvermeidungsstrategie ist das Recycling. Darunter wird das Aufbereiten von Materialen verstanden, um sie zum gleichen oder auch anderen Zweck wiederzuverwerten, zum Beispiel aus PET-Flaschen wird eine Parkbank.

Manche Materialien lassen sich dabei besser recyclen als andere. Papier verliert beispielsweise mit jedem Recyclingprozess an Qualität, deshalb werden häufig frische Holzfasern beigemischt. Am Ende landet das Papier als Toilettenpapier aus 100 % Altpapier im WC. Recycling-Prozesse, bei denen das ursprüngliche Material an Wert verliert, wird deshalb als *Downcycling* bezeichnet – am Ende wird aus dem Material Abfall.

*Upcycling* hingegen bezeichnet Verfahren, in denen Materialien zu gleich- oder höherwertigen Produkten verarbeitet werden, und das zumeist industriell unaufwendig.

Bekannte Upcycling-Produkte sind Taschen aus Materialien wie Lkw-Planen (Marke *Freitag* aus Basel, www.freitag.com), Feuerwehrschläuchen (Marke *Feuerwear* aus Köln, www.feuerwear.de) oder Fahnenstoffen wie die *Lilybag* aus Wiesbaden (www.transformation-n.de/lilybag-rething-reduce-reuse-recycle/). Auch die momentan beliebten, aus Europaletten gefertigten Möbel fallen in diese Kategorie.

Upcycling-Produkte haben eine neue Ästhetik und einen neuen Designtrend geprägt, weil die Geschichte der ursprünglichen Produkte darin meistens erkennbar erhalten bleibt.

Im industriellen Bereich setzen inzwischen einige Marken heute erfolgreich auf Recycling-Materialien für ihre Produkte und Verpackungen. Die Marke *Frosch* des Mainzer Herstellers Werner & Mertz formuliert beispielsweise das Ziel, alle Produktbestandteile im Kreislauf zu behalten: Die meisten Flaschen sind „aus 100 % aus Recyclat (Altplastik) und sind zu 100 % recycelbar" (www.frosch.de).

Für Recycling im Designprozess sind neben der Wahl der geeigneten Materialien die Zerleg- oder Trennbarkeit der einzelnen Teile in ihre unterschiedlichen Materialbestandteile wichtig. Viele industriell gefertigten Produkte und Verpackungen sind so komplex, dass deren Demontage nur von Fachunternehmen oder vom Hersteller selbst übernommen werden müssen. Dafür muss eine eigene Kreislauflogistik entwickelt werden, die die Konsumenten auch bereitwillig nutzen. Für Verpackungen wurde zum Beispiel der „Grüne Punkt" und das duale System entwickelt.

Doch wie komplex solche Kreisläufe sind, vor allem dann, wenn die Menge an Materialien und Verpackungsarten zunimmt, beleuchtet ein ZDF-Beitrag 2020 in der Reihe „Zoom" und kommt zu dem ernüchternden Fazit: „Die Deutschen sind ‚Recycling-Weltmeister', sammeln, sortieren und entsorgen. Doch: Aus den allermeisten Verpackungen entstehen keine neuen." (ZDF 2020) Tatsächlich zeigt der aktuelle Bericht des Umweltbundesamtes zu Aufkommen und Verwertung von Verpackungen in Deutschland, dass seit 2010 die Menge an Verpackungsmüll um rund 18 % gestiegen ist. Dabei variiert die erreichte Recyclingquote bei den unterschiedlichen Materialien: Für Kunststoffverpackungen lag sie 2018 bei nur 47 % gegenüber Glas mit 83 % (Umweltbundesamt 2020).

„Viele Menschen setzen die Kreislaufwirtschaft mit dem Recycling von Müll gleich. Aber gemessen an Rentabilität und Ressourceneffizienz ist Recycling die am wenigsten nachhaltige von allen Maßnahmen der Kreislaufwirtschaft", sagt Walter Stahel, Professor und Gründer des in Genf ansässigen Product-Life Instituts zur Förderung eines geringeren Verbrauchs ursprünglicher Ressourcen und zur Schaffung von Arbeitsplätzen durch Wiederverwendung (Stahel 2014). Im Sinne echter Kreislaufwirtschaft sollte beim Produkt- und Verpackungsdesign der Wiederverwendung (Re-use) und Reduzieren (Reduce) Vorrang gegenüber dem Recycling eingeräumt werden.

Für alle neuen Produktenwicklungen gilt: Nachhaltiges Design muss sinnvolle Lösungen entwickeln, die für ALLE leistbar, machbar und handhabbar sind. Sie sollten zwar auf individuelle Bedürfnisse eingehen, aber niemanden von der Nutzung ausschließen.

Nachhaltige Designlösungen, die nur für eine elitäre Gruppe entwickelt wurden, sind Insellösungen, die die soziale Ungleichheit befördern und keineswegs dazu beitragen, dass Verbrauch, Ressourcenverwendung und Umweltverschmutzung abnehmen. Deshalb kann zum Beispiel Elektro-Mobilität, so, wie sie heute gedacht und angeboten wird, maximal eine Zwischenlösung sein auf dem Weg zu einer echten nachhaltigen Verkehrswende für alle.

Mit dem Designpreis „Universelles Design" möchte die hessische Landesregierung ein integriertes Designverständnis fördern und zeichnet Vorbilder aus, die richtungsweisend für die Entwicklung einer barrierefreien, alters- und herkunftsunabhängigen Gesellschaft sind. Er wird vom Hessischen Ministerium der Finanzen und dem Hessischen Ministerium für Soziales und Integration alle zwei Jahre gemeinsam verliehen, zuletzt 2018 (German Design Council 2020).

## 2.2 Verantwortungsvolles und selbstbestimmtes Verhalten fördern

Auch wenn bereits viele gute Produkte unter Beachtung der Nachhaltigkeitskriterien designt wurden – es sind trotzdem meistens weiter Nischenprodukte, die von immer noch zu wenigen Menschen beachtet und gekauft werden. Das liegt nicht nur am Preis, sondern auch an der Vermarktung, der Kommunikation und vor allem an tief in unserer Konsumkultur verankerten Bewertungsmuster.

Denn: Konsum ist Belohnung!

Neue Produkte belohnen uns mit neuen (aber erwarteten) Erlebnissen und erwarteter Bewunderung. Gesteuert werden diese Belohnungssysteme durch Medien und Werbung, also mittels Medien- und Kommunikationsdesign. Hier werden Werbestereotypen geprägt und als erstrebenswerte Vorbilder präsentiert.

Diese Stereotypen haben nicht nur die Bewertung von Produkten beeinflusst, sondern auch die Bewertung unseres eigenen Körpers und unseres Verhaltens – unsere Schönheitsideale. So hat unser Konsummodell in den letzten Jahrzehnten eine stereotype Kultur geprägt, in denen Menschen mit anderem Aussehen, anderen Figuren, anderen Hautfarben, anderer Kleidung, anderem Verhalten, Denken und Glauben aus dem Konsumraster und somit aus der gesellschaftlichen Anerkennung fallen.

Wie kann anderes Design also dabei helfen, unser Konsumverhalten zu verändern?

Die Aufgabenstellung von heutigem Design kann deshalb nicht nur lauten, wie Produkte nachhaltiger produziert und genutzt werden können, sondern auch, wie Design dabei helfen kann, Alltagspraktiken nachhaltig zu beeinflussen und zu verändern.

Hier sind insbesondere die Designbereiche gefordert, die nicht im materiellen Design verhaftet sind: Kommunikationsdesign und – bezogen auf die Anwendungen in der digitalen Welt – User-Experience-Design.

### 2.2.1 Orientieren, kennzeichnen, informieren, aufklären

Kommunikationsdesign kann dabei helfen, die Menschen aufzuklären, indem es komplexe Zusammenhänge verständlich und sinnvoll darstellt. Viele gute Beispiele finden wir hier aufseiten von NGOs, aber auch von Regierungsorganisationen.

Eines der wichtigsten Beispiele für Verhaltensänderungen in der jüngeren Zeit war die Einführung des „Grünen Punktes". Auch wenn, wie in Abschn. 2.1.3 beschrieben, die nachhaltige Wirkung unter den Erwartungen geblieben ist, so ist dies dennoch ein gutes Beispiel dafür, wie breitgestreute Kommunikationsmaßnahmen große Bevölkerungsgruppen zu einem anderen Verhalten bewegen können. Neben Aufklärung war hier vor allem die Kennzeichnung mit einem Label wichtig, die für jeden erkennbar machte, dass diese Verpackung in den gelben Sack gehört. Auch der „Blaue Engel" und das „Fair Trade"-Label sind erfolgreiche und wirkungsvolle Kommunikationsmaßnahmen, die dazu motivieren, Einkaufsverhalten zu ändern und Produkte mit diesen Labeln anderen vorzuziehen.

Labels können dann sinnvoll funktionieren, wenn für den Konsumenten durch das entsprechende Label eine für ihn relevante Konsequenz seines Handelns verknüpft ist. Ein Label braucht also immer eine tiefer gehende Kommunikation über die Kriterien und deren (unabhängige) Kontrollmechanismen. *Siegelklarheit.de,* ein Projekt, das vom Bundesministerium für wirtschaftliche Zusammenarbeit und Entwicklung (BMZ) initiiert und finanziert wurde, will nachhaltiges Handeln stärken, indem Verbraucher, Regierungen und Unternehmen dabei unterstützt werden, Umwelt- und Sozialsiegel besser zu verstehen (www.siegelklarheit.de).

Wie nachhaltige Unternehmen Labels erfolgreich als Verkaufsargument einsetzen können, zeigt der bereits erwähnte Outdoorhersteller *Vaude* mit seinem eigenen Öko-Label „Green Shape". Die Green-Shape-Anteile an der Gesamtproduktion liegen 2019 für VAUDE gesamt bei 89 %, bei der Bekleidung sogar bei 96 % (VAUDE 2020b).

Eine ebenfalls für den Verbraucher gut funktionierende Kennzeichnung ist die Energieampel, die den Energieverbrauch von elektrischen Produkten kennzeichnet.

Dort, wo solche Kennzeichnungen zum Beispiel aus politischen Gründen nicht flächendeckend durchgesetzt werden konnten, zum Beispiel in der Lebensmittelindustrie, wurden inzwischen von Initiativen und Unternehmen andere, vor allem digitale, gut funktionierende Kommunikationsplattformen designt, über die der Verbraucher einfach Bewertungen zu Produkten abrufen kann: *das-ist-drin.de* und die dazugehörige App für Smartphones beispielsweise, listet die Inhaltsstoffe von vielen industriell gefertigten Lebensmitteln auf und klärt über E-Nummern und andere Zusatzstoffe auf. Und über die App *CodeCheck* kann der Verbraucher vor allem die Zusammensetzung von Kosmetik und Drogerieprodukten erfahren, indem er vor Ort den Barcode scannt. Als Ergebnis werden die Inhaltstoffe sinnvoll unter gesundheitlichen und nachhaltigen Kriterien gegliedert angezeigt.

Zu oft bleibt das Thema Nachhaltigkeit im Generellen stecken ohne Anreiz für das eigene Verhalten.

„Ein Grunddilemma ist, dass die individuellen, sozialen und ökologischen Folgen einer nichtnachhaltigen Lebensweise für den einzelnen Menschen oft nur zeitlich verzögert oder gar nicht wahrnehmbar sind, sodass der emotionale Antrieb, nachhaltig zu konsumieren und zu produzieren oft gering bleibt", konstatiert das Umweltbundesamt in seinem Werkstattbericht zum nachhaltigen Konsum 2030 und macht damit klar, dass nachhaltiger Konsum auch mit der Reflexion des eigenen Verhaltens zu tun hat (Umweltbundesamt 2018).

Nudging-Ansätze (engl. „nudging" für „Anstoßen", „Schubsen" oder „Stupsen") streben Verhaltensänderungen an, indem Personen oder Unternehmen dazu bewegt werden sollen, etwas Bestimmtes einmalig oder dauerhaft zu tun oder zu lassen. Dabei können Voreinstellungen und Standards (Defaults) ebenso zum Einsatz kommen wie zum Beispiel Produktinformationen und Warenpräsentationen.

Bei der persönlichen Selbstoptimierung und in Automobilen funktioniert das schon sehr gut. Computersysteme messen das Verhalten, wie zum Beispiel die Schritt- oder Schlafmenge oder im Falle der Pkws Fahrverhalten und Verbrauch, und errechnen daraus Empfehlungen für Verhaltensänderungen, die sie dem User auf sympathische, ansprechende Art und Weise mitteilen. Im Straßenverkehr helfen digitale Smileys dabei, die Geschwindigkeit zu reduzieren. Was hier funktioniert, kann genauso in Bezug auf unser ökologisches Verhalten funktionieren. Auch Smart-Home-Systeme sind in der Lage, dem Nutzer zeitnah seine häuslichen Verbrauchswerte widerzuspiegeln.

Zahlreiche Apps für Smartphones sollen dabei helfen, unseren Konsum und Verbrauchsverhalten zu bewerten und zu ändern. Ob beim Einkauf von Produkten oder mit der Berechnung des eigenen $CO_2$-Footprints. Oft werden dabei sehr bildhafte Vergleiche zu Hilfe genommen, um die Wirkung des Verhaltens zu visualisieren.

Gegenüber den Gesundheits-Apps, wie zum Beispiel *Health* auf dem iPhone oder den zuvor genannten Fahrcomputern, die bestimmte Verhaltensparameter automatisch und ohne das Zutun des Users erfassen, muss der User in diese Apps jedes Mal eigenhändig bedienen, um Ergebnisse zu erhalten. Es wäre also eine Aufgabe für Designer und Softwareentwickler, hier Tools zu entwickeln, die die Daten automatisch erfassen und dem User widerspiegeln. Technisch ist das sicherlich möglich.

### 2.2.2 Bewertungsmuster ändern. Andere Gesellschaftsbilder zeigen. Neue Narrative erzählen.

Während Aufklärung vor allem kognitiv funktioniert, liegen vielen unserer alltäglichen Bewertungen aber vor allem unbewusste Muster zugrunde. Diese sind vor allem durch Bildwelten und Narrativen aus Werbung und Medien geprägt.

Als die Beauty-Marke *Dove* Anfang der 2000er-Jahren mit ihrer Kampagne „Real Beauty" dem schlanken Schönheitsideal widersprach, dann war das sicherlich angetrieben von wirtschaftlichen Interessen, hat aber eine deutliche Wirkung auf das gängige Frauenbild in der Werbung gehabt.

Der Möbelhersteller *IKEA* zeigt in seinem Katalog inzwischen diverse Patchworkfamilien, homosexuelle Paare, Menschen mit Downsyndrom in den Familienwelten ihres Kataloges.

Solche Bilder bilden nicht nur die modernen Bevölkerungsstrukturen realistischer ab, sie sorgen auch dafür, dass sich unbewusste Bewertungsmuster für „schön", „normal" oder „gut" verändern.

Eine besondere Kraft bekommen solche Veränderungsimpulse, wenn sie in sozialen Communitys eingebunden werden, die die Menschen zum Mitmachen animieren und die zeigen, dass Nachhaltigkeit nicht Verzicht auf Lebensqualität und Spaß bedeutet. Die deutschsprachige Online-Plattform *Utopia.de,* die Informationen und Austausch zu nachhaltigen Themen bietet, zählt inzwischen zu den erfolgreichsten Transformationsmedien. Und das auch, weil es ihr gelungen ist, Nachhaltigkeit als modernen Livestyle zu präsentieren. Gegründet wurde Utopia von der ehemaligen Werberin Claudia Langer, die sich inzwischen mit der Generationenstiftung vor allem politisch für eine zukunftsfähige Gesellschaft engagiert. „Utopia soll Anreize schaffen, dass Unternehmen gute nachhaltige Produkte auf den Markt bringen, die der Käufer nachfragt", erklärte Claudia Langer in der Süddeutschen Zeitung (Hauck 2010).

Der Wiesbadener Designer Michael Volkmer, Inhaber und Geschäftsführer der Digitalagentur *Scholz & Volkmer,* entwickelt mit den Mitarbeitern seiner Agentur zahlreiche digitale Plattformen, mit denen die nachhaltige Transformation vorangetrieben werden soll.

Schon 2012 hat Scholz & Volkmer mit *Zeit-statt-zeug.de* eine Art Ideenshop auf den Weg gebracht, der sich dafür einsetzt, statt überflüssiger Konsumgüter lieber gemeinsam verbrachte Zeit zu verschenken.

*Kiezkaufhaus.de* ist ein lokaler Online-Marktplatz, der vor allem kleine regionale Einzelhändler verbindet und der ausschließlich mit elektrischen Lastenfahrrädern ausliefert.

Diese Lastenfahrräder stammen übrigens von *Riese&Müller,* einem hessischen E-Bike-Hersteller aus Weiterstadt bei Darmstadt, der immer wieder mit innovativen Fahrradkonzepten überzeugt, wie zum Beispiel mit seinen Cargobikes, die das Nutzungsspektrum des E-Bikes enorm erweitert haben. Nach fünf Jahren musste das Kiezkaufhaus wegen zu geringer Nachfrage Anfang 2020 leider eine Pause einlegen. Man wolle neue Kräfte sammeln, heißt es in der Pressemeldung dazu (Kleiner 2020). Manche gute Idee braucht einfach ihre Zeit, um ihre transformative Kraft zu entwickeln.

## 3 Nachhaltige Kultur gemeinsam gestalten

Viele der zuvor genannten Strategien und Ideen zielen darauf, die Grundlagen unserer Gesellschaft nicht zu verändern, sondern nur die schlechten Teile durch bessere auszutauschen. Nachhaltiger Konsum in Verbindung mit technologischen Innovationen wird uns dabei helfen, die Welt besser, einfacher und überlebensfähiger zu machen – das ist eines der gängigen Narrative unserer Zeit. Kann das funktionieren? GEO.de-Redakteur Peter Carstens hat gleich 14 Thesen aufgestellt, warum nachhaltiger Konsum nicht funktioniert und sich die Probleme der Konsumgesellschaft auch mit noch so grünem Konsum nicht lösen lassen: „Nachhaltig wäre genau das Gegenteil: nicht konsumieren. Sondern Dinge pflegen, reparieren, tauschen, lange nutzen. Wer Nachhaltigkeit will, sollte auf Wirtschaftswachstum verzichten können. Wie wir auch ohne Wachstum gut leben können, das erzählen uns Postwachstumsökonomen seit Jahren. Nur hört irgendwie niemand zu.“ (Carstens 2018)

In dem Fazit der Studie „Grüne Produkte in Deutschland 2017“ vom Umweltbundesamt heißt es: „Die gute Nachricht des vorliegenden Berichts lautet: Grüne Produkte haben in den letzten Jahren weiter zugelegt. Sie konnten bis auf wenige Ausnahmen nicht nur den Umsatz steigern, sondern auch Marktanteile hinzugewinnen. Die schlechte Nachricht lautet hingegen, dass sich dieser Markterfolg nicht in sinkenden Umweltbelastungen, namentlich in sinkenden konsumbezogenen $CO_2$-Emissionen der verschiedenen Konsumbereiche widerspiegelt.“ (Umweltbundesamt 2017)

Prof. Dr. André Reichel, Herausgeber der Trendstudie „Next Growth – Wachstum neu denken“ des Frankfurter Zukunftsinstituts, postuliert in der Ankündigung: „Es ist

Zeit für ein neues Verständnis von Wachstum – nicht ‚grün', nicht antikapitalistisch, sondern völlig neu." (Zukunftsinstitut 2018a) Danach stützt sich die neue Dimension des Wirtschaftens und gesellschaftlicher Wertschöpfung auf vier Thesen: Allem voran steht die Befreiung von alten Wachstumszwängen rein ökonomisch materieller Kategorien, die für Unternehmen den Weg frei macht für ein vernetztes, kooperatives Strategieverständnis auch im Einklang mit der Umwelt. Soziale Innovationen werden die treibenden Kräfte des Next Growth sein und das traditionelle eindimensionale, immer an „neu" oder „mehr" ausgerichtete Innovationsdenken ablösen – und schließlich: Qualität schlägt Quantität. Sinn, Werte und innerer Antrieb sind die Potenziale von Organisationen und Unternehmen für ihre zukünftige Entwicklung (Zukunftsinstitut 2018b).

Wie aber kann es gelingen, die tief verankerten Muster unserer Gesellschaft zu verändern und vor allem wie kann Designmethodik dabei helfen, neue Denk- und Wertmuster zu implementieren?

**Possible Futures: Neue Zukunft vorstellbar machen**

Unsere Vorstellung von der Zukunft ist geprägt von den Erlebnissen der Vergangenheit und Gegenwart. Was wir also nicht erlebt haben, können wir uns schwer vorstellen. Die Zukunft unseres Wohlstands ist aber nicht die konsequente, logische Weiterentwicklung unserer erlebten Gegenwart. Es fällt uns also schwer, uns diese neue Zukunft vorzustellen.

Es war schon immer eine Stärke gestaltender Berufsbilder gewesen, von etwas, was es noch nicht gibt, Vorstellungen zu entwickeln. Denken wir nur an Entwürfe von neuer Architektur, Fiktion-Filmen oder virtuellen Welten in Games. Die Fähigkeit von Designern, sowohl in Möglichkeiten zu denken als auch Darstellungsmethoden zu faszinierenden neuen Erlebnissen zu kombinieren, kann dabei helfen, den Menschen bisher undenkbare, aber durchaus mögliche neue Zukünfte vorstellbar zu machen.

Das gilt im Besonderen auch für Unternehmen und Organisationen.

**Social Experience: Soziale Praktiken verändern und Prototyping: Neue Gesellschaftsformen ausprobieren**

Unser soziales Miteinander ist geprägt durch unsere Verhaltensmuster, die sozialen Praktiken. Solche sozialen Praktiken können wir bewusst trainieren und verändern.

User Experience, Experience Design sind Designbereiche, mit denen Erlebnisse und Praktiken von Menschen in virtuellen und realen Räumen wie Games, Museen, Messen etc. bewusst gestaltet werden können. So wie User Experience an Prototypen in Usability Labs getestet werden, können neue soziale Praktiken in ganzen Gruppen und neue Formen des Zusammenlebens in geschützten Räumen in Reallaboren oder Innovation Camps erprobt werden.

Auch neue Geschäftsmodelle, wie Sharing, Social Communities oder auch solidarische Landwirtschaft, Urban Gardening, werden soziale Praktiken und Wertesysteme verändern können: Nutzung statt Eigentum, Kollaboration statt Wettbewerb, Gemeinsam lernen statt Wissen pauken.

**Ästhetische Bildung und Förderung eines breiten Designverständnisses: Menschen beteiligen und befähigen, selbst zu gestalten**
Auch durch die Spezialisierung unserer erlernten Fähigkeiten auf eine rein berufliche Orientierung haben wir zum Teil verlernt, unseren Alltag mitzugestalten. Als Gegenbewegung ist ein neuer vernetzter Do-it-Yourself-Trend entstanden. Dabei geht es in der vernetzten Welt den Menschen nicht mehr nur darum, etwas für sich zu machen, sondern auch darum, sich mit anderen auszutauschen und etwas gemeinsam zu gestalten. Trends hierzu sind Maker Movement, Urban Gardening, Slow Culture, Open Source, Open Knowledge.

Design kann diesen neuen Bewegungen viel Unterstützung bieten, diese guten Ideen weiter zu verbreiten. Ästhetische Allgemeinbildung und gestalterisch, handwerkliche Ausbildungen in Ausbildungsstätten und Bürgerwerkstätten verbunden mit Offenlegung von Entwurfs- und Designprinzipien und der Freigabe von Nutzungsrechten, kann dabei helfen, dass Menschen Dinge leichter nachmachen, selbst gestalten oder umgestalten lernen. Und: Ein offener Designdiskurs beteiligt die Menschen an der Entwicklung neuer Ideen und Lösungen.

In ihrer Rede zum World Industrial Design Day 2020, initiiert von der Frankfurter Designagentur Iconstorm und dem Deutschen Werkbund Hessen am 06. Oktober 2020 in Frankfurt, vertrat die Wiesbadener Designerin und Innovationsberaterin Svenja Bickert-Appleby die These, dass ein breites gesellschaftliches Designverständnis in der Allgemeinheit nicht nur den Einzelnen ermächtigt, Veränderungen anzugehen, sondern auch dazu führt, bessere Entscheidungen in und für unsere Gesellschaft zu treffen, zum Beispiel als kritischer Bürger partizipieren und Lösungen besser beurteilen zu können oder in der Lage zu sein, bewusste Entscheidungen gegen oder für zum Beispiel eine nicht nachhaltige Gestaltung zu treffen (Bickert-Appleby 2020).

**Wichtig**
Eine nachhaltige Zukunft ist gestaltbar.

Gemeinsam.

Gestalten wir sie jetzt.

**Joe Kaiser** Jahrgang 1965, arbeitet als Designer, Markenentwickler, Fotograf, Filmemacher und Berater. Er studierte Kommunikationsdesign an der Fachhochschule Wiesbaden. 1996 gründete er die Multimediaagentur Kaiser&Mohr aus der, nach dem Ausstieg seines Gründungspartners Alexander Mohr, Kaiser+More wurde. 2012 fusionierte Kaiser+More mit der Agentur daspferd. aus Rüsselsheim zur Brand Identity Agentur meerdesguten. Mit seinen Agenturen arbeitete Joe Kaiser vor allem für große mittelständische deutsche Unternehmen. 2019 verließ Joe Kaiser die Agentur meerdesguten, um als freier Designer und Berater zu arbeiten und gründete das Transformationsnetzwerk re:nu Sustainable Culture. Joe Kaiser ist Mitglied im Deutschen Designer Club, DDC und im Deutschen Werkbund Hessen. Und seit 2013 Mitglied im Prüfungsausschuss für Mediengestaltung der IHK Wiesbaden. Er hat über 50 Auszeichnungen in nationalem und internationalem Design- und Kreativawards erhalten, unter anderem zweimal einen IF-Design-Award in Gold. Joe Kaiser lebt und arbeitet in einem denkmalgeschützten Fachwerkhof im Rheingau-Taunus.

www.kaisermore.com, www.re-nu.de

## Literatur


Berg S (2020) Der Markt regelt alles (24.10.2020). Spiegel Online. https://www.spiegel.de/kultur/corona-muedigkeit-die-maerkte-regeln-das-kolumne-a-a583e340-95fa-4a3f-90c5-f50dc5c67e76. Zugegriffen: 24 Okt 2020

Bertsch G (2020) „Weshalb ist Design eigentlich nicht systemrelevant?". DDC Magazin. https://www.ddc.de/de/magazin/weshalb-ist-design-eigentlich-nicht-systemrelevant.php. Zugegriffen: 26 Okt 2020

Bickert-Appleby S (2020) Für ein Designverständnis in der Mitte der Gesellschaft. DDC Magazin. https://www.ddc.de/de/magazin/fuer-ein-designverstaendnis-in-der-mitte-der-gesellschaft.php. Zugegriffen: 30 Okt 2020

Carstens P (2018) Grüne Produkte. Warum nachhaltiger Konsum nicht funktioniert: 14 Thesen (22.8.2018). GEO. https://www.geo.de/natur/nachhaltigkeit/19468-rtkl-gruene-produkte-warum-nachhaltiger-konsum-nicht-funktioniert-14. Zugegriffen: 30 Okt 2020

DDC (2020) DDCAST. Was ist gut? Ein Podcast des Deutschen Designer Club. https://ddc.de/de/magazin/ddcast.php. Zugegriffen: 4 Okt 2020

Engineering Spot (2017) Adidas Futurecraft 4D: Serien-Sportschuh aus dem 3D-Drucker (13.4.2017). https://www.engineeringspot.de/2017/04/adidas-futurecraft-4d-sportschuh-3d-druck/. Zugegriffen: 29 Okt 2020

German Design Council (2020) Design als gesellschaftliches Thema: Der Hessische Staatspreis Universelles Design. https://www.german-design-council.de/awards/hessischer-staatspreis-universelles-design/. Zugegriffen: 29 Okt 2020

Hauck M (2010) Die Grüne Utopie (17.5.2010). Süddeutsche Zeitung. https://www.sueddeutsche.de/digital/unternehmerin-claudia-langer-die-gruene-utopie-1.325771. Zugegriffen: 21 Okt 2020

Iconstorm (2019) Nachhaltige Innovation gestalten – ein Rückblick auf die Expert*innenrunde im Oktober. (Blogbeitrag 3.11.2019). https://iconstorm.com/rueckblick-nachhaltige-innovation-gestalten_artsplus2019/
Iconstorm (2020) Alles neu? Der World Industrial Design Day Frankfurt 2020. (Blogbeitrag 9.10.2020). https://iconstorm.com/world-industrial-design-day-frankfurt-2020/. Zugegriffen:19 Okt 2020
Kleiner J (2020) Fehlende Kundschaft: Wiesbadener Kiezkaufhaus pausiert (13.01.2020). Wiesbadener Kurier. https://www.wiesbadener-kurier.de/lokales/wiesbaden/nachrichten-wiesbaden/fehlende-kundschaft-wiesbadener-kiezkaufhaus-pausiert_21032761. Zugegriffen: 30 Okt 2020
Lilligreen (2012) Design Interviews. Fritz Frenkler – Was ist eigentlich die Aufgabe von Design? (4.4.2012). https://www.lilligreen.de/interview-fritz-frenkler-was-ist-eigentlich-die-aufgabe-von-design/. Zugegriffen: 26 Okt 2020
Pfeffer F (2014) ToDo, die Rolle der Gestaltung in einer veränderten Welt. Hermann Schmidt Verlag, Mainz, S 2014
Stahel W (2014) Wiederverwendung ist der Schlüssel zur Kreislaufwirtschaft. Interviewreihe der Europäische Kommission. Umwelt – Aktionsplan für Öko-Innovationen. https://ec.europa.eu/environment/ecoap/about-eco-innovation/experts-interviews/reuse-is-the-key-to-the-circular-economy_de. Zugegriffen: 26 Okt 2020
Umweltbundesamt (2015) Eco Design Kit. B1 Ökodesign-Prinzipien. https://www.ecodesignkit.de/methoden/b1-oekodesign-prinzipien/. Zugegriffen: 26 Okt 2020
Umweltbundesamt (2017) Grüne Produkte in Deutschland 2017. Marktbeobachtungen für die Umweltpolitik. https://www.umweltbundesamt.de/sites/default/files/medien/1410/publikationen/171206_uba_fb_gruneprodukte_bf_low.pdf, S. 52. Zugriffen: 18 Okt 2020
Umweltbundesamt (2020) Verpackungsverbrauch 2018 weiter gestiegen. Pressemitteilung v. 27.10.2020. https://www.umweltbundesamt.de/presse/pressemitteilungen/verpackungsverbrauch-2018-weiter-gestiegen. Zugegriffen: 28 Okt 2020
VAUDE (2020a) Nachhaltigkeitsbericht 2019 – Gemeinwohl-Ökonomie: Wirtschaften zum Wohle aller. https://nachhaltigkeitsbericht.vaude.com/gri/csr-standards/gemeinwohloekonomie.php. Zugegriffen: 30 Okt 2020
VAUDE (2020b) Nachhaltigkeitsbericht 2019 – VAUDE Green Shape. https://nachhaltigkeitsbericht.vaude.com/gri/produkte/greenshape-konzept.php. Zugegriffen: 30 Okt 2020
ZDF (2020) 30 Jahre Grüner Punkt. Töpfer: „Damals waren wir weltweit Vorreiter" (Interview 28.9.2020). https://www.zdf.de/nachrichten/wirtschaft/toepfer-muell-gruener-punkt-100.html. Zugegriffen: 29 Okt 2020
Zukunftsinstitut (2018a) Next Growth – Wachstum neu denken. https://www.zukunftsinstitut.de/artikel/next-growth/. Zugegriffen: 27 Okt 2020
Zukunftsinstitut (2018b) Trendstudie: Next Growth – Wachstum neu denken. Frankfurt a. M.

# Der Hessische Innovationskongress als CSR-Instrument der Wirtschaftsförderung

Sophie-Therese Rieke

**Zusammenfassung**

CSR ist im Sinne des Schutzes der menschlichen Lebensgrundlagen gleichermaßen durch Unternehmen und staatliche Akteure zu übernehmen. Die landeseigene Agentur Hessen Trade & Invest nimmt diese Verantwortung auch wahr, indem sie seit 2017 jährlich den Hessischen Innovationskongress veranstaltet. Dolores Reisenauer gestaltet den Kongress als Projektleiterin und gewährt Einblicke in ihr Denken und Handeln. Der HIK2019 wurde im Rahmen eines Studienprojekts hinsichtlich seiner Nachhaltigkeit untersucht. Hieraus sind einerseits allgemeine Handlungsempfehlungen für Veranstaltungen abzuleiten. Andererseits wird der Begriff der Congress Social Responsibility definiert. Bedingt durch die Sars-CoV-2-Pandemie wurde der Kongress im Jahr 2020 unter dem Titel HIK2020DIGITAL als rein digitales Format durchgeführt. Darüber hinaus sah sich die Veranstaltungsbranche mit existenzbedrohenden Regelungen zu Kontaktbeschränkungen konfrontiert, wodurch viele Events nicht oder stark modifiziert in Form hybrider oder digitaler Events durchgeführt werden konnten. Diese Formate bieten zahlreiche Chancen und Potenziale, um Verantwortung im Rahmen von CSR zu übernehmen. Sie müssen zusätzlich als Instrument für die nachhaltige Transformation der Veranstaltungsbranche begriffen werden.

S.-T. Rieke (✉)
Wiesbaden, Deutschland



A. Trischler und S. Böhling (Hrsg.), *CSR in Hessen,* Management-Reihe Corporate Social Responsibility, https://doi.org/10.1007/978-3-662-63004-4_50

# 1 CSR – Congress Social Responsibility

## 1.1 Nachhaltigkeit, CSR und Innovation

Der Zukunftsforscher Matthias Horx sagt zur Relevanz von Nachhaltigkeit:

> „Die ökologische Frage ist die Schlüsselfrage unseres Jahrhunderts." (Horx 2020)

Ein Ergebnis des globalen Ringens um Antworten auf diese Schlüsselfrage ist das Klimaschutzabkommen von Paris, in dem fast 190 Länder das gemeinsame Ziel definierten, die Erderwärmung auf unter 2° Celsius zu begrenzen. Die vereinbarten Maßnahmen beinhalten die Minderung von Emissionen sowie das transparente Bilanzieren der gemeinschaftlich erreichten Fortschritte. Außerdem soll die Anpassungsfähigkeit von Ländern und Regionen an Klimaveränderungen gefördert werden. Da dennoch klimatisch bedingte Verluste und Schäden nicht vollumfänglich vermieden werden können, sollen sie gemeinsam bewältigt werden (Europäische Kommission o. J.c). Die Europäische Union ergänzte dieses Abkommen um den „Green Deal", der das ehrgeizige Ziel beschreibt, Europa bis 2050 zu einem klimaneutralen Kontinent zu transformieren (Europäische Kommission o. J.a). Auch die Vereinten Nationen beteiligen sich an den Klimaschutzbemühungen und haben daher die 20er-Jahre dieses Jahrhunderts zur „Decade to Deliver" ernannt (United Nations o. J.).

Nun wurden also Abkommen ratifiziert und – im Fall des Pariser Klimaschutzabkommens – durch die USA schon wieder aufgekündigt. Es kann jedoch angesichts der drohenden Konsequenzen keine Option für die Europäische Union und Deutschland sein, die Abkommen nicht umzusetzen, nur weil andere Staaten sich dem verweigern. Die anspruchsvollen Ziele sind definiert, ein großes Maß an globalem Commitment erzielt und Gelder sind bereitgestellt. Und weiter?

Die Vereinten Nationen stellen mit den Sustainable Development Goals (SDGs) einen normativen und ideellen Orientierungsrahmen zur Verfügung. Die SDGs 8 und 9 sind die relevantesten für diesen Beitrag:

- SDG 8 Menschenwürdige Arbeit und Wirtschaftswachstum – „Dauerhaftes, inklusives, nachhaltiges Wirtschaftswachstum und menschenwürdige Arbeit" (Wiesbaden o. J.a)
- SDG 9 Industrie, Innovation und Infrastruktur – „Eine widerstandsfähige Infrastruktur aufbauen und inklusive und nachhaltige Wirtschaft fördern" (Wiesbaden o. J.b)

Allgemein beschreibt jedes SDG ein spezifisches Arbeitsfeld der gemeinsamen Vision für die Rettung des Planeten, das Bekämpfen von Armut und das Fördern von Frieden. Dabei gehen Staaten die Verpflichtung zum nachhaltigen Handeln ein, um eine global nachhaltige Entwicklung zu realisieren.

▶ „Nachhaltig ist eine Entwicklung, wenn sie dafür sorgt, dass die Bedürfnisse von jetzigen und zukünftigen Generationen befriedigt werden können." – Brundtland Definition (Holzbaur 2020, S. 2)

Häufig wird Nachhaltigkeit nur mit ökologischen Fragestellungen verknüpft, dabei beinhaltet sie drei grundlegende Dimensionen. Die Ökologie umfasst Umweltaspekte und das Erhalten natürlicher Ressourcen zum Schutz der menschlichen und wirtschaftlichen Lebensgrundlagen. Die Ökonomie beinhaltet unser Wirtschaftssystem, welches Wertschöpfung und Bedürfnisbefriedigung leisten soll. Die dritte Dimension beschreibt soziale Aspekte wie Gerechtigkeit und Teilhabe, die alle Menschen in ihrem Zusammenleben betreffen (Holzbaur 2020, S. 31 f.). Zwischen den einzelnen Dimensionen bestehen diverse Schnittstellen, Interdependenzen und Synergien. Daher sollten sie grundsätzlich ganzheitlich betrachtet werden, denn Nachhaltigkeit bedeutet Zukunftsfähigkeit.

In Deutschland hat der Staatssekretärsausschuss für nachhaltige Entwicklung im Rahmen der Nachhaltigkeitsstrategie für Deutschland zuletzt 2017 das Maßnahmenprogramm Nachhaltigkeit aktualisiert. Es soll sicherstellen, dass Nachhaltigkeit im Verwaltungshandeln tatsächlich umgesetzt wird. Es beinhaltet auch, dass bei der Organisation von Veranstaltungen Nachhaltigkeitskriterien stärker berücksichtigt werden (Bundesregierung 2017). Die Relevanz der weiteren staatlichen Strukturen wird auch als Maßnahme des Pariser Klimaschutzabkommens normiert. Hier ist gefordert, die Handlungsfähigkeit von Städten, Regionen und lokalen Behörden zu stärken (Europäische Kommission o. J.c). Das Umsetzen der auf weltpolitischer Ebene vereinbarten Leitlinien und Ziele muss letztlich lokal geschehen. In einem föderalistisch organisierten Staat wie Deutschland bedeutet das auch direkte Verantwortung für die einzelnen Bundesländer. Eine hessische Besonderheit ist, dass seit dem Volksentscheid vom 28. Oktober 2018 nicht nur der Schutz der natürlichen Lebensgrundlagen des Menschen in Art. 26b der Hessischen Verfassung normiert ist. In Art. 26c findet sich auch explizit die Verpflichtung, das Prinzip der Nachhaltigkeit bei staatlichem Handeln zu berücksichtigen (Verfassung des Landes Hessen 2018). Weder der Bund noch andere Bundesländer haben diesem Prinzip bisher Verfassungsrang eingeräumt.

Viele kleine und große nachhaltige Schritte summieren sich schnell auf und erzielen gemeinsam einen großen Fortschritt. Daher sind nicht nur der Staat, die Bundesländer und kommunale Akteure, sondern auch Privatpersonen und vor allem Unternehmen aufgefordert, Nachhaltigkeit umzusetzen. Hessen fördert zum Beispiel mit dem PIUS-Programm kleine und mittelständische Unternehmen mit Beratungsleistungen und Investitionszuschüssen, die umweltfreundlicher produzieren und effektiv ihre $CO_2$-Emission reduzieren (Technologieland Hessen 2020b). Welch großes Umwelt- und Klimaschutzpotenzial bei Unternehmen besteht, verdeutlich das folgende, zugegeben sehr drastische Beispiel: Der CDP Carbon Majors Report aus 2017 legt dar, dass nur 100 Unternehmen für rund 70 % der globalen $CO_2$-Emissionen zwischen 1988 und 2015 verantwortlich sind (CDP 2017). Doch wächst der Rechenschaftsdruck auf Unternehmen, der durch Stakeholder ausgeübt wird. Während der CEO Study on Sustainability 2019 tätigte zum Beispiel Alex Ricard folgende Aussage hierzu:

> „I believe that businesses, that are only targeting profts, will die. Only those targeting all stakeholders will remain profitable in the future." – Alex Ricard (United Nations und Accenture Strategy 2020, S. 27)

Andererseits werden auch Staaten mit regulatorischen Instrumenten aktiv. In Deutschland trat vor diesem Hintergrund in 2017 das sogenannte „CSR-Richtlinien-Umsetzungsgesetz" in Kraft, um die nichtfinanzielle Berichterstattung von Unternehmen einzufordern (Bundesgesetzblatt 2017). Weitere Begehren wie beispielsweise die Initiative Lieferkettengesetz zeigen, dass Unternehmen zunehmend als Akteure betrachtet werden, die Verantwortung tragen und sich entsprechend verhalten müssen (Initiative Lieferkettengesetz o. J.). Der global verwendetet Überbegriff zur gesellschaftlichen Verantwortung von Unternehmen lautet Corporate Social Responsibility. Eine allgemeine Definition dieses Begriffs findet sich in der ISO 26000.

▶ **CSR** ist „die Verantwortung einer Organisation für die Auswirkungen ihrer Entscheidungen und Aktivitäten auf die Gesellschaft und die Umwelt durch transparentes und ethisches Verhalten, das

- zur nachhaltigen Entwicklung, Gesundheit und Gemeinwohl eingeschlossen, beiträgt,
- die Erwartungen der Anspruchsgruppen berücksichtigt,
- anwendbares Recht einhält und im Einklang mit internationalen Verhaltensstandards steht,
- in der gesamten Organisation integriert ist und
- in ihren Beziehungen gelebt wird." (Bundesministerium für Arbeit und Soziales o. J.)

Inhaltliche Inspiration und thematische Schwerpunkte für CSR-Aktivitäten können auch aus den SDGs heraus abgeleitet werden. Innovation ist zum Beispiel in dem zuvor bereits genannten SDG 9 „Industrie, Innovation und Infrastruktur" normiert. Die Europäische Union stellt mit dem Innovation Fund eine besondere finanzielle Förderung bereit, die auf SDG 9 direkt einwirken soll (Europäische Kommission o. J.b). Die besondere, wenn nicht gar entscheidende Relevanz von Innovationen in der Bekämpfung des Klimawandels wurde aber nicht nur auf politischer, sondern auch auf unternehmerischer Ebene erkannt:

> „Umweltschutz ist eine Frage von Technologie, Innovation und wirtschaftlichem Erfolg. Das ist gutes, zukunftsweisende Geschäft." (Löscher 2009)

Für Deutschland bedeutet das, dass nicht nur große Konzerne, sondern auch kleinere Unternehmen in der Förderung berücksichtigt werden müssen. Gemäß dem Pariser Klimaabkommen sind aber nicht nur die Staaten, sondern auch regionale Strukturen hier in der Förderverantwortung der Wirtschaft gegenüber. Am Technologiestandort Hessen arbeiten nicht nur KMUs, sondern auch der Mittelstand Tag für Tag an innovativen Lösungen für heutige und zukünftige Herausforderungen. Dabei folgen sie dem Motto:

> „Als un als was Naues. On alsemo woas Schlaues."[1] (Bierdeckel-Kampagne 2020)

Nun mögen Sie sich vielleicht fragen, wie sich ein Kongress vor diesem Hintergrund in den Titel dieses Beitrags „verirren" konnte. Kann eine Veranstaltung wie der Hessische Innovationskongress für das Land Hessen ernsthaft ein CSR-Instrument sein? Inwiefern kann ein Kongress als Instrument in der Wirtschaftsförderung gezielt Innovationsförderung katalysieren? Sie werden lesen, wie ein Kongress einerseits kompatibel mit nachhaltigen Prinzipien organisiert werden kann, andererseits aber auch als Multiplikator direkt Innovation, Vernetzung und damit schließlich auch nachhaltige Interessen verbreitet und vorantreibt. Nur wie konkret ist das gestaltet? Und klappt es denn seitens des Landes Hessen, per Kongress Verantwortung zu übernehmen?

## 1.2 Was Sie erwartet

Ziel dieses Beitrags ist, Sie als Leserin oder Leser mit Denkanstößen und konkreten Ideen zu versorgen. Sie lesen eine höflich verpackte Handlungsaufforderung, denn Nachhaltigkeit ist ein Gemeinschaftswerk und kann ausschließlich gemeinsam verwirklicht werden. Das gilt auch für Events. Dafür möchte ich Ihnen Rüstzeug an die Hand geben oder Ihr vorhandenes Wissen einfach auffrischen. Ich möchte Ihnen zeigen, dass nachhaltige Events funktionieren und dass dies einer der Schlüssel zu auch zukünftig erfolgreichen Veranstaltungen ist. Die Botschaft lautet, dass es geht, dass es machbar ist, auch wenn viel Arbeit droht, die Schritte klein und die Erfolge teils marginal sein werden. Events können und müssen einen Beitrag zu mehr Nachhaltigkeit leisten.

Dabei kann es schnell bedrückend wirken und gewissermaßen ein Ohnmachtsgefühl auslösen, wenn man sich mit der Allgegenwärtigkeit fehlender Nachhaltigkeit, Ignoranz und den Ausmaßen dieses Handelns befasst. Zu groß scheinen die Probleme und Gefahren, zu klein der eigene Einfluss und Wirkungsbereich. Aber seien Sie versichert, dass jeder noch so kleine Beitrag einen Unterschied macht. Nicht jeder muss sofort alles möglich machen und seine volle „Nachhaltigkeitsleistung" abrufen. Es ist ein Prozess, der mit Pragmatismus und Kreativität Schritt für Schritt zu bewältigen ist. Haben Sie keine Angst vor Fehlern, treten Sie mit einem realistischen Anspruch an sich, Ihr Event

[1] Hochdeutsch: Ab und an mal etwas Neues. Und ab und an mal etwas Schlaues.

oder Ihr Unternehmen heran und lassen Sie sich von der dogmatischen Dimension nicht abschrecken. Packen wir es an!

## 2 Wirtschaftsförderung in Hessen

Technologie ist der Rohstoff Hessens – in diesem Sinne agiert die Hessen Trade & Invest GmbH (im folgenden HTAI), die landeseigene Wirtschaftsentwicklungsgesellschaft des Landes Hessen, um diesen Rohstoff zu veredeln, aufzubereiten und zu verarbeiten. Primäres Ziel hierbei ist die nachhaltige Weiterentwicklung des Wirtschaftsstandorts Hessen. Daraus folgt, seine Wettbewerbsfähigkeit zu festigen, zu fördern und auszubauen. Auch zukünftig soll Hessen eine der relevantesten Hightech-Regionen Europas sein. Hierzu werden unter der Marke „Technologieland Hessen" alle auf Innovation abzielenden Aktivitäten der HTAI und des Hessischen Wirtschaftsministeriums vermarktet (Technologieland Hessen o. J.).

> „Wir erfinden das Rad im Technologieland Hessen nicht, wir sorgen für die richtige Beschleunigung." – Dolores Reisenauer (HTAI o.J.b)

Da Innovationen häufig in kleinen, hoch spezialisierten Unternehmen entstehen, liegt auf deren Vernetzung und Unterstützung ganz besonderes Augenmerk. Hinzu kommen Services für Investoren, die in Hessen Tätigkeiten und Standorte sowie Investitionen planen. Durch die strategische Verknüpfung von Standortmarketing, Außenwirtschaft, Investorenbetreuung, Technologie- und Innovationsförderung und Beratung zu EU-Förderprogrammen bietet die HTAI eine fächerübergreifend kompetente Beratung und den Zugriff auf gebündeltes Expertenwissen (HTAI o. J.a).

### 2.1 Der Hessische Innovationskongress

Die HTAI ist Projektträgerin des Hessischen Innovationskongresses (im folgenden HIK) und richtet ihn im Auftrag des Hessischen Wirtschaftsministeriums seit 2017 aus. Die Projektleitung liegt bei Dolores Reisenauer. Die Vernetzung bzw. das Matching von Menschen und Technologien ist ihr Antrieb.[2] Dabei begreift und vermittelt sie den HIK als Instrument, mit dem ihre Auftraggeber, die HTAI und damit unmittelbar auch die landespolitische Ebene, ihrer Verantwortung im Rahmen einer umfassenden CSR gerecht werden.

[2] Dolores Reisenauer, Interview geführt am 12.06.2020.

**Dolores Reisenauer** ist seit 2008 bei Hessen Trade & Invest als Projektmanagerin in der Innovationsunterstützung tätig. Sie mag es bunt und ist immer aktiv. Sie gestaltet den Kongress mit Herz und Verstand, Engagement und Offenheit und entwickelt ihn mit Mut und Kreativität zum Treffpunkt für Start-ups, KMU und bringt Vordenker, Coaches und Wirtschaftsförderer sowie Vertreter aus Politik und Gesellschaft zusammen.

Gesellschaftlicher und vor allem wissenschaftlicher Fortschritt basieren auf Wissen. Er stellt daher eine zentrale und tragende Säule politischer, sozialer und auch wirtschaftlicher Prozesse dar. Jedoch treibt uns nicht rein die Existenz von Wissen, sondern dessen Verbreitung, Implementierung und Kommunikation voran. Diese Tätigkeiten werden unter dem Begriff Wissensmanagement subsummiert. Kongresse fungieren vor diesem Hintergrund als effektive Multiplikatoren, da hier Informationen gebündelt, Botschaften verbreitet werden und Netzwerke entstehen (Kaldenhoff und Beckmann 2017, S. 926 ff.). Dies zeigt auf, dass ein Kongress wie der HIK ein geeignetes Instrument ist, um die lokale Wirtschaft zu stärken und zu vernetzen. Insbesondere die Nutzung gesellschaftlicher Trends und von Megatrends als inhaltliche Schwerpunkte von Events können nicht nur zum Entstehen neuer Veranstaltungsformate führen, sondern auch direkt oder indirekt dazu beitragen, dass nachhaltiger wirtschaftlicher Erfolg generiert wird (von Fritsch 2017, S. 390 f.).

Der eintägig stattfindende HIK folgt dieser Logik. Außerdem ist er so konzipiert, dass ein niedrigschwelliger Zugang für Interessierte garantiert ist: Seit dem Start 2017 ist der Eintritt für die Teilnehmer kostenlos, lediglich eine Anmeldung ist vorher online vorzunehmen. Auch die Partizipation als Akteur, Speaker und Aussteller ist über die eigenen Kosten wie Messestände, Werbematerialien und die konkrete Durchführung hinaus kostenfrei. Bisher wurden ausschließlich Standorte gewählt, die über eine sehr gute Erreichbarkeit, insbesondere mit öffentlichen Verkehrsmitteln, und Infrastruktur verfügen. In seiner noch jungen Geschichte, die in Abschn. 2.2 nachzulesen ist, konnte der HIK sich bereits sehr positiv entwickeln. Im Verlauf dieses Beitrags werden daher auch die dafür erforderlichen Erfolgsfaktoren dargestellt.

> „Wir befinden uns mitten in einem Strukturwandel, der uns durch die Digitalisierung und die Klimaveränderungen vor große Herausforderungen stellt. Er ist aber zugleich eine Chance: Innovationen sind der Schlüssel, denn wir müssen neue und auch unbekannte Wege gehen. Wir tragen die Verantwortung dafür, Ressourcen zu schonen, das Klima zu schützen und trotzdem technologisch und wirtschaftlich erfolgreich zu sein. Das Prinzip der Nachhaltigkeit und eine dynamische Innovationskultur sind daher untrennbar miteinander verbunden." – Dr. Philipp Nimmermann (Hessisches Ministerium für Wirtschaft, Energie, Verkehr und Wohnen 2019)

Dr. Philipp Nimmermann, Staatssekretär im Hessischen Ministerium für Wirtschaft, Energie, Verkehr und Wohnen deutet in diesem Zitat an, was im HIK praktisch Umsetzung findet. Mit dieser Veranstaltung geht Hessen den Weg der Vernetzung, des Miteinanders und der unternehmerischen Gemeinschaft. Eine Veranstaltung rund um die Fokussierung auf zukunftseröffnende und -sichernde Themen, die gleichzeitig alle Unternehmensgrößen und -alter inkludiert, ist jedoch nicht häufig anzutreffen.

Auf der Suche nach ähnlichen Veranstaltungen finden sich folgende vergleichbare Angebote:

- Hightech Summit BW: Technologiekongress von und mit dem Ministerium für Wirtschaft, Arbeit und Wohnungsbau im Rahmen der Initiative Wirtschaft 4.0 BW (Startup Region Stuttgart 2018). Er findet dieses Jahr hybrid an neun Standorten gleichzeitig und online statt (Hightech Summit o. J.).
- Hightech Summit Bayern: Als Bestandteil der Hightech Agenda Bayern, die die Themenbereiche KI, Supertech, Maßnahmen für die Entwicklung und Ausbau von Hochschulen und Mobilfunk sowie eine Mittelstandsoffensive umfasst (Bayerische Staatsregierung o. J.).
- Innovationskongress in Villach/ Österreich: Fand 2019 unter dem Titel „Digital Innovation – what's next?“ statt. Mehrtägiges Event und zertifiziert mit dem Green-Meetings-Siegel des Österreichischen Umweltzeichens (Innovationskongress o. J.).

Darüber hinaus gibt es unzählige Formate, die von öffentlichen und privaten Trägern veranstaltet werden. Auch Universitäten und Hochschulen sind hier aktiv. Häufig stehen die Veranstaltungen unter thematisch eng abgegrenzten Mottos, teils handelt es sich um Nischenveranstaltungen. Beispiele sind der Open Innovation Kongress/ Stuttgart (Steinbeis-Europa-Zentrum 2020), der 360° Innovation Kongress/Sindelfingen (Innovation 360° o. J.), der 2. Innovationskongress/Ulm (Innosüd o. J.), der ÖPNV Innovationskongress/Freiburg (Ministerium für Verkehr Baden-Württemberg o. J.), das Forum Innovation Frankfurt/Frankfurt am Main (Plattform für Innovation o. J.) und der Kongress Digitaler Staat (Behörden Spiegel o. J.). Diese Aufzählung erhebt keinen Anspruch auf Vollständigkeit, sondern soll vielmehr zeigen, wie bunt und vielfältig Events mit Thema Innovation heute entwickelt werden. Recherchieren Sie bei Interesse gern noch einmal nach, da aufgrund der Relevanz von Innovation in allen Lebensbereichen und Branchen zukünftig viele Formate wiederholt und auch neu angeboten werden.

## 2.2 Woher kommt der HIK? – Zur noch jungen Historie

**Frankfurt am Main – Kap Europa – Mittwoch, 06.12.2017**

Der erste HIK findet unter dem Claim „Zeit für Zukunft“ statt. Experten aus Wirtschaft und Technologie treffen auf Zukunftsanalysten, insgesamt sind 650 Besucher zu verzeichnen. Auf drei inhaltlichen Tracks „Vernetzt, Zukunft, Gestalten“ gilt es, sich über die hessische Innovationskultur auszutauschen und neue Perspektiven auf das Innovieren und das Wesen der Innovation zu gewinnen. Inhaltliche Impulse werden durch Keynote Speaker Matthias Horx vom Zukunftsinstitut, Daniel Putsche von den Frankfurter Fuck

Up Nights und durch zahlreiche kurze Impulsvorträge im Speakers' Corner gesetzt (HTAI 2017a).

> „Wir wollen, dass wir nicht nur innovativ sind, sondern dass wir da natürlich auch ökonomisch was draus machen, dass wir uns natürlich für die Fragen der Zukunft richtig aufstellen. Und deswegen bin ich wirklich stolz drauf, dass wir hier den 1. Hessischen Innovationskongress haben, der am Ende mit dazu beitragen kann, dass wir Lösungen für die Probleme der Zukunft entwickeln und da dann natürlich auch ökonomisch was draus machen.“ – Tarek Al-Wazir (HTAI 2017b)

**Frankfurt am Main – Gesellschaftshaus Palmengarten – Donnerstag, 15.11.2018**

Die zweite Ausgabe des HIK trägt den Titel „Alles bleibt neu“. Als Keynote Speaker sprach der Autor und Berater Tim Leberecht über seine Vision eines neuen Humanismus in Wirtschaft und Gesellschaft. Mit dem Fokus auf Themen rund um die Digitalisierung und den technologischen Wandel suchen Interessierte aus Start-ups, mittelständischen und großen Unternehmen den Austausch miteinander. Formate wie der bereits im Vorjahr integrierte Speakers' Corner, aber auch das Coaching Café, das Business Speed-Dating und die vielfältigen Inhalte der Aussteller bieten Informationen, Networking und Inspiration. Außergewöhnliche Angebote wie das Innovation Cinema und das Innovation Game, welches unter Anleitung von Jacky Liu per Live-Schaltung gegen ein Team in Taipeh gespielt wurde, runden den Kongress ab (HTAI 2018a).

> „Ohne Innovation kann ein Wirtschaftsstandort nicht bestehen. Wir erleben um uns herum eine sehr schnelle Veränderung rund um die Digitalisierung und wir müssen uns natürlich Gedanken machen, was das eigentlich für unseren Wirtschaftsstandort heißt. Dem geht's momentan sehr gut und damit das auch in Zukunft so ist, müssen wir innovativ sein.“ – Tarek Al-Wazir (HTAI 2018b)

**Wiesbaden – RheinMain CongressCenter – Dienstag, 12.11.2019**

„Zukunft denkt anders“ lautet das Motto dieses Innovationskongresses. Passend hierzu stellt Keynote Speaker Richard David Precht seine Gedanken zur digitalisierten Zukunft und deren Auswirkungen auf unsere zukünftigen Lebens- und Arbeitswelten dar. Neben bereits bekannten Formaten wie Marktplatz der Innovationen und Coaching Café bietet das diesjährige Rahmenprogramm auch einen Creative Room, einen Innovations Poetry Slam sowie den Innovation Truck des Bundesministeriums für Bildung und Forschung. Unter der Rubrik Giant's Pitch sprechen Vertreter global tätiger Unternehmen wie Google, Heraeus und Outfittery über verschiedene Facetten von Innovationskulturen (HTAI 2019b).

> „Wir kommen in eine Zeit vieler, vieler technischer Innovationen. Das wird noch deutlich mehr werden, als es zuletzt gewesen ist und die Aufgabe wird darin bestehen, Innovation in Fortschritt zu verwandeln. Denn nicht alles, was neu ist, ist zwangsläufig besser.“ – Richard David Precht (HTAI 2019b)

Mit der programmatischen und inhaltlichen Ausgestaltung der Kongresse wurden bewährte Formate wie klassische Keynotes und ein moderiertes Rahmenprogramm auf der großen Bühne mit persönlicheren Formaten wie dem Marktplatz der Innovationen oder auch dem Coaching Café kombiniert. In Verbindung mit hoch aktuellen, relevanten wirtschaftlichen und gesellschaftlichen Überthemen als jeweilige Claims traf der HIK offenbar einen Nerv. So entwickelten sich einerseits die Besucherzahlen von 650 Teilnehmern anlässlich des ersten HIKs im Jahr 2017 über 1300 Besucher in 2018 hin zu 1500 Menschen im Jahr 2019. Diesem Trend folgt auch die Anzahl der Speaker, die sich von 32 über 53 hin zu 88 Speakern innerhalb von drei Veranstaltungen fast verdreifacht hat. Auch seitens der Aussteller ist ein ähnliches Wachstum zu verzeichnen. Nahmen im Jahr 2017 noch 25 Aussteller den HIK wahr, waren es in 2018 bereits 40 und im Jahr darauf verdoppelte sich diese Anzahl auf 80 Aussteller (Technologieland Hessen 2020a).

„Das war Druckbetankung zum Thema Innovation!" – Rainer Waldschmidt (HTAI 2019a)

## 2.3 Wohin will der HIK? – Die Ziele

Übergeordnetes Ziel des HIKs ist es, eine Plattform für Innovatoren, Investoren und Inspiratoren zum Vernetzen und Austauschen zu sein. Die Mission ist, positive Botschaften mithilfe von Menschen zu vermitteln, die gute Ideen haben. Daraus folgt, den Teilnehmern aber auch den Ausstellern Botschaften zu kommunizieren, die gleichzeitig auch direkte Handlungsaufforderungen sind. Eine zentrale Komponente der operativen Programmplanung besteht aus verschiedenartigen Beiträgen von Akteuren aus Wirtschaft und Gesellschaft. So können Interessierte über die Rolle des Besuchers hinaus aktiv das Programm mitgestalten und selbst Impulse geben.[3]

Mit dem HIK übernimmt die HTAI unmittelbar Verantwortung als wirtschaftsfördernder Akteur. Ein elementarer Bestandteil dieser Verantwortung besteht in der gelebten Transparenz, die dieses Event auszeichnet. Jeder Interessierte ist herzlich willkommen, den HIK zu besuchen, gleich ob ein fachliches, geschäftliches oder privates Interesse an Innovation besteht. Gleichzeitig wird die Diversität des Publikums im Programm direkt gespiegelt. So finden nicht nur Fachvorträge und Präsentationen von Unternehmen und ihren Projekten, sondern auch auf den ersten Blick eher fern erscheinende Formate wie Poetry Slams hier ihren Platz. Mehr dazu lesen Sie in Abschn. 2.4.

Einerseits bietet der Kongress, wie zuvor bereits angesprochen, Möglichkeiten zur Vernetzung und Akquise neuer Businesspartner und dem Entdecken neuer, frischer Ideen. Andererseits geht mit der Durchführung des HIKs auch die Verantwortung einher, Nachhaltigkeit in der Eventorganisation nicht nur zu berücksichtigen, sondern als ein zentrales Thema zu verstehen.

[3] Dolores Reisenauer, Interview geführt am 12.06.2020.

Mit dieser sehr weit ausgelegten Definition von Innovation und der damit einhergehend bunten und abwechslungsreichen Programmgestaltung begründet sich der Anspruch, eine bundesweite Best-Practice-Rolle zu erfüllen. Der HIK hat daher das Potenzial, zu einem bundesweiten Leuchtturmprojekt zu werden.

▶ **Congress Social Responsibility** beinhaltet die stetige Entwicklung des HIKs hin zu einer inhaltlich wie organisatorisch nachhaltigen Veranstaltung – jedes Jahr ein Stückchen weiter. Jeder Beitrag zählt.

## 2.4 Wie macht es der HIK? – Denkweisen, Herangehensweisen und Inspirationen

Die Vielfalt der Themen und Präsentationsmethoden ist die zentrale Anspruchshaltung hinter der Ausgestaltung des jeweiligen HIK-Programms. Dolores Reisenauer denkt den HIK daher jedes Jahr von der Pike auf neu. Hierzu nimmt sie bewusst die Perspektive ihres Auftraggebers, das hessische Wirtschaftsministerium, ein, um dessen Ziele zu übernehmen. Sie stellt somit für sich selbst, sich diese Ziele bewusst zu machen, sie zu visualisieren und schließlich auch in das eigene Denken und Handeln zu übertragen. Das Selbstverständnis als Dienstleister im Auftrag der Sache schließt ein, die Akteure in den Vordergrund zu stellen, indem man ihnen eine Bühne für Dialoge, Vernetzung und Selbstpräsentation bietet. Grundlegend ist auch die Definition der zu erreichenden Zielgruppen und Zielbranchen. Schließlich soll der Kongress ihre Bedürfnisse zielgerichtet erfüllen und daher passgenau konzipiert sein.[4]

Diese Grundhaltung führt uns zu weiteren primären Fragen, die die Leitplanken für die inhaltliche Ausgestaltung des Programms sein werden: Was bewegt Wirtschaft und Gesellschaft aktuell? Was hat Wirtschaft und Gesellschaft verändert? Diese Fragen helfen sicherzustellen, dass sowohl die Relevanz des Kongresses gegeben ist als auch aktuelle globale und regionale Vorgänge gespiegelt werden. Darauf folgt die Frage, was exakt mit der Veranstaltung vermittelt und welche Kernbotschaft ausgesendet werden soll. Hieraus wird der rote Faden für das Programm, aber auch die Organisation des Kongresses abgeleitet. Für die Aussteller, Teilnehmer und weitere Akteure ergibt sich aus dieser Vorgehensweise ein authentischer Mehrwert.[5]

Insbesondere bei sich wiederholenden Veranstaltungen wie dem HIK, mit seinem jährlichen Turnus, ist eine Evaluation des vorherigen Kongresses und deren gründliche Auswertung ein integraler Bestandteil des Konzeptionsprozesses. Leitfragen hierbei sind beispielweise: Welche Formate wurden positiv wahrgenommen? Auf dieser Basis kann Bewährtes unter Berücksichtigung möglicher Anpassungen und

---

[4] Dolores Reisenauer, Interview geführt am 12.06.2020.

[5] Dolores Reisenauer, Interview geführt am 12.06.2020.

Optimierungen neu aufgelegt werden. Was stieß im Gegenzug auf wenig Resonanz? Hieraus folgen Erkenntnisse, welche Formate nicht wiederholt werden sollten. Die so gewonnene Programmkapazität sollte mit kreativen, neuen Formaten belegt werden. Dolores Reisenauer ist es dabei ein persönliches Anliegen, jedes Jahr neue Formate zu präsentieren und auszuprobieren. Kreativität kann nur umgesetzt werden, wenn Versuche zugelassen werden.[6]

Konkret fordert Dolores Reisenauer als Maxime im Denken und Handeln bei der Konzeption eines solchen Kongresses: „Macht euch die Mühe und denkt jedes Jahr neu!"[7]

Sie persönlich leitet daraus zum Beispiel den Anspruch ab, jedes Jahr neue Formate zu präsentieren. Dabei muss nicht jedes Format für jeden Teilnehmer gleich interessant und geeignet sein. Jeder Teilnehmer hat die Möglichkeit, sich aus vielen parallel stattfindenden Angeboten seinen ganz persönlichen Kongresstag zusammenzustellen, um möglichst viel zu ihm passenden Input mitzunehmen.[8]

Bei der Konzeption, Organisation und Durchführung von Veranstaltungen wie dem HIK sind Kreativität und Mut unabdingbar. Doch wer sich manchmal auf unsicheres und experimentelles Terrain wagt, wird sicherlich Fehler machen. Dolores Reisenauer plädiert daher auch in der Eventorganisation dafür, eine Fehlerkultur zu denken und zu leben. Dazu gehört, Fehler nicht als etwas grundsätzlich Bedrohliches und Unangenehmes wahrzunehmen, sondern sie vielmehr als Gelegenheiten zu verstehen, zu lernen und hieraus kreative Anregungen zu gewinnen.[9]

Diese grundlegende Geisteshaltung resultiert in einem Vorgehen, das zeigt, dass Grundsätze agiler Organisationen und agilen Arbeitens auch in der Kongressorganisation anwendbar sind. Sie sind sogar notwendig, da die wirtschaftlichen und gesellschaftlichen Umfelder, in denen wir uns bewegen, immer komplexer werden (Dams 2019, S. 1). In Bezug auf den HIK finden konkret die Grundsätze einer positiven Grundeinstellung, einem gemeinsamen Ziel (Wirtschaftsförderung), des kontinuierlichen Lernens, des Qualitätsbewusstseins und der Fehlerakzeptanz Anwendung (Dams 2019, S. 6).

Für das Entwickeln und Implementieren von Strukturen, die Nachhaltigkeit fördern und sicherstellen sollen, ist also eine tiefe Verankerung im Denken und Handeln wünschenswert und notwendig. Die gesamte Organisationsstruktur hinter dem HIK muss Nachhaltigkeit leben und zur Priorität des Handelns machen (Holzbaur 2016, S. 18). In Hessen ist die politische Basis hierfür der bereits angesprochene Verfassungsrang, den die Nachhaltigkeit in Hessen genießt.

[6] Dolores Reisenauer, Interview geführt am 12.06.2020.

[7] Dolores Reisenauer, Interview geführt am 12.06.2020.

[8] Dolores Reisenauer, Interview geführt am 12.06.2020.

[9] Dolores Reisenauer, Interview geführt am 12.06.2020.

# 3 Nachhaltigkeit im Kontext der Kongressorganisation und -durchführung

## 3.1 Einführung

Die diversen Ebenen und Aspekte der Nachhaltigkeit im Eventmanagement lassen sich wie folgt kurz definieren:

▶ „**Nachhaltige Events** sind nicht nur dauerhaft wirkungsvoll im Sinne des Eventziels, sondern auch wirksam im Sinne der Nachhaltigkeit." (Holzbaur 2016, S. 28).

Events beinhalten als Instrument der Live-Kommunikation einen Erlebnischarakter. Nachhaltigkeit lässt sich damit verknüpfen, indem ein Event einen langanhaltenden, einprägsamen Eindruck der eigentlichen Inhalte hinterlässt. Das ist insbesondere aufseiten der Besucher und Teilnehmer wünschenswert und spricht für eine erfolgreiche Konzeption und Umsetzung. Außerdem kann Nachhaltigkeit als normativer Handlungsrahmen für Events gelten und somit aus der Veranstaltungs-DNA heraus für die Entwicklung eines zukunftsfähigen Formats sorgen. Schließlich kann ein Event sich inhaltlich mit Themenkomplexen rund um die nachhaltige Entwicklung herum befassen und als Multiplikator ebensolcher Botschaften fungieren (Holzbaur 2016, S. 28).

> „Ziel muss die Optimierung der Eventwirkung und der Nachhaltigkeitswirkung von Events sein, um diese möglichst effizient zu machen." (Holzbaur 2016, S. 28)

Nachdem nun beschrieben wurde, was ein nachhaltiges Event ist, widmen wir uns im weiteren Verlauf diesen praktisch orientierten Leitfragen:

**Fragen**

Mithilfe welcher Kriterien kann ein Kongress wie der HIK hinsichtlich der nachhaltigen Durchführung eingeordnet werden? Welche Handlungsempfehlungen lassen sich ableiten?

Der HIK wirkt hinsichtlich nachhaltiger Aspekte auf zweierlei Arten. Einerseits können mithilfe der jeweils definierten inhaltlichen Schwerpunkte nachhaltige und nachhaltig einwirkende Impulse gegeben werden. Hinzu kommt, dass einzelne Akteure für ihre Ideen und Botschaften größere Reichweiten generieren können. Andererseits kann der HIK als Event an sich so nachhaltig wie möglich gestaltet werden.
Auf seinem Weg zu einem absoluten Best Practice unter den Kongressen ist es ein wichtiger und begrüßenswerter Schritt, dass sich Dolores Reisenauer mit dem HIK unter die „Nachhaltigkeitslupe" begibt. Denn echte Nachhaltigkeit ergibt sich nicht einfach so und ist ein anstrengender, fortlaufender Prozess. Dahinter stehen viele Überlegungen,

aber zuvorderst der Wille, den derzeitigen Status kritisch zu hinterfragen, Potenziale zu erkennen und diese dann kreativ zu nutzen. Reflexion und Offenheit sind gefordert, ergänzt durch eine zweckmäßige Struktur. Um einen Status quo erheben zu können, angestrebte Ziele auf dieser Basis zu definieren, konkrete Maßnahmen hieraus ableiten zu können und Fortschritte zu dokumentieren, müssen Kriterien vorab festgelegt und schriftlich fixiert werden. Ein probates Mittel für diesen Fall, da sie als grundsätzlich leicht verständlich, simpel und praktikabel gelten, sind Checklisten (Holzbaur 2016, S. 260).

**Übersicht**
Es existieren bereits einige solcher Checklisten. Nachfolgend finden Sie eine Auswahl:

- Die Sustainability-Checkliste für die Eventbranche (Event Partner o. J.)
- Checkliste Nachhaltige Events (Holzbaur 2016, S. 270 f.)
- Über Lebenskunst. Leitfaden – nachhaltig produzieren im Kulturbereich (Kulturstiftung des Bundes 2012)
- Nachhaltige Events – Nachhaltiger Erfolg durch Verantwortung (Abele und Holzbaur o. J.)
- Checkliste für die Organisation nachhaltiger Veranstaltungen (Hochschule für nachhaltige Entwicklung Eberswalde o. J.)
- Ihr grüner Haken für mehr Nachhaltigkeit (Sustainable Event Solutions o. J.b)
- Sustainable Events Guide (Seventeen Events o. J.)
- Veranstaltungen auf dem Weg zur Nachhaltigkeit (Freie und Hansestadt Hamburg 2010)
- Green Meeting Guide (United Nations Environment Programme 2009)
- Green Meetings – Zehn Punkte, die sich leicht umsetzen lassen (German Convention Bureau o. J.a.)

Bestehende Checklisten können dabei als Grundlage genutzt werden, auf deren Basis ein auf die konkrete Veranstaltung passendes Instrument entstehen kann. Dafür sollte sie Aspekte vor, während und nach der Veranstaltung umfassen. Ebenso sollten sämtliche organisatorischen, technischen, ressourcenverbrauchenden und sozialen Aspekte seitens Veranstalter, Dienstleister und Location erfasst sein. Ein elementarer Bestandteil ist die Kommunikation, und zwar nicht nur zwischen Veranstalter, Auftraggeber und Gewerken, sondern auch mit den Teilnehmern und Besuchern. An dieser Schnittstelle schlummert eine ungeheure Kraft, Nachhaltigkeit auch in den Fokus derer zu rücken, bei denen sie sonst wenig Beachtung findet. Liefer- und Wertschöpfungsketten sind ebenfalls lohnender Gegenstand einer Analyse hinsichtlich Nachhaltigkeit, da hier erfahrungsgemäß große Potenziale bestehen.

**Übersicht**

Normen und weitere inhaltliche Inspiration finden Sie unter anderem hier:

- DIN ISO 14001 – Umweltmanagementsystemnorm (Umweltbundesamt 2020)
- DIN ISO 26000 – Leitfaden zur gesellschaftlichen Verantwortung von Organisationen (Bundesministerium für Arbeit und Soziales o. J.)
- DIN ISO 2012 – Nachhaltiges Veranstaltungsmanagement – Anforderungen mit Anleitung zur Anwendung (DIN o. J.)
- Leitfaden für die nachhaltige Organisation von Veranstaltungen (Umweltbundesamt 2017)
- Österreichisches Umweltzeichen – Green Meetings und Events (Österreichisches Bundesministerium für Klimaschutz, Umwelt, Energie, Mobilität, Innovation und Technologie o. J.)
- Deutscher Nachhaltigkeitskodex (Deutscher Nachhaltigkeitskodex o. J.)
- Nachhaltigkeitsstrategie für Deutschland: Nachhaltigkeit konkret im Verwaltungshandeln umsetzen – Maßnahmenprogramm Nachhaltigkeit (Staatssekretärsausschuss für nachhaltige Entwicklung 2015)
- Sustainable Development Goals (Bundesregierung o. J.)
- Global Reporting Initiative Standards (Global Reporting Initiative o. J.)
- Green Globe Certification Standard Criteria and Indicators (Green Globe o. J.)
- Der Sustainability Rider (Sustainable Event Solutions o. J.a)
- Leitfaden für nachhaltig organisierte Veranstaltungen (Greencentive o. J.)
- Conferences and Carbon – The Impact Behind the Event (Kaiser 2014)
- GCB Nachhaltigkeitsberater (German Convention Bureau o. J.b.)

Auch der HIK wurde mithilfe einer Checkliste durch vier Studierende aus den Masterstudiengängen Digitales Management und Sustainable Marketing und Leadership der Hochschule Fresenius in Wiesbaden auf sein nachhaltiges Herz hin untersucht. Im Rahmen des Moduls Wirtschaftsethik besuchte der Kurs gemeinsam den HIK2019.

Leonie von Perbandt entwickelt die hier eingesetzte Checkliste im Rahmen ihrer Bachelorarbeit mit dem Titel „Die nachhaltige Veranstaltungsbranche – Entwicklung einer Checkliste zur Vermeidung von Greenwashing bei Green Events in Unternehmen", die 2018 an der Hochschule Fresenius in Wiesbaden entstand (von Perbandt 2018).

Die Checkliste erfüllt die zuvor allgemein definierten Kriterien an Checklisten in der Nachhaltigkeitsbetrachtung und ist daher für die Untersuchung des HIKs gut geeignet gewesen. Insgesamt besteht sie aus fast 200 Einzelkriterien. Diese gliedern sich in „Muss-Kriterien", die erfüllt sein müssen, damit die Veranstaltung als nachhaltig bezeichnet werden kann, sowie in „Kann-Kriterien", die Erstere um wünschenswerte Aspekte ergänzen, aber nicht zwingend erfüllt sein müssen (von Perbandt 2018).

Je Kriterium kann dabei ein „Ja“ im Sinne von „Kriterium erfüllt“, ein „Nein“ im Sinne von „Kriterium nicht erfüllt“ vermerkt werden. Möglich ist auch ein „Nicht anwendbar“, sollte das Kriterium in Bezug auf das konkrete Event grundsätzlich nicht sinnvoll anwendbar sein (von Perbandt 2018). Insbesondere Letzteres zeigt, dass eine individuelle Anpassung auf konkrete Veranstaltungen schon in der Konzeption dieser Liste berücksichtigt wurde.

Die inhaltliche Gliederung der Liste folgt Schwerpunkten und umfasst die Planung und Vorbereitung der Veranstaltung, die Durchführung und die Nachbereitung. Berücksichtigt werden dabei explizit auch Maßnahmen in der Vorbereitung und Kommunikation vorab, soziale Aspekte, Liefer- und Wertschöpfungsketten sowie deren mögliche Einsparpotenziale und Auswirkungen auf Ressourcenverbrauch. Hinzu kommt die Betrachtung von einzelnen Gewerken, zum Beispiel technischer Natur, aber auch das Catering. Da bei jeder „großen Sause“ im Nachhinein gereinigt und ein Abbau temporärer Aufbauten vorgenommen werden muss, fließen auch diese Punkte mit ein. Weiterhin wird auch die Mobilität von Gästen, Ausstellern, Teilnehmern und Waren betrachtet (von Perbandt 2018). Um die entsprechenden Informationen zu erhalten, wurden sowohl Dolores Reisenauer als auch Aussteller, Teilnehmer und Vertreter verschiedener Gewerke interviewt. Hierzu zählen zum Beispiel die Veranstaltungstechnik, die Security und das Catering. Die Interviews fanden größtenteils auf der Veranstaltung statt und wurden durch weitere im Nachhinein ergänzt. Hinzu kamen intensive Rundgänge durch den Veranstaltungsort, mithilfe derer weitere Aspekte selbstständig beleuchtet wurden.

## 3.2 Ergebnisse

Das in Abschn. 3.1 bereits erwähnte Team der Studierenden hat die Liste hälftig und zu gleichen Anteilen in Teams zu jeweils zwei Personen bearbeitet. Die Vorbereitung bestand einerseits aus dem ausführlichen Studium der Liste. Andererseits konnte anhand des HIK-Programms ein Überblick über die verschiedenen Angebote erlangt werden, welche jedoch für die hier betrachtete Analyse sekundär waren.

Die Anwendung der Checkliste und die Informationsbeschaffung hierfür fiel je nach thematischem Schwerpunkt und Detailliertheit des Aspekts unterschiedlich aufwendig aus. Der gesamte Aufwand wurde durch die Studierenden als angemessen empfunden. Während des laufenden Kongresses konnten rund zwei Drittel der einzelnen Aspekte überprüft werden, die verbliebenen konnten mehrheitlich im Nachgang beantwortet werden. Die Resonanz der am HIK beteiligten Gewerke auf die meist recht spontanen Interviews war durchweg positiv und offen. Nach dem HIK kam das Team wieder zusammen und widmete sich gemeinsam der Auswertung. Einzelne Punkte wurden nochmals aufgegriffen und diskutiert sowie allgemeine Eindrücke geteilt. Darauf aufbauend erfolgte die Präsentation der Ergebnisse vor dem gesamten Kurs.

Manche Aspekte der Checkliste waren für den HIK nicht relevant, wie beispielsweise Spezialaspekte, die sich auf Outdoor-Veranstaltungen beschränken. Ergänzend sollte der Bereich Kommunikation noch etwas ausführlicher betrachtet werden: Welche Medien werden genutzt? Wie viel Kommunikation findet vorab statt? Welchen Stellenwert nimmt Nachhaltigkeit hier ein? Werden die Gäste und Aussteller informiert, wie sie zu einem möglichst nachhaltigen HIK beitragen können? Wie ist das Kommunikationskonzept insgesamt vor dem Hintergrund der Nachhaltigkeitskommunikation zu bewerten?

Die Ergebnisse der Auswertung stellen sich wie folgt dar: Von insgesamt 189 Kategorien waren 84 Kategorien erfüllt (entspricht 44 %), 54 Kategorien nicht erfüllt (entspricht 29 %) und 51 Kategorien nicht anwendbar (entspricht 27 %). Spannend hierbei ist natürlich die Aufteilung auf „Muss-" und „Kann-Kriterien": Von den insgesamt 70 „Muss-Kriterien" waren 34 erfüllt (49 %), 19 nicht erfüllt (27 %) und 17 nicht anwendbar (24 %). Ein tendenziell ähnliches Bild ergibt sich bei den „Kann-Kriterien", von denen 50 erfüllt (42 %) und 35 nicht erfüllt wurden (29 %) sowie 34 nicht anwendbar waren (29 %). Insgesamt ergibt sich folglich ein homogenes Bild. In der Abb. 1 sehen Sie diese Daten noch einmal übersichtshalber dargestellt.

Die nun folgenden Bewertungen sind dabei zwingend vor dem Hintergrund zu betrachten, dass der HIK 2019 nicht als nachhaltige Veranstaltung geplant war. Bezüglich der inhaltlichen Schwerpunkte und deren Erfüllung ergab sich dabei ein heterogenes Bild. Positiv hervorzuheben ist, dass seitens des HTAI kaum Druckwaren und keine Banner eingesetzt wurden. Viele Aussteller verzichteten ebenfalls auf Give-aways. Das RheinMain CongressCentrum ist für die Anreise mit dem ÖPNV äußerst günstig gelegen. Darüber hinaus erfüllt es als moderne Location automatisch diverse Effizienzkriterien des Ressourcenverbrauchs, aber auch hinsichtlich Barrierefreiheit. Dies setzt sich in der Konzeption des HIKs fort, da weder Gebühren für Aussteller noch für Teilnehmer anfallen. Jeder Interessierte ist als Teilnehmer willkommen und erwünscht, was besonders zu würdigen ist.

Der Aspekt Catering wurde als einziger ambivalent bewertet und innerhalb des Studierenden-Teams kontrovers diskutiert. Einerseits wurden hier Anstrengungen

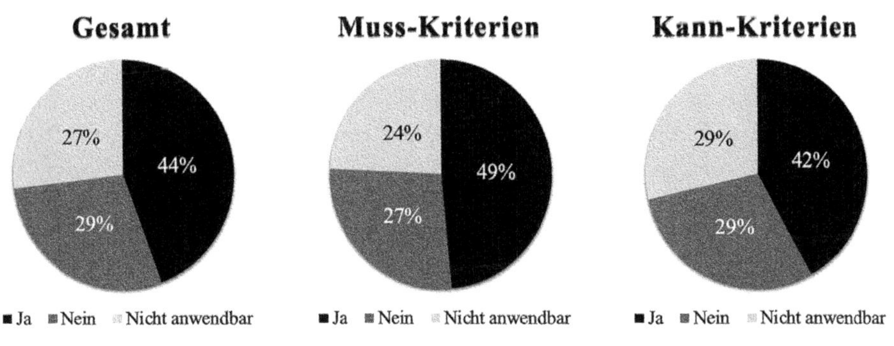


**Abb. 1** Übersicht der Auswertung der Checkliste – HIK 2019

unternommen, ressourcenschonender zu arbeiten, Wasser wurde in Mehrweg-PET-Flaschen serviert, womit der Spülaufwand für Gläser entfiel. Die mittägliche Verpflegung, die in Form eines Apfels, eines „Butterbrots wie früher" und einer „bunten Tüte" geplant war, wurde durch die ausschließliche Nutzung von Convenience-Produkten als Plastik-Desaster empfunden.[10] Dies war auf eine fehlgeschlagene Kommunikation im Briefing vorab zurückzuführen.[11]

Verbesserungspotenzial zeigt sich grundlegend darin, dass der HIK als nachhaltige Veranstaltung konzipiert sein könnte, es aber bis dato nicht ist. Daraus ergeben sich ebenfalls große Potenziale in der gesamten Kommunikationsplanung für den 4. HIK 2020, da dieser sich auch inhaltlich mit Nachhaltigkeit befasst. Dolores Reisenauer gab im Nachgespräch des HIK 2019 an, Nachhaltigkeit als Kriterium bei einzelnen Teilaspekten und Planungselementen berücksichtigt zu haben.[12] In stichpunktartigen Gesprächen mit Ausstellern ergab sich hingegen das Bild, dass diese weder Nachhaltigkeit als Kriterium im Konzept des Auftritts berücksichtigt hatten, noch seitens des Veranstalters hierzu aufgefordert wurden. Dies ist zwar, wie zuvor schon erwähnt, dadurch erklärbar, dass der HIK nicht explizit als nachhaltiges Events geplant war, bietet daher aber auch viel Potenzial für zukünftige HIKs.

Punktuell wurde durch das Studierenden-Team das Gespräch mit Besuchern des HIKs gesucht. Hierbei wurde eine sehr positive Stimmung gegenüber der Veranstaltung, den Inhalten und dem Konzept des HIKs wahrgenommen, auch wenn manche Besucher das sehr diverse Publikum nicht als Bereicherung empfunden haben. Viele Besucher kamen aus einem Interesse an Innovation heraus, manche hoben explizit das Vortragsprogramm als attraktiv hervor. Insbesondere der Vortrag von Richard David Precht rief eine sehr positive Resonanz hervor. Einzelne Besucher äußerten, dass sie sich mehr Zeit für Networking wünschen würden, was aufgrund des parallel in mehreren Räumen stattfindenden Programms etwas erschwert würde. Das Catering wurde von den Besuchern ebenfalls ambivalent gewürdigt. Einerseits gefiel die Idee der mittägliche Lunchtüte, was durch die angefallene Müllmenge jedoch auch kritisch eingeschätzt wurde.

## 3.3 Conclusio und Handlungsbedarfe

Der HIK 2019 ist auf Basis der vorangegangenen Analyse als ein teilweise nachhaltiges Event zu bezeichnen. Besonders relevant sind die Schnittstellen zwischen Veranstalter, Ausstellern, Gewerken und Teilnehmern, denn der Veranstalter kann viele Aspekte nicht allein erfüllen. So hängen viele Aspekte wie die gute Erreichbarkeit, die Nutzung von

---

[10] Dolores Reisenauer, Interview geführt am 12.06.2020.

[11] Dolores Reisenauer, Interview geführt am 22.11.2019.

[12] Dolores Reisenauer, Interview geführt am 22.11.2019.

Energie aus erneuerbaren Quellen, der energetische Gebäudezustand und die Abfallwirtschaft von der Veranstaltungsstätte ab und entziehen sich größtenteils bis komplett dem Einfluss des Veranstalters. Daher sollten diese Kriterien bereits bei der Auswahl geeigneter Locations berücksichtigt werden.

Viele nachhaltige Aspekte sind nur gemeinsam mit den Ausstellern und Teilnehmern umsetzbar. Ein Beispiel hierfür wäre der Verzicht auf Werbegeschenke. Einerseits muss hier die Bereitschaft der Aussteller geschaffen werden, auf dieses Marketinginstrument zu verzichten. Andererseits wäre es vorteilhaft, wenn die Teilnehmer ihre Anspruchshaltung gegenüber der reichlichen Verfügbarkeit von Werbegeschenken überdenken. Eine weitere Option neben dem generellen Verzicht ist, kreativ zu werden und umweltfreundliche Alternativen zu entwickeln.

Hierbei ist insbesondere der hohe Stellenwert von Kommunikation und das Herstellen eines gemeinsamen Verständnisses eines nachhaltigen Events zu betonen. Eine gemeinsame Kultur, in der Nachhaltigkeit bei allen großen und kleinen Dingen mitgedacht wird, ist eine geeignete Basis des Vorgehens. Nur eine gemeinsame Näherung wird ein gemeinsames Ziel auch erreichen. Jeder einzelne Akteur ist daher gefordert, zum Gelingen eines nachhaltigen Events beizutragen. Konkrete Beispiele für Stellschrauben in diesem Kontext wären im Kleinen der Verzicht auf Werbegeschenke und im Größeren die Priorisierung von umweltfreundlichen Materialien bei der Beschaffung von Messeständen und Aufbauten. Hilfreich wäre an dieser Stelle sicherlich, den tatsächlichen Impact des eigenen Handelns quantifizierbar abbilden zu können. Daher sollte für den HIK ein System entwickelt werden, mithilfe dessen die positiven und negativen Auswirkungen des Kongresses ermittelt oder kalkuliert werden. Der konkrete Handlungsbedarf leitet sich dann hieraus ab.

Für den HIK sollte daher ein integriertes Kommunikationskonzept entwickelt werden. Es hilft einerseits, Gewerke und Aussteller für umweltrelevante Aspekte zu sensibilisieren und zu deren Implementierung zu motivieren. Andererseits wäre eine generelle Priorisierung von Nachhaltigkeit in der Kongressorganisation auch geeignet, bei den Teilnehmern positiv reputationsbildend mitzuwirken. Sobald auch Nachhaltigkeit Kongressinhalt wird, ist die nachhaltige Gestaltung des Kongresses die entscheidende Voraussetzung für die Akzeptanz von Inhalten und der Veranstaltung selbst (Holzbaur 2016, S. 216). Übergeordnet ergibt sich hier auch ein Ansatz für Nachhaltigkeitskommunikation des Landes Hessen.

Auch intern würde diese Art der Kommunikation ihre Wirkung entfalten. Für die Organisation des HIKs bedeutet das insbesondere, eine erhöhte Sensibilität und das Bewusstsein aufseiten der Gewerke und Aussteller zu schaffen, dass auch sie verpflichtet sind, ihrerseits Anstrengungen zu unternehmen, um ihren Beitrag zum Gelingen eines nachhaltigen Events zu leisten, und sei er noch so klein.

Ein nächster Schritt wäre, für den HIK eine Nachhaltigkeitsberichterstattung zu etablieren. Diese könnte sich zum Beispiel am Deutschen Nachhaltigkeitskodex orientieren. Alternativ wäre eine Zertifizierung als Green Event denkbar. Insbesondere ein $CO_2$-Accounting wäre spannend, da es einerseits gut kommunizierbar ist, andererseits aber auch gezielt Kompensationsmaßnahmen durchgeführt werden können. Eine gut gepflegte Nachhaltigkeitsberichterstattung kann darüber hinaus mittel- und langfristig als Kern des zuvor bereits empfohlenen integrierten Kommunikationskonzepts fungieren.

Auf Basis aller diskutierten Faktoren wäre eine denkbare Vision für den HIK in fünf Jahren: Der HIK ist ein Format, das einen großen Nutzen für verschiedene Stakeholder stiftet und zeitgleich nachweislich keine Schäden verursacht.

### 3.4 Allgemeine Takeaways

Für Sie als Leser ergeben sich hieraus einige Impulse, die universell als Denk- und Konzeptionsgrundlage genutzt werden können. Sie werden im weiteren Verlauf kurz dargestellt.

Die SDGs umfassen als universelle Normen beinahe jeden privaten und wirtschaftlichen Bereich. Generieren Sie gezielt Synergien, indem Sie die SDGs in ihrer Planung berücksichtigen und das auch so kommunizieren. Die Vorteile: Ihr Event wird nachhaltiger, sie präsentieren sich als verantwortungsbewusster Akteur und die SDGs gewinnen an Bekanntheit. Sie können mit Ihrer Veranstaltung einen Beitrag zum Erreichen der 17 Ziele leisten.

Entwickeln Sie ein zweckmäßiges System zum Erfassen und Darstellen sozialer und umweltrelevanter Aspekte Ihrer Veranstaltung. Kommunizieren Sie offen darüber, seien Sie transparent über Ihren Prozess. Niemand ist von jetzt auf gleich nachhaltig nahe der Perfektion, der Weg zählt.

Definieren Sie Ihre Ziele so, dass sie messbar sind. Hierfür bietet sich zum Beispiel das Nutzen der SMART-Prinzipien an. Entwickeln Sie bei Bedarf eigene Kennzahlen. Mögliche Ideen sind: Menge des Lebensmittelabfalls, Abfall pro Teilnehmer, vermiedener Abfall in Relation zur vorherigen Veranstaltung, eingesparter Spülaufwand im Catering, ÖPNV-Anreisenden-Quote unter den Teilnehmern, Anteil Ökostrom am Gesamtverbrauch, Gesamtmenge Give-aways, Verhältnis Give-aways zu Besucheranzahl, Verhältnis nachhaltige und nicht nachhaltige Give-aways, Zusammensetzung der Besuchergruppen.

Fordern Sie Ihre Gewerke, Aussteller und Teilnehmer direkt zur Mitwirkung auf.

Überlegen Sie, ob begleitende Aktionen zu Ihrer Veranstaltung umsetzbar sind und Mehrwert (sozial, ökologisch, kommunikativ) bieten. Beispielsweise das Kompensieren von $CO_2$-Emmissionen durch Baumpflanzaktionen. Hiermit können gezielt Anreize verbunden werden. Bei einem hybriden Event wäre eine Möglichkeit, einen Baum pro Teilnehmer zu pflanzen, der digital teilnimmt und nicht physisch anreist. Auch der gemeinschaftliche Aspekt wird hierbei grundsätzlich berücksichtigt.

Kommunizieren Sie nicht nur im Rahmen des Kongresses mit Ihren Stakeholdern, sondern orientieren Sie sich bei der Kommunikationsgestaltung an den Prinzipien eines Stakeholder-Dialogs.

Entwickeln Sie für Ihr Event nicht nur ein Key Visual, sondern entwickeln Sie bewusst eine Marke mit starkem Branding. Das verleiht Ihnen die Freiheit, nicht an physische Veranstaltungen gebunden zu sein. Möglicherweise bietet eine solche Marke Ihnen sogar die Möglichkeit, neben dem eigentlichen Event in Erscheinung zu treten.

## 4 Alles anders dank 2020

**Frankfurt am Main – Jahrhunderthalle – 25.11.2020**
Unsere Gesellschaft sieht sich 2020 vielen großen Herausforderungen gegenüber, insbesondere in den Bereichen Nachhaltigkeit und Ressourceneffizienz. Ihnen muss mindestens parallel, besser noch vernetzt begegnet werden. Hieraus resultiert ein großer Innovationsdruck, gepaart mit meist relativ kurzen Zeiträumen, die zur Lösung von Problemen ausreichen müssen, um irreparablen Schäden vorzubeugen. Der vierte HIK steht daher unter dem Motto „WIE? Wandel Intelligent Ermöglichen" und wird aufgrund der pandemiebedingten Umstände erstmals digital stattfinden (Technologieland Hessen 2020a). Dolores Reisenauer äußert hierzu:

> „Es wird wieder eine große Vielfalt an Themen geben, die auf ganz unterschiedliche Art präsentiert werden." – Dolores Reisenauer (Technologieland Hessen 2020a)

### 4.1 Der Elefant im Raum – Sars-CoV-2 und die Implikationen für den HIK 2020

Unter der globalen Sars-CoV-2 Pandemie haben sich schlagartig Änderungen dramatischen Ausmaßes ergeben. Insbesondere die Veranstaltungsindustrie wird von den massiv veränderten Rahmenbedingungen schwer getroffen. Im Dezember 2020 gibt die Bestandsaufnahme Anlass zur Sorge. Da viele Unternehmen, Beschäftigte und Selbstständige aus der Veranstaltungswirtschaft durch die Social-Distancing-Maßnahmen seit März effektiv keine Einnahmen generieren konnten, schlossen sich mehrere Initiativen sowie Verbände der deutschen Veranstaltungswirtschaft zu dem Bündnis #AlarmstufeRot zusammen. Die Forderungen umfassen Maßnahmen zur Rettung der Veranstaltungsbranche wie Überbrückungs- und Kreditprogramme und einen gemeinsamen Rettungsdialog mit der Bundesregierung (Alarmstufe Rot 2020). Die Lage ist dramatisch: Laut dem Deutschen Meeting- und Eventbarometer 2020 waren bereits Ende März 2020 53,8 % der geplanten Veranstaltungen abgesagt sowie 29,6 % der geplanten Veranstaltungen verschoben worden. Lediglich 16,6 % sollten wie geplant durchgeführt werden (EITW 2020, S. 3). Insbesondere Veranstaltungen mit über 1000 Teilnehmern waren hiervon überproportional betroffen: 29,7 % wurden abgesagt und 63,5 % wurden verschoben (EITW 2020, S. 4).

Die deutschen Eventanbieter wurden ebenfalls dahin gehend befragt, inwiefern sich ihre Einstellung zum Trend der hybriden und räumlich verteilten Veranstaltungen verändert habe und wie sie diesen Trend hinsichtlich seiner zukünftigen Relevanz für die Veranstaltungsbranche bewerten. Das Ergebnis ist beeindruckend: 60 % der Befragten hielten diesen Trend für zukunftsweisend, wohingegen es zuvor lediglich 27 % waren. Niemand gab mehr an, dass hybride und räumlich verteilte Veranstaltungen überbewertet und nicht zukunftsfähig seien. Zuvor schätzten dies noch 7 % der Befragten so ein (EITW GmbH 2020, S. 16).

Das Bündnis Alarmstufe Grün unterstützt die Forderungen von #AlarmstufeRot und ergänzt diese um einen „Aufruf zur Förderung einer nachhaltigen Veranstaltungswirtschaft" (Forum Nachhaltig Wirtschaften 2020). Dies umfasst insbesondere die Forderungen, die Investitionssummen für die Transformation hin zu nachhaltigen Veranstaltungen zu fördern sowie eine Selbstverpflichtung der Veranstaltungsbranche, auf der Grundlage der SDGs bis spätestens 2030 klimaneutral zu agieren (Forum Nachhaltig Wirtschaften 2020).

Auch die Planung des 4. HIKs war im vollen Ausmaß durch die Maßnahmen zur Pandemiebekämpfung betroffen. Lange war nicht absehbar, ob der HIK2020 in der geplanten Form würde stattfinden können. Innerhalb welcher hygienischen und daraus resultierenden räumlichen Form die Akteure und Besucher dieses Mal zusammenkommen werden, war unklar und aufgrund der dynamischen Situation, die sich mit einem regionalen Infektionsgeschehen innerhalb weniger Tage grundlegend ändern kann, nicht planbar. Daher wurde am 25.08.2020 öffentlich bekanntgegeben, dass der diesjährige HIK digital stattfinden würde. So wurde der #HIK2020 zum #HIK2020DIGITAL und fand – wie geplant – am 25.11.2020 statt.

**Fragen**

Wie hat die HTAI ihren Auftrag zur Wirtschaftsförderung beim diesjährigen HIK umgesetzt?

Das Programm war 2020 in der Breite nochmals deutlich hochkarätiger besetzt als bereits in den Jahren zuvor. So waren als Keynote Speaker Maja Göpel, Thomas Reiter und Matthias Horx zugegen. Darüber hinaus gab es moderierte Diskussionsrunden unter den Headlines „Wandel intelligent ermöglichen" und „Wandel intelligent finanzieren", in denen Vertreter aus Politik, Wissenschaft und Wirtschaft sich austauschten. Hinzu kam ein Interview mit Kristina Sinemus, der hessischen Ministerin für Digitale Strategie und Entwicklung (HTAI 2020).

Dieser HIK hat aufgezeigt, was ein Kongress auch in Zeiten von Social Distancing und digitalen Eventformaten zu leisten vermag. Es ist gelungen, die Schwerpunkte Digitalisierung, Technologie, Unternehmertum, Wissenschaft und Nachhaltigkeit zu einer Perspektive für die Zukunftsfähigkeit Hessens zu formen und diese dabei nahbar und verständlich zu kommunizieren. Dies wurde insbesondere dadurch forciert, dass

Unternehmer aus Hessen hier eine Bühne erhielten, um ihre Unternehmen, Konzepte und Ideen als Good Practices zu präsentieren. Hierzu zählten beispielsweise Hannah Helmke, Gründerin und CEO von right.based on science, Annika Trappmann, Geschäftsführerin der Blechwarenfabrik Limburg und Kristina Jeromin, Geschäftsführerin des Green and Sustainable Finance Cluster Germany. Außerdem wurde die Möglichkeit geschaffen, sich online durch Mitarbeiter der HTAI beraten und coachen zu lassen (HTAI 2020).

Der Austausch mit und zwischen den „Besuchern" wurde mithilfe des Tools Talque ermöglicht. Hierfür war vorab eine Registrierung erforderlich. Die Teilnahme am HIK war jedoch auch ohne dieses Tool möglich, sodass die Teilnehmer selbst wählen konnten, ob sie sich aktiv einbringen oder die unkomplizierte, passive und niedrigschwellige Streaming-Variante nutzen möchten. Darüber hinaus konnte mit der Anmeldung zum HIK das Zusenden des HIK-Workbooks veranlasst werden. Dieser analoge Begleiter des Programms beinhaltete vor allem eines: Viel Platz für Notizen, aber auch weitere Denkanstöße und QR-Codes, die auf weiterführende Angebote der HTAI verweisen.

Eine weitere Neuerung dieses Jahres ist, dass die Mitschnitte der einzelnen Programmpunkte nun auch im Nachgang abrufbar sind und somit nicht nur den Teilnehmern zur Verfügung stehen, um die Veranstaltung noch einmal Revue passieren zu lassen, sondern auch allen anderen Interessierten.

Mit dem HIK2020DIGITAL hat die HTAI exemplarisch demonstriert, welchen Beitrag lokale Wirtschaftsvertreter gemeinsam mit nationalen Impulsgebern und Akteuren leisten können, um Nachhaltigkeit und Zukunftsfähigkeit in Hessen zu fördern. Es wurde gezeigt, dass wertvolle Inhalte und vor allem zukunftsweisende Erkenntnisse nicht davon abhängen, ob Menschen persönlich und physisch zusammenfinden. Der diesjährige HIK hat die Congress Social Responsibility inhaltlich dank der thematischen Ausrichtung auf eine der brennendsten Zukunftsfragen voll erfüllt. Dank der digitalen Umsetzung war der diesjährige HIK sicherlich nachhaltiger als der zuvor bereits untersuchte HIK 2019. Dies ist unter anderem durch den entfallenen An- und Abreiseverkehr von Teilnehmern, den Entfall ganzer Gewerke wie zum Beispiel das Catering und die ausgebliebene Nutzung der Jahrhunderthalle in Frankfurt am Main zu erklären.

## 4.2 Plan C(orona)

Der HIK2020DIGITAL hat gezeigt: Guter Inhalt ist nicht abhängig vom Format der Veranstaltung. Dies wurde in diesem außergewöhnlichen Jahr auch in zahlreichen weiteren Veranstaltungen und in unterschiedlichsten Formaten aufgezeigt. Veranstaltungen wurden reihenweise digitalisiert oder hybrid als individuelle Mischform aus analogen und digitalen Komponenten gestaltet. So fanden Seminare als Webinare statt und das Streaming von Produktpräsentationen wurde zum einzigen Zugang für Interessierte. Diskussionsrunden wurden von den Teilnehmern aus dem Homeoffice bestritten, genauso wie eine unendliche Anzahl an beruflichen Meetings. Zahlreiche Tools kamen dabei zur

Anwendung: Zoom, Microsoft Teams, Skype, GoToMeeting, es wurden ganze virtuelle Konferenzzentren mit einzelnen Räumen konzipiert und das Streaming via YouTube und Facebook wurde allgemein eingesetzt. Viele Unternehmen haben sich Studios eingerichtet, um professionelle Streams produzieren zu können. Es entstanden darüber hinaus auch neue nicht-digitale Umsetzungsvarianten für analoge Events, wie beispielsweise Balkonkonzerte, oder auch größere Sommerkonzerte mit einzelnen abgetrennten Bereichen im Zuschauerraum, in denen eine geringe Anzahl von Personen sich pandemiekonform aufhalten konnte.

Julius van de Laar, der ehemals für Barack Obama Wahlkampf machte und heute auch als Speaker tätig ist, resümiert seine ersten Onlineauftritte während des ersten Lockdowns 2020 wie folgt:

> „Online geht nur ein kurzer Impuls mit kondensierten Informationen, möglichst viel Neuigkeitswert und mit klaren Thesen, an denen sich die Zuhörer reiben können. Dann musst du in den Austausch." – Julius van de Laar (Ramge 2020)

Wie angedeutet erfüllen Veranstaltungen neben der Informationsvermittlung vor allem eine soziale Funktion, die laut der Medienpsychologin Katrin Brinkhoff eher in der Kaffeepause besteht als in bahnbrechenden inhaltlichen Darstellungen (Ramge 2020). Sie stellte fest, dass sich Eventveranstalter im Lockdown sehr schnell angepasst hätten und auf kürzere und interaktivere Formate zurückgegriffen haben als auf klassische Vorträge oder Podiumsdiskussionen (Ramge 2020). Für die Teilnehmer sei dies oft spannender gewesen, insbesondere, wenn Kleingruppen in Breakout-Rooms diskutieren können oder das Publikum sich per Chat am Programm beteiligen kann. Dennoch sieht sie persönliche Treffen im Vorteil gegenüber digitalen Formaten:

> „Bei digitalen Begegnungen wird das Bindungshormon Oxytocin kaum freigesetzt. Natürlich sind Online-Events nur eine Notlösung, wenn das Ziel ist, Zusammenhalt für die Zusammenarbeit zu schaffen." – Katrin Brinkhoff (Ramge 2020)

Diese Einschätzung teilt auch Julias van de Laar als Redner:

> „Uns Vortragenden fehlt die Bühne nicht nur finanziell, sondern auch emotional. Ich kenne keinen, dem es nicht so geht." – Julius van der Laar (Ramge 2020)

Hieraus ergibt sich, dass ein wirkungsvolles Instrument für die erfolgreiche Gestaltung eines Events die Partizipation ist. Menschen wollen nicht mehr nur Teilnehmer sein, sondern auch Teilhaber. Sie wollen aktiv mitgestalten, diskutieren, eigene Impulse setzen und in einen Diskurs mit anderen Menschen treten (Knoll 2016, S. 143).

**Fragen**

Doch wie kann Partizipation gestaltet werden, wenn Menschen nicht physisch zusammenkommen dürfen?

Die durch die Pandemie zwangsweise stark katalysierte Digitalisierung der Veranstaltungsbranche bietet hierfür zahlreiche Chancen und Potenziale. Hierbei können wie schon beim HIK 2020 Tools wie Talque eingesetzt werden, aber auch Plattformen wie Hopin, Let's get Digital oder Brella und Beteiligungs-Tools wie Mentimeter und andere Live-Voting-Tools können hierbei maßgeblich zu einem erfolgreichen Event beitragen. Auch Matching-Algorithmen oder Zufallsgeneratoren können für ein spannendes digitales Networking eingesetzt werden. Social Walls und Liveticker visualisieren die Partizipation von und für Teilnehmer und Organisatoren, aber für Externe wird sie so sichtbar. Hierbei ist ein Event-Hashtag nützlich, wenngleich dieser auch schon vor der Pandemie zu einem ganzheitlichen Live-Kommunikationskonzept zählte.

Doch werden auch für analoge Events Tools entwickelt, die eine erhöhte Sicherheit für das Zusammentreffen von Menschen versprechen. Ein Beispiel hierfür ist Maggy, ein kleines Gerät, welches jeder am Körper trägt und das vibriert, wenn zwei Menschen den gewünschten Mindestabstand unterschreiten und zusätzlich die Nachverfolgung von Kontakten ermöglicht (Maggy o. J.). Über den Erfolg aller zuvor benannten neuen Tools und Formaten werden in letzter Konsequenz jedoch die Eventteilnehmer entscheiden. Der Markt für (Online-)Eventtools wurde durch die Pandemie deutlich belebt. Hieraus folgt für Sie die Empfehlung, bei Bedarf einen aktuellen Stand und neue, für Sie bedarfsgerechte und nutzerfreundliche Tools zu recherchieren.

**Fragen**

Wie werden sich die Menschen auf dem Weg in eine neue Normalität und dem Spannungsfeld zwischen Digital Overkill und dem Bedürfnis nach persönlicher, analoger Interaktion positionieren? Wie wird sich das Verhältnis zwischen Anlässen für ein persönliches Treffen und Anlässen für digitale oder teils digitale Formate kalibrieren, sobald Social Distancing nicht mehr das Gebot der Stunde sein wird? Wird es in Zukunft schwer, Referenten und Teilnehmer dazu zu bewegen, physisch zu erscheinen?

Neben diesen offenen Fragen stellt sich Ende 2020 für viele Akteure der Veranstaltungsbranche nicht nur die Existenzielle, sondern darüber hinaus folgende Herausforderung: Welcher Mehrwehrt wird zukünftig von Veranstaltungen erwartet werden und durch digitale oder hybride Events transportiert werden können? Darüber hinaus müssen sich Unternehmen, Politik und Gesellschaft der drängenden Transformation hin zur Nachhaltigkeit stellen. Dieser zunächst als zusätzliche Bedrohung erscheinende Zustand sollte als eine riesige Chance und den Schlüssel zum zukünftig gefragten Mehrwert bewertet werden.

Erste Insights zur Nachfragerseite bestätigen eine breite Akzeptanz neuerer digitaler Formate. Gemäß einer Studie der Economist Intelligence Unit haben bis Dezember 2020 rund 37 Mio. Deutsche eine virtuelle Kulturveranstaltung besucht (The Economist 2020). 97 % der Befragten, die während der Ausgangsbeschränkungen an virtuellen

Formaten teilgenommen haben, wären auch nach der Pandemie bereit, für virtuelle Zugänge zu bezahlen (The Economist 2020). Hervorzuheben ist dabei auch, dass 56 % der Deutschen der Meinung sind, dass auch online wertvolle und sinnhafte Erlebnisse möglich sind (The Economist 2020).

**Fragen**

Welche Erfolgsfaktoren gelten für die Veranstaltungen der Zukunft? Und wie sind diese messbar?

Unsere Gesellschaft findet sich in einem tief greifenden Wandel wieder. Dieser wird auch durch die Sars-CoV-2-Pandemie vorangetrieben, aber das Umdenken zum nachhaltigen Handeln und Wirtschaften setzte als langfristiger Trend bereits weit vorher ein und wird auch über die Pandemie hinaus stetig an Relevanz gewinnen. Es ist zu erwarten, dass die Fokussierung auf Inhalte bleiben wird. Wie sich die Bedürfnisse hinsichtlich der sozialen Komponenten von Veranstaltungen entwickeln werden, bleibt abzuwarten. In Abschn. 3.1 haben Sie bereits Informationen zu Green Events erhalten. Setzen Sie auf alle drei Säulen der Nachhaltigkeit. Zeigen Sie Mut, indem Sie zum Beispiel das Catering vegetarisch gestalten. Setzen Sie neue Erkenntnisse zur emotionalen Aktivierung von Menschen um. Überprüfen Sie auch bei digitalen und hybriden Events, welche nachhaltigen Optionen sich für die Planung und Umsetzung bestehen. Machen Sie ihre Aktivitäten sichtbar und kommunizieren Sie sie selbstbewusst. Streben Sie eine Zertifizierung als Green Event an. Nutzen Sie dies, um sich als Gewerk, als Veranstalter oder auch als Eventmarke als zukunftsbewusster Partner zu positionieren. Es konnte bereits nachgewiesen werden, dass Musikfestivals durch ihre Besucher unterbewusst als Marken eingeordnet werden (Bär und Lehnigk 2015, S. 224 ff.). Es wäre vor diesem Hintergrund eine lohnende Betrachtung, inwiefern sich diese Erkenntnisse auf andere Eventformate wie Kongresse übertragen lassen und ob dies auch für digitale Veranstaltungen gilt.

Digitale Events werden tendenziell nachhaltiger als analoge Veranstaltungen wahrgenommen. Dennoch werden durch den Energieverbrauch $CO_2$-Emissionen verursacht. Zusätzlich fällt die Abgrenzung schwer, welche Teile der Wertschöpfungskette eines digitalen Events trennscharf dem Event selbst zuzurechnen sind, um eine valide Datenbasis für eine Nachhaltigkeitsbewertung generieren zu können (Courth 2020). Inwiefern digitale Events auch in Zukunft eine nachhaltigere Alternative darstellen werden und welche Potenziale sich hier ergeben, bleibt offen.

Seien Sie sich dessen bewusst, dass nachhaltiges Wirtschaften und Kommunizieren ein langfristiger Prozess ist, der aktiv gestaltet werden muss. Setzen Sie sich dabei anspruchsvolle und dennoch erreichbare Ziele. Überlegen Sie vorab, wie diese gemessen werden könnten.

Anhaltspunkte für die Erfolgsmessung hybrider, aber auch digitaler Events können sich zum Beispiel an dem Gedanken der betriebswirtschaftlichen Kennzahl Return on Invest orientieren (Dams und Luppold 2016, S. 11 ff.):

- Return on Involvement: Virtuelle Elemente und Events erhöhen das Engagement der Teilnehmer und erhöhen die Wahrscheinlichkeit, dass diese sich intensiver mit den Botschaften auseinandersetzen (Dams und Luppold 2016, S. 11 f.). Um dies messbar zu machen, bieten sich qualitative Befragungen der Teilnehmer an.
- Return on Interaction: Ein erhöhtes Engagement resultiert in mehr Interaktion (Dams und Luppold 2016, S. 11 f.). Dies lässt sich beispielsweise mithilfe der Anzahl der Beiträge in sozialen Netzwerken unter Einsatz des Event-Hashtags messen und vergleichen.
- Return on Interactivity: Hierbei wird die „Gesamtheit aller einzelnen Interaktionen" betrachtet, die sämtliche Kommunikation vor, während und nach der Veranstaltung umfasst (Dams und Luppold 2016, S. 12). Auch dies ist mithilfe qualitativer Umfragen zu messen.
- Return on Insight: Der Vorteil digitaler Events oder zumindest hybrider Elemente besteht darin, dass Daten und mit ihnen wertvolle Erkenntnisse gewonnen werden können. Hierbei bieten sich qualitative Auswertungen ebenfalls an, aber auch quantitative sind möglich (Dams und Luppold 2016, S. 12).
- Return on Investment: Virtuelle Events sind geeignet, die Ausgaben und den Aufwand weiterer Ressourcen für Live-Kommunikation deutlich zu reduzieren (Dams und Luppold 2016, S. 12 f.). Die Messbarkeit ergibt sich hierbei aus betriebswirtschaftlichen Kennzahlen.

In einer Zeit, in der das Messen von Erfolg lediglich anhand der Anzahl von Speakern, Ausstellern und Besuchern nur eingeschränkt unserer Lebenswirklichkeit entspricht, müssen neue, bedarfsgerechte Erfolgskriterien entwickelt werden. Wie wollen Sie Menschen erreichen und wozu? Wachstum um jeden Preis darf nicht mehr die Maxime unseres Denkens und Handelns sein. Wie das für einzelne Veranstaltungen schließlich gestaltet sein wird, ist insbesondere vor dem Hintergrund der Nachhaltigkeit individuell zu definieren und zu bewerten. Mögliche Anhaltspunkte hierfür sind, welchen Beitrag Sie mit Ihrem Event zur Verständigung und Förderung von Offenheit als positiven Effekt für eine polarisierte Gesellschaft beitragen. Vielleicht ist es aber auch Ihr Erfolg, wenn sich auf Ihrem Event Unternehmen vernetzen können, deren Technologien in Zukunft wertvolle Beiträge zu einer nachhaltigen Wirtschaft leisten könnten.

## 5 Fazit und Ausblick

In diesem Beitrag haben Sie erfahren, wie Nachhaltigkeit, CSR und Innovation miteinander verknüpft sind und sich gegenseitig beeinflussen. Wie dies in die Form einer Veranstaltung gegossen werden kann, hat Dolores Reisenauer mit dem HIK als grundlegendes Format seitens der Hessischen Politik aufgezeigt. Dabei hat sich vor allem bei dem HIK2020DIGITAL gezeigt: Es handelt sich hierbei um ein Format, das an der Schnittstelle von Wirtschaftsförderung, Nachhaltigkeit und Digitalisierung wirkt. Der HIK2019 war vor dem Hintergrund eines Green Events betrachtet bereits als teilweise nachhaltig zu bezeichnen, und das sogar ohne dass dies in der Planung dezidiert berücksichtigt wurde. Wenn die HTAI und primär Dolores Reisenauer diesen Anspruch auch in den kommenden Jahren konsequent weiterhin umsetzen, wird der HIK auch langfristig eine Daseinsberechtigung haben. Verantwortung übernehmen bedeutet nämlich auch, Antworten zu finden.

> „Die Schwierigkeit ist nicht, neue Ideen zu finden, sondern den alten zu entkommen." – John Maynard Keynes

Die anstehende postpandemische Neukalibrierung gesellschaftlicher Standards wird sich auch auf unseren Eventkonsum auswirken. Möglichweise wird die Sinnfrage zu beruflichen Reisen gestellt, was sich auch auf die Teilnahme an Veranstaltungen auswirkt. Möglicherweise wird die Bequemlichkeit digitaler Lösungen so verlockend sein, dass er schwer wird, sich aus dem digitalen Modus herauszuheben. Möglicherweise wird das Bedürfnis nach echter, zwischenmenschlicher Kommunikation, eine Säule des Menschseins dies aber auch automatisch richten. Absehbar ist lediglich, dass wir uns in einer Phase generellen Wandels befinden, der bleiben wird. Ein guter Umgang damit wird sich darin zeigen, Gutes zu bewahren und zu verbessern sowie Neues auszuprobieren. Aus einem Jahr wie 2020 kann man vor allem Hoffnung mitnehmen. In diesem Jahr hat sich gezeigt, dass vieles funktioniert, wenn man es einfach tut. Es scheint teils, als wären die Grenzen des Machbaren und des Denkbaren in unserer Gesellschaft verschoben worden – und zwar nicht nur besorgniserregend, sondern zunehmend auch positiv! Knüpfen Sie hier mit Ihrem Event an. Begreifen Sie digitale und hybride Events im Wandel der gesellschaftlichen Konventionen als Instrument mit Potenzial.

**Sophie-Therese Rieke** ist im Bereich Sustainable Finance bei Accenture tätig. Sie studierte International Business Communication und Digitales Management in Stuttgart und Wiesbaden. Während eines Praktikums bei Volkswagen erwarb sie Kenntnisse und Fähigkeiten in der Eventorganisation. Ein allgemeines Verständnis von Nachhaltigkeit und der Erhalt der menschlichen Lebensgrundlagen sind für sie der Schlüssel zu einer lebenswerten Zukunft. Daher engagiert sie sich sowohl als Gastdozentin im Bereich CSR an der Hochschule Fresenius, als auch federführend im Rahmen der 17 Ziele Hessen-Kampagne.

## Literatur


Abele K, Holzbaur U (o. J.) https://www.bcsd.de/media/leitfaden_nachhaltige_events.pdf. Zugegriffen: 14 Sept 2020

Alarmstufe Rot 2020, https://alarmstuferot.org/forderungen. Zugegriffen: 18 Dez 2020

Bär S, Lehnigk K (2015) Event Branding: Der Einfluss von Eventmarken auf den Erfolg von Veranstaltungen, untersucht am Beispiel von Festivals. In: Zanger C (Hrsg) Events und Emotionen. Stand und Perspektiven der Eventforschung, Chemnitz

Bayerische Staatsregierung (o. J.) https://www.bayern.de/ministerpraesident-dr-markus-soeder-laedt-zum-hightech-summit-bayern/. Zugegriffen: 15 Sept 2020

Behörden Spiegel (o. J.) https://www.digitaler-staat.org/kongress_m/. Zugegriffen: 15 Sept 2020

Bierdeckelkampagne 2020, https://www.wiesbaden.de/leben-in-wiesbaden/umwelt/umweltberatung/sprueche-der-bierdeckelaktion.php. Zugegriffen: 15 Sept 2020

Bundesgesetzblatt 2017, Teil I, Nr. 20, https://www.bmjv.de/SharedDocs/Gesetzgebungsverfahren/Dokumente/BGBl_CSR-RiLi_UmsetzungsG.pdf;jsessionid=B113A2B86553FA2207063D6674F8DA79.2_cid334?__blob=publicationFile&v=3. Zugegriffen: 18 Sept 2020

Bundesministerium für Arbeit und Soziales (o. J.) https://www.bmas.de/DE/Service/Medien/Publikationen/a395-csr-din-26000.html. Zugegriffen: 13 Sept 2020

Bundesregierung (o. J.) https://www.bundesregierung.de/breg-de/themen/nachhaltigkeitspolitik/nachhaltigkeitsziele-verstaendlich-erklaert-232174. Zugegriffen: 15 Sept 2020

Bundesregierung 2017, https://www.bundesregierung.de/resource/blob/997532/426424/ce303cc4bf64c43e7775dc20f031fb2b/2015-03-30-massnahmenprogramm-nachhaltigkeit-data.pdf?download=1. Zugegriffen: 16 Sept 2020

CDP (2017) https://b8f65cb373b1b7b15feb-c70d8ead6ced550b4d987d7c03fcdd1d.ssl.cf3.rackcdn.com/cms/reports/documents/000/002/327/original/Carbon-Majors-Report-2017.pdf?Öffnet. Zugegriffen: 18 Sept 2020

Courth M (2020) Digitale Veranstaltungen im Nachhaltigkeits-Check, https://www.event-partner.de/business/digitale-veranstaltungen-im-nachhaltigkeits-check/. Zugegriffen. 17 Dez 2020

Dams C (2019) Agiles Eventmanagement, Vom „Wow" zum „How" im erfolgreichen Event Management, Wuppertal

Dams C, Luppold S (2016) Hybride Events. Zukunft und Herausforderung für Live-Kommunikation, Wiesbaden

Deutscher Nachhaltigkeitskodex (o. J.) https://www.deutscher-nachhaltigkeitskodex.de/de-DE/Home/DNK/DNK-Overview. Zugegriffen: 14 Sept 2020

DIN (o. J.) https://www.din.de/de/mitwirken/normenausschuesse/nadl/normen/wdc-beuth:din21:170324681. Zugegriffen: 14 Sept 2020

Europäische Kommission (o. J.a) https://ec.europa.eu/clima/policies/eu-climate-action_de. Zugegriffen: 15 Sept 2020

Europäische Kommission (o. J.b) https://ec.europa.eu/clima/policies/innovation-fund_de. Zugegriffen: 15 Sept 2020

Europäische Kommission (o. J.c) https://ec.europa.eu/clima/policies/international/negotiations/paris_de. Zugegriffen: 15 Sept 2020

Europäisches Institut für TagungsWirtschaft (EITW) (2020) https://www.evvc.org/sites/default/files/2020-05/20200506_Auswirkungen_Corona-Virus_Handout_0.pdf. Zugegriffen: 15 Dez 2020

Event Partner (o. J.) https://www.event-partner.de/shop/die-sustainability-checkliste-fuer-die-eventbranche/. Zugegriffen: 14 Sept 2020

Forum Nachhaltig Wirtschaften (2020) https://www.forum-csr.net/News/15357/AlarmstufeGrn.html. Zugegriffen: 18 Dez 2020

Freie und Hansestadt Hamburg (2010) https://www.hamburg.de/contentblob/2524970/9bc1c928a07b7cf19eea4f96c8e2f58a/data/d-zuwo-nachhaltige-veranstaltung.pdf. Zugegriffen: 14 Sept 2020

German Convention Bureau (o. J.a) https://www.gcb.de/de/trends-inspiration/green-meetings/zehn-einfache-moeglichkeiten-fuer-green-meetings.html. Zugegriffen: 14 Sept 2020

German Convention Bureau (o. J.b) https://gcb.de/de/gcb-events-education/edubygcb-seminare/nachhaltigkeitsberater-seminare.html. Zugegriffen: 15 Sept 2020

Global Reporting Initiative (o. J.) https://www.globalreporting.org/standards/gri-standards-translations/gri-standards-german-translations-download-center/. Zugegriffen: 14 Sept 2020

Greencentive (o. J.) https://greencentive.de/wp-content/uploads/2019/05/greencentive-Checkliste_nachhaltige_Events_v1.1.pdf. Zugegriffen: 14 Sept 2020

Green Globe (o. J.) https://greenglobe.com/standard/. Zugegriffen: 14 Sept 2020

Hessen Trade & Invest (HTAI) (o. J.a) https://www.htai.de/dynasite.cfm?dsmid=18422. Zugegriffen: 24 Aug 2020

Hessen Trade & Invest (HTAI) (o. J.b) https://www.technologieland-hessen.de/ansprechpartner. Zugegriffen: 29 Sept 2020

Hessen Trade & Invest (HTAI) (2017a) https://www.technologieland-hessen.de/termine/28624?catid=219. Zugegriffen: 24 Aug 2020

Hessen Trade & Invest (HTAI) (2017b) https://www.youtube.com/watch?v=nUPE60ZM8dc. Zugegriffen: 13 Sept 2020

Hessen Trade & Invest (HTAI) (2018a) https://www.technologieland-hessen.de/innovations-kongress2018. Zugegriffen: 13 Sept 2020

Hessen Trade & Invest (HTAI) (2018b) https://www.youtube.com/watch?v=1OhxzgxLOjs. Zugegriffen: 13 Sept 2020

Hessen Trade & Invest (HTAI) (2019a) https://www.facebook.com/watch/?v=413880436199362. Zugegriffen: 13 Sept 2020

Hessen Trade & Invest (HTAI) (2019b) https://www.technologieland-hessen.de/hik2019. Zugegriffen: 13 Sept 2020

Hessen Trade & Invest (HTAI) (2020) https://hik.technologieland-hessen.de/Programm. Zugegriffen: 15 Dez 2020

Hessisches Ministerium für Wirtschaft, Energie, Verkehr und Wohnen (2019) https://wirtschaft.hessen.de/presse/pressemitteilung/staatssekretaer-nimmermann-eroeffnet-kongress-wiesbaden. Zugegriffen: 13 Sept 2020

Hightech Summit (o. J.) https://hightech-summit.de. Zugegriffen: 15 Sept 2020

Hochschule für nachhaltige Entwicklung Eberswalde (o. J.) https://www.hnee.de/_obj/66AB7959-8B9A-4E4A-A02F-D13CD0CC89DA/inline/Checkliste-fuer-die-Organisation-nachhaltiger-Veranstaltungen_27.7.2017_2018CM.pdf. Zugegriffen: 14 Sept 2020

Holzbaur U (2016) Events nachhaltig gestalten, Grundlagen und Leitfaden für die Konzeption und Umsetzung von nachhaltigen Events, Aalen

Holzbaur U (2020) Nachhaltige Entwicklung, Der Weg in eine lebenswerte Zukunft, Aalen

Horx M (2020) https://www.faz.net/aktuell/stil/leib-seele/zukunftsforscher-matthias-horx-im-interview-ueber-chancen-der-corona-krise-16884360-S2.html. Zugegriffen: 16 Sept 2020

Initiative Lieferkettengesetz (o. J.) https://lieferkettengesetz.de. Zugegriffen: 24 Sept 2020

Innosüd (o. J.) https://innosued.de/innokongress/. Zugegriffen: 15 Sept 2020

Innovationskongress (o. J.) https://www.innovationskongress.at/_lccms_/_00886/Allgemeines.htm?VER=180202105421&LANG=ger&MID=214. Zugegriffen: 15 Sept 2020

Innovation 360° (o. J.) https://www.innovation360grad.de/de. Zugegriffen: 15 Sept 2020

Kaiser K (2014) https://www.triplepundit.com/story/2014/conferences-and-carbon-impact-behind-event/58101. Zugegriffen: 14 Sept 2020

Kaldenhoff A, Beckmann K (2017) Management für erlebnisorientierte Kongresse, Tagungen und Seminare. In: Kirchgeorg M, Dornscheidt W (Hrsg) Handbuch Messemanagement, Planung, Durchführung und Kontrolle von Messen, Kongressen und Events, 2. Aufl. Leipzig

Knoll T (2016) Digital Reality meets Live Event: Hybride Veranstaltungsformate – eine techniksoziologische Näherung. In: Knoll T (Hrsg) Neue Konzepte für einprägsame Events, Partizipation statt Langeweile – vom Teilnehmer zum Akteur, Wiesbaden

Kulturstiftung des Bundes (2012) https://www.kulturstiftung-des-bundes.de/fileadmin/user_upload/download/images/lebenskunst/Leitfaden_UeberLebenskunst_OekologischeVeranstaltungen.pdf. Zugegriffen: 14 Sept 2020

Löscher (2009) https://www.faz.net/aktuell/wissen/klima/siemens-chef-loescher-die-oekologischen-glaubenskriege-sind-passe-1902137.html. Zugegriffen: 27 Sept 2020

Maggy (o. J.) The Maggy Device, https://www.maggylife.eu/project/maggydevice/. Zugegriffen: 16 Dez 2020

Ministerium für Verkehr Baden-Württemberg (o. J.) https://vm.baden-wuerttemberg.de/de/mobilitaet-verkehr/bus-und-bahn/oepnv-innovationskongress/. Zugegriffen: 15 Sept 2020

Österreichisches Bundesministerium für Klimaschutz, Umwelt, Energie, Mobilität, Innovation und Technologie (o. J.) https://www.umweltzeichen.at/de/green-meetings-und-events/home. Zugegriffen: 14 Sept 2020

Plattform für Innovation (o. J.) https://www.pfi-d.net/Events. Zugegriffen: 15 Sept 2020

Ramge T (2020) Wenn die Pointe verreckt. In: Brand Eins (Hrsg) https://www.brandeins.de/magazine/brand-eins-wirtschaftsmagazin/2020/pause/wenn-die-pointe-verreckt?utm_source=zeit&utm_medium=parkett. Zugegriffen: 16 Dez 2020

Seventeen Events (o. J.) http://www.seventeenevents.co.uk/wp-content/uploads/downloads/2010/08/Sustainable-Events-Guide-final-1.pdf. Zugegriffen: 14 Sept 2020

Staatssekretärsausschuss für nachhaltige Entwicklung (2015) https://www.bundesregierung.de/resource/blob/997532/426424/ce303cc4bf64c43e7775dc20f031fb2b/2015-03-30-massnahmenprogramm-nachhaltigkeit-data.pdf?download=1. Zugegriffen: 14 Sept 2020

Startup Region Stuttgart (2018) https://www.startup-region-stuttgart.de/news/rueckblick-hightech-summit-baden-wuerttemberg-2018/. Zugegriffen: 13 Sept 2020

Steinbeis-Europa-Zentrum (2020) https://www.steinbeis-europa.de/news-events/veranstaltungen/65/2184/v/open-innovation-kongress-baden-wuerttemberg 2020.html. Zugegriffen: 13 Sept 2020

Sustainable Event Solutions (o. J.a) https://sustainable-event-solutions.de/sustainability-rider/. Zugegriffen: 15 Sept 2020

Sustainable Event Solutions (o. J.b) https://sustainable-event-solutions.de/Sustainable_Checklist_deutsch_A4_RGB_final.pdf. Zugegriffen: 15 Sept 2020

Technologieland Hessen (o. J.) https://www.technologieland-hessen.de/tlh. Zugegriffen: 13 Sept 2020

Technologieland Hessen (2020a) https://hik.technologieland-hessen.de/hik2020. Zugegriffen: 24 Aug 2020

Technologieland Hessen (2020b) https://redaktion.hessen-agentur.de/publication/2020/3063_PIUS InvestDokumentationAnsichtkomp.pdf. Zugegriffen: 16 Sept 2020

The Economist (2020) Die Ökonomie der Kreativität, https://economicsofcreativity.economist.com/germany/de/. Zugegriffen: 16 Dez 2020

Umweltbundesamt (2017) https://www.umweltbundesamt.de/sites/default/files/medien/377/publikationen/leitfaden_nachhaltige_organisation_von_veranstaltungen_2017_05_18_web.pdf. Zugegriffen: 13 Sept 2020

Umweltbundesamt (2020) https://www.umweltbundesamt.de/themen/wirtschaft-konsum/wirtschaft-umwelt/umwelt-energiemanagement/iso-14001-umweltmanagementsystem-norm#inhalte-der-iso-14001. Zugegriffen: 13 Sept 2020

United Nations (o. J.) https://www.un.org/sustainabledevelopment/decade-of-action/. Zugegriffen: 15 Sept 2020

United Nations Environment Programme (2009) http://www.greeningtheblue.org/sites/default/files/GreenMeetingGuide.pdf. Zugegriffen: 14 Sept 2020

United Nations und Accenture Strategy (2020) https://www.accenture.com/_acnmedia/PDF-109/Accenture-UNGC-CEO-Study.pdf. Zugegriffen: 18 Sept 2020

Verfassung des Landes Hessen (2018) https://hessischer-landtag.de/sites/default/files/scald/files/HL_Verfassung_Booklet_Einzelseiten_191206.pdf. Zugegriffen: 15 Sept 2020

von Fritsch W (2017) Globale Megatrends als Leitfaden für die Produktentwicklung In: Kirchgeorg M, Dornscheidt W (Hrsg) Handbuch Messemanagement, Planung, Durchführung und Kontrolle von Messen, Kongressen und Events, 2. Aufl. Leipzig.

von Perbandt L (2018) Die nachhaltige Veranstaltungsbranche – Entwicklung einer Checkliste zur Vermeidung von Greenwashing bei Green Events in Unternehmen, Bachelorarbeit an der Hochschule Fresenius, Wiesbaden

Wiesbaden (o. J.a) https://www.wiesbaden.de/leben-in-wiesbaden/umwelt/umweltberatung/ziel-acht-menschenwuerdige-arbeit.php. Zugegriffen: 16 Sept 2020

Wiesbaden (o. J.b) https://www.wiesbaden.de/leben-in-wiesbaden/umwelt/umweltberatung/ziel-neun-industrie.php. Zugegriffen: 16 Sept 2020

# Deutscher Nachhaltigkeitskodex: Orientierung, Unterstützung und Navigation für zukunftsfähiges Wirtschaften – Interview mit Florian Harrlandt

## Unternehmerische Sorgfalt für globale Lieferketten

Anke Trischler

**Zusammenfassung**

Transformation zur Nachhaltigkeit ist kein Sprint, sondern vielmehr ein Marathon auf dem Weg zu einer zukunftsfähigen Wirtschaft und Gesellschaft. Der Weg beginnt auch hier mit dem ersten Schritt. Die CSR-Berichtspflicht betrifft unmittelbar Unternehmen einer relevanten Größe, indirekt auch ihre Lieferanten und Dienstleister. Für Unternehmen und Organisationen aller Größenordnungen stellt der Rat für Nachhaltige Entwicklung ein Berichts- und Managementtool zur Verfügung: Der Deutsche Nachhaltigkeitskodex (DNK). Der DNK gibt Orientierung und Navigation. Das Netzwerk an DNK-Schulungspartnerinnen und -partner bietet Unterstützung. Auch für zu erwartende zukünftige Anforderungen wie ein mögliches Sorgfaltspflichtengesetz besteht Anschlussfähigkeit. Der DNK ist international anerkannt.

## 1 Intro

Transformation zur Nachhaltigkeit ist kein Sprint, sondern vielmehr ein Marathon auf dem Weg zu einer zukunftsfähigen Wirtschaft und Gesellschaft. Der Weg beginnt auch hier mit dem ersten Schritt. Die CSR-Berichtspflicht betrifft unmittelbar Unternehmen einer relevanten Größe, indirekt auch ihre Lieferanten und Dienstleister. Für Unternehmen und Organisationen aller Größenordnungen stellt der Rat für Nachhaltige

A. Trischler (✉)
Transformation zur Nachhaltigkeit GmbH, Wiesbaden, Deutschland
E-Mail: atrischler@transformation-n.de



A. Trischler und S. Böhling (Hrsg.), *CSR in Hessen*, Management-Reihe Corporate Social Responsibility, https://doi.org/10.1007/978-3-662-63004-4_51

Entwicklung ein Berichts- und Managementtool zur Verfügung: Der Deutsche Nachhaltigkeitskodex (DNK).[1] Der DNK gibt Orientierung und Navigation. Das Netzwerk an DNK-Schulungspartnerinnen und -partner bietet Unterstützung. Auch für zu erwartende zukünftige Anforderungen wie ein mögliches Sorgfaltspflichtengesetz besteht Anschlussfähigkeit. Der DNK ist international anerkannt. Florian Harrlandt ist wissenschaftlicher Referent beim Rat für Nachhaltige Entwicklung und verantwortet das Thema „Nachhaltiges Wirtschaften" in der Geschäftsstelle des RNE.[2]

## 2 Im Interview: Florian Harrlandt

*Anke Trischler: Herr Harrlandt, zum Einstieg ein kleines Warm-up: Was bedeutet Nachhaltigkeit?*
Florian Harrlandt: Nachhaltigkeit bedeutet ein gelingendes Leben. Und zwar für alle: heute und in Zukunft, für uns und künftige Generationen. Hier bei uns, überall. Nachhaltiges Wirtschaften fördert gesellschaftliche Entwicklungen, schont endliche Ressourcen, ist innovativ und stellt sich den Herausforderungen von Zielkonflikten. Am weitesten bekannt ist das Modell mit den drei ineinander übergreifenden Dimensionen Ökologie, Ökonomie und Soziales. Sie stehen manchmal in Konflikt zueinander. Sie können sich aber auch gegenseitig stärken. Der Rat für Nachhaltige Entwicklung definiert Nachhaltigkeit so, dass unsere Art zu leben und zu wirtschaften weltweit übertragbar sein muss. Die planetaren Grenzen müssen geachtet werden. Der gesellschaftliche Zusammenhalt muss gesichert werden. Es soll eine wirtschaftliche Grundlage und Entwicklung für alle ermöglicht werden – hier und weltweit.

*Welche konkrete Rolle spielen Wirtschaft, Zivilgesellschaft, Konsumierende dabei?*
Eine wachsende Zahl an Unternehmen, Investoren und Konsumentinnen und Konsumenten bevorzugen eine sozial und ökologisch nachhaltige Wirtschaftsweise. Damit sich Nachhaltigkeit als Leitlinie der Wirtschaft durchsetzt, braucht es darüber hinaus für alle Unternehmen gleichermaßen verbindliche Rahmenbedingungen und Mindestanforderungen, die Orientierung und gleiche Wettbewerbsbedingungen, ein „level playing field", für eine nachhaltige Unternehmenspraxis schaffen. Hierbei ist das Verhältnismäßigkeitsprinzip anzuwenden: Spezifische Unternehmensmerkmale wie Größe oder Branchenzugehörigkeit müssen bei der Festlegung von Rahmenbedingungen Berücksichtigung finden.

[1] www.deutscher-nachhaltigkeitskodex.de

[2] Das Interview wurde am 2. Dezember 2020 geführt.

*Welche Rolle hat der DNK bei dieser Anforderung?*
Der Deutsche Nachhaltigkeitskodex (DNK) wurde 2011 vom RNE als Ergebnis eines breit angelegten Stakeholder-Prozesses verabschiedet und als freiwilliges Instrument zur Darlegung unternehmerischer Nachhaltigkeitsleistungen implementiert. Über 600 Unternehmen nutzen inzwischen den DNK. Das ist Stand September 2020. Neben kommunalen Beteiligungsunternehmen berichten auch deutsche Hochschulen zu den, leicht angepassten, Inhalten des DNK. Der DNK wird zur freiwilligen Anwendung empfohlen und ist ein geeigneter Rahmen, um die Berichtspflicht gemäß CSR-RUG zu erfüllen. Alle im Gesetz genannten nichtfinanziellen Aspekte können Unternehmen mit ihrer DNK-Erklärung nach dem Ansatz „Comply or Explain" abdecken. Wir haben den DNK 2019 in einem Stakeholder-Dialog in einzelnen Punkten verfeinert, um berichtspflichtigen und freiwillig berichtenden Unternehmen und Organisationen noch eindeutiger Unterstützung zur rechtskonformen Anwendung des DNK zu geben. Kurz gesagt: Der DNK ist ein Managementtool, das Transparenz über 20 relevante und wesentliche Kriterien schafft, leicht zugänglich ist und eine Kombination aus Qualität und Quantität abbildet. Der DNK steht kostenfrei zur Verfügung. Die Erklärungen haben den Anspruch, sich auf das Wesentliche zu konzentrieren und den Stakeholdern eine Entscheidungshilfe zu bieten.

*Wie stellen Sie bzw. der Rat für Nachhaltige Entwicklung im Sinne des DNK sicher, dass dieser keine theoretische Instanz bleibt?*
Die Berichtspflicht zur Offenlegung nichtfinanzieller Informationen gilt seit dem 01.01.2017. Für Unternehmen ist es von hoher Relevanz, sich frühzeitig eine Meinung zu bilden, Kenntnisse und Prozesse aufzubauen, ihre Strategie zu aktualisieren, damit sie den Einstieg in die Berichterstattung finden. In der Tradition des DNK haben auch bei der Weiterentwicklung die Meinung von Expertinnen und Experten sowie der breiten Öffentlichkeit den Prozess mitbestimmt. Wir haben einen mehrstufigen Prozess durchgeführt, um mögliche Verbesserungs- bzw. Anpassungspotenziale zu identifizieren und zu nutzen. Zuerst wurden Thesen und Positionierungsvorschläge auf der Grundlage einer Literaturauswertung und Interviews mit Stakeholdern des DNK erstellt. Diese wurden in einem zweiten Schritt in einer öffentlichen Online-Konsultation zur Diskussion gestellt. 37 Kommentare wurden von 24 Autorinnen und Autoren online abgegeben, 109 Stakeholder haben sich an einer angeschlossenen Onlinebefragung beteiligt. Der sich daraus abzeichnende Diskussionsstand wurde in 2019 im dritten Schritt in einem Stakeholder-Dialog weiter konsolidiert, um daraus konkrete Empfehlungen für die Weiterentwicklung des DNK abzuleiten. Das Jahr 2020 haben wir auch dafür genutzt, die Schulungspartnerinnen und -partner weiter zu qualifizieren.[3] Wir haben zum Beispiel den im Gesetzestext zugrunde gelegten Wesentlichkeitsbegriff weiterentwickelt und dessen Komplexität in anschaulicher Weise vermittelt.

[3] www.deutscher-nachhaltigkeitskodex.de/de-DE/Home/Services/Unterstutzung

*Wer meldet sich bei Ihnen?*
Unternehmen, die indirekt betroffen sind, weil sie in der Liefer- und Wertschöpfungskette von berichtspflichtigen Kundinnen und Kunden sind. Das ist in der Tat einer der häufigsten Gründe, weswegen sich Unternehmen bei uns melden. Sie fragen, wie sie einen solchen Prozess aufsetzen und ob sie ihn selber stemmen können. Um nach dem DNK zu berichten, erstellen Unternehmen eine Erklärung zu den 20 DNK-Kriterien, die durch Leistungsindikatoren nach GRI und EFFAS ergänzt werden. Vorteil des DNK ist, dass er zum einen kompakt und kostenfrei ist und Unternehmen zum anderen mit der generierten Erklärung die CSR-Berichtspflicht erfüllen können. Vor allem für Mittelständler ist der Kodex deshalb ein praktikabler Weg, einen eigenen Nachhaltigkeitsbericht zeiteffizient erstellen zu können. Der aktuelle DNK-Leitfaden zeigt eine Anzahl von guten Umsetzungsbeispielen, bietet Anregungen und einen niedrigschwelligen Zugang für Einsteigerinnen und Einsteiger (DNK 2020a).

*Hinter dem DNK steht der Rat für Nachhaltige Entwicklung (RNE). Welchen Einfluss kann der RNE nehmen?*

Auf Anregung des Rates für Nachhaltige Entwicklung hat die Bundesregierung beispielsweise bei der letzten Aktualisierung der Deutschen Nachhaltigkeitsstrategie die bisherigen Managementregeln durch sechs Prinzipien nachhaltiger Entwicklung ersetzt:

1. Nachhaltige Entwicklung als Leitprinzip konsequent überall anwenden
2. Global Verantwortung wahrnehmen
3. Natürliche Lebensgrundlagen stärken
4. Nachhaltiges Wirtschaften stärken
5. Sozialen Zusammenhalt in einer offenen Gesellschaft wahren und verbessern
6. Bildung, Wissenschaft und Innovation als Treiber einer nachhaltigen Entwicklung nutzen

Der RNE ist ein Beratungsgremium mit Mandat der Bundesregierung. Erstmals berufen wurde der Rat im April 2001 von der damaligen Bundesregierung unter Kanzler Gerhard Schröder. Aktuell besteht er aus 15 Personen des öffentlichen Lebens. Die Bundesregierung sieht die Deutsche Nachhaltigkeitsstrategie als Leitfaden, um die Agenda 2030 der Vereinten Nationen umzusetzen. Die 17 Sustainable Development Goals sind in die bundesdeutsche Strategie integriert. Aktuell wird die Deutsche Nachhaltigkeitsstrategie erneut fortgeschrieben. Der RNE beteiligt sich daran mit Ideen und Vorschlägen an die Bundesregierung sowie in der politischen Öffentlichkeit, initiiert außerdem Netzwerke, Projekte und Erfahrungsaustauschrunden.[4]

[4] www.nachhaltigkeitsrat.de

*Einige EU-Mitgliedstaaten sprechen sich für ein europäisches Lieferkettengesetz aus. Die Initiative dazu ging vom Bundesministerium für Arbeit und Soziales im Rahmen der deutschen EU-Ratspräsidentschaft aus. Was kann der DNK dazu beitragen? Was empfiehlt der RNE?*
Die Ergebnisse des Monitoring-Prozesses zum Nationalen Aktionsplan Wirtschaft und Menschenrechte (NAP) sind eher ernüchternd. In Deutschland wird aktuell die Einführung eines Lieferkettengesetzes diskutiert, das Unternehmen schon bald zu menschenrechtlicher Sorgfalt in der Lieferkette verpflichten und für Verstöße entlang ihrer Wertschöpfungsketten haftbar machen könnte. Auf europäischer Ebene wurden Bemühungen zum Thema „Menschenrechte und gute Arbeit in globalen Lieferketten" beschlossen. Der RNE hat eine Stellungnahme zu einer wirksamen Verankerung von Nachhaltigkeit und Menschenrechten in globalen Lieferketten veröffentlicht. Insbesondere die bereits genannten Prinzipien, unter ihnen die Prinzipien 2 bis 4 sind dabei zentrale Anliegen. Der RNE setzt sich dafür ein, die Wahrnehmung der Sorgfalt für soziale und ökologische Aspekte in weltweit vernetzten Lieferketten und Geschäftsbeziehungen mittels eines „smart mix" zu verankern. Dieser setzt sich zusammen aus gesetzlichen Vorgaben und verbindlichen Rahmenbedingungen, der Beschreibung von Mindestanforderungen sowie freiwilligen Initiativen der Wirtschaft und Zivilgesellschaft. Dazu gibt es eine ausführliche Stellungnahme.[5] Und der DNK bietet hier Anschlussfähigkeit.

*Machen wir einen Themenwechsel: Was verbinden Sie mit dem Ausdruck „Made in Germany"?*
Deutschland hat mit der Einführung der sozialen Marktwirtschaft im internationalen Kontext seit Jahrzehnten bereits ein Erfolgsmodell. „Made in Germany" kann schon bald eine Renaissance erleben im Zuge eines zeitgemäßen, modernen Nachhaltigkeitsverständnisses. Wenn Unternehmen eine wirkliche Balance zwischen wirtschaftlichem Erfolg, sozialer Verantwortung und Umweltschutz schaffen. Für kapitalmarktorientierte Unternehmen bedeutet dies zudem, zukünftig nicht mehr nur Shareholder Value zu optimieren, sondern für das Gesamtsystem mehr Wert zu schaffen, indem man gesellschaftliche Verantwortung, wirtschaftliche Rendite und den Schutz der Umwelt in einer Verantwortungsebene denkt. Im Kern erfordert dies auch einen intelligenteren Umgang mit Ressourcen im weitesten Sinne. Grundvoraussetzung dafür ist ein an Nachhaltigkeit ausgerichtetes Wertverständnis.

*Und wie stellen die Unternehmen das am besten an?*
Mit dem strategischen Ziel einer nachhaltigen Wirtschaftsweise müssen Unternehmen Managementstrukturen aufbauen, die neben dem wirtschaftlichen Erfolg und der Wirkung von Nachhaltigkeit auf diesen Erfolg auch Informationen über soziale und

[5] www.nachhaltigkeitsrat.de/aktuelles/nachhaltige-lieferketten/

ökologische Wirkungen – also den Impact – der Geschäftstätigkeit ermöglichen. Im Kern geht es um die Schaffung richtiger Anreizsysteme wirtschaftlichen Handelns, die an allen drei Faktoren: ökonomischem Erfolg, sozialer Stabilität und dem Schutz der Umwelt ausgerichtet sind.

Worauf kommt es dabei an?
Es geht um die Umsetzung einer ökologisch-sozialen Marktwirtschaft, auch auf Ebene der Unternehmenssteuerung. Es kommt darauf an, relevante Transparenz durch Standards zu fördern, die Bewertung von monetärem und nicht monetärem Impact zur Messung von Veränderung zu ermöglichen und Anreize zur Optimierung von sozialem, ökologischem und ökonomischem Wert zu schaffen. Wichtig dabei ist, dass diese Messgrößen einfach, transferierbar und skalierbar bleiben sollten. Nur so sind sie auf eine Vielzahl von Industrien anwendbar. Gleichwohl müssen die Messgrößen auch die Besonderheiten von KMUs berücksichtigen.

*Das wird nicht ohne ein politisch gewolltes Rahmenwerk machbar sein.*
Deshalb empfiehlt der Rat für Nachhaltige Entwicklung der Bundesregierung, sich entschieden für die Schaffung einheitlicher Standards aufseiten der Unternehmen und die Incentivierung durch den Kapitalmarkt einzusetzen, die die Transformation des Marktes hin zu einer ökologisch-sozialen Marktwirtschaft unterstützt. „Made in Germany" heißt in diesem Zusammenhang, Managementansätze weiterzuentwickeln und umzusetzen, die eine Transformation hin zu einer ökologisch-sozialen Marktwirtschaft unterstützen. Diese Forderungen bringt der RNE auch in den Diskurs auf EU-Ebene und mit internationalen Partnern ein. Eine solche Transformation muss gemeinsam getragen werden von Wissenschaft, Wirtschaft, Zivilgesellschaft und der Politik.

*Das heißt dann auch, dass es ein Sustainable Accounting geben muss …*
Sicher. Der RNE empfiehlt im Rahmen der Umsetzung und Weiterentwicklung der Taxonomie-Verordnung eine eindeutige und ambitionierte Standardsetzung unter Berücksichtigung von neuesten Entwicklungen auf EU-Ebene einzutreten. Berichtsanforderungen sollten, unter der Maßgabe der Verhältnismäßigkeit auch auf weitere Unternehmen als bisher ausgeweitet werden. Auch hier stellt der DNK die Anschlussfähigkeit sicher. Die Herkunftskennzeichnung „Made in Germany" hat sich über Jahrzehnte zu einem international geschätzten Qualitätsmerkmal für hochwertige Produkte aus einer sozialen Marktwirtschaft entwickelt. Ziel sollte es sein, die Bezeichnungen „Made in Germany" und „Made in Europe" in Zukunft als Synonym für Qualitätsprodukte aus einer nachhaltigen Wirtschaftsweise auch über die Grenzen Europas zu etablieren und damit die internationale Wettbewerbsfähigkeit der europäischen Wirtschaft zu stärken. Hierfür setzt sich der RNE ein, wie etwa mit der Empfehlung des

Nachhaltigkeitsrates zu Sustainable Accounting. Ein True Cost-Accounting wäre dann sogar ein holistischer Ansatz zur Ermittlung des wahren Unternehmenswertes. Im Kern geht es um die Schaffung tragfähiger Anreizsysteme wirtschaftlichen Handelns für den Schutz der Umwelt, soziale Stabilität und gleichermaßen ökonomischen Erfolg.

*Für wen ist der DNK interessant? Sind das vor allem Unternehmen?*
Der DNK bietet einen idealen Einstieg in die Berichterstattung für jede Unternehmensgröße an, das heißt zum Beispiel auch für Handwerksbetriebe. Die bereits den DNK anwendenden Betriebe sehen das als Teil einer Qualitätsoffensive nach dem Motto: „Themen wie Menschenrechte und Transparenz in Lieferketten gehen auch uns an." Sie sehen sich als Multiplikator. Zur Unterstützung gibt es hier bereits einen Navigator, der von der Zentralstelle für die Weiterbildung im Handwerk (ZWH) erarbeitet und vom Bundesministerium für Bildung und Forschung gefördert wurde.[6]

Zum bereits bestehenden Nachhaltigkeitskodex für Hochschulen gesellt sich demnächst ein Berichtsrahmen für Kommunen. Beide Organisationsarten funktionieren anders als Unternehmen, weshalb hier Adaptionen sinnvoll waren. Wir sind im aktiven Austausch mit Kommunen. Berlin, Hamburg, Freiburg haben ihre Mehrheitsbeteiligungen verpflichtet zur Berichterstattung. Vor diesem Hintergrund hatten die im „Dialog Nachhaltige Stadt" vertretenen Oberbürgermeisterinnen und -bürgermeister den RNE gebeten, die Entwicklung eines auf dem DNK basierenden Berichtsstandards für Kommunen zu prüfen und umzusetzen. Dieser Bitte sind wir nachgekommen. Im Ergebnis haben wir einen entsprechenden Prozess entwickelt, der dann in Zusammenarbeit mit Stakeholdern umgesetzt wurde. Die Adaption des DNK für Kommunen bietet die Möglichkeit, öffentliche Unternehmen als Vorreiter zu positionieren. Von kommunaler Seite besteht also ein großes Interesse an einem auf dem DNK basierenden Berichtsstandard für Kommunen. Kommunen haben zudem ein hohes Potenzial als Multiplikatoren zu wirken – wie wir ja unter anderem auch im Peer Review zur hessischen Nachhaltigkeitsstrategie als Empfehlung sehen (Hessen 2018).

*Hessen hat mit der Volksabstimmung im Oktober 2018 das Prinzip der Nachhaltigkeit in seiner Landesverfassung verankert.*
Als erstes Bundesland hatte Hessen doch auch einen Peer Review, also einen Blick von außen, zur Nachhaltigkeitsstrategie auf Landesebene durchgeführt. Und mit dem positiven Ergebnis der Volksabstimmung eine Bindung staatlichen Handelns an das Prinzip der Nachhaltigkeit. Das bietet den hessischen Kommunen eine wunderbare Chance, ihr Potenzial hier zu nutzen und sich als wirkmächtige Multiplikatoren zu positionieren.

[6] www.navigator.nachhaltiges-handwerk.de

*Es fehlt halt noch an Konsequenz … Wo sehen Sie weitere Ansatzpunkte und Chancen?*
Die Landesbetriebe, beispielsweise auch aus der Kunst- und Kulturlandschaft, wären gute Multiplikatoren. Sie unterstützen als DNK-Schulungspartnerin doch auch das Landesmuseum Wiesbaden bei der Erstellung seiner ersten DNK-Erklärung. Die Bundesbeauftragte für Kultur und Medien hat in 2020 den „Runden Tisch für Museen als Pioniere im Klimaschutz" angekündigt. Das ist ein wichtiger Beitrag (Bundesregierung 2020).

*Gibt es etwas, womit Sie Unternehmerinnen und Unternehmern, Oberbürgermeisterinnen und Oberbürgermeistern und allen anderen Interessierten Mut machen können, anzufangen und den Einstieg in die freiwillige Berichterstattung anzugehen?*
Die Dynamik und die gesellschaftliche Diskussion zu Nachhaltigkeitsthemen sind bereits sehr stark und sie werden noch stärker werden. Wer Nachhaltigkeit nicht in seiner Unternehmensstrategie verankert, riskiert den Anschluss zu verlieren. Außerdem wird hier niemand allein gelassen. Mit unserem Netz an Schulungspartnerinnen und -partnern und Branchenleitfäden gibt es Unterstützung, Hilfestellung, Orientierung und Navigation.

## 3 Zur Nachahmung empfohlen

Unternehmen und Organisationen in Hessen haben sich bereits auf den Weg gemacht und berichten nach dem Deutschen Nachhaltigkeitskodex. Einige von ihnen legen ihr Engagement auch in dieser Publikation dar und teilen ihre Erfahrungen.

Beispiel: Fraport. Vergleiche dazu auch Beitrag „Klimaschutz bei FRAPORT am Flughafen Frankfurt" in Teil II.

> „FRAPORT achtet und unterstützt die zehn Prinzipien des UN Global Compact, entwickelt und implementiert Maßnahmen zu deren Umsetzung und trägt zu ihrer Anerkennung bei, auch über die eigenen Unternehmensgrenzen hinaus. (…) Ebenso sind die Berichte zusammen die Grundlage und Bezugsquelle unserer Erklärung zum Deutschen Nachhaltigkeitskodex." (FRAPORT 2019)

Beispiel: cosnova. Vergleiche dazu auch Beitrag „Nur wer nachhaltig agiert, erhält von seinen Kunden eine licence to operate" in Teil III.

> „Als verantwortungsbewusstes Familienunternehmen zählt bei cosnova das „Wir". Dazu gehört ein respektvoller Umgang mit dem Planeten sowie ein positiver Einfluss auf das Leben anderer Menschen – mit der stetigen Herausforderung, immer besser zu werden. Aus diesem Antrieb heraus und auf Basis der Standards des Deutschen Nachhaltigkeitskodex (DNK) wurde der erste Nachhaltigkeitsbericht 2018 erarbeitet." (cosnova 2019)

Beispiel: facettenwerk – Gemeinnütziger Verein für Behindertenhilfe Wiesbaden Rheingau Taunus e. V. „Entfaltung einer nachhaltigkeitsorientierten Unternehmenskultur – ein Transformationsprozess in sozialer Verantwortung" in Teil III.

> „Wir verfolgen eine integrative, das heißt in alle Unternehmensbereiche eingebundene Nachhaltigkeitsstrategie, die wir sukzessive erweitern, quantifizieren und bewerten werden. Anfang 2018 haben wir eine Werteklausur durchgeführt, bei dem wir ein Zukunftsszenario entwickelt und 10-Jahres-Ziele festgelegt haben. ..." (DNK 2020b)

Beispiel: Haas Magnettechnik GmbH & Co KG. Vergleiche dazu auch Beitrag „Wenn Magnete Konflikte anziehen. CSR-Risiko Seltene Erden" in Teil III.

> „Wir haben uns zum Ziel gesetzt, unsere Bewertung bei EcoVadis auf dem hohen Niveau zu halten, was wir beispielsweise durch eine ISO 14001-Zertifizierung und der nächsten Erklärung zum Deutschen Nachhaltigkeitskodex für das Berichtsjahr 2019 erreichen wollen." (Haas 2019)

Beispiel: PERÚ PURO GmbH. Vergleiche dazu auch Beitrag „Mehr als fair – besser als bio: CSR als Markenkern. Die Wertschöpfungskette von Kakao und Schokolade ..." in Teil III.

> „... Unser zentrales Streben gilt dem Aufbau und der Verstetigung einer fairen, ökologischen und gleichermaßen für alle Beteiligten ökonomisch sinnvollen, globalen Liefer- und Wertschöpfungskette. ... Mit unserer Arbeit, unseren Produkten und unserem Engagement schaffen wir Transparenz über die Produktentstehung und die Auswirkungen lokaler Konsumentscheidungen. Wir leisten damit einen Beitrag zur Erreichung der Sustainable Development Goals (Agenda 2030). Wir orientieren unsere Nachhaltigkeitsstrategie an der Global Reporting Initiative und den Principles of the Global Compact." (DNK 2019)

Beispiel: Lust auf besser leben gGmbH. Vergleiche dazu auch Beitrag „Nachhaltiger Konsum und nachhaltiges Wirtschaften sind zwei Seiten einer Medaille" in Teil IV.

> „Nachhaltige Entwicklung verstehen wir als Prozess, bei dem unterschiedliche Akteure die Verwirklichung gemeinsamer Interessen und Visionen verfolgen, die sie alleine nicht schaffen können. Deshalb ist uns die Zusammenarbeit mit Partnern zur Erreichung unserer Ziele wichtig." (Labl o. J.)

Ihnen allen gemeinsam ist ihr Motto:

Vom Wissen zum Handeln. Zur Nachahmung unbedingt empfohlen.

**Florian Harrlandt, M. A.,** ist Projektkoordinator Büro Deutscher Nachhaltigkeitskodex beim Rat für Nachhaltige Entwicklung (RNE). Er ist Wirtschaftsethiker mit einem B. Sc. in Wirtschaft und Psychologie an der Martin-Luther-Universität Halle-Wittenberg und einen M. A. in Wirtschaftsethik und CSR-Management an der Technischen Universität Dresden. Bevor er im Februar 2019 zum RNE-Team stieß, war er wissenschaftlicher Mitarbeiter in verschiedenen Projekten zur Förderung der Gleichstellung der Geschlechter.

F. Harrlandt
Wissenschaftlicher Referent beim Rat für Nachhaltige Entwicklung, DNK-Geschäftsstelle, 10785 Berlin, Deutschland
E-Mail: florian.harrlandt@nachhaltigkeitsrat.de

## Literatur

Bundesregierung (2020) Pressemitteilung 196. www.bundesregierung.de/breg-de/bundesregierung/staatsministerin-fuer-kultur-und-medien/aktuelles/gemeinsame-pressemitteilung-von-der-beauftragten-der-bundesregierung-fuer-kultur-und-medien-der-kultusminister-konferenz-dem-deutschen-staedtetag-dem-deutschen-staedte-und-gemeindebund-und-dem-deutschen-landkreistag-laender-bund-und-kommunale-spitzenverbaende-betonen-engagement-fuer-klimaschutz-in-der-kultur-1758080. Zugegriffen: 15 Dez 2020

cosnova (2019) Wir haben Neuigkeiten. www.cosnova.com/de/pressrelease/3521. Zugegriffen: 15 Dez 2020

DNK (2019) PERÚ PURO. Entsprechenserklärung 2018. https://datenbank2.deutscher-nachhaltigkeitskodex.de/Profile/CompanyProfile/13698/de/2018/dnk. Zugegriffen: 15 Dez 2020

DNK (2020a) Leitfaden. www.deutscher-nachhaltigkeitskodex.de/de-DE/Documents/PDFs/Sustainability-Code/Leitfaden-zum-Deutschen-Nachhaltigkeitskodex.aspx. Zugegriffen: 15 Dez 2020

DNK (2020b) facettenwerk. Entsprechenserklärung 2019. https://datenbank2.deutscher-nachhaltigkeitskodex.de/Profile/CompanyProfile/13792/de/2019/dnk. Zugegriffen: 15 Dez 2020

FRAPORT (2019) Unsere Werte – Nachhaltigkeitsbericht 2018. https://www.fraport.com/de/newsroom/fraport-mediathek/publikationen.html#verantwortung. Zugegriffen: 15 Dez 2020

Haas (2019) EcoVadis-Zertifikat in Gold für Haas Magnettechnik. www.haas-magnettechnik.com/de/aktuelles/meldungen/meldung/ecovadis-zertifikat-in-gold-fuer-haas-magnettechnik.html. Zugegriffen: 15.12.2020

Hessen (2018) Peer Review. https://www.hessen-nachhaltig.de/files/content/downloads/zeitstrahl/peer_review_zu_zehn_jahren_nachhaltigkeitsstrategie_hessen.pdf. Zugegriffen: 07. Nov. 2021

LabL (o. J.) Unser Netzwerk. www.lustaufbesserleben.de/ueber-uns-2/unser-netzwerk/ Zugegriffen: 15 Dez 2020

# Vielfalt gestalten – nicht Einfalt

## Der Beitrag der Kirchen zum Gemeinwohl aus evangelischer Sicht

Ralf Stroh

**Zusammenfassung**

Der Vertrag der hessischen Landeskirchen mit dem Land Hessen bekräftigt in seinen einleitenden Sätzen das gemeinsame Festhalten am „Öffentlichkeitsauftrag der Kirchen" und fixiert diese Überzeugung mit den Worten: „Die Kirchen, die Kirchengemeinden und die aus ihnen gebildeten Verbände sind Körperschaften des öffentlichen Rechts; ihr Dienst ist öffentlicher Dienst". Was trägt die Kirche zum Gemeinwohl bei? Besteht der „Öffentlichkeitsauftrag" der Kirchen bzw. ihr „öffentlicher Dienst" nur im Blick auf einen eng beschränkten Bereich des Lebens in der Traditionslinie Kaiser Wilhelms II. – Zuständigkeit für die Seelen der Gemeinden und die Nächstenliebe? Oder gibt es darüber hinaus auch eine Verpflichtung des Glaubens zum sozialen Handeln und zur Verantwortung in der Gesellschaft, wie es das Godesberger Programm der SPD unterstellt? Was es mit dem Beitrag der Kirchen zum Gemeinwohl auf sich hat, versteht sich nicht von selbst. Man muss darüber reden.

## 1 Epilog

Der Vertrag der hessischen Landeskirchen mit dem Land Hessen (Staatskirchenvertrag) vom 18. Februar 1960 bekräftigt in seinen einleitenden Sätzen das gemeinsame Festhalten am *„Öffentlichkeitsauftrag der Kirchen"* und fixiert diese Überzeugung mit den

R. Stroh (✉)
Zentrum Gesellschaftliche Verantwortung der EKHN, Mainz, Deutschland
E-Mail: R.Stroh@zgv.info



A. Trischler und S. Böhling (Hrsg.), *CSR in Hessen,* Management-Reihe Corporate Social Responsibility, https://doi.org/10.1007/978-3-662-63004-4_52

Worten: *„Die Kirchen, die Kirchengemeinden und die aus ihnen gebildeten Verbände sind Körperschaften des öffentlichen Rechts; ihr Dienst ist öffentlicher Dienst“*[1].

Worin genau der *„öffentliche Dienst“* der Kirchen – ihr Beitrag zum Gemeinwohl – besteht, wird allerdings nicht weiter ausgeführt und bleibt der jeweiligen Interpretation überlassen. Je nach leitendem Vorverständnis sind höchst unterschiedliche Lesarten denkbar.

Die Interpretationen können zum einen an die Traditionslinie Kaiser Wilhelms II. anknüpfen, der in einem Telegramm an den Geheimrat Hinzpeter vom 28. Februar 1896 programmatisch formulierte:

> *„Die Herren Pastoren sollen sich um die Seelen ihrer Gemeinden kümmern, die Nächstenliebe pflegen, aber die Politik aus dem Spiele lassen, dieweil sie das gar nichts angeht.“*[2]

Oder aber sich einer Position verpflichtet fühlen, die sich etwa beispielhaft im Godesberger Programm der SPD aus dem Jahre 1959 im Abschnitt „Religion und Kultur“ findet:

> *„Die Sozialdemokratische Partei achtet die Kirchen und die Religionsgemeinschaften, ihren besonderen Auftrag und ihre Eigenständigkeit. Sie bejaht ihren öffentlich-rechtlichen Schutz. Zur Zusammenarbeit mit den Kirchen und Religionsgemeinschaften im Sinne einer freien Partnerschaft ist sie stets bereit. Sie begrüßt es, dass Menschen aus ihrer religiösen Bindung heraus eine Verpflichtung zum sozialen Handeln und zur Verantwortung in der Gesellschaft bejahen.“*[3]

Welche Lesart ist aus evangelischer Sicht sachgemäß? Was trägt die Kirche zum Gemeinwohl bei?

Besteht der „Öffentlichkeitsauftrag“ der Kirchen bzw. ihr „öffentlicher Dienst“ nur im Blick auf einen eng beschränkten Bereich des Lebens in der Traditionslinie Kaiser Wilhelms II. – Zuständigkeit für die Seelen der Gemeinden und die Nächstenliebe? Oder gibt es darüber hinaus auch eine Verpflichtung des Glaubens zum sozialen Handeln und zur Verantwortung in der Gesellschaft, wie es das Godesberger Programm der SPD unterstellt?

---

[1] Vertrag der hessischen Landeskirchen mit dem Land Hessen (Staatskirchenvertrag) vom 18. Februar 1960, § 1, Absatz 4.

[2] E. R. u. W. Huber, Hrsg., Staat und Kirche im 19. und 20. Jahrhundert. Dokumente zur Geschichte des deutschen Staatskirchenrechts, Bd. 3, Berlin 1983, S. 635.

[3] Grundsatzprogramm der Sozialdemokratischen Partei Deutschlands. Beschlossen vom Außerordentlichen Parteitag der Sozialdemokratischen Partei Deutschlands in Bad Godesberg vom 13. bis 15. November 1959, Abschnitt Religion und Kirche.

## 2 Verantwortung des Glaubens für das Ganze des gesellschaftlichen Lebens

Die Evangelische Kirche in Hessen und Nassau (EKHN) beantwortet diese Frage eindeutig in Richtung einer Verantwortung des Glaubens für das Ganze des gesellschaftlichen Lebens. Die Arbeit in den Kirchengemeinden, Dekanaten, Propsteien und der Gesamtkirche der EKHN hat nicht nur einen Teilbereich des gesellschaftlichen Lebens im Blick, sondern erfolgt zum Wohle und im Dienste des Ganzen. Und sie ist gerade darin auch Seelsorge, denn die Seele des Menschen ist kein körperloses Phänomen, sondern immer die Seele eines leibhaften und damit sozialen Wesens mit Haut und Haaren, kurz gesagt: einem Leib. Physische Bedürfnisse gehören ebenso zu seiner Natur wie emotionale und intellektuelle Aspekte. Es gibt den geistigen und geistlichen Menschen nicht ohne den körperlichen Menschen und umgekehrt gilt dasselbe.

Diesem ganzen Menschen in seinen unverkürzt wahrgenommenen Bedürfnissen und Talenten gilt das Engagement, die kontemplative Besinnung und der tätige Einsatz des christlichen Glaubens. Im Gottesdienst, in der Seniorenarbeit, der Kinder- und Jugendarbeit, dem Mitwirken in lokalen und überregionalen Netzwerken ist stets das Ganze des menschlichen Lebens im Blick des kirchlichen Engagements. Und dieses Engagement ist immer und überall ein solches, das sich nicht auf den Einsatz für das Wohl der Christenmenschen beschränkt, sondern erfolgt immer mit dem Anspruch, auch das Wohl aller anderen in gleicher Weise anzustreben. Der Nächste, dem die Nächstenliebe zugutekommen soll, ist der Mensch neben mir. Das einheitsstiftende Band der Nächstenliebe ist nicht ein gemeinsamer Glaube, sondern die schlichte Tatsache, gemeinsam an einem Ort zu leben. Wer mit mir zusammen an einem Ort lebt, kann mir nicht egal sein[4]. Alles andere wäre realitätsfremd. Die Nächstenliebe wie die Liebe überhaupt lässt sich auf etwas ein, das sie nicht selbst geschaffen hat, sondern vorfindet[5].

Das Zentrum Gesellschaftliche Verantwortung (ZGV) in Mainz unterstützt als Einrichtung der EKHN dieses gesellschaftliche Engagement in den unterschiedlichen kirchlichen Handlungs- und Themenfeldern mit seiner fachlichen Expertise. Dazu verfügt das Zentrum über mehrere Pfarrstellen – also Stellen, die als Einstellungsvoraussetzung eine theologische Qualifikation verlangen – sowie über eine Reihe von nichttheologischen Fachstellen mit naturwissenschaftlicher oder sozial- bzw. geisteswissenschaftlicher Qualifikation. Diese fachübergreifende Expertise, über die das Zentrum Gesellschaftliche Verantwortung (ZGV) verfügt, ermöglicht es dem Zentrum, in seinem Engagement entweder selbst durch seine Referentinnen und Referenten an ganz unterschiedlichen gesellschaftlichen Fragestellungen sachlich und fachlich qualifiziert mitzuwirken oder

[4] Exemplarisch wird dies von Jesus in der Erzählung vom barmherzigen Samariter zur Sprache gebracht: Lk 10, 25–37.

[5] Dass dies nie einfach ist, zeigt allein schon das Beispiel der komplexen Liebe, mit der wir unseren Eltern oder Geschwistern begegnen.

die regionalen kirchlichen Akteure in der Wahrnehmung ihrer gesellschaftlichen Verantwortung zu unterstützen[6]. Zudem arbeiten in zahlreichen Dekanaten der EKHN Referentinnen oder Referenten für Gesellschaftliche Verantwortung und werden in ihrer Tätigkeit vom Zentrum Gesellschaftliche Verantwortung (ZGV) beraten.

## 3 Theologische und nichttheologische Kompetenz Hand in Hand

Das Miteinander von Stellen mit theologischer Qualifikation und Stellen mit naturwissenschaftlicher bzw. sozial- oder geisteswissenschaftlicher Qualifikation im Zentrum Gesellschaftliche Verantwortung wäre missverstanden, wenn man dabei nur den Pfarrstellen eine Orientierung am christlichen Glauben unterstellen würde, während die Fachstellen neutrales Fachwissen in die Arbeit des ZGV einbringen würden. Vielmehr gilt: Beide Gruppen bringen Sachverstand auf der Höhe des gegenwärtigen wissenschaftlichen Standards in die Arbeit des ZGV ein und ausnahmslos alle – nicht nur die Personen mit theologischer Qualifikation – sind in ihrer Arbeit dem christlichen Glauben verpflichtet und von ihrem jeweiligen Verständnis dieses Glaubens orientiert[7].

Dies gilt ohne Ausnahme auf allen Ebenen der EKHN: Sowohl auf der Ebene der Haupt- wie auch der Ehrenamtlichen arbeiten Personen mit theologischer Ausbildung und Personen mit anderer Qualifikation Hand in Hand und allesamt orientiert durch ihren Glauben, so wie sie ihn verstehen.

Der Verstehenshorizont, in den dieses individuelle Verständnis des eigenen christlichen Glaubens eingebettet ist, ist natürlich immer auch mitgeprägt durch die jeweiligen biografischen Lebensverläufe – und die unterscheiden sich zwischen Personen, die eine theologische Ausbildung durchlaufen haben und Personen, die andere berufliche Qualifikationsprozesse absolviert haben. Aber der theologische Ausbildungsgang und die Ordination begründen aus evangelischer Sicht mitnichten einen besonderen geistlichen Stand. Dazu später mehr.

Dieses vielgliedrige Mit- und Ineinander von ehrenamtlichem und hauptamtlichem Engagement in der Kirche sowie von theologischen und nichttheologischen Qualifikationen, die in diesem Engagement zum Zuge kommen, charakterisiert sowohl die Art und Weise, in der die Kirche aus evangelischer Sicht ihren Beitrag zum Gemeinwohl leistet, als es auch den konkreten Inhalt dieses Beitrages prägt.

[6] Derzeit (2020) gliedert sich das Zentrum Gesellschaftliche Verantwortung (ZGV) in folgende Referate: Wirtschaft und Finanzpolitik, Arbeit und Soziales, Ländlicher Raum, Umwelt & Digitale Welt, Jugendpolitische Bildung sowie die Projektstelle Demokratie stärken.

[7] Der Leitspruch für die Arbeit im Zentrum Gesellschaftliche Verantwortung der EKHN in Mainz lautet: „Aus christlicher Verantwortung vor Gott und den Menschen treten wir für eine gesellschaftliche Entwicklung ein, die sozial gerecht und ökologisch verträglich ist." (https://www.zgv.info/das-zentrum.html) Dieser Leitspruch orientiert die Arbeit aller im ZGV tätigen Personen.

Und zugleich kann dieser Beitrag gar nicht konkret und frei von Abstraktionen und Verkürzungen beschrieben werden, ohne auf das Eingebettetsein dieses kirchlichen Beitrags zum Gemeinwohl in ein ganzes Gefüge von gesellschaftlichen – formellen wie informellen – Lebensbezügen hinzuweisen, die von diesem kirchlichen Engagement beeinflusst werden und ihrerseits die kirchlichen Lebensvollzüge immer auch mitbeeinflussen. Das kirchliche Leben ist immer ein Teil des gesellschaftlichen Lebens. Es beeinflusst notwendig alle übrigen Lebensbereiche – unter Umständen am meisten dann, wenn diese sich diesem Einfluss nicht aktiv stellen, sondern ihn ignorieren wollen – und wird umgekehrt von allen übrigen Lebensbereichen auch notwendig mitgeprägt – auch hier unter Umständen am meisten genau dann, wenn kirchliche Akteure sich diesem Einfluss nicht aktiv stellen, sondern ihn ignorieren wollen. Der Beitrag der Kirchen zum Gemeinwohl kann nur angemessen beschrieben werden, wenn er als Kooperation mit allen anderen gesellschaftlichen Akteuren beschrieben wird. Das Gemeinwohl ist nicht die schlichte Addition voneinander unabhängiger Größen, sondern immer ein Mit- und Ineinander vielfältigster Aspekte eines komplexen Gesamtzusammenhanges, andernfalls ist es nicht das Gemeinwohl (Vogel 2013).

## 4 Wie kommt das gemeinsame Verständnis des christlichen Glaubens zustande?

Da der Beitrag der Kirchen zum Gemeinwohl seinen besonderen Charakter dadurch erhält, dass er sich an den Gewissheiten des christlichen Glaubens orientiert, stellt sich die Frage, auf welche Weise denn aus evangelischer Sicht in einer Kirche das gemeinsame Verständnis des christlichen Glaubens zustande kommt, an dem sich ihr gesellschaftliches Engagement ausrichtet.

Charakteristisch für die evangelische Sichtweise ist es, dass die Klärung und Formulierung dessen, was es mit dem christlichen Glauben auf sich hat, nicht einer bestimmten Gruppe von Personen zugewiesen wird – etwa den Theologen als den angeblichen Fachleuten für den Glauben –, sondern dass nach evangelischer Auffassung das kirchliche Lehramt von allen Mitgliedern einer christlichen Kirche gemeinsam wahrgenommen wird[8].

In vorbildlicher Weise wird das an besonders prominenter Stelle – nämlich gleich zu deren Beginn – in der Verfassung der Evangelisch-Lutherischen Kirche in Bayern in Artikel 1, Absatz 2, zur Sprache gebracht: *„Alle Kirchenmitglieder und die kirchlichen Rechtsträger*

[8] Vgl. zum Folgenden: Eilert Herms, Die Lehre im Leben der Kirche, in: ders., Erfahrbare Kirche. Beiträge zur Ekklesiologie, Tübingen 1990, 119–156. – Eilert Herms, Das Lehramt in den Kirchen der Reformation; in: ders., Kirche – Geschöpf und Werkzeug des Evangeliums, Tübingen 2010, 271–302. – Harald Goertz, Allgemeines Priestertum und ordiniertes Amt bei Luther, Marburg 1997.

*tragen die Verantwortung für die rechte Lehre und für die zeit- und sachgemäße Erfüllung des Auftrages der Kirche.*"[9]

Darin spiegelt sich der spezifische Gehalt des reformatorischen Verständnisses des Priestertums aller Gläubigen wider:

> „*Alle Personen, die überhaupt durch Gottes Offenbarungshandeln ergriffen und zum Glauben befähigt werden, werden damit zugleich grundsätzlich auch zum Vollzug und zur Teilhabe an allen Formen des kirchlichen Handelns befähigt. Insbesondere auch zu demjenigen Handeln, das sich auf das Leben der Gemeinde selbst richtet, also zur Durchführung des Gottesdienstes, zur Ordnung des Gemeindelebens und zur Pflege der Lehre.*"[10]

Was so für jeden einzelnen Christenmenschen an seinem jeweiligen Lebensort gilt, gilt natürlich nicht minder für alle diejenigen, die sich ehrenamtlich oder hauptamtlich in institutionalisierten kirchlichen Handlungsbezügen einbringen – ob im Zentrum Gesellschaftliche Verantwortung (ZGV) oder an anderen Orten der EKHN. Sie alle tragen mit ihrer Urteilskraft dazu bei, die kirchliche Lehre, die kirchliche Willensbildung und das kirchliche Handeln erfahrungsgesättigt und lebensnah auszugestalten.

Diese Wertschätzung der theologischen Urteilskraft eines jeden einzelnen Christen ist nicht eine neuzeitliche Anpassung des evangelischen Kirchentums an den modernen Zeitgeist, sondern gründet in genau jenen Einsichten, die überhaupt Ausgangspunkt der reformatorischen Bewegung gewesen sind. Diese Einsichten betreffen die Art und Weise, wie der christliche Glaube zustande kommt.

## 5 Der christliche Glaube ist kein Fürwahrhalten kirchlicher Lehren

Aus evangelischer Sicht besteht der christliche Glaube nicht in dem Fürwahrhalten einer bestimmten kirchlichen Lehre, die aufgrund der Autorität der Personen, die sie vertreten – ihrer Ausbildung, ihrer Stellung in der kirchlichen Hierarchie, ihrem persönlichen Charme oder Ähnlichem –, für wahr gehalten wird. Vielmehr entsteht und besteht der christliche Glaube nur dadurch, dass eine Person in ihrem Wahrheitsbewusstsein von der Wahrheit einer Aussage oder eines Aussagezusammenhanges überzeugt ist und zu sich selber sagt: So ist es (Härle 2000, S. 12 ff.). In diesem spezifischen Fall betrifft dieses eigene Wahrheitsbewusstsein die Begegnung mit der überlieferten christlichen Botschaft,

---

[9] Verfassung der Evangelisch-Lutherischen Kirche in Bayern in der Neufassung vom 6.12.1999, Art. 1, Abs. 2.

[10] Eilert Herms, Die Lehre im Leben der Kirche (s. Anm. 9), 128. – „Denn in einer kirchlichen Öffentlichkeit, in der das reformatorische Verständnis vom Geschehen der Offenbarung gilt, ist eben nicht nur (…) jeder Theologe in der Bildung einer eigenen Überzeugung begriffen, sondern jeder Christ." (ebd., 142)

deren Überzeugungskraft nicht in einer besonderen Qualität ihrer Tradenten gründet, sondern darin, dass sie – diese Botschaft – aus sich selbst heraus überzeugt.

**Was ist damit gemeint?**
Nichts anderes als die schlichte Tatsache, dass ja auch in unserem Alltag die Glaubwürdigkeit oder Vertrauenswürdigkeit einer Person, die uns etwas berichtet, zwar immer mit im Spiel ist, wenn wir ihre Aussagen bewerten. Letztlich ist es aber der Gehalt dieser Aussagen selbst, dem wir vertrauen oder eben auch nicht, an dem wir unsere Handlungen ausrichten oder auch nicht – zumindest dann, wenn es dabei um unser Seelenheil oder unseren inneren Frieden geht. Es ist sicherlich so, dass wir bei Fragen, die das Wohl und Wehe unseres Körpers betreffen und unser physisches Überleben, auf den Rat von Personen vertrauen, die sich damit besser auskennen, als wir selbst es tun – auch dann, wenn wir deren Argumente und Aussagen nicht en détail nachvollziehen können oder auch nur annähernd verstehen. Wenn mir keine Berichte bekannt sind, die die Kompetenz einer Ärztin ernsthaft in Zweifel ziehen, ist es für mich sinnvoll, ihrem Rat zu folgen und genau die ärztlichen Maßnahmen durchführen zu lassen, die sie empfiehlt.

Anders sieht es jedoch mit Fragen aus, die die Ausrichtung meines Lebens betreffen, meine Beurteilungsmaßstäbe dafür, was mir wichtig oder unwichtig ist, worauf ich mich verlasse oder auch nicht. In Fragen wie diesen reicht äußerlich begegnender Rat nur so weit, wie er mich auch innerlich überzeugt – und sei die Person, die ihn mir gibt, eine weithin anerkannte Koryphäe. Andere Personen mögen vielleicht kompetenter darin sein, zu beurteilen, welchen physischen, chemischen und biologischen Regelmäßigkeiten mein Körper folgt. Wer in und mit diesem Körper leben muss, bin aber letztlich immer noch ich selbst und niemand sonst. Diese Aufgabe kann mir niemand abnehmen. Mein Leben muss ich selbst leben. Äußerer Rat mag dabei helfen, aber er kann dies nur, wenn der, der ihn erteilt, ernst nimmt, dass er nicht mehr tun kann, als ihn anzubieten. Ihn annehmen muss ich unausweichlich selbst[11]. Und ich vermag dies nur insofern, als er mich innerlich überzeugt, sodass ich sagen muss: So ist es. Dann macht der kluge Ratschlag auch mich klug. Dann spendet das tröstende Wort tatsächlich Trost. Dann entzündet die liebevolle Geste Liebe.

**Die Unverfügbarkeit von Einsicht**
Dass der Funke überspringt, dass sich tatsächlich Überzeugung einstellt, hat allerdings niemand abschließend selbst in der Hand. Weder die Person, die eine Aussage macht, eine Botschaft aussendet, noch die Person, die die Botschaft empfängt, die Aussage zu Gehör bekommt. Die Rahmenbedingungen lassen sich zwar optimieren – eine Aussage kann etwa nach bestem Wissen und Gewissen klar und verständlich formuliert

[11] Dies anzuerkennen, ist wohl eine der schwierigsten Aufgaben im Verlaufe einer jeden Beziehung von Eltern zu ihren Kindern.

sein und die Verstehensbedingungen des jeweiligen Gegenübers berücksichtigen; die Rezipientin bzw. der Rezipient kann sich um möglichst störungsfreie Umstände der Kommunikationssituation bemühen und darum, seine eigenen Verstehensmöglichkeiten durch entsprechende Übung seiner hermeneutischen Kompetenzen zu steigern. Aber in jedem solchen Fall gilt gleichwohl: Verstehen lässt sich nicht technisch herbeiführen und das Überzeugtsein vom Verstandenen schon gar nicht.

Im Blick auf die Entstehens- und Bestehensbedingungen des christlichen Glaubens heißt dies: Er lässt sich nicht herstellen – weder von der Person, die selbst von ihm überzeugt ist und für ihn werben möchte, noch von der Person, der diese Mitteilung des christlichen Glaubens gilt[12]. In theologisch geprägter Sprache wird dieses Phänomen als Offenbarung markiert. Dieser Ausdruck meint also seinem Eigensinn nach gerade nicht das sich Ausliefern an unverständliche Traditionsgüter und das Ausschalten des eigenen Verstandesgebrauches, sondern macht darauf aufmerksam, dass der Verstand sich die Gegenstände seines Nachsinnens nicht selbst zu geben vermag. Die Wirklichkeit ist nicht etwas, das wir herstellen, sondern etwas, dem wir uns stellen müssen. Oder in geprägter christlicher Sprache: Wir sind nicht Schöpfer, sondern Geschöpf. In dieser Beschreibung des Entstehens und Bestehens des christlichen Glaubens liegt bereits ein wesentlicher Beitrag des Engagements der christlichen Kirchen für das Gemeinwohl beschlossen. Warum und wieso?

## 6 Das Eintreten der christlichen Kirche für eine plurale Verfassung des Gemeinwesens

Es folgt aus dieser Einsicht in die Unverfügbarkeit menschlicher Wahrheitsgewissheit und Lebensüberzeugung nämlich unausweichlich das Eintreten der christlichen Kirchen für eine plurale Verfassung des Gemeinwesens. Der christliche Glaube ist aufgrund seiner Einsicht in die Bedingungen seines eigenen Entstehens und Bestehens nicht nur pluralismusfähig, sondern sogar verpflichtet zur aktiven Bejahung und aktiven Mitgestaltung eines pluralen Gemeinwesens (Herms 2007, 2008). In dieser evangelischen Lesart begründet der theologische Terminus technicus Offenbarung gerade die Pluralismusfähigkeit des christlichen Glaubens, anstatt diese zu verunmöglichen[13].

---

[12] Wie wenig die Person, der die christliche Verkündigung gilt, das Überzeugtwerden durch diese Verkündigung selbst in der Hand hat, kann man sich an der Bekehrungsgeschichte des Paulus klarmachen, der vom Verfolger zum Apostel wurde – nicht weil er diesen Wandel anstrebte, sondern weil er innerlich ohne sein Zutun von der Wahrheit der christlichen Botschaft überzeugt wurde (vgl. Gal 1,10–24). Gewissheiten entstehen passiv. Unsere Aktivität folgt erst darauf, indem wir ernstnehmen, was uns innerlich überzeugt hat.

[13] Übrigens ist diese Einsicht in das Begründetsein eines jeglichen vernünftigen Wirklichkeitsumganges in einem Kontakt mit der Wirklichkeit, der dem Verstehen und Begreifen vorausliegt, nicht auf den theologischen Betrieb beschränkt, sondern findet sich auch in philosophischen Erkenntnistheorien. Vgl. etwa Wolfgang Stegmüller, Metaphysik, Skepsis, Wissenschaft. Zweite, verbesserte Auflage Berlin – Heidelberg – New York 1969.

Es ist die Kenntnis und die Anerkenntnis dieses Wesenszuges gelebter christlicher Frömmigkeit, welche die Evangelische Kirche in Hessen und Nassau (EKHN) in die Lage versetzt, in vielfältigsten gesellschaftlichen Bezügen als vertrauenswürdige und zuverlässige Gesprächspartnerin geschätzt zu werden. Und dies genau deshalb, weil ihr ausgleichendes und vermittelndes Wirken sich nicht einer inhaltlichen Neutralität oder gar Beliebigkeit verdankt, sondern weil es ein wesentlicher Inhalt ihrer aus dem Glauben folgenden Wirksamkeit ist, sich für die Gestaltung eines Zusammenlebens einzusetzen, das durch Vielfalt und nicht durch Einfalt gekennzeichnet ist. Zugleich bedeutet diese Einsicht in das Entstehen und Bestehen des christlichen Glaubens auch eine ganz spezifische Aufgabenstellung für alle hauptamtlich mit der Verkündigung des christlichen Glaubens befassten Personen und die hierfür nötige theologische Kompetenz sowie eine ganz spezifische Zumutung für alle Kirchenmitglieder, die nicht hauptamtlich mit der Verkündigung des christlichen Glaubens befasst sind.

Ziel der christlichen Verkündigung kann es aufgrund der Unverfügbarkeit menschlicher Wahrheitsgewissheit nicht sein, ein solches Wahrheitsbewusstsein des christlichen Glaubens bei anderen zu erzeugen, sondern Ziel kann lediglich die unverkürzte und nachvollziehbare, also hinsichtlich ihres Gehaltes verstehbare Bezeugung des eigenen Wahrheitsbewusstseins sein – mit der Hoffnung, dass dieses Zeugnis durch sich selbst, das heißt durch seinen Inhalt, Gewissheit stiftet[14].

Diese beschränkte Reichweite und Wirksamkeit der christlichen Verkündigung teilt die christliche Verkündigung mit allen menschlichen Verständigungsbemühungen: Diese sind immer nur die notwendige, nie die hinreichende Bedingung für das tatsächliche Eintreten von Verstehen und für die Zustimmung zum Verstandenen. Die Behauptung, dass es hier eine von der Verständigungsbemühung selber nicht zu schließende Lücke im Verständigungsgeschehen gibt, wird auch durch das Phänomen gestützt, dass unter Umständen eher stümperhafte Bemühungen, sich klar und deutlich auszudrücken, Verständigungspotenziale freisetzen, die alle früheren, klarer durchdachten Argumente nicht zu erschließen vermochten[15]. Manchmal fällt der Groschen eben bei Gelegenheiten, bei denen man es gar nicht vermuten würde – und vorher hatte man alles lang und breit und schön erklärt, ohne dass etwas passiert wäre.

[14] Das gilt letztlich für alle Bildungsprozesse – sei es im familiären oder im schulischen Bereich oder wo auch immer.

[15] Das spricht nicht natürlich nicht gegen die ethische Verpflichtung, sich möglichst klar auszudrücken – aber es reduziert den Erwartungsdruck an die eigenen Möglichkeiten und Verantwortlichkeiten.

## 7 Der Geist weht, wo und wie er will

Weil die christliche Verkündigung den christlichen Glauben nicht erzeugt, hat sie auch keine Kontrolle darüber, wohin er sich entwickelt, nachdem er sich an ihr entzündet hat. Der Geist weht, wo und wie er will. Die Begegnung mit der christlichen Botschaft stiftet, wo es zum Glauben kommt, einen eigenen Zugang zu dessen Gehalt. Dieser Zugang ist nicht beschränkt auf die Perspektive der Person, an deren Verkündigung sich dieser Glauben entzündet hat. Immer ist der christliche Glaube einer Person eine ganz bestimmte, individuelle Perspektive auf den Gehalt dessen, worauf sich der christliche Glaube richtet. So ist etwa die Perspektive des Apostels Paulus auf den Gehalt des christlichen Glaubens eben die ganz spezifische Sichtweise, die ihm auf diesen Gegenstand zuteil geworden ist – und nicht lediglich die Verlängerung der christlichen Verkündigung, mit der er Kontakt hatte[16].

Auch dies ist wiederum kein Spezifikum des christlichen Glaubens. Wer aufgrund der Aussagen eines anderen einer Sache selbst ansichtig geworden ist, ist in seinem Verständnis dieser Sache nicht limitiert durch die Aussagen dieser anderen Person, sondern ist selbst in Kontakt mit der Sache, von der die Rede ist. Dadurch erklärt sich auch das Phänomen, dass eine Person, die erst gerade eben mit einer Sache vertraut gemacht worden ist, an dieser Aspekte wahrnimmt, die den übrigen, die schon lange Umgang mit ihr pflegen, bisher verborgen geblieben waren.[17] Dieses Phänomen findet sich zum Beispiel bei beruflichen Quereinsteigern, weshalb diese häufig zur Steigerung der Qualität in einem Unternehmen beitragen – nicht weil sie neue Einsichten von „Außen" mitbringen, sondern weil sie einen neuen Blick auf das „Innen" eröffnen[18].

## 8 Die Freiheit sichernde Funktion des biblischen Kanons

Diejenige Instanz, die in dieser Situation das Gespräch und den Austausch über die unterschiedlichen Perspektiven auf den gemeinsamen Gegenstand friedlich zu disziplinieren vermag, ist der Gegenstand des Austausches selbst. Solange der Anspruch erhoben wird, zur Sache zu sprechen, lassen sich die unterschiedlichen Perspektiven auf ihren sachlichen Gehalt hin überprüfen – eben durch den Nachweis, ob und inwiefern

[16] Weshalb es für ihn auch nicht nötig war, sich vor der eigenen Verkündigungstätigkeit die Theologie der ihm voraufgehenden Apostel anzueignen, sondern in eigener Verantwortung von dem zu reden, was ihm über den christlichen Glauben klar geworden war (vgl. Gal, 1, 17).

[17] Das ist natürlich kein Anlass, sich über die scheinbare Beschränktheit der Früheren zu mokieren. Denn in diesem Fall gilt nicht selten das Diktum Heinrich Heines über die Nachfolger Martin Luthers, die sich über diesen erhaben fühlten: „Sie sind Zwerge auf den Schultern eines Riesen."

[18] Wenn ihr Beitrag nicht das „Innen" betrifft, also nicht an dem sachlichen Thema der Unternehmung ausgerichtet ist, bleibt es beim bloßen Aktionismus und der Effekt verpufft.

man denn zur Sache spricht. Wo dieser Sachbezug nicht nachgewiesen werden kann, endet die friedliche Wahrheitssuche und Wahrheitsentfaltung. An deren Stelle tritt dann unter Umständen nicht das stärkere Argument, sondern das schlichte Recht des Stärkeren – wie sublim auch immer sich dies maskieren mag.

Eine den ebenso friedlichen wie freien Austausch über den christlichen Glauben ermöglichende und disziplinierende Instanz ist in der christlichen Kirche die Instanz des Kanons. Seine Funktion ist es nicht, als Quelle legitimierender Zitate zu dienen, die unmittelbar als solche eine bestimmte Perspektive auf den christlichen Glauben ins Recht und eine andere Perspektive ins Unrecht setzen. Die biblischen Texte bieten nicht unmittelbar selbst die gültige kirchliche Lehre, sondern sind der gemeinsame Bezugspunkt aller christlichen Lehre. Auch die biblischen Texte sind Zeugnisse des christlichen Glaubens, weshalb auch von ihnen gilt, was – wie zuvor bereits dargestellt – von einem jeden Zeugnis des christlichen Glaubens gilt: Es verweist auf den Gegenstand des christlichen Glaubens, ist aber nicht unmittelbar selbst Gegenstand des Glaubens. Christen glauben nicht an die Bibel, sondern an die Botschaft, die in den biblischen Texten zur Sprache kommt. Auch in einem Gottesdienst glauben die Teilnehmerinnen und Teilnehmer des Gottesdienstes ja nicht an den jeweiligen Prediger oder die Predigerin, sondern an das, was er oder sie in Worte zu fassen versucht.

Seine herausragende Bedeutung für den christlichen Glauben erhält der biblische Kanon dadurch, dass er einen Bestand an Texten darbietet, die bereits in früher Zeit des Christentums Anerkennung gefunden haben als relativ unverfälschte Zeugnisse des christlichen Glaubens, weil ihnen zugetraut wurde – und bis heute zugetraut wird –, bei Personen, die dem Gehalt dieser Texte nachsinnen, einen eigenen Zugang zum christlichen Glauben zu eröffnen. Aus diesem Grund sind es eben genau diese Texte gewesen, die in den Gottesdiensten verlesen und bedacht wurden (von Campenhausen 2003).

Die Funktion des biblischen Kanons – und des reformatorischen Schriftprinzips – ist also nicht die Überwindung der Vielfalt christlichen Glaubenslebens in Richtung eines einheitlichen Frömmigkeitsstils. Sondern ganz im Gegenteil eröffnet er die Möglichkeit, die bunte Vielfalt christlicher Frömmigkeit als reichen Schatz wertzuschätzen, wenn und insofern sich die jeweiligen Frömmigkeitsstile bereitfinden, Auskunft darüber zu geben, auf welche Weise sie ihre eigene Frömmigkeitspraxis zurückbeziehen auf jene ersten Zeugnisse des christlichen Glaubens – die ja selbst bereits plural verfasst sind, wie die Tatsache beweist, dass es vier Evangelien gibt und nicht nur ein einziges.

## 9 Die Leuenberger Konkordie als Beispiel für den nicht beliebigen Umgang mit Vielfalt

Diese Funktion des biblischen Kanons, die eben gerade nicht Gräben aufreißen soll zwischen unterschiedlichen Auslegungstraditionen, sondern einen methodischen wie inhaltlichen Weg zur friedlichen Verständigung zwischen ihnen ermöglichen soll, hat ihre fruchtbare und friedensstiftende Wirkung nicht zuletzt in der sogenannten

Leuenberger Konkordie – eigentlich Konkordie reformatorischer Kirchen in Europa – aus dem Jahre 1973 entfaltet[19].

In dieser Erklärung wird auf der einen Seite festgehalten, dass es zwischen den Lehrtraditionen der reformatorischen Kirchen tief greifende Differenzen in der Deutung der biblischen Botschaft und der Lebenspraxis des christlichen Glaubens gibt – etwa im Blick auf das Verständnis und die Praxis des Abendmahls –, dass aber auf der anderen Seite trotz dieser Differenzen eine Kirchengemeinschaft zwischen diesen verschiedenen reformatorischen Kirchen möglich ist. Das einheitsstiftende Band ist nämlich nicht eine einheitliche Lehrtradition, sondern der einheitliche Bezug auf das vorliegende christliche Zeugnis der biblischen Schriften. Diese gemeinsame Bezugnahme ermöglicht eine friedliche Verständigung über die unterschiedlichen Auslegungstraditionen, und zwar genau dann, wenn sich diese als nicht willkürliche, sondern methodisch disziplinierte Auslegungen des ihnen vorgegebenen Gegenstandes – der biblischen Texte als maßgeblicher, das heißt kanonischer, Zeugnisse des christlichen Glaubens – ausweisen können.

Mit dieser Feststellung macht die Leuenberger Konkordie auf einen Punkt aufmerksam, der in den meisten privaten wie öffentlichen Situationen des Streites und der Meinungsdifferenzen übersehen wird: Ein jeder Streit kann nur deswegen Differenzen offenbaren, weil ihm etwas zugrunde liegt, was alle Differenzen nicht hinwegschaffen können, nämlich der gemeinsame Gegenstand des Streites[20]. Ein Streit ist nur dann sinnvoll, wenn er unterschiedliche Auffassungen von und Umgangsweisen mit einem den streitenden Personen oder Parteien vorgegebenen Gegenstand betrifft. Streit trennt uns nicht, sondern bringt uns ganz im Gegenteil zusammen. Er entsteht nur dort, wo wir uns nicht aus dem Wege gehen können. Genau das macht ihn ja oft nicht nur intellektuell, sondern gerade auch emotional so anstrengend und schmerzhaft.

Die Leuenberger Konkordie ist das Gründungsdokument der Gemeinschaft Evangelischer Kirchen in Europa (GEKE), in der sich nahezu alle lutherischen, reformierten und methodistischen Kirchen Europas zusammengeschlossen haben. Auch die Evangelische Kirche in Hessen und Nassau (EKHN) gehört diesem Zusammenschluss an.

---

[19] Konkordie reformatorischer Kirchen in Europa (Leuenberger Konkordie) = Agreement between reformation churches in Europe. Mit einer Einleitung (zweisprachig) von Friedrich-Otto Scharbau. Hrsg. von Wilhelm Hüffmeier im Auftrag des Exekutivausschusses für die Leuenberger Lehrgespräche. Frankfurt am Main 1993. Vgl. auch Die Kirche Jesu Christi. Der reformatorische Beitrag zum ökumenischen Dialog über die kirchliche Einheit. Im Auftrag des Exekutivausschusses für die Leuenberger Kirchengemeinschaft herausgegeben von Wilhelm Hüffmeier, Frankfurt am Main, 3. Auflage 2001.

[20] Friedrich Schleiermacher entfaltet in seiner Dialektik auf der Grundlage dieser Einsicht eine methodische Kunstlehre des Streites: „Dialektik ist Darlegung der Grundsätze für die kunstmäßige Gesprächsführung im Gebiet des reinen Denkens". Friedrich Schleiermachers Dialektik – Im Auftrage der Preußischen Akademie der Wissenschaften aufgrund bisher unveröffentlichten Materials herausgegeben von Rudolf Odebrecht, Darmstadt 1976, 5 (Lehrsatz § 1).

Indem die Evangelische Kirche in Hessen und Nassau (EKHN) ihre Zustimmung zur Leuenberger Konkordie erklärt hat, hat sie zugleich damit die Verantwortung übernommen, der Einsicht, die der Leuenberger Konkordie zugrunde liegt, nicht nur im Miteinander der unterschiedlichen reformatorischen Kirchen Rechnung zu tragen, sondern auf allen ihren Tätigkeitsfeldern – sowohl innerkirchlich wie auch gesamtgesellschaftlich. Alles andere wäre völlig willkürlich und nicht nachvollziehbar.

Sowohl innerkirchlich wie auch gesamtgesellschaftlich sind aus dieser Sicht Streit, Meinungsverschiedenheiten und unterschiedliche Lebensformen und Lebenspraktiken kein Anlass zur Aufkündigung von Gemeinschaft, sondern ganz im Gegenteil Anlass zum Bemühen um besseres gegenseitiges Verständnis, das nicht dann erreicht ist, wenn alle dasselbe denken und tun, sondern dann, wenn nachvollziehbar gemacht werden kann, warum und wieso eine Person oder eine Gruppe die gemeinsame Lebenswelt so deutet, wie sie es tut, und in ihr so agiert, wie sie es tut.

## 10 Pluralismus aus Prinzip

Aus der Logik der Einsicht, die der Leuenberger Konkordie zugrunde liegt, folgt allerdings nicht die umstandslose Akzeptanz einer jeden Weltanschauung und einer jeden Praxis der Weltgestaltung und des Miteinanders, sondern nur genau solcher Lebensformen und Lebensdeutungen, die ausnahmslos allen Menschen zugestehen, gar nicht anders zu können, als sich einer bestimmten Weltsicht und Lebenspraxis verpflichtet zu fühlen. Diese Sicht macht also den Pluralismus zum Prinzip des Miteinanders – und zwar im Sinne des aktiven Miteinanders und nicht des gleichgültigen Nebeneinanders. Pluralismus lässt sich nur leben als aktives Aufeinanderzugehen und gegenseitiges Aufmerksammachen, an welchen Punkten andere durch die eigene Lebenspraxis – entweder einer einzelnen Person oder einer Gruppe – an der Teilhabe und Mitgestaltung der gemeinsamen Lebenswirklichkeit systematisch oder zufällig gehindert werden. Damit solche Missstände nicht immer nur im Nachhinein behoben werden, sondern schon im Vorfeld ihre Entstehung möglichst verhindert wird, setzt Pluralismus einen gesamtgesellschaftlich hohen Aufwand an gemeinsamer Verständigung voraus, die eben nicht nur dann gelingt, wenn alle einer Meinung sind, sondern vor allem dann, wenn man die Unterschiede kennen und verstehen lernt – und eventuelle unverträgliche Sichtweisen und Praktiken bereits bearbeiten kann, wenn sie noch gar nicht wirksam werden konnten.

Eine solche Praxis der Evangelischen Kirche in Hessen und Nassau (EKHN) – auf der Ebene der Kirchengemeinden, der Dekanate und Regionen und der Gesamtkirche – aus dem Geist der Leuenberger Konkordie heraus trägt entscheidendes zum gesellschaftlichen Gemeinwohl bei. Denn sie macht damit auf die gesellschaftliche Relevanz der Unhintergehbarkeit unterschiedlicher Perspektiven auf unsere gemeinsame Lebenswirklichkeit aufmerksam und bemüht sich auf all ihren Handlungsfeldern – innerkirchlich wie außerhalb des kirchlichen Milieus – erlebbar werden zu lassen, wie chancenreich und fruchtbar ein solches Handeln aus einem Pluralismus aus Prinzip sein kann. Und glaubwürdig und überzeugend wird dieses Beispiel nicht zuletzt dann, wenn nicht der Versuch unternommen wird, etwaige Schwierigkeiten und Probleme in der Umsetzung dieses Prinzips unter Verschluss zu halten.

> „Das hat exemplarische Bedeutung für die Wohlordnung der Gesamtöffentlichkeit, über den Bereich der beteiligten Gewißheiten und Gewißheitsgemeinschaften hinaus. (…) Und diese Offenlegung von unhintergehbaren Perspektiven ist nicht spezifisch christlich oder protestantisch. Sondern sie ist das allgemeine Merkmal der Kultur einer Aufklärung, die sowohl den Terror der individuellen Gewißheit, die in naiver Weise allgemeine Verbindlichkeit einfordert, als auch den Terror des Diktats einer Vernunft hinter sich gelassen hat, die für ihre inhaltlichen Einsichten aperspektivische Reinheit und deshalb zwingende Geltung für jeden Vernünftigen beansprucht." (Herms 2003, S. 505 f.)

Mit diesen Überlegungen ist übrigens nicht behauptet, unser Zusammenleben würde letzten Endes nur von willkürlichen und nicht nachprüfbaren Meinungen orientiert. Das wäre kein Pluralismus, sondern Chaos. Ganz im Gegenteil ist ja gerade die Grundlage dieses Eintretens für einen Pluralismus aus Prinzip die Einsicht in die unausweichliche Perspektivität einer jeden Lebenspraxis auf den einen allen gemeinsamen Ort ihrer Praxis. Es gibt zwar keine christliche Physik und keine kapitalistische Chemie, keine sozialistische Mathematik und keine atheistische Biologie. Und auch alle geisteswissenschaftliche Forschung strebt mit ihrer Praxis an, ihrem Gegenstand – einem Roman, einem Gemälde, geschichtlichen Abläufen, sozialen Phänomenen – gerecht zu werden und wird in ihrem Tun diszipliniert durch den Gegenstand, auf den sie sich richtet. Aber für alle Einsichten, die auf solche Weise gewonnen werden und den Anspruch auf überindividuelle Gültigkeit erheben, gilt, dass sie erst dadurch ihre Bedeutung für unsere Lebenspraxis gewinnen, dass sie eingebettet und eingeordnet werden in einen Verstehenshorizont, der abhängig ist von je individuellen biografischen Erfahrungen und Prägungen. Keine Einsicht ist bedeutsam ohne den Zusammenhang, in dem sie zu stehen kommt.

Auch diese Behauptung der unhintergehbaren Perspektivität eines jeglichen Wirklichkeitszugriffes erhebt den Anspruch auf überindividuelle Gültigkeit. Und auch für diese Behauptung gilt, dass sie ihre Gültigkeit nur dadurch beweisen kann, dass ihre sachliche Berechtigung sich durch unser Erleben als gedeckt erweist und es folglich in diesem Fall nicht realitätsgerecht wäre, diese Einsicht in unserem persönlichen Handeln und in der Gestaltung unseres Zusammenlebens mit anderen zu ignorieren. Und ebenfalls gilt auch für diese Einsicht in die Perspektivität eines jeglichen Wirklichkeitszugriffes, dass diese Einsicht ihre Bedeutung nur gewinnt durch den Zusammenhang, in dem sie zu stehen kommt. Auch die Einsicht in die Perspektivität aller menschlichen Erkenntnis und alles menschlichen Handelns ist selber keine neutrale Einsicht, sondern perspektivisch eingebunden.

## 11 Christliches Engagement heißt: Das Realitätsprinzip im Blick behalten

Indem die Evangelische Kirche in Hessen und Nassau (EKHN) sich in ihrem gesellschaftlichen Handeln durch den christlichen Glauben orientiert weiß, trägt sie nicht dazu bei, die Irrationalität in unserer Gesellschaft zu steigern und das Realitätsprinzip aus dem Blick zu verlieren. Ganz im Gegenteil fördert sie die Ausrichtung am Realitätsprinzip in der Gestaltung unseres gesellschaftlichen Miteinanders und unseres Umganges mit unserer Umwelt dadurch, dass sie für ihren Teil transparent macht, welches ihre Perspektive auf die uns allen gemeinsame Wirklichkeit ist: nämlich diejenige des christlichen Glaubens in evangelischer Prägung. Damit setzt sie diese besondere christliche Perspektive der öffentlichen Nachfrage aus und mutet zugleich allen anderen gesellschaftlichen Akteuren zu, auch ihrerseits die sie orientierende Perspektive auf die uns allen gemeinsame Wirklichkeit offenzulegen. Nur dort, wo dies geschieht, sind kritische Rückfragen und ein Überprüfen der leitenden Perspektiven an der gemeinsamen Wirklichkeit möglich. Und nur, wo dies geschieht, ist es möglich, diesen unterschiedlichen Perspektiven zu einer immer reiferen und immer gehaltvolleren Sicht unserer gemeinsamen Wirklichkeit zu verhelfen und die Rationalität des Gespräches zwischen diesen unterschiedlichen Perspektiven zu steigern.

Wo solche Diskurse im privaten wie im gesellschaftlichen Umfeld fehlen oder sogar systematisch als für die Gestaltung des Zusammenlebens irrelevant und hinderlich ausgeblendet werden, fehlt ein wesentlicher Bestandteil des Gemeinwohls, der nicht durch anderes ersetzt werden kann. Solche Diskurse mit anderen im öffentlichen Bereich zu führen ist anspruchsvoll und voraussetzungsreich. Und schon zuvor ist es anspruchsvoll und voraussetzungsreich, die mit diesen Fragen verbundenen Herausforderungen des eigenen Erlebens mit sich selbst im Selbstgespräch und dem engsten Umfeld annehmen zu können.

## 12 Die Aufgabe der Theologie

Dazu beizutragen, dass Menschen innerhalb und außerhalb der Institution Kirche befähigt werden, für sich selbst und mit anderen diese Fragen aus der Perspektive des christlichen Glaubens zu klären und dazu beizutragen, dass auch in der Öffentlichkeit solche Fragen aus christlicher Perspektive möglichst kompetent und sachbezogen geklärt werden, ist die Aufgabe der Theologie und der durch das Studium der Theologie ausgebildeten hauptberuflichen Personen in den unterschiedlichsten kirchlichen Positionen. Darin besteht ein wesentlicher Beitrag der Kirchen zum Gemeinwohl. Ohne diesen Beitrag könnte überhaupt nicht verständlich gemacht werden, in welchem Sinne und mit welcher Zielsetzung sich die Kirche in den unterschiedlichen gesellschaftlichen Lebensbereichen engagiert und es könnte nicht verständlich werden, dass das Engagement der einzelnen Personen nicht eine Umsetzung von Vorgaben eines zentralen Leitungsamtes oder eines zentralen Lehramtes ist, sondern motiviert ist durch ihr je eigenes – im Gespräch mit anderen und durch die Begegnung mit der christlichen Botschaft inspiriertes – Verständnis des christlichen Glaubens und des in ihm liegenden Verständnisses der Bestimmung des Menschen und der menschlichen Gemeinschaft.

Die Theologie gibt nicht vor, was die Leute zu glauben oder nicht zu glauben haben, sondern sie hat das Ziel, die Kompetenz im Umgang mit dem eigenen christlichen Glauben zu steigern und dadurch auch die Qualität des christlichen Miteinanders – im Sinne eines möglichst unverfälschten Blicks auf dessen in seinem Ursprung enthaltenen Gehalt – zu erhöhen. Die Theologie vermag nur dadurch zur Reifung des christlichen Glaubens beizutragen, dass sie die einzelnen Christen befähigt, sich über ihr je eigenes Verständnis der christlichen Botschaft immer klarer zu werden. Und zwar nicht dadurch, dass sie Antworten gibt, die andere einfach zu übernehmen hätten. Im Zweifelsfall betreffen solche Antworten ja sowieso immer nur Fragen, die der andere gar nicht gestellt hatte. Die Arbeit der theologisch ausgebildeten Personen besteht darin, zur religiösen Mündigkeit aller Christen beizutragen – programmatisch ist das ja etwa in der Konfirmandenarbeit der Fall, die auf die Konfirmation hinzielt, mit der die religiöse Mündigkeit zuerkannt wird. Das heißt, die theologische Arbeit beendet nicht die allgemeine Diskussion über den christlichen Glauben, sondern ertüchtigt zu diesem Diskurs – mit allen zuweilen auch anstrengenden Folgen. Nicht umsonst nennt man die evangelischen Christen auch Protestanten.

> „Die Inhaber kirchlicher Ämter sind darauf verpflichtet und beschränkt, die Bedingungen für die Entstehung und Entwicklung befreiender Glaubensgewißheit zu pflegen: die Überlieferung des Evangeliums und das vernünftige Gespräch über seinen Sinn und seine Wahrheit. Innerhalb dieses Rahmens ist für jedermann die Berufung auf die Autorität der ihm selbst evident gewordenen Wahrheit möglich und zu respektieren – auch gegen Entscheidungen des Amtes."[21]

Diese Zielsetzung des theologischen Studiums[22], die nicht darin liegt, die kirchlichen Laien in ihrer eigenen Glaubensverantwortung zu entmündigen, sondern im Gegenteil

[21] Eilert Herms, Keine Alternative zur Ökumene; in: ders., Von der Glaubenseinheit zur Kirchengemeinschaft II, Marburg 2003, 512. – „Vielmehr wird die theologische Kompetenz in den Positionen von Bischof und Pfarrer sich gerade daran erweisen, daß auch gegen die bildungsfeindlichen Tendenzen der spät- bzw. nachindustriellen Kultur auf die Erhaltung einer eigenständigen Urteils- und Lehrfähigkeit in der Laienschaft hingearbeitet wird." (Eilert Herms, Die Lehre im Leben der Kirche (s. Anm. 9), 146) Es ist folglich immer das Zeichen eines unevangelischen Theologieverständnisses, wenn Pfarrerinnen oder Pfarrer die Diskussion mit Laien über Fragen, die das kirchliche Leben und seine Organisation oder die gesellschaftliche Praxis des christlichen Glaubens betreffen, durch das Argument zu beenden suchen, sie hätten Theologie studiert und das Gegenüber müsse das nun einfach hinnehmen, denn es verstünde davon nichts.

[22] Vgl. auch Grundlagen der theologischen Ausbildung und Fortbildung im Gespräch. Die Diskussion über die „Grundsätze für die Ausbildung und Fortbildung der Pfarrerinnen und Pfarrer der Gliedkirchen der EKS". Dokumentation und Erträge von 1988 bis 1993. Im Auftrag der

zu deren mündiger Glaubenspraxis beitragen soll, wird allerdings durch den Ausdruck „Theologie“ für diese Zielsetzung eher verunklart als erhellt (Härle 2000, S. 10 ff.). Das wurde bereits von Friedrich Daniel Ernst Schleiermacher, dem Begründer der modernen evangelischen Theologie als Wissenschaft[23], bedauernd angemerkt:

> „Ist nun die practische Aufgabe der Theologie Alles, was in Beziehung auf die christliche Kirche geschehen soll, – ist dann der Name Theologie passend? Wenn die den Staat zum Zwekke habenden Wissenschaften Staatswissenschaften heißen, so sollten genauer die theologischen Wissenschaften kirchliche Wissenschaften genannt werden. Aus dem Namen Theologie läßt sich nicht entwickeln, was sie ist, er hat viele Verirrung angerichtet“ (Schleiermacher 1987, S. 1 f.).

Der Ausdruck Theologie vermittelt den irreführenden Eindruck, als ginge es im Studium der Theologie lediglich um die Klärung eines eng umgrenzten Sachthemas: eben die Klärung des christlichen Gottesverständnisses. Dagegen geht es tatsächlich – wie etwa in den Staatswissenschaften, den Wirtschaftswissenschaften und der Medizin[24] – um die Bereitstellung jener Kompetenzen, die nötig sind, um in einem bestimmten Praxisgebiet – eben der christlichen Kirche, dem politisch-rechtlichen Bereich, dem wirtschaftlichen Leben, im Gesundheitswesen – eine Leitungsfunktion sinnvoll und sachgemäß ausüben zu können.

Die durch das theologische Studium ausgebildeten Personen ersetzen nicht das selbstständige und selbstverantwortliche Agieren der Kirchenmitglieder – genauso wenig wie die Ausbildung im Bereich der Wirtschaftswissenschaften, im Bereich der Rechtswissenschaften oder der Medizin irgendein Mitglied der Gesellschaft davon dispensieren, in diesen Bereichen in ihren jeweiligen Lebenssituationen eigene Verantwortung übernehmen zu müssen. Die jeweiligen Fachwissenschaften haben als ihr allererstes Ausbildungsziel, die Kenntnisse und Fertigkeiten zu vermitteln, ohne die Leitungspersonen in diesen Bereichen nicht dazu beitragen können, dass der für diese Wahrnehmung je eigener Verantwortung nötige gesellschaftliche Rahmen in den entsprechenden

Gemischten Kommission für die Reform des Theologiestudiums herausgegeben von Werner Hassiepen und Eilert Herms, Stuttgart 1993.

[23] Eine Rekonstruktion seines enzyklopädischen Aufrisses der theologischen Wissenschaft findet sich in: Ralf Stroh, Schleiermachers Gottesdiensttheorie. Studien zur Rekonstruktion ihres enzyklopädischen Rahmens im Ausgang von „Kurzer Darstellung“ und „Philosophischer Ethik“, Berlin – New York 1998.

[24] Zum Vergleich der Zielsetzung der theologischen mit der medizinischen Ausbildung vgl. Ralf Stroh, Das Ganze im Blick behalten. Überlegungen im Anschluß an Schleiermachers Bestimmung der Theologie als positive Wissenschaft, in: Befreiende Wahrheit. Festschrift für Eilert Herms zum 60. Geburtstag herausgegeben von Wilfried Härle, Matthias Heesch und Reiner Preul, Marburg 2000, 205–215.

gesellschaftlichen Feldern geschaffen und gepflegt wird. Das bedeutet als Zielsetzung für die theologische Ausbildung:

> „Die christliche Theologie ist sonach der Inbegriff derjenigen wissenschaftlichen Kenntnisse und Kunstregeln, ohne deren Besitz und Gebrauch eine zusammenstimmende Leitung der christlichen Kirche, das heißt ein christliches Kirchenregiment, nicht möglich ist."[25]

Zu diesen Kenntnissen und Fertigkeiten gehört ganz wesentlich ein Verständnis dessen, was der gesellschaftliche Rahmen des kirchlichen Handelns ist[26]. Ohne eine solche Kenntnis kann es kein sinnvolles christliches Engagement in der Gesellschaft geben. Wie in anderen Praxisbereichen gilt auch hier: Wer nur von einer Sache selbst etwas versteht, versteht nichts von ihr. Wer nur etwas von Wirtschaft versteht – oder von Kirche bzw. Recht –, versteht nichts von der Wirtschaft – bzw. der Kirche oder dem Recht.

## 13 Ausbildung und Gemeinwohl

Wo Ausbildungsgänge nicht in die Lage versetzen, die eigene berufliche Rolle im gesellschaftlichen Zusammenhang zu klären – ihre Chancen ebenso wie ihre Grenzen – erzeugen sie systematisch Betriebsblindheit und befördern die Sprachlosigkeit zwischen den unterschiedlichen gesellschaftlichen Lebensfeldern. Auf dieser Grundlage ist es ausgeschlossen, dass es eine sinnvolle gesellschaftliche Klärung dessen geben kann, was es mit dem Gemeinwohl auf sich hat – man kann nur das eigene Wohl zur Sprache bringen und letztlich nicht einmal dieses.

In der Moderne sind die Voraussetzungen für das Erwerben solcher Kompetenzen eher schwieriger als leichter geworden. Aufgrund ihrer Unverzichtbarkeit ist es aber umso wichtiger, die entsprechenden Anforderungen an das Leitungspersonal in allen gesellschaftlichen Bereichen nicht abzusenken, sondern ganz im Gegenteil eher noch zu steigern. Spezialisierung und Arbeitsteilung setzen nicht weniger, sondern höhere Kompetenzen im Blick auf das Verstehen des gesellschaftlichen Lebensganzen in seiner unhintergehbaren Pluralität voraus, sollen sie sich sinnvoll, das heißt immer: lebensdienlich, ergänzen. Damit besteht ein wesentlicher Beitrag der evangelischen Kirche in der möglichst professionellen Organisation der Ausbildung für die Wahrnehmung von Leitungsämtern in der Kirche und zugleich in dem öffentlichen Eintreten für eine entsprechend an den Herausforderungen pluraler Gesellschaften ausgerichtete Ausbildung in allen übrigen Bereichen der Gesellschaft. Ausbildungsgänge und Studienpläne, die

[25] Friedrich Daniel Ernst Schleiermacher, Kurze Darstellung des theologischen Studiums zum Behuf einleitender Vorlesungen. Kritische Ausgabe, hrsg. von Heinrich Scholz, 3. Aufl. Leipzig 1910, Neudruck Darmstadt 1982, § 5.

[26] Schleiermacher benennt diese soziologische Fragestellung mit dem Ausdruck „kirchliche Statistik": Friedrich Schleiermacher, Kurze Darstellung (s. Anm. 25), §§232 ff.

es systematisch verunmöglichen, im Verlauf der Ausbildung und des Studiums ihren Gegenstand einzubetten in ein Verständnis des gesellschaftlichen Ganzen in seiner Pluralität, sind letzten Endes Zeichen einer vormodernen Ausbildungs- und Studienorganisation. Sie können nicht die Kenntnisse und Fertigkeiten bereitstellen, die für eine Praxis nötig sind, die sich den Herausforderungen der Moderne stellen muss.

Diese Herausforderungen sind nicht zuletzt Klärungsfragen. Das hochprofessionelle Optimieren von Entscheidungsprozessen in unserer Gesellschaft kann nur dann zu lebensdienlichen Entscheidungen führen, wenn diesen Entscheidungen die entsprechenden Klärungsprozesse vor- und nebengeordnet sind. Die Dinge verstehen sich eben nicht von selbst. Man muss über sie reden. Diese Einsicht in ihren innerkirchlichen Prozessen, aber auch in ihrem gesellschaftlichen Engagement umzusetzen und für sie aus christlicher Überzeugung einzutreten, ist der zentrale Beitrag der Kirche zum Gemeinwohl. Es gilt Vielfalt zu gestalten – nicht Einfalt[27].

**Pfarrer Dr. Ralf Stroh** ist seit 2012 theologischer Referent für Wirtschafts- und Sozialethik am Zentrum Gesellschaftliche Verantwortung der EKHN in Mainz. Nach dem Abitur studierte er in Mainz und Marburg Evangelische Theologie. Seine Stationen: 1991 bis 1993 wissenschaftlicher Assistent im Fach Praktische Theologie an der Universität Mainz. 1994 bis 1996 Vikariat in Offenbach-Bieber. 1996 Promotion mit einer Arbeit über die Theologie Friedrich Schleiermachers. 1996 bis 2002 Assistent am Institut für christliche Gesellschaftslehre in Tübingen. Dort unter anderem Organisation der bundesweiten Pfarrerfortbildungen des Instituts. Interdisziplinäre Veranstaltungen gemeinsam mit Juristen und Ökonomen. Von 2002 bis 2012 Gemeindepfarrer in Pfeddersheim bei Worms. Von 2011 – 2021 Mitglied im theologischen Ausschuss der Union Evangelischer Kirchen (UEK). Seine Arbeitsschwerpunkte sind: Sonntagsschutz, Gemeinwohl, Reformation und gesellschaftlicher Wandel, Kirche und Gesellschaft.

## Literatur

Härle W (2000) Dogmatik (Christlicher Glaube und kirchliche Lehre). Zweite, überarbeitete Auflage Berlin, New York (De Gruyter)

Herms E (2003) Dient das Durchhalten konfessioneller Differenzen dem bonum commune? In: ders., Von der Glaubenseinheit zur Kirchengemeinschaft II, Marburg (Elwert)

[27] Die vielfältigen und ganz unterschiedlichen Beispiele gesellschaftlichen Engagements, die sich in allen Kirchengemeinden, Dekanaten, Regionen und der Gesamtkirche zuhauf finden lassen, können ihre reiche innerkirchliche wie gesamtgesellschaftliche Frucht nur dann einbringen, wenn sie eingebettet sind in den gemeinsamen Austausch, von dem dieser Text handelt. Auch hier gilt: Die Dinge verstehen sich eben nicht von selbst. Man muss über sie reden.

Herms E (2007) Zusammenleben im Widerstreit der Weltanschauungen. Beiträge zur Sozialethik. Tübingen (Mohr)

Herms E (2008) Politik und Recht im Pluralismus. Tübingen (Mohr)

Schleiermacher F (1987) Theologische Enzyklopädie (1831/32). Nachschrift David Friedrich Strauß. Hrsg. von Walter Sachs. Mit einem Vorwort von Hans-Joachim Birkner. Berlin, New York (De Gruyter)

Vogel B (2013) Gemeinwohl oder: Die gute Ordnung der Gesellschaft. Berlin (Konrad Adenauer Stiftung)

von Campenhausen HF (2003) Die Entstehung der christlichen Bibel, unveränderter Nachdruck der 1. Ausgabe 1968 mit einem Nachwort von Christoph Markschies, Tübingen (Mohr)

Printed by Printforce, the Netherlands